大数据丛书

# Multiple View Geometry in Computer Vision
# Second Edition

# 计算机视觉中的多视图几何

（原书第2版）

[澳] 理查德·哈特利(Richard Hartley)
[英] 安德鲁·西塞曼(Andrew Zisserman) ◎著
韦 穗 章权兵 ◎译

机 械 工 业 出 版 社

本书是专著 *Multiple View Geometry in Computer Vision*(*Second Edition*)的中译本. 给定多幅未标定视图,本书给出由图像点对应估计多焦点张量(特别是基本矩阵和三焦点张量)和由这些张量恢复摄像机矩阵并实现射影重构的理论和算法. 与原书第1版相比,原书第2版提供了更有效的搜索和匹配算法. 作者提供了综合性的背景材料,读者只要熟悉线性代数和基本的数值方法就能够理解书中给出的射影几何和算法,并能直接依据本书来实现有关算法.

本书可作为研究生教材,也可供从事计算机视觉的科研人员参考.



**图书在版编目(CIP)数据**

计算机视觉中的多视图几何:原书第2版/(澳)理查德·哈特利(Richard Hartley),(英)安德鲁·西塞曼(Andrew Zisserman)著;韦穗,章权兵译. —北京:机械工业出版社,2019.8(2023.7重印)

(大数据丛书)

书名原文:Multiple View Geometry in Computer Vision

ISBN 978-7-111-63288-7

Ⅰ.①计… Ⅱ.①理…②安…③韦…④章… Ⅲ.①计算机视觉 Ⅳ.①TP302.7

中国版本图书馆 CIP 数据核字(2019)第151377号

机械工业出版社(北京市百万庄大街22号 邮政编码100037)

策划编辑:王 康 责任编辑:刘琴琴 于苏华

责任校对:张晓蓉 封面设计:马精明

责任印制:张 博

保定市中画美凯印刷有限公司印刷

2023年7月第1版第7次印刷

184mm×260mm · 32.5印张 · 808千字

标准书号:ISBN 978-7-111-63288-7

定价:169.00元

| 电话服务 | 网络服务 |
|---|---|
| 客服电话:010-88361066 | 机 工 官 网:www.cmpbook.com |
| 010-88379833 | 机 工 官 博:weibo.com/cmp1952 |
| 010-68326294 | 金 书 网:www.golden-book.com |
| **封底无防伪标均为盗版** | 机工教育服务网:www.cmpedu.com |

# 中译本序

让计算机具有视觉，科学家与工程师们做出了近 40 年的不懈努力．应该说，40 年的努力，进展是显著的，主要有两个方面：

已经形成一些计算视觉的基本理论框架，如 20 世纪 80 年代初形成的以 Marr 为代表的视觉计算理论（有些学者称之为三维重建框架）和以后出现的基于模型的视觉（Model Based Vision）、主动视觉（Active Vision）等．现在看来，虽然我们仍然不清楚这些计算理论框架能否最终成为最理想的计算机视觉系统的基础，但有几点几乎是可以肯定的：一是迄今为止提出的各种理论框架虽然有方法论上的差异，有些甚至具有科学哲学思想的差异，但并没有本质上的相互排斥，而是互补的．二是这些已有的视觉系统理论框架可以作为具有一定程度视觉功能的实用视觉系统的基础．随着计算机性能价格比的指数增长，以现有视觉系统理论框架为基础的、针对特定任务的实用视觉系统，将会广泛应用于现实生活中．三是与人工智能的其他许多领域类似，真正的突破要比当初想像的要困难得多．这里，"真正的突破"是指：当我们将当前的人工智能系统与人相比时，人的智能系统具有更强的通用性、自学习能力、自适应性和对噪声的鲁棒性．

计算机视觉另一方面的重要进展是，提出了大量的计算方法．尤其是 20 世纪 90 年代以来，为适应不同计算理论框架和为改进计算机视觉系统对噪声的鲁棒性，引进了许多数学方法和与之相对应的计算方法．几乎所有的数学分支，尤其是应用数学分支都要到计算机视觉领域来一显身手，使许多初学者，甚至进行了多年研究的学者都感到困惑．人们不禁要问，难道我们真需要这么多的复杂数学分支和计算方法来解决计算机视觉问题吗？事实上，这确实反映了当前的许多数学工具还不能有效解决"更强的通用性、自学习能力、自适应性和对噪声的鲁棒性"的问题. 另一方面，现在的许多数学方法，本质上是相通的．而我们缺少既对这些方法都精通，又对计算机视觉中所面临的实际问题有深入理解的理论工作者来对各种方法加以融会贯通．

在上述视觉计算方法的研究中，基于几何的视觉计算方法，在 20 世纪 90 年代发展到了几乎完美的程度．本书的作者既是这方面的先驱者，也在本书中做出了很好的总结与系统论述. 基于几何的视觉计算方法，之所以引起很大关注是因为：

（1）计算机视觉的研究目标是使计算机具有通过二维图像认知三维环境信息的能力．这种能力将不仅使机器能感知三维环境中物体的几何信息，包括它的形状、位置、姿态、运动等，而且能对它们进行识别与理解．事实上，20 世纪 80 年代形成的 Marr 的计算理论框架和其他计算理论框架中，绝大部分内容都涉及利用几何方法计算环境中的三维物体的形状、位置、姿态和运动．

（2）如果读者对欧几里德几何和近几百年来提出的各种几何，如本书中提到的射影几何、仿射几何等有些深入了解的话，应该理解"各种几何的本质是描述几何元素在不同变换群下的不变量”．由此，使用几何方法，不仅可以由二维图像重建(Reconstruct)三维物体，还可以描述它们在摄像机变换下的不变量，从而达到识别的目的，也就是说，几何方法，可以贯穿计算视觉理论框架下的所有部分，有人称之为基于几何的计算机视觉．

(3)20世纪90年代以来，计算机视觉界将对应于射影几何、仿射几何、欧几里德几何的射影变换、仿射变换、欧几里德变换系统地引进到视觉计算方法中．三种变换都构成变换群，而且，后者为前者的子群，它们所对应的几何不变量，前者为后者的子集．这些性质比较完美地对应为视觉系统中对物体由粗到细的描述，在一些特定任务的计算机视觉系统中降低了对系统参数了解的要求(如本书中所描述的不需要对摄像机定标的三维重建)，一定条件下提高了系统对噪声的鲁棒性，而这些确实是许多实用计算机视觉系统极为需要的品质．

本书全面介绍了近10年来发展的基于几何的计算机视觉计算方法及其数学基础．除了上述内容外，多摄像机视图几何及其计算方法也非常值得读者关注．这是因为当前计算机的性能价格比大大提高，使人们有条件在视觉系统中使用更多的摄像机，以利用冗余的信息来换取系统对噪声的鲁棒性．系统对噪声的鲁棒性一直是实用计算机视觉系统的瓶颈问题，解决该问题的可能办法是：提高摄像机的分辨率、多摄像机方法和近年来大量引进的统计最优化鲁棒算法(本书许多章节也有描述)．

安徽大学的老师们将本书译成中文，是一件很有益的工作．我曾长期讲授计算机视觉课程，深感我国工科大学研究生缺乏现代几何的有关知识，对近10年来发展的基于几何的计算机视觉计算方法的本质接受较慢．本书比较系统地介绍了射影几何，在各章节中也注意介绍有关数学基础，使即使缺少这方面系统知识的工科学生也能接受，应该对我国专门从事计算机视觉研究的读者有较高的参考价值．本书对从事相关数学领域研究的人士也值得一读，计算机视觉涉及的数学量大面广，是一个典型的数学工作者可有用武之地的领域．

由于本书是介绍计算机视觉中一个分支的很专业的书，为了使初学者对其背景有一点了解，我对本书的内容和特点做了上述介绍，以此为中译本序，不一定准确，望读者批评指正．

**中国科学院自动化研究所　马颂德**

# 原书序

20世纪60年代,在人工智能领域的带头专家眼里,使计算机具有视觉功能充其量只是属于暑期学生设计的事.40多年以后这一问题仍然没有解决并且似乎还很艰难.计算机视觉这一领域本身已成为一门与数学和计算机科学都有很强联系的学科,同时它与物理、感知心理学和神经科学也有一定的联系.

造成任务失败的一种可能的原因是研究者忽略了这样的事实:动物和人类的感知,特别是视觉感知比当初想象的要复杂得多,也许是因为此所谓的单纯类比造成的苦恼.当然没有理由要求计算机视觉算法一定要模仿生物,但事实是:

(1)生物视觉工作的方式仍有许多未知的东西,因而难以在计算机上模拟.

(2)企图忽略生物视觉而重新发明一种基于硅片的视觉并没有当初想象的那样容易实现.

除这些负面的评论外,计算机视觉方面的研究者在实践和理论两个方面都已经获得了某些显著的成功.

在实践方面,举一个例子说明,用计算机视觉技术引导汽车等交通工具在规则道路或崎岖的地形上行驶已成为可能,并且许多年前就在欧洲、美国和日本演示过.引导车辆需要相当复杂的实时分析3维动态景物的能力.今天,汽车制造商已逐步地将其中的某些功能集成到他们的产品中去.

在理论方面,几何计算机视觉领域已经取得了一些显著的进展.其中包括把从不同视点观察到的物体表观的变化描述成一个关于物体形状和摄像机参数的函数.如果不是应用相当复杂的数学技术,是不可能取得这样的成就的.上述数学技术囊括了几何的许多领域,既有古代的也有现代的.这本书特别对世界中物体的图像间存在的复杂而又美妙的几何关系加以研究.对这些关系加以分析本身是很重要的,因为提供对视觉表观的解释是科学的目标之一.同时研究它们的另一个重要原因是对它们的理解将促使应用的范围越来越广.

这本书的两位作者是几何计算机视觉领域的开拓者和专家.他们在具有挑战的领域取得了成功,即把理解几何概念所必需的数学知识表达得浅显易懂,把他们以及全世界的其他学者获得的成果覆盖得很全面,分析了几何与图像测量必含噪声这一事实之间的相互影响,把许多理论成果表达成算法的形式,从而使它们能够很容易地被转换成计算机代码,并且给出了许多真实的例子来解释概念,展示了理论的应用范围.

回到使计算机具有视觉功能的初衷,我们也许想知道这种工作是不是在正确的方向上.我必须让本书的读者来回答这个问题,并且我相信读者会赞同如下的断言:任何一个打算用摄像机连接计算机的系统设计者都不会忽略这项工作.这可能是在定义使一台计算机具有视觉功能到底意味着什么这个方向上重要的一步.

**Olivier Faugeras**

# 原书前言

过去十多年里,计算机视觉在多视图几何的理解和建模方向已得到迅速发展. 理论和实践已达到成熟的程度,其中十多年前未解决并且经常被认为是无法解决的问题已经有了非常好的结果. 这些任务和算法包括:

(1)给定两幅图像而不附带其他信息,计算图像之间的匹配、产生这些匹配的点的3D位置以及得到这些图像的摄像机.

(2)给定三幅图像并不附带其他信息,类似地计算图像之间点和直线的匹配,以及这些点和直线的3D位置和摄像机.

(3)在不需要标定物体的情况下,计算立体装置的对极几何以及三目装置的三焦点几何.

(4)由自然景物的图像序列来计算摄像机的内标定(即"在播放中"标定).

这些算法与众不同的特点是它们是**未标定的**——不必要知道或不必首先计算摄像机的内参数(例如焦距).

支撑这些算法的基础是一种新的、更完整的关于多幅未标定视图的几何理论的理解:所包含的参数数目,成像于视图中的点和直线之间的约束,以及由图像对应恢复摄像机和3维空间点. 例如,确定一副双眼装置的对极几何仅需要指定7个参数,不需要对摄像机进行标定. 这些参数可以由7个或更多的图像点来对应确定. 与此非标定的路线相反,10年前采用了预先标定的路线:每个摄像机必须首先用工程上仔细标定的并且已知几何的物体的图像进行标定. 标定涉及确定每一个摄像机的11个参数,然后由这样两组11个参数的数据才能计算对极几何.

该例子说明未标定(射影)方法的重要性——采用适宜的几何表达可使计算中每一阶段所需要的参数更明晰. 这样避免了计算那些对最后结果没有影响的参数,并得到更简单的算法. 同时,在这里需要纠正一种可能的误解. 在未标定框架中,实体(例如3维空间点)通常在一个准确定义的多义性下恢复,这种多义性并不表示点被不良估计.

更贴近实际来看,通常不可能对摄像机进行一次标定后就永久有效,例如摄像机被移动了(在移动车上)或内部参数改变了(具有变焦的侦察摄像机). 进一步说,在某些情况下标定信息并不能简单得到. 想象如下情况:由视频序列计算摄像机的运动,或由归档的胶片构造虚拟现实的模型,其中运动和内标定信息都是未知的.

在多视图几何方面之所以取得成功是因为我们关于理论理解方面的进展,同时也是由于由图像估计数学目标的提高. 第一个提高是关注了必须在超定系统中最小化的误差——不论它是代数的、几何的或是统计的;第二个提高是使用了鲁棒估计算法(例如RANSAC),使得估计不受数据中"野值"的影响. 同时,这些技术产生强有力的搜索和匹配算法.

可以说许多重构的问题现在已经解决. 这些问题包括:

(1)由图像点对应估计多焦点张量,特别是基本矩阵和三焦点张量(四焦点张量还没有得

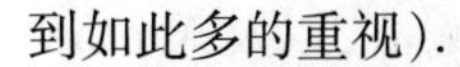

到如此多的重视).

(2)从这些张量恢复摄像机矩阵,然后由两幅、三幅和四幅视图实现射影重构.

在其他方面也取得了显著成就,虽然关于这些问题可能还有更多东西需要研究.例如:

(1)应用捆集调整去解决更一般的重构问题.

(2)给定关于摄像机矩阵的最小假定下实现度量(欧氏)重构.

(3)在图像序列中自动检测对应关系并使用多焦点张量关系消除野值和伪匹配.

**本书安排:**本书分六篇并有七个短附录.每篇引入一个新的几何关系:基础知识中的单应、单视图中的摄像机矩阵、两视图中的基本矩阵、三视图中的三焦点张量和四视图中的四焦点张量.在每篇中,有一章介绍该几何关系及其性质和应用,而伴随章介绍由图像测量来估计它的算法.估计算法从简单、节省的方法一直介绍到相信是目前所得到的最佳算法.

**第0篇:基础知识:射影几何、变换和估计.** 这一篇比起其他篇来说更像是教材.它介绍了2维空间和3维空间射影几何的中心思想(例如理想点和绝对二次曲线);该几何可以如何表示、处理和估计;以及该几何如何与计算机视觉中各种目标相关联,例如平面的图像矫正以消除透射失真.

**第1篇:摄像机几何和单视图几何.** 这里定义了从3维空间到图像的透视投影的各种摄像机模型并对它们进行剖析.介绍了用传统的标定物体技术对它们进行估计,以及由消影点和消影线进行摄像机标定.

**第2篇:两视图几何.** 这部分介绍了两摄像机的对极几何、由图像点对应的射影重构、解决射影多义性的方法、最佳三角测量,以及通过平面实现视图之间的转移.

**第3篇:三视图几何.** 这里介绍了三个摄像机的三焦点几何,包括由两视图得到的点对应向第三幅视图的转移,类似地,还有直线对应的转移,由点和直线的对应来计算几何并求取摄像机矩阵.

**第4篇:*N*视图几何.** 本篇有两个目的.第一,它把三视图几何扩展到四视图(一个较小的扩展),并介绍了可用于*N*视图的估计方法,例如Tomasi和Kanade提出的用于由多幅图像同时计算结构和运动的分解算法.第二,它涵盖了前面章节中已经涉及的一些主题,但通过强调它们的共性可得到更全面、更一致的理解.所给出的例子包括推导关于对应、自标定和多义性解等方面的多线性视图约束.

**第5篇:附录.** 这里进一步给出关于张量、统计、参数估计、线性和矩阵代数、迭代估计、稀疏矩阵系统的解法和特殊的射影变换等背景材料.

**致谢:**我们从同事的思想和讨论中受益匪浅,他们是Paul Beardsley, Stefan Carlsson, Olivier Faugeras, Andrew Fitzgibbon, Jitendra Malik, Steve Maybank, Amnon Shashua, Phil Torr, Bill Triggs.

如果本书中只有很少的错误,那么应归功于Antonio Criminisi, David Liebowitz和Frederik Schaffalitzky,他们花费了大量的精力阅读了本书的大部分内容,并提出了许多改进建议.同样,Peter Sturm和Bill Triggs也对各章提出了许多改进建议.我们感谢阅读了不同章节的其他同事:David Capel, Lourdes de Agapito Vicente, Bob Kaucic, Steve Maybank, Peter Tu.

我们特别感谢多幅图的提供者:Paul Beardsley, Antonio Criminisi, Andrew Fitzgibbon, David Liebowitz和Larry Shapiro;和个别图的提供者:Martin Armstrong, David Capel, Lourdes de Agapito Vicente, Eric Hayman, Phil Pritchett, Luc Robert, Cordelia Schmid,以及在图的说明中明确致谢的人.

我们感谢剑桥大学出版社的 David Tranah 不断给出建议和他持久的耐心,以及 Michael Behrend 出色的编辑工作.

少量的小错误已经在重印版本中修正,我们感谢以下读者指出这些错误,他们是 Luis Baumela, Niclas Borlin, Mike Brooks, Jun ho. Choi, Wojciech Chojnacki, Carlo Colombo, Nicolas Dano, Andrew Fitzgibbon, Bogdan Georgescu, Fredrik Kahl, Bob Kaucic, Jae-Hak Kim, Hansung Lee, Dennis Maier, Karsten Muelhmann, David Nister, Andreas Olsson, Stéphane Paris, Frederik Schaffalitzky, Bill Severson, Pedro Lopez de Teruel Alcolea, Bernard Thiesse, Ken Thornton, Magdalena Urbanek, Gergely Vass, Eugene Vendrovsky, Sui Wei 和 Tomáš Werner.

**第 2 版**:这本新的平装版做了一些扩展,包括自 2000 年 7 月第 1 版出版以来的一些进展. 例如,本书现涵盖了当场景中有一张平面可见时,射影情形下的闭形式分解方法的发现和仿射分解到非刚性场景的扩展. 我们还扩展了关于单视图几何(第 8 章)和三视图几何(第 15 章)的讨论,并增加了一个关于参数估计的附录.

在准备第 2 版时,我们非常感谢同事所给出的改进和增加的建议. 他们是 Marc Pollefeys, Bill Triggs,特别是提供了出色和全面意见的 Tomáš Werner. 我们还感谢 Antonio Criminisi, Andrew Fitzgibbon, Rob Fergus, David Liebowitz,特别是 Josef Ŝivic,感谢他对部分新内容进行校对并给出了非常有帮助的意见. 我们一如既往地感谢剑桥大学出版社的 David Tranah.

本书中的图可以从以下网站下载

http://www.robots.ox.ac.uk/~vgg/hzbook.html

从这个网站还可以获得几个算法的 MATLAB 代码,以及早期印刷的勘误表.

# 目　录

## 第1篇 摄像机几何和单视图几何

## 第2篇 两视图几何

## 第 3 篇 三视图几何

## 第4篇 N视图几何

# 第1章 概论——多视图几何之旅

这章是本书所涵盖的最主要思想的一个概述．它给出这些主题的一种**非正式**叙述．精确、明确的定义，周密的代数和精细编写的估计算法描述将在本书第2章及后面的章节中给出．在整个概述中，我们一般不给出到后面章节的具体指针．所提到的内容可以通过使用目录来锁定．

## 1.1 引言——无处不在的射影几何

我们都熟悉射影变换．当我们观看一幅图时，我们看到的正方形不是正方形，或圆不是圆．把这些平面物体映射到图上的变换是射影变换的一个例子．

那么，哪种几何性质被射影变换保留？当然，不是形状，因为一个圆看上去可能是一个椭圆．也不是长度，因为一个圆的两根垂直的半径被射影变换拉伸了不同的量．角度、距离、距离比——这些一个都没有被保留，也许看上去一个射影变换保存非常少的几何性质．然而，一个被保留的属性是直线度．其实这是关于该映射的最一般的要求，我们可以定义一张平面的射影变换为平面上保持直线的任何点映射．

为了理解为什么需要射影几何，我们从熟悉的欧氏几何开始．它是描述物体的角度和形状的几何．欧氏几何造成麻烦的一个主要方面是——为了推理该几何的一些基本概念，我们需要不断地给出例外，例如直线的交点．两条直线（这里只考虑2维几何）几乎总是交于一个点，但存在某些直线对并不是如此——那些被我们称为平行的直线对．为了绕开它，一种常见的语言策略是说平行线交于"无穷远"．然而这并不能完全令人信服，并且这与另一个声明冲突，即无穷远不存在，只是一个为了理解方便的虚构．我们可以规避这个问题：利用在平行线相交处添加这些无穷远点来扩充欧氏平面，并通过称它们为"理想点"来解决无穷远的问题．

通过添加这些无穷远点，熟悉的欧氏空间被变换成一种新型的几何体——射影空间．这是一种非常有用的思维方式，因为我们熟悉欧氏空间的性质，涉及的概念有距离、角度、点、直线和关联等．射影空间不存在很神秘的东西——它只是欧氏空间的一个扩展，其中两条直线总相交于一点，虽然有时在无穷远的神秘点上．

**坐标**　在2维欧氏空间中，一个点被表示为有序的实数对$(x,y)$．我们可以给该对加上一个额外的坐标，给出一个三元组$(x,y,1)$，我们声称它表示同一个点．这似乎是完全无妨的，因为我们可以简单地通过加上或删除最后一个坐标而从该点的一种表示转换到另一种表示．我们现在走到重要的概念阶段，问为什么最后一个坐标需要是1——毕竟其他两个坐标没有这样的约束．一个坐标三元组$(x,y,2)$是什么？这里给出一个定义，并称$(x,y,1)$和$(2x,2y,2)$代表同一点,更进一步地,对任何非零值 $k$,$(kx,ky,k)$ 也表示同一点. 正式的说法是点被表示为坐标三元组的**等价类**,其中,当两个三元组相差一个公共倍数时,它们是等价的. 这些被称为点的**齐次坐标**. 给定一个坐标三元组$(kx,ky,k)$,我们可以通过除以 $k$ 得到$(x,y)$而回到原始坐标.

读者会观察到,虽然$(x,y,1)$与坐标对$(x,y)$代表相同点,但是没有点对应三元组$(x,y,0)$. 如果我们试图除以最后的坐标,将得到点$(x/0,y/0)$,它是无穷大的. 这就是无穷远点是如何产生的. 它们是由最后一个坐标为零的齐次坐标表示的点.

一旦我们理解了在 2 维欧氏空间中如何进行这种操作,通过把点表示为齐次向量将欧氏空间扩展到射影空间,显然我们可以在任何维中做同样的事情. 通过把点表示为齐次向量,欧氏空间 $\mathrm{IR}^n$可以扩展到射影空间 $\mathrm{IP}^n$. 结果证明,2 维射影空间中的无穷远点形成一条线,通常被称为**无穷远直线**. 在 3 维中,它们形成**无穷远平面**.

**齐次性** 在经典的欧氏几何中,所有的点都是相同的. 不存在特殊的点. 整个空间是齐次的. 当加上坐标后,有一点被选出作为原点. 然而,重要的是要认识到这仅仅是偶然选择的特定的坐标系. 我们也可以找到坐标化平面的不同途径,其中一个不同点被认定为原点. 事实上,我们可以认为这是欧氏空间中坐标的变化,其中的轴线被移位和旋转到不同的位置. 我们也许可以换一种方式来思考,认为这是空间本身位移和旋转到一个不同的位置. 这样产生的操作被称为欧氏变换.

一个更一般的变换类型是对 $\mathrm{IR}^n$施加一个线性变换,接着一个移动空间原点的欧氏变换. 我们也可以认为这是空间的移动、旋转和最终线性**拉伸**(可能在不同方向上按不同比率拉伸). 由此产生的变换被称为**仿射**变换.

无论是欧氏还是仿射变换的结果,无穷远点保持在无穷远. 通过这样的变换,这些点以某种方式(至少作为一个集合)被保持. 它们在某种程度上是欧氏或**仿射**几何中显著的或专门的内容.

从射影几何的角度,无穷远点与其他点没有任何区别. 正如欧氏空间是均匀的,射影空间也如此. 在齐次坐标表示中,无穷远点最后的坐标为零的性质只是坐标系选择的偶然. 通过与欧氏或仿射变换的类比,我们可以定义射影空间的**射影变换**. 欧氏空间 $\mathrm{IR}^n$的一个线性变换是用矩阵乘以点的坐标来表示. 同样地,射影空间 $\mathrm{IP}^n$ 的射影变换是一个表示点的齐次坐标($(n+1)$维向量)的映射,其中坐标向量被乘以一个非奇异矩阵. 在这样的映射下,无穷远点(最后坐标为零)被映射到其他任意点. 无穷远点不被保持. 因此,射影空间 $\mathrm{IP}^n$的射影变换被表示为齐次坐标的线性变换

$$\mathbf{X}' = \mathrm{H}_{(n+1)\times(n+1)}\mathbf{X}$$

在计算机视觉问题中,射影空间被用作表示真实 3 维世界的一种方便途径,把真实 3 维世界扩展到 3 维(3D)射影空间. 类似地,为了方便扩展,将通常由世界投影到 2 维表示形成的图像看成是处在 2 维射影空间中. 在现实中,真实世界和它的图像不包含无穷远点,我们需要特别小心地处理这些虚构的点,即图像中的无穷远直线和世界中的无穷远平面. 由于这个原因,虽然我们通常在射影空间中操作,但我们清楚无穷远直线和平面在某种意义上是特殊的. 这违背了纯粹射影几何的精神,但这样做对实际问题有益. 一般来说,我们试图用两种途径来处理,一般情况下,我们把射影空间中所有的点看成是平等的,而在必要时,把空间中的无穷远平面或图像中的无穷远直线挑出来.

### 1.1.1 仿射和欧氏几何

我们已经看到,通过在欧氏空间添加无穷远直线(或平面)可以获得射影空间. 我们现在考虑返回的逆过程. 讨论主要涉及2维和3维射影空间.

**仿射几何** 我们将采取的观点是,射影空间原本是齐次的,没有首选的特定的坐标系. 在这样的空间里,没有平行线的概念,因为平行线(或3维情形中的平面)在无穷远相交. 然而,在射影空间中,不存在无穷远点的概念——所有的点都是平等的. 我们说平行度不是一个射影几何概念. 谈论它是毫无意义的.

为了使这个概念合理,我们需要选出某条特殊的直线,并指定为无穷远直线. 这就产生了这样一种情形:虽然所有的点被等价产生,有一些比其他的更为等价. 因此,从一张空白的纸开始,想象它延伸到无穷远,并形成一个射影空间 $\mathbb{P}^2$. 我们能看到的只是该空间的一小部分,看起来很像一块普通欧氏平面. 现在,让我们在纸上画一条直线,并声称这是无穷远直线. 下一步,我们绘制相交于这条特殊直线的另外两条直线. 因为它们相交于“无穷远直线”上,我们定义它们是平行的. 这种情形类似于一个人观看一张无穷远平面. 想象拍摄地球上一个非常平坦地区的一张照片. 在此平面中的无穷远点在图像中显示为地平线. 像铁轨一样的直线在图像中显示为交于地平线的直线. 图像中在地平线上方的点(天空的图像)显然不对应于世界平面上的点. 然而,如果我们想象在摄像机后将相应的光线向后延伸,它将与平面交于摄像机后面的一个点. 因此,图像中的点与世界平面中的点存在一一对应关系. 世界平面中的无穷远点对应于图像中的一条真实的地平线,而且世界中的平行线对应相交于地平线的直线. 根据我们的观点,世界平面及其图像只是以另一方式观看射影平面加上一条特殊的直线的几何. 射影平面和一条特殊直线组成的几何被称为**仿射几何**,将一个空间中的特殊直线映射到另一个空间中的特殊直线的任何射影变换被称为**仿射变换**.

通过辨认一条特殊直线为“无穷远直线”,我们能够定义在平面中直线的并行性. 不管怎样,一旦可以定义并行性,某些其他概念也变得合理. 例如,我们可以定义在平行线上两点之间区间的相等. 例如,如果 $A,B,C,D$ 是点并且直线 $AB$ 和 $CD$ 是平行的,那么我们定义两区间 $AB$ 和 $CD$ **等长**,如果直线 $AC$ 和 $BD$ 也是平行的. 类似地,定义同一直线上的两个区间相等,如果存在一条平行线上的另一个区间与这两者都相等.

**欧氏几何** 通过在射影平面中区分一条特殊的直线,我们获得平行的概念和伴随它的**仿射几何**. 仿射几何被视为射影几何的特殊化,其中挑出一条特殊的直线(或平面——取决于维度),并称其为无穷远直线.

接下来,我们转向欧氏几何,并指出通过在无穷远直线或平面中挑出某些特殊的角色,仿射几何转变为欧氏几何. 为此,我们引入本书中最重要的概念之一:**绝对二次曲线**.

我们从考虑2维几何开始,并从圆出发. 请注意,圆不是仿射几何的概念,因为平面的任意拉伸保持无穷远直线,但把圆变成椭圆. 因此,仿射几何不区分圆和椭圆.

然而,在欧氏几何中,它们是不同的,并有一个重要的区别. 在代数上,椭圆由一个二次方程描述. 因此可预期两个椭圆一般相交于四个点,并且的确如此. 然而很明显,在几何上,两个不同圆的相交不会超过两点. 代数上,我们是在把两条二阶曲线相交,或等价地求解两个二次方程. 我们应该预计得到四个解. 问题是,圆有什么特殊性使得它们只相交于两点.

这个问题的答案是当然还存在另外两个解,两个圆相交于另外两个**复值**的点. 我们不用花很大精力就能找到这两点.

在齐次坐标$(x,y,w)$中,一个圆的方程具有形式

$$(x-aw)^2+(y-bw)^2=r^2w^2$$

它表示圆心的齐次坐标为$(x_0,y_0,w_0)^{\mathrm{T}}=(a,b,1)^{\mathrm{T}}$的圆. 可很快验证:点$(x,y,w)^{\mathrm{T}}=(1,\pm i,0)^{\mathrm{T}}$在每一个这样的圆上. 重复这个有趣的事实,每个圆都通过点$(1,\pm i,0)^{\mathrm{T}}$,因此它们位于任何两个圆的交点上. 因为它们的最后一个坐标是零,这两个点在无穷远直线上. 根据此显而易见的理由,它们被称为平面的**虚圆点**. 请注意,虽然这两个虚圆点是复值,它们满足一对实方程: $x^2+y^2=0;w=0$.

这一观察为如何定义欧氏几何给出了提示. 通过先挑出一条无穷远直线,再在这条直线上挑出被称为**虚圆点**的两个点,就可由射影几何产生欧氏几何. 当然虚圆点是复值点,但大多数情况下我们对此不太担心. 现在,我们可以定义一个圆为通过这两个虚圆点的任意二次曲线(由二次方程定义的曲线). 请注意,在标准欧氏坐标系中,虚圆点具有坐标$(1,\pm i,0)^{\mathrm{T}}$. 然而,在把一个欧氏结构赋给一个射影平面时,我们可以指定任何一条直线和该直线上任何两个(复值)点为无穷远直线和虚圆点.

作为应用这个观点的一个例子,我们注意到,一条一般的二次曲线可能由平面中的五个任意点得到,可以通过数一般二次方程$ax^2+by^2+\cdots+fw^2=0$系数的个数得知. 另一方面,一个圆仅由三个点定义. 看待它的另一种方式是它是通过两个特殊点(即虚圆点)及另外三个点的一条二次曲线,因此如任何其他的二次曲线一样,它需要五个点来唯一地确定.

这应该不是一件意想不到的事,挑选出两个虚圆点的结果使我们获得了整个所熟悉的欧氏几何. 特别是,诸如角度和长度的比率等概念可以用虚圆点来定义. 然而,这些概念更容易用欧氏平面的某坐标系来定义,如将在后面的章节中所看到的.

**3D 欧氏几何** 我们已看到通过指定一条无穷远直线和一对虚圆点,如何根据射影平面来定义欧氏平面. 同样的思想可以应用到3D 几何. 同2 维情形中一样,我们可仔细观察球面以及它们如何相交. 两个球面相交于一个圆,而不是如代数所说的:两个一般的椭球面(或其他的二次曲面)相交于一条一般的四次曲线. 这一思路导致发现在齐次坐标$(\mathrm{X},\mathrm{Y},\mathrm{Z},\mathrm{T})^{\mathrm{T}}$中所有的球面与无穷远平面相交于一条方程为$\mathrm{X}^2+\mathrm{Y}^2+\mathrm{Z}^2=0,\mathrm{T}=0$的曲线. 这是无穷远平面上的一条二次曲线,并且仅由复值的点组成. 它被称为**绝对二次曲线**,并且是本书中的关键几何实体之一,最特别地是因为它与摄像机标定相关联,正如将在下文中所看到的.

绝对二次曲线只在欧氏坐标系中由上述方程定义. 一般我们可以认为3D 欧氏空间由射影空间导出,通过挑出一张特定的平面作为无穷远平面,并指定该平面上的一条具体二次曲线作为绝对二次曲线. 这些实体在射影空间坐标系中可能具有相当普遍的描述.

这里我们不详细介绍如何由绝对二次曲线确定整个3D 欧氏几何. 举个例子就行了. 空间直线的垂直度在仿射几何中不是一个有效的概念,但它属于欧氏几何. 直线的垂直度可根据绝对二次曲线定义如下. 延伸直线直到它们在无穷远平面相交,我们得到两个点,并称为这两条直线的方向. 两条直线的垂直度根据这两个方向与绝对二次曲线的关系来定义. 如果这两个方向关于绝对二次曲线是共轭点,则这两条直线是垂直的(参见图3.8). 共轭点的几何和代数表示在2.8.1 节中定义. 简要地说,如果绝对二次曲线由一个$3\times3$的对称矩阵$\Omega_\infty$表示,方向是点$\mathbf{d}_1$和$\mathbf{d}_2$,那么如果$\mathbf{d}_1^{\mathrm{T}}\Omega_\infty\mathbf{d}_2=0$,则它们关于$\Omega_\infty$共轭. 更一般地,在任意坐标系中,角度可以用绝对二次曲线来定义,如式(3.23)所表示的那样.

## 1.2　摄像机投影

本书最重要的主题之一是图像的形成过程(即 3 维世界的一种 2 维表示的形成),以及关于图像中所显示信息的 3D 结构我们可以推断出什么.

从 3 维世界降到 2 维图像是一个投影过程,在此过程中我们失去了一维.建模这个过程的常用方式是利用**中心投影**,由空间中的一个点引出一条从 3D 世界点到空间中的一个固定点(**投影中心**)的射线.这条射线将与空间中被选为**图像平面**的具体平面相交.射线与图像平面的交点表示该点的图像.如果 3D 结构位于一张平面上,那么维数没有减少.

这个模型符合一个摄像机的简单模型,其中,由世界中一个点发出的光线经过摄像机的镜头并撞击在胶片或数字设备上,产生该点的图像.忽略诸如聚焦和透镜厚度等的影响,一个合理的近似是,所有的光线都通过一个点:透镜的中心.

在把射影几何应用到成像过程中,习惯上把世界建模为一个 3D 射影空间,等于 $\mathbb{R}^3$ 加上无穷远点.类似地,图像模型是 2D 射影平面 $\mathbb{P}^2$.中心投影就是从 $\mathbb{P}^3$ 到 $\mathbb{P}^2$ 的一个映射.如果我们把 $\mathbb{P}^3$ 中的点写成齐次坐标 $(X,Y,Z,T)^{\mathsf{T}}$,并设投影中心为原点 $(0,0,0,1)^{\mathsf{T}}$,那么可以看到,X,Y 和 Z 固定但 T 不同的所有点 $(X,Y,Z,T)^{\mathsf{T}}$ 的集合形成通过投影中心点的单根射线,从而全部被映射到同一点.因此,$(X,Y,Z,T)^{\mathsf{T}}$ 最后的坐标与点在什么地方被成像无关.事实上,图像点是 $\mathbb{P}^2$ 中的点,具有齐次坐标 $(X,Y,Z)^{\mathsf{T}}$.因此,该映射可以由 3D 齐次坐标的一个映射表示,这里由一个具有块结构 $P=[I_{3\times3}\mid\mathbf{0}_3]$ 的 $3\times4$ 矩阵 P 表示,其中 $I_{3\times3}$ 为单位矩阵,$\mathbf{0}_3$ 为 3 维零向量.为允许不同的投影中心以及图像中不同的射影坐标系,事实证明,最一般的成像投影由一个秩为 3 的任意 $3\times4$ 矩阵表示,作用于 $\mathbb{P}^3$ 中点的齐次坐标,并将其映射到 $\mathbb{P}^2$ 中的成像点.这个矩阵 P 被称为摄像机矩阵.

总之,一个射影摄像机关于一个空间点的作用可以用齐次坐标的一个线性映射表示为

$$\begin{pmatrix} x \\ y \\ w \end{pmatrix} = P_{3\times4}\begin{pmatrix} X \\ Y \\ Z \\ T \end{pmatrix}$$

而且,如果所有的点在一张平面上(可以选择此平面为 $Z=0$),那么该线性映射简化为

$$\begin{pmatrix} x \\ y \\ w \end{pmatrix} = H_{3\times3}\begin{pmatrix} X \\ Y \\ T \end{pmatrix}$$

这是一个射影变换.

**把摄像机看作点**　在一个中心投影中,$\mathbb{P}^3$ 中的点被映射到 $\mathbb{P}^2$ 中的点,一条射线中所有的点都通过投影中心被投影到一幅图像中的同一点.基于图像投影的目的,可以认为沿着这条射线的所有点是等价的.我们可以再进一步,认为通过投影中心的这条射线表示图像点.因此所有图像点的集合与通过摄像机中心的射线集合是相同的.如果我们把从 $(0,0,0,1)^{\mathsf{T}}$ 发出并通过点 $(X,Y,Z,T)^{\mathsf{T}}$ 的射线用其前三个坐标 $(X,Y,Z)^{\mathsf{T}}$ 表示,则容易看出,对于任何常数 $k$,$k(X,Y,Z)^{\mathsf{T}}$ 表示同一射线.因此射线本身由齐次坐标来表示.事实上,它们构成了射线的一个 2D 空间.这组射线本身可以认为是图像空间 $\mathbb{P}^2$ 的一种表示.在这种图像表示中,最重

要的是摄像机中心,因为它决定了形成图像的射线集合. 表示由同一投影中心的图像形成的不同摄像机矩阵只反映形成图像的射线集合的不同坐标系. 因此从空间同一点拍摄的两幅图像是射影等价的. 只有当我们开始测量图像中的点时,才需要指定图像的特定坐标系. 只有那时,才有必要指定一个特定的摄像机矩阵. 简言之,对视场取模并且暂时忽略它,同一个摄像机中心获得的所有图像是等价的——它们可以通过射影变换相互映射,而不需要关于 3D 点或摄像机中心位置的任何信息. 这些问题在图 1.1 中说明.

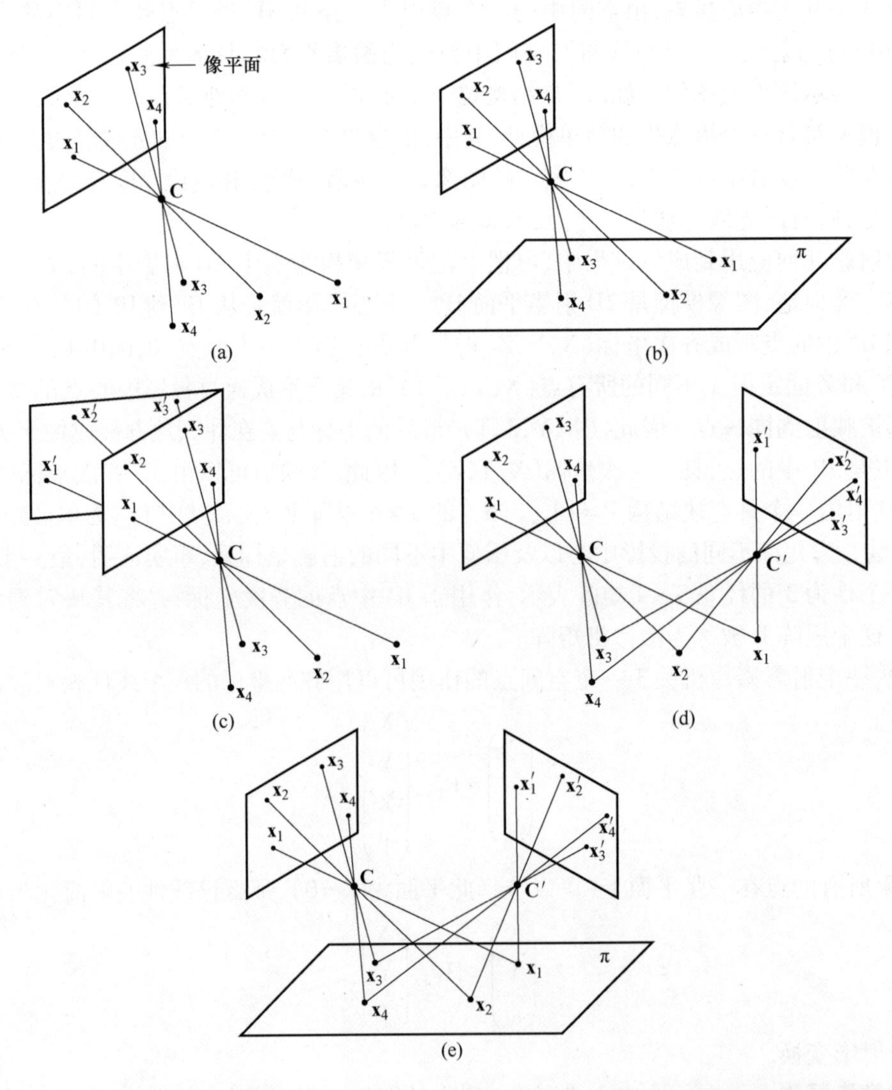


**图 1.1　把摄像机看成点**. (a)图像的形成:图像点 $\mathbf{x}_i$是一张平面与射线的交点,射线从空间点 $\mathbf{X}_i$发出并通过摄像机中心 $\mathbf{C}$. (b)如果空间点是共面的,那么世界和图像平面之间存在一个射影变换 $\mathbf{x}_i = \mathrm{H}_{3\times3}\mathbf{X}_i$. (c)同一摄像机中心的所有图像都由一个射影变换 $\mathbf{x}'_i = \mathrm{H}'_{3\times3}\mathbf{x}_i$关联. 比较(b)和(c)——在这两种情形下,平面由通过一个中心的射线相互映射. (b)中是一个场景和图像平面之间的映射,(c)中是两张图像平面之间的映射. (d)如果摄像机的中心移动,那么图像一般不由一个射影变换相关联,除非(e)所有的空间点是共面的.

**已标定的摄像机** 为充分理解图像与世界之间的欧氏关系,有必要表达它们相关的欧氏几何. 如我们已经了解的,3D 世界的欧氏几何的确定借助了在 $\mathbb{P}^3$ 中指定一个特定的平面为无穷远平面,并在该平面中指定一条特定的二次曲线 Ω 作为绝对二次曲线. 对于一个不在无穷远平面上的摄像机,世界中的无穷远平面一对一地映射到图像平面上. 这是因为图像中的任一点都定义了空间中与无穷远平面交于单个点的一条射线. 因此,世界中的无穷远平面并没有告诉我们关于图像的什么新信息. 但是,绝对二次曲线作为无穷远平面上的一条二次曲线,必须投影到图像中的一条二次曲线. 得到的图像曲线被称为绝对二次曲线的图像,或 IAC (the Image of the Absolute Conic). 如果一幅图像中 IAC 的位置已知,那么我们说摄像机**已标定**.

在一个已标定的摄像机中,我们有可能确定从图像中两个点反投影得到的两条射线之间的角度. 我们已经了解到,空间两条直线之间的角度由它们在无穷远平面上相对于绝对二次曲线在何处相交来确定. 在一个已标定的摄像机中,无穷远平面和绝对二次曲线 $\Omega_\infty$ 一对一地投影到图像平面和 IAC,记为 $\omega$. 两个图像点和 $\omega$ 之间的射影关系就等于反投影射线与无穷远平面的交点和 $\Omega_\infty$ 之间的关系. 因此,知道了 IAC,可以通过在图像中的直接测量来测量射线之间的角度. 于是,对一个已标定的摄像机,我们可以测量射线之间的角度,计算由图像块所表示的视场,或确定图像中的一个椭圆是否反投影到一个圆锥. 以后,我们会看到它将帮助我们确定重构场景的**欧氏结构**.

**例 1.1 由绘画得到 3D 重构**

在许多情况下,利用射影几何技术有可能从单幅图像重构场景. 没有关于被成像场景的一些假设,这是做不到的. 典型的技术涉及特征的分析,例如平行线和消影点,以确定场景的仿射结构,例如为在图像中观察到的平面确定无穷远直线. 关于场景中观察的角度知识(或假设),特别是正交直线或平面,可用于把仿射重构升级到欧氏结构.

这种技术的完全自动化目前还是不可能的. 然而,射影几何知识可以内置在一个允许用户引导的单视图场景重构系统中.

这种技术已被用于重构 3D 纹理映射的图形模型,取自早期大师的绘画. 开始于文艺复兴时期的绘画用非常精确的透视产生. 图 1.2 中显示了由这种绘画得到的重构.

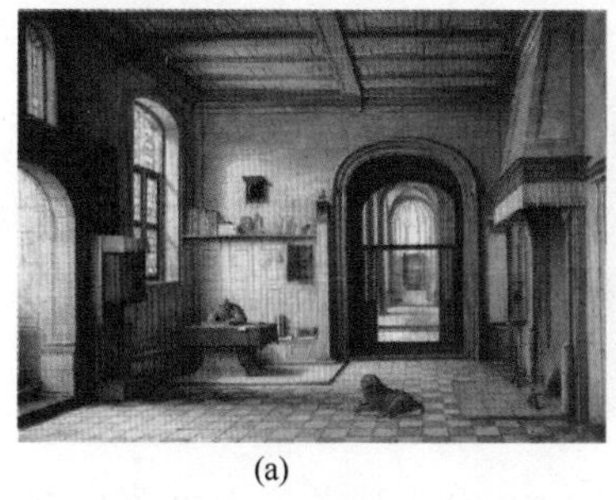
(a)

(b)

(c)

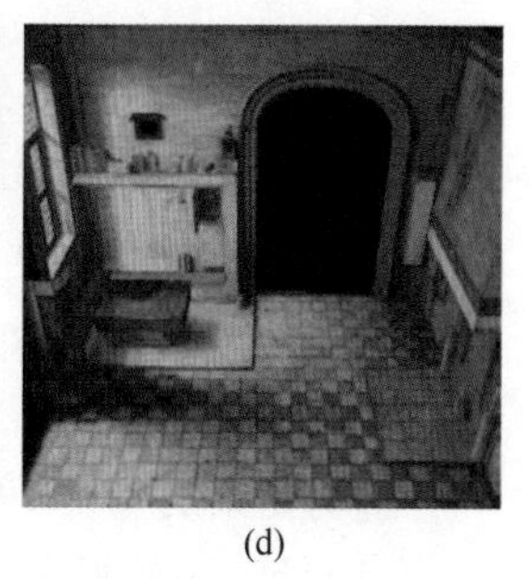
(d)

**图 1.2 单视图重构**. (a) 原始绘画——St. Jerome 在他的书房, 1630 年, Hendrick van Steenwijck (1580—1649), Joseph R. Ritman 的私人收藏,阿姆斯特丹,荷兰. (b)、(c)、(d) 由绘画产生的 3D 模型的视图. 承蒙 Antonio Criminisi提供图.

## 1.3 由一幅以上的视图重构

我们现在转向本书的主要论题之一——由几幅图像重构一个场景．最简单的情形是两幅图像,我们将首先考虑．作为一种数学抽象,我们把讨论限制在仅由点组成的“场景”.

本书中给出的许多算法通常输入的是一组对应点．因此,在两视图情形中,我们考虑两幅图像中的一组对应 $\mathbf{x}_i \leftrightarrow \mathbf{x}'_i$. 假定存在某些摄像机矩阵,P 和 P′,以及 3 维点集 $\mathbf{X}_i$,并按照 $\mathrm{P}\mathbf{X}_i = \mathbf{x}_i$ 和 $\mathrm{P}'\mathbf{X}_i = \mathbf{x}'_i$ 产生这些图像对应．因此,点 $\mathbf{X}_i$ 投影到两个给定的数据点．然而,摄像机(由投影矩阵 P 和 P′表示)和点 $\mathbf{X}_i$ 都未知．我们的任务是确定它们.

从开始就要明白:唯一地确定点的位置是不可能的．这是一个一般的多义性,无论给定多少幅图像,并且即使我们不止有点对应数据,该论断都是成立的．例如,给定一个立方体的几幅图像,不可能说出它的绝对位置(是位于亚的斯亚贝巴的一个夜总会,还是在大英博物馆),它的方位(哪一个面朝北)或它的尺度．我们把它表述为:重构最多能达到世界的相似变换．然而,事实证明,除非已知这两个摄像机标定的一些知识,重构中的多义性是由一个更一般的变换类型——射影变换来表示.

产生这种多义性的原因是,对每一点 $\mathbf{X}_i$ 进行一个射影变换(由一个 4×4 矩阵 H 表示),并将 H 的逆右乘每个摄像机矩阵 $\mathrm{P}_j$,所投影的图像点保持不变,从而

$$\mathrm{P}_j\mathbf{X}_i = (\mathrm{P}_j\mathrm{H}^{-1})(\mathrm{H}\mathbf{X}_i) \tag{1.1}$$

这里没有令人信服的理由说点集和摄像机矩阵的一种选择比另一种好．H 的选择本质上是任意的,即重构有一个射影多义性,或者说是一种**射影重构**.

然而,好在这是可能发生的最坏的情况．在相差一个难以避免的射影多义性下,有可能由两幅视图重构一组点．当然,为了能这样说,我们需要一些条件:必须有足够多的点,至少有七个点,并且它们不能处在各种适定的**临界配置**中的任何一个位置上.

由两幅视图重构点集的基本工具是**基本矩阵**,它表示图像点 $\mathbf{x}$ 和 $\mathbf{x}'$(如果它们是同一个 3D 点的图像)所满足的约束．这种约束产生于两视图的摄像机中心、图像点和空间点的共面性．给定基本矩阵 F,一对匹配点 $\mathbf{x}_i \leftrightarrow \mathbf{x}'_i$ 必须满足

$$\mathbf{x}'^{\mathrm{T}}_i \mathrm{F} \mathbf{x}_i = 0$$

式中,F 是一个秩为 2 的 3×3 矩阵．这些方程关于矩阵 F 中的元素是线性关系,这意味着,如果 F 是未知的,那么它可以从一组对应点中计算得到.

一对摄像机矩阵 P 和 P′唯一确定一个基本矩阵 F;反过来,基本矩阵在相差一个 3D 射影多义性下确定一对摄像机矩阵．因此,基本矩阵囊括了一对摄像机的完整射影几何,而且对 3D 射影变换是不变的.

重构场景的基本矩阵方法非常简单,包括以下步骤:

(1)给定两幅视图的若干对应点 $\mathbf{x}_i \leftrightarrow \mathbf{x}'_i$,基于共面性方程 $\mathbf{x}'^{\mathrm{T}}_i \mathrm{F} \mathbf{x}_i = 0$ 形成关于 F 元素的线性方程.

(2)求 F,它为线性方程组的解.

(3)根据 9.5 节中给出的简单公式,由 F 计算一对摄像机矩阵.

(4)给定两个摄像机(P,P′)和相应的图像点对 $\mathbf{x}_i \leftrightarrow \mathbf{x}'_i$,求投影到给定图像点的 3D 点 $\mathbf{X}_i$.

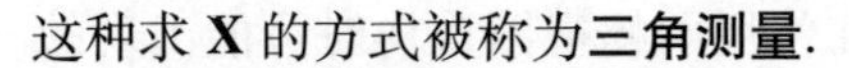

这种求 **X** 的方式被称为**三角测量**.

这里给出的算法仅是一个概要,它的每一部分都在本书中详细研究. 算法不应该直接根据这个简短描述来实现.

## 1.4　三视图几何

1.3 节讨论了如何可能从两视图的一组点来重构点集和摄像机的相对位置. 重构可能仅相差一个空间射影变换,并对摄像机矩阵进行相应的调整.

在本节中,我们考虑三视图的情形. 两视图的基本代数实体是基本矩阵,而对于三视图,这个角色由三焦点张量担当. 三焦点张量是一个 3×3×3 的数的阵列,关联三视图中的对应点或直线的坐标. 正如基本矩阵由两个摄像机矩阵确定,并确定到相差一个射影变换,在三视图中也如此,三焦点张量由三个摄像机矩阵确定,并反过来确定摄像机矩阵,同样相差一个射影变换. 因此,三焦点张量囊括三个摄像机的相关射影几何.

依据在第 15 章中解释的理由,通常把一个张量的一些指标写为下标而另一些写为上标. 这些被称为协变指标和逆变指标. 三焦点张量的形式为 $T_i^{jk}$,有两个上标和一个下标.

三视图中的图像实体之间最基本的关系涉及两条直线和一个点之间的对应. 我们考虑在一幅图像中的点 $\mathbf{x}$ 和另外两幅图像中的两条直线 $\mathbf{l}'$ 和 $\mathbf{l}''$ 之间的对应 $\mathbf{x}\leftrightarrow\mathbf{l}'\leftrightarrow\mathbf{l}''$. 这个关系意味着在空间中有一个点 $\mathbf{X}$ 映射到第一幅图像中的 $\mathbf{x}$,和另外两幅图像中位于直线 $\mathbf{l}'$ 和 $\mathbf{l}''$ 上的点 $\mathbf{x}'$ 和 $\mathbf{x}''$. 从而,这三幅图像的坐标通过三焦点张量关系来关联:

$$\sum_{ijk} x^i l'_j l''_k T_i^{jk} = 0 \tag{1.2}$$

这个关系给出了张量元素之间的一个线性关系. 有了足够多的这种对应,就可能线性地求解张量的元素. 幸运的是,我们可以从一组点对应 $\mathbf{x}_i\leftrightarrow\mathbf{x}'_i\leftrightarrow\mathbf{x}''_i$ 获得更多的方程. 事实上,在这种情形下,我们可以选择通过点 $\mathbf{x}'$ 和 $\mathbf{x}''$ 的任何直线 $\mathbf{l}'$ 和 $\mathbf{l}''$ 来生成式(1.2)类型的关系. 因为通过点 $\mathbf{x}'$ 可以选择两条独立的直线,且通过 $\mathbf{x}''$ 可得到另外两条,我们可以用这种方式获得四个独立的方程. 用这种方式,总计七组点对应就足够线性地计算三焦点张量. 也可以利用非线性方法从最少的六组点对应计算.

然而,这个张量的 27 个元素不是独立的,而是由一组所谓的**内部约束**相关联. 这些约束相当复杂,但满足此约束的张量可以用不同的方式计算,例如,通过使用六点非线性法. 基本矩阵(它是两视图张量)也满足内部约束,但只有一个相对简单的约束:元素服从 $\det F=0$.

如基本矩阵一样,一旦三焦点张量已知,就有可能从它提取三个摄像机矩阵,从而获得场景点和直线的一个重构. 和以往一样,这种重构在相差一个 3D 射影变换下是唯一的,它是一个射影重构.

因此,我们可以把两视图的方法推广到三视图. 使用这种三视图重构方法有两个优点.

(1)它可能使用直线和点对应的混合来计算射影重构. 而在两视图中,只有点对应可以使用.

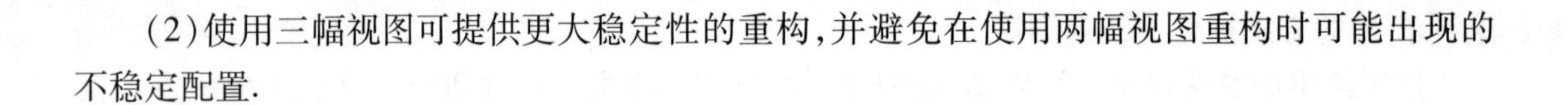


(2)使用三幅视图可提供更大稳定性的重构,并避免在使用两幅视图重构时可能出现的不稳定配置.

## 1.5 四视图几何和 $n$ 视图重构

基于张量的方法有可能更进一步,并定义一个关联四幅视图中可见实体的四焦点张量.但是,这种方法很少被使用,因为计算服从其内部约束的四焦点张量相对困难. 尽管如此,它确实提供了一种非迭代的方法来计算基于四幅视图的一个射影重构. 然而,张量的方法不延伸到超过四幅视图,因此,基于多于四幅视图的重构变得更难.

从多幅视图重构的许多方法已被提出,我们在本书中考虑其中的一部分. 一种方法是使用三视图或两视图技术逐步地进行场景重构. 这种方法可以应用于任何图像序列,但使用时要注意选择正确的三元组,这种方法通常会成功.

目前有一些可以在特定情况下使用的方法. 如果我们能够采用一个被称为**仿射摄像机**的更简单的摄像机模型,重构任务将变得更容易. 只要摄像机到场景的距离相对于场景前后之间的深度差足够大,这种摄像机模型是透射投影的一个合理近似. 如果一组点在所有的 $n$ 视图中都被一个仿射摄像机看见,那么一个著名的算法——**分解算法**,即利用奇异值分解一步就可以同时计算场景结构和特定的摄像机模型. 该算法非常可靠并且实现简单. 它的主要困难在于使用仿射摄像机模型,而不是一个完整的射影模型,并且要求所有的点在所有的视图中都可见.

这种方法已被扩展到射影摄像机,用于一个被称为射影分解的方法. 虽然这种方法一般是符合要求的,但不能被证明在所有情况下都收敛到正确解. 此外,它也需要所有的点在所有的图像中都可见.

$n$ 视图重构的其他方法包含了各种假设,如世界中的四个共面点在所有视图中可见,或者有六个或七个点在序列的所有图像中可见的知识. 适用于特定运动序列的方法,如直线运动、平面运动或单轴(转盘)运动也已被开发.

针对一般重构问题,起支配作用的一套方法是**捆集调整**. 这是一种迭代方法,它试图用一个非线性模型来匹配测得的数据(点对应). 捆集调整的优点是它是一个非常广义的方法,可以应用于广泛的重构和优化问题. 这种方法可以得到问题的最大似然解,对于不准确的图像测量,就模型而言,在某种意义上这是一个最优解.

不幸的是,捆集调整是一个迭代过程,不能保证从任意初始点出发都能收敛到最优解. 关于重构方法的大量研究在寻求容易计算的非最优的解,可以作为捆集调整的初始点. 重构的首选技术一般是一个初始化步骤后跟着一个捆集调整. 通常的印象是捆集调整必然速度慢. 而事实是,当仔细执行时,它相当有效. 本书中的一个长篇附录将涉及捆集调整的有效方法.

使用 $n$ 视图重构技术,有可能从相当长的图像序列中自动地进行重构. 图 1.3 给出一个例子,显示了从 700 帧图像的一个重构.

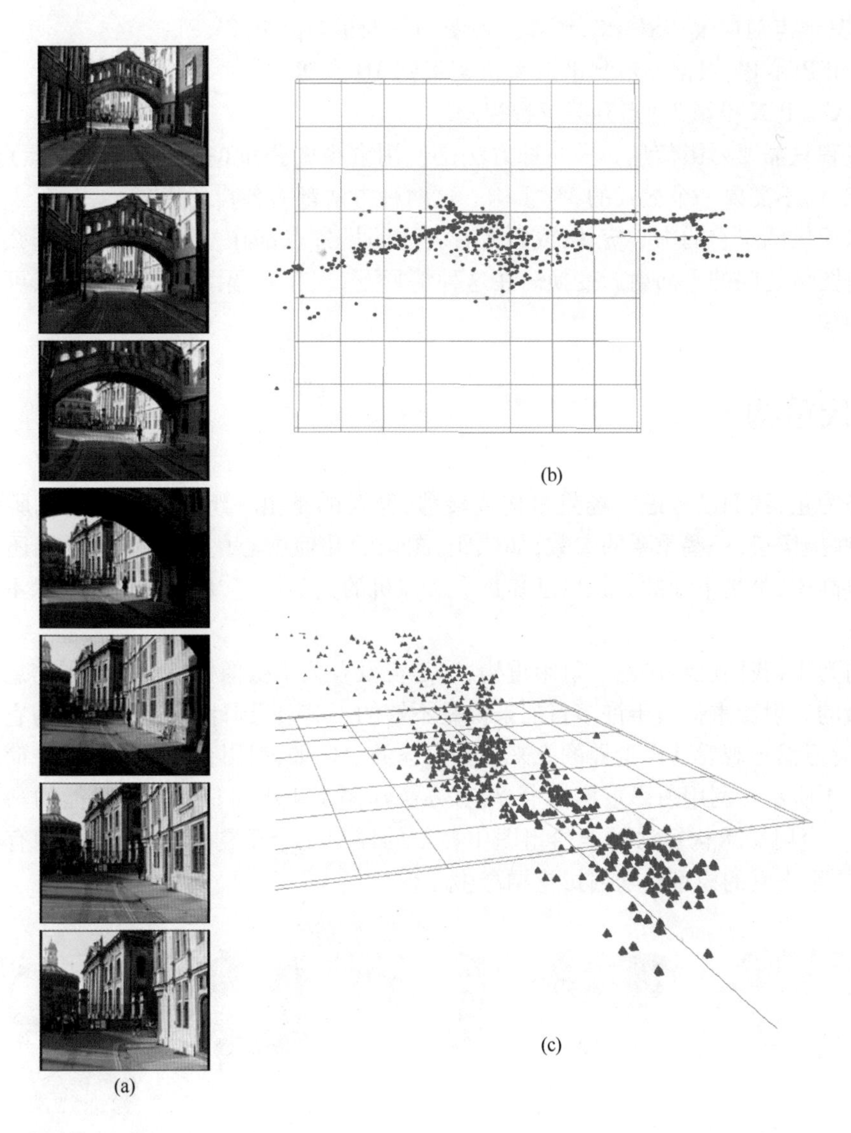


**图 1.3　重构**.(a)由手持摄影机在牛津的一条街上漫步所获得的 700 帧序列图像中的 7 帧.(b)(c)重构点云和摄影机路径的两幅视图. 承蒙 David Capel 和 2d3 (www.2d3.com)提供图.

## 1.6　转移

我们已经讨论了一组图像的 3D 重构. 射影几何的另一个应用是**转移**:给定一个点在一幅(或多幅)图像中的位置,确定它在该组的所有其他图像中将会出现在何处. 要做到这一点,我们必须首先利用(例如)一组辅助点对应建立摄像机之间的关系. 鉴于重构是可能的,概念上的转移很简单. 例如,假设点在两幅视图中被辨认($\mathbf{x}$ 和 $\mathbf{x}'$),我们希望知道它在第三幅中的位置 $\mathbf{x}''$,那么可以按下面的步骤计算:

(1)从其他点对应 $\mathbf{x}_i \leftrightarrow \mathbf{x}'_i \leftrightarrow \mathbf{x}''_i$,计算三视图的摄像机矩阵 P,P′,P″.

(2)利用 P 和 P′,根据三角测量由 **x** 和 **x**′得到 3D 点 **X**.

(3)用 $\mathbf{x}'' = \mathrm{P}''\mathbf{X}$ 投影 3D 点到第三幅视图.

这个过程只需要射影信息. 另一种方法是使用多视图张量(基本矩阵和三焦点张量)来直接转移点,而不需要一个显式的 3D 重构. 这两种方法都有各自的优势.

假设摄像机围绕它的中心旋转,或者所有关注的场景点都在一张平面上. 那么适当的多视图关系是图像之间的平面射影变换. 在这种情形下,仅在一幅图像中看到的点可以转移到其他任何图像.

## 1.7 欧氏重构

到目前为止,我们已考虑了场景重构或转移,针对的是由一组未标定摄像机所拍摄的图像. 对于这些摄像机,一些重要的参数,如焦距、图像的几何中心(主点)以及可能还有的图像中像素的宽高比,都是未知的. 如果已知每个摄像机的完整标定,那么有可能消除重构场景的一些多义性.

到目前为止,我们已经讨论了射影重构,这是在没有关于摄像机标定或场景信息的条件下所有可能做的. 射影重构对于许多目的来说是不够的,如应用到计算机图形,因为它所涉及的模型失真,对习惯于观看欧氏世界的人来说是古怪的. 例如,射影变换导致的一个简单物体的失真如图 1.4 所示. 利用射影重构技术,没有办法在图 1.4 中对任何一个可能的马克杯形状做出抉择,一个射影重构算法可能给出图中显示的任何一个重构,与给出其他的有相同的可能. 甚至更严重失真的模型会从射影重构产生.

**图 1.4 射影多义性:一个马克杯在 $z$ 方向 3D 射影变换下的重构(真实形状显示在中心).** 显示了五个射影失真程度不同的马克杯例子. 这些形状与原始的相比有很大不同.

为了获得一个使物体具有正确(欧氏)形状的重构模型,有必要确定摄像机的标定. 不难看出,它足以确定场景欧氏结构. 正如我们已经了解到的,确定世界的欧氏结构等价于指定无穷远平面和绝对二次曲线. 事实上,因为绝对二次曲线位于一张平面上,即无穷远平面上,只要找到在空间中的绝对二次曲线就足够了. 现在,假设我们已经使用标定的摄像机计算了世界的一个射影重构. 根据定义,这意味着在每幅图像中 IAC 是已知的,记它在第 $i$ 幅图像中为 $\omega_i$. 每个 $\omega_i$ 的反投影是空间中的一个圆锥,绝对二次曲线必须位于所有圆锥的交上. 两个圆锥一般交于一条四次曲线,但鉴于它们必须交于一条二次曲线,这条曲线必然分成两条二次曲线. 因此,从两幅图像的绝对二次曲线的重构不是唯一的——而是一般有两种可能的解. 然而,由三幅或更多幅图像,圆锥的交一般是唯一的. 由此绝对二次曲线被确定,并用它确定场

景的欧氏结构.

当然,如果场景的欧氏结构已知,那么绝对二次曲线的位置也已知. 在这种情形中,我们可以将其反投影到每一幅图像中,产生每幅图像中的IAC,并由此来标定摄像机. 因此摄像机标定的知识等价于能够确定场景的欧氏结构.

## 1.8 自标定

如果没有关于摄像机标定的任何信息,做得比射影重构更好是不可能的. 跨任意数目的视图的特征对应集中没有任何信息可以帮助我们找到绝对二次曲线的图像,或等价地获得摄像机标定. 然而,如果我们知道关于摄像机标定的一点信息,那么我们也许能够确定绝对二次曲线的位置.

例如,假设已知由图像序列重构场景中使用的每一个摄像机的标定都相同. 我们的意思如下. 在每幅图像中定义一个坐标系,在其中我们已测量了用于射影重构的对应特征的图像坐标. 假设在所有这些图像坐标系中,IAC是相同的,只是它位于哪里是未知的. 我们希望由这个信息计算绝对二次曲线的位置.

寻找绝对二次曲线的一种方法是假设IAC在一幅图像中的位置;根据假设,它在其他图像中的位置将是相同的. 每条二次曲线的反投影将是空间中的一个圆锥. 如果三个圆锥都交于单条二次曲线,那么它必然是与重构相一致的绝对二次曲线位置的一个可能的解.

请注意,这只是一个概念上的描述. IAC是只包含复值点的一条二次曲线,其反投影将是一个复值的圆锥. 然而,代数上问题更容易处理. 虽然它是复值,IAC可能由一个实二次型描述(由一个实对称矩阵表示). 反投影圆锥也由一个实二次型表示. 对IAC的某些值,三个反投影圆锥将在空间交于一条二次曲线.

一般情况下,给定具有相同标定的三个摄像机,就可能确定绝对二次曲线,进而确定摄像机的标定. 然而,虽然针对它已经提出了多种方法,这仍然是一个相当困难的问题.

**已知无穷远平面** 自标定的一种方法是分步进行,首先确定它所在的平面. 这相当于辨认世界中的无穷远平面,并由此来确定世界的仿射几何. 在第二步中,定位该平面上的绝对二次曲线,以确定空间的欧氏几何. 假设知道无穷远平面,那么可以由图像序列中的每一幅图像反投影一个假设的IAC,并把得到的圆锥与无穷远平面相交. 如果IAC被正确选择,相交的曲线是绝对二次曲线. 因此,由每一对图像得到一个条件:反投影圆锥交于无穷平面上的同一条二次曲线. 其结果是给出一个关于表示IAC的矩阵的元素的线性约束. 由一组线性方程,我们可以确定IAC,进而确定绝对二次曲线. 因此,一旦无穷远平面已被辨认,自标定是比较简单的. 无穷远平面本身的辨认实质上更困难.

**给定图像中正方形像素的自标定** 如果摄像机部分被标定,那么有可能从一个射影重构出发得到完全标定. 借助IAC表示,我们可以用关于摄像机标定的非常小的条件来实现. 一个有趣的例子是关于摄像机的正方形像素约束. 这意味着在每幅图像中已知一个欧氏坐标系. 在这种情形下,位于世界无穷远平面上的绝对二次曲线必然与图像平面交于它的两个虚圆点. 平面中的虚圆点是绝对二次曲线与该平面相交的两个点. 通过图像平面的虚圆点的反投影射线必与绝对二次曲线相交. 因此,具有正方形像素的每一幅图像确定了两条必与绝对二次曲线相交的射线. 给定 $n$ 幅图像,自标定任务就变成了确定一条与空间中的 $2n$ 条射线相交的空间二次曲线(绝对二次曲线). 等效的几何情景是一组射线与一张平面相交,并要求这组交点位于一条二次曲线上. 通过一个简单的参数计数我们可发现,只有有限数量的二次曲线与八条先前描述的射线在空间中相交. 因此,由四幅图像可以确定标定,虽然是确定到有限数量的可能性.

## 1.9 收获 I :3D 图形模型

我们已经介绍了由图像序列计算真实图形模型所需的所有要素. 根据图像之间的点匹配,有可能先实现点集的一个射影重构,并在所选的射影坐标系中确定摄像机的运动.

假设关于获取图像序列的摄像机的标定有某些限制,那么使用自标定技术可以标定摄像机,并且随后可将场景变换到其真正的欧氏结构.

知道场景的射影结构,有可能找到有关图像对的对极几何,这把为了进一步匹配的对应搜索限制到一条直线上——一幅图像中的一个点定义了另一幅图像中的一条直线,其对应点(目前还未知)必然在它上面. 事实上,对合适的场景,有可能进行图像之间的一个稠密点匹配,并创建成像场景的稠密 3D 模型. 它采用了三角化形状模型,随后由所提供的图像加上明暗或纹理映射,并用于生成新的视图. 这个过程的步骤如图 1.5 和图 1.6所示.

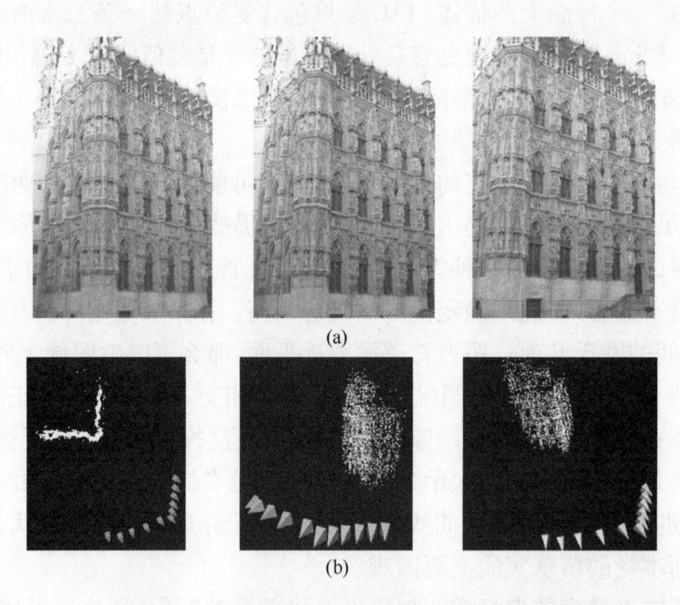


**图 1.5** (a)比利时 Leuven 市政厅的 11 幅高分辨率图像(3000 × 2000 像素)中的 3 幅. (b)由图像集计算得到的欧氏重构的三幅视图,显示了 11 个摄像机的位置和点云.

**图 1.6　稠密重构**．这些是由图 1.5 的摄像机和图像的计算结果．(a)未加纹理和(b)加纹理的全场景重构．(c)未加纹理的特写区域，显示了(b)中的白色矩形区域．稠密表面由[strecha-02]中介绍的三视图立体算法计算．承蒙 Christoph Strecha，Frank Verbiest，Luc Van Gool 提供图．

## 1.10　收获Ⅱ：视频增强

我们在这个概述的最后给出重构方法到计算机图形学的另一个应用．自动重构技术最近已经被广泛应用于影视产业中，作为在真实视频序列中添加人造图形对象的一种手段．摄像机运动的计算机分析正在取代以前用于正确对齐人造嵌入对象的手工方法．

在一个视频序列中逼真地嵌入人造对象最重要的是计算摄像机的正确运动．除非摄像机运动被正确确定，不然不可能产生正确的并与背景视频看上去一致的图形模型视图序列．一般来说，这里重要的只是摄像机的运动，我们不需要重构场景，因为它已存在于现有的视频中，并且也不需要在视频中产生可见场景的新视图．唯一的要求是能够生成图形模型的正确透射视图．

计算摄像机在欧氏坐标系中的运动是很重要的．仅仅知道摄像机的射影运动是不够的．这是因为一个欧氏物体被放置在场景中．除非已知这个图形对象和摄像机在相同的坐标系中，不然相对于感知到的现有视频中的场景结构，嵌入对象生成的视图将是失真的．

一旦摄像机的正确运动和它的标定已知，嵌入对象可以逼真地绘制到场景中．如果从帧到帧的摄像机标定的变化被正确确定，那么摄像机可以在序列中改变焦距（变焦）．甚至主点也可在序列裁剪的过程中变化．

在将绘制的模型嵌入到视频中时，如果它位于所有现有场景的前面，那么任务是相对简单的．否则可能出现遮挡，其中场景可能遮挡部分模型．视频增强的一个例子如图 1.7 所示．

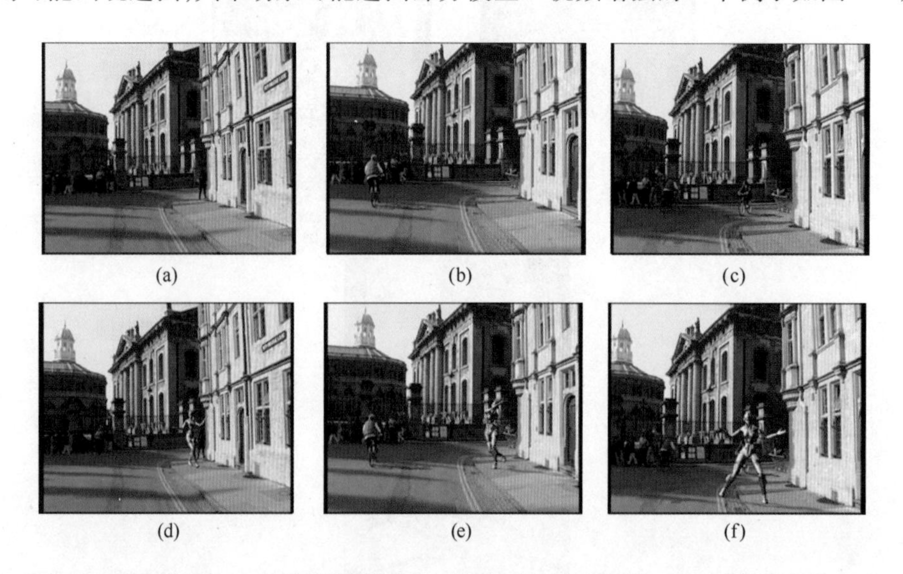

**图 1.7　增强的视频**．动画机器人被嵌入到场景中，并利用图 1.3 所计算的摄像机来绘制．(a) ~ (c) 由序列中取出原始帧．(d) ~ (f) 增强后的图像帧．承蒙 2d3 (www.2d3.com) 提供图．

# 第 0 篇

# 基础知识：射影几何、变换和估计

René Magritte 于 1937 年创作的布面油画“La reproduction interdite(禁止复制)”.
Courtesy of Museum Boijmans van Beuningen, Rotterdam.

# 本篇大纲

本篇的四章为本书后续章节将要用到的表示、术语和记号打基础．射影几何的思想和表示法是多视图几何分析的核心．例如，使用了齐次坐标就能用线性矩阵方程来表示非线性映射（例如透视投影）；而且可以很自然地表示无穷远点，避免了取极限的麻烦.

第 2 章引入 2 维空间（以下简称 2D）的射影变换．这些变换发生在用透视摄像机对平面摄影的时候．该章偏重于入门介绍并为 3 维空间（以下简称 3D）几何铺路．大多数的概念在 2D 中比 3D 中更容易理解和可视化．本章介绍射影变换，包括它的特殊情况：仿射和相似变换；并把注意力主要集中在从透视图像中恢复仿射性质（例如平行线）和度量性质（例如直线之间的角度）.

第 3 章覆盖 3D 的射影几何．该几何的推导方式与 2D 非常相似，当然，由于增加了维数出现了新的性质．这里，主要的新几何是无穷远平面和绝对二次曲线.

第 4 章介绍由图像测量进行几何**估计**，这是本书的主要论题之一．我们以用点对应来估计射影变换为例来说明算法的要素和目的，这些算法将在整本书中被采用．其中的重要问题是：一个代价函数应该最小化什么，比如是代数的或是几何的或是统计的测量，该问题将长篇地加以介绍．本章还将介绍鲁棒估计的思想，以及这样的技术在变换的自动估计中的应用.

第 5 章介绍如何评价估计算法的结果．特别是如何计算估计的协方差.

# 第2章 2D射影几何与变换

本章主要介绍理解本书内容所必需的几何概念和记号．某些概念是大家相当熟悉的，例如消影点的形成和二次曲线的表示，而其余的却比较深奥，例如用虚圆点去消除图像中的射影失真．这些概念在平面(2D)中比较容易理解，因为在2D中它们比较容易在书中可视化．以后本书所涉及的3D几何的内容就是平面情形的直接推广．

具体地说，本章涵盖平面的射影变换几何．这些变换对平面被透视摄像机成像时所产生的几何失真进行建模．在透视成像下，某些几何性质被保留，例如保线性(直线被影像为直线)，而有的则不被保留，例如平行线一般不被影像为平行线．射影几何对这类成像建模并提供适于计算的数学表达．

我们先介绍在齐次标记下点、直线和二次曲线的表示，以及在射影变换下这些几何实体如何映射．接着介绍无穷远直线和虚圆点，并证明它们控制了平面的仿射和度量性质．然后，给出矫正平面的算法，这些算法实现了由图像来计算仿射和度量性质．最后，我们介绍射影变换下的不动点．

## 2.1 平面几何

任何学习过初等数学的人都熟悉平面几何的基本概念．事实上，甚至因为这些概念已成为我们日常生活的部分经验，总以为它们理所当然地成立．在初等水平上，几何研究的是点和直线以及它们的关系．

按纯传统论者的观点，几何研究应该坚持“几何的”或与坐标无关的观点．在这种方法中，定理的叙述和证明仅使用几何的公理而不使用代数．经典的欧氏方法就是其中的一个例子．然而，自笛卡儿之后，人们认识到几何可以代数化，并且几何理论的确可以用代数的观点来推导．在本书中，我们将使用混合的方法，有时用几何的而有时用代数的方法．在代数方法中，几何实体用坐标和代数实体描述．例如，一个点等同于某坐标基下的一个向量；一条直线也等同于一个向量；而一段圆锥截线(或简称二次曲线)用一个对称矩阵表示．事实上，至少是为了语言上的方便，我们经常采用这样的等价表示，即向量**就是**点，对称矩阵**就是**二次曲线．在几何中采用代数方法的显著优点是：这种方法导出的结果更容易产生算法以及实际的计算方法．计算和算法是本书主要关注的，它证明使用代数方法是合理的．

## 2.2 2D射影平面

众所周知，平面上的一点可以用$\mathbb{R}^2$中的一对坐标$(x,y)$来表示．因此，通常$\mathbb{R}^2$等同于一张平面．把 $\mathbb{R}^2$ 看作一个向量空间时，坐标对 $(x,y)$ 是向量，也就是说点等同于向量．本节将引入平面上点和直线的**齐次**表示．

**行和列向量**　此后，我们将考虑向量空间之间的线性映射并把这样的映射表示成矩阵．在通常方式下，一个矩阵和一个向量的积是另一个向量，它就是该映射下的像．由此引出“列”和“行”向量的区别，因为矩阵可以被列向量右乘或被行向量左乘，在不加说明时，几何实体用列向量表示．粗体符号如 $\mathbf{x}$ 总表示列向量，它的转置是行向量 $\mathbf{x}^{\mathsf{T}}$．按此约定，平面上的点将表示为列向量 $(x,y)^{\mathsf{T}}$，而不是它的转置：行向量 $(x,y)$．我们记 $\mathbf{x}=(x,y)^{\mathsf{T}}$，该方程的两边都是列向量．

### 2.2.1　点与直线

**直线的齐次表示**　平面上的一条直线用形如 $ax+by+c=0$ 的方程表示，$a,b$ 和 $c$ 的不同值给出不同的直线．因此，一条直线也可以用向量 $(a,b,c)^{\mathsf{T}}$ 表示．直线和向量 $(a,b,c)^{\mathsf{T}}$ 不是一一对应的，因为对任何非零常数 $k$，直线 $ax+by+c=0$ 和直线 $(ka)x+(kb)y+(kc)=0$ 相同．因此，对任何非零 $k$，向量 $(a,b,c)^{\mathsf{T}}$ 和 $k(a,b,c)^{\mathsf{T}}$ 表示同一直线．事实上，我们视这两个只相差一个全局缩放因子的向量是等价的．这种等价关系下的向量等价类被称为**齐次**向量．任何具体向量 $(a,b,c)^{\mathsf{T}}$ 是所属等价类的一个代表．$\mathbb{R}^3-(0,0,0)^{\mathsf{T}}$ 中的向量等价类的集合组成**射影空间** $\mathbb{P}^2$．记号 $-(0,0,0)^{\mathsf{T}}$ 表示将不与任何直线对应的向量 $(0,0,0)^{\mathsf{T}}$ 排除在外．

**点的齐次表示**　点 $\mathbf{x}=(x,y)^{\mathsf{T}}$ 在直线 $\mathbf{l}=(a,b,c)^{\mathsf{T}}$ 上的充要条件是 $ax+by+c=0$．可用向量内积形式将它表示为 $(x,y,1)(a,b,c)^{\mathsf{T}}=(x,y,1)\mathbf{l}=0$；即通过增加一个最后坐标“1”，将 $\mathbb{R}^2$ 中的点 $(x,y)^{\mathsf{T}}$ 表示为 3 维向量．注意对任何非零 $k$ 和直线 $\mathbf{l}$，方程 $(kx,ky,k)\mathbf{l}=0$ 当且仅当 $(x,y,1)\mathbf{l}=0$．因而，可自然地把 $k$ 取不同非零值所构成的向量集 $(kx,ky,k)^{\mathsf{T}}$ 看作 $\mathbb{R}^2$ 中点 $(x,y)^{\mathsf{T}}$ 的一种表示．因此，与直线一样，点也可用齐次向量表示．一个点的任何齐次向量的表示形式为 $\mathbf{x}=(x_1,x_2,x_3)^{\mathsf{T}}$，并表示 $\mathbb{R}^2$ 中的点 $(x_1/x_3,x_2/x_3)^{\mathsf{T}}$．于是，点作为齐次向量同样也是 $\mathbb{P}^2$ 的元素．

我们得到一个确定点在直线上的简单方程，即

**结论 2.1　点 $\mathbf{x}$ 在直线 $\mathbf{l}$ 上当且仅当 $\mathbf{x}^{\mathsf{T}}\mathbf{l}=0$.**

注意表达式 $\mathbf{x}^{\mathsf{T}}\mathbf{l}$ 正是两向量 $\mathbf{x}$ 和 $\mathbf{l}$ 的内积或标量积，即 $\mathbf{x}^{\mathsf{T}}\mathbf{l}=\mathbf{l}^{\mathsf{T}}\mathbf{x}=\mathbf{x}\cdot\mathbf{l}$．一般，我们更喜欢采用转置记号 $\mathbf{l}^{\mathsf{T}}\mathbf{x}$，但偶尔也用一个“·”来表示内积．注意区分一个点的**齐次坐标** $\mathbf{x}=(x_1,x_2,x_3)^{\mathsf{T}}$（它是 3 维向量）和**非齐次坐标** $(x,y)^{\mathsf{T}}$（它是 2 维向量）．

**自由度(dof)**　显然，为了指定一个点必须提供两个值，即它的 $x$ 和 $y$ 坐标．同样，一条直线由两个参数指定（两个独立的比率 $\{a:b:c\}$），因而有两个自由度．例如，在非齐次表示中，这两个参数可以取为直线的梯度和 $y$ 轴上的截距．

**直线的交点**　给定两直线 $\mathbf{l}=(a,b,c)^{\mathsf{T}}$ 和 $\mathbf{l}'=(a',b',c')^{\mathsf{T}}$，我们希望求它们的交点．定义向量 $\mathbf{x}=\mathbf{l}\times\mathbf{l}'$，这里 $\times$ 表示向量积或叉积．由三重纯量积等式 $\mathbf{l}\cdot(\mathbf{l}\times\mathbf{l}')=\mathbf{l}'\cdot(\mathbf{l}\times\mathbf{l}')=0$ 可推出 $\mathbf{l}^{\mathsf{T}}\mathbf{x}=\mathbf{l}'^{\mathsf{T}}\mathbf{x}=0$．因此，如果把 $\mathbf{x}$ 视为一个点，则 $\mathbf{x}$ 同时在两条直线 $\mathbf{l}$ 和 $\mathbf{l}'$ 上，因而是这两条直线的交点．这表明：

**结论 2.2　两直线 $\mathbf{l}$ 和 $\mathbf{l}'$ 的交点是点 $\mathbf{x}=\mathbf{l}\times\mathbf{l}'$.**

注意：两直线交点的表示之所以这样简洁，是因为采用了直线和点的齐次向量表示．

**例 2.3**　考虑一个简单问题：求直线 $x=1$ 和 $y=1$ 的交点．直线 $x=1$ 等价于 $-1x+1=0$，

故有齐次表示 $\mathbf{l}=(-1,0,1)^{\mathsf{T}}$. 直线 $y=1$ 等价于 $-1y+1=0$,因此给出齐次表示 $\mathbf{l}'=(0,-1,1)^{\mathsf{T}}$. 由结论 2.2 得到交点为

$$\mathbf{x}=\mathbf{l}\times\mathbf{l}'=\begin{vmatrix}\mathbf{i} & \mathbf{j} & \mathbf{k}\\ -1 & 0 & 1\\ 0 & -1 & 1\end{vmatrix}=\begin{pmatrix}1\\1\\1\end{pmatrix}$$

它正是所要求的非齐次点 $(1,1)^{\mathsf{T}}$.

**点的连线**　过两点 $\mathbf{x}$ 和 $\mathbf{x}'$ 的直线的表示式可完全类似地导出. 定义直线 $\mathbf{l}=\mathbf{x}\times\mathbf{x}'$ 后不难验证点 $\mathbf{x}$ 和 $\mathbf{x}'$ 都在 $\mathbf{l}$ 上. 因此

**结论 2.4　过两点 $\mathbf{x}$ 和 $\mathbf{x}'$ 的直线是 $\mathbf{l}=\mathbf{x}\times\mathbf{x}'$.**

### 2.2.2　理想点与无穷远直线

**平行线的交点**　考察两直线 $ax+by+c=0$ 和 $ax+by+c'=0$. 它们可分别用向量 $\mathbf{l}=(a,b,c)^{\mathsf{T}}$ 和 $\mathbf{l}'=(a,b,c')^{\mathsf{T}}$ 表示,其中它们的前两个坐标都是一样的. 用结论 2.2 不难算出这两条直线的交点为 $\mathbf{l}\times\mathbf{l}'=(c'-c)(b,-a,0)^{\mathsf{T}}$,忽略标量因子 $(c'-c)$,得到点 $(b,-a,0)^{\mathsf{T}}$.

现在,如果我们试图求这一点的非齐次表示,就会得到 $(b/0,-a/0)^{\mathsf{T}}$,这毫无意义,除了解释为该交点具有无穷大坐标. 一般地,具有齐次坐标 $(x,y,0)^{\mathsf{T}}$ 的点不与 $\mathbb{IR}^2$ 中任何有限点对应. 这一观察与通常平行线交于无穷远的思想相吻合.

**例 2.5**　考察两直线 $x=1$ 和 $x=2$. 这两条直线平行,因而交于"无穷远". 利用齐次记号将它们表示为 $\mathbf{l}=(-1,0,1)^{\mathsf{T}}$ 和 $\mathbf{l}'=(-1,0,2)^{\mathsf{T}}$,再由结论 2.2 求得其交点为

$$\mathbf{x}=\mathbf{l}\times\mathbf{l}'=\begin{vmatrix}\mathbf{i} & \mathbf{j} & \mathbf{k}\\ -1 & 0 & 1\\ -1 & 0 & 2\end{vmatrix}=\begin{pmatrix}0\\1\\0\end{pmatrix}$$

这是 $y$ 轴方向上的无穷远点.

**理想点与无穷远直线**　当 $x_3\neq0$ 时,齐次向量 $\mathbf{x}=(x_1,x_2,x_3)^{\mathsf{T}}$ 对应 $\mathbb{IR}^2$ 中的有限点. 我们可以把最后坐标为 $x_3=0$ 的点加入 $\mathbb{IR}^2$,所扩展的空间是所有齐次 3 维向量的集合,称为射影空间 $\mathbb{IP}^2$. 最后坐标为 $x_3=0$ 的点称为**理想点**,或无穷远点. 所有理想点的集合可以写成 $(x_1,x_2,0)^{\mathsf{T}}$,并由比率 $x_1:x_2$ 指定一个具体的点. 注意该点集在由向量 $\mathbf{l}_\infty=(0,0,1)^{\mathsf{T}}$ 表示的一条直线(即**无穷远直线**)上. 事实上,我们可以验证 $(0,0,1)(x_1,x_2,0)^{\mathsf{T}}=0$.

由结论 2.2 推出直线 $\mathbf{l}=(a,b,c)^{\mathsf{T}}$ 与 $\mathbf{l}_\infty$ 交于理想点 $(b,-a,0)^{\mathsf{T}}$(因为 $(b,-a,0)\mathbf{l}=0$). 任何一条与 $\mathbf{l}$ 平行的直线 $\mathbf{l}'=(a,b,c')^{\mathsf{T}}$ 也交 $\mathbf{l}_\infty$ 于同样的理想点 $(b,-a,0)^{\mathsf{T}}$,与 $c'$ 的取值无关. 在非齐次表示下,$(b,-a)^{\mathsf{T}}$ 是与该直线相切的向量,与该直线的法线 $(a,b)^{\mathsf{T}}$ 相正交,因而它代表该直线的**方向**. 当直线的方向改变时,理想点 $(b,-a,0)^{\mathsf{T}}$ 沿 $\mathbf{l}_\infty$ 而变化. 基于这些理由,无穷远直线可以看作平面上所有直线方向的集合.

注意引入无穷远点的概念如何使点与直线相交的性质得到了简化. 在射影平面 $\mathbb{IP}^2$ 中,我们可以不加思索地说任意两条相异直线都相交于一点,而任意两个相异的点都在一条直线上. 但在标准欧氏几何 $\mathbb{IR}^2$ 中却不成立,其中平行线就构成一个特例.

研究 $\mathbb{IP}^2$ 的几何称为射影几何. 在无坐标的纯几何研究中,射影几何的无穷远点(理想点)和普通点没有任何区别. 但在本书中,为了要达到的目的,有时将区别理想点和非理想点.

因此,无穷远直线有时被看成射影空间中的一条特殊直线.

**射影平面的模型**　一种有益的方法是将 $\mathbb{P}^2$ 看作 $\mathbb{R}^3$ 中一种射线的集合. 该集合的所有向量 $k(x_1,x_2,x_3)^\mathsf{T}$ 当 $k$ 变化时形成过原点的射线. 这条射线可以看作 $\mathbb{P}^2$ 中的一个点. 在此模型中,$\mathbb{P}^2$ 中的直线是过原点的平面. 可以验证两相异的射线共处于一张平面上,而任何两张相异平面相交于一条射线. 这类似于两个相异的点唯一确定一条直线,而两条直线总相交于一点.

点和直线可以通过利用平面 $x_3=1$ 与这些射线和平面相交来得到. 如图 2.1 所示,表示理想点的射线和表示 $\mathbf{l}_\infty$ 的平面都与平面 $x_3=1$ 平行.

**对偶**　在关于直线和点的性质的陈述中,读者也许已经注意到点和直线的作用可以怎样互换. 特别是,关于直线和点的基本关联方程式 $\mathbf{l}^\mathsf{T}\mathbf{x}=0$ 是对称的,因为 $\mathbf{l}^\mathsf{T}\mathbf{x}=0$ 意味着 $\mathbf{x}^\mathsf{T}\mathbf{l}=0$,其中直线和点的位置互相交换了. 类似地,两直线相交和一直线过两点的结论 2.2 和结论 2.4 本质上是相同的,只是把点和直线的作用进行互换. 由此得到一般原理,即如下的**对偶原理**:

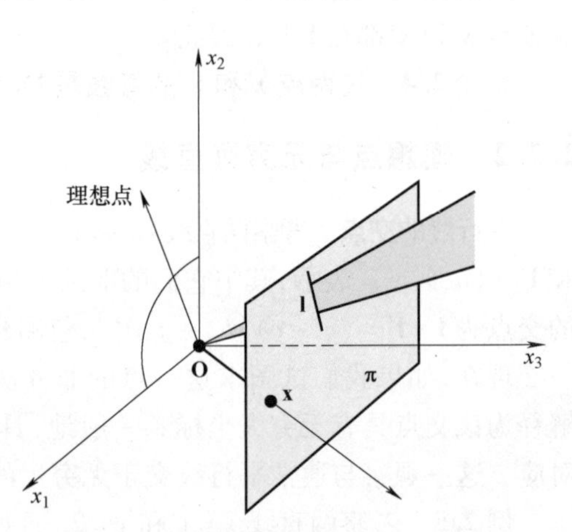


**图 2.1　射影平面的模型.** $\mathbb{P}^2$ 的点和直线分别表示为 $\mathbb{R}^3$ 中过原点的射线和平面. $x_1x_2$ 平面中的直线表示理想点,而 $x_1x_2$ 平面表示 $\mathbf{l}_\infty$.

**结论 2.6　对偶原理. 2 维射影几何中的任何定理都有一个相应的对偶定理,它可以通过互换原定理中点和直线的作用而导出.**

在应用该原理时,关联的概念也必须做适当的转换. 例如,过两点的直线与过两直线的点(即两线的交点)对偶.

注意:一旦原定理已被证明,就没有必要再去证明它的对偶. 对偶定理的证明不过是原定理证明的对偶.

## 2.2.3　二次曲线与对偶二次曲线

二次曲线由平面上的二阶方程描述. 在欧氏几何中,二次曲线有三种主要类型:双曲线、椭圆和抛物线(后面将定义的所谓的退化二次曲线除外). 在经典理论中,这三类二次曲线是由不同方向的平面与圆锥相交所产生的截线(退化的二次曲线由过锥顶的平面产生). 但是我们将了解到,在 2D 射影几何中所有非退化的二次曲线在射影变换下都等价.

在非齐次坐标中,二次曲线的方程是

$$ax^2+bxy+cy^2+dx+ey+f=0$$

即一个二阶多项式. 通过替代 $x\mapsto x_1/x_3$, $y\mapsto x_2/x_3$ "齐次化"得到

$$ax_1^2+bx_1x_2+cx_2^2+dx_1x_3+ex_2x_3+fx_3^2=0 \tag{2.1}$$

或表示为矩阵形式

$$\mathbf{x}^\mathsf{T}\mathrm{C}\mathbf{x}=0 \tag{2.2}$$

其中,二次曲线系数矩阵 C 为

$$\mathrm{C}=\begin{bmatrix} a & b/2 & d/2 \\ b/2 & c & e/2 \\ d/2 & e/2 & f \end{bmatrix} \tag{2.3}$$

注意二次曲线的系数矩阵是对称的．它与点和直线的齐次表示一样，重要的仅仅是矩阵元素的比率，因为用一个非零标量乘 C 不会影响上面的方程．因此，C 是一条二次曲线的齐次表示．二次曲线有五个自由度，可以视为比率$\{a:b:c:d:e:f\}$或等价地视为对称矩阵的六个元素减去一个比例因子．

**五点定义一条二次曲线** 假定我们希望计算过点集$\mathbf{x}_i$的二次曲线．在二次曲线被唯一确定之前，我们可以指定多少个点？我们打算用一个确定二次曲线的算法构造性地回答这个问题．根据式(2.1)可知，每一点$\mathbf{x}_i$为二次曲线的系数提供一个约束，因为如果二次曲线过$(x_i,y_i)^{\mathsf{T}}$，便有

$$ax_i^2+bx_iy_i+cy_i^2+dx_i+ey_i+f=0$$

该约束可以写为

$$(x_i^2\quad x_iy_i\quad y_i^2\quad x_i\quad y_i\quad 1)\mathbf{c}=0$$

其中，$\mathbf{c}=(a,b,c,d,e,f)^{\mathsf{T}}$是表示二次曲线 C 的一个6维向量．

把由五点提供的约束堆积起来，得到

$$\begin{bmatrix} x_1^2 & x_1y_1 & y_1^2 & x_1 & y_1 & 1 \\ x_2^2 & x_2y_2 & y_2^2 & x_2 & y_2 & 1 \\ x_3^2 & x_3y_3 & y_3^2 & x_3 & y_3 & 1 \\ x_4^2 & x_4y_4 & y_4^2 & x_4 & y_4 & 1 \\ x_5^2 & x_5y_5 & y_5^2 & x_5 & y_5 & 1 \end{bmatrix}\mathbf{c}=0 \tag{2.4}$$

因而二次曲线是这个$5\times6$矩阵的零向量．它表明一条二次曲线由一般位置的五点唯一确定（相差一个尺度因子）．这种通过求零空间来拟合一个几何实体（或关系）的方法今后将经常在本书的计算章节中采用．

**二次曲线的切线** 在齐次坐标下，过二次曲线上点$\mathbf{x}$的切线$\mathbf{l}$有特别简单的形式：

**结论2.7 与二次曲线 C 相切于点 x 的直线 l 由 $\mathbf{l}=\mathrm{C}\mathbf{x}$ 确定．**

**证明** 因为$\mathbf{l}^{\mathsf{T}}\mathbf{x}=\mathbf{x}^{\mathsf{T}}\mathrm{C}\mathbf{x}=0$，所以直线$\mathbf{l}=\mathrm{C}\mathbf{x}$过$\mathbf{x}$．如果$\mathbf{l}$仅与二次曲线交于一点，那么它就是切线，我们的证明也就完成了．否则，假定$\mathbf{l}$与该二次曲线还交于另一点$\mathbf{y}$，则有$\mathbf{y}^{\mathsf{T}}\mathrm{C}\mathbf{y}=0$和$\mathbf{x}^{\mathsf{T}}\mathrm{C}\mathbf{y}=\mathbf{l}^{\mathsf{T}}\mathbf{y}=0$．由此推出$(\mathbf{x}+\alpha\mathbf{y})^{\mathsf{T}}\mathrm{C}(\mathbf{x}+\alpha\mathbf{y})=0$对所有$\alpha$都成立，这表明连接$\mathbf{x}$和$\mathbf{y}$的整条直线$\mathbf{l}=\mathrm{C}\mathbf{x}$都在该二次曲线 C 上，因而 C 是退化的（见下文）．

**对偶二次曲线** 上面定义的二次曲线 C 更确切地应称为**点**二次曲线，因为它定义的是关于点的方程．给出了$\mathbb{P}^2$的对偶结论2.6以后，理所当然应该有一个由关于直线的方程定义的二次曲线．这种**对偶**（或线）二次曲线也由一个$3\times3$矩阵表示，我们把它记为$\mathrm{C}^*$．二次曲线 C 的切线$\mathbf{l}$满足$\mathbf{l}^{\mathsf{T}}\mathrm{C}^*\mathbf{l}=0$．其中$\mathrm{C}^*$表示 C 的伴随矩阵（伴随矩阵在附录4的A4.2节中定义）．对一个非奇异对称矩阵 C 有$\mathrm{C}^*=\mathrm{C}^{-1}$（相差一尺度因子）．

当 C 为满秩时，对偶二次曲线方程可直接推导：由结论2.7，过 C 上点$\mathbf{x}$的切线是$\mathbf{l}=\mathrm{C}\mathbf{x}$．反之，直线$\mathbf{l}$切于 C 的点$\mathbf{x}$是$\mathbf{x}=\mathrm{C}^{-1}\mathbf{l}$．因为$\mathbf{x}$满足$\mathbf{x}^{\mathsf{T}}\mathrm{C}\mathbf{x}=0$，我们得到，$(\mathrm{C}^{-1}\mathbf{l})^{\mathsf{T}}\mathrm{C}(\mathrm{C}^{-1}\mathbf{l})=\mathbf{l}^{\mathsf{T}}\mathrm{C}^{-1}\mathbf{l}=0$，最后一步由$\mathrm{C}^{-\mathsf{T}}=\mathrm{C}^{-1}$得到，因为 C 是对称的．

对偶二次曲线也称二次曲线包络，其理由在图2.2中给予说明．对偶二次曲线有五个自由度．与点二次曲线相类似，一般位置上的五条直线定义一条对偶二次曲线．

**退化二次曲线** 如果矩阵 C 是非满秩的，那么该二次曲线称作退化二次曲线．退化的点

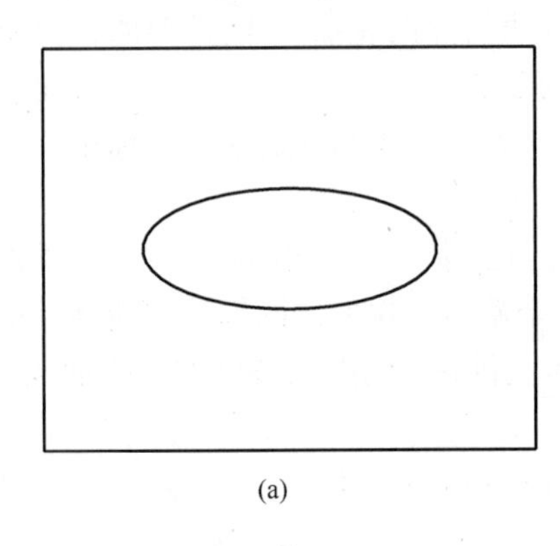
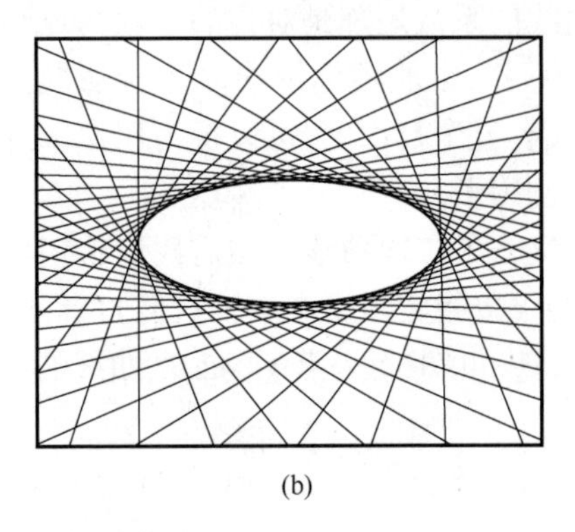

(a) (b)

**图 2.2** (a)满足 $\mathbf{x}^{\mathsf{T}}\mathrm{C}\mathbf{x}=0$ 的点 $\mathbf{x}$ 在一条点二次曲线上.(b)满足 $\mathbf{l}^{\mathsf{T}}\mathrm{C}^{*}\mathbf{l}=0$ 的直线 $\mathbf{l}$ 是点二次曲线 C 的切线. 二次曲线 C 是直线 $\mathbf{l}$ 的包络.

二次曲线包含两条直线(秩 2)或一条重线(秩 1).

**例 2.8** 二次曲线

$$\mathrm{C}=\mathbf{l}\mathbf{m}^{\mathsf{T}}+\mathbf{m}\mathbf{l}^{\mathsf{T}}$$

由两条直线 $\mathbf{l}$ 和 $\mathbf{m}$ 组成. $\mathbf{l}$ 上的点满足 $\mathbf{l}^{\mathsf{T}}\mathbf{x}=0$,从而在二次曲线上,因为 $\mathbf{x}^{\mathsf{T}}\mathrm{C}\mathbf{x}=(\mathbf{x}^{\mathsf{T}}\mathbf{l})(\mathbf{m}^{\mathsf{T}}\mathbf{x})+(\mathbf{x}^{\mathsf{T}}\mathbf{m})(\mathbf{l}^{\mathsf{T}}\mathbf{x})=0$. 类似地,满足 $\mathbf{m}^{\mathsf{T}}\mathbf{x}=0$ 的点也满足 $\mathbf{x}^{\mathsf{T}}\mathrm{C}\mathbf{x}=0$. 矩阵 C 是秩为 2 的对称矩阵. 它的零向量为 $\mathbf{x}=\mathbf{l}\times\mathbf{m}$,这是 $\mathbf{l}$ 和 $\mathbf{m}$ 的交点.

退化的**线**二次曲线包含两点(秩 2),或一个重点(秩 1). 例如,线二次曲线 $\mathrm{C}^{*}=\mathbf{x}\mathbf{y}^{\mathsf{T}}+\mathbf{y}\mathbf{x}^{\mathsf{T}}$ 的秩为 2,并由通过点 $\mathbf{x}$ 或 $\mathbf{y}$ 的直线所组成. 注意对非可逆矩阵而言,$(\mathrm{C}^{*})^{*}\neq\mathrm{C}$.

## 2.3 射影变换

Felix Klein 在其名著“Erlangen Program”[Klein-39]中提出的几何观点是:几何研究的是在变换群下保持不变的性质. 根据他的观点,2D 射影几何研究的是关于射影平面 $\mathbb{P}^2$ 在所谓**射影映射**的变换群下保持不变的性质.

射影映射是把 $\mathbb{P}^2$ 的点(即齐次 3 维向量)映射到 $\mathbb{P}^2$ 的点的一种可逆映射,它把直线映射到直线. 更精确地说:

**定义 2.9** **射影映射**是 $\mathbb{P}^2$ 到它自身的一种满足下列条件的可逆映射 $h$:三点 $\mathbf{x}_1,\mathbf{x}_2,\mathbf{x}_3$ 共线当且仅当 $h(\mathbf{x}_1),h(\mathbf{x}_2),h(\mathbf{x}_3)$ 也共线.

射影映射组成一个群,因为射影映射的逆以及两个射影映射的复合也是射影映射. 射影映射也称为**保线变换**(一个有益的名字),或**射影变换**或**单应**(homography),它们是同义术语.

在定义 2.9 中,射影映射用点线关联的几何概念来定义,它与坐标无关. 基于下列定理,我们也可得到射影映射的等价的代数定义.

**定理 2.10** **映射 $h:\mathbb{P}^2\to\mathbb{P}^2$ 是射影映射的充要条件是:存在一个 $3\times3$ 非奇异矩阵 H,使得 $\mathbb{P}^2$ 的任何一个用向量 $\mathbf{x}$ 表示的点都满足 $h(\mathbf{x})=\mathrm{H}\mathbf{x}$.**

为了解释这个定理,我们用 3 维齐次向量 $\mathbf{x}$ 来表示 $\mathbb{P}^2$ 中的点,而用 $\mathrm{H}\mathbf{x}$ 来表示齐次坐标的线性映射. 该定理断言任何射影映射都以这种齐次坐标的线性变换出现,反之,任何这样的映射是射影映射. 我们不在这里全面地证明该定理. 我们仅打算证明齐次坐标的任何可逆线性变换是射影映射.

**证明**　令 $\mathbf{x}_1$,$\mathbf{x}_2$和 $\mathbf{x}_3$在同一直线 $\mathbf{l}$ 上. 因此 $\mathbf{l}^{\mathsf{T}}\mathbf{x}_i=0, i=1,\cdots,3$. 令 H 为非奇异 3×3 矩阵. 可以证明 $\mathbf{l}^{\mathsf{T}}\mathrm{H}^{-1}\mathrm{H}\mathbf{x}_i=0$. 因此,点 $\mathrm{H}\mathbf{x}_i$都在直线 $\mathrm{H}^{-\mathsf{T}}\mathbf{l}$ 上,因而该变换保持共线性.

其逆命题是每一射影映射都以这种方式出现,但相当难证明.

根据这个定理,可以给出射影变换(或保线变换)的另一种定义.

**定义 2.11　射影变换**. 一个平面射影变换是关于 3 维齐次向量的一种线性变换,并可以用一个非奇异 3×3 矩阵表示为

$$\begin{pmatrix} x_1' \\ x_2' \\ x_3' \end{pmatrix} = \begin{bmatrix} h_{11} & h_{12} & h_{13} \\ h_{21} & h_{22} & h_{23} \\ h_{31} & h_{32} & h_{33} \end{bmatrix} \begin{pmatrix} x_1 \\ x_2 \\ x_3 \end{pmatrix} \tag{2.5}$$

或更简洁地表示为 $\mathbf{x}'=\mathrm{H}\mathbf{x}$.

注意:该方程中的矩阵 H 乘以任意一个非零尺度因子不会使射影变换改变. 因此我们说 H 是一个**齐次**矩阵,因为与点的齐次表示一样,有意义的仅仅是矩阵元素的比率. 在 H 的九个元素中有八个独立比率,因此一个射影变换有八个自由度.

射影变换将每个图形投影为射影等价的图形,保持所有的射影性质不变. 在图 2.1 的射线模型中,一个射影变换就是 $\mathrm{IR}^3$的一个线性变换.

**平面之间的映射**　图 2.3 中给出应用定理 2.10 的一个例子. 沿过一个公共点(投影中心)的射线的投影定义了从一张平面到另一张平面的一个映射. 显然这种点到点的映射保持直线不变,其中一张平面上的直线被映射到另一张平面上的直线. 如果在每一张平面上建立坐标系并且采用齐次坐标表示点,那么**中心投影**映射可以用 $\mathbf{x}'=\mathrm{H}\mathbf{x}$ 表示,其中 H 是 3×3非奇异矩阵. 实际上,如果在两张平面上建立的两个坐标系都是欧氏(直角)坐标系,那么这种由中心投影定义的映射比一般射影变换有更多的约束. 我们称它为**透视映射**而不是完全的射影映射,它可由一个六自由度的变换来表示. 我们将在 A7.4 节中再次讨论透视映射.

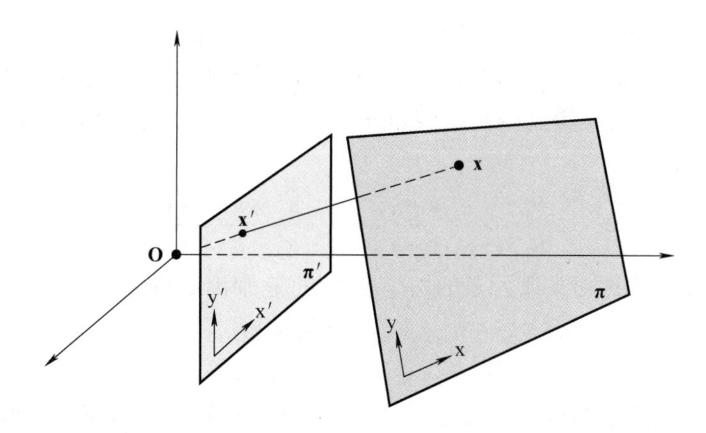


**图 2.3　中心投影把一张平面的点映射为另一张平面的点**. 考虑通过投影中心并与两平面 **π**和 **π**′相交的平面,不难看出这个投影也把直线映射为直线. 因为直线被映射为直线,所以中心投影是射影变换,并可用齐次坐标的线性变换 $\mathbf{x}'=\mathrm{H}\mathbf{x}$ 表示.

**例 2.12　消除平面透视图像的射影失真.**

在透视成像下形状会失真．例如,虽然原有的窗户是矩形,但图 2.4a 的图像中的窗户不是矩形．场景平面上的平行线在图像上一般不平行,而是会聚到一个有限远点．我们已经知道平面(或部分平面)的中心投影的图像与原平面通过射影变换相关联,因而该图像是原场景的一种射影失真．通过求该射影变换的逆变换并把它应用于图像就有可能"撤销"该射影变换．结果将是一幅新的合成图像,其中在此平面上的物体将显示其正确的几何形状．我们用图 2.4a 所示大楼的前墙对此做解释．注意因为地面和大楼的前墙不在同一平面上,所以用于矫正大楼前墙的射影变换必然与用于地面的射影变换不一样.

(a)

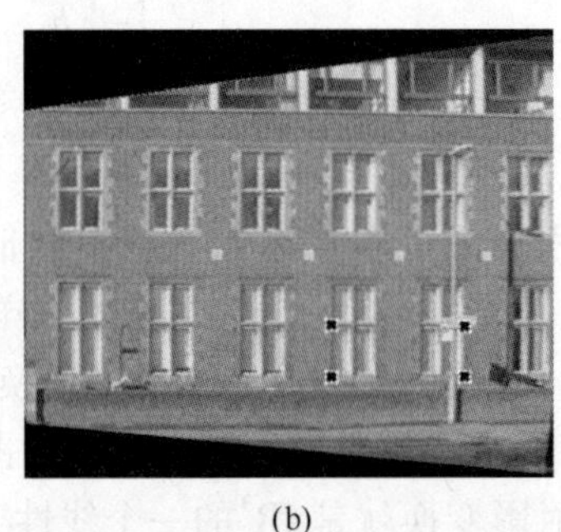

(b)

**图 2.4　消除透视失真.** (a)带有透视失真的原始图像——窗户的上下边线显然会聚(即延长后相交)于一个有限点．(b)合成得到的前墙正视图．墙的图像(a)与墙的真实几何通过一个射影变换相关联．通过将成像的四个窗户角点映射到适当大小的矩形顶点计算得到逆变换．四组点对应确定了这个变换．再将该变换作用于整幅图像．注意图像中的地面部分出现进一步的射影失真．这同样可以通过一个射影变换加以消除.

我们将在第 4 章详细讨论由点到点的对应来求射影变换的计算．现在,我们仅简洁地给出一种计算该变换的方法．首先选择世界平面与图像相对应的部分．按图 2.3 所示选择图像平面的 2D 局部坐标以及场景的世界坐标．令世界与图像平面上的一对匹配点 $\mathbf{x}$ 和 $\mathbf{x}'$ 的非齐次坐标分别为 $(x,y)$ 和 $(x',y')$．这里我们采用点的非齐次坐标而不是齐次坐标,因为从图像和世界平面中测量可以直接得到的是这些非齐次坐标．式(2.5)的射影变换可以写成如下非齐次形式：

$$x' = \frac{x_1'}{x_3'} = \frac{h_{11}x + h_{12}y + h_{13}}{h_{31}x + h_{32}y + h_{33}},\ y' = \frac{x_2'}{x_3'} = \frac{h_{21}x + h_{22}y + h_{23}}{h_{31}x + h_{32}y + h_{33}}$$

一组点对应可以提供关于 H 元素的两个方程,把它乘出后得到

$$x'(h_{31}x + h_{32}y + h_{33}) = h_{11}x + h_{12}y + h_{13}$$
$$y'(h_{31}x + h_{32}y + h_{33}) = h_{21}x + h_{22}y + h_{23}$$

这些方程关于 H 的元素是**线性**的．四组点对应提供八个这种关于 H 元素的线性方程,并足以解出 H(仅相差一不重要的乘法因子)．唯一的限制是这四点必须在"一般位置"上,即要求没有三个点共线．用该方法计算变换 H 并求它的逆,然后作用于整幅图像,便可消除所选平面的射影失真效应．其结果如图 2.4b 所示.

针对这个例子,我们给出三点说明:第一,用这种方法计算矫正变换 H 不需要知道摄像机

参数或平面位置的**任何**信息；第二，为消除射影失真，并非总需要知道四个点的坐标：2.7 节将介绍另一种方法，它需要更少但不同类型的信息；第三，高级的（和推荐的）计算射影变换的方法将在第 4 章中阐述.

射影变换是重要的映射，与世界平面的透视成像相比较，它能表示更多的情形．图 2.5 中给出了其他几个例子，我们将在本书后续篇章中对其中的每种情形做更详尽的讨论.

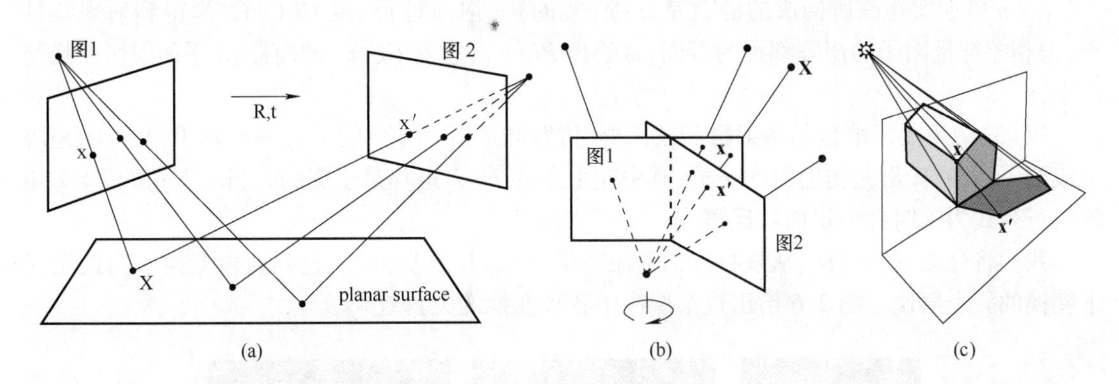


**图 2.5　出现在透视图像中的几个射影变换（x′ = Hx）例子**．(a) 由一张世界平面诱导的两幅图像之间的射影变换（两个射影变换的复合是射影变换）；(b) 摄像机中心相同的两幅图像之间的射影变换（即一个摄像机绕其中心旋转或改变其焦距）；(c) 一张平面（大楼后墙）的图像和其阴影在另一张平面（地平面）上的图像之间的射影变换．承蒙 Luc Van Gool 提供图 (c).

## 2.3.1　直线与二次曲线的变换

**直线的变换**　定理 2.10 的证明指出：如果点 $\mathbf{x}_i$ 在直线 $\mathbf{l}$ 上，那么经过射影变换后的点 $\mathbf{x}'_i = \mathrm{H}\mathbf{x}_i$ 在直线 $\mathbf{l}' = \mathrm{H}^{-\mathsf{T}}\mathbf{l}$ 上．因为 $\mathbf{l}'^{\mathsf{T}}\mathbf{x}'_i = \mathbf{l}^{\mathsf{T}}\mathrm{H}^{-1}\mathrm{H}\mathbf{x}_i = 0$，点和直线的关联被保留．这给出关于直线的变换规则：

在点变换 $\mathbf{x}' = \mathrm{H}\mathbf{x}$ 下，直线变换为

$$\mathbf{l}' = \mathrm{H}^{-\mathsf{T}}\mathbf{l} \tag{2.6}$$

我们也可以换一种写法 $\mathbf{l}'^{\mathsf{T}} = \mathbf{l}^{\mathsf{T}}\mathrm{H}^{-1}$．注意直线和点变换的基本差别．点变换依据 H，而直线（视为行向量）变换则依据 $\mathrm{H}^{-1}$．这可以用术语“协变”或“逆变”做解释．我们称点变换为**逆变**而线变换为**协变**．这种区别将在第 15 章讨论张量时重新提到，并在附录 1 中全面地给予解释.

**二次曲线的变换**　在点变换 $\mathbf{x}' = \mathrm{H}\mathbf{x}$ 下，式 (2.2) 变为

$$\begin{aligned}\mathbf{x}^{\mathsf{T}}\mathrm{C}\mathbf{x} &= \mathbf{x}'^{\mathsf{T}}[\mathrm{H}^{-1}]^{\mathsf{T}}\mathrm{C}\mathrm{H}^{-1}\mathbf{x}' \\ &= \mathbf{x}'^{\mathsf{T}}\mathrm{H}^{-\mathsf{T}}\mathrm{C}\mathrm{H}^{-1}\mathbf{x}'\end{aligned}$$

它是一种二次型 $\mathbf{x}'^{\mathsf{T}}\mathrm{C}'\mathbf{x}'$，其中 $\mathrm{C}' = \mathrm{H}^{-\mathsf{T}}\mathrm{C}\mathrm{H}^{-1}$．由此得到二次曲线变换的规则：

**结论 2.13　在点变换 $\mathbf{x}' = \mathrm{H}\mathbf{x}$ 下，二次曲线 C 变换为 $\mathrm{C}' = \mathrm{H}^{-\mathsf{T}}\mathrm{C}\mathrm{H}^{-1}$.**

因 $\mathrm{H}^{-1}$ 出现在方程中，故可以称二次曲线变换为**协变**．对偶二次曲线的变换规则可用类似的方式导出，即

**结论 2.14　在点变换 $\mathbf{x}' = \mathrm{H}\mathbf{x}$ 下，对偶二次曲线 $\mathrm{C}^*$ 变换为 $\mathrm{C}^{*\prime} = \mathrm{H}\mathrm{C}^*\mathrm{H}^{\mathsf{T}}$.**

## 2.4 变换的层次

我们将在本节介绍射影变换的重要特殊情形以及它们的几何性质. 2.3 节中已经指出射影变换组成一个群. 该群被称为**射影线性群**,我们将会看到这些特殊情形都是该群的**子群**.

$n \times n$ 可逆实矩阵所构成的群就是 $n$ 维(实的)一般线性群,或 $GL(n)$. 为得到射影线性群,把相差纯量因子的矩阵都视为等同,这给出 $PL(n)$(它是 $GL(n)$ 的商群). 平面射影变换情形中, $n=3$.

$PL(3)$的重要子群包括**仿射群**和**欧氏群**,仿射群是由 $PL(3)$的最后一行为(0,0,1)的矩阵组成的子群;欧氏群是仿射群的子群,其中左上角的 $2\times2$ 矩阵是正交的. 当左上角的 $2\times2$ 矩阵的行列式为 1 时称为**定向欧氏群**.

我们将介绍这些变换,从最特殊的等距变换开始,并逐步推广,直到射影变换. 由此定义了变换的一个**层次**. 图 2.6 给出这个层次中各种变换的失真效果.

(a)

(b)

(c)

**图 2.6 在中心投影下出现的失真.** 平铺地板的图像. (a)**相似变换**: 圆被影像为圆. 方砖被影像为正方形. 平行或垂直的线在图像中有相同的相对定向. (b)**仿射**: 圆被影像为椭圆. 世界中的垂直线不再被影像为垂直线. 但是,在世界中的方砖的平行边在图像中仍平行. (c)**射影**: 平行世界线被影像为会聚线. 离摄像机近的方砖的图像比远的大.

某些有趣的变换不是群,例如透视映射(因为两个透视映射的复合是射影映射而不是透射映射). 这方面的内容在 A7.4 节中讨论.

**不变量** 描述变换的另一种**代数方法**是把变换视为作用于点或曲线坐标的矩阵,利用保持不变的元素或量即所谓的**不变量**来描述. 一个几何配置的(标量)不变量是该配置的函数,其值在某具体的变换下不变. 例如,两点间的距离在欧氏变换(平移和旋转)下不变,但在相似变换(即平移、旋转和均匀缩放)下则不然. 因此,距离是欧氏不变量但不是相似不变量. 两线间的夹角既是欧氏不变量也是相似不变量.

### 2.4.1 类 I:等距变换

等距变换是平面 $\mathbb{R}^2$ 的变换,它保持欧氏距离不变(iso = 一样, metric = 度量). 一个等距变换可表示为

$$\begin{pmatrix} x' \\ y' \\ 1 \end{pmatrix} = \begin{bmatrix} \varepsilon\cos\theta & -\sin\theta & t_x \\ \varepsilon\sin\theta & \cos\theta & t_y \\ 0 & 0 & 1 \end{bmatrix} \begin{pmatrix} x \\ y \\ 1 \end{pmatrix}$$

式中，$\varepsilon=\pm1$. 如果 $\varepsilon=1$，那么该等距变换是**保向的**，并且也是**欧氏**变换（平移和旋转的复合）. 如果 $\varepsilon=-1$，那么该等距变换是逆向的. 例如由对角矩阵 diag(−1,1,1) 表示的反射与欧氏变换的复合.

欧氏变换是刚体的运动模型. 到目前为止，它们是实用中最重要的等距变换，我们将集中研究它们. 然而，逆向等距变换在结构恢复时常会出现多义性.

平面欧氏变换可以用更简洁的分块形式写为

$$\mathbf{x}'=\mathrm{H}_{\mathrm{E}}\mathbf{x}=\begin{bmatrix}\mathrm{R} & \mathbf{t}\\ \mathbf{0}^{\mathsf{T}} & 1\end{bmatrix}\mathbf{x} \tag{2.7}$$

式中，R 是 $2\times2$ 旋转矩阵（满足 $\mathrm{R}^{\mathsf{T}}\mathrm{R}=\mathrm{R}\mathrm{R}^{\mathsf{T}}=\mathrm{I}$ 的正交矩阵），$\mathbf{t}$ 是 2 维平移向量，而 $\mathbf{0}$ 是 2 维零向量. 特殊情形是纯旋转（当 $\mathbf{t}=\mathbf{0}$ 时）和纯平移（当 $\mathrm{R}=\mathrm{I}$ 时）. 欧氏变换也称为**位移**.

平面欧氏变换有三个自由度：旋转占一个，平移占两个. 因此，为确定该变换必须说明三个参量. 该变换可以由两组点对应来计算.

**不变量**　其不变量是人们熟知的，例如：长度（两点间的距离）、角度（两直线的夹角）和面积.

**群和定向**　如果等距变换左上角的 $2\times2$ 矩阵的行列式为 1，它是保向的. **保向**的等距变换形成一个群，但**逆向**的不是. 这种区别对于下面的相似和仿射变换同样如此.

## 2.4.2　类Ⅱ：相似变换

相似变换是一个等距变换与一个均匀缩放的复合. 当欧氏变换与缩放复合（即没有反射）时，相似变换的矩阵表示为

$$\begin{pmatrix}x'\\ y'\\ 1\end{pmatrix}=\begin{bmatrix}s\cos\theta & -s\sin\theta & t_x\\ s\sin\theta & s\cos\theta & t_y\\ 0 & 0 & 1\end{bmatrix}\begin{pmatrix}x\\ y\\ 1\end{pmatrix} \tag{2.8}$$

可以用更简洁的分块形式写成

$$\mathbf{x}'=\mathrm{H}_{\mathrm{s}}\mathbf{x}=\begin{bmatrix}s\mathrm{R} & \mathbf{t}\\ \mathbf{0}^{\mathsf{T}} & 1\end{bmatrix}\mathbf{x} \tag{2.9}$$

式中，标量 $s$ 表示均匀缩放. 相似变换也称**等形**变换，因为它保持“形状”（形式）. 一个平面相似变换有四个自由度，比欧氏变换多一个缩放自由度. 相似变换可由两组点对应算出.

**不变量**　在对附加的缩放自由度做适当规定之后，它的不变量可以由欧氏不变量推出. 直线的夹角不受旋转、平移或均匀缩放的影响，因而是相似不变量. 特别是平行线映射为平行线. 两点间的长度不是相似不变量，但两长度的**比率**是不变量，因为其缩放因子相互抵消. 同样地，面积的比率是不变量，也因为缩放因子（的二次方）被抵消.

**度量结构**　在关于重构的讨论中（第 10 章）常用的一个术语是**度量**. 所谓**度量结构**就是确定到只相差一个相似变换的结构.

## 2.4.3　类Ⅲ：仿射变换

仿射变换是一个非奇异线性变换与一个平移变换的复合. 它的矩阵表示为

$$\begin{pmatrix} x' \\ y' \\ 1 \end{pmatrix} = \begin{bmatrix} a_{11} & a_{12} & t_x \\ a_{21} & a_{22} & t_y \\ 0 & 0 & 1 \end{bmatrix} \begin{pmatrix} x \\ y \\ 1 \end{pmatrix} \tag{2.10}$$

或分块形式

$$\mathbf{x}' = \mathrm{H}_{\mathrm{A}}\mathbf{x} = \begin{bmatrix} \mathrm{A} & \mathbf{t} \\ \mathbf{0}^{\mathsf{T}} & 1 \end{bmatrix} \mathbf{x} \tag{2.11}$$

式中,A 是一个 $2\times2$ 非奇异矩阵．平面仿射变换有六个自由度,对应于六个矩阵元素．变换可以由三组点对应来计算.

理解仿射变换中线性成分 A 的几何效应的一个有益方法是把它看作两个基本变换,即旋转和非均匀缩放的复合．仿射矩阵 A 总能分解为

$$\mathrm{A} = \mathrm{R}(\theta)\mathrm{R}(-\phi)\mathrm{D}\mathrm{R}(\phi) \tag{2.12}$$

式中,$\mathrm{R}(\theta)$和 $\mathrm{R}(\phi)$分别表示转角为 $\theta$ 和 $\phi$ 的旋转,而 D 为对角矩阵：

$$\mathrm{D} = \begin{bmatrix} \lambda_1 & 0 \\ 0 & \lambda_2 \end{bmatrix}$$

这个分解式由 SVD(A4.4 节直接得到:$\mathrm{A} = \mathrm{UDV}^{\mathsf{T}} = (\mathrm{UV}^{\mathsf{T}})(\mathrm{VDV}^{\mathsf{T}}) = \mathrm{R}(\theta)(\mathrm{R}(-\phi)\mathrm{D}\mathrm{R}(\phi))$,因为 U 和 V 是正交矩阵.

因此,仿射矩阵 A 被看成是一个旋转($\phi$);加上在(已旋转)的 $x$ 和 $y$ 方向分别进行按比例因子 $\lambda_1$和 $\lambda_2$的缩放;再加上一个回转($-\phi$)和最后一个旋转($\theta$)的复合变换．与相似变换相比,“新”几何仅仅是非均匀缩放．它使仿射变换比相似变换多了两个自由度:缩放方向的角度 $\phi$ 和缩放参数比率 $\lambda_1:\lambda_2$. 仿射变换的本质是在一个特定角的两个垂直方向上进行缩放．图 2.7 给出两个示意性例子.

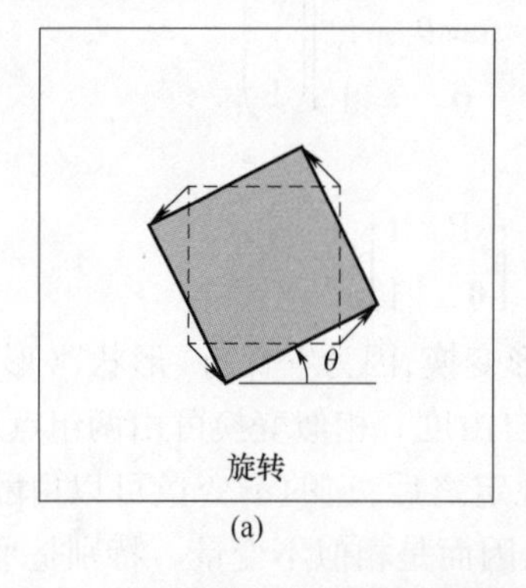


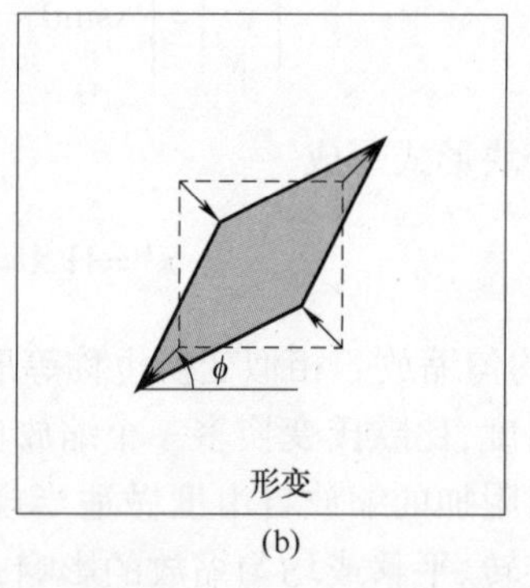


**图 2.7　平面仿射变换产生的失真**．(a)旋转 $\mathrm{R}(\theta)$. (b)形变 $\mathrm{R}(-\phi)\mathrm{D}\mathrm{R}(\phi)$. 注意形变中缩放方向是正交的.

**不变量**　因仿射变换包含非均匀缩放,故长度比率和直线夹角等相似不变量在仿射变换下不再保留．三个重要仿射不变量是:

(1)**平行线**　考查两条平行线．它们交于某无穷远点$(x_1, x_2, 0)^{\mathsf{T}}$. 在仿射变换下,该点被映射到另一个无穷远点．因此,平行线被映射到仍然交于无穷远的直线,因此变换后仍然平行.

(2)**平行线段的长度比**　直线段的长度缩放仅与该线段方向和缩放方向之间的夹角有

关. 假定该线段与正交缩放方向 $x$ 轴的夹角为 $\alpha$,那么缩放大小为 $\sqrt{\lambda_1^2\cos^2\alpha+\lambda_2^2\sin^2\alpha}$. 因为该缩放因子对所有同向的直线是一样的,所以在平行线段的比率中被消去.

(3)**面积比**　可以通过分解式(2.12)直接得到该不变性. 旋转和平移不影响面积,起作用的仅仅是按 $\lambda_1$ 和 $\lambda_2$ 的缩放. 其效果是面积被缩放了 $\lambda_1\lambda_2$ 倍,它等于 detA. 因此,任何形状的面积都被缩放了 detA 倍,而该缩放因子在面积比中被消去. 我们将会看到这一性质对于射影变换不成立.

根据 detA 是正或负,仿射变换分别称为保向的或逆向的. 因 $\det A=\lambda_1\lambda_2$,该性质仅与缩放的符号有关.

### 2.4.4　类Ⅳ:射影变换

射影变换已在式(2.5)中定义. 它是**齐次**坐标的一般非奇异线性变换. 它推广了仿射变换,是**非齐次**坐标的一般非奇异线性变换和一个平移的复合. 我们已了解射影变换的作用(2.3 节). 这里,我们考虑其分块形式

$$\mathbf{x}'=\mathrm{H_P}\mathbf{x}=\begin{bmatrix}\mathrm{A} & \mathbf{t}\\ \mathbf{v}^{\mathsf{T}} & v\end{bmatrix}\mathbf{x} \tag{2.13}$$

式中,向量 $\mathbf{v}=(v_1,v_2)^{\mathsf{T}}$. 这个矩阵有 9 个元素但只有它们的比率是有意义的,因此该变换由 8 个参数确定. 注意并不是总有可能通过缩放矩阵而使得 $v$ 取 1,因为 $v$ 可能是零. 两平面之间的射影变换可由四组点对应算出,但其中属于同一平面的三点必须不共线. 如图 2.4 所示.

与仿射变换有所不同,在 $\mathbb{P}^2$ 中不能区分保向和逆向射影变换. 我们将在 2.6 节中回到这个问题.

**不变量**　最基本的射影不变量是四个共线点的交比:直线上长度的比率在仿射变换下保持不变,但在射影变换下并非如此. 然而直线上长度的**交比**是射影不变量. 我们将在 2.5 节讨论这个不变量的性质.

### 2.4.5　总结与比较

仿射变换(6dof)介于相似变换(4dof)和射影变换(8dof)之间. 仿射变换推广了相似变换,使得夹角不再保持不变,造成物体形状在变换后产生歪斜. 另一方面,仿射变换对平面的作用是均匀的:对于一给定的仿射变换,平面上任何地方的物体(比如说一个正方形)的面积缩放因子 detA 都是一样的;变换后直线的定向仅取决于它原来的方向,而与它在平面上的位置无关. 与此相反,对于一个给定的射影变换,面积的缩放随位置而改变(例如,在透视变换下,平面上较远的正方形比较近的正方形的图像小,如图 2.6 所示);并且变换后直线的定向同时取决于原直线的定向和位置(不过,在后面的 8.6 节中将会看到直线的消影点仅取决于直线的定向,而与其位置无关).

射影变换与仿射变换的根本区别在于射影变换中向量 $\mathbf{v}$ 不是零. 由它引起射影变换的非线性效应. 把理想点 $(x_1,x_2,0)^{\mathsf{T}}$ 在仿射和射影变换下的映射做一个对比. 首先看仿射变换

$$\begin{bmatrix}\mathrm{A} & \mathbf{t}\\ \mathbf{0}^{\mathsf{T}} & 1\end{bmatrix}\begin{pmatrix}x_1\\ x_2\\ 0\end{pmatrix}=\begin{pmatrix}\mathrm{A}\begin{pmatrix}x_1\\ x_2\end{pmatrix}\\ 0\end{pmatrix} \tag{2.14}$$

再看,射影变换

$$\begin{bmatrix} \mathrm{A} & \mathbf{t} \\ \mathbf{v}^{\mathsf{T}} & v \end{bmatrix} \begin{pmatrix} x_1 \\ x_2 \\ 0 \end{pmatrix} = \begin{pmatrix} \mathrm{A}\begin{pmatrix} x_1 \\ x_2 \end{pmatrix} \\ v_1 x_1 + v_2 x_2 \end{pmatrix} \tag{2.15}$$

在第一种情形下,理想点仍然为理想点(在无穷远处). 在第二种情形下,理想点被映射到有限点. 正是因为具有这种能力,射影变换能对消影点建模.

### 2.4.6 射影变换的分解

射影变换可以分解为一串变换链的复合,链中的每个矩阵比它前面一个矩阵所表示的变换层次更高.

$$\mathrm{H} = \mathrm{H_S H_A H_P} = \begin{bmatrix} s\mathrm{R} & \mathbf{t} \\ \mathbf{0}^{\mathsf{T}} & 1 \end{bmatrix} \begin{bmatrix} \mathrm{K} & \mathbf{0} \\ \mathbf{0}^{\mathsf{T}} & 1 \end{bmatrix} \begin{bmatrix} \mathrm{I} & \mathbf{0} \\ \mathbf{v}^{\mathsf{T}} & v \end{bmatrix} = \begin{bmatrix} \mathrm{A} & v\mathbf{t} \\ \mathbf{v}^{\mathsf{T}} & v \end{bmatrix} \tag{2.16}$$

式中,$\mathrm{A} = s\mathrm{RK} + \mathbf{t}\mathbf{v}^{\mathsf{T}}$为非奇异矩阵,而 K 是满足 $\det\mathrm{K} = 1$ 的归一化上三角矩阵. 如果 $v \neq 0$ 上述分解是有效的,而如果 $s$ 取正值,它是唯一的.

每一个矩阵 $\mathrm{H_S}, \mathrm{H_A}, \mathrm{H_P}$都是那种类型的一个变换的“精髓”(如下标 S,A,P 所指示). 考察例 2.12 中对平面的透视图像进行矫正的过程:$\mathrm{H_P}$(2dof)移动无穷远直线;$\mathrm{H_A}$(2dof)影响仿射性质,而不移动无穷远直线;最后,$\mathrm{H_S}$是一般的相似变换(4dof),它不影响仿射及射影性质. 变换 $\mathrm{H_P}$是一种约束透射变换,在 A7.3 节中介绍.

**例 2.15** 射影变换

$$\mathrm{H} = \begin{bmatrix} 1.707 & 0.586 & 1.0 \\ 2.707 & 8.242 & 2.0 \\ 1.0 & 2.0 & 1.0 \end{bmatrix}$$

可以分解为

$$\mathrm{H} = \begin{bmatrix} 2\cos 45° & -2\sin 45° & 1 \\ 2\sin 45° & 2\cos 45° & 2 \\ 0 & 0 & 1 \end{bmatrix} \begin{bmatrix} 0.5 & 1 & 0 \\ 0 & 2 & 0 \\ 0 & 0 & 1 \end{bmatrix} \begin{bmatrix} 1 & 0 & 0 \\ 0 & 1 & 0 \\ 1 & 2 & 1 \end{bmatrix}$$

当我们的目标只是确定部分变换时,可以应用这样的分解. 例如,如果我们需要从平面的射影图像中测量长度比,那么仅需要确定(矫正)到相似变换. 我们将在 2.7 节回过来讨论这种方法.

取式(2.16)中 H 的逆得到 $\mathrm{H}^{-1} = \mathrm{H_P^{-1} H_A^{-1} H_S^{-1}}$. 因为 $\mathrm{H_P^{-1}}, \mathrm{H_A^{-1}}$和 $\mathrm{H_S^{-1}}$仍然分别是射影、仿射和相似变换,一个一般的射影变换也可以分解为以下形式:

$$\mathrm{H} = \mathrm{H_P H_A H_S} = \begin{bmatrix} \mathrm{I} & \mathbf{0} \\ \mathbf{v}^{\mathsf{T}} & 1 \end{bmatrix} \begin{bmatrix} \mathrm{K} & \mathbf{0} \\ \mathbf{0}^{\mathsf{T}} & 1 \end{bmatrix} \begin{bmatrix} s\mathrm{R} & \mathbf{t} \\ \mathbf{0}^{\mathsf{T}} & 1 \end{bmatrix} \tag{2.17}$$

注意,K,R,$\mathbf{t}$ 和 $\mathbf{v}$ 的实际值将不同于式(2.16)中的值.

### 2.4.7 不变量的数目

一个自然的问题是:在一个特定的变换下,一个给定的几何配置的不变量的数目是多少?首先术语“数目”需要进一步精确化,如果一个量是不变量,例如欧氏变换下的长度,那么关于这个量的任何函数也是不变量. 因而,我们要寻求一个与函数无关的不变量计数法则. 通过

考虑为形成不变量必须消去的变换参数的数目,可以导出:

**结论 2.16　与泛函无关的不变量数等于或大于配置的自由度数减去变换的自由度数.**

例如,由一般位置上的四点所组成的配置有 8 个自由度(每点 2 个),从而有 4 个相似,2 个仿射和零个射影不变量,因为这些变换分别有 4、6 和 8 个自由度.

表 2.1 归纳了 2D 变换群以及它们的不变性质. 在表中低层的变换是它高层变换的特殊化. 表中低层的变换继承其高层变换的不变量.

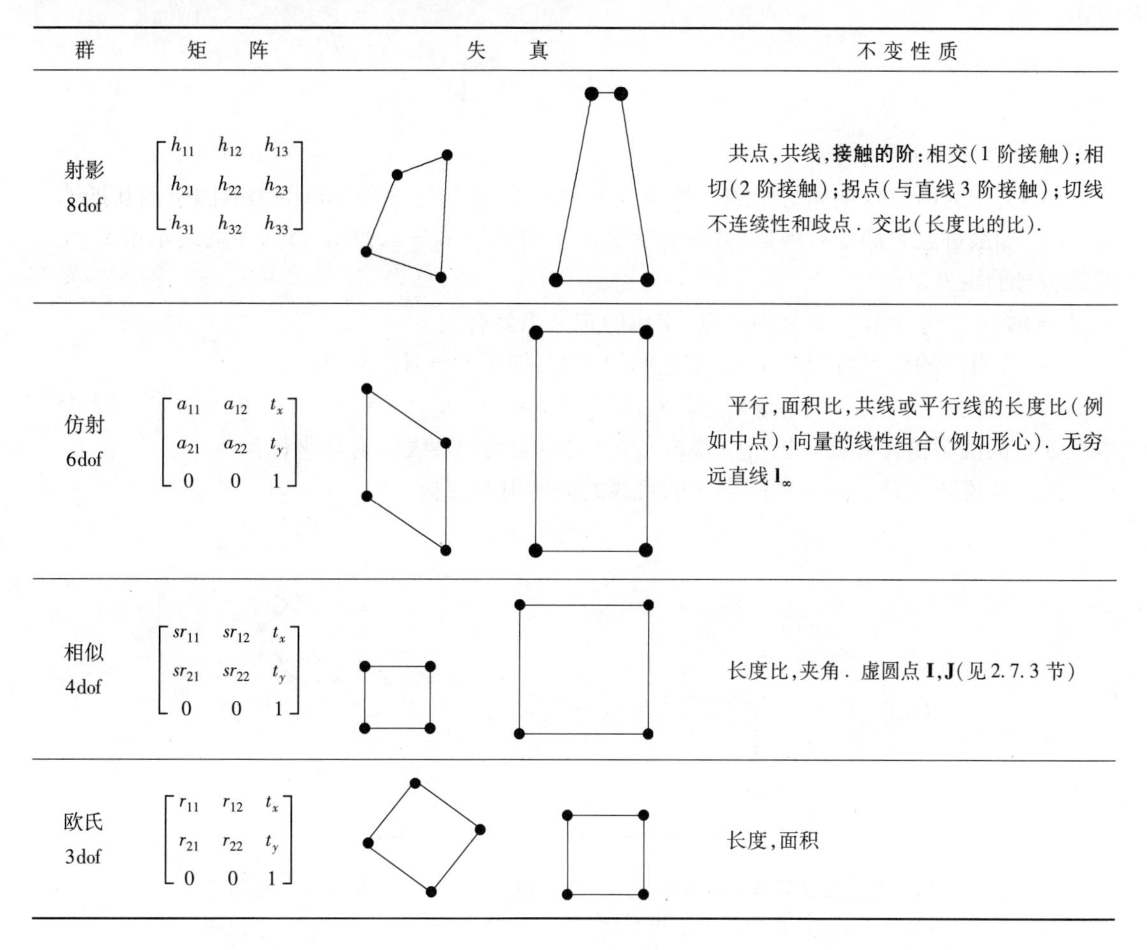

| 群 | 矩阵 | 失真 | 不变性质 |
|---|---|---|---|
| 射影<br>8dof | $\begin{bmatrix} h_{11} & h_{12} & h_{13} \\ h_{21} & h_{22} & h_{23} \\ h_{31} & h_{32} & h_{33} \end{bmatrix}$ | | 共点,共线,**接触的阶**:相交(1 阶接触);相切(2 阶接触);拐点(与直线 3 阶接触);切线不连续性和歧点. 交比(长度比的比). |
| 仿射<br>6dof | $\begin{bmatrix} a_{11} & a_{12} & t_x \\ a_{21} & a_{22} & t_y \\ 0 & 0 & 1 \end{bmatrix}$ | | 平行,面积比,共线或平行线的长度比(例如中点),向量的线性组合(例如形心). 无穷远直线 $\mathbf{l}_\infty$ |
| 相似<br>4dof | $\begin{bmatrix} sr_{11} & sr_{12} & t_x \\ sr_{21} & sr_{22} & t_y \\ 0 & 0 & 1 \end{bmatrix}$ | | 长度比,夹角. 虚圆点 **I**,**J**(见 2.7.3 节) |
| 欧氏<br>3dof | $\begin{bmatrix} r_{11} & r_{12} & t_x \\ r_{21} & r_{22} & t_y \\ 0 & 0 & 1 \end{bmatrix}$ | | 长度,面积 |

**表 2.1　常见平面变换的几何不变性质.** A = [$a_{ij}$] 是 2×2 的可逆矩阵,R = [$r_{ij}$] 是 2D 旋转矩阵,$(t_x, t_y)^\mathsf{T}$ 是 2D 平移向量. 失真列给出变换对正方形所产生的典型效应. 表中处于更高层的变换可以产生比它低层的变换的所有效应. 它们的范围从欧氏(其中仅有平移和旋转)到射影(其中正方形被变换成任意四边形(假定没有三点共线)).

## 2.5　1D 射影几何

直线的射影几何 $\mathbb{P}^1$ 的推导方法与平面的几乎一样. 直线上的点 $x$ 用齐次坐标表示为 $(x_1, x_2)^\mathsf{T}$,而 $x_2 = 0$ 的点是该直线的理想点. 我们将用记号 $\bar{\mathbf{x}}$ 表示 2 维向量 $(x_1, x_2)^\mathsf{T}$. 直线的射影变换由一个 2×2 的齐次矩阵来表示:

$$\bar{\mathbf{x}}' = \mathrm{H}_{2\times 2}\bar{\mathbf{x}}$$

它有 3 个自由度,即矩阵的四个元素减去一个全局缩放因子. 直线的射影变换可以由 3 组对应点来确定.

**交比** 交比是 $\mathbb{P}^1$ 的基本射影不变量. 给定 4 个点 $\bar{\mathbf{x}}_i$,**交比**定义为

$$\mathrm{Cross}(\bar{\mathbf{x}}_1, \bar{\mathbf{x}}_2, \bar{\mathbf{x}}_3, \bar{\mathbf{x}}_4) = \frac{|\bar{\mathbf{x}}_1\bar{\mathbf{x}}_2||\bar{\mathbf{x}}_3\bar{\mathbf{x}}_4|}{|\bar{\mathbf{x}}_1\bar{\mathbf{x}}_3||\bar{\mathbf{x}}_2\bar{\mathbf{x}}_4|}$$

式中,

$$|\bar{\mathbf{x}}_i\bar{\mathbf{x}}_j| = \det\begin{bmatrix} x_{i1} & x_{j1} \\ x_{i2} & x_{j2} \end{bmatrix}$$

关于交比的一些注释如下:

(1)交比的值与各点 $\bar{\mathbf{x}}_i$ 所用的具体齐次表示无关,因为分子和分母的缩放因子相互抵消.

(2)如果每点 $\bar{\mathbf{x}}_i$ 都是有限点,并在齐次表示中均选择 $x_2 = 1$,那么 $|\bar{\mathbf{x}}_i\bar{\mathbf{x}}_j|$ 就表示由 $\bar{\mathbf{x}}_i$ 到 $\bar{\mathbf{x}}_j$ 的带符号的距离.

(3)如果点 $\bar{\mathbf{x}}_i$ 中有一个是理想点,交比的定义仍然有效.

(4)在直线的任何射影变换下,交比的值不变:如果 $\bar{\mathbf{x}}' = \mathrm{H}_{2\times 2}\bar{\mathbf{x}}$,则

$$\mathrm{Cross}(\bar{\mathbf{x}}'_1, \bar{\mathbf{x}}'_2, \bar{\mathbf{x}}'_3, \bar{\mathbf{x}}'_4) = \mathrm{Cross}(\bar{\mathbf{x}}_1, \bar{\mathbf{x}}_2, \bar{\mathbf{x}}_3, \bar{\mathbf{x}}_4) \tag{2.18}$$

以上四点的证明留作习题. 也可以说成是:交比不依赖于直线的射影坐标系.

图 2.8 说明了若干具有相同交比的直线之间的射影变换.

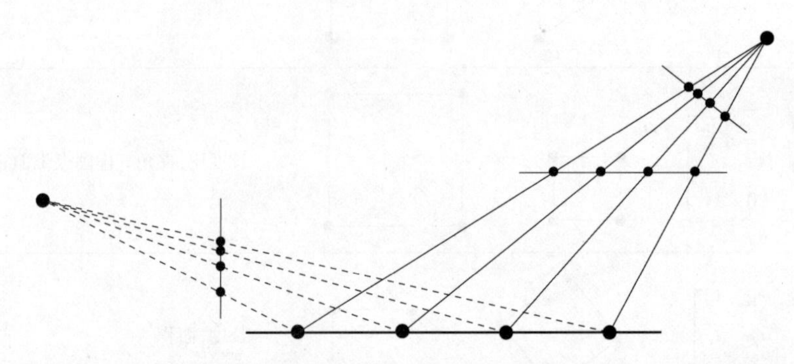

**图 2.8 直线之间的射影变换**. 图中有四组四个共线点. 每组与其他组都通过直线到直线的射影变换相关联. 因为在透射下交比是不变量,所以图中所有组的交比具有相同值.

在平面射影变换下,平面上的任何直线都诱导出一个 1D 射影变换.

**共点线** 共点线配置是直线上共线点的对偶. 这意味着平面上的共点线也有几何 $\mathbb{P}^1$. 特别是,任何四条共点线都有一个确定的交比,如图 2.9a 所示.

请注意图 2.9b 可以看成是把平面 $\mathbb{P}^2$ 中的点投影到 1 维图像的表示. 特别是,如果 $\mathbf{c}$ 表示摄像机中心,而直线 $\mathbf{l}$ 表示像直线(像平面的 1D 情况),那么点 $\bar{\mathbf{x}}_i$ 是点 $\mathbf{x}_i$ 在图像中的投影. 点 $\bar{\mathbf{x}}_i$ 的交比刻画四个像点的射影配置. 注意,就四个像点的射影配置而言,像直线的实际位置是无关紧要的——不同像直线的选择都给出射影等价的像点配置.

共点线的射影几何对理解第 9 章中对极线的射影几何非常重要.

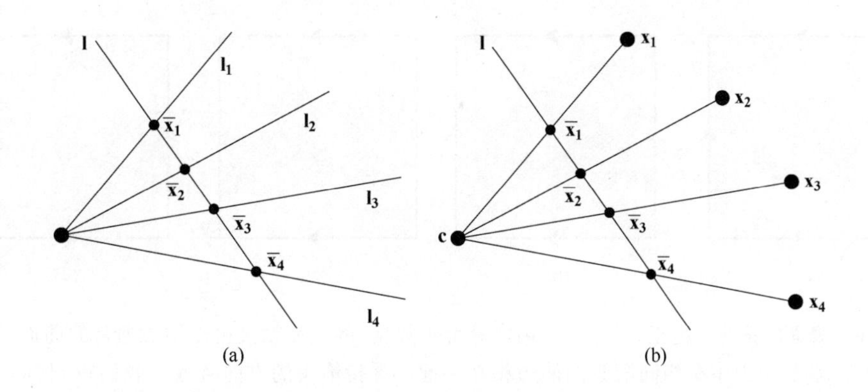


**图 2.9　共点直线.** (a)四条共点线 $\mathbf{l}_i$交直线 $\mathbf{l}$ 于四点 $\bar{\mathbf{x}}_i$. 这些直线的交比对平面射影变换来说是不变量. 它的值由点的交比 $\mathrm{Cross}(\bar{\mathbf{x}}_1,\bar{\mathbf{x}}_2,\bar{\mathbf{x}}_3,\bar{\mathbf{x}}_4)$给出. (b)共面点 $\mathbf{x}_i$被过中心 $\mathbf{c}$ 的投影成像到一条直线 $\mathbf{l}$ 上(也在该平面上). 像点 $\bar{\mathbf{x}}_i$的交比对像直线 $\mathbf{l}$ 的位置来说是不变量.

## 2.6　射影平面的拓扑

**本节简要地介绍一下 $\mathrm{IP}^2$的拓扑. 它并非是理解本书以后内容所必需的.**

我们已经知道射影平面 $\mathrm{IP}^2$可以视为全体齐次 3 维向量的集合. 这种类型的向量 $\mathbf{x}=(x_1,x_2,x_3)^\mathsf{T}$可以通过乘以一个非零因子使得 $x_1^2+x_2^2+x_3^2=1$ 来归一化. 这样的点在 $\mathrm{IR}^3$的单位球面上. 但在 $\mathrm{IP}^2$中,任何向量 $\mathbf{x}$ 和 $-\mathbf{x}$ 表示同一点,因为它们只相差一个乘数因子 $-1$. 因此,$\mathrm{IR}^3$的单位球面 $S^3$和射影平面 $\mathrm{IP}^2$之间存在二对一的对应. 射影平面可以设想成一单位球面,其中符号相反的点视为等同. 在此表示中,$\mathrm{IP}^2$上的直线被模型化为单位球面上的大圆(符号相反的正对点仍等同). 可以验证,球上任何两不同的(非正对)点恰好在一大圆上,任何两大圆相交于一点(因为正对点等同).

按拓扑学的语言,球面 $S^2$是 $\mathrm{IP}^2$的 2-叶复盖空间. 从而 $\mathrm{IP}^2$不是**单连通**的,即在 $\mathrm{IP}^2$中存在环,不能在 $\mathrm{IP}^2$内收缩到一点. 更专业化地说,$\mathrm{IP}^2$的基本群是阶为 2 的循环群.

在把射影平面看作正对点等同的球面的模型中,可以把球面 $S^2$的下半球拿掉,因为下半球的点与其在上半球的正对点一样. 在这种情形下,$\mathrm{IP}^2$可以由上半球面构成并认为在赤道上正对点等同. 因 $S^2$的上半球拓扑等价于一个圆盘,所以 $\mathrm{IP}^2$就是一个圆盘,并且边缘上正对点被视为等同或粘在一起. 这在物理上是不可能的. 通过给圆盘粘边界来构造拓扑空间是拓扑学常用的方法,并且事实上,任何 2 维流形都可用这种方法来构造,如图 2.10 所示.

射影平面 $\mathrm{IP}^2$的一个显著特点是不可定向,这意味着不可能定义在整个表面上保持一致的局部定向(例如由一对有向坐标轴来表示). 图 2.11 对此给予了说明,即证明射影平面包含一条逆向的路径.

**$\mathrm{IP}^1$的拓扑**　类似地,1 维射影直线可以等同于 1 维球面 $S^1$(即圆)且正对点视为等同. 如果去掉可由上半圆复制的下半圆,那么上半圆便拓扑等价于一直线段. 因此 $\mathrm{IP}^1$拓扑等价于一条将两端视为等同的直线段,即一个圆,$S^1$.

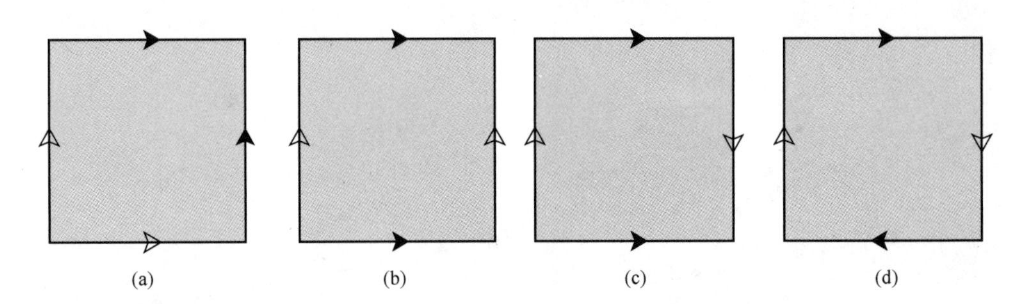


**图 2.10　表面的拓扑**．把正方形纸片(拓扑等价于圆盘)的边相粘接可以构成通常的曲面．在每种情形中,将正方形中有相同箭头的两边粘在一起并保持箭头的方向一致．我们得到(a)球面,(b)环面,(c)Klein 瓶,(d)射影平面．只有球面和环面可用带箭头的纸真正实现．球面和环面是可定向的,但射影平面和 Klein 瓶则不然.

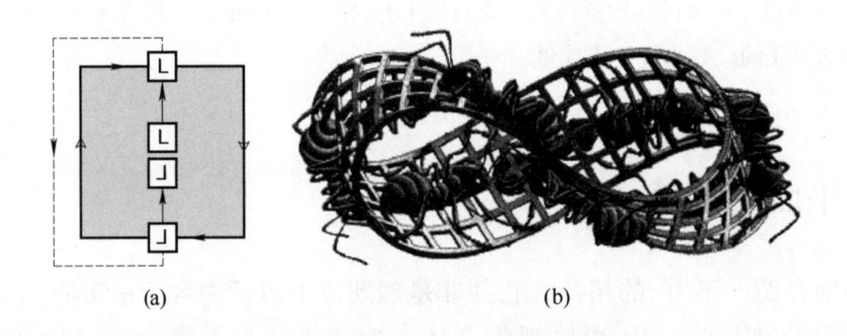


**图 2.11　曲面的定向**．一个坐标系(图中用 L 表示)可以沿曲面上一条路径迁移并最终回到它的出发点．(a)表示一个射影平面．坐标系(由一对轴表示)沿给出的路径回到出发点时被反向了,因为正方形的边界上视为等同的两个对点有一条轴的方向调转了．这样的路径称为逆向路径,含有逆向路径的曲面称为不可定向的．(b)给出一个熟知的例子:麦比乌斯带,它由反向粘接长方形的两对边而得到．(M. C. Escher's Moebius Strip II [Red Ants],1963© 2000 Cordon Art B. V. – Baarn – Holland. 版权所有)．可以验证,绕麦比乌斯带的路径是反向的.

## 2.7　从图像恢复仿射和度量性质

我们回到例 2.12 的射影矫正的例子,其目的是消除平面透视图像中的射影失真,使得原始平面的相似性质(角度、长度比)可以被测量．在该例中,通过指定平面上 4 个参考点的位置(共 8 个自由度),并显式地算出映射参考点到其图像的变换,射影失真被完全消除．事实上,它超定了该几何——射影变换仅比相似变换多 4 个自由度,因此,为确定度量性质仅需要指定 4 个自由度(不是 8)．在射影变换中,这 4 个自由度给出与几何对像相关联的"物理本质":无穷远直线 $\mathbf{l}_\infty$(2dof),和 $\mathbf{l}_\infty$ 上的两个**虚圆点**(2dof)．这种关联性用于该问题的推理通常比分解链式(2.16)中具体矩阵的描述更直观,虽然它们是等价描述.

下文将证明一旦 $\mathbf{l}_\infty$ 的图像被指定,射影失真便可消除,而一旦虚圆点被指定,仿射失真也可消除．然后余下的只是相似失真.

### 2.7.1　无穷远直线

在射影变换下,理想点可以映射为有限点式(2.15),因而 $\mathbf{l}_\infty$ 被映射为有限直线. 但如果是仿射变换,$\mathbf{l}_\infty$ 不会被映射为有限直线,即仍留在无穷远处. 显然,可直接由直线的变换式(2.6)推出:

$$\mathbf{l}'_\infty = \mathrm{H}_{\mathrm{A}}^{-\mathsf{T}}\mathbf{l}_\infty = \begin{bmatrix} \mathrm{A}^{-\mathsf{T}} & \mathbf{0} \\ -\mathbf{t}^{\mathsf{T}}\mathrm{A}^{-\mathsf{T}} & 1 \end{bmatrix}\begin{pmatrix} 0 \\ 0 \\ 1 \end{pmatrix} = \begin{pmatrix} 0 \\ 0 \\ 1 \end{pmatrix} = \mathbf{l}_\infty$$

其逆命题也是正确的,即仿射变换是保持 $\mathbf{l}_\infty$ 不变的最一般的线性变换,并可证明如下. 我们要求一个无穷远点(例如 $\mathbf{x} = (1,0,0)^{\mathsf{T}}$)被映射为一个无穷远点. 这就需要 $h_{31} = 0$. 同理 $h_{32} = 0$,所以该变换是仿射变换. 概括起来:

**结论 2.17　在射影变换 H 下,无穷远直线 $\mathbf{l}_\infty$ 为不动直线当且仅当 H 是仿射变换.**

然而,在仿射变换下,$\mathbf{l}_\infty$ 不是点点不动的:式(2.14)表明在仿射变换下 $\mathbf{l}_\infty$ 上的一点(理想点)被映射为 $\mathbf{l}_\infty$ 上的一点,但它不是原来的点,除非 $\mathrm{A}(x_1, x_2)^{\mathsf{T}} = k(x_1, x_2)^{\mathsf{T}}$. 现在可以证明辨认 $\mathbf{l}_\infty$ 就能恢复仿射性质(平行、面积比).

### 2.7.2　由图像恢复仿射性质

在平面的图像中,一旦无穷远直线的图像得到辨认,就有可能在原平面上进行仿射测量. 例如,如果两条直线的图像相交于 $\mathbf{l}_\infty$ 的像上,则可认定这两条直线在原平面上平行. 这是因为在欧氏平面中平行线相交在 $\mathbf{l}_\infty$ 上,又因射影变换保持交点不变,经过射影变换之后直线仍然交于 $\mathbf{l}_\infty$ 的像上. 类似地,一旦 $\mathbf{l}_\infty$ 被辨认,直线上的长度比率便可由像平面中该直线上确定长度的三个点以及该直线与 $\mathbf{l}_\infty$ 的交点(它提供交比的第四点)的交比来计算,等等.

然而,一个转弯不大却更适合于计算机算法的途径是,直接将已辨认的 $\mathbf{l}_\infty$ 变换到其规范位置 $\mathbf{l}_\infty = (0,0,1)^{\mathsf{T}}$. 把实现该变换的(射影)矩阵应用于图像中的每一点以达到对图像进行仿射矫正的目的,即变换之后,仿射测量可以直接在矫正过的图像中进行. 这个基本思想在图 2.12中加以说明.

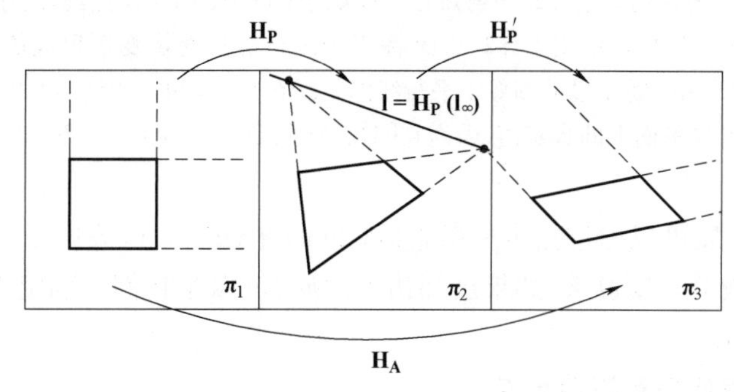


**图 2.12　仿射矫正.** 射影变换将 $\mathbf{l}_\infty$ 从欧氏平面 $\boldsymbol{\pi}_1$ 的 $(0,0,1)^{\mathsf{T}}$ 映射到平面 $\boldsymbol{\pi}_2$ 的有限直线 $\mathbf{l}$. 如果构造一个射影变换把 $\mathbf{l}$ 映射回 $(0,0,1)^{\mathsf{T}}$,那么根据结论 2.17,从第一张到第三张平面的变换必定是仿射变换,因为 $\mathbf{l}_\infty$ 的标准位置被保持. 这意味着第一张平面的仿射性质可以从第三平面上测量,即第三张平面是第一张平面的一个仿射变换.

如果无穷远直线的像是 $\mathbf{l}=(l_1,l_2,l_3)^{\mathsf T}$，假定 $l_3\neq0$，那么把 $\mathbf{l}$ 映射回 $\mathbf{l}_\infty=(0,0,1)^{\mathsf T}$ 的一个合适的射影点变换是

$$\mathrm{H}=\mathrm{H}_\mathrm{A}\begin{bmatrix}1&0&0\\0&1&0\\l_1&l_2&l_3\end{bmatrix}\tag{2.19}$$

式中，$\mathrm{H}_\mathrm{A}$ 可取为任何仿射变换（H 的最后一行是 $\mathbf{l}^{\mathsf T}$）. 可以验证在直线变换式(2.6)下，$\mathrm{H}^{-\mathsf T}(l_1,l_2,l_3)^{\mathsf T}=(0,0,1)^{\mathsf T}=\mathbf{l}_\infty$.

**例 2.18　仿射矫正**

在平面的透视图像中，世界平面的无穷远直线被成像为平面的消影线. 第 8 章中将对它做更详细的讨论. 如图 2.13 所示，消影线 $\mathbf{l}$ 可以由平行线的影像的交点来计算. 然后用射影形变式(2.19)对图像进行矫正，使 $\mathbf{l}$ 映射到它的规范位置 $\mathbf{l}_\infty=(0,0,1)^{\mathsf T}$.

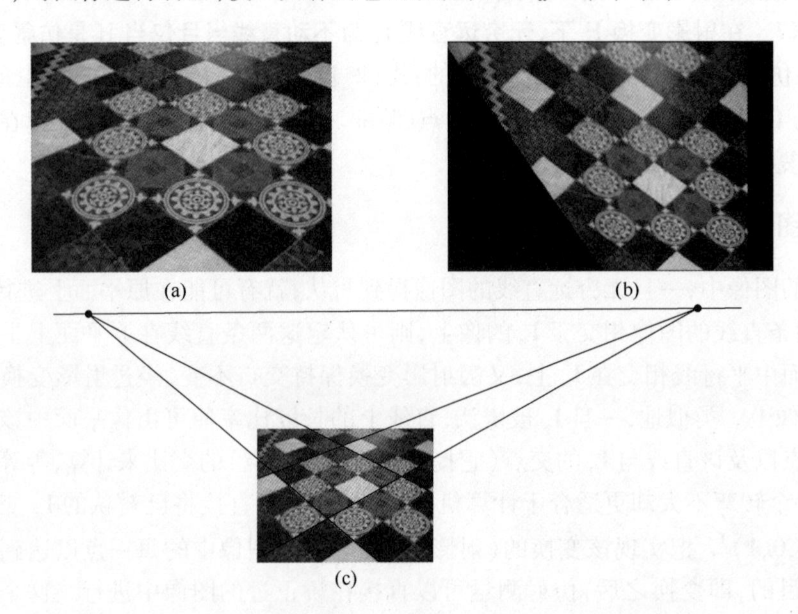


**图 2.13　通过消影线实现仿射矫正.** 成像于(a)中的平面的消影线在(c)中用两组平行线的像的交点计算. 此后，图像(a)经过射影变形生成仿射矫正图像(b). 仿射矫正过的图像中平行线的像现在是平行的. 但是，夹角并不是它们在世界平面上的真实值，因为它们被仿射变形了. 见图 2.17.

该例表明仿射性质可以通过指定一条直线(2dof)来恢复. 这等价于仅仅指定变换分解链式(2.16)中的射影成分. 反过来，如果已知仿射性质，可以用它们来确定无穷远点和直线. 这在下面的例子中说明.

**例 2.19　由长度比率计算消影点**

给定一条直线上有已知长度比的两条线段，便可以确定该直线上的无穷远点. 典型的情况是已辨认图像中直线上的三个点 $\mathbf{a}',\mathbf{b}',\mathbf{c}'$. 假定 $\mathbf{a},\mathbf{b},\mathbf{c}$ 是世界直线上对应的共线点，且长度比 $d(\mathbf{a},\mathbf{b}):d(\mathbf{b},\mathbf{c})=a:b$ 已知(这里 $d(\mathbf{x},\mathbf{y})$ 是点 $\mathbf{x}$ 和 $\mathbf{y}$ 之间的欧氏距离). 有可能利用交比找到消影点，其过程如下：

(1)在图像中量出距离比,$d(\mathbf{a}',\mathbf{b}'):d(\mathbf{b}',\mathbf{c}')=a':b'$.

(2)在直线 <**a**,**b**,**c**> 上建立坐标系,点 **a**,**b**,**c** 的坐标分别为 $0,a,a+b$. 为计算方便,把这些点表示为齐次2维向量 $(0,1)^{\top}$,$(a,1)^{\top}$ 和 $(a+b,1)^{\top}$. 类似地,令 **a**′,**b**′,**c**′有坐标 $0,a',a'+b'$,并且它们同样可表为齐次向量.

(3)相对于这些坐标系,计算使 $\mathbf{a}\mapsto\mathbf{a}'$,$\mathbf{b}\mapsto\mathbf{b}'$,$\mathbf{c}\mapsto\mathbf{c}'$ 的1D射影变换 $\mathrm{H}_{2\times2}$.

(4)在变换 $\mathrm{H}_{2\times2}$ 下无穷远点的像(坐标为 $(1,0)^{\top}$)是直线 <**a**′,**b**′,**c**′> 的消影点.

用这种方式计算消影点的例子如图2.14所示.

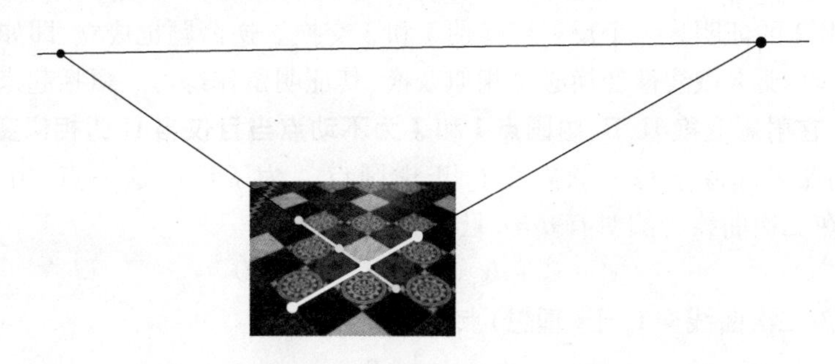

**图2.14　用直线上等距比来确定无穷远点的两个例子.** 所采用的线段显示为由点划定的细的和粗的白线. 这种结构确定了平面的消影线. 与图2.13c做比较.

**例2.20　由长度比确定消影点的几何作图**

图2.14中给出的消影点也可以用纯几何作图的方法得到,步骤如下:

(1)给定:图像中三个共线点 **a**′,**b**′,**c**′,它们对应于线段比为 $a:b$ 的世界共线点.

(2)过 **a**′画任意直线 **l**(不与直线 **a**′**c**′重叠),并标注点 **a**=**a**′,**b**,**c** 使线段 <**ab**>,<**bc**>的长度比为 $a:b$.

(3)连接 **bb**′和 **cc**′并交于 **o**.

(4)过 **o** 作平行于 **l** 的直线,交直线 **a**′**c**′于消影点 **v**′.

该作图过程在图2.15中说明.

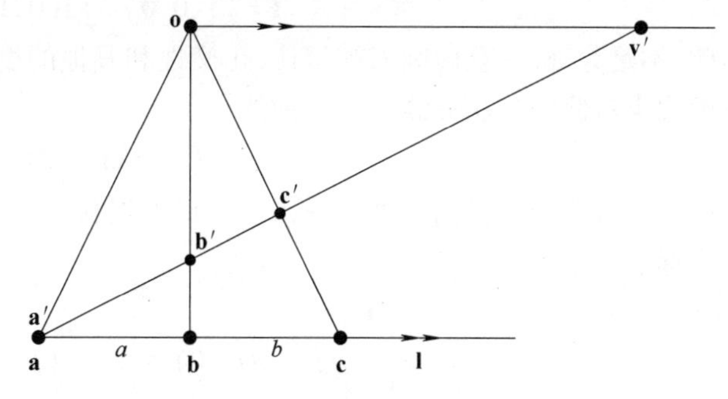


**图2.15　已知长度比,确定一条直线上无穷远点的像的几何作图法.** 细节在正文中给出.

## 2.7.3　虚圆点及其对偶

在任何相似变换下,$\mathbf{l}_{\infty}$ 上有两个不动点. 它们是**虚圆点**(也称**绝对点**)**I** 和 **J**,其标准坐标是

$$\mathbf{I}=\begin{pmatrix}1\\i\\0\end{pmatrix}\quad\mathbf{J}=\begin{pmatrix}1\\-i\\0\end{pmatrix}$$

这一对虚圆点是复共轭理想点. 它们在保向相似变换下不变:

$$\mathbf{I}' = \mathrm{H_S}\mathbf{I}$$
$$= \begin{bmatrix} s\cos\theta & -s\sin\theta & t_x \\ s\sin\theta & s\cos\theta & t_y \\ 0 & 0 & 1 \end{bmatrix} \begin{pmatrix} 1 \\ i \\ 0 \end{pmatrix}$$
$$= se^{-i\theta}\begin{pmatrix} 1 \\ i \\ 0 \end{pmatrix} = \mathbf{I}$$

类似地,可以给出 $\mathbf{J}$ 的证明．一个反射变换使 $\mathbf{I}$ 和 $\mathbf{J}$ 交换．逆命题也成立,即如果虚圆点在一个线性变换下不动,那么该线性变换必是相似变换,其证明留作练习．概括起来有:

**结论 2.21　在射影变换 H 下,虚圆点 I 和 J 为不动点当且仅当 H 为相似变换.**

“虚圆点”的命名起源于每一圆周交 $\mathbf{l}_\infty$ 于虚圆点．为了证明这一点,由二次曲线方程式(2.1)出发．在二次曲线为圆时有 $a=c$ 且 $b=0$. 则

$$x_1^2 + x_2^2 + dx_1x_3 + ex_2x_3 + fx_3^2 = 0$$

式中,$a$ 取为 1. 该二次曲线交 $\mathbf{l}_\infty$ 于(理想)点($x_3=0$),即

$$x_1^2 + x_2^2 = 0$$

解得 $\mathbf{I}=(1,i,0)^\mathsf{T}$,$\mathbf{J}=(1,-i,0)^\mathsf{T}$,即任何圆都交 $\mathbf{l}_\infty$ 于虚圆点．在欧氏几何中我们知道一个圆由三个点指定．虚圆点引出另一种计算．圆可以用由五个点定义的一般二次曲线的公式,即式(2.4)来计算,它的五个点是三个点加上两个虚圆点.

2.7.5 节将证明辨认虚圆点(等价地辨认它们的对偶,见下文)能够恢复相似性质(角度、长度比)．代数上,虚圆点是欧氏几何中将两个正交方向 $(1,0,0)^\mathsf{T}$ 和 $(0,1,0)^\mathsf{T}$ 合并到一个复共轭实体中,即

$$\mathbf{I} = (1,0,0)^\mathsf{T} + i(0,1,0)^\mathsf{T}$$

因此,不足为奇,一旦虚圆点被辨认,正交性和其他的度量性质就可以被确定．

**与虚圆点对偶的二次曲线**　二次曲线

$$\mathrm{C}_\infty^* = \mathbf{IJ}^\mathsf{T} + \mathbf{JI}^\mathsf{T} \tag{2.20}$$

与虚圆点对偶．$\mathrm{C}_\infty^*$ 是由这两个虚圆点构成的退化(秩为 2)的线二次曲线(见 2.2.3 节)．在欧氏坐标系下写为

$$\mathrm{C}_\infty^* = \begin{pmatrix} 1 \\ i \\ 0 \end{pmatrix}(1 \quad -i \quad 0) + \begin{pmatrix} 1 \\ -i \\ 0 \end{pmatrix}(1 \quad i \quad 0) = \begin{bmatrix} 1 & 0 & 0 \\ 0 & 1 & 0 \\ 0 & 0 & 0 \end{bmatrix}$$

类似于虚圆点的不动性质,二次曲线 $\mathrm{C}_\infty^*$ 在相似变换下不变．在某变换下,二次曲线的矩阵如果不变(相差一常数),则称该二次曲线在此变换下不变．因为 $\mathrm{C}_\infty^*$ 是对偶二次曲线,它的变换遵循结论 2.14($\mathrm{C}^{*\prime} = \mathrm{HC}^*\mathrm{H}^\mathsf{T}$),可以验证在点变换 $\mathbf{x}' = \mathrm{H_S}\mathbf{x}$ 下,

$$\mathrm{C}_\infty^{*\prime} = \mathrm{H_S}\mathrm{C}_\infty^*\mathrm{H_S}^\mathsf{T} = \mathrm{C}_\infty^*$$

其逆命题也成立,从而得到

**结论 2.22　对偶二次曲线 $\mathrm{C}_\infty^*$ 在射影变换 H 下不变当且仅当 H 是相似变换.**

在任何射影框架下,$\mathrm{C}_\infty^*$ 所具有的一些性质:

(1)$\mathrm{C}_\infty^*$ 有 4 个自由度:3×3 齐次对称矩阵有 5 个自由度,但约束 $\det\mathrm{C}_\infty^*=0$ 减去一个自

由度.

(2) $\mathbf{I}_\infty$ 是 $C_\infty^*$ 的零向量. 由定义易知,虚圆点在 $\mathbf{l}_\infty$ 上,即 $\mathbf{I}^\top\mathbf{l}_\infty=\mathbf{J}^\top\mathbf{l}_\infty=0$,从而

$$C_\infty^*\mathbf{l}_\infty=(\mathbf{IJ}^\top+\mathbf{JI}^\top)\mathbf{l}_\infty=\mathbf{I}(\mathbf{J}^\top\mathbf{l}_\infty)+\mathbf{J}(\mathbf{I}^\top\mathbf{l}_\infty)=\mathbf{0}$$

## 2.7.4 射影平面上的夹角

在欧氏几何中,两条直线之间的夹角由它们法线的点乘来计算. 直线 $\mathbf{l}=(l_1,l_2,l_3)^\top$ 和 $\mathbf{m}=(m_1,m_2,m_3)^\top$ 的法线分别平行于 $(l_1,l_2)^\top$ 和 $(m_1,m_2)^\top$,其夹角为

$$\cos\theta=\frac{l_1m_1+l_2m_2}{\sqrt{(l_1^2+l_2^2)(m_1^2+m_2^2)}} \tag{2.21}$$

这个表达式的问题是 $\mathbf{l}$ 和 $\mathbf{m}$ 的前两个分量在射影变换下没有确定的变换性质(它们不是张量),因此在经过平面仿射或射影变换后,式(2.21)不能被使用. 然而,类似于式(2.21)并在射影变换下不变的公式为

$$\cos\theta=\frac{\mathbf{l}^\top C_\infty^*\mathbf{m}}{\sqrt{(\mathbf{l}^\top C_\infty^*\mathbf{l})(\mathbf{m}^\top C_\infty^*\mathbf{m})}} \tag{2.22}$$

式中,$C_\infty^*$ 是虚圆点的对偶二次曲线. 不言而喻,在欧氏坐标系下,式(2.22)被简化为式(2.21). 利用点变换 $\mathbf{x}'=H_S\mathbf{x}$ 下直线和对偶二次曲线的变换规则($\mathbf{l}'=H^{-\top}\mathbf{l}$(式 2.6)和 $C_\infty^{*\prime}=HC_\infty^*H^\top$(结论 2.14)),可以证明式(2.12)在射影变换下不变. 例如,分子变换为

$$\mathbf{l}^\top C_\infty^*\mathbf{m}\mapsto\mathbf{l}^\top H^{-1}HC_\infty^*H^\top H^{-\top}m=\mathbf{l}^\top C_\infty^*\mathbf{m}$$

同样可以证明齐次对象的缩放因子在分子和分母之间相互抵消. 因此式(2.22)的确在射影框架下不变. 所证明的结果概括为

**结论 2.23　一旦在射影平面上辨认出二次曲线 $C_\infty^*$,就可以用式(2.22)来测量欧氏角.**

作为它的推论有

**结论 2.24　如果 $\mathbf{l}^\top C_\infty^*\mathbf{m}=0$,则直线 $\mathbf{l}$ 和 $\mathbf{m}$ 正交.**

几何上,如果 $\mathbf{l}$ 和 $\mathbf{m}$ 满足 $\mathbf{l}^\top C_\infty^*\mathbf{m}=0$,则称这两条直线关于二次曲线 $C_\infty^*$ 共轭(见 2.8.1 节).

**长度比**　一旦 $C_\infty^*$ 被辨认,长度比同样可以被测量. 考察图 2.16 中顶点为 $\mathbf{a},\mathbf{b},\mathbf{c}$ 的三角形. 根据标准的三角形正弦定理,长度比为 $d(\mathbf{b},\mathbf{c}):d(\mathbf{a},\mathbf{c})=\sin\alpha:\sin\beta$,其中 $d(\mathbf{x},\mathbf{y})$ 表示点 $\mathbf{x},\mathbf{y}$ 之间的欧氏距离. 在 $C_\infty^*$ 已辨认的射影框架下,按式(2.22),$\cos\alpha$ 和 $\cos\beta$ 可由 $\mathbf{l}'=\mathbf{a}'\times\mathbf{b}'$,$\mathbf{m}'=\mathbf{c}'\times\mathbf{a}'$ 和 $\mathbf{n}'=\mathbf{b}'\times\mathbf{c}'$ 计算出来. 因此,可由射影映射后的点来确定 $\sin\alpha$ 和 $\sin\beta$,进而确定比率 $d(\mathbf{a},\mathbf{b}):d(\mathbf{c},\mathbf{a})$.

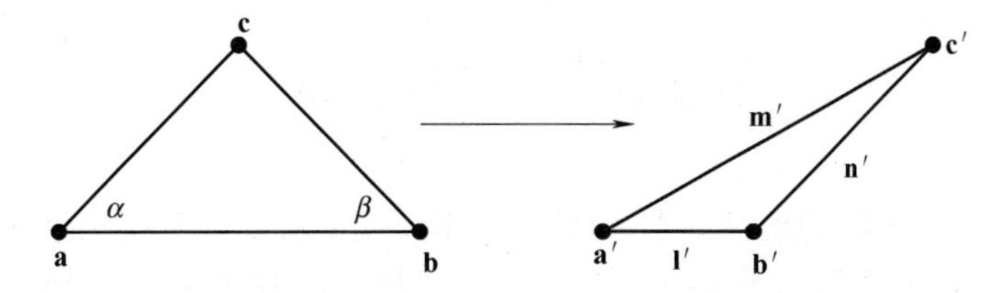


**图 2.16　长度比.** 一旦 $C_\infty^*$ 被辨认,欧氏长度比 $d(\mathbf{b},\mathbf{c}):d(\mathbf{a},\mathbf{c})$ 可以由射影失真图中测量出来. 详见正文.

### 2.7.5 由图像恢复度量性质

用完全类似于2.7.2节和图2.12中通过辨认$\mathbf{l}_\infty$来恢复仿射性质的途径,把虚圆点变换到它们的标准位置,就可以由平面的图像恢复度量性质. 假定图像中的虚圆点已被辨认,并且图像已由射影变换H矫正,使虚圆点的图像映到它们在$\mathbf{l}_\infty$上的标准位置($(1,\pm i,0)^{\mathsf T}$). 由结论2.21可知,世界平面和矫正图像之间的变换是相似变换,因为它是保持虚圆点不变的射影变换.

**用$C_\infty^*$进行度量矫正** 对偶二次曲线$C_\infty^*$几乎包含了实现度量矫正所需的全部信息. 它能确定射影变换中的仿射和射影成分,而只留下相似失真. 这一点可以由它在射影下的变换得到证明. 如果点变换是$\mathbf{x}'=\mathrm{H}\mathbf{x}$,其中$\mathbf{x}$是欧氏坐标系而$\mathbf{x}'$是射影坐标,$C_\infty^*$按结论2.14($C^{*\prime}=\mathrm{H}C^*\mathrm{H}^{\mathsf T}$)进行变换. 利用H的分解链式(2.17)可推出:

$$\begin{aligned}C_\infty^{*\prime}&=(\mathrm{H_PH_AH_S})C_\infty^*(\mathrm{H_PH_AH_S})^{\mathsf T}=(\mathrm{H_PH_A})(\mathrm{H_S}C_\infty^*\mathrm{H_S^{\mathsf T}})(\mathrm{H_A^{\mathsf T}H_P^{\mathsf T}})\\&=(\mathrm{H_PH_A})C_\infty^*(\mathrm{H_A^{\mathsf T}H_P^{\mathsf T}})\\&=\begin{bmatrix}\mathrm{KK}^{\mathsf T} & \mathrm{KK}^{\mathsf T}\mathbf{v}\\ \mathbf{v}^{\mathsf T}\mathrm{KK}^{\mathsf T} & \mathbf{v}^{\mathsf T}\mathrm{KK}^{\mathsf T}\mathbf{v}\end{bmatrix}\end{aligned}\tag{2.23}$$

显然射影成分($\mathbf{v}$)和仿射成分(K)可以直接由$C_\infty^*$的像确定,但(因为根据结论2.22,$C_\infty^*$在相似变换下不变)相似成分不能确定. 因而

**结论2.25 一旦在射影平面上辨认出二次曲线$C_\infty^*$,就可将射影失真矫正到相差一个相似变换.**

实际上,利用SVD(A4.4节),可以直接从图像中已辨认的$C_\infty^{*\prime}$获得所需的矫正单应变换;先将$C_\infty^{*\prime}$的SVD写为

$$C_\infty^{*\prime}=\mathrm{U}\begin{bmatrix}1&0&0\\0&1&0\\0&0&0\end{bmatrix}\mathrm{U}^{\mathsf T}$$

然后通过查对式(2.23),求得相差一个相似变换的矫正射影变换为H=U.

下面两个例子给出$C_\infty^*$可在图像中被辨认,从而获得度量矫正的典型情形.

**例2.26 度量矫正I**

假定一幅图像已经过仿射矫正(如例2.18),那么为了确定度量矫正,需要两个约束来确定虚圆点的两个自由度. 这两个约束可以由世界平面上两个直角的影像来获得.

假设已经过仿射矫正的图像中的直线$\mathbf{l}'$和$\mathbf{m}'$与世界平面上的一对垂直线$\mathbf{l}$和$\mathbf{m}$对应. 由结论2.24得$\mathbf{l}'^{\mathsf T}C_\infty^{*\prime}\mathbf{m}'=0$,并利用式(2.23)且让$\mathbf{v}=\mathbf{0}$得

$$(l_1'\ l_2'\ l_3')\begin{bmatrix}\mathrm{KK}^{\mathsf T}&\mathbf{0}\\\mathbf{0}^{\mathsf T}&0\end{bmatrix}\begin{pmatrix}m_1'\\m_2'\\m_3'\end{pmatrix}=0$$

它是关于2×2矩阵$\mathrm{S}=\mathrm{KK}^{\mathsf T}$的**线性**约束. 矩阵$\mathrm{S}=\mathrm{KK}^{\mathsf T}$是对称矩阵并有三个独立元素,因而有两个自由度(因为全局的比例因子无关紧要). 正交条件简化为方程$(l_1',l_2')\mathrm{S}(m_1',m_2')^{\mathsf T}=0$,并可重写为

$$(l_1'm_1',l_1'm_2'+l_2'm_1',l_2'm_2')\mathbf{s}=0$$

式中,$\mathbf{s}=(s_{11},s_{12},s_{22})^{\mathsf T}$是S的3维向量形式. 两个这样的正交直线对就能提供两个约束,并可

以联合起来给出以 **s** 为零向量的 2×3 矩阵．这样，在相差一个比例因子的情况下获得 S，并进一步获得 K（利用 Cholesky 分解法，见 A4.2.1 节）．图 2.17 给出一个例子，它在已进行过仿射矫正的图 2.13 上用两组正交直线对进行度量矫正．

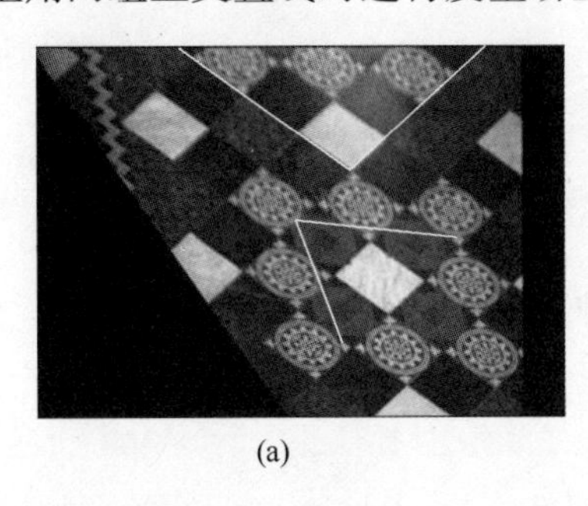
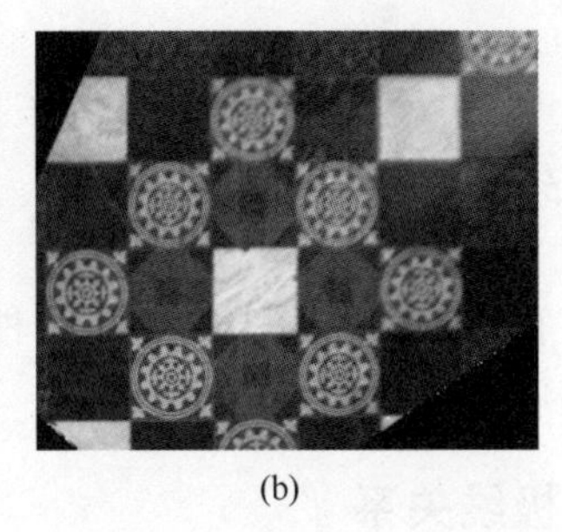

(a)　　　　(b)

**图 2.17　通过正交直线进行度量矫正 I．**对仿射图像进行度量矫正的仿射变换可以从正交直线的图像中计算得到．(a)在仿射矫正过的图像（图 2.13）上，两个（非平行）直线对被认定为对应于世界平面上的正交直线．(b)度量矫正图像．注意在度量矫正过的图像中，所有在世界中正交的直线是正交的，世界正方形的长宽比为 1，而世界圆是圆的．

另外，度量矫正所需的两个约束可以通过一个圆的影像或两个已知的长度比来得到．对于圆的情形，其像在仿射矫正过的图像中是椭圆，该椭圆和（已知）$\mathbf{l}_\infty$ 的交点直接决定被影像的虚圆点．

在下面的例子中，二次曲线 $C_\infty^*$ 可以用另一种方法直接在一幅透视图像中加以确定，而不用首先辨认 $\mathbf{l}_\infty$．

**例 2.27　度量矫正 II**

这里我们从平面的原有透视图像（不像例 2.26 中用仿射矫正过的图像）入手．假定直线 $\mathbf{l}$ 和 $\mathbf{m}$ 是世界平面上两条正交直线的图像；则按结论 2.24，$\mathbf{l}^{\mathsf{T}}C_\infty^*\mathbf{m}=0$，然后用与式(2.4)（约束二次曲线使之过一点）类似的方式，这里提供关于 $C_\infty^*$ 元素的一个线性约束，即

$$(l_1m_1,(l_1m_2+l_2m_1)/2,l_2m_2,(l_1m_3+l_3m_1)/2,(l_2m_3+l_3m_2)/2,l_3m_3)\mathbf{c}=0$$

式中，$\mathbf{c}=(a,b,c,d,e,f)^{\mathsf{T}}$ 是 $C_\infty^*$ 的二次曲线矩阵式(2.3)的 6 维向量形式．五个这样的约束联合起来，便形成一个 5×6 矩阵，使得 $\mathbf{c}$ 和 $C_\infty^*$ 作为其零向量而求得．这表明 $C_\infty^*$ 可以由世界平面上五个正交直线对的图像线性地加以确定．图 2.18 给出以这种直线对约束进行度量矫正的一个例子．

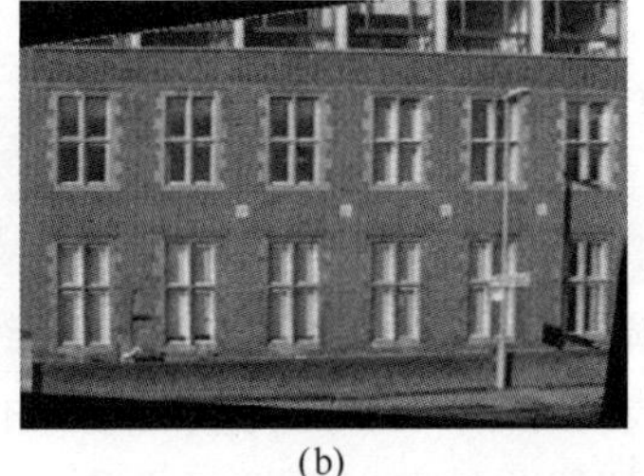

(a)　　　　(b)

**图 2.18　通过正交直线进行度量矫正 II．**(a)用图中显示的五个正交直线对在透视图像平面（建筑物的前墙）上确定二次曲线 $C_\infty^*$．二次曲线 $C_\infty^*$ 确定虚圆点，并等价于图像度量矫正(b)所需的射影变换．图(a)与图 2.4 是同一幅透视图像，其中透视失真通过确定四个图像点的世界位置而消除．

**分层法** 注意：在例 2.27 中，仿射和射影失真是通过确定 $C_\infty^*$ 一次性给予确定的．而前面的例 2.26 则先消除射影失真，然后消除仿射失真．这种两步法称为分层法．类似的方法适用于 3D 情形，并用于第 10 章的 3D 重构和第 19 章的自标定，它们用于由 3D 射影重构获得度量重构时．

## 2.8 二次曲线的其他性质

现在介绍点、直线和二次曲线之间的一种被称为**配极**的重要几何关系．这种（正交性表示）关系的应用将在第 8 章中给出．

### 2.8.1 极点—极线关系

点 $\mathbf{x}$ 和二次曲线 C 定义一条直线 $\mathbf{l}=\mathrm{C}\mathbf{x}$. $\mathbf{l}$ 称为 $\mathbf{x}$ 关于 C 的**极线**，而点 $\mathbf{x}$ 是 $\mathbf{l}$ 关于 C 的**极点**.

- **点 $\mathbf{x}$ 关于二次曲线 C 的极线 $\mathbf{l}=\mathrm{C}\mathbf{x}$ 与 C 交于两点．C 的过这两点的两条切线相交于 $\mathbf{x}$.**

这个关系在图 2.19 中给予说明.

**证明** 考察 C 上的一点 $\mathbf{y}$. C 的过 $\mathbf{y}$ 的切线是 $\mathrm{C}\mathbf{y}$. 若满足 $\mathbf{x}^{\mathsf{T}}\mathrm{C}\mathbf{y}=0$，则 $\mathbf{x}$ 就在此切线上．利用 C 的对称性，条件 $\mathbf{x}^{\mathsf{T}}\mathrm{C}\mathbf{y}=(\mathrm{C}\mathbf{x})^{\mathsf{T}}\mathbf{y}=0$ 表明点 $\mathbf{y}$ 在极线 $\mathrm{C}\mathbf{x}$ 上．因此，极线 $\mathrm{C}\mathbf{x}$ 交二次曲线于 $\mathbf{y}$，$\mathbf{x}$ 在过 $\mathbf{y}$ 的切线上．

在 $\mathbf{x}$ 趋近二次曲线的过程中，切线变得越来越接近共线，且它们与二次曲线上的接触点也变得越来越靠近．在极限情形下，$\mathbf{x}$ 将在 C 上，其极线与 C 有二阶接触点 $\mathbf{x}$，于是得到

- **如果点 $\mathbf{x}$ 在 C 上，则其极线就是二次曲线过 $\mathbf{x}$ 点的切线.**

见结论 2.7.

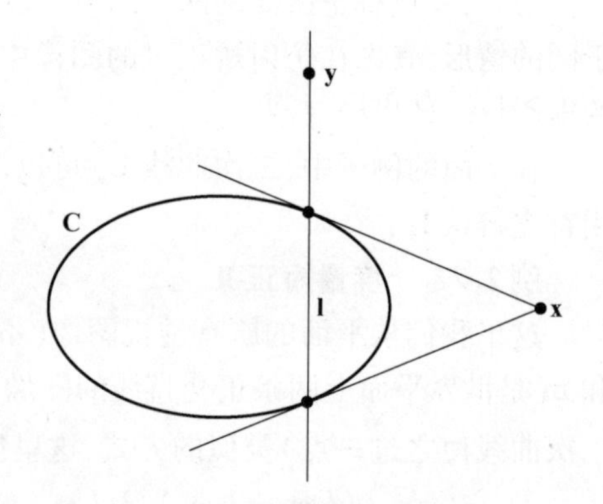


**图 2.19 极点—极线关系．** 直线 $\mathbf{l}=\mathrm{C}\mathbf{x}$ 是点 $\mathbf{x}$ 关于二次曲线 C 的极线，而点 $\mathbf{x}=\mathrm{C}^{-1}\mathbf{l}$ 是 $\mathbf{l}$ 关于 C 的极点．$\mathbf{x}$ 的极线与二次曲线相交于 $\mathbf{x}$ 到二次曲线的切线的切点．如果 $\mathbf{y}$ 在 $\mathbf{l}$ 上，则 $\mathbf{y}^{\mathsf{T}}\mathbf{l}=\mathbf{y}^{\mathsf{T}}\mathrm{C}\mathbf{x}=0$. 满足 $\mathbf{y}^{\mathsf{T}}\mathrm{C}\mathbf{x}=0$ 的点 $\mathbf{x}$ 和 $\mathbf{y}$ 共轭.

**例 2.28** 半径为 $r$，中心为 $\mathbf{x}$ 轴上点 $x=a$ 处的圆的方程为 $(x-a)^2+y^2=r^2$，并用二次曲线矩阵表示为

$$\mathrm{C}=\begin{bmatrix}1 & 0 & -a\\ 0 & 1 & 0\\ -a & 0 & a^2-r^2\end{bmatrix}$$

原点的极线由 $\mathbf{l}=\mathrm{C}(0,0,1)^{\mathsf{T}}=(-a,0,a^2-r^2)^{\mathsf{T}}$ 给定．这是在 $x=(a^2-r^2)/a$ 处的竖直线．如果 $r=a$，原点在圆周上．在这种情况下，其极线是 $y$ 轴并与圆周相切．

显然，二次曲线诱导了 $\mathbb{P}^2$ 中点与直线之间的一个映射．这个映射具有射影结构，因为它仅仅涉及相交和相切这两种在射影变换下不变的性质．点和直线之间的射影变换称为**对射**（不幸的是此名字还有许多别的用处）.

**定义 2.29** **对射**是 $\mathbb{P}^2$ 的点到 $\mathbb{P}^2$ 的直线的可逆映射．它由一个 $3\times3$ 非奇异矩阵 A 表示为 $\mathbf{l}=\mathrm{A}\mathbf{x}$.

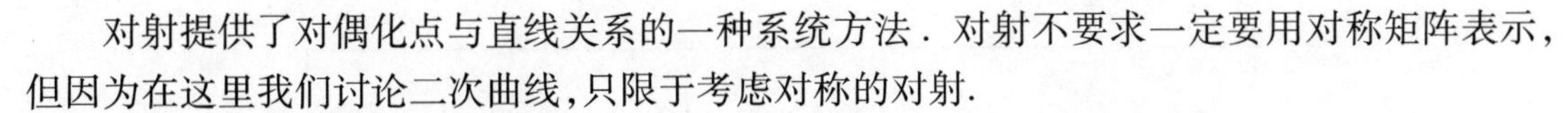

对射提供了对偶化点与直线关系的一种系统方法．对射不要求一定要用对称矩阵表示，但因为在这里我们讨论二次曲线，只限于考虑对称的对射.

- **共轭点　如果点 $\mathbf{y}$ 在极线 $\mathbf{l}=\mathrm{C}\mathbf{x}$ 上，则 $\mathbf{y}^{\mathsf{T}}\mathbf{l}=\mathbf{y}^{\mathsf{T}}\mathrm{C}\mathbf{x}=0$. 满足 $\mathbf{y}^{\mathsf{T}}\mathrm{C}\mathbf{x}=0$ 的任何两点 $\mathbf{x},\mathbf{y}$ 称为关于二次曲线 C 共轭.**

共轭关系是对称的：

- **如果 $\mathbf{x}$ 在 $\mathbf{y}$ 的极线上，那么 $\mathbf{y}$ 也在 $\mathbf{x}$ 的极线上.**

这一点很简单，因为二次曲线的矩阵是对称的——如果 $\mathbf{x}^{\mathsf{T}}\mathrm{C}\mathbf{y}=0$，则 $\mathbf{x}$ 在 $\mathbf{y}$ 的极线上，而且如果 $\mathbf{y}^{\mathsf{T}}\mathrm{C}\mathbf{x}=0$，则 $\mathbf{y}$ 在 $\mathbf{x}$ 的极线上．因为 $\mathbf{x}^{\mathsf{T}}\mathrm{C}\mathbf{y}=\mathbf{y}^{\mathsf{T}}\mathrm{C}\mathbf{x}$，如果其中一边为零，则另一边也为零. 同时，如果 $\mathbf{l}^{\mathsf{T}}\mathrm{C}^{*}\mathbf{m}=0$，则存在一个关于直线 $\mathbf{l}$ 和 $\mathbf{m}$ 的对偶共轭关系.

## 2.8.2　二次曲线的分类

本节介绍二次曲线的射影和仿射分类.

**二次曲线的射影标准形式**　因为 C 是对称矩阵，所以有实特征值并可分解为乘积 $\mathrm{C}=\mathrm{U}^{\mathsf{T}}\mathrm{D}\mathrm{U}$（见 A4.2 节），其中 U 是正交矩阵，而 D 是对角矩阵．以射影变换 U 作用于二次曲线 C，则 C 被变换成另一条二次曲线 $\mathrm{C}'=\mathrm{U}^{-\mathsf{T}}\mathrm{C}\mathrm{U}^{-1}=\mathrm{U}^{-\mathsf{T}}\mathrm{U}^{\mathsf{T}}\mathrm{D}\mathrm{U}\mathrm{U}^{-1}=\mathrm{D}$. 这表明任何二次曲线都射影等价于一个由对角矩阵表示的二次曲线．令 $\mathrm{D}=\mathrm{diag}(\varepsilon_1 d_1,\varepsilon_2 d_2,\varepsilon_3 d_3)$，其中 $\varepsilon_i=\pm1$ 或 0，且 $d_i>0$，则 $D$ 可以写为

$$\mathrm{D}=\mathrm{diag}(s_1,s_2,s_3)^{\mathsf{T}}\mathrm{diag}(\varepsilon_1,\varepsilon_2,\varepsilon_3)\mathrm{diag}(s_1,s_2,s_3)$$

式中，$s_i^2=d_i$. 注意 $\mathrm{diag}(s_1,s_2,s_3)^{\mathsf{T}}=\mathrm{diag}(s_1,s_2,s_3)$．现在用变换 $\mathrm{diag}(s_1,s_2,s_3)$ 再进行一次变换，二次曲线 D 被变为具有矩阵 $\mathrm{diag}(\varepsilon_1,\varepsilon_2,\varepsilon_3)$ 的二次曲线，其中 $\varepsilon_i=\pm1$ 或 0. 可以用置换矩阵进一步变换，以保证值 $\varepsilon_i=1$ 出现在值 $\varepsilon_i=-1$ 之前，而后者又在值 $\varepsilon_i=0$ 之前．最后如果有必要，可以乘以 $-1$，以保证 $+1$ 至少和 $-1$ 一样多．现在可以列举各种类型的二次曲线，并如表 2.2 所示.

| 对角线 | 方　程 | 二次曲线类型 |
|---|---|---|
| (1,1,1) | $x^2+y^2+w^2=0$ | 假二次曲线——无实点 |
| (1,1,−1) | $x^2+y^2-w^2=0$ | 圆 |
| (1,1,0) | $x^2+y^2=0$ | 单个实点$(0,0,1)^{\mathsf{T}}$ |
| (1,−1,0) | $x^2-y^2=0$ | 两条直线 $x=\pm y$ |
| (1,0,0) | $x^2=0$ | 一条直线 $x=0$ 计两次 |

**表 2.2　点二次曲线的射影分类．**任何平面二次曲线都射影等价于表中给出的一种类型．对某 $i$ 有 $\varepsilon_i=0$ 的那些二次曲线是退化的二次曲线，它可以用秩小于 3 的矩阵表示．本表的二次曲线类型栏中仅介绍二次曲线的实点——例如复二次曲线 $x^2+y^2=0$ 由一对直线 $x=\pm iy$ 组成.

**二次曲线的仿射分类**　众所周知，在欧氏几何中，（非退化或正常）二次曲线可以分为双曲线、椭圆和抛物线．如上文所示，在射影几何中这三种类型的二次曲线都射影等价于圆．然而在仿射几何中，上述欧氏分类仍有效，因为它仅取决于 $\mathbf{l}_\infty$ 与二次曲线的关系．这三种类型的二次曲线与 $\mathbf{l}_\infty$ 的关系在图 2.20 中给出了说明.

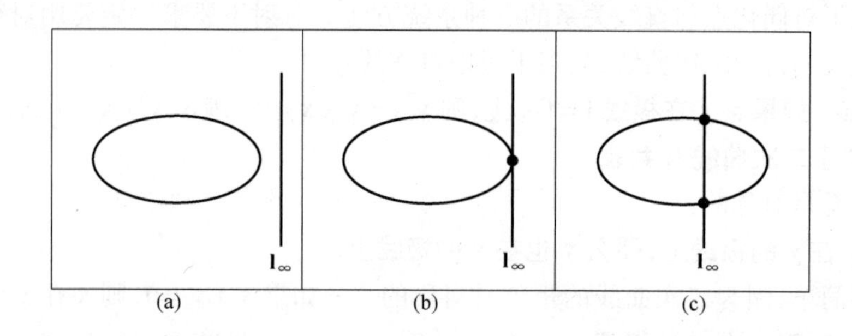


**图 2.20　点二次曲线的仿射分类**. 二次曲线是(a)椭圆,(b)抛物线,(c)双曲线;分别取决于它们与 $\mathbf{l}_\infty$(a)无实交点,(b)相切(2 点接触),(c)有 2 个实交点. 在仿射变换下,$\mathbf{l}_\infty$ 是不动直线而且交点保持不变. 因此,这种分类在仿射变换下不变.

## 2.9　不动点与直线

由 $\mathbf{l}_\infty$ 和虚圆点的例子,我们已经看到点和直线在射影变换下可能是不动的. 本节将对该思想做更彻底的研究.

这里,将源平面和目标平面视为等同(一样),这样可把点 $\mathbf{x}$ 映射到点 $\mathbf{x}'$ 的变换在同一坐标系中进行. 关键思想是变换的一个**特征向量**对应一个**不动点**,因为对于特征值 $\lambda$ 及其对应的特征向量 $\mathbf{e}$ 有

$$\mathrm{H}\mathbf{e} = \lambda\mathbf{e}$$

而 $\mathbf{e}$ 和 $\lambda\mathbf{e}$ 表示同一点. 通常在计算机视觉应用中,特征向量和特征值具有物理的或几何的重要意义.

一个 3×3 矩阵有三个特征值,如果特征值互不相同,则一个平面射影变换最多有三个不动点. 因为在此情形中特征方程是三次方程,特征值及其相对应的特征向量中有一个或三个是实的. 类似的推导可以用于不动直线,它对应于 $\mathrm{H}^\mathsf{T}$ 的特征向量,因为直线的变换式(2.6)为 $\mathbf{l}' = \mathrm{H}^{-\mathsf{T}}\mathbf{l}$.

不动点和不动直线之间的关系如图 2.21 所示. 注意直线的不动是集合不动,不是点点不动,即该直线上的一点被映射到该直线上的另一点,这两点一般不相同. 这并不难理解:平面射影变换诱导直线上的一个 1D 射影变换. 1D 射影变换以一个 2×2 的齐次矩阵表示(见 2.5 节). 对应于该 2×2 矩阵的两个特征向量,1D 射影变换有两个不动点,这些不动点是 2D 射影变换的不动点.

进一步的特殊性涉及重特征值的情况. 假定两个特征值(如 $\lambda_2, \lambda_3$)相等,而对应于 $\lambda_2 = \lambda_3$ 存在两个不同的特征向量($\mathbf{e}_2, \mathbf{e}_3$). 那么包含特征向量 $\mathbf{e}_2$ 和 $\mathbf{e}_3$ 的直线将是点点不动的,即它是由不动点构成的直线. 假定 $\mathbf{x} = \alpha\mathbf{e}_2 + \beta\mathbf{e}_3$,则有

$$\mathrm{H}\mathbf{x} = \lambda_2\alpha\mathbf{e}_2 + \lambda_2\beta\mathbf{e}_3 = \lambda_2\mathbf{x}$$

即过两退化特征向量的直线上的点都映射到自己(仅仅相差一个比例因子). 另一种可能是 $\lambda_2 = \lambda_3$,但只有一个对应的特征向量. 在这种情形下,特征向量的**代数维数**为 2,而**几何维数**为 1. 其不动点少了一个(2 个而不是 3 个). 重特征值的各种情形将在附录 7 中做进一步讨论.

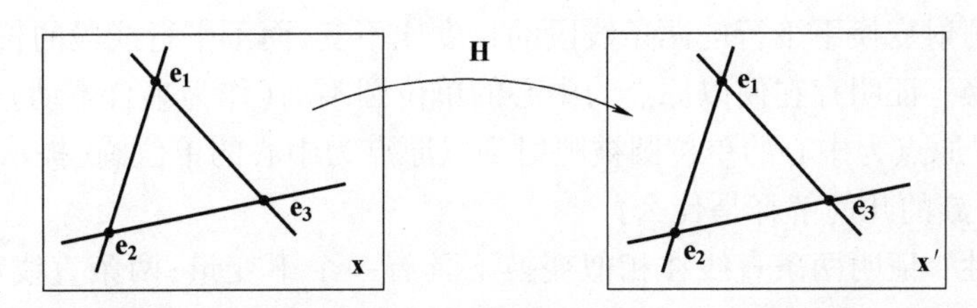


**图 2.21　平面射影变换的不动点和直线．**这里有三个不动点和过这些点的三条不动直线．不动直线和不动点可能是复值．从代数的角度来说，不动点是点变换（$\mathbf{x}' = \mathrm{H}\mathbf{x}$）的特征向量 $\mathbf{e}_i$，而不动直线是线变换（$\mathbf{l}' = \mathrm{H}^{-\mathsf{T}}\mathbf{l}$）的特征向量．注意，不动直线不是点点不动：在变换下，直线上的一点被映射为其上另一点，只有不动点才被映射到自身．

我们现在来查看 2.4 节介绍的射影变换子群的分层中的不动点和直线．仿射变换以及更特殊的变换具有两个特征向量，它们都是理想点（$x_3 = 0$）并且对应于左上角 $2\times 2$ 矩阵的特征向量．第三个特征向量通常是有限的．

**欧氏矩阵**　两个不动理想点是虚圆点 $\mathbf{I},\mathbf{J}$ 组成的复共轭对，相对应的特征值是 $\{e^{i\theta}, e^{-i\theta}\}$，这里 $\theta$ 是旋转角．对应于特征值 1 的第三个特征向量，称为**极点**．这个欧氏变换等价于绕该点转 $\theta$ 角的纯旋转并且没有平移．

一种特殊的情形是纯平移（即 $\theta = 0$）．这时特征值三重退化．无穷远直线是点点不动，且有一束过点 $(t_x, t_y, 0)^{\mathsf{T}}$ 的不动直线，该点对应于平移方向．因此平行于 $\mathbf{t}$ 的直线是不动的．这是约束透视变换的一个例子（见 A7.3 节）．

**相似矩阵**　两个不动理想点仍是虚圆点．特征值是 $\{1, se^{i\theta}, se^{-i\theta}\}$．相似变换的作用可以理解为绕它的有限不动点的旋转和取 $s$ 为因子的均匀缩放．注意虚圆点的特征值仍然表征旋转角．

**仿射矩阵**　两个不动理想点可以是实的或复共轭的，但在任何一种情形下，过这些点的不动直线 $\mathbf{l}_\infty = (0,0,1)^{\mathsf{T}}$ 是实的．

## 2.10　结束语

### 2.10.1　文献

关于平面射影几何的一些浅显的介绍在 Mündy 和 Zisserman [Mündy-92] 的附录中给出，它是为计算机视觉研究者而写的．更正规的介绍在 Semple 和 Kneebone [Semple-79] 中给出，但 [Springer-64] 更容易读懂．

关于恢复像平面的仿射和度量场景性质的工作有：Collins 和 Beveridge [Collins-93] 用消影线由卫星图像恢复仿射性质，而 Liebowitz 和 Zisserman [Liebowitz-98] 利用平面上的诸如直角的度量信息来恢复度量几何．

### 2.10.2　注释与练习

（1）**仿射变换**

（a）证明仿射变换能把圆映射为椭圆，但不能把椭圆映射为双曲线或抛物线．

(b)证明在仿射变换下平行的两条线段的长度比不变,而不平行线段的长度比则不然.

(2)**射影变换** 证明存在使以原点为中心的单位圆不动(作为集合不动)的一种三参数族的射影变换,即以原点为中心的单位圆被映射到以原点为中心的单位圆(提示,用结论2.13来计算变换). 这个族的几何解释是什么?

(3)**各向同性** 证明两条直线在相似变换下具有一个不变量;两条直线和两点在射影变换下具有一个不变量. 在这两种情形下,自由度的计算法则(结论2.16)的等式情形不成立. 证明对于这两种情形,相应的变换不能完全被确定,虽然它能够部分被确定.

(4)**不变量** 用点、直线和二次曲线的变换规则证明:

(a)两条直线$\mathbf{l}_1, \mathbf{l}_2$及不在其上的两点$\mathbf{x}_1, \mathbf{x}_2$有不变量

$$I = \frac{(\mathbf{l}_1^{\mathsf{T}}\mathbf{x}_1)(\mathbf{l}_2^{\mathsf{T}}\mathbf{x}_2)}{(\mathbf{l}_1^{\mathsf{T}}\mathbf{x}_2)(\mathbf{l}_2^{\mathsf{T}}\mathbf{x}_1)}$$

(见前一问题)

(b)二次曲线C和一般位置上的两点$\mathbf{x}_1, \mathbf{x}_2$有不变量

$$I = \frac{(\mathbf{x}_1^{\mathsf{T}}\mathrm{C}\mathbf{x}_2)^2}{(\mathbf{x}_1^{\mathsf{T}}\mathrm{C}\mathbf{x}_1)(\mathbf{x}_2^{\mathsf{T}}\mathrm{C}\mathbf{x}_2)}$$

(c)证明测量夹角的射影不变表达式(2.22)等价于Laguerre关于虚圆点交比的射影不变量表达式(见[Springer-64]).

(5)**交比** 证明在直线的射影变换下,四个共线点的交比不变式(2.18). 提示:首先把直线上两点的变换写成$\bar{\mathbf{x}}_i' = \lambda_i \mathrm{H}_{2\times2}\bar{\mathbf{x}}_i$和$\bar{\mathbf{x}}_j' = \lambda_j \mathrm{H}_{2\times2}\bar{\mathbf{x}}_j$,这里的等式不相差比例因子,然后由行列式性质证明$|\bar{\mathbf{x}}_i'\bar{\mathbf{x}}_j'| = \lambda_i\lambda_j \det\mathrm{H}_{2\times2}|\bar{\mathbf{x}}_i\bar{\mathbf{x}}_j|$,并由此继续. 另一种推导方法在[Semple-79]中给出.

(6)**配极** 图2.19中给出了椭圆外一点$\mathbf{x}$的极线的几何作图. 给出当点在椭圆内时极线的几何作图. 提示:选择过$\mathbf{x}$的任意直线. 该直线的极点是$\mathbf{x}$极线上的一点.

(7)**二次曲线** 如果选择二次曲线的矩阵C的符号,使得其两个特征值是正的,一个特征值是负的,那么可以根据$\mathbf{x}^{\mathsf{T}}\mathrm{C}\mathbf{x}$的符号来区分内部点和外部点:如果$\mathbf{x}^{\mathsf{T}}\mathrm{C}\mathbf{x}$分别为负/零/正,则$\mathbf{x}$就分别在二次曲线的内部/上/外部. 可以以圆$\mathrm{C} = \mathrm{diag}(1, 1, -1)$为例来理解. 在射影变换下,内在性是不变量,虽然当一个椭圆被变换为一条双曲线时要小心解释(见图2.20).

(8)**对偶二次曲线** 证明矩阵$[\mathbf{l}]_\times \mathrm{C}[\mathbf{l}]_\times$表示秩为2的对偶二次曲线,它由直线$\mathbf{l}$与(点)二次曲线C的两个交点组成.(记号$[\mathbf{l}]_\times$在(A4.5节)中定义.)

(9)**特殊射影变换** 假定一个场景平面上的点由一条直线的反射相联系,例如具有双边对称的平面物体. 证明该平面透视图像的点由满足$\mathrm{H}^2 = \mathrm{I}$的射影变换H相关联. 进一步证明在H下有一条不动点组成的直线,它对应于反射直线的影像,并且H有一个不在此直线上的特征向量,它是该反射方向的消影点(H是一个平面调和透射,见A7.2节).

现在,假定点由有限旋转对称相关联:例如在一个六边形螺栓头上的点就有这种关系. 证明在这种情形下$\mathrm{H}^n = \mathrm{I}$,这里$n$是该旋转对称的阶(六边形为6),H的特征值确定旋转角,而对应于实特征值的特征向量是旋转对称中心的像.

# 第3章
# 3D 射影几何与变换

本章介绍3维射影空间 $\mathbb{P}^3$ 的性质和基本要素．其中的许多内容是第2章中所介绍的射影平面的直接推广．例如，在 $\mathbb{P}^3$ 中，3维欧氏空间用无穷远平面 $\boldsymbol{\pi}_\infty$ 上的理想点集加以扩展．$\boldsymbol{\pi}_\infty$ 类似于 $\mathbb{P}^2$ 中的 $\mathbf{l}_\infty$．平行线以及现在平行**平面**相交在 $\boldsymbol{\pi}_\infty$ 上．不言而喻，齐次坐标再一次起了重要的作用，这里所有的维数都增加了1. 但是，由于维数增加，一些额外的性质也随之出现．例如，在射影平面上两条直线总是相交，但它们不一定在3维空间中相交.

在阅读本章之前，读者应该熟悉第2章中的概念和记号．我们将不重述前一章中大量的内容，而把注意力集中于两者的差别以及由于多了1维而增加的几何性质.

## 3.1 点和射影变换

3D 空间中的点 $\mathbf{X}$ 用齐次坐标表示为一个4维向量．具体地说，齐次向量 $\mathbf{X}=(X_1,X_2,X_3,X_4)^\mathsf{T}$ 并且 $X_4\neq 0$ 表示 $\mathbb{R}^3$ 中非齐次坐标为 $(X,Y,Z)^\mathsf{T}$ 的点，其中

$$X=X_1/X_4,\quad Y=X_2/X_4,\quad Z=X_3/X_4$$

例如，$(X,Y,Z)^\mathsf{T}$ 的一种齐次表示是 $\mathbf{X}=(X,Y,Z,1)^\mathsf{T}$，$X_4=0$ 的齐次点表示无穷远点.

$\mathbb{P}^3$ 上的射影变换是由非奇异 $4\times4$ 矩阵 $\mathbf{X}'=\mathrm{H}\mathbf{X}$ 表示的线性变换，作用于齐次4维向量. 变换矩阵 H 是齐次的并有15个自由度．矩阵的16个元素扣去了一个全局尺度就是它的自由度数.

与平面射影变换的情况一样，该映射是保线变换(直线被映射到直线)，它保留诸如直线与平面的交点等关联关系以及接触的阶.

## 3.2 平面、直线和二次曲面的表示和变换

在 $\mathbb{P}^3$ 中，点和**平面**对偶，它们的表示和推导均与 $\mathbb{P}^2$ 中点-线对偶类似．在 $\mathbb{P}^3$ 中直线自对偶.

### 3.2.1 平面

在3D空间中，平面可以写成

$$\pi_1X+\pi_2Y+\pi_3Z+\pi_4=0 \tag{3.1}$$

显然，这个等式乘以一个非零标量仍然成立，所以只有平面方程系数的三对独立的比率 $\{\pi_1:\pi_2:\pi_3:\pi_4\}$ 是有意义的．因此，在3D空间中一张平面有3个自由度．平面的齐次表示是4维向量 $\boldsymbol{\pi}=(\pi_1,\pi_2,\pi_3,\pi_4)^\mathsf{T}$.

用代换 $X \mapsto X_1/X_4, Y \mapsto X_2/X_4, Z \mapsto X_3/X_4$ 齐次化式(3.1)得到

$$\pi_1 X_1 + \pi_2 X_2 + \pi_3 X_3 + \pi_4 X_4 = 0$$

或更简洁地写成

$$\boldsymbol{\pi}^{\mathsf{T}} \mathbf{X} = 0 \tag{3.2}$$

它表示点 $\mathbf{X}$ 在平面 $\boldsymbol{\pi}$ 上.

$\boldsymbol{\pi}$ 的前 3 个分量对应于欧氏几何中平面的法线——用非齐次记号,式(3.2)就变成 3D 向量形式下熟知的平面方程:$\mathbf{n} \cdot \widetilde{\mathbf{X}} + d = 0$,其中 $\mathbf{n} = (\pi_1, \pi_2, \pi_3)^{\mathsf{T}}$,$\widetilde{\mathbf{X}} = (X, Y, Z)^{\mathsf{T}}$,$X_4 = 1$ 而 $d = \pi_4$. 按此记号 $d/\|\mathbf{n}\|$ 是原点到平面的距离.

**联合与关联关系** 在 $\mathbb{P}^3$ 中,平面和点和直线之间存在许多几何关系. 例如:

(1)平面可由一般位置的三个点或一条直线与一个点的联合来唯一确定(一般位置指三点不共线或在后一种情形下点不在直线上).

(2)两张不同的平面相交于唯一的直线.

(3)三张不同的平面相交于唯一的点.

这些关系有其代数表示,我们现在就来推导点和平面的表示. 含有直线关系的代数表示不再象 $\mathbb{P}^2$ 中用 3D 向量代数表示那样简单(例如 $\mathbf{l} = \mathbf{x} \times \mathbf{y}$),所以我们将延迟到 3.2.2 节才引入直线的表示.

**三点确定一个平面** 设三点 $\mathbf{X}_i$ 都在平面 $\boldsymbol{\pi}$ 上. 那么每点满足式(3.2),从而 $\boldsymbol{\pi}^{\mathsf{T}} \mathbf{X}_i = 0, i = 1,2,3$. 将这些方程叠成一个矩阵得到

$$\begin{bmatrix} \mathbf{X}_1^{\mathsf{T}} \\ \mathbf{X}_2^{\mathsf{T}} \\ \mathbf{X}_3^{\mathsf{T}} \end{bmatrix} \boldsymbol{\pi} = \mathbf{0} \tag{3.3}$$

因为一般位置上的三点 $\mathbf{X}_1, \mathbf{X}_2, \mathbf{X}_3$ 线性无关,所以由它们作为行组成的 $3 \times 4$ 矩阵的秩为 3. 由这些点所定义的平面 $\boldsymbol{\pi}$ 作为它的 1 维(右)零空间被唯一的确定(相差一个常数因子). 如果矩阵的秩为 2,则零空间是 2 维的,那么这些点是共线的,并定义了以共线点组成的直线为轴的一个平面束.

在 $\mathbb{P}^2$ 中,点与线对偶,过两点 $\mathbf{x}, \mathbf{y}$ 的直线 $\mathbf{l}$ 可以类似地用求以 $\mathbf{x}^{\mathsf{T}}$ 和 $\mathbf{y}^{\mathsf{T}}$ 为行组成的 $2 \times 3$ 矩阵的零空间而获得. 当然也可以由向量代数直接得到一个更便利的公式 $\mathbf{l} = \mathbf{x} \times \mathbf{y}$. 在 $\mathbb{P}^3$ 中,类似的表示式由行列式和余子式的性质得到.

我们从矩阵 $M = [\mathbf{X}, \mathbf{X}_1, \mathbf{X}_2, \mathbf{X}_3]$ 开始,它由一般位置的点 $\mathbf{X}$ 和确定平面 $\boldsymbol{\pi}$ 的三点 $\mathbf{X}_i$ 组成. 当 $\mathbf{X}$ 在 $\boldsymbol{\pi}$ 上时,行列式 $\det M = 0$,因为 $\mathbf{X}$ 可以表示为 $\mathbf{X}_i, i = 1,2,3$ 的线性组合. 按 $\mathbf{X}$ 列展开行列式,得到

$$\det M = X_1 D_{234} - X_2 D_{134} + X_3 D_{124} - X_4 D_{123}$$

式中,$D_{jkl}$ 是由 $4 \times 3$ 矩阵 $[\mathbf{X}_1, \mathbf{X}_2, \mathbf{X}_3]$ 中第 $jkl$ 行组成的行列式. 因为 $\boldsymbol{\pi}$ 上的点满足 $\det M = 0$,我们可以求出平面系数而得到

$$\boldsymbol{\pi} = (D_{234}, -D_{134}, D_{124}, -D_{123})^{\mathsf{T}} \tag{3.4}$$

它就是方程式(3.3)的解向量(零空间).

**例 3.1** 假设确定平面的三个点是

$$\mathbf{X}_1=\begin{pmatrix}\tilde{\mathbf{X}}_1\\1\end{pmatrix}\quad \mathbf{X}_2=\begin{pmatrix}\tilde{\mathbf{X}}_2\\1\end{pmatrix}\quad \mathbf{X}_3=\begin{pmatrix}\tilde{\mathbf{X}}_3\\1\end{pmatrix}$$

其中 $\tilde{\mathbf{X}}=(\mathrm{X},\mathrm{Y},\mathrm{Z})^{\mathsf{T}}$. 则

$$D_{234}=\begin{vmatrix}\mathrm{Y}_1 & \mathrm{Y}_2 & \mathrm{Y}_3\\ \mathrm{Z}_1 & \mathrm{Z}_2 & \mathrm{Z}_3\\ 1 & 1 & 1\end{vmatrix}=\begin{vmatrix}\mathrm{Y}_1-\mathrm{Y}_3 & \mathrm{Y}_2-\mathrm{Y}_3 & \mathrm{Y}_3\\ \mathrm{Z}_1-\mathrm{Z}_3 & \mathrm{Z}_2-\mathrm{Z}_3 & \mathrm{Z}_3\\ 0 & 0 & 1\end{vmatrix}=((\tilde{\mathbf{X}}_1-\tilde{\mathbf{X}}_3)\times(\tilde{\mathbf{X}}_2-\tilde{\mathbf{X}}_3))_1$$

同理可得其他分量,即得

$$\boldsymbol{\pi}=\begin{pmatrix}(\tilde{\mathbf{X}}_1-\tilde{\mathbf{X}}_3)\times(\tilde{\mathbf{X}}_2-\tilde{\mathbf{X}}_3)\\ -\tilde{\mathbf{X}}_3^{\mathsf{T}}(\tilde{\mathbf{X}}_1\times\tilde{\mathbf{X}}_2)\end{pmatrix}$$

这是欧氏向量几何中熟悉的结果,例如,平面的法线由$(\tilde{\mathbf{X}}_1-\tilde{\mathbf{X}}_3)\times(\tilde{\mathbf{X}}_2-\tilde{\mathbf{X}}_3)$来计算.

**三平面确定一点**　我们的推导对偶于三点确定一个平面的情形. 三个平面 $\boldsymbol{\pi}_i$ 的交点 $\mathbf{X}$ 可通过求以三张平面为行的 $3\times4$ 矩阵的(右)零空间直接计算出来:

$$\begin{bmatrix}\boldsymbol{\pi}_1^{\mathsf{T}}\\ \boldsymbol{\pi}_2^{\mathsf{T}}\\ \boldsymbol{\pi}_3^{\mathsf{T}}\end{bmatrix}\mathbf{X}=\mathbf{0} \tag{3.5}$$

类似于式(3.4),$\mathbf{X}$ 的一个直接解可以用行列式的 $3\times3$ 子矩阵表示,而数值解的计算由算法 A5.1 获得.

下面两个结论是对应的 2D 情形的直接类推.

**射影变换**　在点变换 $\mathbf{X}'=\mathrm{H}\mathbf{X}$ 下,平面变换为

$$\boldsymbol{\pi}'=\mathrm{H}^{-\mathsf{T}}\boldsymbol{\pi} \tag{3.6}$$

**平面上的点的参数表示**. 在平面 $\boldsymbol{\pi}$ 上的点 $\mathbf{X}$ 可以写成

$$\mathbf{X}=\mathrm{M}\mathbf{x} \tag{3.7}$$

其中 $4\times3$ 矩阵 M 的列生成 $\boldsymbol{\pi}^{\mathsf{T}}$ 的秩为 3 的零空间,即 $\boldsymbol{\pi}^{\mathsf{T}}\mathrm{M}=\mathbf{0}^{\mathsf{T}}$,而 3D 向量 $\mathbf{x}$(它是射影平面 $\mathbb{P}^2$ 的点)给出平面 $\boldsymbol{\pi}$ 上点的参数表示. 当然,M 不是唯一的. 设平面是 $\boldsymbol{\pi}=(a,b,c,d)^{\mathsf{T}}$ 且 $a$ 非零,那么 $\mathrm{M}^{\mathsf{T}}$ 可以写成 $\mathrm{M}^{\mathsf{T}}=[\mathbf{p}\,|\,\mathrm{I}_{3\times3}]$,其中 $\mathbf{p}=(-b/a,-c/a,-d/a)^{\mathsf{T}}$.

这种参数化表示就是 $\mathbb{P}^2$ 中的直线 $\mathbf{l}$ 在 3D 中的类推,在那里 $\mathbf{l}$ 被定义为它的 2D 零空间的线性组合:如 $\mathbf{x}=\mu\mathbf{a}+\lambda\mathbf{b}$,其中 $\mathbf{l}^{\mathsf{T}}\mathbf{a}=\mathbf{l}^{\mathsf{T}}\mathbf{b}=0$.

### 3.2.2　直线

两点的连线或两平面的相交定义一条直线. 在 3D 空间中,直线有 4 个自由度. 一种令人信服的计算直线的自由度的方法如下:如图 3.1 所示,把直线看作是由它与两正交平面的相交来定义,其中每张平面上的交点由两个参数来确定,所以一条直线共有 4 个自由度.

3D 空间中的直线表示相当难处理,因为 4 个自由度的对象应该用 5 维齐次向量表示. 但问题是 5 维齐次向量与表示点和平面的 4 维向量很难同时在数学表示中使用. 为了克服这种困难,有若干种直线的表示法提出,而它们的区别在于数学复杂性不同. 我们仅考察其中三种表示. 每一种情况表示都提供定义直线的机制:两点的连接和对偶描述(其中直线由两平面相

交定义),以及这两种定义之间的映射. 这些表示也能计算连接和关联关系,例如求直线与平面的交点.

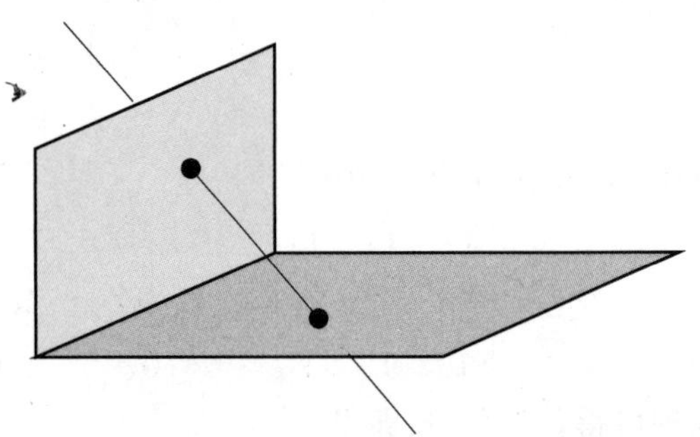

**图 3.1** 一条直线可以由它与两正交平面的交点来确定. 每个交点有 2 个自由度,这说明在 $\mathbb{P}^3$ 中的一条直线共有 4 个自由度.

Ⅰ. **零空间与生成子空间表示** 这种表示以直观的几何概念为基础,即直线是共线点束(单参数族)并由其中任意两点来确定. 类似地,直线是平面束的轴并且由其中的任意两平面的交线来确定. 在这两种情况中,具体的点和平面并不重要(事实上两点有 6 个自由度而且用两个 4 维向量表示——参数用得太多). 把直线表示成两向量的**生成子空间**,就可从数学上掌握这个概念. 假定 $\mathbf{A}$ 和 $\mathbf{B}$ 是两个不重合的空间点. 那么连接这两点的直线由一个 2×4 矩阵 W 的行的生成子空间表示,W 是由 $\mathbf{A}^{\mathsf{T}}$ 和 $\mathbf{B}^{\mathsf{T}}$ 为行组成的矩阵:

$$\mathrm{W}=\begin{bmatrix}\mathbf{A}^{\mathsf{T}}\\ \mathbf{B}^{\mathsf{T}}\end{bmatrix}$$

那么:

(1) $\mathrm{W}^{\mathsf{T}}$ 的生成子空间是在直线 $\lambda\mathbf{A}+\mu\mathbf{B}$ 上的点束.

(2) W 的 2 维右零空间生成子空间是以直线为轴的平面束.

显然,在直线上的另外两点 $\mathbf{A}'^{\mathsf{T}}$ 和 $\mathbf{B}'^{\mathsf{T}}$ 产生的矩阵 W′和 W 有相同的生成子空间,因此该生成子空间(从而直线的表示)与定义它的具体点无关.

为证明零空间性质,假定 $\mathbf{P}$ 和 $\mathbf{Q}$ 组成零空间的一组基. 那么 $\mathrm{W}\mathbf{P}=0$,进而 $\mathbf{A}^{\mathsf{T}}\mathbf{P}=\mathbf{B}^{\mathsf{T}}\mathbf{P}=\mathbf{0}$,因此 $\mathbf{P}$ 是包含点 $\mathbf{A}$ 和 $\mathbf{B}$ 的平面. 同理,$\mathbf{Q}$ 是包含点 $\mathbf{A}$ 和 $\mathbf{B}$ 的另一平面. 这样一来,$\mathbf{A}$ 和 $\mathbf{B}$ 同时在(线性无关的)平面 $\mathbf{P}$ 和 $\mathbf{Q}$ 上,因而由 W 确定的直线是平面交线. 而以该直线为轴的平面束的任何平面由生成子空间 $\lambda'\mathbf{P}+\mu'\mathbf{Q}$ 给出.

类似地,一条直线的对偶表示是两平面 $\mathbf{P}$,$\mathbf{Q}$ 的交线,该直线表示为以 $\mathbf{P}^{\mathsf{T}}$ 和 $\mathbf{Q}^{\mathsf{T}}$ 为行组成的一个 2×4 矩阵 $\mathrm{W}^*$

$$\mathrm{W}^*=\begin{bmatrix}\mathrm{P}^{\mathsf{T}}\\ \mathrm{Q}^{\mathsf{T}}\end{bmatrix}$$

(的行空间)的生成子空间来表示,$\mathrm{W}^*$ 具有性质:

(1) $\mathrm{W}^{*\mathsf{T}}$ 的生成子空间是以该直线为轴的平面束 $\lambda'\mathbf{P}+\mu'\mathbf{Q}$.

(2) $\mathrm{W}^*$ 的 2 维零空间的生成子空间是该直线上的点束.

这两种表示以 $\mathrm{W}^*\mathrm{W}^{\mathsf{T}}=\mathrm{W}\mathrm{W}^{*\mathsf{T}}=0_{2\times2}$ 相联系,其中 $0_{2\times2}$ 是 2×2 零矩阵.

**例 3.2** X 轴被表示成

$$\mathrm{W}=\begin{bmatrix}0&0&0&1\\1&0&0&0\end{bmatrix}\quad \mathrm{W}^*=\begin{bmatrix}0&0&1&0\\0&1&0&0\end{bmatrix}$$

其中点 $\mathbf{A}$ 和 $\mathbf{B}$ 分别是原点和 X 方向的理想点,平面 $\mathbf{P}$ 和 $\mathbf{Q}$ 分别是 XY 和 XZ 平面.

连接和关联关系同样可以由零空间计算得到.

(1) 包含点 $\mathbf{X}$ 和直线 W 的平面 $\boldsymbol{\pi}$ 可以由下面矩阵的零空间得到

$$M = \begin{bmatrix} W \\ \mathbf{X}^{\mathsf{T}} \end{bmatrix}$$

如果 M 的零空间是 2 维的，则 $\mathbf{X}$ 在 W 上，否则 $M\boldsymbol{\pi} = \mathbf{0}$.

(2) 由直线 W 与平面 $\boldsymbol{\pi}$ 的交点定义的点 $\mathbf{X}$ 可以通过求下列矩阵

$$M = \begin{bmatrix} W^{*} \\ \boldsymbol{\pi}^{\mathsf{T}} \end{bmatrix}$$

的零空间得到．如果 M 的零空间是 2 维的，则直线 W 在 $\boldsymbol{\pi}$ 上，否则 $M\mathbf{X} = 0$.

这些性质几乎可以由观察得到．例如，第一个性质等价于三点确定一张平面，见式(3.3).

生成子空间表示在实际的数值实现中很有用，其中的零空间可以简单地用 SVD 算法来计算(见 A4.4 节)，几乎所有的矩阵软件包都有该算法．同样，该表示在估计问题中有用，在超参数化的估计问题中，该表示通常也不会有问题(见 4.5 节的讨论).

**Ⅱ. Plücker 矩阵**　这里一条直线由 $4 \times 4$ 反对称齐次矩阵表示．具体地说，连接两点 $\mathbf{A}$ 和 $\mathbf{B}$ 的直线由矩阵 L 表示，其元素为

$$l_{ij} = A_i B_j - B_i A_j$$

或用向量的记号等价地表示为

$$L = \mathbf{A}\mathbf{B}^{\mathsf{T}} - \mathbf{B}\mathbf{A}^{\mathsf{T}} \tag{3.8}$$

L 的若干主要性质如下：

(1) L 的秩为 2. 它的 2 维零空间由以该直线为轴的平面束生成(事实上 $LW^{*\mathsf{T}} = 0$，其中 0 是一 $4 \times 2$ 零矩阵).

(2) 该表示具有描述一条直线所需要的 4 个自由度．计算如下：反对称矩阵有 6 个独立的非零元素，但仅有 5 个比率是有意义的，进一步因为 $\det L = 0$，所以其元素还满足一个(二次)约束(见下文). 因而净自由度数是 4.

(3) 关系 $L = \mathbf{A}\mathbf{B}^{\mathsf{T}} - \mathbf{B}\mathbf{A}^{\mathsf{T}}$ 是 $\mathbb{P}^2$ 中直线 $\mathbf{l}$ 的向量积公式 $\mathbf{l} = \mathbf{x} \times \mathbf{y}$ 向 4 维空间的推广，其中确定直线的两点 $\mathbf{x}, \mathbf{y}$ 都由 3D 向量表示.

(4) 矩阵 L 与用来定义它的点 $\mathbf{A}, \mathbf{B}$ 无关，因为如果用该直线上不同的点 $\mathbf{C} = \mathbf{A} + \mu\mathbf{B}$ 代替 $\mathbf{B}$ 时，那么得到的矩阵是

$$\hat{L} = \mathbf{A}\mathbf{C}^{\mathsf{T}} - \mathbf{C}\mathbf{A}^{\mathsf{T}} = \mathbf{A}(\mathbf{A}^{\mathsf{T}} + \mu\mathbf{B}^{\mathsf{T}}) - (\mathbf{A} + \mu\mathbf{B})\mathbf{A}^{\mathsf{T}} = \mathbf{A}\mathbf{B}^{\mathsf{T}} - \mathbf{B}\mathbf{A}^{\mathsf{T}} = L$$

(5) 在点变换 $\mathbf{X}' = H\mathbf{X}$ 下，矩阵变换为 $L' = HLH^{\mathsf{T}}$，即它是一个价为 2 的张量(见附录 1).

**例 3.3**　根据式(3.8)，X 轴表示成

$$L = \begin{bmatrix} 0 \\ 0 \\ 0 \\ 1 \end{bmatrix} (1 \quad 0 \quad 0 \quad 0) - \begin{bmatrix} 1 \\ 0 \\ 0 \\ 0 \end{bmatrix} (0 \quad 0 \quad 0 \quad 1) = \begin{bmatrix} 0 & 0 & 0 & -1 \\ 0 & 0 & 0 & 0 \\ 0 & 0 & 0 & 0 \\ 1 & 0 & 0 & 0 \end{bmatrix}$$

其中 $\mathbf{A}, \mathbf{B}$ 分别为原点和 X 方向的理想点(如上例一样).

由两平面 $\mathbf{P}, \mathbf{Q}$ 的交线确定的直线的对偶 Plücker 表示 $L^{*}$ 为

$$L^{*} = \mathbf{P}\mathbf{Q}^{\mathsf{T}} - \mathbf{Q}\mathbf{P}^{\mathsf{T}} \tag{3.9}$$

并与 L 有相似的性质．在点变换 $\mathbf{X}' = H\mathbf{X}$ 下，矩阵 $L^{*}$ 变换为 $L^{*\prime} = H^{-\mathsf{T}} L^{*} H^{-1}$. 矩阵 $L^{*}$ 可以由 L 通过简单的重写规则得到

$$l_{12}:l_{13}:l_{14}:l_{23}:l_{42}:l_{34}=l^*_{34}:l^*_{42}:l^*_{23}:l^*_{14}:l^*_{13}:l^*_{12} \tag{3.10}$$

其对应规则非常简单：对偶和原来的分量的指标合在一起总包含所有的数码{1,2,3,4}，因而如果原来的指标是 $ij$，那么对偶的指标是{1,2,3,4}中除去 $ij$ 后的那些数．例如 $12 \mapsto 34$.

连接和关联性质用这些记号能表示得相当好：

(1)由点 $\mathbf{X}$ 和直线 L 联合而确定的平面为

$$\boldsymbol{\pi}=\mathrm{L}^*\mathbf{X}$$

并且 $\mathrm{L}^*\mathbf{X}=\mathbf{0}$ 当且仅当 $\mathbf{X}$ 在 L 上.

(2)由直线 L 和平面 $\boldsymbol{\pi}$ 相交而确定的点为

$$\mathbf{X}=\mathrm{L}\,\boldsymbol{\pi}$$

并且 $\mathrm{L}\,\boldsymbol{\pi}=\mathbf{0}$ 当且仅当 L 在 $\boldsymbol{\pi}$ 上.

两(或更多)条直线 $\mathrm{L}_1,\mathrm{L}_2,\cdots$ 的性质可以由矩阵 $\mathrm{M}=[\mathrm{L}_1,\mathrm{L}_2,\cdots]$ 的零空间获得．例如如果这些直线共面，那么 $\mathrm{M}^{\mathrm{T}}$ 有一个 1 维零空间对应于这些直线所在的平面 $\boldsymbol{\pi}$.

**例 3.4**　X 轴与平面 X = 1 的交点由 $\mathbf{X}=\mathrm{L}\,\boldsymbol{\pi}$ 给出：

$$\mathbf{X}=\begin{bmatrix}0&0&0&-1\\0&0&0&0\\0&0&0&0\\1&0&0&0\end{bmatrix}\begin{pmatrix}1\\0\\0\\-1\end{pmatrix}=\begin{pmatrix}1\\0\\0\\1\end{pmatrix}$$

它的非齐次点为 $(\mathrm{X},\mathrm{Y},\mathrm{Z})^{\mathrm{T}}=(1,0,0)^{\mathrm{T}}$.

**Ⅲ. Plücker 直线坐标**　Plücker 直线坐标是 4×4 反对称 Plücker 矩阵 L(式(3.8))的六个非零元素，即

$$\mathcal{L}=\{l_{12},l_{13},l_{14},l_{23},l_{42},l_{34}\} \tag{3.11}$$

它是 6 维齐次向量，因而是 $\mathbb{P}^5$ 的元素．因为 $\det\mathrm{L}=0$，其坐标满足方程

$$l_{12}l_{34}+l_{13}l_{42}+l_{14}l_{23}=0 \tag{3.12}$$

只有当 6 维向量 $\mathcal{L}$ 满足式(3.12)时，它才对应于一条 3D 空间的直线．该约束的几何解释是 $\mathbb{P}^3$ 中的直线定义了 $\mathbb{P}^5$ 中一个(余维数为 1)的曲面，它称为 Klein **二次曲面**，之所以称为二次曲面是因为式(3.12)的项是 Plücker 直线坐标的二次函数.

假定两条直线 $\mathcal{L},\hat{\mathcal{L}}$ 分别由连接 $\mathbf{A},\mathbf{B}$ 和连接 $\hat{\mathbf{A}},\hat{\mathbf{B}}$ 而产生．这些直线相交的充要条件是四点共面．即是 $\det[\mathbf{A},\mathbf{B},\hat{\mathbf{A}},\hat{\mathbf{B}}]=0$. 可以证明此行列式可展开为

$$\begin{aligned}\det[\mathbf{A},\mathbf{B},\hat{\mathbf{A}},\hat{\mathbf{B}}]&=l_{12}\hat{l}_{34}+\hat{l}_{12}l_{34}+l_{13}\hat{l}_{42}+\hat{l}_{13}l_{42}+l_{14}\hat{l}_{23}+\hat{l}_{14}l_{23}\\&=(\mathcal{L}|\hat{\mathcal{L}}|)\end{aligned} \tag{3.13}$$

因为 Plücker 坐标与用来定义它们的具体点无关，双线性乘积 $(\mathcal{L}|\hat{\mathcal{L}}|)$ 也与推导时所用的点无关而仅取决于直线 $\mathcal{L}$ 和 $\hat{\mathcal{L}}$. 这样就有

**结论 3.5　两条直线 $\mathcal{L}$ 和 $\hat{\mathcal{L}}$ 共面(因而相交)的充要条件是 $(\mathcal{L}|\hat{\mathcal{L}}|)=0$.**

这个双线性乘积在许多有用的公式中出现：

(1)如果 $(\mathcal{L}|\hat{\mathcal{L}}|)=0$，则 6 维向量 $\mathcal{L}$ 仅表示 $\mathbb{P}^3$ 中一条直线．这不过是重述上面的 Klein 二次约束，见式(3.12).

(2)假定两条直线 $\mathcal{L},\hat{\mathcal{L}}$ 分别是平面 $\mathbf{P},\mathbf{Q}$ 和 $\hat{\mathbf{P}},\hat{\mathbf{Q}}$ 的交线，那么

$$(\mathcal{L}|\hat{\mathcal{L}}|)=\det[\mathbf{P},\mathbf{Q},\hat{\mathbf{P}},\hat{\mathbf{Q}}]$$

同样,两直线相交当且仅当$(\mathcal{L}|\hat{\mathcal{L}}|)=0$.

(3)如果$\mathcal{L}$是两平面$\mathbf{P},\mathbf{Q}$的交线,$\hat{\mathcal{L}}$是两点$\mathbf{A},\mathbf{B}$的连线,那么

$$(\mathcal{L}|\hat{\mathcal{L}})=(\mathbf{P}^{\mathsf{T}}\mathbf{A})(\mathbf{Q}^{\mathsf{T}}\mathbf{B})-(\mathbf{Q}^{\mathsf{T}}\mathbf{A})(\mathbf{P}^{\mathsf{T}}\mathbf{B}) \tag{3.14}$$

Plücker 坐标在代数推导中起作用. 在第 8 章中,它们将被用来定义 3D 空间直线到它的图像的映射.

### 3.2.3　二次曲面与对偶二次曲面

$\mathbb{P}^3$中,二次曲面是由下列方程定义的曲面

$$\mathbf{X}^{\mathsf{T}}\mathrm{Q}\mathbf{X}=0 \tag{3.15}$$

式中,Q 是一个 $4\times4$ 的对称矩阵. 矩阵 Q 和它定义的二次曲面经常不加区别,我们将简单地使用二次曲面 Q 的说法.

二次曲面的许多性质直接承接 2.2.3 节中的二次曲线的性质. 这里重点介绍若干性质如下:

(1)一个二次曲面有 9 个自由度. 它们对应于 $4\times4$ 对称矩阵的 10 个独立元素再因为全局尺度的原因减去一个自由度.

(2)一般位置上的 9 个点确定一个二次曲面.

(3)如果矩阵 Q 是奇异的,那么二次曲面是**退化的**,并可以由较少的点来确定.

(4)二次曲面定义了点和平面之间的一种配极,类似于二次曲线在点和直线之间定义的配极(见 2.8.1 节). 平面 $\boldsymbol{\pi}=\mathrm{Q}\mathbf{X}$ 称为是 $\mathbf{X}$ 关于 Q 的极平面. 在 Q 为非奇异且 $\mathbf{X}$ 在二次曲面之外时,极平面由过 $\mathbf{X}$ 且与 Q 相切的射线组成的锥与 Q 相接触的点来定义. 如果 $\mathbf{X}$ 在 Q 上,那么 $\mathrm{Q}\mathbf{X}$ 是 Q 在点 $\mathbf{X}$ 的切平面.

(5)平面$\boldsymbol{\pi}$与二次曲面 Q 的交线是二次曲线 C. 计算该二次曲线可能是棘手的,因为它要求为平面建立坐标系. 式(3.7)提到一个平面的坐标系可以由$\boldsymbol{\pi}$的补空间来定义即 $\mathbf{X}=\mathrm{M}\mathbf{x}$. 如果 $\mathbf{X}^{\mathsf{T}}\mathrm{Q}\mathbf{X}=\mathbf{x}^{\mathsf{T}}\mathrm{M}^{\mathsf{T}}\mathrm{Q}\mathrm{M}\mathbf{x}=0$,则在$\boldsymbol{\pi}$上的点也在 Q 上. 这些点也在一条二次曲线 C 上,因为令 $\mathrm{C}=\mathrm{M}^{\mathsf{T}}\mathrm{Q}\mathrm{M}$,有 $\mathbf{x}^{\mathsf{T}}\mathrm{C}\mathbf{x}=0$.

(6)在点变换 $\mathbf{X}'=\mathrm{H}\mathbf{X}$ 下,(点)二次曲面变换为

$$\mathrm{Q}'=\mathrm{H}^{-\mathsf{T}}\mathrm{Q}\mathrm{H}^{-1} \tag{3.16}$$

二次曲面的对偶仍然是二次曲面. 对偶二次曲面为平面上的方程:点二次曲面 Q 的切平面$\boldsymbol{\pi}$满足 $\boldsymbol{\pi}^{\mathsf{T}}\mathrm{Q}^{*}\boldsymbol{\pi}=0$,其中 $\mathrm{Q}^{*}$ 是 Q 的伴随矩阵,如果 Q 可逆,则 $\mathrm{Q}^{*}$ 为 $\mathrm{Q}^{-1}$. 在点变换 $\mathbf{X}'=\mathrm{H}\mathbf{X}$ 下,对偶二次曲面变换为

$$\mathrm{Q}^{*\prime}=\mathrm{H}\mathrm{Q}^{*}\mathrm{H}^{\mathsf{T}} \tag{3.17}$$

对偶二次曲面的成像的代数比点二次曲面的简单得多. 这方面内容将在第 8 章中详细介绍.

### 3.2.4　二次曲面的分类

因为表示二次曲面的矩阵 Q 是对称的,它可以分解为 $\mathrm{Q}=\mathrm{U}^{\mathsf{T}}\mathrm{D}\mathrm{U}$,这里 U 是实正交矩阵而 D 是实对角矩阵. 进一步地,通过将 U 的行向量做适当的变尺度可得 $\mathrm{Q}=\mathrm{H}^{\mathsf{T}}\mathrm{D}\mathrm{H}$,其中 D 的对角线元素为 0,1 或 $-1$. 我们可更进一步地保证 D 的零元素出现在对角线的最后,而 $+1$ 出现

在最前．现在用D代替 $Q=H^TDH$ 等价于用矩阵H进行了射影变换(见式(3.16))．因此在射影等价的意义下,我们可以假定二次曲面可以由有这种简单形式的矩阵D表示.

对角矩阵D的**符号差**,记为 $\sigma(D)$,定义为D中+1的个数与-1的个数的差值．通过定义 $\sigma(Q)=\sigma(D)$,符号差的定义可以扩展到任意实对称矩阵,使得 $Q=H^TDH$,其中H是实矩阵．可以证明符号差是良定的,与H的具体选择无关．因为表示一个二次曲面的矩阵可以相差符号来定义,我们可以假定其符号差是非负的．于是二次曲面的射影类型由它的秩和符号差唯一确定．这样我们就能列举二次曲面的不同射影等价类.

由对角矩阵 $\mathrm{diag}(d_1,d_2,d_3,d_4)$ 所表示的二次曲面对应于满足方程 $d_1X^2+d_2Y^2+d_3Z^2+d_4T^2=0$ 的点集．我们可以令 $T=1$ 得出二次曲面上的非无穷远点的方程．参看表3.1．二次曲面的例子在图3.2～图3.4中给出.

| 秩 | σ | 对角线 | 方程 | 实现 |
|---|---|---|---|---|
| 4 | 4 | (1,1,1,1) | $X^2+Y^2+Z^2+1=0$ | 无实点 |
| | 2 | (1,1,1,-1) | $X^2+Y^2+Z^2=1$ | 球面 |
| | 0 | (1,1,-1,-1) | $X^2+Y^2=Z^2+1$ | 单叶双曲面 |
| 3 | 3 | (1,1,1,0) | $X^2+Y^2+Z^2=0$ | 一点 $(0,0,0,1)^T$ |
| | 1 | (1,1,-1,0) | $X^2+Y^2=Z^2$ | 过原点的圆锥 |
| 2 | 2 | (1,1,0,0) | $X^2+Y^2=0$ | 一直线(z轴) |
| | 0 | (1,-1,0,0) | $X^2=Y^2$ | 两平面 $X=\pm Y$ |
| 1 | 1 | (1,0,0,0) | $X^2=0$ | 平面 $X=0$ |

**表3.1　点二次曲面的分类**

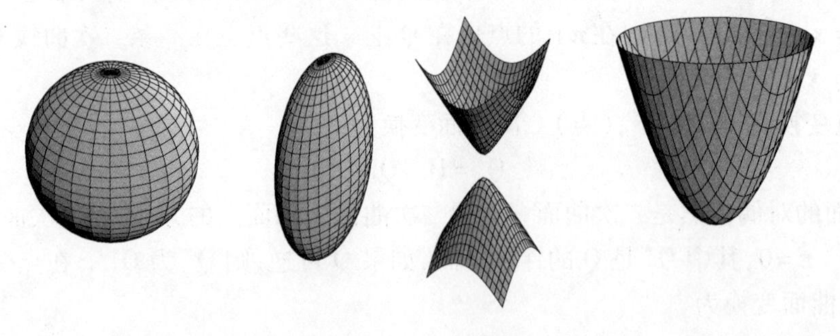

**图3.2　非直纹二次曲面**．这里给出了球面、椭球面、双叶双曲面和抛物面的图．它们全是射影等价的.

**直纹二次曲面**　二次曲面分为两类——直纹和非直纹二次曲面．直纹二次曲面是包含直线的二次曲面．更具体一点讲,如图3.3所示,非退化的直纹二次曲面(单叶双曲面)包含两个称为**母线**的直线族．关于直纹二次曲面的性质参看[Semple79].

最有趣的二次曲面是秩为4的两种二次曲面．注意这两种二次曲面甚至在它们的拓扑类型上也不同．符号差为2的二次曲面(球面)(很显然)拓扑等价于一个球面．另一方面,单叶

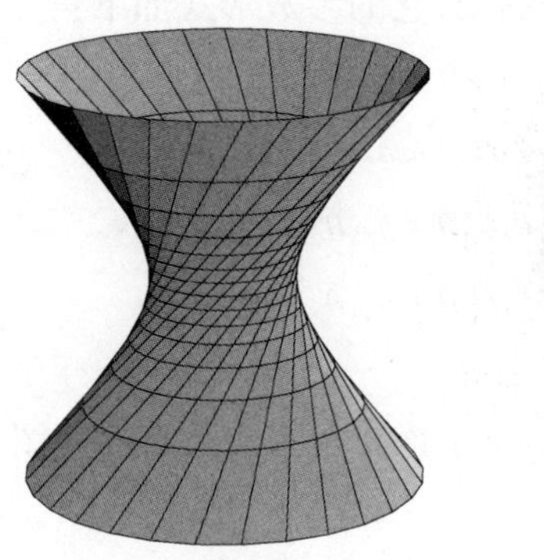
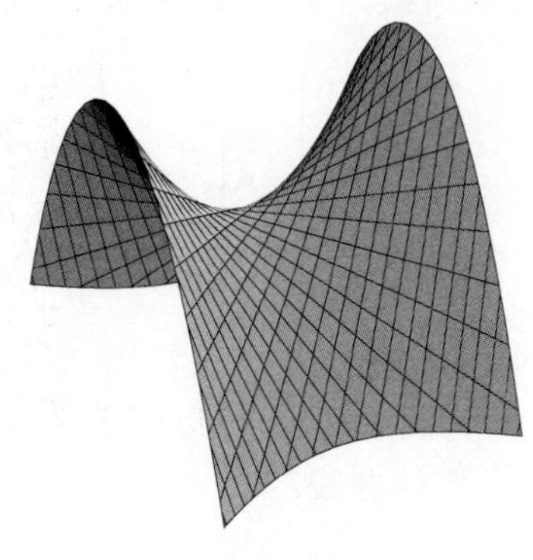

**图3.3　直纹二次曲面**. 这里给出单叶双曲面的两个例子. 这些曲面分别由方程 $X^2+Y^2=Z^2+1$ 和 $XY=Z$ 给出,并且是射影等价的. 注意这两个曲面由两组不相交直线组成而且其中一组的每根直线与另一组的每根直线相交. 这里给出的两条二次曲线是射影(虽然不是仿射)等价的.

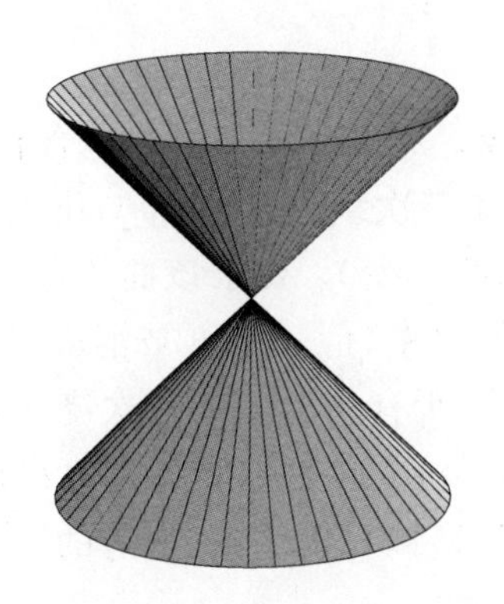
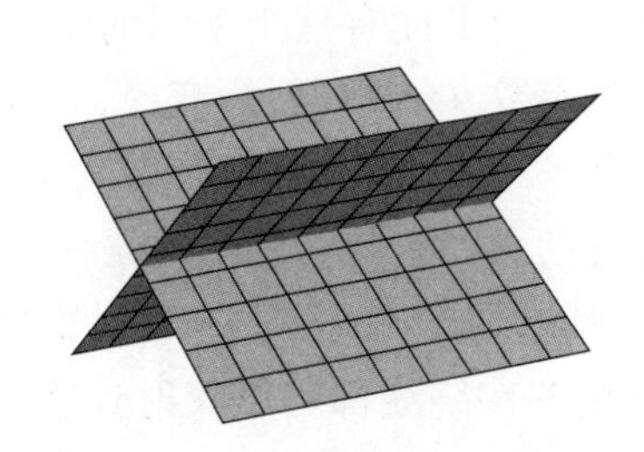

**图3.4　退化二次曲面**. 这里给出两种最重要的退化的二次曲面:锥面和两平面. 这两种二次曲面都是直纹的. 表示此锥面的矩阵的秩为3,其零向量表示锥面的结点. 表示两(非重合)平面的矩阵秩为2,其秩为2的零空间的两个生成向量是平面交线上的两个点.

双曲面却非拓扑等价(同伦)于一个球面. 事实上,它拓扑等价于环面(拓扑等价于 $S^1\times S^1$). 这显然说明两者不是射影等价的.

## 3.3　三次绕线

三次绕线可以看成2D 二次曲线的3D 类推(虽然从另一个角度说,它是二次曲面,是二次曲线的3D 类推).

2 维射影平面上的一条二次曲线可以描述成由下列方程给出的一条参数曲线描述:

$$\begin{pmatrix} x_1 \\ x_2 \\ x_3 \end{pmatrix} = \mathbf{A}\begin{pmatrix} 1 \\ \theta \\ \theta^2 \end{pmatrix} = \begin{pmatrix} a_{11}+a_{12}\theta+a_{13}\theta^2 \\ a_{21}+a_{22}\theta+a_{23}\theta^2 \\ a_{31}+a_{32}\theta+a_{33}\theta^2 \end{pmatrix} \tag{3.18}$$

式中,$\mathbf{A}$ 是非奇异 $3\times3$ 矩阵.

类似地，一条三次绕线定义为 $\mathbb{P}^3$ 中的一条曲线，它的参数形式如下：

$$\begin{pmatrix} X_1 \\ X_2 \\ X_3 \\ X_4 \end{pmatrix} = \mathbf{A}\begin{pmatrix} 1 \\ \theta \\ \theta^2 \\ \theta^3 \end{pmatrix} = \begin{pmatrix} a_{11} + a_{12}\theta + a_{13}\theta^2 + a_{14}\theta^3 \\ a_{21} + a_{22}\theta + a_{23}\theta^2 + a_{24}\theta^3 \\ a_{31} + a_{32}\theta + a_{33}\theta^2 + a_{34}\theta^3 \\ a_{41} + a_{42}\theta + a_{43}\theta^2 + a_{44}\theta^3 \end{pmatrix} \tag{3.19}$$

式中，$\mathbf{A}$ 是非奇异 $4\times4$ 矩阵.

三次绕线可能不为读者熟知，所以图 3.5 给出了该曲线的几种不同视图．事实上，三次绕线是相当好(光滑)的空间曲线.

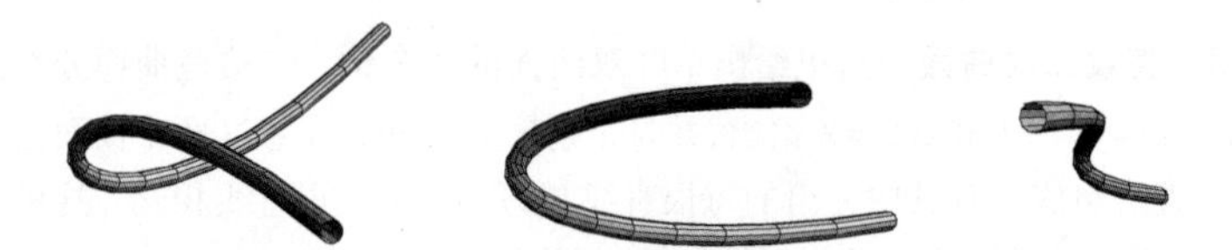

**图 3.5** 三次绕线 $(t^3,t^2,t)^\top$ 的几种不同视图．曲线加厚成管子以增强可视效果.

**三次绕线的性质** 令 $\mathbf{c}$ 为一条非奇异三次绕线．那么 $\mathbf{c}$ 不整个地包含在 $\mathbb{P}^3$ 的任何一张平面内；而是与一般平面有三个不同的交点．一条三次绕线有 12 个自由度(矩阵 A 有 15 个，减去 3 是因为参数 $\theta$ 的 1D 射影变换，它保持曲线不变)．要求该曲线过点 $\mathbf{X}$，给 $\mathbf{c}$ 加了两个约束，因为 $\mathbf{X}=\mathrm{A}(1,\theta,\theta^2,\theta^3)^\top$ 给出三个独立的比率，但一旦 $\theta$ 被消去仅有两个约束．因此，过一般位置的六点有唯一的三次绕线 $\mathbf{c}$. 最后，所有非退化的三次绕线都是射影等价的．这一结论显然来自定义式(3.19)：射影变换 $\mathrm{A}^{-1}$ 将 $\mathbf{c}$ 映为标准形式 $\mathbf{c}(\theta')=(1,\theta',\theta'^2,\theta'^3)^\top$，既然所有的三次绕线都可以映射到这条曲线，所以得出结论：所有的三次绕线都是射影等价的.

三次绕线的各种特殊情形的分类，例如一条二次曲线和重合线，在[Semple79]中给出．在两视图几何中，三次绕线产生视在视野单像区(见第 9 章)，而且在定义摄像机投影矩阵的退化集时担负重要角色(见第 22 章).

## 3.4 变换的层次

3D 空间射影变换的几种特殊情况在本书中将经常出现．这些特殊情况类似于 2.4 节中关于平面变换的层次．每一种特殊情况是一个子群并由它的矩阵形式或不变量来刻划．我们把它们概括在表 3.2 中．该表仅给出 3D 空间变换比相应的 2 维空间变换**多**出来的性质——3D 空间变换同样具有相应的 2 维空间变换(罗列在表 2.1 中)的不变量.

一个射影变换有 15 个自由度，计算如下：七个用于相似变换部分(旋转三个，位移三个，各向同性变尺度一个)，五个用于仿射变尺度，三个用于射影变换部分.

这些变换的两个重要表征是平行和角度．例如，经仿射变换后原来的平行性保持不变，但角会改变，而射影变换后平行性会丢失.

下面简单介绍欧氏变换的一种分解，它将在本书今后讨论特殊运动中有用.

| 群 | 矩　阵 | 失　真 | 不变性质 |
|---|---|---|---|
| 射影<br>15dof | $\begin{bmatrix} \mathrm{A} & \mathbf{t} \\ \mathbf{v}^{\mathsf{T}} & v \end{bmatrix}$ | | 接触表面相交和相切．高斯曲率的符号 |
| 仿射<br>12dof | $\begin{bmatrix} \mathrm{A} & \mathbf{t} \\ \mathbf{0}^{\mathsf{T}} & 1 \end{bmatrix}$ | | 平面的平行性，体积比，形心．无穷远平面，$\boldsymbol{\pi}_\infty$（见 3.5 节） |
| 相似<br>7dof | $\begin{bmatrix} s\mathrm{R} & \mathbf{t} \\ \mathbf{0}^{\mathsf{T}} & 1 \end{bmatrix}$ | | 绝对二次曲线，$\Omega_\infty$（见 3.6 节） |
| 欧氏<br>6dof | $\begin{bmatrix} \mathrm{R} & \mathbf{t} \\ \mathbf{0}^{\mathsf{T}} & 1 \end{bmatrix}$ | | 体积 |

**表 3.2　3D 空间中常发生的变换的几何不变性质．**矩阵 A 是一个可逆的 3×3 矩阵，R 是一个 3D 旋转矩阵，$\mathbf{t}=(t_x,t_y,t_z)^{\mathsf{T}}$是一个 3D 位移，$\mathbf{v}$ 是一般 3D 向量，$v$ 是标量，而 $\mathbf{0}=(0,0,0)^{\mathsf{T}}$是 3D 零向量．在失真列中给出立方体变换的典型效应．表中上层的变换能产生下层的所有行为．它们涵盖的范围从欧氏，其中仅有平移和旋转发生，到射影，其中五点可以变换成任何其他的五点（假定没有三点共线或四点共面）．

## 3.4.1　螺旋分解

平面欧氏变换可以看作是平移向量 $\mathbf{t}$ 被限制在此平面上而旋转轴垂直于该平面的一种 3D 空间欧氏变换的特殊情况．但是，3D 空间上的欧氏运动更具一般性，因为一般情况下旋转轴与平移不垂直．螺旋分解能使任何欧氏运动（旋转加平移）化简到几乎与 2D 的情形一样简单．螺旋分解是

**结论 3.6　任何具体的平移加旋转运动都等价于绕一根螺旋轴的旋转加沿该螺旋轴的平移．该螺旋轴平行于旋转轴．**

平移加绕**正交旋转**轴的运动（称**平面运动**）等价于**仅仅**绕某螺旋轴的一个旋转．

**证明**　我们将介绍一个易于可视化的构造性的几何证明．首先考虑 2D 的情

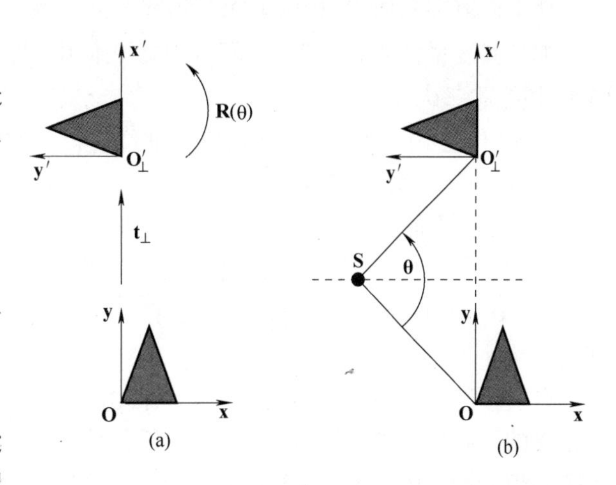


**图 3.6　2D 欧氏运动和一个"螺旋"轴．**(a) 坐标系 $\{x,y\}$ 经历一次位移 $\mathbf{t}_\perp$ 和一次旋转 θ 后到达坐标系 $\{x',y'\}$．运动是在与转动轴垂直的平面中进行．(b) 上述运动等价于绕转动轴 $\mathbf{S}$ 的一次旋转．该转动轴位于对应点连线的垂直平分线上，使得连接 $\mathbf{S}$ 与两对应点间的直线之间的夹角为 θ. 在图中对应点是两标架的原点，而 θ 的值为 90°.

形——平面上的欧氏变换．从图 3.6 中可知对应于这种 2D 变换的螺旋轴显然存在．对于 3D 的情形，将平移 $\mathbf{t}$ 分解成分别与旋转轴平行和正交的两个部分 $\mathbf{t}=\mathbf{t}_{\|}+\mathbf{t}_{\perp}$（$\mathbf{t}_{\|}=(\mathbf{t}\cdot\mathbf{a})\mathbf{a}$，$\mathbf{t}_{\perp}=\mathbf{t}-(\mathbf{t}\cdot\mathbf{a})\mathbf{a}$）．该欧氏运动也分解成两部分：第一部分是绕螺旋轴的旋转，它包含旋转和 $\mathbf{t}_{\perp}$，第二部分则是沿螺旋轴的平移 $\mathbf{t}_{\|}$．整个运动在图 3.7 中给予说明．

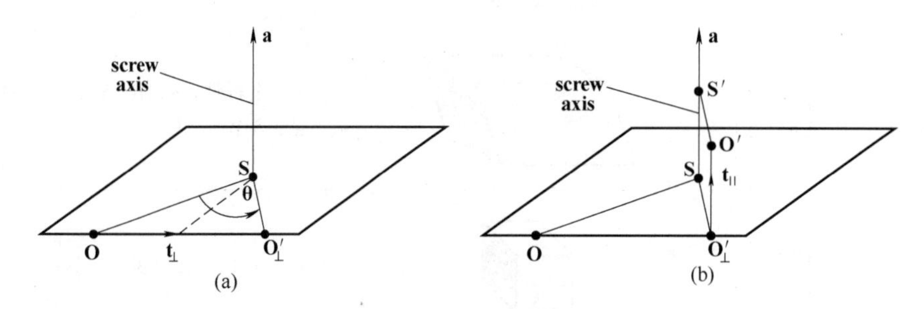


**图 3.7　3D 欧氏运动和螺旋分解．** 任何欧氏旋转 R 加平移 $\mathbf{t}$ 可以用如下方式得到（a）绕螺旋轴旋转，加（b）沿螺旋轴做平移 $\mathbf{t}_{\|}$．其中 $\mathbf{a}$ 是旋转轴的（单位）方向（使得 $\mathrm{R}\mathbf{a}=\mathbf{a}$），而 $\mathbf{t}$ 被分解为分别与旋转轴方向平行和垂直的两个向量之和 $\mathbf{t}=\mathbf{t}_{\|}+\mathbf{t}_{\perp}$．$\mathbf{S}$ 是在螺旋轴上最靠近 $\mathbf{O}$ 的点（$\mathbf{S}$ 到 $\mathbf{O}$ 的连线与 $\mathbf{a}$ 的方向垂直）．同理，$\mathbf{S}'$ 是在螺旋轴上离 $\mathbf{O}'$ 最近的点．

螺旋分解可以由表示欧氏变换的 $4\times4$ 矩阵的不动点来确定．这个想法将在本章末尾的练习中验证．

## 3.5　无穷远平面

在平面射影几何中，辨认了无穷远线 $\mathbf{l}_{\infty}$ 就能测量平面的仿射性质．辨认了 $\mathbf{l}_{\infty}$ 上的虚圆点就能测量其度量性质．在 3D 空间的射影几何中，与 $\mathbf{l}_{\infty}$ 和虚圆点对应的几何实体是无穷远平面 $\boldsymbol{\pi}_{\infty}$ 和绝对二次曲线 $\Omega_{\infty}$．

在 3D 仿射空间中，无穷远平面有标准位置 $\boldsymbol{\pi}_{\infty}=(0,0,0,1)^{\mathsf{T}}$．$\boldsymbol{\pi}_{\infty}$ 包含方向 $\mathbf{D}=(x_1,x_2,x_3,0)^{\mathsf{T}}$ 并且可以用来识别仿射性质，例如平行性等．具体地说：

（1）两张平面相平行的充要条件是它们的交线在 $\boldsymbol{\pi}_{\infty}$ 上．

（2）如果一条直线与另一条直线或一张平面相交在 $\boldsymbol{\pi}_{\infty}$ 上，则它们相平行．

因而，在 $\mathbb{P}^3$ 中任何一对平面都相交于一条直线，其中平行平面相交于无穷远平面上的直线．

在射影坐标系中，平面 $\boldsymbol{\pi}_{\infty}$ 是一个三自由度的几何表示，它是射影坐标系中确定仿射性质所必要的．通俗地说，无穷远平面是在任何仿射变换下保持不动的平面，但能“查看到”射影变换（被移动）．因此 $\boldsymbol{\pi}_{\infty}$ 的 3 自由度可用于测量一般单应变换的射影成分——与仿射变换（12dof）相比，这种一般变换总计有 15 个自由度．更正式地说，

**结论 3.7　在射影变换 H 下，无穷远平面 $\boldsymbol{\pi}_{\infty}$ 是不动平面的充要条件是：H 是一个仿射变换．**

证明类似于结论 2.17 的推导．有两点值得阐明：

（1）一般地说，在仿射变换下平面 $\boldsymbol{\pi}_{\infty}$ 作为一个集合是不动，但不是点点不动．

（2）在某个具体的仿射变换（例如欧氏运动）下，可能还存在除 $\boldsymbol{\pi}_{\infty}$ 外的某些平面保持不动．但仅有 $\boldsymbol{\pi}_{\infty}$ 在任何仿射变换下保持不动．

下面的例子对这些要点做更详细的说明.

**例 3.8**　考察表示一个欧氏变换的下述矩阵

$$
H_E = \begin{bmatrix} R & \mathbf{0} \\ \mathbf{0}^T & 1 \end{bmatrix} = \begin{bmatrix} \cos\theta & -\sin\theta & 0 & 0 \\ \sin\theta & \cos\theta & 0 & 0 \\ 0 & 0 & 1 & 0 \\ 0 & 0 & 0 & 1 \end{bmatrix} \tag{3.20}
$$

这是绕 Z 轴旋转 $\theta$ 角而平移为零的运动(一个平面螺旋运动,见 3.4.1 节). 显然从几何上看,该变换仅使与旋转轴垂直的 XY 平面族绕 Z 轴做了一次旋转. 这意味着存在与 Z 轴垂直的一束不动平面. 这些平面是整个集合不动,但不是点点不动,因为该欧氏变换使任何(有限)点(不在轴上)做了水平旋转. 从代数上说,H 的不动平面是 $H^T$ 的特征向量(参看 2.9 节). 在此例中,$H_E^T$ 的特征值是 $\{e^{i\theta}, e^{-i\theta}, 1, 1\}$,对应特征向量是

$$
\mathbf{E}_1 = \begin{pmatrix} 1 \\ i \\ 0 \\ 0 \end{pmatrix} \quad \mathbf{E}_2 = \begin{pmatrix} 1 \\ -i \\ 0 \\ 0 \end{pmatrix} \quad \mathbf{E}_3 = \begin{pmatrix} 0 \\ 0 \\ 1 \\ 0 \end{pmatrix} \quad \mathbf{E}_4 = \begin{pmatrix} 0 \\ 0 \\ 0 \\ 1 \end{pmatrix}
$$

特征向量 $\mathbf{E}_1$ 和 $\mathbf{E}_2$ 对应的不是实平面,故不在此做进一步的讨论. 特征向量 $\mathbf{E}_3$ 和 $\mathbf{E}_4$ 都是退化的. 因此,存在由这些特征向量生成的不动平面束. 该平面束包含 $\boldsymbol{\pi}_\infty$,其轴是(垂直于 Z 轴的)平面与 $\boldsymbol{\pi}_\infty$ 的交线.

这个例子也说明射影平面 $IP^2$ 和 3D 射影空间 $IP^3$ 之间的几何联系. 平面 $\boldsymbol{\pi}$ 与 $\boldsymbol{\pi}_\infty$ 交于一条直线,它是平面 $\boldsymbol{\pi}$ 的无穷远线 $\mathbf{l}_\infty$. $IP^3$ 中的射影变换在平面 $\boldsymbol{\pi}$ 上诱导出一个**从属的**平面射影变换.

**重构的仿射性质**　在今后论述重构的各章中,例如第 10 章中,我们将会看到(欧氏)场景的射影坐标可以由多视图来恢复. 在 3D 射影空间中一旦 $\boldsymbol{\pi}_\infty$ 被辨认,即已知它的射影坐标,那么就有可能确定重构的仿射性质,例如几何实体的平行性——如果它们在 $\boldsymbol{\pi}_\infty$ 上相交,那么它们平行.

从算法的角度,一种更适宜的方法是对 $IP^3$ 进行变换使已辨认的 $\boldsymbol{\pi}_\infty$ 移到它的标准位置 $\boldsymbol{\pi}_\infty = (0,0,0,1)^T$. 经这样的映射所得到的是欧氏场景,其中 $\boldsymbol{\pi}_\infty$ 的坐标是 $(0,0,0,1)^T$,而重构与使 $\boldsymbol{\pi}_\infty$ 固定在 $(0,0,0,1)^T$ 的射影变换相关. 根据结论 3.7,可以知道场景和重构由一个仿射变换相关联. 因此仿射性质可以直接从实体的坐标中测量出来.

## 3.6　绝对二次曲线

绝对二次曲线 $\Omega_\infty$ 是在 $\boldsymbol{\pi}_\infty$ 上的一条(点)二次曲线. 在度量坐标系中 $\boldsymbol{\pi}_\infty = (0,0,0,1)^T$,而在 $\Omega_\infty$ 上的点满足

$$
\left.\begin{matrix} x_1^2 + x_2^2 + x_3^2 \\ x_4 \end{matrix}\right\} = 0 \tag{3.21}
$$

注意为了定义 $\Omega_\infty$,需要两个方程.

为确定在 $\boldsymbol{\pi}_\infty$ 上的方向(即具有 $x_4 = 0$ 的点),定义 $\Omega_\infty$ 的方程可以写成

$$(x_1, x_2, x_3) I (x_1, x_2, x_3)^{\mathsf{T}} = 0$$

因而，$\Omega_\infty$ 是对应于矩阵 C = I 的一条二次曲线 C. 可见它是 $\boldsymbol{\pi}_\infty$ 上由纯虚点组成的一条二次曲线.

二次曲线 $\Omega_\infty$ 的几何表示需 5 个额外自由度，这 5 个自由度是仿射坐标系中确定度量性质所需要的. $\Omega_\infty$ 的一个主要性质是它是任何相似变换下不动的二次曲线. 更正式地说，

**结论 3.9　在射影变换 H 下，绝对二次曲线 $\Omega_\infty$ 是不动二次曲线的充要条件是 H 是相似变换.**

**证明**　因为绝对二次曲线在无穷远平面上，使它不动的变换必须使无穷远平面不动，从而必须是仿射的. 这样一种变换的形式为

$$H_A = \begin{bmatrix} A & \mathbf{t} \\ \mathbf{0}^{\mathsf{T}} & 1 \end{bmatrix}$$

限制在无穷远平面上的绝对二次曲线由矩阵 $I_{3\times 3}$ 表示，既然它在 $H_A$ 作用下是不动的，那么我们可以得到 $A^{-\mathsf{T}} I A^{-1} = I$（相差一个尺度因子），对它取逆得到 $AA^{\mathsf{T}} = I$. 这说明 A 是正交矩阵，因而是一个带有缩放的旋转，或者是一个带有缩放的旋转加反射. 证毕.

虽然 $\Omega_\infty$ 没有任何实点，但它仍具有任何二次曲线的性质——例如一条直线与一条二次曲线相交于两点；极点-极线的关系等. 下面给出 $\Omega_\infty$ 的几个具体性质：

(1) $\Omega_\infty$ 在一般相似变换下是集合不动，而不是点点不动的. 这表明在相似变换下，$\Omega_\infty$ 上的一点可能被移动到 $\Omega_\infty$ 上的另一点，但不会被映射出该二次曲线.

(2) 所有的圆交 $\Omega_\infty$ 于两点. 假定圆的支撑平面是 $\boldsymbol{\pi}$. 那么 $\boldsymbol{\pi}$ 交 $\boldsymbol{\pi}_\infty$ 于一条直线，而该直线交 $\Omega_\infty$ 于两点. 这两点是 $\boldsymbol{\pi}$ 的虚圆点.

(3) 所有球面交 $\boldsymbol{\pi}_\infty$ 于 $\Omega_\infty$.

**度量性质**　一旦 $\Omega_\infty$（和它的支撑平面 $\boldsymbol{\pi}_\infty$）在 3D 射影空间被辨认，那么诸如夹角和相对长度等度量性质可以被测定.

设两条直线的方向为 $\mathbf{d}_1$ 和 $\mathbf{d}_2$（3D 向量）. 在欧氏世界系中这些方向之间的夹角为

$$\cos\theta = \frac{\mathbf{d}_1^{\mathsf{T}} \mathbf{d}_2}{\sqrt{(\mathbf{d}_1^{\mathsf{T}} \mathbf{d}_1)(\mathbf{d}_2^{\mathsf{T}} \mathbf{d}_2)}} \tag{3.22}$$

它可以写成

$$\cos\theta = \frac{\mathbf{d}_1^{\mathsf{T}} \Omega_\infty \mathbf{d}_2}{\sqrt{(\mathbf{d}_1^{\mathsf{T}} \Omega_\infty \mathbf{d}_1)(\mathbf{d}_2^{\mathsf{T}} \Omega_\infty \mathbf{d}_2)}} \tag{3.23}$$

式中，$\mathbf{d}_1$ 和 $\mathbf{d}_2$ 是直线与包含二次曲线 $\Omega_\infty$ 的平面 $\boldsymbol{\pi}_\infty$ 的交点，而 $\Omega_\infty$ 是该平面上绝对二次曲线的矩阵表示. 表示式(3.23)在欧氏世界系中化简为式(3.22)，其中 $\Omega_\infty = I$. 但该表示式在任何射影坐标系中都有效，这可以从点和二次曲线的变换性质中得到证明.

现在还不存在由平面的表面法线的方向来计算平面间夹角的简单公式.

**正交性与配极**　基于绝对二次曲线，我们现在给出射影空间中正交性的几何表示. 主要工具是由二次曲线诱导的点与线之间的极点-极线关系.

由式(3.23)直接推出：如果 $\mathbf{d}_1^{\mathsf{T}} \Omega_\infty \mathbf{d}_2 = 0$，$\mathbf{d}_1$ 和 $\mathbf{d}_2$ 相垂直. 则垂直性可由关于 $\Omega_\infty$ 的**共轭性**来表征. 这样做的巨大好处是共轭性是射影关系，因此在射影坐标系（由 3D 欧氏空间的射影变换得到）下，如果两方向关于 $\Omega_\infty$ 共轭，那么它们被认为相垂直（$\Omega_\infty$ 的矩阵在射影坐标系下

一般不是 I). 正交性的几何表示在图 3.8 中给出.

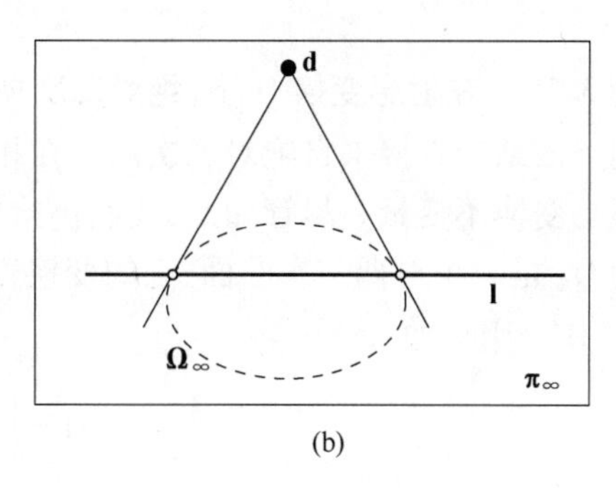


**图 3.8　正交性与 $\Omega_\infty$.** (a)在 $\boldsymbol{\pi}_\infty$ 上,正交方向 $\mathbf{d}_1$,$\mathbf{d}_2$关于 $\Omega_\infty$ 共轭. (b)平面的法向 $\mathbf{d}$ 和该平面与 $\boldsymbol{\pi}_\infty$ 的交线 $\mathbf{l}$ 有关于 $\Omega_\infty$ 的极点-极线关系.

这种表示有助于研究摄像机中射线之间的正交性,例如有助于确定过摄像机中心的平面的法线(见 8.6 节). 如果图像点关于 $\Omega_\infty$ 的**图像**共轭,那么对应的射线相垂直.

同样,从算法的角度,一种更适宜的方法是对坐标进行射影变换,使 $\Omega_\infty$ 映射到它的标准位置,参见式(3.21),然后度量性质可以直接由坐标确定.

# 3.7　绝对对偶二次曲面

我们已经知道 $\Omega_\infty$ 由**两个**方程来定义——它是在无穷远平面上的一条二次曲线. 绝对二次曲线 $\Omega_\infty$ 的对偶是 3D 空间中一种退化的对偶**二次曲面**,称为**绝对对偶二次曲面**并记为 $Q_\infty^*$. 从几何上说,$Q_\infty^*$ 由 $\Omega_\infty$ 的切平面组成,因而 $\Omega_\infty$ 是 $Q_\infty^*$ 的“边缘”. 它被称为**边二次曲面**. 想像一个椭球面的所有切平面的集合,然后把椭球面压成平饼的情况.

从代数上说,$Q_\infty^*$ 由秩 3 的 4×4 的齐次矩阵表示,它在 3D 度量空间的标准形式是

$$Q_\infty^* = \begin{bmatrix} \mathrm{I} & \mathbf{0} \\ \mathbf{0}^\top & 0 \end{bmatrix} \tag{3.24}$$

我们将证明在对偶绝对二次曲面包络中的任何平面都与 $\Omega_\infty$ 相切,因而 $Q_\infty^*$ 其实是 $\Omega_\infty$ 的对偶. 考察由 $\boldsymbol{\pi} = (\mathbf{v}^\top, k)^\top$表示的平面. 该平面在由 $Q_\infty^*$ 定义的包络上的充要条件是 $\boldsymbol{\pi}^\top Q_\infty^* \boldsymbol{\pi} = 0$,根据式(3.24)的形式,它等价于 $\mathbf{v}^\top\mathbf{v} = 0$. 现在(见 8.6 节),$\mathbf{v}$ 表示平面$(\mathbf{v}^\top, k)^\top$与无穷远平面的交线. 该直线与绝对二次曲面相切的充要条件是 $\mathbf{v}^\top \mathrm{I} \mathbf{v} = 0$. 因此,$Q_\infty^*$ 的包络就是由这些与绝对二次曲线相切的平面组成.

因为它很重要,我们再从另一角度来考虑它. 考虑绝对二次曲线是一系列压平了的椭球的极限,即二次曲面由矩阵 $Q = \mathrm{diag}(1,1,1,k)$ 表示的二次曲面. 当 $k \to \infty$ 时,这些二次曲面越来越靠近无穷远平面,取极限时,它们仅包含点$(x_1, x_2, x_3, 0)^\top$,其中 $x_1^2 + x_2^2 + x_3^2 = 0$,这正是绝对二次曲线上的点. 但 Q 的对偶是二次曲面 $Q^* = Q^{-1} = \mathrm{diag}(1,1,1,k^{-1})$,它在取极限时变成对偶绝对二次曲线 $Q_\infty^* = \mathrm{diag}(1,1,1,0)$.

对偶二次曲面 $Q_\infty^*$ 是退化的二次曲面,有 8 个自由度(一个对称矩阵有 10 个独立元素,但与比例无关和行列式为零的条件各减去 1 个自由度). 这 8 自由度的几何表示是射影坐标系下确定度量性质所需的. 在代数操作上 $Q_\infty^*$ 比 $\Omega_\infty$ 有显著的优越性,因为 $\boldsymbol{\pi}_\infty$ 和 $Q_\infty^*$ 都包含在单

个几何对象中(而不像 $\Omega_\infty$ 需要两个方程式(3.21)来确定它). 下面我们给出它的三个最重要的性质.

**结论 3.10　在射影变换 H 下,绝对二次曲面 $Q_\infty^*$ 不动的充要条件是 H 是相似变换.**

**证明**　该结论直接来自绝对二次曲线在相似变换下的不变性,因为 $Q_\infty^*$ 和 $\Omega_\infty$ 之间的平面相切关系是变换不变量. 尽管如此,我们仍给出一种独立的直接的证明.

因为 $Q_\infty^*$ 是一个对偶二次曲面,它的变换遵循式(3.17),因而它在 H 下不动的充要条件是 $Q_\infty^* = HQ_\infty^* H^\top$. 用形如

$$H = \begin{bmatrix} A & \mathbf{t} \\ \mathbf{v}^\top & k \end{bmatrix}$$

的任意一个变换代入,我们得到

$$\begin{bmatrix} I & \mathbf{0} \\ \mathbf{0}^\top & 0 \end{bmatrix} = \begin{bmatrix} A & \mathbf{t} \\ \mathbf{v}^\top & k \end{bmatrix} \begin{bmatrix} I & \mathbf{0} \\ \mathbf{0}^\top & 0 \end{bmatrix} \begin{bmatrix} A^\top & \mathbf{v} \\ \mathbf{t}^\top & k \end{bmatrix} = \begin{bmatrix} AA^\top & A\mathbf{v} \\ \mathbf{v}^\top A^\top & \mathbf{v}^\top \mathbf{v} \end{bmatrix}$$

上式必须在相差一个比例因子的情况下成立. 通过分析,此等式成立的充要条件是 $\mathbf{v} = \mathbf{0}$ 和 A 是带有缩放的正交矩阵(即变尺度,旋转可能加上反射). 换句话说,H 是一个相似变换.

**结论 3.11　无穷远平面 $\boldsymbol{\pi}_\infty$ 是 $Q_\infty^*$ 的零向量.**

这很容易验证,当 $Q_\infty^*$ 在度量坐标系下取其标准形式式(3.24)而 $\boldsymbol{\pi}_\infty = (0,0,0,1)^\top$ 时,$Q_\infty^* \boldsymbol{\pi}_\infty = \mathbf{0}$. 这性质在任何坐标系下都成立,这一点可以用代数方法由平面和对偶二次曲面的变换性质推出:如果 $\mathbf{X}' = H\mathbf{X}$,那么 $Q_\infty^{*\prime} = HQ_\infty^* H^\top$, $\boldsymbol{\pi}'_\infty = H^{-\top} \boldsymbol{\pi}_\infty$,以及

$$Q_\infty^{*\prime} \boldsymbol{\pi}'_\infty = (HQ_\infty^* H^\top) H^{-\top} \boldsymbol{\pi}_\infty = HQ_\infty^* \boldsymbol{\pi}_\infty = \mathbf{0}$$

**结论 3.12　两平面 $\boldsymbol{\pi}_1$ 和 $\boldsymbol{\pi}_2$ 之间的夹角由下式给出:**

$$\cos\theta = \frac{\boldsymbol{\pi}_1^\top Q_\infty^* \boldsymbol{\pi}_2}{\sqrt{(\boldsymbol{\pi}_1^\top Q_\infty^* \boldsymbol{\pi}_1)(\boldsymbol{\pi}_2^\top Q_\infty^* \boldsymbol{\pi}_2)}} \tag{3.25}$$

**证明**　设两平面的欧氏坐标为 $\boldsymbol{\pi}_1 = (\mathbf{n}_1^\top, d_1)^\top$, $\boldsymbol{\pi}_2 = (\mathbf{n}_2^\top, d_2)^\top$. 在欧氏坐标系下,$Q_\infty^*$ 形如式(3.24),从而式(3.25)简化为

$$\cos\theta = \frac{\mathbf{n}_1^\top \mathbf{n}_2}{\sqrt{(\mathbf{n}_1^\top \mathbf{n}_1)(\mathbf{n}_2^\top \mathbf{n}_2)}}$$

这是用它们法线的标量积来表示的平面间的夹角.

如果对平面和 $Q_\infty^*$ 进行射影变换,根据平面和对偶二次曲面的(协变)变换性质,式(3.25)仍然能用来决定平面之间的夹角.

证明的最后部分的详细推导将留作练习,它不过是结论 2.23 的推导在 3D 中的直接类推,在结论 2.23 的推论中,用虚圆点的对偶来计算 $\mathbb{P}^2$ 中两线夹角. 这里,$\mathbb{P}^3$ 中的平面是 $\mathbb{P}^2$ 中直线的类推,而绝对对偶二次曲面是虚圆点对偶的类推.

## 3.8　结束语

### 3.8.1　文献

在第 2 章提到的教科书与本章同样有关. 关于画法几何的透视的一般背景知识参看

[boelm-94],关于曲线和表面性质的许多清楚的解释参看 hilbert 和 Cohn-Vossen [Hilbert-56].

$\mathbb{P}^3$中点、线、平面的一种重要表示:Grassmann-Cayley 代数在本章没有介绍. 在这种表示中,如连接和关联那样的几何运算被表示成基于矩阵行列式的"括号代数". 文献[Carlsson-94]对有关领域做了很好的介绍,而到多视图张量的应用在[Triggs-95]中说明.

Faugerras 和 Maybank [Faugerras-90]将 $\Omega_\infty$ 引入计算机视觉的文献(为了确定相对取向解的多重性),而 Triggs [Triggs-97]则引入 $Q_\infty^*$ 用于自标定.

### 3.8.2 注释和练习

(1)**Plücker 坐标**

(a)利用 plücker 直线坐标 $\mathcal{L}$,写出关于直线与平面交点的表示式以及由一点与一直线定义的平面的表示式.

(b)推导点在直线上,和直线在平面上的条件.

(c)证明平行平面相交在 $\boldsymbol{\pi}_\infty$ 的一条直线上. 提示:从式(3.9)开始去确定两平行平面的交线 $L^*$.

(d)证明平行线交在 $\boldsymbol{\pi}_\infty$ 上.

(2)**射影变换** 证明3D空间的一个(实)射影变换能将一个椭球面映射到一个抛物面或双叶双曲面,但不能将一个椭球面映射到单叶双曲面(即实的直纹面).

(3)**螺旋分解** 证明表示欧氏变换{R,**t**}(其旋转轴方向为**a**,即 R**a**=**a**)的 4×4 矩阵有两个复共轭特征值和两个相等的实特征值,并有下列特征向量结构:

(a)如果**a**垂直于**t**,那么对应于实特征值的两个特征向量不同.

(b)否则对应于实特征值的两个特征向量重合并在 $\boldsymbol{\pi}_\infty$ 上.

(例如选择如式(3.20)那样的简单例子,另一种情况在19.10节中给出).

在第一种情形下,对应于实特征值的两个实点(特征向量)定义一条不动点的直线. 它是平面运动的螺旋轴. 在第二种情形下,也定义了螺旋轴的方向,但它不是不动点的直线. 试问:对应于复特征值的特征向量表示什么?

# 第4章 估计——2D射影变换

本章讨论估计问题．本书中，估计的含义是指在某些本质测量的基础上计算某个变换或其他数学量．这个定义有些含糊，因此，这里我们具体给出打算考虑的若干估计问题的类型．

(1)**2D单应**　给定$\mathbb{P}^2$中的点集$\mathbf{x}_i$和同在$\mathbb{P}^2$中的对应的点集$\mathbf{x}'_i$，计算把每一点$\mathbf{x}_i$映射到对应点$\mathbf{x}'_i$的射影变换．在实际的情形中，点$\mathbf{x}_i$和$\mathbf{x}'_i$是在两幅图像(或同一幅图像)中的点，每幅图像都视为一张射影平面$\mathbb{P}^2$．

(2)**3D到2D的摄像机投影**　给定3D空间的点集$\mathbf{X}_i$以及在一幅图像上对应的点集$\mathbf{x}_i$，求把$\mathbf{X}_i$映射到$\mathbf{x}_i$的3D到2D的射影映射．这种3D到2D的投影是由射影摄像机来实现的映射，摄像机在第6章中讨论．

(3)**基本矩阵的计算**　给定一幅图像上的点集$\mathbf{x}_i$和另一幅图像上的对应点集$\mathbf{x}'_i$，计算与这些对应一致的基本矩阵F．基本矩阵在第9章中讨论，它是一个对所有的$i$都使$\mathbf{x}'^{\mathsf{T}}_i \mathrm{F}\mathbf{x}_i = 0$成立的$3\times3$奇异矩阵F．

(4)**三焦点张量计算**　给定跨三幅图像的点对应$\mathbf{x}_i \leftrightarrow \mathbf{x}'_i \leftrightarrow \mathbf{x}''_i$的集合，计算三焦点张量．三焦点张量在第15章讨论，是与三幅视图中点或线相关的一种张量$\mathcal{T}_i^{jk}$．

这些问题有许多共同特性，其中一个问题的研究都与其余的每个问题有关．因此，本章将对其中的第一个问题进行详细讨论．用解决这个问题时所学到的方法来指导我们去解决其他的问题．

2D射影变换的估计问题除有示例的作用之外，它本身也是很重要的．我们研究两幅图像之间对点应的集合$\mathbf{x}_i \leftrightarrow \mathbf{x}'$．我们的问题是计算一个$3\times3$矩阵H，使得对所有的$i$ $\mathrm{H}\mathbf{x}_i = \mathbf{x}'_i$都满足．

**测量数**　第一个要讨论的问题是：计算射影变换H需要多少对应点$\mathbf{x}_i \leftrightarrow \mathbf{x}'$．在考虑了自由度的个数和约束的个数后可以给出一个下界．一方面，矩阵H有9个元素，但仅确定到相差一个尺度因子．因此，2D射影变换的自由度的总数是8．另一方面，每一组点到点的对应提供两个约束，因为对第一幅图像上的每个点$\mathbf{x}_i$，第二幅图像上点的两个自由度必须对应于被映射点$\mathrm{H}\mathbf{x}_i$．一个2D点有两个自由度，即x和y分量，两者都可以分别指定．换一种说法，点用一个齐次3维向量表示，因为尺度因子是任意的，所以它仍只有两个自由度．总之，为了完全约束H，需要指定四组点对应．

**近似解**　我们会看到如果只给定四组对应，那么可以得到矩阵H的精确解．这种解被称为**最小配置解**．这种解是重要的，因为它们定义了鲁棒估计算法所需子集的大小，如在4.7节中介绍的RANSAC．但是，因为点的测量是不精确的("噪声")，如果给定多于四组的对应，那么这些对应可能不与任何射影变换完全兼容，因而我们面临的任务是按给定的数据确定"最好”的变换．通常这个任务是通过寻找最小化某个代价函数的变换 H 来完成．本章讨论不同的代价函数以及它们的最小化方法．有两类主要的代价函数：基于最小化代数误差的代价函数；基于最小化几何的或统计的图像距离的代价函数．这两类代价函数在 4.2 节中介绍.

**黄金标准算法**　通常存在一种最优的代价函数，其最优的含义是在一定假设下，使代价函数取最小值的 H 是变换的最好估计．计算该代价函数最小值的算法称为“黄金标准”算法．其他算法的结果的优劣依它们与黄金标准算法的比较来判断．在估计两视图之间的单应时，代价函数是式(4.8)，关于最优性的假设在 4.3 节中给出，而黄金标准是算法 4.3.

## 4.1　直接线性变换(DLT)算法

我们首先讨论由给定 2D 到 2D 的四组点对应 $\mathbf{x}_i \leftrightarrow \mathbf{x}'$确定 H 的一种简单的线性算法．变换由方程 $\mathbf{x}'_i = \mathrm{H}\mathbf{x}_i$ 给出．注意这是一个涉及齐次向量的方程；因此 3 维向量 $\mathbf{x}'_i$ 和 $\mathrm{H}\mathbf{x}_i$ 不相等，它们有相同的方向，但在大小上可能相差一个非零因子．等式可以用向量叉乘：$\mathbf{x}'_i \times \mathrm{H}\mathbf{x}_i = \mathbf{0}$ 表示．该表示式可推出 H 的一个简单的线性解.

如果把矩阵 H 的第 $j$ 行记为 $\mathbf{h}^{j\mathsf{T}}$，那么

$$\mathrm{H}\mathbf{x}_i = \begin{pmatrix} \mathbf{h}^{1\mathsf{T}}\mathbf{x}_i \\ \mathbf{h}^{2\mathsf{T}}\mathbf{x}_i \\ \mathbf{h}^{3\mathsf{T}}\mathbf{x}_i \end{pmatrix}$$

记 $\mathbf{x}'_i = (x'_i, y'_i, w'_i)^{\mathsf{T}}$，那么叉积可以显式地给出如下：

$$\mathbf{x}'_i \times \mathrm{H}\mathbf{x}_i = \begin{pmatrix} y'_i\mathbf{h}^{3\mathsf{T}}\mathbf{x}_i - w'_i\mathbf{h}^{2\mathsf{T}}\mathbf{x}_i \\ w'_i\mathbf{h}^{1\mathsf{T}}\mathbf{x}_i - x'_i\mathbf{h}^{3\mathsf{T}}\mathbf{x}_i \\ x'_i\mathbf{h}^{2\mathsf{T}}\mathbf{x}_i - y'_i\mathbf{h}^{1\mathsf{T}}\mathbf{x}_i \end{pmatrix}$$

因为在 $j=1,2,3$ 时，$\mathbf{h}^{j\mathsf{T}}\mathbf{x}_i = \mathbf{x}_i^{\mathsf{T}}\mathbf{h}^j$ 都成立，这就给出关于 H 元素的三个方程，并可以写成下列形式

$$\begin{bmatrix} \mathbf{0}^{\mathsf{T}} & -w'_i\mathbf{x}_i^{\mathsf{T}} & y'_i\mathbf{x}_i^{\mathsf{T}} \\ w'_i\mathbf{x}_i^{\mathsf{T}} & \mathbf{0}^{\mathsf{T}} & -x'_i\mathbf{x}_i^{\mathsf{T}} \\ -y'_i\mathbf{x}_i^{\mathsf{T}} & x'_i\mathbf{x}_i^{\mathsf{T}} & \mathbf{0}^{\mathsf{T}} \end{bmatrix} \begin{pmatrix} \mathbf{h}^1 \\ \mathbf{h}^2 \\ \mathbf{h}^3 \end{pmatrix} = \mathbf{0} \tag{4.1}$$

这些方程都有 $\mathrm{A}_i\mathbf{h} = \mathbf{0}$ 的形式，其中 $\mathrm{A}_i$ 是 $3 \times 9$ 的矩阵，$\mathbf{h}$ 是由矩阵 H 的元素组成的 9 维向量

$$\mathbf{h} = \begin{pmatrix} \mathbf{h}^1 \\ \mathbf{h}^2 \\ \mathbf{h}^3 \end{pmatrix}, \quad \mathrm{H} = \begin{bmatrix} h_1 & h_2 & h_3 \\ h_4 & h_5 & h_6 \\ h_7 & h_8 & h_9 \end{bmatrix} \tag{4.2}$$

式中，$h_i$ 是 $\mathbf{h}$ 的第 $i$ 个元素．下面给出关于这些方程的三个注释.

(1) $\mathrm{A}_i\mathbf{h} = \mathbf{0}$ 是未知向量 $\mathbf{h}$ 的**线性**方程．矩阵 $\mathrm{A}_i$ 的元素是已知点的坐标的二次多项式.

(2) 虽然在式(4.1)中有三个方程，但仅有两个是线性独立的(因为第三行在相差一个比值的意义下由 $x'_i$ 乘第一行加 $y'_i$ 乘第二行而得到)．因此每组点对应给出关于 H 元素的两个方程．在解 H 时常省去第三个等式([Sutherland-63])．从而(为了进一步地参考)方程组变为

$$\begin{bmatrix} \mathbf{0}^{\mathsf{T}} & -w_i'\mathbf{x}_i^{\mathsf{T}} & y_i'\mathbf{x}_i^{\mathsf{T}} \\ w_i'\mathbf{x}_i^{\mathsf{T}} & \mathbf{0}^{\mathsf{T}} & -x_i'\mathbf{x}_i^{\mathsf{T}} \end{bmatrix} \begin{pmatrix} \mathbf{h}^1 \\ \mathbf{h}^2 \\ \mathbf{h}^3 \end{pmatrix} = \mathbf{0} \tag{4.3}$$

它可写成

$$\mathrm{A}_i\mathbf{h} = \mathbf{0}$$

式中，$\mathrm{A}_i$是式(4.3)中的$2\times9$矩阵.

(3)该方程组对点$\mathbf{x}_i'$的任何齐次坐标$(x_i', y_i', w_i')^{\mathsf{T}}$成立．我们可以取$w_i=1$，此时$(x_i', y_i')^{\mathsf{T}}$是图像中实际测量得到的坐标．但是，今后会看到其他的选择也行.

**求解 H**

每组点对应给出关于H元素的两个独立的方程．给定四组这样的点对应，便获得方程组$\mathrm{A}\mathbf{h}=\mathbf{0}$，其中A是由每组点对应产生的矩阵行$\mathrm{A}_i$构成的方程组的系数矩阵，$\mathbf{h}$是H未知元素的向量．我们只求$\mathbf{h}$的非零解，因为我们对平凡解$\mathbf{h}=\mathbf{0}$毫无兴趣．如果采用式(4.1)，那么A的维数是$12\times9$；如果采用式(4.3)，则维数是$8\times9$. 但在两种情况下A的秩都是8，因而有一个1维零空间，它提供$\mathbf{h}$的一个解．$\mathbf{h}$的这样一个解只能在相差一个非零因子意义下确定．但是，变换矩阵H一般也仅能确定到相差一个尺度，因此解$\mathbf{h}$给出所要求的H. $\mathbf{h}$的非零因子可以通过对范数的要求来任意选择，例如要求$\|\mathbf{h}\|=1$.

### 4.1.1 超定解

如果给出的点对应$\mathbf{x}_i\leftrightarrow\mathbf{x}'$多于四组，那么由式(4.3)导出的$\mathrm{A}_i\mathbf{h}=\mathbf{0}$的方程组是超定的．如果点的位置是精确的，那么A的秩仍然为8并是一维零空间，并且存在精确解$\mathbf{h}$. 如果图像坐标的测量是不精确的(通常称**噪声**)，情况将不一样——除零解外，超定方程组$\mathrm{A}\mathbf{h}=\mathbf{0}$不存在精确解．取代求精确解，我们试图寻找一个近似解，即求使一个适当的代价函数取最小值的向量$\mathbf{h}$. 那么自然会产生的问题是：应该最小化什么？显然，为避开$\mathbf{h}=\mathbf{0}$的解，需要附加一个约束．通常附加范数条件，例如$\|\mathbf{h}\|=1$. 范数的值是不重要的，因为H仅定义到相差一个尺度．既然不存在$\mathrm{A}\mathbf{h}=\mathbf{0}$的精确解，很自然会在通常约束$\|\mathbf{h}\|=1$下最小化范数$\|\mathrm{A}\mathbf{h}\|=1$. 这等价于求商$\|\mathrm{A}\mathbf{h}\|/\|\mathbf{h}\|$的最小值问题．如A5.3节所示，该解是$\mathrm{A}^{\mathsf{T}}\mathrm{A}$的最小特征值的(单位)特征向量．也可以说，该解是对应A最小奇异值的单位奇异向量．由此所得到的算法称为基本DLT算法并概括在算法4.1中.

<u>目标</u>

给定$n\geq4$组2D到2D点对应$\{\mathbf{x}_i\leftrightarrow\mathbf{x}_i'\}$，确定2D单应矩阵H使得$\mathbf{x}_i'=\mathrm{H}\mathbf{x}_i$.

<u>算法</u>

(1)根据每组对应$\mathbf{x}_i\leftrightarrow\mathbf{x}'$由式(4.1)计算矩阵$\mathrm{A}_i$. 通常仅需要使用其前两行.

(2)把$n$个$2\times9$的矩阵$\mathrm{A}_i$组合成一个$2n\times9$的矩阵A.

(3)求A的SVD(A4.4节). 对应于最小特征值的单位特征向量便是解$\mathbf{h}$. 具体说，如果$\mathrm{A}=\mathrm{UDV}^{\mathsf{T}}$且D为对角矩阵具有正对角元素并沿对角线按降序排列，那么$\mathbf{h}$是V的最后一列.

(4)矩阵H由$\mathbf{h}$按式(4.2)确定.

**算法4.1 H的基本DLT(参看包含了归一化过程的算法4.2)**

### 4.1.2　非齐次解

除把 $\mathbf{h}$ 直接作为齐次向量来解以外，另一种方法是把等式(4.3)转成非齐次线性方程组，即对向量 $\mathbf{h}$ 中的某个元素硬性加上 $h_j=1$ 的条件．强加条件 $h_j=1$ 的道理是：既然允许解相差一个任意因子，当然可以通过选择因子值使得 $h_j=1$. 例如，如果把 $\mathbf{h}$ 的最后一个元素(它对应 $H_{33}$)选为 1，那么由式(4.3)推导的结果是

$$\begin{bmatrix} 0 & 0 & 0 & -x_iw_i' & -y_iw_i' & -w_iw_i' & x_iy_i' & y_iy_i' \\ x_iw_i' & y_iw_i' & w_iw_i' & 0 & 0 & 0 & -x_ix_i' & -y_ix_i' \end{bmatrix} \widetilde{\mathbf{h}} = \begin{pmatrix} -w_iy_i' \\ w_ix_i' \end{pmatrix}$$

式中，$\widetilde{\mathbf{h}}$ 是由 $\mathbf{h}$ 的前 8 个元素组成的 8 维向量．把四组对应组合成形如 $\mathrm{M}\widetilde{\mathbf{h}}=\mathbf{b}$ 的矩阵方程，其中 M 有 8 列而 $\mathbf{b}$ 是 8 维向量．该矩阵方程在 M 仅有 8 行(最小配置解)时可用解线性方程的标准方法(例如高斯消去法)，或在超定方程组时用最小二乘方法(见 A5.1 节)来求解 $\widetilde{\mathbf{h}}$.

但是，如果事实上真正的解是 $h_j=0$，那么不存在一个因子 $k$ 使 $kh_j=1$. 这意味着令 $h_j=1$ 得不到真解．由于这个原因，如果被选的 $h_j$ 接近于零，则可以预见此方法会导致不稳定解．因此，一般不提倡这种方法.

**例 4.1**　本例指出如果 H 把坐标原点映射到无穷远点，则 $h_9=\mathrm{H}_{33}$ 为零．因为 $(0,0,1)^{\mathsf{T}}$ 表示坐标原点 $\mathbf{x}_0$，并且 $(0,0,1)^{\mathsf{T}}$ 也表示无穷远直线 $\mathbf{l}$，该条件可以写成 $\mathbf{l}^{\mathsf{T}}\mathrm{H}\mathbf{x}_0=(0,0,1)\mathrm{H}(0,0,1)^{\mathsf{T}}=0$，从而 $\mathrm{H}_{33}=0$. 在场景平面的透视图像中，无穷远直线被影像为该平面的消影线(见第 8 章)，例如地平线是地平面的消影线．地平线过图像中心且坐标原点与图像中心重合的情况并不少见．在这种情形下，图像到世界平面的映射把原点映射到无穷远直线上，从而真实解为 $\mathrm{H}_{33}=h_9=0$. 因此，用 $h_9=1$ 归一化在实际情况中可能会是严重失误.

### 4.1.3　退化配置

设用来计算单应的最小配置解的四组点对应中有三点 $\mathbf{x}_1,\mathbf{x}_2,\mathbf{x}_3$ 共线．问这种情况是否有意义？如果对应点 $\mathbf{x}_1',\mathbf{x}_2',\mathbf{x}_3'$ 也共线，那么我们可以怀疑单应不是充分约束的，而且存在把 $\mathbf{x}_i$ 映射到 $\mathbf{x}_i'$ 的一族单应．另一方面，如果对应点 $\mathbf{x}_1',\mathbf{x}_2',\mathbf{x}_3'$ 不共线，那么显然不存在把 $\mathbf{x}_i$ 变到 $\mathbf{x}_i'$ 的变换 H，因为射影变换必须保持共线性．但是由式(4.3)导出的八个齐次方程组必然有一个非零解，因而必然产出一个矩阵 H. 这样一个明显的矛盾怎样去解决呢？

方程式(4.3)表示的条件是 $i=1,\cdots,4,\mathbf{x}_i'\times\mathrm{H}\mathbf{x}_i'=\mathbf{0}$，因而通过解 8 个方程找到的矩阵 H 将满足这个条件．假定 $\mathbf{x}_1,\mathbf{x}_2,\mathbf{x}_3$ 共线而 $\mathbf{l}$ 是它们所在的直线，即对 $i=1,\cdots,3,\mathbf{l}^{\mathsf{T}}\mathbf{x}_i=\mathbf{0}$. 现在定义 $\mathrm{H}^*=\mathbf{x}_4'\mathbf{l}^{\mathsf{T}}$，它是一个秩为 1 的 $3\times3$ 矩阵．可以验证对 $i=1,\cdots,3,\mathrm{H}^*\mathbf{x}_i=\mathbf{x}_4'(\mathbf{l}^{\mathsf{T}}\mathbf{x}_i)=\mathbf{0}$，因为 $\mathbf{l}^{\mathsf{T}}\mathbf{x}_i=0$. 另一方面，$\mathrm{H}^*\mathbf{x}_4=\mathbf{x}_4'(\mathbf{l}^{\mathsf{T}}\mathbf{x}_4)=k\mathbf{x}_4'$. 因此，对所有 $i,\mathbf{x}_i'\times\mathrm{H}^*\mathbf{x}_i=\mathbf{0}$ 都满足．注意与 $\mathrm{H}^*$ 对应的向量 $\mathbf{h}^*$ 由 $\mathbf{h}^{*\mathsf{T}}=(x_4'\mathbf{l}^{\mathsf{T}},y_4'\mathbf{l}^{\mathsf{T}},w_4'\mathbf{l}^{\mathsf{T}})$ 给出，而且不难验证对所有 $i$ 该向量都满足式(4.3). 解 $\mathrm{H}^*$ 的问题在于 $\mathrm{H}^*$ 是秩为 1 矩阵因而不能表示一个射影变换．因此，$\mathrm{H}^*\mathbf{x}_i=\mathbf{0},i=1,2,3$ 的点是不适定的.

我们已经证明如果 $\mathbf{x}_1,\mathbf{x}_2,\mathbf{x}_3$ 共线，那么 $\mathrm{H}^*=\mathbf{x}_4'\mathbf{l}^{\mathsf{T}}$ 是式(4.1)的一个解．这里有两种情形：$\mathrm{H}^*$ 是唯一解(相差一尺度因子)，或者存在另一个解 H. 对第一种情形，因为 $\mathrm{H}^*$ 是奇异矩阵，

不存在把每个 $\mathbf{x}_i$ 变到 $\mathbf{x}'_i$ 的变换．当 $\mathbf{x}_1,\mathbf{x}_2,\mathbf{x}_3$ 共线而 $\mathbf{x}'_1,\mathbf{x}'_2,\mathbf{x}'_3$ 不共线时就发生此种情形．对第二种情形，有另一解 H 存在，从而任何形如 $\alpha \mathrm{H}^* + \beta \mathrm{H}$ 的矩阵都是解．因此有一个 2 参数的变换族存在，进而推出式(4.3)给出的 8 个方程不是独立的.

对于具体的一类变换而言，出现某种配置不能确定唯一解的情形称为**退化**．注意退化的定义既涉及配置也涉及变换类型．而且退化问题不仅限于最小配置解．如果给出的多出来的(精确的，即无误差的)点对应也共线(在 $\mathbf{l}$ 上)，那么退化问题仍没有解决.

### 4.1.4 由线和其他实体求解

到目前为止以及本章的其余部分，都只讨论由点对应来计算单应．然而也可以平行地讨论由线对应来计算单应．从直线变换 $\mathbf{l}_i = \mathrm{H}^{\mathsf{T}}\mathbf{l}'_i$ 出发，可以导出形如 $A\mathbf{h} = \mathbf{0}$ 的矩阵方程，最小配置解需要一般位置上的四组线对应．类似地，单应也可以由二次曲线的对应来计算并依此类推.

于是就产生计算一个单应(或任何其他关系)需要多少组对应的问题．一般的原则是约束数必须等于或大于变换的自由度数．例如，2D 中每组点或线对应产生关于 H 的两个约束，3D 中每组点或平面对应产生三个约束．因此在 2D 中四组点或线对应就足以计算出 H，因为单应的自由度数是 $4 \times 2 = 8$. 在 3D 中一个单应有 15 个自由度，则需要五组点对应或五组平面对应．对于一个平面仿射变换(6dof)仅需要三组对应点或线对应，如此等等．一条二次曲线为 2D 单应提供五个约束.

但采用混合类型的对应来计算 H 时必须谨慎．例如一个 2D 单应不能由两组点对应和两组线对应唯一确定，但能由三组点和一组线或一组点和三组线来唯一确定，即使在每种情形配置都有 8 个自由度也是如此．三组线和一组点的情形几何上等价于四组点，因为三条线定义一个三角形而该三角形的顶点唯一地定义三点．我们已经证明一般位置上的四组点对应能唯一确定一个单应，由此表明三组线和一组点的对应同样能唯一确定一个单应．类似地，三组点和一组线的情形等价于四组线，同理一般位置上的四组线(即没有三条线共点)对应也唯一确定一个单应．但是，如一个简要的示意图(见图 4.1)所示，两个点和两条线的情形等价于有四条线共点的五条直线，或四点共线的五个点．如前节所指出，这种配置是退化的，并且存在把该两点与两线配置映射到对应的配置的 1 个参数的单应族.

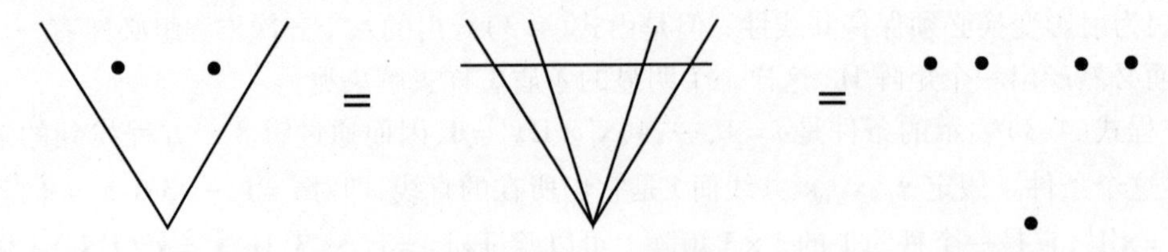


**图 4.1 点-线配置的几何等价性**．两点与两线的配置等价于有四线共点的五条直线，或四点共线的五个点.

## 4.2 不同的代价函数

我们现在来介绍为确定 H 的超定解而需最小化的若干代价函数，最小化这些函数的方法在本章的后面介绍.

### 4.2.1　代数距离

DLT 算法最小化范数 $\|\mathrm{A}\mathbf{h}\|$. 向量 $\boldsymbol{\varepsilon}=\mathrm{A}\mathbf{h}$ 称为残差向量,并且要最小化的正是该误差向量的范数. 该向量的分量来自产生矩阵 A 的行的各点对应. 每组对应 $\mathbf{x}_i \leftrightarrow \mathbf{x}'_i$ 按式(4.1)或式(4.3)贡献部分误差向量 $\boldsymbol{\varepsilon}_i$ 并积累成总误差向量 $\boldsymbol{\varepsilon}$. 向量 $\boldsymbol{\varepsilon}_i$ 被称为关联于点对应 $\mathbf{x}_i \leftrightarrow \mathbf{x}'_i$ 和单应 H 的**代数误差向量**. 该向量的范数是一个标量,称为**代数距离**:

$$d_{\mathrm{alg}}(\mathbf{x}'_i,\mathrm{H}\mathbf{x}_i)^2=\|\boldsymbol{\varepsilon}_i\|^2=\left\|\begin{bmatrix}\mathbf{0}^{\top} & -w'_i\mathbf{x}_i^{\top} & y'_i\mathbf{x}_i^{\top}\\ w'_i\mathbf{x}_i^{\top} & \mathbf{0}^{\top} & -x'_i\mathbf{x}_i^{\top}\end{bmatrix}\mathbf{h}\right\|^2 \tag{4.4}$$

对于任何两个向量 $\mathbf{x}_1$ 和 $\mathbf{x}_2$,我们可以用更一般和简洁的写法:

$$d_{\mathrm{alg}}(\mathbf{x}_1,\mathbf{x}_2)^2=a_1^2+a_2^2 \quad 其中\ \mathbf{a}=(a_1,a_2,a_3)^{\top}=\mathbf{x}_1\times\mathbf{x}_2$$

代数距离与几何距离的关系将在 4.2.4 节中介绍.

给定对应的集合,向量 $\boldsymbol{\varepsilon}=\mathrm{A}\mathbf{h}$ 是整个集合的代数误差向量,由此可见:

$$\sum_i d_{\mathrm{alg}}(\mathbf{x}'_i,\mathrm{H}\mathbf{x}_i)^2=\sum_i\|\boldsymbol{\varepsilon}_i\|^2=\|\mathrm{A}\mathbf{h}\|^2=\|\boldsymbol{\varepsilon}\|^2 \tag{4.5}$$

代数距离的概念起源于 Bookstein [Bookstein79] 关于二次曲线匹配的工作. 其缺点是被最小化的量没有几何或统计上的意义. 正如 Bookstein 所指出的,最小化代数距离的解也许不是直觉所期待的. 但是,通过适当选择归一化(如 4.4 节将要讨论的)最小化代数距离的方法能够给出非常好的结果. 其特殊的优越性在于线性(因而是唯一)解并且计算代价小. 通常代数距离的解被用作几何或统计代价函数的非线性最小化的起点. 非线性最小化给这个解一个最后的"打磨".

### 4.2.2　几何距离

下面我们讨论另一类误差函数,它基于图像上几何距离的测量并最小化图像坐标的测量值和估计值之差.

**记号**　向量 $\mathbf{x}$ 表示**测量得到**的图像坐标点;$\hat{\mathbf{x}}$ 表示点的估计值,而 $\bar{\mathbf{x}}$ 表示点的真值.

**单幅图像误差**　我们首先考虑第一幅图像的测量得到的点非常精确而误差仅出现在第二幅图像的情形. 显然,大多数实际图像情形不是如此. 这种假设比较合理的实例是估计标定模块或世界平面(其中点的测量精度非常高)与它们的图像之间的射影变换. 适宜最小化的量是**转移误差**. 它是第二幅图像上测量点 $\mathbf{x}'$ 与(从第一幅图像的对应点 $\bar{\mathbf{x}}$ 映射得到的)点 $\mathrm{H}\bar{\mathbf{x}}$ 之间的欧氏距离. 我们用标记 $d(\mathbf{x},\mathbf{y})$ 表示非齐次点 $\mathbf{x}$ 和 $\mathbf{y}$ 之间的欧氏距离. 那么对应集合的转移误差是

$$\sum_i d(\mathbf{x}'_i,\mathrm{H}\bar{\mathbf{x}}_i)^2 \tag{4.6}$$

算法要估计的单应 $\hat{\mathrm{H}}$ 是使误差式(4.6)取最小值的单应.

**对称转移误差**　更切合实际的情形是图像测量误差在两幅图像中都发生,从而应该最小化两幅而不仅是一幅图像的误差. 一个较令人满意的误差函数构造法是同时考虑前向变换(H)和后向变换($\mathrm{H}^{-1}$)并把这两种变换对应的几何误差累加. 所得误差为

$$\sum_i d(\mathbf{x}_i,\mathrm{H}^{-1}\mathbf{x}'_i)^2+d(\mathbf{x}'_i,\mathrm{H}\mathbf{x}_i)^2 \tag{4.7}$$

式中,第一项是第一幅图像的转移误差,第二项是第二幅图像的转移误差. 算法要估计的单应 $\hat{\mathrm{H}}$ 是使式(4.7)取最小值的单应.

### 4.2.3 重投影误差——两幅图像

对两幅图像中的每幅图像误差做量化的另一种方法是估计每组对应的“校正值”. 有人会问为了得到图像点集的完全匹配而在每幅图像中进行测量校正有多大的必要性. 为此,应将它与单图像的几何转移误差式(4.6)相对比,其中式(4.6)测量的是校正值:为了得到完全的匹配点集,有必要在一幅图像(第二幅图像)上对测量进行校正.

现在我们要寻找一个单应 $\hat{\mathrm{H}}$ 和**完全**匹配的点对$\hat{\mathrm{x}}_i$和$\hat{\mathrm{x}}'_i$以最小化总的误差函数

$$\sum_i d(\mathbf{x}_i, \hat{\mathbf{x}}_i)^2 + d(\mathbf{x}'_i, \hat{\mathbf{x}}'_i)^2 \quad \text{s. t. } \hat{\mathbf{x}}'_i = \hat{\mathrm{H}}\,\hat{\mathbf{x}}_i \quad \forall i \tag{4.8}$$

最小化这个代价函数包括同时确定 $\hat{\mathrm{H}}$ 以及附加的对应集合$\{\hat{\mathbf{x}}_i\}$和$\{\hat{\mathbf{x}}'_i\}$. 这种估计可对诸如世界平面点的图像对应点 $\mathbf{x}_i \leftrightarrow \mathbf{x}'_i$的测量建模. 我们希望先由 $\mathbf{x}_i \leftrightarrow \mathbf{x}'_i$估计世界平面的点 $\hat{\mathbf{X}}_i$,然后把它**重投影**到估计上认为是完全匹配的对应$\hat{\mathbf{x}}_i \leftrightarrow \hat{\mathbf{x}}'_i$上.

重投影误差函数与对称误差函数的比较在图 4.2 中给出. 在 4.3 节中我们将会看到式(4.8)与单应和对应的最大似然估计与误差函数相关.

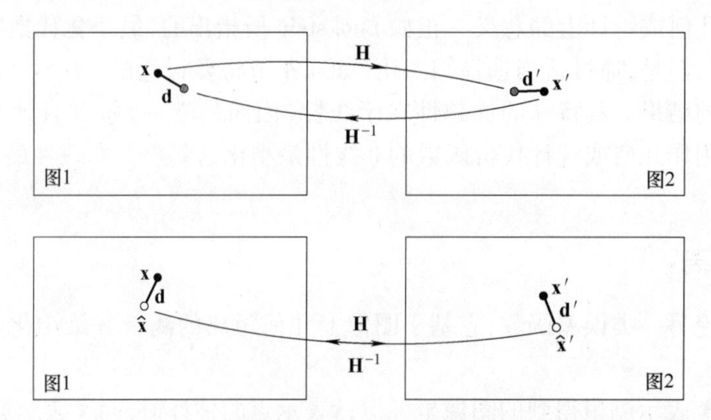


**图 4.2** 对称转移误差(上图)和重投影误差(下图)在估计单应时的比较. 点 $\mathbf{x}$ 和 $\mathbf{x}'$是测量得到(有噪声)的点. 根据估计的单应,点 $\mathbf{x}'$和 $\mathrm{H}\mathbf{x}$ 不**完全**对应(点 $\mathbf{x}$ 和 $\mathrm{H}^{-1}\mathbf{x}'$也不完全对应). 但估计的点$\hat{\mathbf{x}}$和$\hat{\mathbf{x}}'$却通过$\hat{\mathbf{x}}' = \mathrm{H}\,\hat{\mathbf{x}}$完全对应. 令 $d(\mathbf{x},\mathbf{y})$表示 $\mathbf{x}$ 和 $\mathbf{y}$ 的欧氏图像距离,则对称转移误差是 $d(\mathbf{x},\mathrm{H}^{-1}\mathbf{x}')^2 + d(\mathbf{x}',\mathrm{H}\mathbf{x})^2$;重投影误差是 $d(\mathbf{x},\hat{\mathbf{x}})^2 + d(\mathbf{x}',\hat{\mathbf{x}}')^2$.

### 4.2.4 几何和代数距离的比较

我们回到误差仅出现在第二幅图像的情形. 令 $\mathbf{x}'_i = (x'_i, y'_i, w'_i)^{\mathrm{T}}$并定义向量$(\hat{x}'_i, \hat{y}'_i, \hat{w}'_i)^{\mathrm{T}} = \hat{\boldsymbol{x}}'_i = \mathrm{H}\bar{\mathbf{x}}$. 用此标记,式(4.3)的左边变成

$$\mathrm{A}_i\mathbf{h} = \boldsymbol{\varepsilon}_i = \begin{pmatrix} y'_i\hat{w}'_i - w'_i\hat{y}'_i \\ w'_i\hat{x}_i - x'_i\hat{w}'_i \end{pmatrix}$$

该向量是关于点对应 $\mathbf{x}_i \leftrightarrow \mathbf{x}'_i$和摄像机映射 H 的**代数误差向量**. 因此,

$$d_{\mathrm{alg}}(\mathbf{x}'_i, \hat{\mathbf{x}}'_i)^2 = (y'_i\hat{w}'_i - w'_i\hat{y}'_i)^2 + (w'_i\hat{x}_i - x'_i\hat{w}'_i)^2$$

而点 $\mathbf{x}_i'$和$\hat{\mathbf{x}}_i$的几何距离是

$$d(\mathbf{x}_i',\hat{\mathbf{x}}_i')=((x_i'/w_i'-\hat{x}_i/\hat{w}_i')^2+(y_i'/w_i'-\hat{y}_i'/\hat{w}_i')^2)^{1/2}$$
$$=d_{\mathrm{alg}}(x_i',\hat{x}_i)/\hat{w}_i'w_i'$$

因此，几何距离与代数距离相关，但不相等．然而应注意，如果$\hat{w}_i'=w_i'=1$，那么两个距离相等．

我们总可以假定 $w_i=1$，因而把 $\mathbf{x}_i$表示成常用的形式 $\mathbf{x}_i=(x_i,y_i,1)^{\mathsf{T}}$．对于一类重要的 2D 单应，$\hat{w}_i'$的值也总是 1. 2D 仿射变换用表示为式(2.10)形式的矩阵表示为

$$\mathrm{H}_{\mathrm{A}}=\begin{bmatrix}h_{11} & h_{12} & h_{13}\\ h_{21} & h_{22} & h_{23}\\ 0 & 0 & 1\end{bmatrix} \tag{4.9}$$

我们可以从$\hat{\mathbf{x}}_i'=\mathrm{H}\overline{\mathbf{x}}_i$直接验证：若 $w_i=1$，则$\hat{w}_i'=1$. 这表明在仿射变换下，几何距离和代数距离相等．DLT 算法很容易做到强制 H 的最后一行为(0,0,1)（通过令 $h_7=h_8=0$）这个条件．因此，对于仿射变换，最小化几何距离可以用基于代数距离的线性 DLT 算法.

### 4.2.5　重投影误差的几何解释

两平面之间的单应估计可以视为用 4D 空间 $\mathrm{IR}^4$中用“曲面”来拟合点．每对图像点对 $\mathbf{x}$，$\mathbf{x}'$定义测量空间 $\mathrm{IR}^4$的一个点，记作 $\mathbf{X}$，其坐标由 $\mathbf{x}$，$\mathbf{x}'$的非齐次坐标拼成．对一个给定的单应 H，满足 $\mathbf{x}'\times\mathrm{H}\mathbf{x}=\mathbf{0}$ 的图像对应 $\mathbf{x}\leftrightarrow\mathbf{x}'$定义了 $\mathrm{IR}^4$中的一个代数族 $\mathcal{V}_{\mathrm{H}}$㊀，它是两个二次超曲面的交集．该曲面之所以在 $\mathrm{IR}^4$中是二次的，因为式(4.1)的每一行是关于 $x,y,x',y'$的二次多项式．H 中的元素确定多项式的每一项的系数，因而 H 定义了一个具体的二次曲面．式(4.1)的两个独立的方程定义了两个这样的二次曲面.

给定 $\mathrm{IR}^4$中的点 $\mathrm{X}_i=(x_i,y_i,x_i',y_i')^{\mathsf{T}}$，估计一个单应的任务变成寻找通过（或几乎通过）点 $\mathbf{X}_i$的族 $\mathcal{V}_{\mathrm{H}}$的任务．当然，一般不可能精确地与一个族拟合．因此，令族 $\mathcal{V}_{\mathrm{H}}$为对应于变换 H 的某个族，而对每一点 $\mathbf{X}_i$，令 $\hat{\mathrm{X}}_i=(\hat{x}_i,\hat{y}_i,\hat{x}_i',\hat{y}_i')^{\mathsf{T}}$为在族 $V_{\mathrm{H}}$上最靠近 $\mathbf{X}_i$的点．可以立即看到：

$$\|\mathrm{X}_i-\hat{\mathrm{X}}_i\|^2=(x_i-\hat{x}_i)^2+(y_i-\hat{y}_i)^2+(x_i'-\hat{x}_i')^2+(y_i'-\hat{y}_i')^2$$
$$=d(\mathbf{x}_i,\hat{\mathbf{x}}_i)^2+d(\mathbf{x}_i',\hat{\mathbf{x}}_i')^2$$

因此，在 $\mathrm{IR}^4$中的几何距离等价于在两幅图像中的重投影误差，而求族 $\mathcal{V}_{\mathrm{H}}$和其上的点 $\hat{\mathbf{X}}_i$，这些点到测量点 $\mathbf{X}_i$距离的平方和为最小，等价于求单应 $\hat{\mathrm{H}}$ 和最小化重投影误差函数式(4.8)的估计点$\hat{\mathbf{x}}_i$和$\hat{\mathbf{x}}_i'$.

在 $\mathcal{V}_{\mathrm{H}}$上离测量点 $\mathbf{X}$ 最近的点 $\hat{\mathbf{X}}$，$\mathbf{X}$ 和 $\hat{\mathbf{X}}$ 之间的连线垂直于 $\mathcal{V}_{\mathrm{H}}$过 $\hat{\mathbf{X}}$ 的切平面．因此

$$d(\mathbf{x}_i,\hat{\mathbf{x}}_i)^2+d(\mathbf{x}_i',\hat{\mathbf{x}}_i')^2=d_{\perp}(\mathbf{X}_i,\mathcal{V}_{\mathrm{H}})^2$$

式中，$d_{\perp}(\mathbf{X}_i,\mathcal{V}_{\mathrm{H}})$是点 $\mathbf{X}$ 到族 $\mathcal{V}_{\mathrm{H}}$的垂直距离．从下文由二次曲线拟合模拟的讨论，我们将看到，从 $\mathbf{X}$ 到 $\mathcal{V}_{\mathrm{H}}$这样的垂直线可能多于一条.

距离 $d_{\perp}(\mathbf{X}_i,\mathcal{V}_{\mathrm{H}})$在 $\mathrm{IR}^4$中的刚性变换下不变，这里包含每幅图像的坐标$(x,y)^{\mathsf{T}}$，$(x',y')^{\mathsf{T}}$单独进行刚性变换的特殊情况．关于这点将在 4.4.3 节中再讨论.

---

㊀ 代数族是定义在 $\mathrm{IR}^N$ 中的一个或多个多元多项式的公共零点集.

**二次曲线模拟** 在做进一步讨论之前,我们先示意性地描述一种比较容易而直观的模拟估计问题．即用二次曲线拟合 2D 点的问题,它处于直线拟合(没有曲率,太简单)和单应拟合(四维,并具有非零曲率)的中间位置.

考察用二次曲线拟合平面上 $n>5$ 个点$(x'_i,y'_i)^{\mathrm{T}}$并且使基于几何距离的误差最小．这些点可以视为 $x_i \leftrightarrow y_i$的"对应"．其转移距离和重投影(垂直)距离在图 4.3 中说明．从图中清楚地看到 $d_\perp$ 小于或等于转移误差.

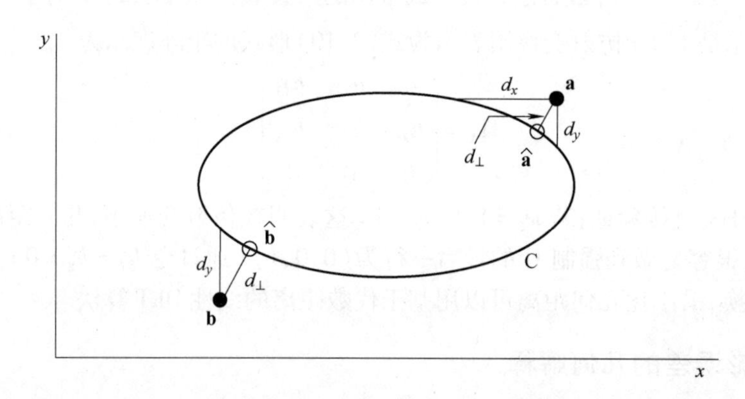


**图 4.3** 一条二次曲线可以由一组 2D 点通过最小化"对称转移误差"$d_x^2+d_y^2$或垂直距离 $d_\perp$ 的平方和来估计．转移误差模拟是考虑 $x$ 是精确的,只测量沿 $y$ 方向到二次曲线的距离 $d_y$,类似地测量 $d_x$.对点 **a** 而言,显然 $d_\perp \leqslant d_x$且 $d_\perp \leqslant d_y$．而且 $d_\perp$ 比 $d_x$和 $d_y$更稳定,如图中点 **b** 所示,其中 $d_x$无法定义.

点 $\mathbf{x}$ 到二次曲线 C 的代数距离定义为 $d_{\text{alg}}(\mathbf{x},\mathrm{C})^2=\mathbf{x}^{\mathrm{T}}\mathrm{C}\mathbf{x}$. C 的一个线性解可以由最小化$\sum_i d_{\text{alg}}(\mathbf{x},\mathrm{C})^2$并在 C 适当归一化后得到．点$(x,y)$到二次曲线 C 的垂直距离没有线性表示,因为过 $\mathrm{IR}^2$ 中的每一点最多有 4 条线垂直于 C. 可以由四次方程的根求此解．但是,函数 $d_\perp(\mathbf{x},\mathrm{C})$可以定义为二次曲线和点之间的最短距离的解．这样,二次曲线可以通过在 C 的五个参数上最小化$\sum_i d_\perp(\mathbf{x},\mathrm{C})^2$来估计,虽然它不能由线性解得到．给定二次曲线 C 和测量点 $\mathbf{x}$,求校正点$\hat{\mathbf{x}}$就是选择 C 上最近的点.

再回到单应的估计问题．在仿射变换时,该代数族是两张超平面的交,即它是一个 2 维的线性子空间．这是由于仿射矩阵的式(4.9)形式:对 $\mathbf{x}'=\mathrm{H}_{\mathrm{A}}\mathbf{x}$,它给出 $x,x',y$ 之间的一个线性约束和 $x,x',y$ 之间的另一个约束,每个约束定义 $\mathrm{IR}^4$ 中的一个超平面．此情形的一个模拟是用直线拟合平面上的点．在这两种情形中,关系(仿射变换或直线)都可以通过最小化点到代数族的垂直距离来估计．在下一节中可以看到这两种情形都存在一个闭合解.

### 4.2.6 Sampson 误差

几何误差式(4.8)的性质相当复杂,而且它的最小化需要同时估计单应矩阵和点$\hat{\mathbf{x}}_i,\hat{\mathbf{x}}'_i$. 这种非线性估计问题将在 4.5 节做进一步讨论．其复杂性与代数误差最小化式(4.4)的简单性形成鲜明对比．4.2.5 节对几何误差的几何解释引向另一种代价函数,其复杂性介于代数和几何代价函数之间,但非常近似于几何误差．该代价函数把称为 **Sampson 误差**,因为 Sampon [Sampson-82]曾把它用于二次曲线的拟合.

如 4.2.5 节所介绍,最小化几何误差 $\|\mathbf{X}-\hat{\mathbf{X}}\|^2$的向量 $\hat{\mathbf{X}}$ 是族 $\mathcal{V}_{\mathrm{H}}$上最接近测量点 $\mathbf{X}$ 的

点．由于代数族 $V_{\mathrm{H}}$ 的非线性本质，点 $\mathbf{X}$ 不能直接估计，必须通过迭代．Sampson 误差函数的思想是估计点 $\hat{\mathbf{X}}$ 的一阶近似，假定代价函数在被估计点附近有很好的线性近似．下面我们将直接讨论相关的 2D 单应估计问题，但本质上可以把它不加改变地应用到本书讨论的其他估计问题．

对给定的单应 H，任何在 $V_{\mathrm{H}}$ 上的点 $\mathbf{X}=(x,y,x',y')^{\mathrm{T}}$ 满足等式(4.3)或 $\mathbf{Ah}=\mathbf{0}$．为了突出代价函数对 $\mathbf{X}$ 的相关性，我们把它写为 $\mathcal{C}_{\mathrm{H}}(\mathbf{X})=\mathbf{0}$，$\mathcal{C}_{\mathrm{H}}(\mathbf{X})$ 在此表示一个 2 维向量．这个代价函数可以用下列 Taylor 展开式来一阶逼近

$$\mathcal{C}_{\mathrm{H}}(\mathbf{X}+\boldsymbol{\delta}_{\mathrm{x}})=\mathcal{C}_{\mathrm{H}}(\mathbf{X})+\frac{\partial \mathcal{C}_{\mathrm{H}}}{\partial \mathbf{X}}\boldsymbol{\delta}_{\mathrm{x}} \tag{4.10}$$

如果我们记 $\boldsymbol{\delta}_{\mathrm{x}}=\hat{\mathbf{X}}-\mathbf{X}$ 并希望 $\hat{\mathbf{X}}$ 在族 $\mathcal{V}_{\mathrm{H}}$ 上，使得 $\mathcal{C}_{\mathrm{H}}(\hat{\mathbf{X}})=\mathbf{0}$，便得到 $\mathcal{C}_{\mathrm{H}}(\mathbf{X})+(\partial\mathcal{C}_{\mathrm{H}}/\partial\mathbf{X})\boldsymbol{\delta}_{\mathrm{x}}=\mathbf{0}$，此后我们把它记成 $\mathrm{J}\boldsymbol{\delta}_{\mathrm{x}}=-\boldsymbol{\varepsilon}$，其中 J 是偏导数矩阵，$\boldsymbol{\varepsilon}$ 是与 $\mathbf{X}$ 相关的代价函数 $\mathcal{C}_{\mathrm{H}}(\mathbf{X})$．我们面临的最小化问题是求满足此方程的最小 $\boldsymbol{\delta}_{\mathrm{x}}$，即

- **求在满足 $\mathrm{J}\boldsymbol{\delta}_{\mathrm{x}}=-\boldsymbol{\varepsilon}$ 条件下使 $\|\boldsymbol{\delta}_{\mathrm{x}}\|$ 取最小值的向量 $\boldsymbol{\delta}_{\mathrm{x}}$.**

求解此类问题的标准方法是使用拉格朗日乘子．引入拉格朗日乘子向量 $\boldsymbol{\lambda}$ 后，问题就转化为最小化 $\boldsymbol{\delta}_{\mathrm{x}}^{\mathrm{T}}\boldsymbol{\delta}_{\mathrm{x}}-2\boldsymbol{\lambda}^{\mathrm{T}}(\mathrm{J}\boldsymbol{\delta}_{\mathrm{x}}+\boldsymbol{\varepsilon})$，其中添加因子 2 仅仅是为了方便．对 $\boldsymbol{\delta}_{\mathrm{x}}$ 求导并使它等于零，得：

$$2\boldsymbol{\delta}_{\mathrm{x}}^{\mathrm{T}}-2\boldsymbol{\lambda}^{\mathrm{T}}\mathrm{J}=\mathbf{0}^{\mathrm{T}}$$

从而得到 $\boldsymbol{\delta}_{\mathrm{x}}=\mathrm{J}^{\mathrm{T}}\boldsymbol{\lambda}$．对 $\boldsymbol{\lambda}$ 求导则给出 $\mathrm{J}\boldsymbol{\delta}_{\mathrm{x}}+\boldsymbol{\varepsilon}=\mathbf{0}$，即原来的约束．消去 $\boldsymbol{\delta}_{\mathrm{x}}$ 得

$$\mathrm{JJ}^{\mathrm{T}}\boldsymbol{\lambda}=-\boldsymbol{\varepsilon}$$

对 $\boldsymbol{\lambda}$ 求解得 $\boldsymbol{\lambda}=-(\mathrm{JJ}^{\mathrm{T}})^{-1}\boldsymbol{\varepsilon}$，最后得

$$\boldsymbol{\delta}_{\mathrm{x}}=-\mathrm{J}^{\mathrm{T}}(\mathrm{JJ}^{\mathrm{T}})^{-1}\boldsymbol{\varepsilon} \tag{4.11}$$

和 $\hat{\mathbf{X}}=\mathbf{X}+\boldsymbol{\delta}_{\mathrm{x}}$．范数 $\|\boldsymbol{\delta}_{\mathrm{x}}\|^2$ 是 Sampson 误差：

$$\|\boldsymbol{\delta}_{\mathrm{x}}\|^2=\boldsymbol{\delta}_{\mathrm{x}}^{\mathrm{T}}\boldsymbol{\delta}_{\mathrm{x}}=\boldsymbol{\varepsilon}^{\mathrm{T}}(\mathrm{JJ}^{\mathrm{T}})^{-1}\boldsymbol{\varepsilon} \tag{4.12}$$

**例 4.2　二次曲线的 Sampson 近似**

我们来计算图 4.3 所示的点 $\mathbf{x}$ 和二次曲线 C 之间的几何距离 $d_{\perp}(\mathbf{x},\mathrm{C})$ 的 Sampson 近似．在这种情况下，二次曲线的代数族 $V_{\mathrm{H}}$ 由等式 $\mathbf{x}^{\mathrm{T}}\mathrm{C}\mathbf{x}=0$ 定义，$\mathbf{x}=(x,y)^{\mathrm{T}}$ 是一个 2 维向量，$\boldsymbol{\varepsilon}=\mathbf{x}^{\mathrm{T}}\mathrm{C}\mathbf{x}$ 是标量，而 J 是 $1\times 2$ 矩阵：

$$\mathrm{J}=\left[\frac{\partial(\mathbf{x}^{\mathrm{T}}\mathrm{C}\mathbf{x})}{\partial x},\quad \frac{\partial(\mathbf{x}^{\mathrm{T}}\mathrm{C}\mathbf{x})}{\partial y}\right]$$

这意味着 $\mathrm{JJ}^{\mathrm{T}}$ 是标量．J 的元素用复合函数求导规则计算，即

$$\frac{\partial(\mathbf{x}^{\mathrm{T}}\mathrm{C}\mathbf{x})}{\partial x}=\frac{\partial(\mathbf{x}^{\mathrm{T}}\mathrm{C}\mathbf{x})}{\partial \mathbf{x}}\frac{\partial \mathbf{x}}{\partial x}=2\mathbf{x}^{\mathrm{T}}\mathrm{C}(1,0,0)^{\mathrm{T}}=2(\mathrm{C}\mathbf{x})_1$$

其中 $(\mathrm{C}\mathbf{x})_i$ 表示 3 维向量 $\mathrm{C}\mathbf{x}$ 的第 $i$ 个元素．由式(4.12)推出

$$d_{\perp}^2=\|\boldsymbol{\delta}_{\mathrm{x}}\|^2=\boldsymbol{\varepsilon}^{\mathrm{T}}(\mathrm{JJ}^{\mathrm{T}})^{-1}\boldsymbol{\varepsilon}=\frac{\boldsymbol{\varepsilon}^{\mathrm{T}}\boldsymbol{\varepsilon}}{\mathrm{JJ}^{\mathrm{T}}}=\frac{(\mathbf{x}^{\mathrm{T}}\mathrm{C}\mathbf{x})^2}{4((\mathrm{C}\mathbf{x})_1^2+(\mathrm{C}\mathbf{x})_2^2)}$$

几点注解：

(1) 2D 单应估计中的 $\mathbf{X}=(x,y,x',y')^{\mathrm{T}}$，其中 2D 测量是 $\mathbf{x}=(x,y,1)^{\mathrm{T}}$ 和 $\mathbf{x}'=(x',y',1)^{\mathrm{T}}$.

(2) $\boldsymbol{\varepsilon}=\mathcal{C}_{\mathrm{H}}(\mathbf{X})$ 是代数误差向量 $\mathrm{A}_i\mathbf{h}$（一个 2 维向量），而 $\mathrm{A}_i$ 在式(4.3)中定义.

(3) $\mathrm{J}=\partial\mathcal{C}_{\mathrm{H}}(\mathbf{X})/\partial\mathbf{X}$ 是一个 $2\times 4$ 的矩阵．例如

$$J_{11} = \partial(-\omega_i'\mathbf{x}_i^\mathsf{T}\mathbf{h}^2 + y_i'\mathbf{x}_i^\mathsf{T}\mathbf{h}^3)/\partial x = -w_i'h_{21} + y_i'h_{31}.$$

(4)注意式(4.12)与代数误差 $\|\boldsymbol{\varepsilon}\| = \boldsymbol{\varepsilon}^\mathsf{T}\boldsymbol{\varepsilon}$ 的相似性．Sampson 误差可以解释成 Mahalanobis 范数 $\|\boldsymbol{\varepsilon}\|_{\mathrm{JJ^T}}$(见 A2.1).

(5)我们也可以采用式(4.1)来定义 A,其中 J 的维数是 3×4 而 $\boldsymbol{\varepsilon}$ 是一个 3 维的向量．但是,Sampson 误差以及其后的解 $\boldsymbol{\delta}_x$ 一般与使用式(4.1)或使用式(4.3)无关.

这里推导的 Sampson 误差式(4.12)是针对单组对应点的．把它应用于由若干点对应 $\mathbf{x}_i \leftrightarrow \mathbf{x}_i'$ 来估计一个 2D 单应 H 时,所有点对应点的误差必须相加,得到:

$$\mathrm{D}_\perp = \sum_i \boldsymbol{\varepsilon}_i^\mathsf{T}(\mathrm{J}_i\mathrm{J}_i^\mathsf{T})^{-1}\boldsymbol{\varepsilon}_i \tag{4.13}$$

式中,$\boldsymbol{\varepsilon}$ 和 J 都与 H 有关．为了估计 H,这个公式必须在 H 的所有值上最小化．这是一个简单的最小化问题,其中变量参数集仅由 H 的元素(或其他某种参数化)组成.

Sampson 误差的推导假定每点有各向同性(圆)误差分布,在每幅图像中都如此．适合更一般高斯误差分布的公式在本章末的练习中给出.

**线性代价函数**

代数误差向量 $\mathcal{C}_\mathrm{H}(\mathbf{X}) = \mathrm{A}(\mathbf{X})\mathbf{h}$ 对 $\mathbf{X}$ 的元素具有典型多重线性．但是,当 $\mathrm{A}(\mathbf{X})\mathbf{h}$ 是线性的情况对其自身很有意义．首先要指出的是在这种情况下由式(4.10)Taylor 展开式给出的几何误差的一阶近似是精确的(更高阶为零),它表明 Sampson **误差等同于几何误差**.

另外,由一组线性方程 $\mathcal{C}_\mathrm{H}(\mathbf{X}) = \mathbf{0}$ 定义的代数族 $\mathcal{V}_\mathrm{H}$ 是 H 的超平面．从而,求 H 的问题现在变成超平面拟合的问题——在由 H 参数化的超平面中求与数据 $\mathbf{X}_i$ 拟合最好的超平面.

作为这种思想的一个例子,我们在本章末的练习中推导用于仿射变换的一种**线性**算法,它最小化几何误差式(4.8).

### 4.2.7 另一种几何解释

4.2.5 节指出求把一个点集 $\mathbf{x}_i$ 映射到另一个点集 $\mathbf{x}_i'$ 的单应等价于用一种给定类型的代数族去拟合 $\mathrm{IR}^4$ 中的一个点集的问题．我们现在给出一种不同的解释,其中所有测量的集合表示成测量空间 $\mathrm{IR}^N$ 中的一个点.

我们所考虑的估计问题都能套入一个公共的框架．在抽象的术语中,估计问题包含下列两个成分.

- 一个由**测量向量 X** 组成的**测量空间** $\mathrm{IR}^N$.
- 一个**模型**,在抽象术语中,该模型视为 $\mathrm{IR}^N$ 中点的一个子集 $S$. 在此子集内的一个测量向量 $\mathbf{X}$ 称为**满足此模型**．通常,满足此模型的子空间是一个子流形或 $\mathrm{IR}^N$ 中的代数族.

现在,给定 $\mathrm{IR}^N$ 中的一个测量向量 $\mathbf{X}$,估计问题就是求一个离 $\mathbf{X}$ 最近并满足该模型的向量 $\hat{\mathbf{X}}$.

我们来说明 2D 单应估计问题如何套入上述框架.

**双图像误差**　令$\{\mathbf{x}_i \leftrightarrow \mathbf{x}_i'\}, i = 1, \cdots, n$ 为被测量匹配点的集合．总计有 $4n$ 个测量值:两幅图像上各有 $n$ 个点,而每点有两个坐标．那么该匹配点集表示 $\mathrm{IR}^N$ 中的一个点,其中 $N = 4n$. 由两幅图像上所有匹配点的坐标组成的向量将用 $\mathbf{X}$ 来标记.

当然,并不是所有点对 $\mathbf{x}_i \leftrightarrow \mathbf{x}_i'$ 的集合都通过一个单应 H 相关联．对于一个射影变换 H 只有对所有 $i$ 都满足 $\mathbf{x}_i' = \mathrm{H}\mathbf{x}'$ 的点对应集合$\{\mathbf{x}_i \leftrightarrow \mathbf{x}_i'\}$才组成 $\mathrm{IR}^N$ 中满足该模型的子集．一般,该

点集组成$\mathrm{IR}^N$中某维数的子流形$S$(事实上是代数族). 该子流形维数等于用来参数化该流形的最少参数.

我们可以在第一幅图像中任意选择$n$个点$\hat{\mathbf{x}}_i$. 同时单应H也可以任意选择. 一旦选定,在第二幅图像中的点由$\hat{\mathbf{x}}_i = \mathrm{H}\mathbf{x}_i$来确定. 因此,可选的点由$2n+8$个参数的集合来确定:点$\hat{\mathbf{x}}_i$的$2n$个坐标,加上变换H的8个独立参数(自由度). 因此,子流形$S \subset \mathrm{IR}^N$的维数是$2n+8$,而余维数是$2n-8$.

给定对应于$\mathrm{IR}^N$中点$\mathbf{X}$的测量点对应$\{\mathbf{x}_i \leftrightarrow \mathbf{x}'_i\}$和S上的估计点$\hat{\mathbf{X}} \in \mathrm{IR}^N$,容易验证

$$\| \mathbf{X} - \hat{\mathbf{X}} \|^2 = \sum_i d(\mathbf{x}_i, \hat{\mathbf{x}}_i)^2 + d(\mathbf{x}'_i, \hat{\mathbf{x}}'_i)^2 .$$

因此,在$\mathrm{IR}^N$中找$S$上离$\mathbf{X}$最近的点$\hat{\mathbf{X}}$等价于最小化由式(4.8)给出的代价函数. 要估计的正确点对应$\hat{\mathbf{x}}_i \leftrightarrow \hat{\mathbf{x}}_i$是$\mathrm{IR}^N$中最靠近曲面的点$\hat{\mathbf{X}}$. 一旦$\hat{\mathbf{X}}$已知,H就可算出.

**单图像误差**　对于单图像误差的情形其对应集合为$\{\bar{\mathbf{x}}_i \leftrightarrow \mathbf{x}'_i\}$. 点$\bar{\mathbf{x}}_i$假定是精确的. 用$\mathbf{x}'_i$的非齐次坐标组成测量向量$\mathbf{X}$. 因此,此时的测量空间的维数是$N=2n$. 向量$\hat{\mathbf{X}}$由精确的点的映射$\{\mathrm{H}\bar{\mathbf{x}}_1, \mathrm{H}\bar{\mathbf{x}}_2, \cdots, \mathrm{H}\bar{\mathbf{x}}_n\}$的非齐次坐标组成. 当H在整个单应矩阵集上变化时,满足模型的测量向量集是集合$\hat{\mathbf{X}}$. 同时该子空间也是一个代数族. 它的维数是8,等于单应矩阵H的自由度的总数. 如前面一样,余维数是$2n-8$. 可以验证

$$\| \mathbf{X} - \hat{\mathbf{X}} \|^2 = \sum_i d(\mathbf{x}'_i, \mathrm{H}\bar{\mathbf{x}}_i)^2$$

因此,求$S$上到测量向量$\mathbf{X}$最近的点等价于最小化代价函数式(4.6).

## 4.3　统计代价函数和最大似然估计

4.2节中考虑的各种代价函数都与一幅图像中被估计的和被测量的点之间的几何距离有关. 我们现在对使用这种代价函数的合理性做评估,然后通过考虑一幅图像中点测量的误差统计广义化.

为了获得H的一个最好(最优)估计,有必要有一个测量误差(噪声)模型. 这里假定在没有测量误差时,真正的点准确满足一个单应变换,即:$\bar{\mathbf{x}}'_i = \mathrm{H}\bar{\mathbf{x}}_i$. 通常假定图像坐标的测量误差遵循高斯(或正态)概率分布. 当然这个假设一般确实没有被验证,而且也未考虑测量数据中野值(严重有误的测量)的存在. 检测并消去野值的方法将在后面的4.7节中讨论. 一旦野值被消去,高斯误差模型的假设变得更站得住脚,尽管仍没有严格验证. 因此,从现在起我们假定图像测量误差遵循零平均各向同性高斯分布. 该分布在A2.1节介绍.

具体地说,我们假定每一幅图像坐标都具有零均值和均匀标准方差$\sigma$的高斯噪声. 这意味着$x = \bar{x} + \Delta x$,其中$\Delta x$服从方差$\sigma^2$的高斯分布. 如果进一步假设每次测量的噪声是相互独立的,那么,若点的真值是$\bar{\mathbf{x}}$,则每个测量点$\mathbf{x}$的概率密度函数(PDF)是:

$$\Pr(\mathbf{x}) = \left(\frac{1}{2\pi\sigma^2}\right) e^{-d(\mathbf{x},\bar{\mathbf{x}})^2/(2\sigma^2)} \tag{4.14}$$

**单图像误差**　首先考虑误差仅出现在第二幅图像的情形. 因为假定每点的误差是独立分布的,获得点对应集$\{\bar{\mathbf{x}}_i \leftrightarrow \mathbf{x}'_i\}$的概率就是它们单个PDF的乘积. 从而,受噪声干扰的数据的PDF是:

$$\Pr(\{\mathbf{x}'_i\}\mid \mathrm{H}) = \prod_i \left(\frac{1}{2\pi\sigma^2}\right) e^{-d(\mathbf{x}'_i, \mathrm{H}\overline{\mathbf{x}}_i)^2/(2\sigma^2)} \tag{4.15}$$

符号 $\Pr(\{\mathbf{x}'_i\}\mid \mathrm{H})$ 解释为给定真实单应 H 时获得测量 $\{\mathbf{x}'_i\}$ 的概率．该对应集合的**对数似然**为：

$$\log\Pr(\mathbf{x}'_i\mid \mathrm{H}) = -\frac{1}{2\sigma^2}\sum_i d(\mathbf{x}'_i, \mathrm{H}\overline{\mathbf{x}}_i)^2 + 常数$$

单应的**最大似然**(ML)**估计** $\hat{\mathrm{H}}$ 最大化这个对数似然，即最小化：

$$\sum_i d(\mathbf{x}'_i, \mathrm{H}\overline{\mathbf{x}}_i)^2$$

因此，ML 估计等价于最小化几何误差函数式(4.6)．

**双图像误差**　如果对应集真值是 $\{\overline{\mathbf{x}}_i \leftrightarrow \mathrm{H}\overline{\mathbf{x}}_i = \overline{\mathbf{x}}'_i\}$，那么与上面的推导类似，受噪声干扰的数据的 PDF 是

$$\Pr(\{\mathbf{x}_i, \mathbf{x}'_i\}\mid \mathrm{H}, \{\overline{\mathbf{x}}_i\}) = \prod_i \left(\frac{1}{2\pi\sigma^2}\right) e^{-(d(\mathbf{x}_i, \mathbf{x}'_i)^2 + d(\mathbf{x}'_i, \mathrm{H}\overline{\mathbf{x}}_i)^2)/(2\sigma^2)}$$

这里额外的复杂性是我们必须寻找“校正过”的图像测量，它们担任真值测量(上面的 $\mathrm{H}\overline{\mathbf{x}}$)的角色．因此，射影变换 H 和对应 $\{\hat{\mathbf{x}}_i \leftrightarrow \hat{\mathbf{x}}'_i\}$ 的 ML 估计是求最小化

$$\sum_i d(\mathbf{x}_i, \hat{\mathbf{x}}_i)^2 + d(\mathbf{x}'_i, \hat{\mathbf{x}}'_i)^2$$

的单应 $\hat{\mathrm{H}}$ 和校正对应 $\{\hat{\mathbf{x}}_i \leftrightarrow \hat{\mathbf{x}}'_i\}$ 且 $\hat{\mathbf{x}}'_i = \hat{\mathrm{H}}\,\hat{\mathbf{x}}_i$．注意在这种情形，ML 估计等同于最小化重投影误差函数式(4.8)．

**Mahalanobis 距离**　在一般高斯分布的情形，可以假定测量向量 $\mathbf{X}$ 满足一个具有协方差矩阵 $\Sigma$ 的高斯分布函数．上面的情况等价于协方差矩阵是单位矩阵的倍数．

最大化对数似然则等价于最小化 Mahalanobis 距离(见 A2.1 节)

$$\|\mathbf{X} - \overline{\mathbf{X}}\|^2_{\Sigma} = (\mathbf{X} - \overline{\mathbf{X}})^{\mathsf{T}}\Sigma^{-1}(\mathbf{X} - \overline{\mathbf{X}}).$$

当每幅图像都有误差并假定一幅图像中的误差与另一幅图像中的误差是独立的时，合适的代价函数是

$$\|\mathbf{X} - \overline{\mathbf{X}}\|^2_{\Sigma} + \|\mathbf{X}' - \overline{\mathbf{X}}'\|^2_{\Sigma'}$$

式中，$\Sigma$ 和 $\Sigma'$ 是两幅图像的测量的协方差矩阵．

最后，如果我们假定所有点 $\mathbf{x}_i$ 和 $\mathbf{x}'_i$ 的误差是独立的，并分别具有协方差矩阵 $\Sigma_i$ 和 $\Sigma'_i$，那么上面的表达式展开为

$$\sum \|\mathbf{x}_i - \overline{\mathbf{x}}_i\|^2_{\Sigma_i} + \sum \|\mathbf{x}'_i - \overline{\mathbf{x}}'_i\|^2_{\Sigma'_i} \tag{4.16}$$

这个方程允许用于非各向同性的协方差矩阵，在用两非垂直线的相交来计算点的位置时会出现这种情况．在已知一幅图像中的点是精确的而误差仅发生在另一幅图像时，式(4.16)中的两个累加项中的一项消失．

## 4.4　变换不变性和归一化

我们现在来讨论 4.1 节介绍的 DLT 算法的性质和性能并把它与最小化几何误差的算法做比较．第一个议题是算法关于图像坐标的不同选择的不变性问题．显然，我们希望一个算法的结果不依赖于图像坐标系的原点、尺度甚至定向的选择．

### 4.4.1 图像坐标变换的不变性

图像坐标的原点有时设在图像的左上角，有时设在中心．它是否会使变换的计算结果产生差别呢？类似地，如果图像坐标轴上的单位乘上某个常数因子，是否也会改变算法的结果呢？更一般地，在什么程度上用于估计单应的最小化代价函数的算法结果依赖于图像中坐标的选择呢？例如，假定在算法运行之前，图像坐标由某个相似、仿射甚至射影变换进行了变换，其结果会不会有实质性改变呢？

正式地说，假定一幅图像的坐标 $\mathbf{x}$ 被 $\tilde{\mathbf{x}}=\mathrm{T}\mathbf{x}$ 替代，而另一幅图像的坐标 $\mathbf{x}'$ 被 $\tilde{\mathbf{x}}'=\mathrm{T}'\mathbf{x}'$ 替代，其中 T 和 T′是 3×3 单应．把它们代入等式 $\mathbf{x}'=\mathrm{H}\mathbf{x}$，我们得到 $\tilde{\mathbf{x}}'=\mathrm{T}'\mathrm{H}\mathrm{T}^{-1}\tilde{\mathbf{x}}$．由此推出 $\tilde{\mathrm{H}}=\mathrm{T}'\mathrm{H}\mathrm{T}^{-1}$ 是点对应 $\tilde{\mathbf{x}}\leftrightarrow\tilde{\mathbf{x}}'$ 的变换矩阵．因此，求把 $\mathbf{x}_i$ 映射到 $\mathbf{x}_i'$ 的变换的另一种方法是：

(1) 根据公式 $\tilde{\mathbf{x}}_i=\mathrm{T}\mathbf{x}_i$ 和 $\tilde{\mathbf{x}}_i'=\mathrm{T}'\tilde{\mathbf{x}}_i'$ 变换图像坐标.

(2) 由对应 $\tilde{\mathbf{x}}_i\leftrightarrow\tilde{\mathbf{x}}_i'$ 求变换 $\tilde{\mathrm{H}}$.

(3) 令 $\mathrm{H}=\mathrm{T}'^{-1}\tilde{\mathrm{H}}\mathrm{T}$.

把由此得到的变换矩阵 H 应用于原始未变换的点对应 $\mathbf{x}_i\leftrightarrow\mathbf{x}_i'$. 如何选择变换 T 和 T′暂不做具体说明．现在要决定的是这算法给出的结果是否与所用的变换 T 和 T′无关．理想的情形是 T 和 T′应该至少是相似变换，因为图像坐标系的尺度、定向或原点的不同选择应该本质上不影响算法的结果.

在下面的几节中，我们将证明最小化几何误差的算法关于相似变换不变．但不幸的是 4.1 节 DLT 算法的结果却不是相似变换不变的．补救办法是在应用 DLT 算法之前对数据进行归一化变换．归一化变换将消除由任意选取图像坐标系的原点和尺度所产生的影响，这就意味着组合算法对图像的相似变换不变．合适的归一化变换将在以后讨论.

### 4.4.2 DLT 算法的非不变性

考虑对应 $\mathbf{x}_i\leftrightarrow\mathbf{x}_i'$ 的集合和由 DLT 应用于该对应点集合所求得的矩阵 H. 再考虑相关的对应 $\tilde{\mathbf{x}}\leftrightarrow\tilde{\mathbf{x}}'$ 集合，其中 $\tilde{\mathbf{x}}_i=\mathrm{T}\mathbf{x}_i$ 和 $\tilde{\mathbf{x}}_i'=\mathrm{T}'\tilde{\mathbf{x}}_i'$，并定义 $\tilde{\mathrm{H}}=\mathrm{T}'\mathrm{H}\mathrm{T}^{-1}$. 依据 4.4.1 节，这里要决定的问题是：

- **将 DLT 算法应用于对应集 $\tilde{\mathbf{x}}\leftrightarrow\tilde{\mathbf{x}}'$ 会得到变换 $\tilde{\mathrm{H}}$ 吗？**

我们将使用如下记号：矩阵 $\mathrm{A}_i$ 是由点对应 $\mathbf{x}_i\leftrightarrow\mathbf{x}_i'$ 导出的 DLT 方程的矩阵式(4.3)，而 A 是由 $\mathrm{A}_i$ 组成的 $2n\times 9$ 矩阵．类似地，由对应 $\tilde{\mathbf{x}}_i\leftrightarrow\tilde{\mathbf{x}}_i'$ 定义矩阵 $\tilde{\mathrm{A}}_i$，其中 $\tilde{\mathbf{x}}_i=\mathrm{T}\mathbf{x}_i$，$\tilde{\mathbf{x}}_i'=\mathrm{T}'\tilde{\mathbf{x}}_i'$，T 和 T′为射影变换.

**结论 4.3** **令 T′为具有缩放因子 $s$ 的相似变换，T 为任意的射影变换．此外，假设 H 是任何 2D 单应并定义 $\tilde{\mathrm{H}}=\mathrm{T}'\mathrm{H}\mathrm{T}^{-1}$. 那么 $\|\tilde{\mathrm{A}}\tilde{\mathbf{h}}\|=s\|\mathrm{A}\mathbf{h}\|$，其中 $\mathbf{h}$ 和 $\tilde{\mathbf{h}}$ 为 H 和 $\tilde{\mathrm{H}}$ 的元素组成的向量.**

**证明** 定义向量 $\boldsymbol{\varepsilon}_i=\mathbf{x}_i'\times\mathrm{H}\mathbf{x}_i$. 注意 $\mathrm{A}_i\mathbf{h}$ 是由 $\boldsymbol{\varepsilon}_i$ 前两个元素组成的向量．类似地，$\boldsymbol{\varepsilon}_i'$ 定义为变换量 $\tilde{\boldsymbol{\varepsilon}}_i=\tilde{\mathbf{x}}_i\times\tilde{\mathrm{H}}\tilde{\mathbf{x}}_i$. 做如下计算：

$$\begin{aligned}\tilde{\boldsymbol{\varepsilon}}_i&=\tilde{\mathbf{x}}_i'\times\tilde{\mathrm{H}}\tilde{\mathbf{x}}_i=\mathrm{T}'\mathbf{x}_i'\times(\mathrm{T}'\mathrm{H}\mathrm{T}^{-1})\mathrm{T}\mathbf{x}_i\\&=\mathrm{T}'\mathbf{x}_i'\times\mathrm{T}'\mathrm{H}\mathbf{x}_i=\mathrm{T}'^{*}(\mathbf{x}_i'\times\mathrm{H}\mathbf{x}_i)\\&=\mathrm{T}'^{*}\boldsymbol{\varepsilon}_i\end{aligned}$$

其中 $\mathrm{T}'^{*}$ 是 $\mathrm{T}'$ 的余因子矩阵，而倒数第二个等式由引理 A4.2 得到．对于一个一般的变换 T，误差向量 $\mathrm{A}_i\mathbf{h}$ 和 $\widetilde{\mathrm{A}}_i\widetilde{\mathbf{h}}$（即 $\boldsymbol{\varepsilon}_i$ 和 $\widetilde{\boldsymbol{\varepsilon}}_i$ 前两个元素）不是简单的关联．但是，在 $\mathrm{T}'$ 是相似变换的特殊情形，我们得到 $\mathrm{T}'=\begin{bmatrix} s\mathrm{R} & \mathbf{t} \\ \mathbf{0}^{\mathsf{T}} & 1 \end{bmatrix}$，其中 R 是旋转矩阵，$\mathbf{t}$ 是一个位移，$s$ 是缩放因子．在此情况下，我们看到 $\mathrm{T}'^{*}=s\begin{bmatrix} \mathrm{R} & \mathbf{0} \\ -\mathbf{t}^{\mathsf{T}}\mathrm{R} & s \end{bmatrix}$．把 $\mathrm{T}'^{*}$ 作用于 $\boldsymbol{\varepsilon}_i$ 的前两个分量，可以看到：

$$\widetilde{\mathrm{A}}_i\widetilde{\mathbf{h}}=(\widetilde{\varepsilon}_{i1},\widetilde{\varepsilon}_{i2})^{\mathsf{T}}=s\mathrm{R}(\varepsilon_{i1},\varepsilon_{i2})^{\mathsf{T}}=s\mathrm{R}\mathrm{A}_i\mathbf{h}$$

因为旋转不影响向量范数，故 $\|\widetilde{\mathrm{A}}\widetilde{\mathbf{h}}\|=s\|\mathrm{A}\mathbf{h}\|$，得证．该结论可以用代数误差来表示成：

$$d_{\mathrm{alg}}(\widetilde{\mathbf{x}}'_i,\widetilde{\mathrm{H}}\widetilde{\mathbf{x}}_i)=sd_{\mathrm{alg}}(\mathbf{x}'_i,\mathrm{H}\mathbf{x}_i)$$

这样一来，不计常数因子，H 和 $\widetilde{\mathrm{H}}$ 之间存在给出相同误差的一一对应．因此，从表面上看，最小化代数误差的矩阵 H 和 $\widetilde{\mathrm{H}}$ 由公式 $\widetilde{\mathrm{H}}=\mathrm{T}'\mathrm{H}\mathrm{T}^{-1}$ 相关联，从而 H 可以由乘积 $\mathrm{T}'^{-1}\widetilde{\mathrm{H}}\mathrm{T}$ 恢复．然而这结论是**错误**的．理由是：虽然这样定义的 H 和 $\widetilde{\mathrm{H}}$ 给出同样的误差 $\boldsymbol{\varepsilon}$，但是对解施加的约束条件 $\|\mathrm{H}\|=1$ 不等价于条件 $\|\widetilde{\mathrm{H}}\|=1$．$\|\mathrm{H}\|$ 和 $\|\widetilde{\mathrm{H}}\|$ 并不以任何简单的方式相关联．因此，在 H 和 $\widetilde{\mathrm{H}}$ 之间不存在给出同样的误差 $\boldsymbol{\varepsilon}$ 并同时满足约束 $\|\mathrm{H}\|=\|\widetilde{\mathrm{H}}\|=1$ 的一一对应．具体地说，

$$\text{最小化}\sum_i d_{\mathrm{alg}}(\mathbf{x}'_i,\mathrm{H}\mathbf{x}_i)^2\ \text{并满足}\ \|\mathrm{H}\|=1$$

$$\Leftrightarrow\text{最小化}\sum_i d_{\mathrm{alg}}(\widetilde{\mathbf{x}}'_i,\widetilde{\mathrm{H}}\widetilde{\mathbf{x}}_i)^2\ \text{并满足}\ \|\mathrm{H}\|=1$$

$$\not\Leftrightarrow\text{最小化}\sum_i d_{\mathrm{alg}}(\widetilde{\mathbf{x}}'_i,\widetilde{\mathrm{H}}\widetilde{\mathbf{x}}_i)^2\ \text{并满足}\ \|\widetilde{\mathrm{H}}\|=1$$

因此，该变换方法给出计算得到的变换矩阵的不同的解．这是 DLT 算法相当不遂人愿的特征，它的结果随坐标甚至仅仅坐标原点的改变而改变．但是，如果使范数 $\|\mathrm{A}\mathbf{h}\|$ 最小化的约束在变换下不变，那么被计算的矩阵 H 和 $\widetilde{\mathrm{H}}$ 可以按正确方式相关联．使 H 为变换不变量的最小化条件的例子在本章末的练习中给出．

### 4.4.3 几何误差的不变性

现在来证明为求 H 而最小化的几何误差在相似（尺度变化的欧氏）变换下是不变的．如前面一样，考虑一组点对应 $\mathbf{x}\leftrightarrow\mathbf{x}'$ 和一个变换矩阵 H．同时定义相关的对应集合 $\widetilde{\mathbf{x}}\leftrightarrow\widetilde{\mathbf{x}}'$，其中 $\widetilde{\mathbf{x}}=\mathrm{T}\mathbf{x}$ 和 $\widetilde{\mathbf{x}}'=\mathrm{T}'\mathbf{x}'$，并令 $\widetilde{\mathrm{H}}=\mathrm{T}'\mathrm{H}\mathrm{T}^{-1}$．假定 T 和 $\mathrm{T}'$ 表示 $\mathbb{P}^2$ 中的欧氏变换．可以验证

$$d(\widetilde{\mathbf{x}}',\widetilde{\mathrm{H}}\widetilde{\mathbf{x}})=d(\mathrm{T}'\mathbf{x}',\mathrm{T}'\mathrm{H}\mathrm{T}^{-1}\mathrm{T}\mathbf{x})=d(\mathrm{T}'\mathbf{x}',\mathrm{T}'\mathrm{H}\mathbf{x})=d(\mathbf{x}',\mathrm{H}\mathbf{x})$$

最后一个等式成立的理由是欧氏距离在如 $\mathrm{T}'$ 一样的欧氏变换下不变．这表明如果 H 最小化对应集的几何误差，那么 $\widetilde{\mathrm{H}}$ 最小化变换后的对应集的几何误差，因此，在欧氏变换下最小化几何误差不变．

在相似变换下，几何误差被乘以变换的缩放因子，从而最小化变换的对应方式与欧氏变换相同．所以最小化几何误差在相似变换下不变．

### 4.4.4 归一化变换

如 4.4.2 节所指出，用于计算 2D 单应的 DLT 算法的结果与点的坐标系有关．事实上其

结果在图像的相似变换下不是不变的．这就提出一个问题：在计算 2D 单应时是否有某些坐标系以某种方式优于其他的坐标系呢？对此问题的回答是绝对**肯定的**．本节将介绍一种数据归一化的方法，它包括图像坐标的平移和尺度缩放．归一化必须在实施 DLT 之前进行．之后再对结果进行适当的校正就能得到关于原坐标系的 H.

数据归一化不仅提高了结果的精度，它还提供第二个好处，即对初始数据归一化的算法将对任何尺度缩放和坐标原点的选择不变，原因是归一化步骤通过为测量数据选择有效的标准坐标系，预先消除了坐标变换的影响．因此，由于代数最小化在一个固定的标准坐标系中进行，因而，DLT 算法实际上关于相似变换不变.

**各向同性缩放**　归一化的第一步是对每幅图像中的坐标进行平移（每幅图像的平移不同）使点集的形心移至原点．其次对坐标系进行缩放使得点 $\mathbf{x}=(x,y,w)^{\mathsf{T}}$中的 $x,y$ 和 $w$ 有一样的平均大小．对坐标方向，我们选择各向同性的，而不是不同的缩放因子，使一个点的 $x,y$ 坐标等量缩放．最后，我们选择缩放因子使点 $\mathbf{x}$ 到原点的平均距离等于$\sqrt{2}$. 这意味着“平均”点为$(1,1,1)^{\mathsf{T}}$. 概括起来，变换如下进行：

(1) 对点进行平移使其形心位于原点.

(2) 对点进行缩放使它们到原点的平均距离等于$\sqrt{2}$.

(3) 对两幅图像独立进行上述变换.

**为什么归一化是必要的?** 具有数据归一化 DLT 算法推荐的版本在算法 4.2 中给出．我们现在将说明为什么此具有数据归一化的 DLT 算法应该比基本的 DLT 算法 4.1 优先使用．请注意，归一化在数值计算文献中也被称为**预条件处理**.

算法 4.1 中的 DLT 方法使用 $\mathrm{A}=\mathrm{UDV}^{\mathsf{T}}$的 SVD 获得超定方程组 $\mathrm{A}\mathbf{h}=\mathbf{0}$ 的一个解．这些方程没有一个确切的解（因为噪声数据的 $2n\times 9$ 矩阵不会有秩 8），但由 V 的最后一行给定的向量 $\mathbf{h}$ 提供的解最小化 $\|\mathrm{A}\mathbf{h}\|$（约束 $\|\mathbf{h}\|=1$）. 此等价于求在 Frobenius 范数意义下最接近 A 的一个秩 8 的矩阵 $\hat{\mathrm{A}}$，而得到的 $\mathbf{h}$ 是 $\hat{\mathrm{A}}\mathbf{h}=0$ 的精确解．矩阵 $\hat{\mathrm{A}}$ 由 $\hat{\mathrm{A}}=\mathrm{U}\hat{\mathrm{D}}\mathrm{V}^{\mathsf{T}}$给出，其中 $\hat{\mathrm{D}}$ 是最小奇异值设为零的 D. 矩阵 $\hat{\mathrm{A}}$ 具有秩 8 并在 Frobenius 范数意义下最小化与 A 的差，因为

$$\|\mathrm{A}-\hat{\mathrm{A}}\|_{\mathrm{F}}=\|\mathrm{UDV}^{\mathsf{T}}-\mathrm{U}\hat{\mathrm{D}}\mathrm{V}^{\mathsf{T}}\|_{\mathrm{F}}=\|\mathrm{D}-\hat{\mathrm{D}}\|_{\mathrm{F}}$$

式中，$\|\cdot\|_{\mathrm{F}}$是 Frobenius 范数，即所有元素平方和的均方根.

没有归一化的典型图像点 $\mathbf{x}_i,\mathbf{x}_i'$的量级为$(x,y,w)^{\mathsf{T}}=(100,100,1)^{\mathsf{T}}$，即 $x,y$ 远远大于 $w$. 在 A 中 $xx',xy',yx',yy'$将在 $10^4$ 量级，元素 $xw',yw'$等在 $10^2$ 量级，而元素 $ww'$将会是单位 1. 用 $\hat{\mathrm{A}}$ 替代 A 意味着某些元素被增加而其他的被减少，使得它们变化差的平方和被最小化（并且得到的矩阵具有秩 8）. 但是，关键点是把项 $ww'$增加 100 意味着图像点的巨大变化，把项 $xx'$ 增加 100 仅意味着一个小的变化．这就是为什么在 A 中的所有元素具有类似大小的理由以及为什么归一化是非常重要的.

归一化效应与 DLT 方程组的条件数相关，或精确地说是方程矩阵 A 的第一和倒数第二奇异值的比率 $d_1/d_{n-1}$. 这方面更详细的研究在[Hartley-97c]中．现在，可以说对于精确的数据和无限精度算术结果将独立于归一化变换．然而，存在噪声时解会偏离正确的结果．一个大条件数的效果是放大这种偏离．即使是无限的精度算术这是真的——这不是一个舍入误差的影响.

数据归一化 DLT 算法对结果的影响在图 4.4 中用图示的方法给出．由此得出结论：数据

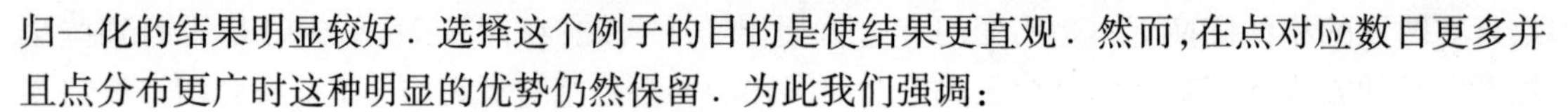

归一化的结果明显较好. 选择这个例子的目的是使结果更直观. 然而,在点对应数目更多并且点分布更广时这种明显的优势仍然保留. 为此我们强调:

- **数据归一化在 DLT 算法中是实质性的,一定不要视它为可有可无的.**

数据归一化对于条件数不太好的问题——例如基本矩阵和三焦点张量的 DLT 计算,变得尤为重要. 这些在后续的章节中讨论.

目标

给定 $n\geqslant 4$ 组 2D 到 2D 的点对应 $\{\mathbf{x}_i \leftrightarrow \mathbf{x}_i'\}$,确定 2D 单应矩阵 H 使得 $\mathbf{x}_i' = \mathrm{H}\mathbf{x}_i$.

算法

(1)**归一化 x**:计算一个只包括位移和缩放的相似变换 T,将点 $\mathbf{x}_i$ 变到新的点集 $\widetilde{\mathbf{x}}_i$,使得点 $\widetilde{\mathbf{x}}_i$ 的形心位于原点 $(0,0)^\mathsf{T}$,并且它们到原点的平均距离是 $\sqrt{2}$.

(2)**归一化 x′**:针对第二幅图像上的点,类似地计算一个相似变换 T′,将点 $\mathbf{x}_i'$ 变换到 $\widetilde{\mathbf{x}}_i'$.

(3)**DLT**:将算法 4.1 应用于对应 $\widetilde{\mathbf{x}}_i \leftrightarrow \widetilde{\mathbf{x}}_i'$,求得单应 $\widetilde{\mathrm{H}}$.

(4)**解除归一化**:令 $\mathrm{H} = \mathrm{T}'^{-1}\widetilde{\mathrm{H}}\mathrm{T}$.

算法 4.2 求 2D 单应的归一化的 DLT

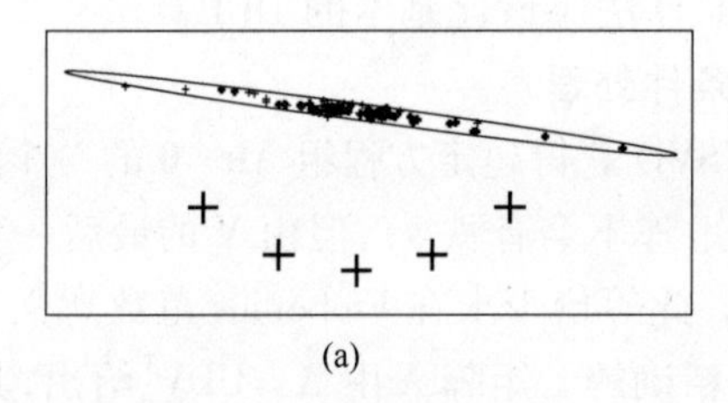

(a)

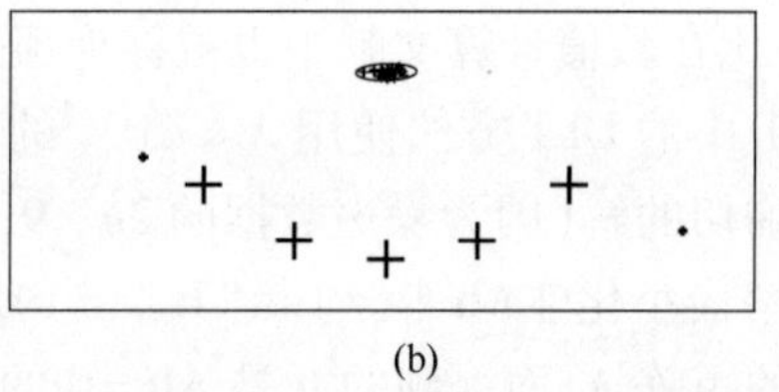

(b)

**图 4.4** Monte Carlo 模拟(见 5.3 节 2D 单应的计算)的结果. 5 点集(用大十字架表示)用于计算 2D 单应. 5 个点都分别(在无噪声的情况中)映射到具有同样坐标的点,使得 H 是恒等映射. 现在做 100 次试验,每次试验让每幅图像的每点加 0.1 像素的高斯噪声. (为便于参照,大的十字架跨了 4 像素)用 DLT 算法算出的映射 H 把一个较远的点变换到第二幅图像. 该点的 100 次投射用小十字架给出并且把它们的散布矩阵计算出来的 95% 的结果的椭圆也给出. (a)数据没有归一化的结果,(b)归一化的结果. 最左和最右的参考点(未归一化)的坐标为(130,108)和(170,108).

**非各向同性缩放** 可以采用其他的缩放方法. 在非各向同性缩放中,点的形心和前面一样平移到原点. 经平移后点在原点附近形成云. 然后进行坐标尺度缩放使该点集的两主矩都等于 1. 这样使该点集形成以原点为中心,半径为 1 的近似的对称圆云. [Hartley-97a]中的实验结果指出非各向同性缩放增加了额外的开销,结果并不比各向同性缩放有显著提高.

在缩放中的另一种变异在[muehlich-98]讨论,基于统计估计量的偏差和方差分析. 在那篇论文中,观察到 A 中的一些列不受噪声影响. 这适用于在式(4.3)的第三和第六列,对应元素 $w_i w_i' = 1$. 因此 A 中无误差的元素在求 $\hat{\mathrm{A}}$ 中应该不被变化,A 的最近的秩差异逼近. 一种被称为总最小二乘——固定列的方法被用来找到最佳的解. [muehlich-98]报告用于估计基本矩阵(见第 11 章)时与非各向同性缩放相比,结果略有改善.

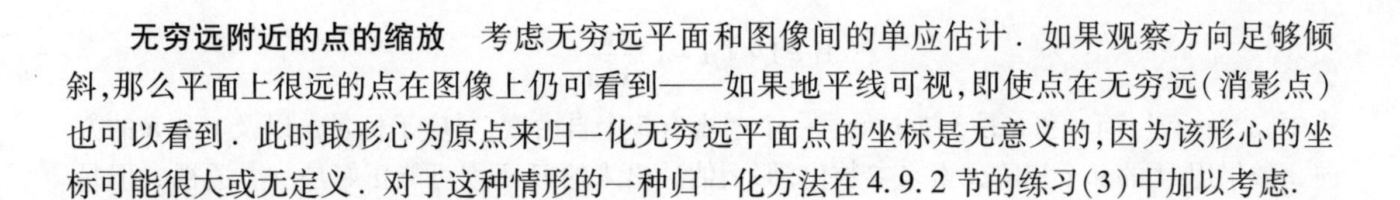

**无穷远附近的点的缩放**　考虑无穷远平面和图像间的单应估计．如果观察方向足够倾斜,那么平面上很远的点在图像上仍可看到——如果地平线可视,即使点在无穷远(消影点)也可以看到．此时取形心为原点来归一化无穷远平面点的坐标是无意义的,因为该形心的坐标可能很大或无定义．对于这种情形的一种归一化方法在 4. 9. 2 节的练习(3)中加以考虑.

## 4. 5　迭代最小化方法

本节介绍 4. 2 节和 4. 3 节中推导的各种几何代价函数的最小化方法．最小化这样的代价函数需要使用迭代技术．这是不幸的,因为迭代技术与诸如归一化 DLT 算法 4. 2 节的线性算法相比有某些缺点:

(1)它们比较慢.

(2)它们一般在开始迭代时需要一个初始估计.

(3)它们有不收敛、或收敛到局部最小而不是全局最小的风险.

(4)选择迭代停止的标准可能是非常有技巧的.

总而言之,迭代技术通常需要更仔细地操作.

迭代最小化技术一般由五步组成:

(1)**代价函数**　代价函数是最小化的基础．各种可能的代价函数已在 4. 2 节中讨论.

(2)**参数化**　把要计算的变换(或其他实体)表示成有限数目的参数．一般并不要求它是最小参数集,事实上超参数化常有优越性．(见下面的讨论)

(3)**函数确定**　必须确定一个用参数集描述的代价函数.

(4)**初始化**　计算一个适当的初始参数估计．一般将由一个线性算法(例如 DLT 算法)来实现.

(5)**迭代**　由初始解开始,在迭代中逐步修正参数以达到最小化代价函数的目的.

**关于参数化**

一个给定的代价函数通常有若干种参数化选择．指导参数化的一般策略是选择能覆盖最小化的整个空间并能用一种方便的方式来计算代价函数．例如 H 可以用 9 个参数来参数化——它是超参数化的,因为实际上它仅有 8 个自由度(全局尺度无关紧要)．一个**最小**参数化(即等于自由度的参数数)仅包括 8 个参数.

一般这种类型的最小化问题采用超参数化似乎不会产生坏影响,只要对于所有选择的参数,对应的目标是所要求的类型．特别对于齐次目标,如在这里碰到的 $3\times3$ 的射影矩阵,通常没有必要或不鼓励消除尺度因子的多义性而采用最小参数化.

理由如下:**不必要**采用最小参数化是因为一个性能好的非线性最小化算法会"注意"不在冗余方向(例如矩阵缩放方向)移动．Gill 和 Murray[Gill-78]中所介绍的算法是 Gauss-Newton 方法的改进,它有丢弃参数冗余组合的有效策略．类似地,Levenberg-Marquardt 算法(见 A6. 2 节)也能轻松地处理冗余参数化问题．我们**不推荐**使用最小参数化方法,经验证明使用最小化参数会使代价函数曲面变得更复杂．因而,程序在局部最小处停止不前的可能性更大.

选择参数化的另一个考虑是限制变换为一个具体的类型．例如,假定已知 H 是透视,那么如 A7. 2 节所介绍它可以参数化为

$$H = I + (\mu - 1)\frac{\mathbf{v}\mathbf{a}^{\top}}{\mathbf{v}^{\top}\mathbf{a}}$$

式中，$\mu$ 是标量，而 $\mathbf{v}$ 和 $\mathbf{a}$ 是3维向量．一个透视有5个自由度，对应于标量 $\mu$ 以及 $\mathbf{v}$ 和 $\mathbf{a}$ 的方向．如果用H的9个矩阵元素来参数化，那么估计出来的H不太可能正好是一个透视．但是如果H由 $\mu, \mathbf{v}, \mathbf{a}$ 来参数化（共7个参数），那么估计出来的H保证是一个透视．该参数化与透视**一致**（它也是超参数化的）．在以后的章节中我们将会回过来讨论一致、局部、最小化和超参数化问题．此问题还在附录A6.9进一步讨论．

**函数确定**

在4.2.7节中我们看到一般类型的估计问题与包含模型曲面 $S$ 的测量空间 $\mathbb{R}^N$ 有关．给定了一个测量 $\mathbf{X} \in \mathbb{R}^N$，估计的任务是求在 $S$ 上离 $\mathbf{X}$ 最近的点 $\hat{\mathbf{X}}$．在 $\mathbb{R}^N$ 上加上非均匀高斯误差分布时，"**最近**"这个词解释成按Mahalanobis距离上的最近．迭代最小化方法将用这个估计模型来描述．在参数拟合的迭代估计中，模型曲面 $S$ 被局部参数化，而且允许参数变化以便最小化与测量点的距离．更具体地说，

（1）有一个协方差矩阵为 $\Sigma$ 的**测量向量** $\mathbf{X} \in \mathbb{R}^N$．

（2）一组参数被表达成一个向量 $\mathbf{P} \in \mathbb{R}^M$．

（3）定义一个映射 $f: \mathbb{R}^M \to \mathbb{R}^N$．此映射的值域（至少局部地）是 $\mathbb{R}^N$ 中表示容许测量集的模型曲面 $S$．

（4）要最小化的代价函数是Mahalanobis距离的平方

$$\| \mathbf{X} - f(\mathbf{P}) \|_{\Sigma}^{2} = (\mathbf{X} - f(\mathbf{P}))^{\top} \Sigma^{-1} (\mathbf{X} - f(\mathbf{P})).$$

事实上，我们希望寻找一组参数 $\mathbf{P}$ 使 $f(\mathbf{P}) = \mathbf{X}$，或（不成功时）使 $f(\mathbf{P})$ 在Mahalanobis距离意义下尽可能接近 $\mathbf{X}$．当最小化代价函数属于此类型时，Levenberg-Marquardt算法是最小化迭代的一般工具．现在来讨论如何把本章介绍的各种不同类型的代价函数规范为上述模式．

**单图像误差**　这里，我们固定第一幅图像中的点 $\mathbf{x}_i$，并变化H以最小化代价函数式(4.6)，即

$$\sum_i d(\mathbf{x}'_i, H\tilde{\mathbf{x}}_i)^2.$$

测量向量 $\mathbf{X}$ 由点 $\mathbf{x}'_i$ 的 $2n$ 个非齐次坐标组成．我们可以选单应矩阵H的元素组成的向量 $\mathbf{h}$ 作为参数．函数 $f$ 定义为

$$f: \mathbf{h} \mapsto (H\mathbf{x}_1, H\mathbf{x}_2, \cdots, H\mathbf{x}_n)$$

这里和在下面的方程中的 $H\mathbf{x}_i$ 都是非齐次坐标．可以验证 $\| \mathbf{X} - f(\mathbf{h}) \|^2$ 等于式(4.6)．

**对称传递误差**　在对称代价函数式(4.7)

$$\sum_i d(\mathbf{x}_i, H^{-1}\mathbf{x}'_i)^2 + d(\mathbf{x}'_i, H\mathbf{x}_i)^2$$

中测量向量 $\mathbf{X}$ 为由点 $\mathbf{x}_i$ 的非齐次坐标组成的 $4n$ 维向量．与上面一样，参数向量是由H的元素组成的向量 $\mathbf{h}$．函数 $f$ 由下式定义

$$f: \mathbf{h} \mapsto (H^{-1}\mathbf{x}'_1, \cdots, H^{-1}\mathbf{x}'_n, H\mathbf{x}_1, \cdots, H\mathbf{x}_n).$$

如前面一样，我们发现 $\| \mathbf{X} - f(\mathbf{h}) \|^2$ 等于式(4.7)．

**重投影误差**　最小化代价函数式(4.8)比较复杂．其困难在于要求同时最小化点 $\hat{\mathbf{x}}_i$ 的所有选择和变换矩阵H的元素．如果点对应太多，它会变成一个非常庞大的最小化问题．该问题可以用点 $\hat{\mathbf{x}}_i$ 坐标和 $\hat{H}$ 矩阵的元素——总共 $2n+9$ 个参数来参数化．对 $\hat{\mathbf{x}}'_i$ 的坐标可不做要

求,因为它们可通过$\hat{\mathbf{x}}_i' = \hat{\mathrm{H}}\,\hat{\mathbf{x}}_i$由其他参数求出．因此,参数向量是$\mathbf{P} = (\mathbf{h}, \hat{\mathbf{x}}_1, \cdots, \hat{\mathbf{x}}_n)$．测量向量包含所有点$\mathbf{x}_i$和$\mathbf{x}_i'$的非齐次坐标．函数$f$由下式定义

$$f: (\mathbf{h}, \hat{\mathbf{x}}_1, \cdots, \hat{\mathbf{x}}_n) \mapsto (\hat{\mathbf{x}}_1, \hat{\mathbf{x}}_1', \cdots, \hat{\mathbf{x}}_n, \hat{\mathbf{x}}_n')$$

式中,$\hat{\mathbf{x}}_i' = \hat{\mathrm{H}}\,\hat{\mathbf{x}}_i$．可以验证$\| \mathbf{X} - f(\mathbf{h}) \|^2$(其中$\mathbf{X}$是$4n$维向量)等于代价函数式(4.8)．该代价函数必须在所有$2n+9$个参数上最小化.

**Sampson 近似**　与重投影误差有$2n+9$个参数不同,它在单图像误差式(4.6)或对称转移误差式(4.7)的误差最小化中仅需要最小化矩阵 H 的 9 个元素——通常是一个比较容易处理的问题．重投影误差的 Sampson 近似重投影误差也能仅对 9 个参数最小化.

这是一个很重要的思路,因为一个$m$参数的非线性最小化问题的迭代解,在使用诸如 Levenberg-Marquardt 方法时,每一次迭代涉及求一个$m \times m$的线性方程组的解．这是具有$O(m^3)$复杂度的问题．因此,应取小规模的$m$.

Sampson 误差避免了重投影误差在$2n+9$参数上最小化,因为它对每个$\mathbf{h}$的具体选择能有效地确定$2n$个变量$\{\hat{\mathbf{x}}_i\}$．因而,仅需要最小化$\mathbf{h}$的 9 个参数．实际上,这种近似在误差相对于测量值比较小时给出相当好的结果.

**初始化**

可以用线性技术来求参数化的初始估计．例如归一化的 DLT 算法 4.2 可直接提供 H 并由此求得 9 维向量的$\mathbf{h}$,它可用来参数化迭代最小化．一般如果有$n \geqslant 4$组对应,那么所有的对应都将用于此线性解．但是,在 4.7 节关于鲁棒估计的讨论中我们将看到,如果这些对应中包含野值时,应该采用通过慎重选择的对应作最小配置集(即四组对应)．线性技术或最小配置解是本书推荐的两个初始化方法.

有时还采用的另一种方法(例如见[Horn-90, Horn-91])是在参数空间进行足够密的采样,从每一个采样初始点开始迭代并保留最好结果．这种方法仅在参数空间的维数足够小时才可采用．参数空间的采样可以是随机的,或遵循某种模式．另一个初始化方法是完全不要任何有效的初始化,在参数空间中的一个已知固定点开始迭代．这种方法不常有效．迭代很可能落入虚假的最小或不收敛．即使在最好的情况中,初始点离最终解越远,所需的迭代将越大．鉴于此,使用好的初始化方法是最好的选择.

**迭代方法**

对选定的代价函数有各种最小化的迭代方法,其中最常用的有 Newton 迭代和 Levenberg-Marquardt 方法．这些方法在附录 6 中介绍．其他适用于最小化代价函数的一般方法如 Powell 方法和单纯形方法都在[Press-88]中介绍.

**小结**　本节的中心思想在算法 4.3 中汇总,它介绍用于估计(两幅图像的点对应之间的)单应映射的黄金标准和 Sampson 方法．

目标

给定$n>4$组图像点对应$\{\mathbf{x}_i \leftrightarrow \mathbf{x}_i'\}$,确定两图像之间单应的最大似然估计$\hat{\mathrm{H}}$. MLE 还包括最小化

$$\sum_i d(\mathbf{x}_i, \hat{\mathbf{x}}_i)^2 + d(\mathbf{x}_i', \hat{\mathbf{x}}_i')^2$$

的附属点集$\{\hat{\mathbf{x}}_i\}$,其中$\hat{\mathbf{x}}_i' = \hat{\mathrm{H}}\,\hat{\mathbf{x}}_i$.

<u>算法</u>

(1)**初始化**:计算一个初始估计 $\hat{\mathrm{H}}$ 以提供几何最小化的一个初始点．例如,由四组点对应用线性归一化的 DLT 算法 4.2 或 RANSAC(4.7.1 节)计算 $\hat{\mathrm{H}}$.

(2)**几何最小化—或用 Sampson 误差**

- 最小化几何误差的 Sampsom 近似式(4.12).
- 代价函数的最小化可以在 $\hat{\mathrm{H}}$ 的适当参数化下采用 Newton 算法(A6.1 节)或 Levenberg-Marquardt 算法(A6.2 节). 例如该矩阵可以用它的 9 个元素来参数化.

**或用黄金标准误差:**

- 用测量点$\{\mathbf{x}_i\}$或(最好)用这些点的 Sampson 校正式(4.11)来计算附属变量$\{\hat{\mathbf{x}}_i\}$的初始估计.
- 在 $\hat{\mathrm{H}}$ 和$\hat{\mathbf{x}}_i(i=1,\cdots,n)$上最小化代价函数

$$\sum_i d(\mathbf{x}_i,\hat{\mathbf{x}}_i)^2+d(\mathbf{x}'_i,\hat{\mathbf{x}}'_i)^2$$

用 Levenberg-Marquardt 算法在 $2n+9$ 个变量上最小化代价函数,其中 $2n$ 对应于 $n$ 个 2D 点$\hat{\mathbf{x}}_i$,而 9 对应于单应矩阵 $\hat{\mathrm{H}}$.

- 如果点的数目过大,那么建议采用 A6.4 节中的稀疏方法来最小化该代价函数.

**算法 4.3** 由图像对应估计 H 的黄金标准算法及其变化形式. 在 2D 单应计算中黄金标准算法比 Sampaon 方法更可取.

## 4.6 算法的实验比较

我们用图 4.5 中的图像做算法比较．表 4.1 给出本章描述的几种算法测试的结果．它给出了两对图像的剩余误差．除个别例外,使用的方法一看自明．方法"仿射"是指企图用一个最佳仿射映射拟合射影变换．"最佳"是指 ML 估计并假定噪声水平是一个像素．

(a)

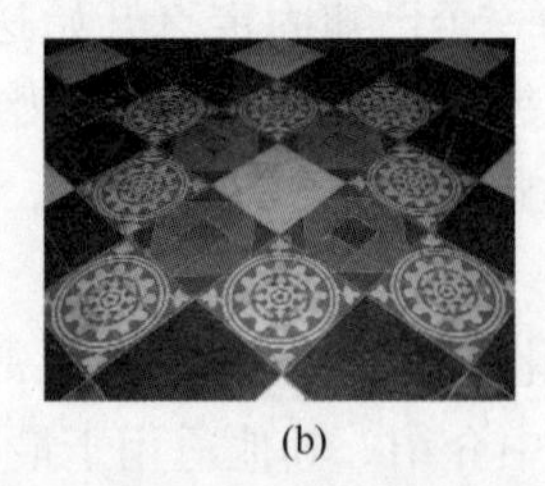
(b)

(c)

**图 4.5** 用来比较由图像对应点计算射影变换方法的一张平面的三幅图像.

第一对图像是图 4.5a 和 b,具有 55 组点对应．看来几乎所有方法表现得一样好(仿射方法除外)．理论最佳残差大于所得到的结果,因为噪声水平(未知)小于一个像素.

图 4.5c 由 a 重采样合成,第二对图是 a 和 c 取了 20 组点对应．如表 4.1 所示,在这种情形下,几乎所有方法都表现最佳．例外的是仿射方法(预料会差,因为原本不是一个仿射变换)和非归一化的线性方法．非归一化的方法预料会差(虽然也许不这么糟糕)．尚不了解为什么它在第一对图像中表现好而在第二对图像中表现很坏．在任何情况下,最好都避免用这种方法,而采用归一化线性或黄金标准方法.

| 方 法 | 第一对<br>图 4. 5 a、b | 第二对<br>图 4. 5 a、c |
|---|---|---|
| 线性归一化 | 0. 4078 | 0. 6602 |
| 黄金标准 | 0. 4078 | 0. 6602 |
| 线性非归一化 | 0. 4080 | 26. 2056 |
| 齐次缩放 | 0. 5708 | 0. 7421 |
| SamPson | 0. 4077 | 0. 6602 |
| 单视图误差 | 0. 4077 | 0. 6602 |
| 仿射 | 6. 0095 | 2. 8481 |
| 理论最佳 | 0. 5477 | 0. 6582 |

**表 4. 1 各种算法以像素为单位的残差 .**

进一步的评估在图 4. 6 中给出 . 要估计的变换是把图中显示的棋盘图像映射到与轴排成一线的方格栅 . 如图所示,与方格栅相比图像严重失真 . 为了试验,随机选择图像中的点与方格栅上的对应点匹配 . (归一化的) DLT 和黄金算法与理论最小值或残差(见第 5 章)相比较 .

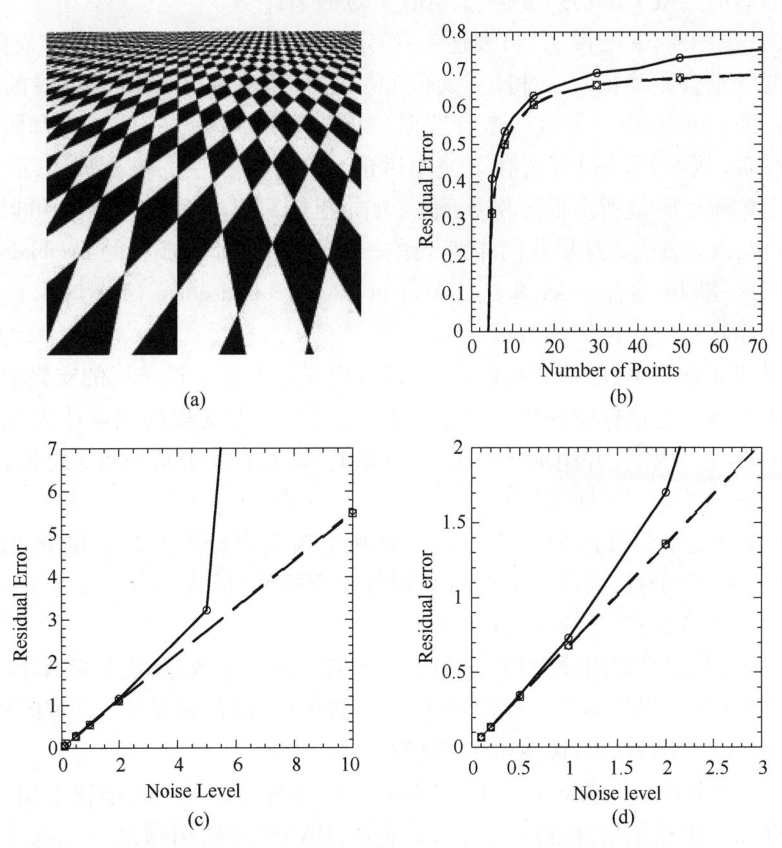


**图 4. 6 DLT 和黄金标准算法与理论最佳残差比较** . (a)在棋盘和它的图像之间计算单应 . 在所有三幅图中,黄金标准算法的结果重合并与理论最小值没有区别 . (b)作为点数目的函数的残差 . (c)和(d)分别给出噪声范围变化为 10 个点和 50 个点时的效应.

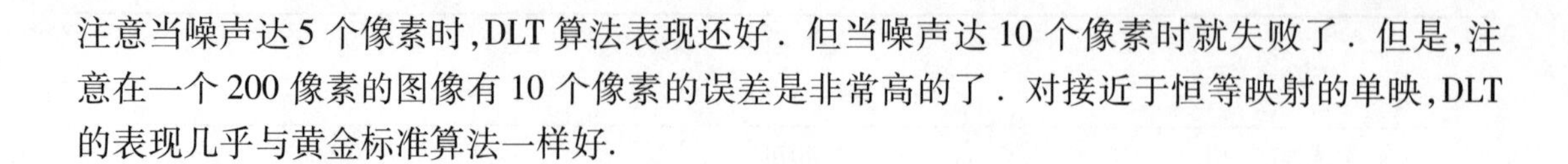

注意当噪声达 5 个像素时,DLT 算法表现还好. 但当噪声达 10 个像素时就失败了. 但是,注意在一个 200 像素的图像有 10 个像素的误差是非常高的了. 对接近于恒等映射的单映,DLT 的表现几乎与黄金标准算法一样好.

## 4.7 鲁棒估计

迄今,我们假定给出的对应集 $\{\mathbf{x}_i \leftrightarrow \mathbf{x}'_i\}$ 的唯一误差源来自点的位置测量,它服从高斯分布. 在许多实际运行中,因为点被错配而使这种假设无效. 错配点对高斯误差分布而言称为**野值**. 这些野值会严重干扰单应的估计,从而应该加以识别. 因此,我们的目的是从给出的"对应"中确定**内点集**,使单应得以用上节介绍的算法在这些内点中用最佳方式来估计. 这就是**鲁棒估计**,因为这种估计对野值(测量后一个不同的并可能非模型的误差分布)是鲁棒的(容忍的).

### 4.7.1 RANSAC

我们先给出一个容易可视化的简单例子——估计一组 2 维点的直线拟合. 它可以认为是对两直线上的对应点做 1 维仿射变换($x' = ax + b$)的估计.

这个问题(见图 4.7a 的说明)可表述为:给定一组 2D 点的数据,寻找一条直线,它能最小化点到该直线的垂直距离的平方和(正交回归),并且所有有效点偏离该线的距离小于 $t$ 单位. 这实际是两个问题:用一条直线拟合数据并将数据分成内点(有效点)和野值. 阈值 $t$ 根据测量噪声设置(例如 $t = 3\sigma$)并将在下文中讨论. 有许多类型的鲁棒算法,而具体如何选择在某种程度上依赖于野值所占的比例. 例如,如果已知只有一个野值,那么可以轮流删去每个点而用余下的点估计直线. 这里我们详细介绍一个通用的且非常成功的 Fischker 和 Bolles 的鲁棒估计算法——随机抽样一致算法 RANdom SAmple Consensus (RANSAC) [Fischler-81]. RANSAC 算法能够应付大比例的野值.

该算法思想非常简单:随机选择两点;这两点定义一条线. 这条线的**支集**由在一定距离阈值内的点数来度量. 令这样的随机选择重复多次,具有最大支集的线就认为是鲁棒拟合. 在距离阈值内的点称为内点(并组成**一致集**). 直觉上,如果直线中某一点是野值,那么该线将不会赢得大的支集,如图 4.7b 所示.

而且,对线的支集打分的另一个好处是有利于选取更好的拟合. 例如,图 4.7b 中的线 $<\mathbf{a},\mathbf{b}>$ 的支集有 10 个点,而线 $<\mathbf{a},\mathbf{d}>$ (此时样本点相邻)的支集仅有 4 个点. 因此,即便两个采样都不包括野值,按打分线 $<\mathbf{a},\mathbf{b}>$ 将被选中.

更一般地说,我们希望用**模型**(在这里是一条线)去拟合数据,随机**样本**包含足以确定模型的最小数据集(在这里是两点). 如果模型是平面单应,而数据是 2D 点对应集,那么最小子集包含四组对应. 应用 RANSAC 来估计单应在下文中介绍.

如 Fischler 和 Bolles[Fishler]所阐述:"RANSAC 过程与通常的光滑技术相反:不是用尽可能多的点去获得一个初始解并在以后消除无效点,RANSCA 使用满足可行条件的尽量少的初始数据集并在可能时用一致性数据集扩大它."

RANSCA 算法概括在算法 4.4 中. 随之产生的三个问题是:

**1. 什么是距离阈值?** 我们希望选择的距离阈值 $t$ 使点为内点的概率是 $\alpha$. 该计算需要知

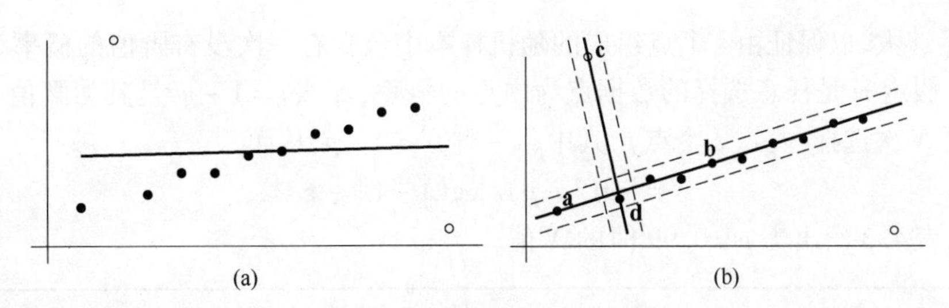


**图4.7 线的鲁棒估计**. 实点表示内点,空点表示野值. (a)点数据的最小二乘(正交回归)拟合受野值严重影响. (b)在RANSAC算法中随机选择的点对组成的直线的支集由该线两侧不超过距离阈值内的点数来测量. 线 <**a**,**b**> 的支集是10(点**a**和**b**都是内点),线 <**c**,**d**> 的支集是2,其中点**c**是野值.

道内点到模型的距离的概率分布. 在实际中距离阈值通常靠经验选取. 但是,如果假定测量误差为零均值和标准方差 $\sigma$ 的高斯分布,那么 $t$ 的值可以算出. 在此情况中,点的距离的平方 $d_\perp^2$ 是高斯变量的平方和并服从一个自由度 $m$ 的 $\chi_m^2$ 分布,其中 $m$ 等于模型的余维度. 对于直线,余维度是1——仅测量到直线的垂直距离. 如果模型是一个点,余维度是2,距离的平方是 $x$ 和 $y$ 测量误差的平方和. 随机变量 $\chi_m^2$ 的值小于 $k^2$ 的概率由累积 $\chi^2$ 分布 $F_m(k^2)=\int_0^{k^2}\chi_m^2(\xi)\mathrm{d}\xi$ 给出. 这两个分布在A2.2节中介绍. 由该累积分布可知

$$\begin{cases}\text{内点} & d_\perp^2<t^2\\ \text{野点} & d_\perp^2\geqslant t^2\end{cases}\quad \text{且}\quad t^2=F_m^{-1}(\alpha)\sigma^2 \tag{4.17}$$

通常 $\alpha$ 取为0.95,即点为内点的概率是95%. 它表明内点被错误排斥的概率仅是次数的5%. 本书研究的各有关模型取 $\alpha=0.95$, $t$ 的值在表4.2中列出.

| 余维度 $m$ | 模　型 | $t^2$ |
|---|---|---|
| 1 | 直线,基本矩阵 | $3.84\sigma^2$ |
| 2 | 单应,摄像机矩阵 | $5.99\sigma^2$ |
| 3 | 三焦点张量 | $7.81\sigma^2$ |

**表4.2** 点(对应)是内点的概率为 $\alpha=0.95$ 时,距离阈值 $t^2=F_m^{-1}(\alpha)\sigma^2$.

目标

一个模型与含有野值的数据集 $S$ 的鲁棒拟合.

算法

(1)随机地从 $S$ 中选择 $s$ 个数据点组成的一个样本作为模型的一个示例.

(2)确定在模型距离阈值 $t$ 内的数据点集 $S_i$. $S_i$ 称为采样的一致集并定义 $S$ 的内点.

(3)如果 $S_i$ 的大小(内点的数目)大于某个阈值 $T$,用 $S_i$ 的所有点重估计模型并结束.

(4)如果 $S_i$ 的大小小于 $T$,选择一个新的子集并重复上面的过程.

(5)经过 $N$ 次试验选择最大一致集 $S_i$,并用 $S_i$ 的所有点重估计模型.

算法4.4 RANSAC鲁棒估计算法. 取自[Fischler-81]. 以最小所需要的 $s$ 个数据点作为模型自由参数的示例. 算法中三个阈值 $t$, $T$ 和 $N$ 在正文中讨论.

**2. 采样多少次为宜?** 尝试每个可能的样本通常在计算上不可行也不必要. 其实只要采

样次数 $N$ 足够大，以保证由 $s$ 个点组成的随机样本中至少有一次没有野值的概率为 $p$. 通常 $p$ 取为 0.99. 假定 $w$ 是任意选择的数据点为内点的概率，那么 $\varepsilon=1-w$ 是其为野值的概率. 那么至少需要 $N$ 次选择（每次 $s$ 个点），其中 $(1-w^s)^N=1-p$，从而

$$N=\log(1-p)/\log(1-(1-\varepsilon)^s) \tag{4.18}$$

给定 $s$ 和 $\varepsilon$，表 4.3 给出当 $p=0.99$ 时的 $N$ 值.

| 采样大小 | 野值 $\varepsilon$ 的比例 | | | | | | |
|---|---|---|---|---|---|---|---|
| $s$ | 5% | 10% | 20% | 25% | 30% | 40% | 50% |
| 2 | 2 | 3 | 5 | 6 | 7 | 11 | 17 |
| 3 | 3 | 4 | 7 | 9 | 11 | 19 | 35 |
| 4 | 3 | 5 | 9 | 13 | 17 | 34 | 72 |
| 5 | 4 | 6 | 12 | 17 | 26 | 57 | 146 |
| 6 | 4 | 7 | 16 | 24 | 37 | 97 | 293 |
| 7 | 4 | 8 | 20 | 33 | 54 | 163 | 588 |
| 8 | 5 | 9 | 26 | 44 | 78 | 272 | 1177 |

**表 4.3** 给定样本大小 $s$ 和野值的比例 $\varepsilon$ 并保证至少有一次没有野值的概率是 $p=0.99$ 时所需的采样数 $N$.

**例 4.4** 在图 4.7 的直线拟合问题中共有 $n=12$ 个数据点，其中两个是野值，从而 $\varepsilon=2/12=1/6$. 由表 4.3 可知，对 $s=2$ 的最小子集，至少需要 $N=5$ 次采样. 如果把它与穷尽每一点对的工作量做比较，后者需要 $\binom{12}{2}=66$ 个样本（记号 $\binom{n}{2}$ 表示由 $n$ 中取 2 个的组合数，$\binom{n}{2}=n(n-1)/2$）.

**注意：**

（1）采样数与野值所占比例而不是其数目相关. 这表明需要的采样次数可能小于野值数. 因此采样的计算代价即使在野值数目较大时也能被接受.

（2）（对于给定的 $\varepsilon$ 和 $p$）采样数随最小子集的增大而增大. 也许有人认为采用大于最小子集会有好处，例如在直线拟合时取三个或更多的点，因为这样会获得关于直线的更好的估计，并且测量的支集会更精确地反映真正的支集. 然而由于增加采样数而导致增加的计算代价一般会大大超过给测量支集带来的可能的好处.

**3. 一致集多大为宜？** 根据经验，在给定野值的假定比例后，如果一致集大小接近期望属于该数据集的内点数时迭代就停止，即对 $n$ 个数据，有 $T=(1-\varepsilon)n$. 对于图 4.7 中直线拟合的例子，$\varepsilon$ 的保守估计是 $\varepsilon=0.2$，则 $T=(1.0-0.2)12=10$.

**自适应地决定采样次数** 通常，数据中野值所占比例 $\varepsilon$ 是未知的. 对此情形，算法从 $\varepsilon$ 的最坏估计开始，当发现更大的一致集时就把原估计更新. 例如，如果最坏的估计是 $\varepsilon=0.5$，但一旦发现内点的一致集占数据的 80%，那么估计更新为 $\varepsilon=0.2$.

通过一致集“探察”数据的思想可以重复应用以便自适应地确定采样次数 $N$. 仍然以上面的例子来说明，根据式（4.18），由 $\varepsilon=0.5$ 的最坏估计确定一个初始 $N$. 当发现一个一致性集包含大于 50% 的数据时，那么我们知道内点至少是这个比例. 由式（4.18）用更新后的 $\varepsilon$ 把 $N$ 变小. 对于每个样本，一旦发现其一致性集的 $\varepsilon$ 低于当前的估计就重复更新过程，$N$ 就再一次减

少．一旦完成 $N$ 次采样，算法就终止．可能会出现这样的一个样本，由它的 $\varepsilon$ 所确定的 $N$ 小于已经执行的采样次数．这说明已经执行了足够多次的采样，因而算法可以终止．自适应地计算 $N$ 的伪码在算法 4.5 中给出．

这种自适应方法效果相当好并实际解决了采样次数和终止算法的问题．$\varepsilon$ 的初始值可以取为 1.0，此时 $N$ 的初始值是无穷大．最好的做法是在式(4.18)中取一个保守的概率 $p$，例如 0.99．表 4.4 给出计算单应时所用的 $\varepsilon$ 和 $N$ 的例子．

- $N=\infty$，sample_count = 0
- 当 N > sample_count 重复
  - — 选取一个样本并计算内点数
  - — 令 $\varepsilon = 1-$(内点数)/(总点数)
  - — 取 $p=0.99$ 并由 $\varepsilon$ 及式(4.18)求 $N$
  - — sample_count 加 1
- 终止

算法 4.5　确定 RANSAC 样本次数的自适应算法．

## 4.7.2　鲁棒最大似然估计

RANSAC 算法把数据划分为内点(最大一致性集)和野值(数据集的余下部分)，同时给出该模型的估计 $M_0$，它由具有最大支集的最小集算出．RANSAC 算法的最后一步是用所有的内点重新估计模型．该重新估计应该是最优的，并涉及 4.3 节所介绍的最小化一个 ML 代价函数．在直线的情形，ML 估计等价于正交回归并存在闭式解．但是 ML 估计一般涉及迭代最小化，并以最小集估计的 $M_0$ 为初始点．

这个常被采用的过程的唯一缺点是内点-野值的分类不能取消．当模型已经与一致集最佳拟合后，如果把距离阈值应用于该新模型，很有可能又有一些点成为内点．例如图 4.8 中的 $<\mathbf{A},\mathbf{B}>$ 由 RANSAC 得到．该线的支集由都是内点的四点组成．当最佳拟合这四点后，有 10 个点应该正确地划为内点．这两步是：最佳地拟合内点；用式(4.17)重新分类内点；然后才可以再迭代直到内点数收敛．根据内点到模型的距离来加权的最小二乘的拟合方法经常在此步骤中使用．

**鲁棒代价函数**　不同于仅在内点上最小化 $\mathcal{C}=\sum_i d_{\perp i}^2$ 的另一种方法是最小化包括所有数据的鲁棒方法．一个合适的鲁棒代价函数是

$$\mathcal{D}=\sum_i \gamma(\mathrm{d}_{\perp i})\ 且\ \gamma(e)=\begin{cases}e^2 & e^2<t^2\quad 内点\\ t^2 & e_2\geqslant t^2\quad 野值\end{cases} \tag{4.19}$$

这里 $d_{\perp i}$ 是点的误差而 $\gamma(e)$ 是一个鲁棒代价函数[Huber-81]，其中给野值赋一个固定的代价．同式(4.17)一样，阈值用 $\chi^2$ 确定，其中 $t^2$ 是定义的．如 4.3 节所介绍由高斯误差模型产生内点的平方代价．在鲁棒代价函数中，赋野值为常数的理由是假定野值服从一个扩散或均匀分布，这些分布的对数似然是一个常数．也许有人会认为野值可以通过直接对 $d_{\perp i}$ 取阈值而从代价函数中除去．这样单独取阈值所产生的问题是它将导致最后的结果仅包括野值，因为它

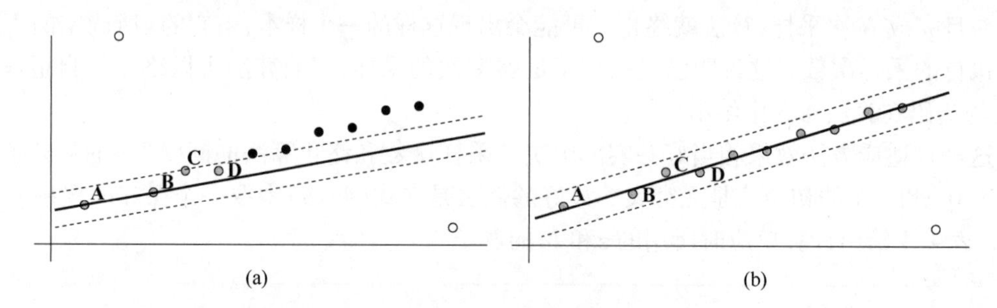


**图 4.8　鲁棒 ML 估计　灰色点被分类为线的内点.** (a)由点 <**A**,**B**> 定义的直线的支集由 4 点组成({**A**,**B**,**C**,**D**}). (b)ML 直线拟合(正交最小二乘)这四点. 该拟合比由 <**A**,**B**> 定义的直线有很大的改进,它使 10 点被分类为内点.

们没有代价.

代价函数 $\mathcal{D}$ 能使最小化考虑到所有的点,不论它们是野值或内点. 在最小化迭代开始时 $\mathcal{D}$ 与 $\mathcal{C}$ 仅用一个常数相区别(用野值数的 4 倍赋值). 但是,随着最小化的进行,野值可能重新被指定为内点,而且这种情况通常会在实际中发生. 代价函数的讨论和比较在附录 A6.8 给出

### 4.7.3　其他鲁棒算法

在 RANSAC 中,由最小集推测的模型根据在阈值距离内的点数来记分. 另一种模型记分的方法是根据数据中所有点的距离中值. 选择具有最小中值的模型. 这就是最小中值平方(LMS)估计,这里,如 RANSAC 一样,随机选择的最小样本子集由式(4.18)获得采样次数. LMS 的优点在于它**不需要**阈值或误差方差的**先验知识**. LMS 的缺点是如果多于一半的数据是野值那么它要失败,因为距离的中值可能是一个野值. 解决的办法是用野值的比例来确定所选的距离. 例如有 50% 野值时可取低于中值(统计学的说法)的阈值.

RANSAC 和 LMS 算法都能处理野值占大比例的情况. 如果野值的数量少,那么其他鲁棒方法也许会更有效. 其中包括删点方法,即每点轮流被删除而用模型对剩下的数据拟合;和加权最小二乘方迭代,其中一个数据点对拟合的影响以它的残差来反加权. 我们一般不推荐这些方法. Torr [Torr-95b] 和 Xu 与 Zhang [Xu-96] 描述并比较了各种估计基本矩阵的鲁棒算法.

## 4.8　单应的自动计算

本节介绍自动计算两幅图像间的单应的算法. 算法的输入仅仅是图像,不需要其他先验信息;而输出是单应的估计以及一组对应的兴趣点. 该算法可以应用于诸如一张平坦表面的两幅图像或由摄像机绕其光心旋转得到的两幅图像.

算法的第一步是计算每幅图像上的兴趣点. 我们面临一个类似“先有鸡或先有蛋”的问题:一旦兴趣点间对应被建立,单应便可算出;反之给定单应,兴趣点间的对应便不难建立. 这个问题将用鲁棒估计解决,这里用 RANSAC 作为“搜索引擎”. 该思想是先用某种方法获得假设的点对应. 可以预料到这些对应的一部分是错配. RANSAC 就是针对处理这种情形设计的——估计单应以及与该估计一致的一组内点(真对应)和野值(错配).

该算法归纳在算法 4.6 中,并在图 4.9 给出应用的例子,而且下文对它的步骤还有更详细的介绍. 可用本质上相同的算法直接由两幅或三幅输入图像自动地计算基本矩阵和三焦点张量. 第 11 章和第 16 章将对这种计算做介绍.

<u>目标</u>

计算两幅图像间的 2D 单应.

<u>算法</u>

(1)**兴趣点**:在每一幅图像上计算兴趣点.

(2)**假设对应**:根据兴趣点灰度邻域的接近和相似,计算它们的匹配集.

(3)**RANSAC 鲁棒估计**:重复 $N$ 次采样,这里 $N$ 按算法 4.5 用自适应方法确定:

(a)选择由四组对应组成的一个随机样本并计算单应 H.

(b)对假设的每组对应,计算距离 $d_{\perp}$.

(c)根据 $d_{\perp} < t = \sqrt{5.99}\sigma$ 像素确定对应数,进而计算与 H 一致的内点数.

选择具有最大内点数的 H. 在数目相等时选择内点的标准方差最低的 H.

(4)**最优估计**:由划定为内点的所有对应重新估计 H,用 A6.2 节的 Levenberg- Marquardt 算法来最小化 ML 代价函数式(4.8).

(5)**引导匹配**:用估计的 H 去定义转移点位置附近的搜索区域,进一步确定兴趣点的对应最后两步可以重复直到对应的数目稳定为止.

算法 4.6　用 RANSCA 自动估计两幅图像之间的单应

**确定假设对应**　算法的目标是在不知道单应的条件下提供初始的点对应集. 对应的大部分应该是正确的,但算法的目标并不是完全匹配,因为此后用 RANSCA 可消除错配. 这些对应可以想象成“种子”对应. 这些假设对应由在每一幅图像上独立地检测兴趣点而获得,然后用邻域灰度的近似度和相似度的组合来匹配这些兴趣点. 为简洁起见,兴趣点将称为‘角点’. 但是,这些角点不一定是场景中物理角点的图像. 角点定义为图像自相关函数的最小值.

对图像 1 中的每个角点$(x,y)$,在图像 2 中以$(x,y)$为中心的方形区域中搜索具有最高邻域互相关的匹配. 对称地,对图像 2 中的每个角点在图像 1 中搜索其匹配. 偶尔会存在冲突,一幅图像上的一个角点被另一幅上不止一个的角点所“认定”. 在此情形采用“赢者取 1 败者取 0”策略,因而仅保留最高互相关的匹配.

相似测量的另一种方法是用灰度差的平方和(简记 SSD)代替(归一化的)互相关(简记为 CC). CC 对灰度值的仿射映射不变(即 $I \mapsto \alpha I + \beta$ 缩放加偏置),实际中仿射映射经常在图像之间发生. 然而 SSD 对此映射不是不变的. 但在图像之间的灰度值变化不大时,通常倾向于用 SSD,因为它的测量比 CC 灵敏而且计算代价较小.

**用 RANSAC 求单应**　把 RANSAC 算法应用于假设对应集,以求得单应估计和与此估计相一致的(内点)对应. 样本大小是 4,因为四组对应确定一个单应. 如算法 4.5 所介绍,采样次数由每个一致集中野值所占比例而自适应性地设置.

这里有两个要讨论的问题:此时“距离”是什么? 以及怎样选择样本?

(1)**距离测量**:通过单应 H 估计一组对应的误差的最简单方法是采用对称转移误差,即 $d^2_{\text{transfer}} = d(\mathbf{x},\mathrm{H}^{-1}\mathbf{x}')^2 + d(\mathbf{x}',\mathrm{H}^{-1}\mathbf{x})^2$,其中 $\mathbf{x} \leftrightarrow \mathbf{x}'$是点对应. 一个更好但开销更大的距离测量

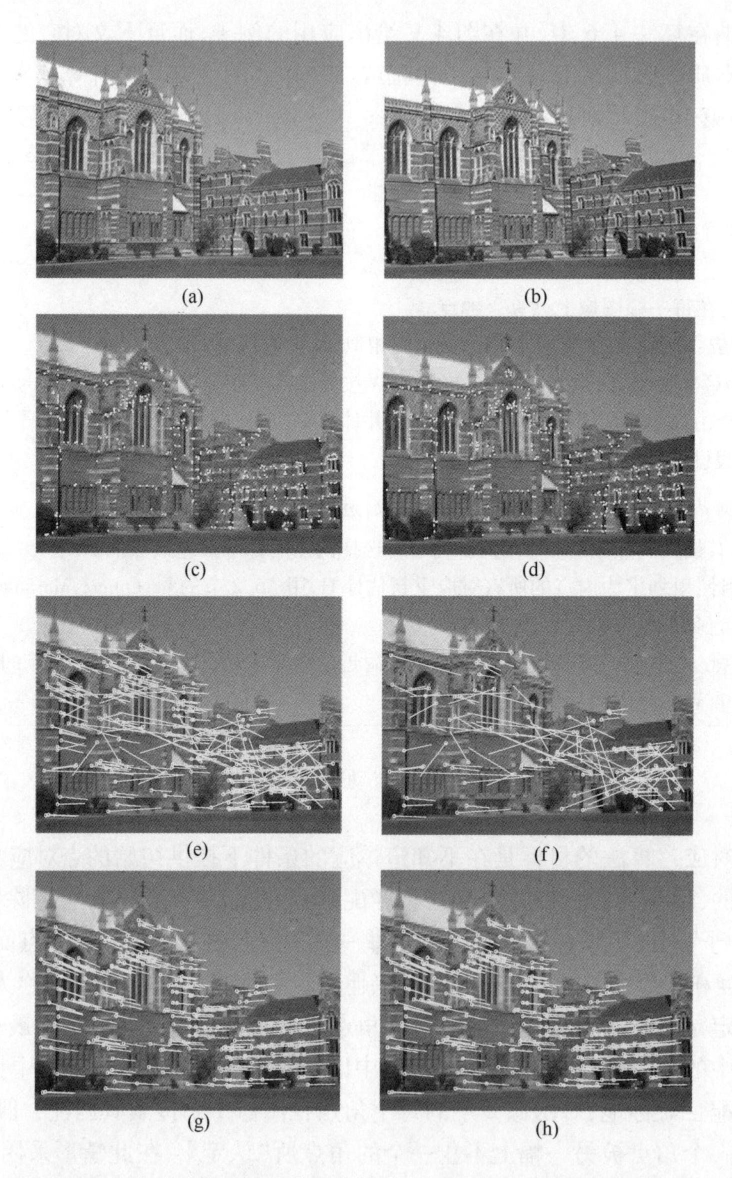


**图 4.9　用 RANSCA 自动计算两幅图像间的单应**　视图间的运动是绕摄像机中心旋转，因此图像之间精确地由一个单应相联系．(a)(b)牛津大学 Keble 学院的左图和右图．图像是 640×480 像素．(c)(d)将检测到的角点叠加在图像上．每幅图像上有大约 500 个角点．下面的结果仅仅叠加在左图上．(e)268 假设匹配用连接角点的线表示，注意明显的错配．(f)野值——假设匹配中有 117 个．(g)内点——与估计 H 一致的有 151 组对应．(h)经过引导匹配和 MLE 后，最后的 262 组对应的集合．

是重投影误差 $d_{\perp}^{2}=d(\mathbf{x},\hat{\mathbf{x}})^{2}+d(\mathbf{x}',\hat{\mathbf{x}}')^{2}$，其中$\hat{\mathbf{x}}'=\mathrm{H}\,\hat{\mathbf{x}}$是完全对应．这种测量开销大的原因是必须计算$\hat{\mathbf{x}}$．另一种替代方法是采用 Sampson 误差．

(2)**样本选择**：这里有两个议题．第一，退化的样本应该丢弃．例如，如果四点中有三点共线那么单应就得不到；第二，组成样本的点应该在整个图像上有合理的空间分布．这是由于外插问题的缘故——在计算点所跨越的区域内被估计的单应将准确地映射，但一般，准确性将随离该区域距离加大而变坏(想像四点位于图像上方拐角的情形). 空间的分布采样可以这样来实施:划分图像并通过随机采样的适当加权来保证属于不同小区的点比同属于一个小区的点有较大可能性进入样本.

**鲁棒ML估计与引导匹配** 最后一步的目标是双重的:第一,用所有估计得到的内点(而不仅仅用样本的四点)来改进单应估计;第二,从假设对应集获得更多的内点匹配,因为求得了更准确的单应. 再通过最小化ML代价函数从内点中计算进一步改进的单应估计. 最后一步可以用两种方法实现. 一种方法是在内点上执行一个ML估计,然后用新的估计H重新计算内点,并且重复这一循环直到内点数目收敛. ML代价函数的最小化采用A6.2节介绍的Levengerg-Marquart算法. 另一种方法是采用4.7.2节介绍的最小化式(4.19)鲁棒ML代价函数同时估计单应和内点. 同时估计方法的缺点是在最小化代价函数的计算方面要花很大功夫. 因为这样的原因,循环的方法通常更具有吸引力.

## 4.8.1 应用域

通常要求算法能够在图像上相当均匀地恢复兴趣点,那么反过来则要求场景和分辨率支持这一要求. 场景应该有纹理——空白墙的图像是不理想的.

为搜索窗口而设置的近似约束给出了视图之间角点图像运动的上限(**视差**). 但是,如果不用此约束,算法不会失败,事实上近似约束的主要作用是降低计算复杂性,因为搜索窗口越小,要评估的角点匹配越少.

最终算法应用范围受限于角点邻域相似测量(SSD或CC)的成功,即提供对应之间的非二义性. 失败一般由于缺乏空间不变性:测量仅对图像位移不变,对超出此范围的变换会产生严重失真,例如图像旋转或透视压缩等. 一种解决办法是对图像之间的单应映射采用更大不变性的测量,例如采用旋转不变的测量. 另一种解决办法是用得到的初始估计的单应在灰度邻域之间建立映射. 详细内容已超出我们讨论的范围,但[Pritchett-98, Schmid-98]中有讨论. 采用鲁棒估计在相当程度上增强了对非相关运动、阴影变化、部分遮挡等的免疫能力.

## 4.8.2 实现与运行细节

兴趣点用Harris [harris-88]角点检测器获得. 检测器把角点定位到亚像素精度,并且经验发现对应误差通常小于一个像素[Schmin-98].

在算法的假设对应阶段,在求种子对应时,用于邻域相似性,测量的阈值应该尽量保守,以便最小化不正确匹配(SSD阈值为20). 在引导匹配阶段,该阈值应放松(加倍)使更多的假设对应有效.

在图4.9的例子中,图像是640×480像素,搜索窗口是±320像素即整个图像. 当然在给定点的实际视差后可以采用一个小得多的窗口. 通常在视频系列中±40像素的搜索窗口就足够了(即中心在当前位置而边长为80的方块),内点阈值是$t=1.25$像素.

此例总共需要43次采样,采样运行如表4.4所示. 引导匹配需要MLE内点分类循环的两次迭代. $d_{\perp}$像素误差的RMS值在MLE之前是0.23,而之后是0.19. Levenberg-Marquardt算法需要10次迭代.

| 内 点 数 | $1-\varepsilon$ | 适应的 $N$ |
|---|---|---|
| 6 | 2% | 20028244 |
| 10 | 3% | 2595658 |
| 44 | 16% | 6922 |
| 58 | 21% | 2291 |
| 73 | 26% | 911 |
| 151 | 56% | 43 |

**表 4.4** 用 RANSAC 的自适应算法 4.5 计算图 4.9 的单应的结果 . $N$ 是算法运行时所需采样的总数,条件是样本中没有野值的概率是 $p=0.99$. 算法在 43 次抽样后终止 .

# 4.9 结束语

本章已对在估计表征多视图关系的张量中的有关问题和技术做了说明 . 这些思想将在本书的所有计算章节中重复出现 . 每次都涉及所需最小对应数、应该避免的退化几何配置、当多于最小对应数时可用来最小化的代数和几何误差以及对张量施加内部约束的参数化等问题.

## 4.9.1 文献

DLT 算法至少可追述到 Sutherland [Sutherland-63]. Sampson 关于二次曲线的拟合(是经典的 Bookstein 算法的改进)的经典文章出现在[SamPson-82]. 归一化由 Hartley [Hartley-97c]发表在计算机视觉文献中.

关于数值方法可以在 **Numerical Recipes in C** [Press-88]中找到,而关于迭代最小化则见 Gill 和 Murray 的[Gill-78].

Fischler 和 Boll 的[Fischler-81]中 RANSAC 是最早出现的一种鲁棒算法,并且事实上是为了解决计算机视觉的问题(由 3 点求姿态)而推导的 . 该原始论文论证得非常清楚因而非常值得一读 . 其他关于鲁棒估计的背景材料可以在 Rousseeuw [Rousseeuw-87]找到 . 鲁棒估计在计算机视觉中主要的应用是估计基本矩阵(第 11 章),其中 Torr 和 Murray [Torr-93]用 RANSAC 而 Zhang 等[Zhang-95]用 LMS. 单应的自动 ML 估计由 Torr 和 Zissermam [Torr-98]给出.

## 4.9.2 注释和练习

(1)**计算 $\mathbb{P}^n$ 中的单应** 式(4.1)和式(4.3)的推导中假定 $\mathbf{x}_i$ 的维数是 3,因而叉积被定义 . 但是,式(4.3)可以用广义化到所有维的一种方法来推导 . 假设 $w_i'=1$,我们可以通过记 $\mathrm{H}\mathbf{x}_i=k(x_i,y_i,1)^{\mathsf{T}}$ 显示地解未知标量因子 . 从此第三个坐标,我们得到 $k=\mathbf{h}^{3\mathsf{T}}\mathbf{x}_i$,并把它代入原始方程得到

$$\begin{pmatrix}\mathbf{h}^{1\mathsf{T}}\mathbf{x}_i\\ \mathbf{h}^{2\mathsf{T}}\mathbf{x}_i\end{pmatrix}=\begin{pmatrix}x_i'\mathbf{h}^{3\mathsf{T}}\mathbf{x}_i\\ y_i'\mathbf{h}^{3\mathsf{T}}\mathbf{x}_i\end{pmatrix}$$

直接给出式(4.3).

(2)**计算理想点的单应** 如果点 $\mathbf{x}_i'$中的一点是理想点,因此 $w_i'=0$,那么方程对式(4.3)退化为单个方程,虽然式(4.1)的确包含 2 个独立的方程. 为了避免这样的退化,同时仅包含最小数目的方程,一个好的方法操作如下. 我们可以重写方程 $\mathbf{x}_i'=\mathrm{H}\mathbf{x}_i'$为

$$[\mathbf{x}_i']^{\perp}\mathrm{H}\mathbf{x}_i'=0$$

式中,$[\mathbf{x}_i']^{\perp}$是行正交 $\mathbf{x}_i'$的矩阵,使得$[\mathbf{x}_i']^{\perp}\mathbf{x}_i'=0$. $[\mathbf{x}_i']^{\perp}$的每一行给出 H 的元素中的一个分离的线性方程. 矩阵$[\mathbf{x}_i']^{\perp}$通过删除一个正交矩阵 M 的第一行得到,M 矩阵满足 $\mathrm{M}\mathbf{x}_i'=(1,0,\cdots,0)^{\mathsf{T}}$. 一种 Householder 矩阵(见 A4.1.2 节)是一种容易构造的矩阵并具有所希望的性质.

(3)**缩放无界点集** 当点位于或接近平面的无穷远时,用本章给出的各向同性(或非各向同性)的缩放方式来归一化坐标是既无道理又不可行的,因为形心坐标和缩放因子为无穷大或接近无穷大. 一个似乎会给出好结果的方法是归一化点集 $\mathbf{x}_i=(x_i,y_i,w_i)^{\mathsf{T}}$使得

$$\sum_i x_i = \sum_i y_i = 0;\sum_i x_i^2 + y_i^2 = 2\sum_i w_i^2;x_i^2 + y_i^2 + w_i^2 = 1,\forall i$$

注意这里出现的 $x_i$和 $y_i$是齐次坐标,并且此条件不再蕴含形心在原点. 研究实现这种归一化的方法,并评价它的性质.

(4)**DLT 的变换不变性** 我们讨论在满足各种约束下最小化代数误差 $\|\mathbf{Ah}\|$(见式(4.5)的 2D 单应计算. 证明如下情况:

(a)如果在约束 $h_9=\mathrm{H}_{33}=1$ 下,$\|\mathbf{Ah}\|$被最小化,那么其结果在缩放变化下不变,但在坐标平移时**变化**.

(b)如果约束改为 $\mathrm{H}_{31}^2+\mathrm{H}_{32}^2=1$,那么结果在相似变换下不变.

(c)**仿射情形**:对 $\mathrm{H}_{31}=\mathrm{H}_{32}=0;\mathrm{H}_{33}=1$ 的约束仍然使上述结果成立.

(5)**图像坐标微分的表示式**. 对映射 $\mathbf{x}'=(x',y',w')^{\mathsf{T}}=\mathrm{H}\mathbf{x}$,导出如下表示式(其中 $\tilde{\mathbf{x}}'=(\tilde{x}',\tilde{y}')^{\mathsf{T}}=(x'/w',y'/w')^{\mathsf{T}}$是图像点的非齐次坐标):

(a)对 $\mathbf{x}$ 的导数

$$\partial\tilde{\mathbf{x}}'/\partial\mathbf{x}=\frac{1}{w'}\begin{bmatrix}\mathbf{h}^{1\mathsf{T}}-\tilde{x}'\mathbf{h}^{3\mathsf{T}}\\ \mathbf{h}^{2\mathsf{T}}-\tilde{y}'\mathbf{h}^{3\mathsf{T}}\end{bmatrix}\tag{4.20}$$

式中,$\mathbf{h}^{j\mathsf{T}}$是 H 的第 $j$ 行.

(b)对 H 求导

$$\partial\tilde{\mathbf{x}}'/\partial\mathbf{h}=\frac{1}{w'}\begin{bmatrix}\mathbf{x}^{\mathsf{T}} & 0 & -\tilde{x}'\mathbf{x}^{\mathsf{T}}\\ 0 & \mathbf{x}^{\mathsf{T}} & -\tilde{y}'\mathbf{x}^{\mathsf{T}}\end{bmatrix}\tag{4.21}$$

式中,$\mathbf{h}$ 由式(4.2)定义.

(6)**具有非各向同性误差分布的 Sampson 误差** 4.2.6 节推导 Sampson 误差时假定被测量点 $\mathbf{X}$ 具有圆误差分布. 当点 $\mathbf{X}=(x,y,x',y')^{\mathsf{T}}$用协方差矩阵 $\Sigma_{\mathbf{X}}$ 测量时,就应该改用最小化 Mahalanobis范数 $\|\boldsymbol{\delta}_{\mathbf{x}}\|_{\Sigma_{\mathbf{x}}}^2=\boldsymbol{\delta}_{\mathbf{x}}^{\mathsf{T}}\Sigma_{\mathbf{x}}^{-1}\boldsymbol{\delta}_{\mathbf{x}}$. 试证在这种情形下,对应于式(4.11)和式(4.12)的公式是

$$\boldsymbol{\delta}_{\mathbf{x}}=-\Sigma_{\mathbf{x}}\mathrm{J}^{\mathsf{T}}(\mathrm{J}\Sigma_{\mathbf{x}}\mathrm{J}^{\mathsf{T}})^{-1}\boldsymbol{\varepsilon}\tag{4.22}$$

和

$$\|\boldsymbol{\delta}_{\mathbf{x}}\|_{\Sigma_{\mathbf{x}}}^2=\boldsymbol{\varepsilon}^{\mathsf{T}}(\mathrm{J}\Sigma_{\mathbf{x}}\mathrm{J}^{\mathsf{T}})^{-1}\boldsymbol{\varepsilon}\tag{4.23}$$

注意如果测量误差在两图像中是独立的,那么协方差矩阵 $\Sigma_{\mathbf{X}}$ 将是对应于两幅图像的两个 $2\times2$的对角块组成的分块对角矩阵.

(7)**Sampson误差编程的提示**　在2D单应估计和事实上,在本书考虑的其他类似的问题中,4.2.6节的代价函数 $\mathcal{C}_{\mathrm{H}}(\mathbf{X}) = \mathrm{A}(\mathbf{X})\mathbf{h}$ 是 $\mathbf{X}$ 坐标的多重线性函数. 因此计算偏导数 $\partial\mathcal{C}_{\mathrm{H}}(\mathbf{X})/\partial\mathbf{X}$ 非常简单. 例如,求导公式

$$\partial\mathcal{C}_{\mathrm{H}}(x,y,x',y')/\partial x = \mathcal{C}_{\mathrm{H}}(x+1,y,x',y') - \mathcal{C}_{\mathrm{H}}(x,y,x',y')$$

是确切的,而不是有限差分近似. 这使编程大为简便,即不必编写求导数的特殊程序——而只用计算 $\mathcal{C}_{\mathrm{H}}(\mathbf{X})$ 的程序就够了. 记 $\mathbf{E}_i$ 为在第 $i$ 位置为1其余位置全为0的向量,可以看到 $\partial\mathcal{C}_{\mathrm{H}}(\mathbf{X})/\partial X_i = \mathcal{C}_{\mathrm{H}}(\mathbf{X}+\mathbf{E}_i) - \mathcal{C}_{\mathrm{H}}(\mathbf{X})$,并且:

$$\mathrm{JJ}^{\mathsf{T}} = \sum_i (\mathcal{C}_{\mathrm{H}}(\mathbf{X}+\mathbf{E}_i) - \mathcal{C}_{\mathrm{H}}(\mathbf{X}))(\mathcal{C}_{\mathrm{H}}(\mathbf{X}+\mathbf{E}_i) - \mathcal{C}_{\mathrm{H}}(\mathbf{X}))^{\mathsf{T}}$$

同样注意计算上从公式 $\mathrm{JJ}^{\mathsf{T}}\boldsymbol{\lambda} = -\boldsymbol{\varepsilon}$ 直接求解 $\boldsymbol{\lambda}$ 效率更高,不用先求逆,如 $\boldsymbol{\lambda} = -(\mathrm{JJ}^{\mathsf{T}})^{-1}\boldsymbol{\varepsilon}$.

(8)**最小化仿射变换的几何误差**　给定一组对应 $(x_i,y_i)^{\mathsf{T}} \leftrightarrow (x_i',y_i')^{\mathsf{T}}$,求最小化几何误差式(4.8)的仿射变换 $\mathrm{H}_{\mathrm{A}}$. 我们将着重推导基于Sampson近似(此时它是精确的而非近似的)的一个线性算法. 完整的方法概括在算法4.7中.

目标

给定 $n \geqslant 4$ 组图像点对应 $\{\mathbf{x}_i \leftrightarrow \mathbf{x}_i'\}$,确定最小化两幅图像的重投影误差式(4.8)的仿射单应 $\mathrm{H}_{\mathrm{A}}$.

算法

(a)把点表示为2维非齐次向量. 对点 $\mathbf{x}_i$ 做平移 $\mathbf{t}$ 使它们的形心为原点. 按同样方式对 $\mathbf{x}_i'$ 作平移 $\mathbf{t}'$. 后续工作均在平移后的坐标上进行.

(b)形成 $n \times 4$ 矩阵A,它的行向量是

$$\mathbf{X}_i^{\mathsf{T}} = (\mathbf{x}_i^{\mathsf{T}}, \mathbf{x}_i'^{\mathsf{T}}) = (x_i, y_i, x_i', y_i')$$

(c)令 $\mathbf{V}_1$ 和 $\mathbf{V}_2$ 是A对应于最大两个(sic)奇异值的右奇异向量

(d)令 $\mathrm{H}_{2\times2} = \mathrm{CB}^{-1}$,这里B和C是 $2\times2$ 分块矩阵,满足

$$[\mathbf{V}_1 \quad \mathbf{V}_2] = \begin{bmatrix} \mathrm{B} \\ \mathrm{C} \end{bmatrix}$$

(e)所求的单应为

$$\mathrm{H}_{\mathrm{A}} = \begin{bmatrix} \mathrm{H}_{2\times2} & \mathrm{H}_{2\times2}\mathbf{t} - \mathbf{t}' \\ \mathbf{0}^{\mathsf{T}} & 1 \end{bmatrix}$$

和图像点的对应估计为

$$\hat{\mathbf{X}}_i = (\mathbf{V}_1\mathbf{V}_1^{\mathsf{T}} + \mathbf{V}_2\mathbf{V}_2^{\mathsf{T}})\mathbf{X}_i$$

算法4.7　从图像对应估计仿射单应 $\mathrm{H}_{\mathrm{A}}$ 的黄金标准算法

(a)证明最佳仿射变换把 $\mathbf{x}_i$ 的形心映射到 $\mathbf{x}_i'$ 的形心,因此通过点的平移使它们的形心平移到原点,则变换的平移部分被确定. 从而仅需要确定变换的线性部分,即 $\mathrm{H}_{\mathrm{A}}$ 左上角的 $2\times2$ 的子阵 $\mathrm{H}_{2\times2}$.

(b)点 $\mathbf{X}_i = (\mathbf{x}_i^{\mathsf{T}}, \mathbf{x}_i'^{\mathsf{T}})^{\mathsf{T}}$ 在 $V_{\mathrm{H}}$ 上的充要条件是 $[\mathrm{H}_{2\times2} \mid -\mathrm{I}_{2\times2}]\mathbf{X} = \mathbf{0}$,因此 $V_{\mathrm{H}}$ 是 $\mathrm{IR}^4$ 中余维度为2的子空间.

(c)任何余维度为2的子空间可以通过适当的 $\mathrm{H}_{2\times2}$ 表示成 $[\mathrm{H}_{2\times2} \mid -\mathrm{I}]\mathbf{X} = \mathbf{0}$. 因此,给定测量 $\mathbf{X}_i$,估计任务就等于找拟合最好的余维度为2的子空间.

(d)给定行为 $\mathbf{X}_i^{\mathsf{T}}$ 的矩阵M, $\mathbf{X}_i$ 的最好拟合子空间由对应M的两个最大奇异值的特征向量 $\mathbf{V}_1$ 和 $\mathbf{V}_2$ 生成.

(e)对应于由 $\mathbf{V}_1$ 和 $\mathbf{V}_2$ 生成子空间的 $\mathrm{H}_{2\times2}$,可以通过解方程 $[\mathrm{H}_{2\times2} \mid -\mathrm{I}][\mathbf{V}_1 \quad \mathbf{V}_2] = \mathbf{0}$ 而求得.

(9)**从直线对应计算 $\mathrm{IP}^3$ 中的单应**　考虑仅由直线对应计算一个 $4\times4$ 的单应H,假定直

线在 $\mathbb{P}^3$ 中处于一般的位置．这里有 2 个问题：需要多少对应？以及如何公式化代数约束以得到 H 的解？也许有人会认为 4 条直线的对应将是足够的，因为在 $\mathbb{P}^3$ 中每根直线有 4 个自由度，因此 4 根直线应为 15 个自由度的 H 提供 $4\times4=16$ 约束．但是，一个 4 根直线的配置对于计算变换是退化的（见 4.1.3 节），因为存在一个 2D 各向同性子群．此在［Hartley-94c］中有进一步讨论．H 中是线性的方程可由下面方式得到：

$$\boldsymbol{\pi}_1^{\mathsf{T}}\mathrm{H}\mathbf{X}_i=0, i=1,2, j=1,2$$

式中，H 把由 2 点（$\mathbf{X}_1,\mathbf{X}_2$）定义的线转移为由 2 张平面（$\boldsymbol{\pi}_1,\boldsymbol{\pi}_2$）交定义的线．此方法在［Oskarsson-02］中推导，在那里有更多的细节．

# 第 5 章 算法评价和误差分析

本章介绍如何评价和量化估计算法的结果．通常仅有一个变量或变换的估计是不够的，还需要进行置信度或不可靠性的某些测量.

本章将概要地给出计算这种不确定性(协方差)的两种方法．第一种方法采用线性逼近并涉及到各种雅可比式的毗连．第二种方法比较容易，采用蒙特卡洛法.

## 5.1 性能的上下界

一旦开发了某类变换的估计算法，就应该测试它的性能．可以用实际数据或合成数据对它进行测试．本节将采用合成数据来测试，并概要介绍测试的方法论.

我们重提一下记号的规定：

- 测量得到的量，如 $\mathbf{x}$ 表示图像点.
- 被估计的量用加帽子来表示，如$\hat{\mathbf{x}}$或 $\hat{\mathrm{H}}$.
- 量的真值用加横杠表示，如 $\bar{\mathbf{x}}$ 或 $\bar{\mathrm{H}}$.

通常，测试的第一步是用合成方法产生两幅图像之间的图像对应集合 $\bar{\mathbf{x}}_i \leftrightarrow \bar{\mathbf{x}}_i'$. 对应的数目可变化．对应点按一个给定的固定射影变换 $\bar{\mathrm{H}}$ 来选择，该对应是精确的，也就是说 $\bar{\mathbf{x}}_i' = \bar{\mathrm{H}}\bar{\mathbf{x}}_i$ 精确到机器精度.

下一步是在图像测量上人为地加上高斯噪声，即用一个已知方差的零均值的高斯随机变量对点的 $x$ 和 $y$ 坐标进行干扰．产生的噪声点记为 $\mathbf{x}_i$ 和 $\mathbf{x}_i'$. 一种适宜的高斯随机数发生器在[Press-88]中给出．然后，运行估计算法并求出被估计的量．以第 4 章中讨论的 2D 射影变换为例，就是要估计射影变换本身，也许还要估计原始无噪声的正确的图像点．然后，依据计算得到的模型与(有噪声的)输入数据的匹配程度，或估计得到的模型与原先无噪声的数据吻合的程度来评价该算法．为了获得统计上有意义的性能评估必须用不同的噪声(即随机数产生器采用不同的种子，即使每次的噪声方差一样)进行许多次这样的过程.

### 5.1.1 单图像误差

为了说明问题，我们继续研究 2D 单应的估计问题．为了简单起见，我们考虑仅对第二幅图像的坐标加噪声的情形．于是，对所有 $i$ 有 $\mathbf{x}_i = \bar{\mathbf{x}}_i$. 令 $\mathbf{x}_i \leftrightarrow \mathbf{x}_i'$为两幅图像之间加噪匹配点的集合，它们由对完全匹配数据中的第二幅图像(加撇号)的两个坐标注入方差为 $\sigma^2$ 的高斯噪声而生成．设有 $n$ 对这样的匹配点．根据这些数据，用第 4 章介绍的任何一种算法估计射影变换 $\hat{\mathrm{H}}$. 显然，估计得到的变换 $\hat{\mathrm{H}}$ 一般不会精确地将 $\mathbf{x}_i$ 映射到 $\mathbf{x}_i'$，也不会精确地将 $\bar{\mathbf{x}}_i$ 映射到 $\bar{\mathbf{x}}_i'$，

因为 $\bar{\mathbf{x}}_i'$ 的坐标中已注入了噪声 . RMS(均方根)残差

$$\varepsilon_{\text{res}} = \left(\frac{1}{2n}\sum_{i=1}^{n} d(\mathbf{x}_i', \hat{\mathbf{x}}_i')^2\right)^{1/2} \tag{5.1}$$

测量加噪声的输入数据($\mathbf{x}_i'$)和估计得到的点 $\hat{\mathbf{x}}_i' = \hat{\mathrm{H}}\bar{\mathbf{x}}_i$ 之间的平均误差．因此自然地称它为**残差**．它测量计算得到的变换与输入数据的匹配程度,因而是此估计过程的一种适宜的质量指标.

残差的值在本质上并**不是所获得**解的质量的一个绝对度量．例如,考虑输入数据仅有 4 组匹配点的 2D 射影情形．因为一个射影变换由 4 组点对应唯一并完全地确定,任何合理的算法都将算出一个 $\hat{\mathrm{H}}$ 与这些点完全匹配,即 $\mathbf{x}_i' = \hat{\mathrm{H}}\bar{\mathbf{x}}_i$．这意味着残差是零．我们不可能指望一个算法有比这更好的性能.

注意 $\hat{\mathrm{H}}$ 把投影点与输入数据 $\mathbf{x}_i'$ 匹配,而不是把它们与原来无噪声的数据 $\bar{\mathbf{x}}_i'$ 匹配．事实上,因为无噪声和有噪声坐标之间的差的方差为 $\sigma^2$,在最小集 4 点的情形中投影点 $\hat{\mathrm{H}}\mathbf{x}_i$ 与无噪声数据 $\bar{\mathbf{x}}_i'$ 之间的残差也有方差 $\sigma^2$．因此,在 4 点时,虽然模型完全匹配噪声输入点(即残差是零),但并没有真正给出无噪声值的一个很好的近似.

在多于 4 点的匹配中,残差值将增加．直觉上,我们期望随测量(匹配点)数的增加,估计的模型将越来越接近无噪声的真值．在渐近情况下方差应该减小,反比例于匹配点的数目．与此同时,残差将增加.

### 5.1.2　双图像误差

对双图像误差情形,残差是

$$\varepsilon_{\text{res}} = \frac{1}{\sqrt{4n}}\left(\sum_{i=1}^{n} d(\mathbf{x}_i, \hat{\mathbf{x}}_i')^2 + \sum_{i=1}^{n} d(\mathbf{x}_i', \hat{\mathbf{x}}_i')^2\right)^{1/2} \tag{5.2}$$

式中,$\hat{\mathbf{x}}_i$ 和 $\hat{\mathbf{x}}_i'$ 是被估计的点并满足 $\hat{\mathbf{x}}_i' = \hat{\mathrm{H}}\hat{\mathbf{x}}_i$.

### 5.1.3　最优估计算法(MLE)

我们先在一般框架中考虑评估性能的界,然后具体到误差在一幅和两幅图像的两种情形．我们的目的是推导最大似然估计(MLE)的残差的期望公式．如前所述,几何误差的最小化等于 MLE,因此任何实现几何误差最小化的算法的目标应该是达到 MLE 给出的理论界．最小化不同代价函数(例如代数误差)的其他算法可以根据它与 MLE 所给出的界的接近程度来做性能判断.

如 4.2.7 节所介绍,一般的估计问题关系到一个由 $\mathrm{IR}^M$ 到 $\mathrm{IR}^N$ 的函数 $f$,其中 $\mathrm{IR}^M$ 是参数空间,而 $\mathrm{IR}^N$ 是测量空间．现在考虑一个点 $\bar{\mathbf{X}} \in \mathrm{IR}^N$,且存在一个参数向量 $\bar{\mathbf{P}} \in \mathrm{IR}^M$ 使得 $f(\bar{\mathbf{P}}) = \bar{\mathbf{X}}$(点 $\bar{\mathbf{X}}$ 在 $f$ 的值域中以 $\bar{\mathbf{P}}$ 为其前像)．在仅需对第二幅图像进行测量的 2D 射影变换估计的问题中,第二幅图像对应于无噪声的点集 $\bar{\mathbf{x}}_i' = \hat{\mathrm{H}}\bar{\mathbf{x}}_i$. $n$ 点 $\bar{\mathbf{x}}_i'(i=1,\cdots,n)$ 的 $x$ 和 $y$ 分量组成 $N$ 维向量 $\bar{\mathbf{X}}$,这里 $N=2n$ ,而单应的参数组成向量 $\bar{\mathbf{P}}$,根据 $\bar{\mathrm{H}}$ 的参数化的取法,P 可能是 8 或 9 维向量.

令 $\mathbf{X}$ 是根据各向同性高斯分布选取的测量向量,其均值为测量真值 $\bar{\mathbf{X}}$ 而方差为 $N\sigma^2$(此记号表示每个 $N$ 分量都有方差 $\sigma^2$)．当参数向量 $\mathbf{P}$ 的值在点 $\bar{\mathbf{P}}$ 的邻域变化时,函数 $f(\mathbf{P})$ 的值形成 $\mathrm{IR}^N$ 中过点 $\bar{\mathbf{X}}$ 的曲面 $S_M$．如图 5.1 所示．曲面 $S_M$ 由 $f$ 的值域给出．曲面 $S_M$ 是 $\mathrm{IR}^N$ 的子流

形,其维数等于 $d$,而 $d$ 正是本质参数的数目(即自由度的数目,或参数的最低限度数目). 在单图像误差的情形,它等于8,因为由矩阵 H 所确定的映射与尺度因子无关.

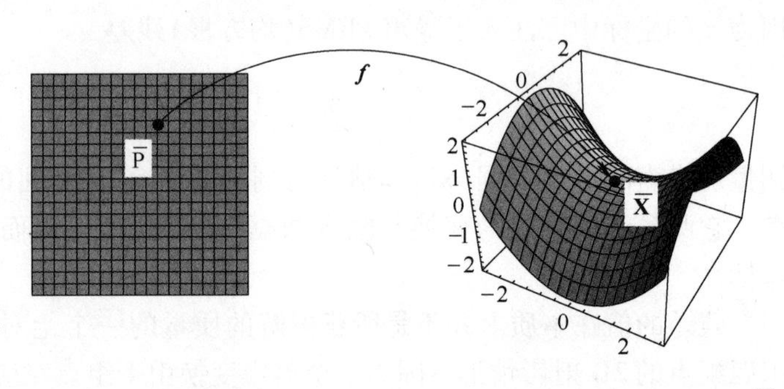


**图 5.1** 随参数向量 P 值的变化,对应函数的像形成过真值 $\overline{\mathbf{X}}$ 的曲面 $S_M$.

给定测量向量 $\mathbf{X}$,最大似然(ML)估计 $\hat{\mathbf{X}}$ 是 $S_M$ 上的最接近 $\mathbf{X}$ 的点. ML 估计算法就是返回该曲面上离 $\mathbf{X}$ 最近的点的算法. 把这个 ML 估计记为 $\hat{\mathbf{X}}$.

假定在 $\overline{\mathbf{X}}$ 的邻域曲面基本上是平面,即切平面可作为它的一个很好的近似——至少在 $\overline{\mathbf{X}}$ 的周围处于噪声方差数量级的邻域内是如此. 基于这个线性近似的假设,ML 估计 $\hat{\mathbf{X}}$ 是到 $\mathbf{X}$ 切平面上的垂足. 残差则是点 $\mathbf{X}$ 到估计值 $\hat{\mathbf{X}}$ 的距离. 而 $\hat{\mathbf{X}}$ 到(未知的)$\overline{\mathbf{X}}$ 的距离是最佳估计值到真值的距离,如图 5.2所示. 我们的任务就是计算这些误差的期望值.

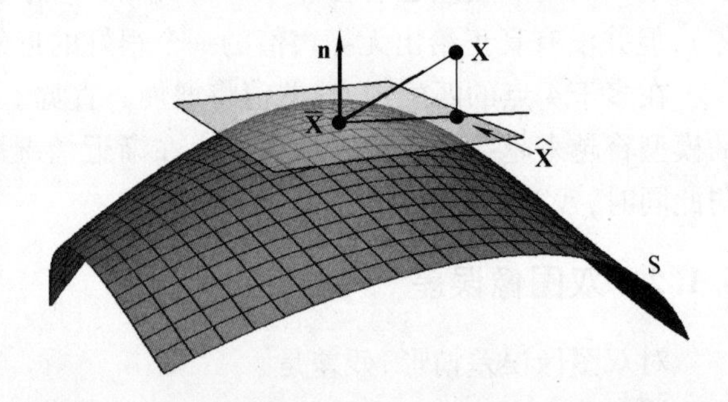


**图 5.2** 在误差测量空间中用切面逼近 $S_M$的几何. 估计点 $\hat{\mathbf{X}}$ 是 $S_M$上离被测量点 $\mathbf{X}$ 最近的点. 残差是被测量点 $\mathbf{X}$ 和 $\hat{\mathbf{X}}$ 之间的距离. 估计误差是由 $\hat{\mathbf{X}}$ 到真值点 $\overline{\mathbf{X}}$ 的距离.

计算 ML 残差的期望值现在可以抽象为如下的几何问题. $N$ 维高斯分布的**总方差**是协方差矩阵的迹,即在每一轴方向的方差的和. 它在坐标系的正交变化下是不变的. 每一维变量都具有独立方差 $\sigma^2$ 的 $N$ 维各向同性高斯分布的总方差是 $N\sigma^2$. 现在,给定定义在 $\mathrm{IR}^N$ 上的总方差是 $N\sigma^2$ 而均值是真值点 $\overline{\mathbf{X}}$ 的各向同性高斯随机变量,我们希望计算该随机变量到过 $\overline{\mathbf{X}}$ 的超平面(维数为 $d$)的距离的期望值. $\mathrm{IR}^N$ 中的该高斯随机变量到 $d$ 维切平面上的投影给出了**估计误差**(估计值与真值之差)的分布. 而到该切平面的$(N-d)$ 维的法向曲面的投影给出残差的分布.

我们可以不失一般性地假定切平面与前 $d$ 个坐标轴重合(必要时旋转坐标轴). 在余下的轴方向取积分给出如下结论.

**结论 5.1** $\mathrm{IR}^N$**上总方差为** $N\sigma^2$ **的各向同性高斯分布向一个** $s$ **维子空间的投影是总方差为** $s\sigma^2$ **的各向同性高斯分布.**

证明不难,因而省略. 我们把它应用到 $s=d$ 和 $s=N-d$ 两种情形得出如下结论.

**结论 5.2 考虑一个估计问题,其中** $N$ **个测量由依赖于** $d$ **个本质参数集的函数模型化. 假定每个测量变量有标准差** $\sigma^2$ **的独立高斯噪声.**

**(1) ML 估计算法的 RMS 残差(测量值到估计值的距离)是**

$$\varepsilon_{\text{res}} = E[\parallel \hat{\mathbf{X}} - \mathbf{X} \parallel^2 / N]^{1/2} = \sigma(1 - d/N)^{1/2} \tag{5.3}$$

**(2) ML 估计算法的 RMS 估计误差(估计值到真值的距离)是**

$$\varepsilon_{\text{est}} = E[\| \hat{\mathbf{X}} - \overline{\mathbf{X}} \|^2 / N]^{1/2} = \sigma(d/N)^{1/2} \tag{5.4}$$

式中，$\mathbf{X}$，$\hat{\mathbf{X}}$，$\overline{\mathbf{X}}$ 分别是测量向量的测量值、估计值和真值.

结论 5.2 直接由结论 5.1 得到，把它除以 $N$ 求得每个测量的方差，然后取平方根得到标准偏差，并用它取代方差.

这些值给出评价一个具体估计算法的残差的下界.

**2D 单应——单图像误差**　在本章中考虑的 2D 投影变换估计问题，假定误差仅在第二幅图像，我们有 $d=8$ 和 $N=2n$，其中 $n$ 是匹配点的数目．因此，对这个问题我们得到

$$\begin{aligned} \varepsilon_{\text{res}} &= \sigma(1-4/n)^{1/2} \\ \varepsilon_{\text{est}} &= \sigma(4/n)^{1/2} \end{aligned} \tag{5.5}$$

当 $n$ 变化时，这些误差的图也在图 5.3 中给出.

**双图像误差**　在此情形，$N=4n$ 和 $d=2n+8$. 如上面一样，假定在测量向量的真值 $\hat{\mathbf{X}}$ 的邻域有切平面的线性近似，结论 5.2 中给出如下误差期望值.

$$\begin{aligned} \varepsilon_{\text{res}} &= \sigma\left(\frac{n-4}{2n}\right)^{1/2} \\ \varepsilon_{\text{est}} &= \sigma\left(\frac{n+4}{2n}\right)^{1/2} \end{aligned} \tag{5.6}$$

当 $n$ 变化时，这些误差的图也在图 5.3 中给出.

从图中可以看到一个有趣的现象：此时，真值的渐进误差是 $\sigma/\sqrt{2}$ 而不是单图像误差时的 0. 该结果是意料之中的，因为事实上，每点的位置有两次测量，每幅图像上各一次并与射影变换相关．一个点进行两次测量，估计点的位置方差降低了 $\sqrt{2}$ 倍．相反地，在前一种情形误差仅发生在一幅图像中，因而第一幅图像上的每点有准确的测量．因此，当变换 H 估计的精确度越来越大时，在第二幅图像中点的精确位置变得已知，其不确定性渐近地趋向 0.

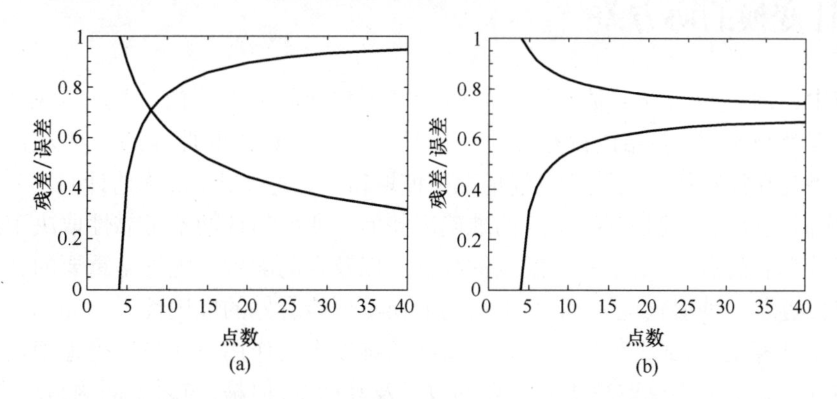


**图 5.3　当点的数目变化时，噪声在(a)一幅图像和(b)两幅图像所得到的最优误差．**假定误差水平是 1 个像素．下降曲线表示估计误差 $\varepsilon_{\text{est}}$ 而上升曲线表示残差 $\varepsilon_{\text{res}}$.

**Mahalanobis 距离**　上面的公式是在测量空间的误差分布服从各向同性高斯分布的假设下推导的，这意味着每个坐标的误差是独立的．该假设不是本质的．我们可以假设误差服从具有协方差矩阵 $\Sigma$ 的任何高斯分布，把 $\varepsilon$ 换成 Mahalanobis 距离的期望值 $E[\| \hat{\mathbf{X}} - \mathbf{X} \|_{\Sigma}^2 / N]^{1/2}$ 时结论 5.2 的公式仍然成立．标准差 $\sigma$ 也不再出现，因为它由 Mahalanobis 距离取代.

它可由在测量空间 $\mathrm{IR}^N$ 中用一个坐标变换使协方差矩阵变为单位矩阵得到．在这新的坐

标系中,Mahalanobis 距离变得与欧氏距离一样.

### 5.1.4 确定一个算法的正确收敛性

在式(5.3)和式(5.4)中给出的关系提供了一种简单的方法来确定一个估计算法的正确收敛性,不需要确定问题的自由度数. 如图5.2所示,对应参数向量 **P** 规定模型的测量空间形成一个曲面 $S_M$. 如果无噪声数据 $\overline{\mathbf{X}}$ 附近的表面几乎是平面,那么它可以由它的切平面近似,并且三点 $\hat{\mathbf{X}}$,$\mathbf{X}$ 和 $\overline{\mathbf{X}}$ 形成一个直角三角形. 在大多数估计问题中此平面性假设在由典型噪声幅度设定的尺度上将非常接近正确. 在这种情况下,毕达哥拉斯的等式可以写为

$$\|\mathbf{X}-\overline{\mathbf{X}}\|^2=\|\mathbf{X}-\hat{\mathbf{X}}\|^2+\|\overline{\mathbf{X}}-\hat{\mathbf{X}}\|^2 \tag{5.7}$$

在评估采用合成数据的一个算法时,此等式给出一个简单的测试,查看该算法是否已收敛到最优值. 如果被估计值 $\hat{\mathbf{X}}$ 满足这种等式,那么它是该算法已经找到了真全局最小的一个强指示. 请注意,应用这个测试时不必要确定问题的自由度. 若干更多的属性在下面列出:

- 这个测试可以用在逐次运行的基础上来确定该算法是否成功. 因此,它能借助重复运行来估计算法的成功百分率.
- 这个测试只能用于合成数据,或者至少数据的真实测量 $\overline{\mathbf{X}}$ 已知.
- 等式(5.7)建立在由有效测量组成的表面 $S_M$ 是局部平面的假设之上. 如果对估计算法的一个具体运行此等式不满足,那么这是因为表面不是平面,或者(更有可能的)因为该算法将不能找到最优解.
- 等式(5.7)是针对寻找全局不是一个局部解算法的一种测试. 如果 $\hat{\mathbf{X}}$ 停滞到局部代价极小值,那么式(5.7)的右边很可能远大于左边. 如果该算法发现不正确的点 $\hat{\mathbf{X}}$,此条件不太可能有机会完全被满足.

## 5.2 估计变换的协方差

在上节中,我们考虑了 ML 估计以及如何计算平均误差的期望值. 把一个算法所得到的残差或估计误差与 ML 误差相比较是评价一个具体的估计算法的性能的一种好方法,因为它把算法的结果与在没有任何先验信息的情况下能取得的最好结果(最优估计)比较.

但是,我们主要关心的是变换本身的准确度如何. 变换估计的不可靠性取决于许多因素,它包括用于计算它的点数、给定的匹配点的准确度以及点的配置. 配置是重要的,假定用于计算变换的点接近于一种退化配置,那么求得的变换不可能有好的准确性. 例如,如果用一条直线附近的点来计算变换,那么变换在垂直于直线的维度上的作用不能被准确地确定. 因此,尽管残差和估计误差看上去仅取决于对应点的数目及其精度,但是,与之不同的是求得的变换的准确性却依赖于具体的点. 求得的变换的不可靠性通常由变换的**协方差矩阵**获取. 因为 H 是9元素的矩阵,它的协方差矩阵是一个 $9\times9$ 矩阵. 本节将介绍如何来计算这个协方差矩阵.

### 5.2.1 协方差的前向传播

协方差矩阵在仿射变换下有令人喜欢的简单性质,如下面的定理所述.

**结论 5.3** 令 v 是 $\mathrm{IR}^M$ 中的一个具有均值 $\bar{\mathrm{v}}$ 和协方差矩阵 $\Sigma$ 的随机向量,假定 $f:\mathrm{IR}^M\rightarrow\mathrm{IR}^N$

**是一个仿射映射：定义为$f(\mathbf{v})=f(\overline{\mathbf{v}})+\mathrm{A}(\mathbf{v}-\overline{\mathbf{v}})$．那么$f(\mathbf{v})$是一个具有均值$f(\overline{\mathbf{v}})$和协方差矩阵$\mathrm{A}\Sigma\mathrm{A}^{\mathrm{T}}$的随机变量．**

注意：我们没有假定A是方阵．我们现在以举例说明来代替该结论的证明．

**例5.4** 令$x$和$y$为均值为0而标准偏差分别为1和2的独立的随机变量．那么$x'=f(x,y)=3x+2y-7$的均值和标准偏差是多少？

均值是$\overline{x}'=f(0,0)=-7$．再来计算$x'$的方差．按所给定的条件，$\Sigma$是矩阵$\begin{bmatrix}1&0\\0&4\end{bmatrix}$而A是矩阵$[3\quad 2]$．因此，$x'$的方差是$\mathrm{A}\Sigma\mathrm{A}^{\mathrm{T}}=25$．从而$3x+2y-7$的标准偏差是5．

**例5.5** 令$x'=3x+2y$及$y'=3x-2y$．求$(x',y')$的协方差矩阵，假设$x$和$y$的分布与上例一样．

这里矩阵$\mathrm{A}=\begin{bmatrix}3&2\\3&-2\end{bmatrix}$，由此算出$\mathrm{A}\Sigma\mathrm{A}^{\mathrm{T}}=\begin{bmatrix}25&-7\\-7&25\end{bmatrix}$．因此，我们可以看到$x'$和$y'$的方差都是25（标准差是5），而$x'$和$y'$是负相关的，其协方差是$E[x'y']=-7$．

**非线性传播** 如果$\mathbf{v}$是$\mathrm{IR}^M$中的一个随机向量，而$f:\mathrm{IR}^M\to\mathrm{IR}^N$是一个作用于$\mathbf{v}$上的非线性函数，那么若假设$f$在$\mathbf{v}$的分布的均值附近近似于仿射变换，我们就可以计算$f(\mathbf{v})$的均值和协方差的近似值．$f$的仿射逼近是$f(\mathbf{v})\approx f(\overline{\mathbf{v}})+\mathrm{J}(\mathbf{v}-\overline{\mathbf{v}})$，这里J是偏导数（雅可比）矩阵$\partial f/\partial\mathbf{v}$在$\overline{\mathbf{v}}$的值．注意J的维数是$N\times M$．那么我们有如下结论．

**结论5.6** **令$\mathbf{v}$是$\mathrm{IR}^M$中一个具有均值$\overline{\mathbf{v}}$和协方差矩阵$\Sigma$的随机向量，令$f:\mathrm{IR}^M\to\mathrm{IR}^N$在$\overline{\mathbf{v}}$的邻域可微．那么在精确到一阶近似的程度下，$f(\mathbf{v})$是一个具有均值$f(\overline{\mathbf{v}})$和协方差矩阵$\mathrm{J}\Sigma\mathrm{J}^{\mathrm{T}}$的随机变量，其中J是$f$的雅可比矩阵在$\overline{\mathbf{v}}$的值．**

这个结果与$f(\overline{\mathbf{v}})$的实际均值和方差近似的程度取决于在处于$\overline{\mathbf{v}}$周围与$\mathbf{v}$概率分布的支集相当大小的区域上，函数$f$近似于线性函数的程度．

**例5.7** 令$\mathbf{x}=(x,y)^{\mathrm{T}}$是一个具有均值$(0,0)^{\mathrm{T}}$和协方差矩阵$\sigma^2\mathrm{diag}(1,4)$的高斯随机向量．令$x'=f(x,y)=x^2+3x-2y+5$．那么我们可以根据下面的公式计算$f(x,y)$的均值和标准差的真值

$$\overline{x}'=\iint_{-\infty}^{\infty}P(x,y)f(x,y)\,\mathrm{d}x\mathrm{d}y$$

$$\sigma_{x'}^2=\iint_{-\infty}^{\infty}P(x,y)(f(x,y)-\overline{x}')^2\,\mathrm{d}x\mathrm{d}y$$

其中

$$P(x,y)=\frac{1}{4\pi\sigma^2}\mathrm{e}^{-(x^2+y^2/4)/2\sigma^2}$$

是高斯概率分布（A2.1）．我们得到

$$\overline{x}'=5+\sigma^2$$
$$\sigma_{x'}^2=25\sigma^2+2\sigma^4$$

应用结论5.6给出的似近，并注意到$\mathrm{J}=[3\quad -2]$，我们求得估计值为

$$\overline{x}'=5$$

$$\sigma_{x'}^2=\sigma^2[3\quad -2]\begin{bmatrix}1&\\&4\end{bmatrix}[3\quad -2]^{\mathrm{T}}=25\sigma^2.$$

因此，只要$\sigma$足够小，它们就是$x'$的均值和方差的正确值的一个好的近似．下面的表中分别

对 $\sigma$ 的两种不同取值给出 $f(x,y)$ 的均值和标准差的真值和近似值.

| | $\sigma=0.25$ | | $\sigma=0.5$ | |
|---|---|---|---|---|
| | $\bar{x}'$ | $\sigma_{x'}$ | $\bar{x}'$ | $\sigma_{x'}$ |
| 估计值 | 5.0000 | 1.25000 | 5.00 | 2.5000 |
| 真值 | 5.0625 | 1.25312 | 5.25 | 2.5249 |

作为参照,在 $\sigma=0.25$ 的情形,我们看到只要 $|x|<2\sigma$(大约占总分布的95%),$f(x,y)=x^2+3x-2y+5$ 的值与它的线性近似的差别不大于 $x^2<0.25$.

**例 5.8** 更一般的情况,假定 $x$ 和 $y$ 为独立的零均值高斯随机变量,对于函数 $f(x,y)=ax^2+bxy+cy^2+dx+ey+f$, 我们可以算出此函数的

$$均值=a\sigma_x^2+c\sigma_y^2+f$$

$$方差=2a^2\sigma_x^4+b^2\sigma_x^2\sigma_y^2+2c^2\sigma_y^4+d^2\sigma_x^2+e^2\sigma_y^2$$

只要 $\sigma_x$ 和 $\sigma_y$ 足够小,上式的均值和方差就接近估计的均值 $=f$ 和方差 $=d^2\sigma_x^2+e^2\sigma_y^2$.

## 5.2.2 协方差的反向传播

**本节和接下来的 5.2.3 节的内容比较高深 . 5.2.4 节的例子给出这几节中的结论的直接应用,可以先阅读 .**

考虑由"参数空间"$\mathrm{IR}^M$ 到"测量空间"$\mathrm{IR}^N$ 的一个可微映射 $f$,并令一个协方差矩阵为 $\Sigma$ 的高斯概率分布定义在 $\mathrm{IR}^N$ 上. 令 $S_M$ 为映射 $f$ 的像. 我们假定 $M<N$ 且 $S_M$ 与参数空间 $\mathrm{IR}^M$ 有相同的维数 $M$. 我们暂时不考虑超参数化的情况. $\mathrm{IR}^M$ 中的向量 $\mathbf{P}$ 是 $S_M$ 上的点 $f(\mathbf{P})$ 的一种参数化. 在 Mahalanobis 距离的意义下,求在 $S_M$ 上最接近 $\mathrm{IR}^N$ 上给定点 $\mathbf{X}$ 的点定义了由 $\mathrm{IR}^N$ 到曲面 $S_M$ 的一个映射. 我们称此映射为 $\eta:\mathrm{IR}^N\to S^M$. 现在假定 $f$ 在曲面 $S_M$ 上可逆,那么定义 $f^{-1}:S^M\to\mathrm{IR}^M$ 为其逆函数.

通过映射 $\eta:\mathrm{IR}^N\to S_M$ 和 $f^{-1}:S_M\to\mathrm{IR}^M$ 的复合,我们得到一个映射 $f^{-1}\circ\eta:\mathrm{IR}^N\to\mathrm{IR}^M$. 这个映射把对应于 ML 估计 $\hat{\mathbf{X}}$ 的参数向量 $\mathbf{P}$ 集合指定给测量向量 $\mathbf{X}$. 原则上,我们可以把测量空间 $\mathrm{IR}^N$ 的概率分布的协方差传播给对应于 ML 估计的这组参数 P 集合的协方差矩阵的计算. 我们的目标是应用结论 5.3 或结论 5.6.

我们首先考虑的情况是映射 $f$ 是由 $\mathrm{IR}^M$ 到 $\mathrm{IR}^N$ 的仿射映射. 下一步我们将证明 $f^{-1}\circ\eta$ 同样是仿射变换并将给出 $f^{-1}\circ\eta$ 的一种具体形式,由此,我们能应用结论 5.3 去计算被估计的参数 $\hat{\mathbf{P}}=f^{-1}\circ\eta(\mathbf{X})$ 的协方差.

因为 $f$ 是仿射,我们可以记 $f(\mathbf{P})=f(\overline{\mathbf{P}})+\mathrm{J}(\mathbf{P}-\overline{\mathbf{P}})$,其中 $f(\overline{\mathbf{P}})=\overline{\mathbf{X}}$ 是 $\mathrm{IR}^N$ 上概率分布的均值. 因为我们假定曲面 $S_M=f(\mathrm{IR}^M)$ 的维数是 $M$,J 的秩等于它列向量的维数. 给定一个测量向量 $\mathbf{X}$,ML 估计 $\hat{\mathbf{X}}$ 最小化 $\|\mathbf{X}-\hat{\mathbf{X}}\|_\Sigma=\|\mathbf{X}-f(\hat{\mathbf{P}})\|_\Sigma$. 因此,我们寻求最小化后一个量的 $\hat{\mathbf{P}}$. 然而,

$$\|\mathbf{X}-f(\hat{\mathbf{P}})\|_\Sigma=\|(\mathbf{X}-\hat{\mathbf{X}})-\mathrm{J}(\hat{\mathbf{P}}-\overline{\mathbf{P}})\|_\Sigma$$

在 $(\hat{\mathbf{P}}-\overline{\mathbf{P}})=(\mathrm{J}^{\mathsf{T}}\Sigma^{-1}\mathrm{J})^{-1}\mathrm{J}^{\mathsf{T}}\Sigma^{-1}(\mathbf{X}-\overline{\mathbf{X}})$ 时被最小化(见 A5.2.1 节的式(A5.2)).

记 $\overline{\mathbf{P}}=f^{-1}\overline{\mathbf{X}}$ 和 $\hat{\mathbf{P}}=f^{-1}\hat{\mathbf{X}}$,我们看到

$$\begin{aligned} f^{-1}\mathrm{o}\eta(\mathbf{X}) &= \hat{\mathbf{P}} \\ &= (\mathrm{J}^{\mathsf{T}}\Sigma^{-1}\mathrm{J})^{-1}\mathrm{J}^{\mathsf{T}}\Sigma^{-1}(\mathbf{X}-\overline{\mathbf{X}})+f^{-1}(\overline{\mathbf{X}}) \\ &= (\mathrm{J}^{\mathsf{T}}\Sigma^{-1}\mathrm{J})^{-1}\mathrm{J}^{\mathsf{T}}\Sigma^{-1}(\mathbf{X}-\overline{\mathbf{X}})+f^{-1}\mathrm{o}\eta(\overline{\mathbf{X}}) \end{aligned}$$

这表明$f^{-1}\mathrm{o}\eta$是仿射而$(\mathrm{J}^{\mathsf{T}}\Sigma^{-1}\mathrm{J})^{-1}\mathrm{J}^{\mathsf{T}}\Sigma^{-1}$是它的线性部分．应用结论 5.3，我们看到$\hat{\mathbf{P}}$的协方差矩阵是

$$\begin{aligned} [(\mathrm{J}^{\mathsf{T}}\Sigma^{-1}\mathrm{J})^{-1}\mathrm{J}^{\mathsf{T}}\Sigma^{-1}]\Sigma[(\mathrm{J}^{\mathsf{T}}\Sigma^{-1}\mathrm{J})^{-1}\mathrm{J}^{\mathsf{T}}\Sigma^{-1}]^{\mathsf{T}} &= (\mathrm{J}^{\mathsf{T}}\Sigma^{-1}\mathrm{J})^{-1}\mathrm{J}^{\mathsf{T}}\Sigma^{-1}\Sigma\Sigma^{-1}\mathrm{J}(\mathrm{J}^{\mathsf{T}}\Sigma^{-1}\mathrm{J})^{-1} \\ &= (\mathrm{J}^{\mathsf{T}}\Sigma^{-1}\mathrm{J})^{-1} \end{aligned}$$

其中用了$\Sigma$的对称性．以上证明了如下定理.

**结论 5.9　协方差的反向输送——仿射情形．令$f$:$\mathrm{IR}^M\to\mathrm{IR}^N$是形为$f(\mathbf{P})=f(\overline{\mathbf{P}})+\mathrm{J}(\mathbf{P}-\overline{\mathbf{P}})$的仿射映射，其中 J 的秩等于$M$. 令$\mathbf{X}$是$\mathrm{IR}^N$中的一个具有均值$\overline{\mathbf{X}}=f(\overline{\mathbf{P}})$和协方差矩阵$\Sigma$的随机变量．令$f^{-1}\mathrm{o}\eta$:$\mathrm{IR}^N\to\mathrm{IR}^M$是一个映射，它把测量向量$\mathbf{X}$映射到对应于 ML 估计$\hat{\mathbf{X}}$的参数集合．那么$\hat{\mathbf{P}}=f^{-1}\mathrm{o}\eta(\mathbf{X})$是一个具有均值$\overline{\mathbf{P}}$的随机变量，其协方差矩阵是**

$$\Sigma_{\mathrm{P}}=(\mathrm{J}^{\mathsf{T}}\Sigma_{\mathrm{X}}^{-1}\mathrm{J})^{-1} \tag{5.8}$$

当$f$不是仿射映射时，可以借助通常的途径用一个仿射函数逼近$f$来获得均值和协方差的近似，下文将对此给予介绍.

**结论 5.10　协方差的反向传递——非线性情形．令$f$:$\mathrm{IR}^M\to\mathrm{IR}^N$是一个可微映射，而 J 是它在点$\overline{\mathbf{P}}$处的雅可比矩阵．假定 J 的秩为$M$. 则$f$在$\overline{\mathbf{P}}$的邻域是一一对应的．令$\mathbf{X}$是$\mathrm{IR}^N$中的一个具有均值$\overline{\mathbf{X}}=f(\overline{\mathbf{P}})$和协方差矩阵$\Sigma_{\mathrm{X}}$的随机变量．令映射$f^{-1}\mathrm{o}\eta$:$\mathrm{IR}^N\to\mathrm{IR}^M$，把测量向量$\mathbf{X}$映射到对应于 ML 估计$\hat{\mathbf{X}}$的参数向量集合．那么在一阶精度下，$\hat{\mathbf{P}}=f^{-1}\mathrm{o}\eta(\mathbf{X})$是一个具有均值$\overline{\mathbf{P}}$和协方差矩阵$(\mathrm{J}^{\mathsf{T}}\Sigma_{\mathrm{X}}^{-1}\mathrm{J})^{-1}$的随机变量.**

### 5.2.3　超参数化

我们可以把结论 5.9 和结论 5.10 推广到冗余参数集 超参数化的情形．其中，参数空间$\mathrm{IR}^M$到测量空间$\mathrm{IR}^N$的映射$f$局域上不是一一对应的．例如，如 4.5 节所述，在估计 2D 单应时，存在一个映射$f(\mathbf{P})$，其中$\mathbf{P}$是表示单应矩阵 H 的元素的 9 维向量．因为单应仅有 8 个自由度，故映射$f$不是一一对应的．具体地说，对任何常数$k$，矩阵$k$H 表示同样的映射，因而图像坐标向量$f(\mathbf{P})$和$f(k\mathbf{P})$等价.

在一般情形，一个映射$f$:$\mathrm{IR}^M\to\mathrm{IR}^N$的雅可比矩阵 J 不是满秩$M$，而是有一个较小的秩$d<M$. 该秩$d$称为**本质参数**．此时，矩阵$(\mathrm{J}^{\mathsf{T}}\Sigma_{\mathrm{X}}^{-1}\mathrm{J})^{-1}$的维数是$M$但秩为$d<M$. 式(5.8)$\Sigma_{\mathrm{P}}=(\mathrm{J}^{\mathsf{T}}\Sigma_{\mathrm{X}}^{-1}\mathrm{J})^{-1}$显然不成立，因为该式右边的矩阵不可逆.

事实上，很清楚如果没有进一步的约束，被估计的向量$\hat{\mathbf{P}}$的元素可以通过乘以任意非零常数$k$而无界地变化．因此，元素具有无穷方差．通常要通过某种约束来限制被估计的单应矩阵 H 或更一般地限制参数向量$\mathbf{P}$. 通常的约束是$\|\mathbf{P}\|=1$，虽然其他的约束也是可能的，例如要求最后一个参数等于 1（见 4.4.2 节）．因此参数向量$\mathbf{P}$被限制在参数空间$\mathrm{IR}^9$或更一般地在$\mathrm{IR}^M$的一个曲面上．对第一种约束，曲面$\|\mathbf{P}\|=1$是$\mathrm{IR}^M$中的一个单位球面．第二种约束$P_m=1$则表示$\mathrm{IR}^M$中的一个平面．在一般情形，我们可以假定被估计的向量$\mathbf{P}$在$\mathrm{IR}^M$的某个子流形上，如下面定理所示.

**结论 5.11　协方差的反向传递——超参数化情形．令$f$:$\mathrm{IR}^M\to\mathrm{IR}^N$是一个可微映射，它将一组参数$\overline{\mathbf{P}}$映射到测量向量$\overline{\mathbf{X}}$. 令$S_{\mathrm{P}}$是嵌入$\mathrm{IR}^M$中的过点$\overline{\mathbf{P}}$的$d$维光滑流形并使得映射$f$在**

流形 $S_P$ 上 $\overline{\mathbf{P}}$ 的一个邻域内是一一对应的，$f$ 把 $\overline{\mathbf{P}}$ 局域地映射到 $\mathrm{IR}^N$ 上的流形 $f(S_P)$. 函数 $f$ 有一个局部逆函数，记为 $f^{-1}$，它限制在曲面 $f(S_P)$ 上 $\overline{\mathbf{X}}$ 的一个邻域内. 定义 $\mathrm{IR}^N$ 上的一个具有均值 $\overline{\mathbf{X}}$ 和协方差 $\Sigma_X$ 的高斯分布，并令 $\eta: \mathrm{IR}^N \to f(S_P)$ 把 $\mathrm{IR}^N$ 上的点映射到 $f(S_P)$ 上并在 Mahalanobis 范数 $\|\cdot\|_{\Sigma_X}$ 意义下最近的点. $\mathrm{IR}^N$ 上具有协方差矩阵 $\Sigma_X$ 的概率分布通过 $f^{-1} \circ \eta$ 诱导 $\mathrm{IR}^M$ 上的概率分布，它在一阶精度下的协方差矩阵是

$$\Sigma_P = (\mathrm{J}^{\mathrm{T}} \Sigma_X^{-1} \mathrm{J})^{+\mathrm{A}} = \mathrm{A}(\mathrm{A}^{\mathrm{T}} \mathrm{J}^{\mathrm{T}} \Sigma_X^{-1} \mathrm{JA})^{-1} \mathrm{A}^{\mathrm{T}} \tag{5.9}$$

式中，A 是任意 $m \times d$ 矩阵，它的列向量生成 $S_P$ 的过点 $\overline{\mathbf{P}}$ 的切空间.

图 5.4 给出这方面的说明. 由式(5.9)定义的记号 $(\mathrm{J}^{\mathrm{T}} \Sigma_X^{-1} \mathrm{J})^{+\mathrm{A}}$ 将在 A5.2 节中进一步讨论.

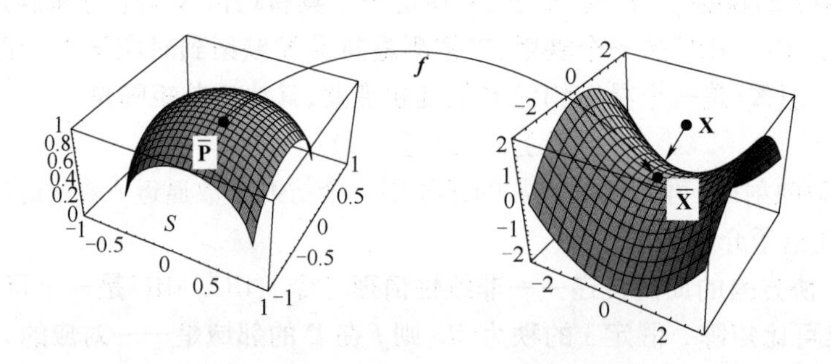


**图 5.4 反向传递(超参数)**. 映射 $f$ 将约束参数曲面映射到测量空间. 一个测量 $\mathbf{X}$ 被映射(通过映射 $\eta$)到表面 $f(S_P)$ 上最接近的点. 然后通过 $f^{-1}$ 返回参数空间，提供参数的 ML 估计. $\mathbf{X}$ 的协方差通过 $f^{-1} \circ \eta$ 被转移到参数的协方差.

**证明** 结论 5.11 的证明是容易的. 令 $d$ 为本质参数的数目. 定义映射 $g: \mathrm{IR}^d \to \mathrm{IR}^M$ 把 $\mathrm{IR}^d$ 中的开邻域 $U$ 映射到包含点 $\overline{\mathbf{P}}$ 的开集 $S_P$. 那么复合映射 $f \circ g: \mathrm{IR}^d \to \mathrm{IR}^M$ 在邻域 $U$ 上是一一对应的. 让我们用 J 和 A 分别表示 $f$ 和 $g$ 的偏导数矩阵. 那么 $f \circ g$ 的偏导数矩阵为 JA. 现在应用结论 5.10，我们看到 $\mathrm{IR}^N$ 上具有协方差矩阵 $\Sigma$ 的概率分布函数可以反向输送到 $\mathrm{IR}^d$ 上的具有协方差矩阵 $(\mathrm{A}^{\mathrm{T}}\mathrm{J}^{\mathrm{T}}\Sigma^{-1}\mathrm{JA})^{-1}$ 的概率分布函数. 应用结论 5.6，把它再正向输送到 $\mathrm{IR}^M$ 可以得到 $S_P$ 上的协方差矩阵 $\mathrm{A}(\mathrm{A}^{\mathrm{T}}\mathrm{J}^{\mathrm{T}}\Sigma^{-1}\mathrm{JA})^{-1}\mathrm{A}^{\mathrm{T}}$. 把这个矩阵记为 $(\mathrm{J}^{\mathrm{T}}\Sigma^{-1}\mathrm{J})^{+\mathrm{A}}$，它与 A5.2 节中所定义的 $(\mathrm{J}^{\mathrm{T}}\Sigma^{-1}\mathrm{J})$ 的伪逆有关. 表达式(5.9)不依赖于矩阵 A 的具体选择，只要 A 的列向量生成子空间不变. 具体地说，对任意可逆的 $d \times d$ 矩阵 B，如果 A 被 BA 代替，那么式(5.9)的值不变. 因此，任何矩阵 A 只要它的列向量生成 $S_P$ 的过点 $\overline{\mathbf{P}}$ 的切空间就行.

注意上述证明给出了计算生成切空间矩阵 A——即 $g$ 的雅可比矩阵的一种特殊方法. 如我们将要看到的，在许多情况下存在求 A 的更方便的方法. 注意协方差矩阵式(5.9)是奇异的. 具体地说，它的维数是 $M$ 而秩是 $d < M$. 这是因为被估计的参数向量集合的方差在与约束曲面 $S_P$ 正交的方向上是零——即在正交方向上没有变化. 注意虽然 $\mathrm{J}^{\mathrm{T}}\Sigma^{-1}\mathrm{J}$ 是不可逆的，$d \times d$ 矩阵 $\mathrm{A}^{\mathrm{T}}\mathrm{J}^{\mathrm{T}}\Sigma^{-1}\mathrm{JA}$ 的秩是 $d$，并且是可逆的.

一种重要的情形是约束曲面局部地正交于雅可比矩阵的零空间. 记 $N_L(\mathrm{X})$ 是矩阵 X 的左零空间，即所有使 $\mathbf{x}^{\mathrm{T}}\mathbf{X} = 0$ 的向量 $\mathbf{x}$ 组成的空间. 那么(如 A5.2 节所示)，**伪逆** $\mathrm{X}^+$ 为

$$\mathrm{X}^+ = \mathrm{X}^{+\mathrm{A}} = \mathrm{A}(\mathrm{A}^{\mathrm{T}}\mathrm{XA})^{-1}\mathrm{A}^{\mathrm{T}}$$

的充要条件是 $N_L(\mathrm{A}) = N_L(\mathrm{X})$. 下面的结论可以从结论 5.11 中直接得到.

**结论 5.12**　令可微映射 $f: \mathrm{IR}^M \to \mathrm{IR}^N$ 把 $\overline{\mathbf{P}}$ 映射到 $\overline{\mathbf{X}}$，并令 J 为 $f$ 的雅可比矩阵．设 $\mathrm{IR}^N$ 上一个具有协方差矩阵 $\Sigma_{\mathrm{X}}$ 的高斯分布定义在 $\overline{\mathbf{X}}$，同时如结论 5.11，令 $f^{-1} \circ \eta: \mathrm{IR}^M \to \mathrm{IR}^N$ 是把一个测量 $\mathbf{X}$ 映到约束在局部正交于 J 的零空间的曲面 $S_{\mathrm{P}}$ 上的 MLE 参数向量 $\mathbf{P}$ 的映射．那么 $f^{-1} \circ \eta$ 诱导在 $\mathrm{IR}^M$ 上的一个分布，它的协方差矩阵在一阶精度下等于

$$\Sigma_{\mathrm{P}} = (\mathrm{J}^{\mathsf{T}} \Sigma_{\mathrm{X}}^{-1} \mathrm{J})^{+} \tag{5.10}$$

注意 $\mathbf{P}$ 限制在一个局部正交于 J 的零空间的曲面上的约束在许多情况中是自然的约束．例如，如果 $\mathbf{P}$ 是一个齐次参数向量（如一个齐次矩阵的元素），则约束满足通常的限制 $|\mathbf{P}|=1$．在这种情形下，约束曲面是单位球面，且任何一点的切面垂直于该参数向量．另一方面，因为 $\mathbf{P}$ 是齐次向量，函数 $f(\mathbf{P})$ 不随比例因子而改变，因而 J 在径向方向有一个零向量，因此垂直于约束曲面．

对于其他情形，在计算参数的协方差矩阵时对参数向量上加什么限制通常不是关键．另外，因为伪逆运算就是它自身的求逆，我们可以根据 $\mathrm{J}^{\mathsf{T}} \Sigma_{\mathrm{X}}^{-1} \mathrm{J} = \Sigma_{\mathrm{P}}^{+}$ 从它的伪逆求得原始矩阵．然后，我们可以根据下式计算对应任何其他的子空间的协方差矩阵：

$$(\mathrm{J}^{\mathsf{T}} \Sigma_{\mathrm{X}}^{-1} \mathrm{J})^{+\mathrm{A}} = (\Sigma_{\mathrm{P}}^{+})^{+\mathrm{A}}$$

式中，A 的列向量生成参数空间的约束子空间．

### 5.2.4　应用与举例

**单图像误差**　让我们把上述理论用于求被估计的 2D 单应 H 的协方差．首先，我们来看误差限制在第二幅图像中的情形．$3 \times 3$ 矩阵 H 被表示成 9 维参数向量的形式，并用记号 $\mathbf{h}$ 代替 $\mathbf{P}$ 以便提示我们它由 H 的元素组成．被估计的 $\hat{\mathbf{h}}$ 的协方差是一个 $9 \times 9$ 的对称矩阵．匹配点 $\overline{\mathbf{x}}_i \leftrightarrow \mathbf{x}_i'$ 的集是给定的．点 $\overline{\mathbf{x}}_i$ 是固定的真值，而点 $\mathbf{x}_i'$ 是随机变量，它的每个分量受协方差为 $\sigma^2$ 或（如果有必要的话）更一般协方差的高斯噪声影响．函数 $f: \mathrm{IR}^9 \to \mathrm{IR}^{2n}$ 定义一个映射，它把表示矩阵 H 的 9 维向量 $\mathbf{h}$ 映射到由点 $\mathbf{x}_i' = \mathrm{H}\overline{\mathbf{x}}_i$ 的坐标组成的 $2n$ 维向量上．$\mathbf{x}_i'$ 的坐标组成 $\mathrm{IR}^N$ 中的一个组合向量，我们把它记为 $\mathbf{X}'$．如我们所看到的，当 $\mathbf{h}$ 变化时，点 $f(\mathbf{h})$ 画出 $\mathrm{IR}^{2n}$ 上的一个 8 维曲面 $S_{\mathrm{P}}$．在曲面上的每一点 $\mathbf{X}'$ 表示一组与第一幅图像上的点 $\overline{\mathbf{x}}_i$ 相关的点 $\mathbf{x}_i'$．给定一个测量向量 $\mathbf{X}'$，我们可以在 Mahalanobis 距离的意义下选择在曲面 $S_{\mathrm{P}}$ 上与之最靠近的点 $\hat{\mathbf{X}}'$．满足约束条件 $\|\mathbf{h}\|=1$ 的前像 $\mathbf{h}=f^{-1}(\hat{\mathbf{X}}')$ 表示用 ML 估计算法得到的估计单应矩阵 $\hat{\mathrm{H}}$．由 $\mathbf{X}'$ 值的概率分布，我们希望导出被估计的 $\hat{\mathbf{h}}$ 的分布．其协方差矩阵 $\Sigma_{\mathrm{h}}$ 由结论 5.12 给出．该协方差矩阵对应于约束 $\|\mathbf{h}\|=1$．

因此，计算一个被估计的变换的协方差矩阵的过程如下：

(1) 由给定数据估计变换 $\hat{\mathrm{H}}$．

(2) 计算雅可比矩阵 $\mathrm{J}_f = \partial \mathbf{X}' / \partial \mathbf{h}$ 在 $\hat{\mathbf{h}}$ 处的值．

(3) 被估计的 $\mathbf{h}$ 的协方差矩阵由式(5.10)给出：$\Sigma_{\mathbf{h}} = (\mathrm{J}_f^{\mathsf{T}} \Sigma_{\mathrm{X}'}^{-1} \mathrm{J}_f)^{+}$．

我们将稍微详细地研究该过程的最后两步．

**导数矩阵的计算**　首先考虑雅可比矩阵 $\mathrm{J} = \partial \mathbf{X}' / \partial \mathbf{h}$．该矩阵可以写成一个自然的分块式，即 $\mathrm{J} = (\mathrm{J}_1^{\mathsf{T}}, \mathrm{J}_2^{\mathsf{T}}, \cdots, \mathrm{J}_i^{\mathsf{T}}, \cdots, \mathrm{J}_n^{\mathsf{T}})^{\mathsf{T}}$，其中 $\mathrm{J}_i = \partial \mathbf{x}_i' / \partial \mathbf{h}$．$\partial \mathbf{x}_i' / \partial \mathbf{h}$ 的公式在式(4.21)中给出：

$$\mathrm{J}_i = \partial \mathbf{x}_i' / \partial \mathbf{h} = \frac{1}{w_i'} \begin{bmatrix} \widetilde{\mathbf{x}}_i^{\mathsf{T}} & \mathbf{0}^{\mathsf{T}} & -x_i' \widetilde{\mathbf{x}}_i^{\mathsf{T}} \\ \mathbf{0}^{\mathsf{T}} & \widetilde{\mathbf{x}}_i^{\mathsf{T}} & -y_i' \widetilde{\mathbf{x}}_i^{\mathsf{T}} \end{bmatrix} \tag{5.11}$$

式中，$\widetilde{\mathbf{x}}_i^{\mathsf{T}}$表示向量$(x_i, y_i, 1)$．

把所有点$\mathbf{x}_i$的矩阵叠合起来给出导数矩阵$\partial \mathbf{X}'_i / \partial \mathbf{h}$．一种重要情形是图像测量$\mathbf{x}'_i$是独立随机向量．此时有$\Sigma = \mathrm{diag}(\Sigma_1, \cdots, \Sigma_n)$，其中每个$\Sigma_i$是第$i$个测量点$\mathbf{x}'_i$的$2 \times 2$协方差矩阵．于是算得

$$\Sigma_{\mathbf{h}} = (\mathrm{J}^{\mathsf{T}} \Sigma_{\mathrm{X}'}^{-1} \mathrm{J})^{+} = \Big( \sum_i \mathrm{J}_i^{\mathsf{T}} \Sigma_i^{-1} \mathrm{J}_i \Big)^{+} \tag{5.12}$$

**例 5.13** 我们考虑一个简单的数值的例子，它包含下面的4组点对应

$$\mathbf{x}_1 = (1,0)^{\mathsf{T}} \leftrightarrow (1,0)^{\mathsf{T}} = \mathbf{x}'_1$$
$$\mathbf{x}_2 = (0,1)^{\mathsf{T}} \leftrightarrow (0,1)^{\mathsf{T}} = \mathbf{x}'_2$$
$$\mathbf{x}_3 = (-1,0)^{\mathsf{T}} \leftrightarrow (-1,0)^{\mathsf{T}} = \mathbf{x}'_3$$
$$\mathbf{x}_4 = (0,-1)^{\mathsf{T}} \leftrightarrow (0,-1)^{\mathsf{T}} = \mathbf{x}'_4$$

即在一个射影基上点的恒等映射．我们假定点$\mathbf{x}_i$准确地给定，而点$\mathbf{x}'_i$在每个坐标方向有一个像素的标准偏差．这意味着协方差矩阵$\Sigma_{\mathbf{x}'_i}$是单位矩阵．

显然，被计算的单应将是恒等映射．为简单起见，我们将它归一化（改变尺度）使它真为恒等矩阵，因而令$\|\mathrm{H}\|^2 = 3$而不采用通常的归一化$\|\mathrm{H}\| = 1$．在这种情形下，式(5.11)中所有的$w'_i$都等于1．由式(5.11)不难得到矩阵J：

$$\mathrm{J} = \left[\begin{array}{ccc|ccc|ccc}
1 & 0 & 1 & 0 & 0 & 0 & -1 & 0 & -1 \\
0 & 0 & 0 & 1 & 0 & 1 & 0 & 0 & 0 \\
\hline
0 & 1 & 1 & 0 & 0 & 0 & 0 & 0 & 0 \\
0 & 0 & 0 & 0 & 1 & 1 & 0 & -1 & -1 \\
\hline
-1 & 0 & 1 & 0 & 0 & 0 & -1 & 0 & 1 \\
0 & 0 & 0 & -1 & 0 & 1 & 0 & 0 & 0 \\
\hline
0 & -1 & 1 & 0 & 0 & 0 & 0 & 0 & 0 \\
0 & 0 & 0 & 0 & -1 & 1 & 0 & -1 & 1
\end{array}\right]$$

那么

$$\mathrm{J}^{\mathsf{T}}\mathrm{J} = \left[\begin{array}{ccc|ccc|ccc}
2 & 0 & 0 & 0 & 0 & 0 & 0 & 0 & -2 \\
0 & 2 & 0 & 0 & 0 & 0 & 0 & 0 & 0 \\
0 & 0 & 4 & 0 & 0 & 0 & -2 & 0 & 0 \\
\hline
0 & 0 & 0 & 2 & 0 & 0 & 0 & 0 & 0 \\
0 & 0 & 0 & 0 & 2 & 0 & 0 & 0 & -2 \\
0 & 0 & 0 & 0 & 0 & 4 & 0 & -2 & 0 \\
\hline
0 & 0 & -2 & 0 & 0 & 0 & 2 & 0 & 0 \\
0 & 0 & 0 & 0 & 0 & -2 & 0 & 2 & 0 \\
-2 & 0 & 0 & 0 & -2 & 0 & 0 & 0 & 4
\end{array}\right] \tag{5.13}$$

我们可以用式(5.9)求该矩阵的伪逆，其中矩阵A的列生成约束曲面的切平面．因为H在一个表示超球面的约束条件$\|\mathrm{H}\|^2 = 3$下被计算，故约束曲面与求得的单应H的向量$\mathbf{h}$相垂直．对应向量$\mathbf{h}$的一个豪斯霍尔德矩阵A（见A4.1.2节）的性质是$\mathrm{A}\mathbf{h} = (0, \cdots, 0, 1)^{\mathsf{T}}$，因此A的前8列（记作$\mathrm{A}_1$）垂直于$\mathbf{h}$，这正是我们希望得到的．这样可以精确计算伪逆而不必采

用 SVD. 应用式(5.9)计算该伪逆得

$$\Sigma_{\mathbf{h}} = (\mathrm{J}^{\mathsf{T}}\mathrm{J})^{+A_1} = \mathrm{A}_1(\mathrm{A}_1^{\mathsf{T}}(\mathrm{J}^{\mathsf{T}}\mathrm{J})\mathrm{A}_1)^{-1}\mathrm{A}_1^{\mathsf{T}} = \frac{1}{18}\left[\begin{array}{ccc|ccc|ccc} 5 & 0 & 0 & 0 & -4 & 0 & 0 & 0 & -1 \\ 0 & 9 & 0 & 0 & 0 & 0 & 0 & 0 & 0 \\ 0 & 0 & 9 & 0 & 0 & 0 & 9 & 0 & 0 \\ \hline 0 & 0 & 0 & 9 & 0 & 0 & 0 & 0 & 0 \\ -4 & 0 & 0 & 0 & 5 & 0 & 0 & 0 & -1 \\ 0 & 0 & 0 & 0 & 0 & 9 & 0 & 9 & 0 \\ \hline 0 & 0 & 9 & 0 & 0 & 0 & 18 & 0 & 0 \\ 0 & 0 & 0 & 0 & 0 & 9 & 0 & 18 & 0 \\ -1 & 0 & 0 & 0 & -1 & 0 & 0 & 0 & 2 \end{array}\right] \tag{5.14}$$

对角线给出 H 的每个元素的方差.

上面计算得到的方差可用来评价例 5.14 中点转移的准确性.

### 5.2.5　双图像误差

对误差在两幅图像的情形,变换的协方差的计算要复杂一点. 如在 4.2.7 节中所见,我们可以定义 $2n+8$ 个参数组成的集合,其中 8 个参数表示变换矩阵而 $2n$ 个参数 $\hat{\mathbf{x}}_i$ 表示在第一幅图像中点的估计. 我们可以更方便地用超参数化方法,以 9 个参数表示变换 H. 雅可比矩阵自然地分成形如 $\mathrm{J}=[\mathrm{A}\mid\mathrm{B}]$ 的两部分,其中 A 和 B 分别是对摄像机参数和点 $\mathbf{x}_i$ 的导数. 应用式(5.10)算得

$$\mathrm{J}^{\mathsf{T}}\Sigma_{\mathbf{X}}^{-1}\mathrm{J} = \begin{bmatrix} \mathrm{A}^{\mathsf{T}}\Sigma_{\mathbf{X}}^{-1}\mathrm{A} & \mathrm{A}^{\mathsf{T}}\Sigma_{\mathbf{X}}^{-1}\mathrm{B} \\ \mathrm{B}^{\mathsf{T}}\Sigma_{\mathbf{X}}^{-1}\mathrm{A} & \mathrm{B}^{\mathsf{T}}\Sigma_{\mathbf{X}}^{-1}\mathrm{B} \end{bmatrix}$$

该矩阵的伪逆是参数集的协方差,而该伪逆的左上角方块是 H 的元素的协方差. 关于它的详细讨论在 A6.4.1 节中给出,那里还说明如何利用雅可比的块结构来简化计算.

在前节由 4 点估计 H 的协方差的例 5.13 中,协方差矩阵的最终结果是 $\Sigma_{\mathbf{h}}=2(\mathrm{J}^{\mathsf{T}}\Sigma_{\mathbf{X}'}^{-1}\mathrm{J})^{+}$,即为单图像误差时的协方差矩阵的两倍. 这里假定两幅图像中所测量的点具有相同的协方差. 单图像和双图像的协方差之间的这种简单的关系一般不成立.

### 5.2.6　在点转移中应用协方差矩阵

一旦得到协方差矩阵,我们就可以计算一个给定点的转移的不可靠性. 考虑在第一幅图像中的一个没有被用于计算变换 H 的新点 $\mathbf{x}$. 它在第二幅图像中的对应点是 $\mathbf{x}'=\mathrm{H}\mathbf{x}$. 但是,由于在估计 H 中存在不可靠性,$\mathbf{x}'$ 的正确位置也有相应的不可靠性. 我们可以由 H 的协方差矩阵来计算这个不可靠性.

点 $\mathbf{x}'$ 的协方差矩阵由下面的公式给出:

$$\Sigma_{\mathbf{x}'} = \mathrm{J}_{\mathbf{h}}\Sigma_{\mathbf{h}}\mathrm{J}_{\mathbf{h}}^{\mathsf{T}} \tag{5.15}$$

式中,$\mathrm{J}_{\mathrm{h}}=\partial\mathbf{x}'/\partial\mathbf{h}$. $\partial\mathbf{x}'/\partial\mathbf{h}$ 的公式在式(4.21)中给出.

如果点 $\mathbf{x}$ 本身的测量也具有某种不确定性,那么在 $\mathbf{x}$ 和 $\mathbf{h}$ 间没有互相关的假设下,可以用下面的公式代替:

$$\Sigma_{\mathbf{x}'} = \mathrm{J}_{\mathbf{h}} \Sigma_{\mathbf{h}} \mathrm{J}_{\mathbf{h}}^{\mathsf{T}} + \mathrm{J}_{\mathbf{x}} \Sigma_{\mathbf{x}} \mathrm{J}_{\mathbf{x}}^{\mathsf{T}} \tag{5.16}$$

上面的假设是合理的，因为点 $\mathbf{x}$ 是一个没被用来计算变换 H 的新点．关于雅可比矩阵的公式 $\mathrm{J}_{\mathbf{x}} = \partial \mathbf{x}'/\partial \mathbf{x}$ 在式(4.20)中给出．

式(5.15)中的协方差矩阵 $\Sigma_{\mathbf{x}'}$ 用变换 H 的协方差矩阵 $\Sigma_{\mathbf{h}}$ 表示．由式(5.9)可知协方差矩阵 $\Sigma_{\mathbf{h}}$ 依赖于估计 H 时所用的具体约束．因此似乎 $\Sigma_{\mathbf{x}'}$ 同样依赖于用于约束 H 的具体方法．但是，可以验证这些公式与用来计算协方差矩阵 $\Sigma_{\mathrm{p}} = (\mathrm{J}^{\mathsf{T}} \Sigma_{\mathrm{X}}^{-1} \mathrm{J})^{+\mathrm{A}}$ 的具体约束 A 无关．

**例 5.14** 我们继续使用例 5.13，令 2D 单应 H 为有式(5.14)中的协方差 $\Sigma_{\mathbf{h}}$ 的恒等矩阵．考虑一个任意点 $(\mathbf{x}, \mathbf{y})$ 被映射到点 $\mathbf{x}' = \mathrm{H}\mathbf{x}$. 在此情形，协方差矩阵 $\Sigma_{\mathbf{x}'} = \mathrm{J}_{\mathbf{h}} \Sigma_{\mathbf{h}} \mathrm{J}_{\mathbf{h}}^{\mathsf{T}}$ 可以用符号计算求得

$$\Sigma_{\mathbf{x}'} = \begin{bmatrix} \sigma_{x'x'} & \sigma_{x'y'} \\ \sigma_{x'y'} & \sigma_{y'y'} \end{bmatrix} = \frac{1}{4} \begin{bmatrix} 2 - x^2 + x^4 + y^2 + x^2y^2 & xy(x^2 + y^2 - 2) \\ xy(x^2 + y^2 - 2) & 2 - y^2 + y^4 + x^2 + x^2y^2 \end{bmatrix}$$

注意 $\sigma_{x'x'}$ 和 $\sigma_{y'y'}$ 是 $x$ 和 $y$ 的偶函数，而 $\sigma_{x'y'}$ 是奇函数．这是由于计算 H 的点集关于 $x$ 和 $y$ 轴的对称性所致．同时注意 $\sigma_{x'x'}$ 和 $\sigma_{y'y'}$ 的差别仅在于交换 $x$ 和 $y$，这也是由于定义点集的对称性所致．

可以看到变量 $\sigma_{x'x'}$ 以 $x$ 的 4 次方量级变化，从而标准偏差是 $x$ 的平方量级．这说明如果外插所用的变换点 $\mathbf{x}' = \mathrm{H}\mathbf{x}$ 离开用于计算 H 的点集太远，那么这个值是不可靠的．更具体地说，$\mathbf{x}'$ 位置的 RMS 的不可靠性等于 $(\sigma_{x'x'} + \sigma_{y'y'})^{1/2} = \sqrt{\mathrm{trace}(\Sigma_{\mathbf{x}'})}$，可以求得它等于 $(1 + (x^2 + y^2)^2)^{1/2} = (1 + r^4)^{1/2}$，其中 $r$ 是离原点的径向距离．注意一个有趣的现象：RMS 的误差仅取决于径向距离．事实上可以证明点 $\mathbf{x}'$ 的概率分布仅取决于 $\mathbf{x}'$ 的径向距离，虽然它有两个主轴：指向径向和切向．图 5.5 给出了 $\mathbf{x}'$ 的 RMS 误差作为 $r$ 的函数的图形．

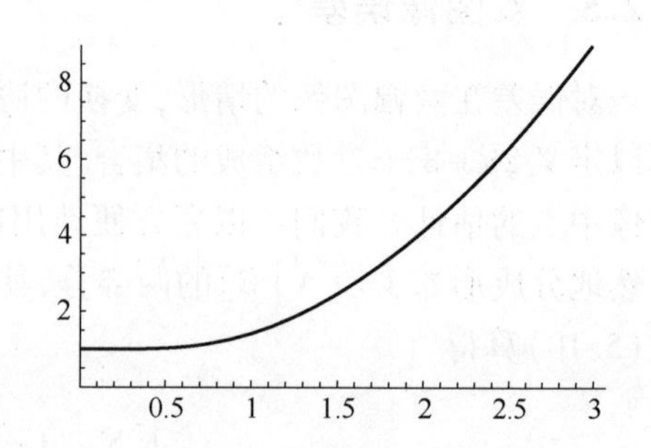


**图 5.5** 投影点 $\mathbf{x}'$ 位置的 RMS 误差是点 $\mathbf{x}'$ 到原点的径向距离的函数．单应 H 由围绕原点的单位圆上等距的 4 点计算得到而且误差仅在第二幅图像上．RMS 误差与计算 H 时所采用的点的假设误差成比例，垂直轴根据这个假设误差来标定．

这个例子计算了在 4 组点对应的最低限度下一个转移点的协方差．多于 4 组对应时，情形并没有实质性的不同．外插超过计算单应所用的点集是不可靠的．事实上，我们可以证明如果 H 由单位圆周上等距的 $n$ 点计算而来(而不是上面用 4 点)，那么 RMS 误差等于 $\sigma_{x'x'} + \sigma_{y'y'} = 4(1 + r^4)/n$，因此误差同样呈现二次方增长．

## 5.3 协方差估计的蒙特卡洛法

前几节所讨论的协方差估计方法都建立在线性性的假定之上．换句话说，假定曲面 $f(\mathbf{h})$ 在被估计的点的附近是局部平的，至少在与噪声分布的近似程度相对应的区域上如此．同时也假设变换 H 的估计方法是最大似然估计．如果曲面不完全平，那么协方差的估计可能不正确．另外，一个具体估计方法的性能可能低于 ML 估计，因而给被估计的变换 H 引入额外的不可靠性．

取得协方差估计的一般(虽然昂贵)方法是穷尽模拟．假定噪声来自一个给定的噪声分布,我们从精确对应于给定变换的点匹配集开始．然后对点加噪并用选定的估计过程计算相应的变换．然后,按所假设的噪声分布进行多次试验,用统计方法计算变换 H 或进一步计算转移点的协方差．图 5.6 对恒等映射的情况进行了说明.

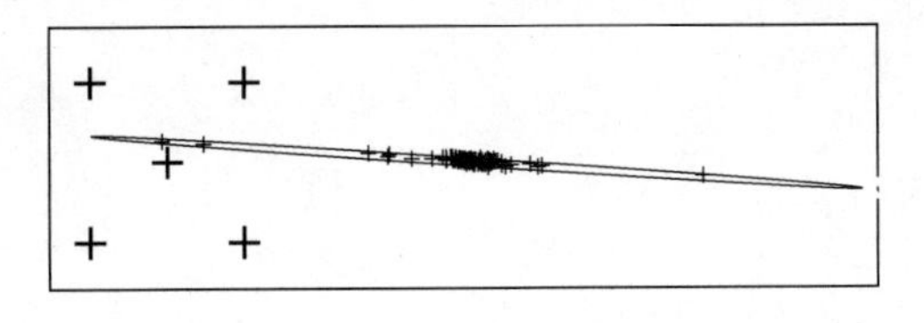
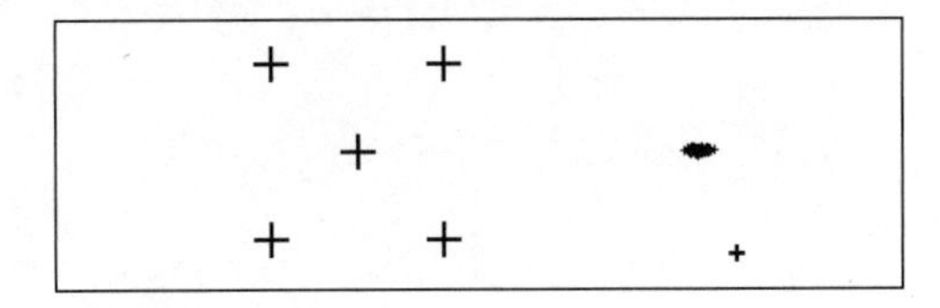

**图 5.6**　在归一化和不归一化 DLT 算法中,点在恒等映射下的转移,同时参考图 4.4 以得到进一步的解释.

当我们不知道 H 的真值时,估计变换 H 的协方差的解析法和蒙特卡洛法都可以用于实际数据的协方差估计．由给定的数据计算 H 的估计以及点 $\mathbf{x}_i'$和 $\mathbf{x}_i$对应的真值．然后,把估计值当作匹配数据点和变换的真值来计算协方差．得到的协方差矩阵就认为是真值变换的协方差．这种等同的做法是基于假定数据点的真值与被估计的值非常接近,足以使协方差矩阵本质上不受影响.

## 5.4　结束语

估计参数的偏差和方差的一个扩展的讨论在附录 3.

### 5.4.1　文献

由于仅采用一阶泰勒展开和高斯误差分布的假定使本章的所有推导大为简化．类似的思想(ML,协方差…)可以通过采用费希尔信息矩阵推广到其他的误差分布．相关的文献可以在 Kanatani [Kanatani-96],Press 等[Press-88]和其他统计书中找到.

Criminisi 等[Criminisi-99b]给出当确定单应的对应在数量和位置上变化时,计算点转移协方差的许多例子.

### 5.4.2　注释和练习

(1)考虑用正交回归计算与平面上一组 2D 点最佳拟合的直线的问题．假定 $N$ 个点的每一个坐标的测量具有独立标准偏差 $\sigma$. 每点到拟合直线的距离的 RMS 期望值是什么?

**答案:** $\sigma((n-2)/n)^{1/2}$.

(2)(较难)18.5.2 节给出一种由跨 $m$ 幅视图的 $n+4$ 组点对应计算射影重构的方法,其中 4 组点对应假定来自一张平面．假定这 4 组平面点的对应精确地给定,并且其他的 $n$ 个图像点在测量时带有 1 个像素的误差(每幅图像的每个坐标)．问残差 $\| \mathbf{x}_j^i - \hat{\mathrm{P}}^i \mathbf{X}_j \|$ 的期望值是什么?

# 第1篇

# 摄像机几何和单视图几何

Odilon Redon(1840—1916)于1914年创作的油画《独眼巨人》.
Rijksmuseum Kroller-Muller, Otterlo, Netherlands/Bridgeman Art Library

# 本篇大纲

本篇包括三章,聚焦在单个透视摄像机的几何.

第6章介绍3D场景空间到2D图像平面的投影.摄像机映射由一个矩阵表示,在点映射的情形下,它是一个把三维空间中的世界点的齐次坐标映射到图像平面上影像点的齐次坐标的$3\times4$矩阵P.这个矩阵一般有11个自由度,并且可以从中获取摄像机的一些性质,如中心和焦距等.具体地说,焦距和宽高比等摄像机内参数包含在一个由P经过简单分解得到的$3\times3$矩阵K中.有两类特别重要的摄像机矩阵:有限摄像机和中心在无穷远的摄像机(例如表示平行投影的**仿射摄像机**).

第7章介绍给定一组世界和图像的对应点坐标求摄像机矩阵P的估计问题.该章同时介绍如何把摄像机的约束有效地引入估计的方法,以及镜头径向失真的矫正方法.

第8章有三个主题.首先,它包含了摄像机对有限点以外的几何体的作用.这些几何体包括直线、二次曲线、二次曲面和无穷远点等.无穷远点/线的图像是消影点/线.第二个主题是摄像机标定,即在不求出整个矩阵P的情况下计算摄像机矩阵的内参数K.特别介绍内参数与绝对二次曲线的图像间的关系,以及由消影点和消影线来标定摄像机的方法.最后的主题是**标定二次曲线**,这是实现摄像机标定可视化的一种简单的几何手段.

# 第 6 章 摄像机模型

摄像机是 3D 世界(物体空间)和 2D 图像之间的一种映射. 本书主要关心的摄像机是**中心投影**. 本章将推导若干种摄像机**模型**,它们是表示摄像机映射的具有特殊性质的矩阵.

我们将看到所有中心投影的摄像机都是**一般射影摄像机**的特殊情况. 我们将用射影几何的工具来研究这种最一般的摄像机模型的构造. 我们将会看到摄像机的几何元素(如投影中心和图像平面)可以非常简单地根据它的矩阵表示计算得到. 一般射影摄像机的内在性质(例如几何性质)可以用同样的代数表示式来计算.

具体模型主要分成两类——有限中心的摄像机模型和"无穷远"中心的摄像机模型. 在无穷远摄像机中,**仿射摄像机**特别重要,因为它是平行投影的自然推广.

本章主要讨论点的投影. 摄像机对其他几何元素(例如直线)的作用将在第 8 章中讨论.

## 6.1 有限摄像机

本节,我们从最具体且最简单的摄像机模型即基本的针孔摄像机开始,然后通过一系列的升级逐步把这个模型一般化.

我们推导的模型主要针对 CCD 类型的传感器,但同样适用于其他摄像机,例如 X-射线图像、扫描负片、扫描放大负片等.

**基本针孔模型** 我们考虑空间点到一张平面上的中心投影. 令投影中心位于一个欧氏坐标系的原点,并考虑被称为**图像平面**或**聚焦平面**的平面 $Z=f$. 在针孔摄像机模型下,空间坐标为$\mathbf{X}=(\mathrm{X},\mathrm{Y},\mathrm{Z})^{\mathsf{T}}$的点 $\mathbf{X}$ 被映射到图像平面上的一点,该点是连接点 $\mathbf{X}$ 与投影中心的直线与图像平面的交点,如图 6.1 所示. 根据相似三角形,可以很快地算出点$(\mathrm{X},\mathrm{Y},\mathrm{Z})^{\mathsf{T}}$被映射到图像平面上的点$(f\mathrm{X}/\mathrm{Z}, f\mathrm{Y}/\mathrm{Z}, f)^{\mathsf{T}}$. 略去最后一个图像坐标之后,从世界坐标到图像坐标的中心投影是

$$(\mathrm{X},\ \mathrm{Y},\ \mathrm{Z})^{\mathsf{T}} \mapsto (f\mathrm{X}/\mathrm{Z},\ f\mathrm{Y}/\mathrm{Z})^{\mathsf{T}} \tag{6.1}$$

这是从 3 维欧氏空间$\mathrm{IR}^3$ 到 2 维欧氏空间$\mathrm{IR}^2$ 的一个映射.

投影中心称为**摄像机中心**,也称为**光心**. 摄像机中心到图像平面的垂线称为摄像机的**主轴**或**主射线**,而主轴与图像平面的交点称为**主点**. 过摄像机中心且平行于图像平面的平面称为摄像机的**主平面**.

**用齐次坐标表示中心投影** 如果用齐次向量表示世界和图像点,那么中心投影可以非常简单地表示成齐次坐标之间的线性映射. 具体地说,式(6.1)可以写成如下矩阵乘积形式

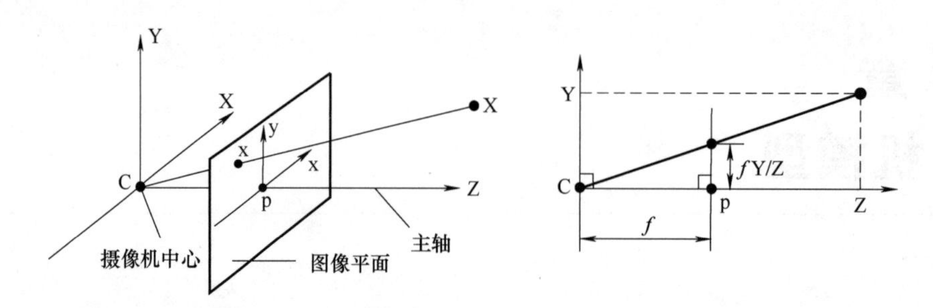


**图 6.1　针孔摄像机几何**. **C** 是摄像机中心而 **p** 是主点. 这里的摄像机中心位于坐标原点. 注意图像平面位于摄像机中心之前.

$$\begin{pmatrix} X \\ Y \\ Z \\ 1 \end{pmatrix} \mapsto \begin{pmatrix} fX \\ fY \\ Z \end{pmatrix} = \begin{bmatrix} f & & & 0 \\ & f & & 0 \\ & & 1 & 0 \end{bmatrix} \begin{pmatrix} X \\ Y \\ Z \\ 1 \end{pmatrix} \tag{6.2}$$

该表达式中的矩阵可以被写成 $\mathrm{diag}(f,f,1)[\mathrm{I}\mid\mathbf{0}]$,其中 $\mathrm{diag}(f,f,1)$ 是对角矩阵,而 $[\mathrm{I}\mid\mathbf{0}]$ 表示矩阵分块成一个 $3\times3$ 块(单位矩阵)加上一个列向量(这里是零向量).

我们现在引入如下记号:世界点 $\mathbf{X}$ 用 4 维齐次向量 $(X,Y,Z,1)^{\mathsf{T}}$ 表示;图像点 $\mathbf{x}$ 被表示成 3 维齐次向量的形式;P 表示 $3\times4$ 齐次**摄像机投影矩阵**. 这样一来式(6.2)可以紧凑地写为

$$\mathbf{x} = \mathrm{P}\mathbf{X}$$

它定义了中心投影的针孔模型的摄像机矩阵为

$$\mathrm{P} = \mathrm{diag}(f,f,1)[\mathrm{I}\mid\mathbf{0}]$$

**主点偏置**　式(6.1)假定图像平面的坐标原点在主点上. 实际情况可能不是这样,因此一般情形的映射为

$$(X,Y,Z)^{\mathsf{T}} \mapsto (fX/Z+p_x, fY/Z+p_y)^{\mathsf{T}}$$

其中,$(p_x,p_y)^{\mathsf{T}}$ 是主点的坐标. 参看图 6.2. 该方程可以用齐次坐标表示成

$$\begin{pmatrix} X \\ Y \\ Z \\ 1 \end{pmatrix} \mapsto \begin{pmatrix} fX+Zp_x \\ fY+Zp_y \\ Z \end{pmatrix} = \begin{bmatrix} f & & p_x & 0 \\ & f & p_y & 0 \\ & & 1 & 0 \end{bmatrix} \begin{pmatrix} X \\ Y \\ Z \\ 1 \end{pmatrix} \tag{6.3}$$

若记

$$\mathrm{K} = \begin{bmatrix} f & & p_x \\ & f & p_y \\ & & 1 \end{bmatrix} \tag{6.4}$$

则式(6.3)有一个简洁的形式

$$\mathbf{x} = \mathrm{K}[\mathrm{I}\mid\mathbf{0}]\mathbf{X}_{\mathrm{cam}} \tag{6.5}$$

矩阵 K 称为**摄像机标定矩阵**. 在式(6.5)中我们记 $(X,Y,Z,1)^{\mathsf{T}}$ 为 $\mathbf{X}_{\mathrm{cam}}$ 是为了强调摄像机被设定在欧氏坐标系的原点且摄像机的主轴沿着 Z 轴的指向,而点 $\mathbf{X}_{\mathrm{cam}}$ 按此坐标系表示. 这样的坐标系可以称为**摄像机坐标系**.

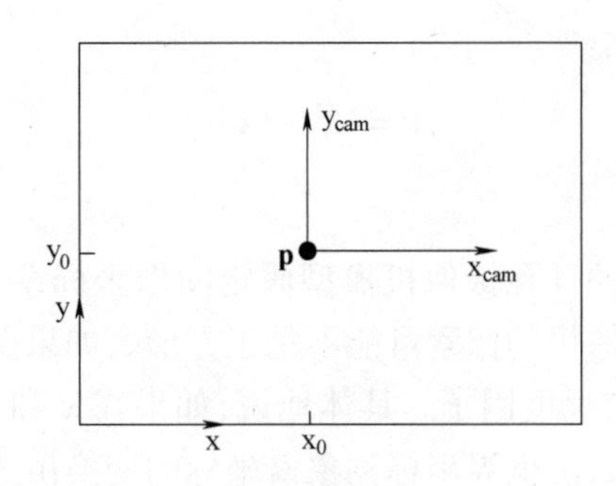


**图 6.2**　图像 $(x,y)$ 坐标系和摄像机 $(x_{cam}, y_{cam})$ 坐标系.

**摄像机旋转与平移**　一般,空间点采用不同的欧氏坐标系表示,称为**世界坐标系**. 两个坐标系通过旋转和平移相联系,如图 6.3 所示. 如果 $\widetilde{\mathbf{X}}$ 是一个 3 维非齐次向量,表示世界坐标系中一点的坐标,而 $\widetilde{\mathbf{X}}_{cam}$ 是以摄像机坐标系来表示的同一点,那么我们可以记 $\widetilde{\mathbf{X}}_{cam} = \mathrm{R}(\widetilde{\mathbf{X}} - \widetilde{\mathbf{C}})$,其中 $\widetilde{\mathbf{C}}$ 表示摄像机中心在世界坐标系中的坐标,R 是一个表示摄像机坐标系方向的 3×3 旋转矩阵. 这个方程在齐次坐标下可以写成

$$\mathbf{X}_{cam} = \begin{bmatrix} \mathrm{R} & -\mathrm{R}\widetilde{\mathbf{C}} \\ \mathbf{0}^{\mathsf{T}} & 1 \end{bmatrix} \begin{pmatrix} X \\ Y \\ Z \\ 1 \end{pmatrix} = \begin{bmatrix} \mathrm{R} & -\mathrm{R}\widetilde{\mathbf{C}} \\ \mathbf{0}^{\mathsf{T}} & 1 \end{bmatrix} \mathbf{X} \tag{6.6}$$

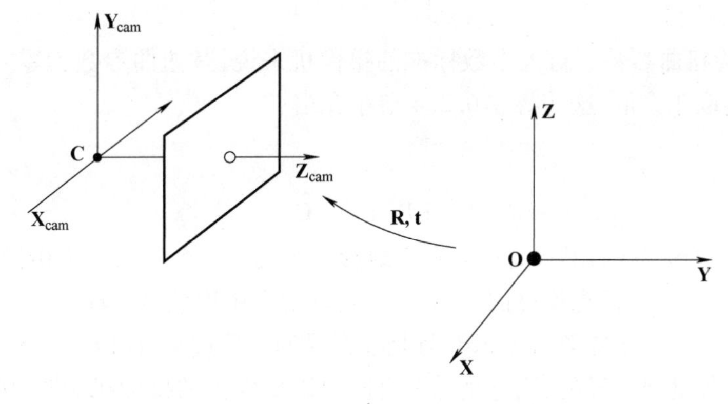


**图 6.3**　世界和摄像机坐标系之间的欧氏变换.

将它与式(6.5)结合起来可得

$$\mathbf{x} = \mathrm{KR}[\mathrm{I} \mid -\widetilde{\mathbf{C}}]\mathbf{X} \tag{6.7}$$

式中,$\mathbf{X}$ 用世界坐标系表示. 这是由针孔模型给出的一般映射. 我们看到一般的针孔摄像机 $\mathrm{P} = \mathrm{KR}[\mathrm{I} \mid -\widetilde{\mathbf{C}}]$ 有 9 个自由度:3 个来自 K(元素 $f, p_x, p_y$),3 个来自 R,3 个来自 $\widetilde{\mathbf{C}}$. 包含在 K 中的参数称为摄像机**内参数**或摄像机的**内部校准**. 包含在 R 和 $\widetilde{\mathbf{C}}$ 中的参数与摄像机在世界坐标系中的方位和位置有关,并被称为**外参数**或**外部校准**.

为方便起见,通常不显式地标出摄像机中心,而是把世界到图像的变换表示成 $\widetilde{\mathbf{X}}_{cam} =$

$R\widetilde{\mathbf{X}} + \mathbf{t}$. 此时摄像机矩阵简化成

$$P = K[R \mid \mathbf{t}] \tag{6.8}$$

其中,根据式(6.7),$\mathbf{t} = -R\widetilde{\mathbf{C}}$.

**CCD 摄像机** 刚刚推导的针孔摄像机模型假定图像坐标系是在两个轴向上具有相同尺度的欧氏坐标系. 但 CCD 摄像机的像素可能不是正方形. 如果图像坐标以像素来测量,那么需要在每个方向上引入不同的尺度因子. 具体地说,如果在 $x$ 和 $y$ 方向上图像坐标单位距离的像素数分别是 $m_x$ 和 $m_y$,那么由世界坐标到象素坐标的变换由式(6.4)左乘一个附加的因子 $\mathrm{diag}(m_x, m_y, 1)$ 而得到. 因此 CCD 摄像机的标定矩阵的一般形式是

$$K = \begin{bmatrix} \alpha_x & & x_0 \\ & \alpha_y & y_0 \\ & & 1 \end{bmatrix} \tag{6.9}$$

式中,$\alpha_x = fm_x$ 和 $\alpha_y = fm_y$ 分别把摄像机的焦距换算成 $x$ 和 $y$ 方向的像素量纲. 类似的,$\tilde{\mathbf{x}}_0 = (x_0, y_0)^{\mathsf{T}}$ 是用像素量纲表示的主点,其坐标为 $x_0 = m_x p_x$ 和 $y_0 = m_y p_y$. 因此,一个 CCD 摄像机有 10 个自由度.

**有限射影摄像机** 为了增加一般性,我们可以考虑如下形式的标定矩阵

$$K = \begin{bmatrix} \alpha_x & s & x_0 \\ & \alpha_y & y_0 \\ & & 1 \end{bmatrix} \tag{6.10}$$

增加的参数 $s$ 称为**扭曲**参数. 对大多数标准的摄像机来说,其扭曲参数为零. 但是在某些特殊的情形,它可能取非零值,这些将在 6.2.4 节中介绍.

一个摄像机

$$P = KR[I \mid -\widetilde{\mathbf{C}}] \tag{6.11}$$

的标定矩阵 K 取式(6.10)的形式时称为**有限射影**摄像机. 一个有限射影摄像机有 11 个自由度. 这与定义到相差一个任意尺度因子的 $3\times4$ 矩阵的自由度数目一样.

注意 P 左边的 $3\times3$ 子矩阵等于 KR,且是非奇异的. 反过来,任何一个 $3\times4$ 矩阵 P,如果其左边 $3\times3$ 子矩阵是非奇异的,则它是某个有限射影摄像机的摄像机矩阵,因为 P 可以分解成 $P = KR[I \mid -\widetilde{\mathbf{C}}]$. 事实上,令 M 为 P 的左边 $3\times3$ 子矩阵,我们可以将 M 分解为乘积 $M = KR$,其中 K 是形如式(6.10)的上三角矩阵而 R 是旋转矩阵. 该分解本质上是 A4.1.1 节中介绍的 RQ 矩阵分解,其中更多的内容将在 6.2.4 节中介绍. 于是,矩阵 P 可以写成 $P = M[I \mid M^{-1}\mathbf{p}_4] = KR[I \mid -\widetilde{\mathbf{C}}]$,其中 $\mathbf{p}_4$ 是 P 的最后一列. 简而言之:

- **有限射影摄像机的摄像机矩阵集合等于左边 $3\times3$ 子矩阵为非奇异的 $3\times4$ 齐次矩阵所构成的集合.**

**一般射影摄像机** 在射影摄像机层次化的最后一步是移去加在左边 $3\times3$ 子矩阵的非奇异性约束. **一般射影**摄像机由秩为 3 的任意 $3\times4$ 齐次矩阵表示. 它有 11 个自由度. 之所以要求秩为 3 是因为如果秩小于 3,那么矩阵映射的值域将是一条直线或一个点而不是整张平面,换句话说不是 2D 图像.

## 6.2　射影摄像机

一般射影摄像机 P 按公式 $\mathbf{x} = \mathrm{P}\mathbf{X}$ 把世界点 $\mathbf{X}$ 映射到图像点 $\mathbf{x}$. 在这个映射的基础上，我们将分解该摄像机模型以揭示诸如摄像机中心一类的几何元素是如何在此矩阵中编码的. 在我们考虑的性质中，某些性质仅适用于有限射影摄像机和它们的特殊情况，而其余的则将适用于一般摄像机，不同之处很容易根据上下文来区分. 摄像机的有关性质概括在表 6.1 中.

**摄像机中心**. 摄像机中心 $\mathbf{C}$ 是 P 的一维右零空间，即 $\mathrm{P}\mathbf{C} = \mathbf{0}$.

◇ **有限摄像机**（M 非奇异）$\mathbf{C} = \begin{pmatrix} -\mathrm{M}^{-1}\mathbf{p}_4 \\ 1 \end{pmatrix}$.

◇ **无穷远摄像机**（M 奇异）$\mathbf{C} = \begin{pmatrix} \mathbf{d} \\ 0 \end{pmatrix}$，其中 $\mathbf{d}$ 是 M 的 3 维零向量，即 $\mathrm{M}\mathbf{d} = \mathbf{0}$.

**列点**　对于 $i = 1, \cdots, 3$，列向量 $\mathbf{p}_i$ 分别对应于 X，Y，Z 轴在图像上的消影点. 列 $\mathbf{p}_4$ 是坐标原点的图像.

**主平面**　摄像机的主平面是 P 的最后一行 $\mathbf{P}^3$.

**轴平面**　平面 $\mathbf{P}^1$ 和 $\mathbf{P}^2$（P 的第一和第二行）表示空间中过摄像机中心的平面，分别对应于映射到图像上直线 $x = 0$ 和 $y = 0$ 的点.

**主点**　图像点 $\mathbf{x}_0 = \mathrm{M}\mathbf{m}^3$ 是摄像机的主点，其中 $\mathbf{m}^{3\mathsf{T}}$ 是 M 的第三行.

**主射线**　摄像机的主射线（主轴）是过摄像机中心 $\mathbf{C}$ 而方向向量为 $\mathbf{m}^{3\mathsf{T}}$ 的射线. 主轴向量 $\mathbf{v} = \det(\mathrm{M})\mathbf{m}^3$ 指向摄像机的前方.

**表 6.1**　射影摄像机 P 性质小结. 该矩阵表示为分块形式 $\mathrm{P} = [\mathrm{M} \mid \mathbf{p}_4]$.

### 6.2.1　摄像机构造

一般射影摄像机可以按 $\mathrm{P} = [\mathrm{M} \mid \mathbf{p}_4]$ 分块，其中 M 是 $3 \times 3$ 矩阵. 我们将看到：如果 M 是非奇异的，则它是有限摄像机；反之则不然.

**摄像机中心**　矩阵 P 有一个 1 维右零空间，因为它有 4 列而秩是 3. 假定该零空间由 4 维向量 $\mathbf{C}$ 生成，即 $\mathrm{P}\mathbf{C} = \mathbf{0}$. 我们将证明 $\mathbf{C}$ 是用齐次 4 维向量表示的摄像机中心.

考察包含 $\mathbf{C}$ 和三维空间中任一点 $\mathbf{A}$ 的直线. 该直线上的点可以表示为

$$\mathbf{X}(\lambda) = \lambda\mathbf{A} + (1 - \lambda)\mathbf{C}$$

在映射 $\mathbf{x} = \mathrm{P}\mathbf{X}$ 下，该直线上的点被投影到

$$\mathbf{x} = \mathrm{P}\mathbf{X}(\lambda) = \lambda\mathrm{P}\mathbf{A} + (1 - \lambda)\mathrm{P}\mathbf{C} = \lambda\mathrm{P}\mathbf{A}$$

最后一步是因为 $\mathrm{P}\mathbf{C} = \mathbf{0}$. 上式表明该直线的所有点都映射到同一个图像点 $\mathrm{P}\mathbf{A}$，因而该直线必然是过摄像机中心的一条射线. 由此推出，$\mathbf{C}$ 是摄像机中心的齐次表示，因为对于 $\mathbf{A}$ 的所有选择，直线 $\mathbf{X}(\lambda)$ 都是通过摄像机中心的一条射线.

这个结果并不意外，因为图像点 $(0,0,0)^{\mathsf{T}} = \mathrm{P}\mathbf{C}$ 无定义，并且摄像机中心是空间中唯一的图像没有定义的点. 对于有限摄像机，可以直接得到该结果，因为 $\mathbf{C} = (\widetilde{\mathbf{C}}, 1)^{\mathsf{T}}$ 显然是 $\mathrm{P} = \mathrm{KR}[\mathrm{I} \mid -\widetilde{\mathbf{C}}]$ 的零向量. 该结论甚至在 P 的第一个 $3 \times 3$ 子矩阵 M 是奇异时也正确. 尽管对于奇

异情形,零向量的形式为 $\mathbf{C}=(\mathbf{d}^\top,0)^\top$,其中 $M\mathbf{d}=\mathbf{0}$. 此时摄像机中心在无穷远点. 这类摄像机模型将在6.3节中讨论.

**列向量** 射影摄像机的列是3维向量,它们的几何涵义是特殊的图像点. 记P的列为 $\mathbf{p}_i, i=1,\cdots,4$,那么 $\mathbf{p}_1,\mathbf{p}_2,\mathbf{p}_3$ 分别是世界坐标X,Y和Z轴的消影点,因为这些点是轴方向的图像. 例如,X-轴的方向 $\mathbf{D}=(1,0,0,0)^\top$ 被映像到 $\mathbf{p}_1=\mathrm{P}\mathbf{D}$. 参见图6.4. 列 $\mathbf{p}_4$ 是世界原点的图像.

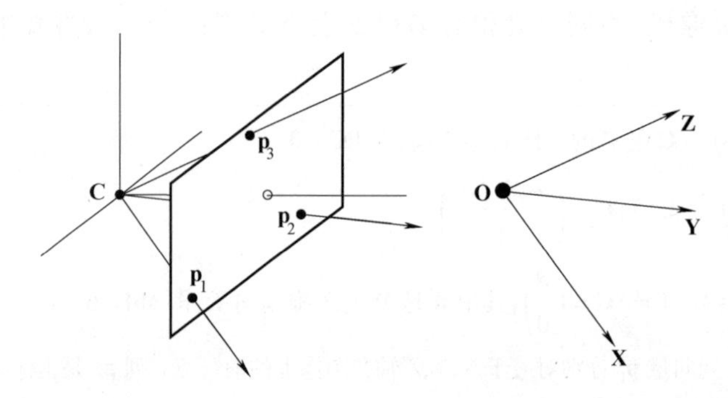


**图6.4** 射影矩阵的列 $\mathbf{p}_i, i=1,\cdots,3$ 定义的三个图像点是世界坐标轴方向的消影点.

**行向量** 射影摄像机式(6.12)的行是4维向量,在几何上可解释成特殊的世界平面. 这些平面将在下文讨论. 我们引入P的行记号 $\mathbf{P}^{i\top}$,因而

$$\mathrm{P}=\begin{bmatrix} p_{11} & p_{12} & p_{13} & p_{14} \\ p_{21} & p_{22} & p_{23} & p_{24} \\ p_{31} & p_{32} & p_{33} & p_{34} \end{bmatrix}=\begin{bmatrix} \mathbf{P}^{1\top} \\ \mathbf{P}^{2\top} \\ \mathbf{P}^{3\top} \end{bmatrix} \tag{6.12}$$

**主平面** 主平面是过摄像机中心并平行于图像平面的平面. 它由被影像到图像上无穷远直线的点集 $\mathbf{X}$ 组成. 更明确的表示就是 $\mathrm{P}\mathbf{X}=(x,y,0)^\top$. 因此点 $\mathbf{X}$ 在摄像机主平面上的充要条件是 $\mathbf{P}^{3\top}\mathbf{X}=0$. 换句话说,$\mathbf{P}^3$ 是摄像机主平面的向量表示. 如果 $\mathbf{C}$ 是摄像机中心,则 $\mathrm{P}\mathbf{C}=0$,从而有 $\mathbf{P}^{3\top}\mathbf{C}=0$. 也就是说 $\mathbf{C}$ 在摄像机的主平面上.

**轴平面** 考察平面 $\mathbf{P}^1$ 上的点 $\mathbf{X}$ 构成的集合. 该集合满足 $\mathbf{P}^{1\top}\mathbf{X}=0$,因此被影像到图像 $y$-轴上的点 $\mathrm{P}\mathbf{X}=(0,y,w)^\top$ 处. 再一次由 $\mathrm{P}\mathbf{C}=\mathbf{0}$ 得 $\mathbf{P}^{1\top}\mathbf{C}=0$,因而 $\mathbf{C}$ 也在平面 $\mathbf{P}^1$ 上. 从而平面 $\mathbf{P}^1$ 由摄像机中心和图像中的直线 $x=0$ 来定义. 类似地,平面 $\mathbf{P}^2$ 由摄像机中心和直线 $y=0$ 来定义.

与主平面 $\mathbf{P}^3$ 不同,轴平面 $\mathbf{P}^1$ 和 $\mathbf{P}^2$ 依赖于图像的 $x$ 轴和 $y$ 轴,即与图像坐标系的选择有关. 因而,它们与自然摄像机几何的耦合不如主平面那样紧密. 具体地说,平面 $\mathbf{P}^1$ 和 $\mathbf{P}^2$ 的交线是一条连接摄像机中心和图像原点的直线,即图像原点的反向投影. 该直线一般不与摄像机的主轴重合. 由 $\mathbf{P}^i$ 产生的平面如图6.5所示.

摄像机中心 $\mathbf{C}$ 位于所有三张平面上,又由于这些平面互不相同(因为 $\mathbf{P}$ 矩阵的秩为3),故它必定是三平面的交点. 从代数上说,中心在所有三张平面上的条件是 $\mathrm{P}\mathbf{C}=\mathbf{0}$,这是上面给出的关于摄像机中心的原始方程.

**主点** 主轴是过摄像机中心 $\mathbf{C}$ 并且方向垂直于主平面 $\mathbf{P}^3$ 的直线. 主轴与图像平面交于主点. 我们可以用下面的方法来确定主点. 一般来说,平面 $\boldsymbol{\pi}=(\pi_1,\pi_2,\pi_3,\pi_4)^\top$ 的法线是向量

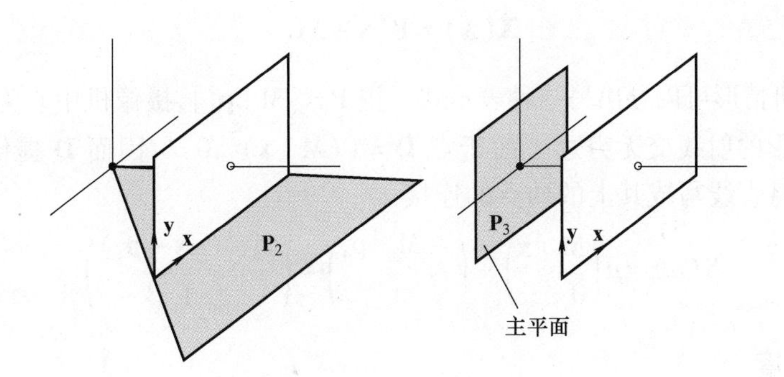


**图6.5**　由射影矩阵的行定义的三张平面中的两张.

$(\pi_1, \pi_2, \pi_3)^T$. 它也可以表示为无穷远平面上的一个点$(\pi_1, \pi_2, \pi_3, 0)^T$. 在摄像机的主平面为$\mathbf{P}^3$时,该点是$(p_{31}, p_{32}, p_{33}, 0)^T$,我们记之为$\hat{\mathbf{P}}^3$. 利用摄像机矩阵P投影该点给出摄像机的主点$\mathrm{P}\hat{\mathbf{P}}^3$. 注意该公式仅涉及$\mathrm{P}=[\mathrm{M} \mid \mathbf{p}_4]$左边的$3\times3$子矩阵. 事实上主点由$\mathbf{x}_0 = \mathrm{M}\mathbf{m}^3$来计算,其中$\mathbf{m}^{3T}$是M的第三行.

**主轴向量**　尽管任何不在主平面上的点$\mathbf{X}$都可以按照$\mathbf{x}=\mathrm{P}\mathbf{X}$被映射为一个图像点,但实际上仅在摄像机前面的点即空间中一半的点能在图像上见到. 令$\mathrm{P}=[\mathrm{M} \mid \mathbf{p}_4]$. 刚看到向量$\mathbf{m}^3$指向主轴方向. 我们想定义该向量指向摄像机的前方(**正**方向). 然而应注意P的定义可以相差一个正负号. 这就产生了歧义:是$\mathbf{m}^3$还是$-\mathbf{m}^3$指向正向. 我们现在就来解决这个歧义问题.

我们从考察摄像机坐标系下的坐标着手. 根据式(6.5),一个3D点到图像点的投影方程是$\mathbf{x}=\mathrm{P}_{cam}\mathbf{X}_{cam}=\mathrm{K}[\mathrm{I} \mid \mathbf{0}]\mathbf{X}_{cam}$,这里$\mathbf{X}_{cam}$是用摄像机坐标表示的3D点. 此时可以看到向量$\mathbf{v}=\det(\mathrm{M})\mathbf{m}^3=(0,0,1)^T$在主轴方向上并**指向摄像机的前方**,而不受$\mathrm{P}_{cam}$的尺度因子的影响. 例如,如果$\mathrm{P}_{cam}\to k\mathrm{P}_{cam}$,则$\mathbf{v}\to k^4\mathbf{v}$方向相同.

如果3D点用世界坐标表示,则$\mathrm{P}=k\mathrm{K}[\mathrm{R} \mid -\mathrm{R}\tilde{\mathbf{C}}]=[\mathrm{M} \mid \mathbf{p}_4]$,其中$\mathrm{M}=k\mathrm{KR}$. 因为$\det(\mathrm{R})>0$,向量$\mathbf{v}=\det(\mathrm{M})\mathbf{m}^3$同样不受尺度因子的影响. 概括起来:

- **$\mathbf{v}=\det(\mathrm{M})\mathbf{m}^3$是在主轴方向上指向摄像机前方的向量.**

## 6.2.2　射影摄像机对点的作用

**正向投影**　我们已经知道,一般的射影摄像机根据映射$\mathbf{x}=\mathrm{P}\mathbf{X}$把空间的一个点$\mathbf{X}$映射到一个图像点. 在无穷远平面上的点$\mathbf{D}=(\mathbf{d}^T,0)^T$表示消影点. 这些点映射到

$$\mathbf{x}=\mathrm{P}\mathbf{D}=[\mathrm{M} \mid \mathbf{p}_4]\mathbf{D}=\mathrm{M}\mathbf{d}$$

因而仅仅受P的前$3\times3$子矩阵M的影响.

**点到射线的反向投影**　给定图像中的一个点$\mathbf{x}$,我们来确定空间中的哪些点被映射到该点. 这些点将组成过摄像机中心的一条空间射线. 该射线的形式有若干种表示方法,与我们如何表示三维空间的直线有关. 其中的Plücker表示将在8.1.2节中介绍. 而这里,直线被表示成两点的连接.

射线上有两个点是已知的. 它们是摄像机中心$\mathbf{C}(\mathrm{P}\mathbf{C}=\mathbf{0})$和点$\mathrm{P}^+\mathbf{x}$,其中$\mathrm{P}^+$是P的伪逆. P的伪逆是矩阵$\mathrm{P}^+=\mathrm{P}^T(\mathrm{P}\mathrm{P}^T)^{-1}$并满足$\mathrm{P}\mathrm{P}^+=\mathrm{I}$(参见A5.2节). 点$\mathrm{P}^+\mathbf{x}$在射线上是由于它投影到$\mathbf{x}$,因为$\mathrm{P}(\mathrm{P}^+\mathbf{x})=\mathrm{I}\mathbf{x}=\mathbf{x}$. 从而射线由这两点的连线形成

$$\mathbf{X}(\lambda)=\mathrm{P}^{+}\mathbf{x}+\lambda\mathbf{C} \tag{6.13}$$

在有限摄像机情形可以导出另一种表示式．记 $\mathrm{P}=[\mathrm{M}\mid\mathbf{p}_4]$，摄像机中心为 $\widetilde{\mathbf{C}}=-\mathrm{M}^{-1}\mathbf{p}_4$．图像点 $\mathbf{x}$ 反向投影的射线交无穷远平面于点 $\mathbf{D}=((\mathrm{M}^{-1}\mathbf{x})^{\mathsf{T}},0)^{\mathsf{T}}$，因而 $\mathbf{D}$ 提供了射线上的第二个点．再一次将直线写成其上的两点的连接

$$\mathbf{X}(\mu)=\mu\begin{pmatrix}\mathrm{M}^{-1}\mathbf{x}\\0\end{pmatrix}+\begin{pmatrix}-\mathrm{M}^{-1}\mathbf{p}_4\\1\end{pmatrix}=\begin{pmatrix}\mathrm{M}^{-1}(\mu\mathbf{x}-\mathbf{p}_4)\\1\end{pmatrix} \tag{6.14}$$

### 6.2.3 点的深度

下面，我们考虑在摄像机主平面前或后的一个点离主平面的距离．考虑摄像机矩阵 $\mathrm{P}=[\mathrm{M}\mid\mathbf{p}_4]$，把三维空间的点 $\mathbf{X}=(\mathrm{X},\mathrm{Y},\mathrm{Z},1)^{\mathsf{T}}=(\widetilde{\mathbf{X}}^{\mathsf{T}},1)^{\mathsf{T}}$ 投影到图像点 $\mathbf{x}=w\,(x,y,1)^{\mathsf{T}}=\mathrm{P}\mathbf{X}$．令 $\mathbf{C}=(\widetilde{\mathbf{C}},\mathbf{1})^{\mathsf{T}}$ 为摄像机中心．那么 $w=\mathbf{P}^{3\mathsf{T}}\mathbf{X}=\mathbf{P}^{3\mathsf{T}}(\mathbf{X}-\mathbf{C})$，因为对摄像机中心 $\mathbf{C}$，$\mathrm{P}\mathbf{C}=\mathbf{0}$．但是 $\mathbf{P}^{3\mathsf{T}}(\mathbf{X}-\mathbf{C})=\mathbf{m}^{3\mathsf{T}}(\widetilde{\mathbf{X}}-\widetilde{\mathbf{C}})$，其中 $\mathbf{m}^3$ 是主射线方向，因此 $w=\mathbf{m}^{3\mathsf{T}}(\widetilde{\mathbf{X}}-\widetilde{\mathbf{C}})$ 可以解释为从摄像机中心到点 $\mathbf{X}$ 的射线与主射线方向的点乘．如果摄像机矩阵已被归一化使得 $\det\mathrm{M}>0$ 且 $\|\mathbf{m}^3\|=1$，那么 $\mathbf{m}^3$ 是指向正轴向的单位向量．从而 $w$ 可以解释为：从摄像机中心 $\mathbf{C}$ 到点 $\mathbf{X}$ 在主射线方向上的深度．如图 6.6 所示．

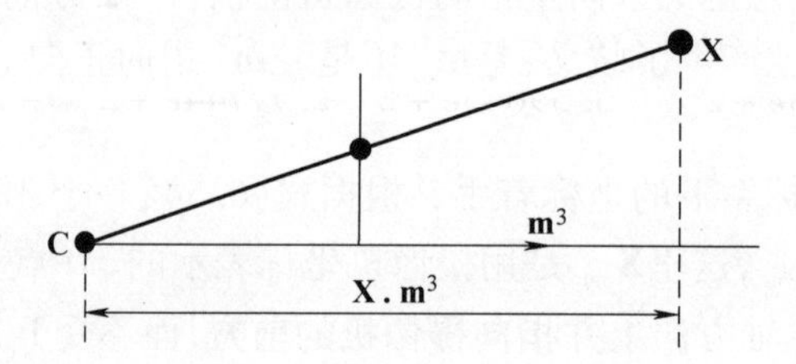


**图 6.6** 如果对摄像机矩阵 $\mathrm{P}=[\mathrm{M}\mid\mathbf{p}_4]$ 进行归一化，使得 $\|\mathbf{m}^3\|=1$ 和 $\det\mathrm{M}>0$，并且 $\mathbf{x}=w\,(x,y,1)^{\mathsf{T}}=\mathrm{P}\mathbf{X}$，其中 $\mathbf{X}=(\mathrm{X},\mathrm{Y},\mathrm{Z},1)^{\mathsf{T}}$，那么 $w$ 是从摄像机中心到点 $\mathbf{X}$ 在摄像机主射线方向上的深度．

任何摄像机矩阵可以通过乘以一个适当的因子而归一化．然而为了避免总是处理归一化摄像机矩阵，可以用下列方法计算点的深度：

**结论 6.1** 令 $\mathbf{X}=(\mathrm{X},\mathrm{Y},\mathrm{Z},1)^{\mathsf{T}}$ **是一个 3D 点而** $\mathrm{P}=[\mathrm{M}\mid\mathbf{p}_4]$ **是一个有限摄像机的摄像机矩阵，假定** $\mathrm{P}\,(\mathrm{X},\mathrm{Y},\mathrm{Z},\mathrm{T})^{\mathsf{T}}=w\,(x,y,1)^{\mathsf{T}}$**，那么**

$$\operatorname{depth}(\mathbf{X};\mathrm{P})=\frac{\operatorname{sign}(\det\mathrm{M})\,w}{\mathrm{T}\,\|\mathbf{m}^3\|} \tag{6.15}$$

**是在摄像机主平面前方的点 $\mathbf{X}$ 的深度．**

该公式是确定点 $\mathbf{X}$ 是否在摄像机前方的一种有效方式．可以验证无论点 $\mathbf{X}$ 或摄像机矩阵 P 乘一个常数因子 $k$，深度 $\operatorname{depth}(\mathbf{X};\mathrm{P})$ 的值都不变．因而，$\operatorname{depth}(\mathbf{X};\mathrm{P})$ 与 $\mathbf{X}$ 和 P 的具体的齐次表示无关．

### 6.2.4 摄像机矩阵的分解

设 P 为一般射影摄像机的摄像机矩阵．我们希望由 P 找到摄像机的中心、方位和内参数．

**求摄像机中心**　摄像机中心 $\mathbf{C}$ 是使 $\mathrm{P}\mathbf{C}=\mathbf{0}$ 的点．数值计算上，这个右零向量可以由 P 的 SVD 得到，见 A4.4 节．从代数上来说，中心 $\mathbf{C}=(X,Y,Z,T)^{\mathrm{T}}$ 可以用下面方法得到（见 3.5 节）

$$X=\det([\mathbf{p}_2,\mathbf{p}_3,\mathbf{p}_4]),\quad Y=-\det([\mathbf{p}_1,\mathbf{p}_3,\mathbf{p}_4]),$$
$$Z=\det([\mathbf{p}_1,\mathbf{p}_2,\mathbf{p}_4]),\quad T=-\det([\mathbf{p}_1,\mathbf{p}_2,\mathbf{p}_3]).$$

**求摄像机定向和内参数**　根据式（6.11），对于有限摄像机情形

$$\mathrm{P}=[\mathrm{M}\mid-\mathrm{M}\tilde{\mathbf{C}}]=\mathrm{K}[\mathrm{R}\mid-\mathrm{R}\tilde{\mathbf{C}}]$$

利用 RQ 分解把 M 分解成 M = KR，就能轻松地找到 K 和 R．这种分解为上三角矩阵和正交矩阵的乘积的方法在 A4.1.1 节中介绍．矩阵 R 给出摄像机的定向，而 K 是摄像机的标定矩阵．分解的多义性可以通过要求 K 有正对角元素来解决．

矩阵 K 有形式（6.10）

$$\mathrm{K}=\begin{bmatrix}\alpha_x & s & x_0\\ 0 & \alpha_y & y_0\\ 0 & 0 & 1\end{bmatrix}$$

式中，$\alpha_x$ 是 $x$-坐标方向的比例因子，$\alpha_y$ 是 $y$-坐标方向的比例因子，$s$ 是扭曲参数，$(x_0,y_0)^{\mathrm{T}}$ 是主点的坐标，**像素宽高比**是 $\alpha_y/\alpha_x$．

**例 6.2**　形如 $\mathrm{P}=[\mathrm{M}\mid-\mathrm{M}\tilde{\mathbf{C}}]$ 的摄像机矩阵

$$\mathrm{P}=\begin{bmatrix}3.53553e+2 & 3.39645e+2 & 2.77744e+2 & -1.44946e+6\\ -1.03528e+2 & 2.33212e+1 & 4.59607e+2 & -6.32525e+5\\ 7.07107e-1 & -3.53553e-1 & 6.12372e-1 & -9.18559e+2\end{bmatrix}$$

的中心为 $\tilde{\mathbf{C}}=(1000.0,2000.0,1500.0)^{\mathrm{T}}$，并且矩阵 M 分解为

$$\mathrm{M}=\mathrm{KR}=\begin{bmatrix}468.2 & 91.2 & 300.0\\ & 427.2 & 200.0\\ & & 1.0\end{bmatrix}\begin{bmatrix}0.41380 & 0.90915 & 0.04708\\ -0.57338 & 0.22011 & 0.78917\\ 0.70711 & -0.35355 & 0.61237\end{bmatrix}$$

**何时 $s\neq0$？**　如 6.1 节所述，一般 $s=0$，故一个真正的 CCD 摄像机仅有 4 个摄像机内参数．如果 $s\neq0$，那么可以解释为 CCD 阵列的像素元素产生扭曲使得 $x$ 轴和 $y$ 轴不垂直．这是不大可能发生的．

现实中，非零扭曲可能在对图像再次取像（如一幅照片被重拍或底片被放大）时发生．例如用一个针孔摄像机（如普通的胶片摄像机）放大一幅图像时放大镜的轴与胶片平面或被放大的图像平面不垂直．

在这个“照片的照片”中可能发生的最严重的失真是一个平面单应．假定原（有限）摄像机用矩阵 P 表示，那么表示这种照片的照片的摄像机矩阵是 HP，其中 H 是一个单应矩阵．因为 H 是非奇异的，所以 HP 左边的 3×3 子矩阵是非奇异的，因而可以被分解成乘积 KR，并且不要求 K 中 s = 0．但是注意 K 和 R 不再是原摄像机的标定矩阵和定向．

另一方面，可以证明对照片拍照的过程不改变摄像机的视在中心．事实上，因为 H 是非奇异的，所以 $\mathrm{HP}\mathbf{C}=\mathbf{0}$ 的充要条件是 $\mathrm{P}\mathbf{C}=\mathbf{0}$．

**何处需要分解？**　如果摄像机矩阵 P 由式（6.11）给定，则其参数是已知的，分解显然没有必要．由此产生这样一个问题——在什么场合下我们会得到一个分解是未知的摄像机？事实

上，在整本书中将用多种方法来计算摄像机，而分解一个未知的摄像机在实践中经常用到. 例如摄像机可以通过**标定**来直接计算——其中摄像机由一组世界到图像的对应来计算(第7章)——或间接地通过先计算多视图关系(如基本矩阵或三焦点张量)，再由该关系来计算投影矩阵.

**关于坐标定向的注** 在推导摄像机模型和其参数化式(6.10)时，我们假定图像和3D世界的坐标系都是右手系，如图6.1所示. 但是，在通常图像坐标的测量中 $y$ 坐标沿向下的方向增加，因而定义了一个与图6.1相反的左手坐标系. 此时，一个切实可行的建议是把图像点的 $y$ 坐标取负，从而使坐标系变为右手系. 不过，即使图像坐标系是左手系，后果也不严重. 世界和图像坐标的关系仍然由一个 $3\times4$ 的摄像机矩阵表示. 按式(6.11)分解该摄像机矩阵使K取式(6.10)的形式仍可能使 $\alpha_x$ 和 $\alpha_y$ 为正. 所不同的是R现在表示的摄像机定向是相对于负 $Z$ 轴的. 另外，对摄像机前的点，由式(6.15)给出的点的深度将是**负的**而不是正的. 如果记住了这一点，那么在图像中使用左手坐标系也是允许的.

### 6.2.5 欧氏与射影空间

在前几节的推导中都隐含地假定世界和图像坐标系是欧氏的. 从射影几何中借用了一些概念(如对应于 $\boldsymbol{\pi}_\infty$ 上的点的方向)以及齐次坐标的方便记号使得用线性来表示中心投影成为可能.

在本书的后续章节中我们将更多地采用射影坐标系. 这很容易实现，设世界坐标系为射影的，则摄像机和世界坐标系之间的变换式(6.6)仍然用一个 $4\times4$ 的齐次矩阵H表示: $\mathbf{X}_{\mathrm{cam}}=\mathrm{H}\mathbf{X}$; 而且由三维射影空间 $\mathbb{P}^3$ 到图像的映射仍然用一个秩为3的 $3\times4$ 矩阵P表示. 事实上，最一般的射影摄像机是一个从 $\mathbb{P}^3$ 到 $\mathbb{P}^2$ 的映射，并包括了一个三维空间的射影变换、一个从三维空间到图像的投影和一个图像的射影变换的复合. 这可简单地由表示这些映射的矩阵的连乘来得到:

$$\mathrm{P}=[3\times3\text{ 单应}]\begin{bmatrix}1&0&0&0\\0&1&0&0\\0&0&1&0\end{bmatrix}[4\times4\text{ 单应}]$$

其结果是一个 $3\times4$ 的矩阵.

然而，记住摄像机是欧氏装置是很重要的，且不能简单地因为有一个摄像机的射影模型就可以避开欧氏几何的概念.

**欧氏与仿射解释** 虽然一个(有限) $3\times4$ 矩阵总能如6.2.4节所示那样进行分解以获得一个旋转矩阵、一个标定矩阵K等，所获得参数的欧氏解释仅当图像和空间坐标在适当的坐标系下才有意义. 该分解要求图像和三维空间都是欧氏坐标系. 另一方面，即便两个坐标系都是射影的，P的零向量是摄像机中心的解释仍有效——这个解释仅要求射影概念中的保线性. $\mathbf{P}^3$ 解释成主平面至少要求图像和三维空间是仿射坐标系. 最后，把 $\mathbf{m}^3$ 解释成主射线，则要求一个仿射图像坐标系和一个欧氏世界坐标系，以使得垂直(于主平面)的概念有意义.

## 6.3 无穷远摄像机

我们现在来考虑中心在无穷远平面上的摄像机. 它意味着摄像机矩阵P的左边 $3\times3$ 子

矩阵是奇异的. 与有限摄像机一样,摄像机中心可由 $\mathrm{P}\mathbf{C}=\mathbf{0}$ 求得.

无穷远摄像机可以大致分为两种不同的类型:**仿射摄像机和非仿射摄像机**. 我们首先考虑在实用中最重要的仿射摄像机.

**定义 6.3**　仿射摄像机是矩阵 P 的最后一行 $\mathbf{P}^{3\mathsf{T}}$ 形如 $(0,0,0,1)$ 的摄像机.

之所以称它为仿射摄像机是因为无穷远点被它映射为无穷远点.

### 6.3.1　仿射摄像机

设想当我们利用摄影特技,将摄像机向后拉的同时通过变焦放大使感兴趣的物体始终保持同样大小时会发生什么[⊖]? 这种情况如图 6.7 所示. 我们将用同时增加焦距和物体到摄像机主轴之间的距离并取极限的方法对此过程建模.

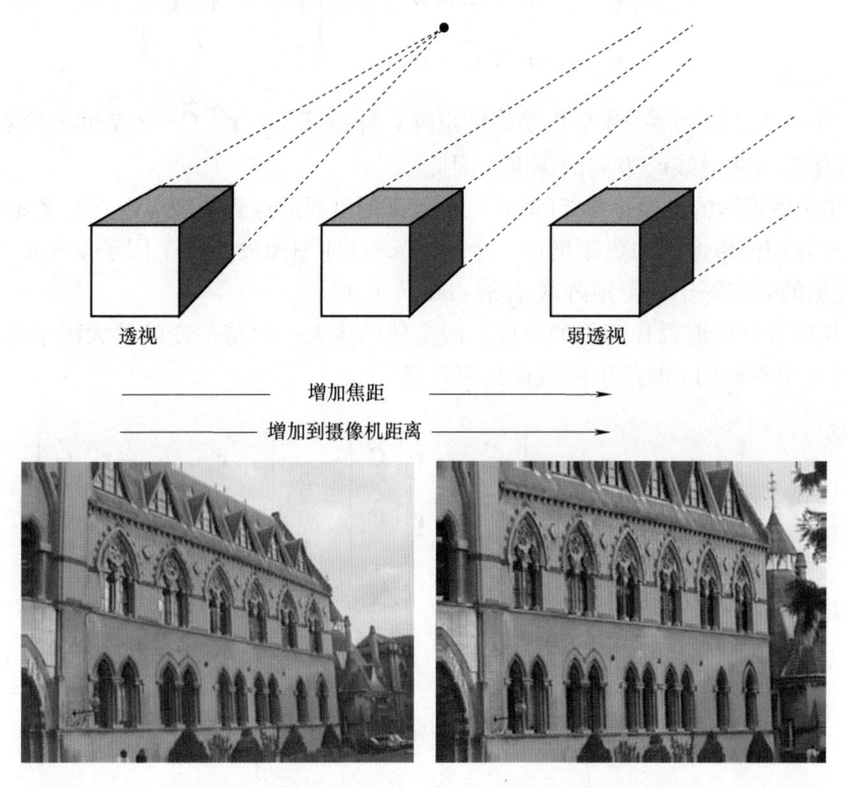


**图 6.7**　当焦距增加,同时摄像机与物体之间的距离也增加时,图像保持同样大小,但透视效应消失.

为分析该技术,我们先从有限射影摄像机式(6.11)开始. 摄像机矩阵可以写成

$$\mathrm{P}_0=\mathrm{KR}[\,\mathrm{I}\mid-\widetilde{\mathbf{C}}\,]=\mathrm{K}\begin{bmatrix}\mathbf{r}^{1\mathsf{T}} & -\mathbf{r}^{1\mathsf{T}}\widetilde{\mathbf{C}}\\ \mathbf{r}^{2\mathsf{T}} & -\mathbf{r}^{2\mathsf{T}}\widetilde{\mathbf{C}}\\ \mathbf{r}^{3\mathsf{T}} & -\mathbf{r}^{3\mathsf{T}}\widetilde{\mathbf{C}}\end{bmatrix} \tag{6.16}$$

⊖ 参见'Vertigo'(Dir. Hitchock, 1958)和'Mishima'(Dir. Schrader, 1985).

式中，$\mathbf{r}^{i\mathsf{T}}$是旋转矩阵的第 $i$ 行．摄像机定位在 $\widetilde{\mathbf{C}}$ 并由矩阵 R 定向，而内参数矩阵 K 的形式由式(6.10)给出．按 6.2.1 节，该摄像机主射线与向量$\mathbf{r}^3$ 同方向，而数值 $d_0=-\mathbf{r}^{3\mathsf{T}}\widetilde{\mathbf{C}}$ 是世界原点到摄像机中心在主射线方向上的距离．

现在，我们来考虑如果摄像机在一段时间 $t$ 内以单位速度沿主射线向后移动，并使摄像机中心移到 $\widetilde{\mathbf{C}}-t\mathbf{r}^3$ 时会发生什么情况．用 $\widetilde{\mathbf{C}}-t\mathbf{r}^3$ 代替式(6.16)中的 $\widetilde{\mathbf{C}}$ 给出在 $t$ 时刻的摄像机矩阵：

$$\mathrm{P}_t=\mathrm{K}\begin{bmatrix}\mathbf{r}^{1\mathsf{T}} & -\mathbf{r}^{1\mathsf{T}}(\widetilde{\mathbf{C}}-t\mathbf{r}^3)\\ \mathbf{r}^{2\mathsf{T}} & -\mathbf{r}^{2\mathsf{T}}(\widetilde{\mathbf{C}}-t\mathbf{r}^3)\\ \mathbf{r}^{3\mathsf{T}} & -\mathbf{r}^{3\mathsf{T}}(\widetilde{\mathbf{C}}-t\mathbf{r}^3)\end{bmatrix}=\mathrm{K}\begin{bmatrix}\mathbf{r}^{1\mathsf{T}} & -\mathbf{r}^{1\mathsf{T}}\widetilde{\mathbf{C}}\\ \mathbf{r}^{2\mathsf{T}} & -\mathbf{r}^{2\mathsf{T}}\widetilde{\mathbf{C}}\\ \mathbf{r}^{3\mathsf{T}} & d_t\end{bmatrix} \tag{6.17}$$

式中，$\mathbf{r}^{i\mathsf{T}}\mathbf{r}^3$ 当 $i=1,2$ 时为零，因为 R 是旋转矩阵．标量 $d_t=-\mathbf{r}^{3\mathsf{T}}\widetilde{\mathbf{C}}+t$ 是世界原点相对于摄像机中心在摄像机主射线$\mathbf{r}^3$ 方向的深度．因此

- **沿主射线追踪的效果是将矩阵的(3,4)元素用世界原点到摄像机中心的深度 $d_t$ 替代．**

下一步，我们使摄像机的焦距增加一个因子 $k$. 这使图像放大一个因子 $k$. 8.4.1 节将证明按因子 $k$ 变焦的效果等于标定矩阵 K 右乘 $\mathrm{diag}(k,k,1)$.

现在，我们来合成追踪和变焦的效应．假定使图像大小保持不变的放大因子是 $k=d_t/d_0$. 由式(6.17)得出在时间 $t$ 所产生的摄像机矩阵是

$$\mathrm{P}_t=\mathrm{K}\begin{bmatrix}d_t/d_0 & & \\ & d_t/d_0 & \\ & & 1\end{bmatrix}\begin{bmatrix}\mathbf{r}^{1\mathsf{T}} & -\mathbf{r}^{1\mathsf{T}}\widetilde{\mathbf{C}}\\ \mathbf{r}^{2\mathsf{T}} & -\mathbf{r}^{2\mathsf{T}}\widetilde{\mathbf{C}}\\ \mathbf{r}^{3\mathsf{T}} & d_t\end{bmatrix}=\frac{d_t}{d_0}\mathrm{K}\begin{bmatrix}\mathbf{r}^{1\mathsf{T}} & -\mathbf{r}^{1\mathsf{T}}\widetilde{\mathbf{C}}\\ \mathbf{r}^{2\mathsf{T}} & -\mathbf{r}^{2\mathsf{T}}\widetilde{\mathbf{C}}\\ \mathbf{r}^{3\mathsf{T}}d_0/d_t & d_0\end{bmatrix}$$

并可忽略因子 $d_t/d_0$. 当 $t=0$ 时，摄像机矩阵 $\mathrm{P}_t$ 对应于式(6.16)．而当 $d_t$ 趋向无穷大时，该矩阵变成

$$\mathrm{P}_\infty=\lim_{t\to\infty}\mathrm{P}_t=\mathrm{K}\begin{bmatrix}\mathbf{r}^{1\mathsf{T}} & -\mathbf{r}^{1\mathsf{T}}\widetilde{\mathbf{C}}\\ \mathbf{r}^{2\mathsf{T}} & -\mathbf{r}^{2\mathsf{T}}\widetilde{\mathbf{C}}\\ \mathbf{0}^{\mathsf{T}} & d_0\end{bmatrix} \tag{6.18}$$

它恰好是把原来的摄像机矩阵式(6.16)最后一行的前三个元素取零．根据定义 6.3，$\mathrm{P}_\infty$ 是仿射摄像机．

### 6.3.2 应用仿射摄像机的误差

可以看到：在过世界原点并垂直于主轴方向$\mathbf{r}^3$ 的平面上的任何点的图像在这种变焦和运动的复合作用下保持不变．事实上，这样的点可以被记为

$$\mathbf{X}=\begin{pmatrix}\alpha\mathbf{r}^1+\beta\mathbf{r}^2\\ 1\end{pmatrix}$$

因为$\mathbf{r}^{3\mathsf{T}}(\alpha\mathbf{r}^1+\beta\mathbf{r}^2)=0$，故 $\mathrm{P}_0\mathbf{X}=\mathrm{P}_t\mathbf{X}=\mathrm{P}_\infty\mathbf{X}$ 对所有 $t$ 成立.

对于不在该平面上的点，由 $\mathrm{P}_0$ 和 $\mathrm{P}_\infty$ 映射所产生的图像是不同的，我们将研究相应的误差范围. 设一点 $\mathbf{X}$ 离该平面的垂直距离是 $\Delta$. 这个 3D 点可以表示成

$$\mathbf{X}=\begin{pmatrix}\alpha\mathbf{r}^1+\beta\mathbf{r}^2+\Delta\mathbf{r}^3\\1\end{pmatrix}$$

并被摄像机 $\mathrm{P}_0$ 和 $\mathrm{P}_\infty$ 分别影像到

$$\mathbf{x}_{\text{proj}}=\mathrm{P}_0\mathbf{X}=\mathrm{K}\begin{pmatrix}\tilde{x}\\\tilde{y}\\d_0+\Delta\end{pmatrix}\qquad \mathbf{x}_{\text{affine}}=\mathrm{P}_\infty\mathbf{X}=\mathrm{K}\begin{pmatrix}\tilde{x}\\\tilde{y}\\d_0\end{pmatrix}$$

式中，$\tilde{x}=\alpha-\mathbf{r}^{1\mathsf{T}}\tilde{\mathbf{C}}$，$\tilde{y}=\beta-\mathbf{r}^{2\mathsf{T}}\tilde{\mathbf{C}}$. 现在记标定矩阵为

$$\mathrm{K}=\begin{bmatrix}\mathrm{K}_{2\times2}&\tilde{\mathbf{x}}_0\\\tilde{\mathbf{0}}^{\mathsf{T}}&1\end{bmatrix}$$

式中，$\mathrm{K}_{2\times2}$是 $2\times2$ 上三角矩阵，则有

$$\mathbf{x}_{\text{proj}}=\begin{pmatrix}\mathrm{K}_{2\times2}\tilde{\mathbf{x}}+(d_0+\Delta)\tilde{\mathbf{x}}_0\\d_0+\Delta\end{pmatrix}\qquad \mathbf{x}_{\text{affine}}=\begin{pmatrix}\mathrm{K}_{2\times2}\tilde{\mathbf{x}}+d_0\tilde{\mathbf{x}}_0\\d_0\end{pmatrix}$$

$\mathrm{P}_0$ 的图像点通过除以第三个元素消去齐次化而得到：$\tilde{\mathbf{x}}_{\text{proj}}=\tilde{\mathbf{x}}_0+\mathrm{K}_{2\times2}\tilde{\mathbf{x}}/(d_0+\Delta)$，而对于 $\mathrm{P}_\infty$ 的非齐次图像点是 $\tilde{\mathbf{x}}_{\text{affine}}=\tilde{\mathbf{x}}_0+\mathrm{K}_{2\times2}\tilde{\mathbf{x}}/d_0$. 因此两点之间的关系是

$$\tilde{\mathbf{x}}_{\text{affine}}-\tilde{\mathbf{x}}_0=\frac{d_0+\Delta}{d_0}(\tilde{\mathbf{x}}_{\text{proj}}-\tilde{\mathbf{x}}_0)$$

它表明

- **用 $\mathrm{P}_\infty$ 仿射近似真实摄像机矩阵 $\mathrm{P}_0$ 的效应是把点 $\mathbf{X}$ 的图像径向地靠近或离开主点 $\tilde{\mathbf{x}}_0$，其加权因子是**$(d_0+\Delta)/d_0=1+\Delta/d_0$.

图 6.8 对此给予了说明.

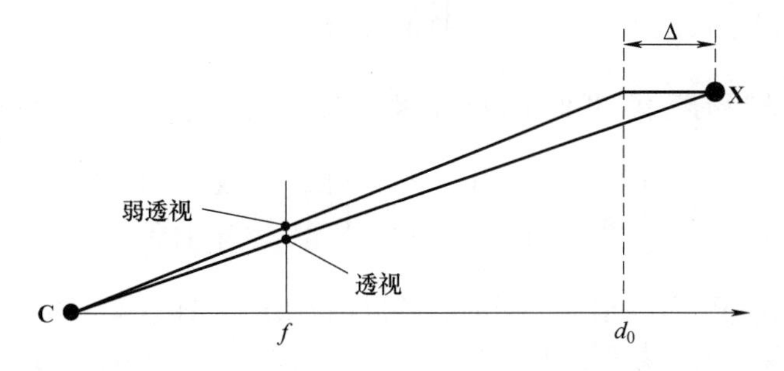


**图 6.8　透视与弱透视投影**. 弱透视摄像机的行为等价于先正交投影到一张平面($Z=d_0$)上，接着从该平面进行透视投影. 透视和弱透视投影的图像点之间的区别依赖于点 $\mathbf{X}$ 离该平面的距离 $\Delta$，及该点离主射线的距离.

**仿射成像条件** 由 $\tilde{\mathbf{x}}_{\text{proj}}$ 和 $\tilde{\mathbf{x}}_{\text{affine}}$ 的表达式可以推得

$$\tilde{\mathbf{x}}_{\text{affine}} - \tilde{\mathbf{x}}_{\text{proj}} = \frac{\Delta}{d_0}(\tilde{\mathbf{x}}_{\text{proj}} - \tilde{\mathbf{x}}_0) \tag{6.19}$$

这表明真实透视图像的位置与用仿射摄像机 $\mathrm{P}_\infty$ 逼近的位置之间的距离相差不大,如果:

(1)深度的起伏($\Delta$)相对平均深度($d_0$)较小,以及

(2)点离主轴的距离较小.

后一个条件在小视场时满足. 一般,长焦距镜头获取的图像容易满足这些条件,因为视场和景深都小于由相同 CCD 阵列的短焦距镜头获得的图像.

对于含有大量不同深度点的场景,仿射摄像机不是一个好的近似. 例如,当场景中含有背景物体的同时又有靠近的前景时,就不宜使用仿射摄像机模型. 然而此时可对不同区域采用不同的仿射模型.

### 6.3.3 $\mathrm{P}_\infty$ 的分解

摄像机矩阵式(6.18)可以写成

$$\mathrm{P}_\infty = \begin{bmatrix} \mathrm{K}_{2\times2} & \tilde{\mathbf{x}}_0 \\ \hat{\mathbf{0}}^{\top} & 1 \end{bmatrix} \begin{bmatrix} \hat{\mathrm{R}} & \hat{\mathbf{t}} \\ \mathbf{0}^{\top} & d_0 \end{bmatrix}$$

式中,$\hat{\mathrm{R}}$ 由旋转矩阵的前两行组成,$\hat{\mathbf{t}}$ 是向量$(-\mathbf{r}^{1\top}\tilde{\mathbf{C}}, -\mathbf{r}^{2\top}\tilde{\mathbf{C}})^{\top}$,而 $\hat{\mathbf{0}}$ 是向量$(0,0)^{\top}$,$2\times2$矩阵 $\mathrm{K}_{2\times2}$是上三角矩阵. 我们可以很快地验证

$$\mathrm{P}_\infty = \begin{bmatrix} \mathrm{K}_{2\times2} & \tilde{\mathbf{x}}_0 \\ \hat{\mathbf{0}}^{\top} & 1 \end{bmatrix} \begin{bmatrix} \hat{\mathrm{R}} & \hat{\mathbf{t}} \\ \mathbf{0}^{\top} & d_0 \end{bmatrix} = \begin{bmatrix} d_0^{-1}\mathrm{K}_{2\times2} & \tilde{\mathbf{x}}_0 \\ \hat{\mathbf{0}}^{\top} & 1 \end{bmatrix} \begin{bmatrix} \hat{\mathrm{R}} & \hat{\mathbf{t}} \\ \mathbf{0}^{\top} & 1 \end{bmatrix}$$

因此可以用 $d_0^{-1}\mathrm{K}_{2\times2}$代替 $\mathrm{K}_{2\times2}$并假定 $d_0=1$. 将此积乘起来得

$$\mathrm{P}_\infty = \begin{bmatrix} \mathrm{K}_{2\times2}\hat{\mathrm{R}} & \mathrm{K}_{2\times2}\hat{\mathbf{t}} + \tilde{\mathbf{x}}_0 \\ \hat{\mathbf{0}}^{\top} & 1 \end{bmatrix} = \begin{bmatrix} \mathrm{K}_{2\times2} & \hat{\mathbf{0}} \\ \hat{\mathbf{0}}^{\top} & 1 \end{bmatrix} \begin{bmatrix} \hat{\mathrm{R}} & \hat{\mathbf{t}} + \mathrm{K}_{2\times2}^{-1}\tilde{\mathbf{x}}_0 \\ \mathbf{0}^{\top} & 1 \end{bmatrix}$$

$$= \begin{bmatrix} \mathrm{K}_{2\times2} & \mathrm{K}_{2\times2}\hat{\mathbf{t}} + \tilde{\mathbf{x}}_0 \\ \hat{\mathbf{0}}^{\top} & 1 \end{bmatrix} \begin{bmatrix} \hat{\mathrm{R}} & \hat{\mathbf{0}} \\ \mathbf{0}^{\top} & 1 \end{bmatrix}$$

因此,对 $\hat{\mathbf{t}}$ 或 $\tilde{\mathbf{x}}_0$ 做适当的替代,我们可以把仿射摄像机矩阵写成如下两种形式中的一种:

$$\mathrm{P}_\infty = \begin{bmatrix} \mathrm{K}_{2\times2} & \hat{\mathbf{0}} \\ \hat{\mathbf{0}}^{\top} & 1 \end{bmatrix} \begin{bmatrix} \hat{\mathrm{R}} & \hat{\mathbf{t}} \\ \mathbf{0}^{\top} & 1 \end{bmatrix} = \begin{bmatrix} \mathrm{K}_{2\times2} & \tilde{\mathbf{x}}_0 \\ \hat{\mathbf{0}}^{\top} & 1 \end{bmatrix} \begin{bmatrix} \hat{\mathrm{R}} & \hat{\mathbf{0}} \\ \mathbf{0}^{\top} & 1 \end{bmatrix} \tag{6.20}$$

这样一来,摄像机 $\mathrm{P}_\infty$ 可以根据上面的分解以两种方式(即取 $\tilde{\mathbf{x}}_0=\mathbf{0}$ 或 $\hat{\mathbf{t}}=\hat{\mathbf{0}}$)之一加以解释. 用式(6.20)的第二种分解时,世界坐标原点的图像是 $\mathrm{P}_\infty(0,0,0,1)^{\top}=(\tilde{\mathbf{x}}_0^{\top},1)^{\top}$. 因此,$\tilde{\mathbf{x}}_0$ 的值依赖于世界坐标的具体选择,从而不是摄像机本身的固有特性. 这意味着摄像机矩阵 $\mathrm{P}_\infty$ 没有主点. 所以优先使用式(6.20)中的 $\mathrm{P}_\infty$ 的第一种分解,并记为

$$\mathrm{P}_\infty = \begin{bmatrix} \mathrm{K}_{2\times2} & \hat{\mathbf{0}} \\ \hat{\mathbf{0}}^{\top} & 1 \end{bmatrix} \begin{bmatrix} \hat{\mathrm{R}} & \hat{\mathbf{t}} \\ \mathbf{0}^{\top} & 1 \end{bmatrix} \tag{6.21}$$

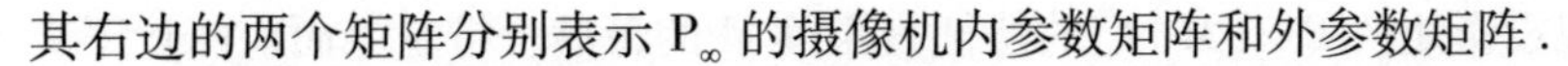

其右边的两个矩阵分别表示 $P_\infty$ 的摄像机内参数矩阵和外参数矩阵.

**平行投影**　概括起来,$P_\infty$ 和有限摄像机的本质区别是:

- **平行投影矩阵** $\begin{bmatrix} 1 & 0 & 0 & 0 \\ 0 & 1 & 0 & 0 \\ 0 & 0 & 0 & 1 \end{bmatrix}$ **代替了有限摄像机的规范射影矩阵** $[\mathrm{I} \mid \mathbf{0}]$(式(6.5)).
- **标定矩阵** $\begin{bmatrix} \mathrm{K}_{2\times 2} & \hat{\mathbf{0}} \\ \hat{\mathbf{0}}^{\mathsf{T}} & 1 \end{bmatrix}$ **代替了有限摄像机的** K(式(6.10)).
- **主点无定义**.

### 6.3.4　仿射摄像机的分层

类似于 6.1 节中推导有限摄像机分类的方法,我们从平行投影的基本操作开始建立一个摄像机模型的层次,它逐步地表示平行投影的更一般情形.

**正投影**　考虑沿 Z 轴的投影,它由下面的矩阵形式表示

$$\mathrm{P} = \begin{bmatrix} 1 & 0 & 0 & 0 \\ 0 & 1 & 0 & 0 \\ 0 & 0 & 0 & 1 \end{bmatrix} \tag{6.22}$$

该映射把点 $(\mathrm{X},\mathrm{Y},\mathrm{Z},1)^{\mathsf{T}}$ 映射到图像点 $(\mathrm{X},\mathrm{Y},1)^{\mathsf{T}}$,即去掉 Z 坐标.

为得到一般正投影映射,我们在此映射之前加一个形如

$$\mathrm{H} = \begin{bmatrix} \mathrm{R} & \mathbf{t} \\ \mathbf{0}^{\mathsf{T}} & 1 \end{bmatrix}$$

的 3D 欧氏坐标变换. 记 $\mathbf{t} = (t_1, t_2, t_3)^{\mathsf{T}}$,我们看到一般正投影摄像机的形式是

$$\mathrm{P} = \begin{bmatrix} \mathbf{r}^{1\mathsf{T}} & t_1 \\ \mathbf{r}^{2\mathsf{T}} & t_2 \\ \mathbf{0}^{\mathsf{T}} & 1 \end{bmatrix} \tag{6.23}$$

正投影摄像机有 5 个自由度,即描述旋转矩阵 R 的三个参数,加上两个偏置参数 $t_1$ 和 $t_2$. 正投影矩阵 $\mathrm{P} = [\mathrm{M} \mid \mathbf{t}]$ 的特征是矩阵 M 的最后一行是零而前两行正交并有单位范数,以及 $t_3 = 1$.

**缩放正投影**　缩放正投影是正投影紧接一个均匀缩放. 因此,它的矩阵一般可以写成如下的形式

$$\mathrm{P} = \begin{bmatrix} k & & \\ & k & \\ & & 1 \end{bmatrix} \begin{bmatrix} \mathbf{r}^{1\mathsf{T}} & t_1 \\ \mathbf{r}^{2\mathsf{T}} & t_2 \\ \mathbf{0}^{\mathsf{T}} & 1 \end{bmatrix} = \begin{bmatrix} \mathbf{r}^{1\mathsf{T}} & t_1 \\ \mathbf{r}^{2\mathsf{T}} & t_2 \\ \mathbf{0}^{\mathsf{T}} & 1/k \end{bmatrix} \tag{6.24}$$

它有 6 个自由度. 缩放正投影矩阵 $\mathrm{P} = [\mathrm{M} \mid \mathbf{t}]$ 的特征是矩阵 M 的最后一行是零而前两行正交并有相同的范数.

**弱透视投影**　与有限 CCD 摄像机类似,我们可以考虑两根图像轴缩放因子不一样的无穷远摄像机. 这种摄像机的投影矩阵的形式是

$$\mathrm{P} = \begin{bmatrix} \alpha_x & & \\ & \alpha_y & \\ & & 1 \end{bmatrix} \begin{bmatrix} \mathbf{r}^{1\mathsf{T}} & t_1 \\ \mathbf{r}^{2\mathsf{T}} & t_2 \\ \mathbf{0}^{\mathsf{T}} & 1 \end{bmatrix} \tag{6.25}$$

它有7个自由度．弱透视投影矩阵 $P=[M\,|\,\mathbf{t}]$ 的特征是矩阵M的最后一行是零而前两行正交（不同于缩放正投影，它们不需要有相等的范数）．该摄像机的几何作用如图6.8所示．

**仿射摄像机 $P_A$** 如 $P_\infty$ 情形中已经看到的一样，具有仿射形式且对元素不加限制的一般摄像机矩阵可以被分解成

$$P_A=\begin{bmatrix} a_x & s & \\ & a_y & \\ & & 1 \end{bmatrix}\begin{bmatrix} \mathbf{r}^{1\mathsf{T}} & t_1 \\ \mathbf{r}^{2\mathsf{T}} & t_2 \\ \mathbf{0}^\mathsf{T} & 1 \end{bmatrix}$$

它有8个自由度，并可以认为是有限射影摄像机的平行投影式(6.11)．

仿射摄像机的最一般的形式是

$$P_A=\begin{bmatrix} m_{11} & m_{12} & m_{13} & t_1 \\ m_{21} & m_{22} & m_{23} & t_2 \\ 0 & 0 & 0 & 1 \end{bmatrix}$$

它有8个自由度，对应于8个非零且非单位的矩阵元素．我们记左上角的 $2\times3$ 子矩阵为 $M_{2\times3}$．对仿射摄像机的唯一限制是 $M_{2\times3}$ 的秩是2．这来自于对P的秩是3的要求．

这个仿射摄像机包括三个变换的复合效应：一个三维空间的仿射变换、一个从三维空间到图像的正投影及一个图像平面的仿射变换．简单地把表示这些映射的矩阵连乘起来可得

$$P_A=[3\times3\ \text{仿射}]\begin{bmatrix} 1 & 0 & 0 & 0 \\ 0 & 1 & 0 & 0 \\ 0 & 0 & 0 & 1 \end{bmatrix}[4\times4\ \text{仿射}]$$

其结果是一个 $3\times4$ 仿射矩阵．

仿射摄像机下的投影是一个关于非齐次坐标的线性映射加上一个平移：

$$\begin{pmatrix} x \\ y \end{pmatrix}=\begin{bmatrix} m_{11} & m_{12} & m_{13} \\ m_{21} & m_{22} & m_{23} \end{bmatrix}\begin{pmatrix} \mathrm{X} \\ \mathrm{Y} \\ \mathrm{Z} \end{pmatrix}+\begin{pmatrix} t_1 \\ t_2 \end{pmatrix}$$

并可更紧凑地写成

$$\tilde{\mathbf{x}}=M_{2\times3}\tilde{\mathbf{X}}+\tilde{\mathbf{t}} \tag{6.26}$$

点 $\tilde{\mathbf{t}}=(t_1,t_2)^\mathsf{T}$ 是世界坐标原点的图像．

本节的摄像机模型可以看作是满足附加约束的仿射摄像机，因此仿射摄像机是这个层次的一个抽象．例如弱透视摄像机的 $M_{2\times3}$ 的行是经缩放的旋转矩阵的行，因而是正交的．

### 6.3.5 仿射摄像机的其他性质

空间中的无穷远平面被映射到图像中的无穷远点．这不难通过计算 $P_A(\mathrm{X},\mathrm{Y},\mathrm{Z},0)^\mathsf{T}=(\mathrm{X},\mathrm{Y},0)^\mathsf{T}$ 得到．扩展有限射影摄像机的术语，我们将其解释成摄像机的主平面是无穷远平面．因为光心在主平面上，所以它必然也在无穷远平面上．由此我们得到

(1)反过来说，主平面是无穷远平面的任何射影摄像机矩阵是仿射摄像机矩阵．

(2)平行的世界直线被投影成平行的图像直线．这是因为平行世界直线相交于无穷远平面，而该交点又被映射到图像中的无穷远点．因此图像直线是平行的．

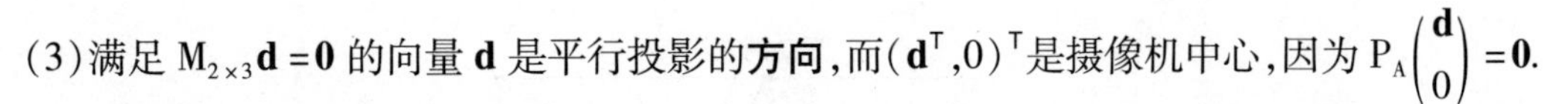

(3)满足 $M_{2\times3}\mathbf{d}=\mathbf{0}$ 的向量 $\mathbf{d}$ 是平行投影的**方向**,而$(\mathbf{d}^{\mathsf{T}},0)^{\mathsf{T}}$是摄像机中心,因为 $P_A\begin{pmatrix}\mathbf{d}\\0\end{pmatrix}=\mathbf{0}$.

由平行投影和仿射变换(或是空间的,或是图像的)的复合效应组成的任何摄像机都将具有仿射形式．例如,**平行-透视**投影就是由这两个映射组成:第一个是平行投影到过形心并与图像平面平行的平面 $\boldsymbol{\pi}$ 上．平行投影的方向是连接形心与摄像机中心的射线方向．平行投影之后是 $\boldsymbol{\pi}$ 与图像之间的一个仿射变换(实际上是一个相似变换)．因此,平行透视摄像机是仿射摄像机．

### 6.3.6　一般无穷远摄像机

仿射摄像机是主平面为无穷远平面的摄像机．因此其摄像机中心在无穷远平面上．然而,也有可能摄像机的中心在无穷远平面而并非整个主平面是无穷远平面．

如果 $P=[M\mid\mathbf{p}_4]$ 且 M 是奇异矩阵,那么这个摄像机的中心位于无穷远．显然,这比要求 M 的最后一行是零(如仿射摄像机的情形)的条件更弱．如果 M 是奇异的但其最后一行不是零,那么摄像机不是仿射的,并且也不是有限射影摄像机．这样的摄像机是相当奇怪的,故不在本书中做详细的研究．我们可以比较仿射和非仿射无穷远摄像机的性质如下：

| | 仿射摄像机 | 非仿射摄像机 |
|---|---|---|
| 摄像机中心在 $\boldsymbol{\pi}_\infty$ 上 | 是 | 是 |
| 主平面是 $\boldsymbol{\pi}_\infty$ | 是 | 不是 |
| $\boldsymbol{\pi}_\infty$ 上点的图像在 $\mathbf{l}_\infty$ 上 | 是 | 一般不是 |

这两种情形下摄像机中心都是投影的方向．此外,对仿射摄像机,所有非无穷远点都在摄像机的前面．对非仿射摄像机,空间被主平面划分成两组点集．

一般的无穷远摄像机可以来自于由仿射摄像机产生的图像的透视成像．该成像过程可用一个表示平面单应的一般 3×3 矩阵左乘仿射摄像机矩阵来描述．所得的 3×4 矩阵仍然是无穷远摄像机,但它没有仿射形式,因为世界平行线在图像中一般表现为会聚线．

## 6.4　其他摄像机模型

### 6.4.1　推扫式摄像机

线阵推扫式(LP)摄像机是卫星常用的一类传感器(如 SPOT 传感器)．这种摄像机用一个线阵传感器一次获取一条影像线．当传感器移动时,传感器平面扫过空间的一个区域(因而命名为推扫)并每次取一根图像线．图像的第二维由传感器的运动提供．线性推扫式模型假定传感器沿着一条直线相对地面做匀速运动．此外,我们假定传感器阵列的方位相对于移动的方向是恒定的．在传感器方向上,图像实际上是透视图像,而在传感器运动方向上 3×4 摄像机矩阵描述,与一般射影摄像机情形完全相同．但是,应用这个矩阵的方式略有不同．

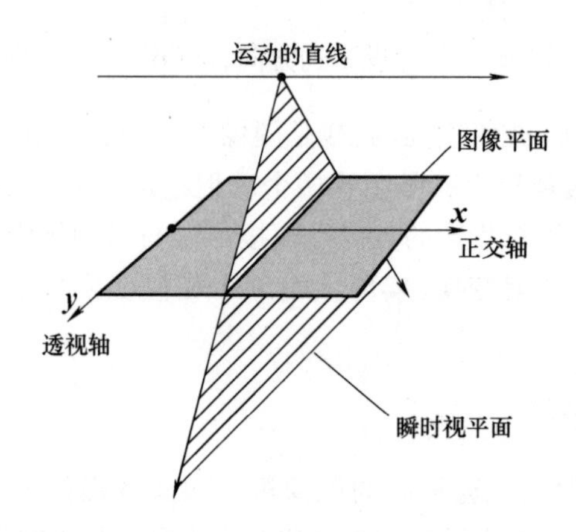


**图 6.9** 推扫式摄像机的摄像几何.

- **令 $\mathbf{X} = (X,Y,Z,1)^{\mathsf{T}}$ 为一个物体点,而 P 为 LP 摄像机的摄像机矩阵. 假定 $P\mathbf{X} = (x,y,w)^{\mathsf{T}}$. 那么对应的图像点(表示成一个非齐次 2 维向量)是$(x,y/w)^{\mathsf{T}}$.**

我们应该把它与射影摄像机映射做比较. 后一种映射中表示成$(x,y,w)^{\mathsf{T}}$的点是$(x/w,y/w)^{\mathsf{T}}$. 注意LP中的差别是:为得到图像坐标,坐标$x$不被比例因子$w$除. 在此公式中,图像中的$x$轴是传感器运动的方向,而$y$轴是线性传感器阵列的方向. 该摄像机有 11 个自由度.

LP 投影公式的另一种写法是

$$\tilde{x} = x = \mathbf{P}^{1\mathsf{T}}\mathbf{X} \qquad \tilde{y} = y/z = \frac{\mathbf{P}^{2\mathsf{T}}\mathbf{X}}{\mathbf{P}^{3\mathsf{T}}\mathbf{X}} \tag{6.27}$$

其中,$(\tilde{x}, \tilde{y})^{\mathsf{T}}$是图像点.

注意 $\tilde{y}$ 坐标是射影行为,而 $\tilde{x}$ 由点 $\mathbf{X}$ 到垂直于平面$\mathbf{P}^1$ 的方向上的正投影得到. 向量$\mathbf{P}^1$表示在时刻$t=0$(即坐标为 $\tilde{x}=0$ 的直线被获取时)摄像机扫过的平面.

**直线的映射** LP 摄像机的一个新颖的特性是空间直线不映射为图像中的直线(它们在射影摄像机的情形被映射为直线,见 8.1.2 节).3D 直线上的点集 $\mathbf{X}$ 可以写成$\mathbf{X}_0 + \alpha\mathbf{D}$,其中$\mathbf{X}_0 = (X,Y,Z,1)^{\mathsf{T}}$是直线上的一点,而$\mathbf{D} = (D_X,D_Y,D_Z,0)^{\mathsf{T}}$是该直线与无穷远平面的交. 此时由式(6.27)算出

$$\tilde{x} = \mathbf{P}^{1\mathsf{T}}(X_0 + t\mathbf{D})$$

$$\tilde{y} = \frac{\mathbf{P}^{2\mathsf{T}}(X_0 + t\mathbf{D})}{\mathbf{P}^{3\mathsf{T}}(X_0 + t\mathbf{D})}$$

这可以写成一对方程 $\tilde{x} = a + bt$ 和$(c+dt)\tilde{y} = e + ft$. 从这些方程中消去$t$得到一个形如 $\alpha\tilde{x}\tilde{y} + \beta\tilde{x} + \gamma\tilde{y} + \delta = 0$ 的方程,它是图像平面上的双曲线方程,它在一个方向渐进于直线 $\alpha\tilde{x} + \gamma = 0$,而在另一个方向渐进于直线 $\alpha\tilde{y} + \beta = 0$. 双曲线由两条曲线组成. 但这里仅有一条曲线作为直线的图像实际出现在图像中,而另一条曲线所对应的点在摄像机的后面.

## 6.4.2 线阵摄像机

本章已经研究了三维空间到2D 图像的中心投影. 类似的推导可以用于一张平面到位于

其中的一条1D直线的中心投影. 见图22.1. 该几何的摄像机模型是

$$\begin{pmatrix} x \\ y \end{pmatrix} = \begin{bmatrix} p_{11} & p_{12} & p_{13} \\ p_{21} & p_{22} & p_{23} \end{bmatrix} = \begin{pmatrix} X \\ Y \\ Z \end{pmatrix} = P_{2\times3}\mathbf{x}$$

它是从平面的齐次表示到直线的齐次表示的线性映射. 该摄像机有5个自由度. 投影矩阵$P_{2\times3}$的零空间$\mathbf{c}$仍然是摄像机中心,并且用类似于有限射影摄像机的方法(式(6.11))可以把矩阵分解为

$$P_{2\times3} = K_{2\times2}R_{2\times2}[I_{2\times2} \mid -\tilde{\mathbf{c}}]$$

式中,$\tilde{\mathbf{c}}$ 是表示中心的非齐次2维向量(2dof),$R_{2\times2}$是旋转矩阵(1dof),而

$$K_{2\times2} = \begin{bmatrix} a_x & x_0 \\ & 1 \end{bmatrix}$$

是内标定矩阵(2dof).

## 6.5 结束语

本章讨论了摄像机模型及其分类和构造. 后续几章将讨论由世界到图像的对应来估计摄像机以及摄像机对不同几何体(如直线和二次曲面)的作用. 消影点和消影线也将在第8章中做更详细的介绍.

### 6.5.1 文献

[Aloimonos-90]定义了包括平行—透视在内的摄像机模型的层次. Mundy和Zisserman[Mundy-92]将其推广到仿射摄像机. Faugeras在他的书[Faugeras-93]中推导了射影摄像机的性质. 关于线阵推扫式摄像机更多的细节在[Gupta-97]中给出,而2D摄像机在[Quan-97b]中给出.

### 6.5.2 注释和练习

(1)设$I_0$是射影图像,而$I_1$是$I_0$的图像(图像的图像),其合成图像为$I'$. 证明$I'$的视在摄像机中心与$I_0$的一样. 思考如何用它来解释为什么肖像的眼睛"当你在房间走动时总是看着你". 另一方面验证$I'$和$I_0$的其他参数可能不同.

(2)证明在射影摄像机P下,图像点$\mathbf{x}$反向投影的射线(同式(6.14)中的)可以被写成

$$L^* = P^{\mathsf{T}}[\mathbf{x}]_{\times}P \tag{6.28}$$

式中,$L^*$是直线的对偶Plücker表示(式(3.9)).

(3)**仿射摄像机**.

(a)证明仿射摄像机是将平行世界直线映射到平行图像直线的关于齐次坐标的最一般的线性映射. 为此考虑$\boldsymbol{\pi}_\infty$上的点的投影,并证明只有当P具有仿射形式时,它们才映射到图像的无穷远点.

(b)证明被仿射摄像机映射的平行直线上的线段的长度比是不变的. 在仿射摄像机下还有什么其他的不变量?

(4)**有理多项式摄像机**是一种一般的摄像机模型,广泛地用于卫星侦察领域．其图像坐标由下列比值定义：

$$x = N_x(\mathbf{X})/D_x(\mathbf{X}) \quad y = N_y(\mathbf{X})/D_y(\mathbf{X})$$

式中,函数 $N_x, D_x, N_y, D_y$ 是三维空间点 $\mathbf{X}$ 的**三次**齐次多项式．每一个三次多项式有 20 个系数,因此整个摄像机有 78 个自由度．本章研究的所有摄像机(射影、仿射、推扫)都是有理多项式摄像机的特殊情形．其缺点是对这些情形严重的超参数化了．更多细节在 Hartley 和 Saxena[Hartley - 97e]中给出．

(5)有限射影摄像机(式(6.11))P 可以通过右乘一个 $4 \times 4$ 的单应 H 变换成正投影摄像机(式(6.22))

$$\mathrm{PH} = \mathrm{KR}[\mathrm{I} \mid -\tilde{\mathbf{C}}]\mathrm{H} = \begin{bmatrix} 1 & 0 & 0 & 0 \\ 0 & 1 & 0 & 0 \\ 0 & 0 & 0 & 1 \end{bmatrix} = \mathrm{P}_{\mathrm{orthog}}$$

(选择 H 的最后一行使其秩为 4)．于是因为

$$\mathbf{x} = \mathrm{P}(\mathrm{HH}^{-1})\mathbf{X} = (\mathrm{PH})(\mathrm{H}^{-1}\mathbf{X}) = \mathrm{P}_{\mathrm{orthog}}\mathbf{X}'$$

故在 P 下的成像等价于先将三维空间点 $\mathbf{X}$ 变为 $\mathbf{X}' = \mathrm{H}^{-1}\mathbf{X}$,再对其进行一个正投影．这样一来,任何摄像机的作用都可以认为是先做一个三维空间的射影变换,再跟着做一个正投影．

# 第7章 摄像机矩阵 P 的计算

本章介绍由 3 维空间与图像平面元素间的对应来估计摄像机投影矩阵的数值方法．摄像机矩阵的这种计算称为**摄像机参数估计**(Resectioning)．最简单的对应是 3D 点 $\mathbf{X}$ 与它被未知摄像机映射的图像点 $\mathbf{x}$ 之间的对应．只要知道足够多的对应$\mathbf{X}_i \leftrightarrow \mathbf{x}_i$,便可以确定摄像机矩阵 P. 同理,P 也可以由足够多的世界与图像的直线对应来确定．

如果对矩阵 P 施以附加约束(例如像素是正方形),那么满足这些约束的**受限**摄像机矩阵可以由世界与图像的对应来估计．

在整本书中我们都假定 3 维空间到图像的映射是线性的．如果镜头存在失真,那么该假定无效．镜头径向失真的矫正问题将在本章处理．

摄像机的内参数 K 可以利用6.2.4 节的分解方法由矩阵 P 求得．或者用第 8 章的方法可以直接计算内参数而不必估计 P.

## 7.1 基本方程

我们假定 3D 点$\mathbf{X}_i$ 和 2D 图像点$\mathbf{x}_i$ 之间的若干组点对应$\mathbf{X}_i \leftrightarrow \mathbf{x}_i$ 已经给定．问题是求一个摄像机矩阵 P,即对所有 $i$ 都有$\mathbf{x}_i = \mathrm{P}\,\mathbf{X}_i$ 的 $3\times4$ 矩阵．这个问题显然与第 4 章中计算 2D 射影变换 H 的问题相似．唯一的差别是问题的维数．在 2D 时,矩阵 H 的维数是 $3\times3$,而现在 P 是一个 $3\times4$ 矩阵．可以预料,第 4 章的许多材料几乎可以不加改变地适用于现在的情形．

如4.1 节一样,对于每组对应$\mathbf{X}_i \leftrightarrow \mathbf{x}_i$,我们可以导出一个关系式：

$$\begin{bmatrix} \mathbf{0}^{\mathsf{T}} & -w_i\mathbf{X}_i^{\mathsf{T}} & y_i\mathbf{X}_i^{\mathsf{T}} \\ w_i\mathbf{X}_i^{\mathsf{T}} & \mathbf{0}^{\mathsf{T}} & -x_i\mathbf{X}_i^{\mathsf{T}} \\ -y_i\mathbf{X}_i^{\mathsf{T}} & x_i\mathbf{X}_i^{\mathsf{T}} & \mathbf{0}^{\mathsf{T}} \end{bmatrix}\begin{pmatrix}\mathbf{P}^1\\ \mathbf{P}^2\\ \mathbf{P}^3\end{pmatrix}=\mathbf{0} \tag{7.1}$$

式中,$\mathbf{P}^{i\mathsf{T}}$是 P 的第 $i$ 行,它是一个 4 维向量．另外,因为式(7.1)的三个方程是线性相关的,我们可以选择只用其前两个方程：

$$\begin{bmatrix} \mathbf{0}^{\mathsf{T}} & -w_i\mathbf{X}_i^{\mathsf{T}} & y_i\mathbf{X}_i^{\mathsf{T}} \\ w_i\mathbf{X}_i^{\mathsf{T}} & \mathbf{0}^{\mathsf{T}} & -x_i\mathbf{X}_i^{\mathsf{T}} \end{bmatrix}\begin{pmatrix}\mathbf{P}^1\\ \mathbf{P}^2\\ \mathbf{P}^3\end{pmatrix}=\mathbf{0} \tag{7.2}$$

利用 $n$ 组点对应集并将每组对应的方程式(7.2)联立起来,便得到一个 $2n\times12$ 的矩阵 A. 投影矩阵 P 通过解方程组 $\mathrm{A}\mathbf{p}=\mathbf{0}$ 算出,其中 $\mathbf{p}$ 是由矩阵 P 的元素组成的向量．

**最小配置解**　因为矩阵 P 有 12 个元素和(忽略缩放因子)11 个自由度,所以解 P 需要 11

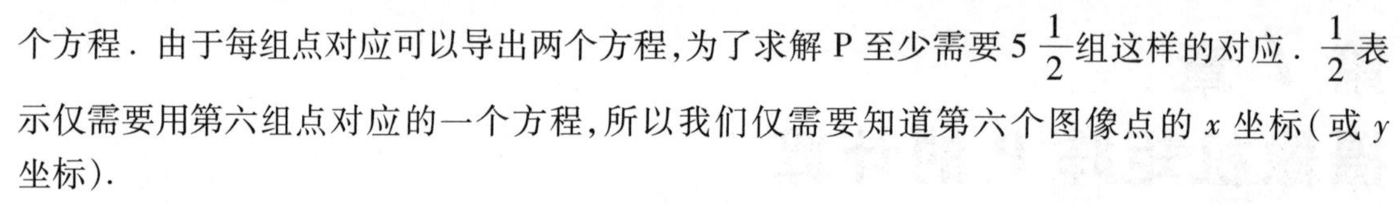

个方程．由于每组点对应可以导出两个方程，为了求解 P 至少需要 $5\frac{1}{2}$ 组这样的对应．$\frac{1}{2}$ 表示仅需要用第六组点对应的一个方程，所以我们仅需要知道第六个图像点的 $x$ 坐标（或 $y$ 坐标）．

给定这个最小数目的对应时，解是精确的，即空间的点准确地投影到它们被测量的图像上．该解由解方程组 $\mathrm{A}\mathbf{p}=\mathbf{0}$ 得到，其中 A 是 $11\times12$ 的矩阵．A 的秩一般为 11，而解向量 $\mathbf{p}$ 是 A 的 1 维右零空间．

**超定解**　如果由于点坐标的噪声导致数据不精确并且给定 $n\geqslant6$ 组点对应，那么 $\mathrm{A}\mathbf{p}=\mathbf{0}$ 将不存在精确解．与单应的估计一样，P 的解可以通过最小化一个代数或几何误差来获得．

代数误差所用的方法是在满足某个归一化的约束下，求 $\|\mathrm{A}\mathbf{p}\|$ 的最小值．可能的约束是

（1）$\|\mathbf{p}\|=1$．

（2）$\|\hat{\mathbf{p}}^3\|=1$，其中 $\hat{\mathbf{p}}^3$ 是由 P 最后一行的前三个元素组成的向量 $(p_{31},p_{32},p_{33})^{\mathsf{T}}$．

第一个约束适于常规使用，我们现在就使用它．第二个归一化约束将在 7.2.1 节中讨论．每种情形的残差 $\mathrm{A}\mathbf{p}$ 都称为**代数误差**．用这些方程计算摄像机矩阵 P 的完整的 DLT 算法与算法 4.1 给出的计算 H 的过程一样．

**退化配置**　分析估计 P 的退化配置比 2D 单应情形要复杂很多．有两种类型的配置都存在 P 的多义性解．这些配置将在第 22 章中详细研究．最重要的临界配置如下：

（1）摄像机中心和点都在一条三次绕线上．

（2）这些点都在一张平面和包含摄像机中心的一条直线的并集上．

对于这样的配置，摄像机不能由点的图像唯一地得到．相反地，它可以分别沿该三次绕线或该直线任意地移动．如果数据接近于一种退化配置，那么得到的是 P 的粗劣估计．例如，如果摄像机远离一个地势起伏小的场景（如取接近天边区域的视图），那么这种情形接近平面性退化．

**数据归一化**　如 2D 单应估计的情形一样，对数据实行某种类型的归一化是重要的．用与前面同样的方法对图像点 $\mathbf{x}_i$ 做适当的归一化．也就是说，点应该被适当平移使其形心位于原点，并通过缩放使其到原点的 RMS（均方根）距离等于 $\sqrt{2}$．在选择 3D 点 $\mathbf{X}_i$ 的归一化方法时会遇到一些困难．当点到摄像机的深度变化相对比较小时，采用同样类型的归一化是有道理的．因此，把点的形心平移到原点，并对其坐标进行缩放使它们到原点的 RMS（均方根）距离等于 $\sqrt{3}$（使"平均"点的坐标为 $(1,1,1,1)^{\mathsf{T}}$）．这种方法适用于点紧致分布的情形，如图 2.1 中标定物体上点的分布．

如果某些点距离摄像机很远，前面的归一化技术效果不是很好．例如，有些点接近摄像机，同时有些点在无穷远（它们被影像成消影点）或接近于无穷远（这可能出现在地形的斜视图上），那么通过点的平移使它们的形心移到原点是不可能的或不合理的．此时采用 4.9.2 节练习（3）中的归一化方法可能更合适，尽管它还没有经过彻底的验证．

经适当的归一化后，估计 P 的算法与计算 H 的算法 4.2 过程相同．

**直线对应**　扩展 DLT 算法使之也适用于直线对应的情形是一件简单的事．3D 中的直线可以用它通过的两点 $\mathbf{X}_0$ 和 $\mathbf{X}_1$ 来表示．现在根据结论 8.2，由图像直线 $\mathbf{l}$ 反向投影得到的平面为 $\mathrm{P}^{\mathsf{T}}\mathbf{l}$．那么点 $\mathbf{X}_j$ 在该平面上的条件是

$$\mathbf{l}^{\mathsf{T}} \mathrm{P} \mathbf{X}_j = 0, \quad j = 0,1 \tag{7.3}$$

$j$ 的每个选择给出关于矩阵 P 的元素的一个线性方程,因此由每个 3D 到 2D 的直线对应得到两个方程. 这些方程关于 P 的元素是线性的,可以加到由点对应得到的方程式(7.1)中,然后计算该组合方程组的解.

## 7.2　几何误差

可以与 2D 单应(第 4 章)一样来定义几何误差. 首先假定世界点$\mathbf{X}_i$ 比图像测量点要准确得多. 例如点$\mathbf{X}_i$ 可能来自一个准确加工的标定物体. 那么图像中的几何误差是

$$\sum_i d(\mathbf{x}_i, \hat{\mathbf{x}}_i)^2$$

式中,$\mathbf{x}_i$ 是被测量的点,$\hat{\mathbf{x}}_i'$是点 $\mathrm{P}\mathbf{X}_i$,即 $\mathbf{X}_i$ 在 P 作用下的精确的图像点. 如果测量误差满足高斯分布,那么

$$\min_{\mathrm{P}} \sum_i d(\mathbf{x}_i, \mathrm{P}\mathbf{X}_i)^2 \tag{7.4}$$

的解是 P 的最大似然估计.

如 2D 单应一样,最小化几何误差需要应用诸如 Levenberg-Marquardt 的迭代技术. P 的参数化可由矩阵元素的向量 $\mathbf{p}$ 提供. DLT 解或最小配置解可以用作迭代最小化的初始点. 完整的黄金标准算法概括在算法 7.1 中.

<u>目标</u>

给定 $n \geqslant 6$ 组由世界到图像的点对应$\{\mathbf{X}_i \leftrightarrow \mathbf{x}_i\}$,确定摄像机投影矩阵 P 的最大似然估计,即求最小化 $\sum_i d(\mathbf{x}_i, \mathrm{P}\mathbf{X}_i)^2$ 的 P.

<u>算法</u>

(1) **线性解**. 用诸如算法 4.2 的线性算法计算 P 的一个初始估计:

(a) **归一化**:用一个相似变换 T 去归一化图像点,而用第二个相似变换 U 去归一化空间点. 设归一化后的图像点是 $\tilde{\mathbf{x}}_i = \mathrm{T}\mathbf{x}_i$,归一化后的空间点是 $\tilde{\mathbf{X}}_i = \mathrm{U}\mathbf{X}_i$.

(b) **DLT**:把每组对应 $\tilde{\mathbf{X}}_i \leftrightarrow \tilde{\mathbf{x}}_i$产生的方程组(7.2)并起来形成一个 $2n \times 12$ 矩阵 A. 记 $\mathbf{p}$ 为矩阵$\tilde{\mathrm{P}}$ 的元素构成的向量. $\mathrm{A}\mathbf{p} = \mathbf{0}$ 的满足 $\|\mathbf{p}\| = 1$ 的解是 A 的对应于最小奇异值的单位奇异向量.

(2) **最小化几何误差**. 以线性估计为初始点,在$\tilde{\mathrm{P}}$ 上用诸如 Levenberg-Marquardt 的迭代算法最小化几何误差式(7.4):

$$\sum_i d(\tilde{\mathbf{x}}_i, \tilde{\mathrm{P}}\tilde{\mathbf{X}}_i)^2$$

(3) **解除归一化**. 由 $\tilde{\mathbf{P}}$ 求原(未归一化)坐标系下的摄像机矩阵,即

$$\mathrm{P} = \mathrm{T}^{-1} \tilde{\mathbf{P}} \mathrm{U}.$$

算法 7.1　在世界点精确已知的条件下,由世界到图像的点对应估计 P 的黄金标准算法.

**例 7.1　由标定物体估计摄像机**

我们利用来自图 7.1 显示的标定物体的数据,将 DLT 算法与黄金标准算法 7.1 做一个比

较．图像点$\mathbf{x}_i$ 由下列步骤从标定物体中得到：

（1）Canny 边缘检测[Canny-86]．

（2）对检测过并连接的边缘进行直线拟合．

（3）求直线的交点以得到成像的角点．

**图 7.1** 一种典型标定物体的图像．黑白棋盘模式（“Tsai 栅格”）的设计使得成像正方形的角点位置可以被高精度地提取．共有 197 个点被识别并用于本章例子中的标定摄像机．

如果足够细心，那么获取的点$\mathbf{x}_i$ 的定位精度可以远小于 1/10 像素．根据经验，一个好的估计所需的约束（点的测量）数目应该超过未知数（11 个摄像机参数）的五倍，也就是说至少应该使用 28 个点．

表 7.1 给出用线性 DLT 算法和黄金标准算法得到的标定结果．注意黄金标准算法得到的结果改进非常小．千分之一像素的残差区别可忽略不计．

| | $f_y$ | $f_x/f_y$ | 扭曲 | $x_0$ | $y_0$ | 残差 |
|---|---|---|---|---|---|---|
| 线性 | 1673.3 | 1.0063 | 1.39 | 379.96 | 305.78 | 0.365 |
| 迭代 | 1675.5 | 1.0063 | 1.43 | 379.79 | 305.25 | 0.364 |

**表 7.1** DLT 和黄金标准标定

**世界点有误差** 世界点的测量可能出现不具有“无限”精度的情形．此时，我们可以选择最小化 3D 几何误差或图像几何误差，或两者同时最小化来估计 P.

如果仅考虑世界点的误差，那么 3D 几何误差定义为

$$\sum_i d(\mathbf{X}_i,\hat{\mathbf{X}}_i)^2$$

式中，$\hat{\mathbf{X}}_i$ 是空间最接近$\mathbf{X}_i$ 并通过$\mathbf{x}_i = \mathrm{P}\hat{\mathbf{X}}_i$ 准确地映射到$\mathbf{x}_i$ 的点．

更一般地，如果世界和图像点的误差都考虑，那么应对世界和图像误差的加权累加进行最小化．如 2D 单应一样，这时需要将所估计的 3D 点$\hat{\mathbf{X}}_i$ 添加到参数集中．我们需要最小化

$$\sum_{i=1}^{n} d_{\mathrm{Mah}}(\mathbf{x}_i,\mathrm{P}\hat{\mathbf{X}}_i)^2 + d_{\mathrm{Mah}}(\mathbf{X}_i,\hat{\mathbf{X}}_i)^2$$

式中，$d_{\mathrm{Mah}}$表示每组测量$\mathbf{x}_i$ 和$\mathbf{X}_i$ 关于已知误差协方差矩阵的 Mahalanobis 距离．最简单的 Mahalanobis 距离仅是一种加权的几何距离，其中权值的选择反映图像和 3D 点的相对测量精度，同时因为图像和世界点通常采用不同的测量单位．

### 7.2.1 代数误差的几何解释

假定 DLT 算法中所有的点 $\mathbf{X}_i$ 已经归一化使得 $\mathbf{X}_i=(\mathrm{X}_i,\mathrm{Y}_i,\mathrm{Z}_i,1)^{\mathsf{T}}$ 且 $\mathbf{x}_i=(x_i,y_i,1)^{\mathsf{T}}$. 4.2.4 节中指出,此时 DLT 算法要最小化的量是 $\sum_i(\hat{w}_i d(\mathbf{x}_i,\hat{\mathbf{x}}_i))^2$,其中 $\hat{w}_i(\hat{x}_i,\hat{y}_i,1)^{\mathsf{T}}=\mathrm{P}\mathbf{X}_i$. 然而,根据式(6.15)

$$\hat{w}_i=\pm\|\hat{\mathbf{p}}^3\|\operatorname{depth}(\mathbf{X};\mathrm{P})$$

因此 $\hat{w}_i$ 可以解释成点 $\mathbf{X}_i$ 沿主射线方向到摄像机的深度,只要对摄像机归一化使得 $\|\hat{\mathbf{p}}^3\|^2=p_{31}^2+p_{32}^2+p_{33}^2=1$. 由图 7.2 可见 $\hat{w}_i d(\mathbf{x}_i,\hat{\mathbf{x}}_i)$ 正比于 $fd(\mathbf{X}_i',\mathbf{X}_i)$,其中 $f$ 是焦距而 $\mathbf{X}_i'$ 是被映射到 $\mathbf{x}_i$ 的点,且在过 $\mathbf{X}_i$ 并平行于摄像机主平面的平面上. 因此,要最小化的代数误差等于 $f\sum_i d(\mathbf{X}_i,\mathbf{X}_i')^2$.

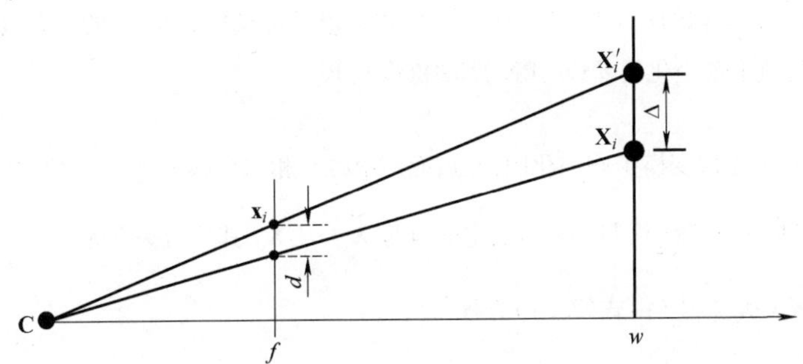


**图 7.2** DLT 算法最小化点 $\mathbf{X}_i$ 和 $\mathbf{X}_i'$ 之间几何距离 $\Delta$ 的平方和,$\mathbf{X}_i'$ 精确地映射到 $\mathbf{x}_i$,且在过 $\mathbf{X}_i$ 并与摄像机主平面平行的平面上. 由简单的计算可知 $wd=f\Delta$.

距离 $d(\mathbf{X}_i,\mathbf{X}_i')$ 是需要用于所测量 3D 点的校正量,以使得其与所测量图像点 $\mathbf{x}_i$ 精确对应. 限制条件是校正必须在垂直于摄像机主轴的方向上进行. 由于这个限制,点 $\mathbf{X}_i'$ 不同于映射到 $\mathbf{x}_i$ 并与 $\mathbf{X}_i$ 最近的点 $\hat{\mathbf{X}}_i$. 但当 $\mathbf{X}_i$ 离摄像机主射线不太远时,距离 $d(\mathbf{X}_i,\mathbf{X}_i')$ 是 $d(\mathbf{X}_i,\hat{\mathbf{X}}_i)$ 的合理近似. DLT 最小化 $d(\mathbf{X}_i,\mathbf{X}_i')$(稍大于 $d(\mathbf{X}_i,\hat{\mathbf{X}}_i)$)的平方和使得其对远离摄像机主射线的点略有偏重. 此外,代数误差的表达式中出现焦距 $f$ 表明 DLT 算法将倾向于最小化焦距而使 3D 几何误差略有增加.

**变换不变性** 我们刚才看到在约束 $\|\hat{\mathbf{p}}^3\|=1$ 下最小化 $\|\mathrm{A}\mathbf{p}\|$ 可以解释成最小化 3D 几何距离. 这样的解释不受 3D 空间和图像空间的相似变换的影响. 因此,我们可以料到对图像或 3D 点坐标的数据进行平移和缩放不会对解产生任何影响. 这正是可以利用 4.4.2 节中的讨论来证明的情况.

### 7.2.2 仿射摄像机的估计

上面有关射影摄像机推导的方法可以直接用于仿射摄像机. 仿射摄像机是投影矩阵的最后一行为(0,0,0,1)的摄像机. 仿射摄像机的 DLT 估计是在 P 的最后一行满足上述条件下最小化 $\|\mathrm{A}\mathbf{p}\|$. 如计算 2D 仿射变换一样,仿射摄像机的代数误差和几何图像误差相等. 这意味着可以通过线性算法来最小化几何图像距离.

如前面一样,假定所有的点 $\mathbf{X}_i$ 已经归一化使得 $\mathbf{X}_i=(\mathrm{X}_i,\mathrm{Y}_i,\mathrm{Z}_i,1)^{\mathsf{T}}$,$\mathbf{x}_i=(x_i,y_i,1)^{\mathsf{T}}$,并且

P 的最后一行具有仿射形式,那么关于单组对应的式(7.2)简化为

$$\begin{bmatrix} \mathbf{0}^{\mathsf{T}} & -\mathbf{X}_i^{\mathsf{T}} \\ \mathbf{X}_i^{\mathsf{T}} & \mathbf{0}^{\mathsf{T}} \end{bmatrix} \begin{pmatrix} \mathbf{P}^1 \\ \mathbf{P}^2 \end{pmatrix} + \begin{pmatrix} y_i \\ -x_i \end{pmatrix} = \mathbf{0} \tag{7.5}$$

它表明此时代数误差的平方等于几何误差的平方

$$\| \mathrm{A}\mathbf{p} \|^2 = \sum_i (x_i - \mathbf{P}^{1\mathsf{T}}\mathbf{X}_i)^2 + (y_i - \mathbf{P}^{2\mathsf{T}}\mathbf{X}_i)^2 = \sum_i d(\mathbf{x}_i, \hat{\mathbf{x}}_i)^2$$

该结果可以通过比较图 6.8 和图 7.2 从几何上加以理解.

仿射摄像机的最小化几何误差的线性估计算法在算法 7.2 中给出. 在高斯测量误差的假设下,它就是 $\mathrm{P}_{\mathrm{A}}$ 的最大似然估计.

目标

给定 $n \geqslant 4$ 组世界到图像的点对应 $\{\mathbf{X}_i \leftrightarrow \mathbf{x}_i\}$,确定仿射摄像机投影矩阵 $\mathrm{P}_{\mathrm{A}}$ 的最大似然估计,即求在仿射约束 $\mathbf{P}^{3\mathsf{T}} = (0,0,0,1)$ 下最小化 $\sum_i d(\mathbf{x}_i, \mathrm{P}\mathbf{X}_i)^2$ 的摄像机 P.

算法

(1) **归一化**:用一个相似变换 T 归一化图像点,而用第二个相似变换 U 来归一化空间点. 假定归一化后的图像点是 $\tilde{\mathbf{x}}_i = \mathrm{T}\mathbf{x}_i$,而归一化后的空间点是 $\tilde{\mathbf{X}}_i = \mathrm{U}\mathbf{X}_i$,其最后一个元素是 1.

(2) 每组对应 $\tilde{\mathbf{X}}_i \leftrightarrow \mathbf{x}_i$ 产生(由式(7.5))方程

$$\begin{bmatrix} \tilde{\mathbf{X}}_i^{\mathsf{T}} & \mathbf{0}^{\mathsf{T}} \\ \mathbf{0}^{\mathsf{T}} & \tilde{\mathbf{X}}_i^{\mathsf{T}} \end{bmatrix} \begin{pmatrix} \tilde{\mathbf{P}}^1 \\ \tilde{\mathbf{P}}^2 \end{pmatrix} = \begin{pmatrix} \tilde{x}_i \\ \tilde{y}_i \end{pmatrix}$$

把它们叠起来形成一个 $2n \times 8$ 的矩阵方程 $\mathrm{A}_8 \mathbf{p}_8 = \mathbf{b}$,其中 $\mathbf{p}_8$ 为包含矩阵 $\tilde{\mathrm{P}}_{\mathrm{A}}$ 前两行的 8 维向量.

(3) 解由 $\mathrm{A}_8$ 的伪逆(见 A5.2 节)给出:

$$\mathbf{p}_8 = \mathrm{A}_8^{+} \mathbf{b}$$

并且 $\tilde{\mathbf{P}}^{3\mathsf{T}} = (0,0,0,1)$.

(4) **解除归一化**:原(未归一化)坐标系下的摄像机矩阵由 $\tilde{\mathrm{P}}_{\mathrm{A}}$ 求得,即

$$\mathrm{P}_{\mathrm{A}} = \mathrm{T}^{-1} \tilde{\mathrm{P}}_{\mathrm{A}} \mathrm{U}$$

算法 7.2 由世界到图像的点对应来估计仿射摄像机矩阵 $\mathrm{P}_{\mathrm{A}}$ 的黄金标准算法.

## 7.3 受限摄像机的估计

如迄今为止所介绍的那样,DLT 算法通过一组 3D 到 2D 的点对应计算一般射影摄像机的矩阵 P. 中心在有限点的矩阵 P 可以分解成 $\mathrm{P} = \mathrm{K}[\mathrm{R} \mid -\mathrm{R}\tilde{\mathbf{C}}]$,其中 R 是 $3 \times 3$ 的旋转矩阵而 K 具有式(6.10)的形式:

$$\mathrm{K}=\begin{bmatrix} \alpha_x & s & x_0 \\ & \alpha_y & y_0 \\ & & 1 \end{bmatrix} \tag{7.6}$$

作为 P 的内标定参数,K 中的非零元素是有几何意义的量．我们可能希望在满足摄像机参数的限制条件下寻求最适配的摄像机矩阵 P. 常见的假设是

(1)扭曲 $s$ 为零．

(2)像素是正方形:$\alpha_x=\alpha_y$.

(3)主点$(x_0,y_0)^{\mathrm{T}}$已知．

(4)整个摄像机标定矩阵 K 已知．

在某些情形下,一个受限的摄像机矩阵有可能用线性算法来估计(见本章末的练习).

作为受限估计的一个例子,假设我们希望寻求适配于一组测量点集的最理想的针孔摄像机模型(即满足 $s=0$ 和 $\alpha_x=\alpha_y$ 的射影摄像机). 如下文将讨论的,这个问题可以用最小化几何误差或最小化代数误差来解决．

**最小化几何误差**　为最小化几何误差,我们选择一组参数来刻画所要计算的摄像机矩阵．例如,假定我们强调约束 $s=0$ 和 $\alpha_x=\alpha_y$,那么可以用余下的 9 个参数来参数化摄像机矩阵．它们是 $x_0,y_0,\alpha$,加上表示摄像机定向 R 和位置 $\widetilde{\mathbf{C}}$ 的 **6** 个参数．记该参数集为 $\mathbf{q}$. 那么摄像机矩阵 P 可以用这些参数显式地算出．

几何误差可以用迭代最小化方法(例如 Levenberg-Marquardt)关于这组参数来最小化．注意当仅对图像误差最小化时,最小化问题的大小是 $9\times 2n$(假定摄像机有 9 个未知参数). 换句话说,LM 最小化算法是最小化函数 $f:\mathrm{IR}^9\to\mathrm{IR}^{2n}$. 当对 3D 和 2D 误差都最小化时,函数 $f$ 是$\mathrm{IR}^{3n+9}\to\mathrm{IR}^{5n}$的映射,因为 3D 点必须被包含在测量中并且最小化中还包括 3D 点真实位置的估计．

**最小化代数误差**　还可能用最小化代数误差来求解,此时迭代最小化问题会变得非常小,这将在下文中解释．考虑把参数集 $\mathbf{q}$ 映射到相应摄像机矩阵 $\mathrm{P}=\mathrm{K}[\mathrm{R}\mid -\mathrm{R}\widetilde{\mathbf{C}}]$的参数化映射 $g$. 确切地说,我们有一个映射 $\mathbf{p}=g(\mathbf{q})$,其中 $\mathbf{p}$ 是矩阵 P 的元素构成的向量．最小化所有点匹配的代数误差等价于最小化 $\|\mathrm{A}g(\mathbf{q})\|$.

**简化的测量矩阵**　一般 $2n\times 12$ 的矩阵 A 可能有很多行．但可用一个 $12\times 12$ 的方阵 $\hat{\mathrm{A}}$ 代替 A,使得对任何向量 $\mathbf{p}$ 有 $\|\mathrm{A}\mathbf{p}\|=\mathbf{p}^{\mathrm{T}}\mathrm{A}^{\mathrm{T}}\mathrm{A}\mathbf{p}=\|\hat{\mathrm{A}}\mathbf{p}\|$. 这样的矩阵 $\hat{\mathrm{A}}$ 被称为**简化的测量矩阵**．一种实现的方法是利用奇异值分解(SVD). 令 $\mathrm{A}=\mathrm{UDV}^{\mathrm{T}}$是 A 的 SVD,并定义 $\hat{\mathrm{A}}=\mathrm{DV}^{\mathrm{T}}$. 那么正如所需要的

$$\mathrm{A}^{\mathrm{T}}\mathrm{A}=(\mathrm{VDU}^{\mathrm{T}})(\mathrm{UDV}^{\mathrm{T}})=(\mathrm{VD})(\mathrm{DV}^{\mathrm{T}})=\hat{\mathrm{A}}^{\mathrm{T}}\hat{\mathrm{A}}$$

获取 $\hat{\mathrm{A}}$ 的另一种途径是利用 QR 分解 $\mathrm{A}=\mathrm{Q}\hat{\mathrm{A}}$,其中 Q 具有正交列而 $\hat{\mathrm{A}}$ 是上三角方阵．

注意映射 $\mathbf{q}\mapsto\hat{\mathrm{A}}g(\mathbf{q})$是从$\mathrm{IR}^9$ 到$\mathrm{IR}^{12}$的映射．这是一个可以用 Levenberg-Marquardt 方法求解的简单的参数最小化问题．须注意的要点是:

- **给定 $n$ 组世界到图像的点对应集:$\mathbf{X}_i\leftrightarrow\mathbf{x}_i$,求最小化代数距离和 $\sum_i d_{\mathrm{alg}}(\mathbf{x}_i,\mathrm{P}\mathbf{X}_i)^2$ 的约束摄像机矩阵 P 的问题简化为与点对应数目 $n$ 无关的函数$\mathrm{IR}^9\to\mathrm{IR}^{12}$的最小化问题．**

$\|\hat{\mathrm{A}}g(\mathbf{q})\|$ 在参数 $\mathbf{q}$ 的所有值上最小化．注意如果 $\mathrm{P}=\mathrm{K}[\mathrm{R}\mid -\mathrm{R}\widetilde{\mathbf{C}}]$中的 K 如式(7.6)所示,

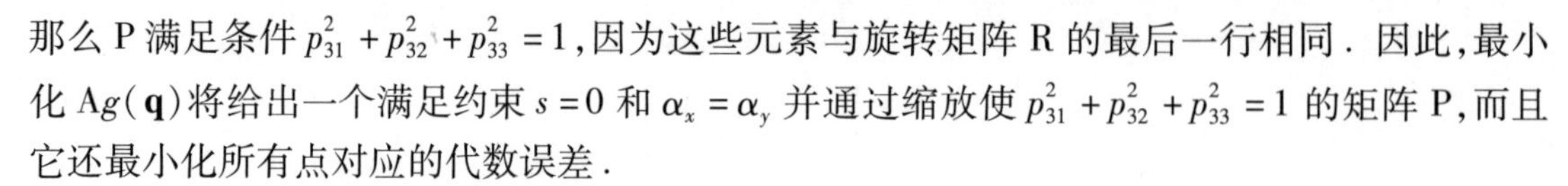

那么 P 满足条件 $p_{31}^2+p_{32}^2+p_{33}^2=1$，因为这些元素与旋转矩阵 R 的最后一行相同．因此，最小化 $Ag(\mathbf{q})$ 将给出一个满足约束 $s=0$ 和 $\alpha_x=\alpha_y$ 并通过缩放使 $p_{31}^2+p_{32}^2+p_{33}^2=1$ 的矩阵 P，而且它还最小化所有点对应的代数误差．

**初始化**　求摄像机初始参数的一种途径是：

(1)用诸如 DLT 的线性算法求出一个初始的摄像机矩阵．

(2)把固定参数强制到所希望的取值范围(例如，令 $s=0$，$\alpha_x=\alpha_y$ 并等于 DLT 算法求得的平均值)．

(3)把分解初始摄像机矩阵(见 6.2.4 节)所获得的值赋给参变量．

在理想情形下固定参数的假定值将接近 DLT 所得到的值．然而实际上并非总是如此．因此把有关参数用它们的希望值替代会得到不正确的初始摄像机矩阵，并可能导致大的残差和难以收敛．实践中效果更好的方法是采用软约束，即在代价函数中额外添加一些项．因此，对于 $s=0$ 且 $\alpha_x=\alpha_y$ 的情形，把 $ws^2+w(\alpha_x-\alpha_y)^2$ 作为额外项加到代价函数中．对于图像几何误差，代价函数变成

$$\sum_i d(\mathbf{x}_i,\mathrm{P}\mathbf{X}_i)^2+ws^2+w(\alpha_x-\alpha_y)^2$$

我们从由 DLT 算法估计的参数值出发．在估计过程中，权值从一个小的值开始并在每次迭代中逐渐增加．这样一来，$s$ 的值和宽高比将逐渐地接近它们的预期值．最终有可能在最后的估计中把它们固定到所预期的值．

**外部校准**　假定摄像机所有的内参数已知，那么剩下来就是要确定摄像机的位置和定向(或姿态)．这是“外部校准”问题，它在已标定系统的分析中有重要意义．

为了计算外部校准，需对在世界坐标系中位置准确已知的一个配置进行成像．之后求摄像机的姿态．在机器人系统的手眼标定中求摄像机位置就是这样的情形；还有在采用配准技术的基于模型的识别中，其中需要知道物体相对摄像机的位置．

这里必须确定六个参数，三个用于定向、三个用于位置．因为世界到图像的每组对应产生两个约束，所以有三点就足够了．事实的确如此，而且求得的非线性方程组一般有四个解．

**实验评估**

对例 7.1 中的标定栅格进行受限估计的结果在表 7.2 中给出．

| | $f_y$ | $f_x/f_y$ | 扭曲 | $x_0$ | $y_0$ | 残差 |
|---|---|---|---|---|---|---|
| 代数 | 1633.4 | 1.0 | 0.0 | 371.21 | 293.63 | 0.601 |
| 几何 | 1637.2 | 1.0 | 0.0 | 371.32 | 293.69 | 0.601 |

**表 7.2**　受限摄像机矩阵的标定．

代数和几何最小化都是在 9 个参数上的迭代最小化．然而代数误差方法快得多，因为它只要最小化 12 个误差，而几何最小化却是 $2n=396$ 个．注意固定扭曲和宽高比会造成其他参数值的改变(与表 7.1 比较)并会增大残差值．

**协方差估计**　协方差估计和误差在图像中的传播技术可以同 2D 单应(第 5 章)一样处理．类似地，最小残差期望值可按结论 5.2 进行计算．假定所有的误差仅发生在图像测量中，ML 残差期望值等于

$$\varepsilon_{\text{res}} = \sigma\ (1 - d/2n)^{1/2}$$

式中，$d$ 是要拟合的摄像机参数数目（完整的针孔摄像机模型是 11）．给定一个残差，该公式也可以用来估计点测量的准确性．例 7.1 中，$n = 197$ 且 $\varepsilon_{\text{res}} = 0.365$，得到 $\sigma = 0.37$．这个值比预期的大，其原因是我们后面将看到的出自于摄像机模型——忽略了径向失真．

**例 7.2　估计摄像机的方差椭球**

假设利用最大似然（黄金标准）方法，在一组摄像机参数上最优化来估计摄像机．根据结论 5.10，通过后向传播可以用估计的点测量的协方差来计算摄像机模型的协方差．由此给出 $\Sigma_{\text{camera}} = (\mathrm{J}^{\mathsf{T}} \Sigma_{\text{points}}^{-1} \mathrm{J})^{-1}$，其中 J 是以摄像机参数表示的测量点的 Jacobian 矩阵．3D 世界点的不确定性也可用同样方法考虑．如果摄像机用有意义的参数（例如摄像机的位置）来参数化，那么每个参数的方差可以从协方差矩阵的对角元素直接得到．

已知摄像机参数的协方差，就能算出误差界或方差椭球．例如由所有参数的协方差矩阵，我们可以取出表示摄像机位置的 3×3 协方差矩阵的子块 $\Sigma_{\mathrm{C}}$．从而摄像机中心的置信度椭球定义为

$$(\mathbf{C} - \overline{\mathbf{C}})^{\mathsf{T}} \Sigma_{\mathrm{C}}^{-1} (\mathbf{C} - \overline{\mathbf{C}}) = k^2$$

式中，$k^2$ 是置信度水平为 $\alpha$ 时累积 $\chi_n^2$ 分布的逆，即 $k^2 = F_n^{-1}(\alpha)$（见图 A2.1）．这里 $n$ 是变量数，对摄像机中心而言是 3．对于所选择的确定性水平 $\alpha$，摄像机中心位于该椭球内部．

图 7.3 给出关于所求摄像机中心的不确定性椭球区域的例子．给定所求摄像机的协方差矩阵的估计，可以用 5.2.6 节的技术来计算更多 3D 世界点在图像中位置的不确定性．

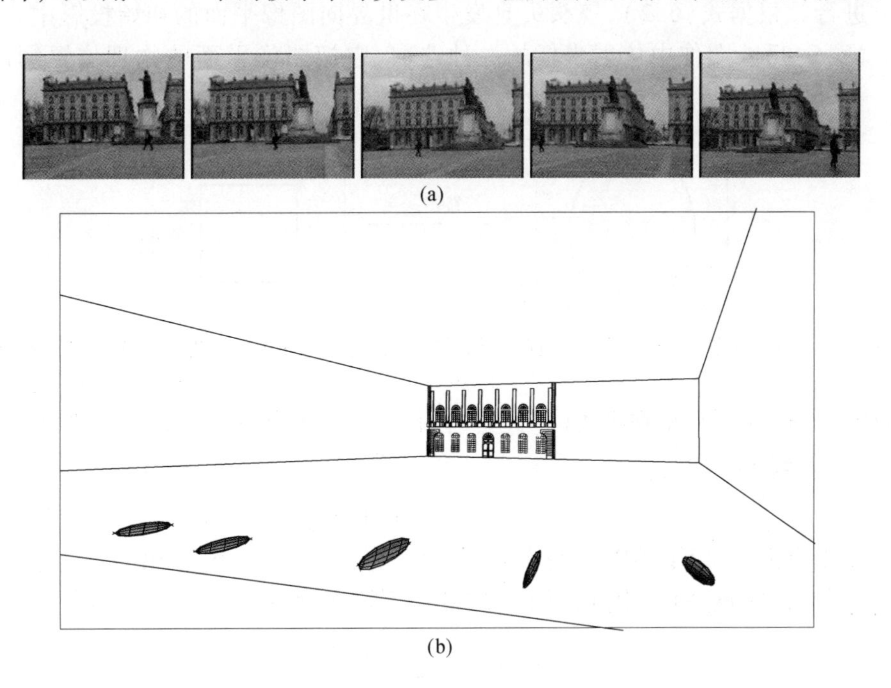

**图 7.3　摄像机中心的协方差椭球**．(a) Stanislas 广场（法国南锡）的 5 幅图像，其 3D 标定点已知．(b) 对应于每幅图像的摄像机中心的方差椭球，它们由根据标定点图像所估计的摄像机求得．注意椭球为典型的雪茄形状并指向场景数据．承蒙 Vincent Lepetit，Marie-Odile Berger 和 Gilles Simon 提供图．

## 7.4 径向失真

在前几章中，我们总假定线性模型是成像过程的精确模型．因此世界点、图像点和光心共线并且世界直线被影像为直线等．但实际的（非针孔）镜头不符合这种假设．通常最重要的偏差是径向失真．实践中当镜头的焦距（和价格）减少时该误差会更显著，如图 7.4所示．

(a)

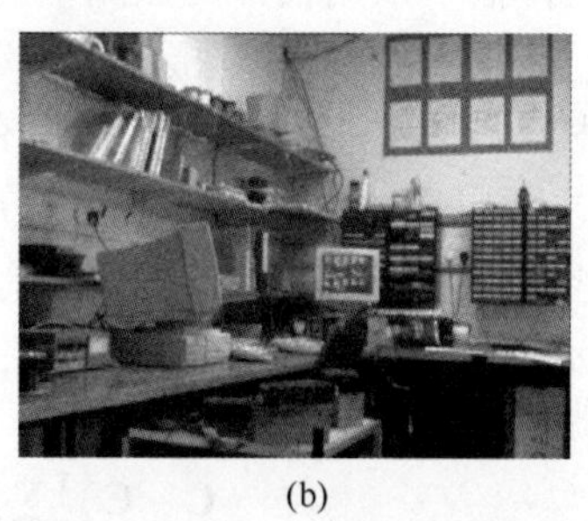

(b)

**图 7.4** (a)短焦距对(b)长焦距．注意在(a)中外围的弯曲图像线是场景直线的图像．

解决这种失真就是将图像测量矫正到假定由理想的线性摄像机获得的程度．这样摄像机在效果上仍是一个线性装置．这个过程如图 7.5 所示．此矫正必须在投影过程中恰当的地方进行．根据式(6.2)，镜头失真发生在世界向图像平面的初始投影中．其后，标定矩阵式(7.6)反映图像中仿射坐标的一种选取，它把图像平面的物理位置翻译成像素坐标．

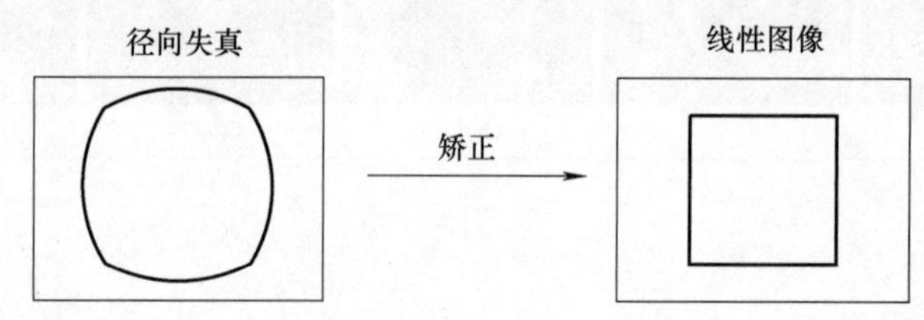


**图 7.5** 一个正方形的严重径向失真的图像被矫正成就像由理想的线性镜头所获得的图像．

我们将用$(\tilde{x},\tilde{y})^{\mathrm{T}}$标记在理想（非失真）针孔投影下的点以焦距为测量单位的坐标．从而对点 $\mathbf{X}$ 有（见式(6.5)）

$$(\tilde{x},\tilde{y},1)^{\mathrm{T}}=[\mathrm{I}\mid\mathbf{0}]\mathbf{X}_{\mathrm{cam}}$$

式中，$\mathbf{X}_{\mathrm{cam}}$是摄像机坐标下的3D 点，它与世界坐标的关系由式(6.6)给出．实际的投影点通过一个径向位移与理想点关联．因此，径向（透镜）失真的模型是

$$\begin{pmatrix} x_d \\ y_d \end{pmatrix}=L(\tilde{r})\begin{pmatrix} \tilde{x} \\ \tilde{y} \end{pmatrix} \tag{7.7}$$

式中，

- $(\tilde{x},\tilde{y})$是理想图像位置（遵循线性投影）．
- $(x_d,y_d)$为经径向失真后的实际图像位置．

- $\tilde{r}$ 为到径向失真中心的径向距离 $\sqrt{\tilde{x}^2+\tilde{y}^2}$.
- $L(\tilde{r})$是一个失真因子,它仅仅是半径 $\tilde{r}$ 的函数.

**失真矫正** 在像素坐标中,失真矫正记为

$$\hat{x}=x_c+L(r)(x-x_c) \qquad \hat{y}=y_c+L(r)(y-y_c)$$

式中,$(x,y)$是测量的坐标,$(\hat{x},\hat{y})$是矫正后的坐标,而$(x_c,y_c)$是径向失真的中心,并且$r^2=(x-x_c)^2+(y-y_c)^2$. 注意如果宽高比不是1,那么在计算$r$时必须对它进行矫正. 通过这样的矫正,坐标$(\hat{x},\hat{y})$与3D世界点的坐标由一个线性投影摄像机相关联.

**失真函数和中心的选择** 函数$L(r)$仅当$r$为正值时有定义并且$L(0)=1$. 任意函数$L(r)$可以由泰勒展开式$L(r)=1+\kappa_1 r+\kappa_2 r^2+\kappa_3 r^3+\cdots$来近似. 径向矫正的系数$\{\kappa_1,\kappa_2,\kappa_3,\cdots,x_c,y_c\}$被看成是摄像机内标定的一部分. 主点经常被用作径向失真的中心,虽然它们未必完全重合. 该矫正和摄像机标定矩阵一起确定了图像点到摄像机坐标系中的射线的映射.

**计算失真函数** 函数$L(r)$可以通过最小化一个基于线性映射的偏差的代价函数来计算. 例如,算法7.1通过最小化标定物体(如图7.1的Tsai栅格)的几何图像误差来估计P. 失真函数可以作为成像过程的一部分,并且在最小化几何误差的迭代中同时计算参数$\kappa_i$和P. 类似地,失真函数可以在估计单个Tsai栅格和其图像的单应时得到.

一种简单且更一般的确定$L(r)$的方法是要求场景直线的图像必须是直线. 代价函数定义在通过$L(r)$矫正映射后的图像直线上(例如连接像直线端点的直线与其中点之间的距离). 此代价函数以迭代方式在失真函数参数$\kappa_i$和径向失真中心上进行最小化. 这对城市场景图像是一种非常实用的方法,因为其中通常存在大量的直线. 它的优越性是不需要特殊的标定模块,因为场景提供了标定元素.

**例7.3 径向矫正**. 通过最小化一个基于被影像场景直线的直线度的代价函数来计算图7.6a中图像的函数$L(r)$. 图像大小是640×480像素,而计算得到的矫正参数和中心是$\kappa_1=0.103689$,$\kappa_2=0.00487908$,$\kappa_3=0.00116894$,$\kappa_4=0.000841614$,$x_c=321.87$,$y_c=241.18$像素,其中像素由图像一半大小的平均值归一化. 图像外围矫正达30个像素. 图像插补的结果如图7.6b所示.

(a)

(b)

**图7.6 径向失真的矫正**. (a)原始图像,在此图像中世界直线的像是弯曲的. 其中的若干条线用虚线标注. (b)消除径向失真的图像形变插补. 注意现在图像外围的线是直的了,但图像的边界却弯曲了.

**例7.4** 我们继续研究图7.1所示且在例7.1中讨论的标定栅格的例子. 用直线方法把径向失真移去,然后用本章介绍的方法标定摄像机. 结果在表7.3中给出.

| | $f_y$ | $f_x/f_y$ | 扭曲 | $x_0$ | $y_0$ | 残差 |
|---|---|---|---|---|---|---|
| 线性 | 1580.5 | 1.0044 | 0.75 | 377.53 | 299.12 | 0.179 |
| 迭代 | 1580.7 | 1.0044 | 0.70 | 377.42 | 299.02 | 0.179 |
| 代数 | 1556.0 | 1.0000 | 0.00 | 372.42 | 291.86 | 0.381 |
| 迭代 | 1556.6 | 1.0000 | 0.00 | 372.41 | 291.86 | 0.380 |
| 线性 | 1673.3 | 1.0063 | 1.39 | 379.96 | 305.78 | 0.365 |
| 迭代 | 1675.5 | 1.0063 | 1.43 | 379.79 | 305.25 | 0.364 |
| 代数 | 1633.4 | 1.0000 | 0.00 | 371.21 | 293.63 | 0.601 |
| 迭代 | 1637.2 | 1.0000 | 0.00 | 371.32 | 293.69 | 0.601 |

**表 7.3 通过和不通过径向矫正的标定.** 在中隔线以上的结果是径向矫正过的,以下用于比较的结果是没有经过径向矫正的(引自前面的表). 每种情形中,上面两种方法用于一般摄像机模型,而下面两种用于具有正方形像素的受限模型.

注意径向矫正后,残差明显变小. 由此残差推出的点测量误差的估计值是 $\sigma=0.18$ 像素. 因为径向失真涉及图像有选择性的拉伸,图像的有效焦距发生改变是很有道理的,正如这里看到的.

在径向失真的矫正中,通常不需要实际地对图像进行形变插补. 测量可以在原图中进行(如角点的位置),而只须把测量按式(7.7)映射. 关于特征应该在什么地方测量的问题没有一个肯定的回答. 形变插补图像会使噪声模型失真(由于取平均)而且很可能引入混频效应. 基于这个原因,通常首选在未插补的图像上进行特征检测. 然而特征群组合,例如连接边界点形成直线元素,最好在插补后进行,因为原图的线性度阈值很可能会过大.

# 7.5 结束语

## 7.5.1 文献

在[Sutherland-63]中,DLT 最初的应用是摄像机的计算. 由几何误差的迭代最小化来进行估计是摄影测量术的标准过程,例如见[Slama-80].

标定摄像机的最小配置解(由 3 点的图像得到的姿态)作为一个原创问题由 Fischler 和 bolles[Fischler-81]在他们的 RANSAC 的文章中给予研究. 这个问题的解经常重新出现在文献中;[Wolfe-91]和[Haralick-91]给出了很好的论述. 准线性解在[Quan-98]和[Triggs-99a]中给出,它比最少的点对应$\mathbf{X}_i \leftrightarrow \mathbf{x}_i$ 数目多一组.

这里未涉及的另一类方法是由仿射摄像机开始对射影摄像机进行迭代估计. Dememthon 和 Davis[Dementhon-95]的算法"25 行代码产生基于模型的对象姿态"采用了这个思想. [Christy-96]采用了类似方法.

Devernay 和 Faugeras[Devernay-95]把计算径向失真的直线方法引入计算机视觉文献. 在摄影测量学中该方法被称为"铅锤线矫正",见[Brown-71].

## 7.5.2 注释和练习

(1)给定 5 组世界到图像的点对应$\mathbf{X}_i \leftrightarrow \mathbf{x}_i$,证明对**具有零扭曲**的摄像机矩阵 P 一般有四个

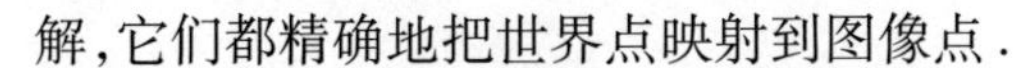

解，它们都精确地把世界点映射到图像点．

（2）给定 3 组世界到图像的点对应$\mathbf{X}_i \leftrightarrow \mathbf{x}_i$，证明对**具有已知标定** K 的摄像机矩阵 P 一般有四个解，它们都精确地把世界点映射到图像点．

（3）在下面的每种条件下，寻找计算摄像机矩阵 P 的线性算法：

（a）摄像机的位置（但不是定向）已知．

（b）摄像机主射线的方向已知．

（c）摄像机的位置和摄像机主射线已知．

（d）摄像机的位置和整个定向已知．

（e）摄像机的位置和定向已知，同时摄像机内参数（$\alpha_x, \alpha_y, s, x_0$ 和 $y_0$）的某些子集也已知．

（4）**焦距和在主轴上的位置的综合考虑**．比较一个深度为 $d$ 的点在摄像机焦距增加 $\Delta f$ 或摄像机沿主轴后退一个位移 $\Delta t_3$ 之前和之后的成像位置．令 $(x, y)^{\mathsf{T}}$ 和 $(x', y')^{\mathsf{T}}$ 为变化前后点的图像坐标．遵循与式（6.19）类似的推导，证明

$$\begin{pmatrix} x' \\ y' \end{pmatrix} = \begin{pmatrix} x \\ y \end{pmatrix} + k \begin{pmatrix} x - x_0 \\ y - y_0 \end{pmatrix}$$

式中，$k^f = \Delta f / f$ 表示焦距的变化，或 $k^{t_3} = -\Delta t_3 / d$ 表示位移（这里扭曲 $s = 0$，且 $\alpha_x = \alpha_y = f$）．

对深度变化（$\Delta_i$）比平均深度（$d_0$）小的一组标定点$\mathbf{X}_i$ 有

$$k_i^{t_3} = -\Delta t_3 / d_i = -\Delta t_3 / (d_0 + \Delta_i) \approx -\Delta t_3 / d_0$$

即 $k_i^{t_3}$ 在整个集合上近似于常数．由此推出由这样的集合来标定时，变化焦距 $k^f$ 或移动摄像机 $k^{t_3}$ 得到相似的图像残差．因此，被估计的参数：焦距和在主轴上的位置相互关联．

（5）**推扫式摄像机的计算**．在 6.4.1 节中介绍的推扫式摄像机也可以用 DLT 方法来计算．投影矩阵的 $x$（正投影）部分有 4 个自由度，它们可以由 4 个或更多的点对应$\mathbf{X}_i \leftrightarrow \mathbf{x}_i$ 来确定；投影矩阵的 $y$（透视）部分有 7 个自由度，它们可以由 7 组点对应来确定．因此，最小配置解需要 7 个点．细节在[Gupta-97]中给出．

# 第 8 章 进一步讨论单视图几何

第 6 章引入投影矩阵作为摄像机对点的作用的模型．本章将介绍在透视投影下其他的 3D 几何实体与其 2D 图像之间的联系．这些实体包括平面、直线、二次曲线、二次曲面；我们也将推导它们的正向和反向投影的性质．

摄像机将被进一步剖析，并简化到其中心点和图像平面．最终建立两种性质：具有相同中心的摄像机所获取的图像以一个平面射影变换相关联；无穷远平面 $\boldsymbol{\pi}_\infty$ 上的几何实体的图像与摄像机的位置无关，仅取决于摄像机的旋转和内参数 K.

无穷远平面 $\boldsymbol{\pi}_\infty$ 上的几何实体（点、直线、二次曲线）的图像特别重要．我们将看到 $\boldsymbol{\pi}_\infty$ 上点的图像是消影点，而 $\boldsymbol{\pi}_\infty$ 上直线的图像是消影线，它们的图像与 K 和摄像机旋转都有关．但是，绝对二次曲线的图像 $\omega$ 仅与 K 有关，而不受摄像机旋转的影响．二次曲线 $\omega$ 与摄像机标定 K 密切关联并有关系 $\omega = (\mathrm{KK}^{\mathsf{T}})^{-1}$．因而，由图像点反向投影产生的射线之间的角度可根据 $\omega$ 来确定．

有了这些性质，就可以用消影点来计算摄像机的相对旋转而无须知道摄像机的位置．进一步地说，因为利用 K 就能由图像点来计算射线之间的角度，那么反过来，K 也可以通过射线之间的已知夹角来计算．特别是 K 可以由场景的正交方向所对应的消影点来确定．这说明摄像机可以由场景特征来标定，而不需要知道具体的世界坐标．

本章介绍的最后一个几何实体是标定二次曲线，它利用几何方法使 K 可视化．

## 8.1 射影摄像机对平面、直线和二次曲线的作用

本节（实际上本书的大部分内容）在确定摄像机投影矩阵 P 的作用时通常重要的只是它的 $3\times4$ **形式**和秩．而该矩阵元素的具体性质和关系则相对无关紧要．

### 8.1.1 对平面的作用

点的成像方程 $\mathbf{x} = \mathrm{P}\mathbf{X}$ 是世界坐标系中的点到图像坐标点的一个映射．我们可以自由地选择世界坐标系．假定选择 XY－平面与场景中的平面 $\boldsymbol{\pi}$ 对应，使得在此场景平面上的点的 Z 坐标为零，如图 8.1 所示（设摄像机中心不在场景平面上）．那么，如果用 $\mathbf{p}_i$ 表示 P 的列，则 $\boldsymbol{\pi}$ 上的点的图像为

$$\mathbf{x} = \mathrm{P}\mathbf{X} = [\mathbf{p}_1\ \mathbf{p}_2\ \mathbf{p}_3\ \mathbf{p}_4]\begin{pmatrix} \mathrm{X} \\ \mathrm{Y} \\ 0 \\ 1 \end{pmatrix} = [\mathbf{p}_1\ \mathbf{p}_2\ \mathbf{p}_4]\begin{pmatrix} \mathrm{X} \\ \mathrm{Y} \\ 1 \end{pmatrix}$$

因此，$\boldsymbol{\pi}$上的点$\mathbf{X}_{\boldsymbol{\pi}}=(X,Y,1)^{\mathsf{T}}$与其图像 $\mathbf{x}$ 之间的映射是一个一般的平面单应(平面到平面的射影变换)：$\mathbf{x}=H\,\mathbf{x}_{\boldsymbol{\pi}}$，其中 H 是一个秩为 3 的 $3\times3$ 矩阵．它表明：

- **在透视影像下，一张场景平面与一张图像平面之间最一般的变换是平面射影变换．**

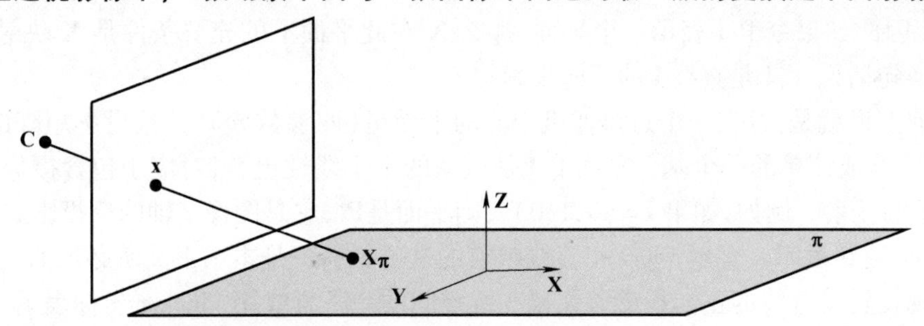


**图 8.1　平面上点的透视图像**　世界坐标系的 XY-平面与平面 $\boldsymbol{\pi}$一致．图像和场景平面的点由一个平面射影变换相关联．

如果摄像机是仿射的，那么类似的推导表明场景与图像平面由一个仿射变换相关联．

**例 8.1　对标定摄像机(式(6.8))$P=K[R\mid\mathbf{t}]$，世界平面 $Z=0$ 和其图像之间的单应是：**

$$H=K[\mathbf{r}_1,\mathbf{r}_2,\mathbf{t}] \tag{8.1}$$

式中，$\mathbf{r}_i$ 是 $\mathbf{R}$ 的列．

### 8.1.2　对直线的作用

**正向投影**　3 维空间的一条直线投影到图像平面上的一条直线．从几何上不难看出该直线与摄像机中心确定一张平面，而图像是该平面和图像平面的交(见图 8.2)，也可从代数上加以证明：设 $\mathbf{A},\mathbf{B}$ 是 3 维空间中的点，而 $\mathbf{a},\mathbf{b}$ 是它们在 P 作用下的图像，那么连接 3 维空间点 $\mathbf{A}$ 和 $\mathbf{B}$ 的直线上的点 $\mathbf{X}(\mu)=\mathbf{A}+\mu\mathbf{B}$ 投影到连接 $\mathbf{a}$ 和 $\mathbf{b}$ 的直线上的点：

$$\begin{aligned}\mathbf{x}(\mu)&=P(\mathbf{A}+\mu\mathbf{B})=P\mathbf{A}+\mu P\mathbf{B}\\&=\mathbf{a}+\mu\mathbf{b}\end{aligned}$$

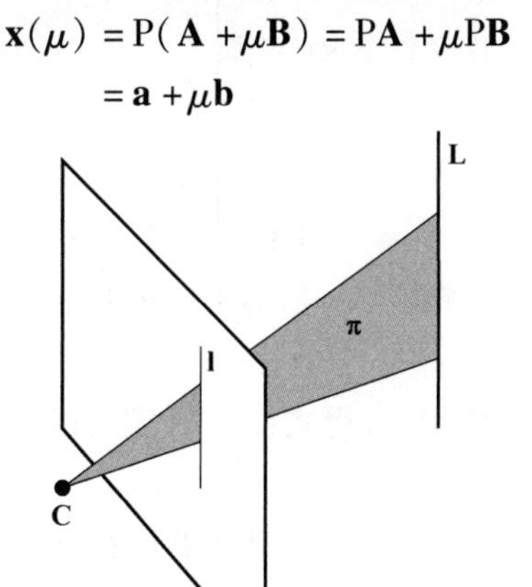


**图 8.2　直线投影**．3 维空间的直线 $\mathbf{L}$ 由透视摄像机影像成直线 $\mathbf{l}$．图像直线 $\mathbf{l}$ 是平面 $\boldsymbol{\pi}$和图像平面的交，其中平面 $\boldsymbol{\pi}$由 $\mathbf{L}$ 和摄像机中心 $\mathbf{C}$ 确定．反之，图像直线 $\mathbf{l}$ 反向投影成 3 维空间的平面 $\boldsymbol{\pi}$．该平面是图像直线的“反拉伸”．

**直线的反向投影**　映射到图像中一条直线的空间点集是由摄像机中心和图像直线确定的

一个空间平面,如图 8.2 所示. 从代数上说,就是

**结论 8.2　经摄像机矩阵 P 映射成一条直线 l 的空间点集是平面 $P^T\mathbf{l}$.**

**证明**　点 $\mathbf{x}$ 在 $\mathbf{l}$ 上的充要条件是$\mathbf{x}^T\mathbf{l}=0$. 空间点 $\mathbf{X}$ 的图像点 $P\mathbf{X}$ 在直线 $\mathbf{l}$ 上的充要条件是 $\mathbf{X}^TP^T\mathbf{l}=0$. 因此如果令 $P^T\mathbf{l}$ 表示一个平面,那么 $\mathbf{X}$ 在此平面上的充要条件是 $\mathbf{X}$ 映射到 $\mathbf{l}$ 上的一个点. 换句话说,$P^T\mathbf{l}$ 是直线 $\mathbf{l}$ 的反向投影.

从几何上说就是:存在一个过摄像机中心的平面星(两参数族),并且投影矩阵的三行 $P^{iT}$(式(6.12))组成该星的一个基. 平面 $P^T\mathbf{l}$ 是该基的一个线性组合,对应于包含摄像机中心和直线 $\mathbf{l}$ 的星的元素. 例如,如果 $\mathbf{l}=(0,1,0)^T$,则平面是$\mathbf{P}^2$,它是图像 $x$ 轴的反投影.

**Plücker 直线表示**　理解 Plücker 直线映射的这些材料不是本书下文所必须的.

我们现在转向直线的正向投影. 如果 3 维空间的一条直线用 Plücker 坐标表示,那么它的图像可以用这些坐标的线性映射表示. 我们将用直线的两种表示:4×4 矩阵和 6 维向量来推导这个映射.

**结论 8.3　在摄像机映射 P 作用下,用式(3.8)定义的 Plücker 矩阵 L 来表示的 3 维空间直线被映射成满足**

$$[\mathbf{l}]_\times = PLP^T \tag{8.2}$$

**的直线 l,其中$[\mathbf{l}]_\times$在(A4.5)中定义.**

**证明**　假定 $\mathbf{a}=P\mathbf{A}$, $\mathbf{b}=P\mathbf{B}$. 过 $\mathbf{A}$,$\mathbf{B}$ 的 3 维空间直线的 Plücker 矩阵 L 是 $L=\mathbf{A}\mathbf{B}^T-\mathbf{B}\mathbf{A}^T$. 那么矩阵 $M=PLP^T=\mathbf{a}\mathbf{b}^T-\mathbf{b}\mathbf{a}^T$是 3×3 反对称矩阵,并有零空间 $\mathbf{a}\times\mathbf{b}$,因而 $M=[\mathbf{a}\times\mathbf{b}]_\times$. 又因为过图像点的直线由 $\mathbf{l}=\mathbf{a}\times\mathbf{b}$ 给出,由此可以完成证明.

显然,由式(8.2)的形式可知在图像直线坐标 $l_i$ 和世界直线坐标 $L_{jk}$之间存在一种线性关系,但该关系的系数关于点投影矩阵 P 的元素是二次的. 因此,可以重排式(8.2)使得 Plücker 直线坐标 $\mathcal{L}$(6 维向量)和图像直线坐标 $\mathbf{l}$(3 维向量)之间的映射表示成一个 3×6 矩阵. 可以证明

**定义 8.4　线投影矩阵 $\mathcal{P}$ 是秩 3 的 3×6 矩阵**

$$\mathcal{P}=\begin{bmatrix}\mathbf{P}^2\wedge\mathbf{P}^3\\ \mathbf{P}^3\wedge\mathbf{P}^1\\ \mathbf{P}^1\wedge\mathbf{P}^2\end{bmatrix} \tag{8.3}$$

式中,$\mathbf{P}^{iT}$是点摄像机矩阵 P 的行,而$\mathbf{P}^i\wedge\mathbf{P}^j$ 是平面$\mathbf{P}^i$ 和$\mathbf{P}^j$ 的交线的 Plücker 直线坐标.

于是,正向直线投影为

**结论 8.5　在线投影矩阵 $\mathcal{P}$ 作用下,用式(3.11)定义的 Plücker 坐标 $\mathcal{L}$ 来表示的$\mathbb{P}^3$ 中的直线被映射到图像直线**

$$\mathbf{l}=\mathcal{P}\mathcal{L}=\begin{bmatrix}(\mathbf{P}^2\wedge\mathbf{P}^3\mid\mathcal{L})\\ (\mathbf{P}^3\wedge\mathbf{P}^1\mid\mathcal{L})\\ (\mathbf{P}^1\wedge\mathbf{P}^2\mid\mathcal{L})\end{bmatrix} \tag{8.4}$$

**式中,积$(\mathcal{L}\mid\hat{\mathcal{L}}\mid)$在式(3.13)中定义.**

**证明**　假定该 3 维空间直线是点 $\mathbf{A}$ 和 $\mathbf{B}$ 的连线,而且这两点分别投影到 $\mathbf{a}=P\mathbf{A}$, $\mathbf{b}=P\mathbf{B}$. 那么其图像直线为 $\mathbf{l}=\mathbf{a}\times\mathbf{b}=(P\mathbf{A})\times(P\mathbf{B})$. 考虑其第一个分量

$$l_1=(\mathbf{P}^{2T}\mathbf{A})(\mathbf{P}^{3T}\mathbf{B})-(\mathbf{P}^{2T}\mathbf{B})(\mathbf{P}^{3T}\mathbf{A})$$

$$= (\mathbf{P}^2 \wedge \mathbf{P}^3 \mid \mathcal{L})$$

其中第二个等式由式(3.14)得到．其他分量由类似方式得到．

线投影矩阵 $\mathcal{P}$ 对直线的作用如同 P 对点的作用．类似于 6.2.1 节中把点摄像机矩阵 P 的行解释成**平面**，这里 $\mathcal{P}$ 的行在几何上解释成**直线**．P 的行 $\mathbf{P}^{i\mathsf{T}}$ 是摄像机的主平面和轴平面．$\mathcal{P}$ 的行是这些摄像机平面对的交．例如，$\mathcal{P}$ 的第一行是 $\mathbf{P}^2 \wedge \mathbf{P}^3$，这是 $y=0$ 的轴平面 $\mathbf{P}^2$ 与主平面 $\mathbf{P}^3$ 的交线的 6 维向量 Plücker 直线表示．对应于 P 的三行的三条直线交于摄像机中心．考虑 3 维空间中满足 $\mathcal{P}\mathcal{L}=\mathbf{0}$ 的直线 $\mathcal{L}$. 这些直线在 P 的零空间中．因为 $\mathcal{P}$ 的每行是一条直线，并且根据结论 3.5，如果两直线 $\mathcal{L}_1$，$\mathcal{L}_2$ 相交，则积 $(\mathcal{L}_1 \mid \mathcal{L}_2)=0$，所以 $\mathcal{L}$ 与 $\mathcal{P}$ 的行所表示的每条直线都相交．这些直线是摄像机平面的交线，而摄像机中心是唯一在摄像机所有三张平面上的点．因此我们得到

- **$\mathbb{P}^3$ 中满足 $\mathcal{P}\mathcal{L}=\mathbf{0}$ 的直线 $\mathcal{L}$ 必过摄像机中心．**

$3\times6$ 矩阵 $\mathcal{P}$ 有 3 维零空间．在允许有齐次尺度因子的条件下，这个零空间是包含摄像机中心的两参数直线族．这是可以预料的，因为 $\mathbb{P}^3$ 中存在共点的直线星（两参数族）．

### 8.1.3　对二次曲线的作用

**二次曲线的反向投影**　一条二次曲线 C 反向投影成一个锥面．锥面是一种退化的二次曲面，即表示该二次曲面的 $4\times4$ 矩阵不满秩．锥面的顶点（这里就是摄像机中心）是该二次曲面矩阵的零空间．

**结论 8.6　在摄像机 P 作用下，二次曲线 C 反向投影成锥面**

$$\mathrm{Q}_{\mathrm{co}} = \mathrm{P}^{\mathsf{T}}\mathrm{C}\mathrm{P}$$

**证明**　点 $\mathbf{x}$ 在 C 上的充要条件是 $\mathbf{x}^{\mathsf{T}}\mathrm{C}\mathbf{x}=0$. 空间点 $\mathbf{X}$ 映射到点 $\mathrm{P}\mathbf{X}$，它在二次曲线上的充要条件是 $\mathbf{X}^{\mathsf{T}}\mathrm{P}^{\mathsf{T}}\mathrm{C}\mathrm{P}\mathbf{X}=0$. 因此如果用 $\mathrm{Q}_{\mathrm{co}}=\mathrm{P}^{\mathsf{T}}\mathrm{C}\mathrm{P}$ 来表示一个二次曲面，则 $\mathbf{X}$ 在此二次曲面上的充要条件是 $\mathbf{X}$ 映射为二次曲线 C 上的一个点．换句话说，$\mathrm{Q}_{\mathrm{co}}$ 是二次曲线 C 的反向投影．

注意摄像机中心 $\mathbf{C}$ 是退化二次曲面的顶点，因为 $\mathrm{Q}_{\mathrm{co}}\mathbf{C}=\mathrm{P}^{\mathsf{T}}\mathrm{C}(\mathrm{P}\mathbf{C})=\mathbf{0}$.

**例 8.7**　假定 $\mathrm{P}=\mathrm{K}[\mathrm{I}\mid\mathbf{0}]$，那么二次曲线 C 反向投影为锥面

$$\mathrm{Q}_{\mathrm{co}} = \begin{bmatrix}\mathrm{K}^{\mathsf{T}}\\ \mathbf{0}^{\mathsf{T}}\end{bmatrix}\mathrm{C}[\mathrm{K}\mid\mathbf{0}] = \begin{bmatrix}\mathrm{K}^{\mathsf{T}}\mathrm{C}\mathrm{K} & \mathbf{0}\\ \mathbf{0}^{\mathsf{T}} & 0\end{bmatrix}$$

矩阵 $\mathrm{Q}_{\mathrm{co}}$ 的秩为 3. 它的零向量是摄像机中心 $\mathbf{C}=(0,0,0,1)^{\mathsf{T}}$.

## 8.2　光滑曲面的图像

一个光滑曲面 $S$ 的图像的外形线由影像射线与曲面的**切点**产生，如图 8.3 所示．类似地，外形线的切线反向投影成曲面的**切面**．

**定义 8.8　轮廓生成元 $\mathbf{\Gamma}$** 是影像射线与曲面 $S$ 的所有切点 $\mathbf{X}$ 构成的集合．对应的图像**视在轮廓线** $\gamma$ 是 $\mathbf{X}$ 的图像点 $\mathbf{x}$ 构成的集合，即 $\gamma$ 是 $\mathbf{\Gamma}$ 的图像．

视在轮廓线也称“外形线”或“轮廓”．如果沿摄像机中心到 $\mathbf{X}$ 的方向去观察曲面，那么曲面看上去受到折叠，或有一个边界线或封闭轮廓．

显然，轮廓生成元 $\mathbf{\Gamma}$ 仅取决于摄像机中心与曲面的相对位置，而与图像平面无关．然而视在轮廓线 $\gamma$ 由图像平面与轮廓生成元的射线的交确定，因此与图像平面的位置有关．

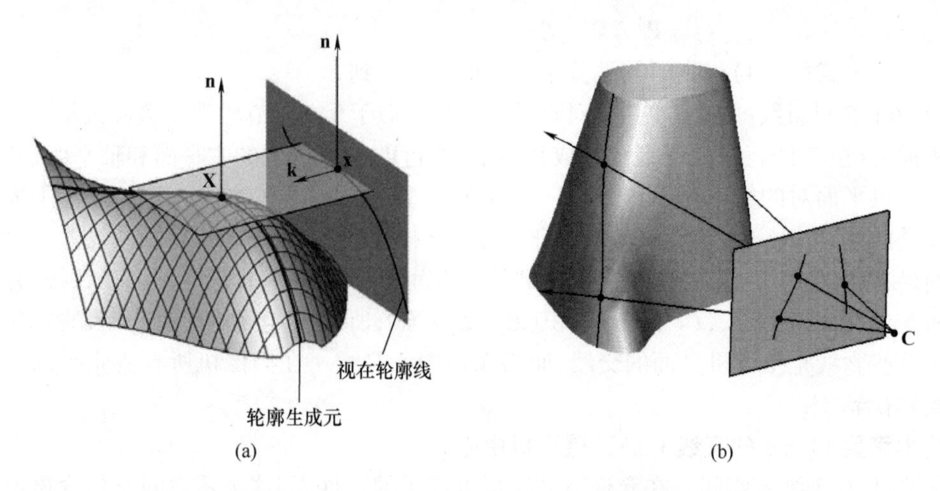


**图 8.3　轮廓生成元和视在轮廓线**.（a）平行投影情形；（b）中心投影情形．由摄像机中心到 **x** 的射线与曲面相切于 **X**. 此类切点 **X** 的集合定义了轮廓生成元，而它们的图像定义了视在轮廓线．轮廓生成元一般是一条空间曲线．承蒙 RobertoCipolla 和 PeterGiblin 提供图．

对于沿方向 **k** 的平行投影，考虑与 **k** 平行且与 $S$ 相切的所有射线，如图 8.3a 所示．这些射线形成一个切射线的"柱面"，该柱面与 $S$ 的切点组成的曲线就是轮廓生成元 $\mathbf{\Gamma}$. 该柱面与图像平面相交的曲线就是视在轮廓线 $\gamma$. 注意 $\mathbf{\Gamma}$ 和 $\gamma$ 本质上都依赖于 **k**. 当方向 **k** 变化时，集合 $\mathbf{\Gamma}$ 在曲面上滑动．例如，当 $S$ 是一个球时，$\mathbf{\Gamma}$ 是正交于 **k** 的大圆．此时轮廓生成元 $\mathbf{\Gamma}$ 是一条平面曲线，但一般情况下 $\mathbf{\Gamma}$ 是一条空间曲线．

下面我们介绍二次曲面的投影性质．对这类曲面，可推导其轮廓生成元和视在轮廓线的代数表达式．

## 8.3　射影摄像机对二次曲面的作用

二次曲面是一种光滑曲面，因此它的外形曲线由反向投影射线与曲面相切的点产生，如图 8.4所示．

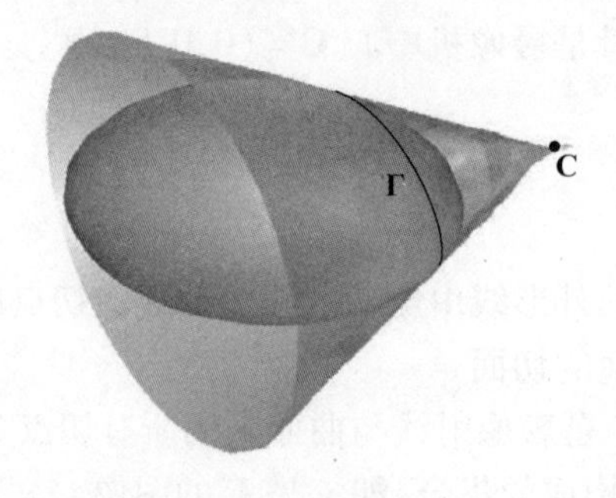


**图 8.4　二次曲面的射线锥**．锥的顶点是摄像机中心．二次曲面的轮廓生成元 $\mathbf{\Gamma}$ 是平面曲线（二次曲线），它是二次曲面与摄像机中心 **C** 的极平面的交线．

假如二次曲面是一个球面，那么摄像机中心与二次曲面之间的射线锥面是一个正圆锥面，即轮廓生成元是一个圆，该圆所在平面垂直于摄像机中心和球心的连线．这一点可以由该几何体关于这条直线的旋转对称性推知．球面的图像由该圆锥面与图像平面的交得到．显然，这是一个经典的圆锥截线，所以一个球的视在轮廓线是一条二次曲线．特别地，如果球心在摄像机的主轴(Z 轴)上，那么该二次曲线是一个圆．

现在考虑上述几何实体的 3 维射影变换．在射影映射下，球面变换成二次曲面而视在轮廓线变换成一条二次曲线．然而，因为相交和相切性被保留，所以轮廓生成元是一条(平面)二次曲线．从而一般二次曲面的视在轮廓线是一条二次曲线，并且轮廓生成元也是一条二次曲线．我们现在给出这些几何结果的代数表达．

**二次曲面的正向投影**　既然外形线由相切性产生，那么对偶二次曲面 $Q^*$ 自然会在这里起重要作用，因为它定义了二次曲面 Q 的切平面．

**结论 8.9　在摄像机矩阵 P 的作用下，二次曲面 Q 的外形线是由下式给定的二次曲线 C：**

$$C^* = PQ^*P^{\mathsf{T}} \tag{8.5}$$

**证明**　该表达式可以由如下事实直接导出：二次曲线 C 的切线 $\mathbf{l}$ 满足 $\mathbf{l}^{\mathsf{T}}C^*\mathbf{l}=0$. 这些直线反向投影到与该二次曲面相切的平面 $\boldsymbol{\pi}=P^{\mathsf{T}}\mathbf{l}$ 并且满足 $\boldsymbol{\pi}^{\mathsf{T}}Q^*\boldsymbol{\pi}=0$. 事实上对每条直线有

$$\begin{aligned}\boldsymbol{\pi}^{\mathsf{T}}Q^*\boldsymbol{\pi} &= \mathbf{l}^{\mathsf{T}}PQ^*P^{\mathsf{T}}\mathbf{l}\\ &= \mathbf{l}^{\mathsf{T}}C^*\mathbf{l}=0\end{aligned}$$

由于它对 C 的所有切线都成立，从而这个结论得到证明．

注意式(8.5)与由 Plücker 矩阵式(8.2)表示的直线投影的相似性．点二次曲面 Q 的投影的表达式可以由式(8.5)导出，但相当复杂．不过轮廓生成元的平面却可以容易地用 Q 表示：

- **与二次曲面 Q 和中心为 C 的摄像机相对应的轮廓生成元 $\boldsymbol{\Gamma}$ 的平面是 $\boldsymbol{\pi}_{\Gamma}=Q\mathbf{C}$.**

这个结论直接来自 3.2.3 节关于点和二次曲面的极点-极线关系．它的证明留作练习．注意，二次曲面与平面的交是二次曲线．因此如上文所述，$\boldsymbol{\Gamma}$ 是二次曲线且其图像 $\gamma$(即视在轮廓线)也是二次曲线．

我们还可导出由摄像机中心与二次曲面形成的射线锥面的表达式．这个锥面是秩为 3 的退化的二次曲面．

**结论 8.10　顶点为 V 并与二次曲面 Q 相切的锥面是一个退化的二次曲面**

$$Q_{CO}=(\mathbf{V}^{\mathsf{T}}Q\mathbf{V})Q-(Q\mathbf{V})(Q\mathbf{V})^{\mathsf{T}}$$

注意 $Q_{CO}\mathbf{V}=\mathbf{0}$. 因而 $\mathbf{V}$ 正是所要求的锥面的顶点．具体证明省略．

**例 8.11**　我们用分块形式记该二次曲面为

$$Q=\begin{bmatrix} Q_{3\times3} & \mathbf{q}\\ \mathbf{q}^{\mathsf{T}} & q_{44}\end{bmatrix}$$

如果对应于锥面的顶点 $\mathbf{V}=(0,0,0,1)^{\mathsf{T}}$ 是世界坐标系的中心，那么

$$Q_{CO}=\begin{bmatrix} q_{44}Q_{3\times3}-\mathbf{q}\mathbf{q}^{\mathsf{T}} & \mathbf{0}\\ \mathbf{0}^{\mathsf{T}} & 0\end{bmatrix}$$

显然这是一个退化的二次曲面．

## 8.4　摄像机中心的重要性

3 维空间的物体和摄像机中心确定了一个射线集合，而这些射线与一张平面的交就产生

该物体的图像．这个集合通常称为射线锥，尽管它不是经典意义上的圆锥．如图 8.5 所示，假如射线锥与两张平面相交，那么所得两幅图像 $I$ 和 $I'$ 显然以一个透视映射相关联．这表明由同一摄像机中心所获得的图像可以通过一个平面射影变换而相互映射，换句话说，它们是射影等价的，因而有相同的射影性质．因此，摄像机可以被看成一种射影成像装置——度量以摄像机中心为顶点的射线锥的射影性质．

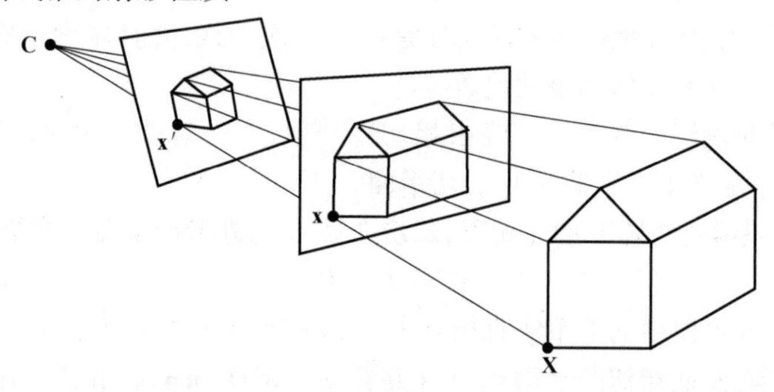


**图 8.5　以摄像机中心为顶点的射线锥**．这个锥与一张平面的交产生一幅图像．3 维空间点 $\mathbf{X}$ 和摄像机中心 $\mathbf{C}$ 之间的射线在图像点 $\mathbf{x}$ 和 $\mathbf{x}'$ 处穿过该平面．所有这样的像点以一个平面单应 $\mathbf{x}'=\mathrm{H}\mathbf{x}$ 相关联．

现在用代数方法来推导两幅图像 $I$ 与 $I'$ 以一个单应相关联的结论并求这个单应的公式．考虑具有相同中心的两个摄像机

$$\mathrm{P}=\mathrm{KR}[\mathrm{I}\mid \widetilde{\mathbf{C}}],\mathrm{P}'=\mathrm{K}'\mathrm{R}'[\mathrm{I}\mid \widetilde{\mathbf{C}}]$$

注意因为摄像机有共同的中心，故它们之间存在一个简单的关系，即 $\mathrm{P}'=(\mathrm{K}'\mathrm{R}')(\mathrm{KR})^{-1}\mathrm{P}$. 从而由这两个摄像机产生的 3 维空间点 $\mathbf{X}$ 的图像点之间的关系如下

$$\mathbf{x}'=\mathrm{P}'\mathbf{X}=(\mathrm{K}'\mathrm{R}')(\mathrm{KR})^{-1}\mathrm{P}\mathbf{X}=(\mathrm{K}'\mathrm{R}')(\mathrm{KR})^{-1}\mathbf{x}$$

也就是说，对应的图像点以一个形如 $\mathbf{x}'=\mathrm{H}\mathbf{x}$ 的平面单应（$3\times3$ 矩阵）相关联，其中 $\mathrm{H}=(\mathrm{K}'\mathrm{R}')(\mathrm{KR})^{-1}$.

我们现在来研究固定摄像机中心而移动图像平面的几种情形．为简单起见，选择世界坐标系与摄像机坐标系相一致，因而 $\mathrm{P}=\mathrm{K}[\mathrm{I}\mid\mathbf{0}]$（并假定图像平面不包含中心，否则图像将是退化的）．

### 8.4.1　移动图像平面

首先考虑焦距增加的情形．在一阶近似下，它相当于图像平面沿主轴移动．而在图像上的效果是简单地放大．这仅是一阶近似，因为组合透镜的变焦会同时引起主点和有效摄像机中心的扰动．从代数上来说，如果 $\mathbf{x}$ 与 $\mathbf{x}'$ 分别是点 $\mathbf{X}$ 在变焦前后的图像，那么

$$\mathbf{x}=\mathrm{K}[\mathrm{I}\mid\mathbf{0}]\mathbf{X}$$
$$\mathbf{x}'=\mathrm{K}'[\mathrm{I}\mid\mathbf{0}]\mathbf{X}=\mathrm{K}'\mathrm{K}^{-1}(\mathrm{K}[\mathrm{I}\mid\mathbf{0}]\mathbf{X})=\mathrm{K}'\mathrm{K}^{-1}\mathbf{x}$$

因而 $\mathbf{x}'=\mathrm{H}\mathbf{x}$，其中 $\mathrm{H}=\mathrm{K}'\mathrm{K}^{-1}$. 如果 K 和 K′之间仅有焦距不同，那么由简单计算可知

$$\mathrm{K}'\mathrm{K}^{-1}=\begin{bmatrix} k\mathrm{I} & (1-k)\,\tilde{\mathbf{x}}_0 \\ \mathbf{0}^{\mathsf{T}} & 1 \end{bmatrix}$$

其中，$\tilde{\mathbf{x}}_0$是非齐次主点，而 $k=f'/f$ 是放大因子．这个结果可以从相似三角形直接得到：变焦因子 $k$ 的效果是使图像点 $\tilde{\mathbf{x}}$ 沿由主点 $\tilde{\mathbf{x}}_0$到点 $\tilde{\mathbf{x}}'=k\tilde{\mathbf{x}}+(1-k)\tilde{\mathbf{x}}_0$的射线移动．从代数上来说，利用标定矩阵 K 的最一般形式(式(6.10))，我们可以写出

$$\mathrm{K}'=\begin{bmatrix} k'\mathrm{I} & (1-k)\tilde{\mathbf{x}}_0 \\ \mathbf{0}^{\top} & 1 \end{bmatrix}\mathrm{K}=\begin{bmatrix} k\mathrm{I} & (1-k)\tilde{\mathbf{x}}_0 \\ \mathbf{0}^{\top} & 1 \end{bmatrix}\begin{bmatrix} \mathrm{A} & \tilde{\mathbf{x}}_0 \\ \mathbf{0}^{\top} & 1 \end{bmatrix}$$

$$=\begin{bmatrix} k\mathrm{A} & \tilde{\mathbf{x}}_0 \\ \mathbf{0}^{\top} & 1 \end{bmatrix}=\mathrm{K}\begin{bmatrix} k\mathrm{I} & \\ & \mathrm{I} \end{bmatrix}$$

它表明

- **因子 $k$ 的变焦效果等于用 diag$(k,k,1)$右乘摄像机标定矩阵 K.**

## 8.4.2　摄像机旋转

第二个常用的例子是摄像机在不改变内参数的情况下绕其中心旋转．这种"纯"旋转的例子在图 8.6 和图 8.9 中给出．从代数上来说，如果 $\mathbf{x}$ 和 $\mathbf{x}'$分别是点 $\mathbf{X}$ 在纯旋转前后的图像，那么

$$\mathbf{x}=\mathrm{K}[\mathrm{I}\mid\mathbf{0}]\mathbf{X}$$
$$\mathbf{x}'=\mathrm{K}[\mathrm{R}\mid\mathbf{0}]\mathbf{X}=\mathrm{K}\,\mathrm{R}\mathrm{K}^{-1}\mathrm{K}[\mathrm{I}\mid\mathbf{0}]\mathbf{X}=\mathrm{K}\,\mathrm{R}\mathrm{K}^{-1}\mathbf{x}$$

因而 $\mathbf{x}'=\mathrm{H}\mathbf{x}$，其中 $\mathrm{H}=\mathrm{K}\,\mathrm{R}\mathrm{K}^{-1}$．这种单应是一个**共轭旋转**，并将在 A7.1 节中做进一步讨论．现在我们通过举例来给出它的若干性质．

(a)　　(b)　　(c)

**图 8.6**　在图像(a)与(b)之间，摄像机绕其中心做了旋转．对应点(即同一 3D 点的图像)以一个平面射影变换相关联．注意不同深度的 3D 点，例如杯口和猫的身体，在(a)中是重合点，在(b)中也是重合点，因此这里不存在运动视差．但是，在图像(a)和(c)之间摄像机既绕中心旋转又做平移．在这种一般运动之下，在(a)中不同深度的重合点在(c)中却被影像成为不同的点，因此这里由于摄像机平移产生了运动视差．

**例 8.12　共轭旋转的性质．**

单应 $\mathrm{H}=\mathrm{KRK}^{-1}$与旋转矩阵 R 有相同的特征值$\{\mu,\mu e^{i\theta},\mu e^{-i\theta}\}$(相差一个常数因子)，其中 $\mu$ 是未知的尺度因子(如果 H 经尺度变换使得 $\det(\mathrm{H})=1$，那么 $\mu=1$)．因此，视图之间的旋转角可以直接由 H 的复特征值的相位算出．类似地，可以证明(见练习)与 H 的实特征值对应的特征向量是旋转轴的消影点．

例如，图 8.6 的图像(a)与(b)之间有一个摄像机的纯旋转．单应 H 由算法 4.6 计算，旋转角度估计为4.66°，而轴的消影点是$(-0.0088,1,0.0001)^{\top}$，它实质上是 $y$ 方向的无穷远点．因此旋转轴几乎与 $y$ 轴平行．

变换 $H = KRK^{-1}$ 是**无穷单应**映射 $H_\infty$ 的一个例子，该映射将在本书中多次出现，并在 13.4 节中给出定义．第 19 章中将把这个共轭性质用于自标定．

### 8.4.3 应用与举例

具有同一摄像机中心的图像之间的单应关系能以多种方式加以利用．一种应用是通过射影形变插补来合成图像．另一个应用是拼图，可以用平面单应将由旋转摄像机获得的视图“缝”成一个全景图像．

**例 8.13 视图合成**

可以利用平面单应性的形变插补由现有图像产生新的对应于不同摄像机定向（具有相同摄像机中心）的图像．

在正视图中，矩形被映射成矩形，并且空间的矩形与图像中的矩形有相同的长宽比．反过来，一个正视图可以通过对图像进行单应性的形变插补来合成，该单应把四边形图像映射回具有正确长宽比的矩形．其算法是：

（1）计算把图像中的四边形映射回具有正确长宽比的矩形的单应 H.

（2）用这个单应对原图像进行射影形变插补．

相应的例子如图 8.7 所示．

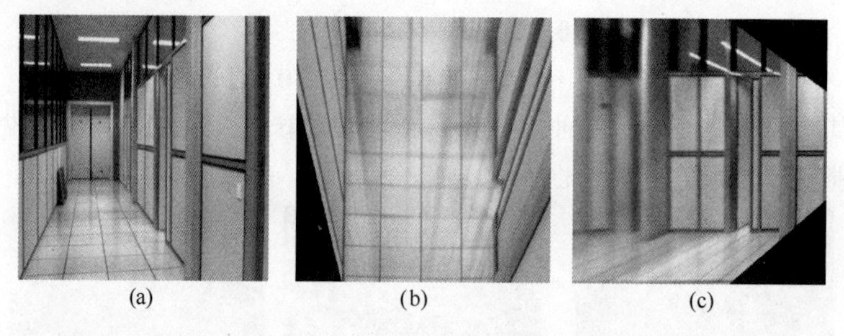


**图 8.7 合成视图**．(a)原始图像．(b)由(a)产生的走廊地板的正视图（由地板砖的四个角计算单应）．(c)由(a)产生的走廊墙的正视图（由门框的四个角计算单应）．

**例 8.14 平面全景拼图**

摄像机绕其中心旋转所得到的图像之间以一个平面单应相关联．这样的一组图像可以通过射影形变插补与其中一幅图像的平面配准，如图 8.8 所示．

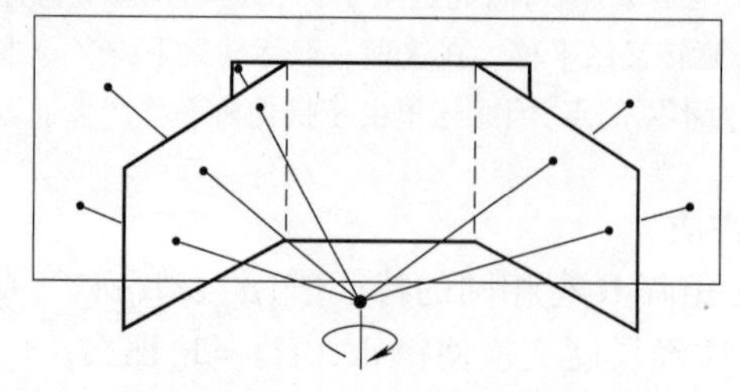

**图 8.8** 由旋转摄像机获得的三幅图像可被配准到中间图像，通过射影形变插补将外边的两幅图像与中间的图像配准．

其算法要点是：

（1）选择图像集合中的一幅作为参考图像．

(2) 计算将其余图像中的一幅映射到参考图像的单应 H.

(3) 用得到的单应对这幅图像进行射影形变插补，并且用插补图像与参考图像的非重叠部分来扩大参考图像.

(4) 对图像集合中余下的图像重复上述后两步过程.

所需单应可以通过辨认(至少)四组对应点，或采用算法 4.6 的自动方法来算出. 图 8.9 给出拼图的一个例子.

**图 8.9　平面全景拼图**. 由便携式摄像机绕其中心拍摄的(三十幅中的)八幅图像. 这三十幅图像用平面单应配准并形成一幅全景拼图. 注意"蝴蝶领结"式的特征形状，这是因为与图像序列的中间一幅图像配准的缘故.

## 8.4.4　(简化的)射影记号

在第 20 章中我们将会看到如果世界和图像点都选择规范的射影坐标，即

$$\mathbf{X}_1=(1,0,0,0)^\mathsf{T},\mathbf{X}_2=(0,1,0,0)^\mathsf{T},\mathbf{X}_3=(0,0,1,0)^\mathsf{T},\mathbf{X}_4=(0,0,0,1)^\mathsf{T}$$

和

$$\mathbf{x}_1=(1,0,0)^\mathsf{T},\mathbf{x}_2=(0,1,0)^\mathsf{T},\mathbf{x}_3=(0,0,1)^\mathsf{T},\mathbf{x}_4=(1,1,1)^\mathsf{T}$$

那么摄像机矩阵

$$\mathrm{P}=\begin{bmatrix} a & 0 & 0 & -d \\ 0 & b & 0 & -d \\ 0 & 0 & c & -d \end{bmatrix} \tag{8.6}$$

满足 $\mathbf{x}_i=\mathrm{P}\mathbf{X}_i$, $i=1,\cdots,4$ 和 $\mathrm{P}(a^{-1},b^{-1},c^{-1},d^{-1})^\mathsf{T}=\mathbf{0}$，后者表示摄像机中心是 $\mathbf{C}=(a^{-1},b^{-1},c^{-1},d^{-1})^\mathsf{T}$. 我们称这个矩阵 P 为**简化的**摄像机矩阵，显然它由摄像机中心 $\mathbf{C}$ 的三个自由度完全确定. 这进一步说明：由同一中心的摄像机所获取的所有图像是射影等价的——摄像机已经简化到它的本质：一种实现 $\mathbb{P}^3$ 到 $\mathbb{P}^2$ 映射的射影装置，唯一影响其结果的

是摄像机中心的位置. 第 20 章将用这种摄像机表示来建立对偶关系.

### 8.4.5 移动摄像机中心

摄像机变焦和旋转的情况说明:移动图像平面但同时保持摄像机中心不动所诱导的图像之间的变换仅与图像平面的运动有关而与 3 维空间的结构**无关**. 因而,不能从该操作中获得 3 维空间的任何信息. 但是,如果移动了摄像机中心,那么图像对应点之间的映射便与其 3 维空间结构**有关**,并且事实上通常被用来(部分地)确定该空间结构. 这正是本书后面许多内容将涉及的主题.

我们如何只从图像来判断摄像机中心是否移动呢? 考虑在第一幅视图中重合的两个 3 维空间点,即在同一射线上的点. 如果摄像机中心被移动了(没有沿着这条射线)那么其图像就不再重合了. 原来是重合的图像点之间的相对位移被称为**视差**,如图 8.6 所示,图 8.10 更以图解方式加以说明. 如果场景是静止的而在两幅视图中有明显的运动视差,那么摄像机中心被移动了. 其实,在摄像机仅做关于其中心的纯旋转时(如安装在机器人头上的摄像机),一种获得其运动参数的简便方法就是调整运动直到没有视差.

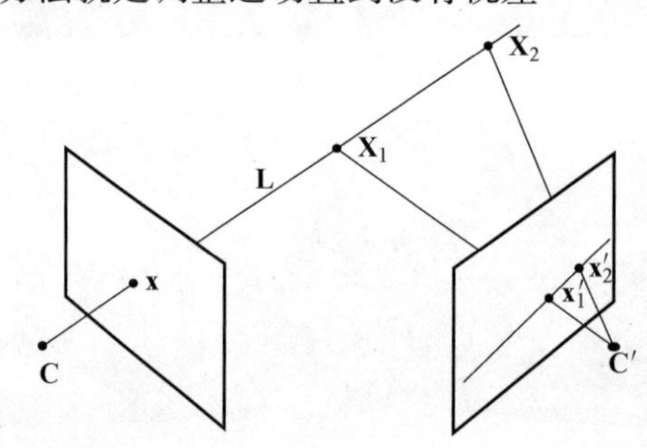


**图 8.10 运动视差**. 从以 $\mathbf{C}$ 为中心的摄像机观看时,空间点 $\mathbf{X}_1$ 和 $\mathbf{X}_2$ 的图像是重合的. 而从以 $\mathbf{C}'$ 为中心的摄像机观看时,只要 $\mathbf{C}'$ 不在过 $\mathbf{X}_1$ 和 $\mathbf{X}_2$ 的直线 $\mathbf{L}$ 上,两空间点的图像必然不重合. 事实上,过图像点 $\mathbf{x}'_1$ 和 $\mathbf{x}'_2$ 的直线正是射线 $\mathbf{L}$ 的影像,在第 9 章中我们将看到该直线是一条**对极线**. 点 $\mathbf{x}'_1$ 和 $\mathbf{x}'_2$ 之间的向量是视差.

3 维空间结构的一种重要的特殊情形是所有的场景点都共面. 对于这种情形,即使移动摄像机中心,图像的对应点仍以平面单应相关联. 这种情形下的图像之间的映射将在关于平面问题的第 13 章做详细讨论. 特别是消影点(平面 $\boldsymbol{\pi}_\infty$ 上点的图像)在任何摄像机运动下都由一个平面单应相关联. 我们将在 8.6 节中再来讨论这个问题.

## 8.5 摄像机标定与绝对二次曲线的图像

到目前为止,我们已经讨论了不同几何实体(点、直线、二次曲线、…)的正向和反向投影的射影性质. 这些性质仅依赖于 $3\times4$ 形式的射影摄像机矩阵 P. 现在介绍如果摄像机内标定 K 已知,我们能获得什么. 我们将发现此时欧氏性质(如两条射线的夹角)可以被测量.

**标定给出了什么?** 图像点 $\mathbf{x}$ 反向投影为由 $\mathbf{x}$ 和摄像机中心确定的一条射线. 标定把该图像点与射线的**方向**相关联. 假定在摄像机的欧氏坐标系中射线上的点被记为 $\widetilde{\mathbf{X}}=\lambda\mathbf{d}$,那么这些点在相差一个尺度因子下映射为点 $\mathbf{x}=\mathrm{K}[\mathrm{I}\mid\mathbf{0}](\lambda\mathbf{d}^{\mathsf{T}},1)^{\mathsf{T}}=\mathrm{K}\mathbf{d}$. 因此得到

**结论 8.15　摄像机标定矩阵 K 是 $\mathbf{x}$ 与在摄像机的欧氏坐标系下测量的射线方向 $\mathbf{d} = \mathrm{K}^{-1}\mathbf{x}$ 之间的一个(仿射)变换.**

注意,$\mathbf{d} = \mathrm{K}^{-1}\mathbf{x}$ 一般不是单位向量.

分别与图像点 $\mathbf{x}_1, \mathbf{x}_2$ 对应的方向为 $\mathbf{d}_1, \mathbf{d}_2$ 的两条射线之间的夹角可以由我们熟悉的两向量夹角的余弦公式得到:

$$\begin{aligned}\cos\theta &= \frac{\mathbf{d}_1^{\mathsf{T}}\mathbf{d}_2}{\sqrt{\mathbf{d}_1^{\mathsf{T}}\mathbf{d}_1}\sqrt{\mathbf{d}_2^{\mathsf{T}}\mathbf{d}_2}} = \frac{(\mathrm{K}^{-1}\mathbf{x}_1)^{\mathsf{T}}(\mathrm{K}^{-1}\mathbf{x}_2)}{\sqrt{(\mathrm{K}^{-1}\mathbf{x}_1)^{\mathsf{T}}(\mathrm{K}^{-1}\mathbf{x}_1)}\sqrt{(\mathrm{K}^{-1}\mathbf{x}_2)^{\mathsf{T}}(\mathrm{K}^{-1}\mathbf{x}_2)}} \\ &= \frac{\mathbf{x}_1^{\mathsf{T}}(\mathrm{K}^{-\mathsf{T}}\mathrm{K}^{-1})\mathbf{x}_2}{\sqrt{\mathbf{x}_1^{\mathsf{T}}(\mathrm{K}^{-\mathsf{T}}\mathrm{K}^{-1})\mathbf{x}_1}\sqrt{\mathbf{x}_2^{\mathsf{T}}(\mathrm{K}^{-\mathsf{T}}\mathrm{K}^{-1})\mathbf{x}_2}}\end{aligned} \tag{8.7}$$

式(8.7)表明,如果 K 已知,从而矩阵 $\mathrm{K}^{-\mathsf{T}}\mathrm{K}^{-1}$ 已知,那么射线之间的夹角可以从它们的对应图像点得到测量. 已知 K 的摄像机称为**已标定**的摄像机. 一个已标定的摄像机是一个能够测量射线方向的**方向传感器**——如同一个 2D 量角器.

标定矩阵 K 也提供图像直线和场景平面之间的关系:

**结论 8.16　一条图像直线 $\mathbf{l}$ 确定一张过摄像机中心的平面,在摄像机的欧氏坐标系下,该平面的法线方向为 $\mathbf{n} = \mathrm{K}^{\mathsf{T}}\mathbf{l}$.**

注意,法线 $\mathbf{n}$ 一般不是单位向量.

**证明**　直线 $\mathbf{l}$ 上的点 $\mathbf{x}$ 反向投影到正交于平面法线 $\mathbf{n}$ 的方向 $\mathbf{d} = \mathrm{K}^{-1}\mathbf{x}$,即 $\mathbf{d}^{\mathsf{T}}\mathbf{n} = \mathbf{x}^{\mathsf{T}}\mathrm{K}^{-\mathsf{T}}\mathbf{n} = 0$. 因为 $\mathbf{l}$ 上的点满足 $\mathbf{x}^{\mathsf{T}}\mathbf{l} = 0$,所以 $\mathbf{l} = \mathrm{K}^{-\mathsf{T}}\mathbf{n}$,从而得到 $\mathbf{n} = \mathrm{K}^{\mathsf{T}}\mathbf{l}$.

### 8.5.1　绝对二次曲线的图像

我们现在来推导一个把标定矩阵 K 与绝对二次曲线的图像 ω 相关联的非常重要的结果. 我们必须首先确定无穷远平面 $\boldsymbol{\pi}_\infty$ 和摄像机图像平面之间的映射. $\boldsymbol{\pi}_\infty$ 上的点可以写为 $\mathbf{X}_\infty = (\mathbf{d}^{\mathsf{T}}, 0)^{\mathsf{T}}$,并被一般摄像机 $\mathrm{P} = \mathrm{KR}[\mathrm{I} \mid -\widetilde{\mathbf{C}}]$ 影像为

$$\mathbf{x} = \mathrm{P}\mathbf{X}_\infty = \mathrm{KR}[\mathrm{I} \mid -\widetilde{\mathbf{C}}]\begin{pmatrix}\mathbf{d}\\0\end{pmatrix} = \mathrm{KR}\mathbf{d}$$

它表明

- **$\boldsymbol{\pi}_\infty$ 与其图像之间的映射由平面单应 $\mathbf{x} = \mathrm{H}\mathbf{d}$ 给出,其中**

$$\mathrm{H} = \mathrm{KR} \tag{8.8}$$

注意,这个映射与摄像机的位置 $\mathbf{C}$ 无关,而仅取决于摄像机的内标定及其相对于世界坐标系的定向.

因为绝对二次曲线 $\Omega_\infty$(3.6 节)在 $\boldsymbol{\pi}_\infty$ 上,我们可以计算它在变换 H 下的图像,并得到

**结论 8.17　绝对二次曲线的图像(简称 IAC)是二次曲线 $\omega = (\mathrm{KK}^{\mathsf{T}})^{-1} = \mathrm{K}^{-\mathsf{T}}\mathrm{K}^{-1}$.**

**证明**　根据结论 2.13,在点单应变换 $\mathbf{x} \mapsto \mathrm{H}\mathbf{x}$ 下,二次曲线 C 映射为 $\mathrm{C} \mapsto \mathrm{H}^{-\mathsf{T}}\mathrm{CH}^{-1}$. 由此推出 $\Omega_\infty$(它是 $\boldsymbol{\pi}_\infty$ 上的二次曲线 $\mathrm{C} = \Omega_\infty = \mathrm{I}$)映射为

$\omega = (\mathrm{KR})^{-\mathsf{T}}\mathrm{I}(\mathrm{KR})^{-1} = \mathrm{K}^{-\mathsf{T}}\mathrm{RR}^{-1}\mathrm{K}^{-1} = (\mathrm{KK}^{\mathsf{T}})^{-1}$. 所以 IAC 是 $\omega = (\mathrm{KK}^{\mathsf{T}})^{-1}$.

与 $\Omega_\infty$ 一样,二次曲线 ω 是虚(没有实点)的点二次曲线. 现在我们可以把它看作一种方便的代数工具,在本章后面的计算以及第 19 章摄像机的自标定中都会用到它.

这里提出几点注意:

(1)绝对二次曲线的图像 $\omega$ 仅与矩阵 P 的内参数 K 有关;而与摄像机的定向和位置无关.

(2)按式(8.7)可以用下列简单的表达式给出两条射线的夹角:

$$\cos\theta = \frac{\mathbf{x}_1^{\mathsf{T}}\omega\mathbf{x}_2}{\sqrt{\mathbf{x}_1^{\mathsf{T}}\omega\mathbf{x}_1}\sqrt{\mathbf{x}_2^{\mathsf{T}}\omega\mathbf{x}_2}} \tag{8.9}$$

这个表达式与图像的射影坐标系无关,也就是说,在图像的射影变换下保持不变. 为了看清这一点,考虑任意 2D 射影变换 H. 点$\mathbf{x}_i$ 变换为 H $\mathbf{x}_i$ 而 $\omega$(同任意像二次曲线)变换为 $\mathrm{H}^{-\mathsf{T}}\omega\mathrm{H}^{-1}$. 因此,式(8.9)并没有变化,从而对图像中的任何射影坐标系都成立.

(3)式(8.9)的一个特别重要的具体例子是:如果两个图像点$\mathbf{x}_1$ 和$\mathbf{x}_2$ 对应于正交方向,那么

$$\mathbf{x}_1^{\mathsf{T}}\omega\,\mathbf{x}_2 = 0 \tag{8.10}$$

这个方程将在本书的后续部分被应用于多个点,因为它提供了关于 $\omega$ 的线性约束.

(4)我们也可以定义绝对二次曲线的对偶图像(简称 DIAC)为

$$\omega^* = \omega^{-1} = \mathrm{KK}^{\mathsf{T}} \tag{8.11}$$

这是一个对偶(线)二次曲线,而 $\omega$ 是点二次曲线(虽然它不含实点). 二次曲线 $\omega^*$ 是 $Q_\infty^*$ 的图像,并由式(8.5)$\omega^* = \mathrm{P}Q_\infty^*\mathrm{P}^{\mathsf{T}}$给出.

(5)结论 8.17 说明一旦 $\omega$(或等价的 $\omega^*$)在图像中被辨认,那么 K 就被确定. 这是因为通过 Cholesky 分解(见结论 A4.5)对称矩阵 $\omega$ 可以被唯一地分解成一个具有正对角元的上三角矩阵及其转置的乘积,即 $\omega^* = \mathrm{KK}^{\mathsf{T}}$.

(6)第 3 章中我们看到平面$\boldsymbol{\pi}$与$\boldsymbol{\pi}_\infty$相交于一条直线,而这条直线与 $\Omega_\infty$ 相交于$\boldsymbol{\pi}$上的两个虚圆点. 虚圆点的图像在 $\omega$ 上,并且是平面$\boldsymbol{\pi}$的消影线与 $\omega$ 的交点.

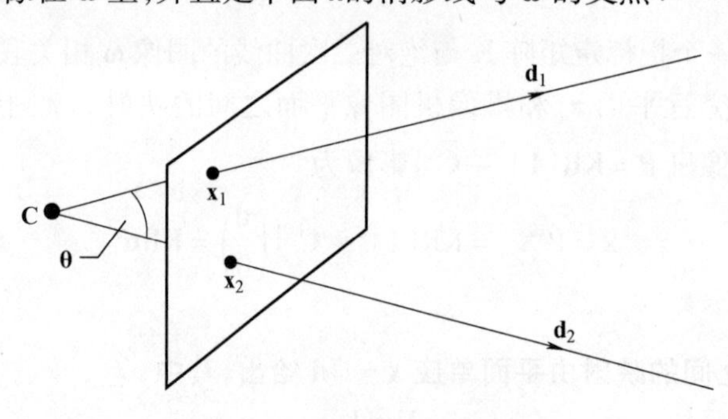


**图 8.11** 两射线之间的夹角 $\theta$

下面的例子说明:$\omega$ 的后两个性质是标定算法的基础.

**例 8.18 一个简单的标定装置.**

三个正方形(它们所在平面是不平行的,但也不必正交)的图像提供计算 K 的足够约束. 考虑其中的一个正方形. 它的四个角点和其图像之间的对应确定正方形所在平面$\boldsymbol{\pi}$和其图像之间的单应 H. 把这个单应作用于$\boldsymbol{\pi}$上的虚圆点得到它们的图像是 $\mathrm{H}(1, \pm i, 0)^{\mathsf{T}}$. 从而给出(目前还未知的)$\omega$ 上的两个点. 把类似过程应用于其他正方形总共给出 $\omega$ 上的六个点,由它们便可计算出 $\omega$(因为确定一条二次曲线需要五个点). 概括起来算法的步骤如下:

(1)对每个正方形,计算把其角点$(0,0)^{\mathsf{T}}$,$(1,0)^{\mathsf{T}}$,$(0,1)^{\mathsf{T}}$,$(1,1)^{\mathsf{T}}$映射到相应图像点的

单应 H(平面坐标系与正方形的对准是相似变换,且不影响虚圆点在平面上的位置).

(2)计算该正方形所在平面虚圆点的图像,即 $\mathrm{H}(1, \pm i, 0)^{\mathsf{T}}$. 记 $\mathrm{H}=[\mathbf{h}_1, \mathbf{h}_2, \mathbf{h}_3]$,则虚圆点的图像为 $\mathbf{h}_1 \pm i\,\mathbf{h}_2$.

(3)由这六个虚圆点的图像拟合出一条二次曲线 ω. 虚圆点的像在 ω 上的约束可以被重写成两个实约束. 如果 $\mathbf{h}_1 \pm i\,\mathbf{h}_2$ 在 ω 上,那么 $(\mathbf{h}_1 \pm i\,\mathbf{h}_2)^{\mathsf{T}}\omega(\mathbf{h}_1 \pm i\,\mathbf{h}_2)=0$,而其虚部和实部分别给出

$$\mathbf{h}_1^{\mathsf{T}}\omega\,\mathbf{h}_2=0 \text{ 和 } \mathbf{h}_1^{\mathsf{T}}\omega\,\mathbf{h}_1=\mathbf{h}_2^{\mathsf{T}}\omega\,\mathbf{h}_2 \tag{8.12}$$

这是关于 ω 的线性方程组. 由五个或以上这样的方程就可在相差一个尺度因子的条件下确定 ω.

(4)用 Cholesky 分解由 $\omega=(\mathrm{KK}^{\mathsf{T}})^{-1}$ 计算标定 K.

图 8.12 给出印有正方形的三张平面组成的标定物体及算得的矩阵 K. 就计算内标定的目的而言,正方形比标准标定物体(例如图 7.1)更优越,它不需要计算 3D 坐标.

(a)

$$\mathrm{K}=\begin{bmatrix} 1108.3 & -9.8 & 525.8 \\ 0 & 1097.8 & 395.9 \\ 0 & 0 & 1 \end{bmatrix}$$

(b)

**图 8.12　由度量平面进行标定**. (a)三个正方形提供一种简单的标定物体. 这些平面不必正交. (b)用例 8.18 的算法求得的标定矩阵. 图像的大小是 1024 ×768 像素.

8.8 节我们将回到摄像机标定,其中消影点和消影线提供关于 K 的约束. 例 8.18 中使用的几何约束将在 8.8.1 节中进一步讨论.

## 8.5.2　正交性和 ω

二次曲线 ω 可用于描述图像中的正交性. 式(8.10)中已经看到,如果两个图像点 $\mathbf{x}_1$ 和 $\mathbf{x}_2$ 反向投影为正交射线,那么这两点满足 $\mathbf{x}_1^{\mathsf{T}}\omega\,\mathbf{x}_2=0$. 类似地,可以证明

**结论 8.19　分别反向投影到正交的射线和平面的点 x 和直线 l 满足 $\mathbf{l}=\omega\mathbf{x}$.**

从几何上来说,这些关系表明:反向投影到正交射线的图像点关于 ω 共轭($\mathbf{x}_1^{\mathsf{T}}\omega\,\mathbf{x}_2=0$),而反向投影到正交的射线和平面的点和直线是极点-极线关系($\mathbf{l}=\omega\mathbf{x}$). 见 2.8.1 节. 这两个关系的示意图如图 8.13 所示.

这些关于正交性的几何描述,以及由图像点测量的两条射线的夹角的射影表示式(8.9),仅仅是本书前面推导的关系的简单具体化和概括. 例如,我们已经推导了 3 维空间中两条直线夹角的射影表示式(3.23),即

$$\cos\theta=\frac{\mathbf{d}_1^{\mathsf{T}}\Omega_\infty\mathbf{d}_2}{\sqrt{\mathbf{d}_1^{\mathsf{T}}\Omega_\infty\mathbf{d}_1}\sqrt{\mathbf{d}_2^{\mathsf{T}}\Omega_\infty\mathbf{d}_2}}$$

式中,$\mathbf{d}_1$ 和 $\mathbf{d}_2$ 是直线的方向(直线与 $\boldsymbol{\pi}_\infty$ 的交点). 光线是 3 维空间中过摄像机中心的直线,因此式(3.23)可直接应用于光线. 这恰好是式(8.9)所述的——它不过是式(3.23)在图像中的

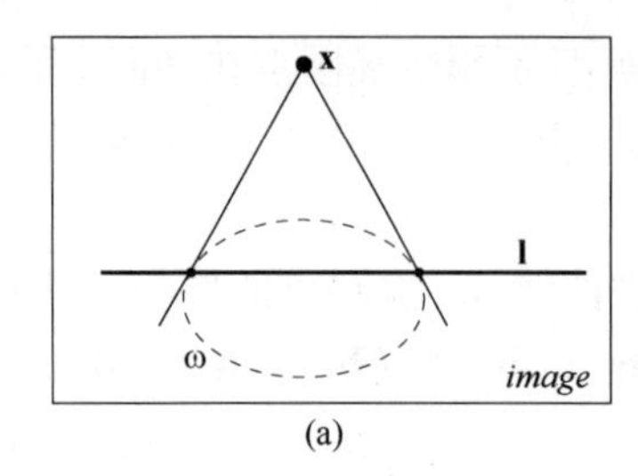


(a)

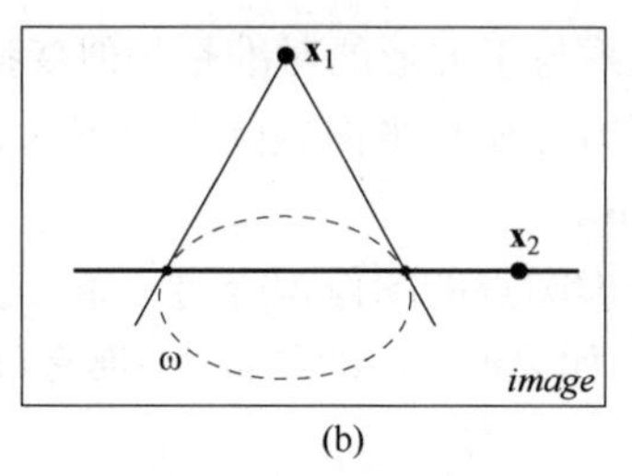


(b)

**图 8.13 由共轭和极点-极线关系表示正交性**.(a)如果图像点$\mathbf{x}_1$,$\mathbf{x}_2$ 关于 ω 共轭,即$\mathbf{x}_1^{\mathsf{T}}\omega\mathbf{x}_2=0$,那么它们反向投影为正交的射线.(b)如果点 $\mathbf{x}$ 和直线 $\mathbf{l}$ 关于 ω 为极点-极线关系,即$\mathbf{l}=\omega\mathbf{x}$,那么 $\mathbf{x}$ 和 $\mathbf{l}$ 反向投影所得的射线和平面相互正交.例如(参看 8.6.3 节)一个平面法线方向的消影点和该平面的消影线关于 ω 为极点-极线关系.

计算.

在映射(式(8.8))$\mathrm{H}=\mathrm{KR}$(它是在世界坐标系的平面$\boldsymbol{\pi}_\infty$和图像平面之间的单应)作用下,$\Omega_\infty\mapsto\mathrm{H}^{\mathsf{T}}\omega\mathrm{H}=(\mathrm{KR})^{\mathsf{T}}\omega(\mathrm{KR})$且$\mathbf{d}_i=\mathrm{H}^{-1}\mathbf{x}_i=(\mathrm{KR})^{-1}\mathbf{x}_i$. 把这些关系代入式(3.23)就得到式(8.9).类似地,图像中体现正交性的共轭和极点-极线关系就是它们在$\boldsymbol{\pi}_\infty$上的直接映像,可以通过比较图 3.8 和图 8.13 来理解.

在实际中,这些正交结果在消影点和消影线的情形有大量的应用.

# 8.6 消影点与消影线

透视投影的一个显著特征是延伸至无穷远的物体的图像可能出现在有限范围内.例如,一条无穷远直线被影像成终止在**消影点**的一条线段.类似地,平行的世界直线,例如铁道线,被影像成汇聚的线,它们在图像上的交点是铁道方向的消影点.

## 8.6.1 消影点

产生消影点的透视几何在图 8.14 中说明.显而易见,从几何上来说,一条世界直线的消影点由平行于该直线并过摄像机中心的射线与图像平面的交点得到.因此消影点仅依赖于直线的**方向**,而与其位置无关.从而一组平行的世界直线具有共同的消影点,如图 8.15 所示.

代数上,消影点可以作为极限点而求得,方法如下:将 3 维空间中过点 $\mathbf{A}$ 且方向为 $\mathbf{D}=(\mathbf{d}^{\mathsf{T}},\mathbf{0})^{\mathsf{T}}$的直线上的点记为$\mathbf{X}(\lambda)=\mathbf{A}+\lambda\mathbf{D}$,参看图 8.14b. 当参数 $\lambda$ 由 0 变到$\infty$时,点 $\mathbf{X}(\lambda)$由有限点 $\mathbf{A}$ 变到无穷远点 $\mathbf{D}$. 在射影摄像机 $\mathrm{P}=\mathrm{K}[\mathrm{I}\mid 0]$作用下,点 $\mathbf{X}(\lambda)$被影像为

$$\mathbf{x}(\lambda)=\mathrm{P}\mathbf{X}(\lambda)=\mathrm{P}\mathbf{A}+\lambda\mathrm{P}\mathbf{D}=\mathbf{a}+\lambda\mathrm{K}\mathbf{d}$$

式中,$\mathbf{a}$ 是 $\mathbf{A}$ 的图像.从而该直线的消影点 $\mathbf{v}$ 通过取极限得到

$$\mathbf{v}=\lim_{\lambda\to\infty}\mathbf{x}(\lambda)=\lim_{\lambda\to\infty}(\mathbf{a}+\lambda\mathrm{K}\mathbf{d})=\mathrm{K}\mathbf{d}$$

根据结论 8.15,$\mathbf{v}=\mathrm{K}\mathbf{d}$ 表示消影点 $\mathbf{v}$ 反向投影成方向为 $\mathbf{d}$ 的射线.注意消影点 $\mathbf{v}$ 仅依赖于该直线的方向 $\mathbf{d}$,而与 $\mathbf{A}$ 的位置无关.

用射影几何语言可以直接得到这个结果:在 3 维射影空间中,无穷远平面$\boldsymbol{\pi}_\infty$是直线方向的平面,而且具有相同方向的所有直线交$\boldsymbol{\pi}_\infty$于同一点(参见第 3 章).消影点就是这个交点的图像.因此如果一条直线的方向是 $\mathbf{d}$,则它与$\boldsymbol{\pi}_\infty$的交点是$\mathbf{X}_\infty=(\mathbf{d}^{\mathsf{T}},0)^{\mathsf{T}}$. 而 $\mathbf{v}$ 是$\mathbf{X}_\infty$的图像

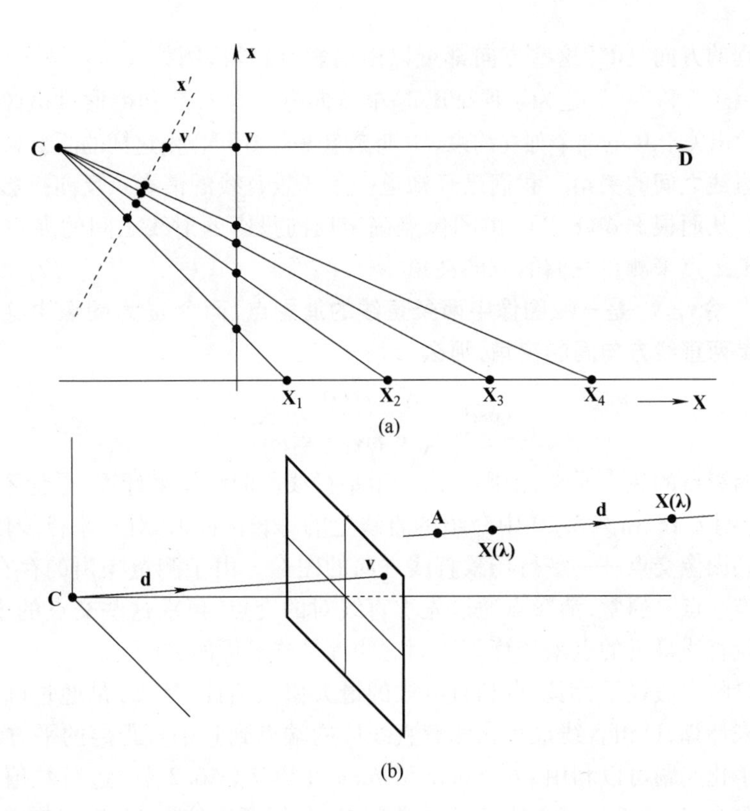


**图 8.14　消影点的形成**.(a)平面到直线的摄像机.点 $\mathbf{X}_i, i=1,\cdots,4$ 在世界直线上是等距的,但它们在图像直线上的间距是单调下降的.当 $\mathbf{X}\to\infty$ 时,该世界点被影像到垂直图像线上的 $\mathbf{x}=\mathbf{v}$ 和倾斜图像线上的 $\mathbf{x}'=\mathbf{v}'$ 上.因此,世界直线的消影点由过摄像机中心 $\mathbf{C}$ 并平行于它的射线与图像平面的交产生.(b)3 维空间到平面的摄像机.方向为 $\mathbf{d}$ 的一条直线的消影点 $\mathbf{v}$ 由平行于 $\mathbf{d}$ 并过 $\mathbf{C}$ 的射线与图像平面的交产生.该世界直线可以用 $\mathbf{X}(\lambda)=\mathbf{A}+\lambda\mathbf{D}$ 来参数化,其中 $\mathbf{A}$ 是直线上的点,而 $\mathbf{D}=(\mathbf{d}^{\mathsf{T}},\mathbf{0})^{\mathsf{T}}$.

$$\mathbf{v}=\mathrm{P}\mathbf{X}_\infty=\mathrm{K}[\mathrm{I}\mid\mathbf{0}]\begin{pmatrix}\mathbf{d}\\0\end{pmatrix}=\mathrm{K}\mathbf{d}$$

概括起来:

**结论 8.20　方向为 $\mathbf{d}$ 的 3 维空间直线的消影点是过摄像机中心且方向为 $\mathbf{d}$ 的射线与图像平面的交点 $\mathbf{v}$,即 $\mathbf{v}=\mathrm{K}\mathbf{d}$.**

注意与图像平面平行的直线被影像成平行线,因为 $\mathbf{v}$ 在图像的无穷远处.但是,反过来(图像中的平行线是场景中平行线的图像)不成立,因为主平面上相交的直线被影像成平行线.

**例 8.21　由消影点求摄像机旋转.**

消影点是无穷远点的图像,它提供定向(姿态)信息的方式与不动星提供的方式类似.考虑由定向和**位置**都不同的两个标定摄像机获取的某场景的两幅图像.无穷远点是场景的一部分,因而与摄像机无关.它们的图像,即消影点,不受摄像机位置变化的影响,但要受摄像机旋转的影响.假定两个摄像机具有相同的标定矩阵 K,且在两幅视图之间摄像机旋转了 R.

设一条场景直线在第一幅视图中的消影点是$\mathbf{v}_i$,在第二幅视图中的是$\mathbf{v}'_i$.消影点$\mathbf{v}_i$ 在第一个摄像机的欧氏坐标系中测量得到的方向是$\mathbf{d}_i$,而对应的消影点$\mathbf{v}'_i$在第二个摄像机的欧氏坐

标系中测量得到的方向是$\mathbf{d}'_i$. 这些方向都可以由消影点算得,例如,$\mathbf{d}_i = \mathrm{K}^{-1}\mathbf{v}_i / \| \mathrm{K}^{-1}\mathbf{v}_i \|$,其中加进归一化因子$\| \mathrm{K}^{-1}\mathbf{v}_i \|$是为了保证$\mathbf{d}_i$是单位向量. 方向$\mathbf{d}_i$和$\mathbf{d}'_i$通过摄像机的旋转$\mathbf{d}'_i = \mathrm{R}\mathbf{d}_i$相关联,它给出关于R的两个独立约束. 因此旋转矩阵R可以由这样的两组对应方向算出.

**两条场景直线之间的夹角** 我们已经知道一条场景直线的消影点反向投影成平行于该场景直线的射线. 从而根据式(8.9)(由图像点确定反向投影的射线之间的夹角),可以通过两条场景直线的消影点来测量它们的方向夹角.

**结论 8.22 令$\mathbf{v}_1$,$\mathbf{v}_2$是一幅图像中两条直线的消影点,而令$\omega$为图像中绝对二次曲线的图像. 如果$\theta$是两直线方向间的夹角,那么**

$$\cos\theta = \frac{\mathbf{v}_1^{\mathsf{T}}\omega\mathbf{v}_2}{\sqrt{\mathbf{v}_1^{\mathsf{T}}\omega\mathbf{v}_1}\sqrt{\mathbf{v}_2^{\mathsf{T}}\omega\mathbf{v}_2}} \tag{8.13}$$

**关于计算消影点的注** 通常,消影点由一组平行线段的图像来计算,尽管还可以由其他方法来确定(例如例2.18和例2.20中介绍的直线上的等长区间). 对于平行线段情形,目标是估计它们的公共图像交点——平行场景直线方向的图像. 由于测量噪声的存在,线段的图像一般**不**相交于唯一点. 通常,消影点通过先求直线对的交点,再求这些交点的中心,或者利用寻找离这些测量直线最近的点来计算. 然而这些都是**非**最优的方法.

在高斯测量噪声假设下,消影点和直线段的最大似然估计(MLE)是通过确定一组相交于同一点的直线来计算,这组直线最小化测量直线段的端点到其垂直距离的平方和,如图8.15a所示. 这个最小化问题可以利用Levenberg-Marquardt算法(A6.2节)进行数值计算. 注意如果直线由拟合多个点,而不仅是直线的端点来定义,我们可以使用16.7.2节中介绍的方法将每条直线简化到等价的加权端点对,然后再用到这个算法中. 图8.15b和c显示了利用这种方式求得的消影点的例子. 显然测量直线和拟合直线的残差非常小.

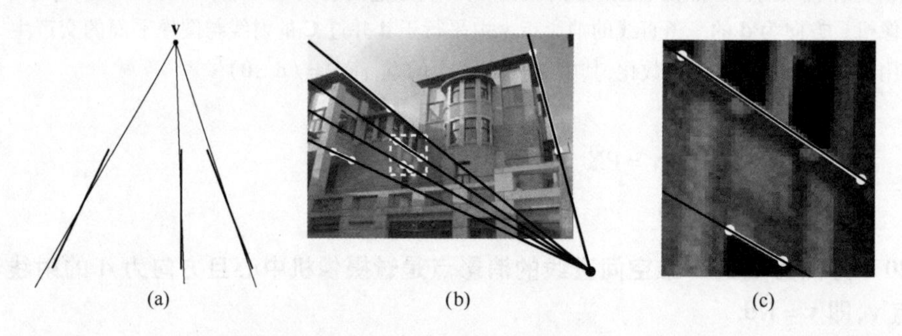


**图8.15 由平行场景直线的图像求消影点的ML估计**. (a)估计消影点v涉及对每一条测量直线(粗线)拟合通过v的直线(细线). v的最大似然估计是最小化拟合直线和测量直线端点的垂直距离的平方和的点. (b)测量线段用白色显示,拟合直线用黑色显示. (c)(b)中虚正方形的特写. 注意测量和拟合直线之间的非常小的角度.

## 8.6.2 消影线

3维空间的平行平面与$\boldsymbol{\pi}_\infty$交于一条公共的直线,而这条直线的图像就是平面的消影线. 如图8.16所示,几何上,消影线由图像与平行于场景平面并过摄像机中心的平面的交线得到. 显然,消影线仅与场景平面的**定向**有关,而与它的位置无关. 因为直线与平行于它们的平面交于$\boldsymbol{\pi}_\infty$,因此不难看出与平面平行的直线的消影点必然在该平面的消影线上. 这样的例子如图 8.17 所示.

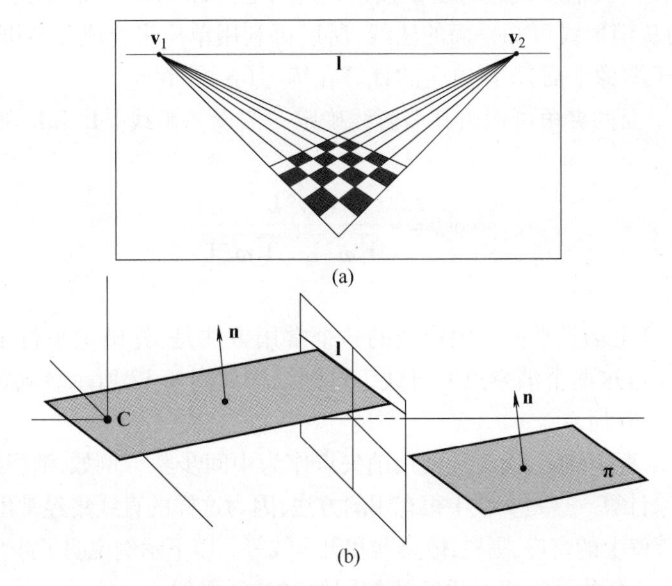


**图 8.16　消影线的形成**.(a)场景平面上的两组平行线汇聚于图像中的消影点$\mathbf{v}_1$ 和$\mathbf{v}_2$. 通过$\mathbf{v}_1$ 和$\mathbf{v}_2$ 的直线 $\mathbf{l}$ 是该平面的消影线.(b)平面$\boldsymbol{\pi}$的消影线 $\mathbf{l}$ 由图像平面与过摄像机中心 $\mathbf{C}$ 并平行于$\boldsymbol{\pi}$的平面的交获得.

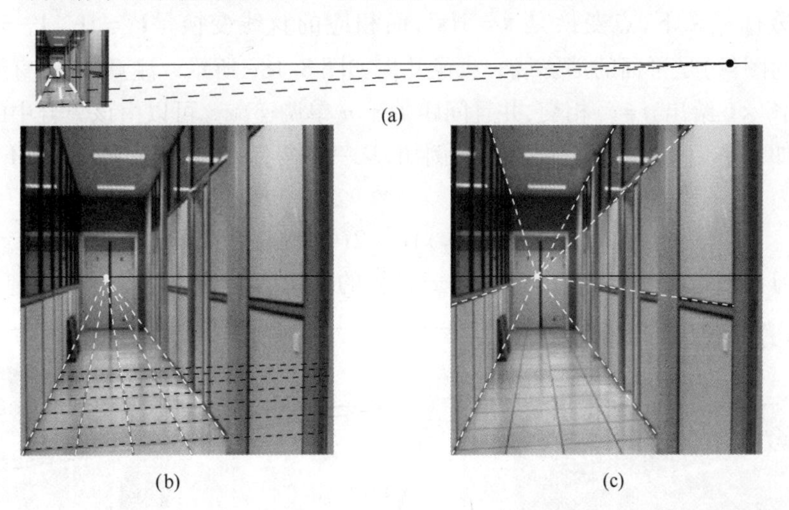


**图 8.17　消影点和消影线**. 走廊地平面的消影线可以由该平面上的两组平行线获得.(a)几乎平行于图像平面的直线的消影点离有限(实际)的图像很远.(b)注意:对应地板砖对边的等距平行线的图像的间距单调下降.(c)平行于一张平面(这里是地平面)的直线的消影点在该平面的消影线上.

如果摄像机标定 K 已知,那么场景平面的消影线可以被用于确定关于平面的信息,这里我们举三个例子:

(1)平面相对于摄像机的朝向可以由其消影线确定. 根据结论 8.16,过摄像机中心并且法线方向为 $\mathbf{n}$ 的平面与图像平面的交线是 $\mathbf{l} = \mathrm{K}^{-\mathsf{T}}\mathbf{n}$. 从而 $\mathbf{l}$ 是与 $\mathbf{n}$ 垂直的平面的消影线. 因此在摄像机欧氏坐标系下,消影线为 $\mathbf{l}$ 的平面的方向为 $\mathbf{n} = \mathrm{K}^{\mathsf{T}}\mathbf{l}$.

(2)平面可以仅由其消影线进行度量校正．这可通过以例 8.13 的方式考虑摄像机的合成旋转来看到．因为从消影线可知平面的法线，所以可利用单应来合成旋转摄像机，使得平面是正平行的(即平行于图像平面)．该单应的计算在练习(ix)中讨论．

(3)两个场景平面的夹角可以由其消影线确定．假设消影线是$\mathbf{l}_1$ 和$\mathbf{l}_2$，那么平面间的夹角 $\theta$ 由下式给出

$$\cos\theta = \frac{\mathbf{l}_1^{\mathsf{T}}\omega^*\mathbf{l}_2}{\sqrt{\mathbf{l}_1^{\mathsf{T}}\omega^*\mathbf{l}_1}\sqrt{\mathbf{l}_2^{\mathsf{T}}\omega^*\mathbf{l}_2}} \tag{8.14}$$

证明留作习题．

**计算消影线** 确定场景平面的消影线的一个常用方法是：先确定平行于平面的两组直线的消影点，再构造通过这两个消影点的直线．这种结构如图 8.17 所示．确定消影点的其他方法如例 2.19 和例 2.20 所示．

然而消影线可以直接确定，而无须使用消失点作为中间步骤．例如，消影线可由一组等距的共面平行线的图像来计算．这是实践中很有用的方法，因为这样的直线集经常出现在人造结构中，例如：楼梯、建筑物墙壁上的窗户、围栏，散热器和斑马线等．以下示例说明了涉及的射影几何．

**例 8.23 给定三个共面的等距平行线的图像时的消影线**

场景平面中的一组等距直线可以表示为 $ax' + by' + \lambda = 0$，其中 $\lambda$ 取整数值．这组(一束)直线可以被写成$\mathbf{l}'_n = (a, b, n)^{\mathsf{T}} = (a, b, 0)^{\mathsf{T}} + n(0, 0, 1)^{\mathsf{T}}$，其中$(0, 0, 1)^{\mathsf{T}}$是场景平面上的无穷远直线．在透视成像下，点变换是 $\mathbf{x} = \mathrm{H}\mathbf{x}'$，而相应的直线变换是$\mathbf{l}_n = \mathrm{H}^{-\mathsf{T}}\mathbf{l}'_n = \mathbf{l}_0 + n\mathbf{l}$，其中$\mathbf{l}$($(0, 0, 1)^{\mathsf{T}}$的图像)是平面的消影线．成像几何如图 8.18c 所示．注意，所有直线$\mathbf{l}_n$ 交于共同的消影点(由$\mathbf{l}_i \times \mathbf{l}_j$ 给出，$i \neq j$)相交，并且间距关于 $n$ 单调递减．可以由该集合中的三条直线确定消影线 $\mathbf{l}$，如果它们的索引($n$)被识别．例如，从三条等距直线的图像$\mathbf{l}_0$，$\mathbf{l}_1$ 和$\mathbf{l}_2$，可得消影线的闭形式解为

$$\mathbf{l} = ((\mathbf{l}_0 \times \mathbf{l}_2)^{\mathsf{T}}(\mathbf{l}_1 \times \mathbf{l}_2))\mathbf{l}_1 + 2((\mathbf{l}_0 \times \mathbf{l}_1)^{\mathsf{T}}(\mathbf{l}_2 \times \mathbf{l}_1))\mathbf{l}_2 \tag{8.15}$$

证明留作练习．图 8.18b 显示了以这种方式计算的一条消影线．

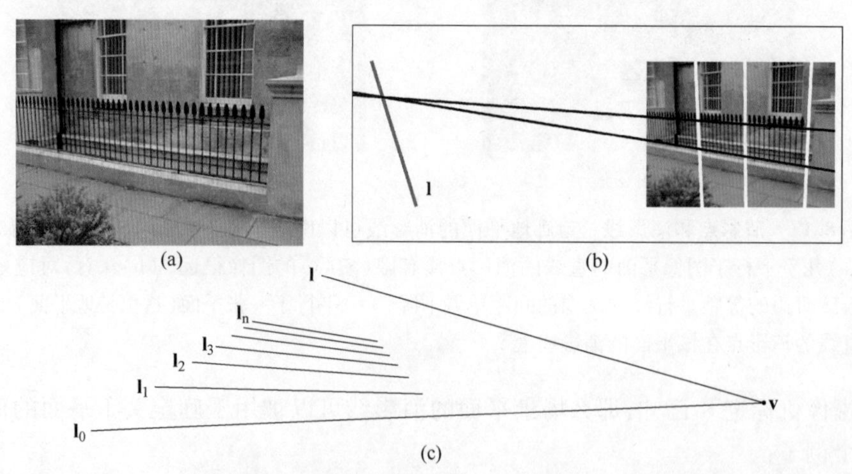


**图 8.18 从等距平行线的图像确定平面消影线．**(a)具有等距条的垂直栅栏的图像．(b)从三个等距条(间隔 12)计算的消影线 $\mathbf{l}$. 注意，水平线的消影点位于该消影线上．(c)像直线 $\mathbf{l}_n$ 之间的间距关于 $n$ 单调递减．

### 8.6.3　消影点和消影线的正交关系

在实际中常出现的情况是产生消影点的直线和平面正交. 此时它们的消影点和消影线与 $\omega$ 有特别简单的关系,而且可以进一步用这些关系来(部分地)确定 $\omega$,并进而如8.8节中将看到的那样确定摄像机的标定 K.

根据式(8.13),两条垂直世界直线的消影点$\mathbf{v}_1$,$\mathbf{v}_2$ 满足$\mathbf{v}_1^{\mathsf{T}}\omega\mathbf{v}_2=0$. 这意味着消影点关于 $\omega$ 共轭,如图8.13所示. 类似地由结论8.19,与消影线为 $\mathbf{l}$ 的平面垂直的方向的消影点 $\mathbf{v}$ 满足 $\mathbf{l}=\omega\mathbf{v}$. 这意味着消影点和消影线关于 $\omega$ 是极点——极线关系,如图8.13所示. 这些图像关系概括如下:

(1)相互垂直方向的直线的消影点满足

$$\mathbf{v}_1^{\mathsf{T}}\omega\mathbf{v}_2=0 \tag{8.16}$$

(2)如果直线与平面垂直,那么相应的消影点 $\mathbf{v}$ 和消影线 $\mathbf{l}$ 之间的关系为

$$\mathbf{l}=\omega\mathbf{v} \tag{8.17}$$

反之有 $\mathbf{v}=\omega^*\mathbf{l}$.

(3)两垂直平面的消影线满足$\mathbf{l}_1^{\mathsf{T}}\omega^*\mathbf{l}_2=0$.

例如,假设地平面(水平)的消影线 $\mathbf{l}$ 在图像中被辨认,并且摄像机内标定矩阵 K 已知,那么可以由 $\mathbf{v}=\omega^*\mathbf{l}$ 得到垂直消影点 $\mathbf{v}$(平面法方向的消影点).

## 8.7　仿射3D测量和重构

2.7.2节已经看到,确认场景平面的消影线可以测量场景平面的仿射性质. 如果还确认了不平行于该平面的方向的消影点,那么可以为透视成像场景的3维空间计算仿射性质. 我们将对这种情形说明该思想:消影点与正交于平面的方向对应,尽管正交性对于构造并不是必须的. 本节中介绍的方法不需要知道摄像机的内标定 K.

把场景平面视为水平地平面将是方便的,此时消影线是**地平线**. 类似地,把与场景平面正交的方向视为垂直使得 $\mathbf{v}$ 是垂直消影点将是方便的. 这种情形如图8.19所示.

假设我们希望测量竖直方向上两条线段的相对长度,如图8.20a所示. 我们将有以下结果:

**结论8.24　给定地平面的消影线 $\mathbf{l}$ 和竖直消影点 $\mathbf{v}$,则可以测量竖直线段的相对长度,只要它们的端点位于地平面上.**

显然,相对长度不能由其成像长度直接测量,因为当竖直线更深入场景(即离摄像机更远)时,其成像长度会减小. 可以按照下面两步确定相对长度:

**第1步:将一条线段的长度映射到另一条线段.** 在3D中,通过构造平行于地平面且方向为 $<\mathbf{B}_1,\mathbf{B}_2>$ 的直线将$\mathbf{T}_1$ 转移到$\mathbf{L}_2$ 上,可将$\mathbf{L}_1$ 的长度与$\mathbf{L}_2$ 进行比较. 该转移点将被记为 $\tilde{\mathbf{T}}_1$(见图8.20b). 在图像中,通过先确定消影点 $\mathbf{u}$(它是 $<\mathbf{b}_1,\mathbf{b}_2>$ 与 $\mathbf{l}$ 的交点)来进行相应的构造. 现在任何平行于 $<\mathbf{B}_1,\mathbf{B}_2>$ 的场景直线都被成像为通过 $\mathbf{u}$ 的直线,因此特别地,通过$\mathbf{T}_1$ 并平行于 $<\mathbf{B}_1,\mathbf{B}_2>$ 的直线的图像是通过$\mathbf{t}_1$ 和 $\mathbf{u}$ 的直线. 直线 $<\mathbf{t}_1,\mathbf{u}>$ 与$\mathbf{l}_2$ 的交点定义了转移点 $\tilde{\mathbf{T}}_1$的图像 $\tilde{\mathbf{t}}_1$(见图8.20c).

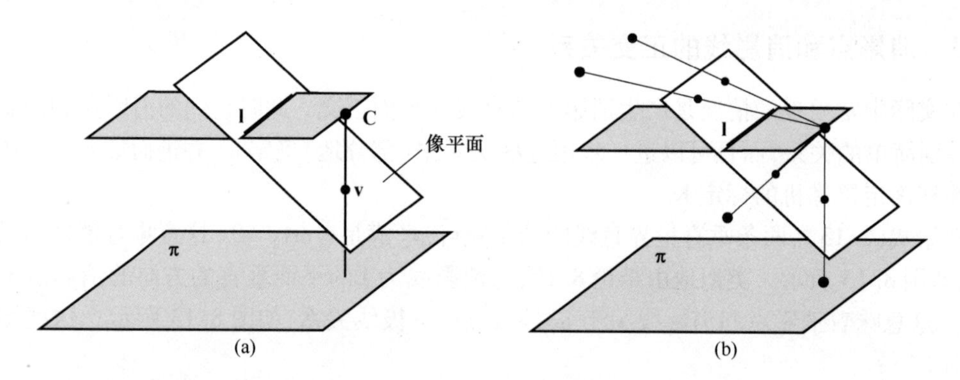


**图 8.19　竖直消影点和地平面消影线的几何**．(a)竖直消影点 $\mathbf{v}$ 是摄像机中心在地平面 $\boldsymbol{\pi}$ 上的“垂足”的图像．(b)消影线 $\mathbf{l}$ 对场景空间中的所有点进行了划分．任何投影到消影线上的场景点与平面 $\boldsymbol{\pi}$ 的距离都和摄像机中心相同；如果它“高于”这条直线，那么它离平面更远，而如果“低于”，则它比摄像机中心离平面更近．

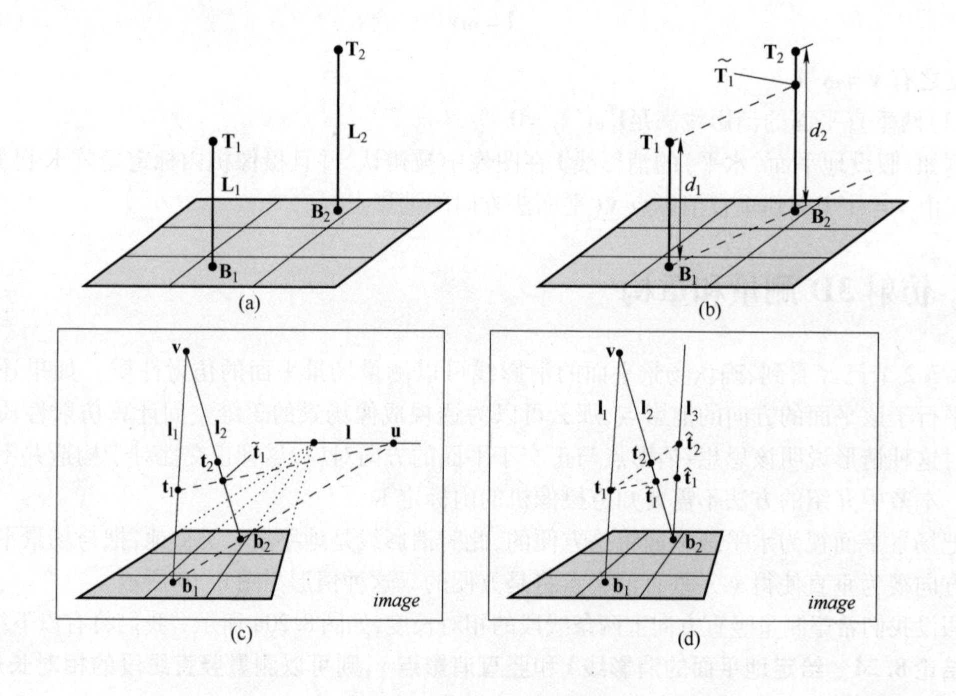


**图 8.20　计算平行场景直线的长度比**．(a)**3D 几何**：竖直线段 $\mathbf{L}_1 = <\mathbf{B}_1, \mathbf{T}_1>$ 和 $\mathbf{L}_2 = <\mathbf{B}_2, \mathbf{T}_2>$ 的长度分别为 $d_1$ 和 $d_2$．基点 $\mathbf{B}_1, \mathbf{B}_2$ 在地平面上．我们希望从成像配置中计算场景长度比 $d_1 : d_2$．(b)在场景中，线段 $\mathbf{L}_1$ 的长度可以通过构造平行于地平面的直线而产生点 $\widetilde{\mathbf{T}}_1$ 来转移到 $\mathbf{L}_2$．(c)**图像几何**：$\mathbf{l}$ 是地平面消影线，$\mathbf{v}$ 是竖直消影点．图像中相应的平行线结构需要先从 $\mathbf{B}_i$ 的图像 $\mathbf{b}_i$ 确定消影点 $\mathbf{u}$，再通过 $\mathbf{l}_2$ 与直线 $<\mathbf{t}_1, \mathbf{u}>$ 的交点确定 $\tilde{\mathbf{t}}_1$（$\widetilde{\mathbf{T}}_1$ 的图像）．(d)在图像中，直线 $\mathbf{l}_3$ 平行于 $\mathbf{l}_1$．点 $\hat{\mathbf{t}}_1$ 和 $\hat{\mathbf{t}}_2$ 由直线 $\mathbf{l}_3$ 分别与 $<\mathbf{t}_1, \tilde{\mathbf{t}}_1>$ 和 $<\mathbf{t}_1, \mathbf{t}_2>$ 的交点来构造．距离比 $d(\mathbf{b}_2, \hat{\mathbf{t}}_1) : d(\mathbf{b}_2, \hat{\mathbf{t}}_2)$ 就是所求的 $d_1 : d_2$ 的估计．

**第 2 步:确定场景直线上的长度比**. 我们现在在场景直线的图像上有四个共线点,并希望确定场景中的实际长度比. 四个共线图像点是$\mathbf{b}_2$, $\tilde{\mathbf{t}}_1$, $\mathbf{t}_2$ 和 $\mathbf{v}$. 这些可以被看成是沿着场景直线分别在距离 $0, d_1, d_2$ 和$\infty$处的场景点的图像. 仿射比 $d_1 : d_2$ 可以通过将射影变换(它把 $\mathbf{v}$ 映射到无穷远)应用于像直线来获得. 该投影的几何结构如图 8.20d 所示(见例 2.20).

执行这两步的算法细节在算法 8.1 中给出.

<u>目标</u>

给定地平面的消影线 $\mathbf{l}$ 和竖直消影点 $\mathbf{v}$,及两条线段的上端点($\mathbf{t}_1, \mathbf{t}_2$)和下端点($\mathbf{b}_1, \mathbf{b}_2$),如图 8.20 所示,计算线段在场景中的长度比.

<u>算法</u>

(1)计算消影点 $\mathbf{u} = (\mathbf{b}_1 \times \mathbf{b}_2) \times \mathbf{l}$.

(2)计算转移点 $\tilde{\mathbf{t}}_1 = (\mathbf{t}_1 \times \mathbf{u}_2) \times \mathbf{l}_2$(其中$\mathbf{l}_2 = \mathbf{v} \times \mathbf{b}_2$).

(3)将像直线$\mathbf{l}_1$ 上的四个点$\mathbf{b}_2$, $\tilde{\mathbf{t}}_1$, $\mathbf{t}_2$ 和 $\mathbf{v}$ 分别用它们到$\mathbf{b}_2$ 的距离重新表示为0, $\tilde{t}_1$, $t_2$ 和 $v$.

(4)计算映射齐次坐标$(0,1) \mapsto (0,1)$和$(v,1) \mapsto (1,0)$的射影变换 $\mathrm{H}_{2\times 2}$(它将消影点 $\mathbf{v}$ 映射到无穷远点). 一个合适的矩阵是

$$\mathrm{H}_{2\times 2} = \begin{bmatrix} 1 & 0 \\ 1 & -v \end{bmatrix}$$

(5)$\mathbf{L}_2$ 上从$\mathbf{B}_2$ 到场景点 $\tilde{\mathbf{T}}_1$和$\mathbf{T}_2$ 的(比例)距离可以由点 $\mathrm{H}_{2\times 2}(\tilde{\mathbf{t}}_1, 1)^{\top}$和 $\mathrm{H}_{2\times 2}(\mathbf{t}_2, 1)^{\top}$的位置获得. 从而它们的距离比由下式给出:

$$\frac{d_1}{d_2} = \frac{\tilde{t}_1(v - t_2)}{\tilde{t}_2(v - \tilde{t}_1)}$$

算法 8.1　从单幅图像计算场景长度比.

注意,应用该算法无须知道摄像机的标定 K 和姿态. 事实上,还可以计算摄像机中心相对于地平面的位置. 即使图像中的消影点和/或线在无穷远处,算法也是良定的. 例如,在仿射成像条件下,或者假设图像平面平行于竖直场景方向(使得 $\mathbf{v}$ 在无穷远处). 此时距离比简化为$\frac{d_1}{d_2} = \frac{\tilde{t}_1}{t_2}$.

**例 8.25　在单幅图像中测量人的身高**

假设我们有一幅图像,其中包含足够的信息来计算地平面消影线和竖直消影点,以及一个已知高度的对象(其顶部和底部都被成像). 那么可以测量站在地平面上任何地方的人的高度,只要他们的头和脚都是可见的. 图 8.21a 显示了一个例子. 场景中包含了大量水平线,由其可计算水平消影点. 两个这样的消影点确定了地板的消影线(这是该图像的水平线). 场景中还包含了大量竖直线,由其可计算竖直消影点(图 8.21c). 假设两个人竖直站立,那么可以使用算法 8.1 从他们的长度比直接计算他们的相对高度. 他们的绝对高度可以通过计算其相对于具有已知高度的地平面上的物体的高度来确定. 这里已知的高度由文件柜提供. 结果如图 8.21d 所示.

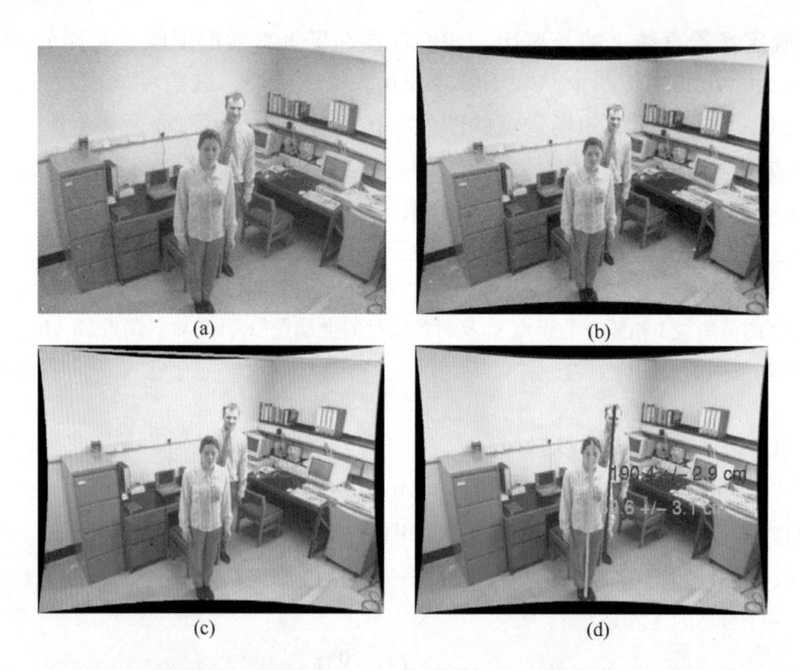


**图 8.21　基于仿射性质的高度测量**.(a)原始图像.我们想测量两个人的身高.(b)径向失真校正后的图像(参见 7.4 节).(c)消影线(已显示)由对应于水平方向的两个消影点计算.还显示了用于计算竖直消影点的直线.竖直消影点并未显示,因为它位于图像下方.(d)利用图像左侧文件柜的已知高度,按算法 8.1 所述方法测量两个人的绝对高度.测量的高度在真实值的 2cm 以内.[Criminisi-00]中介绍了不确定性的计算.

## 8.8　由单视图确定摄像机标定 K

我们已经知道,一旦 ω 已知,射线的夹角就可测量.反过来,如果射线的夹角已知,那么就得到关于 ω 的约束.每两条射线之间的已知角度给出关于 ω 的形如式(8.13)的一个约束.不幸的是,对任意角度及已知的$\mathbf{v}_1$和$\mathbf{v}_2$,它给出的是关于 ω 元素的二次约束.然而,如果直线相互垂直,则式(8.13)简化为式(8.16),即$\mathbf{v}_1^{\mathsf{T}}\omega\mathbf{v}_2=0$,从而关于 ω 的约束是线性的.

关于 ω 的线性约束还可由直线及其正交平面产生的消影点和消影线得到.常见的一个例子是图 8.19 所示的竖直方向和水平面.由式(8.17),$\mathbf{l}=\omega\mathbf{v}$.把它写成$\mathbf{l}\times(\omega\mathbf{v})=\mathbf{0}$以消去齐次比例因子,从而得到关于 ω 元素的三组齐次线性方程.它们等价于关于 ω 的两个独立约束.

所有这些条件提供关于 ω 的线性约束.给定足够多的这种约束便可算出 ω,从而得到标定矩阵 K,因为$\omega=(\mathrm{KK}^{\mathsf{T}})^{-1}$.

当标定矩阵 K 具有比式(6.10)更特殊的形式时,需要由这类场景约束来确定的 ω 的元素数目可以减少.当已知 K 为零扭曲($s=0$)或正方形像素($\alpha_x=\alpha_y$ 且 $s=0$)时,我们可以利用这些条件来协助寻找 ω.具体地说,通过直接计算可以很快地验证:

**结论 8.26　如果 $s=\mathrm{K}_{12}=0$,那么 $\omega_{12}=\omega_{21}=0$.如果还满足 $\alpha_x=\mathrm{K}_{11}=\mathrm{K}_{22}=\alpha_y$,那么 $\omega_{11}=\omega_{22}$.**

因此,在求绝对二次曲线的图像时,我们可以很容易地考虑摄像机上的零扭曲或正方形长宽比约束,只要已知这样的约束存在.还可以证明在 K 的元素与$\omega^*=\mathrm{KK}^{\mathsf{T}}$的元素之间没有类似于结论 8.26 这样简单的关系存在．

我们已经看到了关于 ω 的约束的三个来源：

(1)由已知单应成像的平面上的度量信息，参见式(8.12)．

(2)对应于垂直方向和平面的消影点和消影线，参见式(8.16)．

(3)"内部约束"，如结论 8.26 中的零扭曲或正方形像素等．

这些约束总结在表 8.1 中．我们现在介绍如何组合这些约束来估计 ω，并进而估计 K.

| 条　件 | 约　束 | 类　型 | 约束数 |
|---|---|---|---|
| 对应于正交直线的消影点 $\mathbf{v}_1$ 和 $\mathbf{v}_2$ | $\mathbf{v}_1^{\top}\omega\mathbf{v}_2=0$ | 线性 | 1 |
| 对应于相互正交的直线和平面的消影点 $\mathbf{v}$ 和消影线 $\mathbf{l}$ | $[\mathbf{l}]_{\times}\omega\mathbf{v}=0$ | 线性 | 2 |
| 用已知单应 $\mathbf{H}=[\mathbf{h}_1,\mathbf{h}_2,\mathbf{h}_3]$ 成像的度量平面 | $\mathbf{h}_1^{\top}\omega\mathbf{h}_2=0$<br>$\mathbf{h}_1^{\top}\omega\mathbf{h}_1=\mathbf{h}_2^{\top}\omega\mathbf{h}_2$ | 线性 | 2 |
| 零扭曲 | $\omega_{12}=\omega_{21}=0$ | 线性 | 1 |
| 正方形像素 | $\omega_{12}=\omega_{21}=0$<br>$\omega_{11}=\omega_{22}$ | 线性 | 2 |

**表 8.1　关于 ω 的场景和内部约束．**

因为上述所有约束(包括内部约束)在代数上都被描述为关于 ω 的线性方程，所以将它们作为约束矩阵的行组合起来是很简单的事情．所有约束放在一起使得含 $n$ 个约束的方程组可以被写为 $\mathrm{A}\mathbf{w}=\mathbf{0}$，其中，A 是 $n\times6$ 矩阵，$\mathbf{w}$ 是包含 ω 的六个不同齐次元素的 6 维向量．使用最低配置的 5 个约束方程，可以得到精确解．当方程多于五个时，可利用算法 A5.4 找到最小二乘解．该方法总结在算法 8.2 中．

目标

通过组合场景和内部约束求出 ω 来计算 K.

算法

(1)将 ω 重新表示为 6 维齐次向量 $\mathbf{w}=(w_1,w_2,w_3,w_4,w_5,w_6)^{\top}$，其中

$$\omega=\begin{bmatrix} w_1 & w_2 & w_4 \\ w_2 & w_3 & w_5 \\ w_4 & w_5 & w_6 \end{bmatrix}$$

(2)表 8.1 的每一个可用约束都可被写成 $\mathbf{a}^{\top}\mathbf{w}=0$. 例如，对于正交性约束 $\mathbf{u}^{\top}\omega\mathbf{v}=0$，其中 $\mathbf{u}=(u_1,u_2,u_3)^{\top}$，$\mathbf{v}=(v_1,v_2,v_3)^{\top}$，6 维向量 $\mathbf{a}$ 为

$$\mathbf{a}=(v_1u_1,v_1u_2+v_2u_1,v_2u_2,v_1u_3+v_3u_1,v_1u_3+v_3u_2,v_3u_3)^{\top}$$

可以由场景和内部约束的其他约束源获得类似的约束向量．例如度量平面产生两个这种约束．

(3)将每个约束的方程 $\mathbf{a}^{\top}\mathbf{w}=0$ 合并成方程组 $\mathrm{A}\mathbf{w}=\mathbf{0}$，其中 A 是对应 $n$ 个约束的 $n\times6$ 矩阵．

(4)类似算法 4.2，利用 SVD 解 $\mathbf{w}$，从而确定 ω.

(5)利用矩阵的逆和 Cholesky 分解(见 A4.2.1 节)从 ω 中分解出 K.

算法 8.2　从场景和内部约束计算 K.

使用超过最小配置所需的五个约束时,我们可以选择将一些约束作为硬约束——完全满足的约束．这可通过参数化 ω 使其显式满足这些约束(例如对零扭曲约束设置 $\omega_{21}=\omega_{12}=0$,对正方形像素约束还加上 $\omega_{11}=\omega_{22}$)来实现．也可用算法 A5.5 的最小化方法来实现硬约束．否则,在有噪声的情况下,将所有约束视为软约束并利用算法 A5.4 产生的解将不完全满足约束。例如,像素未必正好是正方形．

最后,实际中的一个重要问题是退化．这发生在组合约束不是独立时,并导致矩阵 A 降秩．如果秩小于未知数的个数,那么得到关于 ω(从而 K)的单参数解族．此外,如果条件接近退化,那么解是病态的,且族中的特定成员由“噪声”确定．这些退化通常可以从几何上理解。例如在例 8.18 中,如果三个度量平面是平行的,那么三对虚圆点是重合的,且仅提供两个约束而不是六个．Zhang[Zhang-00]推广的关于退化问题的实用解决方案是在不同位置多次对度量平面进行成像．这减少了退化发生的机会,并且还提供了非常超定解．

**例 8.27　由三个正交消影点来标定．**

假定已知摄像机是零扭曲的且像素是正方形的(或等价的其宽高比已知)．三组正交消影点方向提供另外三个约束．总共给出 5 个约束,这足以计算 ω,并进而得到 K.

概括起来该算法有以下几步：

(1)正方形像素时 ω 具有如下形式：

$$\omega=\begin{bmatrix} w_1 & 0 & w_2 \\ 0 & w_1 & w_3 \\ w_2 & w_3 & w_4 \end{bmatrix}$$

(2)每对消影点 $\mathbf{v}_i,\mathbf{v}_j$ 产生关于 ω 的元素的一个线性方程 $\mathbf{v}_i^{\mathsf{T}}\omega\mathbf{v}_j=0$. 三对消影点的约束并在一起得到方程 $A\mathrm{w}=\mathbf{0}$,其中 A 是 3×4 矩阵．

(3)向量 w 由 A 的零向量得到,并且确定了 ω. 利用 ω 的 Cholesky 分解再求逆由 $\omega=(\mathrm{KK}^{\mathsf{T}})^{-1}$ 可得到矩阵 K.

图 8.22a 给出一个例子．消影点由图 8.22b 所示的三个正交方向来计算．图像为 1024×768 像素,求得的标定矩阵为

$$K=\begin{bmatrix} 1163 & 0 & 548 \\ 0 & 1163 & 404 \\ 0 & 0 & 1 \end{bmatrix}$$

(a)

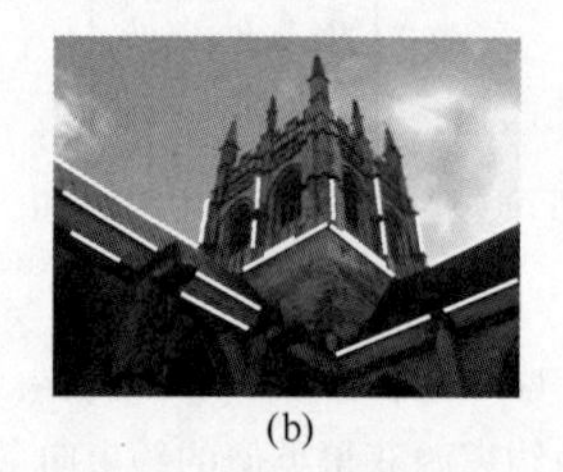
(b)

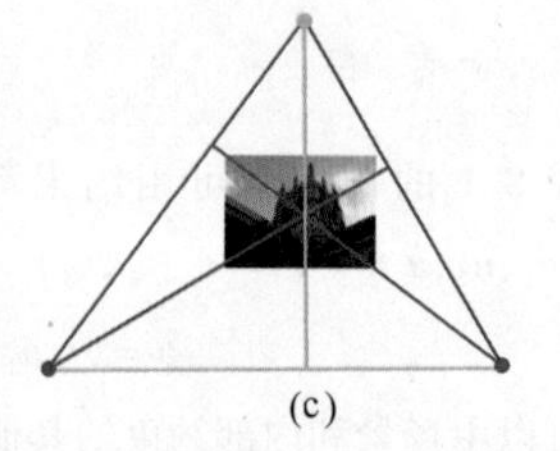
(c)

**图 8.22**　在图像的扭曲是零而宽高比是 1 时,**主点是三组正交方向的消影点的垂心**．(a)原图像．(b)场景中的三组平行线,其中每组的方向都与其他两组正交．(c)主点是以消影点为顶点的三角形的垂心．

在这种情况下,也可以从几何上计算主点和焦距．主点是顶点为消影点的三角形的垂心．图8.23显示主点在三角形的一个顶点到其对边的垂线上．对其他两边类似地构造表明主点是垂心．该结论的代数推导留作习题．焦距也可以从几何上计算,如图8.24所示．

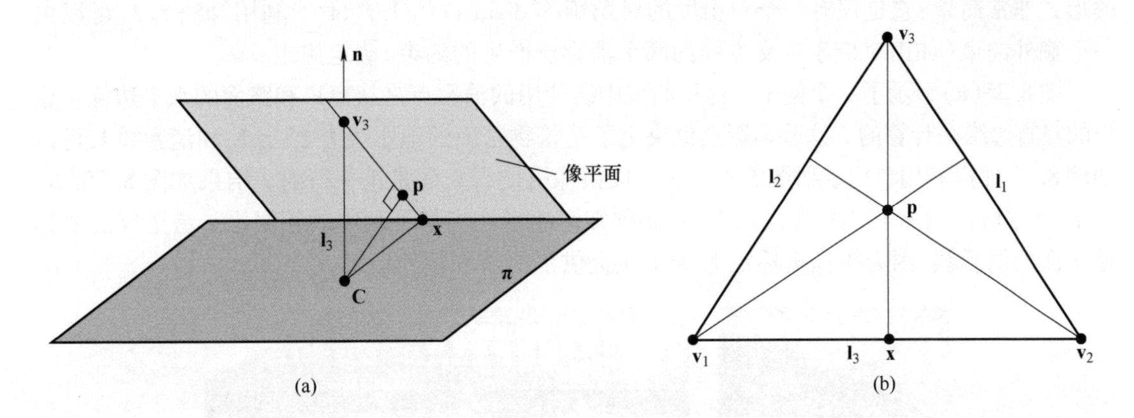


**图8.23　主点的几何结构**．消影线$\mathbf{l}_3$反投影到法线为$\mathbf{n}$的平面$\boldsymbol{\pi}$．消影点$\mathbf{v}_3$反投影到正交于平面$\boldsymbol{\pi}$的直线$\mathbf{l}$．(a)过摄像机中心$\mathbf{C}$的平面$\boldsymbol{\pi}$的法线$\mathbf{n}$与主轴定义了一个交图像于直线$\mathbf{l}=\langle\mathbf{v}_3,\mathbf{x}\rangle$的平面．直线$\mathbf{l}_3$是$\boldsymbol{\pi}$与图像平面的交,同时也是$\boldsymbol{\pi}$的消影线．点$\mathbf{v}_3$是法线与图像平面的交,同时也是其消影点．显然主点在$\mathbf{l}$上,而$\mathbf{l}$和$\mathbf{l}_3$在图像平面上相互垂直．(b)主点可以作为三角形的垂心由三个这样的约束来确定．

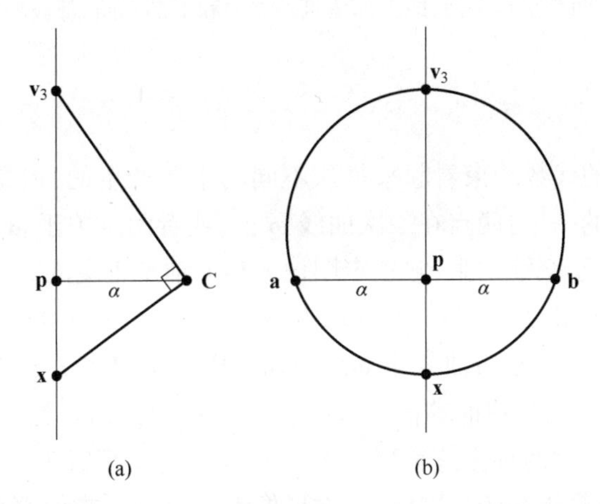


**图8.24　焦距的几何结构**．(a)考虑由摄像机中心$\mathbf{C}$、主点和消影点之一(例如图8.23a所示的$\mathbf{v}_3$)确定的平面．从$\mathbf{C}$到$\mathbf{v}_3$和到$\mathbf{x}$的射线相互垂直．焦距$\alpha$是摄像机中心到图像平面的距离．利用相似三角形,$\alpha^2=d(\mathbf{p},\mathbf{v}_3)d(\mathbf{p},\mathbf{x})$,其中$d(\mathbf{u},\mathbf{v})$是点$\mathbf{u}$和$\mathbf{v}$之间的距离．(b)在图像中以$\mathbf{v}_3$和$\mathbf{x}$之间的线段为直径绘制圆．过$\mathbf{p}$且垂直于$\langle\mathbf{v}_3,\mathbf{x}\rangle$的直线与圆交于$\mathbf{a},\mathbf{b}$两点．焦距等于距离$d(\mathbf{p},\mathbf{a})$．

请注意,如果有一个消影点(例如竖直方向)处于无穷远,则该估计方法是退化的．此时,A的秩降为2,关于ω且相应地关于K存在单参数族的解．这种退化可以由图8.23的垂心结构从几何上看出．如果$\mathbf{v}_3$在无穷远处,那么主点$\mathbf{p}$位于直线$\mathbf{l}_3=\langle\mathbf{v}_1,\mathbf{v}_2\rangle$上,但是其$x$位置没有被定义．

**例 8.28　其他内参数已知时确定焦距．**

我们考虑从单视图进行标定的另一个例子．假设已知摄像机具有零扭曲，其像素是正方形的（或等价的其宽高比是已知的），并且主点在图像中心．那么仅有焦距是未知的．此时 $\omega$ 的形式非常简单：它是仅有一个自由度的对角矩阵 $\mathrm{diag}(1/f^2, 1/f^2, 1)$．利用算法 8.2，可以由一个额外约束（如由对应于正交方向的两个消影点产生的约束）确定焦距 $f$.

图 8.25(a) 显示了一个例子．这里约束中所使用的消影点是从窗户和路面的水平边缘及窗户的竖直边缘来计算的．这些消影点也决定了建筑物正面的消影线 $\mathbf{l}$. 给定 K 和消影线 $\mathbf{l}$，可以如例 8.13 那样利用单应映射图像来旋转合成摄像机使得立面是正平行的．结果如图 8.25(b) 所示．注意，在例 8.13 中，为校正平面，必须知道矩形在场景平面中的长宽比．这里仅需要知道平面的消影线，因为摄像机标定 K 为单应提供了所需的额外信息．

(a)　　(b)

**图 8.25　通过部分内参数进行平面校正．**(a) 原始图像．(b) 假设摄像机具有正方形像素并且主点在图像中心处的校正．焦距由单个正交消影点对计算．校正图像中窗户的长宽比与真实值相差 3.7%．注意，两个平行平面，即上部建筑外立面和下部车间，都被映射到正平行平面．

### 8.8.1　约束的几何

尽管表 8.1 中给出的代数约束看起来是从不同的来源产生的，但是它们实际上都等价于两个简单的几何关系中的一个：两点在二次曲线 $\omega$ 上，或者两点关于 $\omega$ 共轭．

例如，零扭曲约束是正交性约束：它指定图像 $x$ 和 $y$ 轴是正交的．这些轴分别对应于欧氏坐标系中方向为 $(1,0,0)^{\mathsf{T}}$ 和 $(0,1,0)^{\mathsf{T}}$ 的射线，并成像于 $\mathbf{v}_x = (1,0,0)^{\mathsf{T}}$ 和 $\mathbf{v}_y = (0,1,0)^{\mathsf{T}}$（因为这些射线平行于图像平面）．零扭曲约束 $\omega_{12} = \omega_{21} = 0$ 仅是以另一种方式写正交性约束（式 (8.16)）$\mathbf{v}_y^{\mathsf{T}} \omega\, \mathbf{v}_x = 0$. 几何上，零扭曲等价于点 $(1,0,0)^{\mathsf{T}}$ 和 $(0,1,0)^{\mathsf{T}}$ 关于 $\omega$ 共轭．

正方形像素约束可以用两种方式解释．正方形具有定义两组正交直线的属性：相邻边缘是正交的，两条对角线也是正交的．因此，正方形像素约束可以被解释为一对正交直线约束．正方形像素的对角线消影点为 $(1,1,0)^{\mathsf{T}}$ 和 $(-1,1,0)^{\mathsf{T}}$. 所得的正交性约束导致表 8.1 中给出的正方形像素约束．

另外，正方形像素约束可以用两个已知点位于 IAC 上来解释．如果图像平面具有正方形像素，那么它有欧氏坐标系，并且虚圆点具有已知坐标 $(1, \pm i, 0)^{\mathsf{T}}$. 可以证明两个正方形像素方程等价于 $(1, \pm i, 0)\,\omega\,(1, \pm i, 0)^{\mathsf{T}} = 0$.

这是最重要的几何等价．本质上，具有正方形像素的图像平面起着场景中的度量平面的作用．正方形像素图像平面等价于以恒等单应成像的度量平面．实际上，如果将表 8.1 的约束"用已知单应成像的度量平面"中的单应 H 替换为单位矩阵，那么可立即获得正方形像素约束．

因此,我们看到表 8.1 中给出的所有约束都来源于已知点位于 ω 上或点对关于 ω 共轭. 因此,确定 ω 可以被视为给定二次曲线上的点和共轭点对情形下的二次曲线拟合问题.

值得注意的是,二次曲线拟合是一个微妙的问题. 如果点在二次曲线上分布不好,那么拟合经常是不稳定的([Bookstein-79]). 当前问题同样如此,我们已经看到它等价于二次曲线拟合. 算法 8.2 中给出的从消影点寻找标定的方法相当于代数误差最小化,因此并不给出最优解. 为了获得更高的精度,应该使用第 4 章的方法,例如 4.2.6 节的 Sampson 误差法.

## 8.9　单视图重构

作为本章推导方法的应用,我们现在将展示由单幅图像进行纹理的 3D 重构,纹理由分段平面图形模型映射得到. 可综合运用 8.8 节的摄像机标定方法和例 8.28 的校正方法来反投影图像区域以给模型平面贴纹理.

我们将以图 8.26a 中的图像说明该方法,其中场景包含三个主导的且相互正交的平面:建筑物的左右立面和地平面. 三个正交方向的平行线集合定义了三个消影点,再加上正方形像素约束,就可利用 8.8 节中介绍的方法来计算摄像机标定. 从三个平面的消影线(也可由消影点确定)和所求的 ω,可以计算单应,以纹理映射适当的图像区域到模型的正交平面.

更详细地,在图 8.26a 中取左立面作为参考平面,其正确比例的宽度和高度由校正确定. 右立面和地平面定义正交于参考平面的 3D 平面(我们已经在计算摄像机中假设了平面的正交性,因此相对定向是确定的). 右平面和地平面的缩放由平面的公共交点计算,这完成了三正交平面模型.

求出标定后,就可以计算场景中不正交的平面(例如屋顶)的相对定向,只要能利用式(8.14)找到它们的消影线. 如果一对平面的交在图像中可见,使得两个平面有公共点,那么可以确定它们的相对位置和尺寸. 利用两个平面之间的单应,可以由公共点之间的距离校正来计算相对大小. 模型视图和正确映射到平面的纹理如图 8.26b 和 c 所示.

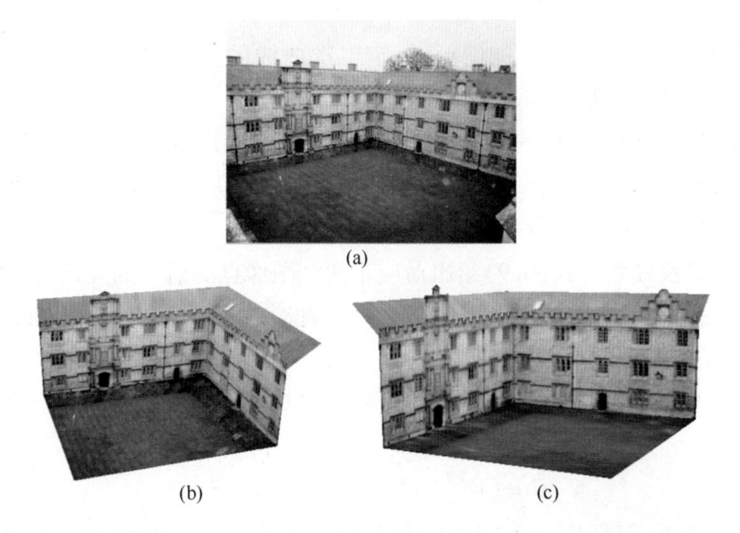

(a)

(b)　　(c)

**图 8.26　单视图重构**. (a)牛津大学默顿学院 Fellows 四合院的原图象. (b)(c)从单幅图像创建的 3D 模型的视图. 屋顶平面的消影线由重复的纹理图案计算.

## 8.10 标定二次曲线

绝对二次曲线的图像(IAC)是图像中一条虚二次曲线,因而是看不见的．有时为了可视化的目的,考虑与摄像机标定紧密相关的另外一种曲线．这条二次曲线称为**标定二次曲线**,它是一个顶角为45°而轴为摄像机主轴的圆锥面的图像．

我们希望用摄像机的标定矩阵来计算这个圆锥面的公式．因为45°圆锥面与摄像机一起移动,它的图像显然与摄像机的定向和位置无关．因此我们可以假定摄像机定位在原点且定向为Z轴的正方向．因而,可令摄像机矩阵为 $\mathrm{P}=\mathrm{K}[\mathrm{I}\mid\mathbf{0}]$．现在45°圆锥面的任何一点满足 $\mathrm{X}^2+\mathrm{Y}^2=\mathrm{Z}^2$．该圆锥面的点映射为二次曲线

$$\mathrm{C}=\mathrm{K}^{-\mathrm{T}}\begin{bmatrix}1 & & \\ & 1 & \\ & & -1\end{bmatrix}\mathrm{K}^{-1} \tag{8.18}$$

上的点,这不难由结论8.6得到验证．这条二次曲线称为摄像机的标定二次曲线．对于一个具有单位标定矩阵 $\mathrm{K}=\mathrm{I}$ 的摄像机,标定二次曲线是中心在原点(图像的主点)的单位圆．二次曲线式(8.18)可简单地按照结论2.13的二次曲线变换规则($\mathrm{C}\mapsto\mathrm{H}^{-\mathrm{T}}\mathrm{CH}^{-1}$)对这个单位圆进行仿射变换得到．因此,标定矩阵为K的摄像机的标定二次曲线是中心在原点的单位圆经过矩阵K的仿射变换后得到的曲线．

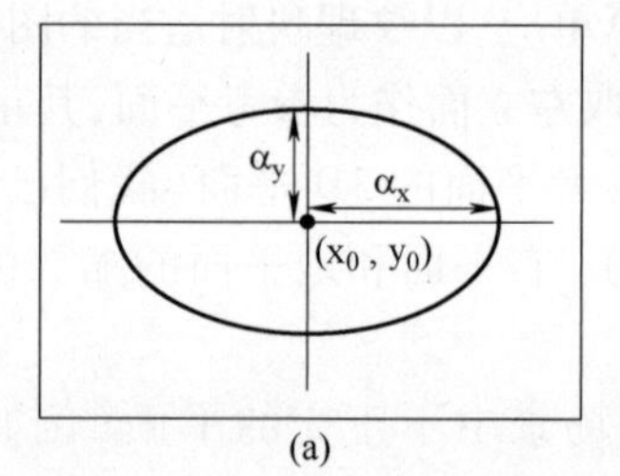


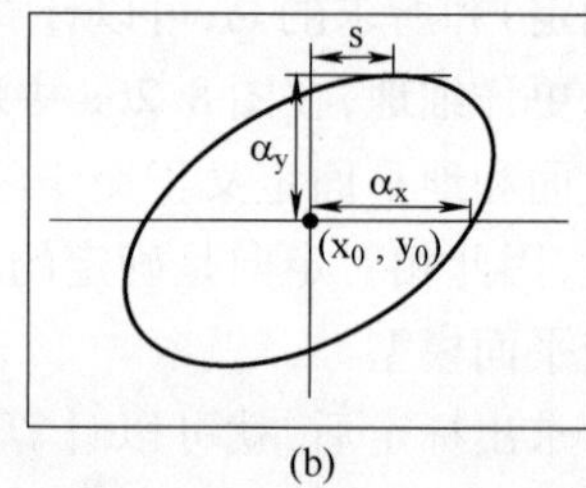


**图8.27　由标定二次曲线读出摄像机的内参数K.** (a)扭曲 $s$ 为零．(b)扭曲 $s$ 不为零．K的扭曲参数(参见式(6.10))由二次曲线的最高点的 $x$ 坐标给出．

从标定二次曲线很容易获得标定参数．如图8.27所示,主点是二次曲线的中心,而比例因子和扭曲因子能被轻易地辨认．在零扭曲的情形,标定二次曲线的主轴与图像坐标轴方向一致．一个实际图像的例子如图8.29所示．

**例8.29**　假定一个摄像机的标定矩阵为 $\mathrm{K}=\mathrm{diag}(f,f,1)$,其焦距为 $f$ 个像素,具有零扭曲和正方形像素,且图像原点与主点重合．那么由式(8.18)得到标定二次曲线是 $\mathrm{C}=\mathrm{diag}(1,1,-f^2)$,它是半径为 $f$,中心为主点的圆．

**正交性和标定二次曲线**　式(8.9)给出对应于两个图像点的射线的夹角公式．特别是当 $\mathbf{x}'^{\mathrm{T}}\omega\mathbf{x}=0$ 时,对应于图像点 $\mathbf{x}$ 和 $\mathbf{x}'$ 的两条射线正交．如图8.13所示,它可以解释成点 $\mathbf{x}'$ 在直线 $\omega\mathbf{x}$ 上,而该直线是 $\mathbf{x}$ 关于IAC的极线．

我们希望用标定二次曲线做一个类似的分析．记 $\mathrm{C}=\mathrm{K}^{-\mathrm{T}}\mathrm{DK}^{-1}$,其中 $\mathrm{D}=\mathrm{diag}(1,1,-1)$,我们有

$$\mathrm{C}=(\mathrm{K}^{-\mathrm{T}}\mathrm{K}^{-1})(\mathrm{KDK}^{-1})=\omega\mathrm{S}$$

式中,$\mathrm{S}=\mathrm{KDK}^{-1}$．然而,对任何点 $\mathbf{x}$,乘积 $\mathrm{S}\mathbf{x}$ 表示点 $\mathbf{x}$ 关于二次曲线C的中心(即摄像机主点)的反射．用 $\dot{\mathbf{x}}$ 表示反射点,我们发现

$$\mathbf{x}'^{\mathsf{T}}\omega\mathbf{x} = \mathbf{x}'^{\mathsf{T}}\mathrm{C}\dot{\mathbf{x}} \tag{8.19}$$

由此推出下面的几何结论:

**结论 8.30　如果图像中的直线对应于与通过图像点 $\mathbf{x}$ 的射线正交的平面,那么该直线是反射点 $\dot{\mathbf{x}}$ 关于标定二次曲线的极线 $\mathrm{C}\dot{\mathbf{x}}$.**

这种结构如图 8.28 所示.

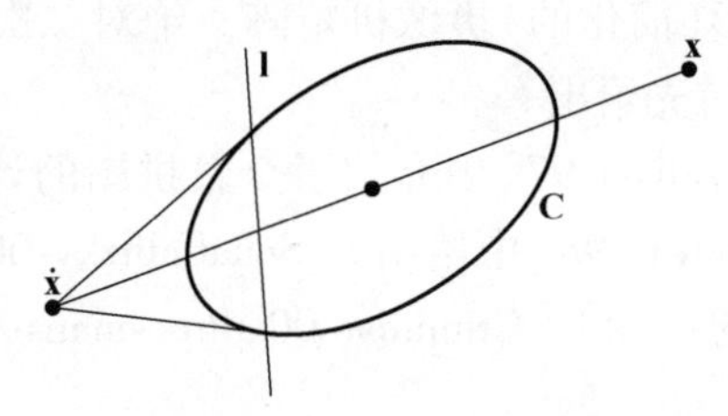


图 8.28　按如下步骤做与通过图像点 $\mathbf{x}$ 的射线相垂直的直线:(1)求 $\mathbf{x}$ 关于 C 的中心的反射 $\dot{\mathbf{x}}$(即与 $\mathbf{x}$ 到中心的距离相等的点).(2)$\dot{\mathbf{x}}$ 的极线就是所需求的直线.

**例 8.31　给定三个正交消影点下的标定二次曲线**

可以直接画出图 8.22 中例子的标定二次曲线. 如果仍然假定零扭曲和正方形像素,那么标定二次曲线是一个圆. 若给定三组相互正交方向的消影点,我们可以通过直接的几何作图(见图 8.29)找到标定二次曲线.

(1)首先以三个消影点 $\mathbf{v}_1$, $\mathbf{v}_2$ 和 $\mathbf{v}_3$ 为顶点构造三角形.

(2)C 的中心是三角形的垂心.

(3)将其中的一个消影点(例如 $\mathbf{v}_1$)关于中心反射到 $\dot{\mathbf{v}}_1$.

(4)根据条件:$\dot{\mathbf{v}}_1$ 的极线是过 $\mathbf{v}_2$ 和 $\mathbf{v}_3$ 的直线来确定 C 的半径.

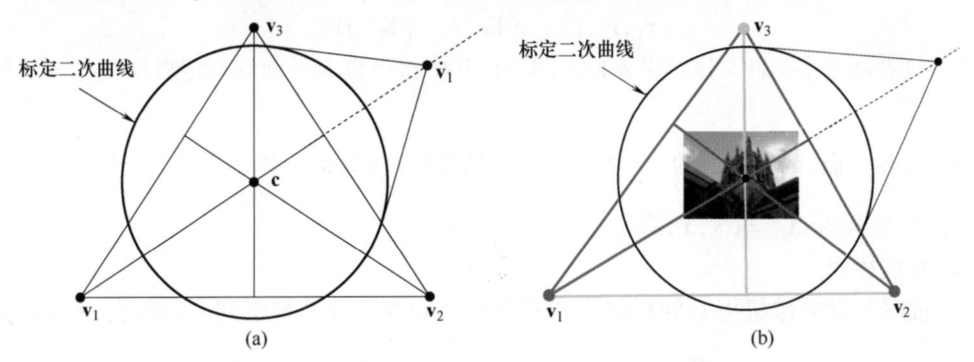


图 8.29　由三组正交消影点求得的标定二次曲线.(a)几何作图.(b)图 8.22 的图像的标定二次曲线.

## 8.11　结束语

### 8.11.1　文献

Faugeras 与 Mourrain[Faugeras-95a]和 Faugeras 与 Papadopoulo[Faugeras-97]用 Plücker 坐

标推导了直线的投影. Koenderink[Koenderink-84,Koenderink-90]和 Giblin 与 Weiss[Giblin-87]给出轮廓生成元和视在轮廓线的许多性质,以及它们与曲面微分几何的关系.

[Kanatani-92]给出标定条件下的消影点和消影线的另一种处理方法,以及由相同中心的摄像机获取的图像之间是以一个平面单位相关联的结论. Mundy 与 Zisserman[Mundy-92]用几何手段证明了这个结论;[Hartley-94a]基于摄像机投影矩阵给出此结论一个简单的代数推导;[Faugeras-92b]引入了射影(简化的)摄像机矩阵. 绝对二次曲线的图像与摄像机的标定之间的联系由[Faugeras-92a]首先给出.

[Capel-98,Sawhney-98,Szeliski-97]中介绍了全景拼图的计算. 计算消影点的 ML 方法在 Liebowitz 与 Zisserman[Liebowitz-98]中给出. [Schaffalitzky-00b]和[Se-00]中给出了由共面等距直线自动估计消影线的应用. [Criminisi-00,Proesmans-98]中介绍了由单视图的仿射 3D 测量.

由度量结构(例如正方形)已知的多个场景平面来计算 K 的结论在[Liebowitz-98]中给出. 其算法在[Liebowitz-99a,Sturm-99c,Zhang-00]中给出. 当加了零扭曲约束后,用 $\omega$ 而不是 $\omega^*$ 的优越性首先由[Armstrong-96b]提出. 用相互正交方向的三个消影点进行内标定的方法由 Caprile 与 Torre[Caprile-90]给出,虽然这个结论在较早的摄影测量术的文献[Gracie-68]中曾被引用过. 此时焦距的简单公式在[Cipolla-99,Hartley-02b]中给出. [Liebowitz-99b,Liebowitz-01]中给出了当组合多个约束时出现退化情形的讨论. [Criminisi-99a,Criminisi-01,Horry-97,Liebowitz-99a,Sturm-99a]中研究了单视图重构.

### 8.11.2 注释和练习

(1)**世界平面的单应** 假定 H 已求出(例如由四个或更多世界点和其图像的对应计算得到)且 K 也已知,那么摄像机的姿态$\{R,\mathbf{t}\}$可以由摄像机矩阵$[\mathbf{r}_1,\mathbf{r}_2,\mathbf{r}_1\times\mathbf{r}_2,\mathbf{t}]$确定,其中

$$[\mathbf{r}_1,\mathbf{r}_2,\mathbf{t}] = \pm K^{-1}H/\|K^{-1}H\|$$

注意上式具有两重多义性. 该结果来自式(8.1),其中给出世界平面和标定摄像机 $P=K[R\mid\mathbf{t}]$ 之间的单应.

证明世界平面$(\mathbf{n}^{\mathsf{T}},d)^{\mathsf{T}}$上的点和其图像之间的单应 $\mathbf{x}=H\tilde{\mathbf{x}}$ 可以表示成 $H=K(R-\mathbf{t}\mathbf{n}^{\mathsf{T}}/d)$. 平面上点的坐标为 $\tilde{\mathbf{X}}=(X,Y,Z)^{\mathsf{T}}$.

(2)**直线投影**

(a)证明包含摄像机中心的任何直线在映射(式(8.2))的零空间中,即它被投影到直线 $\mathbf{l}=\mathbf{0}$.

(b)证明$\mathbb{P}^3$ 中的直线 $\mathcal{L}=\mathcal{P}^{\mathsf{T}}\mathbf{x}$ 是过图像点 $\mathbf{x}$ 和摄像机中心的射线. 提示:从结论 3.5 出发,证明摄像机中心 $\mathbf{C}$ 在 L 上.

(c)$\mathcal{P}^{\mathsf{T}}$的列的几何解释是什么?

(3)**二次曲面的轮廓生成元**. 二次曲面的轮廓生成元 $\boldsymbol{\Gamma}$ 由 Q 上所有这样的点 $\mathbf{X}$ 组成:过 $\mathbf{X}$ 的切平面包含摄像机中心 $\mathbf{C}$. Q 的过点 $\mathbf{X}$ 的切平面由 $\boldsymbol{\pi}=Q\mathbf{X}$ 给定,而条件 $\mathbf{C}$ 在$\boldsymbol{\pi}$上是$\mathbf{C}^{\mathsf{T}}\boldsymbol{\pi}=\mathbf{C}^{\mathsf{T}}Q\mathbf{X}=0$. 于是 $\boldsymbol{\Gamma}$ 上的点 $\mathbf{X}$ 满足$\mathbf{C}^{\mathsf{T}}Q\mathbf{X}=0$,从而在**平面** $\boldsymbol{\pi}_\Gamma=Q\mathbf{C}$ 上,因为$\boldsymbol{\pi}_\Gamma^{\mathsf{T}}\mathbf{X}=\mathbf{C}^{\mathsf{T}}Q\mathbf{X}=0$. 这表明二次曲面的轮廓生成元是一条平面曲线,而且,因为 $\boldsymbol{\pi}_\Gamma=Q\mathbf{C}$,所以 $\boldsymbol{\Gamma}$ 的平面是摄像机中心关于此二次曲面的极平面.

(4)**代数曲面的视在轮廓线**．证明一个 $n$ 次的齐次代数曲面的视在轮廓线是 $n(n-1)$ 次的曲线．例如，如果 $n=2$，那么曲面是二次的并且视在轮廓线也是二次曲线．提示：记曲面为 $F(\mathrm{X},\mathrm{Y},\mathrm{Z},\mathrm{W})=0$，那么切平面包含摄像机中心 $\mathbf{C}$，如果

$$C_{\mathrm{X}}\frac{\partial F}{\partial \mathrm{X}}+C_{\mathrm{Y}}\frac{\partial F}{\partial \mathrm{Y}}+C_{\mathrm{Z}}\frac{\partial F}{\partial \mathrm{Z}}+C_{\mathrm{W}}\frac{\partial F}{\partial \mathrm{W}}=0$$

这是 $(n-1)$ 次的曲面．

(5)**$\mathrm{H}=\mathrm{KRK}^{-1}$ 的旋转轴的消影点**．一个共轭旋转的单应 $\mathrm{H}=\mathrm{KRK}^{-1}$ 有一个特征向量 $\mathrm{K}\mathbf{a}$，其中 $\mathbf{a}$ 是旋转轴的方向，因为 $\mathrm{HK}\mathbf{a}=\mathrm{KR}\mathbf{a}=\mathrm{K}\mathbf{a}$. 最后的等式来自 $\mathrm{R}\mathbf{a}=1\mathbf{a}$，即 $\mathbf{a}$ 是 R 的单位特征向量．进一步，我们得到：(a) $\mathrm{K}\mathbf{a}$ 在单应 H 下是不动点；(b) 由结论 8.20 得到 $\mathbf{v}=\mathrm{K}\mathbf{a}$ 是旋转轴的消影点．

(6)**合成旋转**．如例 8.12 所示，假定用绕摄像机中心做纯旋转的两幅图像来估计一个单应．那么被估计的单应将是一个共轭旋转，因而 $\mathrm{H}=\mathrm{KR}(\theta)\mathrm{K}^{-1}$（虽然 K 和 R 未知）．但是，把 $\mathrm{H}^2$ 应用于第一幅图像所产生的图像与摄像机绕同一轴旋转两倍角所获得的图像一样，因为 $\mathrm{H}^2=\mathrm{KR}^2\mathrm{K}^{-1}=\mathrm{KR}(2\theta)\mathrm{K}^{-1}$.

更一般地．我们可能用 $\mathrm{H}^{\lambda}$ 记通过任意小角度 $\lambda\theta$ 的旋转．为理解 $\mathrm{H}^{\lambda}$，注意到 H 的特征值分解为 $\mathrm{H}(\theta)=\mathrm{U}\mathrm{diag}(1,e^{i\theta},e^{-i\theta})\mathrm{U}^{-1}$，$\theta$ 和 U 都可以由已估计的 H 算得．那么

$$\mathrm{H}^{\lambda}=\mathrm{U}\mathrm{diag}(1,e^{i\lambda\theta},e^{-i\lambda\theta})\mathrm{U}^{-1}=\mathrm{KR}(\lambda\theta)\mathrm{K}^{-1}$$

是通过角度 $\lambda\theta$ 的旋转的共轭．利用 $\Phi$ 代替 $\lambda\theta$，我们就可由该单应获得旋转任意角度 $\Phi$ 的合成图像．所得图像是原图像之间的内插（如果 $0<\Phi<\theta$）或外插（如果 $\Phi>\theta$）．

(7)证明可以求出透视像平面的虚圆点，如果下列任何一种图形在该平面上：(a)正方形方格栅；(b)两个矩形，一个矩形的边与另一个矩形的边不平行；(c)半径相等的两个圆；(d)半径不等的两个圆．

(8)证明在零扭曲的情形，$\omega$ 是二次曲线

$$\left(\frac{x-x_0}{\alpha_x}\right)^2+\left(\frac{y-y_0}{\alpha_y}\right)^2+1=0$$

它可以解释成是一个中心在主点的椭圆，其轴分别与 $x$ 和 $y$ 方向一致而且轴的长度分别是 $i\alpha_x$ 和 $i\alpha_y$.

(9)如果已知摄像机标定 K 和场景平面的消影线 $\mathbf{l}$，那么场景平面可以由一个对应于合成旋转的单应 $\mathrm{H}=\mathrm{KRK}^{-1}$ 来校正，该单应将 $\mathbf{l}$ 映射到 $\mathbf{l}_{\infty}$，即需要 $\mathrm{H}^{-\mathsf{T}}\mathbf{l}=(0,0,1)^{\mathsf{T}}$. 这是因为如果旋转平面使得其消影线为 $\mathbf{l}_{\infty}$，那么它是正平行的．证明 $\mathrm{H}^{-\mathsf{T}}\mathbf{l}=(0,0,1)^{\mathsf{T}}$ 等价于 $\mathrm{R}\mathbf{n}=(0,0,1)^{\mathsf{T}}$，其中 $\mathbf{n}=\mathrm{K}^{\mathsf{T}}\mathbf{l}$ 是场景平面的法线．这是将场景法线旋转到沿着摄像机 Z 轴的条件．注意旋转不是唯一定义的，因为绕平面法线的旋转不影响其度量校正．然而，R 的最后一行等于 $\mathbf{n}$，使得 $\mathrm{R}=[\mathbf{r}_1,\mathbf{r}_2,\mathbf{n}]^{\mathsf{T}}$，其中 $\mathbf{n}$，$\mathbf{r}_1$ 和 $\mathbf{r}_2$ 是正交向量组．

(10)证明具有消影线 $\mathbf{l}_1$ 和 $\mathbf{l}_2$ 的两平面之间的夹角是

$$\cos\theta=\frac{\mathbf{l}_1^{\mathsf{T}}\omega^*\mathbf{l}_2}{\sqrt{\mathbf{l}_1^{\mathsf{T}}\omega^*\mathbf{l}_1}\sqrt{\mathbf{l}_2^{\mathsf{T}}\omega^*\mathbf{l}_2}}$$

(11)推导式(8.15)．提示：直线 $\mathbf{l}$ 位于由 $\mathbf{l}_1$ 和 $\mathbf{l}_2$ 定义的束中，因此可以被表示为 $\mathbf{l}=\alpha\mathbf{l}_1+\beta\mathbf{l}_2$. 然后对 $n=1,2$，利用关系 $\mathbf{l}_n=\mathbf{l}_0+n\mathbf{l}$ 解出 $\alpha$ 和 $\beta$.

(12)当消影点由三个正交方向产生且图像是正方形像素时，用代数方法证明主点是以消

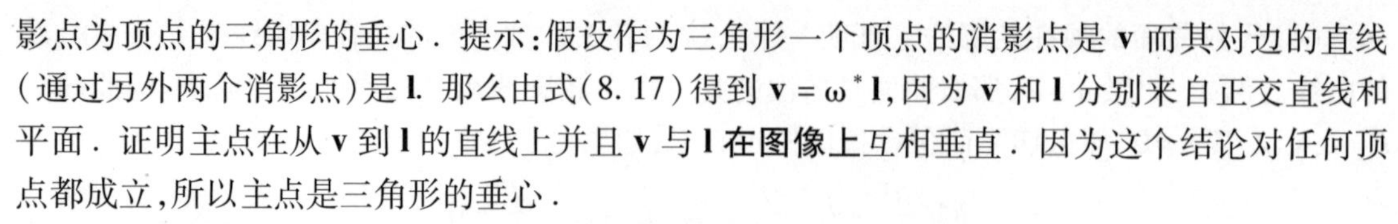

影点为顶点的三角形的垂心．提示:假设作为三角形一个顶点的消影点是 $\mathbf{v}$ 而其对边的直线(通过另外两个消影点)是 $\mathbf{l}$. 那么由式(8.17)得到 $\mathbf{v} = \omega^* \mathbf{l}$,因为 $\mathbf{v}$ 和 $\mathbf{l}$ 分别来自正交直线和平面．证明主点在从 $\mathbf{v}$ 到 $\mathbf{l}$ 的直线上并且 $\mathbf{v}$ 与 $\mathbf{l}$ **在图像上**互相垂直．因为这个结论对任何顶点都成立,所以主点是三角形的垂心．

(13)证明三组相互正交的方向的消影点是关于 $\omega$ 的自极线三角形[Springer-64]的顶点．

(14)如果摄像机具有正方形像素,那么中心在主轴上的球的视在轮廓线是一个圆．如果此球做平行于图像平面的平移,那么视在轮廓线由圆变形为主点在其长轴上的一个椭圆．

(a)如何把以上观察用作内参数标定的方法?

(b)从几何上证明该椭圆的长短轴之比与球到摄像机的距离无关．

如果该球做平行于主轴的平移,那么视在轮廓线可变形为双曲线,但该双曲线仅有一支被影像．为什么?

(15)证明对于一般摄像机,球的视在轮廓线与 IAC 的关系为

$$\omega = \mathrm{C} + \mathbf{v}\,\mathbf{v}^{\mathsf{T}}$$

式中,C 是成像球体的锥轮廓,$\mathbf{v}$ 是依赖于球体位置的三维向量．证明在[Agrawal-03]中给出．注意,该关系对 $\omega$ 设置两个约束,原则上使得 $\omega$,从而标定 K 可以从球的三幅图像来计算．然而,在实践中,这不是用于计算 K 的良定方法,因为球体的轮廓与圆的偏差很小．

# 第2篇

# 两视图几何

Sandro Botticelli(1444/5—1510)于1485年绘制的《维纳斯的诞生》(细部).
Galleria degli Uffizi, Florence, Italy/Bridgeman Art Library

# 本篇大纲

本篇涵盖了两幅透视视图的几何．这些视图可以同时摄取(如双眼立体装置)或者相继摄取(如利用一个相对于场景运动的摄像机)．这两种情形在几何上是等价的，并且在这里将不加区分．每幅视图有相应的摄像机矩阵 P 和 P′(其中"′"标记与第二幅视图相关的元素)，并且 3 维空间中的点 $\mathbf{X}$ 在第一幅视图中成像为 $\mathbf{x} = \mathrm{P}\mathbf{X}$，在第二幅视图中成像为 $\mathbf{x}' = \mathrm{P}'\mathbf{X}$. 像点 $\mathbf{x}$ 与 $\mathbf{x}'$**对应**，因为它们是同一个 3 维空间点的像．我们将重点讨论三个问题：

(1)**对应几何**．给定第一幅视图中的像点 $\mathbf{x}$，怎样约束第二幅视图中对应点 $\mathbf{x}'$的位置？

(2)**摄像机几何(运动)**．给定对应点集$\{\mathbf{x}_i \leftrightarrow \mathbf{x}'_i\}, i = 1,2,\cdots,n$，对应于这两幅视图的摄像机矩阵 P 和 P′是什么？

(3)**场景几何(结构)**．给定对应像点 $\mathbf{x} \leftrightarrow \mathbf{x}'$和摄像机矩阵 P 和 P′，它们在 3 维空间中的位置(原像)$\mathbf{X}$ 是什么？

第 9 章介绍两视图的**对极几何**并直接回答第一个问题：一幅视图中的点定义了另一幅视图中对应点所在的对极线．对极几何只依赖于摄像机——其相对位置及其内参数，与场景结构则毫不相干．对极几何由称为**基本矩阵**的 3×3 矩阵 F 表示．本章给出了对基本矩阵的分析，及当两个摄像机矩阵 P 和 P′已知时求基本矩阵的计算方法．然后证明了 P 和 P′在相差一个 3 维空间射影变换的意义下可以由 F 计算得到．

第 10 章介绍未标定多视图几何的一个最重要结果——不需要其他任何信息，仅由图像对应点就可以计算摄像机和场景结构的**重构**．这同时回答了第二和第三个问题．仅根据点对应得到的重构将相差一个 3 维的射影变换，并且这种不确定性可由摄像机或场景的良定的额外信息来解决．用这种方法，可以由未标定的图像计算仿射或度量重构．接下来的两章将介绍相关细节和计算该重构的数值算法．

第 11 章介绍由一组对应图像点$\{\mathbf{x}_i \leftrightarrow \mathbf{x}'_i\}$计算 F 的方法，即使这些点的结构(3D 原像$\mathbf{X}_i$)和摄像机矩阵都是未知的．然后在相差一个射影变换的意义下，摄像机矩阵 P 和 P′可以由所求的 F 来确定．

第 12 章介绍在给定摄像机和对应像点后，计算场景结构的**三角测量法**——由对应点 $\mathbf{x}$ 和 $\mathbf{x}'$被相应的摄像机 P 和 P′反向投影的射线的交点来计算 3 维空间点 $\mathbf{X}$. 类似地，其他几何元素(如直线或二次曲线)的 3D 位置也可以由它们的图像对应来计算．

第 13 章涵盖平面的两视图几何．它给出第一个问题的另一种回答：如果场景在一张平面上，那么一旦求出该平面的有关几何，一个点在一幅图像中的像 $\mathbf{x}$ 就决定了该点在另一幅图像上的像 $\mathbf{x}'$的位置．这两个像点由一个平面射影变换相关联．本章还介绍了视图之间的一个特别重要的射影变换——**无穷单应**，这是由无穷远平面所诱导的变换．

第 14 章介绍两个仿射摄像机矩阵 P 和 P′的两视图几何．这种特殊情形相对于一般射影情形有一些简化，并且能为很多实际情形提供一个很好的近似．

# 第9章 对极几何和基本矩阵

对极几何是两幅视图之间内在的射影几何．它独立于场景结构，只依赖于摄像机的内参数和相对姿态．

基本矩阵 F 概括了这个内在几何．它是一个秩为 2 的 3×3 矩阵．如果一个 3 维空间点 **X** 在第一、第二幅视图中的像分别为 **x**、**x′**，则这两个图像点满足关系 $\mathbf{x}'^{\mathsf{T}}F\mathbf{x}=0$.

我们将首先介绍对极几何并推导基本矩阵．然后，针对摄像机在视图之间的一般运动和一些经常发生的特殊运动，阐述基本矩阵的性质．接下来证明在相差一个 3 维空间射影变换下由 F 可恢复摄像机矩阵．这个结论是第 10 章射影重构理论的基础．最后，在已知摄像机内参数的条件下，我们将证明在存在有限个解的意义下，由基本矩阵可算出获取这些视图的摄像机的欧氏运动．

基本矩阵独立于场景结构．然而，它可以仅根据场景的像点的对应计算得到，无须知道摄像机的内参数或相对姿态．这种计算将在第 11 章中介绍．

## 9.1 对极几何

本质上，两幅视图之间的对极几何是图像平面与以基线（基线是连接两摄像机中心的直线）为轴的平面束的交的几何．这种几何通常由立体匹配中搜索对应点的问题推动，我们就从这个目的开始．

假定在 3 维空间中的一个点 **X** 在两幅视图中成像，它在第一、二幅视图上的像分别为 **x** 和 **x′**．那么在对应的图像点 **x** 和 **x′** 之间存在什么关系呢？如图 9.1a 所示，像点 **x** 和 **x′**，空间点 **X** 和摄像机中心是共面的．记这个平面为 $\boldsymbol{\pi}$．显然，从 **x** 和 **x′** 反向投影的射线相交于 **X**，因而这两条射线共面并在 $\boldsymbol{\pi}$ 上．后一种性质在搜索点对应中有非常重要的意义．

现在假定我们只知道 **x**，我们会问其对应点 **x′** 是如何被约束的．此时平面 $\boldsymbol{\pi}$ 被基线和由 **x** 定义的射线所确定．从上面的讨论我们知道对应于（未知）点 **x′** 的射线在 $\boldsymbol{\pi}$ 上，因此点 **x′** 在平面 $\boldsymbol{\pi}$ 与第二个像平面的交线 **l′** 上．直线 **l′** 是从 **x** 反向投影的射线在第二幅视图上的像，它是对应于 **x** 的对极线．从立体对应算法的角度来看，它的好处在于无须在整个像平面上搜索对应于 **x** 的点，而只要限制在直线 **l′** 上即可．

对极几何中所涉及的几何元素如图 9.2 所示，其中有关术语是：

- **对极点**是连接两摄像机中心的直线（基线）与像平面的交点．等价地，对极点是在一幅视图中另一个摄像机中心的像．它也是基线（平移）方向的消影点．
- **对极平面**是一张包含基线的平面．存在着对极平面的一个单参数族（束）．
- **对极线**是对极平面与图像平面的交线．所有对极线相交于对极点．一张对极平面与

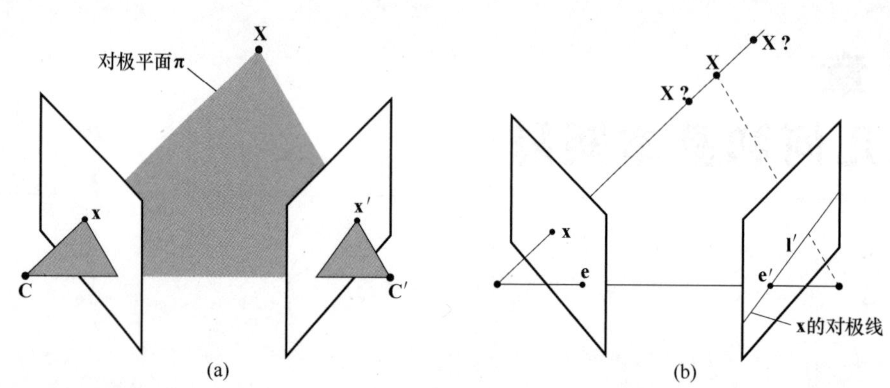


**图 9.1 对应点的几何**.(a)两个摄像机由它们的中心 **C** 和 **C**′及其成像平面表示. 摄像机中心、3 维空间点 **X** 以及其图像 **x** 和 **x**′都处在一张公共平面 **π** 上.(b)图像点 **x** 反向投影成 3 维空间中由第一个摄像机中心 **C** 和 **x** 确定的一条射线. 这条射线在第二幅视图中被影像成一条直线 **l**′. 投影到 **x** 的 3 维空间点 **X** 必然在这条射线上,因此 **X** 在第二幅视图上的图像 **x**′必然在 **l**′上.

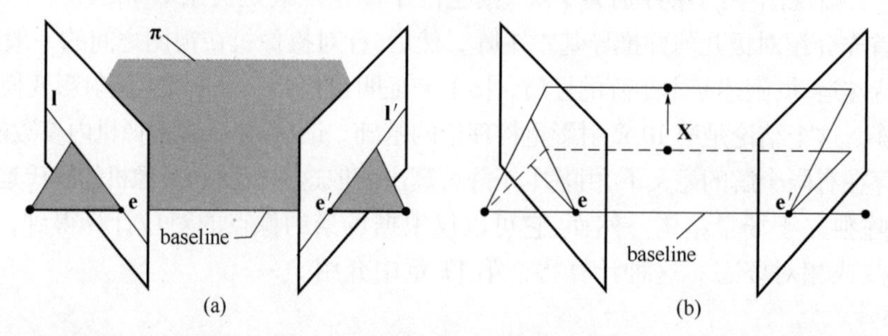


**图 9.2 对极几何**.(a)摄像机基线与每个图像平面交于对极点 **e** 和 **e**′. 任何包含基线的平面 **π** 是一张对极平面,并且与图像平面交于相应的对极线 **l** 和 **l**′.(b)当 3D 空间点 **X** 位置变化时,该对极平面绕基线"旋转". 这个平面族称为对极束. 所有对极线相交于对极点.

左右像平面相交于对极线,并定义了对极线之间的对应.

图 9.3 和图 9.4 给出了对极几何的例子. 这些图像对的对极几何以及本章的所有例子都

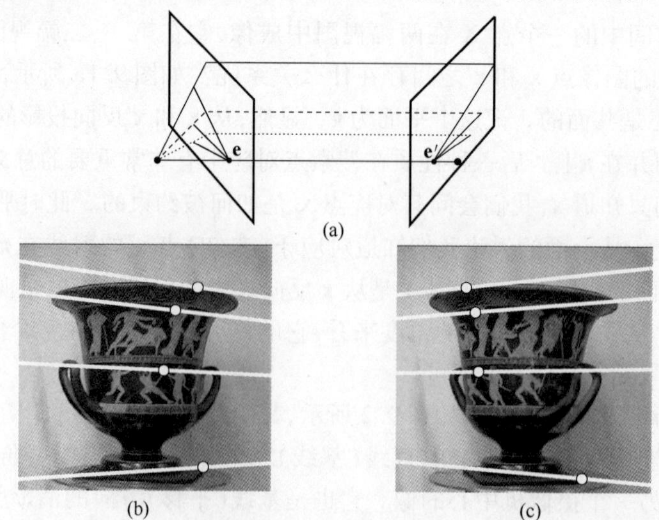


**图 9.3 会聚摄像机**.(a)会聚摄像机的对极几何.(b)和(c)叠加了对应点和其对极线(白色)的一对图像. 视图之间的运动是一个平移加旋转. 在每幅图像中,另一个摄像机的方向可以由对极线束的交点来推算. 在此例中,两个对极点都在可视图像的外面.

按 11.6 节所介绍的方法直接由图像计算得到.

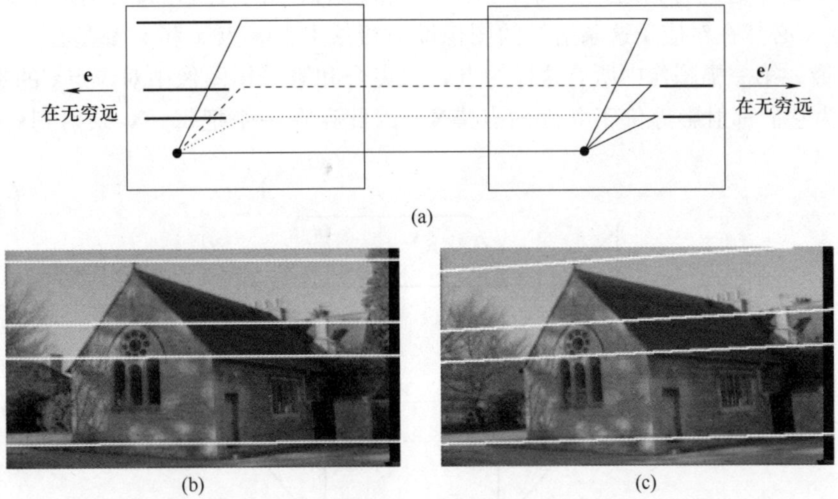

(a)

(b)　　(c)

**图 9.4　平行于图像平面的运动**. 对于平行于图像平面做平移以及旋转轴垂直于图像平面的特殊运动情形,基线与图像平面的交点位于无穷远,从而对极点是无穷远点且对极线是平行线.(a)平行于图像平面做平移的对极几何.(b)和(c)一对图像:视图之间的运动(大致)是平行于 $x$ 轴的平移而没有旋转. 四条对应的对极线用白色线叠加在图像上. 注意对应点在对应的对极线上.

## 9.2　基本矩阵 F

基本矩阵是对极几何的代数表示. 下面,我们从一个点与其对极线之间的映射来推导基本矩阵,然后详细说明这个矩阵的性质.

给定一对图像,由图 9.1 可见:对于一幅图像上的每点 $\mathbf{x}$,在另一幅图像中存在一条对应的极对线 $\mathbf{l}'$. 在第二幅图像上,任何与该点 $\mathbf{x}$ 匹配的点 $\mathbf{x}'$必然在对极线 $\mathbf{l}'$上. 该对极线是过点 $\mathbf{x}$ 与第一个摄像机中心 $\mathbf{C}$ 的射线在第二幅图像上的投影. 因此,存在一个从一幅图像上的点到另一幅图像上与之对应的对极线的映射

$$\mathbf{x} \mapsto \mathbf{l}'$$

现在要探索的正是这个映射的性质. 结论是这个映射是一个(奇异)**对射**,即是由被称为基本矩阵的矩阵 F 表示的从点到直线的射影映射.

### 9.2.1　几何推导

我们从基本矩阵的几何推导开始. 一幅图像上的一个点到另一幅图像上与之对应的对极线的映射可以分解为两步. 第一步,把点 $\mathbf{x}$ 映射到在另一幅图像上它的对极线 $\mathbf{l}'$上的某点 $\mathbf{x}'$. 这个点 $\mathbf{x}'$是点 $\mathbf{x}$ 的一个潜在的匹配点. 第二步,连结 $\mathbf{x}'$与对极点 $\mathbf{e}'$所得的直线就是对极线 $\mathbf{l}'$.

**步骤 1:通过平面的点转移**. 如图 9.5 所示,考虑空间中不通过两个摄像机中心的平面 $\boldsymbol{\pi}$.

过第一个摄像机中心且对应于点 $\mathbf{x}$ 的射线与平面 $\boldsymbol{\pi}$ 相交于点 $\mathbf{X}$. 这个点 $\mathbf{X}$ 再投影到第二幅图像中的点 $\mathbf{x}'$. 这个过程称为通过平面 $\boldsymbol{\pi}$ 的转移. 如图 9.1b 所示,因为 $\mathbf{X}$ 在对应于 $\mathbf{x}$ 的射线上,它的投影点 $\mathbf{x}'$ 必然在对应于这条射线的图像即对极线 $\mathbf{l}'$ 上. 点 $\mathbf{x}$ 和 $\mathbf{x}'$ 都是在一张平面上的 3D 点 $\mathbf{X}$ 的像. 第一幅图像中所有这样的点 $\mathbf{x}_i$ 的集合和第二幅图像中对应点 $\mathbf{x}_i'$ 的集合是射影等价的,因为它们都射影等价于共面的点集 $\mathbf{X}_i$. 因此存在一个把每一 $\mathbf{x}_i$ 映射到 $\mathbf{x}_i'$ 的 2D 单应 $\mathrm{H}_{\boldsymbol{\pi}}$.

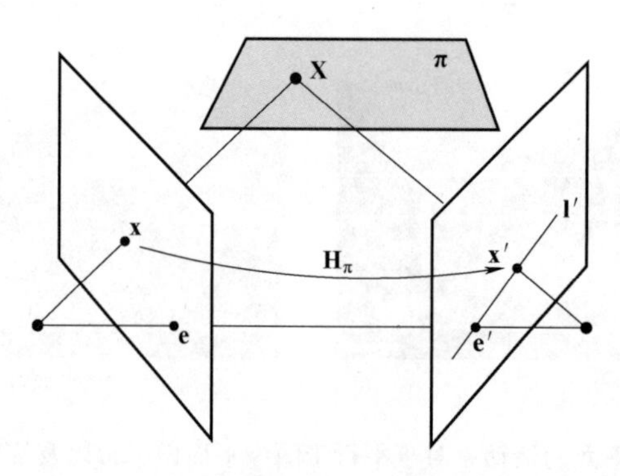


**图 9.5** 一幅图像中的点 $\mathbf{x}$ 通过平面 $\boldsymbol{\pi}$ 转移到第二幅图像中的匹配点 $\mathbf{x}'$. 过 $\mathbf{x}'$ 的对极线由连接 $\mathbf{x}'$ 与对极点 $\mathbf{e}'$ 得到. 可以用符号写成 $\mathbf{x}' = \mathrm{H}_\pi \mathbf{x}$ 和 $\mathbf{l}' = [\mathbf{e}']_\times \mathbf{x}' = [\mathbf{e}']_\times \mathrm{H}_\pi \mathbf{x} = \mathrm{F}\mathbf{x}$, 其中 $\mathrm{F} = [\mathbf{e}']_\times \mathrm{H}_\pi$ 是基本矩阵.

**步骤 2:构造对极线**. 给定点 $\mathbf{x}'$,通过 $\mathbf{x}'$ 和对极点 $\mathbf{e}'$ 的对极线 $\mathbf{l}'$ 可以被记为 $\mathbf{l}' = \mathbf{e}' \times \mathbf{x}' = [\mathbf{e}']_\times \mathbf{x}'$(记号 $[\mathbf{e}']_\times$ 在(A4.5)中定义). 因为 $\mathbf{x}'$ 可以被记为 $\mathbf{x}' = \mathrm{H}_\pi \mathbf{x}$,故有

$$\mathbf{l}' = [\mathbf{e}']_\times \mathrm{H}_\pi \mathbf{x} = \mathrm{F}\mathbf{x}$$

其中,我们定义 $\mathrm{F} = [\mathbf{e}']_\times \mathrm{H}_\pi$,它就是基本矩阵. 以上证明了

**结论 9.1 基本矩阵 F 可以被记为 $\mathrm{F} = [\mathbf{e}']_\times \mathrm{H}_\pi$,其中 $\mathrm{H}_\pi$ 是从一幅图像到另一幅图像通过任意平面 $\boldsymbol{\pi}$ 的转移映射. 进一步,因为 $[\mathbf{e}']_\times$ 秩为 2 且 $\mathrm{H}_{\boldsymbol{\pi}}$ 秩为 3,所以 F 是秩为 2 的矩阵.**

从几何上来讲,F 表示由第一幅图像的 2 维射影平面 $\mathbb{P}^2$ 到通过对极点 $\mathbf{e}'$ 的对极线束的映射. 因此,它表示一个从 2 维到 1 维射影空间的映射,从而秩必须为 2.

注意,以上的几何推导中用到场景平面 $\boldsymbol{\pi}$,但该平面对 F 的存在并不是必要的. 在这里,该平面仅仅被用作定义从一幅图像到另一幅图像的点映射的手段. 基本矩阵与一幅图像到另一幅图像的通过一张平面的点转移之间的联系将在第 13 章中做较深入的讨论.

### 9.2.2 代数推导

可以用代数方法由两个摄像机的射影矩阵 P 和 P′ 来推导基本矩阵的形式. 下面的公式来自 Xu 和 Zhang[Xu-96].

利用 P 对 $\mathbf{x}$ 反向投影的射线可由解方程 $\mathrm{P}\mathbf{X} = \mathbf{x}$ 得到. 式(6.13)给出它的单参数族解的形式为

$$\mathbf{X}(\lambda) = \mathrm{P}^+ \mathbf{x} + \lambda \mathbf{C}$$

式中,$\mathrm{P}^+$ 是 P 的伪逆,即 $\mathrm{PP}^+ = \mathrm{I}$,而 $\mathbf{C}$ 为由 $\mathrm{P}\mathbf{C} = \mathbf{0}$ 定义的零向量,即摄像机中心. 这条射线

由标量 $\lambda$ 参数化．该射线上特殊的两点是 $\mathrm{P}^{+}\mathbf{x}(\lambda=0$ 处）和第一个摄像机中心 $\mathbf{C}(\lambda=\infty$ 处)．这两个点被第二个摄像机 $\mathrm{P}'$ 分别影像到第二幅视图上的点 $\mathrm{P}'\mathrm{P}^{+}\mathbf{x}$ 和 $\mathrm{P}'\mathbf{C}$. 对极线就是连接这两个投影点的直线，即 $\mathbf{l}'=(\mathrm{P}'\mathbf{C})\times(\mathrm{P}'\mathrm{P}^{+}\mathbf{x})$. 点 $\mathrm{P}'\mathbf{C}$ 是第二幅图像的对极点，即第一个摄像机中心的投影，且可以记为 $\mathbf{e}'$. 这样一来，$\mathbf{l}'=[\mathbf{e}']_{\times}(\mathrm{P}'\mathrm{P}^{+})\mathbf{x}=\mathrm{F}\mathbf{x}$，其中 F 是基本矩阵

$$\mathrm{F}=[\mathbf{e}']_{\times}\mathrm{P}'\mathrm{P}^{+} \tag{9.1}$$

这个基本矩阵的公式与上一节推导的公式本质上相同，单应 $\mathrm{H}_{\boldsymbol{\pi}}$ 可用两个摄像机矩阵显式表示为：$\mathrm{H}_{\boldsymbol{\pi}}=\mathrm{P}'\mathrm{P}^{+}$. 注意上面的推导在两个摄像机中心相同时不能采用．因为如果 $\mathbf{C}$ 是 P 和 $\mathrm{P}'$ 两个摄像机共同的中心，那么 $\mathrm{P}'\mathbf{C}=\mathbf{0}$. 从而式(9.1)定义的 F 是零矩阵．

**例 9.2**　假设摄像机矩阵是一个已标定的双眼立体装置的，且世界原点在第一个摄像机处：

$$\mathrm{P}=\mathrm{K}[\mathrm{I}\,|\,\mathbf{0}] \qquad \mathrm{P}'=\mathrm{K}'[\mathrm{R}\,|\,\mathbf{t}]$$

则

$$\mathrm{P}^{+}=\begin{bmatrix}\mathrm{K}^{-1}\\ \mathbf{0}^{\mathsf{T}}\end{bmatrix} \qquad \mathbf{C}=\begin{pmatrix}\mathbf{0}\\ 1\end{pmatrix}$$

且

$$\begin{aligned}\mathrm{F}&=[\mathrm{P}'\mathbf{C}]_{\times}\mathrm{P}'\mathrm{P}^{+}\\ &=[\mathrm{K}'\mathbf{t}]_{\times}\mathrm{K}'\mathrm{R}\mathrm{K}^{-1}=\mathrm{K}'^{-\mathsf{T}}[\mathbf{t}]_{\times}\mathrm{R}\mathrm{K}^{-1}=\mathrm{K}'^{-\mathsf{T}}\mathrm{R}\,[\mathrm{R}^{\mathsf{T}}\mathbf{t}]_{\times}\mathrm{K}^{-1}=\mathrm{K}'^{-\mathsf{T}}\mathrm{R}\mathrm{K}^{\mathsf{T}}[\mathrm{K}\mathrm{R}^{\mathsf{T}}\mathbf{t}]_{\times}\end{aligned} \tag{9.2}$$

其中的各种变化形式由结论 A4.3 得到．注意对极点（定义为另一个摄像机中心的图像）是

$$\mathbf{e}=\mathrm{P}\begin{pmatrix}-\mathrm{R}^{\mathsf{T}}\mathbf{t}\\ 1\end{pmatrix}=\mathrm{K}\mathrm{R}^{\mathsf{T}}\mathbf{t} \qquad \mathbf{e}'=\mathrm{P}'\begin{pmatrix}\mathbf{0}\\ 1\end{pmatrix}=\mathrm{K}'\mathbf{t} \tag{9.3}$$

因此我们可以记式(9.2)为

$$\mathrm{F}=[\mathbf{e}']_{\times}\mathrm{K}'\mathrm{R}\mathrm{K}^{-1}=\mathrm{K}'^{-\mathsf{T}}[\mathbf{t}]_{\times}\mathrm{R}\mathrm{K}^{-1}=\mathrm{K}'^{-\mathsf{T}}\mathrm{R}\,[\mathrm{R}^{\mathsf{T}}\mathbf{t}]_{\times}\mathrm{K}^{-1}=\mathrm{K}'^{-\mathsf{T}}\mathrm{R}\mathrm{K}^{\mathsf{T}}[\mathbf{e}]_{\times} \tag{9.4}$$

基本矩阵的表达式可以用多种方法导出，而且事实上在本书中还要多次给予推导．特别地，式(17.3)将用每幅视图的摄像机矩阵的行所组成的 $4\times4$ 行列式来表示 F.

### 9.2.3　对应条件

到目前为止，我们考虑了由 F 定义的映射 $\mathbf{x}\mapsto\mathbf{l}'$. 我们现在可以叙述基本矩阵最基本的性质．

**结论 9.3　对两幅图像中任何一对对应点 $\mathbf{x}\mapsto\mathbf{x}'$，基本矩阵都满足条件**

$$\mathbf{x}'^{\mathsf{T}}\mathrm{F}\mathbf{x}=0$$

这的确是成立的，因为如果点 $\mathbf{x}$ 和 $\mathbf{x}'$ 对应，则 $\mathbf{x}'$ 在对应于点 $\mathbf{x}$ 的对极线 $\mathbf{l}'=\mathrm{F}\mathbf{x}$ 上．也就是说，$0=\mathbf{x}'^{\mathsf{T}}\mathbf{l}'=\mathbf{x}'^{\mathsf{T}}\mathrm{F}\mathbf{x}$. 反之，如果图像点满足关系 $\mathbf{x}'^{\mathsf{T}}\mathrm{F}\mathbf{x}=0$，则由这两点定义的射线是共面的．这是点对应的一个必要条件．

结论 9.3 给出的关系的重要性在于无须参考摄像机矩阵，即仅从对应图像点就能给出一种刻画基本矩阵的方式．这使得 F 可以仅从图像对应来计算．由式(9.1)可知 F 可以从两个摄像机矩阵 P，$\mathrm{P}'$ 计算出来，具体地说，F 可在相差一个整体尺度因子的意义下由摄像机唯一确定．然而我们现在会问，由 $\mathbf{x}'^{\mathsf{T}}\mathrm{F}\mathbf{x}=0$ 计算 F 需要多少对应，并且在什么条件下该矩阵可由这

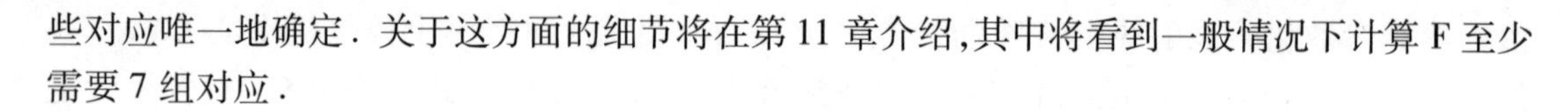

些对应唯一地确定．关于这方面的细节将在第 11 章介绍，其中将看到一般情况下计算 F 至少需要 7 组对应．

### 9.2.4 基本矩阵的性质

**定义 9.4** 假设两幅图像由中心不重合的摄像机获得，则**基本矩阵** F 为对所有的对应点 $\mathbf{x}\leftrightarrow\mathbf{x}'$，都满足

$$\mathbf{x}'^{\mathsf{T}}\mathrm{F}\mathbf{x}=0 \tag{9.5}$$

的唯一的 3×3 秩 2 齐次矩阵．

我们现在简要地列举基本矩阵的一些性质．其中最重要的性质在表 9.1 中做了总结．

(1) **转置** 如果 F 是摄像机对 $(\mathrm{P},\mathrm{P}')$ 的基本矩阵，则 $\mathrm{F}^{\mathsf{T}}$ 是其反序对 $(\mathrm{P}',\mathrm{P})$ 的基本矩阵．

(2) **对极线** 与第一幅图像上任意一点 $\mathbf{x}$ 对应的对极线是 $\mathbf{l}'=\mathrm{F}\mathbf{x}$. 类似地，$\mathbf{l}=\mathrm{F}^{\mathsf{T}}\mathbf{x}'$ 表示对应于第二幅图像上点 $\mathbf{x}'$ 的对极线．

(3) **对极点** 任何（不同于 $\mathbf{e}$ 的）点 $\mathbf{x}$ 的对极线 $\mathbf{l}'=\mathrm{F}\mathbf{x}$ 包含对极点 $\mathbf{e}'$. 因此对所有 $\mathbf{x}$，$\mathbf{e}'$ 都满足 $\mathbf{e}'^{\mathsf{T}}(\mathrm{F}\mathbf{x})=(\mathbf{e}'^{\mathsf{T}}\mathrm{F})\mathbf{x}=0$. 从而推出 $\mathbf{e}'^{\mathsf{T}}\mathrm{F}=\mathbf{0}$，即 $\mathbf{e}'$ 是 F 的左零向量．类似地，$\mathrm{F}\mathbf{e}=\mathbf{0}$，即 $\mathbf{e}$ 是 F 的右零向量．

(4) F 有 7 个自由度：一个 3×3 齐次矩阵有 8 个独立的比率（矩阵有 9 个元素，但公共的因子并不重要）；此外，F 还满足约束 $\det\mathrm{F}=0$，从而再减去一个自由度．

(5) F 是一种**对射**，一种把点映射到直线的射影映射（见定义 2.29）．在此情形下，第一幅图线上的点 $\mathbf{x}$ 确定了第二幅图像上的一条直线 $\mathbf{l}'=\mathrm{F}\mathbf{x}$，即 $\mathbf{x}$ 的对极线．如果 $\mathbf{l}$ 和 $\mathbf{l}'$ 是对应的对极线（见图 9.6a），那么 $\mathbf{l}$ 上的任何点 $\mathbf{x}$ 都映射到同一直线 $\mathbf{l}'$. 这意味着不存在逆映射，且 F 不是满秩的．由于这个原因，F 并不是真对射（真对射应该是可逆的）．

- F 是自由度为 7 的秩 2 齐次矩阵．
- **点对应**：如果 $\mathbf{x}$ 和 $\mathbf{x}'$ 是对应的图像点，那么 $\mathbf{x}'^{\mathsf{T}}\mathrm{F}\mathbf{x}=0$.
- **对极线**：
  - ◇ $\mathbf{l}'=\mathrm{F}\mathbf{x}$ 是对应于 $\mathbf{x}$ 的对极线．
  - ◇ $\mathbf{l}=\mathrm{F}^{\mathsf{T}}\mathbf{x}'$ 是对应 $\mathbf{x}'$ 的对极线．
- **对极点**：
  - ◇ $\mathrm{F}\mathbf{e}=\mathbf{0}$
  - ◇ $\mathrm{F}^{\mathsf{T}}\mathbf{e}'=\mathbf{0}$
- **由摄像机矩阵 P 和 P′ 的计算**：
  - ◇ 一般摄像机
    $\mathrm{F}=[\mathbf{e}']_{\times}\mathrm{P}'\mathrm{P}^{+}$，其中 $\mathrm{P}^{+}$ 是 P 的伪逆，$\mathbf{e}'=\mathrm{P}'\mathbf{C}$ 且 $\mathrm{P}\mathbf{C}=\mathbf{0}$
  - ◇ 规范摄像机，$\mathrm{P}=[\mathrm{I}\mid\mathbf{0}]$，$\mathrm{P}'=[\mathrm{M}\mid\mathbf{m}]$
    $\mathrm{F}=[\mathbf{e}']_{\times}\mathrm{M}=\mathrm{M}^{-\mathsf{T}}[\mathbf{e}]_{\times}$，其中 $\mathbf{e}'=\mathbf{m}$ 且 $\mathbf{e}=\mathrm{M}^{-1}\mathbf{m}$
  - ◇ 非无穷远摄像机 $\mathrm{P}=[\mathrm{I}\mid\mathbf{0}]$，$\mathrm{P}'=\mathrm{K}'[\mathrm{R}\mid\mathbf{t}]$
    $\mathrm{F}=\mathrm{K}'^{-\mathsf{T}}[\mathbf{t}]_{\times}\mathrm{R}\mathrm{K}^{-1}=[\mathrm{K}'\mathbf{t}]_{\times}\mathrm{K}'\mathrm{R}\mathrm{K}^{-1}=\mathrm{K}'^{-\mathsf{T}}\mathrm{R}\mathrm{K}^{\mathsf{T}}[\mathrm{K}\mathrm{R}^{\mathsf{T}}\mathbf{t}]_{\times}$

**表 9.1** 基本矩阵的性质概要

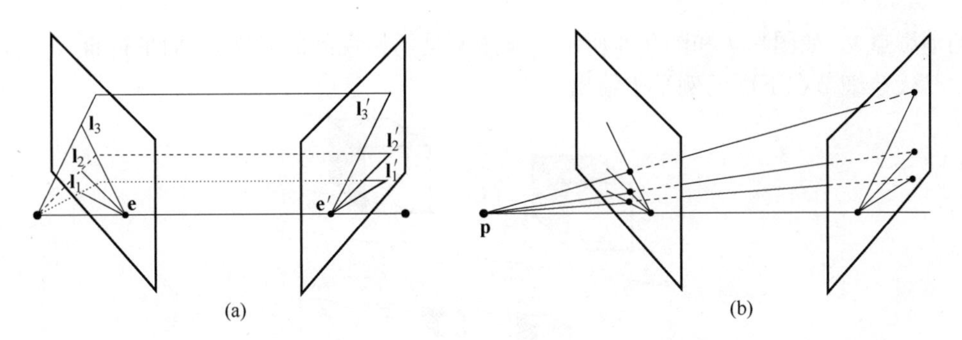


**图 9.6 对极线的单应**.(a)在每幅图像中存在以对极点为中心的对极线束.对极线之间的对应$\mathbf{l}_i \leftrightarrow \mathbf{l}'_i$由以基线为轴的平面束确定.(b)对应直线由以基线上任意点 $\mathbf{p}$ 为中心的一个透视变换相关联.从而该束中两对极线之间的对应是一个 1D 单应.

### 9.2.5 对极线单应

每幅图像的对极线集合形成过对极点的直线束.这样的直线束可以被视为一个 1 维射影空间.从图 9.6b 可清楚地看出:对应的对极线是透视相关的,即在第一幅视图中以 $\mathbf{e}$ 为中心的对极线束与在第二幅视图中以 $\mathbf{e}'$为中心的对极线束之间存在着一种单应.这种 1 维射影空间之间的单应有 3 个自由度.

因此基本矩阵的自由度可计算如下:$\mathbf{e}$ 有 2 个,$\mathbf{e}'$有 2 个,把过 $\mathbf{e}$ 的直线映射到过 $\mathbf{e}'$直线的对极线单应有 3 个.这种单应的几何表示在 9.4 节中给出.这里我们给出该映射的一个显式公式.

**结论 9.5 假设 $\mathbf{l}$ 和 $\mathbf{l}'$是对应的对极线,而 $\mathbf{k}$ 是不过对极点 $\mathbf{e}$ 的任意直线,则 $\mathbf{l}$ 和 $\mathbf{l}'$间的关系是 $\mathbf{l}' = \mathrm{F}[\mathbf{k}]_\times \mathbf{l}$. 对称地有 $\mathbf{l} = \mathrm{F}^\mathsf{T}[\mathbf{k}']_\times \mathbf{l}'$.**

**证明** 表达式$[\mathbf{k}]_\times \mathbf{l} = \mathbf{k} \times \mathbf{l}$ 给出两条直线 $\mathbf{k}$ 和 $\mathbf{l}$ 的交点,从而是对极线 $\mathbf{l}$ 上的一点——记之为 $\mathbf{x}$. 因此 $\mathrm{F}[\mathbf{k}]_\times \mathbf{l} = \mathrm{F}\mathbf{x}$ 是对应于点 $\mathbf{x}$ 的对极线,即直线 $\mathbf{l}'$.

进一步,$\mathbf{k}$ 的一种方便的选择是直线 $\mathbf{e}$,因为$\mathbf{k}^\mathsf{T}\mathbf{e} = \mathbf{e}^\mathsf{T}\mathbf{e} \neq 0$,从而直线 $\mathbf{e}$ 不过点 $\mathbf{e}$,满足所需要求.选择 $\mathbf{k}' = \mathbf{e}'$时类似推理也成立.这样一来,对极线单应可以被记为

$$\mathbf{l}' = \mathrm{F}[\mathbf{e}]_\times \mathbf{l} \qquad \mathbf{l} = \mathrm{F}^\mathsf{T}[\mathbf{e}']_\times \mathbf{l}'$$

## 9.3 由特殊运动产生的基本矩阵

平移方向 $\mathbf{t}$ 和转轴方向 $\mathbf{a}$ 之间的一种特殊关系产生一种特殊运动.我们将要讨论两种情形:没有旋转的**纯平移**和 $\mathbf{t}$ 正交于 $\mathbf{a}$ 的**纯平面运动**(平面运动的意义在 3.4.1 节中介绍过).“纯”表示内参数没有改变.这些情形是重要的,首先是因为它们在实际中发生,例如一个摄像机拍摄正在转盘上旋转的物体等价于视图对的平面运动;其次是因为其基本矩阵有特殊的形式,因而有一些特殊的性质.

### 9.3.1 纯平移

在考虑摄像机的纯平移时,可以考虑与之等价的情形:让摄像机保持不动,而使对象世界做平移 $-\mathbf{t}$. 此时 3 维空间中的点沿着平行于 $\mathbf{t}$ 的直线运动,且这些平行直线交点的图像是 $\mathbf{t}$

方向的消影点 **v**. 如图 9.7 和图 9.8 所示. 显然 **v** 是两幅视图的对极点,而平行直线的像是对极线. 其代数细节在下面的例子中给出.

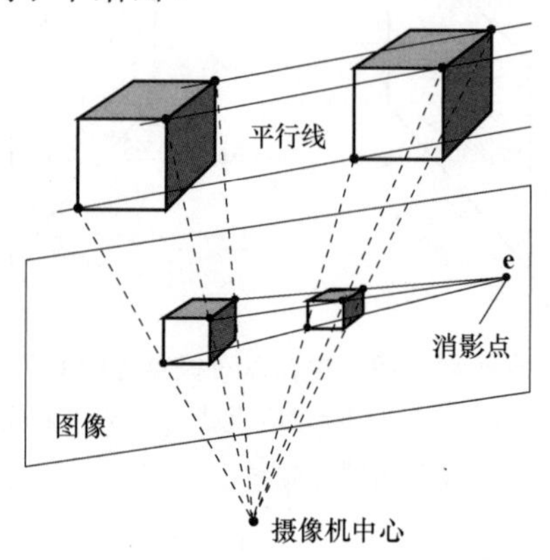


**图 9.7** 当摄像机做纯平移运动时,3D 点沿平行轨道滑动. 这些平行线的像相交于平移方向的消影点. 对极点 **e** 是消影点.

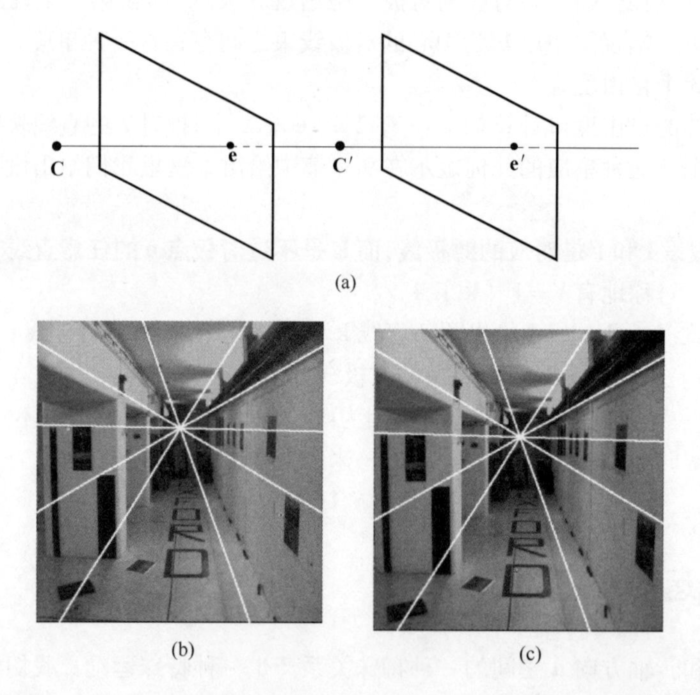


**图 9.8 纯平移运动**. (a)在这种运动下,对极点是不动点,即对极点在两幅图像中有相同的坐标,并且点好像是沿着由该对极点发出的射线移动. 在此情形中对极点被称为展开焦点(FOE). (b)和(c)两幅图像都叠加了一样的对极线. 注意墙上柱子的运动,它们沿着对极线滑动.

**例 9.6** 设摄像机的运动是没有旋转并且内参数不变的纯平移. 可以假设两个摄像机矩阵分别是 $P = K[I \mid \mathbf{0}]$ 和 $P' = K[I \mid \mathbf{t}]$,则根据式(9.4)(利用 $R = I$ 和 $K = K'$)得

$$F = [\mathbf{e}']_{\times} KK^{-1} = [\mathbf{e}']_{\times}$$

如果摄像机平行于 $x$ 轴平移,那么 $\mathbf{e}' = (1,0,0)^{\mathsf{T}}$,因此

$$F=\begin{bmatrix}0&0&0\\0&0&-1\\0&1&0\end{bmatrix}$$

对应点之间的关系$\mathbf{x}'^{\top}F\mathbf{x}=0$简化为$y=y'$,即对极线是对应的光栅. 这正是11.12节中介绍的图像矫正中所要寻求的情形.

事实上,如果图像点$\mathbf{x}$归一化为$\mathbf{x}=(x,y,1)^{\top}$,那么由$\mathbf{x}=P\mathbf{X}=K[I\mid\mathbf{0}]\mathbf{X}$可以得到空间点的(非齐次)坐标是$(X,Y,Z)^{\top}=ZK^{-1}\mathbf{x}$,其中Z是点$\mathbf{X}$的深度(沿着第一个摄像机的主轴测量的从摄像机中心到$\mathbf{X}$的距离). 然后由$\mathbf{x}'=P'\mathbf{X}=K[I\mid\mathbf{t}]\mathbf{X}$得到从像点$\mathbf{x}$到像点$\mathbf{x}'$的映射是

$$\mathbf{x}'=\mathbf{x}+K\mathbf{t}/Z \tag{9.6}$$

式(9.6)给出的运动$\mathbf{x}'=\mathbf{x}+K\mathbf{t}/Z$表示像点从$\mathbf{x}$“开始”沿着由$\mathbf{x}$与对极点$\mathbf{e}=\mathbf{e}'=\mathbf{v}$定义的直线移动. 这个运动的范围与平移向量$\mathbf{t}$(在这里它不是一个齐次向量)的大小成正比而与深度Z成反比,因此靠近摄像机的点看上去比那些离摄像机远的点移动得快——与人们由火车窗户看出去时的体验相同.

注意在纯平移情形,$F=[\mathbf{e}']_{\times}$是反对称的并且只有2个自由度,它们对应于对极点的位置. $\mathbf{x}$的对极线是$\mathbf{l}'=F\mathbf{x}=[\mathbf{e}]_{\times}\mathbf{x}$,且$\mathbf{x}$在这条直线上,因为$\mathbf{x}^{\top}[\mathbf{e}]_{\times}\mathbf{x}=0$,即$\mathbf{x},\mathbf{x}'$与$\mathbf{e}=\mathbf{e}'$是共线的(假设把两幅图像叠起来). 这种共线性质称为**自对极**,并且对于一般运动不成立.

**一般运动**　纯平移给出了关于一般运动更深入的洞察. 给定两个任意摄像机,我们可以旋转第一幅图像的摄像机使它与第二个摄像机平行. 该旋转可以通过对第一幅图像施加一个射影变换来仿真. 针对两幅图像的标定矩阵的差别还可对第一幅图像施加进一步的矫正. 这两个矫正的结果等价于对第一幅图像做射影变换H. 假设这些矫正已经完成,那么这两个摄像机相互之间的有效关系是一个纯平移. 因此对应于矫正后的第一幅和第二幅图像的基本矩阵的形式是$\hat{F}=[\mathbf{e}']_{\times}$,满足$\mathbf{x}'^{\top}\hat{F}\hat{\mathbf{x}}=0$,其中$\hat{\mathbf{x}}=H\mathbf{x}$是第一幅图像上矫正后的点. 由此推导出$\mathbf{x}'^{\top}[\mathbf{e}']_{\times}H\mathbf{x}=0$,所以与原始点对应$\mathbf{x}\leftrightarrow\mathbf{x}'$相对应的基本矩阵应是$F=[\mathbf{e}']_{\times}H$,如图9.9所示.

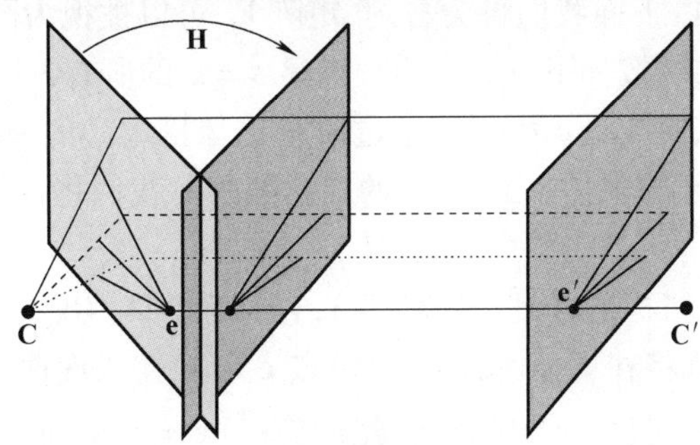


**图9.9　一般摄像机运动**. 可以通过旋转和矫正第一个摄像机(左边)来仿真一个纯平移运动. 原始摄像机对的基本矩阵是乘积$F=[\mathbf{e}']_{\times}H$,其中$[\mathbf{e}']_{\times}$是平移后的基本矩阵,而H是对第一个摄像机做矫正的射影变换.

**例9.7**　继续例9.2,我们仍假设这两个摄像机矩阵是$P=K[I\mid\mathbf{0}]$和$P'=K'[R\mid\mathbf{t}]$. 那么如8.4.2节所介绍的,需要的射影变换是$H=K'RK^{-1}=H_{\infty}$,其中$H_{\infty}$是无穷远单应(见13.4节),并且$F=[\mathbf{e}']_{\times}H_{\infty}$.

与例9.6一样,如果图像点$\mathbf{x}$被归一化为$\mathbf{x}=(x,y,1)^{\top}$,那么$(X,Y,Z)^{\top}=ZK^{-1}\mathbf{x}$,且从

$\mathbf{x}' = P'\mathbf{X} = K'[R \mid \mathbf{t}]\mathbf{X}$ 推出图像点 $\mathbf{x}$ 到图像点 $\mathbf{x}'$ 的映射是

$$\mathbf{x}' = K'RK^{-1}\mathbf{x} + K'\mathbf{t}/Z \tag{9.7}$$

这个映射分为两部分:第一项只依赖于成像位置(即 $\mathbf{x}$),而与点的深度 Z 无关,并且考虑了摄像机的旋转和内参数的变化;第二项依赖于深度,但与成像位置 $\mathbf{x}$ 无关,并且考虑了摄像机的平移. 在纯平移情形($R = I, K = K'$)式(9.7)简化为式(9.6).

### 9.3.2 纯平面运动

纯平面运动时旋转轴与平移方向正交. 正交性给这种运动增加了一个约束,在本章末的习题中证明了:如果 $K' = K$,那么在这种平面运动下,F 的对称部分 $F_S$ 的秩为 2(注:对于一般运动,F 的对称部分是满秩的). 因此条件 $\det F_S = 0$ 是加在 F 的一个额外约束并且使它的自由度个数从一般运动的 7 个减少到纯平面运动的 6 个.

## 9.4 基本矩阵的几何表示

**本节对于初次阅读不是必要的,读者可以选择跳过此节而直接阅读 9.5 节.**

本节把基本矩阵分解为对称和反对称两部分,并且给出每一部分的几何表示. 基本矩阵的对称和反对称部分分别是

$$F_S = (F + F^T)/2, \qquad F_a = (F - F^T)/2$$

使得 $F = F_S + F_a$.

为解释这样分解的动机,考虑映射到两幅图像中相同点的 3 维空间点 $\mathbf{X}$. 这样的图像点在摄像机运动下不变,即 $\mathbf{x} = \mathbf{x}'$. 这两点显然是对应点,从而满足对应点的必要条件 $\mathbf{x}^T F \mathbf{x} = 0$. 我们知道任何反对称矩阵 A 的二次形式 $\mathbf{x}^T A \mathbf{x}$ 恒等于零. 因此只有 F 的对称部分对 $\mathbf{x}^T F \mathbf{x} = 0$ 起作用,从而导出 $\mathbf{x}^T F_S \mathbf{x} = 0$. 下面我们将会看到,矩阵 $F_S$ 可以被视为图像平面上的二次曲线.

从几何上讲,该二次曲线按如下方式产生. 满足 $\mathbf{x} = \mathbf{x}'$ 的所有 3 维空间点的轨迹称为**视野单像区**曲线. 一般来说,该曲线是 3 维空间中过两个摄像机中心的一条三次绕线(见 3.3 节)[Maybank-93]. 视野单像区的像是由 $F_s$ 定义的二次曲线. 我们将在第 22 章中再回过来介绍视野单像区.

**对称部分** 矩阵 $F_S$ 是对称的并且一般秩为 3,它有 5 个自由度并等同于一条点二次曲线,称为 Steiner **二次曲线**(名称将在下面解释). 对极点 $\mathbf{e}$ 和 $\mathbf{e}'$ 在二次曲线 $F_S$ 上. 为说明对极点在二次曲线上,即 $\mathbf{e}^T F_S \mathbf{e} = 0$,先从 $F\mathbf{e} = 0$ 开始,然后有 $\mathbf{e}^T F \mathbf{e} = 0$,从而有 $\mathbf{e}^T F_S \mathbf{e} + \mathbf{e}^T F_a \mathbf{e} = 0$. 但因对任何反对称矩阵 S 都有 $\mathbf{x}^T S \mathbf{x} = 0$,故 $\mathbf{e}^T F_a \mathbf{e} = 0$,于是得到 $\mathbf{e}^T F_S \mathbf{e} = 0$. 对 $\mathbf{e}'$ 的推导方法与此类似.

**反对称部分** 矩阵 $F_a$ 是反对称的并可以记为 $F_a = [\mathbf{x}_a]_\times$,其中 $\mathbf{x}_a$ 是 $F_a$ 的零向量. 反对称部分有 2 个自由度且等同于点 $\mathbf{x}_a$.

点 $\mathbf{x}_a$ 与二次曲线 $F_S$ 之间的关系如图 9.10a 所示. $\mathbf{x}_a$ 的极线与 Steiner 二次曲线 $F_s$ 相交于对极点 $\mathbf{e}$ 和 $\mathbf{e}'$(极点-极线关系在 2.2.3 节中介绍). 这个结果的证明留作习题.

**对极线对应** 根据 Steiner[Semple-79]引入的射影几何的经典定理,对于由一个单应相关联的两个直线束,对应直线的交点的轨迹是一条二次曲线. 这正是我们目前面临的情形. 这

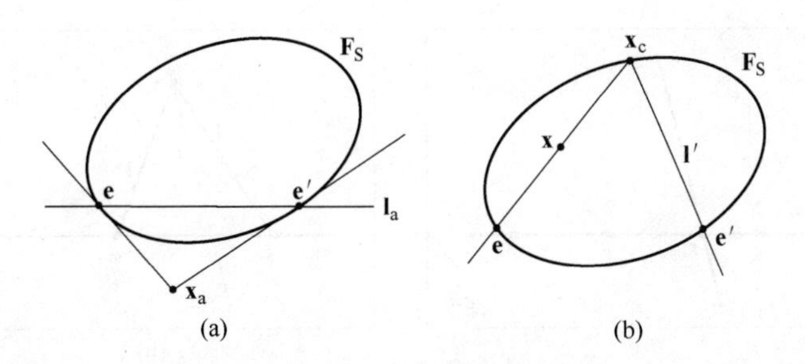


**图 9.10 F 的几何表示**.(a)二次曲线 $F_S$ 表示 F 的对称部分,而点$\mathbf{x}_a$ 表示其反对称部分. 假定把两幅图像叠加在一起,那么二次曲线 $F_S$ 是对应的对极线交点的轨迹. 它是视野单像区曲线的图像. 直线$\mathbf{l}_a$ 是 $\mathbf{x}_a$ 相对于二次曲线 $F_S$ 的极线. 它与二次曲线交于对极点 **e** 和 **e**′. (b)对应于点 **x** 的对极线 **l**′由下面的方法构造:由点 **e** 和 **x** 定义的直线与二次曲线相交. 交点为$\mathbf{x}_c$. 那么 **l**′是由点$\mathbf{x}_c$ 和 **e**′定义的直线.

两个束是对极线束,一个过 **e** 而另一个过 **e**′. 如 9.2.5 节所述,这些对极线由一个 1D 单应相关联. 其交点的轨迹是二次曲线 $F_S$.

如图 9.10b 所示,可通过几何作图由二次曲线和对极点来确定对应的对极线. 这种构造是基于 Steiner 二次曲线 $F_S$ 的不动点性质. 第一幅视图中的对极线 $\mathbf{l}=\mathbf{x}\times\mathbf{e}$ 定义了 3 维空间中的一张对极平面,它与视野单像区曲线相交于一点,我们记为$\mathbf{X}_c$. 点$\mathbf{X}_c$ 在第一幅视图中的像为$\mathbf{x}_c$,它是 **l** 与二次曲线 $F_S$ 的交点(因为 $F_s$ 是视野单像区的像). 由于视野单像区的不动点性质,$\mathbf{X}_c$ 在第二幅视图中的像也是$\mathbf{x}_c$. 所以$\mathbf{x}_c$是点 **x** 的对极平面上的一点在第二幅视图上的像. 由此推出$\mathbf{x}_c$在 **x** 的对极线 **l**′上,从而可以算出 **l**′,即 $\mathbf{l}'=\mathbf{x}_c\times\mathbf{e}'$.

二次曲线 $F_s$ 和该二次曲线上的两点解释了 F 的 7 个自由度:二次曲线的 5 个自由度加上在此二次曲线上的两个对极点的各 1 个自由度. 给定了 F,则二次曲线 $F_S$,对极点 **e**,**e**′和反对称点$\mathbf{x}_a$ 都是唯一确定的,然而,$F_S$ 和$\mathbf{x}_a$ 不能唯一地确定 F,因为两个对极点没有被区分,即$\mathbf{x}_a$ 的极线可确定对极点,但是并没有确定哪一个是 **e** 和哪一个是 **e**′.

## 9.4.1 纯平面运动

我们回到上面 9.3.2 节讨论的平面运动情形,其中 $F_S$ 的秩为 2. 显然此时 Steiner 二次曲线是退化的,且根据 2.2.3 节,它等价于两条不重合的直线:

$$F_S=\mathbf{l}_h\mathbf{l}_s^{\mathsf{T}}+\mathbf{l}_s\mathbf{l}_h^{\mathsf{T}}$$

如图 9.11a 所示. 此时,9.4 节中对应于点 **x** 的对极线 **l**′的几何构造有一个简单的代数表示. 如图 9.11b 所示,与一般运动一样,它分为三个步骤:第一,计算连接 **e** 和 **x** 的直线 $\mathbf{l}=\mathbf{e}\times\mathbf{x}$;第二,确定它与该“二次曲线”的交点$\mathbf{x}_c=\mathbf{l}_s\times\mathbf{l}$;第三,对极线 $\mathbf{l}'=\mathbf{e}'\times\mathbf{x}_c$ 是$\mathbf{x}_c$ 和 e′的连线. 综合这些步骤得到

$$\mathbf{l}'=\mathbf{e}'\times[\mathbf{l}_s\times(\mathbf{e}\times\mathbf{x})]=[\mathbf{e}']_\times[\mathbf{l}_s]_\times[\mathbf{e}]_\times\mathbf{x}$$

从而推出 F 可以被记为

$$F=[\mathbf{e}']_\times[\mathbf{l}_s]_\times[\mathbf{e}]_\times \tag{9.8}$$

F 的 6 个自由度解释为:两个对极点分别有 2 个自由度和直线$\mathbf{l}_s$ 有 2 个自由度.

这种情形的几何能够方便地可视化:这个运动所对应的视野单像区是一条退化三次绕线,由在这张运动平面(该平面同旋转轴正交且包含两个摄像机中心)上的一个圆和一条平行于

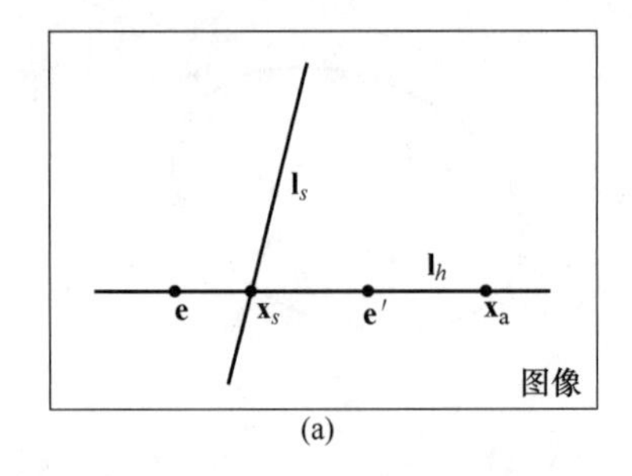

(a)

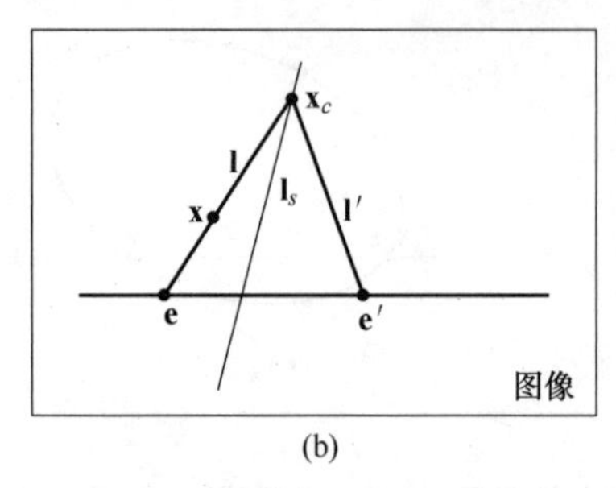

(b)

**图 9.11　平面运动下 F 的几何表示**.(a)直线 $\mathbf{l}_s$ 和 $\mathbf{l}_h$ 组成该运动的 Steiner 二次曲线,它是退化的,将此二次曲线与图 9.10 给出的一般运动的二次曲线相比较.(b)对应点 $\mathbf{x}$ 的对极线 $\mathbf{l}'$的构造方法如下:由点 $\mathbf{e}$ 和 $\mathbf{x}$ 定义的直线与(二次曲线)直线$\mathbf{l}_s$ 相交.交点为$\mathbf{x}_c$,则 $\mathbf{l}'$是由点$\mathbf{x}_c$ 和 $\mathbf{e}'$定义的直线.

旋转轴的直线组成,并且与这个圆相交.这条直线是转动轴(见 3.4.1 节).这个运动等价于平移为零的绕该转动轴的一个旋转.在这个运动下,转动轴上的点是固定的,从而其图像是固定的.直线 $\mathbf{l}_s$ 是转动轴的像.直线 $\mathbf{l}_h$ 是图像与运动平面的交线.第 19 章将用这个几何进行自标定.

## 9.5　恢复摄像机矩阵

到目前为止,我们已经研究了 F 的性质以及点对应 $\mathbf{x}\leftrightarrow\mathbf{x}'$的图像关系.我们现在转向 F 的一个最重要的性质,即该矩阵可以用来确定两视图的摄像机矩阵.

### 9.5.1　射影不变性和规范摄像机

显然,根据 9.2 节的推导,映射 $\mathbf{l}'=F\mathbf{x}$ 和对应条件$\mathbf{x}'^{\mathsf{T}}F\mathbf{x}=0$ 都是**射影关系**:因为这个推导只涉及诸如直线和平面的相交等射影几何关系,并且代数推导中也仅涉及世界和图像点之间射影摄像机的线性映射.因此这些关系只依赖于图像上的射影坐标,并不依赖于诸如射线的夹角等欧氏度量.换句话说,图像关系是射影不变的:在图像坐标的射影变换 $\hat{\mathbf{x}}=H\mathbf{x},\hat{\mathbf{x}}'=H\mathbf{x}'$之下,有一个对应映射,$\hat{\mathbf{l}}'=\hat{F}\hat{\mathbf{x}}$,其中 $\hat{F}=\hat{H}'^{-\mathsf{T}}FH^{-1}$是相应的秩为 2 的基本矩阵.

类似地,F 也仅依赖于摄像机矩阵 P 和 P′的射影性质.摄像机矩阵把 3 维测量与图像测量相关联,因而既依赖于图像坐标系,也依赖于世界坐标系的选取.然而 F 却不依赖于世界坐标系的选取,例如,世界坐标系的旋转改变 P,P′但不改变 F. 事实上,基本矩阵在 3 维空间的射影变换下总是不变的,更准确地说

**结论 9.8　如果 H 是表示 3 维空间射影变换的一个 4×4 矩阵,那么对应于摄像机矩阵对(P,P′)和(PH,P′H)的基本矩阵是相同的.**

**证明**　注意到 $P\mathbf{X}=(PH)(H^{-1}\mathbf{X})$,且 P′也有类似的关系式.因此如果 $\mathbf{x}\leftrightarrow\mathbf{x}'$是对应于 3D 点 $\mathbf{X}$ 的关于摄像机对(P,P′)的匹配点,那么它们也是关于摄像机对(PH,P′H)的匹配点,并且对应于点 $H^{-1}\mathbf{X}$.

因此,虽然从式(9.1)可知摄像机矩阵对(P,P′)唯一确定基本矩阵 F,但反过来不成立.由基本矩阵来确定摄像机矩阵最好的结果也要相差一个右乘 3D 射影变换.下面将看到这也是多义性的全部,即在相差一个射影变换的意义下摄像机矩阵可以由基本矩阵确定.

**摄像机矩阵的规范形式** 由于这样的多义性，通常要对给定的基本矩阵定义摄像机矩阵对的一种特殊的**规范形式**，即规定第一个矩阵取简单的形式$[\mathrm{I}\mid\mathbf{0}]$，其中I是$3\times3$单位矩阵而$\mathbf{0}$为3维零向量．为证明该规定总是可能的，让P增加一行使之形成$4\times4$非奇异矩阵，并记为$\mathrm{P}^*$．现在取$\mathrm{H}=\mathrm{P}^{*-1}$，可以验证$\mathrm{PH}=[\mathrm{I}\mid\mathbf{0}]$正如所求．

下面的结论经常被用到．

**结论 9.9** **对应于摄像机矩阵对**$\mathrm{P}=[\mathrm{I}\mid\mathbf{0}]$**和**$\mathrm{P}'=[\mathrm{M}\mid\mathbf{m}]$**的基本矩阵等于**$[\mathbf{m}]_\times\mathrm{M}$.

这很容易作为式(9.1)的特殊情形而导出．

### 9.5.2 给定F下摄像机的射影多义性

我们已经知道一对摄像机矩阵唯一地确定一个基本矩阵．但是这个映射不是单射(一对一)，因为相差一个射影变换的摄像机矩阵对都定义同一个基本矩阵．我们将要证明这是仅有的多义性，即在相差右乘一个射影变换的意义下，一个给定的基本矩阵唯一确定一对摄像机矩阵．因此基本矩阵刻画了两个摄像机的射影关系．

**定理 9.10** **令F为基本矩阵，而**$(\mathrm{P},\mathrm{P}')$**和**$(\tilde{\mathrm{P}},\tilde{\mathrm{P}}')$**是与基本矩阵F对应的两对摄像机矩阵，则存在非奇异的**$4\times4$**矩阵H使得**$\tilde{\mathrm{P}}=\mathrm{PH}$**且**$\tilde{\mathrm{P}}'=\mathrm{P}'\mathrm{H}$.

**证明** 假设给定的F对应于两组不同的摄像机矩阵对$(\mathrm{P},\mathrm{P}')$和$(\tilde{\mathrm{P}},\tilde{\mathrm{P}}')$．首先，我们可以利用假定这两组摄像机矩阵对都具有规范形式(即$\mathrm{P}=\tilde{\mathrm{P}}=[\mathrm{I}\mid\mathbf{0}]$)来简化问题，因为如果需要的话可以对每组摄像机对进行适当的射影变换来做到这一点．因此可假设$\mathrm{P}=\tilde{\mathrm{P}}=[\mathrm{I}\mid\mathbf{0}]$，$\mathrm{P}'=[\mathrm{A}\mid\mathbf{a}]$且$\tilde{\mathrm{P}}'=[\tilde{\mathrm{A}}\mid\tilde{\mathbf{a}}]$，根据结论9.9，这个基本矩阵可写为$\mathrm{F}=[\mathbf{a}]_\times\mathrm{A}=[\tilde{\mathbf{a}}]_\times\tilde{\mathrm{A}}$.

我们将需要下面的引理：

**引理 9.11** **若秩2矩阵F可以分解为两个不同的形式：**$\mathrm{F}=[\mathbf{a}]_\times\mathrm{A}$**和**$\mathrm{F}=[\tilde{\mathbf{a}}]_\times\tilde{\mathrm{A}}$**，则对某非零常数**$k$**和3维向量v有**$\tilde{\mathbf{a}}=k\mathbf{a}$**和**$\tilde{\mathrm{A}}=k^{-1}(\mathrm{A}+\mathbf{a}\mathbf{v}^{\mathsf{T}})$.

**证明** 首先，注意到$\mathbf{a}^{\mathsf{T}}\mathrm{F}=\mathbf{a}^{\mathsf{T}}[\mathrm{a}]_\times\mathrm{A}=\mathbf{0}$，类似的，$\tilde{\mathbf{a}}^{\mathsf{T}}\mathrm{F}=\mathbf{0}$．由于F的秩为2，因此得到所需要的结果$\tilde{\mathbf{a}}=k\mathbf{a}$．其次，从$[\mathbf{a}]_\times\mathrm{A}=[\tilde{\mathbf{a}}]_\times\tilde{\mathrm{A}}$得到$[\mathbf{a}]_\times(\mathrm{k}\tilde{\mathrm{A}}-\mathrm{A})=\mathbf{0}$，因而对某个$\mathbf{v}$，有$k\tilde{\mathrm{A}}-\mathrm{A}=\mathbf{a}\mathbf{v}^{\mathsf{T}}$．由此又得到所需要的另一结果$\tilde{\mathrm{A}}=k^{-1}(\mathrm{A}+\mathbf{a}\mathbf{v}^{\mathsf{T}})$.

将这个结果运用于两个摄像机矩阵$\mathrm{P}'$和$\tilde{\mathrm{P}}'$表明：如果它们产生同一个F，那么$\mathrm{P}'=[\mathrm{A}\mid\mathbf{a}]$且$\tilde{\mathrm{P}}'=[k^{-1}(\mathrm{A}+\mathbf{a}\mathbf{v}^{\mathsf{T}})\mid k\mathbf{a}]$．现在只剩下证明这两个摄像机对是射影相关的．设矩阵H为$\mathrm{H}=\begin{bmatrix}k^{-1}\mathrm{I} & \mathbf{0}\\ k^{-1}\mathbf{v}^{\mathsf{T}} & k\end{bmatrix}$，则可验证$\mathrm{PH}=k^{-1}[\mathrm{I}\mid\mathbf{0}]=k^{-1}\tilde{\mathrm{P}}$，并且进一步有：

$$\mathrm{P}'\mathrm{H}=[\mathrm{A}\mid\mathbf{a}]\mathrm{H}=[k^{-1}(\mathrm{A}+\mathbf{a}\mathbf{v}^{\mathsf{T}})\mid k\mathbf{a}]=[\tilde{\mathrm{A}}\mid\tilde{\mathbf{a}}]=\tilde{\mathrm{P}}'$$

因此，矩阵对$\mathrm{P},\mathrm{P}'$和$\tilde{\mathrm{P}},\tilde{\mathrm{P}}'$的确是射影相关的．

这一结论也可以用来精确计算自由度数：两个摄像机矩阵P和$\mathrm{P}'$各有11个自由度，共有22个自由度．为确定世界射影坐标系，需要15个自由度(3.1节)，因此当从两个摄像机中去掉世界坐标系的自由度时，剩下$22-15=7$个自由度——它正好对应基本矩阵的7个自由度．

### 9.5.3 给定 F 的规范摄像机

我们已经证明了在相差一个 3D 射影变换下，F 唯一确定摄像机对．我们将推导出给定 F 下，具有规范形式的摄像机对的具体公式．我们将利用对应于摄像机矩阵对的基本矩阵 F 的下述特征．

**结论 9.12　一个非零矩阵 F 是对应于一对摄像机矩阵 P 和 P′的基本矩阵的充要条件是 $P'^{T}FP$ 是反对称矩阵．**

**证明**　条件 $P'^{T}FP$ 是反对称矩阵等价于对所有 $\mathbf{X}$ 有 $\mathbf{X}^{T}P'^{T}FP\mathbf{X}=0$ 成立．令 $\mathbf{x}'=P'\mathbf{X}$，$\mathbf{x}=P\mathbf{X}$，它就等价于基本矩阵的定义方程：$\mathbf{x}'^{T}F\mathbf{x}=0$.

我们可以按如下方式写出对应于一个基本矩阵的规范形式的摄像机矩阵对的具体解：

**结论 9.13　设 F 是基本矩阵，S 是任意反对称矩阵．定义摄像机矩阵对为**

$$P=[I\,|\,\mathbf{0}]\text{ 和 }P'=[SF\,|\,\mathbf{e}']$$

**式中，e′是满足 $\mathbf{e}'^{T}F=\mathbf{0}$ 的对极点，并假设所定义的 P′是有效的摄像机矩阵(秩为 3)，则 F 是对应于(P，P′)的基本矩阵．**

为证明它，我们利用结论 9.12 并且直接验证

$$[SF\,|\,\mathbf{e}']^{T}F[I\,|\,\mathbf{0}]=\begin{bmatrix}F^{T}S^{T}F & \mathbf{0}\\ \mathbf{e}'^{T}F & 0\end{bmatrix}=\begin{bmatrix}F^{T}S^{T}F & \mathbf{0}\\ \mathbf{0}^{T} & 0\end{bmatrix} \tag{9.9}$$

是一个反对称矩阵．

反对称矩阵 S 可用其零向量表示为 $S=[\mathbf{s}]_{\times}$．按下文的论证，如果 $\mathbf{s}^{T}\mathbf{e}'\neq 0$，则 $[[\mathbf{s}]_{\times}F\,|\,\mathbf{e}']$ 的秩为 3. 因 $\mathbf{e}'^{T}F=\mathbf{0}$，故 F 的列空间(由列生成的空间)垂直于 $\mathbf{e}'$. 但是如果 $\mathbf{s}^{T}\mathbf{e}'\neq 0$，则 $\mathbf{s}$ 不垂直于 $\mathbf{e}'$，因而不在 F 的列空间中．现在，$[\mathbf{s}]_{\times}F$ 的列空间是由 $\mathbf{s}$ 与 F 列向量的叉积生成，因而等于与 $\mathbf{s}$ 垂直的平面．所以 $[\mathbf{s}]_{\times}F$ 的秩为 2. 又因 $\mathbf{e}'$ 不垂直于 $\mathbf{s}$，故 $\mathbf{e}'$ 不在这个平面上，所以，$[[\mathbf{s}]_{\times}F\,|\,\mathbf{e}']$ 的秩为 3，正如所求．

Luong 和 Viéville[Luong-96]曾建议，S 的一个适当的选择是 $S=[\mathbf{e}']_{\times}$，因为此时 $\mathbf{e}'^{T}\mathbf{e}'\neq 0$，由此导出下列有用结论．

**结论 9.14　对应于基本矩阵 F 的摄像机矩阵可以选择为 $P=[I\,|\,\mathbf{0}]$ 和 $P'=[[\mathbf{e}']_{\times}F\,|\,\mathbf{e}']$.**

注意，摄像机矩阵 P′左边的 3×3 子矩阵为 $[\mathbf{e}']_{\times}F$，其秩为 2，它对应于中心在 $\boldsymbol{\pi}_{\infty}$ 上的摄像机．不过我们也没有特别的理由要回避这种情形．

定理 9.10 的证明说明了摄像机对在规范形式 $\tilde{P}=[I\,|\,\mathbf{0}]$ 和 $\tilde{P}'=[A+\mathbf{a}\mathbf{v}^{T}\,|\,k^{2}\mathbf{a}]$ 下的 4 参数族与规范形式对 $P=[I\,|\,\mathbf{0}]$ 和 $P'=[A\,|\,\mathbf{a}]$ 有相同的基本矩阵，且这是最一般的解，概括起来有：

**结论 9.15　对应于基本矩阵 F，一对规范形式下的摄像机矩阵的一般公式是**

$$P=[I\,|\,\mathbf{0}]\qquad P'=[[\mathbf{e}']_{\times}F+\mathbf{e}'\mathbf{v}^{T}\,|\,\lambda\mathbf{e}'] \tag{9.10}$$

**式中，v 是任意 3 维向量，λ 是一个非零标量．**

## 9.6 本质矩阵

本质矩阵是归一化图像(见下面)坐标下的基本矩阵的特殊形式．历史上，本质矩阵的引

入(由 Louguet-Higgins)比基本矩阵还早,并且基本矩阵可以被看作是本质矩阵的推广,其中去掉了标定摄像机的(非本质的)假设．与基本矩阵相比较,本质矩阵有更少的自由度但增加了一些性质．这些性质在下文中介绍．

**归一化坐标**　考虑分解为 $P = K[R \mid \mathbf{t}]$ 的摄像机矩阵,并令 $\mathbf{x} = P\mathbf{X}$ 为图像中的一点．如果标定矩阵 K 已知,那么可以用它的逆矩阵作用于点 $\mathbf{x}$ 而得到点 $\hat{\mathbf{x}} = K^{-1}\mathbf{x}$. 从而 $\hat{\mathbf{x}} = [R \mid \mathbf{t}]\mathbf{X}$,其中 $\hat{\mathbf{x}}$ 是图像点在**归一化坐标**下的表示．它可以被视为空间点 $\mathbf{X}$ 在标定矩阵等于单位矩阵 I 的摄像机 $[R \mid \mathbf{t}]$ 下的像．摄像机矩阵 $K^{-1}P = [R \mid \mathbf{t}]$ 被称为**归一化摄像机矩阵**,已知标定矩阵的影响已经被去掉了．

现在,考虑一对归一化的摄像机矩阵 $P = [I \mid \mathbf{0}]$ 和 $P' = [R \mid \mathbf{t}]$. 与归一化摄像机矩阵对应的基本矩阵按惯例称为**本质矩阵**,根据式(9.2),它具有如下形式

$$E = [\mathbf{t}]_{\times} R = R[R^{\mathsf{T}}\mathbf{t}]_{\times}$$

**定义 9.16**　用归一化图像坐标表示对应点 $\mathbf{x} \leftrightarrow \mathbf{x}'$ 时,本质矩阵的定义方程是

$$\hat{\mathbf{x}}'^{\mathsf{T}} E \hat{\mathbf{x}} = 0 \tag{9.11}$$

代入 $\hat{\mathbf{x}}$ 和 $\hat{\mathbf{x}}'$ 的表达式得 $\mathbf{x}'^{\mathsf{T}} K'^{-\mathsf{T}} E K^{-1} \mathbf{x} = 0$. 把它与基本矩阵的关系式 $\mathbf{x}'^{\mathsf{T}} F \mathbf{x} = 0$ 比较便可推出基本矩阵和本质矩阵之间的关系是

$$E = K'^{\mathsf{T}} F K \tag{9.12}$$

### 9.6.1　本质矩阵的性质

本质矩阵 $E = [\mathbf{t}]_{\times} R$ 只有 5 个自由度:旋转矩阵 R 和平移向量 $\mathbf{t}$ 各有 3 个自由度,但是有一个全局尺度因子的多义性——与基本矩阵一样,本质矩阵也是一个齐次量．

本质矩阵减少的自由度数转化为比基本矩阵满足更多的约束．我们就来探讨这些约束是什么．

**结论 9.17　一个 3×3 矩阵是本质矩阵的充要条件是它的奇异值中有两个相等而第三个是 0.**

**证明**　这不难从 E 的分解式 $[\mathbf{t}]_{\times} R = SR$ 推出,其中 S 是反对称矩阵,我们将利用矩阵

$$W = \begin{bmatrix} 0 & -1 & 0 \\ 1 & 0 & 0 \\ 0 & 0 & 1 \end{bmatrix} \text{和} \quad Z = \begin{bmatrix} 0 & 1 & 0 \\ -1 & 0 & 0 \\ 0 & 0 & 0 \end{bmatrix} \tag{9.13}$$

验证 W 为正交矩阵而 Z 为反对称矩阵．根据结论 A4.1 给出的一般反对称矩阵的块分解方法,3×3 反对称矩阵 S 可以被写成 $S = kUZU^{\mathsf{T}}$,其中 U 是正交矩阵．注意在相差一个正负号的意义下,$Z = \mathrm{diag}(1,1,0)W$,故在相差一个常数的意义下,$S = U\mathrm{diag}(1,1,0)WU^{\mathsf{T}}$ 且 $E = SR = U\mathrm{diag}(1,1,0)(WU^{\mathsf{T}}R)$. 这正是 E 的奇异值分解,并如所需要证明的具有两个相等的奇异值．反之,一个具有两个相同奇异值的矩阵可以用同样方法分解为 SR.

既然 $E = U\mathrm{diag}(1,1,0)(WU^{\mathsf{T}}R)$,乍看似乎 E 有 6 个而不是 5 个自由度,因为 U 和 V 都有 3 个自由度．然而由于它的两个奇异值相等,此 SVD 不是唯一的——事实上,有一个关于 E 的单参数族的 SVD. 的确,另一种 SVD 可选择为 $E = (U\mathrm{diag}(R_{2\times2},1))\mathrm{diag}(1,1,0)(\mathrm{diag}(R_{2\times2}^{\mathsf{T}},1))V^{\mathsf{T}}$,其中 R 为任意 2×2 旋转矩阵．

### 9.6.2　由本质矩阵恢复摄像机矩阵

本质矩阵可以利用归一化图像坐标直接从式(9.11)计算,或者利用式(9.12)由基本矩阵

来计算(计算基本矩阵的方法将在第 11 章介绍). 一旦本质矩阵已知,如下文所述,摄像机矩阵便可由 E 得到恢复. 与基本矩阵具有射影多义性的情形不同,在相差一个尺度因子和一个 4 重多义性下,可以从本质矩阵恢复摄像机矩阵. 这就是说,除全局尺度因子外,不能被确定的仅是 4 个可能解.

可以假定第一个摄像机矩阵是 $P=[I|\mathbf{0}]$. 为了计算第二个摄像机矩阵 $P'$,必须把 E 分解成一个反对称矩阵和一个旋转矩阵的乘积 SR.

**结论 9.18 设 E 的 SVD 为 $U\mathrm{diag}(1,1,0)V^{\mathsf T}$. 利用式(9.13)的记号,$E=SR$ 有如下两种可能的分解(忽略正负号):**

$$S=UZU^{\mathsf T}\qquad R=UWV^{\mathsf T}\text{或者}UW^{\mathsf T}V^{\mathsf T}\tag{9.14}$$

**证明** 不难看出这种分解是有效的. 下面证明不存在其他的分解. 设 $E=SR$. S 的形式可由其左零空间与 E 的相同这一事实来确定. 故有 $S=UZU^{\mathsf T}$. 旋转 R 可记为 $UXV^{\mathsf T}$,其中 X 是某旋转矩阵. 则有

$$U\mathrm{diag}(1,1,0)V^{\mathsf T}=E=SR=(UZU^{\mathsf T})(UXV^{\mathsf T})=U(ZX)V^{\mathsf T}$$

由此推出 $ZX=\mathrm{diag}(1,1,0)$. 因 X 是一个旋转矩阵,故又推出所需要的 $X=W$ 或 $X=W^{\mathsf T}$.

分解式(9.14)在相差尺度因子的意义下由 $S=[\mathbf{t}]_{\times}$ 确定了摄像机矩阵 $P'$ 的 $\mathbf{t}$ 部分. 然而,$S=UZU^{\mathsf T}$ 的 Frobenius 范数是$\sqrt{2}$,这意味着如果 $S=[\mathbf{t}]_{\times}$(**包含尺度因子**),那么 $\|\mathbf{t}\|=1$,这是对两个摄像机矩阵基线的一种常用的归一化. 因为 $S\mathbf{t}=\mathbf{0}$,所以 $\mathbf{t}=U(0,0,1)^{\mathsf T}=\mathbf{u}_3$,即等于 U 的最后一列. 然而,E 的符号进而 $\mathbf{t}$ 的符号仍不能确定. 因此,对应于给定的本质矩阵,基于 R 的两种可能选择和 $\mathbf{t}$ 的两种可能符号,摄像机矩阵 $P'$ 有四种可能的选择. 归结为

**结论 9.19 对于给定的本质矩阵 $E=U\mathrm{diag}(1,1,0)V^{\mathsf T}$ 和第一个摄像机矩阵 $P=[I|\mathbf{0}]$,第二个摄像机矩阵 $P'$ 有下列四种可能的选择:**

$$P'=[UWV^{\mathsf T}\mid+\mathbf{u}_3]\text{或}[UWV^{\mathsf T}\mid-\mathbf{u}_3]\text{或}[UW^{\mathsf T}V^{\mathsf T}\mid+\mathbf{u}_3]\text{或}[UW^{\mathsf T}V^{\mathsf T}\mid-\mathbf{u}_3]$$

### 9.6.3 四种解的几何解释

显然前面两个解之间的差别就是第一个摄像机到第二个的平移向量是反向的.

结论 9.19 中的第一与第三个解的关系更复杂一点. 然而可以验证

$$[UW^{\mathsf T}V^{\mathsf T}\mid\mathbf{u}_3]=[UWV^{\mathsf T}\mid\mathbf{u}_3]\begin{bmatrix}VW^{\mathsf T}W^{\mathsf T}V^{\mathsf T} & \\ & 1\end{bmatrix}$$

且 $VW^{\mathsf T}W^{\mathsf T}V^{\mathsf T}=V\mathrm{diag}(-1,-1,1)V^{\mathsf T}$ 是绕两个摄像机中心的连线做180°的旋转. 用这种方式联系起来的两个解称为"扭转对".

四个解如图 9.12 所示,其中表明了这四个解中仅有一个使得重构的点 $\mathbf{X}$ 同时在两个摄像机的前面. 因此只要用一个点做测试,验证它是否同时在两个摄像机前面就足以从四个不同解中确定一个作为摄像机矩阵 $P'$.

**注:**这里所采用的观点是本质矩阵是一个齐次量. 另一个可选择的观点是本质矩阵是由方程 $E=[\mathbf{t}]_{\times}R$ 准确地定义(即包含尺度因子),并在相差一个不确定的尺度因子的意义下,由方程 $\mathbf{x}'^{\mathsf T}E\mathbf{x}=0$ 确定. 观点的选择依赖于你考虑用这两个方程中的哪一个来定义本质矩阵的性质.

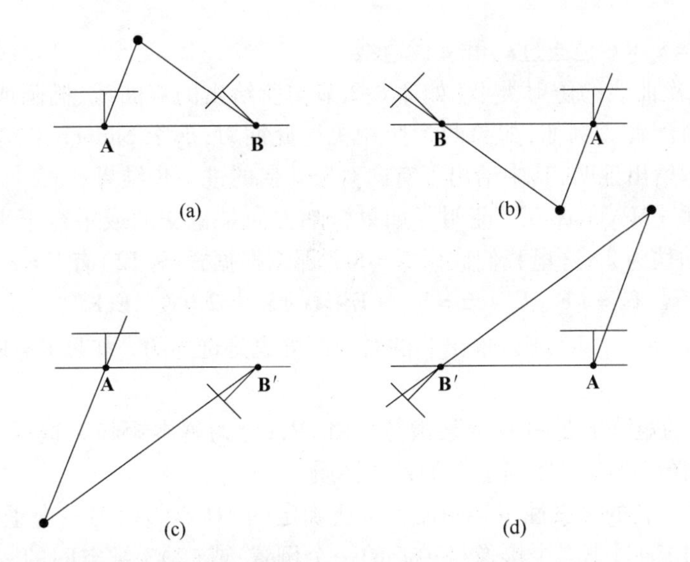


**图 9.12　由 E 作标定重构的 4 个可能解**. 左右之间有一个基线倒置. 上下两行的差别是摄像机 B 绕基线旋转了180°. 注意,仅在(a)中重构点同时在两个摄像机的前面.

# 9.7　结束语

## 9.7.1　文献

本质矩阵由 Longuet- Higgens[LonguetHiggens-81]引入到计算机视觉界,用了与摄影测量术文献(如[VonSanden-08])中出现过的与 E 类似的矩阵. 本质矩阵的许多性质曾由 Huang 和 Faugeras[Huang-89]、[Maybank-93]和[Horn-90]具体地阐明.

认识到本质矩阵表示一个射影关系并也可以用于未标定的情形是上世纪 90 年代早期的成果,它同时由 Faugeras[Faugeras-92a,Faugeras-92b]和 Hartley 等[Hartley-92a,Hartley-92c]发表.

[Maybank-93]曾对纯平面运动这一特殊情形研究了本质矩阵. 基本矩阵的相应情形则是由 Beardsley 和 Zisserman[Beardsley-95b]以及 Viéville 和 Lingrand[Viéville-95]研究的,其中给出了更深入的性质.

## 9.7.2　注释和练习

(1)**凝视摄像机**. 假设两个摄像机凝视空间中一点使得它们的主轴相交于该点. 证明如果归一化图像坐标使得坐标原点与主点重合,则基本矩阵的元素 $f_{33}$ 是零.

(2)**镜面像**. 假设摄像机拍摄一个物体及其关于一个平面镜的反射像. 证明这种情形等价于这个物体的两幅视图,且其基本矩阵是反对称的. 把这种配置的基本矩阵与下面两种情形的相比较:(a)纯平移,(b)纯平面运动. 证明该基本矩阵是自对极的(如情形(a)).

(3)证明如果一张平面的消影线包含对极点,则这个平面平行于基线.

(4)**Steiner 二次曲线**. 证明 $\mathbf{x}_a$ 的极线与 Steiner 二次曲线 $F_S$ 相交于对极点(见图 9.10a). 提示,从 $F\mathbf{e} = F_S\mathbf{e} + F_a\mathbf{e} = \mathbf{0}$ 出发. 因为 $\mathbf{e}$ 在二次曲线 $F_S$ 上,所以 $\mathbf{l}_1 = F_S\mathbf{e}$ 是过 $\mathbf{e}$ 点的切线,且

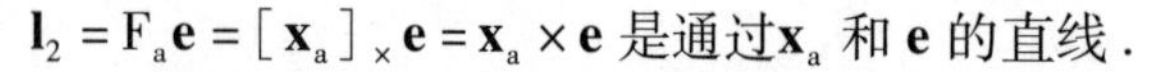
$\mathbf{l}_2 = F_a\mathbf{e} = [\mathbf{x}_a]_\times\mathbf{e} = \mathbf{x}_a \times \mathbf{e}$ 是通过$\mathbf{x}_a$ 和 $\mathbf{e}$ 的直线.

(5) Steiner 二次曲线的仿射类型(如 2.8.2 节中所给出的双曲线、椭圆或抛物线)依赖于两个摄像机的相对配置. 例如,如果两个照相机彼此面对,那么 Steiner 二次曲线是双曲线. 这在[Chum-03]中给出证明,其中给出了有向对极几何的进一步结果.

(6) **平面运动**. [Maybank-93]证明了如果转轴方向是正交的或平行于平移方向,则本质矩阵的对称部分的秩为 2. 这里我们假设 $K = K'$. 那么根据式(9.12)有 $F = K^{-T}EK^{-1}$,从而

$$F_S = (F + F^T)/2 = K^{-T}(E + E^T)K^{-T}/2 = K^{-T}E_SK^{-1}$$

再由 $\det(F_S) = \det(K^{-1})^2\det(E_S)$ 推出 F 的对称部分也是奇异的. 如果 $K \neq K'$,这个结论成立吗?

(7) 任何秩 2 的矩阵 F 是对应于某摄像机对 $(P, P')$ 的基本矩阵. 这可直接由结论 9.14 推出,因为规范摄像机的解只依赖于 F 的秩 2 性质.

(8) 证明由 E 得到的多义性重构中的一个所确定的 3D 点与由另一个重构所确定的对应 3D 点的联系是:(1)通过第二个摄像机中心的一个倒置;或(2)3 维空间的一个调和透射(见 A7.2 节),其中透射平面垂直于基线并且通过第二个摄像机的中心,而顶点是第一个摄像机的中心.

(9) 仿照 9.2.2 节,推导两个线阵推扫式摄像机的基本矩阵的形式. 这个矩阵的细节在[Gupta-97]中给出,其中证明了由一对图像进行仿射重构是可能的.

# 第 10 章 摄像机和结构的 3D 重构

本章介绍由两幅视图可以怎样和在什么程度上恢复场景的空间布局和摄像机．设给定了一组图像对应 $\mathbf{x}_i \leftrightarrow \mathbf{x}'_i$. 假定这些对应来自于一组未知的 3D 点 $\mathbf{X}_i$. 同样地，摄像机的位置、朝向和标定也是未知的．重构的任务就是寻求摄像机矩阵 P 和 P′，以及 3D 点 $\mathbf{X}_i$，使得对所有 $i$，有

$$\mathbf{x}_i = \mathrm{P}\mathbf{X}_i, \quad \mathbf{x}'_i = \mathrm{P}\mathbf{X}_i$$

若给的点太少，这个任务就不可能完成．然而，如果有足够多的点对应使得基本矩阵能被唯一确定，那么场景就可被重构到相差一个射影变换的多义性．这是一个非常重要的结果，是未标定方法的主要成就之一．

如果提供有关摄像机或场景的额外信息，重构的多义性可以减少．我们介绍一种两步方法：首先把多义性降至仿射，然后降至度量，每一步都要求提供适当类型的信息．

## 10.1 重构方法概述

我们介绍由两视图重构的方法如下：

(1)由点对应计算基本矩阵．

(2)由基本矩阵计算摄像机矩阵．

(3)针对每组点对应 $\mathbf{x}_i \leftrightarrow \mathbf{x}'_i$，计算空间中映射到这两个图像点的点．

关于这种方法可能有多种版本．比如，若摄像机是标定的，则可以用计算本质矩阵代替基本矩阵．进一步，可以利用关于摄像机的运动、场景约束或部分摄像机标定的信息来获得重构的改善．

在下面的段落中，我们将对这种重构方法的每一步做简要讨论．所介绍的方法只不过是对重构的概念性描述．我们要提醒读者不要仅基于本节所给的描述来实现重构．对于测量是“含噪”的真实图像，基于本章一般概述的首选重构方法将在第 11 章和第 12 章介绍．

**基本矩阵的计算** 给定两幅图像中的一组点对应 $\mathbf{x}_i \leftrightarrow \mathbf{x}'_i$，基本矩阵 F 对所有的 $i$ 满足条件 $\mathbf{x}'^{\mathsf{T}}_i \mathrm{F}\mathbf{x}_i = 0$. 当 $\mathbf{x}_i$ 和 $\mathbf{x}'_i$ 已知时，这个方程是关于矩阵 F 的(未知)元素的线性方程．事实上，每组点对应产生一个关于 F 的元素的线性方程．给定至少 8 组点对应，在相差一个尺度因子的意义下，可以线性求解 F 的元素(在 7 组点对应时有非线性求解方法)．当超过 8 个方程时，则求其最小二乘解．这就是计算基本矩阵方法的一般原则．

由点对应集合计算基本矩阵的一种推荐的方法将在第 11 章中介绍．

**摄像机矩阵的计算** 直接利用结论 9.14 的公式很容易计算出与基本矩阵 F 相对应的一

对摄像机矩阵 P 和 P′.

**三角测量** 给定摄像机矩阵 P 和 P′,令 $\mathbf{x}$ 和 $\mathbf{x}'$ 为两幅图像中满足对极约束 $\mathbf{x}'^{\mathrm{T}}\mathrm{F}\mathbf{x}=0$ 的两个点. 如第 9 章所示,这种约束可以借助对应于两个图像点的空间射线加以几何解释. 具体地说,它表示点 $\mathbf{x}'$ 在对极线 $\mathrm{F}\mathbf{x}$ 上. 反过来它又表示从图像点 $\mathbf{x}$ 和 $\mathbf{x}'$ 反向投影的两条射线在一个公共的对极平面上,即在一张过两个摄像机中心的平面上. 因为这两条射线在一张平面上,它们将相交于某点. 该交点 $\mathbf{X}$ 通过两个摄像机分别投影到两幅图像上的点 $\mathbf{x}$ 和 $\mathbf{x}'$. 如图 10.1 所示.

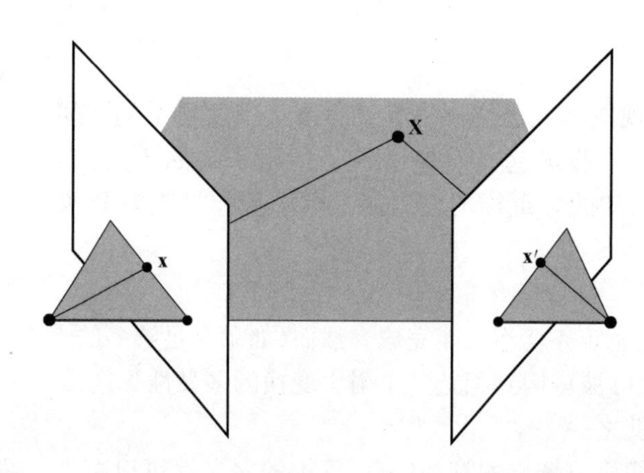


**图 10.1 三角测量**. 图像点 $\mathbf{x}$ 和 $\mathbf{x}'$ 反向投影成射线. 如果满足对极几何约束 $\mathbf{x}'^{\mathrm{T}}\mathrm{F}\mathbf{x}=0$, 那么这两条射线共面,从而相交于一个 3D 点 $\mathbf{X}$.

3D 空间中只有介于两个摄像机之间的基线上的点不能由它们的图像确定. 在这种情形下,反向投影的射线共线(两条线都等同于基线)且沿着整个长度相交. 因此,点 $\mathbf{X}$ 不能被唯一地确定. 基线上的点都投影到两幅图像上的对极点.

通过 $\mathbf{x}$ 和 $\mathbf{x}'$ 反投影的两条射线的相交来实际确定 $\mathbf{X}$ 的稳定数值方法将在第 12 章介绍.

## 10.2 重构的多义性

在本节中,我们将讨论从点对应求场景重构所固有的多义性. 这个课题将在一般的背景下讨论,不限定实现重构的具体方法.

若没有场景在某个 3D 坐标系下位置的信息,一般不可能从一对视图(或事实上从任意数目的视图)重构该场景的绝对位置和朝向. 这一结论的成立与任何有关摄像机内参数和它们的相对位置的信息毫不相干. 举一个例子,我们不能准确地计算图 9.8 中场景(或任何场景)的纬度和经度,也不能决定这个走廊的走向是南北还是东西. 可以这样说,场景重构的最好结果也要与世界坐标系相差一个欧氏变换(旋转和平移).

还有一个明显的事实是场景的整体尺寸是不能确定的. 再次考虑图 9.8,仅仅根据图像不可能确定这个走廊的宽度. 它可以是 2m、1m. 它甚至可能是一个木偶小屋的像,其走廊的宽度是 10cm. 我们凭生活经验可以猜测从地板到天花板大约 3m,这允许我们想象该场景的实际尺寸. 这个额外信息就是场景的辅助知识的一个例子,它不能从图像测量中得到. 所以,没有这类辅助知识,仅由图像来确定场景就要相差一个相似变换(旋转、平移和缩放).

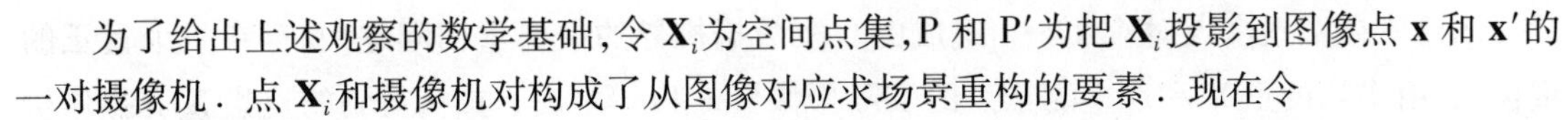

为了给出上述观察的数学基础，令 $\mathbf{X}_i$ 为空间点集，P 和 P′为把 $\mathbf{X}_i$ 投影到图像点 $\mathbf{x}$ 和 $\mathbf{x}'$ 的一对摄像机．点 $\mathbf{X}_i$ 和摄像机对构成了从图像对应求场景重构的要素．现在令

$$\mathrm{H_S} = \begin{bmatrix} \mathrm{R} & \mathbf{t} \\ \mathbf{0}^{\mathrm{T}} & \lambda \end{bmatrix}$$

为任意的相似变换：R 是旋转，$\mathbf{t}$ 是平移，而 $\lambda^{-1}$ 表示整体尺度．以 $\mathrm{H_S}\mathbf{X}_i$ 替代 $\mathbf{X}_i$ 且分别以 $\mathrm{PH_S^{-1}}$ 和 $\mathrm{P'H_S^{-1}}$ 替代摄像机 P 和 P′，不会改变被观察的图像点，因为 $\mathrm{P}\mathbf{X}_i = (\mathrm{PH_S^{-1}})(\mathrm{H_S}\mathbf{X}_i)$．进一步，如果把 P 分解为 $\mathrm{P} = \mathrm{K}[\mathrm{R_P} \mid \mathbf{t}_\mathrm{P}]$，则可算出

$$\mathrm{PH_S^{-1}} = \mathrm{K}[\mathrm{R_P R^{-1}} \mid \mathbf{t}']$$

其中的 $\mathbf{t}'$ 并不需要准确地算出．这个结果表明 P 乘以 $\mathrm{H_S^{-1}}$ 不会改变它的标定矩阵．因此这种重构多义性即使对标定摄像机也存在．Longuet-Higgins（[LonguetHiggins-81]）证明了对标定摄像机，这是仅有的重构多义性．因此对标定摄像机，可以在相差一个**相似变换**下重构．如图 10.2a 所示．

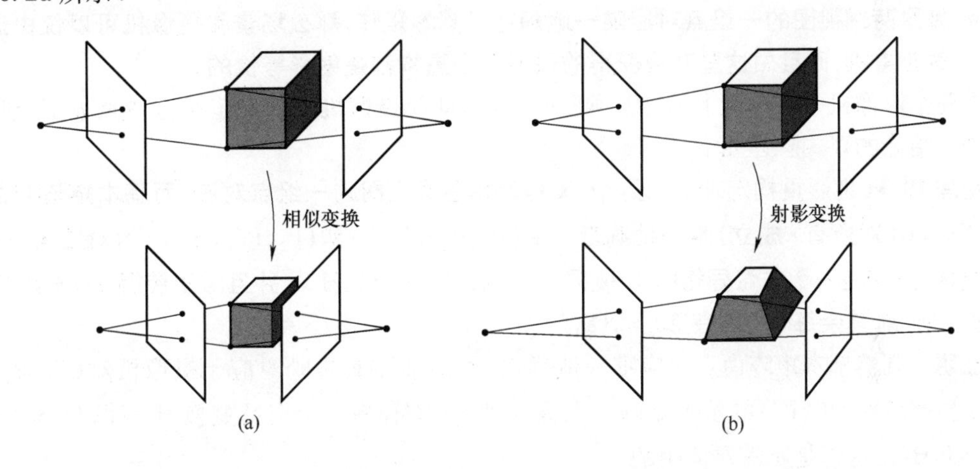


**图 10.2　重构的多义性．**(a)如果摄像机已被标定，那么任何重构必须不改变图像中被测量的射线的夹角．结构和摄像机位置的相似变换不改变所测量的角度．射线和基线（对极点）之间的角度同样不变．(b)如果摄像机是未标定的，那么重构只须不改变图像点（射线和图像平面的交）．结构和摄像机位置的射影变换不改变所测量的点，尽管射线之间的角度被改变了．对极点（与基线的交点）也不改变．

**射影多义性**　如果既不知道任何一个摄像机的标定，也不知道一个摄像机与另一个的相对位置，那么重构的多义性由一个任意射影变换表示．具体地说，如果 H 是表示 $\mathbb{P}^3$ 空间射影变换的任意 4×4 可逆矩阵，则以 $\mathrm{H}\mathbf{X}_i$ 替代 $\mathbf{X}_i$ 并以 $\mathrm{PH^{-1}}$ 和 $\mathrm{P'H^{-1}}$ 替代 P 和 P′（同前一段）不改变图像点．这表明点 $\mathbf{X}_i$ 和摄像机能被确定到最好也要相差一个射影变换．本章（第 10.3 节）将证明这也是从两幅图像进行点重构仅有的多义性，这是一个重要的结论．因此在相差一个**射影变换**下，从未标定摄像机进行重构是可能的，如图 10.2b 所示．

其他类型的重构多义性来自于运动类型的某些假设或者摄像机的部分知识．例如：

(1)如果两个摄像机间有平移运动，但标定不变，则可在相差一个仿射变换下重构．

(2)如果两个摄像机除了焦距外都已标定，则仍然可在相差一个相似变换下重构．

这两种情况将分别在后面的 10.4.1 节和例 19.8 中讨论．

**术语** 在根据由点对应 $\mathbf{x}_i \leftrightarrow \mathbf{x}'_i$ 组成的真实数据推导的任何重构问题中,存在一个**真正**的重构,它由实际的点 $\bar{\mathbf{X}}_i$ 和产生测量点的实际摄像机 $\bar{\mathrm{P}}$ 和 $\bar{\mathrm{P}}'$ 组成. 重构得到的点集 $\mathbf{X}_i$ 和摄像机与真正的重构相差一个属于给定类或群的变换(例如,相似、射影或者仿射变换). 我们用**射影重构**、**仿射重构**、**相似重构**等来表示涉及的变换类型. 然而,通常更倾向于用术语**度量重构**来代替**相似重构**,其含义是相同的. 这个术语表示诸如直线之间的夹角和长度之比等度量性质可以在重构上测量并且具有它们的真值(因为它们是相似不变的). 另外,在出版物中经常用到术语**欧氏重构**,其实也表示与相似或度量重构同样的东西,因为在没有额外信息时真正的欧氏重构(包括确定整体尺度)是不可能的.

## 10.3 射影重构定理

本节将证明由未标定摄像机进行射影重构的基本定理. 这个定理可以非正式地陈述如下.

- **如果两幅视图的一组点对应唯一地确定了基本矩阵,那么场景和摄像机可以仅由这些对应重构,而且由这些对应获得的任何两个重构都是射影等价的.**

在两个摄像机中心连线上的点必须除外,因为即使摄像机矩阵确定后这些点也不能唯一地重构. 结论的正式陈述如下:

**定理 10.1**(射影重构定理) **设 $\mathbf{x}_i \leftrightarrow \mathbf{x}'_i$ 是两幅图像之间的一组点对应,而基本矩阵 F 由条件 $\mathbf{x}'^{\mathrm{T}}_i \mathrm{F} \mathbf{x}_i = 0$(对所有 $i$ 成立)唯一地确定. 令 $(\mathrm{P}_1, \mathrm{P}'_1, \{\mathbf{X}_{1i}\})$ 和 $(\mathrm{P}_2, \mathrm{P}'_2, \{\mathbf{X}_{2i}\})$ 为对应 $\mathbf{x}_i \leftrightarrow \mathbf{x}'_i$ 的两个重构,则存在一个非奇异矩阵 H 使得 $\mathrm{P}_2 = \mathrm{P}_1 \mathrm{H}^{-1}$, $\mathrm{P}'_2 = \mathrm{P}'_1 \mathrm{H}^{-1}$,并且除了使得 $\mathrm{F}\mathbf{x}_i = \mathbf{x}'^{\mathrm{T}}_i \mathrm{F} = \mathbf{0}$ 的那些 $i$ 外,对其余每个 $i$ 都有 $\mathbf{X}_{2i} = \mathrm{H}\mathbf{X}_{1i}$.**

**证明** 既然基本矩阵由点对应唯一地确定,可以推知 F 是既对应于摄像机对 $(\mathrm{P}_1, \mathrm{P}'_1)$ 也对应于摄像机对 $(\mathrm{P}_2, \mathrm{P}'_2)$ 的基本矩阵. 根据定理 9.10,存在一个射影变换 H 使得 $\mathrm{P}_2 = \mathrm{P}_1 \mathrm{H}^{-1}$ 和 $\mathrm{P}'_2 = \mathrm{P}_1 \mathrm{H}^{-1}$,这正是所需要证明的.

对点而言,我们观察到 $\mathrm{P}_2(\mathrm{H}\mathbf{X}_{1i}) = \mathrm{P}_1 \mathrm{H}^{-1} \mathrm{H} \mathbf{X}_{1i} = \mathrm{P}_1 \mathbf{X}_{1i} = \mathbf{x}_i$. 另一方面 $\mathrm{P}_2 \mathbf{X}_{2i} = \mathbf{x}_i$,因此 $\mathrm{P}_2(\mathrm{H}\mathbf{X}_{1i}) = \mathrm{P}_2 \mathbf{X}_{2i}$. 所以 $\mathrm{H}\mathbf{X}_{1i}$ 和 $\mathbf{X}_{2i}$ 都被摄像机矩阵 $\mathrm{P}_2$ 映射为同一点 $\mathbf{x}_i$,由此推出 $\mathrm{H}\mathbf{X}_{1i}$ 和 $\mathbf{X}_{2i}$ 在过摄像机 $\mathrm{P}_2$ 中心的同一射线上. 同理,可以推出这两点也在过摄像机 $\mathrm{P}'_2$ 中心的同一射线上. 这里存在两种可能:要么如所需要证明的一样 $\mathbf{X}_{2i} = \mathrm{H}\mathbf{X}_{1i}$,要么它们是两个摄像机中心连线上的不同点. 在后一种情形,图像点 $\mathbf{x}_i$ 和 $\mathbf{x}'_i$ 与两幅图像上的对极点重合,因此 $\mathrm{F}\mathbf{x}_i = \mathbf{x}'^{\mathrm{T}}_i \mathrm{F} = \mathbf{0}$.

这是一个意义非常重大的结果,因为它意味着仅仅根据图像的对应便可以从两幅视图计算出场景的一个射影重构,无须知道关于两个摄像机的标定和姿态的任何信息. 特别是真实的重构在射影重构的一个射影变换之中. 图 10.3 给出了从两幅图像的射影重构求出的一个 3D 结构的例子.

更具体地说,设真正的欧氏重构是 $(\mathrm{P}_{\mathrm{E}}, \mathrm{P}'_{\mathrm{E}}, \{\mathbf{X}_{\mathrm{E}i}\})$,而射影重构是 $(\mathrm{P}, \mathrm{P}', \{\mathbf{X}_i\})$,则这些重构由一个非奇异矩阵 H 相关联

$$\mathrm{P}_{\mathrm{E}} = \mathrm{P}\mathrm{H}^{-1}, \mathrm{P}'_{\mathrm{E}} = \mathrm{P}'\mathrm{H}^{-1} \text{和} \mathbf{X}_{\mathrm{E}i} = \mathrm{H}\mathbf{X}_i \tag{10.1}$$

式中,H 是一个 $4 \times 4$ 的未知的但对所有点都一样的单应矩阵.

对某些应用来说,射影重构就是全部的目的. 例如,诸如“直线和平面相交于什么点?”“由特殊的曲面(例如平面或二次曲面)诱导的两幅视图之间的映射是什么?”等一类问题都可

以直接由射影重构来处理．后面还将进一步看到获得场景的射影重构是迈向仿射或度量重构的第一步．

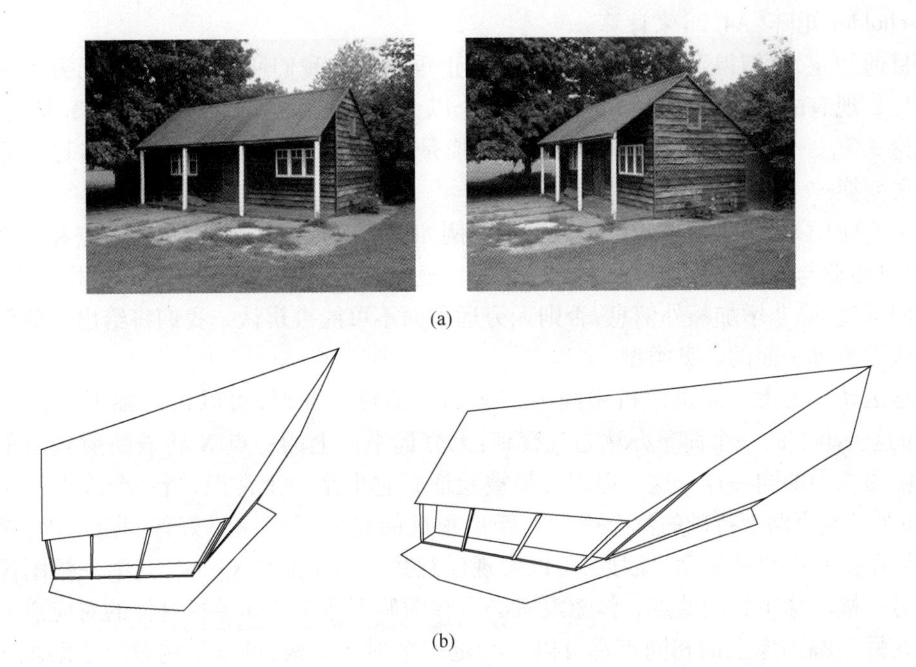

图 10.3　射影重构．(a)原图像对．(b)场景的 3D 重构的 2 幅视图．重构不需要摄像机矩阵或场景几何的信息．基本矩阵 F 由图像之间的点对应计算得到，摄像机矩阵则由 F 恢复，然后 3D 点则由三角测量和对应求得．线框图的线把所求的 3D 点连起来．

## 10.4　分层重构

重构的“分层”方法始于射影重构，然后如有可能，再逐步地将它改善到仿射或最终到度量重构．当然，正如刚看到的，没有关于场景、运动或者摄像机标定的进一步信息，仿射和度量重构是不可能的．

### 10.4.1　步入仿射重构

仿射重构的本质是用某些方法定位无穷远平面，因为定位无穷远平面等价于仿射重构．这种等价性的 2D 情形在 2.7 节解释过．为了了解重构的这种等价性，假设我们已经确定了场景的射影重构，它由三元组$(\mathrm{P},\mathrm{P}',\{\mathbf{X}_i\})$组成．进一步假设借助某些办法某一平面$\boldsymbol{\pi}$被确定为真实的无穷远平面．在射影重构的坐标系下平面$\boldsymbol{\pi}$表示为一个 4 维向量．在真实的重构下$\boldsymbol{\pi}$的坐标是$(0,0,0,1)^{\top}$，我们可以寻找使$\boldsymbol{\pi}$映射到$(0,0,0,1)^{\top}$的射影变换．考虑射影变换对平面作用的方式，我们希望求 H 使得 $\mathrm{H}^{-\top}\boldsymbol{\pi}=(0,0,0,1)^{\top}$．这样的变换就是：

$$\mathrm{H}=\left[\begin{array}{c|c}\mathrm{I} & \mathbf{0} \\ \multicolumn{2}{c}{\boldsymbol{\pi}^{\top}}\end{array}\right] \tag{10.2}$$

事实上，可以直接验证 $\mathrm{H}^{\top}(0,0,0,1)^{\top}=\boldsymbol{\pi}$，因此正如所需的 $\mathrm{H}^{-\top}\boldsymbol{\pi}=(0,0,0,1)^{\top}$．现在把这个

变换 H 作用于所有点和两个摄像机．然而应注意，如果 $\boldsymbol{\pi}^{\mathsf{T}}$ 的最后一个坐标是 0，则这个公式失效．在这种情形下，可以利用计算 $\mathrm{H}^{-\mathsf{T}}$ 来求合适的 H，而 $\mathrm{H}^{-\mathsf{T}}$ 可作为满足 $\mathrm{H}^{-\mathsf{T}}\boldsymbol{\pi}=(0,0,0,1)^{\mathsf{T}}$ 的 Householder 矩阵（A4.2）来计算．

到目前为止，我们得到的重构不一定是真正重构——我们所知道的仅是无穷远平面已被正确定位．现有的重构与真实的重构相差一个以无穷远平面为不动平面的射影变换．然而，根据结论 3.7，一个固定无穷远平面的射影变换是仿射变换．因此这个重构与真实重构相差一个仿射变换——它是一个**仿射重构**．

对某些应用来说，仿射重构已经足够了．例如，现在可以计算两个点的中点和一个点集的形心，可以构造与其他直线和平面平行的直线．显然这些计算不可能从射影重构中得到．

我们讲过，除非增加额外信息，否则无穷远平面不可能被辨认．我们将给出一些例子说明能够辨认无穷远平面的信息类型．

**平移运动** 考虑已知摄像机做纯平移运动的情形．此时，可以由两幅视图实现仿射重构．理解这一事实的一个简单办法是观察到：无穷远平面上的一点 $\mathbf{X}$ 将被映射到由平移所产生的两幅图像中的同一点．这可以很容易被验证．它也是一个常识，当一个人沿一条直线运动（例如在一条直路上行驶的汽车中）时，距离很远的物体（如月亮）好像固定不动，而只有附近的物体在视野中快速运动．因此，可以发现任意数目的匹配点 $\mathbf{x}_i\leftrightarrow\mathbf{x}_i$，其中一幅图像中的点对应于另一幅图像中相同的点．注意没有必要在两幅图像中实际寻找这样的对应点——任何点及其在另一幅图像上的相同点都可以．给定一个射影重构，可以重构对应于匹配 $\mathbf{x}_i\leftrightarrow\mathbf{x}_i$ 的点 $\mathbf{X}_i$．点 $\mathbf{X}_i$ 将在无穷远平面上．从三组这样的点就可以得到在无穷远平面上的三个点——足以唯一地确定无穷远平面．

虽然以上讨论给出了由平移摄像机做仿射重构的一个构造性证明，但并不意味着这是最好的数值实现方法．事实上，平移运动的假定意味着基本矩阵有一个非常受限的形式——如在 9.3.1 节所指出的它是一个反对称矩阵．求解基本矩阵时，应该考虑这一特殊形式．

**结论 10.2 设摄像机的运动是没有旋转的纯平移运动且内参数保持不变．则如例 9.6 所示，$\mathrm{F}=[\mathbf{e}]_\times=[\mathbf{e}']_\times$，并且作为仿射重构可选的两个摄像机为 $\mathrm{P}=[\mathrm{I}\mid\mathbf{0}]$ 和 $\mathrm{P}'=[\mathrm{I}\mid\mathbf{e}']$．**

**场景约束** 场景约束或条件也可以用来获得仿射重构．只要能够辨认在无穷远平面上的三个点，该平面就可以被辨认，并且该重构可以变换到仿射重构．

**平行直线** 最明显的条件是知道某些 3D 直线实际是平行的．空间中两条平行直线的交点给出无穷远平面上的一个点．该点的图像是直线的消影点，而且是两条像直线的交点．假设在场景中能够确定三组平行直线．每组相交于无穷远平面上的一点．只要每组有不同的方向，则三点将不同．因为三点确定一张平面，故这个信息足够确定平面 $\boldsymbol{\pi}$．

实际计算空间直线的交点的最佳方法是个微妙的问题，因为由于噪声的存在，本应该相交的直线很少相交．这在第 12 章中将做较详细的讨论．计算无穷远平面的适当的数值方法将在第 13 章给出．图 10.4 给出从三组平行直线计算仿射重构的例子．

注意没有必要在两幅图像上同时求消影点．假定从第一幅图像上的平行直线计算出消影点 $\mathbf{v}$，且 $\mathbf{l}'$ 是它在第二幅图像上对应的直线．消影点满足对极约束，因此在第二幅图像上的消影点 $\mathbf{v}'$ 可以由 $\mathbf{l}'$ 和 $\mathbf{v}$ 的对极线 $\mathrm{F}\mathbf{v}$ 的交点来计算．3D 点 $\mathbf{X}$ 的重构代数上可以被简洁地表示为方程 $([\mathbf{v}]_\times\mathrm{P})\mathbf{X}=0$ 和 $(\mathbf{l}'^{\mathsf{T}}\mathrm{P}')\mathbf{X}=0$ 的解．这些方程表示 $\mathbf{X}$ 映射到第一幅图像中的点 $\mathbf{v}$ 和第

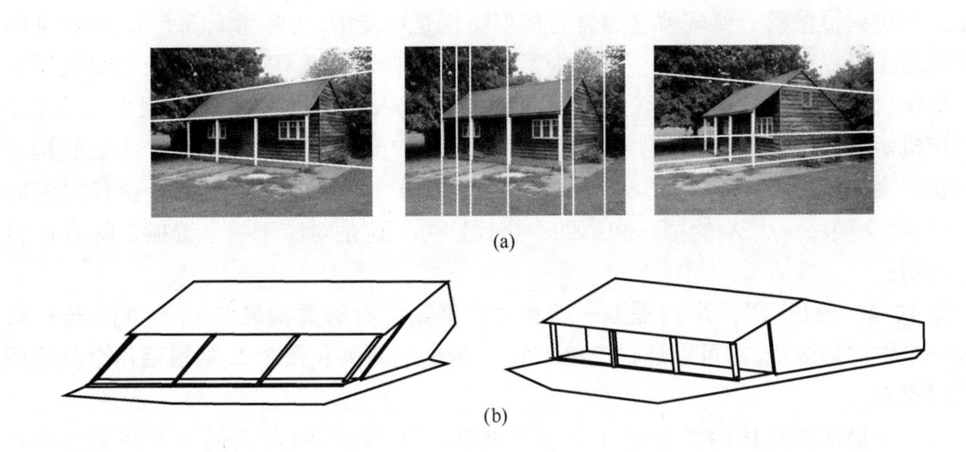

图 10.4　仿射重构．图 10.3 所示的射影重构可以用平行的场景直线升级为仿射重构．(a)场景中有 3 组平行线，每组有不同的方向．这 3 组平行线使得无穷远平面 $\boldsymbol{\pi}_\infty$ 的位置可以从射影重构中计算出来．然后利用单应式(10.2)对图 10.3 的线框图射影重构进行仿射矫正．(b)显示了线框图仿射重构的两个正交视图．注意平行场景直线在重构中是平行的，但垂直场景直线在重构中不垂直．

二幅图像中 $\mathbf{l}'$ 上的点．

**直线上的距离比**　除了用图像上平行直线的交点计算消影点外，还可以运用场景中仿射长度比的知识．例如，给定直线上长度比已知的两个区间，就可以确定该直线上的无穷远点．这意味着从一条含已知世界长度比(如三个等距点)的直线的像，就可以确定其消影点．这种计算，及其他计算消影点和消影线的方法，在 2.7 节中给出．

**无穷单应**　一旦无穷远平面被定位，使得我们能得到仿射重构，那么我们还有一种被称作"无穷单应"的图像到图像的映射，该映射是一个 2D 单应，并将在第 13 章做更详细的介绍．简要地说，它是一种按如下方式通过无穷远平面把点从 P 图像转移到 P′图像的映射：延长过点 $\mathbf{x}$ 的射线与无穷远平面相交于点 $\mathbf{X}$；该点被投射到另一幅图像中的点 $\mathbf{x}'$，从 $\mathbf{x}$ 到 $\mathbf{x}'$ 的单应记作 $\mathbf{x}' = \mathrm{H}_\infty \mathbf{x}$.

现在我们证明得到了仿射重构就等价于知道了无穷单应．给定仿射重构的两个摄像机 $\mathrm{P} = [\mathrm{M} \mid \mathbf{m}]$ 和 $\mathrm{P}' = [\mathrm{M}' \mid \mathbf{m}']$，无穷单应由 $\mathrm{H}_\infty = \mathrm{M}'\mathrm{M}^{-1}$ 给出．这是因为位于无穷远平面上的点 $\mathbf{X} = (\widetilde{\mathbf{X}}^\top, 0)^\top$，在一幅图像中映射到 $\mathbf{x} = \mathrm{M}\widetilde{\mathbf{X}}$，而在另一幅图像中映射到 $\mathbf{x}' = \mathrm{M}'\widetilde{\mathbf{X}}$，从而对 $\boldsymbol{\pi}_\infty$ 上的点有 $\mathbf{x}' = \mathrm{M}'\mathrm{M}^{-1}\mathbf{x}$. 进一步可以验证它在摄像机的 3D 仿射变换下不变．因此，无穷单应可以从仿射重构显式地计算出来并且反过来也成立：

**结论 10.3　如果已获得一个仿射重构并且其中的摄像机矩阵是 $\mathrm{P} = [\mathrm{I} \mid \mathbf{0}]$ 和 $\mathrm{P}' = [\mathrm{M}' \mid \mathbf{e}']$，则无穷单应是 $\mathrm{H}_\infty = \mathrm{M}'$. 反过来，如果已得到无穷单应 $\mathrm{H}_\infty$，则仿射重构的摄像机可以取为 $\mathrm{P} = [\mathrm{I} \mid \mathbf{0}]$ 和 $\mathrm{P}' = [\mathrm{H}_\infty \mid \mathbf{e}']$.**

无穷单应可以直接从图像对应元素而不必间接地由仿射重构来计算．例如，$\mathrm{H}_\infty$ 可以由三个消影点的对应和 F 来计算，或者由消影线和消影点的对应及 F 来计算．第 13 章将给出这些计算的适当的数值过程．然而，这种直接计算完全等价于在射影重构中确定 $\boldsymbol{\pi}_\infty$.

**一个摄像机是仿射**　能获得仿射重构的另一个重要情形是已知其中一个摄像机是 6.3.1

节中定义的仿射摄像机．要理解这蕴含着仿射重构是可能的，可参考6.3.5节，那里证明了仿射摄像机的主平面是无穷远平面．因而为了将射影重构转换为仿射重构，只需要找到应该为仿射的摄像机的主平面并且将它映射到平面$(0,0,0,1)^{\mathrm{T}}$．回忆（第6.2节）摄像机的主平面是相应摄像机矩阵的第三行．例如，考虑摄像机矩阵为$\mathrm{P}=[\mathrm{I}\mid\mathbf{0}]$和$\mathrm{P}'$的一个射影重构并设第一个为仿射摄像机．为了把P的第三行映射到$(0,0,0,1)$，只要交换这两个摄像机矩阵最后两列，并同时交换每一个$\mathbf{X}_i$的第三和第四个坐标即可．这是对应于一个置换矩阵H的投影变换．这表明：

**结论 10.4** 设$(\mathrm{P},\mathrm{P}',\{\mathbf{X}_i\})$是从一组点对应得到的射影重构且$\mathrm{P}=[\mathrm{I}\mid\mathbf{0}]$．若已知P事实上是一个仿射摄像机，则可以通过交换P和$\mathrm{P}'$的最后两列及每个$\mathbf{X}_i$的最后两个坐标而得到一个仿射重构．

注意一个摄像机是仿射的条件不对基本矩阵产生约束，因为任何一对规范摄像机$\mathrm{P}=[\mathrm{I}\mid\mathbf{0}]$和$\mathrm{P}'$都可以变换为P是仿射的摄像机对．如果已知两个摄像机都是仿射的，那么将会看到基本矩阵具有式(14.1)给出的受限形式．对于这种情形，为了数值计算的稳定性，求解基本矩阵时必须强制性要求基本矩阵取这个特殊形式．

当然真实的仿射摄像机是不存在的——仿射摄像机模型不过是一种近似，只是当图像中看到的点的深度变化相对于它到摄像机的距离比较小时才有效．尽管如此，仿射摄像机的假定有利于对从射影到仿射重构施加重要的约束．

### 10.4.2 步入度量重构

正如仿射重构的关键是无穷远平面的辨认，度量重构的关键是绝对二次曲线（第2.6节）的辨认．因为绝对二次曲线$\Omega_\infty$是在无穷远平面上的一条平面二次曲线，确定绝对二次曲线就意味着确定无穷远平面．

分层方法中，我们从射影重构到仿射重构再到度量重构，因此在求绝对二次曲线之前已经知道了无穷远平面．假设在无穷远平面上的二次曲线已得到辨认．原则上下一步主要是对该仿射重构运用仿射变换，使得被辨认的绝对二次曲线映射到标准欧氏坐标系下的绝对二次曲线（在$\boldsymbol{\pi}_\infty$上，它的方程是$X_1^2+X_2^2+X_3^2=0$）．所求重构与真实的重构之间相差一个使绝对二次曲线保持不变的射影变换．从结论3.9可知该射影变换是一个相似变换，因此我们达到了度量重构的目的．

实际上，实现这个过程的最简单的方法是考虑绝对二次曲线在其中一幅图像中的像．绝对二次曲线（如同任意二次曲线）的像是图像上的二次曲线．该二次曲线的反向投影是一个锥面，该锥面与无穷远平面相交于一条二次曲线，并由此定义了绝对二次曲线．记住绝对二次曲线的像是图像本身的性质，与任何图像点、直线和其他特征一样，它不依赖于任何特殊的重构，因此在重构的3D变换下是不变的．

假设在仿射重构中绝对二次曲线在矩阵为$\mathrm{P}=[\mathrm{M}\mid\mathbf{m}]$的摄像机下的像是二次曲线ω. 我们将说明怎样用ω来定义把仿射重构变换到度量重构的单应H.

**结论 10.5** 若已知绝对二次曲线在某幅图像中的像是ω，且已得到摄像机矩阵为$\mathrm{P}=[\mathrm{M}\mid\mathbf{m}]$的仿射重构，则用形如

$$\mathrm{H}=\begin{bmatrix}\mathrm{A}^{-1} & \\ & 1\end{bmatrix}$$

的 3D 变换,可以把仿射重构变换到度量重构,其中 A 由方程 $AA^{\mathsf{T}}=(M^{\mathsf{T}}\omega M)^{-1}$ 的 Cholesky 分解得到.

**证明**　在变换 H 下,摄像机矩阵 P 被变换为矩阵 $P_M=PH^{-1}=[M_M \mid \mathbf{m}_M]$. 如果 $H^{-1}$ 形如

$$H^{-1}=\begin{bmatrix} A & \mathbf{0} \\ \mathbf{0}^{\mathsf{T}} & 1 \end{bmatrix}$$

则 $M_M=MA$. 然而,绝对二次曲面的像与欧氏坐标系下的摄像机矩阵 $P_M$ 的关系是

$$\omega^{*}=M_M M_M^{\mathsf{T}}$$

这是因为摄像机矩阵可以被分解为 $M_M=KR$,且从式(8.11)可知 $\omega^{*}=\omega^{-1}=KK^{\mathsf{T}}$. 将其与 $M_M=MA$ 联合推出 $\omega^{-1}=MAA^{\mathsf{T}}M^{\mathsf{T}}$,整理后得到 $AA^{\mathsf{T}}=(M^{\mathsf{T}}\omega M)^{-1}$. 满足这个关系的 A 的具体值可以通过 $(M^{\mathsf{T}}\omega M)^{-1}$ 的 Cholesky 分解得到. 后一个矩阵要求是正定的(见结论 A4.5),否则,不存在这样的矩阵 A,从而度量重构将不可能.

这种度量重构方法依赖于辨认绝对二次曲线的像. 实现它有多种方式并将在接下来讨论. 我们给出关于绝对二次曲线的像的三种约束源,实践中常把这些约束组合起来使用.

**1. 场景正交性的约束.** 来自于正交场景直线的一对消影点 $\mathbf{v}_1,\mathbf{v}_2$ 对 ω 提供一个线性约束:

$$\mathbf{v}_1^{\mathsf{T}}\omega\mathbf{v}_2=0$$

类似地,来自于一个方向及与之正交的平面的消影点 $\mathbf{v}$ 和消影线 $\mathbf{l}$ 对 ω 提供了两个约束

$$\mathbf{l}=\omega\mathbf{v}$$

一个常用的例子是竖直方向的消影点和水平地平面的消影直线. 最后,包含度量信息的成像场景平面(如正方形栅格)为 ω 提供两个约束.

**2. 已知内参数的约束.** 如果摄像机矩阵的标定矩阵等于 K,则绝对二次曲线的像是 $\omega=K^{-\mathsf{T}}K^{-1}$. 因此包含在 K 中的摄像机内参数(式(6.10))信息可以被用来约束或确定 ω 的元素. 当已知 K 的扭曲因子为零($s=0$)时有

$$\omega_{12}=\omega_{21}=0$$

若像素是正方形(零扭曲且 $\alpha_x=\alpha_y$),则

$$\omega_{11}=\omega_{22}$$

这前两个约束源在 8.8 节关于单视图标定的问题中详细讨论,其中给出仅利用这些信息来标定摄像机的例子. 下面还有来自多幅视图的另一类约束源.

**3. 多幅图像中同一摄像机的约束.** 绝对二次曲线的一个性质是它在图像上的投影只依赖于摄像机的标定矩阵,而不依赖于摄像机的位置和方向. 当两个摄像机 P 和 P′具有相同的标定矩阵时(通常意味着两幅图像取自具有不同姿态的同一摄像机)有 $\omega=\omega'$,即绝对二次曲线在两幅图像上的像是相同的. 给定足够多的图像,可以利用这个性质从仿射重构得到度量重构. 这种度量重构的方法及其在摄像机自标定中的应用,将在第 19 章中做更详细的讨论. 目前我们只给出一般原理.

因为绝对二次曲线在无穷远平面上,它的像可以通过无穷单应从一幅视图转移到另一幅视图. 由此得到方程(见结论 2.13)

$$\omega'=H_{\infty}^{-\mathsf{T}}\omega H_{\infty}^{-1} \tag{10.3}$$

式中,ω 和 ω′是 $\Omega_{\infty}$ 在两幅视图中的像. 形成这些方程的必要条件是已经得到仿射重构,因为

必须已知无穷单应．如果 $\omega=\omega'$，则式(10.3)给出关于 $\omega$ 元素的一组线性方程．一般情况下，这组线性方程对 $\omega$ 提供了4个约束，因 $\omega$ 有5个自由度，故还不能被完全确定．然而，把这些线性方程和由场景的正交性或者已知内参数提供的约束结合起来，就可以唯一地确定 $\omega$. 事实上式(10.3)可以用来把 $\omega$ 的约束转移到 $\omega'$ 的约束．图10.5显示了以这种组合约束的方式得到的度量重构的一个例子．

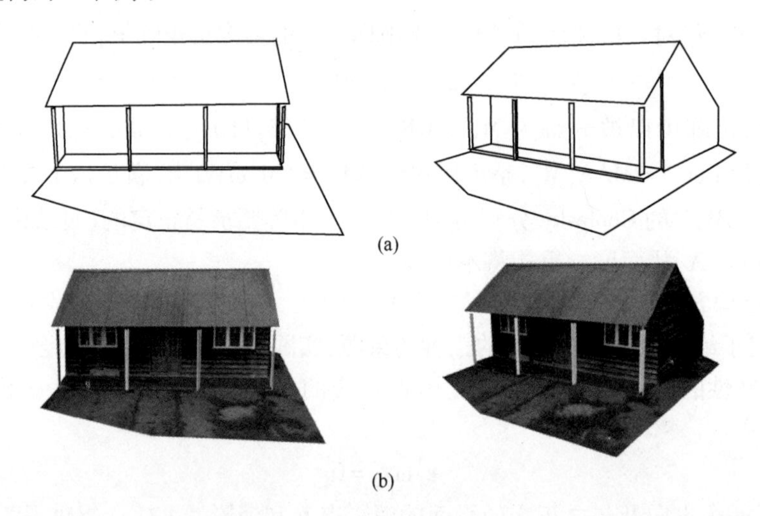

**图10.5　度量重构**．通过计算绝对二次曲线的像使得图10.4的仿射重构提升为度量重构．采用的信息是图10.4显示的平行线集合的方向的正交性以及两幅图像具有正方形像素约束．$H_\infty$ 把正方形像素的约束由一幅图像传递到另一幅图像．(a)度量重构的两幅视图．场景中垂直的直线在重构中仍然垂直，并且房子边缘的宽高比与真实的一样．(b)由线框图通过分片平面模型的纹理映射得到的两幅视图．

### 10.4.3　利用 $\omega$ 直接度量重构

前面的讨论指出如何利用绝对二次曲线的像(IAC)信息把仿射重构变换为度量重构．然而，知道 $\omega$ 并至少给定两幅视图时，也可以直接进行度量重构．至少有两种不同的方法来实现这种重构．最明显的方法是利用IAC来计算每个摄像机的标定，然后再进行已知标定下的重构．

这种方法根据 $\omega$ 和标定矩阵K的关系，即 $\omega=(KK^{T})^{-1}$. 因此可以从 $\omega$ 计算K，即先对它取逆，然后做Cholesky分解求K. 如果知道每幅图像中的IAC，则两个摄像机都可以用这个方法来标定．下一步对已标定的摄像机，可以利用本质矩阵来计算场景的度量重构，如9.6节所示．注意可能出现四个解．其中两个解只是镜像图像，而另外两个解是不同的并组成一个扭转对(尽管考虑到点在摄像机的前面，除一个解外其他解都可以排除).

度量重构的另一个更概念性的方法是运用IAC的信息直接确定无穷远平面和绝对二次曲线．如果已知射影坐标系中的摄像机矩阵P和P′及在每幅图像中的一条二次曲线(特别是绝对二次曲线的像)，则在3D空间中的 $\Omega_\infty$ 可以显式地算出．这可以通过反投影二次曲线到锥面而获得，该锥面必然与绝对二次曲线相交．因此，可以确定 $\Omega_\infty$ 和其支撑平面 $\boldsymbol{\pi}_\infty$ (有关代数解见第15章的习题(10))．然而，一般情况下两个锥面相交于两条不同的平面二次曲线，每

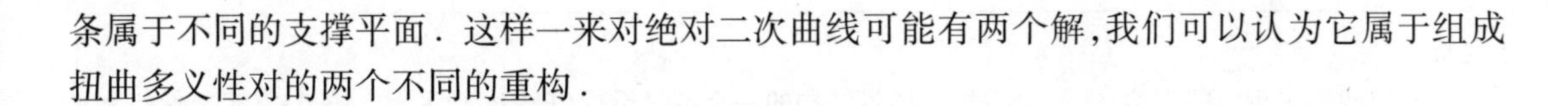

条属于不同的支撑平面．这样一来对绝对二次曲线可能有两个解，我们可以认为它属于组成扭曲多义性对的两个不同的重构．

## 10.5　直接重构——利用地面知识

如果给定“地面控制点”（即已知其在欧氏世界坐标系下位置的 3D 点），那么可以直接从射影重构跳到度量重构．假定我们有 $n$ 个这样的地面控制点 $\{\mathbf{X}_{Ei}\}$ 被成像在 $\mathbf{x}_i \leftrightarrow \mathbf{x}'_i$. 我们希望利用这些点把射影重构变换到度量重构．

在射影重构中控制点的 3D 位置 $\{\mathbf{X}_i\}$ 可以由它们的图像对应 $\mathbf{x}_i \leftrightarrow \mathbf{x}'_i$ 来计算．因为该射影重构通过一个单应关联于真正的重构，故从式（10.1）我们有方程：

$$\mathbf{X}_{Ei} = \mathrm{H}\mathbf{X}_i, \quad i = 1, \cdots, n$$

每组点对应提供关于 H 元素的三个独立线性方程．因 H 有 15 个自由度，故只要 $n \geqslant 5$（且没有四个控制点是共面的），便可以得到一个线性解．这类计算和适当的数值方法已在第 4 章中介绍.

另一种方法可以不计算 $\mathbf{X}_i$ 而通过把已知的地面控制点直接与图像测量相联系来计算 H. 因此类似于计算摄像机矩阵的 DLT 算法（第 7.1 节），方程

$$\mathbf{x}_i = \mathrm{P}\mathrm{H}^{-1}\mathbf{X}_{Ei}$$

提供了关于未知 $\mathrm{H}^{-1}$ 的元素的两个线性独立方程，而所有其他的量都是已知的．如果 $\mathbf{x}'_i$ 已知，类似的方程可以由另一幅图像推出．不必要地面控制点在两幅图像中都可见．然而需注意如果对某个给定控制点 $\mathbf{X}_{Ei}$，$\mathbf{x}_i$ 和 $\mathbf{x}'_i$ 都可见，那么因为关于 $\mathbf{x}$ 和 $\mathbf{x}'$ 的共面约束，用这种方法产生的 4 个方程只有 3 个是独立的．

一旦 H 被计算出来，就可以把射影重构的摄像机 P 和 P′ 变换为其真实欧氏重构的矩阵．一个利用这种方法直接计算度量结构的例子如图 10.6 所示．

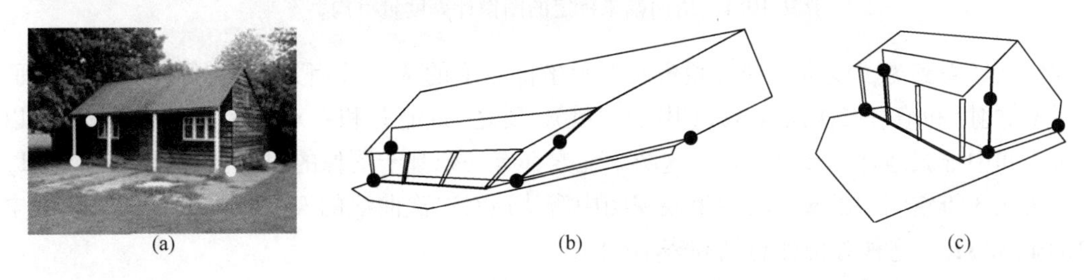


**图 10.6　直接重构**．可以通过指定 5 个（或更多）世界点的位置将图 10.3 的射影重构提升为度量重构：（a）所用的 5 个点．（b）图 10.3 中射影重构上对应的点．（c）将 5 个点映射到它们的世界位置后的重构．

## 10.6　结束语

本章中我们概述了由一对图像产生度量重构的必要步骤并总结在算法 10.1 中，而这些步骤的计算过程将在下面几章中介绍．按惯例，一般的讨论仍主要限制在点上，但相关思想（三角测量、多义性、分层）同样适用于直线、二次曲线等其他图像特征．

目标

给定两幅未标定的图像，计算摄像机和场景结构的一个度量重构($P_M, P'_M, \{\mathbf{X}_{Mi}\}$)，即与真实摄像机和场景结构仅相差一个相似变换的重构.

算法

(1)**计算一个射影重构**($P, P', \{\mathbf{X}_i\}$):

(a)**计算基本矩阵**:由两幅图像之间的点对应 $\mathbf{x}_i \leftrightarrow \mathbf{x}'_i$.

(b)**摄像机恢复**:由基本矩阵计算摄像机矩阵 P,P′.

(c)**三角测量**:对每组点对应 $\mathbf{x}_i \leftrightarrow \mathbf{x}'_i$，计算投影到这两个图像点的空间点 $\mathbf{X}_i$.

(2)**把射影重构矫正到度量重构**:

- 利用**直接方法**:由已知其欧氏位置的 5 个或更多的地面控制点 $\mathbf{X}_{Ei}$ 来计算满足 $\mathbf{X}_{Ei} = H\mathbf{X}_i$ 的单应 H，则度量重构是

$$P_M = PH^{-1}, P'_M = P'H^{-1}, \mathbf{X}_{Mi} = H\mathbf{X}_i$$

- 或用**分层方法**:

(a)**仿射重构**:按 10.4.1 节介绍的方法计算无穷远平面 $\boldsymbol{\pi}_\infty$，然后用单应

$$H = \begin{bmatrix} I \mid \mathbf{0} \\ \boldsymbol{\pi}_\infty^{\mathsf{T}} \end{bmatrix}$$

把射影重构提升到仿射重构.

(b)**度量重构**:按 10.4.2 节介绍的方法计算绝对二次曲线的像 ω，然后用单应

$$H = \begin{bmatrix} A^{-1} & \\ & 1 \end{bmatrix}$$

把仿射重构提升到度量重构，其中 A 由方程 $AA^{\mathsf{T}} = (M^{\mathsf{T}}\omega M)^{-1}$ 做 Cholesky 分解得到，而 M 是仿射重构中的摄像机矩阵左上角的 3×3 子矩阵，计算 ω 是为了求 A.

算法 10.1　由两幅未标定的图像计算度量重构.

我们已经看到为了度量重构必须辨认射影坐标系下的两个几何元素，它们是无穷远平面 $\boldsymbol{\pi}_\infty$(用于仿射)和绝对二次曲线 $\Omega_\infty$(用于度量). 反之，给定 F 和一对已标定的摄像机，可以在 3 维空间中显式地计算 $\boldsymbol{\pi}_\infty$ 和 $\Omega_\infty$. 这两个元素都有一个基于图像的对应:辨认无穷单应 $H_\infty$ 等价于辨认 3 维空间中的 $\boldsymbol{\pi}_\infty$；而在每幅视图中辨认绝对二次曲线的像 ω 则等价于辨认 3 维空间中的 $\boldsymbol{\pi}_\infty$ 和 $\Omega_\infty$. 这种等价性总结在表 10.1 中.

| 给定的图像信息 | 视图关系和射影物体 | 3 维空间物体 | 重构多义性 |
|---|---|---|---|
| 点对应 | F | | 射影 |
| 包含消影点的点对应 | $F, H_\infty$ | $\boldsymbol{\pi}_\infty$ | 仿射 |
| 点对应和摄像机内参数标定 | $F, H_\infty, \omega, \omega'$ | $\boldsymbol{\pi}_\infty, \Omega_\infty$ | 度量 |

**表 10.1**　不同类型的重构多义性中的两视图关系、图像元素及其 3 维空间的对应.

最后，值得注意的是如果对度量精度没有严格要求，那么若能猜测出一个逼近正确值的内参数，则一般可直接从射影重构获得一个可接受的度量重构. 这种“准欧氏重构”经常适用于可视化的目的.

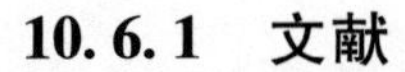

### 10.6.1 文献

Koenderink 和 van Doorn[Koenderink-91]对仿射摄像机的分层给出了非常精彩的讨论．[Faugeras-95b]将其与 Luong 和 Viéville[luong-94,Luong-96]的改进扩展到透视上．给定 F 后射影重构的可能性出现在[Faugeras-92b]和 Hartley 等[Hartley-92c]的工作中．

由纯平移计算仿射重构的方法首先出现于 Moons 等的工作[Moons-94]中．[Faugeras-95c,Liebowitz-99b,Sturm-99c]中介绍了关于多幅视图的场景和内参数的组合．

### 10.6.2 注释和练习

给定一条直线 **L** 和点 **X**(不在 **L** 上)在两视图上的图像以及视图之间的 $H_\infty$，仅(隐式地)用图像关系(即不进行显式的 3D 重构)计算 3 维空间中平行于 **L** 并过 **X** 的直线的图像．用这种隐式方法进行计算的其他例子在[Zeller-96]中给出．

# 第 11 章 基本矩阵 F 的计算

本章介绍利用两幅图像之间的一组点对应来估计基本矩阵的数值方法. 我们先介绍由两幅图像的点对应产生 F 的方程,以及它们的最小解. 接下来几节给出利用代数距离估计 F 的线性方法、不同的几何代价函数以及包括 MLE(“黄金标准”)算法和 Sampson 距离在内的求解方法.

然后介绍自动获得点对应的一种算法,使得 F 可以从图像对直接得到估计. 我们还讨论特殊摄像机运动下的 F 的估计.

本章还涵盖用所算得的 F 来进行图像矫正的方法.

## 11.1 基本方程

基本矩阵由下面方程定义:

$$\mathbf{x}'^{\mathsf{T}}\mathrm{F}\mathbf{x}=0 \tag{11.1}$$

式中,$\mathbf{x}\leftrightarrow\mathbf{x}'$是两幅图像的任意一对匹配点. 给定足够多的点匹配 $\mathbf{x}_i\leftrightarrow\mathbf{x}_i'$(至少 7 对),方程式(11.1)可用来计算未知的矩阵 F. 进一步地说,记 $\mathbf{x}=(x,y,1)^{\mathsf{T}}$和 $\mathbf{x}'=(x',y',1)^{\mathsf{T}}$,每一组点匹配提供关于 F 的未知元素的一个线性方程. 方程的系数可以很容易地用 $\mathbf{x}$ 和 $\mathbf{x}'$的已知坐标来表示. 具体地说,对应于一对点$(x,y,1)^{\mathsf{T}}$和$(x',y',1)^{\mathsf{T}}$的方程是

$$x'xf_{11}+x'yf_{12}+x'f_{13}+y'xf_{21}+y'yf_{22}+y'f_{23}+xf_{31}+yf_{32}+f_{33}=0 \tag{11.2}$$

用向量 $\mathbf{f}$ 表示由 F 的元素按行优先顺序排列的 9 维向量列. 那么式(11.2)可以被表示为一个向量内积

$$(x'x,x'y,x',y'x,y'y,y',x,y,1)\mathbf{f}=0$$

从 $n$ 对点匹配的集合,我们得到如下线性方程组:

$$\mathrm{A}\mathbf{f}=\begin{bmatrix} x_1'x_1 & x_1'y_1 & x_1' & y_1'x_1 & y_1'y_1 & y_1' & x_1 & y_1 & 1\\ \vdots & \vdots & \vdots & \vdots & \vdots & \vdots & \vdots & \vdots & \vdots\\ x_n'x_n & x_n'y_n & x_n' & y_n'x_n & y_n'y_n & y_n' & x_n & y_n & 1 \end{bmatrix}\mathbf{f}=0 \tag{11.3}$$

这是一个齐次方程组,且 $\mathbf{f}$ 可以被确定到只差常数因子. 如果存在一个解,矩阵 A 的秩必须最多为 8,而如果秩正好为 8,则解是唯一的(只差常数因子),并且可以用线性算法求得——该解是 A 的右零空间的生成元.

如果因为点的坐标有噪声而导致数据不准确,则矩阵 A 的秩可能大于 8(事实上等于 9,因为 A 有 9 列). 此时要求最小二乘解. 除了方程形式不同(比较式(11.3)和式(4.3))之外,这个问题和 4.1.1 节中的估计问题本质上是相同的. 参考算法 4.1. $\mathbf{f}$ 的最小二乘解是对应于 A 的最小奇异值的奇异向量,即是 A 的 SVD $\mathrm{A}=\mathrm{UDV}^{\mathsf{T}}$中矩阵 V 的最后一列. 用这种方法得到

的解向量 $\mathbf{f}$ 在条件 $\|\mathbf{f}\|=1$ 下最小化 $\|A\mathbf{f}\|$. 以上介绍的算法是计算基本矩阵的基本方法,称为 8 点算法.

### 11.1.1　奇异性约束

基本矩阵的一个重要性质是它是奇异的,事实上秩为 2. 进一步说,F 的左和右零空间由两幅图像中(用齐次坐标)表示两个对极点的向量所生成. 基本矩阵的大多数应用与它的秩为 2 这个事实有关. 例如,如果基本矩阵不是奇异的,则所计算的对极线将不重合,如图 11.1 所示. 由解线性方程组(11.3)所得到的矩阵 F 在一般情况秩不是 2,我们应该采取步骤来强迫这种约束. 实现这个步骤的最简便方法是修正由 A 的 SVD 解得到的矩阵 F. 矩阵 F 被在约束 $\det F'=0$ 下最小化 Frobenius 范数 $\|F-F'\|$ 的 $F'$ 来代替. 实现它的一种简便方法还是用 SVD. 具体地说,设 $F=UDV^{\mathsf{T}}$ 是 F 的 SVD,其中 D 是对角阵,$D=\mathrm{diag}(r,s,t)$ 满足 $r\geqslant s\geqslant t$. 则 $F'=U\mathrm{diag}(r,s,0)V^{\mathsf{T}}$ 最小化 $F-F'$ 的 Frobenius 范数.

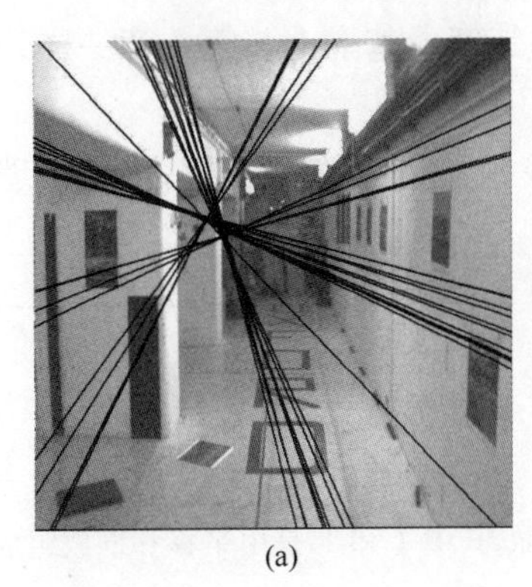

(a)

(b)

**图 11.1　对极线**. (a) 非奇异基本矩阵的效应. 对不同的 $\mathbf{x}$,按 $\mathbf{l}'=F\mathbf{x}$ 计算的对极线不交于一个公共的对极点. (b) 用本节介绍的 SVD 方法强迫奇异性的效果.

因此,计算基本矩阵的 8 点算法可以表达为下面两个步骤:

(1) **线性解**. 由对应于 A 的最小奇异值的向量 $\mathbf{f}$ 获得解 F,其中 A 在式(11.3)中定义.

(2) **强迫约束**. 用在 Frobenius 范数下最接近 F 的奇异矩阵 $F'$ 代替 F. 仍利用 SVD 作修正.

假定有适宜的现成线性代数程序,这里陈述的算法非常简单并且便于实现. 按惯例归一化是必须的,我们将在 11.2 节中回到这个问题.

### 11.1.2　最小情形——7 组点对应

方程 $\mathbf{x}_i'^{\mathsf{T}}F\mathbf{x}_i=0$ 给出形式如 $A\mathbf{f}=\mathbf{0}$ 的方程组. 如果 A 的秩为 8,则可以在不计尺度因子下求解 $\mathbf{f}$. 当矩阵 A 的秩为 7 时,仍然可以利用奇异性约束来求解基本矩阵. 最重要的情形(其他情形将在 11.9 节中讨论)是仅有 7 对点对应是已知的. 这导致一个 $7\times 9$ 的矩阵 A,其秩一般为 7.

在此情形下,方程 $A\mathbf{f}=\mathbf{0}$ 的解是形如 $\alpha F_1=(1-\alpha)F_2$ 的 2 维空间,其中 $\alpha$ 是一个标量. 矩阵 $F_1$ 和 $F_2$ 是对应于 A 的右零空间生成元 $\mathbf{f}_1$ 和 $\mathbf{f}_2$ 的矩阵. 现在我们施加约束 $\det F=0$. 它可以被写成 $\det(\alpha F_1+(1-\alpha)F_2)=0$. 因为 $F_1$ 和 $F_2$ 是已知的,此式给出关于 $\alpha$ 的一个三次多项式方程. 可以通过解此多项式方程来求 $\alpha$ 的值. 可能有一个或三个实解(复解被舍去[Hartley-94b]). 把解代回方程 $F=\alpha F_1+(1-\alpha)F_2$ 得到基本矩阵的一个或三个可能的解.

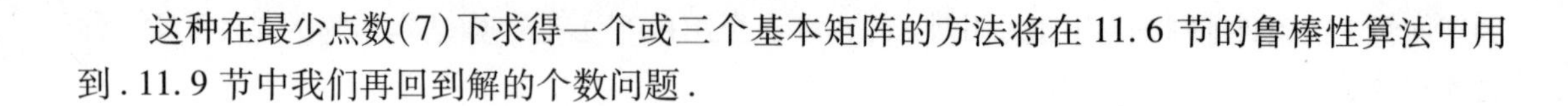


这种在最少点数(7)下求得一个或三个基本矩阵的方法将在 11.6 节的鲁棒性算法中用到 . 11.9 节中我们再回到解的个数问题 .

## 11.2 归一化 8 点算法

8 点算法是计算基本矩阵的最简单的方法,它仅涉及构造并(最小二乘)解一个线性方程组 . 如果小心的话,它可以执行得非常好 . 最初的算法归功于 Longuet- Higgins[LonguetHiggins-81]. 8 点算法成功的关键是在构造所要解的方程之前对输入数据认真进行适当的归一化 . 对输入的数据进行归一化在本书的许多算法中都采用,并在 4.4 节中对一般情形做了交代 . 对于 8 点算法,在构造线性方程组之前,对图像点的一个简单变换(平移和缩放)将使这个问题的条件极大地改善,从而提高结果的稳定性 . 而且进行这种变换所增加的计算复杂性并不显著 .

值得推荐的归一化方法是对每一幅图像做平移和缩放使得参考点的形心位于坐标原点并且这些点到原点的 RMS(均方根)距离等于$\sqrt{2}$. 其理由基本上与第 4 章一样 . 基本方法与算法 4.2 类似且总结在算法 11.1 中 .

注意:我们建议奇异性条件应该在解除归一化之前强制实现 . 它的合理性请参考[Hartley-97c].

> 目标
>
> 给定 $n\geqslant 8$ 组图像点对应 $\{\mathbf{x}_i\leftrightarrow\mathbf{x}'_i\}$,确定使得 $\mathbf{x}'^{\mathsf{T}}_i\mathrm{F}\mathbf{x}_i=0$ 的基本矩阵 F.
>
> 算法
>
> (1)**归一化**:根据 $\hat{\mathbf{x}}_i=\mathrm{T}\mathbf{x}_i$ 和 $\hat{\mathbf{x}}'_i=\mathrm{T}'\mathbf{x}'_i$ 变换图像坐标,其中 T 和 T′是由平移和缩放组成的归一化变换 .
>
> (2)按如下方法寻求对应于匹配 $\hat{\mathbf{x}}_i\leftrightarrow\hat{\mathbf{x}}'_i$ 的基本矩阵 $\hat{\mathrm{F}}'$
>
> (a)**线性解**:由 $\hat{\mathrm{A}}$ 的对应最小奇异值的奇异向量确定 $\hat{\mathrm{F}}$,其中 $\hat{\mathrm{A}}$ 由匹配 $\hat{\mathbf{x}}_i\leftrightarrow\hat{\mathbf{x}}'_i$ 形成,如式(11.3)所定义 .
>
> (b)**强迫约束**:用 SVD 并以 $\hat{\mathrm{F}}'$ 代替 $\hat{\mathrm{F}}$ 使得 $\det\hat{\mathrm{F}}'=0$(见 11.1.1 节).
>
> (3)**解除归一化**:令 $\mathrm{F}=\mathrm{T}'^{\mathsf{T}}\hat{\mathrm{F}}'\mathrm{T}$. 矩阵 F 是对应于原始数据 $\mathbf{x}_i\leftrightarrow\mathbf{x}'_i$ 的基本矩阵 .

算法 11.1　F 的归一化 8 点算法 .

## 11.3 代数最小化算法

归一化 8 点算法包括了对基本矩阵强迫奇异性约束的方法 . 初始估计的 F 由最小化差 $\|\mathrm{F}-\mathrm{F}'\|$ 的奇异矩阵 F′替代 . 该过程可以通过 SVD 来完成,其好处是简单而快速 .

然而,这个方法不是最优的数值方法,因为 F 中元素的重要性并不相同,有些元素受到点对应数据的约束确实比其他的更紧密 . 一种更合适的处理应该是根据输入数据计算 F 元素的协方差矩阵,然后在关于这个协方差矩阵的 Mahalanobis 距离下求最接近 F 的奇异矩阵 F′. 不幸的是,对一般的协方差矩阵$\Sigma$,不能线性处理 Mahalanobis 距离 $\|\mathrm{F}-\mathrm{F}'\|_{\Sigma}$ 的最小化,因此这个方法没有吸引力 .

另一种方法是直接求奇异矩阵 F′. 因此,如同在约束 $\|\mathbf{f}\|=1$ 下最小化范数 $\|\mathrm{A}\mathbf{f}\|$ 来计算

F 一样,我们应该力求寻找在约束 $\|\mathbf{f}'\|=1$ 下最小化 $\|\mathrm{A}\mathbf{f}'\|$ 的奇异矩阵 F′. 该过程不可能用线性的非迭代方法来实现,主要是因为 $\det \mathrm{F}'=0$ 是三次约束而不是线性约束. 然而我们将看到存在一个有效的简单迭代方法.

任何一个 3×3 奇异矩阵,比如基本矩阵 F,都可以写为乘积 $\mathrm{F}=\mathrm{M}[\mathbf{e}]_\times$,其中 M 是一个非奇异矩阵,而 $[\mathbf{e}]_\times$ 是任意反对称矩阵,其中 $\mathbf{e}$ 对应于第一幅图像中的对极点.

假若我们希望计算形如 $\mathrm{F}=\mathrm{M}[\mathbf{e}]_\times$ 并在约束条件 $\|\mathbf{f}\|=1$ 下最小化代数误差 $\|\mathrm{A}\mathbf{f}\|$ 的基本矩阵 F. 现在先假定对极点 $\mathbf{e}$ 已知. 以后我们将让 $\mathbf{e}$ 变化,但目前它是固定的. 利用由 F 和 M 的元素组成的向量 $\mathbf{f}$ 和 $\mathbf{m}$ 把方程 $\mathrm{F}=\mathrm{M}[\mathbf{e}]_\times$ 改写为方程 $\mathbf{f}=\mathrm{E}\mathbf{m}$,其中 E 是一个 9×9 的矩阵. 假设 $\mathbf{f}$ 和 $\mathbf{m}$ 把相应矩阵的元素按行优先排序,则可以验证 E 的形式是

$$\mathrm{E}=\begin{bmatrix}[\mathbf{e}]_\times & & \\ & [\mathbf{e}]_\times & \\ & & [\mathbf{e}]_\times\end{bmatrix} \tag{11.4}$$

因为 $\mathbf{f}=\mathrm{E}\mathbf{m}$,该最小化问题变成[⊖]:

$$\text{在约束条件}\ \|\mathrm{E}\mathbf{m}\|=1\ \text{下,最小化}\ \|\mathrm{AE}\mathbf{m}\|. \tag{11.5}$$

这个最小化问题可用算法 A5.6 求解. 可以看到 $\mathrm{rank}(\mathrm{E})=6$,因为每个对角块的秩都为 2.

### 11.3.1　迭代估计

最小化式(11.5)给出了在对极点 $\mathbf{e}$ 的值已知时计算代数误差向量 $\mathrm{A}\mathbf{f}$ 的一种方法. 映射 $\mathbf{e}\mapsto\mathrm{A}\mathbf{f}$ 是一个从 $\mathrm{IR}^3$ 到 $\mathrm{IR}^9$ 的映射. 注意 $\mathrm{A}\mathbf{f}$ 的值不受 $\mathbf{e}$ 的尺度变化的影响. 从由 F 的初始估计的右零空间的生成元导出的 $\mathbf{e}$ 的一个估计值出发,我们可以通过迭代求出最小化代数误差的最终的 F. F 的初始估计可以通过 8 点算法或任何其他的简单算法得到. 这种计算 F 的完整算法在算法 11.2 中给出.

<u>目标</u>

求在约束 $\|\mathbf{f}\|=1$ 和 $\det \mathrm{F}=0$ 下最小化代数误差 $\|\mathrm{A}\mathbf{f}\|$ 的基本矩阵 F.

<u>算法</u>

(1)用归一化 8 点算法(算法 11.1)求基本矩阵的第一个近似 $\mathrm{F}_0$,然后求 $\mathrm{F}_0$ 的右零向量 $\mathbf{e}_0$.

(2)从对极点的估计 $\mathbf{e}_i=\mathbf{e}_0$ 出发,按照式(11.4)计算矩阵 $\mathrm{E}_i$,接着求最小化 $\|\mathrm{A}\mathbf{f}_i\|$ 并满足 $\|\mathbf{f}_i\|=1$ 的向量 $\mathbf{f}_i=\mathrm{E}_i\mathbf{m}_i$. 它用算法 A5.6 完成.

(3)计算代数误差 $\boldsymbol{\varepsilon}_i=\mathrm{A}\mathbf{f}_i$. 由于 $\mathbf{f}_i$ 从而 $\boldsymbol{\varepsilon}_i$ 被确定到仅相差一个正负号,修正 $\boldsymbol{\varepsilon}_i$ 的符号(必要时乘负 1)使得当 $i>0$ 时 $\mathbf{e}_i^\mathsf{T}\mathbf{e}_{i-1}>0$. 这样做是为了保证作为 $\mathbf{e}_i$ 的函数的 $\boldsymbol{\varepsilon}_i$ 平滑变化.

(4)上两步定义了 $\mathrm{IR}^3\to\mathrm{IR}^9$ 的一个映射:$\mathbf{e}_i\mapsto\boldsymbol{\varepsilon}_i$. 现在用 Levenberg-Marquardt 算法(A6.2 节)迭代地变化 $\mathbf{e}_i$ 以最小化 $\|\boldsymbol{\varepsilon}_i\|$.

(5)收敛时,$\mathbf{f}_i$ 代表所求的基本矩阵.

算法 11.2　通过迭代最小化代数误差计算满足 $\det \mathrm{F}=0$ 的 F.

⊖ 它不是在条件 $\|\mathbf{m}\|=1$ 下最小化 $\|\mathrm{AE}\mathbf{m}\|$,因为当 $\mathbf{m}$ 是 E 的右零空间的单位向量时是它的一个解. 在这种情形下,$\mathrm{E}\mathbf{m}=0$,因而 $\|\mathrm{AE}\mathbf{m}\|=0$.

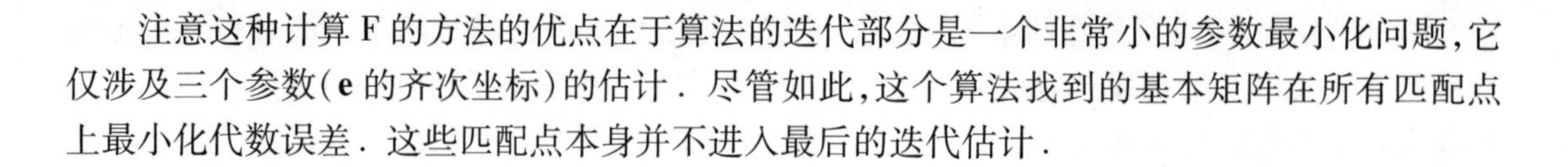
注意这种计算 F 的方法的优点在于算法的迭代部分是一个非常小的参数最小化问题，它仅涉及三个参数（$\mathbf{e}$ 的齐次坐标）的估计．尽管如此，这个算法找到的基本矩阵在所有匹配点上最小化代数误差．这些匹配点本身并不进入最后的迭代估计．

## 11.4 几何距离

本节介绍最小化图像几何距离的三种算法．我们推荐的算法是黄金标准方法，但在实现时需花最多的代价．其他的算法也产生非常好的结果并且较易实现，但缺点是在图像误差是高斯噪声的假设下不是最优的．每个算法都涉及两个重要问题：非线性最小化的初始化和代价函数的参数化．这些算法一般用前一节中的某种线性算法作初始化．而在自动算法中采用另一种方法，它选择 7 组对应并由此产生关于 F 的一个或 3 个解．各种参数化方法在 11.4.2 节中讨论．对于所有的算法，我们都建议用平移和缩放使图像点归一化．这种归一化不改变噪声的特性，因此不影响下面介绍的黄金标准算法的最优性．

### 11.4.1 黄金标准方法

基本矩阵的最大似然估计与误差模型的假定有关．我们假定图像点的测量噪声服从高斯分布．此时 ML 估计就是一种最小化几何距离（重投影误差）

$$\sum_i d(\mathbf{x}_i, \hat{\mathbf{x}}_i)^2 + d(\mathbf{x}'_i, \hat{\mathbf{x}}'_i)^2 \tag{11.6}$$

的估计，其中，$\mathbf{x}_i \leftrightarrow \mathbf{x}'_i$ 是所测量的对应；而 $\hat{\mathbf{x}}_i$ 和 $\hat{\mathbf{x}}'_i$ 是估计的并准确满足 $\hat{\mathbf{x}}'^{\mathsf{T}}_i \mathrm{F} \hat{\mathbf{x}}_i = 0$ 的"真"对应，其中 F 为估计的秩为 2 的基本矩阵．

误差函数可以按下面的方式最小化．定义一对摄像机矩阵 $\mathrm{P} = [\mathrm{I} \mid \mathbf{0}]$ 和 $\mathrm{P}' = [\mathrm{M} \mid \mathbf{t}]$．另外定义 3D 点 $\mathbf{X}_i$．现在令 $\hat{\mathbf{x}}_i = \mathrm{P}\mathbf{X}_i$ 和 $\hat{\mathbf{x}}'_i = \mathrm{P}'\mathbf{X}_i$，改变 $\mathrm{P}'$ 和点 $\mathbf{X}_i$ 以最小化误差表达式．接下来 F 可由 $\mathrm{F} = [\mathbf{t}]_{\times} \mathrm{M}$ 计算．向量 $\hat{\mathbf{x}}_i$ 和 $\hat{\mathbf{x}}'_i$ 将满足 $\hat{\mathbf{x}}'^{\mathsf{T}}_i \mathrm{F} \hat{\mathbf{x}}_i = 0$．这个误差的最小化可用 A6.2 介绍的 Levenberg-Marquardt 算法来实现．参数的初始估计用归一化的 8 点算法计算，然后按第 12 章介绍的方法进行射影重构．因此，用这种方法估计基本矩阵实际上等价于射影重构．该算法的步骤总结在算法 11.3 中．

用这种方法计算基本矩阵看上去计算代价很大．然而，采用稀疏的 LM 技术后，它并不比其他迭代技术的开销大很多，有关细节在 A6.5 中给出．

### 11.4.2 秩 2 矩阵的参数化

几何距离代价函数的非线性最小化需要对具有秩 2 性质的基本矩阵参数化．我们介绍三种这样的参数化方法．

**超参数化**　我们已经看到过的一种参数化 F 的方法是记 $\mathrm{F} = [\mathbf{t}]_{\times} \mathrm{M}$，其中 M 是任意 $3 \times 3$ 矩阵．该方法保证 F 是奇异的，因为 $[\mathbf{t}]_{\times}$ 是奇异的．这样一来，F 被 M 的 9 个元素和 $\mathbf{t}$ 的三个元素参数化——总共有 12 个参数，超过了最小参数个数：7．一般，这样做不会发生大的问题．

**对极参数化**　另一种参数化 F 的方法是指定 F 的前两列及两个乘子 $\alpha$ 和 $\beta$ 使得其第三列可被写成前两列的线性组合 $\mathbf{f}_3 = \alpha \mathbf{f}_1 + \beta \mathbf{f}_2$．于是，基本矩阵可以参数化为

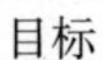

目标

给定 $n\geq 8$ 组图像点对应 $\{\mathbf{x}_i\leftrightarrow\mathbf{x}'_i\}$，确定基本矩阵的最大似然估计(MLE) $\hat{\mathrm{F}}$.

MLE 同时还求满足 $\hat{\mathbf{x}}_i'^{\mathsf{T}}\hat{\mathrm{F}}\hat{\mathbf{x}}_i=0$ 的辅助点对应集合 $\{\hat{\mathbf{x}}_i\leftrightarrow\hat{\mathbf{x}}'_i\}$，并且最小化

$$\sum_i d(\mathbf{x}_i,\hat{\mathbf{x}}_i)^2+d(\mathbf{x}'_i,\hat{\mathbf{x}}'_i)^2$$

算法

(1)用线性算法(例如算法 11.1)来计算 $\hat{\mathrm{F}}$ 的一个秩为 2 的初始估计.

(2)计算辅助变量 $\{\hat{\mathbf{x}}_i,\hat{\mathbf{x}}'_i\}$ 的初始估计如下：

(a)选择摄像机矩阵 $\mathrm{P}=[\mathrm{I}\mid\mathbf{0}]$ 和 $\mathrm{P}'=[[\mathbf{e}']_\times\hat{\mathrm{F}}\mid\mathbf{e}']$，其中 $\mathbf{e}'$ 由 $\hat{\mathrm{F}}$ 得到.

(b)用第 12 章的三角测量法，由对应 $\mathbf{x}_i\leftrightarrow\mathbf{x}'_i$ 和 $\hat{\mathrm{F}}$ 确定 $\hat{\mathbf{X}}_i$ 的一个估计.

(c)与 $\hat{\mathrm{F}}$ 相容的对应是 $\hat{\mathbf{x}}_i=\mathrm{P}\hat{\mathbf{X}}_i$，$\hat{\mathbf{x}}'_i=\mathrm{P}'\hat{\mathbf{X}}_i$.

(3)在 $\hat{\mathrm{F}}$ 和 $\hat{\mathbf{X}}_i$ 上，$i=1,\cdots,n$，最小化代价函数

$$\sum_i d(\mathbf{x}_i,\hat{\mathbf{x}}_i)^2+d(\mathbf{x}'_i,\hat{\mathbf{x}}'_i)^2$$

用 Levenberg-Marquardt 算法来最小化这个代价，它有 $3n+12$ 个变量：$3n$ 来自于 $n$ 个 3D 点 $\hat{\mathbf{X}}_i$，而 12 来自于摄像机矩阵 $\mathrm{P}'=[\mathrm{M}\mid\mathbf{t}]$，同时 $\hat{\mathrm{F}}=[\mathbf{t}]_\times\mathrm{M}$ 且 $\hat{\mathbf{x}}_i=\mathrm{P}\hat{\mathbf{X}}_i$，$\hat{\mathbf{x}}'_i=\mathrm{P}'\hat{\mathbf{X}}_i$.

算法 11.3　从图像对应估计 F 的黄金标准算法.

$$\mathrm{F}=\begin{bmatrix}a & b & \alpha a+\beta b\\ c & d & \alpha c+\beta d\\ e & f & \alpha e+\beta f\end{bmatrix}\tag{11.7}$$

它总共有 8 个参数. 为了得到最小参数化集合，其中一个元素，比如 $f$，可以设为 1. 实践中将 $a,\cdots,f$ 中绝对值最大的参数设为 1. 这个方法只用最少参数就保证得到一个奇异矩阵 F. 其主要缺点是它有一个奇异性——当 F 的前两列线性相关时就无效了，因为此时不可能根据前两列写出第三列. 这个问题可能是有意义的，因为当右极点为无穷远点时会发生此种情形. 此时 $\mathrm{F}\mathbf{e}=\mathrm{F}(e_1,e_2,0)^{\mathsf{T}}=\mathbf{0}$，从而 F 的前两列线性相关. 尽管如此，这种参数化方法仍被广泛地运用，并且如果采取措施回避了这个奇异性，其效果还相当好. 还可用另两列代替前两列作为基，这种情形下当对极点在一个坐标轴上时会出现奇异性. 实践中，这些奇异性在最小化过程中可被检测到，并且可将参数化方法切换到另一种迭代参数化方法来处理.

注意 $(\alpha,\beta,-1)^{\mathsf{T}}$ 是这个基本矩阵的右对极点——对极点坐标显式地出现在参数化中. 为了得到最好的结果，应该选取使得对极点中(绝对值)最大的元素为 1 的参数化.

注意：所有可能的基本矩阵的完整流形不被单个参数化所覆盖，而由一组最小参数化块覆盖. 因为在参数最小化的过程中，流形上会划出一条路径，当穿过两块边界时必须从一块转到另一块. 这种情形下，实际上一共有 18 个不同的参数块，依赖于 $a,\cdots,f$ 中哪一个最大及哪两列被取做基.

**两个对极点都作为参数**　上面的参数化用一个对极点作为参数化的一部分. 为对称起见，可以用两个对极点作为参数. 所得 F 的形式为

$$F = \begin{bmatrix} a & b & \alpha a + \beta b \\ c & d & \alpha c + \beta d \\ \alpha' a + \beta' c & \alpha' b + \beta' d & \alpha' \alpha a + \alpha' \beta b + \beta' \alpha c + \beta' \beta d \end{bmatrix} \tag{11.8}$$

两个对极点为$(\alpha,\beta,-1)^{\mathsf{T}}$和$(\alpha',\beta',-1)^{\mathsf{T}}$. 如上所述,可以把$a,b,c,d$中的一个取1. 为避免奇异性,我们必须在取为基的两行和两列的不同选择之间进行切换. 加上$a,b,c,d$之一取为1的四个选择,覆盖基本矩阵的完整流形总共有36个参数化块.

### 11.4.3 一阶几何误差(Sampson距离)

Sampson距离的概念在4.2.6节中做了长篇的讨论. 这里Sampson近似用于由$\mathbf{x}'^{\mathsf{T}}\mathrm{F}\mathbf{x}=0$定义的族,以便提供几何误差的一阶近似.

式(4.13)给出了Sampson代价函数的一般公式. 对于基本矩阵的估计,这个公式更为简单,因为每组点对应只有一个方程(同时参见式(4.2)). 偏导数矩阵J只有一行,从而$\mathrm{JJ}^{\mathsf{T}}$是一个标量且式(4.12)变为

$$\frac{\boldsymbol{\varepsilon}^{\mathsf{T}}\boldsymbol{\varepsilon}}{\mathrm{JJ}^{\mathsf{T}}} = \frac{(\mathbf{x}_i'^{\mathsf{T}}\mathrm{F}\mathbf{x}_i)^2}{\mathrm{JJ}^{\mathsf{T}}}$$

从J的定义和式(11.2)的左边给出的$\mathrm{A}_i=\mathbf{x}_i'^{\mathsf{T}}\mathrm{F}\mathbf{x}_i$的显式形式得到

$$\mathrm{JJ}^{\mathsf{T}} = (\mathrm{F}\mathbf{x}_i)_1^2 + (\mathrm{F}\mathbf{x}_i)_2^2 + (\mathrm{F}^{\mathsf{T}}\mathbf{x}_i')_1^2 + (\mathrm{F}^{\mathsf{T}}\mathbf{x}_i')_2^2$$

式中,$(\mathrm{F}\mathbf{x}_i)_j^2$表示向量$\mathrm{F}\mathbf{x}_i$的第$j$个元素的平方. 因此,该代价函数为

$$\sum_i \frac{(\mathbf{x}_i'^{\mathsf{T}}\mathrm{F}\mathbf{x}_i)^2}{(\mathrm{F}\mathbf{x}_i)_1^2 + (\mathrm{F}\mathbf{x}_i)_2^2 + (\mathrm{F}^{\mathsf{T}}\mathbf{x}_i')_1^2 + (\mathrm{F}^{\mathsf{T}}\mathbf{x}_i')_2^2} \tag{11.9}$$

这给出几何误差的一阶逼近. 如果更高阶项比一阶项小,那么就可指望它给出好的结果. 这个近似被[Torr-97,Toor-98,Zhang-98]成功地应用在估计算法中. 注意这个近似在由两个对极点确定的$\mathbb{R}^4$空间中的点上没有定义,因为这里$\mathrm{JJ}^{\mathsf{T}}$为0. 在数值实现时应该避免这一点.

用这种方法逼近几何误差的突出优点是得到的代价函数只涉及F的参数,这意味着在精确到一阶条件下最小化黄金标准代价函数时**不需要**引入一组辅助变量,即不需要$n$个空间点$\mathbf{X}_i$的坐标. 从而把一个$7+3n$个自由度的最小化问题减少为一个只有7个自由度的问题.

**对称对极点距离** 方程式(11.9)在形式上类似于另一种代价函数

$$\sum_i d(\mathbf{x}_i',\mathrm{F}\mathbf{x}_i)^2 + d(\mathbf{x}_i,\mathrm{F}^{\mathsf{T}}\mathbf{x}_i')^2 = \sum_i (\mathbf{x}_i'^{\mathsf{T}}\mathrm{F}\mathbf{x}_i)^2\left(\frac{1}{(\mathrm{F}\mathbf{x}_i)_1^2 + (\mathrm{F}\mathbf{x}_i)_2^2} + \frac{1}{(\mathrm{F}^{\mathsf{T}}\mathbf{x}_i')_1^2 + (\mathrm{F}^{\mathsf{T}}\mathbf{x}_i')_2^2}\right) \tag{11.10}$$

它在每幅图像中最小化点到其投影的对极线的距离. 然而,这个代价函数给出的结果似乎比式(11.9)稍差一点(见[Zhang-98]),因此不做进一步讨论.

## 11.5 算法的实验评估

我们利用几组图像对,通过由点对应估计F来比较前几节的三种算法. 这些算法是:

(1)归一化的8点算法(算法11.1).

(2)代数误差的最小化同时强迫奇异约束(算法11.2).

(3)黄金标准几何算法(算法 11.3).

实验过程如下:对每一对图像,从匹配中随机地选取 $n$ 组匹配点,并估计基本矩阵和计算残差(见下面). 这个实验对每个 $n$ 值和每一对图像重复 100 次,然后画出平均残差关于 $n$ 的图像. 它给出了当点数增加时不同算法的性能概况. 所使用的点数 $n$ 从 8 增加到总匹配点数的 3/4.

**残差**　误差定义为

$$\frac{1}{N}\sum_{i}^{N} d(\mathbf{x}'_i, \mathrm{F}\mathbf{x}_i)^2 + d(\mathbf{x}_i, \mathrm{F}^{\mathsf{T}}\mathbf{x}'_i)^2$$

式中,$d(\mathbf{x},\mathbf{l})$是点 $\mathbf{x}$ 到直线 $\mathbf{l}$ 的距离(以像素为单位). 该误差为所有 $N$ 组匹配中每一点的对极线与该点在另一幅图像上的匹配点之间的距离(对匹配中的两点都计算)平方和的平均值. 注意这个误差是对**所有** $N$ **对**匹配点进行评估,而不仅仅对用于计算 F 的 $n$ 组匹配. 残差对应于式(11.10)中定义的对极点距离. 注意这里评估的任何算法**没有**直接对这个特定误差最小化.

各种算法用 5 对不同的图像做试验. 这些图像在图 11.2 中给出,它体现了图像类型和对极点位置的多样性. 图像中显示了若干对极线. 对极线束的交点是对极点. 虽然错匹配在预处理中已被去掉,不同图像上的匹配点的准确性仍然变化很大.

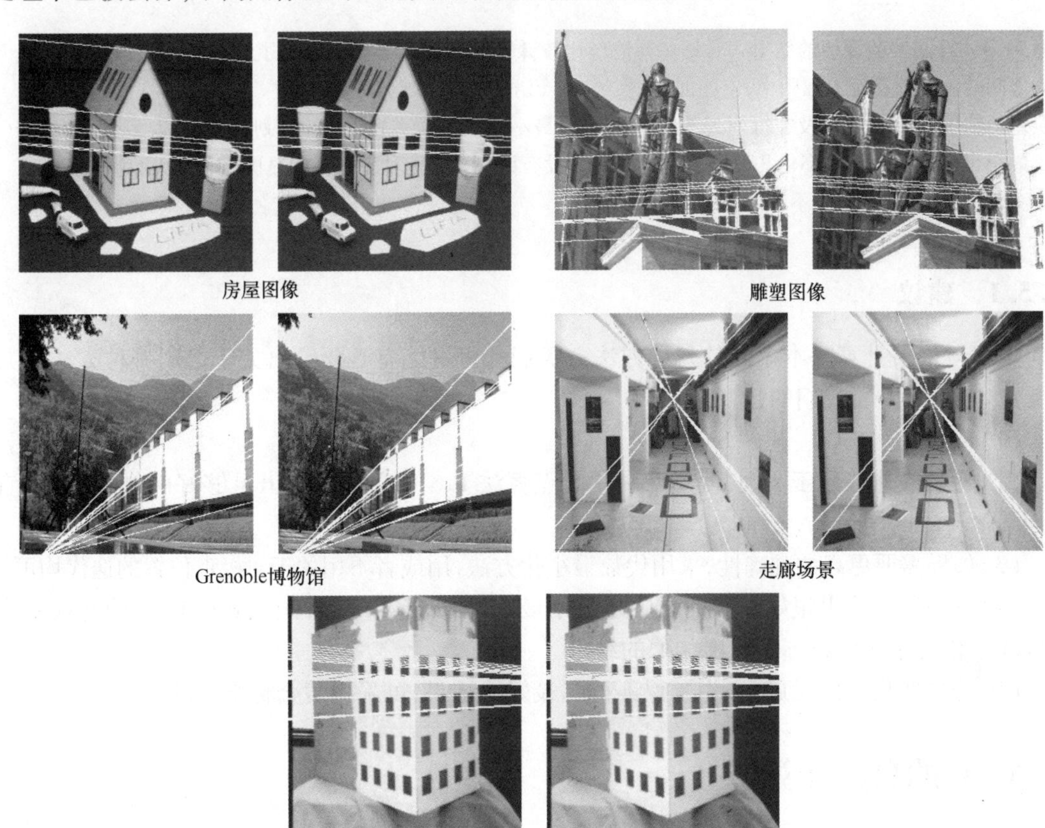


**图 11.2**　用于算法比较的图像对. 在上面两对图像中,对极点远离图像中心. 在中间的两对图像中,博物馆的对极点相距很近而走廊的对极点在图像上. 对于标定图像,匹配点可以极其精确地得到.

**结论**　图 11.3 显示并解释了这些实验的结果．它们表明最小化代数误差和最小化几何误差的结果没有本质的区别．

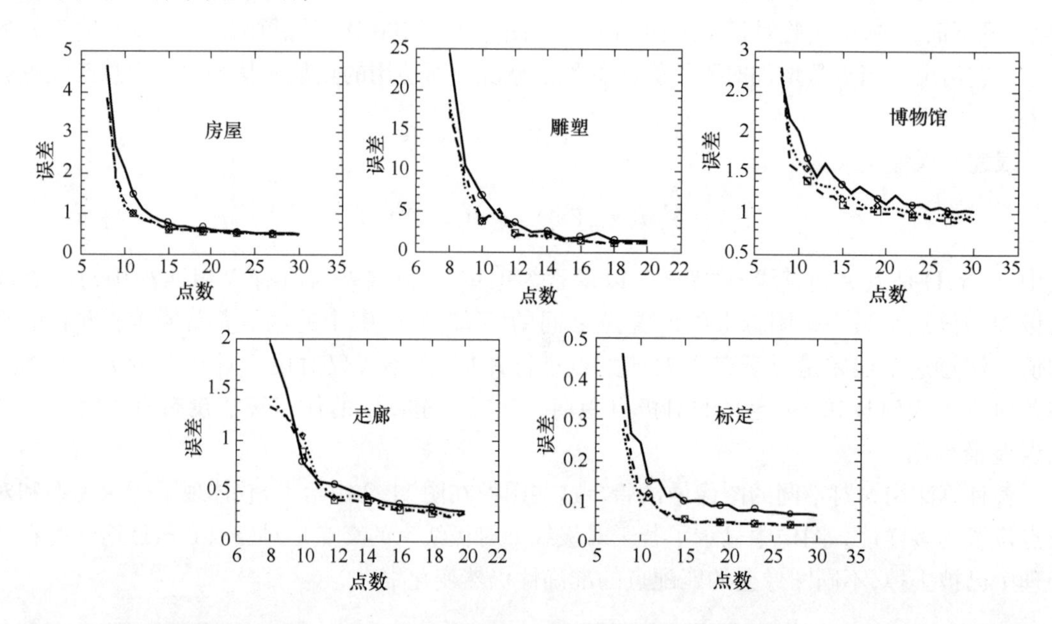


**图 11.3　算法实验评估的结果**．对每一种情形比较计算 F 的 3 种方法．绘制了残差与用于计算 F 的点数之间的关系．在每一幅图中，上面曲线(实线)显示了归一化 8 点算法的结果．同时显示了最小化几何误差的结果(长划线)以及在行列式约束下的迭代最小化代数误差的结果(短划线)．对大多数情况，迭代最小化代数误差与最小化几何误差的结果几乎没有区别．这两种算法都明显优于非迭代的归一化 8 点算法，尽管后者的结果也不错．

### 11.5.1　建议

本章讨论了计算基本矩阵的几种方法．我们觉得可能有必要给出关于选用哪种方法的几个要点．简要地说，我们的建议是：

(1)不要使用未归一化的 8 点算法．

(2)为了快速并易于实现，使用归一化 8 点算法 11.1．它常能给出足够好的结果，也适宜作为其他算法的第一步．

(3)如果需要更高的准确性，采用代数最小化方法，用或者不用关于对极点位置的迭代均可．

(4)另一种能给出很好结果的方法是运用最小化 Sampson 代价函数式(11.9)的迭代最小化方法．它与迭代代数方法给出相似的结果．

(5)若高斯噪声假设成立，为了保证得到最好的结果，可采用黄金标准算法．

## 11.6　F 的自动计算

本节介绍自动计算两幅图像之间的对极几何的算法．该算法的输入仅仅是一对图像，无需其他的先验信息，其输出是估计得到的基本矩阵和一组对应的兴趣点．

该算法利用 RANSAC 作为搜索引擎，类似于 4.8 节中介绍的自动计算单应的方法．算法

的思想和细节在那里已经给出,这里不再赘述,该方法总结在算法 11.4 中,并在图 11.4 中给出其应用的例子.

目标

计算两幅图像之间的基本矩阵.

算法

(1)**兴趣点**:在每幅图像中计算兴趣点.

(2)**假设对应**:利用兴趣点的灰度邻域的相近和相似计算它们的匹配集.

(3)**RANSAC 鲁棒估计**:重复 $N$ 次采样,其中 $N$ 如算法 4.5 一样自适应地确定:

(a)选择 7 组对应构成的一个随机样本并按 11.1.2 节中的方法来计算基本矩阵 F. 将得到一个或三个实解.

(b)对每组假设对应计算距离 $d_{\perp}$.

(c)计算与 F 一致的内点数,即满足 $d_{\perp}<t$ 像素的对应的数目.

(d)如果 F 有三个实解,计算每一个解的内点数并保留具有最多内点数的解.

选择具有最多内点数的 F. 在数目相等时,选择内点标准差最小的那个解.

(4)**非线性估计**:利用 A6.2 节的 Levenberg-Marquardt 算法最小化某个代价函数(如式(11.6)),由划为内点的所有对应重新估计 F.

(5)**引导匹配**:利用所估计的 F 定义对极线附近的搜索区域,以便进一步确定兴趣点的对应.

最后两步可以反复迭代直到对应的数目稳定为止.

算法 11.4 用 RANSAC 自动估计两幅图像之间的基本矩阵的算法.

关于该方法的一些注意事项:

(1)**RANSAC 样本**. 仅用 7 组点对应来估计 F. 它的好处是必生成一个秩 2 的矩阵,从而无需如线性算法那样强迫矩阵的秩为 2. 利用 7 组对应而不用线性算法的 8 组对应的第二个理由是:保证一个高概率的没有野值的结果所需的采样次数是样本集大小的指数函数. 例如,由表 4.3 可知:为达到 99% 没有野值的置性度(从一个包含 50% 野值的集合采样),利用 8 组对应所需的采样数是 7 组对应的两倍. 采用 7 组对应略为不利的方面是它可能给出 F 的 3 个实解,且所有 3 个解都要通过检验来选择.

(2)**距离测量**.(由 RANSAC 样本)给定 F 的一个当前估计,利用距离 $d_{\perp}$ 测量一对匹配点满足对极几何的接近程度. 关于 $d_{\perp}$ 有两种明显的选择:重投影误差,即代价函数式(11.6)中最小化的距离(其值可以由 12.5 节的三角测量法得到);或者重投影误差的 Sampson 近似($d_{\perp}^2$ 由式(11.9)给出). 如果采用 Sampson 近似,则应该用 Sampson 代价函数来进行 F 的迭代估计. 否则 RANSAC 中采用的距离与算法中其他地方采用的距离不一致.

(3)**引导匹配**. F 的当前估计定义了第二幅图像中 $\mathbf{x}$ 的对极线 $\mathrm{F}\mathbf{x}$ 周围的搜索带. 对每个角点 $\mathbf{x}$,可以在这个带内寻找其匹配点. 因为限制了搜索区域,可以采用一个较弱的相似性阈值,没有必要采用"赢者通吃"的方案.

(4)**实现和运行细节**. 对图 11.4 的例子,搜索窗是 ±300 像素. 内点的阀值是 $t=1.25$ 像素,总共需要 407 次采样. RANSAC 运行后的 RMS 像素误差是 0.34(对 99 组对应),在 MLE 和引导匹配后是 0.33(对 157 组对应). 引导匹配 MLE 需要进行 10 次 Levenberg-Marquardt 算法迭代.

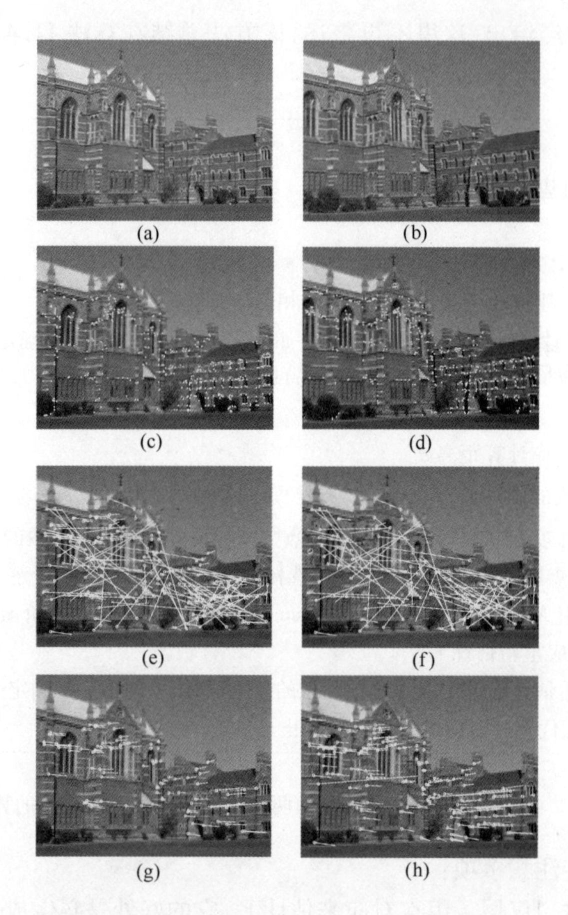


**图 11.4　用 RANSCA 自动计算两幅图像之间的基本矩阵**．(a)(b)牛津 Keble 学院的左右图像．视图之间的运动是一个平移加一个旋转．图像像素是 640×480．(c)(d)把检测到的角点叠加在图像上．每幅图像上大约有 500 个角点．下面的结果叠加在左图上：(e)用连接角点的直线显示的 188 对假设匹配，注意明显的误匹配；(f)野值——假设匹配中的 89 对；(g)内点——与估计的 F 一致的 99 组对应；(h)通过引导匹配和 MLE 后，最后得到的 157 组对应．仍然存在几组误匹配现象，例如图左边的长线．

## 11.7　计算 F 的特殊情形

对于某些特殊的运动或者摄像机标定部分已知时，基本矩阵的计算可以简化．在每一种情形下，基本矩阵的自由度数都小于一般运动时的 7 个．我们将给出三个例子．

### 11.7.1　纯平移运动

这是可能出现的最简单的情形．此时矩阵可以被线性地估计并同时施加矩阵必须满足的约束，即它是反对称的（见 9.3.1 节），并因此满足所需要的秩 2 约束．在此情形下，$\mathrm{F}=[\mathbf{e}']_{\times}$，且只有两个自由度，它可以由 $\mathbf{e}'$ 的三个元素来参数化．

每组点对应为齐次参数提供一个线性约束，这可以从图 11.5 清楚地看出．从两组点对应可以唯一地计算这个矩阵．

**注意**:对于一般的运动情形,如果所有 3D 点共面(这是一种退化结构(见 11.9 节)),则基本矩阵不能由图像对应唯一地确定. 然而,对于纯平移运动,则没有问题(两个 3D 点总是共面的). 唯一的退化是两个 3D 点与两个摄像机中心共面.

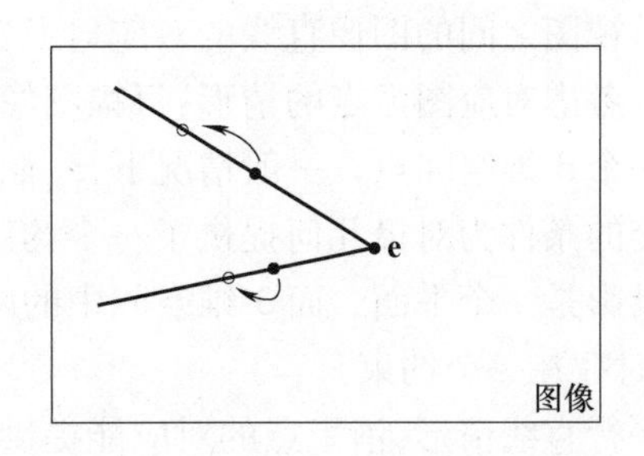


**图 11.5**　对于纯平移,对极点可由两点的图像运动估计.

这个特殊形式还简化了黄金标准估计和结构恢复的三角测量. 纯平移下基于点对应的对极点的黄金标准估计,等于在给定一组成像平行线的端点下对消影点的估计,见 8.6.1 节.

### 11.7.2　平面运动

对于 9.3.2 节中介绍的平面运动情形,除了对整个矩阵有标准的秩 2 条件外,还要求 F 的对称部分的秩也为 2. 可以验证式(9.8)的参数化,即 $\mathrm{F}=[\mathbf{e}']_\times[\mathbf{l}_s]_\times[\mathbf{e}]_\times$,同时满足这两个条件. 如果用不加约束的 3 维向量来表示 $\mathbf{e}'$,$\mathbf{l}_s$和 $\mathbf{e}$,则用了 9 个参数,而在平面运动时基本矩阵只有 6 个自由度. 和通常一样,这种超参数化不成问题.

具有类似性质的另一种参数化是

$$\mathrm{F}=\alpha[\mathbf{x}_\mathrm{a}]_\times+\beta(\mathbf{l}_s\mathbf{l}_h^\mathsf{T}+\mathbf{l}_h\mathbf{l}_s^\mathsf{T}),\text{且 }\mathbf{x}_\mathrm{a}^\mathsf{T}\mathbf{l}_h=0$$

式中,$\alpha$ 和 $\beta$ 是标量,3 维向量 $\mathbf{x}_\mathrm{a}$,$\mathbf{l}_s$和 $\mathbf{l}_h$的含义由图 9.11a 可见.

### 11.7.3　已标定的情形

对于摄像机已标定的情形,可以用归一化图像坐标并用计算本质矩阵代替求基本矩阵. 与基本矩阵一样,本质矩阵可以由 8 点或更多的点通过线性方法来计算,因为对应点满足定义方程 $\mathbf{x}_i'^\mathsf{T}\mathrm{E}\mathbf{x}_i=0$.

该方法与计算基本矩阵的不同之处在于约束的强制实现中. 基本矩阵要满足 $\det\mathrm{F}=0$,而本质矩阵还要满足其两个奇异值相等这一额外条件. 该约束可以由下面给出的不加证明的结论来处理.

**结论 11.1**　**设** E **是一个** SVD **为** $\mathrm{E}=\mathrm{UDV}^\mathsf{T}$**的** $3\times3$ **矩阵,其中** $\mathrm{D}=\mathrm{diag}(a,b,c)$ **且** $a\geqslant b\geqslant c$. **则在** Frobenius **范数下最接近** E **的本质矩阵是** $\hat{\mathrm{E}}=\mathrm{U}\hat{\mathrm{D}}\mathrm{V}^\mathsf{T}$,**其中** $\hat{\mathrm{D}}=\mathrm{diag}((a+b)/2,(a+b)/2,0)$.

如果目标是计算两个归一化的摄像机矩阵 P 和 P′(重构过程的一部分),那么其实没有必要通过乘出 $\hat{\mathrm{E}}=\mathrm{U}\hat{\mathrm{D}}\mathrm{V}^\mathsf{T}$计算 $\hat{\mathrm{E}}$. 根据结论 9.19,矩阵 P′可直接由 SVD 计算得到. 从 P′的 4 个可能的解中选取一个的原则是:能观察到的点必须在两个摄像机前面. 详见 9.6.3 节的解释.

## 11.8　其他元素的对应

本章到目前为止仅使用了点对应,自然会产生的问题是:F 能否由点以外的图像元素的对应来计算? 答案是肯定的. 但不是从所有类型的元素,这里讨论一些普通的例子.

**直线** 视图之间的图像直线的对应对 F 完全**没有**约束．这里的直线是指无限直线,而不是直线段．考虑对应图像点的情形:每幅图像中的点反向投影成过摄像机中心的射线,这些射线相交于一个 3 维空间点．一般情况下,3 维空间中的两条直线是偏离的(即它们不相交),因此射线相交的条件为对极几何提供了一个约束．相反地,在对应图像直线的情形,每一视图的直线的反投影是一个平面．而 3 维空间中的两个平面总是相交的,因此,关于对极几何没有约束(3 视图时存在一个约束)．

对于平行直线情形,消影点的对应能提供关于 F 的一个约束．然而,一个消影点同任何有限点的地位相同,即它也提供一个约束．

**空间曲线和曲面** 如图 11.6 所示,在对极平面与空间曲线相切的点上,像曲线与对应的对极线相切．这为两视图几何提供了一个约束,即如果在一幅视图中一条对极线与一条像曲线相切,则在另一幅视图中其对应的对极线必与像曲线相切．类似地,对于曲面情形,在对极平面与曲面相切的点上,影像轮廓线也相切于对应的对极线．对极切点与点对应的作用一样并且可以如[Porrill-91]所介绍的那样把它包括在估计算法中．

二次曲线和二次曲面特别重要,它们都是代数对象,从而可以导出代数解．这样的例子在本章末尾的注释和练习中给出．

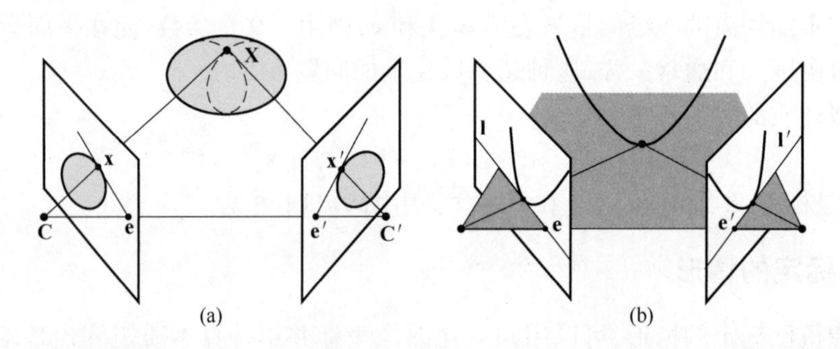


**图 11.6 对极几何的相切性**．(a)曲面情形．(b)空间曲线情形——图像取自 Porrill 和 Pollard[Porrill-91]．(a)中对极平面 $\mathbf{CC'X}$ 与曲面相切于 $\mathbf{X}$．在两幅视图中影像轮廓线与对极线在 $\mathbf{x}$ 和 $\mathbf{x}'$ 处相切．曲面上的虚线是边界生成元．(b)中对极平面与空间曲线相切．对应的对极线 $\mathbf{l}\leftrightarrow\mathbf{l}'$ 与该像曲线相切．

## 11.9 退化

如果点对应集 $\{\mathbf{x}_i\leftrightarrow\mathbf{x}'_i, i=1,\cdots,n\}$ 不能唯一地确定对极几何,或等价地,如果存在线性无关的秩为 2 的矩阵 $\mathrm{F}_j, j=1,2$,使得

$$\mathbf{x}_i'^{\mathsf{T}}\mathrm{F}_1\mathbf{x}_i=0 \quad 和 \quad \mathbf{x}_i'^{\mathsf{T}}\mathrm{F}_2\mathbf{x}_i=0 \qquad (1\leqslant i\leqslant n)$$

则称它在几何上关于 F 是退化的．

第 21 章将对退化主题做详细的讨论．这里仅对景物点在直纹二次曲面或平面上的两种重要情形做一个扼要的介绍．

如果两个摄像机中心不重合,那么对极几何**是**唯一确定的．它总可以采用诸如式(9.1)的方法由摄像机矩阵 P,P′计算得到．这里主要介绍对极几何不能从点对应计算出来的那些结构．了解估计算法中的退化结构很重要,因为"接近于"退化的结构将有可能导致数值上的

病态估计．退化情形总结在表 11.1 中．

dim($N$) = 1：唯一解——非退化情形．

发生于一般位置的 $n \geq 8$ 组点对应．如果 $n > 8$，那么点对应必须是完全精确的(即无噪声)．

dim($N$) = 2：1 或 3 个解．

发生于 7 组点对应的情形，同时也发生于 $n > 7$ 组完全精确的点对应的情形，其中 3D 点和摄像机中心在一个被称为临界曲面的直纹二次曲面上．二次曲面可以是非退化的(单叶双曲面)或退化的．

dim($N$) = 3：两参数的解族．

发生于由一个单应相关联的 $n \geq 6$ 组完全精确的点对应 $\mathbf{x}_i' = \mathrm{H}\mathbf{x}_i$．

- 绕摄像机中心旋转(一种退化的运动)．
- 所有的世界点在一个平面上(一种退化的结构)．

**表 11.1**　由点对应估计 F 的退化情形，按式(11.3)中矩阵 A 的零空间 $N$ 的维数分类

### 11.9.1　点在直纹二次曲面上

第 22 章将证明如果两个摄像机中心和所有 3D 点都在被称为**临界曲面**[Maybank-93]的一个(直纹)二次曲面上，则退化将发生．直纹二次曲面可以是非退化的(单叶双曲面——冷却塔)或者退化的(如两平面，圆锥面和圆柱面)——参见 3.2.4 节．但是临界曲面不可能是椭圆面或者双叶双曲面．一个临界曲面配置可能有三个基本矩阵．

注意如果刚好是 7 组点对应，那么加上两个摄像机中心共有 9 个点．一般的二次曲面有 9 个自由度，并且过 9 点总可以构造一个二次曲面．当二次曲面是直纹二次曲面时，它是一个临界曲面并且关于 F 可能有三个解．当二次曲面不是直纹面时 F 仅有一个实解．

### 11.9.2　点在平面上

一种重要的退化是所有的点都在一个平面上．此时，所有的点和两个摄像机中心在一个直纹二次曲面上，即在由两个平面(过这些点的平面和过两个摄像机中心的平面)组成的退化二次曲面上．

平面点集的两幅视图通过一个 2D 射影变换 H 相联系．因此，假设给定一组对应点 $\mathbf{x}_i \leftrightarrow \mathbf{x}_i'$ 满足 $\mathbf{x}_i' = \mathrm{H}\mathbf{x}_i$．就可以给定任意多个点 $\mathbf{x}_i$ 及其对应点 $\mathbf{x}_i' = \mathrm{H}\mathbf{x}_i$．这一对摄像机的基本矩阵满足方程 $\mathbf{x}_i'^{\mathsf{T}}\mathrm{F}\mathbf{x}_i = \mathbf{x}_i'^{\mathsf{T}}(\mathrm{FH}^{-1})\mathbf{x}_i' = 0$．只要 $\mathrm{FH}^{-1}$ 是反对称矩阵，这组方程就成立．因此，F 的解是形如 $\mathrm{F} = \mathrm{SH}$ 的任何矩阵，其中 S 是反对称矩阵．由于一个 $3 \times 3$ 反对称矩阵 S 可以记成 $\mathrm{S} = [\mathbf{t}]_{\times}$ 的形式，向量 $\mathbf{t}$ 是任意 3 维向量．因此，S 有三个自由度，从而 F 也如此．更准确地说，对应 $\mathbf{x}_i \leftrightarrow \mathbf{x}_i'$ 给出一个三参数族的基本矩阵 F(注：其中一个参数为矩阵的尺度因子，因此仅仅是一个**两**参数族的齐次矩阵)．这样一来，由这组对应得到的方程组的系数矩阵 A 的秩必然不超过 6.

由分解 $\mathrm{F} = \mathrm{SH}$ 和结论 9.9，摄像机矩阵对 $[\mathrm{I} \mid \mathbf{0}]$ 和 $[\mathrm{H} \mid \mathbf{t}]$ 对应于基本矩阵 F．这里，向量 $\mathbf{t}$ 可取任意值．如果点为 $\mathbf{x}_i = (x_i, y_i, 1)^{\mathsf{T}}$ 和 $\mathbf{x}_i' = \mathrm{H}\mathbf{x}_i$，则可验证点 $\mathbf{X}_i = (x_i, y_i, 1, 0)^{\mathsf{T}}$ 通过这两个摄像机矩阵映射到 $\mathbf{x}_i$ 和 $\mathbf{x}_i'$．因而，点 $\mathbf{X}_i$ 构成了场景的一个重构．

### 11.9.3　无平移

如果两个摄像机的中心重合，则对极几何没有定义．此外，诸如结论 9.9 的公式都赋给基

本矩阵一个 0 值．在这种情形下，两幅图像通过一个 2D 单应相联系（见 8.4.2 节）．

如果仍试图寻求这个基本矩阵，则如上所述，关于 F 将有一个至少是 2 参数族的解．即使摄像机没有做平移运动，8 点算法等用于计算基本矩阵的方法仍将产生一个满足 $\mathbf{x}_i'^{\mathsf{T}}\mathrm{F}\mathbf{x}_i=0$ 的矩阵 F，其形式为 F = SH，其中 H 是关联这些点的单应，而 S 本质上是任意的反对称矩阵．由 H 关联的点 $\mathbf{x}_i$ 和 $\mathbf{x}_i'$ 将满足这个关系．

## 11.10 计算 F 的几何解释

由一组图像对应 $\{\mathbf{x}_i \leftrightarrow \mathbf{x}_i'\}$ 估计 F 与由一组 2D 点 $(x_i, y_i)$ 估计二次曲线（或由一组 3D 点估计二次曲面）问题有许多相似之处．

方程 $\mathbf{x}'^{\mathsf{T}}\mathrm{F}\mathbf{x}=0$ 是关于 $x, y, x', y'$ 的一个约束，因此在 $\mathrm{IR}^4$ 空间中定义了一个余维数为 1（维数为 3）的曲面（族）$\mathcal{V}$. 该曲面是二次曲面，因为该方程关于 $\mathrm{IR}^4$ 中的坐标 $x, y, x', y'$ 是二次的．有一个从 3 维射影空间到族 $\mathcal{V}$ 的自然映射，把任意 3D 点映射为两幅视图中对应图像点构成的四元组 $(x, y, x', y')^{\mathsf{T}}$．如果将 $\mathbf{x}'^{\mathsf{T}}\mathrm{F}\mathbf{x}=0$ 改写成如下形式

$$(x \quad y \quad x' \quad y' \quad 1)\begin{bmatrix} 0 & 0 & f_{11} & f_{21} & f_{31} \\ 0 & 0 & f_{12} & f_{22} & f_{32} \\ f_{11} & f_{12} & 0 & 0 & f_{13} \\ f_{21} & f_{22} & 0 & 0 & f_{23} \\ f_{31} & f_{32} & f_{13} & f_{23} & 2f_{33} \end{bmatrix}\begin{pmatrix} x \\ y \\ x' \\ y' \\ 1 \end{pmatrix}=0$$

则二次形式是显然的．

二次曲线拟合是估计 F 的一个适宜的（低维）模型．为指出这两种估计问题的相似性：如 2.2.3 节所介绍，一个点 $(x_i, y_i)^{\mathsf{T}}$ 为二次曲线的 5 个自由度提供了一个约束：

$$ax_i^2 + bx_iy_i + cy_i^2 + dx_i + ey_i + f = 0$$

类似地，如式（11.2），一组点对应 $(x_i, y_i, x_i', y_i')^{\mathsf{T}}$ 为 F 的 8 个自由度提供一个约束：

$$x_i'x_if_{11} + x_i'y_if_{12} + x_i'f_{13} + y_i'x_if_{21} + y_i'y_if_{22} + y_i'f_{23} + x_if_{31} + y_if_{32} + f_{33} = 0$$

但两者不完全类似，因为由基本矩阵表达的关系关于两组指标是双线性的，这一点也可从上面的二次型矩阵的零元素明显看出，而二次曲线的方程是任意的二次方程．同时，由 F 定义的曲面还必须满足由 det(F) = 0 产生的一个额外约束，而在二次曲线拟合中却没有这样的约束．

我们知道当数据只与二次曲线的一小段对应时会出现外插问题，基本矩阵的拟合也有类似的问题．事实上，不少情况下，数据足以精确地确定二次曲线的一条切线，但不足以确定二次曲线本身，见图 11.7．对于基本矩阵，$\mathrm{IR}^4$ 中二次曲面的切平面是仿射基本矩阵（第 14 章），当透视效果比较小时，这种近似是合适的．

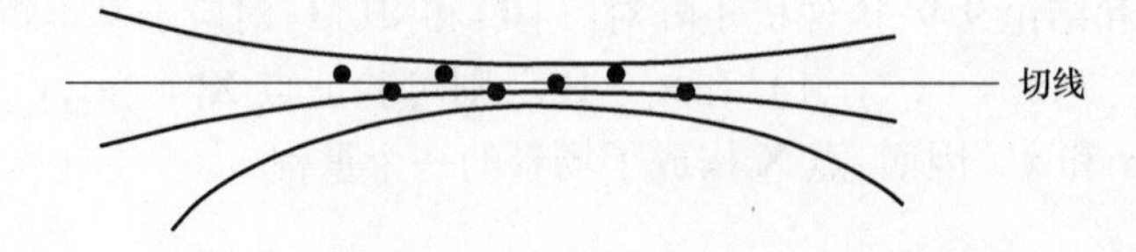


**图 11.7** 由点数据（表示为•）估计一条二次曲线的条件可能不足．所有显示的二次曲线的残差都在点的误差分布之内．然而，即使估计的二次曲线存在多义性，切线仍是良定的，并且可以根据这些点计算得到．

## 11.11 对极线的包络

基本矩阵的一个应用是在第二幅图像上确定与第一幅图像上的点对应的对极线．例如，如果我们正在搜索两幅图像之间的匹配点，第一幅图像中的给定点 $\mathbf{x}$ 的匹配点可以利用在第二幅图像上沿着对极线 $F\mathbf{x}$ 搜索而找到．当然，当存在噪声时，匹配点不会正好在直线 $F\mathbf{x}$ 上，因为我们仅知道基本矩阵在由协方差矩阵来表示的某个范围内．一般情形下，不能只沿对极线 $F\mathbf{x}$ 搜索，而有必要在直线 $F\mathbf{x}$ 两边的一个区域内搜索．我们现在来考虑怎样利用基本矩阵的协方差矩阵来确定这个搜索区域．

设 $\mathbf{x}$ 是一个点而 F 是一个基本矩阵并已求得它的协方差矩阵 $\Sigma_F$．点 $\mathbf{x}$ 对应于一条对极线 $\mathbf{l}=F\mathbf{x}$，并且可以按照结论 5.6 把协方差矩阵 $\Sigma_F$ 转移到协方差矩阵 $\Sigma_\mathbf{l}$．再根据结论 5.6，由 $\bar{\mathbf{l}}=\bar{F}\mathbf{x}$ 给出对极线的平均值．为避免出现奇异的情形，将表示对极线的向量 $\mathbf{l}$ 归一化，使得 $\|\mathbf{l}\|=1$．那么映射 $\mathbf{x}\mapsto\mathbf{l}$ 由 $\mathbf{l}=(F\mathbf{x})/\|F\mathbf{x}\|$ 给出．如果 J 是该映射关于 F 的元素的 Jacobian 矩阵．则 J 是一个 $3\times9$ 矩阵，且 $\Sigma_\mathbf{l}=J\Sigma_F J^\mathsf{T}$．

虽然约束 $\|\mathbf{l}\|=1$ 是最方便的约束，但下面的分析适用于将表示对极线的向量限制在 $\mathbb{R}^3$ 中的一个 2 维曲面上变化的任何约束．这种情形下的协方差矩阵 $\Sigma_\mathbf{l}$ 是奇异的，并且秩为 2，因为在约束曲面的法线方向上不允许变化．对一个具体的 $\mathbf{l}$，与均值的偏差 $(\bar{\mathbf{l}}-\mathbf{l})$ 必须沿着约束曲面，从而（在线性逼近中）正交于 $\Sigma_\mathbf{l}$ 的零空间．

在余下的推导中，为了避免记号混淆，表示平均对极线的向量 $\bar{\mathbf{l}}$ 将被记为 $\mathbf{m}$．现在，假设表示对极线的向量 $\mathbf{l}$ 服从 Gauss 分布，具有给定似然的所有直线由下列方程给定：

$$(\mathbf{l}-\mathbf{m})^\mathsf{T}\Sigma_\mathbf{l}^{+}(\mathbf{l}-\mathbf{m})=k^2 \tag{11.11}$$

式中，$k$ 是某个常数．为做进一步分析，我们运用坐标的正交变换将 $\Sigma_\mathbf{l}$ 变为对角矩阵．因此可以写成

$$U\Sigma_\mathbf{l}U^\mathsf{T}=\Sigma'_\mathbf{l}=\begin{bmatrix}\tilde{\Sigma}'_\mathbf{l} & \mathbf{0}\\ \mathbf{0}^\mathsf{T} & 0\end{bmatrix}$$

式中，$\tilde{\Sigma}'_\mathbf{l}$ 是一个 $2\times2$ 非奇异对角矩阵．对直线运用同一变换，可定义 2 维向量 $\mathbf{m}'=U\mathbf{m}$ 和 $\mathbf{l}'=U\mathbf{l}$．因 $\mathbf{l}'-\mathbf{m}'$ 正交于 $\Sigma'_\mathbf{l}$ 的零空间 $(0,0,1)^\mathsf{T}$，故 $\mathbf{m}'$ 和 $\mathbf{l}'$ 的第三个坐标相同．如果必要的话，通过把 U 乘以一个常数，可以假定这个坐标是 1．因此，我们可以记 $\mathbf{l}'=(\tilde{\mathbf{l}}'^\mathsf{T},1)^\mathsf{T}$ 和 $\mathbf{m}'=(\tilde{\mathbf{m}}'^\mathsf{T},1)^\mathsf{T}$，其中 $\tilde{\mathbf{l}}'$ 和 $\tilde{\mathbf{m}}'$ 为两个 2 维向量．那么可以验证

$$\begin{aligned}k^2&=(\mathbf{l}-\mathbf{m})^\mathsf{T}\Sigma_\mathbf{l}^{+}(\mathbf{l}-\mathbf{m})\\&=(\mathbf{l}'-\mathbf{m}')^\mathsf{T}\Sigma_\mathbf{l}'^{+}(\mathbf{l}'-\mathbf{m}')\\&=(\tilde{\mathbf{l}}'-\tilde{\mathbf{m}}')^\mathsf{T}\tilde{\Sigma}_\mathbf{l}'^{-1}(\tilde{\mathbf{l}}'-\tilde{\mathbf{m}}')\end{aligned}$$

将该方程展开为

$$\tilde{\mathbf{l}}'^\mathsf{T}\tilde{\Sigma}_\mathbf{l}'^{-1}\tilde{\mathbf{l}}'-\tilde{\mathbf{m}}'^\mathsf{T}\tilde{\Sigma}_\mathbf{l}'^{-1}\tilde{\mathbf{l}}'-\tilde{\mathbf{l}}'^\mathsf{T}\tilde{\Sigma}_\mathbf{l}'^{-1}\tilde{\mathbf{m}}'+\tilde{\mathbf{m}}'^\mathsf{T}\tilde{\Sigma}_\mathbf{l}'^{-1}\tilde{\mathbf{m}}'-k^2=0$$

并可以记为

$$(\tilde{\mathbf{l}}'^{\mathsf{T}} \quad 1)\begin{bmatrix} \tilde{\Sigma}_{\mathbf{l}}'^{-1} & -\tilde{\Sigma}_{\mathbf{l}}'^{-1}\tilde{\mathbf{m}}' \\ -\tilde{\mathbf{m}}'^{\mathsf{T}}\tilde{\Sigma}_{\mathbf{l}}'^{-1} & \tilde{\mathbf{m}}'^{\mathsf{T}}\tilde{\Sigma}_{\mathbf{l}}'^{-1}\tilde{\mathbf{m}}'-k^2 \end{bmatrix}\begin{pmatrix} \tilde{\mathbf{l}}' \\ 1 \end{pmatrix}=0$$

或等价地(可以验证)

$$(\tilde{\mathbf{l}}'^{\mathsf{T}} \quad 1)\begin{bmatrix} \tilde{\mathbf{m}}'\tilde{\mathbf{m}}'^{\mathsf{T}}-k^2\tilde{\Sigma}_{\mathbf{l}}' & \tilde{\mathbf{m}}' \\ \tilde{\mathbf{m}}'^{\mathsf{T}} & 1 \end{bmatrix}^{-1}\begin{pmatrix} \tilde{\mathbf{l}}' \\ 1 \end{pmatrix}=0 \tag{11.12}$$

最后,上式又等价于

$$\mathbf{l}'^{\mathsf{T}}[\mathbf{m}'\mathbf{m}'^{\mathsf{T}}-k^2\Sigma_{\mathbf{l}}']^{-1}\mathbf{l}'=0 \tag{11.13}$$

以上证明满足式(11.11)的直线构成由矩阵$(\mathbf{m}'\mathbf{m}'^{\mathsf{T}}-k^2\Sigma_{\mathbf{l}}')^{-1}$定义的线二次曲线．相应的点二次曲线形成直线的包络,并由矩阵$\mathbf{m}'\mathbf{m}'^{\mathsf{T}}-k^2\Sigma_{\mathbf{l}}'$所定义．现在可以再变回原坐标系来确定在原坐标系下这些直线的包络．变换后的二次曲线是

$$\mathrm{C}=\mathrm{U}^{\mathsf{T}}(\mathbf{m}'\mathbf{m}'^{\mathsf{T}}-k^2\Sigma_{\mathbf{l}}')\mathrm{U}=\mathbf{m}\mathbf{m}^{\mathsf{T}}-k^2\Sigma_{\mathbf{l}} \tag{11.14}$$

**注意:**当$k=0$时,二次曲线C退化为$\mathbf{m}\mathbf{m}^{\mathsf{T}}$,表示直线$\mathbf{m}$上的点集．当$k$增大时,二次曲线变为双曲线,其两个分支分别在直线$\mathbf{m}$的两边．

假如我们想通过选取$k$使得对极线的某个比例$\alpha$在这个双叶双曲线围成的区域内．式(11.11)中的值$k^2=(\mathbf{l}-\mathbf{m})^{\mathsf{T}}\Sigma_{\mathbf{l}}^{+}(\mathbf{l}-\mathbf{m})$服从$\chi_n^2$分布,累积卡方分布$F_n(k^2)=\int_0^{k^2}\chi_n^2(\xi)\,\mathrm{d}\xi$表示一个$\chi_n^2$随机变量的值小于$k^2$的概率($\chi_n^2$和$F_n$分布在A2.2节中定义)．将其运用于一条随机直线$\mathbf{l}$,可以看出为了保证直线的某个比例$\alpha$在由式(11.14)定义的双曲线界定的区域内．必须选取$k^2$使得$F_2(k^2)=\alpha$($n=2$,因为协方差矩阵$\Sigma_{\mathbf{l}}$的秩为2)．因此$k^2=F_2^{-1}(\alpha)$,例如当$\alpha=0.95$时,可求得$k^2=5.9915$. 由式(11.14)给出的对应的双曲线是$\mathrm{C}=\mathbf{m}\mathbf{m}^{\mathsf{T}}-5.9915\Sigma_{\mathbf{l}}$. 总结以上讨论得到:

**结论 11.2　如果$\mathbf{l}$是服从均值为$\bar{\mathbf{l}}$,协方差矩阵为秩2矩阵$\Sigma_{\mathbf{l}}$的高斯分布的随机直线,则平面二次曲线**

$$\mathrm{C}=\bar{\mathbf{l}}\bar{\mathbf{l}}^{\mathsf{T}}-k^2\Sigma_{\mathbf{l}} \tag{11.15}$$

**表示一个等似然轮廓,它围住了直线$\mathbf{l}$的所有事件中的某一部分．如果$F_2(k^2)$表示累积$\chi_2^2$分布,且选择$k^2$使得$F_2(k^2)=\alpha$,则所有直线中占$\alpha$比例的部分落在由C所界定的区域内．也就是说这些直线落在这个区域的概率是$\alpha$.**

运用这个公式时必须要清楚它仅表示一个近似,因为对极线不是正态分布．我们总假定分布可以利用Jacobian正确地变换,但这是一种线性的假设．这个假设对于方差小且接近于均值的分布是最为合理的．这里,我们利用它寻找95%样本所在的区域,即几乎是误差分布的全体．在这种情况下,误差是高斯分布的假设是欠合理的．

### 11.11.1 对极线协方差的验证

我们现在提供对极线包络的一些例子,以证实和说明上面推导的理论．但在此之前,我们将直接验证关于对极线的协方差矩阵的理论．因为一条直线的3×3协方差矩阵从数量上不太容易理解,我们考虑对极线方向的方差．给定一条直线$\mathbf{l}=(l_1,l_2,l_3)^{\mathsf{T}}$,表示其方向的角度

由 $\theta = \arctan(-l_1/l_2)$ 给出．令 J 等于映射 $\mathbf{l} \to \theta$ 的 $1 \times 3$ 的 Jacobian 矩阵，可以发现角度 $\theta$ 的方差是 $\sigma_\theta^2 = \mathrm{J}\Sigma_{\mathbf{l}}\mathrm{J}^{\mathsf{T}}$．这个结论可以通过如下的模拟来验证．

考虑点对应已经确定的一对图像．由这些点对应计算基本矩阵，再矫正这些点使得其在对极几何映射（如 12.3 节所介绍）下精确地对应．再用 $n$ 组这样矫正过的对应来计算基本矩阵 F 的协方差矩阵．然后，对第一幅图像中另一组矫正过的“测试”点 $\mathbf{x}_i$，计算出相应对极线 $\mathbf{l}'_i = \mathrm{F}\mathbf{x}_i$ 的均值和协方差，从而算出该对极线方向的均值和方差．由此给出了这些量的理论值．

下一步，进行 Monte Carlo 模拟，对用来计算 F 的点的坐标加入高斯噪声．用求得的 F 计算每一个测试点所对应的对极线，既而这些对极线的角度及角度与均值的偏差．如此进行多次并算出该角度的标准差，最后将它同理论值相比较．对于图 11.2 中的雕塑图像对的结果如图 11.8 所示．

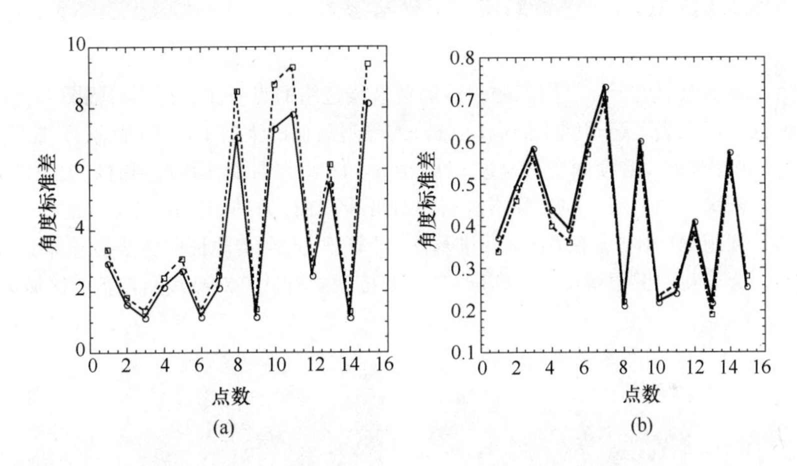


**图 11.8**　对图 11.2 中的雕塑图像对中的 15 个测试点的对极线的方向角进行理论值和 Monte Carlo 模拟值的比较．水平轴表示点数（1 到 15）而竖直轴表示角度的标准差．(a) 对极几何结构（基本矩阵）由 15 组点匹配算出时的结果．(b) 使用 50 组匹配时的结果．**注意：**这些图的水平轴表示编号为 1 到 15 的离散点．这些图用连续曲线表示仅仅是为了视觉上的清晰．

**雕塑图像的对极线包络**　图 11.2 的雕塑图像对很有意义，因为整幅图像的深度变化很大．在图像中出现近点（在雕像上）和远点（在后面的建筑物上）非常靠近的现象．基本矩阵已由若干点计算得到．选定第一幅图像中的一个点（见图 11.9）并用 Monte Carlo 模拟来计算当每组匹配点坐标的噪声在 0.5 个像素水平时的几条可能的对极线．为了检验这个理论，我们从理论上计算了对极线的均值和协方差．算出 95% 对极线包络并在第二幅图像上画出．图 11.10 显示了用不同点数计算 F 的结果．当 $n = 15$ 时，该 95% 包络非常接近于模拟的直线包络．

图 11.10 所示的结果表明，点匹配对计算对极线包络有重要实际意义．因此，假设我们试图寻找图 11.9 中那个前景点的对应．如果仅用 10 组点匹配来计算对极线，那么在给定的包络宽度上做对极线搜索不大可能成功．即使 $n = 15$ 时，在正确匹配水平上的包络宽度还有几十个像素．当 $n = 25$ 时，结果较满意．注意这种不稳定是这个问题的内在性质，而不是任何计算 F 的特定算法的后果．

一个有趣问题是关于包络最窄点的位置．此时，它好像接近于图 11.9 中背景点的正确

(a) (b)

**图 11.9** (a)第一幅图像中用于计算第二幅图像的对极线包络的点．注意在第二幅图上找到的点出现了多义性．所标记的点可以表示雕塑腿上的点(前景)或雕塑后面的大楼上的点(背景)．在第二幅图像中，这两点分得很开，并且对极线必须两者都通过．(b)由 $n=15$ 组点匹配计算得到的对极线．不同的直线对应于匹配点注入不同噪声的情形．在计算所选点的对极线之前，为理想匹配点位置的每一坐标添加 0.5 像素的高斯噪声．利用 ML 估计算法(黄金标准算法)计算 F. 这个实验证明由少数点来计算对极线基本上具有不稳定性．为寻找左图中所选点的匹配点，需要搜索所有这些对极线所覆盖的区域．

**图 11.10** 当噪声水平是 0.5 像素并且 F 由 $n=10,15,25,50$ 对点计算时对极线的 95% 包络．对每种情形，Monte Carlo 模拟的结果(虽然没有显示在这里)与这些结果很接近．可把这里的 $n=15$ 的情形与图 11.9 相比较．注意当 $n=10$ 时，对极线包络非常宽( $>90°$ )，这表明此时由 10 对点计算得到的对极线的置信度很小．当 $n=15$ 时包络仍然相当宽．当 $n=25$ 和 $n=50$ 时对极线具有相当好的精度．当然，包络的准确形状强烈地依赖于什么样的匹配点被用来计算对极几何结构．

匹配位置．前景点(雕像的腿)的匹配远离这个包络的最窄点．虽然我们对包络窄点的准确位置不能充分理解，但这里好像是因为用来计算 F 的多数点在背景的建筑物上．这偏向于假设其他匹配点接近建筑物平面．对于深度很不同的点的匹配准确性要差．

**靠近对极点的匹配点——走廊场景**　当要匹配的点靠近于对极点时，对极线的确定更不稳定，因为关于对极点位置的任何不确定性都导致对极线斜率的不确定性．另外，当接近这个不稳定位置时，式(11.14)的推导中隐含的线性近似变得更站不住脚．特别是对极线的分布将偏离正态分布．

## 11.12　图像矫正

本节给出一种图像矫正的方法，即为了产生一对"匹配对极线的投影"，对视点差别很大的立体图像对进行重采样．这些投影的对极线平行于 $x$ 轴并且在视图之间相匹配，从而图像之间的视差仅发生在 $x$ 方向，即 $y$ 方向没有视差．

这个方法建立在基本矩阵之上．为了使对极线匹配，对两幅图像施加一对 2D 射影变换．业已证明可以选择使得匹配点几乎有相同 $x$ 坐标的两个变换．用这种方式使两幅图像(如果相互重叠在一起)尽可能地对应，并且任何视差都将平行于 $x$ 轴．因为施加任意的 2D 射影变换可能造成图像极大的失真，寻找变换对的方法要使得图像失真最小．

事实上，对两幅图像进行适当的射影变换的问题可简化成由一对并排放置且主轴相互平行的相同摄像机所产生的对极几何问题．在以前的文献中所介绍的许多立体匹配算法都假定了这个几何．经过这样的矫正后，根据简单的对极结构和两幅图像的相近对应，匹配点的搜索极大地简化了．它可以用作为复杂图像匹配的预备步骤．

### 11.12.1　映射对极点到无穷远点

本节我们将讨论寻找把一幅图像的对极点映射到无穷远点的射影变换 H 的问题．事实上，如果对极线被变换为平行于 $x$ 轴的直线，则对极点应该被映射到特定的无穷远点 $(1,0,0)^{\mathsf{T}}$．这个问题给 H 留下了许多自由度(实际是 4 个)，而且如果选择了不恰当的 H，图像将发生严重的射影失真．为了使重新采样的图像与原始图像看起来一样，我们可以对 H 的选取施加严格的限制．

一个导致好结果的条件是要求变换 H 对图像给定点 $\mathbf{x}_0$ 的邻域的作用尽可能地是一个刚体变换．这意味着在一阶近似程度上，$\mathbf{x}_0$ 的邻域只被旋转和平移，因而原图像和重采样的图像看起来是相同的．点 $\mathbf{x}_0$ 的一种适当选择是取图像的中心．例如，在航空摄影中如果已知视点不是过分倾斜，这会是一种好的选择．

现在，假定 $\mathbf{x}_0$ 是原点且对极点 $\mathbf{e}=(f,0,1)^{\mathsf{T}}$ 在 $x$ 轴上．考虑下面的变换

$$G=\begin{bmatrix}1 & 0 & 0\\ 0 & 1 & 0\\ -1/f & 0 & 1\end{bmatrix} \tag{11.16}$$

该变换把对极点 $(f,0,1)^{\mathsf{T}}$ 变到无穷远点 $(f,0,0)^{\mathsf{T}}$，这正是我们所需要的．点 $(x,y,1)^{\mathsf{T}}$ 被 G 映射到点 $(\hat{x},\hat{y},1)^{\mathsf{T}}=(x,y,1-x/f)^{\mathsf{T}}$．若 $|x/f|<1$，则

$$(\hat{x},\hat{y},1)^{\mathsf{T}}=(x,y,1-x/f)^{\mathsf{T}}=(x(1+x/f+L),y(1+x/f+L),1)^{\mathsf{T}}$$

其 Jacobi 矩阵是

$$\frac{\partial(\hat{x},\hat{y})}{\partial(x,y)}=\begin{bmatrix}1+2x/f & 0\\ y/f & 1+x/f\end{bmatrix}$$

外加 $x$ 和 $y$ 的高阶项．现在，若 $x=y=0$，则它是一个恒等映射．也就是说，G 在原点(一阶)近似于恒等映射．

对于任意位置上的兴趣点 $\mathbf{x}_0$ 和对极点 $\mathbf{e}$，所需要的映射 H 是乘积 H = GRT，其中 T 是把点 $\mathbf{x}_0$ 映到原点的平移，R 是一个绕原点的旋转并使对极点 $\mathbf{e}'$ 转到 $x$ 轴上的点 $(f,0,1)^{\mathsf{T}}$，而 G 是刚讨论过的把 $(f,0,1)^{\mathsf{T}}$ 变到无穷远点的映射．这个复合映射是在 $\mathbf{x}_0$ 邻域内的一个刚体变换的一阶近似．

## 11.12.2　匹配变换

上节给出了如何把一幅图像中的对极点映射到无穷远点的方法．接下来，我们将看到怎样把一个映射施加到另一幅图像上使得对极线互相匹配．我们考虑两幅图像 $J$ 和 $J'$．我们的目的是将变换 H 作用于 $J$ 并将 H′作用于 $J'$，从而对这两幅图像重新采样．完成的重采样要使得 $J$ 中的对极线与 $J'$ 中对应的对极线匹配．更具体地说，如果 $\mathbf{l}$ 和 $\mathbf{l}'$ 是两幅图像中任何一对对应的对极线，则 $\mathrm{H}^{-\mathsf{T}}\mathbf{l}=\mathrm{H}'^{-\mathsf{T}}\mathbf{l}'$．(回忆 $\mathrm{H}^{-\mathsf{T}}$ 是与点映射 H 相应的线映射)满足这个条件的任何一对变换被称为一个变换**匹配对**．

我们选择变换匹配对的策略是：如上节所述，先选择某个变换 H′把对极点 $\mathbf{e}'$ 映到无穷远点．然后寻求最小化距离平方和

$$\sum_i d(\mathrm{H}\mathbf{x}_i,\mathrm{H}'\mathbf{x}_i')^2 \tag{11.17}$$

的匹配变换 H. 首先要解决的问题是如何寻找一个匹配 H′的变换．这个问题由下面的结论回答．

**结论 11.3　设 $J$ 和 $J'$ 是具有基本矩阵 $\mathrm{F}=[\mathbf{e}']_{\times}\mathrm{M}$ 的两幅图像，并设 H′是 $J'$ 的一个射影变换．则 $J$ 的一个射影变换 H 与 H′匹配当且仅当对某个向量 $\mathbf{a}$，H 具有形式**

$$\mathrm{H}=(\mathrm{I}+\mathrm{H}'\mathbf{e}'\mathbf{a}^{\mathsf{T}})\mathrm{H}'\mathrm{M} \tag{11.18}$$

**证明**　如果 $\mathbf{x}$ 是 $J$ 中的一个点，则 $\mathbf{e}\times\mathbf{x}$ 是第一幅图像中的对极线，而 $\mathrm{F}\mathbf{x}$ 是第二幅图像中的对极线．变换 H 和 H′是一个匹配对当且仅当 $\mathrm{H}^{-\mathsf{T}}(\mathbf{e}\times\mathbf{x})=\mathrm{H}'^{-\mathsf{T}}\mathrm{F}\mathbf{x}$. 因为该式必须对所有的点 $\mathbf{x}$ 成立，故可等价地写为 $\mathrm{H}^{-\mathsf{T}}[\mathbf{e}]_{\times}=\mathrm{H}'^{-\mathsf{T}}\mathrm{F}=\mathrm{H}'^{-\mathsf{T}}[\mathbf{e}']_{\times}\mathrm{M}$，或者应用结论 A4.3，得

$$[\mathrm{H}\mathbf{e}]_{\times}\mathrm{H}=[\mathrm{H}'\mathbf{e}']_{\times}\mathrm{H}'\mathrm{M} \tag{11.19}$$

根据引理 9.11，这蕴含所需要的 $\mathrm{H}=(\mathrm{I}+\mathrm{H}'\mathbf{e}'\mathbf{a}^{\mathsf{T}})\mathrm{H}'\mathrm{M}$.

下面证明逆命题，如果式(11.18)成立，则

$$\begin{aligned}\mathrm{H}\mathbf{e}&=(\mathrm{I}+\mathrm{H}'\mathbf{e}'\mathbf{a}^{\mathsf{T}})\mathrm{H}'\mathrm{M}\mathbf{e}=(\mathrm{I}+\mathrm{H}'\mathbf{e}'^{\mathbf{a}\mathsf{T}})\mathrm{H}'\mathbf{e}'\\&=(1+\mathbf{a}^{\mathsf{T}}\mathrm{H}'\mathbf{e}')\mathrm{H}'\mathbf{e}'=\mathrm{H}'\mathbf{e}'\end{aligned}$$

它和式(11.18)一起足以证明式(11.19)成立，因此 H 和 H′是匹配变换．

我们对把 $\mathbf{e}'$ 变到无穷远点 $(1,0,0)^{\mathsf{T}}$ 的变换 H′特别感兴趣．在这种情形，矩阵 $\mathrm{I}+\mathrm{H}'\mathbf{e}'\mathbf{a}^{\mathsf{T}}=\mathrm{I}+(1,0,0)^{\mathsf{T}}\mathbf{a}^{\mathsf{T}}$ 有如下形式

$$\mathrm{H_A}=\begin{bmatrix}a & b & c\\ 0 & 1 & 0\\ 0 & 0 & 1\end{bmatrix} \tag{11.20}$$

它表示一个仿射变换．因此结论 11.3 的一种特殊情形是：

**推论 11.4　设 $J$ 和 $J'$ 是具有基本矩阵 $\mathrm{F}=[\mathbf{e}']_\times\mathrm{M}$ 的图像，并设 $\mathrm{H}'$ 是 $J'$ 的把对极点 $\mathbf{e}'$ 映到无穷远点 $(1,0,0)^\mathsf{T}$ 的一个射影变换．则 $J$ 的一个变换 H 与 $\mathrm{H}'$ 匹配当且仅当 H 的形式为 $\mathrm{H}=\mathrm{H_A}\mathrm{H_0}$，其中 $\mathrm{H_0}=\mathrm{H}'\mathrm{M}$，而 $\mathrm{H_A}$ 是形如式(11.20)的一个仿射变换．**

给定把对极点映射到无穷远点的 $\mathrm{H}'$，我们可以利用这个推论选择一个最小化视差的匹配变换 H. 记 $\hat{\mathbf{x}}'_i=\mathrm{H}'\mathbf{x}'_i$ 和 $\hat{\mathbf{x}}_i=\mathrm{H_0}\mathbf{x}_i$，则最小化问题式(11.17)就是寻找形如式(11.20)并使得

$$\sum_i d(\mathrm{H_A}\hat{\mathbf{x}}_i,\hat{\mathbf{x}}'_i)^2 \tag{11.21}$$

最小化的 $\mathrm{H_A}$.

具体地说，设 $\hat{\mathbf{x}}_i=(\hat{x}_i,\hat{y}_i,1)^\mathsf{T}$，并设 $\hat{\mathbf{x}}'_i=(\hat{x}'_i,\hat{y}'_i,1)^\mathsf{T}$. 因为 $\mathrm{H}'$ 和 M 是已知的，这些向量可以从匹配点 $\mathbf{x}_i\leftrightarrow\mathbf{x}'_i$ 算出．于是需要被最小化的量(式(11.21))可以表示为

$$\sum_i (a\hat{x}_i+b\hat{y}_i+c-\hat{x}'_i)^2+(\hat{y}_i-\hat{y}'_i)^2$$

因为 $(\hat{y}_i-\hat{y}'_i)^2$ 是常数，它又等价于最小化

$$\sum_i (a\hat{x}_i+b\hat{y}_i+c-\hat{x}'_i)^2$$

这是一个简单的线性最小二乘参数最小化问题，利用线性方法(见 A5.1)容易求得 $a,b,c$. 然后 $\mathrm{H_A}$ 可由式(11.20)算出，而 H 由式(11.18)算出．注意一个线性解是可能得到的，因为 $\mathrm{H_A}$ 是一个仿射变换．如果它仅是一个射影变换，那就不是线性问题了．

### 11.12.3　算法概述

现在总结重采样算法．其输入是有共同重叠区域的一对图像．其输出是重采样的一对图像，使得这两幅图像中对极线都是水平的(与 $x$ 轴平行)，并且两幅图像中的对应点尽可能相互接近．两个匹配点之间的任何视差都沿着水平对极线．该算法的一个顶层概述如下．

(1)在两幅图像之间确定从图像到图像的匹配种子集合 $\mathbf{x}_i\leftrightarrow\mathbf{x}'_i$. 最少需要 7 个点，当然越多越好．可以通过自动方法来发现这样的匹配．

(2)计算基本矩阵 F 并且找到两幅图像中的对极点 $\mathbf{e}$ 和 $\mathbf{e}'$.

(3)选择一个把对极点 $\mathbf{e}'$ 映射到无穷远点 $(1,0,0)^\mathsf{T}$ 的射影变换 $\mathrm{H}'$. 11.12.1 节的方法常能得到好结果．

(4)求最小化最小二乘距离

$$\sum_i d(\mathrm{H}\mathbf{x}_i,\mathrm{H}'\mathbf{x}'_i) \tag{11.22}$$

的匹配射影变换 H. 采用的方法是 11.12.2 节所介绍的线性方法．

(5)根据射影变换 H 重采样第一幅图像并根据射影变换 $\mathrm{H}'$ 重采样第二幅图像．

**例 11.5　模型房屋图像．**

图 11.11a 显示了某个木块房屋的一对图像．在这两幅图像中自动地抽取边缘和顶点并

且用手工方法匹配少数共同的顶点. 然后,按照这里介绍的方法重采样这两幅图像. 其结果在图 11.11b 中显示. 在这种情况下,由于视点和物体的 3 维形状有很大差别,这两幅图像即使重采样后看起来也相当不同. 然而,这就是第一幅图像中的任一点与第二幅图像中具有相同 $y$ 坐标的点匹配的真实情形. 因此,为了进一步求得两幅图像之间的匹配点仅需进行一维搜索.

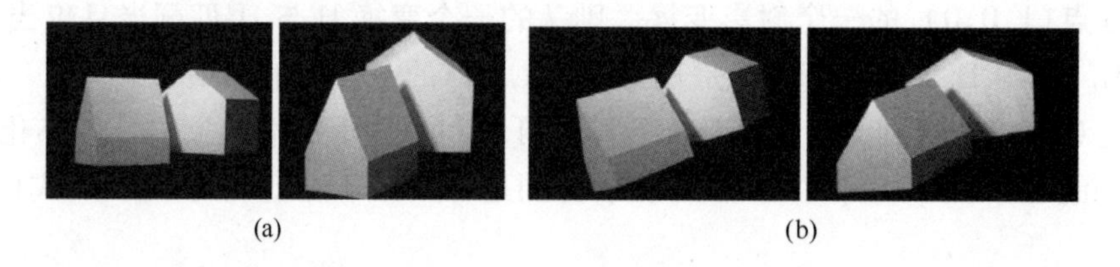

**图 11.11 图像矫正**. (a)一座房屋的一对图像. (b)利用由 F 求得的射影变换,由(a)计算得到的重采样图像. 注意(b)中的对应点沿水平方向匹配.

### 11.12.4 仿射矫正

本节所讨论的理论可同样适用于仿射重采样. 如果两个摄像机可以由仿射摄像机来近似,那么我们可以仅用仿射变换对之进行矫正. 具体实施时可以用仿射基本矩阵(见 14.2 节)代替一般的基本矩阵. 上面的方法只要稍加改动就可用来计算一对匹配的仿射变换. 图 11.12 给出用仿射变换矫正后的一对图像.

**图 11.12 用仿射变换作图像矫正**. (a)一对原始图像. (b)用仿射变换矫正后的图像细节. 在 512 × 512 图像中,矫正后 $y$ 方向的平均视差在 3 个像素的量级上(对正确矫正的图像来说,$y$ 方向的视差应该是零)

## 11.13 结束语

### 11.13.1 文献

计算基本矩阵的基本思想由[LonguetHiggins-81]给出,它非常值得一读. 虽然它仅针对标定矩阵的情形,但其原则也适用于未标定的情形. 未标定情形的一篇好的参考文献是[Zhang-98],它考虑了大多数最好的方法. 另外,跟随 Csurka 等的更早工作[Csurka-97],该文献也考虑了对极线包络的不确定性. 对未标定情形的 8 点算法的详细研究由[Hartley-97]给出. Weng 等[Weng-89]把 Sampson 逼近用于基本矩阵的代价函数. 强迫被估计的 F 的秩为 2

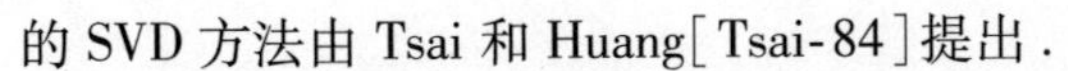

的 SVD 方法由 Tsai 和 Huang[Tsai-84]提出.

有大量关于二次曲线拟合的文献——最小化代数距离[Bookstein-79];几何距离近似[Sampson-82,Pratt-87,Taubin-91];最优拟合[Kanatani-94]和拟合特殊形式[Fitzgibbon-99].

## 11.13.2　注释和练习

(1)6 组点对应把 $\mathbf{e}$ 和 $\mathbf{e}'$限制在每幅图像中的一条平面三次曲线上([Faugeras-93]). 在每幅图像中该三次曲线也通过这 6 点. 下面是这些结果的推导概要. 给定 6 组点对应,式(11.3)中的 A 的零空间是 3 维的. 从而其解是 $\mathrm{F}=\alpha_1\mathrm{F}_1+\alpha_2\mathrm{F}_2+\alpha_3\mathrm{F}_3$,其中 $\mathrm{F}_i$ 表示对应于生成该零空间的诸向量的矩阵. 对极点满足 $\mathrm{F}\mathbf{e}=\mathbf{0}$,因此$[(\mathrm{F}_1\mathbf{e}),(\mathrm{F}_2\mathbf{e}),(\mathrm{F}_3\mathbf{e})](\alpha_1,\alpha_2,\alpha_3)^{\mathsf{T}}=\mathbf{0}$. 因为该方程有一个非零解,由此推出 $\det[(\mathrm{F}_1\mathbf{e}),(\mathrm{F}_2\mathbf{e}),(\mathrm{F}_3\mathbf{e})]=0$,它是 $\mathbf{e}$ 的三次多项式.

(2)证明 4 个共面点的图像对应和一个二次曲面的轮廓线可以确定基本矩阵到具有两重多义性(提示:参见算法 13.2).

(3)证明一条(平面)二次曲线的对应图像等价于关于 F 的两个约束,详见[Kahl-98b].

(4)假定一组立体图像对是通过一个摄像机沿它的主轴向前平移而得到. 11.12 节所介绍的图像矫正的几何能否适用于这种情况? 见[Pollefeys-99a]中的另一种矫正几何.

# 第12章 结构计算

本章介绍当3D点在两幅视图上的像和这些视图的摄像机矩阵给定时，如何计算该点的位置．假定误差仅出现在测量的图像坐标中，而投影矩阵P，P′没有误差．

在上述条件下，由测量图像点的反向投影射线构成的简单三角测量将不再适用，因为这两条射线一般不相交．因此有必要为3D空间中的点**估计**一个最优解．

一个最优解需要定义并最小化一个适当的代价函数．这个问题在仿射和射影重构中尤其关键，因为这里关于物体空间不存在有意义的度量信息．我们希望寻找一种在空间射影变换下不变的三角测量．

在下面各节中，我们将给出$\mathbf{X}$及其协方差的估计．推导关于点的最优(MLE)估计算法，并且证明不需要数值最小化就能得到一个解．

注意，上述情形是**先知**F而后求$\mathbf{X}$. 另一种情形是从图像点对应$\{\mathbf{x}_i \leftrightarrow \mathbf{x}'_i\}$同时估计F和$\{\mathbf{X}_i\}$，但这不在本章考虑的范围之内．可以利用本章所介绍的算法作为一个初始估计，并用11.4.1节中的黄金标准算法来解．

## 12.1 问题陈述

假定摄像机矩阵已给定，从而基本矩阵也就给定；或者假定基本矩阵已给定，从而可以构造一对相容的摄像机矩阵(如9.5节所述)．在任一种情况下都假定这些已知矩阵是准确的，或者与两幅图像中的一对匹配点相比具有极大的准确性．

因为**被测量**点$\mathbf{x}$和$\mathbf{x}'$有误差，所以从点反向投影的射线不共面．这意味着**不存在**准确地满足$\mathbf{x}=\mathrm{P}\mathbf{X}, \mathbf{x}'=\mathrm{P}'\mathbf{X}$的点$\mathbf{X}$；并且图像点不满足对极几何约束$\mathbf{x}'^{\mathsf{T}}\mathrm{F}\mathbf{x}=0$. 这些说法是等价的，因为对应于一对匹配点$\mathbf{x}\leftrightarrow\mathbf{x}'$的两条射线在空间中相交当且仅当这两点满足对极几何约束．如图12.1所示．

三角测量法的一个理想特性应是其在重构的某种适当的变换下保持不变——若已知摄像机矩阵仅相差一个仿射(或射影)变换，则显然希望利用仿射(或射影)不变的三角测量法来计算3D空间点．因此，用$\tau$表示由点对应$\mathbf{x}\leftrightarrow\mathbf{x}'$及一对摄像机矩阵P和P′来计算3D空间点$\mathbf{X}$的一种三角测量法．我们记

$$\mathbf{X}=\tau(\mathbf{x},\mathbf{x}',\mathrm{P},\mathrm{P}')$$

称三角测量在变换H下是不变的，如果

$$\tau(\mathbf{x},\mathbf{x}',\mathrm{P},\mathrm{P}')=\mathrm{H}^{-1}\tau(\mathbf{x},\mathbf{x}',\mathrm{P}\mathrm{H}^{-1},\mathrm{P}'\mathrm{H}^{-1})$$

这意味着利用变换了的摄像机做三角测量得到变换的点．

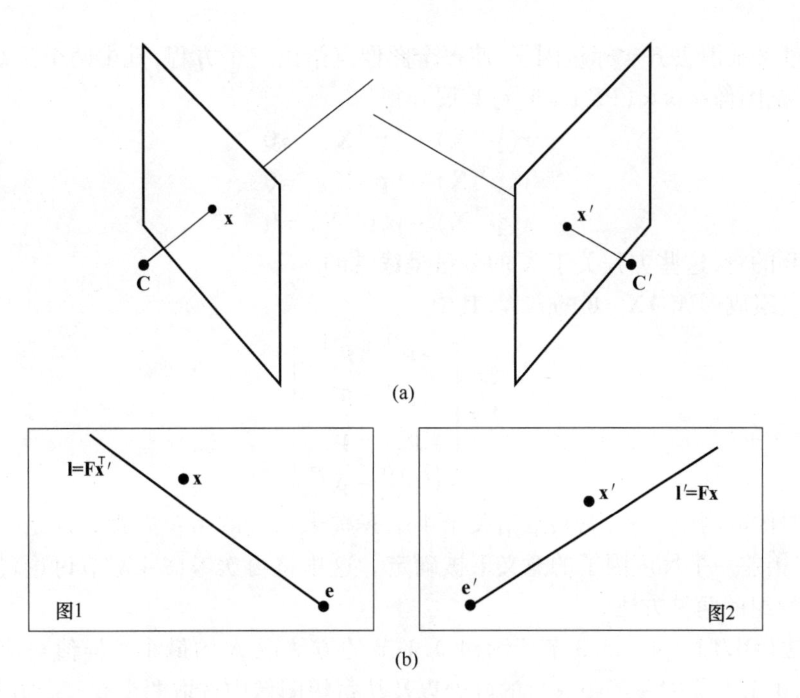


**图12.1** (a)从非理想测量点 $\mathbf{x}$ 和 $\mathbf{x}'$反向投影的射线在3维空间中一般不共面.(b)$\mathbf{x}$ 和 $\mathbf{x}'$的对极几何. 测量点不满足对极几何约束. 对极线 $\mathbf{l}'=\mathrm{F}\mathbf{x}$ 是过 $\mathbf{x}$ 的射线的像,而对极线 $\mathbf{l}=\mathrm{F}^{\mathsf{T}}\mathbf{x}'$ 是过 $\mathbf{x}'$的射线的像. 因为射线不相交,$\mathbf{x}'$不在 $\mathbf{l}'$上,并且 $\mathbf{x}$ 也不在 $\mathbf{l}$ 上.

显然,特别是对射影重构,在3D射影空间 $\mathbb{P}^3$ 中最小化误差是不合适的. 例如,寻找空间中两条射线的公垂线的中点的方法不适合于射影重构,因为诸如距离和垂直等概念在射影几何的背景下是无效的. 事实上,在射影重构中,这个方法将根据具体采用的射影重构而给出不同的结果——这个方法不是射影不变的.

这里我们将给出一种射影不变的三角测量法. 其关键思想是估计一个精确满足所给定的摄像机几何的3D点 $\hat{\mathbf{X}}$,因此它投影为

$$\hat{\mathbf{x}}=\mathrm{P}\hat{\mathbf{X}} \qquad \hat{\mathbf{x}}'=\mathrm{P}'\hat{\mathbf{X}}$$

且目标是由图像测量 $\mathbf{x}$ 和 $\mathbf{x}'$来估计 $\hat{\mathbf{X}}$. 如12.3节所述,在高斯噪声下,最大似然估计由最小化重投影误差($\hat{\mathbf{X}}$ 的投影和测量图像点的(平方和)距离)的点 $\hat{\mathbf{X}}$ 给出.

这样的三角测量法是射影不变的,因为仅仅最小化了图像距离,且 $\hat{\mathbf{X}}$ 的投影点 $\hat{\mathbf{x}}$ 和 $\hat{\mathbf{x}}'$不依赖于定义 $\hat{\mathbf{X}}$ 所用的射影坐标系,即不同的射影重构将投影到同样的点.

下面将给出简单的线性三角测量法. 然后定义MLE,并且证明通过求一个六次多项式的根能得到一个最优解,因而避免了代价函数的非线性最小化.

## 12.2 线性三角测量法

本节将介绍简单的线性三角测量法,通常,所估计的点不能准确地满足几何关系,因而不是一个最优估计.

线性三角测量法是4.1节介绍的DLT方法的直接模仿. 在每幅图像中我们测量 $\mathbf{x}=\mathrm{P}\mathbf{X}$, $\mathbf{x}'=\mathrm{P}'\mathbf{X}$,且这些方程可以组合成 $\mathrm{A}\mathbf{X}=\mathbf{0}$ 的形式,它是关于 $\mathbf{X}$ 的线性方程.

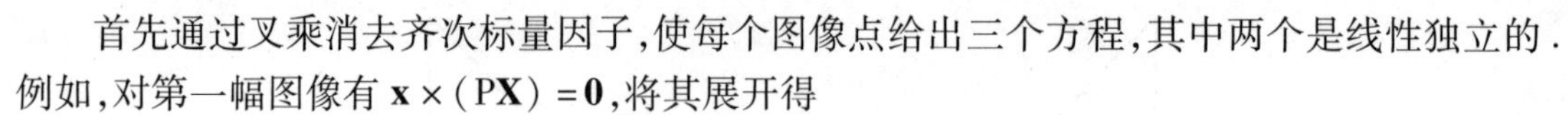

首先通过叉乘消去齐次标量因子,使每个图像点给出三个方程,其中两个是线性独立的. 例如,对第一幅图像有 $\mathbf{x}\times(\mathrm{P}\mathbf{X})=\mathbf{0}$,将其展开得

$$\begin{aligned} x(\mathbf{p}^{3\mathrm{T}}\mathbf{X})-(\mathbf{p}^{1\mathrm{T}}\mathbf{X}) &= 0 \\ y(\mathbf{p}^{3\mathrm{T}}\mathbf{X})-(\mathbf{p}^{2\mathrm{T}}\mathbf{X}) &= 0 \\ x(\mathbf{p}^{2\mathrm{T}}\mathbf{X})-y(\mathbf{p}^{1\mathrm{T}}\mathbf{X}) &= 0 \end{aligned}$$

式中, $\mathbf{p}^{i\mathrm{T}}$ 是 P 的行,这些方程关于 $\mathbf{X}$ 的分量是**线性**的.

然后可以组成形如 $\mathrm{A}\mathbf{X}=\mathbf{0}$ 的方程,其中

$$\mathrm{A}=\begin{bmatrix} x\mathbf{p}^{3\mathrm{T}}-\mathbf{p}^{1\mathrm{T}} \\ y\mathbf{p}^{3\mathrm{T}}-\mathbf{p}^{2\mathrm{T}} \\ x'\mathbf{p}'^{3\mathrm{T}}-\mathbf{p}'^{1\mathrm{T}} \\ y'\mathbf{p}'^{3\mathrm{T}}-\mathbf{p}'^{2\mathrm{T}} \end{bmatrix}$$

这里从每幅图像取两个方程,总共给出关于 4 个齐次未知量的 4 个方程. 这是一个冗余方程组,因为解在相差一个尺度因子的意义下被确定. 这里将再次考虑 4.1 节讨论过的求解形如 $\mathrm{A}\mathbf{X}=\mathbf{0}$ 的方程组的两种方法.

**齐次方法(DLT)** 如 A5.3 节所示,4.1.1 节的方法取 A 的最小奇异值对应的单位奇异向量作为解. 4.1.1 节中关于归一化的好处以及从每幅图像中选取两个或三个方程的讨论,同样适用于这里.

**非齐次方法** 4.1.2 节讨论了把解这个方程组化为解一个非齐次方程组的方法. 令 $\mathbf{X}=(X,Y,Z,1)^{\mathrm{T}}$,齐次方程组 $\mathrm{A}\mathbf{X}=\mathbf{0}$ 化为关于 3 个未知量的 4 个方程. A5.1 节中介绍了这些非齐次方程的最小二乘解,然而如 4.1.2 节所解释的那样,当真正的解 $\mathbf{X}$ 的最后一个坐标等于或接近于 0 时,该方法将遭遇麻烦. 对这种情形,令它为 1 显然不合理,而且可能出现不稳定现象.

**讨论** 这两种方法非常相似,但实际上当有噪声存在时它们具有相当不同的性质. 非齐次方法假定点 $\mathbf{X}$ 不在无穷远,否则我们就不能假设 $\mathbf{X}=(X,Y,Z,1)^{\mathrm{T}}$,当我们寻求实现射影重构时,这是该方法的一个缺点,因为所重构的点可能在无穷远平面上. 进一步地说,这两种线性方法都不是非常适合于射影重构,因为它们都不是射影不变的. 为说明这点,假设摄像机矩阵 P 和 P′由 $\mathrm{PH}^{-1}$和 $\mathrm{P}'\mathrm{H}^{-1}$代替. 对于这种情形,方程的系数矩阵 A 变成 $\mathrm{AH}^{-1}$. 于是在原问题中使 $\mathrm{A}\mathbf{X}=\boldsymbol{\varepsilon}$ 的点 $\mathbf{X}$ 对应于在变换后的问题中满足$(\mathrm{AH}^{-1})(\mathrm{H}\mathbf{X})=\boldsymbol{\varepsilon}$ 的点 $\mathrm{H}\mathbf{X}$. 因此,点 $\mathbf{X}$ 和 $\mathrm{H}\mathbf{X}$ 之间存在给出相同误差的一一对应. 然而,在应用了射影变换 H 后,齐次方法的条件 $\|\mathbf{X}\|=1$ 和非齐次方法的条件 $\mathbf{X}=(X,Y,Z,1)^{\mathrm{T}}$都不是不变的. 因此原问题的解 $\mathbf{X}$ 一般不对应于变换后的问题的解 $\mathrm{H}\mathbf{X}$.

另一方面,对仿射变换而言情形则不同. 事实上,尽管条件 $\|\mathbf{X}\|=1$ 在仿射变换下不保持,但条件 $\mathbf{X}=(X,Y,Z,1)^{\mathrm{T}}$保持不变,因为对仿射变换 H 有$\mathrm{H}(X,Y,Z,1)^{\mathrm{T}}=(X',Y',Z',1)^{\mathrm{T}}$. 这意味着使 $\mathrm{A}(X,Y,Z,1)^{\mathrm{T}}=\boldsymbol{\varepsilon}$ 的向量 $\mathbf{X}=(X,Y,Z,1)^{\mathrm{T}}$与使$(\mathrm{AH}^{-1})(X',Y',Z',1)^{\mathrm{T}}=\boldsymbol{\varepsilon}$ 的向量 $\mathrm{H}\mathbf{X}=(X',Y',Z',1)^{\mathrm{T}}$之间存在一一对应的关系. 对应点的误差相同. 这样一来,使误差 $\|\boldsymbol{\varepsilon}\|$ 最小化的点也是对应的,因此,非齐次方法是仿射不变的,而齐次方法却不是.

在本章余下的部分中,我们将介绍对于摄像机的射影坐标系不变并且最小化几何图像误差的一种三角测量法. 这将是推荐的三角测量法,然而,上面介绍的齐次线性方法也常常提供可接受的结果. 而且,它的优点是容易把三角测量法推广到视图多于两幅的情形.

## 12.3 几何误差代价函数

观察由一般不满足对极几何约束的一组含噪声的点对应 $\mathbf{x} \leftrightarrow \mathbf{x}'$ 形成的典型情形．实际上，对应图像点的正确值应该是在测量点 $\mathbf{x} \leftrightarrow \mathbf{x}'$ 附近的点 $\overline{\mathbf{x}} \leftrightarrow \overline{\mathbf{x}}'$，且精确满足对极几何约束 $\overline{\mathbf{x}}'^{\mathsf{T}} \mathrm{F} \overline{\mathbf{x}} = 0$.

我们寻求最小化函数

$$\mathcal{C}(\mathbf{x}, \mathbf{x}') = d(\mathbf{x}, \hat{\mathbf{x}})^2 + d(\mathbf{x}', \hat{\mathbf{x}}')^2 \qquad \text{满足 } \hat{\mathbf{x}}'^{\mathsf{T}} \mathrm{F} \hat{\mathbf{x}} = 0 \tag{12.1}$$

的点 $\hat{\mathbf{x}}$ 和 $\hat{\mathbf{x}}'$，其中 $d(*, *)$ 是点之间的欧氏距离．该问题等价于最小化点 $\hat{\mathbf{X}}$ 的重投影误差，$\hat{\mathbf{X}}$ 由与 F 相容的投影矩阵映射到 $\hat{\mathbf{x}}$ 和 $\hat{\mathbf{x}}'$，如图 12.2 所示．

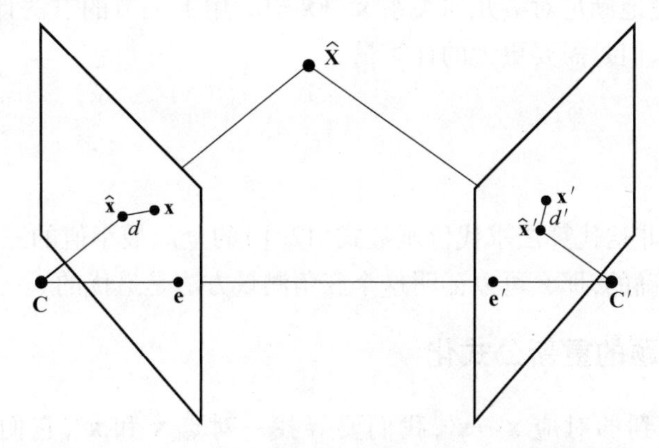


**图 12.2　几何误差最小化**．估计的 3 维空间点 $\hat{\mathbf{X}}$ 投影到两幅图像中的 $\hat{\mathbf{x}}, \hat{\mathbf{X}}'$．与测量点 $\mathbf{x}$ 和 $\mathbf{x}'$ 不同，对应图像点 $\hat{\mathbf{x}}, \hat{\mathbf{X}}'$ 满足对极几何约束．点 $\hat{\mathbf{X}}$ 的选择标准是使重投影误差 $d^2 + d'^2$ 最小化．

正如 4.3 节所解释的，在高斯误差分布的假设下，点 $\hat{\mathbf{x}}$ 和 $\hat{\mathbf{x}}'$ 是关于真实图像点对应的最大似然估计(MLE)．一旦求得 $\hat{\mathbf{x}}$ 和 $\hat{\mathbf{x}}'$，点 $\hat{\mathbf{X}}$ 便可以由任意三角测量法求得，因为相对应的射线将恰好在空间相交．

当然，也可以利用 Levenberg-Marquardt(见 A6.2 节)等数值最小化方法来最小化这个代价函数．还可以用几何代价函数的一阶近似，即 Sampson 误差来得到最小值的一个近似值，这将在下一节中介绍．然而，12.5 节将证明可以通过解一个 6 次多项式的非迭代方法来求该最小值．

## 12.4 Sampon 近似(一阶几何矫正)

在推导准确的多项式解之前，我们先推导 Sampson 近似，该方法在测量误差相对于测量值很小时是有效的．对于基本矩阵情形，几何代价函数的 Sampson 近似已在 11.4.3 节中讨论．这里我们所关心的是对测量点进行**矫正**的计算．

4.2.6 节中证明了测量点 $\mathbf{X} = (x, y, x', y')^{\mathsf{T}}$(注：在本节中，$\mathbf{X}$ 不表示齐次 3D 空间点)的 Sampson 矫正 $\boldsymbol{\delta}_{\mathbf{X}}$ 是式(4.11)

$$\boldsymbol{\delta}_{\mathbf{X}} = -\mathrm{J}^{\mathsf{T}}(\mathrm{J}\mathrm{J}^{\mathsf{T}})^{-1}\boldsymbol{\varepsilon}$$

而矫正后的点是

$$\hat{\mathbf{X}} = \mathbf{X} + \boldsymbol{\delta}_{\mathbf{X}} = \mathbf{X} - \mathrm{J}^{\mathsf{T}}(\mathrm{J}\mathrm{J}^{\mathsf{T}})^{-1}\boldsymbol{\varepsilon}$$

11.4.3 节中指出:对于由 $\mathbf{x}'^{\mathsf{T}}\mathrm{F}\mathbf{x}=0$ 所定义的族,该误差是 $\boldsymbol{\varepsilon}=\mathbf{x}'^{\mathsf{T}}\mathrm{F}\mathbf{x}$,其 Jacobian 是

$$\boldsymbol{J} = \partial\boldsymbol{\varepsilon}/\partial x = [(\mathrm{F}^{\mathsf{T}}\mathbf{x}')_1, (\mathrm{F}^{\mathsf{T}}\mathbf{x}')_2, (\mathrm{F}\mathbf{x})_1, (\mathrm{F}\mathbf{x})_2]$$

式中,$(\mathrm{F}^{\mathsf{T}}\mathbf{x}')_1 = f_{11}x' + f_{21}y' + f_{31}$,其他类似. 于是矫正点的一阶近似就是

$$\begin{pmatrix}\hat{x}\\ \hat{y}\\ \hat{x}'\\ \hat{y}'\end{pmatrix} = \begin{pmatrix}x\\ y\\ x'\\ y'\end{pmatrix} - \frac{\mathbf{x}'^{\mathsf{T}}\mathrm{F}\mathbf{x}}{(\mathrm{F}\mathbf{x})_1^2 + (\mathrm{F}\mathbf{x})_2^2 + (\mathrm{F}^{\mathsf{T}}\mathbf{x}')_1^2 + (\mathrm{F}^{\mathsf{T}}\mathbf{x}')_2^2}\begin{pmatrix}(\mathrm{F}^{\mathsf{T}}\mathbf{x}')_1\\ (\mathrm{F}^{\mathsf{T}}\mathbf{x}')_2\\ (\mathrm{F}\mathbf{x})_1\\ (\mathrm{F}\mathbf{x})_2\end{pmatrix}$$

如果每幅图像中的矫正量很小(小于一个像素),则该近似是准确的,且计算量小,但是注意:矫正的点不会精确地满足对极几何关系 $\hat{\mathbf{x}}'^{\mathsf{T}}\mathrm{F}\hat{\mathbf{x}}=0$. 用下一节的方法计算的点 $\hat{\mathbf{x}}, \hat{\mathbf{x}}'$将准确地满足对极几何约束,但是需要更大的计算量.

## 12.5 最优解

本节介绍一种用非迭代算法求代价函数式(12.1)的全局最小值的三角测量法,如果高斯噪声模型的假设是正确的,那么可以证明这个三角测量方法是最优的.

### 12.5.1 最小化问题的重新公式化

给定一组测量得到的对应 $\mathbf{x}\leftrightarrow\mathbf{x}'$,我们要寻找一对点 $\hat{\mathbf{x}}$ 和 $\hat{\mathbf{x}}'$,它们最小化距离平方和(式(12.1))并满足对极几何约束 $\hat{\mathbf{x}}'^{\mathsf{T}}\mathrm{F}\hat{\mathbf{x}}=0$.

下面的讨论与图 12.3 相关. 任何一对满足对极约束的点必须在两幅图像中对应的对极线上. 因而,具体地说,最优点 $\hat{\mathbf{x}}$ 在对极线 $\mathbf{l}$ 上且 $\hat{\mathbf{x}}'$在对应的对极线 $\mathbf{l}'$上. 另一方面,直线 $\mathbf{l}$ 和 $\mathbf{l}'$上的任何其他点对也将满足对极几何约束. 尤其对于 $\mathbf{l}$ 上与测量点 $\mathbf{x}$ 最近的点 $\mathbf{x}_\perp$ 以及相应地定义在 $\mathbf{l}'$上的点 $\mathbf{x}'_\perp$,这也是成立的. 在直线 $\mathbf{l}$ 和 $\mathbf{l}'$ 上的所有点对中,点 $\mathbf{x}_\perp$ 和 $\mathbf{x}'_\perp$ 最小化式(12.1)的距离平方和. 因此 $\hat{\mathbf{x}}'=\mathbf{x}'_\perp$ 且 $\hat{\mathbf{x}}=\mathbf{x}_\perp$,其中 $\mathbf{x}_\perp$ 和 $\mathbf{x}'_\perp$ 针对一对匹配的对极线 $\mathbf{l}$ 和 $\mathbf{l}'$ 而定义. 因此我们可以记 $d(\mathbf{x},\hat{\mathbf{x}})=d(\mathbf{x},\mathbf{l})$,其中 $d(\mathbf{x},\mathbf{l})$ 表示从点 $\mathbf{x}$ 到直线 $\mathbf{l}$ 的垂直距离. 对 $d(\mathbf{x}',\hat{\mathbf{x}}')$ 有类似的表达式.

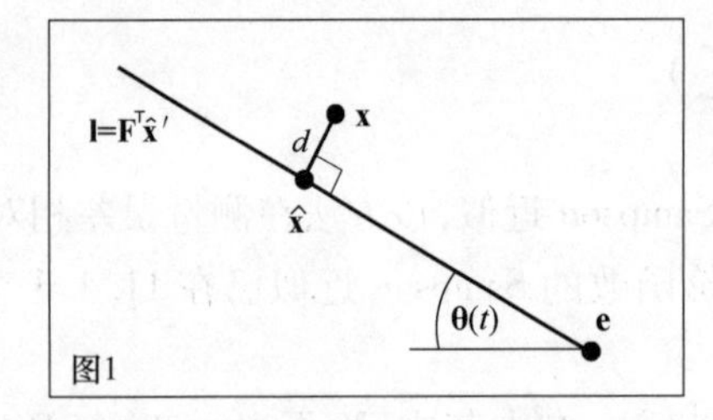


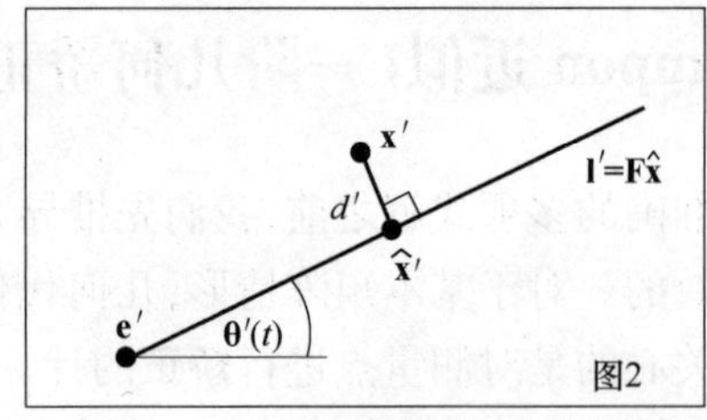


**图 12.3** 一个估计的3D 点 $\hat{\mathbf{X}}$ 的投影 $\hat{\mathbf{x}}$ 和 $\hat{\mathbf{x}}'$在一组对应的对极线上. 最优点 $\hat{\mathbf{x}}$ 和 $\hat{\mathbf{x}}'$为测量点 $\mathbf{x}$ 和 $\mathbf{x}'$到对极线的垂足. 把对应的对极线参数化成单参数族,$\hat{\mathbf{X}}$ 的最优估计简化为关于对应对极线的单参数搜索,以最小化垂直距离的平方和 $d^2+d'^2$.

根据上一段的分析,我们可以用如下的不同方式表述最小化问题. 我们要最小化

$$d(\mathbf{x},\mathbf{l})^2+d(\mathbf{x}',\mathbf{l}')^2 \tag{12.2}$$

式中,$\mathbf{l}$ 和 $\mathbf{l}'$取遍所有对应的对极线. 因此点 $\hat{\mathbf{x}}$ 是在直线 $\mathbf{l}$ 上与点 $\mathbf{x}$ 最靠近的点,$\hat{\mathbf{x}}'$也类似定义.

最小化式(12.2)的策略如下:

(1)用参数 $t$ 参数化第一幅图像中的对极线束. 因此第一幅图像中的对极线可以被记为 $\mathbf{l}(t)$.

(2)利用基本矩阵 F,计算第二幅图像中对应的对极线 $\mathbf{l}'(t)$.

(3)把距离函数 $d(\mathbf{x},\mathbf{l}(t))^2+d(\mathbf{x}',\mathbf{l}'(t))^2$ 显式地表示为 $t$ 的函数.

(4)求最小化这个函数的 $t$ 值.

在这种方式下,问题简化为求单变量 $t$ 的函数的最小值,即

$$\min_{\hat{\mathbf{x}}}\mathscr{C}=d(\mathbf{x},\hat{\mathbf{x}})^2+d(\mathbf{x}',\hat{\mathbf{x}}')^2=\min_{t}\mathscr{C}=\mathrm{d}(\mathbf{x},\mathbf{l}(t))^2+d(\mathbf{x}',\mathbf{l}'(t))^2$$

将看到关于对极线束的一个适当的参数化,该距离函数是关于 $t$ 的一个有理多项式函数. 利用初等微积分方法,该最小化问题简化为求一个 6 次多项式的实根的问题.

### 12.5.2 最小化的细节

如果一个空间点的两个图像点都为对极点,则该点在连接两个摄像机中心的直线上. 对于这种情形,该空间点的位置无法确定. 如果对应点中只有一个是对极点,那么我们可以推知该空间点必然与另一个摄像机的中心一致. 因此,我们假定两个图像点 $\mathbf{x}$ 和 $\mathbf{x}'$都不是对极点.

在这种情形下,为简化分析,我们对每一幅图像都做刚性变换使得两个点 $\mathbf{x}$ 和 $\mathbf{x}'$都是齐次坐标系的原点$(0,0,1)^{\mathrm{T}}$. 更进一步地,将对极点分别置于 $x$ 轴上的点$(1,0,f)^{\mathrm{T}}$和$(1,0,f')^{\mathrm{T}}$. $f$ 的值为0 意味着对极点在无穷远. 应用这两个刚性变换对于式(12.1)中的平方和距离函数没有影响,从而不改变原最小化问题.

因此,我们将假设在齐次坐标下,$\mathbf{x}=\mathbf{x}'=(0,0,1)^{\mathrm{T}}$,而两个对极点为点$(1,0,f)^{\mathrm{T}}$和$(1,0,f')^{\mathrm{T}}$. 对此情形,由于 $\mathrm{F}(1,0,f)^{\mathrm{T}}=(1,0,f')^{\mathrm{T}}\mathrm{F}=\mathbf{0}$,该基本矩阵应有下列特殊形式

$$\mathrm{F}=\begin{pmatrix} ff'd & -f'c & -f'd \\ -fb & a & b \\ -fd & c & d \end{pmatrix} \tag{12.3}$$

考虑第一幅图像中通过点$(0,t,1)^{\mathrm{T}}$(仍然在齐次坐标下)和对极点$(1,0,f)^{\mathrm{T}}$的对极线. 我们记这条对极线为 $\mathbf{l}(t)$. 这条对极线的向量表示由叉积$(0,t,1)^{\mathrm{T}}\times(1,0,f)^{\mathrm{T}}=(tf,1,-t)^{\mathrm{T}}$给出,所以由原点到该直线的距离的平方是

$$d(\mathbf{x},\mathbf{l}(t))^2=\frac{t^2}{1+(tf)^2}$$

利用基本矩阵寻求另一幅图像中对应的对极线,我们得到

$$\mathbf{l}'(t)=\mathrm{F}(0,t,1)^{\mathrm{T}}=(-f'(ct+d),at+b,ct+d)^{\mathrm{T}} \tag{12.4}$$

这是直线 $\mathbf{l}'(t)$的齐次向量表示. 从原点到该直线的距离的平方等于

$$d(\mathbf{x}',\mathbf{l}'(t))^2=\frac{(ct+d)^2}{(at+b)^2+f'^2(ct+d)^2}$$

因此总的距离的平方是

$$s(t)=\frac{t^2}{1+f^2t^2}+\frac{(ct+d)^2}{(at+b)^2+f'^2(ct+d)^2} \tag{12.5}$$

我们的任务就是求这个函数的最小值.

我们可以利用如下的初等微积分的方法来求这个最小值．先求它的导数

$$s'(t)=\frac{2t}{(1+f^2t^2)^2}-\frac{2(ad-bc)(at+b)(ct+d)}{((at+b)^2+f'^2(ct+d)^2)^2} \tag{12.6}$$

$s(t)$的最大值和最小值将在$s'(t)=0$处出现．把$s'(t)$中的两项在一个公分母上合并且使分子等于0，给出条件

$$g(t)=t((at+b)^2+f'^2(ct+d)^2)^2-(ad-bc)(1+f^2t^2)^2(at+b)(ct+d)=0 \tag{12.7}$$

$s(t)$的最大值和最小值将在这个多项式的根处出现．这是一个6次多项式，它最多有6个实根，对应于函数$s(t)$的3个极小值和3个极大值．函数$s(t)$的绝对最小值可以通过求$g(t)$的根以及由式(12.5)给定的函数$s(t)$在每一个实根处的值而找到．更简单地，可以只检查$s(t)$在$g(t)$的每一个(复或实)根的实部的值以省去确定一个根是实的或是复的麻烦．我们也应该检查当$t\to\infty$，$s(t)$的渐进值来确定最小距离是否发生在$t=\infty$的情形，它对应于第一幅图像中的对极线$fx=1$.

整个方法总结在算法12.1中．

目标

已知一组测量得到的点对应$\mathbf{x}\leftrightarrow\mathbf{x}'$和基本矩阵F，计算在对极几何约束$\hat{\mathbf{x}}'^{\top}\mathrm{F}\hat{\mathbf{x}}=0$下最小化几何误差式(12.1)的矫正对应$\hat{\mathbf{x}}\leftrightarrow\hat{\mathbf{x}}'$.

算法

(1)定义变换矩阵

$$\mathrm{T}=\begin{bmatrix}1 & & -x\\ & 1 & -y\\ & & 1\end{bmatrix} \quad 和 \quad \mathrm{T}'=\begin{bmatrix}1 & & -x'\\ & 1 & -y'\\ & & 1\end{bmatrix}$$

这些变换是将$\mathbf{x}=(x,y,1)^{\top}$和$\mathbf{x}'=(x',y',1)^{\top}$变到坐标原点的平移．

(2)用$\mathrm{T}'^{-\top}\mathrm{F}\mathrm{T}^{-1}$代替F．新的F对应于平移后的坐标．

(3)计算满足$\mathbf{e}'^{\top}\mathrm{F}=\mathbf{0}$和$\mathrm{F}\mathbf{e}=\mathbf{0}$的右、左对极点$\mathbf{e}=(e_1,e_2,e_3)^{\top}$和$\mathbf{e}'=(e_1',e_2',e_3')^{\top}$．归一化$\mathbf{e}$(乘一个标量)使得$e_1^2+e_2^2=1$，并对$\mathbf{e}'$做同样的处理．

(4)构造矩阵

$$\mathrm{R}=\begin{bmatrix}e_1 & e_2 & \\ -e_2 & e_1 & \\ & & 1\end{bmatrix} \quad 和 \quad \mathrm{R}'=\begin{bmatrix}e_1' & e_2' & \\ -e_2' & e_1' & \\ & & 1\end{bmatrix}$$

注意R和R′是旋转矩阵，并满足$\mathrm{R}\mathbf{e}=(1,0,e_3)^{\top}$和$\mathrm{R}'\mathbf{e}'=(1,0,e_3')^{\top}$.

(5)用$\mathrm{R}'\mathrm{F}\mathrm{R}^{-1}$代替F．新的F必然具有式(12.3)的形式．

(6)令$f=e_3$，$f'=e_3'$，$a=F_{22}$，$b=F_{23}$，$c=F_{32}$，$d=F_{33}$.

(7)根据式(12.7)构造关于$t$的多项式$g(t)$，解$t$得到6个根．

(8)计算代价函数式(12.5)在$g(t)$的每个根的实部的值(或仅用$g(t)$的实根来计算)．同时求当$t=\infty$时式(12.1)的渐近值，即$1/f^2+c^2/(a^2+f'^2c^2)$．选择使代价函数取最小值的$t$值$t_{\min}$.

(9)计算两条直线$\mathbf{l}=(tf,1,-t)^{\top}$和由式(12.4)给出的$\mathbf{l}'$在$t_{\min}$处的值，并求出这些直线上最接近于原点的点$\hat{\mathbf{x}}$和$\hat{\mathbf{x}}'$．对于一般的直线$(\lambda,\mu,\nu)^{\top}$，直线上最接近原点的点是$(-\lambda\nu,-\mu\nu,\lambda^2+\mu^2)^{\top}$.

(10)用$\mathrm{T}^{-1}\mathrm{R}^{\top}\hat{\mathbf{x}}$替换$\hat{\mathbf{x}}$并用$\mathrm{T}'^{-1}\mathrm{R}'^{\top}\hat{\mathbf{x}}'$替换$\hat{\mathbf{x}}'$变回到原来的坐标．

(11)3维空间点$\hat{\mathbf{X}}$可以由12.2节的齐次方法获得．

算法12.1　最优三角测量法．

### 12.5.3 局部极小

式(12.7)中的 $g(t)$ 的次数为 6 意味着 $s(t)$ 最多可能有 3 个极小值. 事实上,如下面例子所示,这样的情形是可能出现的. 令 $f=f'=1$,且

$$\mathrm{F}=\begin{pmatrix}4 & -3 & -4\\ -3 & 2 & 3\\ -4 & 3 & 4\end{pmatrix}$$

给出函数

$$s(t)=\frac{t^2}{1+t^2}+\frac{(3t+4)^2}{(2t+3)^2+(3t+4)^2}$$

其图形如图 12.4a[⊖] 所示. 其中清楚可见三个极小值.

作为第二个例子,我们考虑 $f=f'=1$ 以及

$$\mathrm{F}=\begin{pmatrix}0 & -1 & 0\\ 1 & 2 & -1\\ 0 & 1 & 0\end{pmatrix}$$

对此情形,函数 $s(t)$ 由下式给定

$$s(t)=\frac{t^2}{t^2+1}+\frac{t^2}{t^2+(2t-1)^2}$$

而当 $t=0$ 时,代价函数的两项都为零,这意味着对应点 $\mathbf{x}$ 和 $\mathbf{x}'$ 准确满足对极约束. 这可由观察 $\mathbf{x}'^{\mathrm{T}}\mathrm{F}\mathbf{x}=0$ 来证实. 因此这两个点准确地匹配. 代价函数 $s(t)$ 的图形如图 12.4b 所示. 除了在 $t=0$ 时有绝对最小值外,在 $t=1$ 时也有一个局部极小值. 因此,即使在准确匹配的情形下也可能出现局部极小值. 这个例子说明试图最小化式(12.1)或等价的式(12.2)中的代价函数的算法,从任意初始值开始的迭代搜索有陷入找到局部极小值的危险,即使准确匹配的情形也不例外.

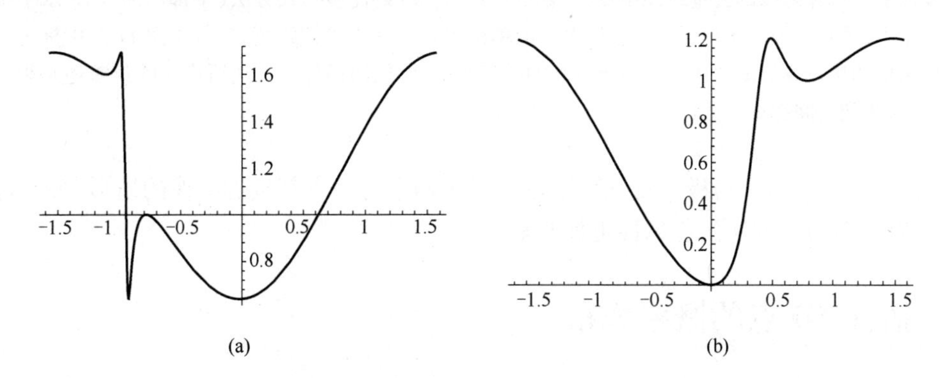


**图 12.4** (a)具有 3 个极小值的代价函数的例子. (b)这是一个完美点匹配的代价函数,但它仍有两个极小值.

⊖ 在此图和图 12.4b 中,我们做了替换 $t=\tan(\theta)$,并且在范围 $-\pi/2\leq\theta\leq\pi/2$ 内按 $\theta$ 值绘制图形,以便显示 $t$ 的整个无限区域.

### 12.5.4 关于实际图像的评估

我们利用图 11.2 所示的标定立方体图像来进行实验,目的是确定三角测量法如何影响重构的准确性. 该立方体的欧氏模型(用来作为真实依据),利用准确的图像测量来估计和修正. 测量的像素位置被矫正到准确地对应于该欧氏模型,所需要的坐标矫正平均在 0.02 像素.

到这一步,我们有了一个模型和准确地对应于该模型的一组匹配点. 下一步,计算这些点的射影重构并计算使射影重构同该欧氏模型相一致的一个射影变换 H. 把零均值的高斯噪声加到点的坐标,并在射影坐标系下利用两种方法进行三角测量,最终应用变换 H 并在欧氏坐标系下测量出每种方法的误差. 图 12.5 显示了两种三角测量法所做实验的结果. 该图显示了在每个所选的噪声水平上独立运行 10 次的情形下所有点的平均重构误差. 它清楚地表明了最优方法的重构结果更好.

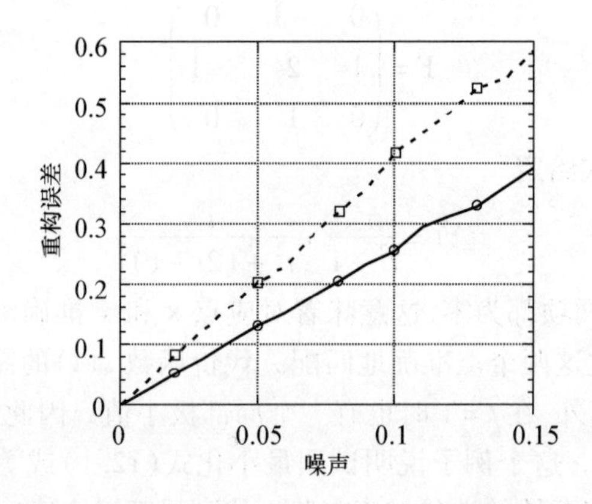


**图 12.5 三角测量法的重构误差比较**. 该图显示了由两种三角测量法得到的重构误差:(1)在射影坐标系下选择射线的公垂线的中点(上部的曲线). (2)最优多项式方法(下部的曲线). 水平轴表示噪声,垂直轴表示重构误差. 重构误差的单位相对于一个单位距离,它等于图 11.2 中标定立方体图像的黑正方形的一条边. 对于较高的噪声水平,即便用最好的方法所产生的误差还是很大的,因为图像之间存在小的运动.

在这对图像中,两个对极点都远离图像. 对于两个对极点都接近图像的情形,关于合成图像的结果表明多项式方法的优越性更加明显.

## 12.6 估计 3D 点的概率分布

图 12.6 给出了重构点的分布. 根据经验,射线之间的角度决定了重构的精度. 这比简单地考虑基线要好,它是更常用的测量.

更正式地,特定 3D 点 $\mathbf{X}$ 的概率取决于在每幅视图中获得其图像的概率. 我们将考虑一个简化的例子,给定平面上的一点在两个线摄像机中的像 $x=f(\mathbf{X})$ 和 $x'=f'(\mathbf{X})$,需要估计该点位置为 $\mathbf{X}=(\mathrm{X},\mathrm{Y})^{\top}$的概率(投影 $f$ 和 $f'$ 可分别用 $2\times3$ 投影矩阵 $P_{2\times3}$ 和 $P'_{2\times3}$ 表示——参见 6.4.2 节). 其成像几何如图 12.7a 所示.

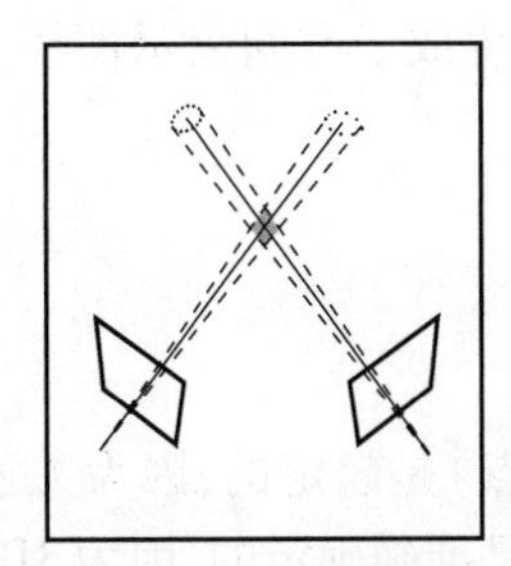
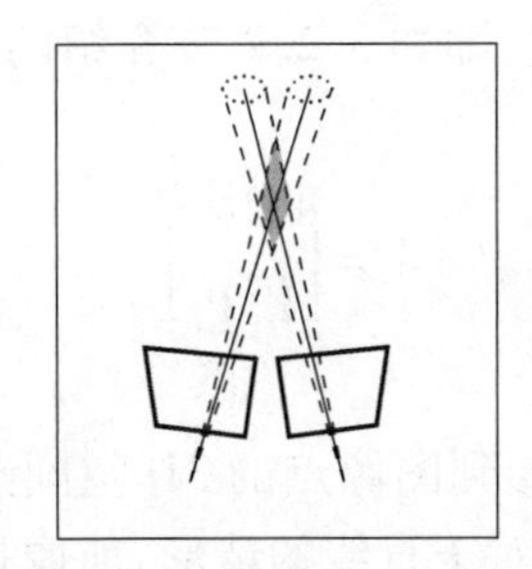
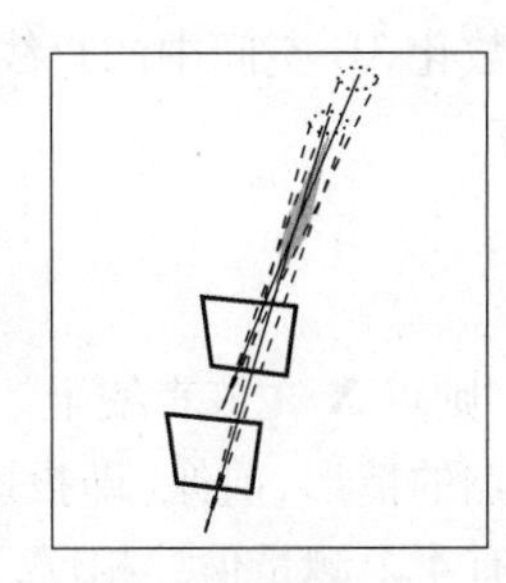

**图 12.6　重构的不确定性**．每种情形的阴影区域说明了不确定性区域的形状，它与射线之间的角度有关．当射线越接近平行时，沿着射线的点越不精确．特别是向前运动会给出很差的重构，因为对于大部分视场，射线几乎是平行的．

假设第一幅图像中测量的图像点位于 $x$，并且测量过程中引入了均值为零，方差为 $\sigma^2$ 的高斯噪声，则当真实图像点为 $f(\mathbf{X})$ 时获得 $x$ 的概率为

$$p(x\mid \mathbf{X})=(2\pi\sigma^2)^{-1/2}\exp(-\mid f(\mathbf{X})-x\mid^2/(2\sigma^2))$$

对于 $p(x'\mid\mathbf{X})$ 有类似的表达式．我们希望计算**后验分布**：

$$p(\mathbf{X}\mid x,x')=p(x,x'\mid\mathbf{X})p(\mathbf{X})/p(x,x')$$

假设先验概率 $p(\mathbf{X})$ 服从均匀分布，并且两幅图像中的图像测量是独立的，则有

$$p(\mathbf{X}\mid x,x')\sim p(x,x'\mid\mathbf{X})=p(x\mid\mathbf{X})p(x'\mid\mathbf{X})$$

图 12.7 显示了这种概率密度函数（Probability Density Function，PDF）的一个例子．本例的偏差和方差在附录 A3 中讨论．

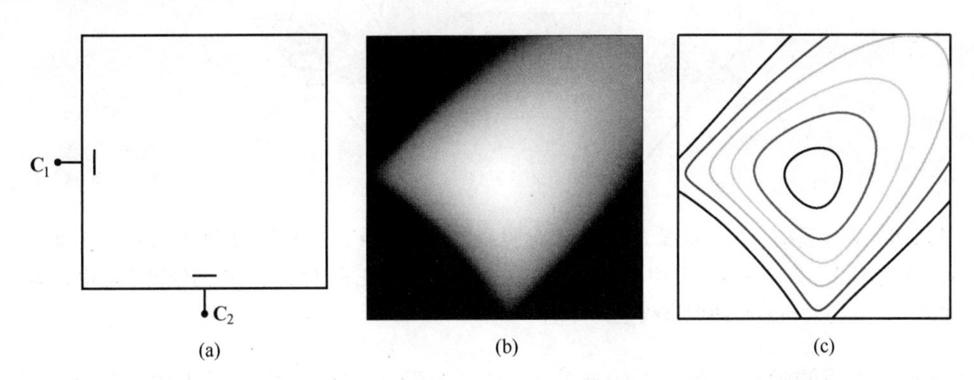


**图 12.7　三角测量的点的 PDF**．（a）摄像机配置．有两个中心在 $\mathbf{C}_1$ 和 $\mathbf{C}_2$ 的线摄像机．图像直线是正方形的左边缘和下边缘．条状表示噪声的 $2\sigma$ 范围．图中显示了由两个透视投影求得的三角测量点的 PDF．为突出效果选择了比较大的噪声方差 $\sigma^2$．（b）以图像形式显示的 PDF，其中白色代表较高的值．（c）PDF 的轮廓图．注意 PDF 不是高斯的．

## 12.7　直线重构

假设 3D 空间中一条直线投影为两幅视图中的直线 $\mathbf{l}$ 和 $\mathbf{l}'$．该 3D 空间直线可由 $\mathbf{l}$ 和 $\mathbf{l}'$ 反向投影给出的两张 3D 空间平面的交来重构．

由直线定义的平面是 $\boldsymbol{\pi}=\mathrm{P}^{\mathsf{T}}\mathbf{l}$ 和 $\boldsymbol{\pi}'=\mathrm{P}'^{\mathsf{T}}\mathbf{l}'$．实践中非常方便的做法是用由图像直线定义的

两个平面来参数化3D空间中的直线,即如3.2.2节介绍的生成子空间表示那样,把该直线表示为2×4矩阵

$$L = \begin{bmatrix} \mathbf{l}^{\mathsf{T}} P \\ \mathbf{l}'^{\mathsf{T}} P' \end{bmatrix}$$

因此若 $L\mathbf{X} = \mathbf{0}$,则点 $\mathbf{X}$ 在该直线上.

对于对应点的情形,前像(即投影到图像点的3D空间点)是超定的,因为关于3D空间点的3个自由度有4个测量值. 相反,对于直线的情形,前像是准确确定的,因为3D空间中的一条直线有4个自由度,而每幅视图中的图像直线提供两个测量值. 注意,这里我们把直线看作无线长,并不用它们的端点.

**退化** 如图12.8所指出,对极平面上的3D空间直线 $\mathbf{l}$ 不能由它在两幅视图中的图像来确定. 这种直线与摄像机的基线相交. 实际上,当有测量误差时,与基线几乎相交的直线在重构中的定位也非常差.

直线的退化远比点的退化严重:对于点的情形,只有在对极线上的单参数族的点不能被恢复. 对于直线的情形,存在一个三参数直线族:一个参数对应于基线上的位置,而另外两个参数对应于过基线上点的直线束.

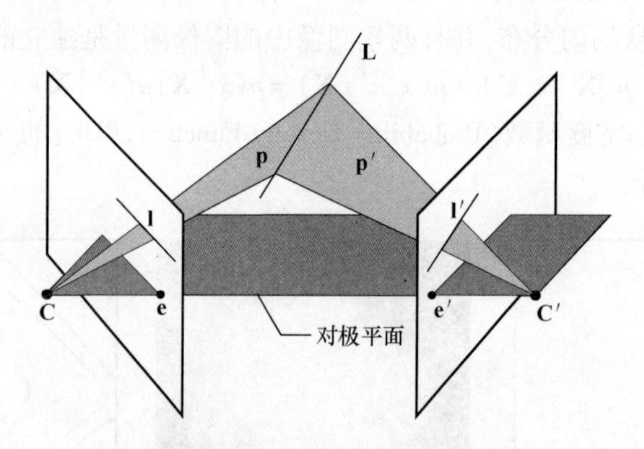


**图12.8 直线重构**. 图像直线 $\mathbf{l}, \mathbf{l}'$ 分别反向投影成平面 $\boldsymbol{\pi}, \boldsymbol{\pi}'$. 这两个平面的交确定了3维空间中的直线 $\mathbf{L}$. 如果3维空间中的直线在对极平面上,那么它在3维空间中的位置不能由其图像确定. 此时对极点在图像直线上.

**多于两张平面的相交** 在后面的章节中(特别是第15章)我们将考虑由3幅或更多幅视图的重构. 为了重构由几张平面相交而成的直线,可按如下步骤进行. 将每张平面 $\boldsymbol{\pi}_i$ 表示为4维向量,并且对 $n$ 张平面形成一个行向量为 $\boldsymbol{\pi}_i^{\mathsf{T}}$ 的 $n \times 4$ 矩阵A. 设 $A = UDV^{\mathsf{T}}$ 为奇异值分解. V中对应于两个最大奇异值的两个列向量生成A的秩为2的最好近似,并且可以用来定义这些平面的交线. 如果这些平面由图像直线的反向投影来定义,则3D空间直线 $\mathbf{L}$ 的最大似然估计可以通过最小化几何图像距离得到,该距离是指 $\mathbf{L}$ 到每幅图像上的投影和那幅图像中的测量直线之间的距离. 这将在16.4.1节中讨论.

## 12.8 结束语

如何把三角测量的多项式方法扩展到3幅或更多幅视图还不明朗. 然而,线性方法的推

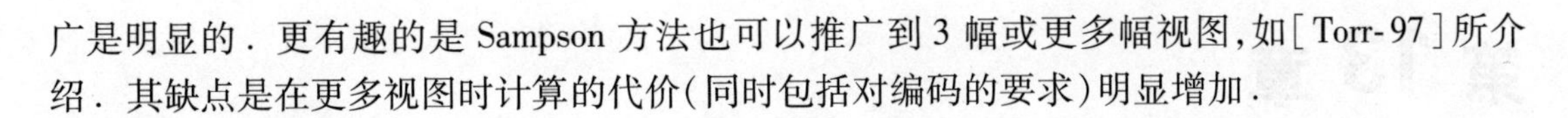

广是明显的．更有趣的是 Sampson 方法也可以推广到 3 幅或更多幅视图，如[Torr-97]所介绍．其缺点是在更多视图时计算的代价（同时包括对编码的要求）明显增加．

### 12.8.1　文献

最优三角测量法是由 Hartley 和 Sturm[Hartley-95c]给出．

### 12.8.2　注释和练习

(1)针对摄像机做纯平移运动的情形推导一种三角测量的方法．提示，参见图 12.9. 关于参数 $\theta$ 可能有闭形式解．这个方法被用在[Armstrong-94]中．

(2)把多项式三角测量法用于一对仿射摄像机（或更一般地，用于具有相同主平面的摄像机）．对于这种情形，基本矩阵有一个简单的形式，即式(14.1)，并且该方法被简化成一个线性算法．

(3)证明 Sampson 方法（12.4 节）在图像的欧氏坐标变换（和 F 的相应改变）下是不变的．

(4)针对平面单应的情形，为三角测量推导类似的多项式解，即给定一组测量对应 $\mathbf{x} \leftrightarrow \mathbf{x}'$，计算在约束 $\hat{\mathbf{x}}' = \mathrm{H}\hat{\mathbf{x}}$ 下最小化下面函数的点 $\hat{\mathbf{x}}$ 和 $\hat{\mathbf{x}}'$：

$$\mathcal{C}(\mathbf{x},\mathbf{x}') = d(\mathbf{x},\hat{\mathbf{x}})^2 + d(\mathbf{x}',\hat{\mathbf{x}}')^2$$

参见[Sturm-97b]，其中证明了该解是关于单变量的一个 8 次多项式．

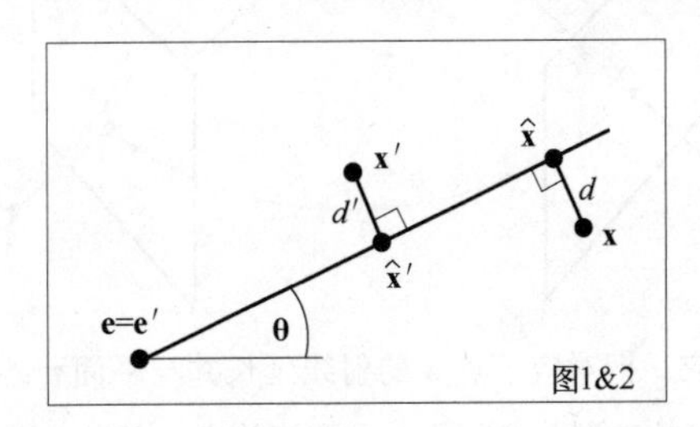


**图 12.9　纯平移的对极几何**．在这种情形中，对应的对极线是相同的（见 11.7.1 节）．可以直接算出最小化 $d^2 + d'^2$ 的对极线（由 $\theta$ 来参数化）．

# 第 13 章
# 场景平面和单应

本章介绍关于两个摄像机和一张世界平面的射影几何.

如图 13.1 所示,一张平面上的点的图像与其在第二幅视图中的对应图像由一个(平面)单应相关联. 这是一个射影关系,因为它仅依赖于平面和直线的相交. 这一事实被说成是该平面**诱导**了两幅视图之间的一个单应. 该单应映射把一幅视图中的点**转移**到另一幅视图中,好像它们是平面上点的图像.

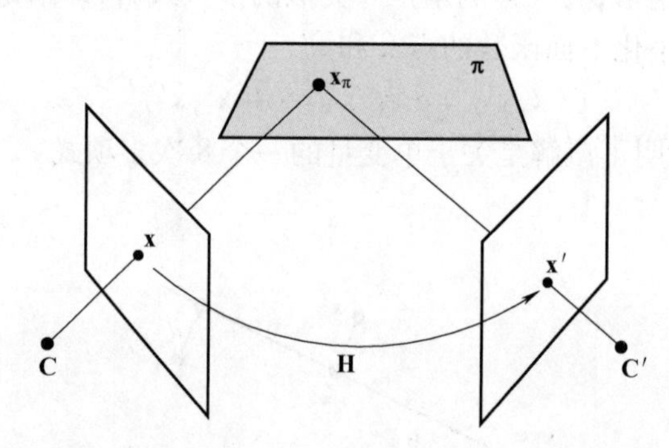


**图 13.1 由平面诱导的单应**. 把对应于点 $\mathbf{x}$ 的射线延长并与平面 $\boldsymbol{\pi}$ 交于点 $\mathbf{x}_\pi$;该点被投影到另一图像中的点 $\mathbf{x}'$. 从 $\mathbf{x}$ 到 $\mathbf{x}'$ 的映射是由平面 $\boldsymbol{\pi}$ 诱导的单应. 在世界平面 $\boldsymbol{\pi}$ 和第一幅图像平面之间存在一个透视变换 $\mathbf{x} = \mathrm{H}_{1\pi}\mathbf{x}_\pi$;而在世界平面 $\boldsymbol{\pi}$ 和第二幅图像平面之间存在透视变换 $\mathbf{x}' = \mathrm{H}_{2\pi}\mathbf{x}_\pi$. 这两个透视变换的复合是两个图像平面之间的一个单应 $\mathbf{x}' = \mathrm{H}_{2\pi}\mathrm{H}_{1\pi}^{-1}\mathbf{x} = \mathrm{H}\mathbf{x}$.

两幅视图之间存在两种关系:第一,通过对极几何,一幅视图中的点可确定另一视图中的一条直线,它是过该点的射线的图像;第二,通过单应,一幅视图中的点可确定另一视图中的一个点,它是射线与一张平面的交点的图像. 本章把两视图几何的这两种关系紧密地结合在一起.

这里还介绍另外两个重要的概念:相对于一张平面的视差和无穷单应.

## 13.1 给定平面的单应和逆问题

我们首先证明对一般位置的平面,上述单应由该平面唯一地确定,并且反之也成立. 这里一般位置是指该平面不包含任何一个摄像机中心. 如果该平面包含了一个摄像机中心,那么所诱导的单应是退化的.

假定在 3D 空间中的一张平面 $\boldsymbol{\pi}$ 由它在世界坐标系中的坐标指定. 我们首先推导诱导单

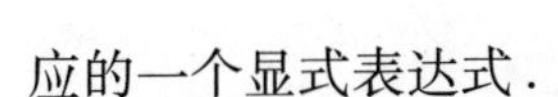

应的一个显式表达式.

**结论 13.1　给定两幅视图的投影矩阵**

$$P=[I\mid \mathbf{0}],\quad P'=[A\mid \mathbf{a}]$$

**和由 $\boldsymbol{\pi}^{\mathsf T}\mathbf{x}=0$ 定义的一张平面,其中 $\boldsymbol{\pi}=(\mathbf{v}^{\mathsf T},1)^{\mathsf T}$,则由这个平面诱导的单应是 $\mathbf{x}'=H\mathbf{x}$,其中**

$$H=A-\mathbf{a}\mathbf{v}^{\mathsf T}\tag{13.1}$$

由于平面不通过第一个摄像机的中心$(0,0,0,1)^{\mathsf T}$,我们可以假定 $\pi_4=1$.

注意,3D 空间中的平面是一个三参数族,因此由 3D 空间中的平面诱导的两幅视图之间的单应也是一个三参数族,这三个参数由向量 $\mathbf{v}$ 的元素指定,这里 $\mathbf{v}$ **不是**齐次 3 维向量.

**证明**　为计算 H,我们反投影第一幅视图中的点 $\mathbf{x}$ 并确定所得射线与平面 $\boldsymbol{\pi}$的交点 $\mathbf{X}$,然后再把这个 3D 点 $\mathbf{X}$ 投影到第二幅视图上.

对第一幅视图有 $\mathbf{x}=P\mathbf{X}=[I\mid\mathbf{0}]\mathbf{X}$,因此射线上的任何点 $\mathbf{X}=(\mathbf{x}^{\mathsf T},\rho)^{\mathsf T}$都投影到 $\mathbf{x}$,其中 $\rho$ 是确定该射线上点的参数. 因 3D 点 $\mathbf{X}$ 在平面 $\boldsymbol{\pi}$上,故它满足 $\boldsymbol{\pi}^{\mathsf T}\mathbf{X}=0$. 这确定了 $\rho$ 和 $\mathbf{X}=(\mathbf{x}^{\mathsf T},-\mathbf{v}^{\mathsf T}\mathbf{x})^{\mathsf T}$. 3D 点 $\mathbf{X}$ 在第二幅视图上的投影为所需的

$$\begin{aligned}\mathbf{x}'&=P'\mathbf{X}=[A\mid\mathbf{a}]\mathbf{X}\\&=A\mathbf{x}-\mathbf{a}\mathbf{v}^{\mathsf T}\mathbf{x}=(A-\mathbf{a}\mathbf{v}^{\mathsf T})\mathbf{x}\end{aligned}$$

**例 13.2　一个标定的双眼立体装置**

假定标定的双眼立体装置的摄像机矩阵分别为(取第一个摄像机中心为世界原点):

$$P_E=K[I\mid\mathbf{0}],\quad P'_E=K'[R\mid\mathbf{t}]$$

并且世界平面 $\boldsymbol{\pi}_E$的坐标是 $\boldsymbol{\pi}_E=(\mathbf{n}^{\mathsf T},d)^{\mathsf T}$,即该平面上的点满足 $\mathbf{n}^{\mathsf T}\widetilde{\mathbf{X}}+d=0$. 我们希望计算由这个平面诱导的单应的表达式.

根据结论 13.1 及 $\mathbf{v}=\mathbf{n}/d$,关于摄像机 $P=[I\mid\mathbf{0}]$,$P'=[R\mid\mathbf{t}]$的单应是

$$H=R-\mathbf{t}\mathbf{n}^{\mathsf T}/d$$

对图像施加变换 K 和 K′,我们得到摄像机 $P_E=K[I\mid\mathbf{0}]$,$P'_E=K'[R\mid\mathbf{t}]$及诱导单应是

$$H=K'(R-\mathbf{t}\mathbf{n}^{\mathsf T}/d)K^{-1}\tag{13.2}$$

这是一个三参数单应族,并由 $\mathbf{n}/d$ 参数化. 整个族由平面、摄像机内参数和相对外参数确定.

## 13.1.1　与对极几何兼容的单应

假定在一张景物平面上选定 4 个点 $\mathbf{X}_i$,则这些点在两幅视图之间的图像对应 $\mathbf{x}_i\leftrightarrow\mathbf{x}'_i$确定一个单应 H,它就是由该平面诱导的单应. 这些图像对应也满足对极几何约束,即 $\mathbf{x}_i'^{\mathsf T}F\mathbf{x}_i=0$,因为它们由场景点的图像得到. 事实上,对**任何** $\mathbf{x}$,对应 $\mathbf{x}\leftrightarrow\mathbf{x}'=H\mathbf{x}$ 都满足对极几何约束,同样因为 $\mathbf{x}$ 和 $\mathbf{x}'$是一个场景点的图像;此时场景点由场景平面和 $\mathbf{x}$ 反向投影的射线的交点给出,这样的单应 H 称为与 F 一致或**相容**.

现在假定在第一幅视图中**任意**选择 4 个图像点,同时在第二幅视图中也任意选择 4 个图像点. 那么也可算得把一组点映射到另一组点的单应 $\widetilde{H}$(只要在任何一幅视图中没有 3 个点共线). 然而,点对应 $\mathbf{x}\leftrightarrow\mathbf{x}'=\widetilde{H}\mathbf{x}$ 可能**不**满足对极几何约束. 而如果对应 $\mathbf{x}\leftrightarrow\mathbf{x}'=\widetilde{H}\mathbf{x}$ 不满足对极几何约束,则不存在诱导单应 $\widetilde{H}$ 的任何场景平面.

对极几何决定了两幅视图之间的射影几何,并且可以被用来确定单应是由实际场景平面

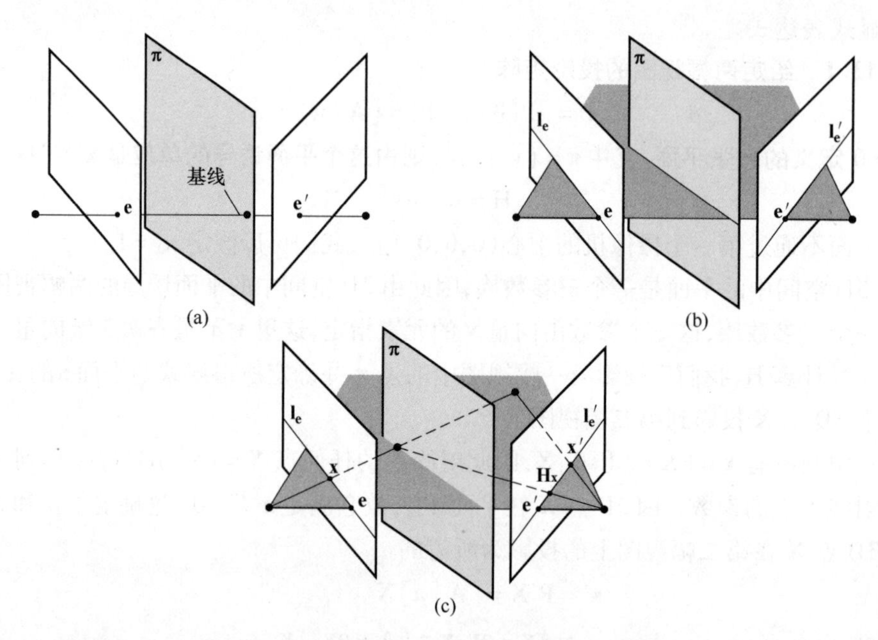


**图 13.2　相容性约束**．由一个平面诱导的单应与对极几何相关联并满足若干约束．(a)对极点由该单应映射，即 $\mathbf{e}' = \mathrm{H}\mathbf{e}$，这是因为对极点是平面 $\boldsymbol{\pi}$ 与基线的交点的图像．(b)对极线由该单应映射为 $\mathrm{H}^{\mathsf{T}}\mathbf{l}'_e = \mathbf{l}_e$．(c)任何点 $\mathbf{x}$ 由该单应映射到它对应的对极线 $\mathbf{l}'_e$ 上，因此 $\mathbf{l}'_e = \mathrm{F}\mathbf{x} = \mathbf{x}' \times (\mathrm{H}\mathbf{x})$．

诱导的条件．图 13.2 说明了对极几何和场景平面之间的一些关系，它们可以被用于定义上述条件．例如，如果 H 由一个平面诱导，那么对应 $\mathbf{x} \leftrightarrow \mathrm{H}\mathbf{x}$ 满足对极几何约束，从而由 $\mathbf{x}'^{\mathsf{T}}\mathrm{F}\mathbf{x} = 0$ 得到

$$(\mathrm{H}\mathbf{x})^{\mathsf{T}}\mathrm{F}\mathbf{x} = \mathbf{x}^{\mathsf{T}}\mathrm{H}^{\mathsf{T}}\mathrm{F}\mathbf{x} = 0$$

这对所有的 $\mathbf{x}$ 都成立．因此：

- **一个单应 H 与一个基本矩阵 F 相容的充要条件是矩阵 $\mathrm{H}^{\mathsf{T}}\mathrm{F}$ 是反对称的：**

$$\mathrm{H}^{\mathsf{T}}\mathrm{F} + \mathrm{F}^{\mathsf{T}}\mathrm{H} = 0 \tag{13.3}$$

上面的论证已证明了该条件的必要性．关于该条件的充分性由 Luong 和 Viéville[Luong-96]证明．下面来计算自由度，式(13.3)对 H 的 8 个自由度施加了 6 个齐次(5 个非齐次)约束．因此还给 H 留了 8 - 5 = 3 个自由度：这三个自由度对应于 3D 空间中平面的三参数族．

相容性约束式(13.3)是关于 H 和 F 的一个隐式方程．我们现在推导在给定 F 下，由平面诱导的单应 H 的显式表达式，它更适合于计算算法．

**结论 13.3　给定两幅视图之间的基本矩阵 F，由一张世界平面诱导的 3 参数族单应是：**

$$\mathrm{H} = \mathrm{A} - \mathbf{e}'\mathbf{v}^{\mathsf{T}} \tag{13.4}$$

**式中，$[\mathbf{e}']_\times \mathrm{A} = \mathrm{F}$ 是基本矩阵的任意分解．**

**证明**　结论 13.1 已经证明在给定一对视图的摄像机矩阵 $\mathrm{P} = [\mathrm{I} \mid \mathbf{0}]$，$\mathrm{P}' = [\mathrm{A} \mid \mathbf{a}]$ 后，一张平面 $\boldsymbol{\pi}$ 诱导一个单应 $\mathrm{H} = \mathrm{A} - \mathbf{a}\mathbf{v}^{\mathsf{T}}$，其中 $\boldsymbol{\pi} = (\mathbf{v}^{\mathsf{T}}, 1)^{\mathsf{T}}$．而根据结论 9.9，对于基本矩阵 $\mathrm{F} = [\mathbf{e}']_\times \mathrm{A}$，我们可选择两个摄像机为 $[\mathrm{I} \mid \mathbf{0}]$ 和 $[\mathrm{A} \mid \mathbf{e}']$．

**注释**　上面的推导是基于一张平面上的点的投影，它保证了单应与对极几何的相容性．

从代数上分析，单应式(13.4)与基本矩阵是相容的，因为它满足充分必要条件式(13.3)，即 $F^T H$ 是反对称的．这可由下式得到：

$$F^T H = A^T [\mathbf{e}']_\times (A - \mathbf{e}'\mathbf{v}^T) = A^T [\mathbf{e}']_\times A$$

(其中利用了 $[\mathbf{e}']_\times \mathbf{e}' = \mathbf{0}$)，因为 $A^T [\mathbf{e}']_\times A$ 是反对称的．

把式(13.4)与引理 9.11 或者式(9.10)中所给出的基本矩阵的一般分解式比较，显然它们为同一个公式(除了符号)．事实上基本矩阵的分解式(在引理 9.11 中相差一个多义性比例因子 $k$)和由世界平面诱导的单应之间存在着一一对应，正如下面推论所述．

**推论 13.4　一个变换 H 是由某世界平面诱导的两幅图像之间的单应当且仅当这两幅图像的基本矩阵 F 有一个分解式：$F = [\mathbf{e}']_\times H$.**

分解式的这个选择简单对应于射影世界坐标系的选择．事实上，在 $P = [I \mid \mathbf{0}]$ 和 $P' = [H \mid \mathbf{e}']$ 的重构中，H 是与坐标为 $(0,0,0,1)^T$ 的平面相对应的变换．

给定一对摄像机矩阵，求诱导给定单应的平面是一件简单的事，即：

**结论 13.5　给定规范形式的摄像机 $P = [I \mid \mathbf{0}]$，$P' = [A \mid \mathbf{a}]$，则诱导这两幅视图之间的给定单应 H 的平面 π 的坐标是 $\boldsymbol{\pi} = (\mathbf{v}^T, 1)^T$，其中 v 可以由线性求解方程组 $\lambda H = A - \mathbf{a}\mathbf{v}^T$ 得到，该方程组关于 v 的元素和 λ 是线性的．**

注意，仅当 H 满足与 F 的相容性约束式(13.3)时，这些方程才有一个精确解．对于使用数值方法由噪声数据计算得到的单应，该式一般不成立，并且该线性系统是超定的．

## 13.2　给定 F 和图像对应下平面诱导的单应

3D 空间中的一张平面可以由三个点确定，或由一条直线和一个点确定，等等．反过来这些 3D 元素可以由图像对应来确定．在 13.1 节中单应由平面的坐标算出．在下文中，单应将直接由确定这张平面的相应图像元素来算出．这是应用中自然采用的一种方法．

我们将考虑两种情形：①三个点；②一条直线和一个点．每一情形中，对应元素都足以唯一确定 3D 空间的一张平面．我们将会看到在每一种情形中：

(1)对应的图像元素必须满足与对极几何的**一致性约束**．

(2)存在 3D 元素和摄像机的**退化配置**，此时单应没有定义．这样的退化来源于 3D 元素和对极几何的共线与共面性．同时，求解方法也可能产生退化，但这种退化是可以被避免的．

下面将更详细地介绍三个点的情形．

### 13.2.1　三个点

假设我们已知三个(非共线)点 $\mathbf{X}_i$ 在两幅视图中的图像和基本矩阵 F. 由这三点所在平面诱导的单应 H 原则上可通过两种途径来计算：

第一种，先在射影重构下恢复点 $\mathbf{X}_i$ 的位置(第 12 章)，然后确定通过这些点的平面 $\boldsymbol{\pi}$，见式(3.3)，再根据结论 13.1 由这个平面算出单应．第二种，可以由四组对应点计算该单应，此时的四个点是该平面上的三个点 $\mathbf{X}_i$ 的图像加上每幅视图中的对极点．如图 13.2 所示，对极点可以用作第四个点，因为它由单应在两幅视图之间映射．因此，我们有四组点对应 $\mathbf{x}'_i = H\mathbf{x}_i$，$i \in \{1, \cdots, 3\}$，$\mathbf{e}' = H\mathbf{e}$，通过它们可以算出 H.

因此由三组点对应计算 H，我们有两种可供选择的方法：第一种包含**显式**重构，第二种则是**隐式**方法,其中对极点提供一组点对应. 我们自然要问是否其中的一种比另一种好. 答案是**不宜**用隐式方法来计算,因为显式方法中不退化的情形可能在隐式中出现严重的退化.

考虑有 2 个像点与对极点共线的情形(我们暂且假定测量是没有噪声的). 如果其中的三个点共线,则单应 H 不能由 4 组对应计算得到(见 4.1.3 节),因此对于这种情形,隐式方法会失败. 类似地,如果图像点和对极点接近于共线,则隐式方法将给出 H 的一个非常病态的估计. 当两点与对极点共线或接近共线时,显式方法不会有问题——对应图像点仍可确定 3D 空间中的点(世界点在同一对极平面上,但这不是退化情形)和平面 $\pi$,从而相应的单应能求出. 这种配置如图 13.3 所示.

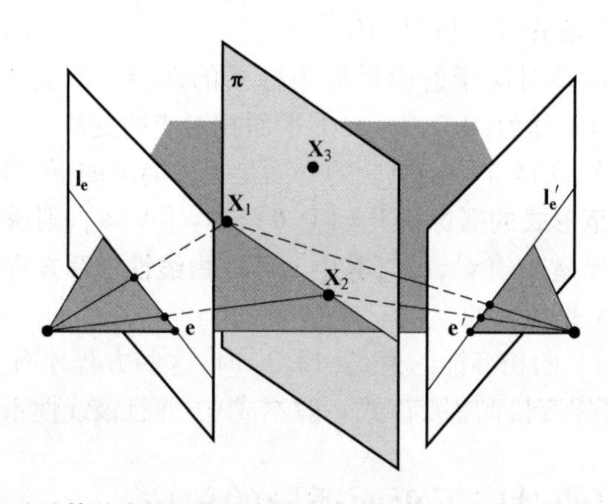


**图 13.3 用隐式方法计算单应的退化几何**. 由点 $\mathbf{X}_1$ 和 $\mathbf{X}_2$ 定义的直线在一张对极平面上,因而与基线相交. $\mathbf{X}_1$ 和 $\mathbf{X}_2$ 的图像与对极点共线,而 H 不能由对应 $\mathbf{x}_i \leftrightarrow \mathbf{x}_i'$, $i \in \{1, \cdots, 3\}$, $\mathbf{e} \leftrightarrow \mathbf{e}'$ 唯一地算出. 这种配置对显式方法不是退化的.

我们现在对显式方法做更详细的代数推导. 其中未必真要算出点 $\mathbf{X}_i$ 的坐标,重要的是加在与 F 兼容的三参数族单应上的约束条件(式(13.4)):由 $\mathbf{v}$ 参数化的 $\mathrm{H} = \mathrm{A} - \mathbf{e}'\mathbf{v}^{\mathsf{T}}$. 于是问题简化为由三组点对应求解 $\mathbf{v}$,其解可由如下方法获得:

**结论 13.6 已知 F 和三组图像点对应 $\mathbf{x}_i \leftrightarrow \mathbf{x}_i'$,则 3D 点所在平面诱导的单应是**

$$\mathrm{H} = \mathrm{A} - \mathbf{e}'(\mathrm{M}^{-1}\mathbf{b})^{\mathsf{T}}$$

**式中,$\mathrm{A} = [\mathbf{e}']_{\times}\mathrm{F}$,$\mathbf{b}$ 是一个 3 维向量,其元素为**

$$b_i = (\mathbf{x}_i' \times (\mathrm{A}\mathbf{x}_i))^{\mathsf{T}}(\mathbf{x}_i' \times \mathbf{e}') / \|\mathbf{x}_i' \times \mathbf{e}'\|^2$$

**而 M 是一个行向量为 $\mathbf{x}_i^{\mathsf{T}}$ 的 $3 \times 3$ 矩阵.**

**证明** 根据结论 9.14,F 可以分解为 $\mathrm{F} = [\mathbf{e}']_{\times}\mathrm{A}$. 然后由式(13.4)给出 $\mathrm{H} = \mathrm{A} - \mathbf{e}'\mathbf{v}^{\mathsf{T}}$,并且每一组对应 $\mathbf{x}_i \leftrightarrow \mathbf{x}_i'$ 产生关于 $\mathbf{v}$ 的一个线性约束:

$$\mathbf{x}_i' = \mathrm{H}\mathbf{x}_i = \mathrm{A}\mathbf{x}_i - \mathbf{e}'(\mathbf{v}^{\mathsf{T}}\mathbf{x}_i), i = 1, \cdots, 3 \tag{13.5}$$

从式(13.5)可知,向量 $\mathbf{x}_i'$ 和 $\mathrm{A}\mathbf{x}_i - \mathbf{e}'(\mathbf{v}^{\mathsf{T}}\mathbf{x}_i)$ 是平行的,因此它们的向量积是零:

$$\mathbf{x}_i' \times (\mathrm{A}\mathbf{x}_i - \mathbf{e}'(\mathbf{v}^{\mathsf{T}}\mathbf{x}_i)) = (\mathbf{x}_i' \times \mathrm{A}\mathbf{x}_i) - (\mathbf{x}_i' \times \mathbf{e}')(\mathbf{v}^{\mathsf{T}}\mathbf{x}_i) = \mathbf{0}$$

再把它与向量 $\mathbf{x}_i' \times \mathbf{e}'$ 进行数量积给出

$$\mathbf{x}_i^{\mathsf{T}}\mathbf{v} = \frac{(\mathbf{x}_i' \times (\mathrm{A}\mathbf{x}_i))^{\mathsf{T}}(\mathbf{x}_i' \times \mathbf{e}')}{(\mathbf{x}_i' \times \mathbf{e}')^{\mathsf{T}}(\mathbf{x}_i' \times \mathbf{e}')} = b_i \tag{13.6}$$

它关于 $\mathbf{v}$ 是线性的．注意，方程与 $\mathbf{x}'$ 的尺度无关，因为 $\mathbf{x}'$ 在分子和分母上出现的次数相同．每组对应产生一个方程 $\mathbf{x}_i^{\mathsf{T}}\mathbf{v}=b_i$，把它们合并在一起就得到 $\mathrm{M}\mathbf{v}=\mathbf{b}$.

注意：如果 $\mathrm{M}^{\mathsf{T}}=[\mathbf{x}_1,\mathbf{x}_2,\mathbf{x}_3]$ 不是满秩的，则 $\mathbf{v}$ 无解．从代数上说，若三个图像点 $\mathbf{x}_i$ 共线，则 $\det\mathrm{M}=0$. 从几何上说，三个共线的图像点由共线或共面（该平面包含第一个摄像机的中心）的世界点产生．上述两种情形都不能定义满秩的单应．

**一致性条件**　方程式(13.5)等价于 6 个约束，因为每组点对应为单应施加了两个约束．但确定 $\mathbf{v}$ 只需三个约束，故一个有效解还必须满足剩下的三个约束．这些约束可以由式(13.5)与 $\mathbf{e}'$ 的叉积得到，即

$$\mathbf{e}'\times\mathbf{x}_i'=\mathbf{e}'\times\mathrm{A}\mathbf{x}_i=\mathrm{F}\mathbf{x}_i$$

方程 $\mathbf{e}'\times\mathbf{x}_i'=\mathrm{F}\mathbf{x}_i$ 是 $\mathbf{x}_i$ 和 $\mathbf{x}_i'$ 之间的一个**一致性约束**，因为它与 $\mathbf{v}$ 无关．这是一个简单的关于对应 $\mathbf{x}_i\leftrightarrow\mathbf{x}_i'$ 的（隐含的）对极几何约束：其左边是过 $\mathbf{x}_i'$ 的对极线，而右边是 $\mathbf{x}_i$ 在第二幅图像中对应的对极线 $\mathrm{F}\mathbf{x}_i$，即该方程强制 $\mathbf{x}_i'$ 在 $\mathbf{x}_i$ 的对极线上，因此该对应与对极几何一致．

**由噪声点的估计**　确定平面和单应的三组点对应必须满足来源于对极几何的一致性约束．经测量得到的对应 $\mathbf{x}_i\leftrightarrow\mathbf{x}_i'$ 一般不会准确地满足这个约束．因此我们需要一个最优矫正测量点的过程，使得估计的点 $\hat{\mathbf{x}}_i\leftrightarrow\hat{\mathbf{x}}_i'$ 满足对极几何约束．庆幸的是，这样的过程在三角测量算法 12.1 中已经给出，这里可以直接利用该算法．这样，在高斯图像噪声的假设下，我们有一个关于 H 和 3D 点的最大似然估计．这个方法概括在算法 13.1 中．

<u>目标</u>

给定 F 和三组点对应 $\mathbf{x}_i\leftrightarrow\mathbf{x}_i'$，它们是 3D 点 $\mathbf{X}_i$ 的影像，确定 $\mathbf{X}_i$ 所在平面诱导的单应 $\mathbf{x}'=\mathrm{H}\mathbf{x}$.

<u>算法</u>

(1) 对每组对应 $\mathbf{x}_i\leftrightarrow\mathbf{x}_i'$，用算法 12.1 计算矫正的对应 $\hat{\mathbf{x}}_i\leftrightarrow\hat{\mathbf{x}}_i'$.

(2) 按结论 13.6，选择 $\mathrm{A}=[\mathbf{e}']_{\times}\mathrm{F}$，并解线性方程组 $\mathrm{M}\mathbf{v}=\mathbf{b}$ 求出 $\mathbf{v}$.

(3) $\mathrm{H}=\mathrm{A}-\mathbf{e}'\mathbf{v}^{\mathsf{T}}$.

算法 13.1　由 3 点确定的平面所诱导的单应的最优估计．

## 13.2.2　一点和一直线

本节为由一点和一直线对应所确定的平面推导单应的表达式．我们先仅考虑直线对应并证明它把与 F 兼容的 3 参数族单应式(13.4)简化成 1 参数族．然后再证明该点对应唯一地确定这张平面和对应的单应．

两条图像直线的对应确定 3D 空间中的一条直线，并且 3D 空间中的一条直线在一个单参数平面族（束）上，参见图 13.4. 这个平面束诱导两幅图像之间的一个单应束，而且束中的任何一个成员都使两条对应的直线相互映射．

**结论 13.7**　**如果 $\mathbf{l}'^{\mathsf{T}}\mathbf{e}'\neq 0$，则由直线对应 $\mathbf{l}\leftrightarrow\mathbf{l}'$ 定义的平面束诱导的单应是**

$$\mathrm{H}(\mu)=[\mathbf{l}']_{\times}\mathrm{F}+\mu\mathbf{e}'\mathbf{l}^{\mathsf{T}}\tag{13.7}$$

**式中，$\mu$ 是射影参数．**

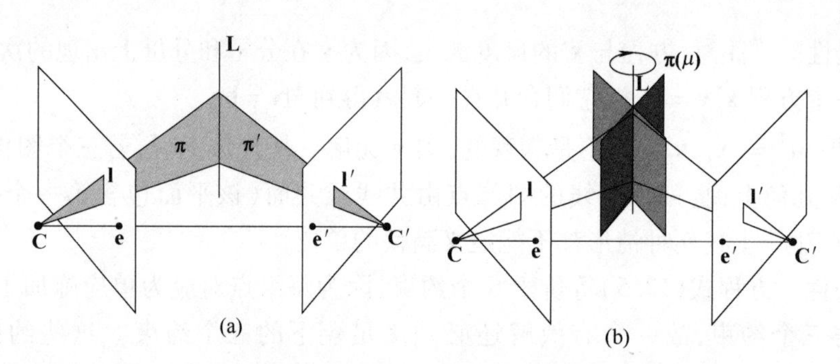


**图 13.4** (a)图像直线 **l** 和 **l**′分别确定平面 **π**和 **π**′. 这两个平面的交定义了 3 维空间中的直线 **L**. (b)3 维空间中的直线 **L** 包含在单参数平面族 **π**($\mu$)中. 该平面族诱导图像之间一个单参数单应族.

**证明** 根据结论 8.2,直线 **l** 反向投影为过第一个摄像机中心的平面 $\mathrm{P}^{\mathsf{T}}\mathbf{l}$,而 **l**′则反向投影为过第二个摄像机中心的平面 $\mathrm{P}'^{\mathsf{T}}\mathbf{l}'$,如图 13.4a 所示. 这两张平面是由 $\mu$ 参数化的平面束的基. 如结论 13.3 的证明中所述,我们可以选 $\mathrm{P}=[\mathrm{I}\mid\mathbf{0}]$,$\mathrm{P}'=[\mathrm{A}\mid\mathbf{e}']$,那么该平面束是

$$\boldsymbol{\pi}(\mu)=\mu\mathrm{P}^{\mathsf{T}}\mathbf{l}+\mathrm{P}'^{\mathsf{T}}\mathbf{l}'=\mu\begin{pmatrix}\mathbf{l}\\0\end{pmatrix}+\begin{pmatrix}\mathrm{A}^{\mathsf{T}}\mathbf{l}'\\\mathbf{e}'^{\mathsf{T}}\mathbf{l}'\end{pmatrix}$$

根据结论 13.1,诱导单应是 $\mathrm{H}(\mu)=\mathrm{A}-\mathbf{e}'\mathbf{v}(\mu)^{\mathsf{T}}$,其中

$$\mathbf{v}(\mu)=(\mu\mathbf{l}+\mathrm{A}^{\mathsf{T}}\mathbf{l}')/(\mathbf{e}'^{\mathsf{T}}\mathbf{l}') \tag{13.8}$$

利用分解式 $\mathrm{A}=[\mathbf{e}']_\times\mathrm{F}$,我们得到

$$\begin{aligned}\mathrm{H}&=((\mathbf{e}'^{\mathsf{T}}\mathbf{l}'\mathrm{I}-\mathbf{e}'\mathbf{l}'^{\mathsf{T}})[\mathbf{e}']_\times\mathrm{F}-\mu\mathbf{e}'\mathbf{l}^{\mathsf{T}})/(\mathbf{e}'^{\mathsf{T}}\mathbf{l}')=-([\mathbf{l}']_\times[\mathbf{e}']_\times[\mathbf{e}']_\times\mathrm{F}+\mu\mathbf{e}'\mathbf{l}^{\mathsf{T}})/(\mathbf{e}'^{\mathsf{T}}\mathbf{l}')\\&=-([\mathbf{l}']_\times\mathrm{F}+\mu\mathbf{e}'\mathbf{l}^{\mathsf{T}})/(\mathbf{e}'^{\mathsf{T}}\mathbf{l}')\end{aligned}$$

其中最后一个等式由结论 A4.4 的公式$[\mathbf{e}']_\times[\mathbf{e}']_\times\mathrm{F}=\mathrm{F}$ 得出. 此式在相差一个常数的意义下等价于式(13.7).

**对应点和直线确定的单应** 由直线对应我们得到 $\mathrm{H}(\mu)=[\mathbf{l}']_\times\mathrm{F}+\mu\mathbf{e}'\mathbf{l}^{\mathsf{T}}$,现在利用点对应 $\mathbf{x}\leftrightarrow\mathbf{x}'$来求 $\mu$.

**结论 13.8** **给定 F 及对应点 $\mathbf{x}\leftrightarrow\mathbf{x}'$和对应直线 $\mathbf{l}\leftrightarrow\mathbf{l}'$,由相应 3D 点和直线所在平面所诱导的单应是**

$$\mathrm{H}=[\mathbf{l}']_\times\mathrm{F}+\frac{(\mathbf{x}'\times\mathbf{e}')^{\mathsf{T}}(\mathbf{x}'\times((\mathrm{F}\mathbf{x})\times\mathbf{l}'))}{\|\mathbf{x}'\times\mathbf{e}'\|^2(\mathbf{l}^{\mathsf{T}}\mathbf{x})}\mathbf{e}'\mathbf{l}^{\mathsf{T}}$$

它的推导与结论 13.6 的类似. 与三点情形一样,图像点对应必须与对极几何一致. 这意味着在使用结论 13.8 之前,测量(噪声)点必须用算法 12.1 矫正. 但是目前还没有关于直线的一致性约束,也没有现成的矫正方法.

**点映射 H($\mu$)的几何解释** 值得对映射 $\mathrm{H}(\mu)$做进一步探讨. 因为 $\mathrm{H}(\mu)$与对极几何相容,第一幅视图中的点 **x** 被映射到第二幅视图中对应于 **x** 的对极线 F**x** 上的点 $\mathbf{x}'=\mathrm{H}(\mu)\mathbf{x}$. 一般来说,点 $\mathbf{x}'=\mathrm{H}(\mu)\mathbf{x}$ 在对极线上的位置随 $\mu$ 而变. 然而,如果点 **x** 在直线 **l** 上(因此 $\mathbf{l}^{\mathsf{T}}\mathbf{x}=0$),那么

$$\mathbf{x}'=\mathrm{H}(\mu)\mathbf{x}=([\mathbf{l}']_\times\mathrm{F}+\mu\mathbf{e}'\mathbf{l}^{\mathsf{T}})\mathbf{x}=[\mathbf{l}']_\times\mathrm{F}\mathbf{x}$$

仅依赖于 F,而与 $\mu$ 的值无关. 因此如图 13.5 所示,对极几何为该直线上的点定义了一个点到点的映射.

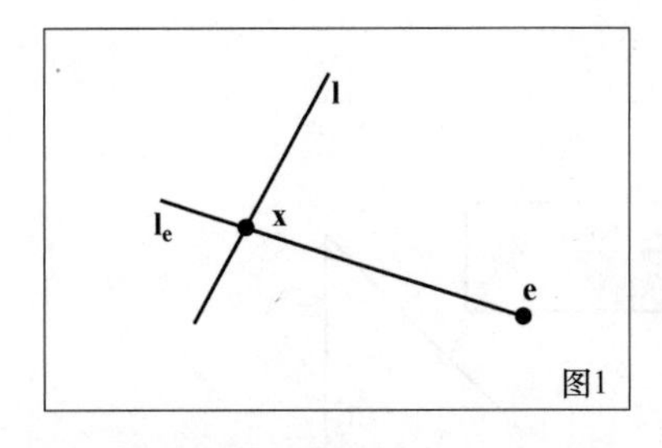


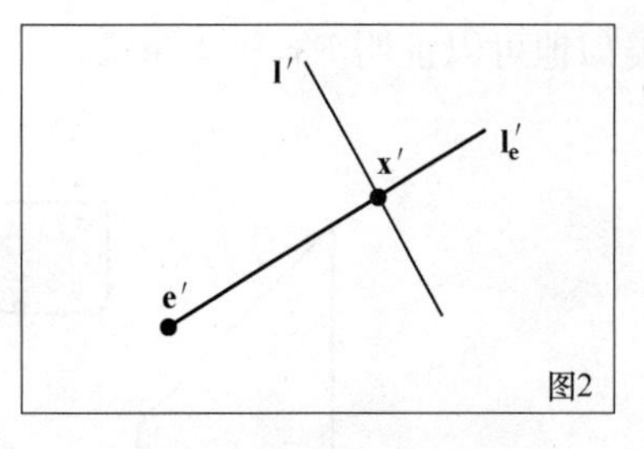


**图 13.5**　对极几何诱导对应直线 $\mathbf{l} \leftrightarrow \mathbf{l}'$（它们是 3 维空间中的直线 $\mathbf{L}$ 的图像）之间的一个单应．$\mathbf{l}$ 上的点被映射到 $\mathbf{l}'$ 上的点 $\mathbf{x}' = [\mathbf{l}']_\times \mathrm{F}\mathbf{x}$，其中 $\mathbf{x}$ 和 $\mathbf{x}'$ 是 $\mathbf{L}$ 与对应于 $\mathbf{l}_e$ 和 $\mathbf{l}'_e$ 的对极平面的交点的图像．

**退化单应**　我们讲过，如果该世界平面包含一个摄像机中心，则所诱导的单应是退化的．表示该单应的矩阵不是满秩的，并且平面上的点被映射成一条直线（如果 H 的秩为 2）或者一个点（如果 H 的秩为 1）．然而，由式（13.7）仍能得到退化单应的一个显式表达式．退化（奇异）单应在该单应束中的 $\mu = \infty$ 和 $\mu = 0$ 处．它们分别对应于过第一个和第二个摄像机中心的平面．图 13.6 显示了该平面包含第二个摄像机中心并与图像平面相交于直线 $\mathbf{l}'$ 的情形．第一幅视图中的点 $\mathbf{x}$ 被映射到 $\mathbf{l}'$ 上的点 $\mathbf{x}'$，其中

$$\mathbf{x}' = \mathbf{l}' \times \mathrm{F}\mathbf{x} = [\mathbf{l}']_\times \mathrm{F}\mathbf{x}$$

因此，该单应是 $\mathrm{H} = [\mathbf{l}']_\times \mathrm{F}$，它是一个秩为 2 的矩阵．

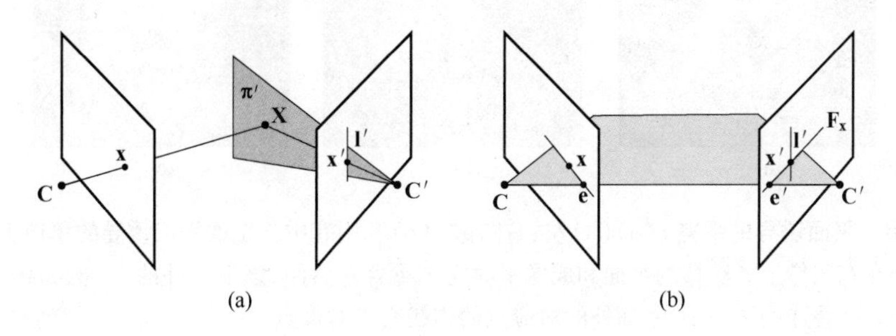


**图 13.6**　**一种退化单应**．（a）由过第二个摄像机中心的平面诱导的映射是一个退化的单应 $\mathrm{H} = [\mathbf{l}']_\times \mathrm{F}$．平面 $\boldsymbol{\pi}'$ 与第二张图像平面相交于直线 $\mathbf{l}'$．第一幅视图中的所有点都被映射到第二幅视图中直线 $\mathbf{l}'$ 上的点．（b）第一幅视图中的点 $\mathbf{x}$ 被映射到点 $\mathbf{x}'$，即 $\mathbf{l}'$ 与 $\mathbf{x}$ 的对极线 $\mathrm{F}\mathbf{x}$ 的交点，因此 $\mathbf{x}' = \mathbf{l}' \times \mathrm{F}\mathbf{x}$.

## 13.3　由平面诱导的单应计算 F

到目前为止，我们都假定 F 已知，并且目标是在给定不同的额外信息时计算 H. 现在我们反过来做，并且证明如果 H 给定，则在提供了附加信息后可以计算 F. 我们先介绍一个重要的几何概念：相对于某平面的视差，它将使代数推导更直接．

**平面诱导的视差**　如图 13.7 所示，并根据图 13.8 中的例子，由平面诱导的单应产生了一个虚拟视差（见 8.4.5 节）．它的重要之处在于：3D 点 $\mathbf{X}$ 在第二幅视图中的图像 $\mathbf{x}'$ 和由该单应映射的点 $\tilde{\mathbf{x}}' = \mathrm{H}\mathbf{x}$ 都在 $\mathbf{x}$ 的对极线上；因为这两点都是过 $\mathbf{x}$ 的射线上的点的图像．因此，直线 $\mathbf{x}' \times (\mathrm{H}\mathbf{x})$ 是第二幅视图中的对极线并且为对极点的位置提供了一个约束．一旦对极点被确定（两个这样的约束就足够了），则如结论 9.1 所证明的 $\mathrm{F} = [\mathbf{e}']_\times \mathrm{H}$，其中 H 是由任何平面诱

导的单应．类似地可以证明 $F = H^{-T}[e]_\times$．

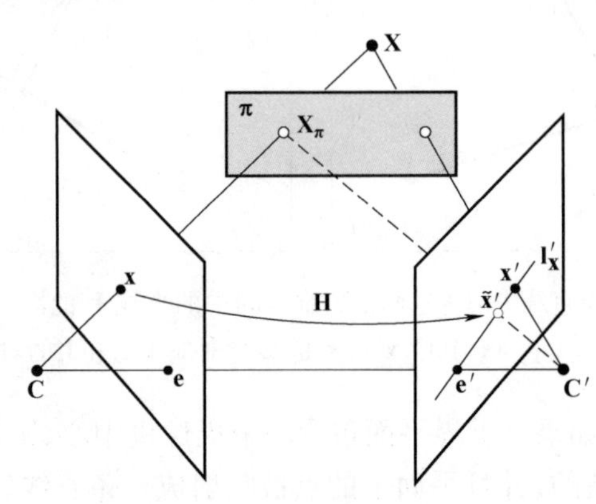


**图 13.7　平面诱导的视差**．过 **X** 的射线与平面**π**交于点 $\mathbf{X}_\pi$．**X** 和 $\mathbf{X}_\pi$的图像在第一幅视图中重合于点 **x**；在第二幅视图中的图像分别是点 $\mathbf{x}'$和 $\tilde{\mathbf{x}}' = H\mathbf{x}$．这两点不重合（除非 **X** 在**π**上），但都在 **x** 的对极线 $\mathbf{l}'_x$上．点 $\mathbf{x}'$和 $\tilde{\mathbf{x}}'$之间的向量是相对于由平面**π**诱导的单应的视差．注意如果 **X** 在平面**π**的另一边，那么 $\tilde{\mathbf{x}}'$将在 $\mathbf{x}'$的另一边．

(a)

(b)

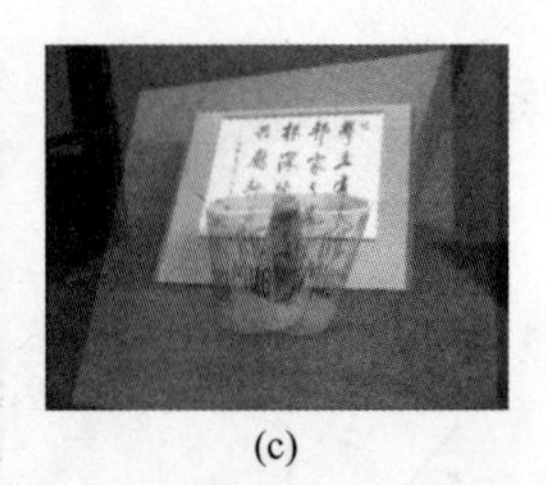
(c)

**图 13.8　平面诱导的视差**．(a)(b)左、右图像．(c)利用有中文字的平面诱导的单应把左图像叠加在右图像上．转移的平面和成像平面完全重合．然而，该平面外的点（例如杯子）则不重合．在叠加的图像中，平面外的对应点的连线交于对极点．

作为虚拟视差的一个应用，算法 13.2 表明 F 可以由 6 点的图像唯一地算出，其中 4 点共面，其余两点不在该平面上．4 个共面点的图像确定该单应，而两个不在该平面上的点提供足以确定对极点的约束．这个 6 点结论非常令人吃惊，因为对于一般位置上的 7 个点存在 F 的 3 个解（见 11.1.2 节）．

<u>目标</u>

给定 6 组点对应 $\mathbf{x}_i \leftrightarrow \mathbf{x}'_i$，它们是 3D 空间中的点 $\mathbf{X}_i$的图像，且前 4 个 3D 点（$i \in \{1,\cdots,4\}$）共面，确定基本矩阵 F.

<u>算法</u>

(1)计算单应 H，使得 $\mathbf{x}'_i = H\mathbf{x}_i, i \in \{1,\cdots,4\}$.

(2)确定作为直线 $(H\mathbf{x}_5) \times \mathbf{x}'_5$和 $(H\mathbf{x}_6) \times \mathbf{x}'_6$的交点的对极点 $\mathbf{e}'$.

(3) $F = [\mathbf{e}']_\times H$.

参看图 13.9.

算法 13.2　给定 6 点对应（其中 4 点共面）计算 F.

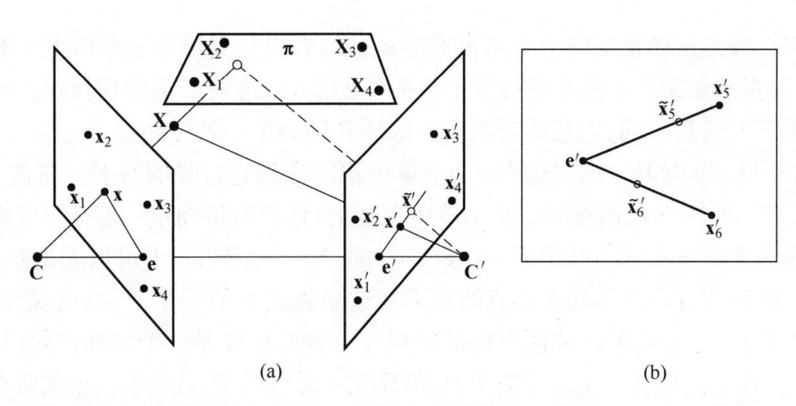


**图13.9**　基本矩阵可以由6个3D点(其中4点共面)的图像唯一确定.(a)点**X**的视差.(b)对极点由两条视差直线($\tilde{\mathbf{x}}_5' = \mathrm{H}\mathbf{x}_5$到$\mathbf{x}_5'$的连线,及$\tilde{\mathbf{x}}_6' = \mathrm{H}\mathbf{x}_6$到$\mathbf{x}_6'$的连线)的交点确定.

**射影深度**　世界点$\mathbf{X} = (\mathbf{x}^{\mathsf{T}}, \rho)^{\mathsf{T}}$被成像在第一幅视图中的**x**和第二幅视图中的

$$\mathbf{x}' = \mathrm{H}\mathbf{x} + \rho\mathbf{e}' \tag{13.9}$$

注意,$\mathbf{x}'$,$\mathbf{e}'$和$\mathrm{H}\mathbf{x}$共线.标量$\rho$是**相对**于单应H的视差,并且可以解释为相对于平面$\boldsymbol{\pi}$的"深度".若$\rho = 0$,则3D点**X**在平面上,否则$\rho$的"正负号"将表示点**X**在平面$\boldsymbol{\pi}$的哪"边"(见图13.7和图13.8).陈述这些必须小心,因为在非定向射影几何下,一个齐次对象的符号和一个平面的两边没有意义.

**例13.9　空间二分.**

虚拟视差的正负号(sign($\rho$))可以被用来计算由平面$\boldsymbol{\pi}$产生的3D空间的一个划分.假设给定F和由对应图像点确定的三个空间点.那么由这三个点定义的平面可以用来把所有其他对应划分为在这个平面两边(或在这个平面上)的集合.图13.10显示了一个例子.注意,这三个点没有必要准确对应于实际物理点的图像,因此这个方法可以用于虚拟平面.通过组合几个平面可以辨认3D空间中的一个区域.

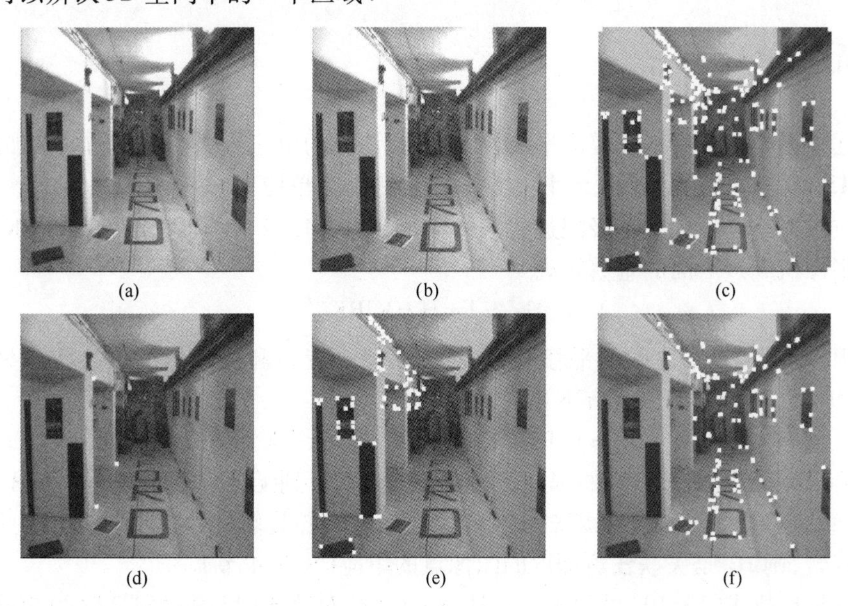


**图13.10　空间二分**.(a)(b)左、右图像.(c)对应已知的点.(d)从(c)中选出的三个点,这三点定义一个平面,则(c)中的点可以根据它在平面的哪一边来分类.(e)在某一边的点.(f)在另一边的点.

**两张平面** 假定在场景空间中有两张平面$\boldsymbol{\pi}_1$，$\boldsymbol{\pi}_2$，它们分别诱导了单应$H_1$，$H_2$. 根据视差的思想，显然每张平面为另一张平面提供了平面外的信息，这两个单应应该足以确定F. 事实上在这个配置下F是超定的，它意味着两个单应还必须满足一致性约束.

考虑图13.11. 单应$H = H_2^{-1}H_1$是一个从第一幅图像到它自身的映射. 在这个映射下，对极点$\mathbf{e}$是不动点，即$H\mathbf{e}=\mathbf{e}$，因此可以从H的(非退化)特征向量确定. 那么可以根据结论9.1求得基本矩阵为$F=[\mathbf{e}']_{\times}H_i$，其中$\mathbf{e}'=H_i\mathbf{e}(i=1$ 或 $2)$. 从图13.11可以看出映射H还有另外一些性质. 该映射有一条不动点的直线和不在这条直线上的一个不动点(关于不动点和不动直线见2.9节). 这意味着H的两个特征值相等. 事实上H是一个平面透射(见A7.2节). 反过来，$H = H_2^{-1}H_1$的这些性质定义了关于$H_1$和$H_2$的一致性约束，使得它们的复合有所述性质.

到目前为止，本章的结论完全是射影的. 现在来介绍关于仿射的结论.

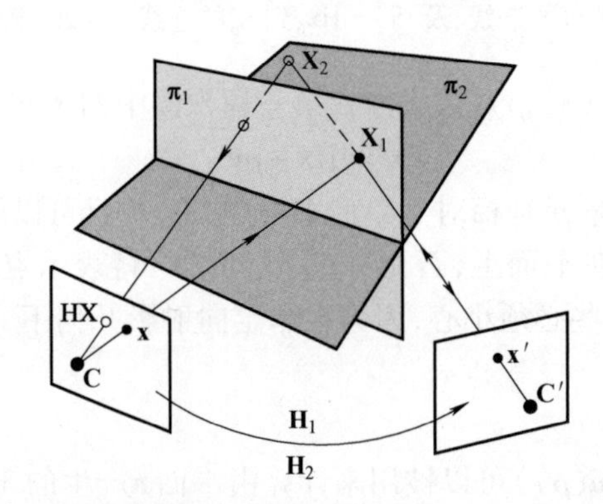


**图13.11** 映射$H = H_2^{-1}H_1$对第一幅图像中的点$\mathbf{x}$的作用是首先把它作为3D点$\mathbf{X}_1$的图像而转移到$\mathbf{x}'$，然后把它作为3D点$\mathbf{X}_2$的图像再映射回第一幅图像. 第一幅视图中，位于这两平面交线的像直线上的点将被映射到它们自身，即为该映射的不动点. 对极点$\mathbf{e}$也是该映射的一个不动点.

## 13.4 无穷单应$H_\infty$

无穷远平面是一个特别重要的平面，由该平面诱导的单应用一个特殊的名字加以区别:

**定义13.10** 由无穷远平面$\boldsymbol{\pi}_\infty$诱导的单应称为无穷单应$H_\infty$.

该单应的形式可以用一个极限过程来推导，根据式(13.2)$H=K'(R-\mathbf{t}\mathbf{n}^{\mathsf{T}}/d)K^{-1}$，式中，$d$是第一个摄像机到该平面的垂直距离

$$H_\infty = \lim_{d\to\infty} H = K'RK^{-1}$$

这意味着$H_\infty$与两幅视图之间的平移无关，而仅依赖于旋转和摄像机的内参数. 另一种推导是根据式(9.7)，对应的图像点有下列关系:

$$\mathbf{x}' = K'RK^{-1}\mathbf{x} + K'\mathbf{t}/Z = H_\infty\mathbf{x} + K'\mathbf{t}/Z \tag{13.10}$$

式中，$Z$是从第一个摄像机测量的深度. 我们可以再次看到无穷远点($Z=\infty$)被$H_\infty$映射. 注意若在式(13.10)中平移$\mathbf{t}$为$\mathbf{0}$，即对应于摄像机绕其中心旋转，则也得到$H_\infty$. 因此若摄像机绕其中心旋转，则$H_\infty$是关联**任意**深度的图像点的单应(见8.4节).

因$\mathbf{e}'=K'\mathbf{t}$，故式(13.10)可写为$\mathbf{x}'=H_\infty\mathbf{x}+\mathbf{e}'/Z$，对照式(13.9)表明$(1/Z)$扮演了$\rho$的角色. 因此欧氏深度的倒数可以理解为相对于$\boldsymbol{\pi}_\infty$的视差.

**消影点与消影线** $\boldsymbol{\pi}_{\infty}$ 上的点的图像由 $H_{\infty}$ 映射．这些图像是消影点，因此 $H_{\infty}$ 映射两幅图像之间的消影点，即 $\mathbf{v}' = H_{\infty}\mathbf{v}$，其中 $\mathbf{v}'$ 和 $\mathbf{v}$ 为对应的消影点，见图 13.12. 因此，利用结论 13.6，$H_{\infty}$ 可由三个（非共线）消影点的对应和 F 算出．或者如 13.2.2 节所介绍的，$H_{\infty}$ 也可由一组消影线的对应和一组消影点（不在直线上）的对应及 F 一起算得．

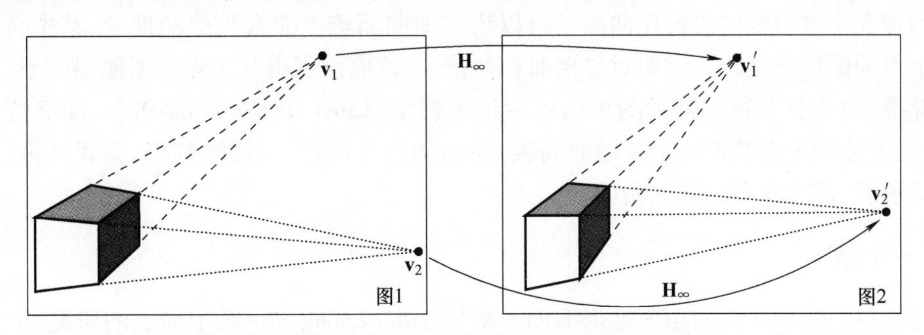


**图 13.12** 无穷单应 $H_{\infty}$ 映射两幅图像之间的消影点．

**仿射与度量重构** 第10章中我们已看到，辨认了 $\boldsymbol{\pi}_{\infty}$ 就可以使一个射影重构升级到仿射重构．毫不奇怪，由于与 $\boldsymbol{\pi}_{\infty}$ 相关，$H_{\infty}$ 自然会出现在矫正过程中．事实上，如果选取摄像机矩阵为 $P = [I \mid \mathbf{0}]$ 和 $P' = [H_{\infty} \mid \lambda\mathbf{e}']$，那么重构是仿射的．

反过来，假设世界坐标系是仿射的（即 $\boldsymbol{\pi}_{\infty}$ 取其规范位置 $\boldsymbol{\pi}_{\infty} = (0,0,0,1)^{\mathsf{T}}$），那么 $H_{\infty}$ 可以直接由摄像机投影矩阵确定．假设 $M, M'$ 分别是 P 和 P′左边的 3×3 子矩阵，则 $\boldsymbol{\pi}_{\infty}$ 上的点 $\mathbf{X} = (\mathbf{x}_{\infty}^{\mathsf{T}}, 0)^{\mathsf{T}}$ 在两幅视图中成像为 $\mathbf{x} = P\mathbf{X} = M\mathbf{x}_{\infty}$ 和 $\mathbf{x}' = P'\mathbf{X} = M'\mathbf{x}_{\infty}$．因此 $\mathbf{x}' = M'M^{-1}\mathbf{x}$，从而

$$H_{\infty} = M'M^{-1} \tag{13.11}$$

单应 $H_{\infty}$ 可以用来把摄像机标定从一幅视图传到另一幅视图．绝对二次曲线 $\Omega_{\infty}$ 在 $\boldsymbol{\pi}_{\infty}$ 上，根据结论 2.13，其图像 $\omega$ 被 $H_{\infty}$ 映射为：$\omega' = H_{\infty}^{-\mathsf{T}}\omega H_{\infty}^{-1}$．因此如果在一幅视图中 $\omega = (KK^{\mathsf{T}})^{-1}$ 已确定，则 $\Omega_{\infty}$ 在第二幅视图中的图像 $\omega'$ 可以通过 $H_{\infty}$ 来计算，并且第二幅视图的标定由 $\omega' = (K'K'^{\mathsf{T}})^{-1}$ 确定．第 19.5.2 节将介绍 $H_{\infty}$ 在摄像机自标定中的应用．

**立体对应** 在寻找对应时 $H_{\infty}$ 可限定搜索范围．被搜索范围从整条对极线减少到一条有界线段．见图 13.13. 然而，该约束的正确应用需要定向的射影几何．

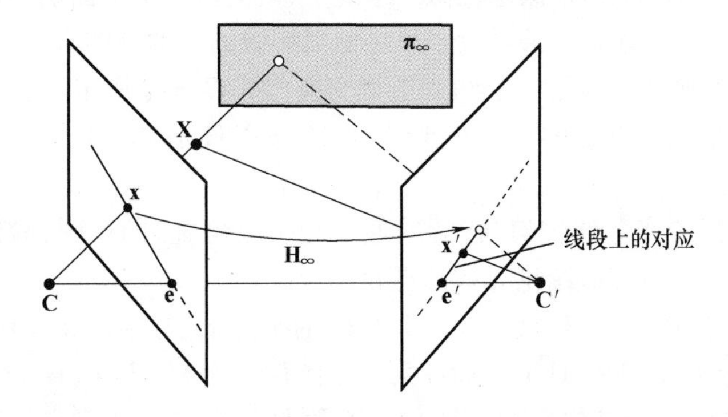


**图 13.13 用 $H_{\infty}$ 减少搜索范围**．3 维空间中的点不会比 $\boldsymbol{\pi}_{\infty}$"更远"．$H_{\infty}$ 利用这一约束把对极线上的搜索限制在一个方向上．摄像机之间的基线把每一个对极平面分成两部分．左图中在对极线一"边"的点将被映射到右图中的对极线上的对应"边"（图中用实线标记）．因此对极点限制了在另一个方向的搜索．

## 13.5 结束语

本章对平面的射影技术做了大量说明,这些方法可以应用于其他许多曲面. 平面就是一个简单的含 3 个自由度的参数化曲面. 可以为其他曲面给出非常类似的推导,其中自由度数由曲面上点的图像来确定. 例如对二次曲面的情形,该曲面可由其上点的图像,和/或(平面不可能有此推广)由其在每一幅视图中的轮廓线来确定[Cross-98,Shashua-97]. 曲面诱导的转移、当曲面不能完全由其像确定时的曲面族、曲面诱导的视差、一致性约束、隐式计算、退化几何等相关思想,都可移植到其他曲面.

### 13.5.1 文献

对极几何与诱导单应的相容性由 Luong & Viéville[Luong-96]做了彻底的研究. F 的六点算法出现在 Beardsley 等[Beardsley-92]和[Mohr-92]中. 给定两个平面求 F 的算法出现在 Sinclair[Sinclair-92]中. [Zeller-96]给出了仅从对极几何和它们的图像投影来确定其性质的许多配置的例子,他同时对退化的情形进行了归类.

### 13.5.2 注释和练习

(1) **由平面诱导的单应,见式**(13.1)

(a) 如果 $A^{-1}$ 存在,那么单应 H 的逆由下式给出

$$H^{-1}=A^{-1}\left(I+\frac{\mathbf{a}\mathbf{v}^{\mathsf{T}}A^{-1}}{1-\mathbf{v}^{\mathsf{T}}A^{-1}\mathbf{a}}\right)$$

有时称其为 Sherman-Morrison 公式.

(b) 证明:如果平面包含第二个摄像机的中心,则单应 H 是退化的. 提示,此时 $\mathbf{v}^{\mathsf{T}}A^{-1}\mathbf{a}=1$,并注意 $H=A(I-A^{-1}\mathbf{a}\mathbf{v}^{\mathsf{T}})$.

(2) 证明:如果摄像机做平面运动,即其平移平行于平面而旋转平行于该平面的法线,那么由这个平面诱导的单应共轭于一个平面欧氏变换. 证明:该单应的不动点是这个平面虚圆点的图像.

(3) 利用式(13.2)证明:如果摄像机做一个纯平移,则由这个平面诱导的单应是一个平面透射(如 A7.2 节所定义),且有一条对应于该平面消影线的不动点的直线. 进一步证明:如果平移平行于这个平面,则该单应是一个约束透视变换(如 A7.3 节所定义).

(4) 证明两条空间直线共面的一个必要但不充分的条件是 $(\mathbf{l}_1'\times\mathbf{l}_2')^{\mathsf{T}}F(\mathbf{l}_1\times\mathbf{l}_2)=0$,为什么它不是一个充分条件?

(5) **直线和平面的交点**. 通过勾画配置(假定是一般位置)的草图,验证下面的每一个结论. 对于每一种情形,确定使该结论无效的退化配置.

(a) 假设 3D 空间中的直线 $\mathbf{L}$ 被影像为 $\mathbf{l}$ 和 $\mathbf{l}'$,而平面 $\boldsymbol{\pi}$ 诱导单应 $\mathbf{x}'=H\mathbf{x}$,则 $\mathbf{L}$ 和 $\boldsymbol{\pi}$ 的交点在第一幅图像中成像为 $\mathbf{x}=\mathbf{l}\times(H^{\mathsf{T}}\mathbf{l}')$,而在第二幅图像中为 $\mathbf{x}'=\mathbf{l}'\times(H^{-\mathsf{T}}\mathbf{l})$.

(b) 无穷单应可以用于寻找在两幅图像上都可见的直线的消影点. 若 $\mathbf{l}$ 和 $\mathbf{l}'$ 是两幅图像中的对应直线,而 $\mathbf{v}$ 和 $\mathbf{v}'$ 分别是它们在每幅图像中的消影点,则 $\mathbf{v}=\mathbf{l}\times(H_{\infty}^{\mathsf{T}}\mathbf{l}')$,$\mathbf{v}'=\mathbf{l}'\times(H_{\infty}^{-\mathsf{T}}\mathbf{l})$.

(c)设平面 $\boldsymbol{\pi}_1$ 和 $\boldsymbol{\pi}_2$ 分别诱导单应 $\mathbf{x}'=H_1\mathbf{x}$ 和 $\mathbf{x}'=H_2\mathbf{x}$. 那么 $\boldsymbol{\pi}_1$ 和 $\boldsymbol{\pi}_2$ 的交线在第一幅图像中的像满足 $H_1^{\mathsf{T}}H_2^{-\mathsf{T}}\mathbf{l}=\mathbf{l}$,并且可以由平面透射 $H_1^{\mathsf{T}}H_2^{-\mathsf{T}}$ 的实特征向量确定(见图 13.11).

(6)**四点的共面性**. 设 F 和四组对应图像点 $\mathbf{x}_i \leftrightarrow \mathbf{x}_i'$ 已知. 怎样确定这四点的前像是否共面? 一种可能是通过结论 13.6 利用其中三个点确定一个单应,然后测量第四个点的转移误差. 第二种可能是计算连接图像点的直线,并确定直线的交点是否满足对极几何约束(见[Faugeras-92b]). 第三种可能是计算从对极点到图像点的四条直线的交比——如果这四个场景点是共面的,那么该交比在两幅图像中的值相同. 因此这个等式是共面的必要条件,但它也是一个充分条件吗? 当存在测量误差(噪声)时应该采用什么统计检验?

(7)证明:对极几何可由四条共面直线和这些直线所在平面外的两点的图像唯一地计算得到. 如果将其中的两条直线用点来代替,该对极几何仍能被计算出来吗?

(8)由摄像机矩阵 $P=[M\mid\mathbf{m}]$, $P=[M'\mid\mathbf{m}']$ 出发,证明由平面 $\boldsymbol{\pi}=(\tilde{\boldsymbol{\pi}}^{\mathsf{T}},\pi_4)^{\mathsf{T}}$ 诱导的单应 $\mathbf{x}'=H\mathbf{x}$ 由下式给出:

$$H=M'(I-\mathbf{t}\mathbf{v}^{\mathsf{T}})M^{-1}, \text{其中 } \mathbf{t}=(M'^{-1}\mathbf{m}'-M^{-1}\mathbf{m}), \mathbf{v}=\tilde{\boldsymbol{\pi}}/(\pi_4-\tilde{\boldsymbol{\pi}}^{\mathsf{T}}M^{-1}\mathbf{m})$$

(9)证明:按结论 13.6 计算的单应与 F 的尺度无关. 从为 F 选择一个任意固定的尺度,使得 F 不再是一个齐次量,而是具有固定的尺度矩阵 $\widetilde{F}$ 出发,证明如果 $H=[\mathbf{e}']_\times\widetilde{F}-\mathbf{e}'(M^{-1}\widetilde{\mathbf{b}})^{\mathsf{T}}$,其中 $\widetilde{b}_i=\mathbf{c}_i'^{\mathsf{T}}(\widetilde{F}\mathbf{x}_i)$,则用 $\lambda\widetilde{F}$ 代替 $\widetilde{F}$ 等价于用 $\lambda$ 对 H 做缩放.

(10)给定一条(平面)二次曲线的两幅透视图像和视图之间的基本矩阵,则二次曲线所在平面(进而由此平面诱导的单应)被定义到至多相差一个二重多义性. 假设像二次曲线是 C 和 C′,则诱导的单应是 $H(\mu)=[C'\mathbf{e}']_\times F-\mu\mathbf{e}'(C\mathbf{e})^{\mathsf{T}}$,其中 $\mu$ 的两个值由下式得到

$$\mu^2[(\mathbf{e}^{\mathsf{T}}C\mathbf{e})C-(C\mathbf{e})(C\mathbf{e})^{\mathsf{T}}](\mathbf{e}'^{\mathsf{T}}C'\mathbf{e}')=-F^{\mathsf{T}}[C'\mathbf{e}']_\times C'[C'\mathbf{e}']_\times F$$

细节在[Schmid-98]中给出.

(a)从几何角度证明,为了与对极几何相容,二次曲线必须满足一致性约束:对极切线是对应的对极线(见图 11.6). 现在由上面的 $H(\mu)$ 出发,用代数方法推导这个结论.

(b)若对极点在这条二次曲线上,则该代数表达式是无效的(因为 $\mathbf{e}^{\mathsf{T}}C\mathbf{e}=\mathbf{e}'^{\mathsf{T}}C'\mathbf{e}'=0$). 这是几何退化还是仅表达式的退化?

(11)**由平面诱导的单应的不动点**. 一个平面单应 H 最多有三个不同的不动点,对应于 $3\times3$ 矩阵的三个特征向量(见 2.9 节). 不动点是平面上满足 $\mathbf{x}'=H\mathbf{x}=\mathbf{x}$ 的点的图像. 同视点是 3 维空间中满足 $\mathbf{x}'=\mathbf{x}$ 的**所有**点的位置. 它是通过两个摄像机中心的三次挠线. 一条三次挠线与一张平面交于三个点,它们是由该平面诱导的单应的三个不动点.

(12)**估计**. 假设 $n>3$ 个点 $\mathbf{X}_i$ 在 3 维空间中的一张平面上,我们希望在给定 F 和它们的图像对应 $\mathbf{x}_i \leftrightarrow \mathbf{x}_i'$ 的条件下最优估计由该平面诱导的单应. 那么该单应的 ML 估计(如通常一样,假定测量噪声服从独立高斯分布)由估计平面 $\hat{\boldsymbol{\pi}}$(3 个自由度)和 $n$ 个点 $\hat{\mathbf{X}}_i$(每点有 2 个自由度,因为它们在一张平面上)得到,它最小化 $n$ 个点的重投影误差.

# 第 14 章 仿射对极几何

本章扼要重述前几章中关于两视图几何的有关内容与推导，但这里用仿射摄像机代替射影摄像机．仿射摄像机非常有用并且是许多实际情形的很好的近似．其最大优点是：由于它的线性特征，许多最优算法可以用线性代数(矩阵求逆、SVD 等)实现，而针对射影摄像机的解法或者涉及到高阶多项式(如三角测量)或者仅能用数值最小化(如 F 的黄金标准估计)才能实现．

我们首先介绍两个仿射摄像机的对极几何性质和根据点对应的最优计算．其次介绍三角测量和**仿射**重构．最后扼要地介绍一下由平行投影引起的重构多义性，以及由对极几何计算的非多义运动参数．

## 14.1 仿射对极几何

在许多方面，两个仿射摄像机的对极几何与两个透视摄像机的相同，例如，一幅视图中的一个点在另一幅视图中定义了一条对极线，并且这样的对极线束相交于对极点．所不同的是由于摄像机是仿射的，其中心在无穷远处，并且是从场景到图像的平行投影．这一事实导致仿射对极几何的某些简化：

**对极线** 考虑第一幅视图中的两点 $\mathbf{x}_1$，$\mathbf{x}_2$. 这些点反投影为 3D 空间中的**平行**射线，因为所有投影射线是**平行**的．在第二幅视图中的对极线是反投影的射线的图像．这两条射线在第二幅视图中的图像也是平行的，因为一个仿射摄像机把平行场景直线映射到平行图像直线．因此，所有对极线平行，对极平面也是如此．

**对极点** 因为对极线相交于对极点，并且所有对极线是平行的，所以对极点在无穷远处．

上述这几点在图 14.1 中做了示意性的说明，而关于图像的例子如图 14.2 所示．

## 14.2 仿射基本矩阵

代数上，仿射对极几何代用一个被称为**仿射基本矩阵**的矩阵 $\mathrm{F}_A$ 表示．下面将会看到：

**结论 14.1 从两个具有仿射形式的摄像机(即第三行为(0,0,0,1))产生的基本矩阵的形式是**

$$\mathrm{F}_A = \begin{bmatrix} 0 & 0 & * \\ 0 & 0 & * \\ * & * & * \end{bmatrix}$$

式中，* 表示非零元素．

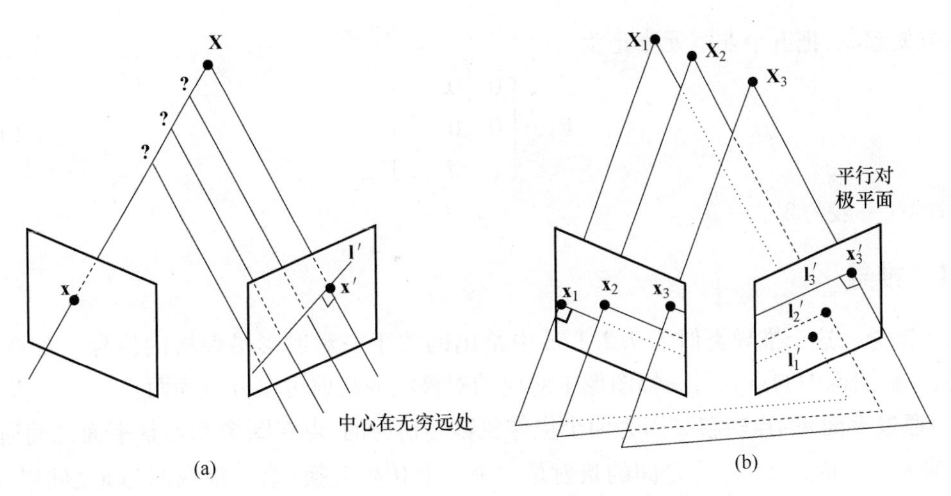


**图 14.1　仿射对极几何**．(a)对应几何:投影射线是平行的并相交于无穷远点．点 $\mathbf{x}$ 反向投影成 3 维空间中由摄像机中心(位于无穷远)和 $\mathbf{x}$ 定义的一条射线．这条射线在第二幅视图中成像为一条直线 $\mathbf{l}'$. 投影到 $\mathbf{x}$ 的 3 维空间点 $\mathbf{X}$ 在该射线上,所以 $\mathbf{X}$ 在第二幅视图中的图像在 $\mathbf{l}'$ 上.(b)对极线和对极平面都是相互平行的．

**图 14.2　仿射对极线**．(a)(b)打孔机在仿射成像条件下的两幅视图．对应(c)中所标记的点的对极线叠加在(d)上．注意对应点在它们的对极线上,并且所有对极线是平行的．该对极几何是利用算法 14.1 由点对应计算得到的．(e)(f)表示所选点在图像中的“光流”(直线把一幅图像中的点与它在另一幅图像中的位置连起来)．这表明即使对极线是平行的,视图之间图像点的运动仍包含旋转和平移成分．

为方便起见,把五个非零元素记为

$$\mathrm{F}_\mathrm{A}=\begin{bmatrix}0 & 0 & a\\ 0 & 0 & b\\ c & d & e\end{bmatrix} \tag{14.1}$$

注意 $\mathrm{F}_\mathrm{A}$的秩一般为 2.

### 14.2.1 推导

**几何推导** 这个推导类似于 9.2.1 节中给出的关于一对射影摄像机的推导. 如图 14.5 所示,从一幅图像中的点到另一幅图像中对应的对极线的映射可以分解为两步.

(1)**通过平面$\boldsymbol{\pi}$的点转移**. 因为两个摄像机都是仿射的,点在图像和场景平面之间通过平行投影来映射. 因此$\boldsymbol{\pi}$和图像之间的映射是一个平面仿射变换;第一幅视图与$\boldsymbol{\pi}$之间以及$\boldsymbol{\pi}$与第二幅视图之间的仿射变换的合成也是一个仿射变换,即 $\mathbf{x}'=\mathrm{H}_\mathrm{A}\mathbf{x}$.

(2)**构造对极线**. 对极线由过 $\mathbf{x}'$和对极点 $\mathbf{e}'$的直线得到,即 $\mathbf{l}'=\mathbf{e}'\times\mathrm{H}_\mathrm{A}\mathbf{x}=\mathrm{F}_\mathrm{A}\mathbf{x}$,因此 $\mathrm{F}_\mathrm{A}=[\mathbf{e}']_\times\mathrm{H}_\mathrm{A}$.

现在利用仿射矩阵 $\mathrm{H}_\mathrm{A}$的特殊形式,以及当 $\mathbf{e}'$在无穷远处(因此最后一个元素为 0)时的反对称矩阵$[\mathbf{e}']_\times$推出:

$$\mathrm{F}_\mathrm{A}=[\mathbf{e}']_\times\mathrm{H}_\mathrm{A}=\begin{bmatrix}0 & 0 & *\\ 0 & 0 & *\\ * & * & 0\end{bmatrix}\begin{bmatrix}* & * & *\\ * & * & *\\ 0 & 0 & 1\end{bmatrix}=\begin{bmatrix}0 & 0 & *\\ 0 & 0 & *\\ * & * & *\end{bmatrix} \tag{14.2}$$

式中,$*$ 表示非零元素. 这里仅用了摄像机中心在无穷远平面的几何性质来推导 F 的仿射形式.

**代数推导** 当两个摄像机都是仿射时,基本矩阵的仿射形式可以直接从 F 的表达式(9.1)得到,那里用伪逆表示为 $\mathrm{F}=[\mathbf{e}']_\times\mathrm{P}'\mathrm{P}^+$,其中 $\mathbf{e}'=\mathrm{P}'\mathbf{C}$,而 $\mathbf{C}$ 是摄像机中心且是 P 的零向量. 细节留作练习. 第 17.1.2 节利用仿射摄像机矩阵的行向量所形成的行列式给出了 $\mathrm{F}_\mathrm{A}$ 的一个巧妙的推导.

### 14.2.2 性质

仿射基本矩阵是有五个非零元素的齐次矩阵,因此它有 4 个自由度. 具体计算如下:两个对极点各 1 个自由度(对极点在 $\mathbf{l}_\infty$上,故只需要指定它们的方向);加上将对极线束从一幅视图映射到另一幅的 1D 仿射变换的 2 个自由度.

几何元素(对极点等)在 $\mathrm{F}_\mathrm{A}$中的编码与在 F 中的编码方式一样. 然而,通常这些表达式非常简单,因此能显式地给出.

**对极点** 第一幅视图中的对极点是 $\mathrm{F}_\mathrm{A}$的右零向量,即 $\mathrm{F}_\mathrm{A}\mathbf{e}=\mathbf{0}$. 由此确定 $\mathbf{e}=(-d,c,0)^\mathsf{T}$,它是 $\mathbf{l}_\infty$上的一个点(方向). 因为所有的对极线都相交于该对极点,这证明了所有对极线是平行的.

**对极线** 第一幅视图中的 $\mathbf{x}$ 对应的第二幅视图中的对极线是 $\mathbf{l}'=\mathrm{F}_\mathrm{A}\mathbf{x}=(a,b,cx+dy+e)^\mathsf{T}$. 它再次证明所有对极线相互平行,因为直线的方向$(a,b)$与$(x,y)$无关.

上述性质以及其他的一些性质概括在表 14.1 中.

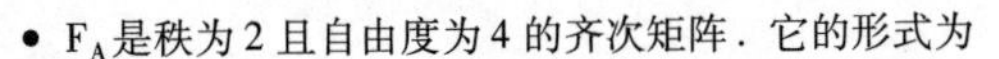

- $\mathrm{F_A}$是秩为 2 且自由度为 4 的齐次矩阵．它的形式为

$$\mathrm{F_A}=\begin{bmatrix}0&0&a\\0&0&b\\c&d&e\end{bmatrix}$$

- **点对应**：如果 $\mathbf{x}$ 和 $\mathbf{x}'$是仿射摄像机下的对应图像点，那么 $\mathbf{x}'^{\mathsf{T}}\mathrm{F_A}\mathbf{x}=0$. 对于有限点有

$$ax'+by'+cx+dy+e=0$$

- **对极线**：
  - ◇ $\mathbf{l}'=\mathrm{F_A}\mathbf{x}=(a,b,cx+dy+e)^{\mathsf{T}}$是对应于 $\mathbf{x}$ 的对极线．
  - ◇ $\mathbf{l}=\mathrm{F}_A^{\mathsf{T}}\mathbf{x}'=(c,d,ax+by+e)^{\mathsf{T}}$是对应于 $\mathbf{x}'$的对极线．
- **对极点**：
  - ◇ 由 $\mathrm{F_A}\mathbf{e}=\mathbf{0}$ 得 $\mathbf{e}=(-d,c,0)^{\mathsf{T}}$.
  - ◇ 由 $\mathrm{F}_A^{\mathsf{T}}\mathbf{e}'=\mathbf{0}$ 得 $\mathbf{e}'=(-b,a,0)^{\mathsf{T}}$.
- **由摄像机矩阵 $\mathrm{P_A}$，$\mathrm{P'_A}$计算**：
  - ◇ 一般摄像机

    $\mathrm{F_A}=[\mathbf{e}']_\times\mathrm{P'_A}\mathrm{P}_A^{+}$，其中 $\mathrm{P}_A^{+}$是 $\mathrm{P_A}$的伪逆，而 $\mathbf{e}'$是由 $\mathbf{e}'=\mathrm{P'_A}\mathbf{C}$ 所确定的对极点，其中 $\mathbf{C}$ 是第一个摄像机的中心．
  - ◇ 规范摄像机

$$\mathrm{P_A}=\begin{bmatrix}1&0&0&0\\0&1&0&0\\0&0&0&1\end{bmatrix}\qquad \mathrm{P'_A}=\left[\begin{array}{c|c}\mathrm{M}_{2\times3}&\mathbf{t}\\0\;\;0\;\;0&1\end{array}\right]$$

$$a=m_{23},\quad b=-m_{13},\quad c=m_{13}m_{21}-m_{11}m_{23}$$

$$d=m_{13}m_{22}-m_{12}m_{23},\quad e=m_{13}t_2-m_{23}t_1$$

**表 14.1**　仿射基本矩阵的性质总结．

# 14.3　由图像点对应估计 $\mathrm{F_A}$

基本矩阵由关于两幅图像中的任何匹配点对 $\mathbf{x}\leftrightarrow\mathbf{x}'$的方程 $\mathbf{x}'^{\mathsf{T}}\mathrm{F_A}\mathbf{x}=0$ 定义．给定足够多的点匹配 $\mathbf{x}_i\leftrightarrow\mathbf{x}'_i$，这个方程可以用来计算未知矩阵 $\mathrm{F_A}$．具体地说，记 $\mathbf{x}_i=(x_i,y_i,1)^{\mathsf{T}}$和 $\mathbf{x}'_i=(x'_i,y'_i,1)^{\mathsf{T}}$，每一组点匹配生成关于 $\mathrm{F_A}$的未知元素$\{a,b,c,d,e\}$的一个线性方程

$$ax'_i+by'_i+cx_i+dy_i+e=0 \tag{14.3}$$

## 14.3.1　线性算法

按通常的方式，$\mathrm{F_A}$的解可通过把式(14.3)改写为下式得到：

$$(x'_i,y'_i,x_i,y_i,1)\mathbf{f}=0$$

式中，$\mathbf{f}=(a,b,c,d,e)^{\mathsf{T}}$．从 $n$ 组点匹配，我们得到形如 $\mathrm{A}\mathbf{f}=0$ 的线性方程组，其中 A 是 $n\times5$ 的矩阵：

$$\begin{bmatrix}x'_1&y'_1&x_1&y_1&1\\\vdots&\vdots&\vdots&\vdots&\vdots\\x'_n&y'_n&x_n&y_n&1\end{bmatrix}\mathbf{f}=\mathbf{0}$$

当有 $n=4$ 组点对应时得到一个最小配置解，它是 $4\times5$ 矩阵 A 的右零空间．因此 $\mathrm{F_A}$可以仅由 4 组点对应唯一地确定，只要这些 3D 空间点处于一般位置上．一般位置的条件在下面的

14.3.3 节中介绍.

如果超过 4 组对应,且数据是不准确的,那么 A 的秩可能超过 4. 在这种情形下,可以用与 4.1.1 节基本相同的方式寻找一个满足约束 $\|\mathbf{f}\|=1$ 的最小二乘解,即求对应于 A 的最小奇异值的奇异向量. 其细节请参考算法 4.2. 这种线性解法等价于计算一般基本矩阵的 8 点算法 11.1. 我们不推荐用这个方法来估计 $\mathrm{F_A}$,因为下面介绍的黄金标准算法在计算实现上不比它难,但一般比它性能更优.

**奇异性约束** $\mathrm{F_A}$的形式(式(14.1))保证该矩阵的秩不超过 2. 因此,如果用上述的线性方法估计 $\mathrm{F_A}$就没必要在后面强加奇异性约束. 这一点比用线性 8 点算法估计一般的 F 有相当大的优越性,对于后者被估计的矩阵不保证秩为 2,因而必须接着进行修正.

**几何解释** 在本书的好几处我们都看到,由点对应计算两视图关系等价于在 $\mathbb{R}^4$ 中由点 $x,y,x',y'$ 拟合一个曲面(族). 对于方程为 $\mathbf{x}'^{\mathsf{T}}\mathrm{F_A}\mathbf{x}=0$ 的情形,该关系 $ax'_i+by'_i+cx_i+dy_i+e=0$ 关于坐标是**线性**的,因此由仿射基本矩阵定义的族 $\mathcal{V}_{\mathrm{F_A}}$是一个超平面.

由此得到两个简化:第一,求 $\mathrm{F_A}$的最优估计可以形式化为(熟悉的)平面拟合问题;第二,Sampson 误差等于几何误差,而对一般(非仿射)基本矩阵的情形(式(10.9)),它只是一个一阶近似. 如 4.2.6 节所讨论的那样,后一个性质一般只发生于仿射(线性)关系,因为 Sampson 近似的切平面等于该曲面.

## 14.3.2 黄金标准算法

给定 $n$ 组对应图像点的一个集合 $\{\mathbf{x}_i\leftrightarrow\mathbf{x}'_i\}$,我们要在图像测量噪声服从各向同性齐次高斯分布的假设下求 $\mathrm{F_A}$的最大似然估计. 这个估计通过最小化下面的关于几何图像距离的代价函数而得到:

$$\min_{\{\mathrm{F_A},\hat{\mathbf{x}}_i,\hat{\mathbf{x}}'_i\}}\sum_i d(\mathbf{x}_i,\hat{\mathbf{x}}_i)^2+d(\mathbf{x}'_i,\hat{\mathbf{x}}'_i)^2 \tag{14.4}$$

式中,$\mathbf{x}_i\leftrightarrow\mathbf{x}'_i$是所测量的对应;而 $\hat{\mathbf{x}}_i$和 $\hat{\mathbf{x}}'_i$是所估计的"真实"对应,对于被估计的仿射基本矩阵,它们精确地满足 $\hat{\mathbf{x}}'^{\mathsf{T}}_i\mathrm{F_A}\hat{\mathbf{x}}_i=0$. 该距离如图 14.3 所示. 这里的真实对应是必须加以估计的辅助变量.

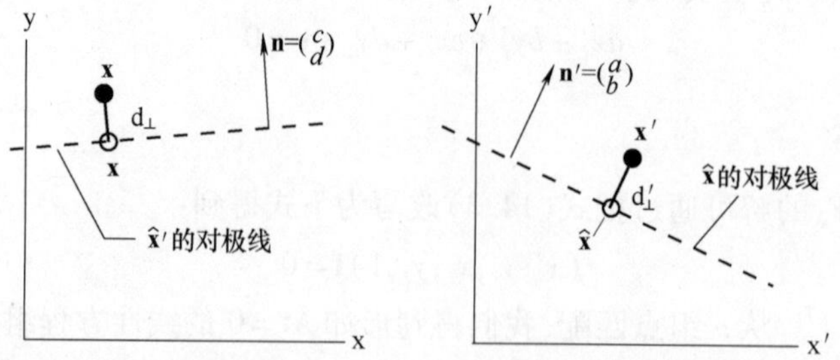

**图 14.3** 由测量得到的对应点集合 $\{\mathbf{x}_i\leftrightarrow\mathbf{x}'_i\}$估计 $\mathrm{F_A}$ 的 MLE 涉及估计 5 个参数 $a,b,c,d,e$ 及精确满足 $\hat{\mathbf{x}}'^{\mathsf{T}}_i\mathrm{F_A}\hat{\mathbf{x}}=0$ 的一组对应 $\{\hat{\mathbf{x}}_i\leftrightarrow\hat{\mathbf{x}}'_i\}$. 这个问题有一个线性解.

正如上面以及 4.2.5 节所讨论的,最小化代价函数式(14.4)等价于用一张超平面拟合 $\mathbb{R}^4$中的一组点 $\mathbf{X}_i=(x'_i,y'_i,x_i,y_i)^{\mathsf{T}}$. 估计的点 $\hat{\mathbf{X}}_i=(\hat{x}_i,\hat{y}'_i,\hat{x}_i,\hat{y}_i)^{\mathsf{T}}$满足方程 $\hat{\mathbf{x}}'^{\mathsf{T}}_i\mathrm{F_A}\hat{\mathbf{x}}_i=0$,它可被记为$(\hat{\mathbf{X}}_i^{\mathsf{T}},1)\mathbf{f}=0$,其中 $\mathbf{f}=(a,b,c,d,e)^{\mathsf{T}}$. 这是 $\mathbb{R}^4$ 中点在平面 $\mathbf{f}$ 上的方程. 我们要求平面 $\mathbf{f}$

最小化到测量点和估计点之间的距离平方，也就是最小化到点 $\mathbf{X}_i = (x_i', y_i', x_i, y_i)^{\mathsf{T}}$ 的垂直距离的平方和.

从几何上看，这个解非常简单，关于 2D 直线拟合的模拟如图 14.4 所示. 点 $\mathbf{X}_i = (x_i, y_i, x_i', y_i')^{\mathsf{T}}$ 到平面 $\mathbf{f}$ 的垂直距离为

$$d_{\perp}(\mathbf{X}_i, \mathbf{f}) = \frac{ax_i' + by_i' + cx_i + dy_i + e}{\sqrt{a^2 + b^2 + c^2 + d^2}}$$

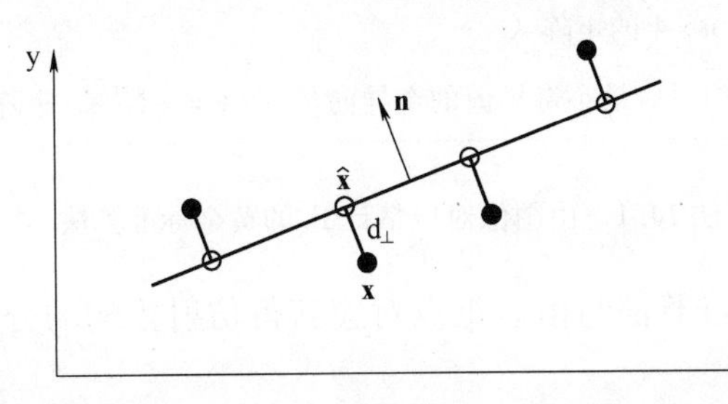


**图 14.4**　用 2D 中的一条直线模拟由 $F_A$ 定义的超平面，由给定的测量对应来估计真实对应的问题，就是确定直线 $ax + by + c = 0$ 上离测量点 $(x, y)^{\mathsf{T}}$ 最近的点 $(\hat{x}, \hat{y})^{\mathsf{T}}$ 的问题. 该直线的法线方向是 $(a, b)^{\mathsf{T}}$，而点 $(x, y)^{\mathsf{T}}$ 到该直线的垂直距离是 $d_{\perp} = (ax + by + c) / \sqrt{a^2 + b^2}$，因此 $(\hat{x}, \hat{y})^{\mathsf{T}} = (x, y)^{\mathsf{T}} - d_{\perp}\hat{\mathbf{n}}$，其中 $\hat{\mathbf{n}} = (a, b)^{\mathsf{T}} / \sqrt{a^2 + b^2}$.

那么最小化式(14.4)的矩阵 $F_A$ 由在 $\mathbf{f}$ 的 5 个参数 $\{a, b, c, d, e\}$ 上最小化下列代价函数得到

$$\mathcal{C} = \sum_i d_{\perp}(\mathbf{X}_i, \mathbf{f})^2 = \frac{1}{a^2 + b^2 + c^2 + d^2} \sum_i (ax_i' + by_i' + cx_i + dy_i + e)^2 \qquad (14.5)$$

把该超平面的法向量记为 $\mathbf{N} = (a, b, c, d)^{\mathsf{T}}$，则

$$\mathcal{C} = \frac{1}{\|\mathbf{N}\|^2} \sum_i (\mathbf{N}^{\mathsf{T}}\mathbf{X}_i + e)^2$$

这个代价函数可以通过一个非常简单的线性算法来最小化，并等价于经典的平面正交回归问题. 该算法有两个步骤:

第一步是关于参数 $e$ 最小化 $\mathcal{C}$. 我们得到

$$\frac{\partial \mathcal{C}}{\partial e} = \frac{1}{\|\mathbf{N}\|^2} \sum_i 2(\mathbf{N}^{\mathsf{T}}\mathbf{X}_i + e) = 0$$

从而

$$e = -\frac{1}{n} \sum_i (\mathbf{N}^{\mathsf{T}}\mathbf{X}_i) = -\mathbf{N}^{\mathsf{T}}\overline{\mathbf{X}}$$

因此这个超平面解通过数据的形心 $\overline{\mathbf{X}}$. 把 $e$ 的上述表达式带入代价函数中，使 $\mathcal{C}$ 简化成

$$\mathcal{C} = \frac{1}{\|\mathbf{N}\|^2} \sum_i (\mathbf{N}^{\mathsf{T}}\Delta\mathbf{X}_i)^2$$

式中，$\Delta\mathbf{X}_i = \mathbf{X}_i - \overline{\mathbf{X}}$ 是 $\mathbf{X}_i$ 相对于数据形心 $\overline{\mathbf{X}}$ 的向量.

第二步是最小化这个关于 $\mathbf{N}$ 的简化的代价函数. 令 A 表示行向量为 $\Delta\mathbf{X}_i^{\mathsf{T}}$ 的矩阵，显然有

$$\mathcal{C} = \|\mathrm{A}\mathbf{N}\|^2 / \|\mathbf{N}\|^2$$

最小化这个表达式等价于在约束 $\|\mathbf{N}\| = 1$ 下最小化 $\|\mathrm{A}\mathbf{N}\|$，这是通常由 SVD 求解的齐次最小化问题. 这些步骤概括在算法 14.1 中.

目标

给定 $n \geq 4$ 组图像点对应 $\{\mathbf{x}_i \leftrightarrow \mathbf{x}'_i\}$, $i=1,\cdots,n$,确定仿射基本矩阵的最大似然估计 $F_A$.

算法

把对应表示为 $\mathbf{X}_i = (x'_i, y'_i, x_i, y_i)^{\top}$.

(1)计算形心 $\overline{\mathbf{X}} = \frac{1}{n}\sum_i \mathbf{X}_i$,并中心化各向量 $\Delta\mathbf{X}_i = \mathbf{X}_i - \overline{\mathbf{X}}_i$.

(2)计算行向量为 $\Delta\mathbf{X}_i^{\top}$的 $n \times 4$ 的矩阵 A.

(3)$\mathbf{N} = (a,b,c,d)^{\top}$是 A 的对应最小奇异值的奇异向量,而 $\mathbf{e} = -\mathbf{N}^{\top}\overline{\mathbf{X}}$. 矩阵 $F_A$的形式为式(14.1).

算法 14.1　由图像对应估计 $F_A$的黄金标准算法.

值得注意的是,黄金标准算法与由 $n$ 组点对应获得仿射重构的分解算法 18.1 关于 $F_A$产生相同的估计.

### 14.3.3　最小配置

我们回到估计 $F_A$的最小配置,即 3D 空间中一般位置的 4 个点的对应图像. 这种配置下 $F_A$的几何计算方法在算法 14.2 中介绍. 该最小配置解在鲁棒算法(如 RANSAC)中是有用的,而这里将用于解释退化配置. 注意由这个最小配置,能得到 $F_A$的一个准确解,并且 14.3.1 节的线性算法、黄金标准算法 14.1 及最小化算法 14.2 都给出同样的结果.

目标

给定 4 组图像点对应 $\{\mathbf{x}_i \leftrightarrow \mathbf{x}'_i\}$, $i=1,\cdots,4$,计算仿射基本矩阵.

算法

前 3 个 3D 点 $\mathbf{X}_i$, $i=1,\cdots,3$ 定义一张平面 $\boldsymbol{\pi}$. 见图 14.5.

(1)计算仿射变换矩阵 $H_A$,使得 $\mathbf{x}'_i = H_A\mathbf{x}_i$, $i=1,\cdots,3$.

(2)根据 $\mathbf{l}' = (H_A\mathbf{x}_4) \times \mathbf{x}'_4$确定第二幅视图中的对极线. 由此得对极点 $\mathbf{e}' = (-l'_2, l'_1, 0)^{\top}$.

(3)任意点 $\mathbf{x}$ 在第二幅视图中的对极线是 $\mathbf{e}' \times (H_A\mathbf{x}) = F_A\mathbf{x}$. 因此 $F_A = [(-l'_2, l'_1, 0)^{\top}]_{\times} H_A$.

算法 14.2　按 4 组点对应的最小配置计算 $F_A$.

**一般位置**　图 14.5 所示的四点配置说明了计算 $F_A$时的必要条件,即 3 维空间点必须处于一般位置. 不能算出 $F_A$的配置称为退化的. 它们分成两类:第一类,仅依赖于结构的退化配置,例如如果四点是共面的(因此没有视差),或者如果前三个点是共线的(使得 $H_A$不能被算出);第二类,仅依赖于摄像机的退化配置,例如如果两个摄像机有相同的摄像方向(因此在无穷远平面上有共同的中心).

这里再次强调视差的重要性——在图 14.5 中,当点 $\mathbf{x}_4$趋近于由另外三点定义的平面时,确定对极线方向的视差向量的长度单调地减少. 从而对极线方向的准确性也相应地降低. 这个关于最小配置的结论对黄金标准算法 14.1 也适用:当起伏减少到零时,即当点集接近于共面时,所估计的 $F_A$的方差将增加.

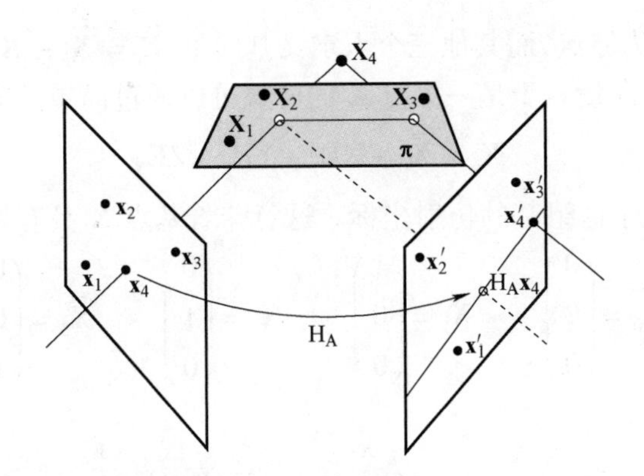


**图 14.5　由 4 点的最小配置计算仿射对极线**. 该直线由平面**π**所诱导的虚拟视差来计算. 请与图 13.7 相比较.

## 14.4　三角测量

假设我们有一组测量对应$(x,y)^{\mathsf{T}} \leftrightarrow (x',y')^{\mathsf{T}}$和仿射基本矩阵 $F_A$. 我们希望在图像测量误差服从高斯分布这一常规假设下,确定真实对应$(\hat{x},\hat{y})^{\mathsf{T}} \leftrightarrow (\hat{x}',\hat{y}')^{\mathsf{T}}$的最大似然估计. 然后可以由 ML 估计的对应来确定 3D 点.

我们已在第 12 章了解到,MLE 不仅确定精确地满足仿射对极几何的“真”对应,即$(\hat{x}',\hat{y}',1)F_A(\hat{x}',\hat{y}',1)^{\mathsf{T}}=0$,并且也最小化到测量点的图像距离

$$(x-\hat{x})+(y-\hat{y})^2+(x'-\hat{x}')^2+(y'-\hat{y}')^2$$

从几何上看,这个解非常简单,并在图 14.4 中对 2D 情形做了说明. 我们在由 $F_A$定义的超平面上寻找与 $\mathrm{IR}^4$中的测量对应 $\mathbf{X}=(x',y',x,y)^{\mathsf{T}}$最接近的点. 同样,此时 Sampson 矫正式(4.11)是精确的. 从代数上看,超平面的法线方向是 $\mathbf{N}=(a,b,c,d)^{\mathsf{T}}$,并且点 $\mathbf{X}$ 到该超平面的垂直距离由 $d_{\perp}=(\mathbf{N}^{\mathsf{T}}\mathbf{X}+e)/\|\mathbf{N}\|$给出,因此

$$\hat{\mathbf{X}}=\mathbf{X}-d_{\perp}\frac{\mathbf{N}}{\|\mathbf{N}\|}$$

或者详细地写成

$$\begin{pmatrix}\hat{x}'\\ \hat{y}'\\ \hat{x}\\ \hat{y}\end{pmatrix}=\begin{pmatrix}x'\\ y'\\ x\\ y\end{pmatrix}-\frac{(ax'+by'+cx+dy+e)}{(a^2+b^2+c^2+d^2)}\begin{pmatrix}a\\ b\\ c\\ d\end{pmatrix}$$

## 14.5　仿射重构

假设我们有 $n \geqslant 4$ 组图像点对应 $\mathbf{x}_i \leftrightarrow \mathbf{x}_i'$, $i=0,\cdots,n-1$,并暂时假设没有噪声,那么我们可以计算 3D 点和摄像机的重构. 在射影摄像机(具有 $n \geqslant 7$ 个点)的情形下重构是射影的. 毫不奇怪,对于仿射情形,重构是**仿射**的. 现在我们给出这个结论的一个简单的构造性推导.

3D 空间的仿射坐标系可以由四个有限的非共面的基点 $\mathbf{X}_i$, $i=0,\cdots,3$ 确定. 如图 14.6 所

示，选取其中一个点 $\mathbf{X}_0$ 为原点，而其他三个点定义基向量 $\widetilde{\mathbf{E}}_i=\widetilde{\mathbf{X}}_i-\widetilde{\mathbf{X}}_0, i=1,\cdots,3$，其中 $\widetilde{\mathbf{X}}_i$ 是对应于 $\mathbf{X}_i$ 的非齐次3维向量．于是一个点 $\mathbf{X}$ 的位置可以通过简单的向量加法定义为

$$\widetilde{\mathbf{X}}=\widetilde{\mathbf{X}}_0+\mathrm{X}\widetilde{\mathbf{E}}_1+\mathrm{Y}\widetilde{\mathbf{E}}_2+\mathrm{Z}\widetilde{\mathbf{E}}_3$$

并且 $(\mathrm{X},\mathrm{Y},\mathrm{Z})^{\mathsf{T}}$ 是 $\widetilde{\mathbf{X}}$ 关于这组基的仿射坐标．这意味着基点 $\mathbf{X}_i$ 具有标准坐标 $(\mathrm{X},\mathrm{Y},\mathrm{Z})^{\mathsf{T}}$：

$$\widetilde{\mathbf{X}}_0=\begin{pmatrix}0\\0\\0\end{pmatrix}\quad\widetilde{\mathbf{X}}_1=\begin{pmatrix}1\\0\\0\end{pmatrix}\quad\widetilde{\mathbf{X}}_2=\begin{pmatrix}0\\1\\0\end{pmatrix}\quad\widetilde{\mathbf{X}}_3=\begin{pmatrix}0\\0\\1\end{pmatrix}\tag{14.6}$$

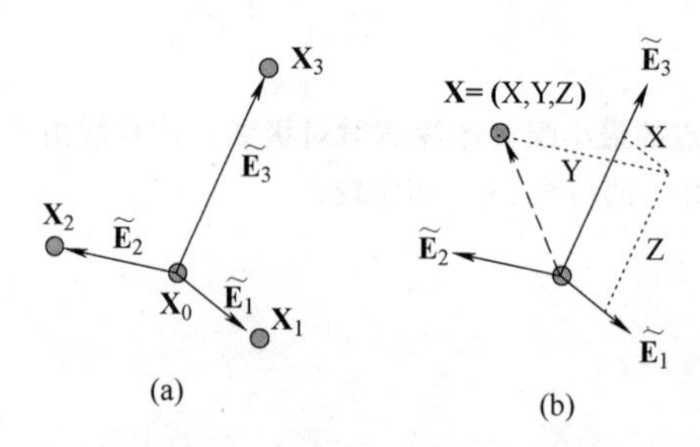


**图14.6　仿射坐标**．(a)3维空间中的4个非共面点($\mathbf{X}_1,\mathbf{X}_2,\mathbf{X}_3$ 以及原点 $\mathbf{X}_0$)定义一组坐标轴，使得其他的点 $\mathbf{X}$ 可以按这些轴来指定相应的仿射坐标 $(\mathrm{X},\mathrm{Y},\mathrm{Z})^{\mathsf{T}}$．(b)每一个仿射坐标由平行方向的长度比率定义(它是仿射不变量)．例如，X可由下面两步算出：第一步，把 $\mathbf{X}$ 沿平行于 $\widetilde{\mathbf{E}}_2$ 的方向投影到 $\widetilde{\mathbf{E}}_1$ 和 $\widetilde{\mathbf{E}}_3$ 所张成的平面上．第二步，把投影得到的点沿平行于 $\widetilde{\mathbf{E}}_3$ 的方向投影到 $\widetilde{\mathbf{E}}_1$ 轴上．坐标值X是最后投影得到的点到原点的长度与 $\widetilde{\mathbf{E}}_1$ 的长度的比率．

在两幅视图中给定四个基点的仿射投影，其他任何点的3D仿射坐标可以直接由其图像恢复，如下面将要解释的那样(见图14.7)．

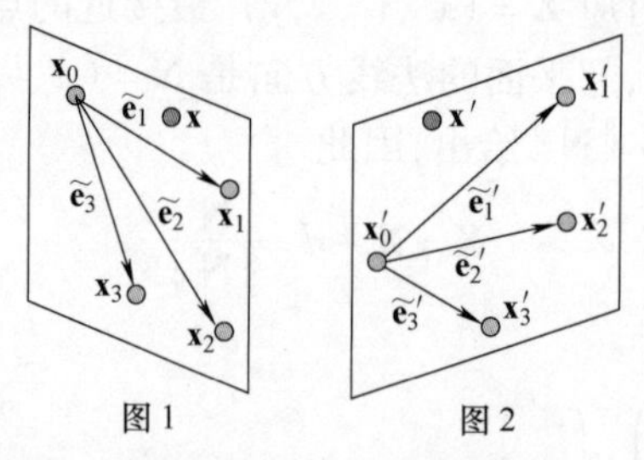


**图14.7　由两幅图像的重构**．在两幅视图中的图像分别为 $\mathbf{x},\mathbf{x}'$ 的3D点 $\mathbf{X}$ 的仿射坐标可以由图14.6中的基点 $\mathbf{x}_i$ 和基向量 $\tilde{\mathbf{e}}_i$ 的投影线性算出．

仿射摄像机的投影可以表示为式(6.26)

$$\tilde{\mathbf{x}}=\mathrm{M}_{2\times3}\widetilde{\mathbf{X}}+\tilde{\mathbf{t}}$$

式中，$\tilde{\mathbf{x}}=(x,y)^{\mathsf{T}}$ 是对应于 $\mathbf{x}$ 的2维非齐次向量．向量的差可消去 $\tilde{\mathbf{t}}$．例如，基向量投影为 $\tilde{\mathbf{e}}_i=\mathrm{M}_{2\times3}\widetilde{\mathbf{E}}_i, i=1,\cdots,3$．因此任何点 $\mathbf{X}$ 在第一幅视图中的像是

$$\tilde{\mathbf{x}}-\tilde{\mathbf{x}}_0=\mathrm{X}\tilde{\mathbf{e}}_1+\mathrm{Y}\tilde{\mathbf{e}}_2+\mathrm{Z}\tilde{\mathbf{e}}_3\tag{14.7}$$

类似地，在第二幅视图中的像($\tilde{\mathbf{x}}'=\mathrm{M}'_{2\times3}\widetilde{\mathbf{X}}+\tilde{\mathbf{t}}'$)是

$$\tilde{\mathbf{x}}' - \tilde{\mathbf{x}}_0' = X\tilde{\mathbf{e}}_1' + Y\tilde{\mathbf{e}}_2' + Z\tilde{\mathbf{e}}_3' \tag{14.8}$$

每一个方程式(14.7)和式(14.8)为空间点 $\mathbf{X}$ 的未知仿射坐标 X,Y,Z 提供了两个线性约束．该方程中的所有其他项由图像测量给定(例如图像的基向量 $\tilde{\mathbf{e}}_i$, $\tilde{\mathbf{e}}_i'$ 可以从四个基点 $\tilde{\mathbf{X}}_i, i=0,\cdots,3$ 的投影计算出来)．因此,存在关于三个未知量 X,Y,Z 的四个线性联立方程,并且它的解能直接求出．这就说明了点 $\mathbf{X}$ 的仿射坐标可以从它在两幅视图中的像计算得到．

两幅视图的摄像机矩阵 $P_A$ 和 $P_A'$ 可以从 3 维空间点 $\tilde{\mathbf{X}}_i$(其坐标由式(14.6)给出)与它们的测量图像之间的对应计算得到．例如,$P_A$ 从对应 $\tilde{\mathbf{x}}_i \leftrightarrow \tilde{\mathbf{X}}_i, i=0,\cdots,3$ 计算得到．

以上的推导不是最优的,因为基点被看作是精确的,且所有的测量误差都集中于第 5 个点 $\mathbf{X}$. 对于仿射情形,最小化所有点的重构误差的最优重构算法是非常直接的．然而,关于它的介绍将推后到 18.2 节中给出,因为那里介绍的分解算法可适用于任意数目的视图．

**例 14.2　仿射重构．**

对于图 14.2 中的打孔机的图像,通过选择四个图像点作为仿射基,然后由上面的线性方法依次计算剩下每个点的仿射坐标,从而得出它的一个 3D 重构．所得重构的两幅视图如图 14.8 所示．不过请注意,我们不推荐这种 5 点算法．其实应该采用最优仿射重构算法 18.1.

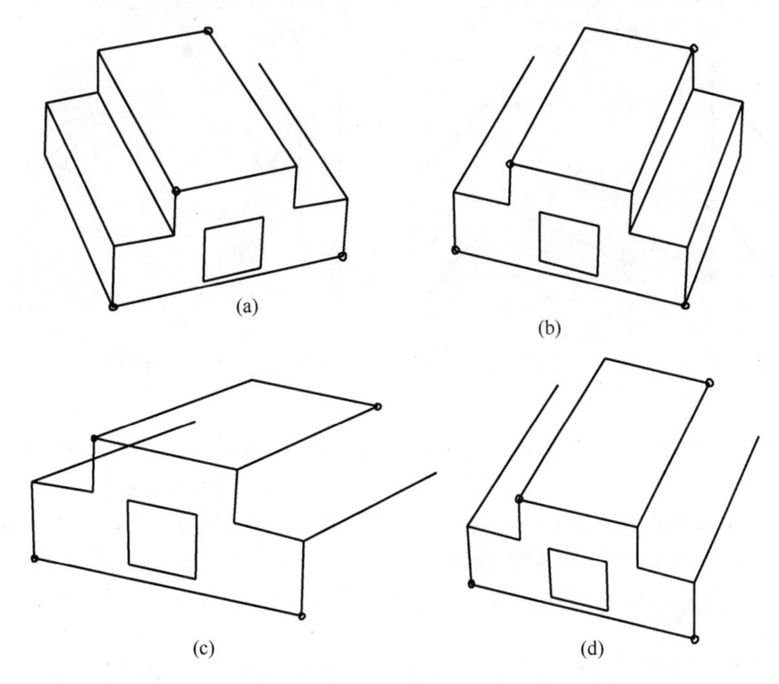


**图 14.8　仿射重构**．(a)(b)由图 14.2 的两幅图像得到的打孔机的线框轮廓．圆圈表示选为仿射基的点．这些连线仅仅是为了可视化．(c)(d)由线框顶点计算得到的 3D 仿射结构的两幅视图．

## 14.6　Necker 反转和浅浮雕多义性

上一节中我们已经看到,在没有任何标定信息的情况下,可以仅由点对应获得仿射重构．本节将指出即使摄像机的标定已知,仍然存在一族重构的多义性,这在两幅视图的情形是无法解决的.

仿射与透视投影的情形不同,透视投影中一旦确定了内标定,摄影机的运动可以被确定到相差有限数目的多义性(由本质矩阵,见9.6节).对于平行投影还有另外两个重要的多义性:有限反射多义性(Necker反转)和一个单参数族旋转多义性(浅浮雕多义性).

**Necker反转多义性** 之所以出现这种多义性是因为在平行投影下,一个物体旋转$\rho$和其镜像旋转$-\rho$产生同样的图像,见图14.9a.因此,结构只能恢复到与前置平面相差一个反射.这种多义性在透视情形下不存在,因为点在这两种解释下有不同的深度,因此不会投影到重合的图像点.

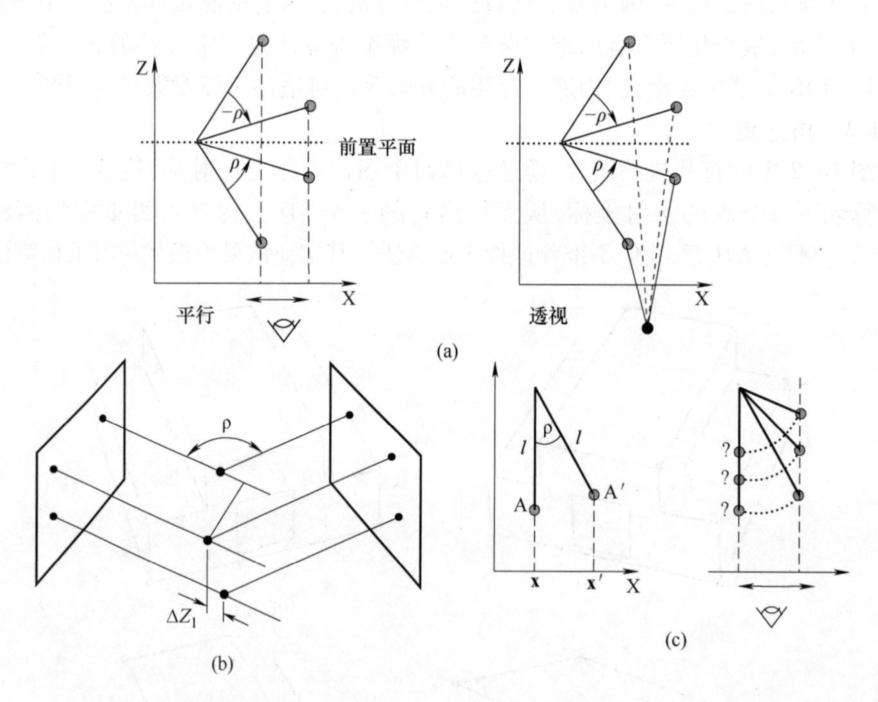


**图14.9 平行投影下的运动多义性**.(a)Necker反转:一个旋转物体产生的图像与它的镜像物体反方向旋转产生的图像一样.但在透视投影下两图像是不同的.(b)摄像机可以旋转($\rho$)而仍然保持射线相交.这不会发生在透视摄像机中.(c)浅浮雕多义性:考虑一条长度为$l$并旋转了角度$\rho$的杆子,也就是$x-x'=l\sin\rho$.这种**浅浮雕**(或**深度-旋转**)多义性之所以这样命名是因为一个浅的物体经历一个大的转动(即小$l$而大$\rho$)与一个深的物体经历一个小的转动(即大$l$而小$\rho$)产生同样的图像.

**浅浮雕多义性** 这种多义性如图14.9b所示.想象来自一个摄像机的一组平行射线,并调整来自第二个摄像机的一组平行射线,直到每条射线与其对应的射线相交.这些射线在一族平行的对极平面上,并且一个摄像机绕这些平面的法线自由旋转仍可保持射线的相交性.这种**浅浮雕**(或**深度-旋转**)多义性是关于旋转角度和深度的解的单参数族.深度参数$\Delta Z$和旋转参数$\sin\rho$混淆在一起,并且不能被分别确定——只能计算它们的乘积.因此,一个浅的物体经历了一个大的转动(即小$\Delta Z$而大$\rho$)与一个深的物体经历了一个小的转动(即大$\Delta Z$而小$\rho$)产生同样的图像.该术语来自浅浮雕雕刻.固定深度或者角度$\rho$就能唯一地确定结构和运动.额外增加点不能解决这个多义性,但是附加一幅视图(即3幅视图)一般会解决这个问题.

这种多义性阐明了由两个透视摄像机作重构的稳定性：当成像条件近似于仿射时，旋转角的估计将非常差，但是旋转角和深度的乘积将是稳定的．

## 14.7 计算运动

本节将对两个弱透视摄像机的情形(6.3.4 节)给出由 $F_A$ 计算摄像机运动的表达式．这些摄像机矩阵可以取为

$$\mathrm{P}=\begin{bmatrix}\alpha_x & & \\ & \alpha_y & \\ & & 1\end{bmatrix}\begin{bmatrix}1 & 0 & 0 & 0\\ 0 & 1 & 0 & 0\\ 0 & 0 & 0 & 1\end{bmatrix},\quad \mathrm{P}'=\begin{bmatrix}\alpha'_x & & \\ & \alpha'_y & \\ & & 1\end{bmatrix}\begin{bmatrix}\mathbf{r}^{1\mathsf{T}} & t_1\\ \mathbf{r}^{2\mathsf{T}} & t_2\\ \mathbf{0}^{\mathsf{T}} & 1\end{bmatrix}$$

式中，$\mathbf{r}^1$ 和 $\mathbf{r}^2$ 是视图之间的旋转矩阵 R 的第一行和第二行．我们将假设两个摄像机的宽高比 $\alpha_y/\alpha_x$ 都已知，但其相对尺度 $s=\alpha'_x/\alpha_x$ 未知．对“走近”摄像机的物体 $s>1$，而对“远离”的物体 $s<1$．正如我们已知道的，由两幅弱透视视图不能完全计算出旋转 R，因存在**浅浮雕**多义性．但其余的运动参数则可由 $F_A$ 计算得到，并且其计算是直接的．

为了表示该运动，我们将采用 Koenderink 和 van Doorn[Koenderink-91]引入的一种旋转表示．我们将看到它的好处是把浅浮雕多义性的参数 $\rho$ 分离出来，而这是仿射对极几何办不到的．在这个表达式中视图之间的旋转 R 被分解成两个旋转(见图 14.10)．

$$\mathrm{R}=\mathrm{R}_\rho\mathrm{R}_\theta \tag{14.9}$$

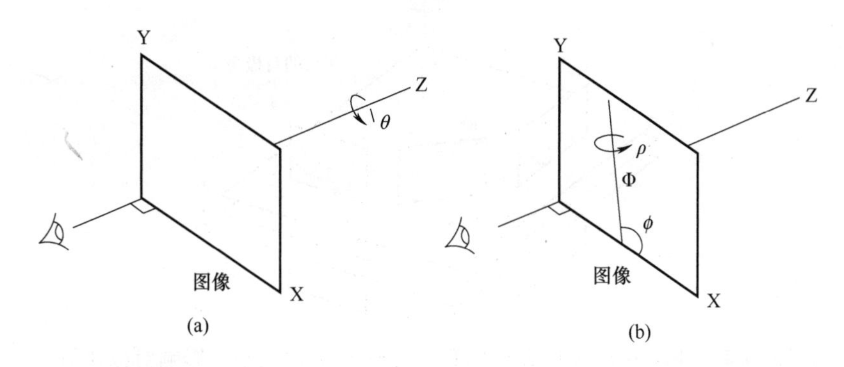


**图 14.10 旋转表示**．(a)绕 Z 轴旋转 $\theta$．(b)接着绕轴 $\mathbf{\Phi}$ 旋转 $\rho$，轴 $\mathbf{\Phi}$ 与图像平面平行并与 X 轴的夹角为 $\phi$．轴 $\mathbf{\Phi}$ 的坐标为 $(\cos\phi,\sin\phi,0)^{\mathsf{T}}$．

首先，在图像平面上有一个角度为 $\theta$ 的轮式旋转 $\mathrm{R}_\theta$(即绕视线旋转)．接着是绕轴 $\mathbf{\Phi}$，角度为 $\rho$ 的旋转 $\mathrm{R}_\rho$，$\mathbf{\Phi}$ 的方向平行于图像平面并且与正 X 轴的夹角为 $\phi$，即一个**转出**图像平面的纯旋转．

**解 $s,\phi$ 和 $\theta$**　现在证明尺度因子($s$)，旋转轴的投影($\phi$)以及轮式旋转角($\theta$)都可以直接从仿射对极几何计算得到．在求解之前，我们先从几何上解释对极线是如何与未知运动参数相关联的．

考虑一个绕平行于图像平面的轴 $\mathbf{\Phi}$ 旋转的摄像机(见图 14.11a)．对极平面 $\boldsymbol{\pi}$ 与该轴和两幅图像都垂直，并与图像交于对极线 $\mathbf{l}$ 和 $\mathbf{l}'$．因此：

- **旋转轴 $\mathbf{\Phi}$ 的投影垂直于对极线**．

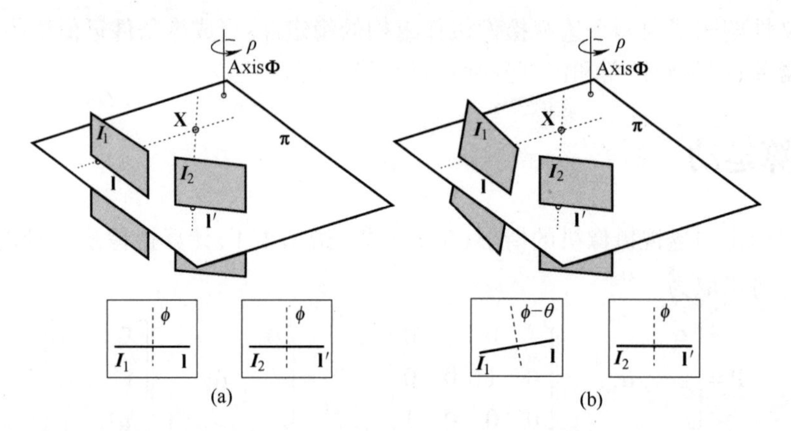


**图 14.11** 摄像机绕平行于图像平面的轴 $\mathbf{\Phi}$ 旋转. 对极平面 $\boldsymbol{\pi}$ 与图像平面的交线给出对极线 $\mathbf{l}$ 和 $\mathbf{l}'$,而轴 $\mathbf{\Phi}$ 在该图像中的投影正交于这些对极线:(a)没有轮式旋转发生($\theta=0°$). (b)$I_1$ 中摄像机逆时针旋转了 $\theta$,因此对极线的方向变化了 $\theta$.

如果在图像平面附加一个轮式旋转 $\theta$(见图 14.11b),上述关系仍然成立;轴 $\mathbf{\Phi}$ 和交线 $\mathbf{l}'$ 在空间中固定不变,仅仅是在图像中的一个新角度观察,并保持对极线和投影轴的正交性. 因此两幅图像中的对极线的方向相差 $\theta$. 重要的是:改变旋转角 $\rho$ 的大小不会以任何方式改变对极几何(见图 14.12). 因此,这个角度不能由两幅视图确定,这是浅浮雕多义性的结果.

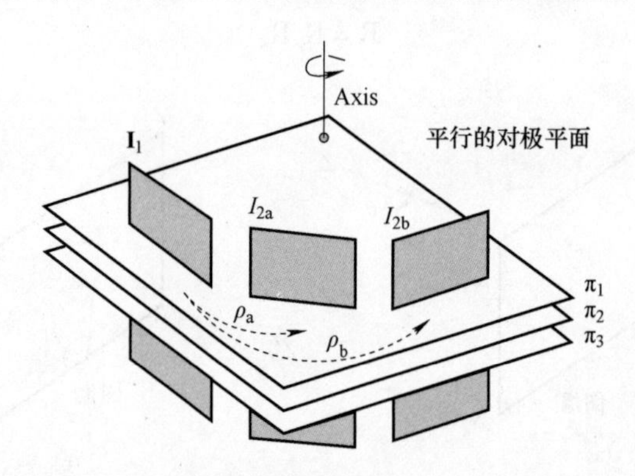


**图 14.12** 场景可以被切成平行的对极平面. $\rho$ 的大小不影响对极几何(只要 $\rho\neq0$),因此它不能由两幅视图确定.

图 14.13 说明了尺度效应. 设一个 3D 物体被切成一些平行的对极平面,每一平面限制物体的特定切片如何运动. 改变该物体的有效大小(例如向它靠近)仅仅改变了相邻对极平面的相对距离.

总之,轮式旋转仅仅旋转对极线,转出平面的旋转会造成沿着对极线(正交于 $\mathbf{\Phi}$)按透视法缩短,而尺度的变化将一致性地改变对极线的间距(见图 14.13).

可以证明(留着练习)$s$、$\theta$ 和 $\phi$ 可以直接由仿射对极几何计算:

$$\tan\phi=\frac{b}{a},\tan(\phi-\theta)=\frac{d}{c}\text{ 和 }s^2=\frac{c^2+d^2}{a^2+b^2}\tag{14.10}$$

式中,$s>0$(根据定义). 注意 $\phi$ 是转出平面的旋转轴在 $I_2$ 中的投影角,而($\phi-\theta$)是它在 $I_1$ 中的投影角.

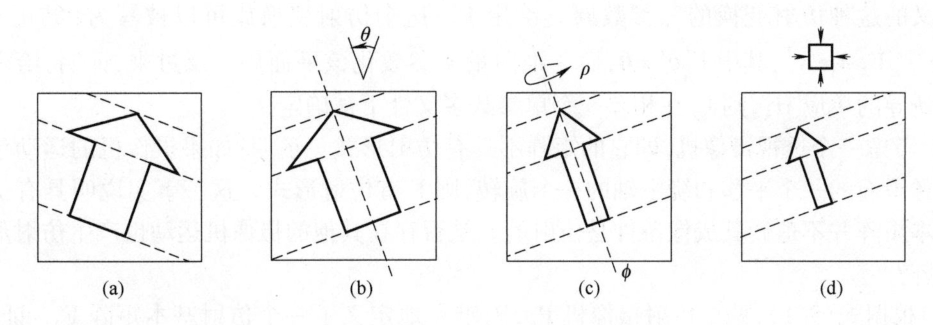


**图 14.13**　对一个相对于静止摄像机运动的物体,尺度和旋转角的大小对于对极线的影响.它同时说明假定的事件序列由 $I_1$ 到 $I_2$ 转变.(a)$I_1$.(b)轮式旋转($\theta$).(c)转出平面的旋转($\phi$ 和 $\rho$).(d)$I_2$的尺度变化.

**例 14.3　由仿射基本矩阵计算运动.**

图 14.14 显示了在一个旋转台上旋转的童车的两幅图像.该图像大小为 256×256 像素而宽高比为 0.65.仿射基本矩阵利用算法 14.1 求得,而运动参数利用上面的式(14.10)由 $F_A$ 算得.所算出的旋转轴叠加在图像上.

**图 14.14　由仿射对极几何计算运动**.(a)(b)在一个旋转台上旋转的童车的两幅视图.所算出的旋转轴叠加在图像上,该轴通过图像中心.当然真实的轴垂直于世界中的旋转台.

# 14.8　结束语

## 14.8.1　文献

Koenderink 和 Van Doorn[Koenderink-91]为由两个仿射摄像机的仿射重构奠定了基础.这篇论文应该整篇阅读.仿射基本矩阵首先在[Zisserman-92]中定义.Shapiro 等[Shapiro-95]介绍了由 $F_A$计算运动参数的方法,特别是第三幅视图不能解决浅浮雕多义性的情形.关于多义性的一种有用的特征向量分析法在[Szeliski-96]中给出.三视图仿射运动情形在[Shimshoni-99]中做了很精彩的处理.

## 14.8.2　注释和练习

(1)一张场景平面诱导两个仿射摄像机之间的一个**仿射**变换.存在着由 $\mathbb{IR}^3$ 中三参数族

平面定义的这种仿射变换的三参数族．给定 $F_A$，这个仿射变换族可以被写为(结论 13.3) $H_A=[\mathbf{e}']_\times F_A+\mathbf{e}'\mathbf{v}^T$，其中 $F_A^T\mathbf{e}'=\mathbf{0}$，而 3 维向量 $\mathbf{v}$ 参数化该平面族．反过来，证明：给定由场景平面诱导的单应 $H_A$，则 $F_A$ 在相差一个单参数多义性下被确定．

(2)考虑一个透视摄像机，即它的矩阵不具有仿射形式．证明：如果摄像机的运动包含平行于图像平面的一个平移和绕主轴的一个旋转，则 F 有仿射形式．这一事实说明具有仿射形式的基本矩阵并不蕴涵其成像条件是仿射的．是否存在其他的摄像机运动也产生仿射形式的基本矩阵?

(3)根据式(9.1)，两个仿射摄像机 $P_A$，$P'_A$ 唯一地定义了一个仿射基本矩阵 $F_A$．证明：若这两个摄像机矩阵被一个公共的仿射变换右乘，即 $P_A\mapsto P_AH_A$，$P'_A\mapsto P'_AH_A$，则变换后的摄像机仍定义原先的 $F_A$．这一事实证明了仿射基本矩阵在世界坐标的仿射变换下是不变的．

(4)假设一个摄像机是仿射的，而另一个是透视的．证明：对于这种情形两幅视图的对极点一般都是有限的．

(5)4×4 置换单应

$$H=\begin{bmatrix}1&0&0&0\\0&1&0&0\\0&0&0&1\\0&0&1&0\end{bmatrix}$$

把一个有限射影摄像机的规范矩阵 $P=[I\mid\mathbf{0}]$ 映射到如下平行投影 $P_A$ 的规范矩阵：

$$P_A=[I\mid\mathbf{0}]H=\begin{bmatrix}1&0&0&0\\0&1&0&0\\0&0&0&1\end{bmatrix}$$

把这个变换应用于一对有限射影摄像机矩阵，证明本章的结论(见表 14.1 中所列的那些性质)可以从前几章的非仿射部分直接得到．具体地推导与 $F_A$ 相容的一对仿射摄像机 $P_A$ 和 $P'_A$ 的表达式．

# 第3篇

# 三视图几何

# 本篇大纲

本篇包含关于三视图几何的两章内容．场景可由三目装置的三个摄像机同时拍摄，或者由一个移动摄像机相继摄像．

第15章介绍一种新的多视图对象——三焦点张量．它与两视图几何的基本矩阵有类似的性质：它仅依赖于摄像机间的（射影）关系，而与场景结构无关．摄像机矩阵在相差一个3维空间的公共射影变换下可以从三焦点张量恢复，视图对之间的基本矩阵也可被唯一地确定．

与两视图情形相比较，这个新几何具有从两幅视图**转移**到第三幅视图的能力：给定两幅视图中的一组点对应，就可以确定该点在第三幅视图中的位置；类似地，给定两幅视图中的一组**直线**对应，就可以确定该直线在第三幅视图中的位置．这个转移性质在建立多视图的对应时有很大的用处．

如果说两视图的对极线约束的本质是从对应点反向投影的射线共面的话，那么三视图的三焦点约束的本质是由3维空间中直线上的一点的图像所产生的一种点-线-线对应的几何：两幅视图中的对应直线反向投影成平面并在3维空间中交于一条直线，并且从第三幅视图中的对应图像点反向投影的射线必然与这条直线相交．

第16章介绍由三幅视图的点和**直线**对应求三焦点张量的计算．给定张量和由它恢复的摄像机矩阵，可以由多幅视图的对应来算得射影重构．如果以两视图同样的方式提供额外信息，这个重构可以升级为相似或度量重构．

在重构中，三视图比两视图几何多一个好处．给定摄像机，两视图中每组点对应为3维空间中3个自由度（位置）的点提供4个测量．在三视图中，还是关于这3个自由度，却有6个测量．然而，对直线有更大的好处．在两视图中，测量的数目等于3维空间中直线的自由度数，即4个．从而无法消除测量误差的影响．然而，在三视图中，关于4个自由度有6个测量，因此场景直线是超定的，并且可以通过对测量误差适当地最小化来估计．

# 第15章 三焦点张量

三焦点张量在三视图中的作用类似于基本矩阵在两视图中的作用,它囊括了三幅视图间不依赖于场景结构的所有(射影)几何关系.

本章首先简要介绍三焦点张量的主要几何和代数性质,三焦点张量及其性质的正式推导涉及张量记号的使用. 然而,为方便起见,我们先使用标准的向量和矩阵符号,从而可不必使用一些(可能)不熟悉的符号就能获得关于三焦点张量的某些几何洞察. 因此张量记号的使用将推迟到15.2节中介绍.

15.1节介绍张量的三个主要的几何性质:通过第三幅视图中的直线反向投影得到的平面诱导两幅视图之间的单应;由3维空间中的关联关系产生的点和直线的图像对应关系;以及由张量恢复基本矩阵和摄像机矩阵.

张量可以被用来将点由两幅视图中的对应转移到第三幅视图中的对应点. 它还可应用于直线:直线在一幅视图中的图像可由其在另两幅视图中的对应图像算出. 15.3节将介绍这种转移.

张量仅依赖于视图间的运动和摄像机内参数,且可由这些视图的摄像机矩阵唯一确定. 然而,它也可以仅由图像对应获得,而无须知道有关运动和标定的信息. 这个计算在第16章中介绍.

## 15.1 三焦点张量的几何基础

可以以多种方式引入三焦点张量,但本节的出发点是三条对应直线的关联关系.

**直线的关联关系** 如图15.1所示,假设3维空间中的一条直线被影像到三幅视图中,那么关于这些对应图像直线有什么约束呢? 由每一幅视图中的直线反向投影所得的平面必交于空间中的一条直线——投影到三幅图像中的匹配直线的3D直线. 因为空间中任意三张平面一般不交于一条直线,所以这个几何**关联**条件就为这组对应直线提供一个真正约束. 我们把关于三条直线的这个几何约束翻译为代数约束.

我们将一组对应直线记为 $\mathbf{l}_i \leftrightarrow \mathbf{l}'_i \leftrightarrow \mathbf{l}''_i$. 按惯例,设三幅视图的摄像机矩阵分别为 $\mathrm{P}=[\mathrm{I} \mid \mathbf{0}]$, $\mathrm{P}'=[\mathrm{A} \mid \mathbf{a}_4]$, $\mathrm{P}''=[\mathrm{B} \mid \mathbf{b}_4]$,其中A和B是 $3\times3$ 矩阵,向量 $\mathbf{a}_i$ 和 $\mathbf{b}_i$ 是对应摄像机的第 $i$ 列, $i=1,\cdots,4$.

- $\mathbf{a}_4$ 和 $\mathbf{b}_4$ 分别为第二和第三幅视图中由第一个摄像机产生的对极点. 本章将用 $\mathbf{e}'$ 和 $\mathbf{e}''$ 来记这些极点,即 $\mathbf{e}'=\mathrm{P}'\mathbf{C}$, $\mathbf{e}''=\mathrm{P}''\mathbf{C}$,其中 $\mathbf{C}$ 是第一个摄像机的中心(大多数情形我们不考虑第二幅视图和第三幅视图之间的对极点).

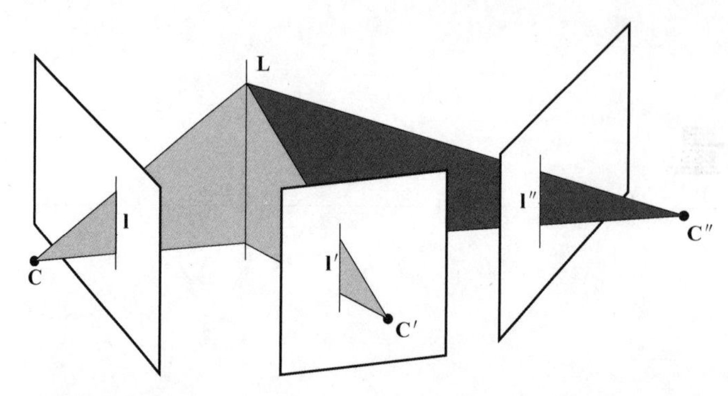


**图 15.1** 3 维空间中的直线 **L** 在由中心 **C**, **C**′, **C**″和像平面标记的三幅视图中成像为三线组 $\mathbf{l}\leftrightarrow\mathbf{l}'\leftrightarrow\mathbf{l}''$. 反过来,对应直线通过第一、第二和第三幅图像的反向投影都交于空间中的一条 3D 直线.

- A 和 B 分别是第一个摄像机到第二个和第三个摄像机的无穷单应.

第 9 章中已看到:在空间射影变换下任何三个摄像机的集合等价于包含有 $P=[I\mid\mathbf{0}]$ 的摄像机集合. 本章考虑的是在 3D 射影变换下不变的性质(如图像坐标和 3D 关联关系),因此我们可放心地选取这种形式的摄像机集合.

如图 15.1 所示,每一条像直线反向投影为一张平面. 由结论 8.2,这三张平面是

$$\boldsymbol{\pi}=P^{\mathsf{T}}\mathbf{l}=\begin{pmatrix}\mathbf{l}\\0\end{pmatrix}\qquad \boldsymbol{\pi}'=P'^{\mathsf{T}}\mathbf{l}'=\begin{pmatrix}A^{\mathsf{T}}\mathbf{l}'\\ \mathbf{a}_4^{\mathsf{T}}\mathbf{l}'\end{pmatrix}\qquad \boldsymbol{\pi}''=P''^{\mathsf{T}}\mathbf{l}''=\begin{pmatrix}B^{\mathsf{T}}\mathbf{l}''\\ \mathbf{b}_4^{\mathsf{T}}\mathbf{l}''\end{pmatrix}$$

因为三条像直线由空间中同一条直线产生,所以这三张平面并不是相互无关的,而必须交于这条公共的空间直线. 这个相交约束可以代数地描述为:$4\times3$ 矩阵 $M=[\boldsymbol{\pi},\boldsymbol{\pi}',\boldsymbol{\pi}'']$ 的秩为 2. 这一结论可以推导如下:该交线上的点可以表示为 $\mathbf{X}=\alpha\mathbf{X}_1+\beta\mathbf{X}_2$,其中 $\mathbf{X}_1$,$\mathbf{X}_2$ 线性无关. 这样的点在所有三张平面上,因此 $\boldsymbol{\pi}^{\mathsf{T}}\mathbf{X}=\boldsymbol{\pi}'^{\mathsf{T}}\mathbf{X}=\boldsymbol{\pi}''^{\mathsf{T}}\mathbf{X}=0$. 由此推出 $M^{\mathsf{T}}\mathbf{X}=0$. 因为 $M^{\mathsf{T}}\mathbf{X}_1=\mathbf{0}$ 和 $M^{\mathsf{T}}\mathbf{X}_2=\mathbf{0}$,所以 M 有 2 维的零空间.

这个相交约束诱导出像直线 $\mathbf{l},\mathbf{l}',\mathbf{l}''$ 之间的一个关系. 因 M 的秩为 2,故其列 $\mathbf{m}_i$ 之间存在一个线性相关关系. 记

$$M=[\mathbf{m}_1,\mathbf{m}_2,\mathbf{m}_3]=\begin{bmatrix}\mathbf{l} & A^{\mathsf{T}}\mathbf{l}' & B^{\mathsf{T}}\mathbf{l}''\\ 0 & \mathbf{a}_4^{\mathsf{T}}\mathbf{l}' & \mathbf{b}_4^{\mathsf{T}}\mathbf{l}''\end{bmatrix}$$

则该线性关系可写成 $\mathbf{m}_1=\alpha\mathbf{m}_2+\beta\mathbf{m}_3$. 然后注意到 M 的左下角元素为 0,从而可推出 $\alpha=k(\mathbf{b}_4^{\mathsf{T}}\mathbf{l}'')$ 且 $\beta=-k(\mathbf{a}_4^{\mathsf{T}}\mathbf{l}')$,其中 $k$ 为尺度因子. 将该式应用于 M 各列顶部的 3 维向量,得到(相差一个齐次尺度因子)

$$\mathbf{l}=(\mathbf{b}_4^{\mathsf{T}}\mathbf{l}'')A^{\mathsf{T}}\mathbf{l}'-(\mathbf{a}_4^{\mathsf{T}}\mathbf{l}')B^{\mathsf{T}}\mathbf{l}''=(\mathbf{l}''^{\mathsf{T}}\mathbf{b}_4)A^{\mathsf{T}}\mathbf{l}'-(\mathbf{l}'^{\mathsf{T}}\mathbf{a}_4)B^{\mathsf{T}}\mathbf{l}''$$

因此 $\mathbf{l}$ 的第 $i$ 个坐标 $l_i$ 可写成

$$l_i=\mathbf{l}''^{\mathsf{T}}(\mathbf{b}_4\mathbf{a}_i^{\mathsf{T}})\mathbf{l}'-\mathbf{l}'^{\mathsf{T}}(\mathbf{a}_4\mathbf{b}_i^{\mathsf{T}})\mathbf{l}''=\mathbf{l}'^{\mathsf{T}}(\mathbf{a}_i\mathbf{b}_4^{\mathsf{T}})\mathbf{l}''-\mathbf{l}'^{\mathsf{T}}(\mathbf{a}_4\mathbf{b}_i^{\mathsf{T}})\mathbf{l}''$$

引入记号

$$T_i=\mathbf{a}_i\mathbf{b}_4^{\mathsf{T}}-\mathbf{a}_4\mathbf{b}_i^{\mathsf{T}}\tag{15.1}$$

则该关联关系可表示为

$$l_i=\mathbf{l}'^{\mathsf{T}}T_i\mathbf{l}''\tag{15.2}$$

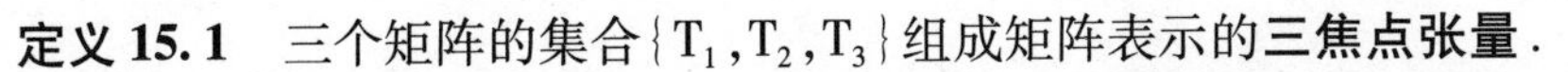

**定义 15.1** 三个矩阵的集合$\{T_1, T_2, T_3\}$组成矩阵表示的**三焦点张量**.

我们进一步把三个矩阵$T_i$的全体记为$[T_1, T_2, T_3]$,或更简单地记为$[T_i]$[⊖],则上面最后一个关系式可改写为

$$\mathbf{l}^{\mathsf{T}} = \mathbf{l}'^{\mathsf{T}}[T_1, T_2, T_3]\mathbf{l}'' \tag{15.3}$$

式中,$\mathbf{l}'^{\mathsf{T}}[T_1, T_2, T_3]\mathbf{l}''$理解为表示向量$(\mathbf{l}'^{\mathsf{T}}T_1\mathbf{l}'', \mathbf{l}'^{\mathsf{T}}T_2\mathbf{l}'', \mathbf{l}'^{\mathsf{T}}T_3\mathbf{l}'')$.

三幅视图之间当然不存在本质区别,因此由式(15.3)类推还可得到类似的关系$\mathbf{l}'^{\mathsf{T}} = \mathbf{l}^{\mathsf{T}}[T_i']\mathbf{l}''$和$\mathbf{l}''^{\mathsf{T}} = \mathbf{l}^{\mathsf{T}}[T_i'']\mathbf{l}'$. 这三个张量$[T_i]$、$[T_i']$、$[T_i'']$都存在但有区别. 事实上,尽管这三个张量都可以由其中任何一个计算得到,但它们之间没有非常简单的关系. 因此,对于给定的三幅视图,事实上存在着三个三焦点张量. 通常人们满足于只考虑其中的一个. 不过,本章练习(8)概述了一种由给定张量$[T_i]$计算另两个张量$[T_i']$和$[T_i'']$的方法.

注意到式(15.3)仅仅是图像坐标之间的一种关系,并不涉及 3D 坐标,因此(如同前面所注释过的),尽管它是在规范摄像机集(即$P = [I \mid \mathbf{0}]$)的假设下推出的,但矩阵元素$[T_i]$的值并不依赖于摄像机的形式. 给定摄像机矩阵下三焦点张量的特别简单的公式(15.1)只适用于$P = [I \mid \mathbf{0}]$的情形,但我们今后将推导对应于任意三个摄像机的三焦点张量的一般公式(17.12).

**自由度** 三焦点张量由三个 $3 \times 3$ 矩阵组成,因此有 27 个元素. 所以除去矩阵的一个全局尺度因子后有 26 个独立的比率. 然而,该张量仅有 18 个独立的自由度. 换句话说,一旦指定了 18 个参数,张量的全部 27 个元素就可以被确定到相差一个公共的尺度因子. 自由度的数目可计算如下:三个摄像机矩阵分别有 11 个自由度,共计有 33 个. 然而,考虑了该世界射影坐标系须减去 15 个自由度,从而留下 18 个自由度. 所以张量满足 $26 - 18 = 8$ 个独立的代数约束. 我们将在第 16 章再回到这个问题.

### 15.1.1 由平面诱导的单应

三焦点张量的一个基本的几何性质是存在由第二幅图像中的一条直线诱导的第一幅图像和第三幅图像之间的单应. 如图 15.2 和图 15.3 所示. 第二幅图像中的一条直线(由反向投影)定义了 3 维空间中的一张平面,而这张平面诱导了第一幅图像和第三幅之间的一个单应.

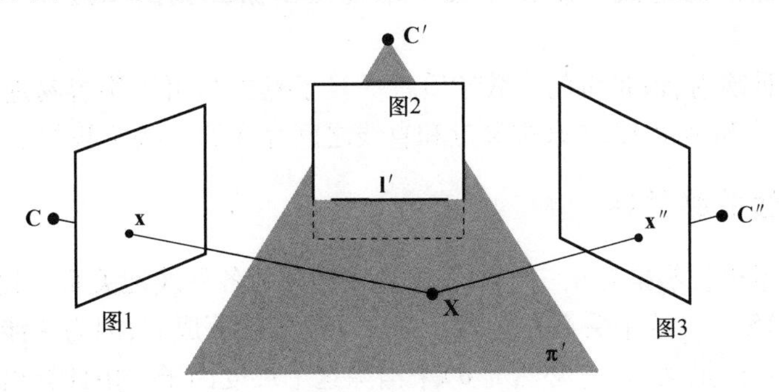


**图 15.2 点转移**. 第二幅视图中的直线$\mathbf{l}'$反向投影为 3 维空间中的一张平面$\boldsymbol{\pi}'$. 第一幅视图中的点$\mathbf{x}$定义了 3 维空间中的一条射线,它与$\boldsymbol{\pi}'$交于点$\mathbf{X}$. 点$\mathbf{X}$再在第三幅视图中成像为点$\mathbf{x}''$. 因此,任何直线$\mathbf{l}'$诱导了第一幅和第三幅视图之间的单应,并由其反向投影的平面$\boldsymbol{\pi}'$所定义.

---

⊖ 该记号仍嫌冗赘,其义也不能自明,基于这个理由,15.2 节介绍张量记号.

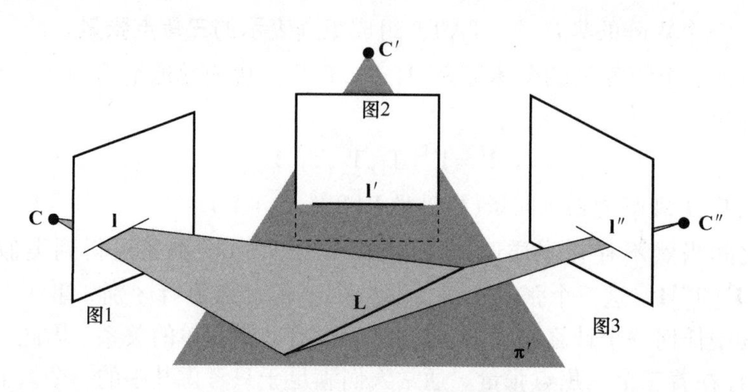


**图 15.3　线转移**．由图 15.2 所定义的单应对直线的作用同样可以用几何方式可视化．第一幅图像中的直线 $\mathbf{l}$ 定义了 3 维空间中的一张平面，它与 $\boldsymbol{\pi}'$ 交于直线 $\mathbf{L}$. 然后直线 $\mathbf{L}$ 又被成像为第三幅视图中的直线 $\mathbf{l}''$.

我们现在利用三焦点张量来推导这个几何性质的代数表示．图 15.2 和图 15.3 中由平面 $\boldsymbol{\pi}'$ 定义的第一幅和第三幅图像之间的单应映射可以分别写成 $\mathbf{x}''=\mathrm{H}\mathbf{x}$ 和 $\mathbf{l}=\mathrm{H}^{\mathsf{T}}\mathbf{l}''$，见式(2.6)．注意，图 15.3 中的三条直线 $\mathbf{l}$、$\mathbf{l}'$ 和 $\mathbf{l}''$ 是一个对应三线组，它们是 3D 直线 $\mathbf{L}$ 的投影．因此它们满足式(15.2)给出的直线的关联关系 $l_i=\mathbf{l}'^{\mathsf{T}}\mathrm{T}_i\mathbf{l}''$. 比较这个公式和 $\mathbf{l}=\mathrm{H}^{\mathsf{T}}\mathbf{l}''$ 证明了

$$\mathrm{H}=[\mathbf{h}_1,\mathbf{h}_2,\mathbf{h}_3]\text{，其中 }\mathbf{h}_i=\mathrm{T}_i^{\mathsf{T}}\mathbf{l}'$$

因此由上面公式定义的 H 表示由第二幅视图中的直线 $\mathbf{l}'$ 所确定的第一幅和第三幅视图之间的(点)单应 $\mathrm{H}_{13}$.

第二幅和第三幅视图起着类似的作用，由第三幅视图中的一条直线确定的第一幅和第二幅视图之间的单应可以用类似的方法得到．这些思想形式化成下列结论．

**结论 15.2　由第二幅图像中的直线 $\mathbf{l}'$ 诱导的第一幅图像到第三幅图像的单应(见图 15.2)由 $\mathbf{x}''=\mathrm{H}_{13}(\mathbf{l}')\mathbf{x}$ 给出，其中**

$$\mathrm{H}_{13}(\mathbf{l}')=[\mathrm{T}_1^{\mathsf{T}},\mathrm{T}_2^{\mathsf{T}},\mathrm{T}_3^{\mathsf{T}}]\mathbf{l}'$$

**类似地，第三幅图像中的直线 $\mathbf{l}''$ 定义了第一幅视图到第二幅的单应 $\mathbf{x}'=\mathrm{H}_{12}(\mathbf{l}'')\mathbf{x}$，其中 $\mathrm{H}_{12}(\mathbf{l}'')=[\mathrm{T}_1,\mathrm{T}_2,\mathrm{T}_3]\mathbf{l}''$.**

一旦理解了这种映射，该张量的代数性质就一目了然并且可以很容易地得到．下一节中我们将基于式(15.3)和结论 15.2 来推导点和直线之间存在的一些关联关系．

## 15.1.2　点与直线关联关系

利用三焦点张量很容易推导出三幅图像中直线和点的各种线性关系．我们已经见过一个这样的关系，即式(15.3)．这个关系在相差一个尺度的条件下成立，因为它涉及齐次量．可以通过对该式两边进行向量叉积(它必然为 $\mathbf{0}$)来消除这个尺度因子．由此导出下列公式

$$(\mathbf{l}'^{\mathsf{T}}[\mathrm{T}_1,\mathrm{T}_2,\mathrm{T}_3]\mathbf{l}'')[\mathbf{l}]_\times=\mathbf{0}^{\mathsf{T}}\tag{15.4}$$

这里我们用矩阵 $[\mathbf{l}]_\times$ 来表示叉积(见 A4.5)，或更简洁地 $(\mathbf{l}'^{\mathsf{T}}[\mathrm{T}_i]\mathbf{l}'')[\mathbf{l}]_\times=\mathbf{0}^{\mathsf{T}}$. 注意到 $\mathbf{l}'$ 和 $\mathbf{l}''$ 之间的对称性——对换这两条直线的位置相当于把每一 $\mathrm{T}_i$ 转置，并得到关系 $(\mathbf{l}''^{\mathsf{T}}[\mathrm{T}_i^{\mathsf{T}}]\mathbf{l}')[\mathbf{l}]_\times=\mathbf{0}^{\mathsf{T}}$.

再次考虑图 15.3. 直线 $\mathbf{l}$ 上的点 $\mathbf{x}$ 必满足 $\mathbf{x}^{\mathsf{T}}\mathbf{l}=\sum_i x^i l_i=0$(用上标表示点坐标，预示张量符号的使用)．因为 $l_i=\mathbf{l}'^{\mathsf{T}}\mathrm{T}_i\mathbf{l}''$，上式可写为

$$\mathbf{l}'^{\mathsf{T}}\left(\sum_i x^i \mathrm{T}_i\right)\mathbf{l}'' = 0 \tag{15.5}$$

注意：$(\sum_i x^i \mathrm{T}_i)$是一个简单的 3×3 矩阵．这是第一幅图像中的一个关联关系：该关系对于一组点-线-线对应成立——也就是当某条 3D 直线 $\mathbf{L}$ 映射到第二幅和第三幅图像中的 $\mathbf{l}'$和 $\mathbf{l}''$，及第一幅图像中通过点 $\mathbf{x}$ 的一条直线时．使式(15.5)成立的点-线-线对应的重要等价定义产生于 3 维**空间中的一种关联关系**——存在一个 3D 点 $\mathbf{X}$ 映射到第一幅图像中的 $\mathbf{x}$ 及第二幅和第三幅图像中的直线 $\mathbf{l}'$和 $\mathbf{l}''$上的点，如图 15.4a 所示．

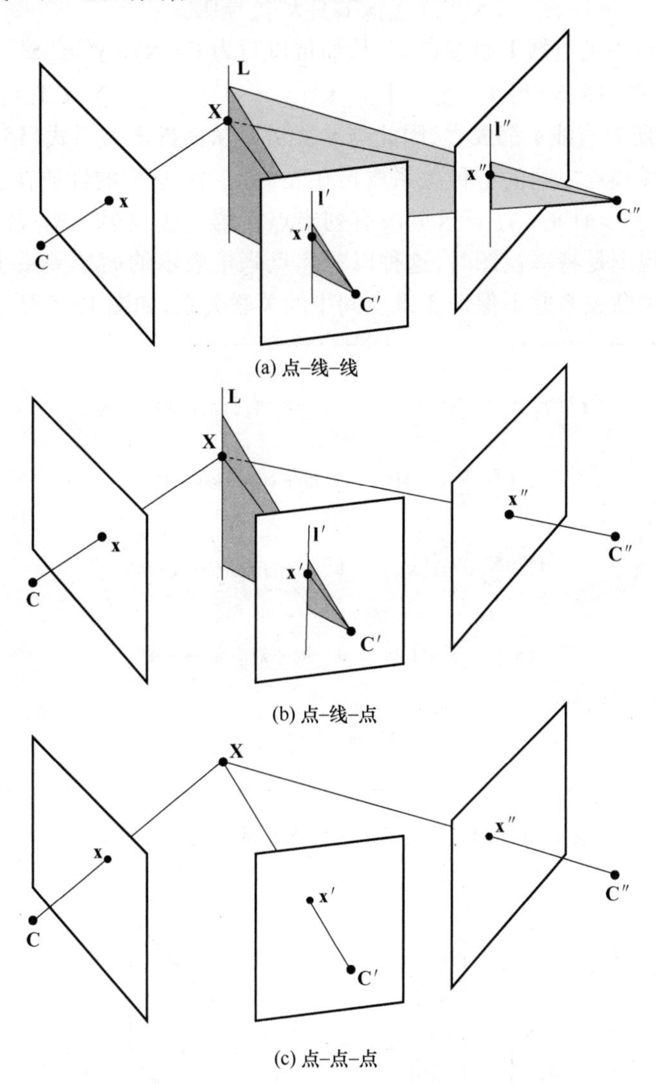


**图 15.4　关联关系**．(a)考虑 3 幅视图中的一组点对应 $\mathbf{x}\leftrightarrow\mathbf{x}'\leftrightarrow\mathbf{x}''$．若 $\mathbf{l}'$和 $\mathbf{l}''$分别为过 $\mathbf{x}'$和 $\mathbf{x}''$的任意直线，则 $\mathbf{x}\leftrightarrow\mathbf{l}'\leftrightarrow\mathbf{l}''$形成对应于一条 3D 直线 $\mathbf{L}$ 的一组点-线-线对应．因此，式(15.5)对过 $\mathbf{x}'$的直线 $\mathbf{l}'$和过 $\mathbf{x}''$的直线 $\mathbf{l}''$的任何选择都成立．(b)空间点 $\mathbf{X}$ 与空间直线 $\mathbf{L}$ 相关联．这定义了所在图像的一组关联关系 $\mathbf{x}\leftrightarrow\mathbf{l}'\leftrightarrow\mathbf{x}''$．(c)由空间点 $\mathbf{X}$ 的图像产生的对应 $\mathbf{x}\leftrightarrow\mathbf{x}'\leftrightarrow\mathbf{x}''$．

根据结论 15.2，我们可以得到包含第二幅和第三幅图像中的点 $\mathbf{x}'$和 $\mathbf{x}''$的关系．考虑图 15.4b 所示的点-线-点对应得到

$$\mathbf{x}'' = \mathrm{H}_{13}(\mathbf{l}')\mathbf{x} = [\mathrm{T}_1^{\mathsf{T}}\mathbf{l}', \mathrm{T}_2^{\mathsf{T}}\mathbf{l}', \mathrm{T}_3^{\mathsf{T}}\mathbf{l}']\mathbf{x} = (\sum_i x^i \mathrm{T}_i^{\mathsf{T}})\mathbf{l}'$$

该式对第二幅图像中过点 $\mathbf{x}'$ 的任何直线 $\mathbf{l}'$ 都成立．把此式两边的转置同时（右）乘 $[\mathbf{x}'']_\times$ 可以消除齐次尺度因子而得到

$$\mathbf{x}''^{\mathsf{T}}[\mathbf{x}'']_\times = \mathbf{l}'^{\mathsf{T}}(\sum_i x^i \mathrm{T}_i)[\mathbf{x}'']_\times = \mathbf{0}^{\mathsf{T}} \tag{15.6}$$

将第二幅和第三幅图像的角色对换，可以进行类似的分析．

最后，对于如图 15.4c 所示的 3 点对应有如下关系

$$[\mathbf{x}']_\times(\sum_i x^i \mathrm{T}_i)[\mathbf{x}'']_\times = 0_{3\times3} \tag{15.7}$$

**证明**　式(15.6)中的直线 $\mathbf{l}'$ 通过点 $\mathbf{x}'$，从而可以写为 $\mathbf{l}' = \mathbf{x}' \times \mathbf{y}' = [\mathbf{x}']_\times \mathbf{y}'$，$\mathbf{y}'$ 为直线 $\mathbf{l}'$ 上的某一点．于是由式(15.6)得 $\mathbf{l}'(\sum_i x^i \mathrm{T}_i)[\mathbf{x}'']_\times = \mathbf{y}'^{\mathsf{T}}[\mathbf{x}']_\times(\sum_i x^i \mathrm{T}_i)[\mathbf{x}'']_\times = \mathbf{0}^{\mathsf{T}}$．而式(15.6)对通过 $\mathbf{x}'$ 的**所有**直线 $\mathbf{l}'$ 都成立，因此与 $\mathbf{y}'$ 无关．从而推出关系式(15.7)．

三幅视图中直线和点之间的各种关系概括在表 15.1 中，它们的性质在引入张量符号后会在 15.2.1 节中做进一步研究．注意这里没有列出点在第二幅或第三幅视图中的点-线-线对应关系．当第一幅视图是特殊视图时，这种以三焦点张量表示的简单关系不成立．还值得注意的是满足图像的关联关系并不保证 3 维空间中的关联关系，如图 15.5 所示．

(1)线-线-线对应

$$\mathbf{l}'^{\mathsf{T}}[\mathrm{T}_1, \mathrm{T}_2, \mathrm{T}_3]\mathbf{l}'' = \mathbf{l}^{\mathsf{T}} \quad 或 \quad (\mathbf{l}'^{\mathsf{T}}[\mathrm{T}_1, \mathrm{T}_2, \mathrm{T}_3]\mathbf{l}'')[\mathbf{l}]_\times = \mathbf{0}^{\mathsf{T}}$$

(2)点-线-线对应

$$\mathbf{l}'^{\mathsf{T}}(\sum_i x^i \mathrm{T}_i)\mathbf{l}'' = 0 \quad 对于对应\ \mathbf{x} \leftrightarrow \mathbf{l}' \leftrightarrow \mathbf{l}''$$

(3)点-线-点对应

$$\mathbf{l}'^{\mathsf{T}}(\sum_i x^i \mathrm{T}_i)[\mathbf{x}'']_\times = \mathbf{0}^{\mathsf{T}} \quad 对于对应\ \mathbf{x} \leftrightarrow \mathbf{l}' \leftrightarrow \mathbf{x}''$$

(4)点-点-线对应

$$[\mathbf{x}']_\times(\sum_i x^i \mathrm{T}_i)\mathbf{l}'' = \mathbf{0} \quad 对于对应\ \mathbf{x} \leftrightarrow \mathbf{x}' \leftrightarrow \mathbf{l}''$$

(5)点-点-点对应

$$[\mathbf{x}']_\times(\sum_i x^i \mathrm{T}_i)[\mathbf{x}'']_\times = 0_{3\times3}$$

**表 15.1**　用矩阵表示的三焦点张量关联关系概要．

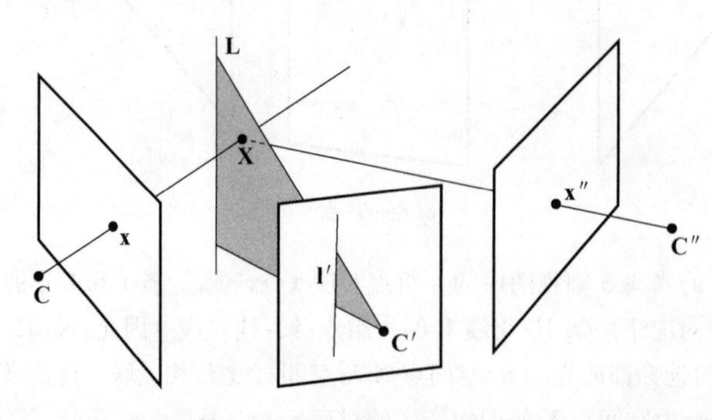


**图 15.5**　**非关联结构**．这个结构的像点和像直线满足表 15.1 中的点-线-点关联关系．但是空间点 **x** 与直线 **L** 不关联．请与图 15.4 比较．

我们现在开始由三焦点张量求两视图几何、对极点和基本矩阵.

### 15.1.3 对极线

当由直线 $\mathbf{l}'$反向投影得到的平面 $\boldsymbol{\pi}'$是前两个摄像机的对极平面(从而通过第一个摄像机的中心 $\mathbf{C}$)时,就产生一种点-线-线对应的特殊情形. 设 $\mathbf{X}$ 是平面 $\boldsymbol{\pi}'$上的一个点,那么由 $\mathbf{X}$ 和 $\mathbf{C}$ 定义的射线在这张平面上,并且 $\mathbf{l}'$是对应于 $\mathbf{X}$ 的图像点 $\mathbf{x}$ 的对极线,如图 15.6 所示.

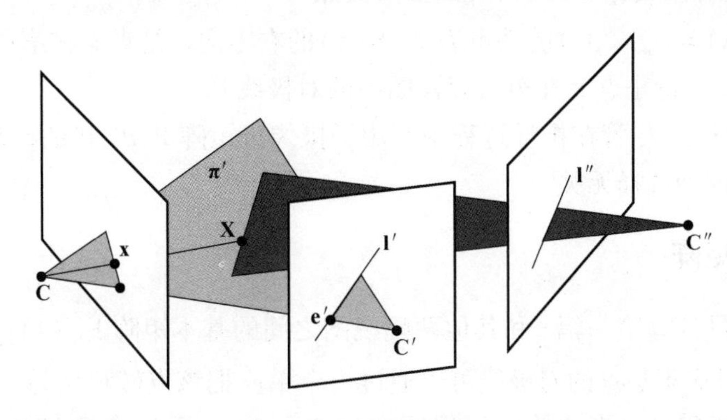


**图 15.6** 若由 $\mathbf{l}'$确定的平面 $\boldsymbol{\pi}'$是前两幅视图的对极平面,则第三幅视图中的任意直线 $\mathbf{l}''$都给出一个点-线-线关联关系.

由第三幅图像中的直线 $\mathbf{l}''$反向投影得到的平面 $\boldsymbol{\pi}''$交平面 $\boldsymbol{\pi}'$于直线 $\mathbf{L}$. 此外,因对应于 $\mathbf{x}$ 的射线完全在平面 $\boldsymbol{\pi}'$内,故它必与 $\mathbf{L}$ 相交. 这就给出了由点 $\mathbf{x}$ 和直线 $\mathbf{l}'$,$\mathbf{l}''$分别反向投影得到的射线和两幅平面的 3 路交点,从而它们构成了满足 $\mathbf{l}'^{\mathsf{T}}(\sum_i x^i \mathrm{T}_i)\mathbf{l}''=0$ 的一组点-线-线对应. 这里至关重要的一点是:这对于**任意直线** $\mathbf{l}''$都成立,从而推出 $\mathbf{l}'^{\mathsf{T}}(\sum_i x^i \mathrm{T}_i)=\mathbf{0}^{\mathsf{T}}$. 当 $\mathbf{l}'$和 $\mathbf{l}''$的角色对换时同样的讨论也成立. 归纳如下:

**结论 15.3 如果 $\mathbf{x}$ 是一个点,$\mathbf{l}'$和 $\mathbf{l}''$分别是第二幅和第三幅图像中对应的对极线,那么**

$$\mathbf{l}'^{\mathsf{T}}\left(\sum_i x^i \mathrm{T}_i\right) = \mathbf{0}^{\mathsf{T}} \text{且} \left(\sum_i x^i \mathrm{T}_i\right)\mathbf{l}'' = \mathbf{0}$$

**从而,对应于 $\mathbf{x}$ 的对极线 $\mathbf{l}'$和 $\mathbf{l}''$可以作为矩阵 $\sum_i x^i \mathrm{T}_i$的左、右零向量而算得.**

当点 $\mathbf{x}$ 变化时,对应的对极线也随之而变,但一幅图像中的所有对极线都通过对极点. 这样一来可以通过计算不同 $\mathbf{x}$ 所对应的对极线的交点来求该对极点. 点 $\mathbf{x}$ 的三个方便的选择是由齐次坐标$(1,0,0)^{\mathsf{T}}$、$(0,1,0)^{\mathsf{T}}$和$(0,0,1)^{\mathsf{T}}$表示的 3 个点,对 $\mathbf{x}$ 的这三种选择,$\sum_i x^i \mathrm{T}_i$分别等于 $\mathrm{T}_1$、$\mathrm{T}_2$和 $\mathrm{T}_3$. 由此推导出下列重要结论:

**结论 15.4 第二幅图像中的对极点 $\mathbf{e}'$是由矩阵 $\mathrm{T}_i(i=1,2,3)$的左零向量所表示的对极线的公共交点. 类似地,对极点 $\mathbf{e}''$是由矩阵 $\mathrm{T}_i$的右零向量所表示的对极线的公共交点.**

注意:这里的对极点是第二幅和第三幅图像中对应于第一幅图像中心 $\mathbf{C}$ 的对极点.

目前这个结论的用处还不是很明显. 但下面将会看到,它是由三焦点张量计算摄像机矩阵,及在第 16 章中有关张量精确计算的一个重要步骤.

**矩阵 $\mathrm{T}_i$的代数性质** 本节给出了矩阵 $\mathrm{T}_i$的一些代数性质,我们将其归纳如下:

- 每个矩阵 $\mathrm{T}_i$的秩为 2. 这由式(15.1)易得,因为 $\mathrm{T}_i=\mathbf{a}_i\mathbf{e}''^{\mathsf{T}}-\mathbf{e}'\mathbf{b}_i^{\mathsf{T}}$是两个外积的和.

- $T_i$的右零向量是$\mathbf{l}''_i = \mathbf{e}'' \times \mathbf{b}_i^{\mathsf{T}}$，$i$分别取1,2,3时，它分别是点$\mathbf{x} = (1,0,0)^{\mathsf{T}}$、$(0,1,0)^{\mathsf{T}}$、$(0,0,1)^{\mathsf{T}}$在第三幅视图中的对极线.
- 对极点$\mathbf{e}''$是对极线$\mathbf{l}''_i(i=1,2,3)$的公共交点.
- $T_i$的左零向量是$\mathbf{l}'_i = \mathbf{e}' \times \mathbf{a}_i^{\mathsf{T}}$，$i$分别取1,2,3时，它分别是点$\mathbf{x} = (1,0,0)^{\mathsf{T}}$、$(0,1,0)^{\mathsf{T}}$、$(0,0,1)^{\mathsf{T}}$在第二幅视图中的对极线.
- 对极点$\mathbf{e}'$是对极线$\mathbf{l}'_i(i=1,2,3)$的公共交点.
- 矩阵和$M(\mathbf{x}) = (\sum_i x^i T_i)$的秩也为2. $M(\mathbf{x})$的右零向量是点$\mathbf{x}$在第三幅视图中的对极线$\mathbf{l}''$，其左零向量是点$\mathbf{x}$在第二幅视图中的对极线$\mathbf{l}'$.

值得再次强调的是，尽管在推导过程中利用了摄像机矩阵$P, P', P''$的特殊规范形式，但$T_i$矩阵的对极性质与这种选择无关.

### 15.1.4 求基本矩阵

利用三焦点张量计算第一幅[⊖]和其他两幅视图之间的基本矩阵$F_{21}$和$F_{31}$是很简单的. 在9.2.1节中介绍过对应于某点的对极线可以通过一个单应把该点转移到另一幅视图中再连接该转移点和对极点而得到. 考虑第一幅视图中的点$\mathbf{x}$，根据图15.2和结论15.2，$\mathbf{x}' = ([T_1, T_2, T_3]\mathbf{l}'')\mathbf{x}$给出了由第三幅视图上的直线$\mathbf{l}''$诱导的从第一幅到第二幅视图的单应. 然后对应于$\mathbf{x}$的对极线由连接$\mathbf{x}'$和对极点$\mathbf{e}'$得到. 这给出$\mathbf{l}' = [\mathbf{e}']_\times([T_1, T_2, T_3]\mathbf{l}'')\mathbf{x}$，由此得到

$$F_{21} = [\mathbf{e}']_\times [T_1, T_2, T_3]\mathbf{l}''$$

这个公式对任意向量$\mathbf{l}''$都成立，但要避免$\mathbf{l}''$处于任一$T_i$的零空间中这一退化条件. 一个好的选择是$\mathbf{e}''$，因为我们已经知道$\mathbf{e}''$垂直于每一个$T_i$的右零空间. 这就给出下面的公式

$$F_{21} = [\mathbf{e}']_\times [T_1, T_2, T_3]\mathbf{e}'' \tag{15.8}$$

类似地，公式$F_{31} = [\mathbf{e}'']_\times [T_1^{\mathsf{T}}, T_2^{\mathsf{T}}, T_3^{\mathsf{T}}]\mathbf{e}'$成立.

### 15.1.5 恢复摄像机矩阵

我们强调过三焦点张量与3D射影变换无关，因为它仅表达了图像元素之间的关系. 反之，这意味着由三焦点张量可以在只差一个射影多义性的意义下算得摄像机矩阵. 现在就来说明如何实现.

如同由两幅视图重构的情形一样，由于射影多义性，第一个摄像机矩阵可以取为$P = [I \mid \mathbf{0}]$. 现在因为$F_{21}$已知(见式(15.8))，我们可以利用结论9.9推出第二个摄像机矩阵形为

$$P' = [[T_1, T_2, T_3]\mathbf{e}'' \mid \mathbf{e}']$$

从而摄像机对$\{P, P'\}$具有基本矩阵$F_{21}$. 也许有人会认为第三个摄像机可以类似地取为$P'' = [[T_1^{\mathsf{T}}, T_2^{\mathsf{T}}, T_3^{\mathsf{T}}]\mathbf{e}' \mid \mathbf{e}'']$，但**这是错误的**. 其原因是两个摄像机对$\{P, P'\}$和$\{P, P''\}$并不一定定义在同一个射影世界坐标系中；尽管每一对就其本身是正确的，但整个三元组$\{P, P', P''\}$是不相容的.

---

⊖ 对于对应点$\mathbf{x} \leftrightarrow \mathbf{x}'$，基本矩阵$F_{21}$满足$\mathbf{x}'^{\mathsf{T}} F_{21} \mathbf{x} = 0$，下标记号参见图15.8.

第三个摄像机的选择不能独立于前两个摄像机的射影坐标系．为解释这一点，设摄像机对 $\{P,P'\}$ 已选定并且点 $\mathbf{X}_i$ 由其图像对应 $\mathbf{x}_i \leftrightarrow \mathbf{x}'_i$ 重构得到，那么 $\mathbf{X}_i$ 的坐标由 $\{P,P'\}$ 定义的射影坐标系确定，并且一个相容的摄像机 $P''$ 可以由对应 $\mathbf{X}_i \leftrightarrow \mathbf{x}''_i$ 而算得．显然，$P''$ 依赖于由 $\{P,P'\}$ 定义的坐标系．然而，并无必要显式地重构出 3D 结构，因为一个相容的摄像机三元组可以直接由三焦点张量来得到．

$P=[I\mid \mathbf{0}]$ 和 $P'=[[T_1,T_2,T_3]\mathbf{e}''\mid \mathbf{e}']$ 并不是与给定基本矩阵 $F_{21}$ 相容的唯一的摄像机矩阵对．根据式(9.10)，$P'$ 的最一般的形式是

$$P'=[[T_1,T_2,T_3]\mathbf{e}''+\mathbf{e}'\mathbf{v}^{\mathsf{T}}\mid \lambda\mathbf{e}']$$

式中，$\mathbf{v}$ 是某个向量，$\lambda$ 是尺度因子；对 $P''$ 类似的选择也成立．为了求得一组与该三焦点张量相容的摄像机矩阵三元组，我们需要从这些矩阵族中找到与三焦点张量的形式（式(15.1)）相容的 $P'$ 和 $P''$ 的正确值．

由于射影多义性，我们可自由地选取 $P'=[[T_1,T_2,T_3]\mathbf{e}''\mid \mathbf{e}']$，因此 $\mathbf{a}_i=T_i\mathbf{e}''$．这个选择确定了使 $P''$ 被唯一确定（相差一个尺度因子）的射影世界坐标系．然后代入到式(15.1)（注意到 $\mathbf{a}_4=\mathbf{e}'$ 且 $\mathbf{b}_4=\mathbf{e}''$）得

$$T_i=T_i\mathbf{e}''\mathbf{e}''^{\mathsf{T}}-\mathbf{e}'\mathbf{b}_i^{\mathsf{T}}$$

由此得到 $\mathbf{e}'\mathbf{b}_i^{\mathsf{T}}=T_i(\mathbf{e}''\mathbf{e}''^{\mathsf{T}}-I)$．因为可以通过选择尺度因子使得 $\|\mathbf{e}'\|=\mathbf{e}'^{\mathsf{T}}\mathbf{e}'=1$，我们可以对上式两边用 $\mathbf{e}'^{\mathsf{T}}$ 左乘并转置而得到

$$\mathbf{b}_i=(\mathbf{e}''\mathbf{e}''^{\mathsf{T}}-I)T_i^{\mathsf{T}}\mathbf{e}'$$

因此 $P''=[(\mathbf{e}''\mathbf{e}''^{\mathsf{T}}-I)[T_1^{\mathsf{T}},T_2^{\mathsf{T}},T_3^{\mathsf{T}}]\mathbf{e}'\mid \mathbf{e}'']$．由三焦点张量求摄像机的步骤归纳在算法 15.1 中．

**给定**用矩阵 $[T_1,T_2,T_3]$ 表示的三焦张量．

(1) **求对极点 $\mathbf{e}',\mathbf{e}''$**

令 $\mathbf{u}_i$ 和 $\mathbf{v}_i$ 分别为 $T_i$ 的左和右零向量，即 $\mathbf{u}_i^{\mathsf{T}}T_i=\mathbf{0}^{\mathsf{T}}$，$T_i\mathbf{v}_i=\mathbf{0}$．则该对极点可以通过求下面 $3\times3$ 矩阵的零向量而获得：

$$\mathbf{e}'^{\mathsf{T}}[\mathbf{u}_1,\mathbf{u}_2,\mathbf{u}_3]=\mathbf{0}^{\mathsf{T}} \text{ 和 } \mathbf{e}''^{\mathsf{T}}[\mathbf{v}_1,\mathbf{v}_2,\mathbf{v}_3]=\mathbf{0}^{\mathsf{T}}$$

(2) **求基本矩阵 $F_{21},F_{31}$**

$$F_{21}=[\mathbf{e}']_\times[T_1,T_2,T_3]\mathbf{e}'' \text{ 和 } F_{31}=[\mathbf{e}'']_\times[T_1^{\mathsf{T}},T_2^{\mathsf{T}},T_3^{\mathsf{T}}]\mathbf{e}'$$

(3) **求摄像机矩阵 $P',P''$（$P=[I\mid \mathbf{0}]$）**．

把对极点归一化为单位范数．那么

$$P'=[[T_1,T_2,T_3]\mathbf{e}''\mid \mathbf{e}'] \text{ 和 } P''=[(\mathbf{e}''\mathbf{e}''^{\mathsf{T}}-I)[T_1^{\mathsf{T}},T_2^{\mathsf{T}},T_3^{\mathsf{T}}]\mathbf{e}'\mid \mathbf{e}'']$$

算法 15.1　**由三焦点张量求 F 和 P 的算法总结**．注意 $F_{21}$ 和 $F_{31}$ 是唯一确定的．然而，$P'$ 和 $P''$ 只确定到相差一个 3 维空间的公共的射影变换的程度．

我们已经看到三焦点张量可以由三个摄像机矩阵计算得到；反之，在相差一个射影等价的意义下，三个摄像机矩阵可以由三焦点张量计算得到．因此，三焦点张量在相差一个射影等价下完全掌握了三个摄像机．

## 15.2 三焦点张量和张量记号

到现在为止,我们所用的三焦点张量的记号都是由标准的矩阵——向量记号推导出来的. 因为矩阵仅有两个指标,所以有可能利用矩阵的转置及左乘或右乘来区分这两个指标,并且在处理矩阵和向量时,可以不必明确写出它们的指标. 与矩阵只有两个指标不同,三焦点张量有三个指标,所以再沿用矩阵记号模式将非常冗赘. 从现在开始,我们要转到使用标准的张量符号来处理三焦点张量. 附录1为不熟悉张量记号的读者提供一个简要介绍. 在学习本章之前应先阅读该附录.

图像中的点和直线分别用齐次的**列**和**行**3维向量表示,即 $\mathbf{x}=(x^1,x^2,x^3)^\top$ 和 $\mathbf{l}=(l_1,l_2,l_3)$,矩阵A的$(i,j)$元记为 $a^i_j$,其中指标 $i$ 是逆变(行)指标,而 $j$ 是协变(列)指标. 我们遵守惯例:在逆变和协变位置重复出现的指标表示对该指标在范围(1,2,3)内求和. 例如方程 $\mathbf{x}'=\mathrm{A}\mathbf{x}$ 等价于 $x'^i=\sum_j a^i_j x^j$,并可记为 $x'^i=a^i_j x^j$.

我们从式(15.1)给出的三焦点张量的定义出发. 利用张量记号,它就变为

$$\mathcal{T}_i^{jk}=a^j_i b^k_4-a^j_4 b^k_i \tag{15.9}$$

$\mathcal{T}_i^{jk}$ 中指标的位置(两个逆变和一个协变)由该方程右边表达式中指标的位置确定. 这样一来,三焦点张量是一个混合逆变——协变张量. 利用张量记号,基本关联关系式(15.3)变为

$$l_i=l'_j l''_k \mathcal{T}_i^{jk} \tag{15.10}$$

注意:与标准的矩阵记号不同,乘张量时元素的顺序无关紧要. 例如上式的右边可写为

$$l'_j l''_k \mathcal{T}_i^{jk}=\sum_{j,k} l'_j l''_k \mathcal{T}_i^{jk}=\sum_{j,k} l'_j \mathcal{T}_i^{jk} l''_k=l'_j \mathcal{T}_i^{jk} l''_k$$

图15.2和图15.3的单应映射可以由关联关系式(15.10)推得. 当平面是由直线 $\mathbf{l}'$ 反向投影所定义时,

$$l_i=l'_j l''_k \mathcal{T}_i^{jk}=l''_k(l'_j \mathcal{T}_i^{jk})=l''_k h^k_i,\text{其中 } h^k_i=l'_j \mathcal{T}_i^{jk}$$

式中,$h^k_i$ 是单应矩阵H的元素. 这个单应建立第一幅视图和第三幅视图之间的点映射如下

$$x''^k=h^k_i x^i$$

注意:这个单应由该张量被一条直线缩并(即对张量的一个逆变(上)指标和该直线的协变(下)指标求和)而得到,即 $\mathbf{l}'$ 从张量中提取一个3×3矩阵——将张量看成是一个算子,它作用于一条直线并产生一个单应矩阵. 表15.2概括了三焦点张量的定义和转移性质.

一对特别重要的张量是A1.1节中定义的 $\varepsilon_{ijk}$ 和其逆变对应式 $\varepsilon^{ijk}$. 这个张量用来表示向量积. 例如,连接两点 $x^i$ 和 $y^j$ 的直线等于叉积 $x^i y^j \varepsilon_{ijk}=l_k$,反对称矩阵 $[\mathbf{x}]_\times$ 用张量记号写为 $x^i\varepsilon_{irs}$. 现在可相对简洁地写出表15.1中给出的三焦点张量的基本的关联结果. 相关结果总结在表15.3中. 在该表中,符号 $0_r$ 等表示零阵列.

如果注意到 $\mathcal{T}_i^{jk}$ 的三个指标 $i,j,k$ 分别对应着第一、第二和第三幅视图,那么表15.3中各关系的形式就更容易理解了. 因此,某些表达式(如 $l''_j\mathcal{T}_i^{jk}$)不可能出现,因为指标 $j$ 属于第二幅视图,从而它不可能属于第三幅视图中的直线 $l''$. 重复的指标(表示求和)必须作为逆变(上)指标和协变(下)指标各出现一次. 因此我们不能写 $x'^j\mathcal{T}_i^{jk}$,因为指标 $j$ 在上面位置出现两次. 可以考虑用张量 $\varepsilon$ 提升或下降指标,例如用 $x^i\varepsilon_{ijk}$ 代替 $l'_j$. 然而,练习(5)指出,我们并不能随意这样做.

**定义** 三焦点张量 $\mathcal{T}$ 是一个阶为 3 的张量 $\mathcal{T}_i^{jk}$,并有两个逆变和一个协变指标. 它由一个齐次的 3×3×3 阵列(即 27 个元素)来表示,并有 18 个自由度.

**由摄像机矩阵来计算**. 如果规范的 3×4 摄像机矩阵是

$$\mathrm{P}=[\mathrm{I}\mid\mathbf{0}],\mathrm{P}'=[a_j^i],\mathrm{P}''=[b_j^i]$$

那么

$$\mathcal{T}_i^{jk}=a_i^j b_4^k-a_4^j b_i^k$$

关于由三个一般摄像机矩阵的计算请参看式(17.12).

**由第二幅和第三幅视图中的对应直线到第一幅视图的直线转移**

$$l_i=l'_j l''_k \mathcal{T}_i^{jk}$$

**由一个单应的转移**.

(1)**通过第二幅视图中的一条直线从第一幅视图向第三幅视图的点转移**

缩并 $l'_j\mathcal{T}_i^{jk}$ 是由第二幅视图中直线 $\mathbf{l}'$ 反向投影所确定的平面所诱导的第一幅和第三幅视图之间的一个单应映射:

$$x''^k=h_i^k x^i,\text{其中 } h_i^k=l'_j\mathcal{T}_i^{jk}$$

(2)**通过第三幅视图中的一条直线从第一幅视图向第二幅视图的点转移**

缩并 $l'_j\mathcal{T}_i^{jk}$ 是由第三幅视图中直线 $\mathbf{l}''$ 反向投影所确定的平面所诱导的第一幅和第二幅视图之间的一个单应映射:

$$x'^j=h_i^j x^i,\text{其中 } h_i^j=l''_k\mathcal{T}_i^{jk}$$

**表 15.2** 三焦点张量的定义和转移性质.

(1)线-线-线对应

$$(l_r\varepsilon^{ris})l'_j l''_k\mathcal{T}_i^{jk}=0^s$$

(2)点-线-线对应

$$x^i l'_j l''_k\mathcal{T}_i^{jk}=0$$

(3)点-线-点对应

$$x^i l'_j(x''^k\varepsilon_{kqs})\mathcal{T}_i^{jq}=0_s$$

(4)点-点-线对应

$$x^i(x'^j\varepsilon_{jpr})l''_k\mathcal{T}_i^{pk}=0_r$$

(5)点-点-点对应

$$x^i(x'^j\varepsilon_{jpr})(x''^k\varepsilon_{kqs})\mathcal{T}_i^{pq}=0_{rs}$$

**表 15.3** 三焦张量关联关系概要——三线性性.

### 15.2.1 三线性性

表 15.3 中的关联关系都是关于图像元素(点和直线)坐标的**三线性**关系或**三线性性**. "**三**"是因为该关系中每个单项都包含了每幅图像的元素坐标;"**线性**"是因为该关系关于每个代数元素(即张量的三个"自变量")都是线性的. 例如在点-点-点关系中,$x^i(x'^j\varepsilon_{jpr})(x''^k\varepsilon_{kqs})\mathcal{T}_i^{pq}=0_{rs}$,设 $\mathbf{x}_1$ 和 $\mathbf{x}_2$ 都满足这个关系,那么 $\mathbf{x}=\alpha\mathbf{x}_1+\beta\mathbf{x}_2$ 也满足,即该关系关于它的第一个自变量是线性的. 类似地,该关系关于第二个和第三个自变量也是线性的. 这个多重线性是张量的一个标准性质,并且由该张量关于所有三个指标(自变量)的缩写形式 $x^i l'_j l''_k\mathcal{T}_i^{jk}=0$ 直接推出.

我们现在更详细地介绍点-点-点三线性性. 由 $r$ 和 $s$ 的三种选择可得到 9 个这样的三线性关系. 从几何上看,这些三线性关系是由点-线-线关系在第二幅和第三幅图像上选择特殊直线而得到(见图 15.4a). 选择 $r=1,2$ 或 3 分别对应平行于图像 $x$ 轴、平行于图像 $y$ 轴,或通过图像坐标原点(点$(0,0,1)^{\mathsf{T}}$)的直线. 例如,选择 $r=1$,并展开 $x'^j\varepsilon_{jpr}$得

$$l'_p = x'^j\varepsilon_{jp1} = (0, -x'^3, x'^2)$$

它是第二幅视图中过点 $\mathbf{x}'$的一条水平直线(因为对任意 $\lambda$,形如 $\mathbf{y}'=(x'^1+\lambda, x'^2, x'^3)^{\mathsf{T}}$的点都满足 $\mathbf{y}'^{\mathsf{T}}\mathbf{l}'=0$). 类似地,在第三幅视图中选择 $s=2$ 得到过 $\mathbf{x}''$的竖直线

$$l''_q = x''^k\varepsilon_{kq2} = (x''^3, 0, -x''^1)$$

并且三线性点关系展开为

$$\begin{aligned}0 &= x^i x'^j x''^k \varepsilon_{jp1}\varepsilon_{kq2}\mathcal{T}_i^{pq}\\ &= x^i[-x'^3(x''^3\mathcal{T}_i^{21} - x''^1\mathcal{T}_i^{23}) + x'^2(x''^3\mathcal{T}_i^{31} - x''^1\mathcal{T}_i^{33})]\end{aligned}$$

在这 9 个三线性中,4 个是独立的. 这意味着所有 9 个三线性等式可以由 4 个三线性等式构成的一组基通过线性组合得到. 四个自由度可以回溯到点-线-线关系 $x^i l'_j l''_k \mathcal{T}_i^{jk}=0$,并按如下方式计算. 在第三幅视图中有一个过 $\mathbf{x}''$的单参数直线族,如果 $\mathbf{m}''$和 $\mathbf{n}''$是这个族中的两个元素,那么过 $\mathbf{x}''$的其他任意直线都可以由它们的线性组合得到

$$\mathbf{l}'' = \alpha\mathbf{m}'' + \beta\mathbf{n}''$$

因该关联关系关于 $\mathbf{l}''$是线性的,故又给出

$$l'_j m''_k \mathcal{T}_i^{jk} x^i = 0$$

$$l'_j n''_k \mathcal{T}_i^{jk} x^i = 0$$

于是关于其他任意直线 $\mathbf{l}''$的关联关系可以由这两式的线性组合而得到. 从而对 $\mathbf{l}''$仅有两个线性独立的关联关系. 类似地,过 $\mathbf{x}'$有一个单参数的直线族,并且该关联关系关于过 $\mathbf{x}'$的直线 $\mathbf{l}'$也是线性的. 因此在第一幅视图中的点和第二、第三幅视图中的直线之间总共有四个线性独立的关联关系.

这些三线性等式的主要优点在于它们是线性的,另外,如下一节中所述的,它们的性质通常包含在转移中.

## 15.3 转移

给定一个场景的三幅视图和其中两幅上的一对匹配点,我们希望确定该点在第三幅视图中的位置. 给定关于摄像机的位置的足够信息,通常可以在不涉及图像内容的条件下确定该点在第三幅视图中的位置. 这就是所谓的点转移问题. 对直线也有类似的转移问题.

原则上,在给定三幅视图的摄像机后,这个问题可以被解决. 由第一幅和第二幅视图中的对应点反向投影的射线相交,从而确定了 3D 点. 通过把这个 3D 点投影到第三幅图像中可以计算出在该视图中对应点的位置. 类似地,由第一幅和第二幅图像中的对应直线反向投影的平面相交于 3D 直线,把这条 3D 直线投影到第三幅图像可以确定其图像位置.

### 15.3.1 利用基本矩阵的点转移

仅利用基本矩阵的知识就可以解决点转移问题. 因此,假设我们已经知道关联三幅视图的三个基本矩阵 $\mathrm{F}_{21}, \mathrm{F}_{31}, \mathrm{F}_{32}$,并设前两幅视图中的点 $\mathbf{x}$ 和 $\mathbf{x}'$是一对匹配点. 我们希望在第三幅视图中找到其对应点 $\mathbf{x}''$.

所求点 $\mathbf{x}''$ 与第一幅图像中的点 $\mathbf{x}$ 匹配，因此它必在对应于 $\mathbf{x}$ 的对极线上．由于我们已经知道 $F_{31}$，这条对极线可以算出并且等于 $F_{31}\mathbf{x}$. 利用类似的讨论，$\mathbf{x}''$ 必定在对极线 $F_{32}\mathbf{x}'$ 上．取这两条对极线的交点（见图 15.7a）得到

$$\mathbf{x}'' = (F_{31}\mathbf{x}) \times (F_{32}\mathbf{x}')$$

注意这个表达式中并没有用到基本矩阵 $F_{21}$. 一个自然产生的问题是：我们能否由 $F_{21}$ 获得什么信息？答案是肯定的．当存在噪声时，点对 $\mathbf{x} \leftrightarrow \mathbf{x}'$ 不会是一对精确匹配点，即它们并不会正好满足方程 $\mathbf{x}'F_{21}\mathbf{x} = 0$. 给定了 $F_{21}$，我们可以利用如算法 12.1 中的最优三角测量法来矫正 $\mathbf{x}$ 和 $\mathbf{x}'$，得到满足该关系的一对点 $\hat{\mathbf{x}} \leftrightarrow \hat{\mathbf{x}}'$. 从而该转移点可以由 $\mathbf{x}'' = (F_{32}\hat{\mathbf{x}}) \times (F_{32}\hat{\mathbf{x}}')$ 来计算．这种利用基本矩阵的点转移方法将被称为**对极转移**．

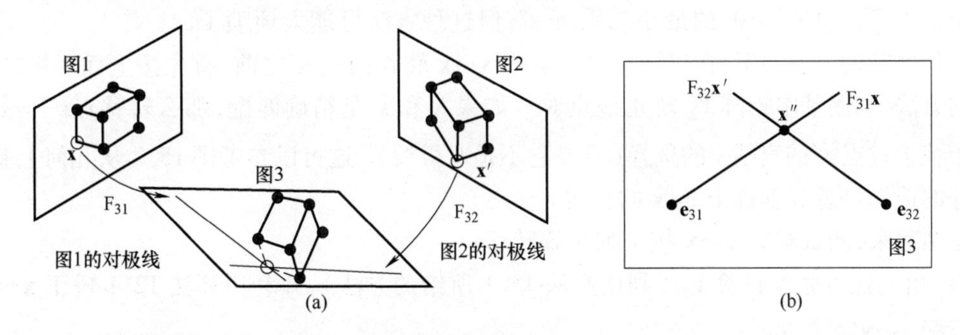


**图 15.7　对极转移**．(a) $\mathbf{X}$ 在前两幅视图中的图像是对应 $\mathbf{x} \leftrightarrow \mathbf{x}'$. $\mathbf{X}$ 在第三幅视图中的图像可由对极线 $F_{31}\mathbf{x}$ 与 $F_{32}\mathbf{x}'$ 的交点求得．(b) 在第三幅图像中看到的对极点和转移点 $\mathbf{x}''$ 的配置．点 $\mathbf{x}''$ 可以由求过两对极点 $\mathbf{e}_{31}$ 和 $\mathbf{e}_{32}$ 的对极线的交点确定．然而，如果 $\mathbf{x}''$ 在过这两个对极点的直线上，那么其位置无法确定．接近于过对极点的直线的点的估计将很不精确．

尽管对极变换曾经被用于点转移，但它有一个严重缺陷使得它没被实际计算所采用．这个缺陷产生的退化情形可通过图 15.7b 来理解：当两条对极线在第三幅图像中重合时，对极变换失效（直线越"接近"重合就越病态）．退化条件 $\mathbf{x}''$，$\mathbf{e}_{31}$ 和 $\mathbf{e}_{32}$ 在第三幅图像中共线，意味着摄像机中心 $\mathbf{C}$，$\mathbf{C}'$ 和 3D 点 $\mathbf{X}$ 在过第三个摄像机中心 $\mathbf{C}''$ 的某平面上；从而 $\mathbf{X}$ 在由三个摄像机中心确定的三焦点平面上，见图 15.8. 对极转移对三焦点平面上的点将失效，并且对邻近三焦点平面的点将很不精确．注意，对于这三个摄像机中心共线这一特殊情形，三焦点平面不是唯一确定的，并且对极变换对所有的点都失效，此时 $\mathbf{e}_{31} = \mathbf{e}_{32}$.

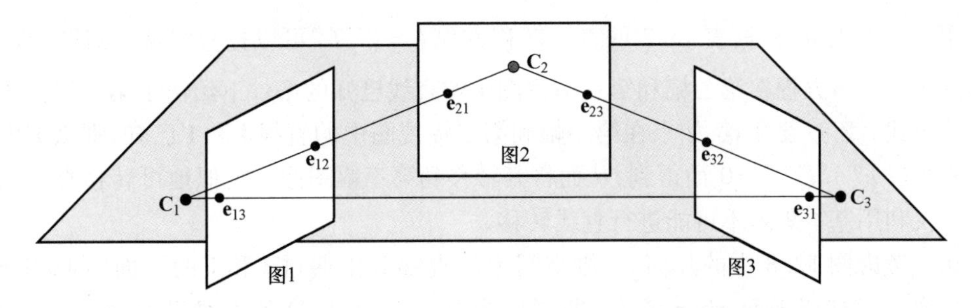


**图 15.8　三焦点平面**由三个摄像机中心定义．对极点的标记是 $\mathbf{e}_{ij} = P_i\mathbf{C}_j$. 对三焦点平面的任何点 $\mathbf{X}$ 来说对极转移将无效．如果三个摄像机的中心共线，那么存在包含这三个中心的单参数族平面．

### 15.3.2 利用三焦点张量的点转移

利用三焦点张量可以避免对极转移的退化．考虑对应 $\mathbf{x}\leftrightarrow\mathbf{x}'$．如果通过点 $\mathbf{x}'$的直线 $\mathbf{l}'$选在第二幅视图上，那么根据表 15.2，对应点 $\mathbf{x}''$可以通过从第一幅上的点 $\mathbf{x}$ 到第三幅上的转移 $x''^k = x^i l'_j \mathcal{T}_i^{jk}$得到．由图 15.4b 显而易见该转移对于三焦点平面上的一般点 $\mathbf{X}$ 不是退化的．

然而由结论 15.3 和图 15.6 注意到：如果 $\mathbf{l}'$是对应于 $\mathbf{x}$ 的对极线，那么 $x^i l'_j \mathcal{T}_i^{jk} = 0^k$，因此 $\mathbf{x}''$是没有定义的．所以，直线 $\mathbf{l}'$的选择很重要．为避免只选择一条对极线，一种可能性是利用通过 $\mathbf{x}'$的两条或三条不同的直线，即 $l'_{jp} = x'^r \varepsilon_{rjp}, p = 1,2,3$．对每一条这种直线，计算出 $\mathbf{x}''$的值并保留有最大范数（即最不可能是 0）的一个．寻找 $\mathbf{x}''$的另一方法是求线性方程组 $x^i(x'^j\varepsilon_{jpr})(x''^k\varepsilon_{kqs})\mathcal{T}_i^{pq} = 0_{rs}$的最小二乘解 $\mathbf{x}''$，但这种方法可能太烦琐了．

我们推荐的方法如下：在试图计算由点对 $\mathbf{x}\leftrightarrow\mathbf{x}'$转移的点 $\mathbf{x}''$之前，首先按上面对极转移中介绍的方法，利用基本矩阵 $F_{21}$矫正该点对．如果 $\hat{\mathbf{x}}$ 和 $\hat{\mathbf{x}}'$是精确匹配，那么转移点$x''^k = \hat{x}^i l'_j \mathcal{T}_i^{jk}$将不依赖于过点 $\hat{\mathbf{x}}'$的直线 $\mathbf{l}'$的选择（只要它不是对极线）．这可以参考图 15.2 从几何上验证．一个好的选择是总取垂直于 $F_{21}\hat{\mathbf{x}}$ 的直线．

总结起来，测量对应 $\mathbf{x}\leftrightarrow\mathbf{x}'$按下列步骤转移：

(1) 由三焦点张量计算 $F_{21}$（利用算法 15.1 所给的方法），并利用算法 12.1 矫正 $\mathbf{x}\leftrightarrow\mathbf{x}'$到精确匹配 $\hat{\mathbf{x}}\leftrightarrow\hat{\mathbf{x}}'$.

(2) 计算过点 $\hat{\mathbf{x}}'$且垂直于直线 $\mathbf{l}'_e = F_{21}\hat{\mathbf{x}}$ 的直线 $\mathbf{l}'$，如果 $\mathbf{l}'_e = (l_1, l_2, l_3)^\mathsf{T}$且 $\hat{\mathbf{x}}' = (\hat{x}_1, \hat{x}_2, 1)^\mathsf{T}$，那么 $\mathbf{l}' = (l_2, -l_1, -\hat{x}_1 l_2 + \hat{x}_2 l_1)^\mathsf{T}$.

(3) 所求转移点是 $x''^k = \hat{x}^i l'_j \mathcal{T}_i^{jk}$

**退化配置** 如图 15.9 所示，考虑通过一张平面到第三幅视图的转移．3D 点 $\mathbf{X}$ 仅当其在连接第一个和第二个摄像机中心的基线上时才是未定义的．这是因为对于这样的 3D 点，过 $\mathbf{x}$ 和 $\mathbf{x}'$的射线共线，因而它们的交点没有定义．在这种情形下，点 $\mathbf{x}$ 和 $\mathbf{x}'$对应于两幅图像中的对极点．然而，位于第二幅和第三幅视图的基线上或三焦点平面上其他任何地方的点的转移却没有问题．这是对极转移和利用三焦点张量转移之间的关键性差别．前者对三焦点平面上的**任何**点没有定义．

### 15.3.3 利用三焦点张量的直线转移

利用三焦点张量，根据表 15.2 的直线转移方程 $l_i = l'_j l''_k \mathcal{T}_i^{jk}$可以把直线从一对图像转移到第三幅图像上．该方程在第二幅和第三幅视图中的直线已知的条件下给出了第一幅视图中直线的显式公式．不过要注意，如果在第一幅和第二幅视图中的直线 $\mathbf{l}$ 和 $\mathbf{l}'$已知，那么 $\mathbf{l}''$可由解线性方程组$(l_r\varepsilon^{ris})l'_j l''_k \mathcal{T}_i^{jk} = 0^s$而得到，从而将其转移到第三幅图像．类似地可转移直线到第二幅图像．仅利用基本矩阵不可能进行直线转移．

**退化** 考虑图 12.8 中的几何．3 维空间中的直线 L 由通过 $\mathbf{l}$ 和 $\mathbf{l}'$的平面（即 $\boldsymbol{\pi}$和 $\boldsymbol{\pi}'$）的交线来定义．显然当平面 $\boldsymbol{\pi}$和 $\boldsymbol{\pi}'$重合，即它们为对极平面时，这条直线没有定义．因此，如果 $\mathbf{l}$ 和 $\mathbf{l}'$是第一幅和第二幅视图中对应的对极线，那么不能在第一幅和第三幅图像之间进行直线转移．从代数上看，直线转移方程给出 $l_i = l'_j l''_k \mathcal{T}_i^{jk} = 0$，而用来解 $\mathbf{l}''$的方程的矩阵

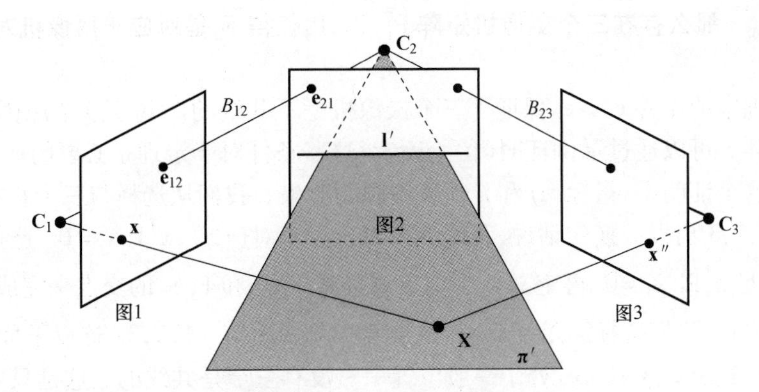


**图 15.9　用三焦张量计算点转移的退化性**．3D 点 $\mathbf{X}$ 由过 $\mathbf{x}$ 的射线和平面 $\boldsymbol{\pi}'$ 的交点确定．在第一幅与第二幅视图之间的基线段 $B_{12}$ 上的点 $\mathbf{X}$ 不能用这种方式确定．因此，线段 $B_{12}$ 上的 3D 点不能由第二幅视图中的直线所定义的单应转移到第三幅视图．注意直线 $B_{12}$ 上的点投影到第一幅视图的 $\mathbf{e}_{12}$ 和第二幅视图的 $\mathbf{e}_{21}$．除直线 $B_{12}$ 之外，任何点都可以被转移．特别是对介于视图二和视图三之间的基线段 $B_{23}$ 上的点或三焦点平面上的其他任何点都不存在退化问题．

$(l_r\varepsilon^{ris})l'_jT_i^{jk}$ 变为零．直线接近于对极线的情形时有发生，并且它们的转移不准确，因此要经常检测这个条件．对于由第三幅视图中的直线定义的第一幅和第二幅之间的直线转移，存在一个等价的退化．当第一幅和第三幅视图中的直线是这两幅视图对应的对极线时，会再次发生这种退化情形．

一般来说，第一幅和第二幅之间的对极几何与第一幅和第三幅之间的对极几何会有所不同，例如，在第一幅视图中，由第二幅视图产生的对极点 $\mathbf{e}_{12}$ 与由第三幅视图产生的对极点 $\mathbf{e}_{13}$ 会不一样．因此在第一幅视图中对应于第一和第二两幅视图的对极线与对应于第一和第三两幅视图的对极线不同．从而当直线转移到第三幅视图是退化时，转移到第二幅视图一般不会是退化的．然而，对于三焦点平面上的直线，转移总是退化(即未定义)的．

## 15.4　三幅视图的基本矩阵

三个基本矩阵 $\mathrm{F}_{12}, \mathrm{F}_{23}, \mathrm{F}_{31}$ 不是独立的，而是满足三个关系式：

$$\mathbf{e}_{23}^{\mathsf{T}}\mathrm{F}_{21}\mathbf{e}_{13} = \mathbf{e}_{31}^{\mathsf{T}}\mathrm{F}_{32}\mathbf{e}_{21} = \mathbf{e}_{32}^{\mathsf{T}}\mathrm{F}_{31}\mathbf{e}_{12} = 0 \tag{15.11}$$

这些关系可以很容易由图 15.8 看出．例如，$\mathbf{e}_{32}^{\mathsf{T}}\mathrm{F}_{31}\mathbf{e}_{12} = 0$ 来自于 $\mathbf{e}_{32}$ 和 $\mathbf{e}_{12}$ 是匹配点(对应于第 2 个摄像机的中心)．

射影上，三摄像机配置具有 18 个自由度：每个摄像机的 11 个减去全局射影多义性的 15 个．或者可以解释为基本矩阵的 $3 \times 7 = 21$ 个自由度减去以上关系的 3 个．三焦点张量也有 18 个自由度，并且由三焦点张量计算的基本矩阵将自动满足三个关系．

以上计数讨论意味着式(15.11)的三个关系足以确保三个基本矩阵的一致性．然而，单单计数讨论并不是令人信服的证明，因此下面给出一个证明．

**定义 15.5**　三个基本矩阵 $\mathrm{F}_{12}, \mathrm{F}_{23}, \mathrm{F}_{31}$ 被称为是**相容的**，如果它们满足式(15.11)的条件．在大多数情况下，这些条件足以确保三个基本矩阵对应于摄像机的某种几何配置．

**定理 15.6　设给定的三个基本矩阵 $\mathrm{F}_{12}, \mathrm{F}_{23}, \mathrm{F}_{31}$ 满足条件式(15.11)．并假设 $\mathbf{e}_{12} \neq \mathbf{e}_{13}$，**

**$\mathbf{e}_{21}\neq\mathbf{e}_{23}$，$\mathbf{e}_{31}\neq\mathbf{e}_{32}$. 那么存在三个摄像机矩阵 $\mathrm{P}_1$，$\mathrm{P}_2$，$\mathrm{P}_3$ 使得 $\mathrm{F}_{ij}$ 是对应于摄像机对($\mathrm{P}_i$，$\mathrm{P}_j$)的基本矩阵.**

注意该定理中的条件 $\mathbf{e}_{ij}\neq\mathbf{e}_{ik}$ 保证了三个摄像机是不共线的. 基于这个原因,这里将称其为**非共线性条件**. 可以通过示例证明(留给读者)这些条件对于定理是必要的.

**证明** 在这个证明中,指标 $i,j$ 和 $k$ 代表不同的对象. 我们从选择与三个基本矩阵一致的三个点 $\mathbf{x}_i$, $i=1,2,3$ 出发. 换句话说,我们需要对于所有对$(i,j)$, $\mathbf{x}_i^{\mathsf{T}}\mathrm{F}_{ij}\mathbf{x}_j=0$. 这很容易通过先选择 $\mathbf{x}_1$ 和 $\mathbf{x}_2$ 满足 $\mathbf{x}_2^{\mathsf{T}}\mathrm{F}_{21}\mathbf{x}_1=0$,再定义 $\mathbf{x}_3$ 为两条对极线 $\mathrm{F}_{32}\mathbf{x}_2$ 和 $\mathrm{F}_{31}\mathbf{x}_1$ 的交点来完成.

以类似的方式,我们选择满足 $\mathbf{y}_i^{\mathsf{T}}\mathrm{F}_{ij}\mathbf{y}_j=0$ 的第二组点 $\mathbf{y}_i$, $i=1,2,3$. 这以下面方式完成:每幅图像 $i$ 中的四个点 $\mathbf{x}_i$, $\mathbf{y}_i$, $\mathbf{e}_{ij}$, $\mathbf{e}_{ik}$ 处于一般位置——没有三个是共线的. 这是只要假设每幅图像中的两个对极点不同就可以做到的.

接下来,我们选择一般位置的五个世界点 $\mathbf{C}_1$, $\mathbf{C}_2$, $\mathbf{C}_3$, $\mathbf{X}$, $\mathbf{Y}$. 例如,可以采用通常的射影基. 我们现在可定义三个摄像机矩阵. 设第 $i$ 个摄像机矩阵 $\mathrm{P}_i$ 满足条件

$$\mathrm{P}_i\mathbf{C}_i=\mathbf{0},\ \mathrm{P}_i\mathbf{C}_j=\mathbf{e}_{ij},\ \mathrm{P}_i\mathbf{C}_k=\mathbf{e}_{ik},\ \mathrm{P}_i\mathbf{X}=\mathbf{x}_i,\ \mathrm{P}_i\mathbf{Y}=\mathbf{y}_i$$

换句话说,第 $i$ 个摄像机的中心位于 $\mathbf{C}_i$,且将四个世界点 $\mathbf{C}_j$, $\mathbf{C}_k$, $\mathbf{X}$, $\mathbf{Y}$ 映射到四个图像点 $\mathbf{e}_{ij}$, $\mathbf{e}_{ik}$, $\mathbf{x}_i$, $\mathbf{y}_i$. 这唯一地确定了摄像机矩阵,因为点在一般位置. 为理解这一点,回想一下摄像机矩阵定义了图像和通过摄像机中心的射线(2D 射影空间)之间的单应. 四个点的图像完全确定了这个单应. 设 $\hat{\mathrm{F}}_{ij}$ 是由一对摄像机矩阵 $\mathrm{P}_i$ 和 $\mathrm{P}_j$ 定义的基本矩阵. 只要证明对所有 $i,j$, $\hat{\mathrm{F}}_{ij}=\mathrm{F}_{ij}$,就完成了原定理的证明.

通过 $\mathrm{P}_i$ 和 $\mathrm{P}_j$ 的构造方式可知 $\hat{\mathrm{F}}_{ij}$ 和 $\mathrm{F}_{ij}$ 的对极点是相同的. 考虑图像 $i$ 中通过 $\mathbf{e}_{ij}$ 的对极线束. 该束形成直线的一维射影空间,并且基本矩阵 $\mathrm{F}_{ij}$ 诱导了该束和图像 $j$ 中通过 $\mathbf{e}_{ji}$ 的直线束之间的一个一一对应(实际上是单应). 基本矩阵 $\hat{\mathrm{F}}_{ij}$ 也引起同样束之间的单应. 如果两个基本矩阵诱导的单应是相同的,那么这两个基本矩阵是相同的.

如果两个一维单应在三个点(此时或者对极线)上是一致的,那么这两个单应是相同的. 关系 $\mathbf{x}_i^{\mathsf{T}}\mathrm{F}_{ij}\mathbf{x}_j=0$ 意味着图像 $i$ 中过 $\mathbf{x}_i$ 的对极线和图像 $j$ 中过 $\mathbf{x}_j$ 的对极线在由 $\mathrm{F}_{ij}$ 诱导的单应下是对应的. 通过构造也有 $\mathbf{x}_i^{\mathsf{T}}\hat{\mathrm{F}}_{ij}\mathbf{x}_j=0$,因为 $\mathbf{x}_i$ 和 $\mathbf{x}_j$ 是点 $\mathbf{X}$ 在两幅图像中的投影. 因此,两个单应关于这对对极线是一致的. 以同样方式,由 $\mathrm{F}_{ij}$ 和 $\hat{\mathrm{F}}_{ij}$ 诱导的单应关于与 $\mathbf{y}_i\leftrightarrow\mathbf{y}_j$ 和 $\mathbf{e}_{ik}=\mathbf{e}_{jk}$ 对应的对极线是一致的. 所以这两个单应关于束上的三条直线是一致的,从而是相等的,因此相应的基本矩阵也是相同的. (我们感谢 Frederik Schaffalitzky 的这个证明).

### 15.4.1 给定三个基本矩阵下摄像机矩阵的唯一性

刚才给出的证明显示对应于三个相容的基本矩阵(假设它们满足非共线性条件),至少存在一组摄像机. 重要的是知道这三个基本矩阵唯一地确定三个摄像机的配置,至少在相差一个不可避免的射影多义性下. 这将在下面证明.

前两个摄像机矩阵 P 和 P′可以用两视图技术(第 9 章)由基本矩阵 $\mathrm{F}_{21}$ 来确定. 余下的是在相同的射影坐标系下确定第三个摄像机矩阵 P″. 原则上可按下列步骤进行:

(1)在前两幅图像中选择一组匹配点 $\mathbf{x}_i\leftrightarrow\mathbf{x}'_i$,满足 $\mathbf{x}_i'^{\mathsf{T}}\mathrm{F}_{21}\mathbf{x}_i=0$,并利用三角测量确定对应的 3D 点 $\mathbf{X}_i$.

(2)利用基本矩阵 $\mathrm{F}_{31}$ 和 $\mathrm{F}_{32}$,由对极转移确定第三幅图像中的对应点 $\mathbf{x}''$.

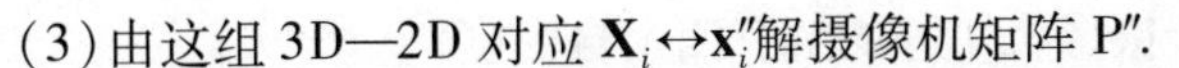

(3) 由这组 3D—2D 对应 $\mathbf{X}_i \leftrightarrow \mathbf{x}_i''$ 解摄像机矩阵 $P''$.

当点 $\mathbf{X}_i$ 在三焦点平面上时，这个算法的第二步将失效．这样的点 $\mathbf{X}_i$ 很容易被发现并舍去，因为它在第一幅图像中的投影点 $\mathbf{x}_i$ 位于两个对极点 $\mathbf{e}_{12}$ 和 $\mathbf{e}_{13}$ 的连线上．因为有无限多可能的匹配点，我们可以计算足够多这样的点以求得 $P''$.

这种方法失效的唯一情形是所有空间点 $X_i$ 都在三焦点平面上．这仅可能发生在三个摄像机中心共线的退化情形，此时三焦点平面不是唯一确定的．由此可见，除非三个摄像机中心共线，否则三个摄像机矩阵可以由基本矩阵确定．另一方面，若三个摄像机共线，则无法确定摄像机沿它们的中心连线的相对间距．这是因为基线段的长度不能由基本矩阵确定，且这三条基线段（摄像机中心之间的距离）可以任意选择，并仍与基本矩阵相容．这样就证明了下述事实：

**结论 15.7　给定满足非共线条件的三个相容的基本矩阵 $F_{21}$，$F_{31}$ 和 $F_{32}$，在相差一个 3D 射影坐标系的选择下，三个摄像机矩阵 $P$，$P'$ 和 $P''$ 是唯一的．**

## 15.4.2　由三个基本矩阵求摄像机矩阵的计算

给定三个相容的基本矩阵，存在一个简单方法来计算相应的三个摄像机矩阵．根据基本矩阵 $F_{21}$，可以利用结论 9.14 计算相应的一对摄像机矩阵（$P$，$P'$）．接下来，根据结论 9.12，第三个摄像机矩阵 $P''$ 必须满足条件：$P''^{\mathsf{T}}F_{31}P$ 和 $P''^{\mathsf{T}}F_{32}P'$ 是反对称矩阵．这些矩阵中的每一个都产生 10 个关于 $P''$ 元素的线性方程，共得到关于 $P''$ 的 12 个元素的 20 个方程．从这些可以线性地求出 $P''$.

如果这三个基本矩阵按定义 15.5 是相容的，并且定理 15.6 的非共线性条件成立，那么将存在解，并且解将是唯一的．然而，如果三个基本矩阵由点对应独立地计算，那么它们将不能完全满足相容性条件．在这种情况下，有必要计算最小二乘解以找到 $P''$．被最小化的误差不是基于几何的．最好仅在已知基本矩阵是相容时才使用该算法．

可以想到利用成对点对应来估计三个基本矩阵，再使用上述算法估计三个摄像机矩阵来进行三视图重构．但这不是一个很好的策略，原因如下．

(1) 由基本矩阵计算三个摄像机矩阵的方法假定基本矩阵是相容的．否则，就会涉及一个含非几何校正代价函数的最小二乘问题．

(2) 虽然结论 15.7 表明三个基本矩阵可以确定摄像机几何，从而确定三焦点张量，但这仅当摄像机不共线时才成立．当它们接近共线性时，关于摄像机相对位置的估计将变得不稳定.

作为确定三视图几何的手段，三焦点张量优于三个相容的基本矩阵．这是因为视图共线的困难对三焦点张量来说不是问题．即使对于共线摄像机，三焦点张量也是良定的，并且唯一确定三视图几何．不同的是，基本矩阵不包含对三个摄像机之间的相对位移的直接约束，而这包含在三焦点张量中．

由于三个摄像机的射影结构可以从三焦点张量显式地计算，因此三个视图对的三个基本矩阵全部都由三焦点张量确定．事实上，算法 15.1 给出的简单公式就可确定两个基本矩阵 $F_{21}$ 和 $F_{31}$．从三焦点张量确定的基本矩阵将满足相容性条件式(15.11).

## 15.4.3　与两个基本矩阵相容的摄像机矩阵

假设只给定两个基本矩阵 $F_{21}$ 和 $F_{31}$．它们能在多大程度上确定三个摄像机的几何？这里将证明,在通常的射影多义性之外,关于摄像机矩阵的解有四个自由度.

从 $F_{21}$ 可以计算一对摄像机矩阵 $(P,P')$,并且从 $F_{31}$ 可得一对 $(P,P'')$. 在这两种情况下,我们都可以选择 $P=[I\mid \mathbf{0}]$,从而产生与这对基本矩阵相容的三个摄像机矩阵 $(P,P',P'')$.

然而,三个摄像机矩阵的选择不是唯一的,因为对于表示 3D 射影变换的任何矩阵 $H_1$ 和 $H_2$,摄像机对 $(PH_1,P'H_1)$ 和 $(PH_2,P''H_2)$ 也与同样的基本矩阵相容. 为了保持在每种情形下 P 等于 $[I\mid \mathbf{0}]$,$H_i$ 的形式必须限制为

$$H_i=\begin{bmatrix} I & \mathbf{0} \\ \mathbf{v}_i^{\mathsf{T}} & k_i \end{bmatrix}$$

我们现在可以确定与 $F_{21}$ 相容的前两个摄像机矩阵 $(P,P')$ 的特定选择. 这等价于固定一个特殊的射影坐标系. 摄像机矩阵的一般解是 $(P,P',P''H_2)$,其中 $H_2$ 具有上面给出的形式,并且两对 $(P,P')$ 和 $(P,P'')$ 与两个基本矩阵是相容的.

还允许整体射影多义性,最一般的解是 $(PH,P'H,P''H_2H)$,它给出总共 19 个自由度,射影变换 H 的 15 个和 $H_2$ 的 4 个自由度. 利用如下的计数讨论也可发现相同的自由度数:两个基本矩阵每个具有 7 个自由度,总共为 14. 另一方面三个任意摄像机具有 $3\times 11=33$ 个自由度. 由两个基本矩阵施加的 14 个约束为三个摄像机矩阵留下 19 个剩余自由度.

## 15.5 结束语

三视图几何的推导与本书第二篇中的两视图几何相类似. 三焦点张量可以由三幅视图的图像对应计算得到,随之可以得到摄像机和 3D 场景的射影重构. 三焦点张量的计算在第 16 章中介绍. 采用与第 10 章中同样的方式,通过提供场景或摄像机的附加信息,射影多义性可以被简化为仿射或度量. 与第 13 章中类似的推导,可以给出由场景平面和三焦点张量诱导的单应之间的关系.

### 15.5.1 文献

三焦点张量的发现可以追溯到[Spetsakis-91]和[Weng-88],其中三焦点张量被用于在摄像机已标定情况下的直线的场景重构. 后来[Hartley-94d]证明它同样可以用于未标定情形下的场景的射影重构. 在此之前都使用矩阵记号,然而[Viéville-93]对此问题采用了张量符号.

与此同时,Shashua 独立地引入了关于未标定摄像机的三幅视图中的对应点坐标之间的三线性条件[Shashua-94,Shashua-95a]. 随后[Hartley-95b,Hartley-97c]证明了由直线求点和场景重构的 Shashua 关系式来自于共同的张量,并且三焦点张量被正式确认.

随后的工作中研究了张量的性质,如[Shashua-95b]. 特别的,[Triggs-95]介绍了指标的混合协变——逆变性质,而[Zisserman-96]介绍了由张量表示的单应的几何性质. Faugeras 和 Mourrain[Faugeras-95a]创造性地给出了三焦点张量方程新的推导,并在涉及多视图的一般线性约束的范畴内考虑了三焦点张量. 该方法将在第 17 章中讨论. 张量的更多的几何性质由 Faugeras 和 Papadopoulo[Faugeras-97]给出.

对极点转移在[Barrett-92,Faugeras-94]中给出了介绍,[Zisserman-94]等指出了它的不足之处.

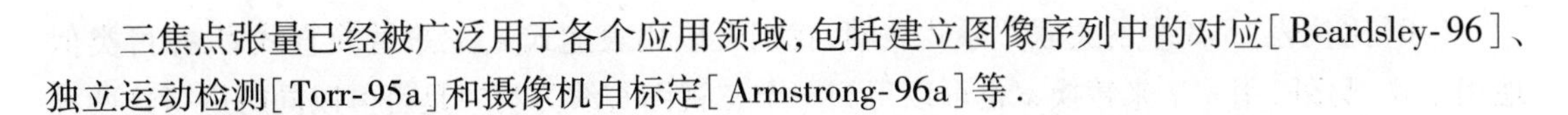

三焦点张量已经被广泛用于各个应用领域,包括建立图像序列中的对应[Beardsley-96]、独立运动检测[Torr-95a]和摄像机自标定[Armstrong-96a]等.

### 15.5.2 注释与练习

(1)三焦点张量在 3D 射影变换下不变. 显式地证明:如果 $H_{4\times4}$是使第一个摄像机矩阵变为 $P=[I\mid\mathbf{0}]$的变换,那么由式(15.1)定义的张量不变.

(2)本章中三焦点张量的推导是由三条对应直线的关联性质开始的. 证明:另一个出发点可以是由平面诱导的单应. 推理要点:选定摄像机为规范摄像机集合 $P=[I\mid\mathbf{0}]$,$P'=[A\mid\mathbf{a}_4]$,$P''=[B\mid\mathbf{b}_4]$,并从由平面$\boldsymbol{\pi}'$诱导的第一幅和第三幅视图之间的单应 $H_{13}$出发. 根据结论 13.1,这个单应可以被写成 $H_{13}=B-\mathbf{b}_4\mathbf{v}^{\mathsf{T}}$,其中$\boldsymbol{\pi}'^{\mathsf{T}}=(\mathbf{v}^{\mathsf{T}},1)$. 此时由第二幅视图中的直线$\mathbf{l}'$定义的平面为$\boldsymbol{\pi}'=P'^{\mathsf{T}}\mathbf{l}'$. 然后证明结论 15.2.

(3)涉及第一幅视图的单应可以用三焦点张量 $\mathcal{T}_i^{jk}$表示成结论 15.2 给出的简单形式. 对于由第一幅图像中的直线 $\mathbf{l}$ 诱导的第二幅到第三幅视图的单应 $H_{23}$,研究是否有简单的公式.

(4)缩并 $x^i\mathcal{T}_i^{jk}$是一个 $3\times3$ 矩阵. 证明这可以被解释为是由第一幅视图中的点 $\mathbf{x}$ 反投影的直线所诱导的第二幅和第三幅视图之间的关联映射(见定义 2.29).

(5)**三幅视图的平面加视差**. 三幅视图的平面加两点配置(参见图 13.9)具有丰富的几何性质:设(参考)平面外的点为 $\mathbf{X}$ 和 $\mathbf{Y}$. 从每个摄像机中心将点 $\mathbf{X}$ 投影到参考平面上形成一个三角形 $\mathbf{x},\mathbf{x}',\mathbf{x}''$,并且类似地将点 $\mathbf{Y}$ 投影到三角形 $\mathbf{y},\mathbf{y}',\mathbf{y}''$. 那么这两个三角形形成 Desargues 配置,并由一个平面单应相关联(见 A7.2 节). 一个简单的草图显示,连接对应三角形顶点的直线$(\mathbf{x},\mathbf{y})$,$(\mathbf{x}',\mathbf{y}')$,$(\mathbf{x}'',\mathbf{y}'')$共点,它们的交点为连接 $\mathbf{X}$ 和 $\mathbf{Y}$ 的直线穿过参考平面的点. 类似地,对应三角形边的交点是共线的,并且这样形成的直线是摄像机的三焦点平面与参考平面的交线. 进一步的细节在[Criminisi-98, Irani-98, Triggs-00b]中给出.

(6)当三个摄像机有两个中心相同时,三焦点张量可以有更简单的形式. 这里有两种情形:

(a)如果第二个和第三个摄像机有相同的中心,那么 $\mathcal{T}_i^{jk}=F_{ri}H_s^k\varepsilon^{rjs}$,其中 $F_{ri}$是前两幅视图的基本矩阵,H 是第二幅到第三幅视图由其中心相同这一事实诱导出的单应.

(b)如果第一幅和第二幅视图有相同的中心,那么 $\mathcal{T}_i^{jk}=H_i^j\mathbf{e}''^k$,其中 H 是第一幅到第二幅视图的单应,$\mathbf{e}''$是第三幅图像中的对极点.

利用第 17 章中的方法证明这些关系.

(7)考虑摄像机间短基线的情形并推导三焦点张量的一种不同形式,见[Astrom-98, Triggs-99b].

(8)关于三幅视图其实有三个不同的三焦点张量,它们取决于三个摄像机中的哪一个对应于协变指标. 给定一个这样的张量$[T_i]$,证明张量$[T_i']$可以通过下列几步算得:

(a)由三焦点张量求出三个摄像机矩阵 $P=[I\mid\mathbf{0}]$,$P'$和 $P''$.

(b)求出使得 $P'H=[I\mid\mathbf{0}]$的 3D 射影变换 H,并将它分别应用于 $P'$和 $P''$.

(c)利用式(15.1)计算张量$[T_i']$.

(9)研究 9.3 节中(对基本矩阵)所介绍的特殊运动(纯旋转、平面运动)下三焦点张量的形式和性质(如矩阵 $T_i$的秩).

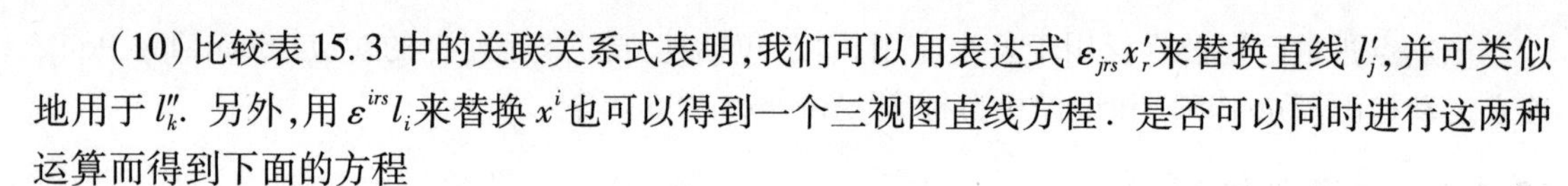

(10) 比较表 15.3 中的关联关系式表明，我们可以用表达式 $\varepsilon_{jrs}x'^{r}$ 来替换直线 $l'_j$，并可类似地用于 $l''_k$. 另外，用 $\varepsilon^{irs}l_i$ 来替换 $x^i$ 也可以得到一个三视图直线方程．是否可以同时进行这两种运算而得到下面的方程

$$(\varepsilon^{iru}l_i)(\varepsilon_{jsv}x'^{j})(\varepsilon_{ktw}x''^{k})\mathcal{T}_r^{st}=0^u_{vw}?$$

为什么行或为什么不行？

(11) **仿射三焦点张量**．如果三个摄像机 P，P′和 P″都是仿射（定义 6.3）的，那么对应的张量 $\mathcal{T}_A$ 是**仿射三焦点张量**．张量的这种仿射特殊化形式有 12 个自由度和 16 个非零元素．仿射三焦点张量首先由[Torr-95b]定义，并在[Kahl-98a，Quan-97a，Thorhallsson-99]中进行了研究．它可使用与仿射基本矩阵（第 14 章）一样非常稳定的数值估计方法．已经证明它在跟踪应用中（其中感兴趣对象（如汽车）的尺寸相对于场景深度来说较小）具有非常好的性能[Hayman-03，Tordoff-01].

# 第 16 章 三焦点张量 $\mathcal{T}$ 的计算

本章介绍由给定三幅视图的一组点对应和直线对应来估计三焦点张量的数值方法. 其推导过程将非常类似于对基本矩阵的计算,并且使用大量第 11 章的相同技术. 我们将特别讨论 5 种方法:

(1)基于直接解线性方程组的线性方法(经过适当的数据归一化)(16.2 节).

(2)在满足关于该张量的所有适当约束下最小化代数误差的迭代方法(16.3 节).

(3)最小化几何误差的迭代方法("黄金标准"方法)(16.4.1 节).

(4)最小化几何误差的 Sampson 近似的迭代方法(16.4.3 节).

(5)基于 RANSAC 的鲁棒估计(16.6 节).

## 16.1 基本方程组

涉及三焦点张量的(三重)线性方程组的完整集合在表 16.1 给出,所有这些方程关于三焦点张量 T 的元素都是线性的.

| 对应 | 关系 | 方程数 |
|---|---|---|
| 三点 | $x^i x'^j x''^k \varepsilon_{jqs}\varepsilon_{krt}\mathcal{T}_i^{qr} = 0_{st}$ | 4 |
| 两点、一直线 | $x^i x'^j l''_r \varepsilon_{jqs}\mathcal{T}_i^{qr} = 0_s$ | 2 |
| 一点、两直线 | $x^i l'_q l''_r \mathcal{T}_i^{qr} = 0$ | 1 |
| 三直线 | $l_p l'_q l''_r \varepsilon^{piw}\mathcal{T}_i^{qr} = 0^w$ | 2 |

**表 16.1 三幅视图中点和直线坐标之间的三线性关系.** 最后一列表示线性独立的方程个数. 记号 $0_{st}$ 表示所有元素为零的 2 维张量. 因此本表的第一行对应于 9 个方程,每个方程对应于 $s$ 和 $t$ 的一个选择. 但是,在这 9 个方程中,仅有 4 个是线性独立的.

给定三幅图像之间的若干点或直线对应,所产生的完整方程组形如 $\mathbf{At}=\mathbf{0}$,其中 $\mathbf{t}$ 是由三焦点张量元素构成的 27 维向量,由这些方程可以解出三焦点张量的元素. 注意:包含点的方程可以与包含直线的方程组合在一起——一般情况下表 16.1 中所有现成的方程都可以同时使用. 因为 $\mathcal{T}$ 有 27 个元素,所以在相差一个尺度因子下解 $\mathbf{t}$ 需要 26 个方程. 当多于 26 个方程时,则求最小二乘解,如求基本矩阵一样,可以利用算法 A5.4,在满足约束 $\|\mathbf{t}\|=1$ 下最小化 $\|\mathbf{At}\|$.

以上给出了计算三焦点张量的线性算法的一个简要概述. 然而为了由此建立一个实用算

法，还需要注意一些其他问题，例如归一化等．具体地说，张量估计必须满足各种约束，我们将在下文考虑这些．

### 16.1.1 内在约束

基本矩阵与三焦点张量之间最显著的区别是三焦点张量的约束数目更大．基本矩阵仅有一个约束，即 $\det(\mathrm{F})=0$，不计尺度因子，留下 7 个自由度．另一方面，三焦点张量有 27 个元素，但在相差一个射影变换下确定等价的摄像机配置仅需要 18 个参数．因此三焦点张量满足 8 个独立的代数约束．这个条件很方便地叙述如下：

**定义 16.1** 一个三焦点张量 $\mathcal{T}_i^{jk}$ 被称为“几何有效”或“满足所有内在约束”，如果存在三个摄像机矩阵 $\mathrm{P}=[\mathrm{I}\mid\mathbf{0}]$，$\mathrm{P}'$ 和 $\mathrm{P}''$，使得 $\mathcal{T}_i^{jk}$ 按照式(15.9)对应于这三个摄像机矩阵．

如基本矩阵一样，重要的是以某种方式强置这些约束以获得几何有效三焦点张量．如果张量不满足这些约束，便会出现类似于秩不为 2 的基本矩阵的后果——对不同的 $\mathbf{x}$，由 $\mathrm{F}\mathbf{x}$ 计算的对极线不交于同一点(见图 11.1)．例如，如果张量不满足这些内在约束，并且如 15.3 节所介绍的把它用于在给定两幅视图对应的情形下，将点转移到第三幅视图，那么转移点的位置将随使用表 16.1 中的方程组的不同而不同．下面的目标始终是估计几何有效的三焦点张量．

三焦点张量元素满足的约束不能简单地表示(如 $\det=0$)，有些人曾认为这是精确计算三焦点张量的一个障碍．然而实际上，为了处理或计算三焦点张量，并不需要显式地表示这些约束——而是通过三焦点张量的适当参数化来隐式地强置它们，并且很少引起任何麻烦．我们将在 16.3 节和 16.4.2 节中回到这个参数化问题．

### 16.1.2 最小配置——6 点对应

一个几何有效的三焦点张量可以由 6 点配置的图像来算得，只要这些场景点处在一般位置上即可．它有一个或三个实解．张量由 20.2.4 节中介绍的算法 20.1 所获得的三个摄像机矩阵来计算．这种最小配置 6 点解将用于 16.6 节的鲁棒算法．

## 16.2 归一化线性算法

由表 16.1 中关于 $\mathcal{T}$ 的方程组来构造矩阵方程 $\mathrm{A}\mathbf{t}=\mathbf{0}$ 时，不必使用从每组对应推出的所有方程，因为并不是所有这些方程都是线性无关的．例如在点-点-点对应情形(表 16.1 中的第一行)，$s$ 和 $t$ 的所有选择导致 9 个方程，但这些方程中仅有 4 个是线性无关的，这 4 个方程可以由 $s$ 和 $t$ 各选 2 个值(例如 1 和 2)而得到．17.7 节将对此做更详细的讨论．

读者可以验证对于 $s$ 和 $t$ 的一个给定值，由表 16.1 得到的三点方程可以展开为

$$x^k(x'^i x''^m \mathcal{T}_k^{jl} - x'^j x''^m \mathcal{T}_k^{il} - x'^i x''^l \mathcal{T}_k^{jm} + x'^j x''^l \mathcal{T}_k^{im}) = 0^{ijlm} \tag{16.1}$$

式中，$i,j\neq s$ 且 $l,m\neq t$．方程式(16.1)当 $i=j$ 或 $l=m$ 时变为 $0=0$，故不起作用，并且对换 $i$ 和 $j$(或 $l$ 和 $m$)仅改变方程的符号．通过设置 $j=m=3$，且让 $i$ 和 $l$ 自由变动，可以得到 4 个独立方程的一种选择．可以令坐标 $x^3$，$x'^3$ 和 $x''^3$ 为 1 以获得被观测的图像坐标之间的关系．则方程式(16.1)变为

$$x^k(x'^i x''^l \mathcal{T}_k^{33} - x''^l \mathcal{T}_k^{i3} - x'^i \mathcal{T}_k^{3l} + \mathcal{T}_k^{il}) = 0 \tag{16.2}$$

$i,l=1,2$ 的四种不同选择给出由所观测的图像坐标表示的 4 个不同的方程．

**如何表示直线**　表 16.1 中三条直线对应的方程可以改写为

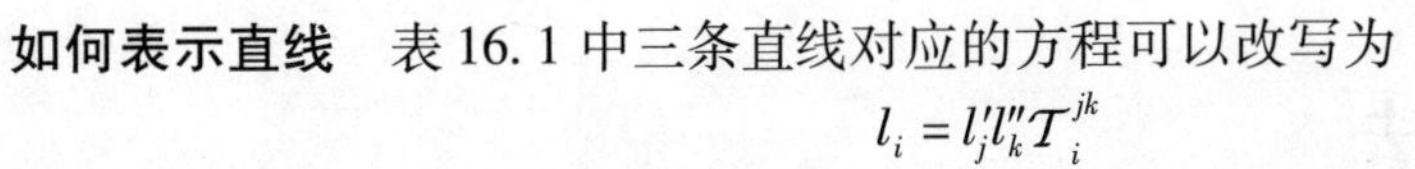

$$l_i = l'_j l''_k \mathcal{T}_i^{jk}$$

与通常的齐次元素一样，这里的等式相差一个尺度因子．当噪声存在时，这个关系仅被**测量**直线 $\mathbf{l}$，$\mathbf{l}'$ 和 $\mathbf{l}''$ 近似地满足，但将被靠近这三条测量直线的三条直线 $\hat{\mathbf{l}}$，$\hat{\mathbf{l}}'$ 和 $\hat{\mathbf{l}}''$ 精确地满足．

现在的问题是有微小数量差别的两组齐次坐标是否描述某种几何意义下互相靠近的直线．考虑两个向量 $\mathbf{l}_1 = (0.01, 0, 1)^\mathsf{T}$ 和 $\mathbf{l}_2 = (0, 0.01, 1)^\mathsf{T}$，显然作为向量，它们没有多大区别，事实上 $\|\mathbf{l}_1 - \mathbf{l}_2\|$ 很小．另一方面，$\mathbf{l}_1$ 表示直线 $x = 100$，$\mathbf{l}_2$ 表示直线 $y = 100$. 因此在几何意义下，这两条直线完全不同．注意，这个问题可以通过尺度缩放得到缓解．如果坐标用因子 0.01 进行缩放，那么直线坐标变为 $\mathbf{l}_1 = (1, 0, 1)^\mathsf{T}$ 和 $\mathbf{l}_2 = (0, 1, 1)^\mathsf{T}$，它们很不相同．

不过，这个观察表明当表示直线时需要谨慎．设已给定三条直线 $\mathbf{l}$，$\mathbf{l}'$ 和 $\mathbf{l}''$ 的一组对应，并选定 $\mathbf{l}$ 上的两点 $\mathbf{x}_1$ 和 $\mathbf{x}_2$. 每个点给出三幅视图之间的一组对应 $\mathbf{x}_s \leftrightarrow \mathbf{l}' \leftrightarrow \mathbf{l}''$，$s = 1, 2$，也就是存在一条 3D 直线映射到第二幅和第三幅图像中的 $\mathbf{l}'$ 和 $\mathbf{l}''$，并且映射到第一幅图像中通过 $\mathbf{x}_s$ 的一条直线（即 $\mathbf{l}$）. 从这些对应得到形如 $x_s^i l'_j l''_k \mathcal{T}_i^{jk} = 0_s$，$s = 1, 2$ 的两个方程．用此办法避免了在第一幅图像中使用直线，尽管不能在其他图像中都避免．通常图像中的直线很自然地由一对点（可能是线段的两个端点）来定义．如 16.7.2 节中将要介绍的，即使由图像中一组边缘点的最优拟合所定义的直线，也可以看成是它们仅由两点定义．

**归一化**　如同这种类型的所有算法一样，在建立和求解线性方程组之前有必要对输入数据预先进行归一化．然后必须矫正这个归一化以找到原数据的三焦点张量．值得推荐的归一化方法与基本矩阵的计算中所采用方法非常相同．对每幅图像进行一个平移使点的形心位于原点，然后乘以一个比例因子使点到原点的平均（RMS）距离为 $\sqrt{2}$. 对直线的情形，该变换必须通过考虑每条直线的两个端点（或在图像中可见的某些典型的直线点）来定义．三焦点张量在这些归一化变换下的变换规则在 A1.2 节中给出．计算 $\mathcal{T}$ 的归一化线性算法总结在算法 16.1 中．

这个算法没有考虑 16.1.1 节中讨论的必须应用于 $\mathcal{T}$ 的约束条件．这些约束必须在上述算法中消除归一化（最后一步）之前强迫实行．强迫这些约束的方法将在下面考虑．

<u>目标</u>

已知 3 幅图像的 $n \geq 7$ 组图像点对应，或者至少 13 组直线对应，或者点对应和直线对应的混合，计算三焦点张量．

<u>算法</u>

（1）寻求应用于这三幅图像的变换矩阵 H，H′，H″.

（2）按照 $x^i \mapsto \hat{x}^i = \mathrm{H}_j^i x^j$ 对点进行变换，按照 $l_i \mapsto \hat{l}_i = (\mathrm{H}^{-1})_i^j l_j$ 对直线进行变换．第二幅和第三幅图像中的点和直线按相同方式变换．

（3）利用表 16.1 中的方程，并由算法 A5.4 解形如 $\mathbf{At} = \mathbf{0}$ 的方程组，线性地计算关于变换后的点和直线的三焦点张量 $\hat{\mathcal{T}}$.

（4）按照 $\mathcal{T}_i^{jk} = \mathrm{H}_i^r (\mathrm{H}'^{-1})_s^j (\mathrm{H}''^{-1})_t^k \hat{\mathcal{T}}_r^{st}$ 计算对应于原数据的三焦点张量．

算法 16.1　计算 $\mathcal{T}$ 的归一化线性算法

## 16.3 代数最小化算法

16.1.1 节中讨论过,线性算法 16.1 给出的张量不一定对应于任何几何配置. 下一个任务就是矫正这个张量使其满足所要求的约束.

我们的任务是从一组图像对应来计算一个几何有效的三焦点张量 $\mathcal{T}_i^{jk}$. 求得的张量将最小化相应输入数据的代数误差. 也就是说,我们在满足 $\|\hat{\mathbf{t}}\|=1$ 下最小化 $\|\mathrm{A}\hat{\mathbf{t}}\|$,其中$\hat{\mathbf{t}}$是由几何有效的三焦点张量的元素构成的向量. 这个算法非常类似于求基本矩阵的代数算法(11.3节). 与基本矩阵一样,第一步也是计算对极点.

**恢复对极点** 设 $\mathbf{e}'$ 和 $\mathbf{e}''$ 是第二幅和第三幅图像对应于第一个摄像机中心的对极点(即是该中心的像). 由结论 15.4 可知这两个对极点 $\mathbf{e}'$(和 $\mathbf{e}''$)同时正交于三个矩阵 $\mathrm{T}_i$ 的左(相应地右)零向量. 从而这两个对极点原则上可以用算法 15.1 中概述的方法由三焦点张量而求得. 然而,在有噪声时,可以简单转换为基于算法 A5.4 的 4 次应用来求对极点的算法.

(1) 对每个 $i=1,2,3$,找到最小化 $\|\mathrm{T}_i\mathrm{v}_i\|$ 的单位向量 $\mathrm{v}_i$,其中 $\mathrm{T}_i=\mathcal{T}_i^{\cdot\cdot}$. 以 $\mathbf{v}_i^{\mathsf{T}}$ 作为第 $i$ 行构造矩阵 V.

(2) 求最小化 $\|\mathrm{V}\mathbf{e}''\|$ 的单位向量作为对极点 $\mathbf{e}''$.

用 $\mathrm{T}_i^{\mathsf{T}}$ 代替 $\mathrm{T}_i$ 可以类似地计算对极点 $\mathbf{e}'$.

**代数最小化** 求出对极点之后,下一步就是确定可用来计算三焦点张量的摄像机矩阵 $\mathrm{P}'$,$\mathrm{P}''$的其余元素. 这一步计算是线性的.

从三焦点张量的形式(式(15.9))可以看到,一旦对极点 $\mathbf{e}'^j=a_4^j$ 和 $\mathbf{e}''^k=b_4^k$ 已知,那么该三焦点张量可以用矩阵 $a_i^j$ 和 $b_i^k$ 的其余元素线性地表示出来. 这个关系可以被线性地写为 $\mathbf{t}=\mathrm{E}\mathbf{a}$,其中 $\mathbf{a}$ 是由余下元素 $a_j^i$ 和 $b_j^i$ 构成的向量,$\mathbf{t}$ 是该三焦点张量的元素构成的向量,而 E 是由式(15.9)表示的线性关系. 我们希望对所有满足 $\|\mathbf{t}\|=1$,即 $\|\mathrm{E}\mathbf{a}\|=1$ 的 $\mathbf{a}$,最小化代数误差 $\|\mathrm{A}\mathbf{t}\|=\|\mathrm{AE}\mathbf{a}\|$. 这个最小化问题由算法 A5.6 解决. 解 $\mathbf{t}=\mathrm{E}\mathbf{a}$ 给出了一个满足所有约束并且在给定对极点下最小化代数误差的三焦点张量.

**迭代方法** 用来计算几何有效的三焦点张量 $\mathcal{T}_i^{jk}$ 的两个对极点由 $\mathcal{T}_i^{jk}$ 的估计值确定,而 $\mathcal{T}_i^{jk}$ 由线性算法得到. 类似于基本矩阵的情形,映射$(\mathbf{e}',\mathbf{e}'')\mapsto\mathrm{AE}\mathbf{a}$ 是一个 $\mathrm{IR}^6\rightarrow\mathrm{IR}^{27}$ 映射. 应用 Levenberg-Marquardt 算法优化对极点的选择将得到三焦点张量的一个(关于代数误差的)最优估计. 注意这个迭代问题的规模是适度的,因为仅有 6 个参数(即对极点的齐次坐标)包含在迭代问题中.

这个方法与后面将要考虑的用几何误差求最优三焦点张量的迭代估计形成鲜明对比. 后一问题需要估计三个摄像机的参数,加上所有点的坐标,它是一个大型估计问题.

估计三焦点张量的完整的代数算法总结在算法 16.2 中.

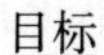
目标

给定三幅视图中的一组点对应和直线对应,计算三焦点张量.

算法

(1)从点和直线对应的集合,利用表 16.1 所给出的关系计算形如 $\mathbf{At}=\mathbf{0}$ 的方程组.

(2)利用算法 A5.4 解这些方程,求得三焦点张量 $\mathcal{T}_i^{jk}$ 的一个初始估计.

(3)从 $\mathcal{T}_i^{jk}$ 求两个对极点 $\mathbf{e}'$ 和 $\mathbf{e}''$,即 $\mathbf{e}'(\mathbf{e}'')$ 同时垂直于三个 $\mathrm{T}_i$ 的左(右)零向量.

(4)构造使得 $\mathbf{t}=\mathrm{E}\mathbf{a}$ 的 $27\times18$ 矩阵 E,其中 $\mathbf{t}$ 是 $\mathcal{T}_i^{jk}$ 的元素组成的向量,$\mathbf{a}$ 是表示 $a_i^j$ 和 $b_i^k$ 的元素的向量,而 E 表示线性关系 $\mathcal{T}_i^{jk}=a_i^j e''^k - e'^j b_i^k$.

(5)解最小化问题:利用算法 A5.6,在满足 $\|\mathrm{E}\mathbf{a}\|=1$ 下,最小化 $\|\mathrm{AE}\mathbf{a}\|$. 计算误差向量 $\boldsymbol{\varepsilon}=\mathrm{AE}\mathbf{a}$.

(6)**迭代**:映射 $(\mathbf{e}',\mathbf{e}'')$ a $\boldsymbol{\varepsilon}$ 是一个从 $\mathrm{IR}^6$ 到 $\mathrm{IR}^{27}$ 的映射. 利用 Levenberg-Marquardt 算法在上面最后两步中改变 $\mathbf{e}'$ 和 $\mathbf{e}''$ 的值进行迭代以找到最优的 $\mathbf{e}',\mathbf{e}''$. 由此找到包含 $\mathcal{T}_i^{jk}$ 的元素的最优解 $\mathbf{t}=\mathrm{E}\mathbf{a}$.

算法 16.2　**最小化代数误差求三焦点张量**. 同算法 16.1 一样,须对归一化的数据进行计算. 为简单起见,这里省略了归一化和反归一化步骤. 本算法求最小化代数误差的几何有效三焦点张量. 倘若以稍微差一点的解为代价,上面最后的迭代步骤可省略,从而提供一个快速的非迭代算法.

## 16.4　几何距离

### 16.4.1　三焦点张量的黄金标准方法

如基本矩阵的计算一样,可以期望最好的结果从最大似然估计(或“黄金标准”)中得到. 因为这在基本矩阵的计算中已经充分介绍,对三视图情形没有多少需要补充.

给定三幅视图中的点对应集合 $\{\mathbf{x}_i\leftrightarrow\mathbf{x}_i'\leftrightarrow\mathbf{x}_i''\}$,要最小化的代价函数是

$$\sum_i d(\mathbf{x}_i,\hat{\mathbf{x}}_i)^2 + d(\mathbf{x}'_i,\hat{\mathbf{x}}'_i)^2 + d(\mathbf{x}''_i,\hat{\mathbf{x}}''_i)^2 \tag{16.3}$$

式中,点 $\hat{\mathbf{x}}_i,\hat{\mathbf{x}}_i',\hat{\mathbf{x}}_i''$ 准确地满足所估计三焦点张量的三焦点约束(如表 16.1). 同基本矩阵一样,我们需要进一步引入对应于 3D 点 $\mathbf{X}_i$ 的变量,并利用矩阵 P′ 和 P″ 的元素参数化三焦点张量(见下文). 然后关于 3D 点 $\mathbf{X}_i$ 的位置和满足 $\hat{\mathbf{x}}_i=[\mathrm{I}\mid\mathbf{0}]\mathbf{X}_i$, $\hat{\mathbf{x}}_i'=\mathrm{P}'\mathbf{X}_i$, $\hat{\mathbf{x}}_i''=\mathrm{P}''\mathbf{X}_i$ 的两个摄像机矩阵 P′ 和 P″ 最小化代价函数. 本质上,这是对三幅视图进行捆集调整. 这需要用到 A6.3 节中的稀疏矩阵技术.

一种好的初始估计方法是代数算法 16.2,不过最后的迭代步骤可忽略. 这个算法给出了 P′ 和 P″ 元素的一个直接估计. 3D 点 $\mathbf{X}_i$ 的初始估计可以由 12.2 节的线性三角测量法而获得. 本算法的步骤概括在算法 16.3 中.

这个技术可以推广到包含直线对应的情形. 为此,需要找到便于计算的 3D 直线的表示. 给定一组三视图直线对应 $\mathbf{l}\leftrightarrow\mathbf{l}'\leftrightarrow\mathbf{l}''$,这些直线可由它们在每幅图像中的端点定义. 在 LM 参数最小化中描述 3D 直线的一个非常方便的办法是利用它在第二幅和第三幅视图中的投影 $\hat{\mathbf{l}}'$ 和 $\hat{\mathbf{l}}''$. 给定一个侯选三焦点张量,利用直线转移方程 $\hat{l}_i=\hat{l}_j'\hat{l}_k''\mathcal{T}_i^{jk}$ 可以很容易计算 3D 直线到第一幅

视图上的投影．然后对于测量直线和估计直线之间的距离 $d(\mathbf{l}_i,\hat{\mathbf{l}}_i)$ 的某个适当解释，最小化直线距离的平方和

$$\sum_i d(\mathbf{l}_i,\hat{\mathbf{l}}_i)^2 + d(\mathbf{l}'_i,\hat{\mathbf{l}}'_i)^2 + d(\mathbf{l}''_i,\hat{\mathbf{l}}''_i)^2$$

如果测量直线由其端点确定，那么明显可用的距离度量是从测量端点到估计直线的距离．一般情形下可以使用 Mahalanobis 距离．

目标

给定 $n\geqslant 7$ 组图像点对应 $\{\mathbf{x}_i\leftrightarrow\mathbf{x}'_i\leftrightarrow\mathbf{x}''_i\}$，确定三焦点张量的最大似然估计．

MLE 还包含求一组辅助点对应 $\{\hat{\mathbf{x}}_i\leftrightarrow\hat{\mathbf{x}}'_i\leftrightarrow\hat{\mathbf{x}}''_i\}$，它们准确地满足所估计三焦点张量的三线性关系并且最小化

$$\sum_i d(\mathbf{x}_i,\hat{\mathbf{x}}_i)^2 + d(\mathbf{x}'_i,\hat{\mathbf{x}}'_i)^2 + d(\mathbf{x}''_i,\hat{\mathbf{x}}''_i)^2$$

算法

（1）利用诸如算法 16.2 的一个线性算法计算 $\mathcal{T}$ 的一个初始的几何有效估计．

（2）计算辅助变量 $\{\hat{\mathbf{x}}_i,\hat{\mathbf{x}}'_i,\hat{\mathbf{x}}''_i\}$ 的一个初始估计如下：

（a）由 $\mathcal{T}$ 恢复摄像机矩阵 $\mathrm{P}'$ 和 $\mathrm{P}''$．

（b）利用第 12 章的三角测量法，由对应 $\mathbf{x}_i\leftrightarrow\mathbf{x}'_i\leftrightarrow\mathbf{x}''_i$ 和 $\mathrm{P}=[\mathrm{I}\mid\mathbf{0}],\mathrm{P}',\mathrm{P}''$ 确定 $\hat{\mathbf{X}}_i$ 的一个估计．

（c）获得与 $\mathcal{T}$ 相容的对应为

$$\hat{\mathbf{x}}_i=\mathrm{P}\hat{\mathbf{X}}_i,\quad \hat{\mathbf{x}}'_i=\mathrm{P}'\hat{\mathbf{X}}_i,\quad \hat{\mathbf{x}}''_i=\mathrm{P}''\hat{\mathbf{X}}_i$$

（3）在 $\mathcal{T}$ 和 $\hat{\mathbf{X}}_i,i=1,\cdots,n$ 上最小化代价函数

$$\sum_i d(\mathbf{x}_i,\hat{\mathbf{x}}_i)^2 + d(\mathbf{x}'_i,\hat{\mathbf{x}}'_i)^2 + d(\mathbf{x}''_i,\hat{\mathbf{x}}''_i)^2$$

利用 Levenberg-Marquardt 算法在 $3n+24$ 个变量（$n$ 个 3D 点 $\hat{\mathbf{X}}_i$ 的 $3n$ 个变量，和摄像机矩阵 $\mathrm{P}',\mathrm{P}''$ 的元素的 24 个变量）上最小化该代价函数．

算法 16.3　由图像对应估计 T 的黄金标准算法．

### 16.4.2　三焦点张量的参数化

如果三焦点张量仅用其 27 个元素参数化，那么所估计的张量将不满足内在约束．一种确保张量满足其内在约束（从而是几何有效的）的参数化被称为是**一致的**．

因为由定义 16.1 可知：由三个摄像机矩阵 $\mathrm{P}=[\mathrm{I}\mid\mathbf{0}],\mathrm{P}',\mathrm{P}''$ 按式（15.9）产生的张量是几何有效的，由此推出这三个摄像机矩阵总给出一个一致的参数化．注意：这是一种**超**参数化，因为它需要确定 24 个参数，即矩阵 $\mathrm{P}'=[\mathrm{A}\mid\mathbf{a}_4]$ 和 $\mathrm{P}''=[\mathrm{B}\mid\mathbf{b}_4]$ 的各 12 个元素．没有必要试图去定义一个最小（即 18 个）参数集，那将是一个困难的任务．摄像机的任意选择都是一个一致参数化，具体的射影重构对该张量没有影响．

另一种一致参数化可通过 20.2 节介绍的由跨三幅视图的 6 组点对应计算三焦点张量来获得．每幅图像中点的位置用作参数化——共 6（点）×2（对 $x,y$）×3（图像）=36 个参数．然而，在最小化过程中仅需改变这些点的一个子集，或者这些点的运动可以限制为正交于该三焦点张量族．

### 16.4.3 一阶几何误差(Sampson 距离)

三焦点张量可以利用基于 Sampson 近似的几何代价函数计算,其方式完全类似于计算基本矩阵的 Sampson 方法(11.4.3 节). 同样,其优点是不必引入一组辅助变量,因为这个一阶几何误差仅需要在张量的参数化(例如,如果使用上文给出的 P′,P″,仅 24 个参数)上进行最小化. 最小化可以用一个简单的 Levenberg-Marquardt 迭代算法实现,并且这种方法由迭代代数算法 16.2 初始化.

与基本矩阵的相应的代价函数式(11.9)相比,这里的 Sampson 代价函数计算上要稍微复杂一点,因为每组点对应给出 4 个方程,而在基本矩阵时仅为一个. 更一般的情形已在 4.2.6 节中讨论过. 在当前情形下该误差函数式(4.13)是

$$\sum_i \boldsymbol{\varepsilon}_i^{\mathsf{T}}(\mathrm{J}_i\mathrm{J}_i^{\mathsf{T}})^{-1}\boldsymbol{\varepsilon}_i \tag{16.4}$$

式中,$\boldsymbol{\varepsilon}_i$是与单个三视图对应相一致的代数误差向量 $\mathrm{A}_i\mathbf{t}$(当每点 4 个方程时,它是一个 4 维向量),J 是 $\boldsymbol{\varepsilon}$ 关于每组对应点 $\mathbf{x}_i \leftrightarrow \mathbf{x}_i' \leftrightarrow \mathbf{x}_i''$的坐标的偏导数组成的 $4\times6$ 矩阵. 如在 4.9.2 节练习(7)中给出的程序提示一样,偏导数矩阵 J 的计算可利用代价函数关于点 $\mathbf{x}_i, \mathbf{x}_i', \mathbf{x}_i''$的坐标的多线性来简化.

Sampson 误差方法有许多优点:

- 它利用一个相对简单的迭代算法,给出了实际几何误差的一个很好的近似(最佳的).
- 与实际几何误差一样,对每一点可以指定非各向同性和不相等误差分布而不会使算法的复杂度显著加大,请参看第 4 章练习.

## 16.5 算法的实验评价

现在对计算三焦点张量的(迭代)代数算法 16.2 与黄金标准算法 16.3 的结果做一个简要的比较. 算法对具有受控噪声水平的合成数据进行计算. 这样可以与理论上最优的 ML 算法结果做比较,并可确定这些算法与由最优 ML 算法达到的残差理论下界的接近程度.

用计算机生成的分别含 10、15、20 个点的数据集合来测试算法,摄像机在点云周围以随机角度放置. 摄像机参数选为近似于标准的 35mm 摄像机,并选择一个尺度因子使得图像的大小为 $600\times600$ 像素.

对图像测量中添加的高斯噪声的一个给定水平,可以根据结论 5.2 算出 ML 算法达到的期望残差. 在这种情形下,若点数为 $n$,则测量的数目为 $N=6n$,并且拟合中的自由度数是 $d=18+3n$,其中 18 表示三个摄像机的自由度数目($3\times11$ 减去射影多义的 15 个),$3n$ 表示 $n$ 个空间点的自由度数目. 因此该 ML 残差是

$$\varepsilon_{\text{res}} = \sigma(1-d/N)^{1/2} = \sigma\left(\frac{n-6}{2n}\right)^{1/2}$$

### 16.5.1 结果和建议

结果如图 16.1 所示. 从这些结果我们获悉两件事:代数误差最小化产生的残差大约在最优值的 15% 以内,且使用这个估计作为最小化几何误差的初始点得到了一个实际最优估计.

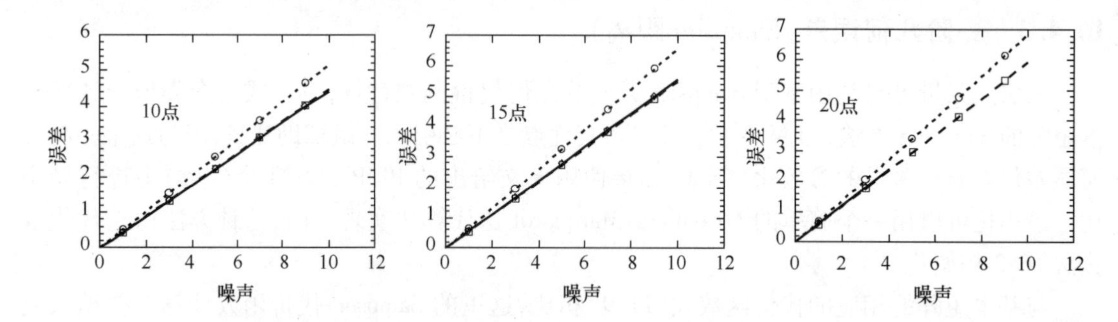


**图 16.1　三焦点张量估计算法的比较**．图中画出分别利用 10、15、20 个点对三焦点张量的计算运行 100 次所得残差的 RMS 平均值与噪声水平的关系．每幅图包含三条曲线．最上面的曲线是代数误差最小化算法的结果，而下面两条曲线（在图中实际上无法区分）分别表示理论最小误差和利用代数最小化作为初始点并由黄金标准算法得到的误差．注意：残差几乎恰好正比于添加的噪声，正如它们应该满足的．

除 16.1 节的线性算法外，上面推导的所有算法都强置了关于张量的内在约束．建议不要单独使用线性算法，仅在必要时用作其他大部分方法的初始化．与估计基本矩阵时一样，我们建议使用迭代代数算法 16.2，或者 16.4.3 节的 Sampson 几何近似，两个算法都给出了极好的结果．若高斯噪声的假设是可行的，则实施黄金标准算法 16.3 必定得到最好结果．

## 16.6　$\mathcal{T}$的自动计算

本节介绍自动计算三幅图像之间的三焦点几何的算法．算法的输入仅仅是图像三元组，无须其他的**先验**信息；而输出是估计的三焦点张量和一组跨三幅图像的对应点．

给定一个点在两幅视图中的成像位置后，三焦点张量可以用来确定该点在第三幅视图中的精确图像位置，这个事实意味着三视图比两视图产生的误匹配更少．在两视图中仅能利用更弱的关于对极线的几何约束来检验可能的匹配．

类似于 4.8 节介绍的单应的自动计算方式，三视图算法使用 RANSAC 作为搜索引擎．算法的思想和细节在那里已经给出，这里就不再重复了．该方法概括在算法 16.4 中，一个应用例子如图 16.2 所示，算法步骤的补充解释在下面给出．图 16.3 给出包含自动计算直线匹配的第二个例子．

**距离测量——重投影误差**　给定匹配 $\mathbf{x}\leftrightarrow\mathbf{x}'\leftrightarrow\mathbf{x}''$和 $\mathcal{T}$的当前估计，我们需要确定重投影误差 $d_\perp^2=d^2(\mathbf{x},\hat{\mathbf{x}})+d^2(\mathbf{x}',\hat{\mathbf{x}}')+d^2(\mathbf{x}'',\hat{\mathbf{x}}'')$ 的最小值，其中图像点 $\hat{\mathbf{x}},\hat{\mathbf{x}}',\hat{\mathbf{x}}''$与 $\mathcal{T}$一致．一致的图像点照例可以由 3 维空间点 $\hat{\mathbf{X}}$ 的投影

$$\hat{\mathbf{x}}=[\mathrm{I}\mid\mathbf{0}]\hat{\mathbf{X}},\quad \hat{\mathbf{x}}'=\mathrm{P}'\hat{\mathbf{X}},\quad \hat{\mathbf{x}}''=\mathrm{P}''\hat{\mathbf{X}}$$

获得，其中摄像机矩阵 P′，P″由 $\mathcal{T}$算得．然后距离 $d_\perp^2$ 可以通过确定点 $\hat{\mathbf{X}}$ 而获得，点 $\hat{\mathbf{X}}$ 最小化测量点 $\mathbf{x},\mathbf{x}',\mathbf{x}''$和其投影点之间的图像距离．

获得这一距离的另一方法是利用 Sampson 误差式（16.4），这个误差是几何误差的一阶近似．然而，实际上直接用非线性最小二乘迭代（一个小型的 Levenberg- Marquardt 问题）来估计该误差会更快．从 $\hat{\mathbf{X}}$ 的一个初始估计出发，通过迭代改变 $\hat{\mathbf{X}}$ 的坐标使重投影误差最小化．

**图16.2 利用RANSAC自动计算三幅图像之间的三焦点张量**.(a)~(c)牛津大学Keble学院的原始图像.视图之间的运动包括平移和旋转.图像是640×480像素.(d)~(f)检测到的角点叠加在图像上,每幅图像上大约有500个角点.下面的结果皆叠加在(a)图像上.(g)用连接角点的直线来显示的106对假设匹配,注意明显的误匹配.(h)野值——假设匹配中的18个.(i)内点——与估计的$\mathcal{T}$一致的88组对应.(j)在引导匹配和MLE之后的最终95组对应,其中没有误匹配.

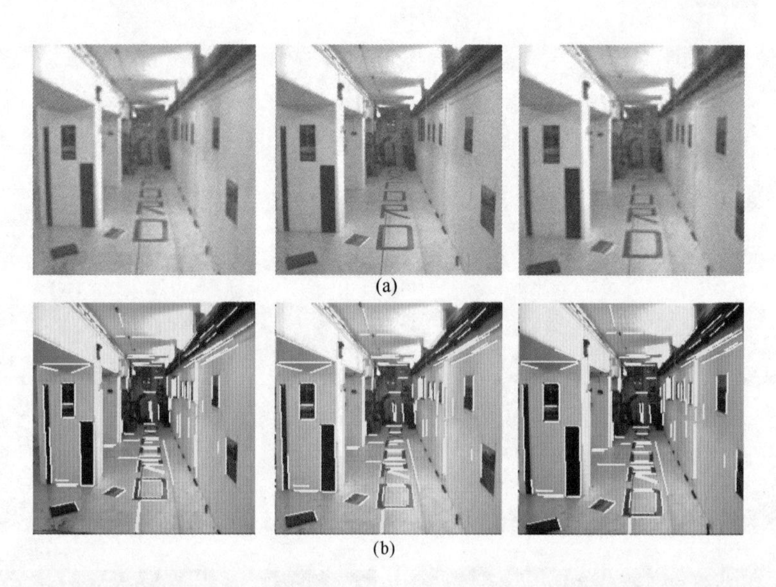

**图 16.3　图像三元组匹配**. 利用算法 16.4,三焦点张量由兴趣点自动计算得到,然后用于匹配跨视图的直线特征.(a)一个走廊序列的三幅图像.(b)自动匹配直线段. 该匹配算法在[Schmid-97]中介绍.

目标　计算三幅图像之间的三焦点张量.

算法

(1)**兴趣点**:计算每幅图像中的兴趣点.

(2)**两视图对应**:利用算法 11.4,计算视图 1 与 2,2 与 3 之间的兴趣点对应(和 F).

(3)**假定的三视图对应**:通过连接两视图的匹配集,计算跨三视图的一组兴趣点对应.

(4)**RANSAC 鲁棒估计**:重复计算 $N$ 个样本,其中 $N$ 与算法 4.5 中一样自适应地确定.

(a)选择一个含 6 组对应的随机样本并利用算法 20.1 计算三焦点张量. 可能有一个或三个实解.

(b)如 16.6 节所述,计算 $\mathrm{IR}^6$ 中每组假定对应到由 $\mathcal{T}$ 所刻画的代数族的距离 $d_{\perp}$.

(c)由满足 $d_{\perp} < t$ 的对应数目计算与 $\mathcal{T}$ 一致的内点数.

(d)如果 $\mathcal{T}$ 有三个实解,那么计算每个解的内点数并保留具有最大内点数的解.

选择具有最大内点数的 $\mathcal{T}$. 当出现内点数相等时,选择内点标准差最小的解.

(5)**最优估计**:利用黄金标准算法 16.3 或其 Sampson 近似,由归为内点的所有对应重新估计 $\mathcal{T}$.

(6)**引导匹配**:如文中所述,利用估计的 $\mathcal{T}$ 确定更多的兴趣点对应.

最后两步可以反复迭代,直到对应数目稳定为止.

算法 16.4　利用 RANSAC 自动估计跨三幅图像的三焦点张量的算法.

**引导匹配**　有了一个 $\mathcal{T}$ 的初始估计之后就可用其产生和判断三视图中更多的点对应. 第一步是从 $\mathcal{T}$ 算出视图 1 和 2 之间的基本矩阵 $\mathrm{F}_{12}$. 然后在两视图的引导匹配中采用宽松的匹配阈值来计算. 每个两视图匹配用 $\mathrm{F}_{12}$ 矫正,从而给出与 $\mathrm{F}_{12}$ 相容的点 $\hat{\mathbf{x}}, \hat{\mathbf{x}}'$. 矫正的两视图匹配(与 $\mathcal{T}$ 一起)在第三幅视图中定义了一个小搜索窗,可以在其中搜索对应点. 如上所述,任何三视图点对应通过计算 $d_{\perp}$ 来判断. 如果 $d_{\perp}$ 小于阈值 $t$,就接受该匹配. 注意:RANSAC 和引

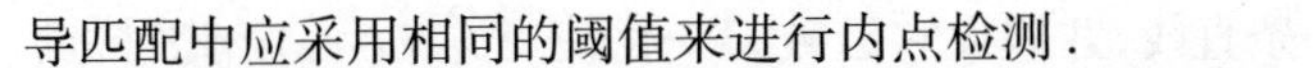

导匹配中应采用相同的阈值来进行内点检测.

实践发现这里的引导匹配比单应估计时更为重要,它能生成更多的对应.

**实施与运行细节** 对图16.2的例子,搜索窗是±300像素.内点阈值是$t=1.25$像素.总共需要26个样本.RMS像素误差在RANSAC之后是0.43(对88组对应),在MLE之后是0.23(对88组对应),在MLE和引导匹配之后是0.19(对95组对应).MLE需要Levenberg-Marquardt算法迭代10次.

注意:这里的RANSAC所需做的工作比算法11.4中估计F及对应所需的工作少得多,因为在三幅视图的假设对应产生之前两视图算法已经删去了大量野值.

## 16.7 计算$\mathcal{T}$的特殊情形

### 16.7.1 由一张平面加视差来计算$\mathcal{T}_i^{jk}$

这里,我们介绍由一张世界平面(从它可以计算视图间的单应)和平面外两点组成的特殊配置的图像来计算$\mathcal{T}_i^{jk}$.当然并不需要这张平面真正存在.它可以是虚拟的,或者可以仅由4个共面点或4条共面直线的图像来规定该单应.这个方法类似于对基本矩阵的算法13.2.

可以通过先构造三个摄像机矩阵(相差一个共同的3维空间的射影变换),然后按照式(15.9)由这些矩阵求出三焦点张量来获得这个问题的解.由世界(参考)平面诱导的第一幅和第二幅视图之间的单应是$\mathrm{H}_{12}$,第一幅和第三幅视图之间的单应是$\mathrm{H}_{13}$.13.3节已证明:对第一幅和第二幅视图而言,对极点$\mathbf{e}'$可以由平面外的两组点对应直接得到,并且摄像机矩阵选为$\mathrm{P}=[\mathrm{I}\mid\mathbf{0}]$和$\mathrm{P}'=[\mathrm{H}_{12}\mid\mu\mathbf{e}']$,其中$\mu$是一个标量.注意:这里$\mathrm{H}_{12}$和$\mathbf{e}'$的尺度因子被视为是固定的,从而它们不再是齐次量.类似地,对第一幅和第三幅视图而言,$\mathbf{e}''$也可以由两组点对应确定,并且摄像机矩阵选为$\mathrm{P}=[\mathrm{I}\mid\mathbf{0}]$,$\mathrm{P}''=[\mathrm{H}_{13}\mid\lambda\mathbf{e}'']$,其中$\lambda$是一个标量.

容易证明与三幅视图一致的一组摄像机(见关于一致摄像机三元组的讨论)为

$$\mathrm{P}=[\mathrm{I}\mid\mathbf{0}],\mathrm{P}'=[\mathrm{H}_{12}\mid\mathbf{e}'],\mathrm{P}''=[\mathrm{H}_{13}\mid\lambda\mathbf{e}''] \tag{16.5}$$

式中,$\mu$已经被设置为1.$\lambda$的值由跨三幅视图的点对应之一确定,其证明留作练习.关于平面加视差重构的更多信息见18.5.2节.

注意:对这个配置而言,三焦点张量的估计是超定的.对于两视图的基本矩阵情形,单应确定了除两个自由度(对极点)之外的所有自由度,并且每组点对应提供一个约束,因此约束的数目等于矩阵的自由度数.对于三焦点张量情形,单应确定了除5个自由度(两个对极点和它们的相对尺度)之外的所有自由度.然而,每组点对应提供三个约束(6个坐标测量减去该3D点的位置所需的3个),从而关于5个自由度有6个约束.因为此时测量数比自由度多,张量应由最小化一个基于几何误差的代价函数来估计.

### 16.7.2 由多点确定的直线

在介绍由直线重构的算法中,我们已考虑了直线由它们的两个端点定义的情形.在一幅图像中确定直线的另一种常用方法是取多个点的最佳拟合直线.现在将证明如何把后一种情形简化为由两个端点定义直线的情形.考虑一幅图像中的一组点$\mathbf{x}_i$,将它们归一化使得其第三个坐标等于1. 令 $\mathbf{l}=(l_1,l_2,l_3)^{\mathsf T}$是一条直线,并假设它已被归一化使得 $l_1^2+l_2^2=1$. 此时,点 $\mathbf{x}_i$到直线 $\mathbf{l}$ 的距离等于 $\mathbf{x}_i^{\mathsf T}\mathbf{l}$. 该距离的平方可以写为 $d^2=\mathbf{l}^{\mathsf T}\mathbf{x}_i\mathbf{x}_i^{\mathsf T}\mathbf{l}$,而所有距离的平方和是

$$\sum_i \mathbf{l}^{\mathsf T}\mathbf{x}_i\mathbf{x}_i^{\mathsf T}\mathbf{l}=\mathbf{l}^{\mathsf T}\left(\sum_i \mathbf{x}_i\mathbf{x}_i^{\mathsf T}\right)\mathbf{l}$$

矩阵 $\mathrm{E}=(\sum_i\mathbf{x}_i\mathbf{x}_i^{\mathsf T})$是正定对称的.

**引理 16.2** **矩阵($\mathrm{E}-\varepsilon_0\mathrm{J}$)是半正定的,其中 J 是对角矩阵 $\mathrm{diag}(1,1,0)$,$\varepsilon_0$ 是方程 $\det(\mathrm{E}-\varepsilon\mathrm{J})=0$ 的最小解.**

**证明** 我们首先计算在条件 $x_1^2+x_2^2=1$ 下最小化 $\mathbf{x}^{\mathsf T}\mathrm{E}\mathbf{x}$ 的向量 $\mathbf{x}=(x_1,x_2,x_3)^{\mathsf T}$. 利用拉格朗日乘数法将其归结为求 $\mathbf{x}^{\mathsf T}\mathrm{E}\mathbf{x}-\xi(x_1^2+x_2^2)$的极值问题,其中 $\xi$ 记拉格朗日系数. 对 $\mathbf{x}$ 求微分并令其为 $\mathbf{0}$,我们得到 $2\mathrm{E}\mathbf{x}-\xi(2x_1,2x_2,0)^{\mathsf T}=\mathbf{0}$. 此式可以写为$(\mathrm{E}-\xi\mathrm{J})\mathbf{x}=\mathbf{0}$. 由此推出 $\xi$ 是方程 $\det(\mathrm{E}-\xi\mathrm{J})=0$ 的一个根,而 $\mathbf{x}$ 是 $\mathrm{E}-\xi\mathrm{J}$ 的零空间的生成元. 因为 $\mathbf{x}^{\mathsf T}\mathrm{E}\mathbf{x}=\xi\mathbf{x}^{\mathsf T}\mathrm{J}\mathbf{x}=\xi(x_1^2+x_2^2)=\xi$,所以为了最小化 $\mathbf{x}^{\mathsf T}\mathrm{E}\mathbf{x}$ 必须选择 $\xi$ 为方程 $\det(\mathrm{E}-\xi\mathrm{J})=0$ 的最小根 $\xi_0$. 在此情形下,对最小化向量 $\mathbf{x}_0$ 有 $\mathbf{x}_0^{\mathsf T}\mathrm{E}\mathbf{x}_0-\xi_0=0$. 对其他任何不一定是最小化向量的 $\mathbf{x}$,有 $\mathbf{x}^{\mathsf T}\mathrm{E}\mathbf{x}-\xi_0\geqslant 0$,从而 $\mathbf{x}^{\mathsf T}(\mathrm{E}-\xi_0\mathrm{J})\mathbf{x}=\mathbf{x}^{\mathsf T}\mathrm{E}\mathbf{x}-\xi_0\geqslant 0$,所以 $\mathrm{E}-\xi_0\mathrm{J}$ 是半正定的.

由于矩阵 $\mathrm{E}-\xi_0\mathrm{J}$ 是对称的,它可以被写成 $\mathrm{E}-\xi_0\mathrm{J}=\mathrm{V}\mathrm{diag}(r,s,0)\mathrm{V}^{\mathsf T}$的形式,其中 V 是正交矩阵,$r$ 和 $s$ 是正数. 由此推出

$$\begin{aligned}\mathrm{E}-\xi_0\mathrm{J}&=\mathrm{V}\mathrm{diag}(r,0,0)\mathrm{V}^{\mathsf T}+\mathrm{V}\mathrm{diag}(0,s,0)\mathrm{V}^{\mathsf T}\\&=r\mathbf{v}_1\mathbf{v}_1^{\mathsf T}+s\mathbf{v}_2\mathbf{v}_2^{\mathsf T}\end{aligned}$$

其中 $\mathbf{v}_i$是 V 的第 $i$ 列. 因此 $\mathrm{E}=\xi_0\mathrm{J}+r\mathbf{v}_1\mathbf{v}_1^{\mathsf T}+s\mathbf{v}_2\mathbf{v}_2^{\mathsf T}$. 从而对满足 $l_1^2+l_2^2=1$ 的任意直线 $\mathbf{l}$ 我们有

$$\sum_i(\mathbf{x}_i^{\mathsf T}\mathbf{l})^2=\mathbf{l}^{\mathsf T}\mathrm{E}\mathbf{l}=\xi_0+r(\mathbf{v}_1^{\mathsf T}\mathbf{l})^2+s(\mathbf{v}_2^{\mathsf T}\mathbf{l})^2$$

因此,我们用一个不能被最小化的常值 $\xi_0$,加上到两点 $\mathbf{v}_1$ 和 $\mathbf{v}_2$的距离的加权平方和来取代多个点的(距离)平方和. 概括起来:当建立三焦点张量方程涉及由点 $\mathbf{x}_i$定义的直线时,可利用权值分别为$\sqrt{r}$和$\sqrt{s}$的点 $\mathbf{v}_1$和 $\mathbf{v}_2$表示的两点方程.

**正交回归** 在上述引理 16.2 的证明中,已经证明了最小化到所有点 $\mathbf{x}_i=(x_i,y_i,1)^{\mathsf T}$的距离平方和的直线 $\mathbf{l}$ 可按如下方式获得.

(1)定义矩阵 $\mathrm{E}=\sum_i\mathbf{x}_i\mathbf{x}_i^{\mathsf T}$和 $\mathrm{J}=\mathrm{diag}(1,1,0)^{\mathsf T}$.

(2)令 $\xi_0$为方程 $\det(\mathrm{E}-\xi\mathrm{J})=0$ 的最小根.

(3)所需的直线 $\mathbf{l}$ 是矩阵 $\mathrm{E}-\xi_0\mathrm{J}$ 的右零向量.

这给出了对一组点的最小二乘最佳直线拟合. 这个过程被称为**正交回归**,并且可直观地推广到(通过最小化到点的距离平方和)由一组点拟合超平面的高维问题.

# 16.8 结束语

## 16.8.1 文献

计算三焦点张量的线性算法首先由[Hartley-97a]给出,其中报告了利用点和直线对应的实际数据作估计的进一步实验结果. [Hartley-98d]中给出了估计一致张量的迭代代数方法.

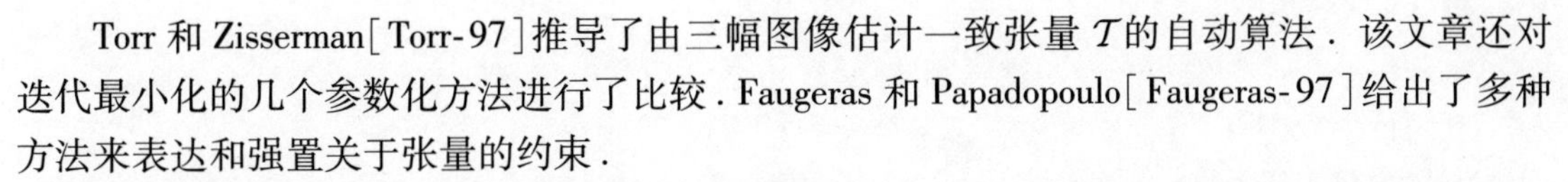

Torr 和 Zisserman[Torr-97]推导了由三幅图像估计一致张量 $\mathcal{T}$ 的自动算法．该文章还对迭代最小化的几个参数化方法进行了比较．Faugeras 和 Papadopoulo[Faugeras-97]给出了多种方法来表达和强置关于张量的约束．

[Oskarsson-02]为“三视图中的四点三直线”和“三视图中的两点六直线”这两种情形提供了重构的最小解．

### 16.8.2　注释和练习

(1)给定三焦点张量，考虑求最小化图像测量点 $\mathbf{x},\mathbf{x}',\mathbf{x}''$ 的重投影误差的 3 维空间点 $\mathbf{X}$ 的估计问题．这类似于第 12 章中的三角测量问题．证明：对一般运动，第 12 章中推导的对极线的单参数族参数化方法不能从两视图推广到三视图．然而，当三个摄像机中心共线时，两视图参数化方法可以被推广到三视图，并且可通过求解单变量多项式确定最小值．这个多项式的次数是多少？

(2)仿射三焦点张量可以从一般位置上的 4 点的最小配置算得．具体的计算类似于算法 14.2，并且所得的张量满足仿射三焦点张量的内在约束．仿射情形有多少个约束？

如果在估计中使用的点对应多于 4 组，那么利用 18.2 节的分解算法可估计出一个几何有效张量．

(3)张量的变换规则是 $\mathcal{T}_i^{jk} = A_i^r (B^{-1})_s^j (C^{-1})_t^k \hat{\mathcal{T}}_r^{st}$. 这可以容易地计算如下：

```
Binv = B.inverse();
Cinv = C.inverse();
for  (i = 1; i < = 3; i + +) for (j = 1; j < = 3; j + +) for (k = 1; k < = 3; k + +)
{
  T[i][j][k] = 0.0;
  for  (r = 1; r < = 3; r + +) for (s = 1; s < = 3; s + +) for (t = 1; t < = 3; t + +)
       T[i][j][k] + = A[r][i] * Binv[j][s] * Cinv[k][t] * T_hat[r][s][t];
}
```

这一计算包含多少乘法和循环迭代？寻找计算这个变换的更好的方法．

(4)在利用平面加视差计算三焦点张量的过程中(16.7.1 节)，证明：若 $\rho$ 是该平面外一点的射影深度(即 $\mathbf{x}' = H_{12}\mathbf{x} + \rho\mathbf{e}'$，见式(13.9)，则式(16.5)中的标量 $\lambda$ 可以由方程 $\mathbf{x}'' = H_{13}\mathbf{x} + \rho\lambda\mathbf{e}''$ 计算．

# 第4篇

# N 视图几何

Asger Jorn(1914—1973)于 1947 年创作的《无题》(布袋上的油画)

# 本篇大纲

本篇的部分内容是择要重述，部分内容是新的材料.

第 17 章是择要重述. 我们重新回到两视图和三视图几何，但在更一般的框架之下加以叙述，使之能自然地推广到四视图和 $N$ 视图. 多视图上的基本射影关系来自直线(点的反向投影)和平面(直线的反向投影)的相交. 这些相交性质利用由视图的摄像机矩阵形成的行列式为零来表征. 基本矩阵、三焦点张量以及四视图的新张量(**四焦点张量**)分别作为两、三和四视图的多视图张量由这些行列式自然产生. 去掉 3D 结构和摄像机矩阵的非本质部分，剩下来的就是张量. 张量仅介绍到四视图.

每组视图的这些张量是唯一的，并且产生关于图像测量坐标的多重线性关系. 这些张量能由一组图像对应计算得到，然后每幅视图的摄像机矩阵又可以从该张量计算得到. 最后，3D 结构可以由恢复的摄像机和图像对应而计算得到.

第 18 章覆盖从多视图进行重构的计算. 特别给出了由仿射视图重构的重要的分解算法. 这个算法之所以重要是因为它是最优的，同时又是非迭代的.

第 19 章介绍了摄像机的自标定. 它们是基于多幅图像上的约束来计算摄像机内参数的一组方法. 与第 7 章所介绍的传统标定方法不同，它们不采用明确的场景标定物体，而只有简单的约束，例如多幅图像具有公共的摄像机内参数，或者摄像机绕着其中心旋转且不改变宽高比等.

第 20 章强调点和摄像机之间的对偶性，以及它如何与贯穿于本书给出的各种配置和算法相联系. 本章包含计算成像于三幅视图中的六点重构的一个算法.

第 21 章研究点是否在一个或多个摄像机的前面或后面的问题. 这是一个超出了贯穿本书的齐次表示的问题，因为齐次表示不区别射线的方向.

第 22 章指出哪些配置将使本书中所介绍的估计算法失败. 这个重要议题的一个例子是关于摄像机参数的估计：如果所有的 3D 点和摄像机中心在一条三次绕线上，则无法计算摄像机矩阵.

# 第 17 章 N 线性和多视图张量

本章介绍四幅视图之间的四焦点张量 $\mathcal{Q}^{ijkl}$，它类似于两幅视图的基本矩阵和三幅视图的三焦点张量．四焦点张量囊括了四幅视图中的点和直线之间的关系．

已经证明多视图关系可以直接并一致地由直线和点的反向投影的相交性质推导出来．通过这个分析，基本矩阵 F、三焦点张量 $\mathcal{T}_i^{jk}$ 和四焦点张量 $\mathcal{Q}^{ijkl}$ 都在涉及矩阵行列式的共同框架下出现．可以用摄像机矩阵给出上述每个张量的具体公式．

我们还将推导关于张量的自由度数以及张量计算所需要的点和直线对应的数目的一般计数方法．对位于一般位置的配置和四个或更多元素共面这种重要的特殊情形，给出了有关结果.

## 17.1 双线性关系

我们首先考虑在两幅不同视图中都可见的点的坐标之间的关系．因此，令 $\mathbf{x}\leftrightarrow\mathbf{x}'$ 是一组对应点，它们是同一空间点 $\mathbf{X}$ 在两幅不同视图中的像．为清晰起见，用矩阵 A 和 B 代替常用的记号 P 和 P′来表示这两个摄像机矩阵．从空间到图像的投影可以表示为 $k\mathbf{x}=\mathrm{A}\mathbf{X}$ 和 $k'\mathbf{x}'=\mathrm{B}\mathbf{X}$，其中 $k$ 和 $k'$ 是两个未定常数．这一对方程可以写为一个方程：

$$\begin{bmatrix} \mathrm{A} & \mathbf{x} & \mathbf{0} \\ \mathrm{B} & \mathbf{0} & \mathbf{x}' \end{bmatrix} \begin{bmatrix} \mathbf{X} \\ -k \\ -k' \end{bmatrix} = \mathbf{0}$$

并且容易验证上式等价于上面提到的两个方程．记矩阵 A 的第 $i$ 行为 $\mathbf{a}^i$，类似地记矩阵 B 的第 $i$ 行为 $\mathbf{b}^i$，以上方程可以写为更详细的形式．我们同时记 $\mathbf{x}=(x^1,x^2,x^3)^\mathsf{T}$ 和 $\mathbf{x}'=(x'^1,x'^2,x'^3)^\mathsf{T}$．则该方程组变为

$$\begin{bmatrix} \mathbf{a}^1 & x^1 & \\ \mathbf{a}^2 & x^2 & \\ \mathbf{a}^3 & x^3 & \\ \hline \mathbf{b}^1 & & x'^1 \\ \mathbf{b}^2 & & x'^2 \\ \mathbf{b}^3 & & x'^3 \end{bmatrix} \begin{pmatrix} \mathbf{X} \\ -k \\ -k' \end{pmatrix} = \mathbf{0} \qquad (17.1)$$

这是一个 6×6 方程组，由假设它有一个非零解向量 $(\mathbf{X}^\mathsf{T},-k,-k')^\mathsf{T}$．由此推出式(17.1)的系数矩阵的行列式必须为零．我们将看到这个条件导出由基本矩阵 F 表示的向量 $\mathbf{x}$ 和 $\mathbf{x}'$ 元素之间的一个双线性关系．我们将侧重研究这个关系的形式．

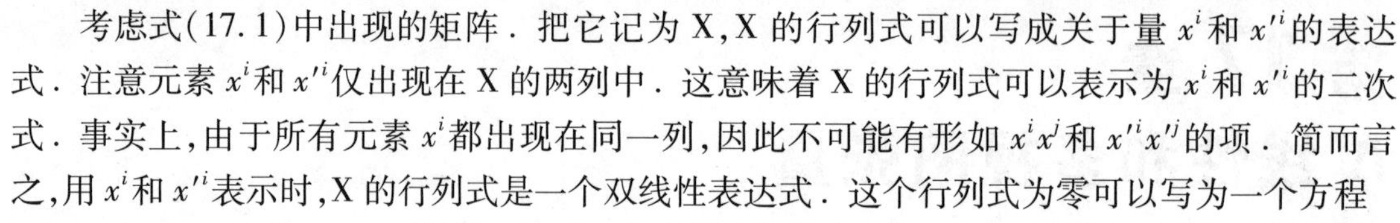

考虑式(17.1)中出现的矩阵．把它记为 X，X 的行列式可以写成关于量 $x^i$ 和 $x'^i$ 的表达式．注意元素 $x^i$ 和 $x'^i$ 仅出现在 X 的两列中．这意味着 X 的行列式可以表示为 $x^i$ 和 $x'^i$ 的二次式．事实上，由于所有元素 $x^i$ 都出现在同一列，因此不可能有形如 $x^i x^j$ 和 $x'^i x'^j$ 的项．简而言之，用 $x^i$ 和 $x'^i$ 表示时，X 的行列式是一个双线性表达式．这个行列式为零可以写为一个方程

$$(x'^1, x'^2, x'^3)\mathrm{F}(x^1, x^2, x^3)^{\mathsf{T}} = x'^i x^j F_{ij} = 0 \tag{17.2}$$

式中，F 是一个 3×3 矩阵，即基本矩阵．

我们可以为矩阵 F 的元素推导一个具体的计算公式如下．F 的元素 $F_{ij}$ 是 X 的行列式展开式中项 $x'^i x^j$ 的系数．为了求这个系数，我们必须消去矩阵中包含 $x'^i$ 和 $x^j$ 的行和列，再对所得到的矩阵取行列式并且适当地乘以 ±1．例如，$x'^1 x^1$ 的系数可以通过消去矩阵 X 的两行和最后两列而得到．所余下的矩阵是

$$\begin{bmatrix} \mathbf{a}^2 \\ \mathbf{a}^3 \\ \mathbf{b}^2 \\ \mathbf{b}^3 \end{bmatrix}$$

而 $x'^1 x^1$ 的系数等于这个 4×4 矩阵的行列式．一般，可以记为

$$F_{ji} = (-1)^{i+j}\det\begin{bmatrix} \sim\mathbf{a}^i \\ \sim\mathbf{b}^j \end{bmatrix} \tag{17.3}$$

在这个表达式中，记号 $\sim\mathbf{a}^i$ 用来标记从矩阵 A 中**略去**行 $\mathbf{a}^i$ 而得到的矩阵．这样一来，符号 ~ 可以读作**略去**，且 $\sim\mathbf{a}^i$ 表示 A 的两行．因此式(17.3)右边出现的行列式是一个 4×4 行列式．

利用张量 $\varepsilon_{rst}$(定义在 A1.1 节)中可以将 $F_{ji}$ 用另一种方法表示为[⊖]

$$F_{ji} = \left(\frac{1}{4}\right)\varepsilon_{ipq}\varepsilon_{jrs}\det\begin{bmatrix} \mathbf{a}^p \\ \mathbf{a}^q \\ \mathbf{b}^r \\ \mathbf{b}^s \end{bmatrix} \tag{17.4}$$

为了证实这一点，注意式(17.4)中定义的 $F_{ji}$ 是 $p,q,r$ 和 $s$ 的所有可能值所对应行列式的累加．然而，对给定 $i$ 值，除非是 $p,q$ 不同于 $i$ 且相互不同，否则张量 $\varepsilon_{ipq}$ 为零．这令 $p$ 和 $q$ 只留下了两种选择(例如若 $i=1$，则我们可以选择 $p=2,q=3$ 或者 $p=3,q=2$)．类似地，对于 $r$ 和 $s$ 也只有两种不同的选择给出非零项．这样一来这个和式仅包含四个非零项．此外，出现于这四项中的行列式都包含矩阵 A 和 B 的同样的四行，从而除了正负号外它们具有相等的值．然而，$\varepsilon_{ipq}\varepsilon_{jrs}$ 的值使得这四项都有相同的正负号且相等．因此，式(17.4)中的和等于式(17.3)出现的单项．

### 17.1.1 张量形式的对极点

基本矩阵的表达式(17.3)中涉及从 A 和 B 中各取两行所得矩阵的行列式．如果我们考虑用一个矩阵的三行和另一个矩阵的一行组成的矩阵的行列式，那么所得到的行列式便表示

⊖ 当然因子 1/4 是非本质的，因为在相差一个尺度因子下被定义．它包含在这里仅仅是为了表明与式(17.3)的联系．

对极点．具体地说，我们有

$$\mathbf{e}^i = \det\begin{bmatrix} \mathbf{a}^i \\ \mathrm{B} \end{bmatrix} \qquad \mathbf{e}'^j = \det\begin{bmatrix} \mathrm{A} \\ \mathbf{b}^j \end{bmatrix} \tag{17.5}$$

式中，$\mathbf{e}$ 和 $\mathbf{e}'$是两幅图像中的对极点．为了理解它，注意对极点定义为 $\mathbf{e}^i = \mathbf{a}^i\mathbf{C}'$，其中 $\mathbf{C}'$是第二个摄像机的中心，并由 $\mathrm{B}\mathbf{C}' = \mathbf{0}$ 定义．式(17.5)现在可以通过把行列式按第一行展开而得到(与推导式(3.4)相类似的方式)．

### 17.1.2　仿射特例

当两个摄像机都是仿射摄像机时，其基本矩阵具有特别简单的形式．仿射摄像机矩阵是最后一行为(0,0,0,1)的矩阵．现在注意：由式(17.3)，若 $i,j$ 都不等于 3，则 A 和 B 的第三行都出现在 $F_{ij}$的表达式中．这个行列式便有两个相同的行，因而等于零．因此 F 的形式是

$$\mathrm{F}_\mathrm{A} = \begin{bmatrix} & & a \\ & & b \\ c & d & e \end{bmatrix}$$

式中，未标记的其他元素都为零．这样一来，仿射基本矩阵只有 5 个非零元素，因而有 4 个自由度．它的性质在 14.2 节中介绍了．

注意这个论证仅仅依赖于两个摄像机具有相同的第三行这一事实．因为一个摄像机矩阵的第三行表示该摄像机的主平面(见 6.2.1 节)，由此推出两个有相同主平面的摄像机的基本矩阵都具有上述形式．

## 17.2　三线性关系

推导基本矩阵的行列式方法可以被用来推导在三幅视图中都可见的点的坐标之间的关系．这个分析导出三焦点张量的一个公式．与基本矩阵不同，三焦点张量与三幅图像中的直线和点都有联系．我们从介绍对应点的关系开始．

### 17.2.1　三焦点中的点关系

考虑跨三视图的一组点对应：$\mathbf{x}\leftrightarrow\mathbf{x}'\leftrightarrow\mathbf{x}''$．令第三个摄像机矩阵为 C，并设 $\mathbf{c}^i$为它的第 $i$ 行．类似于式(17.1)我们可以用一个方程描述点 $\mathbf{X}$ 在三幅图像中的投影为

$$\begin{bmatrix} \mathrm{A} & \mathbf{x} & & \\ \mathrm{B} & & \mathbf{x}' & \\ \mathrm{C} & & & \mathbf{x}'' \end{bmatrix} \begin{pmatrix} \mathbf{X} \\ -k \\ -k' \\ -k'' \end{pmatrix} = \mathbf{0} \tag{17.6}$$

如前面一样，把这个矩阵记为 X，它有 9 行和 7 列．根据这个方程组有一个(非零)解，可以推出它的秩最多为 6. 因此它的任何 $7\times7$ 的子式都为零．这个事实确立了点 $\mathbf{x}$，$\mathbf{x}'$和 $\mathbf{x}''$的坐标之间存在的三线性关系．

X 本质上有两种不同类型的 $7\times7$ 子式．在选择 X 的 7 行方面，可有以下两种选择：

(1)从两个摄像机矩阵中各选三行而从第三个中选一行，或者

(2)从一个摄像机矩阵中选三行而从另外两个中各选两行．

让我们考虑第一种类型 . X 的这样一个典型的 7×7 子矩阵的形式是

$$\begin{bmatrix} \mathrm{A} & \mathbf{x} & & \\ \mathrm{B} & & \mathbf{x}' & \\ \mathbf{c}^i & & & x''^i \end{bmatrix} \tag{17.7}$$

注意这个矩阵最后一列只包含一个元素，即 $x''^i$. 按最后一列展开这个行列式推出这个行列式等于

$$x''^i \det \begin{bmatrix} \mathrm{A} & \mathbf{x} & \\ \mathrm{B} & & \mathbf{x}' \end{bmatrix}$$

除因子 $x''^i$不同外，这恰好导出 17.1 节中所讨论的由基本矩阵表示的双线性关系 .

另一种类型的 7×7 子式更有趣 . 这种行列式的一个例子形如

$$\det \begin{bmatrix} \mathrm{A} & \mathbf{x} & & \\ \mathbf{b}^j & & x'^j & \\ \mathbf{b}^l & & x'^l & \\ \mathbf{c}^k & & & x''^k \\ \mathbf{c}^m & & & x''^m \end{bmatrix} \tag{17.8}$$

利用关于双线性关系的同样讨论，令行列式为零给出形如 $f(\mathbf{x},\mathbf{x}',\mathbf{x}'')=0$ 的三线性关系 . 按包含 $x^i$的列展开这个行列式，我们可以得到如下的特殊公式 .

$$\det \mathrm{X}_{uv} = -\frac{1}{2} x^i x'^j x''^k \varepsilon_{ilm} \varepsilon_{jqu} \varepsilon_{krv} \det \begin{bmatrix} \mathbf{a}^l \\ \mathbf{a}^m \\ \mathbf{b}^q \\ \mathbf{c}^r \end{bmatrix} = 0_{uv} \tag{17.9}$$

式中，$u$ 和 $v$ 为自由指标，对应于为产生式(17.8)从矩阵 B 和 C 中略去的行 . 我们引入张量

$$\mathcal{T}_i^{qr} = \frac{1}{2} \varepsilon_{ilm} \det \begin{bmatrix} \mathbf{a}^l \\ \mathbf{a}^m \\ \mathbf{b}^q \\ \mathbf{c}^r \end{bmatrix} \tag{17.10}$$

则三线性关系式(17.9)可以写为

$$x^i x'^j x''^k \varepsilon_{jqu} \varepsilon_{krv} \mathcal{T}_i^{qr} = 0_{uv} \tag{17.11}$$

如在 15.2.1 节所讨论的，张量 $\mathrm{T}_i^{qr}$是三焦点张量，且式(17.11)是一个三线性关系 . 指标 $u$ 和 $v$ 是自由指标，且 $u$ 和 $v$ 的每一种选择会导致一种不同的三线性关系 .

与基本矩阵情形一样，可以用稍微不同的方式把张量 $\mathcal{T}_i^{qr}$的公式写为

$$\mathcal{T}_i^{qr} = (-1)^{i+1} \det \begin{bmatrix} \mathbf{a}^i \\ \mathbf{b}^q \\ \mathbf{c}^r \end{bmatrix} \tag{17.12}$$

如 17.1 节一样，表达式 $\mathbf{a}^i$表示略去第 $i$ 行的矩阵 A. 注意，我们从第一个摄像机矩阵略去第 $i$ 行，同时**包含**另外两个摄像机矩阵中的第 $q$ 行和第 $r$ 行 .

对于常用的情形，第一个摄像机矩阵 A 具有规范形式 $[\mathrm{I} \mid \mathbf{0}]$，从而三焦点张量表达式

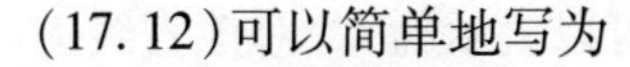
(17.12)可以简单地写为

$$\mathcal{T}_i^{qr} = b_i^q c_4^r - b_4^q c_i^r \tag{17.13}$$

注意,事实上按这种方式可能形成 27 种三线性关系(参考式(17.8)). 具体地说,每一种关系来自于从一个摄像机取三行并从另两个摄像机中各取两行. 这给出下面的计算.

- 从第一个摄像机取所有 3 行有 3 种方式可选择.
- 从第二个摄像机略去特定的行有 3 种方式可选择.
- 从第三个摄像机略去特定的行有 3 种方式可选择.

这总共给出 27 种三线性关系. 然而,从第二个和第三个摄像机矩阵选择两行的 9 种方式中,只有 4 种是线性独立的(我们将在 17.6 节中回到这个问题). 这意味着总共有 12 个线性独立的三线性关系.

然而,区别三线性关系的数目与不同的三焦点张量的数目是非常重要的. 如式(17.11)所示,几个不同的三线性关系可以只用一个三焦点张量来表示. 在式(17.11)中自由指标 $u$ 和 $v$ 的每种不同选择将产生一个不同的三线性关系,所有这些关系都是用同一个三焦点张量 $\mathcal{T}_i^{qr}$ 来表示. 另一方面,在式(17.10)给出的三焦点张量的定义中,摄像机矩阵 A 的处理与另外两个不同:在定义任何给定 $\mathcal{T}_i^{qr}$ 元素的行列式中,A 提供了两行(在略去行 $i$ 后),而另外两个摄像机矩阵只提供了一行. 这意味着实际上只有三种不同的三焦点张量,与选择三个摄像机矩阵中的哪一个提供两行有关.

### 17.2.2　三焦点直线关系

图像中的直线用一个协变向量 $l_i$ 表示,而点 $\mathbf{x}$ 在该直线上的条件是 $l_i x^i = 0$. 令 $\mathrm{X}^j$ 表示一个空间点 $\mathbf{X}$,而 $a_j^i$ 表示一个摄像机矩阵 A. 该 3D 点 $\mathrm{X}^j$ 映射为图像中的点 $x^i = a_j^i \mathrm{X}^j$. 因此点 $\mathrm{X}^j$ 投影为直线 $l_i$ 上的点的条件是 $l_i a_j^i \mathrm{X}^j = 0$. 从另一个角度来看,$l_i a_j^i$ 表示由所有投影到直线 $l_i$ 上的点组成的平面.

考虑点 $\mathrm{X}^j$ 映射到一幅图像中的点 $x^i$,同时映射到另两幅图像中的直线 $l'_q$ 和 $l''_r$ 上某点的情形. 这可以由如下方程表示

$$x^i = k a_j^i \mathrm{X}^j \qquad l'_q b_j^q \mathrm{X}^j = 0 \qquad l''_r c_j^r \mathrm{X}^j = 0$$

这些可以被写为如下形式的单个矩阵方程

$$\begin{bmatrix} \mathrm{A} & \mathbf{x} \\ l'_q \mathbf{b}^q & 0 \\ l''_r \mathbf{c}^r & 0 \end{bmatrix} \begin{pmatrix} \mathbf{X} \\ -k \end{pmatrix} = \mathbf{0} \tag{17.14}$$

由这个方程组有一个(非零)解可推出 $\det \mathrm{X} = 0$,其中 X 是该方程左边的矩阵. 按最后一列展开这个行列式给出

$$0 = -\det \mathrm{X} = \frac{1}{2} x^i \varepsilon_{ilm} \det \begin{bmatrix} \mathbf{a}^l \\ \mathbf{a}^m \\ l'_q \mathbf{b}^q \\ l''_r \mathbf{c}^r \end{bmatrix} = \frac{1}{2} x^i l'_q l''_r \varepsilon_{ilm} \det \begin{bmatrix} \mathbf{a}^l \\ \mathbf{a}^m \\ \mathbf{b}^q \\ \mathbf{c}^r \end{bmatrix} = x^i l'_q l''_r \mathcal{T}_i^{qr} \tag{17.15}$$

该式表明了三焦点张量和这组直线的关系. 这两条直线 $l'_q$ 和 $l''_r$ 反向投影所得的平面在空间中

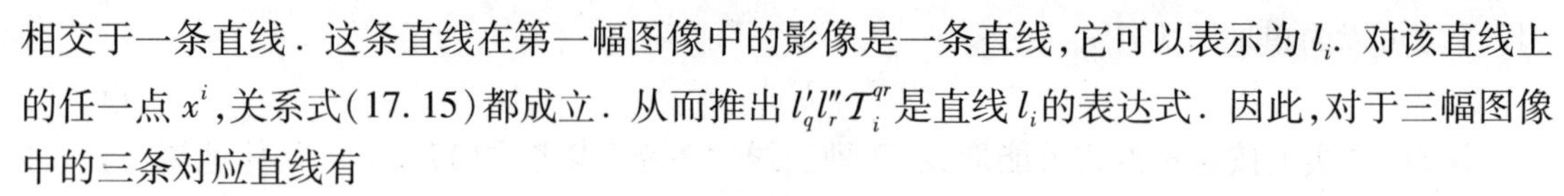

相交于一条直线．这条直线在第一幅图像中的影像是一条直线，它可以表示为 $l_i$．对该直线上的任一点 $x^i$，关系式(17.15)都成立．从而推出 $l'_q l''_r \mathcal{T}_i^{qr}$ 是直线 $l_i$ 的表达式．因此，对于三幅图像中的三条对应直线有

$$l_p = l'_q l''_r \mathcal{T}_p^{qr} \tag{17.16}$$

当然，其两边在相差一个尺度因子的意义下相等．因为关系式(17.16)的两边是向量，这意味着两边的向量积为零．利用张量 $\varepsilon^{ijk}$ 表示这个向量积，得到方程

$$l_p l'_q l''_r \varepsilon^{ipw} \mathcal{T}_i^{qr} = 0^w \tag{17.17}$$

与式(17.11)和式(17.15)的推导类似，可以推导两幅图像中的对应点和第三幅图像中的直线之间的关系．具体地说，如果空间中的点 $X^j$ 映射到前两幅图像中的点 $x^i$ 和 $x'^j$，及第三幅图像中直线 $l''_r$ 上的某个点，则关系是

$$x^i x'^j l''_r \varepsilon_{jqu} \mathcal{T}_i^{qr} = 0_u \tag{17.18}$$

在这个关系中，$u$ 是自由指标，并且对于 $u=1,2,3$ 的每一种选择都有一个这样的关系，其中两个是线性独立的．

在表 17.1 中总结了这一节的结果，其中最后一列表示线性独立方程的数目．

| 对　应 | 关　系 | 方 程 数 |
|---|---|---|
| 三点 | $x^i x'^j x''^k \varepsilon_{jqu} \varepsilon_{krv} \mathcal{T}_i^{qr} = 0_{uv}$ | 4 |
| 两点、一直线 | $x^i x'^j l''_r \varepsilon_{jqu} \mathcal{T}_i^{qr} = 0_u$ | 2 |
| 一点、两直线 | $x^i l'_q l''_r \mathcal{T}_i^{qr} = 0$ | 1 |
| 三直线 | $l_p l'_q l''_r \varepsilon^{piw} \mathcal{T}_i^{qr} = 0^w$ | 2 |

**表 17.1**　三线性关系(同时见表 16.1)．

注意，不同方程组是如何相互联系的．例如，表中的第二行可以通过第一行用直线 $l''_r$ 代替 $x''^k \varepsilon_{krv}$ 且消去自由指标 $v$ 而推导出．

### 17.2.3　两视图和三焦点张量之间的关系

到目前为止，我们已经考虑了跨三幅视图的对应和三焦点张量．这里我们介绍当对应仅仅跨两幅视图时所产生的约束．鉴于两视图中点对应能约束基本矩阵，我们期望它也能对 $\mathcal{T}$ 有所约束．

考虑对应点 $x'^j$ 和 $x''^k$ 在第二幅和第三幅图像中的情形．这意味着有一个空间点 $\mathbf{X}$ 映射到点 $x'^j$ 和 $x''^k$．点 $\mathbf{X}$ 也映射到第一幅图像中的某点 $x^i$，但 $x^i$ 是未知的．尽管如此，在这些点之间存在一种关系：$x^i x'^j x''^k \varepsilon_{jqu} \varepsilon_{krv} \mathcal{T}_i^{qr} = 0_{uv}$．对 $u$ 和 $v$ 的每种选择，记 $\mathrm{A}_{i,uv} = x'^j x''^k \varepsilon_{jqu} \varepsilon_{krv} \mathcal{T}_i^{qr}$．$\mathrm{A}_{i,uv}$ 的元素是关于 $\mathcal{T}_i^{qr}$ 的元素的线性表达式，它可以由已知点 $x'^j$ 和 $x''^k$ 显式地确定．存在一点 $\mathbf{x}$ 使得 $x^i \mathrm{A}_{i,uv} = 0$．对 $u, v$ 的每种选择，我们可以把 $\mathrm{A}_{i,uv}$ 看成是一个以 $i$ 标记的 3 维向量，并且对于 $u$ 和 $v$ 的不同选择，存在 4 个线性独立的表达式．因此，A 可以被看作为一个 $3\times4$ 矩阵．条件 $x^i \mathrm{A}_{i,uv} = 0$ 表示 $\mathrm{A}_{i,uv}$ 的秩为 2．这意味着 A 的每个 $3\times3$ 子式为零，它产生关于三焦点张量元素的三次约束．由于几何原因，看上去方程 $x^i \mathrm{A}_{i,uv}$ 对于 $u$ 和 $v$ 的四种选择不是代数独立的．因此

我们从两视图的一组点对应得到关于 $\mathcal{T}_i^{jk}$ 的一个三次约束．细节留给读者思考．

对于点对应是第一幅和第二幅（或者第三幅）视图之间的情形，有关分析稍微不同．然而，每种情形的结论是：虽然跨两幅视图的一组点对应产生关于三焦点张量的一个约束，但是该约束不是一个线性约束，这与跨三幅视图的点对应情形不一样．

### 17.2.4　仿射三焦点张量

当三个摄像机全是仿射时，三焦点张量将满足某些约束．最后一行为(0,0,0,1)的摄像机矩阵是仿射的．由此推出若式(17.12)中的矩阵有两行是这种形式，则 $\mathcal{T}_i^{jk}$ 的对应元素是零．元素 $\mathcal{T}_1^{j3},\mathcal{T}_2^{j3},\mathcal{T}_1^{3k},\mathcal{T}_2^{3k}$ 和 $\mathcal{T}_3^{33}$ 属于这种情形——共有 11 个元素．因此，在确定到相差一个尺度因子的意义下，三焦点张量包含 16 个非零元素．如仿射基本矩阵情形一样，这个分析对于摄像机共享同一主平面的情形也有效．

## 17.3　四线性关系

对于四幅视图的情形，类似的论证也有效．再次考虑跨 4 幅视图的一组点对应：$\mathbf{x}\leftrightarrow\mathbf{x}'\leftrightarrow\mathbf{x}''\leftrightarrow\mathbf{x}'''$．当摄像机矩阵为 A，B，C 和 D 时，投影方程可以写为

$$\begin{bmatrix} \mathrm{A} & \mathbf{x} & & & \\ \mathrm{B} & & \mathbf{x}' & & \\ \mathrm{C} & & & \mathbf{x}'' & \\ \mathrm{D} & & & & \mathbf{x}''' \end{bmatrix}\begin{bmatrix} \mathbf{X} \\ -k \\ -k' \\ -k'' \\ -k''' \end{bmatrix}=\mathbf{0} \tag{17.19}$$

由于这个方程有一个（非零）解，其左边的矩阵 X 的秩最多为 7，因此所有 8×8 行列式为零．与三线性的情形一样，任何一个行列式如果只包含某个摄像机矩阵的一行，则产生关于剩下的视图之间的一个三线性或双线性关系．当 8×8 行列式包含每个摄像机矩阵中的两行时，出现一种不同的情况．这样的行列式导致一种新的四线性关系如下

$$x^i x'^j x''^k x'''^l \varepsilon_{ipw}\varepsilon_{jqx}\varepsilon_{kry}\varepsilon_{lsz}\mathcal{Q}^{pqrs}=0_{wxyz} \tag{17.20}$$

式中，自由变量 $w,x,y$ 和 $z$ 的每一种选择给出一个不同的方程，并且该四维**四焦点张量** $\mathcal{Q}^{pqrs}$ 定义为

$$\mathcal{Q}^{pqrs}=\det\begin{bmatrix} \mathbf{a}^p \\ \mathbf{b}^q \\ \mathbf{c}^r \\ \mathbf{d}^s \end{bmatrix} \tag{17.21}$$

注意这个四视图张量的四个指标是逆变的，并且没有一幅视图处于特殊地位，这点与三焦点张量不一样．对于四幅给定的视图只有一个四视图张量，并且这个张量产生 81 个不同的四线性关系，其中 16 个是线性独立的（见 17.6 节）．

如三焦点张量一样，四视图张量也存在直线和点之间的关系．事实上关于点的方程只是直线关系的特例．然而对于 4 直线对应的情形，将产生某些差异，我们现在就来解释这件事．四直线组和四焦点张量之间关系由如下公式给出

$$l_p l'_q l''_r l'''_s \mathcal{Q}^{pqrs} = 0 \tag{17.22}$$

上式适用于任何一组对应直线：$l_p$，$l'_q$，$l''_r$和 $l'''_s$．然而，该式的推导表明：只要存在一个空间点投影到这四条图像直线上，这个条件就成立．它并不需要四条图像直线是对应的（即指它们是空间中同一条直线的像）．这种配置如图 17.1a 所示．

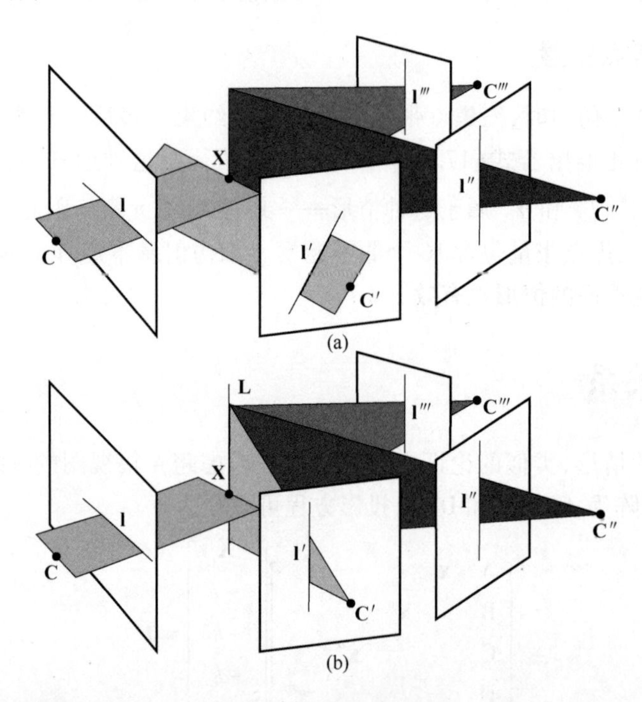


**图 17.1　四直线“对应”**．四条直线 $\mathbf{l}, \mathbf{l}', \mathbf{l}'', \mathbf{l}'''$满足四线性关系式（17.22），因为它们的反向投影交于同一点 $\mathbf{X}$.（a）没有三张平面交于同一条直线．（b）三条直线 $\mathbf{l}' \leftrightarrow \mathbf{l}'' \leftrightarrow \mathbf{l}'''$是 3 维空间中同一条直线 $\mathbf{L}$ 的图像．

现在考虑从单条 3D 直线得到的三条直线对应（例如 $l'_q$，$l''_r$和 $l'''_s$）的情形（见图 17.1b）．现在设 $l_p$为第一幅图像中的**任意**一条直线．这条直线的反向投影是一张平面，它将与 3D 直线相交于一点 $\mathbf{X}$，并且所给出的条件使式（17.22）成立．由于它对任何直线 $l_p$都成立，因此必然有 $l'_q l''_r l'''_s \mathcal{Q}^{pqrs} = 0^p$．这给出了涉及 $l'_q$，$l''_r$和 $l'''_s$的三个线性独立方程．然而，如上文，给定四幅图像中的一组对应直线，我们可以选择含三条直线的子集，并且对每个三直线子集用这种方式得到三个方程．由于关于三直线子集有四种选择，因此方程的总数是 12.

然而，这些方程中只有 9 个是独立的，这可以由下面看到．假设直线为 $\mathbf{l} = \mathbf{l}' = \mathbf{l}'' = \mathbf{l}''' = (1, 0, 0)^{\mathrm{T}}$，这等价于一般情形，因为分别对四幅图像做射影变换，可以把任何直线对应变换成这种情形．现在方程 $l'_q l''_r l'''_s \mathcal{Q}^{pqrs} = 0^p$意味着任何元素 $\mathcal{Q}^{p111} = 0$．把这个讨论应用于四幅视图的所有四个三元组，我们得到当至少有三个指标为 1 时 $\mathcal{Q}^{pqrs} = 0$．总共有 9 个这样的元素．因为由直线对应产生的方程组等价于设置这些元素中的一个为零，所以在总共 12 个方程中只有 9 个是独立的．

表 17.2 中总结了四视图关系．这里对于三条直线和一个点的情形没有给出方程，因为与三条直线相比，它并没有给出关于张量的更多约束．

| 对　应 | 关　系 | 方 程 数 |
|---|---|---|
| 四点 | $x^i x'^j x''^k x'''^l \varepsilon_{ipw}\varepsilon_{jqx}\varepsilon_{kry}\varepsilon_{lsz}\mathcal{Q}^{pqrs}=0_{wxyz}$ | 16 |
| 三点、一直线 | $x^i x'^j x''^k l'''_s \varepsilon_{ipw}\varepsilon_{jqx}\varepsilon_{kry}\mathcal{Q}^{pqrs}=0_{wxy}$ | 8 |
| 两点、两直线 | $x^i x'^j l''_r l'''_s \varepsilon_{ipw}\varepsilon_{jqx}\mathcal{Q}^{pqrs}=0_{wx}$ | 4 |
| 三条直线 | $l_p l'_q l''_r \mathcal{Q}^{pqrs}=0^s$ | 3 |
| 四条直线 | $l_p l'_q l''_r \mathcal{Q}^{pqrs}=0^s, l_p l'_q l'''_s \mathcal{Q}^{pqrs}=0^r, \cdots$ | 9 |

**表 17.2**　四线性关系.

## 17.4　四张平面的交

多视图张量可以由另一种不同的推导给出,这种推导使它们的意义显得更清楚一些.在这个解释中,最基本的几何性质是四张平面的相交.空间中的四张平面一般不交于同一点.使它们交于一点的一个充要条件是由表示这些平面的向量组成的 4×4 矩阵的行列式等于零.

**记号**　我们将利用 $\mathbf{a}\wedge\mathbf{b}\wedge\mathbf{c}\wedge\mathbf{d}$ 来表示由行向量为 $\mathbf{a},\mathbf{b},\mathbf{c},\mathbf{d}$ 的 4×4 矩阵的行列式,但仅限于在本节使用.在更一般范围内,符号 $\wedge$ 表示双代数中的相交算子(见本章文献).然而,为了当前的需要,读者只需把它看成行列式的缩写.

我们从四焦点张量出发,因为对它的推导最简单.考虑由摄像机矩阵为 A,B,C 和 D 的四个摄像机形成的图像中的四条直线 $\mathbf{l},\mathbf{l}',\mathbf{l}''$ 和 $\mathbf{l}'''$.直线 $\mathbf{l}$ 通过摄像机 A 的反向投影记为平面 $l_i\mathbf{a}^i$,其记号如式(17.14).这四张平面是一致的条件可以记为

$$(l_p\mathbf{a}^p)\wedge(l'_q\mathbf{b}^q)\wedge(l''_r\mathbf{c}^r)\wedge(l'''_s\mathbf{d}^s)=0$$

然而,由于行列式关于每一行是线性的,该式又可以写为

$$0=l_p l'_q l''_r l'''_s(\mathbf{a}^p\wedge\mathbf{b}^q\wedge\mathbf{c}^r\wedge\mathbf{d}^s)\overset{\text{def}}{=}l_p l'_q l''_r l'''_s\mathcal{Q}^{pqrs} \tag{17.23}$$

这对应于定义式(17.21)和关于四焦点张量的直线关系式(17.22).其基本的几何性质是在空间中四张平面相交.

**三焦点张量的推导**　现在来考虑三视图的点-线-线关系 $x^i\leftrightarrow l'_j\leftrightarrow l''_k$,并且令 $l^1_p$ 和 $l^2_q$ 为第一幅图像中过像点 $\mathbf{x}$ 的两条直线.由这四条直线反向投影的平面相交于一点(见图 17.2).因此可以写出

$$l^1_l l^2_m l'_q l''_r(\mathbf{a}^l\wedge\mathbf{a}^m\wedge\mathbf{b}^q\wedge\mathbf{c}^r)=0$$

下一步是一个代数技巧——用 $\varepsilon^{ilm}\varepsilon_{ilm}$ 乘这个方程.这是一个标量值(事实上等于 6,即($ilm$)的排列数).重新组合后的结果是

$$(l^1_l l^2_m\varepsilon^{ilm})l'_q l''_r\varepsilon_{ilm}(\mathbf{a}^l\wedge\mathbf{a}^m\wedge\mathbf{b}^q\wedge\mathbf{c}^r)=0$$

现在表达式 $l^1_l l^2_m\varepsilon^{ilm}$ 仅仅是两条直线 $l_l$ 和 $l_m$ 的叉积,换句话说,是它们的交点 $x^i$.因此最后可以写为

$$0=x^i l'_q l''_r(\varepsilon_{ilm}(\mathbf{a}^l\wedge\mathbf{a}^m\wedge\mathbf{b}^q\wedge\mathbf{c}^r))\overset{\text{def}}{=}x^i l'_q l''_r\mathcal{T}_i^{qr} \tag{17.24}$$

它正是定义式(17.10)和三焦点张量的基本关联关系式(17.15).

**基本矩阵** 我们可用同样的方法推导基本矩阵,给定一组点对应 $\mathbf{x}\leftrightarrow\mathbf{x}'$,选取过 $\mathbf{x}$ 的一对直线 $l_p^1$ 和 $l_q^2$ 以及过 $\mathbf{x}'$ 的 $l_r'^1$ 和 $l_s'^2$. 这些直线反向投影所得的平面都相交于一点,因此有

$$l_p^1 l_q^2 l_r'^1 l_s'^2 (\mathbf{a}^p \wedge \mathbf{a}^q \wedge \mathbf{b}^r \wedge \mathbf{b}^s) = 0$$

乘以 $(\varepsilon_{ipq}\varepsilon^{ipq})(\varepsilon_{jrs}\varepsilon^{jrs})$ 且按上面的推导过程得到共面约束

$$0 = x^i x'^j (\varepsilon_{ipq}\varepsilon_{jrs}(\mathbf{a}^p \wedge \mathbf{a}^q \wedge \mathbf{b}^r \wedge \mathbf{b}^s)) \stackrel{\text{def}}{=} x^i x'^j F_{ji} \tag{17.25}$$

可以将其与式(17.4)相比较.

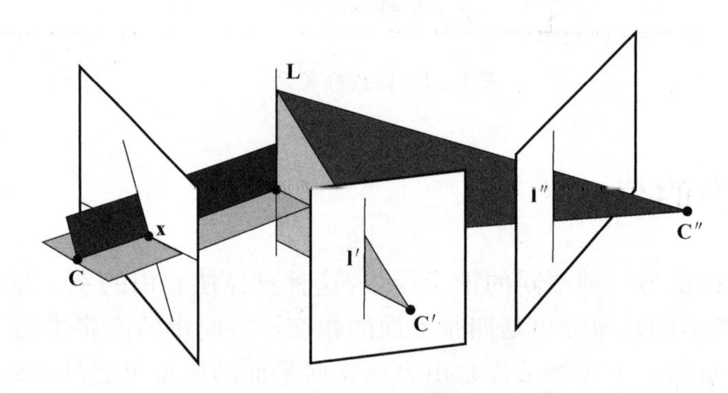


**图 17.2** 涉及三幅图像的点-线-线对应 $\mathbf{x}\leftrightarrow\mathbf{l}'\leftrightarrow\mathbf{l}''$ 可以解释如下:在第一幅图像中选择过点 $\mathbf{x}$ 的任意两条直线. 那么四条直线反向投影成在空间中交于一点的平面.

## 17.5 计数讨论

本节我们将确定从几幅视图实现重构所需要的点或直线的数目. 这个分析与计算相应张量的自由度数有关. 然而,在进行分析时,有必要将作为无约束代数对象的张量的自由度数和由摄像机及其摄像机矩阵组成的配置所产生的自由度数加以区分.

例如,考虑基本矩阵. 在一个层面上,基本矩阵可以看作一个 3×3 齐次矩阵,因此有 8 个自由度(9 减去 1,因为尺度因子不确定). 另一方面,根据式(17.3)从一对摄像机矩阵产生的基本矩阵必须满足额外约束 $\det \mathrm{F} = 0$. 因此,这样的基本矩阵只有 7 个自由度. 由于摄像机矩阵可以在相差一个 3D 射影变换下由基本矩阵确定(且反过来也成立),我们可以通过计算摄像机矩阵的自由度数来计算基本矩阵的自由度数. 两个摄像机矩阵共有 22 个自由度(两个齐次 3×4 矩阵). 一个 3D 单应可以用一个 4×4 齐次矩阵表示,从而有 15 个自由度. 这说明两个摄像机的配置在相差一个射影变换下共有 22 − 15 = 7 个自由度,这与基本矩阵的 7 个自由度相符,从而提供了关于前面计算的一种检验.

类似地,三焦点张量蕴含了三个摄像机矩阵的射影结构,从而有 3×11 − 15 = 18 个自由度. 同理,四焦点张量有 4×11 − 15 = 29 个自由度. 一般地,对于 $m$ 个摄像机,有

$$\#\,\mathrm{dof} = 11m - 15$$

由于三焦点和四焦点张量作为齐次代数阵列考虑时分别有 26 和 80 个自由度,因此它们必须满足由摄像机几何限定的一组额外约束——三焦点张量有 8 个约束,四焦点张量有 51 个约束.

在计算几何结构时,我们可以利用基于估计多焦点张量(通过求解来自于多线性的约束

方程)的线性代数方法．所需要的对应数目由每组点或直线对应产生的方程数目决定．**线性方法**没有考虑由它们的几何加在张量上的约束．

另一方面,所需要的对应数目可以通过计算每组对应给出的几何约束数并且与整个系统的自由度总数相比较来确定．考虑在 $m$ 幅视图中的 $n$ 点组成的一个配置．这个系统的自由度总数是 $11m-15+3n$,因为每个 3D 点有 3 个自由度．为了估计射影结构,可用的数据是 $n$ 个点在 $m$ 幅图像中的像,总共有 $2mn$ 个测量值(每个 2D 点有两个坐标)．这样一来,为了可以重构,需要 $2mn \geqslant 11m-15+3n$ 或 $(2m-3)n \geqslant 11m-15$. 因此所需要的点数是

$$n \geqslant \frac{11m-15}{2m-3} = 5 + \frac{m}{2m-3}$$

也可以这样来理解上式,每组点对应为摄像机贡献 $2m-3$ 个约束,即每幅视图中点的坐标的 $2m$,减去 3D 点的 3 个自由度．

类似的讨论也适用于直线对应．3D 空间中的直线有 4 个自由度,而它的像直线由 2 个自由度描述,因此每组直线对应提供 $2m-4$ 个约束,从而所需要的直线的数目是

$$l \geqslant \frac{11m-15}{2m-4}$$

对于上述任一种情形,如果约束(方程)的数目等于摄像机和点(或直线)配置的(未知的)自由度数,则一般我们能得到多个解,除非是线性的情况．然而,如果方程数多于未知数,这个系统是超定的,并且一般存在一个解．

表 17.3 总结了重构所需要的对应数．星号(*)表示可能有多个解．对非线性解的情形,实际求解的方法并非都知道,除非采用强力生成并求解联立多项式方程组．对不知是否有简单方法的情形,用一个问号作标记．注意关于直线对应的非线性解法知道的还不多．具体的非线性算法是

(1)2 视图的 7 点算法:见 11.1.2 节,可能有三个解．

(2)3 视图的 6 点算法:见 20.2.4 节,可能有三个解．这是上一个问题的对偶(见第 20 章)．

(3)4 视图的 6 点算法．先利用 3 幅视图的 6 点求解,然后利用恢复摄像机矩阵的 DLT 算法(7.1 节)求第四幅视图,并且只保留一个解而消去其他的解．然而,与前两种情形不同,4 视图的 6 点情形是超定的,并且这个解仅仅对完美数据有效．对噪声数据的估计在第 20 章讨论．

| # 视图 | 张量 | # 非零元 | # 自由度 | 线性 | | 非线性 | |
|---|---|---|---|---|---|---|---|
| | | | | # 点 | # 直线 | # 点 | # 直线 |
| 2 | F | 9 | 7 | 8 | — | 7* | — |
| 3 | $\mathcal{T}$ | 27 | 18 | 7 | 13 | 6* | 9*? |
| 4 | $\mathcal{Q}$ | 81 | 29 | 6 | 9 | 6 | 8? |

**表 17.3　射影自由度和约束．**"线性"列表示线性求解张量(相差一个尺度因子)所需的跨所有视图的对应的最小数目．"非线性"列给出所需的对应的最小数目．星号表示有多个解,而问号表示没有已知的实用重构算法．

### 17.5.1 仿射摄像机

对于仿射摄像机,重构需要更少的对应．在重构中无穷远平面可以被辨认,它是所有摄像机的主平面,且重构的多义性是仿射而不是射影的．$m$ 个仿射摄像机的自由度数为

$$\#\,\mathrm{dof}=8m-12$$

对新的 $3\times 4$ 仿射摄像机矩阵,每幅视图增加 8 个自由度,减去一个 3D 仿射变换的 12 个自由度.

和射影摄像机情形一样,一组点对应提供 $2m-3$ 个约束,而一组直线对应提供 $2m-4$ 个约束．与前面一样,所需要的点数可以计算为 $n(2m-3)\geqslant 8m-12$,即

$$n\geqslant\frac{8m-12}{2m-3}=4$$

对于直线的结果是

$$l\geqslant\frac{8m-12}{2m-4}=4+\frac{2}{m-2}$$

对于线性方法,张量中元素的个数是 $3^m$．对于仿射情形,和以往一样,张量仅在相差一个尺度因子下定义,但是另外有许多元素为零,如同我们在 17.1.2 节和 17.2.4 节所看到的那样．这一性质减少了所需要的对应数．计数结果在表 17.4 中给出．注意对于点对应,线性算法适用于由上面方程所给定的最小对应数．因此,非线性算法同线性算法一样．

| # 视图 | 张量 | # 非零元素 | # dof | 线性 | | 非线性 | |
|---|---|---|---|---|---|---|---|
| | | | | # 点 | # 直线 | # 点 | # 直线 |
| 2 | $F_A$ | 5 | 4 | 4 | — | 4 | — |
| 3 | $\mathcal{T}_A$ | 16 | 12 | 4 | 8 | 4 | 6*? |
| 4 | $\mathcal{Q}_A$ | 48 | 20 | 4 | 6 | 4 | 5*? |

**表 17.4　仿射自由度和约束**．每幅视图的摄像机是仿射的．细节请看表 17.3 的说明．

### 17.5.2 已知四个共面点——平面加视差

前面关于计数的讨论是针对处于一般位置上的点和直线的情形．这里我们考虑有四个或更多 3D 点共面这一重要情形．我们将看到张量的计算,从而射影结构的计算被显著地简化．这个讨论是依据已知图像中的四个共面点给出的．但是,这里真正重要的是由这个平面诱导的图像之间的单应应该是已知的．

已知四个共面点情形下基本矩阵的计算在 13.3 节中考虑过(见算法 13.2),而关于三焦点张量的计算则在 16.7.1 节中考虑过．现在考虑四幅视图的情形．利用由一张平面中的 3D 点导出的 4(或更多)组点对应,我们可以计算由该平面诱导的从第一幅视图分别到第二、第三和第四幅视图的单应 $\mathrm{H}'$,$\mathrm{H}''$和 $\mathrm{H}'''$．在射影重构中,选择包含这些点的平面为无穷远平面,此时 $\mathrm{H}'$,$\mathrm{H}''$和 $\mathrm{H}'''$是无穷单应．进一步假设第一幅图像位于世界坐标原点,则这四个摄像机矩阵现在可以记为

$$\mathrm{A}=[\mathrm{I}\mid\mathbf{0}]\quad \mathrm{B}=[\mathrm{H}'\mid\mathbf{t}']\quad \mathrm{C}=[\mathrm{H}''\mid\mathbf{t}'']\quad \mathrm{D}=[\mathrm{H}'''\mid\mathbf{t}''']$$

向量 $\mathbf{t}'$,$\mathbf{t}''$,$\mathbf{t}'''$可以被确定到相差一个公共的尺度因子．

由于现在这些摄像机矩阵的左边 3×3 子块是已知的，从式(17.21)不难看出 $Q^{pqrs}$ 的元素关于摄像机矩阵的余下元素 $\mathbf{t}'$，$\mathbf{t}''$，$\mathbf{t}'''$是线性的．利用式(17.21)我们可以由 $\mathbf{t}'$，$\mathbf{t}''$，$\mathbf{t}'''$的元素写出关于 $Q^{pqrs}$元素的一个表示式．事实上，可以把它显式地记为 $\mathbf{q}=\mathrm{M}\mathbf{t}$，其中 M 是一个 81×9 矩阵，$\mathbf{q}$ 和 $\mathbf{t}$ 是表示 $Q$ 和 $\mathbf{t}'$，$\mathbf{t}''$，$\mathbf{t}'''$的元素的向量．因此，该四焦点张量可以用9 个齐次坐标线性地参数化，从而有 8 个自由度．

现在，给定由表 17.2 中对应推导的方程组 $\mathrm{E}\mathbf{q}=\mathbf{0}$，通过替换 $\mathbf{q}=\mathrm{M}\mathbf{t}$，可以利用最小参数集 $\mathbf{t}$ 将它们改写为 $\mathrm{EM}\mathbf{t}=\mathbf{0}$．这个方程可给出关于 $\mathbf{t}$ 的线性解，并由此得到摄像机矩阵和(如果希望)张量的线性解($\mathbf{q}=\mathrm{M}\mathbf{t}$)．注意这里突出的优点是这样得到的张量自动地对应于一组摄像机矩阵，从而满足所有几何约束——要求四焦点张量必须满足的 51 个累赘的约束便消失殆尽了．

以上分析是针对四焦点张量的计算，但也同样适用于基本矩阵和三焦点张量．

**计数讨论**　我们回到 $m$ 幅视图的一般情形，并从几何角度来考虑它．参数化张量的自由度数等于摄像机矩阵中余下的几何自由度数，即$3m-4$，其中 $m$ 是视图数．这由除了第一个摄像机外的每个摄像机矩阵的最后一列所提供的自由度总数 $3(m-1)$减去一个公共的尺度因子而得到．

然而，计算由点和直线对应提供的约束则需要一点技巧，并必须小心对待计数讨论，切莫忽视隐藏的相关性．首先，考虑跨三幅视图的直线对应 $\mathbf{l}\leftrightarrow\mathbf{l}'\leftrightarrow\mathbf{l}''$——这个讨论对于 $m\geqslant 3$ 视图一般将成立．需要解决的问题是由图像直线的测量能推导出多少信息．出乎意料的是，图像之间的平面单应会减少由直线对应所提供的信息．为简化讨论，可以假定对图像已经施加了平面单应使得四个共面参考点映射到每幅图像中的相同点．其结果是参考平面上的其他任何点也将映射到每幅图像中的同一点．现在导出直线对应的 3D 直线 $\mathbf{L}$ 必然与参考平面相交于一点 $\mathbf{X}$．由于 $\mathbf{X}$ 在参考平面上，因此它投影到所有图像中的同一点 $\mathbf{x}$，并且 $\mathbf{x}$ 必然在三条像直线 $\mathbf{l}$，$\mathbf{l}'$，$\mathbf{l}''$上．因此，三幅视图中的对应直线不能是任意的——它们必须都通过一个共同的图像点．一般情形下，$m$ 幅视图中的直线测量的自由度数是 $m+2$．为确定点 $\mathbf{x}$ 需要 2 个自由度，而通过这个点的每条直线只剩下一个自由度(它的朝向)．减去空间中的直线附加的 4 个自由度，我们发现

- **跨 $m$ 幅视图的每一组直线对应为摄像机余下的自由度产生 $m-2$ 个约束．**

注意图像直线必须相交于一点的条件是怎样限制由直线对应产生的方程数．没有观察到这个条件时，我们会指望由每条直线得到 $2m-4$ 个约束．然而，关于完美数据的 $2m-4$ 个方程的秩将只有 $m-2$．对于含噪声的数据，图像直线将不会完全一致，因而这个系统可能是满秩的．但是这完全是由于噪声所致，并且这个系统的最小奇异值本质上是随机的．尽管如此，在解这个系统时，我们应该包含所有可用的方程，因为它将会减少噪声影响．

关于点对应的讨论是类似的．通过任何两个像点的直线是空间中的直线的影像．如前面所讨论的，该 3D 直线的投影受到约束，并且对匹配点施加了约束．测量有 $3m+2$ 个自由度：2 个用于直线与平面的交点，并且在每幅视图中，1 个用于直线的定向，而 2 对应于直线上两点各自的位置．减去两个 3D 空间点的 6 个自由度，结果是

- **跨 $m$ 幅视图的两组点对应为摄像机余下的自由度产生 $3m-4$ 个约束．**

由于这同摄像机的自由度数是一样的，因此 2 个点足以计算结构．

因为关于摄像机的几何约束数与张量的自由度数相同，所以关于张量的约束和关于摄像

机的几何约束没有区别．这样一来，点和直线对应可以用来产生关于张量的线性约束，因而没有必要用非线性方法．所需要的对应数总结在表 17.5 中．

| # 视图 | 张量 | # 自由度 | 点 | | 直　线 | |
|---|---|---|---|---|---|---|
| | | | # 点 | # 约束 | # 直线 | # 约束 |
| 2 | F | 2 | 2 | 2 | — | |
| 3 | $\mathcal{T}$ | 5 | 2 | 5 | 5 | 5 |
| 4 | $\mathcal{Q}$ | 8 | 2 | 8 | 4 | 8 |

**表 17.5**　给定由一张平面诱导的视图之间的 2D 单应，为计算射影结构还需要的对应数．该单应可以由共面的四点或更多点的匹配或者通过任何其他手段计算得到．用于计算该单应的点没有统计在表中．

## 17.6　独立方程数

表 17.2 中断言跨四视图的每一组点对应给出关于四焦点张量元素的 16 个线性独立方程．我们现在来更仔细地讨论它．

给定跨四幅视图的足够多的点匹配，我们便可以求解张量 $\mathcal{Q}^{pqrs}$．而一旦张量 $\mathcal{Q}$ 已知，就可以求解摄像机矩阵，并进而计算射影结构．这在[Heyden-95b，Heyden-97c，Hartly-98c]中给出了证明，但在本书中未做进一步讨论．然而当有人计算它所必需的点匹配数时，一个奇怪的现象发生了．正如上面指出的：似乎每组点匹配给出关于张量 $\mathcal{Q}^{pqrs}$ 元素的 16 个线性独立方程，并且从两组完全不相关的点对应导出的方程似乎不可能有任何相关性．因此好像从五组点对应就可以得到 80 个方程，并足以在相差一个尺度因子的意义下求解 $\mathcal{Q}^{pqrs}$ 的 81 个元素．根据这个讨论，似乎仅用跨四视图的五组点匹配便可以解出张量，从而可以在相差一个常规的射影多义性下解出摄像机矩阵．然而这个结论与下面的说法相矛盾．

- **不可能从五点的图像确定四个（或任何数目的）摄像机的位置．**

这由 17.5 节的计数讨论得到．显然我们关于方程的计数出了错．原理包括在下文中．

**结论 17.1**　**由跨四幅视图的单组点对应 $\mathbf{x}\leftrightarrow\mathbf{x}'\leftrightarrow\mathbf{x}''\leftrightarrow\mathbf{x}'''$ 导出的所有 81 个线性方程中（式(17.20)）包含关于 $\mathcal{Q}^{pqrs}$ 的 16 个独立约束．进一步，设该方程被记为 $\mathrm{A}\mathbf{q}=\mathbf{0}$，其中 A 是一个 $81\times81$ 矩阵，而 $\mathbf{q}$ 是一个包含 $\mathcal{Q}^{pqrs}$ 元素的向量，则 A 的 16 个非零奇异值都相等．**

这个结论所说的是：确实如所期望的，从一组点对应可以得到 16 个线性独立的方程，并且事实上可以通过正交变换（利用正交矩阵 U 左乘方程矩阵 A）使这组方程简化为 16 个正交方程．这个证明推迟到本节末给出．然而令人惊讶的事实是对应于两组不相关的点对应的方程组具有依赖性，如下面的结论所述．

**结论 17.2**　**由跨 4 幅视图的 $n$ 组一般点对应导出的方程组（式(17.20)）的秩为 $16n-\binom{n}{2}$，其中 $n\leqslant5$.**

记号 $\binom{n}{2}$ 表示从 $n$ 个中取 2 个的组合数，具体地说，$\binom{n}{2}=n(n-1)/2$. 因此对于 5 个点只有 70 个独立方程，不够求解 $\mathcal{Q}^{pqrs}$．对于 $n=6$ 个点，$16n-\binom{n}{2}=81$，有足够的方程求解 $\mathcal{Q}^{pqrs}$ 的

81 个元素．

我们现在证明上面的两个结论．结论 17.1 的证明中的关键点是涉及反对称矩阵的奇异值（见结论 A4.1）．

**结论 17.3　一个 $3\times3$ 反对称矩阵有两个相等的非零奇异值．**

关于结论 17.1 余下的证明是非常直接的，只要不在记号中迷失．

**证明**（结论 17.1）　**由单组点对应导出的完整 81 个方程的形式为 $x^i\varepsilon_{ipw}x'^j\varepsilon_{jqx}x''^k\varepsilon_{kry}x'''^l\varepsilon_{lsz}\mathcal{Q}^{pqrs}=0_{wxyz}$．由 $w,x,y,z$ 在 1,2,3 范围内变化总共产生 81 个方程．因此，方程矩阵 A 可以被写为**

$$A_{(wxyz)(pqrs)}=x^i\varepsilon_{ipw}x'^j\varepsilon_{jqx}x''^k\varepsilon_{kry}x'''^l\varepsilon_{lsz}\tag{17.26}$$

式中，指标 $(wxyz)$ 指示 A 的行，而 $(pqrs)$ 指示 A 的列．我们将把一组指标（例如此时的 $(wxyz)$）视为一个矩阵的行或者列的单个指标．这种情形通过把指标放在括号内来反映，并且称它们为**组合指标**．

现在考虑表达式 $x^i\varepsilon_{ip\omega}$．这可以被视为由自由指标 $p$ 和 $w$ 所表示的矩阵．并且，因为 $x^i\varepsilon_{ip\omega}=-x^i\varepsilon_{i\omega p}$，可见它是一个反对称矩阵，从而有相等的奇异值．我们记这个矩阵为 $S_{wp}$．利用张量记号写结论 17.3，我们有

$$U_a^wS_{wp}V_e^p=kD_{ae}\tag{17.27}$$

其中对角矩阵 D 具有结论 17.3 所述的性质．式（17.26）中的矩阵 A 可以记为 $A_{(wxyz)(pqrs)}=S_{wp}S'_{xq}S''_{yr}S'''_{zs}$．因此，利用式（17.27）有

$$U_a^wU_b'^xU_c''^yU_d'''^zA_{(wxyz)(pqrs)}V_e^pV_f'^qV_g''^rV_h'''^s=kk'k''k'''D_{ae}D_{bf}D_{cg}D_{dh}\tag{17.28}$$

现在，令

$$\hat{U}^{(wxyz)}_{(abcd)}=U_a^wU_b'^xU_c''^yU_d'''^z,\hat{V}^{(pqrs)}_{(efgh)}=V_e^pV_f'^qV_g''^rV_h'''^s,\hat{D}_{(abcd)(efgh)}=D_{ae}D_{bf}D_{cg}D_{dh}$$

和 $\hat{k}=kk'k''k'''$，则式（17.28）可以写为

$$\hat{U}^{(wxyz)}_{(abcd)}A_{(wxyz)(pqrs)}\hat{V}^{(pqrs)}_{(efgh)}=\hat{k}\hat{D}_{(abcd)(efgh)}\tag{17.29}$$

矩阵 $D_{(abcd)(efgh)}$ 是有 16 个非零对角元（都等于 1）的对角矩阵．为证明式（17.29）是矩阵 $A_{(wxyz)(pqrs)}$ 的 SVD，从而完成证明，只剩下证明 $U^{(wxyz)}_{(abcd)}$ 和 $V^{(pqrs)}_{(efgh)}$ 是正交矩阵．而这只要证明其列是标准正交的即可．这是直接的，并留作练习．

**证明**（结论 17.2）　**我们考虑跨四幅视图的两组点对应：$x^i\leftrightarrow x'^i\leftrightarrow x''^i\leftrightarrow x'''^i$ 和 $y^i\leftrightarrow y'^i\leftrightarrow y''^i\leftrightarrow y'''^i$．它们产生形如式（17.26）的两个方程组 $A^x\mathbf{q}=\mathbf{0}$ 和 $A^y\mathbf{q}=\mathbf{0}$．每个系数矩阵的秩为 16，且若 $A^x$ 的行与 $A^y$ 的行是无关的，则组合方程组的秩为 32．然而，若 $A^x$ 的行与 $A^y$ 的行之间是线性相关的，则它们组合的秩最多是 31.**

我们定义具有组合指标 $(pqrs)$ 的向量 $\mathbf{s}_x$ 为 $\mathbf{s}_x^{(pqrs)}=x^px'^qx''^rx'''^s$．类似地定义向量 $\mathbf{s}_y$．我们将证明 $\mathbf{s}_y^{\mathsf{T}}A^x=\mathbf{s}_x^{\mathsf{T}}A^y$，这意味着 $A^x$ 和 $A^y$ 的行是线性相关的．

将 $\mathbf{s}_y^{\mathsf{T}}A^x$ 展开得

$$\begin{aligned}\mathbf{s}_y^{\mathsf{T}}A^x&=\mathbf{s}_y^{(wxyz)}A^x_{(wxyz)(pqrs)}\\&=(y^wy'^xy''^yy'''^z)x^i\varepsilon_{ipw}x'^j\varepsilon_{jqx}x''^k\varepsilon_{kry}x'''^l\varepsilon_{lsz}\\&=(x^ix'^jx''^kx'''^l)y^w\varepsilon_{wpi}y'^x\varepsilon_{xqj}y''^y\varepsilon_{yrk}y'''^z\varepsilon_{zsl}\\&=\mathbf{s}_x^{\mathsf{T}}A^y\end{aligned}$$

这表明 $A^x$ 和 $A^y$ 的行向量是相关的，从而它们组合的秩最多为 31．现在考虑该组合的秩小于

31 的可能性．若该秩小于 31，则矩阵$[A^x, A^y]$的所有 $31\times31$ 子式必须为零．这些子式可以表示为由点 $\mathbf{x},\mathbf{x}',\mathbf{x}'',\mathbf{x}''',\mathbf{y},\mathbf{y}',\mathbf{y}''$和 $\mathbf{y}'''$构成系数的多项式．这 24 个系数一起生成一个 24 维空间．因此，对某个 $N$(等于这种 $31\times31$ 子式的个数)存在一个函数 $f:\mathrm{IR}^{24}\to\mathrm{IR}^N$，使得该方程矩阵只在函数 $f$ 的零点集上的秩小于 31. 任意选择的例子(略去)都可以用来证明函数 $f$ 不恒等于零．由此推出使方程组的秩小于 31 的点对应的集合是 $\mathrm{IR}^{24}$ 中的一个代数簇，从而是无处稠密的．因此，由跨四视图的一对点对应所产生的方程组的秩为 31.

现在回到跨所有四幅视图的 $n$ 组点对应的一般情形．注意对两组点对应成立的线性关系不是一般性的，而是依赖于这一对点对应．因此，一般给定 $n$ 组点对应时，将有$\binom{n}{2}$个这样的关系．这就把由该方程组生成的空间的维数减少到所需要的 $16n-\binom{n}{2}$.

**三视图情形**　关于三视图也有类似的讨论，用同样方法可以证明由一组点匹配产生的 9 个方程只有 4 个是独立的．其证明留作练习．

## 17.7 选取方程

第 17.6 节已证明由四点方程导出的整个方程组的奇异值都相等．这个证明可以容易地用于三视图的情形(见习题). 推导中的关键点是 $3\times3$ 反对称矩阵的两个非零奇异值相等．显然这个证明也可以推广到 17.2 节和 17.3 节给出的由点或直线对应导出的任何其他方程组.

仍考虑四视图情形．关于奇异值的结论表明一般应该包含由这组对应所导出的全部 81 个方程，而不是只选择 16 个独立方程．这将避免在接近奇异情形时产生困难．这一点得到实验观察的支持．数值例子确实表明当包含每组点对应所提供的全部方程时，由几组点对应推导的方程组的条件数大为改善．这里方程组的条件数是指第一个(最大的)与第 $n$ 个奇异值的比值，其中 $n$ 是线性独立方程的数目．

包含全部 81 个方程而不仅是 16 个，意味着方程组更大，并导致解的复杂性增加．这可以按如下方法进行补救．奇异值相等的基础是 $S_{wp}=x^i\varepsilon_{ipw}$，而其他类似定义的术语是反对称矩阵，从而有相同的奇异值．对具有相等奇异值的其他任何矩阵 S 也有同样的效应．只要求 S 的列向量必须表示通过点 $\mathbf{x}$ 的直线(否则说明 $S_{wp}x^w=0_p$). 如果矩阵 S 的列向量是正交的，则它有相等的奇异值．当 S 是一个 $3\times2$ 矩阵时就可以得到这些条件．如果对每幅视图中的点都这样做了，方程的总数将从 $3^4=81$ 减少到 $2^4=16$，并且这 16 个方程将是正交的．如下文所示，选择 S 的一种方便的方法是利用 Householder 矩阵(见 A4.1.2 节).

这个讨论也适用于三焦点张量，即允许把方程的个数从 9 减少到 4，同时保留相等的奇异值．对三焦点张量总结这个讨论：

- **给定跨三幅视图的点对应 $\mathbf{x}\leftrightarrow\mathbf{x}'\leftrightarrow\mathbf{x}''$，产生如下形式的方程组**

$$x^i\hat{l}'_{qx}\hat{l}''_{ry}\mathcal{T}_i^{qr}=0_{xy}\text{ 对 } x,y=1,2$$

**其中，$\hat{l}'_{q1}$和 $\hat{l}'_{q2}$是由正交向量表示的过 $\mathbf{x}'$的两条直线(对 $\hat{l}''_{ry}$类似). 求 $\hat{l}'_{qx}$和 $\hat{l}''_{ry}$的一种方便的方法如下：**

**(1)寻找 Householder 矩阵 $h'_{qx}$和 $h''_{ry}$，使得 $x'^q h'_{qx}=\delta_{3x}$和 $x''^r h'_{ry}=\delta_{3y}$.**

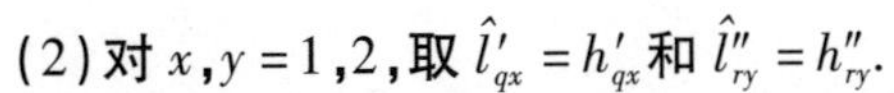
(2)对 $x,y=1,2$,取 $\hat{l}'_{qx}=h'_{qx}$ 和 $\hat{l}''_{ry}=h''_{ry}$.

显然该方法基本适用于表 17.1 和表 17.2 中所总结的所有类型的方程.

对三视图情形本章推荐的最基本关系是点-线-线对应方程 $x^i l'_q l''_r \mathcal{T}_i^{qr}=0$,而对四视图是直线对应方程 $l_p l'_q l''_r l'''_s \mathcal{Q}^{pqrs}=0$. 事实上,对于仔细选择的直线,通过把其他对应简化到这种类型的对应可以增强数值计算的鲁棒性.

## 17.8　结束语

### 17.8.1　文献

虽然用了稍微不同的途径,本章关于对应图像坐标之间的多线性关系的推导总结了[Triggs-95]和 Faugeras 与 Mourrain[Faugeras-95a]先前的结果. 点和直线混合对应关系的公式则是[Hartley-95b,Hartley-97c]的结果的扩展.

表 17.1 和表 17.2 中给出的完整多线性关系的枚举,关于多焦点张量的公式,以及关于由点对应导出的独立方程数的分析,都取自[Hartley-95a]. 关于多焦点张量的类似分析也在[Heyden-98]中出现过.

四焦点张量可能由[Triggs-95]首次发现. 四线性约束及其相关的张量在多篇论文[Triggs-95,Faugeras-95a,Shashua-95b,Heyden-95b,Heyden-97c]中介绍过.

双(或 Grassmann-Cayley)代数是在文献[Carlsson-93]中被引入到计算机视觉文献,进一步应用可参看[Faugeras-95a,Faugeras-97].

计算四焦点张量的算法和基于简化张量的重构算法在[Heyden-95b,Heyden-97c]中给出. 之后的论文[Hartley-98c]改进了该算法.

### 17.8.2　注释和练习

(1)确定**仿射四焦点张量**(即由仿射摄像机矩阵计算的四焦点张量)的性质. 具体地说,利用该张量的行列式定义(式(17.21))来验证在表 17.4 中给出的非零元素的数目.

(2)证明由跨三幅视图的单组点对应 $\mathbf{x}\leftrightarrow\mathbf{x}'\leftrightarrow\mathbf{x}''$导出的 9 个线性方程(17.11)中包含 4 个线性独立方程. 进一步令该方程组写为 $\mathbf{At}=\mathbf{0}$,其中 A 是一个 $9\times27$ 矩阵. 那么 A 的 4 个非零奇异值相等. 与四视图情形不同,由不同的点匹配导出的方程是线性独立的,因此 $n$ 组点匹配产生 $4n$ 个独立方程.

(3)如果为图像坐标选择标准仿射基使得三组对应点在每幅视图中的坐标分别为$(0,0)^\mathsf{T}$,$(1,0)^\mathsf{T}$,$(0,1)^\mathsf{T}$,则所得的张量具有一个更简单的形式. 这些"简化的张量"比一般形式的张量有更多的零元素. 例如,对于简化基本矩阵的情形,其对角元素是零,并且简化的三焦点张量只有 15 个非零元素. 同时这些张量可以由更少的参数表示,例如,对于简化的基本矩阵有四个,因为基点有效地确定了其他参数. 进一步的细节在[Heyden-95a,Heyden-95b]中给出.

(4)证明如果 4 个摄像机的中心共面,那么四焦点张量有 28 个几何自由度.

# 第 18 章 N 视图计算方法

本章介绍由一组图像估计射影或仿射重构的计算方法,特别是对于视图数目比较大的情形.

我们从最一般情形,即射影重构的捆集调整出发. 接着专门针对仿射摄像机,并引入了重要的分解算法. 给出了该算法向非刚性场景的推广. 然后针对含有平面的场景介绍了捆集调整的第二个特例. 最后讨论从图像序列获得点对应以及由这些对应进行射影重构的方法.

## 18.1 射影重构——捆集调整

考虑一组 3D 点 $\mathbf{X}_j$ 被矩阵为 $\mathrm{P}^i$ 的一组摄像机所拍摄的情形. 记第 $j$ 个点在第 $i$ 个摄像机像平面上的坐标为 $\mathbf{x}_j^i$. 希望求解下面的重构问题:给定一组图像坐标 $\mathbf{x}_j^i$,寻找使得 $\mathrm{P}^i\mathbf{X}_j=\mathbf{x}_j^i$ 成立的摄像机矩阵 $\mathrm{P}^i$ 和点 $\mathbf{X}_j$. 如果对 $\mathrm{P}^i$ 和 $\mathbf{X}_j$ 不加进一步约束,这样的重构是一个射影重构,因为点 $\mathbf{X}_j$ 与真实的重构可能相差一个任意的 3D 射影变换.

**捆集调整** 如果图像测量有噪声,那么方程 $\mathbf{x}_j^i=\mathrm{P}^i\mathbf{X}_j$ 将不会完全满足. 在这种情形下,将寻求最大似然(ML)解并假设测量噪声满足 Gauss 分布:我们希望估计射影矩阵 $\hat{\mathrm{P}}^i$ 和准确投射到图像点 $\hat{\mathbf{x}}_j^i$ 的 3D 点 $\hat{\mathbf{X}}_j$,即 $\hat{\mathbf{x}}_j^i=\hat{\mathrm{P}}^i\hat{\mathbf{X}}_j$,并且对这些 3D 点出现的每幅视图最小化重投影点和被检测(测量)的图像点 $\mathbf{x}_j^i$ 之间的图像距离,即

$$\min_{\hat{\mathrm{P}}^i,\hat{\mathbf{X}}_j}\sum_{ij}d(\hat{\mathrm{P}}^i\hat{\mathbf{X}}_j,\mathbf{x}_j^i)^2 \tag{18.1}$$

式中,$d(\mathbf{x},\mathbf{y})$ 是齐次点 $\mathbf{x}$ 和 $\mathbf{y}$ 之间的几何图像距离. 这种涉及最小化重投影误差的估计被称为**捆集调整**——它涉及调整每个摄像机中心和这组 3D 点(或等价地,每个 3D 点和这组摄像机中心)之间的射线束.

捆集调整一般应该作为任何重构算法的最后一步使用. 该方法的好处是能够容忍数据的丢失并提供真正的 ML 估计. 同时它允许对每一个测量值指派单独协方差(或更一般的 PDFs),并且还可以扩展到包括先验估计和关于摄像机参数或点位置的约束. 简而言之,它似乎是一个理想的算法,除了以下事实:①它需要提供一个好的初始值;②由于涉及大量参数,它可能成为一个非常大的最小化问题. 我们将简要地讨论这两点.

**迭代最小化** 由于每个摄像机有 11 个自由度,而每个 3 维空间点有 3 个自由度,一个涉及跨 $m$ 幅视图的 $n$ 个点的重构需要最小化 $3n+11m$ 个以上的参数. 事实上,因为元素常常被超参数化(例如,对齐次 P 矩阵用 12 个参数),此数是一个下界. 如果用 Levenberg- Marquardt 算法来最小化式(18.1),那么必须对维数为 $(3n+11m)\times(3n+11m)$ 的矩阵进行分解(或者

有时需要求逆). 当 $m$ 和 $n$ 增加时,其代价变得非常大,甚至最终不可行. 对这个问题有下面几种解决办法:

(1) **减少 $n$ 和/或 $m$.** 不要包括所有的视图或所有的点,可以在后面用摄像机参数估计或三角测量把这些分别补上;或者将数据分成几个集合,分别对每个集合进行捆集调整之后再融合. 这些策略将在 18.6 节中做进一步讨论.

(2) **交替方法**. 交替进行通过改变摄像机最小化重投影误差和通过改变点最小化重投影误差. 因为在给定固定摄像机下每个点被独立估计,并且类似地,每个摄像机也由固定点独立估计,必须求逆的最大矩阵是用来估计单个摄像机的 11×11 矩阵. 交替最小化与捆集调整一样的代价函数,应该得到相同的解(只要有唯一的最小值),但它可能会收敛更慢些. [Triggs-00a] 中把交替方法与捆集调整进行了比较.

(3) **稀疏方法**. 这些在附录 6 中介绍.

**初始解**　接下来的几节将介绍几种初始化方法. 若问题被限定为仿射摄像机,则只要点被影像到每一幅视图,分解方法(18.2 节)可给出闭形式的最优解. 即使对于射影摄像机,只要点被影像到每一幅视图,也有一个适用的(迭代)分解方法(18.4 节). 如果数据带有更多可用信息,例如有部分共面,则仍有可能得到闭形式解(18.5 节). 最后,针对点不是在每幅视图都可见的情形,可使用 18.6 节中介绍的分层方法.

## 18.2　仿射重构——分解算法

本节介绍由一组图像点对应的重构,其图像为仿射摄像机所拍摄. 正如 17.5.1 节所介绍的,此时的重构是仿射的.

下面将介绍 Tomasi 和 Kanade [Tomasi-92] 的分解算法,该算法被总结在算法 18.1 中并具有下列性质:

- **假设噪声服从各向同性零均值的 Gauss 分布,并且每一个测量点的噪声是独立同分布的,则分解算法可达到一个最大似然仿射重构.**

这个事实首先由 Reid 和 Murray [Reid-96] 指出. 然而,该方法要求每个点在所有视图中都有测量值. 这限制了实际应用,因为某些匹配点可能不在某些视图中出现.

一个仿射摄像机可以用它的最后一行等于 $(0,0,0,1)$ 来表征. 然而,在本节中将用稍许不同的方法来标记它,即分离出摄像机映射的平移和纯线性变换部分. 因此有

$$\begin{pmatrix} x \\ y \end{pmatrix} = \mathrm{M}\begin{pmatrix} \mathrm{X} \\ \mathrm{Y} \\ \mathrm{Z} \end{pmatrix} + \mathbf{t}$$

式中, M 是一个 2×3 矩阵, 而 $\mathbf{t}$ 是一个 2 维向量. 从现在起为了阅读方便, $\mathbf{x}$ 表示非齐次图像点 $\mathbf{x} = (x, y)^{\top}$, 而 $\mathbf{X}$ 表示非齐次世界点 $\mathbf{X} = (\mathrm{X}, \mathrm{Y}, \mathrm{Z})^{\top}$.

我们的目标是寻求最小化图像坐标测量值的几何误差的重构. 这就是说,我们希望估计摄像机 $\{\mathrm{M}^i, \mathbf{t}^i\}$ 和 3D 点 $\mathbf{X}_j$, 使得估计的图像点 $\hat{\mathbf{x}}_j^i = \mathrm{M}^i\mathbf{X}_j + \mathbf{t}^i$ 和测量的图像点 $\mathbf{x}_j^i$ 之间的距离最小化:

$$\min_{\mathrm{M}^i, \mathbf{t}^i, \mathbf{X}_j} \sum_{ij} \| \mathbf{x}_j^i - \hat{\mathbf{x}}_j^i \|^2 = \min_{\mathrm{M}^i, \mathbf{t}^i, \mathbf{X}_j} \sum_{ij} \| \mathbf{x}_j^i - (\mathrm{M}^i\mathbf{X}_j + \mathbf{t}^i) \|^2 \tag{18.2}$$

目标

已知跨 $m$ 幅视图的 $n\geqslant 4$ 组图像点对应 $\mathbf{x}_j^i, i=1,\cdots,m, j=1,\cdots,n$，确定仿射摄像机矩阵 $\{\mathrm{M}^i,\mathbf{t}^i\}$ 和 3D 点 $\{\mathbf{X}_j\}$，使得重投影误差

$$\sum_{ij}\|\mathbf{x}_j^i-(\mathrm{M}^i\mathbf{X}_j+\mathbf{t}^i)\|^2$$

在 $\{\mathrm{M}^i,\mathbf{t}^i,\mathbf{X}_j\}$ 上最小化，其中 $\mathrm{M}^i$ 是一个 $2\times 3$ 的矩阵，$\mathbf{X}_j$ 是一个 3 维向量，而 $\mathbf{x}_j^i=(x_j^i,y_j^i)^{\mathsf{T}}$ 和 $\mathbf{t}^i$ 都是 2 维向量.

算法

(1) **平移的计算**. 每个平移 $\mathbf{t}^i$ 被当作第 $i$ 幅图像上点的形心来计算，即

$$\mathbf{t}^i=\langle\mathbf{x}^i\rangle=\frac{1}{n}\sum_j\mathbf{x}_j^i$$

(2) **中心化数据**. 中心化每幅图像上的点，用它们相对于形心的坐标来表示：

$$\mathbf{x}_j^i\leftarrow\mathbf{x}_j^i-\langle\mathbf{x}^i\rangle$$

此后，对这些中心化的坐标进行操作.

(3) 按式(18.5)中的定义，由中心化的数据**构造** $2m\times n$ **测量矩阵** W，并计算它的 SVD：$\mathrm{W}=\mathrm{UDV}^{\mathsf{T}}$.

(4) 矩阵 $\mathrm{M}^i$ 由 U 的前三列乘以奇异值得到：

$$\begin{bmatrix}\mathrm{M}^1\\ \mathrm{M}^2\\ \vdots\\ \mathrm{M}^m\end{bmatrix}=[\sigma_1\mathbf{u}_1\quad\sigma_2\mathbf{u}_2\quad\sigma_3\mathbf{u}_3]$$

向量 $\mathbf{t}^i$ 的计算如第(1)步，而 3D 结构从 V 的前三列读出

$$[\mathbf{X}_1\quad\mathbf{X}_2\cdots\mathbf{X}_n]=[\mathbf{v}_1\quad\mathbf{v}_2\quad\mathbf{v}_3]^{\mathsf{T}}$$

算法 18.1　由跨 $m$ 幅视图的 $n$ 组图像点对应确定一个仿射重构的 MLE 的分解算法（在 Gauss 图像噪声的假设下）.

在这类最小化问题中，一般通过选择这些点的形心为坐标系的原点，可事先消去平移向量 $\mathbf{t}^i$. 这是因为几何上仿射摄像机把 3D 点的形心映射到它们投影的形心. 因此，如果这些 3D 点和每组图像点的形心都被选为坐标原点，那么有 $\mathbf{t}^i=\mathbf{0}$. 这一步要求相同的 $n$ 个点被影像到所有视图中，即任何点的图像坐标不会在哪幅视图中是未知的. 这个结论的一种解析推导如下. 关于 $\mathbf{t}^i$ 的最小化要求

$$\frac{\partial}{\partial\mathbf{t}^i}\sum_{kj}\|\mathbf{x}_j^k-(\mathrm{M}^k\mathbf{X}_j+\mathbf{t}^k)\|^2=\mathbf{0},$$

经过简单的计算后上式简化为 $\mathbf{t}^i=\langle\mathbf{x}^i\rangle-\mathrm{M}^i\langle\mathbf{X}\rangle$，其中的形心是 $\langle\mathbf{x}^i\rangle=\frac{1}{n}\sum_j\mathbf{x}_j^i$ 和 $\langle\mathbf{X}\rangle=\frac{1}{n}\sum_j\mathbf{X}_j$. 3D 坐标系的原点是任意的，因此可以选其与形心 $\langle\mathbf{X}\rangle$ 相重合，此时 $\langle\mathbf{X}\rangle=\mathbf{0}$ 并且

$$\mathbf{t}^i=\langle\mathbf{x}^i\rangle\tag{18.3}$$

因此，如果用投影点的形心作为坐标系的原点来测量图像坐标，那么 $\mathbf{t}^i=\mathbf{0}$. 这样一来，我们用 $\mathbf{x}_j^i-\langle\mathbf{x}^i\rangle$ 代替每一个 $\mathbf{x}_j^i$. 今后我们将假设这项工作已经完成，并且对这种中心化后的坐标进行计算. 在这些新的坐标系下 $\mathbf{t}^i=\mathbf{0}$，从而式(18.2)简化成

$$\min_{\mathrm{M}^i,\mathbf{X}_j}\sum_{ij}\|\mathbf{x}_j^i-\hat{\mathbf{x}}_j^i\|^2=\min_{\mathrm{M}^i,\mathbf{X}_j}\sum_{ij}\|\mathbf{x}_j^i-\mathrm{M}^i\mathbf{X}_j\|^2 \tag{18.4}$$

当写成一个矩阵时,这个最小化问题有一个非常简单的形式. **测量**矩阵 W 是由测量图像点的中心化坐标组成的 $2m\times n$ 矩阵

$$\mathrm{W}=\begin{bmatrix}\mathbf{x}_1^1 & \mathbf{x}_2^1 & \cdots & \mathbf{x}_n^1\\ \mathbf{x}_1^2 & \mathbf{x}_2^2 & \cdots & \mathbf{x}_n^2\\ \vdots & \vdots & \ddots & \vdots\\ \mathbf{x}_1^m & \mathbf{x}_2^m & \cdots & \mathbf{x}_n^m\end{bmatrix} \tag{18.5}$$

因为每个 $\mathbf{x}_j^i=\mathrm{M}^i\mathbf{X}_j$,完整的方程组可以写为

$$\mathrm{W}=\begin{bmatrix}\mathrm{M}^1\\ \mathrm{M}^2\\ \vdots\\ \mathrm{M}^m\end{bmatrix}[\mathbf{X}_1,\mathbf{X}_2,\cdots,\mathbf{X}_n]$$

当噪声存在时,这个方程将不会完全满足,因此转而求 Frobenius 范数下尽可能接近于 W 的矩阵 $\hat{\mathrm{W}}$,使得矩阵 $\hat{\mathrm{W}}$ 可以分解为

$$\hat{\mathrm{W}}=\begin{bmatrix}\hat{\mathbf{x}}_1^1 & \hat{\mathbf{x}}_2^1 & \cdots & \hat{\mathbf{x}}_n^1\\ \hat{\mathbf{x}}_1^2 & \hat{\mathbf{x}}_2^2 & \cdots & \hat{\mathbf{x}}_n^2\\ \vdots & \vdots & \ddots & \vdots\\ \hat{\mathbf{x}}_1^m & \hat{\mathbf{x}}_2^m & \cdots & \hat{\mathbf{x}}_n^m\end{bmatrix}=\begin{bmatrix}\mathrm{M}^1\\ \mathrm{M}^2\\ \vdots\\ \mathrm{M}^m\end{bmatrix}[\mathbf{X}_1\quad\mathbf{X}_2\quad\cdots\quad\mathbf{X}_n] \tag{18.6}$$

此时可以验证:

$$\|\mathrm{W}-\hat{\mathrm{W}}\|_{\mathrm{F}}^2=\sum_{ij}(\mathrm{W}_{ij}-\hat{\mathrm{W}}_{ij})^2=\sum_{ij}\|\mathbf{x}_j^i-\hat{\mathbf{x}}_j^i\|^2=\sum_{ij}\|\mathbf{x}_j^i-\mathrm{M}^i\mathbf{X}_j\|^2$$

把它与式(18.4)相比较,我们发现最小化所需要的几何误差等价于寻找 Frobenius 范数下尽可能接近于 W 的矩阵 $\hat{\mathrm{W}}$.

注意满足式(18.6)的矩阵 $\hat{\mathrm{W}}$ 是一个 $2m\times3$ 的**运动矩阵** $\hat{\mathrm{M}}$ 和一个 $3\times n$ 的**结构矩阵** $\hat{\mathrm{X}}$ 的乘积,从而 $\hat{\mathrm{W}}=\hat{\mathrm{M}}\hat{\mathrm{X}}$ 的秩为 3. 换句话说,我们寻求 Frobenius 范数下最接近 W 的一个秩为 3 的矩阵. 这个矩阵可以通过 W 的 SVD 并截断到秩为 3 得到. 更详细地讲,若 SVD 为 $\mathrm{W}=\mathrm{UDV}^{\mathsf{T}}$,则 $\hat{\mathrm{W}}=\mathrm{U}_{2m\times3}\mathrm{D}_{3\times3}\mathrm{V}_{3\times n}^{\mathsf{T}}$ 是 Frobenius 范数下最接近于 W 的秩为 3 的矩阵,其中 $\mathrm{U}_{2m\times3}$ 由 U 的前 3 列组成,$\mathrm{V}_{3\times n}^{\mathsf{T}}$ 由 $\mathrm{V}^{\mathsf{T}}$ 的前三行组成,而 $\mathrm{D}_{3\times3}$ 是包含前三个奇异值的对角矩阵 $\mathrm{D}_{3\times3}=\mathrm{diag}(\sigma_1,\sigma_2,\sigma_3)$.

注意,$\hat{\mathrm{M}}$ 和 $\hat{\mathrm{X}}$ 的选择不是唯一的. 例如可以选取 $\hat{\mathrm{M}}=\mathrm{U}_{2m\times3}\mathrm{D}_{3\times3}$ 和 $\hat{\mathrm{X}}=\mathrm{V}_{3\times n}^{\mathsf{T}}$,或者 $\hat{\mathrm{M}}=\mathrm{U}_{2m\times3}$ 和 $\hat{\mathrm{X}}=\hat{\mathrm{D}}_{3\times3}\mathrm{V}_{3\times n}^{\mathsf{T}}$,因为在每种情形下都有 $\hat{\mathrm{W}}=\hat{\mathrm{M}}\hat{\mathrm{X}}=\mathrm{U}_{2m\times3}\mathrm{D}_{3\times3}\mathrm{V}_{3\times n}^{\mathsf{T}}$.

**仿射多义性** 事实上对任何这样的选择都存在额外的多义性,因为任何一个秩为 3 的 $3\times3$ 矩阵 A 都可以插入到分解中去,因为 $\hat{\mathrm{W}}=\hat{\mathrm{M}}\mathrm{AA}^{-1}\hat{\mathrm{X}}=(\hat{\mathrm{M}}\mathrm{A})(\mathrm{A}^{-1}\hat{\mathrm{X}})$. 这意味着由 $\hat{\mathrm{M}}$ 得到的摄像机矩阵 $\mathrm{M}^i$,和由 $\hat{\mathrm{X}}$ 得到的 3D 点 $\mathbf{X}_j$,被确定到相差一个共同的矩阵 A. 换句话说,MLE 重构是仿射的.

通过提供 10.4.2 节介绍的关于场景的度量信息,或者利用第 19 章介绍的自标定方法,或

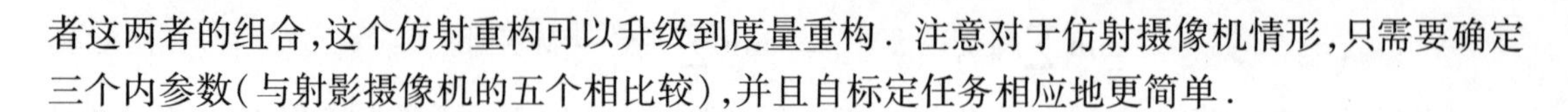


者这两者的组合,这个仿射重构可以升级到度量重构. 注意对于仿射摄像机情形,只需要确定三个内参数(与射影摄像机的五个相比较),并且自标定任务相应地更简单.

### 18.2.1 仿射多视图张量

分解算法提供了由图像点对应计算仿射多视图张量的一种优化方法. 这些张量是仿射基本矩阵、仿射三焦点张量和仿射四焦点张量. 对每一种情形,这个算法在相差一个全局仿射多义性的意义下确定摄像机矩阵. 然后这些张量可直接由摄像机矩阵算出(如用第 17 章的方法). 计算这些张量与 3D 空间的仿射多义性无关,因为它们不受 3 维空间的仿射变换影响. 事实上没有必要计算 W 的完整 SVD,因为仅需要该分解的 U 分量. 如果与视图数目相比,点数 $n$ 很大,那么不计算 V 可以为 SVD 的计算带来非常大的节省(见表 A4.1).

另一个代替 SVD 的选择是应用 $WW^T$ 的特征值分解,因为 $WW^T=(UDV^T)(UDV^T)^T=UD^2U^T$. 对于三幅视图(三焦点张量的计算),矩阵 $WW^T$ 的维数仅为 $9\times9$. 因此这个方法有显著的优势. 然而,从数值计算角度考虑它是下策,因为 $WW^T$ 矩阵的条件数变为原来的平方(见[Golub-98]中关于 SVD 的讨论). 由于我们仅需要三个最大的特征向量,此时它也许不会出现问题. 然而,鉴于避免计算 V 的 SVD 的实现,这个方法的优势并不那么显著.

分解方法可以用来计算任何多视图仿射张量. 然而对于仿射基本矩阵,第 14 章中介绍的算法 14.1 更直接. 这两种方法的结果是相同的.

### 18.2.2 利用子空间的三角测量和重投影

分解算法还提供了一种计算新点或并未被所有视图都观察到的点的图像的优化方法. 同样,3 维空间的仿射多义性也无关紧要.

W 的一列是点 $\mathbf{X}_j$ 的所有对应图像点,并被称为点的**轨迹**. $\hat{W}$ 的秩 3 分解式(18.6) $\hat{W}=\hat{M}\hat{X}$ 表明所有轨迹位于一个 3 维子空间中. 特别地,新点 $\mathbf{X}$ 的轨迹(即所有图像投影)可以由 $\hat{M}\mathbf{X}$ 得到. 这是 $\hat{M}$ 的三列的一个简单的线性加权.

假设在某些(并非全部)视图中观察到了一个新点 $\mathbf{X}$,并希望预测它在其他视图中的投影. 这可分两步进行:首先用三角测量找到原像 $\mathbf{X}$,然后由 $\hat{M}\mathbf{X}$ 重投影来生成其在所有视图中的像. 注意,投影点与测量的(含噪声)点并不完全一致. 三角测量步骤中我们希望找到最小化重投影误差的点 $\mathbf{X}$,这对应于在由 $\hat{M}$ 的列张成的线性子空间中寻找最接近于轨迹的点. 这个最近点可以通过将轨迹投影到子空间中来找到(类似于算法 4.7).

更详细地,假设我们已经计算了一组仿射摄像机$\{M^i,\mathbf{t}^i\}$,那么对任意数目的视图,可以线性求解三角测量问题. 图像点 $\mathbf{x}^i=M^i\mathbf{X}+\mathbf{t}^i$ 给出关于 $\mathbf{X}$ 的元素的一对线性方程 $M^i\mathbf{X}=\mathbf{x}^i-\mathbf{t}^i$. 给定足够多这样的方程(源于 $\mathbf{x}^i$ 的已知值),利用算法 A5.1、伪逆(见结论 A5.1)或算法 A5.3,可以找到 $\mathbf{X}$ 的线性最小二乘解. 注意,如果利用算法 18.1 的步骤(2)中所用的同样变换对数据 $\mathbf{x}^i$ 中心化,那么仿射三角测量法中的平移向量 $\mathbf{t}^i$ 可以取为零.

实践中,三角测量和重投影为"填充"跟踪或多视图匹配中丢失的点提供了一种方法.

### 18.2.3 利用交替的仿射重构

如同算法 18.1,假设给定一组图像坐标 $\mathbf{x}_j^i$,希望实现仿射重构. 我们已经看到可以线性实现仿射三角测量．因此，如果由 $\{M^i, \mathbf{t}^i\}$ 表示的仿射摄像机矩阵是已知的，那么可以利用线性最小二乘法（如算法 A5.3 的正规方程法）计算最优点位置 $\mathbf{X}_j$.

反之，如果点 $\mathbf{X}_j$ 已知，那么方程 $\mathbf{x}_j^i = M^i\mathbf{X}_j + \mathbf{t}^i$ 关于 $M^i$ 和 $\mathbf{t}^i$ 是线性的．因此可以再次简单地利用线性最小二乘法求解 $\{M^i, \mathbf{t}^i\}$.

这暗含了一种仿射重构方法，即利用线性最小二乘法交替求解点 $\mathbf{X}_j$ 和摄像机 $\{M^i, \mathbf{t}^i\}$．不推荐将这种交替方法作为重构的一般方法，或者用于求解一般的优化问题．然而，对于仿射重构情形，可以证明从随机初始点出发能快速收敛到最优解．仿射重构的这种方法的优点是可以处理缺失数据或协方差加权数据（算法 18.1 做不到），尽管对于缺失数据或协方差加权情形，在所有情况下都无法保证收敛到全局最优．

## 18.3　非刚性分解

本书到目前为止都假设我们在观测刚性场景，并且仅对摄像机和场景之间的相对运动进行建模．本节中，我们放宽这个假设，并考虑恢复形变对象的重构问题．将证明，如果形变被建模为基形状的线性组合，那么对 18.2 节中的分解算法进行简单的修改就可恢复重构**和基形状**.

出现这种情形的一个例子是运动且变化表情的人头的图像序列．头部运动可以被建模为一个刚性旋转，相对于固定头部的表情变化可以被建模为基的线性组合．例如，嘴部轮廓可以由一组点表示．

假设 $n$ 个场景点 $\mathbf{X}_j$ 可以表示为 $l$ 个基形状 $B_k$ 的线性组合，并使得在特定时刻 $i$：

$$[\mathbf{X}_1^i \quad \mathbf{X}_2^i \quad \cdots \quad \mathbf{X}_n^i] = \sum_{k=1}^{l} \alpha_k^i [\mathbf{B}_{1k} \quad \mathbf{B}_{2k} \quad \cdots \quad \mathbf{B}_{nk}] = \sum_k \alpha_k^i B_k$$

式中，场景点 $\mathbf{X}_j^i$ 和基点 $\mathbf{B}_{jk}$ 都是由 3 维向量表示的非齐次点，而 $B_k$ 是一个 $3 \times n$ 矩阵．通常基形状的数目 $l$ 远小于点数 $n$. 系数 $\alpha_k^i$ 在每个时刻 $i$ 可能不同，并且所得到的基形状的不同组合产生形变．图 18.1 给出了一个例子．

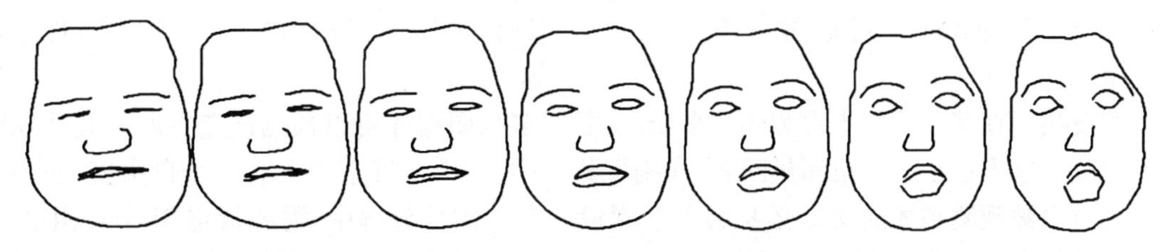

**图 18.1　形状基**．人脸模板由 $N$（这里 $N = 140$）个等间距的 2D 点表示．七幅中中间的脸是平均形状，而向左或向右的脸分别是通过加减基形状来产生的，表示在训练集中的最大变化．这里，基的表情从惊讶变化到不满．面部表情是通过用模板跟踪一个演员的脸部来学习的，这里他仅变换表情但不改变头部姿态．训练序列的每一帧产生 $N$ 个 2D 点，并且这些点的坐标被改写为一个 $2N$ 维向量．然后由这些向量组成 $2N \times f$ 矩阵，其中 $f$ 是训练帧的数量，而基形状由这个矩阵的奇异向量来计算．承蒙 Richard Bowden 提供图．

在图像生成的前向模型中，每幅视图 $i$ 由仿射摄像机获取并给出图像点

$$\mathbf{x}_j^i = M^i \sum_k \alpha_k^i B_{jk} + \mathbf{t}^i$$

再次假定图像点匹配出现在所有视图中．我们的目标是由测量图像点 $\{\mathbf{x}_j^i\}$ 估计摄像机

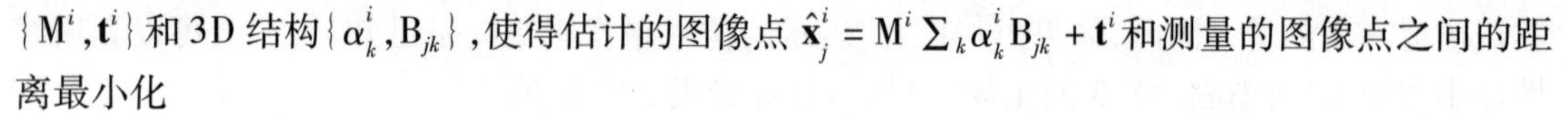

$\{M^i, \mathbf{t}^i\}$ 和 3D 结构 $\{\alpha_k^i, B_{jk}\}$，使得估计的图像点 $\hat{\mathbf{x}}_j^i = M^i \sum_k \alpha_k^i B_{jk} + \mathbf{t}^i$ 和测量的图像点之间的距离最小化

$$\min_{M^i, \mathbf{t}^i, \alpha_k^i, B_{jk}} \sum_{ij} \| \mathbf{x}_j^i - \hat{\mathbf{x}}_j^i \|^2 = \min_{M^i, \mathbf{t}^i, \alpha_k^i, B_{jk}} \sum_{ij} \| \mathbf{x}_j^i - (M^i \sum_k \alpha_k^i B_{jk} + \mathbf{t}^i) \|^2$$

与仿射分解一样，可以通过中心化测量的图像点来消除平移，并且从这里开始将假设这个中心化已经完成了．从而问题简化为

$$\min_{M^i, \alpha_k^i, B_{jk}} \sum_{ij} \| \mathbf{x}_j^i - \hat{\mathbf{x}}_j^i \|^2 = \min_{M^i, \alpha_k^i, B_{jk}} \sum_{ij} \| \mathbf{x}_j^i - M^i \sum_k \alpha_k^i B_{jk} \|^2 \tag{18.7}$$

完整方程组 $\hat{\mathbf{x}}_j^i = M^i \sum_k \alpha_k^i B_{jk}$ 可以被写成

$$\hat{W} = \begin{bmatrix} M^1(\alpha_1^1 B_1 + \alpha_2^1 B_2 + \cdots + \alpha_l^1 B_l) \\ M^2(\alpha_1^2 B_1 + \alpha_2^2 B_2 + \cdots + \alpha_l^2 B_l) \\ \vdots \\ M^m(\alpha_1^m B_1 + \alpha_2^m B_2 + \cdots + \alpha_l^m B_l) \end{bmatrix} = \begin{bmatrix} \alpha_1^1 M^1 & \alpha_2^1 M^1 & \cdots & \alpha_l^1 M^1 \\ \alpha_1^2 M^2 & \alpha_2^2 M^2 & \cdots & \alpha_l^2 M^2 \\ \vdots & \vdots & \ddots & \vdots \\ \alpha_1^m M^m & \alpha_2^m M^m & \cdots & \alpha_l^m M^m \end{bmatrix} \begin{bmatrix} B_1 \\ B_2 \\ \vdots \\ B_l \end{bmatrix} \tag{18.8}$$

这个重排表明 $2m \times n$ 矩阵 $\hat{W}$ 可以被分解为 $2m \times 3l$ 运动矩阵 $\hat{M}$ 和 $3l \times n$ 结构矩阵 $\hat{B}$ 的乘积，从而 $\hat{W}$ 的秩至多为 $3l$.

与刚性分解中一样，通过将 W 的 SVD 截断到秩为 $3l$，可以从测量矩阵 W 获得秩 $3l$ 分解．并且还与刚性分解中一样，分解 $\hat{W} = \hat{M}\hat{B}$ 不是唯一的，因为可以在分解中插入任意秩为 $3l$ 的 $3l \times 3l$ 矩阵 A，即 $\hat{W} = \hat{M}AA^{-1}\hat{B} = (\hat{M}A)(A^{-1}\hat{B})$．在刚性情形中，这直接导致重构中的仿射多义性．然而，在非刚性情形中，还需要运动矩阵具有式(18.8)的重复块结构，我们将在下面回到这一点．如现在将讨论的，这种块结构对于确定点的图像运动不是必需的．

### 18.3.1 子空间和张量

18.2.2 节中讨论过，对于刚性分解式(18.6)，轨迹位于一个 3 维子空间中，且任何轨迹都可以由 $\hat{M}$($2m \times 3$ 运动矩阵)的列的线性组合来产生．类似地，对于非刚性分解式(18.8)，轨迹位于一个 $3l$ 维的子空间中，并且任何轨迹都可以由 $\hat{M}$($2m \times 3l$ 运动矩阵)的列的线性组合来产生．

假设我们在部分视图中观测到一个新点，需要多少图像才可以预测该点在所有其他视图中的位置。这不过是个三角测量问题：在刚性分解中，一个 3 维空间点有 3 个自由度，必须在两幅视图中被观测到才能获得必要的 3 个测量．在非刚性分解中，需要指定 $3l$ 个自由度($\hat{B}$ 矩阵中的行数)，这需要 $3l/2$ 幅图像．例如，如果 $l=2$，则子空间是六维的($\hat{B}$ 矩阵的列是 6 维向量)，并且给定三幅视图中的成像位置，就可以利用类似于仿射三角测量(18.2.2 节)中的方法确定它在所有视图中的成像位置，即使物体是形变的．

**独立移动物体** 低秩分解方法还出现在场景中含有独立移动物体的情形．例如，假设场景被分成两个对象，每个对象相对于另一个独立移动，并由移动的仿射摄像机拍摄．此时，对应于一个对象上的点的测量矩阵的列的秩为 3，而对应于另一个对象的秩也为 3. 测量矩阵总的秩将是 6. 在一个对象上的所有点都位于同一个平面内的退化配置中，它对于秩的贡献将仅为 2. 这个多体分解问题已经在[Costeira-98]中进行了深入的研究．

图 18.2 给出了处于一个低维子空间中的点轨迹的例子．

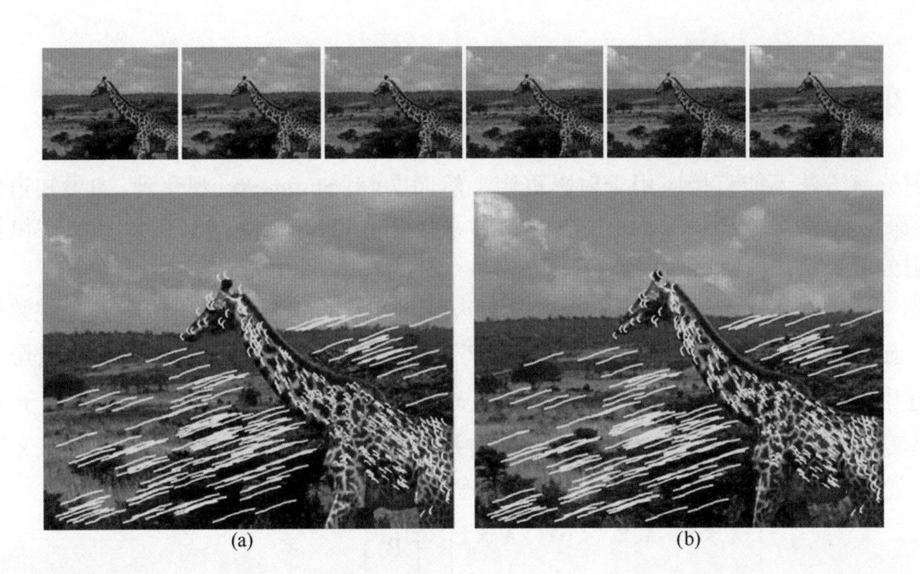

**图 18.2　非刚性运动序列**．上一行：由序列图像间隔取的一些帧，其中一只长颈鹿优雅地散步并歪着脖子，同时摄像机平移以适应其速度．下一行：显示运动的点轨迹，(a)之前 10 帧，(b)之后 10 帧．这些轨迹由非刚性分解计算并位于一个 6 维子空间中．注意(刚性)背景和(形变)前景的轨迹的显著差异．然而，这些都是由运动矩阵的六个基向量张成的．关于秩可以解释为：序列运动实际上是相对于摄像机独立移动的两个平面上点的运动．背景是一个由平面表示的刚性对象，并为秩贡献 2．前景中的长颈鹿由 $l=2$ 个平面基形状表示为一个非刚性对象，并为秩贡献 4．承蒙 Andrew Fitzgibbon 和 Aeron Morgan 提供图．

基本矩阵和三焦点张量的类似物的存在依赖于子空间的维数．例如，假设子空间具有奇数维(如 $l=3$，则它是 9 维的)，那么给定 $\lfloor 3l/2 \rfloor$ 幅视图(如 4 幅视图)中的点测量，任何其他视图中的对应点被限制到一条直线(类似于对极线)，因为测量数比子空间的自由度数少 1．然而，如果维数是偶数的(如 $l=2$，则它是 6 维的)，那么给定 $3l/2$ 幅视图(如 3 幅视图)中的点测量，就完全确定了任何其他视图中的对应点．对于非刚性 $l>1$ 维子空间，利用类似于第 17 章中为 $l=1$ 的 3 维空间点推导的方法可建立多视图张量．

## 18.3.2　恢复摄像机运动

在刚性分解中，从运动矩阵 $\hat{\mathrm{M}}$ 获得摄像机矩阵相对比较容易——全部要做的就是去除 18.2 节所述的由 $3\times3$ 矩阵 A 所指定的全局仿射多义性．

对于非刚性情形，类似的问题并非这么直接．获得运动矩阵是一件简单的事情：

(i)如式(18.5)中所定义的那样，由中心化的数据构造 $2m\times n$ 测量矩阵 W，并计算其 SVD：$\mathrm{W}=\mathrm{UDV}^{\mathsf{T}}$.

(ii)由 U 的前 $3l$ 列乘以奇异值得到运动矩阵 $\hat{\mathrm{M}}$，即 $\hat{\mathrm{M}}=[\sigma_1\mathbf{u}_1\quad\sigma_2\mathbf{u}_2\quad\cdots\quad\sigma_{3l}\mathbf{u}_{3l}]$.

但通过这条途径获得的矩阵一般**不**具有式(18.8)的块结构．与刚性分解一样，运动矩阵被确定到相差右乘一个矩阵 A，这里的矩阵是 $3l\times3l$ 的．接下来的任务是确定 A，使得 $\hat{\mathrm{M}}$A 具有所需的式(18.8)的块结构，**并且**还消除通常的仿射多义性，使得每个块都符合关于摄像机标定的任何可用约束(例如，所有视图具有相同的内参数)．

已经研究了多种确定 A 的方法(参见[Brand-01，Torresani-01])，但是这些方法没有强加全部的块结构，并且关于该问题目前还没有令人满意的解决方案．一旦通过某种方式获得了初始解，那么可以通过式(18.7)的捆集调整来施加正确的形式．

## 18.4 射影分解

仿射分解方法不能直接应用于射影重构．然而文献[Sturm-96]观察到：如果知道每个点的“射影深度”，那么结构和摄像机参数可以由一个简单的分解算法估计，该算法在风格上类似于仿射分解算法．

考虑一组图像点 $\mathbf{x}_j^i = \mathrm{P}^i\mathbf{X}_j$．这个表示射影映射的方程必须解释为在相差一个常数因子下才成立．显式地写出这些常数因子，有 $\lambda_j^i\mathbf{x}_j^i = \mathrm{P}^i\mathbf{X}_j$．在这个方程中，以及今后关于射影分解算法的描述中，符号 $\mathbf{x}_j^i$ 是表示图像点的3维向量 $(x_j^i, y_j^i, 1)^{\mathsf{T}}$．这样一来，第三个坐标等于1，并且 $x_j^i$ 和 $y_j^i$ 是实际测量的图像坐标．如果每个点在每幅视图中都可见，从而对所有 $i, j$，$\mathbf{x}_j^i$ 是已知的，那么完整的方程组可以写成如下的单个矩阵方程：

$$\begin{bmatrix} \lambda_1^1\mathbf{x}_1^1 & \lambda_2^1\mathbf{x}_2^1 & \cdots & \lambda_n^1\mathbf{x}_n^1 \\ \lambda_1^2\mathbf{x}_1^2 & \lambda_2^2\mathbf{x}_2^2 & \cdots & \lambda_n^2\mathbf{x}_n^2 \\ \vdots & \vdots & \ddots & \vdots \\ \lambda_1^m\mathbf{x}_1^m & \lambda_2^m\mathbf{x}_2^m & \cdots & \lambda_n^m\mathbf{x}_n^m \end{bmatrix} = \begin{bmatrix} \mathrm{P}^1 \\ \mathrm{P}^2 \\ \vdots \\ \mathrm{P}^m \end{bmatrix} [\mathbf{X}_1, \mathbf{X}_2, \cdots, \mathbf{X}_n] \tag{18.9}$$

只有对每一个测量点 $\mathbf{x}_j^i$ 加上正确的权因子 $\lambda_j^i$ 后这个方程才成立．暂时假定这些深度是已知的．如仿射分解算法一样，我们希望左边的矩阵(记为W)的秩为4，因为它是分别含4列和4行的两个矩阵的乘积．实际的测量矩阵可以利用SVD校正到秩为4．这样一来，如果 $\mathrm{W} = \mathrm{UDV}^{\mathsf{T}}$，那么将D的前4个对角元以外的所有元素取为零，可得到矩阵 $\hat{\mathrm{D}}$．校正的测量矩阵便是 $\hat{\mathrm{W}} = \mathrm{U}\hat{\mathrm{D}}\mathrm{V}^{\mathsf{T}}$．摄像机矩阵由 $[\mathrm{P}_1^{\mathsf{T}}, \mathrm{P}_2^{\mathsf{T}}, \cdots, \mathrm{P}_m^{\mathsf{T}}]^{\mathsf{T}} = \mathrm{U}\hat{\mathrm{D}}$ 恢复，而点则由 $[\mathbf{X}_1, \mathbf{X}_2, \cdots, \mathbf{X}_n] = \mathrm{V}^{\mathsf{T}}$ 恢复．注意这个分解不是唯一的，事实上在式(18.9)右边的两个矩阵之间可以插入一个任意的 $4\times4$ 射影变换H和它的逆，这说明该重构具有射影多义性．

射影分解方法的步骤总结在算法18.2中．

目标

给定 $m$ 幅视图中观测到的 $n$ 个图像点

$$\mathbf{x}_j^i;\ i = 1, \cdots, m \quad j = 1, \cdots, n$$

计算一个射影重构．

算法

(1)与4.4.4节一样用均匀缩放来归一化图像数据．

(2)从射影深度 $\lambda_j^i$ 的一个初始估计出发．这可以由初始射影重构等技术得到，或置全部 $\lambda_j^i = 1$．

(3)用常数因子乘行和列来归一化深度 $\lambda_j^i$．一种办法是令所有行的范数为1，然后令所有列的范数为1．

(4)形成式(18.9)左边的 $3m\times n$ 测量矩阵，用SVD找到最接近于它的秩为4的逼近，并通过分解求摄像机矩阵和3D点．

(5)**可选迭代**．把这些点重投影到每一图像中以得到新的深度估计，再从第(2)步起做循环．

算法18.2　基于分解的射影重构．

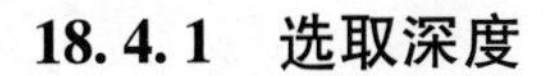

### 18.4.1　选取深度

权因子 $\lambda^i_j$ 被称为点的**射影深度**．之所以用这个术语是因为在欧氏坐标系中当摄像机矩阵已知时这些 $\lambda^i_j$ 与实际深度有关系，参考 6.2.3 节，特别是图 6.6．这个射影分解算法的主要困难在于必须事先知道这些射影深度，而我们又对其一无所知．存在多种估计该深度的技术．

(1) 从利用其他方法（如下面 18.6 节中讨论的）获得的初始射影重构出发．再通过重投影 3D 点计算 $\lambda^i_j$．

(2) 由初始深度都等于 1 开始，计算重构并重投影得到新的深度估计．为了得到改进的估计，这个步骤可以反复进行．然而，不保证该过程一定收敛到全局最小．

[Strurm-96] 首次给出了一个计算深度的方法，它把通过基本矩阵或三焦点张量得到的深度估计一对对地串起来．这个方法非常类似于把图像三元组串起来获得初始射影重构（见 18.6 节），同时保证对同一射影重构有一致的尺度因子．

### 18.4.2　最小化什么?

当有噪声或者 $\lambda^i_j$ 不正确时，方程式(18.9)不被完全满足．我们确定一个校正的测量矩阵 $\hat{\mathrm{W}}$ 使其在 Frobenius 范数意义下最接近于 W，并且满足秩为 4 的条件．记该矩阵的元素为 $\hat\lambda^i_j \hat{\mathbf{x}}^i_j$，则所求解应最小化表达式

$$\begin{aligned}\|\mathrm{W}-\hat{\mathrm{W}}\|^2 &= \sum_{ij}\|\lambda^i_j\mathbf{x}^i_j-\hat\lambda^i_i\hat{\mathbf{x}}^i_j\|^2 \\ &= \sum_{ij}(\lambda^i_j x^i_j-\hat\lambda^i_j\hat x^i_j)^2+(\lambda^i_j y^i_j-\hat\lambda^i_j\hat y^i_j)^2+(\lambda^i_j-\hat\lambda^i_j)^2\end{aligned} \tag{18.10}$$

由于最后一项，在取最小值时 $\hat\lambda^i_j$ 必须接近 $\lambda^i_j$．假定二者相等，式(18.10)便简化为 $\sum_{ij}(\lambda^i_j)^2\|\mathbf{x}^i_j-\hat{\mathbf{x}}^i_j\|^2$．注意 $\|\mathbf{x}^i_j-\hat{\mathbf{x}}^i_j\|$ 是测量点和估计点之间的几何距离，而被最小化的是几何距离的加权平方和，其中每一点加权值 $\lambda^i_j$．如果所有的几何深度 $\lambda^i_j$ 接近相等，那么分解方法最小化的是具有共同缩放值 $\lambda^i_j$ 的几何距离的一个逼近．

### 18.4.3　归一化深度

这里定义的射影深度不是唯一的．事实上假设 $\lambda^i_j\mathbf{x}^i_j=\mathrm{P}^i\mathbf{X}_j$．如果用 $\alpha^i\mathrm{P}^i$ 代替 $\mathrm{P}^i$ 并用 $\beta_j\mathbf{X}_j$ 代替 $\mathbf{X}_j$，则有

$$(\alpha^i\beta_j\lambda^i_j)\mathbf{x}^i_j=(\alpha^i\mathrm{P}^i)(\beta_j\mathbf{X}_j)$$

换句话说，射影深度 $\lambda^i_j$ 可以用因子 $\alpha^i$ 乘式(18.9)的第 $i$ 行并用因子 $\beta_j$ 乘第 $j$ 列来代替．按照上一段，所有的 $\lambda^i_j$ 越接近于 1，表示几何距离的误差表达式越准确．因此，通过用常数因子 $\alpha^i$ 和 $\beta_j$ 乘以测量矩阵的行和列来重新归一化 $\lambda^i_j$ 的值，使得它们尽可能接近 1 是有好处的．一个简单的启发式做法是用因子 $\alpha^i$ 乘以每一行使得其具有单位范数，接下来类似地对列归一化．行和列的归一化可以迭代进行．

### 18.4.4 归一化图像坐标

如本书介绍的大多数涉及图像坐标齐次表示的数值算法一样,归一化图像坐标是非常重要的. 一个合理的方案是4.4.4节介绍的各向同性归一化方法. 我们可以从下面的情形中很清楚地看到归一化的必要性. 考虑两个图像点 $\mathbf{x}=(200,300,1)^{\mathrm{T}}$ 和 $\hat{\mathbf{x}}=(250,375,1)^{\mathrm{T}}$. 显然几何意义上这两点相距很远. 然而,误差表达式(18.10)度量的不是几何误差,而是齐次向量之间的距离 $\|\lambda\mathbf{x}-\hat{\lambda}\hat{\mathbf{x}}\|$. 选取 $\lambda=1.25$ 和 $\hat{\lambda}=1.0$,该误差是 $\|(250,375,1.25)^{\mathrm{T}}-(250,375,1)^{\mathrm{T}}\|$,按比例它非常小. 另一方面,几何上近得多的两点 $\mathbf{x}=(200,300,1)^{\mathrm{T}}$ 和 $\hat{\mathbf{x}}=(199,301,1)^{\mathrm{T}}$ 的距离不能通过选择 $\lambda$ 和 $\hat{\lambda}$(除非取很小的值)变成这么小. 读者可以观察到,如果这些点用因子200缩小,那么这些不正常的情形不再发生. 简而言之,采用了归一化坐标,误差更接近几何误差.

### 18.4.5 何时假设 $\lambda_j^i=1$ 是合理的?

根据结论6.1,如果把摄像机矩阵归一化使得 $p_{31}^2+p_{32}^2+p_{33}^2=1$,并且把3D点归一化使得其最后的坐标 $\mathrm{T}=1$,那么由 $\lambda_j^i(x_j^i,y_j^i,1)^{\mathrm{T}}=\mathrm{P}^i\mathbf{X}_j$ 定义的 $\lambda_j^i$ 是在欧氏坐标下点到摄像机的真实深度. 如果整个序列中所有点与摄像机是等距的,那么我们可以合理地假设每一个 $\lambda_j^i=1$,因为式(18.9)将至少有一个解 $\mathrm{P}^i$ 和 $\mathbf{X}_j$ 是以上述方式归一化了的真正的摄像机和点. 更一般地,假设点位于不同的深度,但每个点 $\mathbf{X}_j$ 在整个序列中与摄像机保持近似于相同的深度 $d_j$. 此时将存在一个解满足所有 $\lambda_j^i=1$ 和 $\mathbf{X}_j=d_j^{-1}(\mathrm{X}_j,\mathrm{Y}_j,\mathrm{Z}_j,1)^{\mathrm{T}}$. 类似地,允许摄像机矩阵乘以一个因子,我们发现

- **如果不同的3D点 $\mathbf{X}_j$ 的真实深度比在一个序列中几乎保持为常数,那么假设 $\lambda_j^i=1$ 可作为射影深度的合理的首次近似.**

一个航空成像摄像机在恒常高度上直接向下拍摄的情形就是一个例子.

## 18.5 利用平面的射影重构

由17.5.2节可知:如果已知在每幅视图中都可见的四个点共面,那么与图像点相关的多焦点张量的计算将变得更加简单. 主要的好处在于满足所有约束的张量可以用一种线性算法来计算. 我们现在继续那条特殊的研究路线,并展示线性技术拓展到任意视图数的运动和结构估计的应用.

从共面点推导的四组图像对应的条件等价于已知由空间中一张平面诱导的图像之间的单应,因为一个单应可以由四个点计算得到. 在下面的方法中只有这些单应是重要的. 这些单应可以从四组或更多组点对应或直线对应计算得到,或者利用直接相关方法由图像来直接估计.

**平面到平面的单应告诉我们什么?** 利用平面进行射影重构的关键是观察到图像之间的单应意味着我们知道摄像机矩阵的前3×3部分:

$$\mathrm{P}=\left[\begin{array}{c|c} & t_1 \\ \mathrm{M} & t_2 \\ & t_3\end{array}\right]$$

因此,余下的仅是计算它们的最后一列,即向量 $\mathbf{t}$.

由于这里仅对获得场景的**射影**重构感兴趣,因此可以假设诱导单应的平面是无穷远平面,其上点为 $\mathbf{X}_j=(\mathrm{X}_j,\mathrm{Y}_j,\mathrm{Z}_j,0)^{\mathsf{T}}$. 摄像机矩阵可以写成 $\mathrm{P}^i=[\mathrm{M}^i\mid\mathbf{t}^i]$的形式,其中 $\mathrm{M}^i$是 $3\times3$ 矩阵,而 $\mathbf{t}^i$是列向量. 一个合理的假设是摄像机中心不在诱导单应的平面上(否则单应将是退化的). 这意味着矩阵 $\mathrm{M}^i$是非奇异的. 为简单起见,可以假设第一个摄像机的形式为 $\mathrm{P}^1=[\mathrm{I}\mid\mathbf{0}]$,其中 I 为单位矩阵.

现在,如果 $\mathbf{x}_j^i$为图像 $i$ 中的点,并对应于诱导单应的平面上的 3D 点 $\mathbf{X}_j=(\mathrm{X}_j,\mathrm{Y}_j,\mathrm{Z}_j,0)^{\mathsf{T}}$,那么

$$\mathbf{x}_j^1=\mathrm{P}^1(\mathrm{X}_j,\mathrm{Y}_j,\mathrm{Z}_j,0)^{\mathsf{T}}=(X_j,Y_j,Z_j)^{\mathsf{T}}$$

而

$$\mathbf{x}_j^i=\mathrm{M}^i(\mathrm{X}_j,\mathrm{Y}_j,\mathrm{Z}_j)^{\mathsf{T}}=\mathrm{M}^i\mathbf{x}_j^1$$

因此,$\mathrm{M}^i$表示由平面诱导的第一幅图像到第 $i$ 幅图像的单应. 反过来,如果 $\mathrm{M}^i$是已知的平面诱导的单应,并将第一幅图像中的点映射到第 $i$ 幅图像中的匹配点,那么可以假设摄像机矩阵具有形式 $\mathrm{P}^i=[\mathrm{M}^i\mid\mathbf{t}^i]$,其中 $\mathrm{M}^i$是已知的且其尺度是固定的,但最后一列 $\mathbf{t}^i$不是.

**已知摄像机朝向**　我们刚说明过,单应中包含了每个摄像机矩阵的左边 $3\times3$ 子矩阵的信息. 如果我们知道所有摄像机的朝向(和标定),同样结论也成立. 例如,已知每个摄像机的标定时,一个合理的重构方法是由平移分别估计每个摄像机的朝向(例如,由两个或更多个场景消影点). 一旦每个摄像机的朝向($\mathrm{R}^i$)和标定($\mathrm{K}^i$)已知,则每个摄像机矩阵的左边为 $\mathrm{K}^i\mathrm{R}^i$.

## 18.5.1　结构和平移的直接解

我们介绍了在给定图像间由平面诱导的单应下,计算射影结构的两种不同的方法. 第一种方法通过求解单个线性系统来同时求解 3D 点和摄像机的运动. 假设点 $\mathbf{X}=(\mathrm{X},\mathrm{Y},\mathrm{Z})^{\mathsf{T}}$不在无穷远平面,即诱导单应的平面上.

点投影方程为

$$\lambda\mathbf{x}=\mathrm{P}\mathbf{X}=[\mathrm{M}\mid\mathbf{t}]\mathrm{X}=[\mathrm{M}\mid\mathbf{t}]\begin{pmatrix}\widetilde{\mathbf{X}}\\1\end{pmatrix}$$

式中,(未知的)尺度因子 $\lambda$ 被显式地写出. 更确切地说,可以写成

$$\lambda\begin{pmatrix}x\\y\\1\end{pmatrix}=\begin{bmatrix}\mathbf{m}_1^{\mathsf{T}} & t_1\\ \mathbf{m}_2^{\mathsf{T}} & t_2\\ \mathbf{m}_3^{\mathsf{T}} & t_3\end{bmatrix}\begin{pmatrix}\widetilde{\mathbf{X}}\\1\end{pmatrix}=\begin{pmatrix}\mathbf{m}_1^{\mathsf{T}}\widetilde{\mathbf{X}}+t_1\\ \mathbf{m}_2^{\mathsf{T}}\widetilde{\mathbf{X}}+t_2\\ \mathbf{m}_3^{\mathsf{T}}\widetilde{\mathbf{X}}+t_3\end{pmatrix}$$

式中,$\mathbf{m}_i^{\mathsf{T}}$是矩阵 M 的第 $i$ 行.

通过对方程两边取向量积可以消除未知尺度因子 $\lambda$,得到

$$\begin{pmatrix} x \\ y \\ 1 \end{pmatrix} \times \begin{pmatrix} \mathbf{m}_1^{\mathsf{T}} \widetilde{\mathbf{X}} + t_1 \\ \mathbf{m}_2^{\mathsf{T}} \widetilde{\mathbf{X}} + t_2 \\ \mathbf{m}_3^{\mathsf{T}} \widetilde{\mathbf{X}} + t_3 \end{pmatrix} = \mathbf{0}$$

这提供了两个独立的方程

$$x(\mathbf{m}_3^{\mathsf{T}} \widetilde{\mathbf{X}} + t_3) - (\mathbf{m}_1^{\mathsf{T}} \widetilde{\mathbf{X}} + t_1) = 0$$

$$y(\mathbf{m}_3^{\mathsf{T}} \widetilde{\mathbf{X}} + t_3) - (\mathbf{m}_2^{\mathsf{T}} \widetilde{\mathbf{X}} + t_2) = 0$$

它们关于未知变量 $\widetilde{\mathbf{X}} = (\mathrm{X},\mathrm{Y},\mathrm{Z})^{\mathsf{T}}$和 $\mathbf{t} = (t_1, t_2, t_3)^{\mathsf{T}}$是线性的. 方程可以被写成

$$\begin{bmatrix} x\mathbf{m}_3^{\mathsf{T}} - \mathbf{m}_1^{\mathsf{T}} & -1 & 0 & x \\ \mathrm{y}\mathbf{m}_3^{\mathsf{T}} - \mathbf{m}_2^{\mathsf{T}} & 0 & -1 & y \end{bmatrix} \begin{pmatrix} \widetilde{\mathbf{X}} \\ t_1 \\ t_2 \\ t_3 \end{pmatrix} = \mathbf{0}$$

因此,每个测量点 $\mathbf{x}_j^i = \mathrm{P}^i \mathbf{X}_j$产生一对方程,并且通过这种方式,包含 $n$ 个点的 $m$ 幅视图会产生关于 $3n+3m$ 个未知变量的 $2nm$ 个方程. 可以通过线性或线性最小二乘法来求解这些方程,以获得结构和运动.

关于这种方法有几点注意事项.

(1)与分解方法(18.2 节)相比,我们并不需要所有的点在所有视图中都可见. 只用到对应于所测量点的方程.

(2)由于假设点的最后一个坐标等于1,因此有必要排除位于无穷远平面(诱导单应的平面)上的点(其最后一个坐标等于零). 必须检测点是否位于或接近该平面.

(3)点和摄像机是同时计算的. 对于大量的点和摄像机来说,这可能是一个非常大的估计问题. 然而,如 A6.7 节所述,如果点轨迹是带状的,那么可以使用稀疏解技术来有效地求解方程组.

这个方法及其实现在[Rother-01,Rother-03]中有深入的讨论. 这里给出的细节不同于[Rother-01]中给出的,那里的结构和运动计算是在与平面上的匹配点相关的特定射影坐标系中进行的,涉及图像中的坐标变化.

### 18.5.2 直接运动估计

已知单应下的第二种平面重构方法是先求解摄像机矩阵,然后再计算点位置.

我们从一组摄像机矩阵出发,并可再次假设其具有形式 $\mathrm{P}^i = [\mathrm{H}^i \mid \mathbf{t}^i]$,其中 $\mathrm{H}^i$是已知且尺度固定的,但最后一列 $\mathbf{t}^i$不是. 我们可以假设 $\mathrm{P}^1 = [\mathrm{I} \mid \mathbf{0}]$,使得 $\mathbf{t}^1 = \mathbf{0}$. 所有余下的 $\mathbf{t}^i$有 $3m-4$ 个自由度,因为 $\mathbf{t}^i$只确定到相差一个共同的尺度因子. 现在假设跨两幅或更多幅视图的若干点或直线对应是已知的(对于直线需要三幅视图). 这些对应必须由不在(用来计算 $\mathrm{H}^i$的)参考平面上的3D 点或直线推导出来. 跨两幅视图的每组点对应给出关于基本矩阵元素的一个线性方程. 类似地,跨三幅或四幅视图的点或直线对应给出关于三焦点或四焦点张量元素的

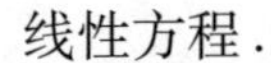

线性方程.

关键之处(如 17.5.2 节中所解释的)是我们可以用向量 $\mathbf{t}^i$ 的元素线性地表示基本矩阵(或三焦点或四焦点张量)的元素. 这样一来,由点或直线对应诱导的每一个线性关系可以反过来成为关于 $\mathbf{t}^i$ 元素的一组线性关系. 因此,例如,跨视图 $i$,$j$ 和 $k$ 的一组对应产生关于三个向量 $\mathbf{t}^i$,$\mathbf{t}^j$ 和 $\mathbf{t}^k$ 元素的一组线性方程. 跨许多视图的一组对应可以分解成跨连续视图的对应. 因此,例如,跨 $m>4$ 幅视图的单个点对应将给出如下形式的一组方程:

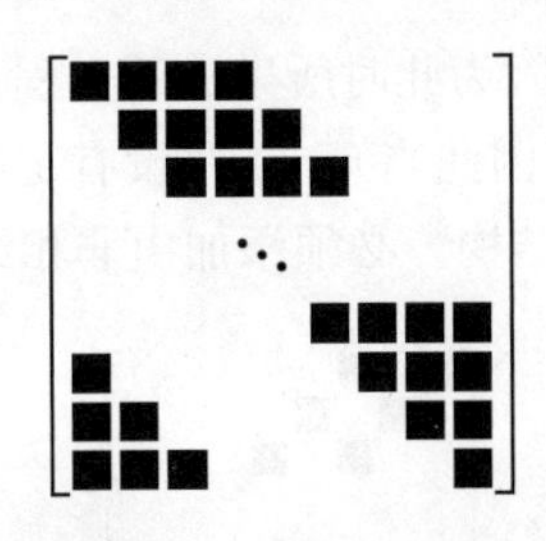

其中,每一行表示由四焦点张量关系推出的一组方程. 每个黑正方形表示一个具有 3 列并对应于某个向量 $\mathbf{t}^i$ 的块. 在上面的示意图中,从最后一幅到第一幅视图,方程进行了卷绕以增加刚性. 否则 $\mathbf{t}^i$ 的值可能产生第一幅到最后一幅视图的偏移. 选择视图组合的其他方案也是可能的,并且没有必要限制为相继的视图.

线性关系也可以在包含足够多图像(2,3,4,依赖于用什么张量来产生方程)的任何子集之间产生. 我们必须在增加解的稳定性和由于增加更多方程而导致的增加计算量之间做权衡. 也可以综合使用两焦点、三焦点和四焦点约束来产生所有方程,并且也没有必要要求所有点在所有视图中都可见.

**产生的方程数** 令视图的总数为 $m$. 考虑 $s(s=2,3,4)$ 幅视图组成的一个子集,并且设这些视图之间给定了 $n$ 组点对应. 我们简要地考虑由 $s$ 幅视图组成的这个子集单独进行重构的问题. 由这些点对应我们可以生成这 $s$ 幅视图的元素 $\mathbf{t}'$ 之间的一组方程 $\mathrm{A}\mathbf{t}'$,然后再估计 $\mathbf{t}'$ 的 $3s$ 个元素的值. 在操作时,我们可以假设第一幅视图有 $\mathbf{t}=\mathbf{0}$. 而由余下 $s-1$ 幅视图组成的向量 $\mathbf{t}$ 仅确定到相差一个公共尺度因子. 因此方程组 $\mathrm{A}\mathbf{t}'$ 中的 A 的右零空间维数至少为 4,对应于解的 4 个自由度. 一般来说,有

**结论 18.1** **忽略噪声数据的影响,由 $s$ 幅视图中 $n\geqslant 2$ 组点对应产生的方程组的总秩数是 $3s-4$. 这与用来产生它们的点(或直线)对应的数目无关.**

准确地说,上面的讨论表明了秩**最多**是 $3s-4$. 对于跨 2 视图、3 视图和 4 视图的对应,它分别等于 2、5、8. 然而,只要有两组对应就能达到这个最大秩,这是因为正如 17.5.2 节计数讨论所证明的:对于由 $s=2$,3 或 4 幅视图的重构而言,两点是足够的.

现在考虑全部 $m$ 幅视图. 所有 $\mathbf{t}^i$ 的可恢复参数的总数是 $3m-4$. 因此,对一个可能的解,方程的个数必须超过 $3m-4$,这给出了下面的结论.

**结论 18.2** **如果有 $S$ 个从 $m$ 幅视图中分别选出 $s_k$ 幅视图组成的子集,那么为了求解表示摄像机矩阵最后一列的所有向量 $\mathbf{t}^i$,必须满足**

$$\sum_{k=1}^{S}(3s_k-4)\geqslant 3m-4$$

可以验证若用跨2视图的对应,涉及由基本矩阵约束推导的方程,则仅使用形如

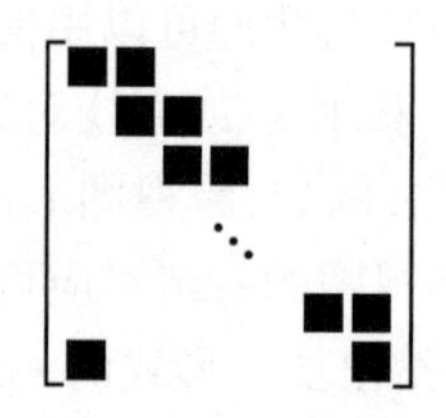

的配置中的相继视图对是不充分的,因为此时所生成的方程总数是 $m(3s-4)=m(3\times2-4)=2m$,而所需要的方程总数为 $3m-4$. 因此当 $m>4$ 时没有足够多的方程. 这是因为相继视图的基本矩阵不足以确定该视图序列的结构. 必须添加由非相继视图得到的额外约束,例如

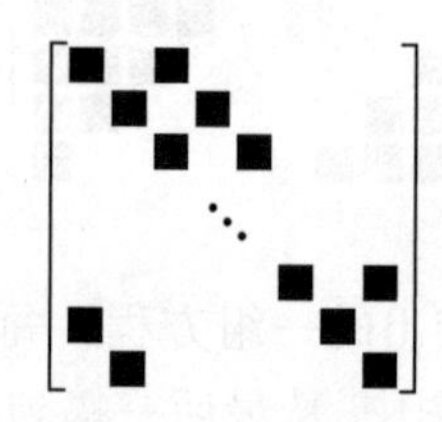

然而请注意,15.4节的讨论中建议最好选用跨三幅或四幅视图的三焦点或四焦点约束. 关于该方法的实现细节在[Kaucic-01]中给出.

## 18.6 由序列重构

在这最后一节中,我们把本书前面的若干思想融会在一起. 这里的目标是由视频所提供的帧序列计算重构. 解这个问题有三个步骤:①在整个序列中计算对应特征;②计算一个可以用作第3步起点的初始重构;③捆集调整(如18.1节所介绍).

这里我们考虑的特征是兴趣点,虽然直线等其他特征也同样能采用. 对应问题被加剧,因为兴趣点特征一般不出现在所有图像中,且常常从相继图像中消失. 然而,捆集调整不受缺失对应所影响.

视频序列较之任意图像集有几个优点:①图像有序;②相继两帧的摄像机中心之间的距离(基线)较小. 小的基线是重要的,因为它使相继图像之间可能的特征匹配更容易地获得和评定. 匹配点更容易得到是因为视图之间的图像点没有移动"很远",从而可以使用邻近搜索区域;匹配更容易评定(根据它们是否来自于3维空间中的同一点)是因为邻近图像表观上是相似的. 小基线的缺点是由它得到的3D结构估计效果不好. 然而,可以利用越过序列中的许多视图使得有效基线变大来弥补这个缺陷.

算法18.3给出了该方法的概述,有多种策略可以用来获得初始重构,虽然这个领域在某种程度上仍需改进. 三种可能的策略如下:

**1. 延伸基线.** 假设有合理数量的场景点在整个序列中都可见. 利用图像对匹配(由F),或三元组匹配点(由 $\mathcal{T}$)可以从第一帧到最后一帧寻找对应. 事实上,如果相继帧之间的基线很小(相对于结构深度),那么图像对的匹配可以利用单应计算(算法4.6)得到——它提供一个比F(点到直线)更强的匹配约束(点到点).

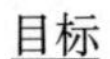

目标

给定一个视频中的帧序列,计算对应并重构场景结构和每帧的摄像机.

算法

(1) **兴趣点**:计算每幅图像中的兴趣点.

(2) 2 **视图对应**:利用算法 11.4 计算相继帧之间的兴趣点对应和 F(如果基线运动太小,可以略去一些帧).

(3) 3 **视图对应**:利用算法 16.4 计算所有相继图像三元组之间的兴趣点对应和 $T$.

(4) **初始重构**:见正文.

(5) **捆集调整**整个序列的摄像机和 3D 结构.

(6) **自标定**:见第 19 章(可选项).

算法 18.3　由图像序列重构的概述.

然后可由序列中的第一帧、中间帧(比如说)和最后一帧的对应点来估计三焦点张量. 这个张量为这些点和帧确定了一个射影重构. 对于中间帧的摄像机则可以通过计算摄像机矩阵来估计,而并非在整个序列中都可见的场景点可通过三角测量法来估计.

**2. 子序列的分层合并.** 这里的思想是把图像序列划分为便于操作的子序列(可以有多个层次的划分). 然后对每个子序列计算射影重构并把这些重构"压缩"(合并)到一起.

考虑两个视图三元组(其中两幅视图重叠)的合并问题. 在这些视图上扩展对应是一个简单问题:一个跨三元组 1-2-3 同时跨三元组 2-3-4 的对应可以扩展到跨帧 1-2-3-4,因为对这两个三元组,图像对 2-3 是重叠的. 摄像机矩阵和 3D 结构则由帧 1-2-3-4 计算得到,例如首先计算摄像机矩阵然后用捆集调整. 通过合并邻近的帧群,这个过程可一直扩展到整个序列的摄像机矩阵和对应点得到确定为止. 用这个方法,误差能够均匀地分布在整个序列中.

**3. 增量捆集调整.** 每当新帧的对应加入之后就进行一次新的捆集调整. 这种方法的缺点是计算的开销大,并且有可能产生系统累积误差.

当然这三种方法可以结合起来. 例如,图像序列可以分解成公共点都可见的子序列,并且利用扩展基线方法来为子序列建立重构. 然后再分层合并这些子序列.

用这种方法,结构和摄像机可以自动地从包含数百帧的序列中计算出来. 这些重构可以奠定诸如导航(确定摄像机/车辆的位置)和虚拟模型生成等任务的基础. 通常有必要利用第 10 章和第 19 章介绍的方法先从射影重构计算度量重构. 度量重构和虚拟模型的产生在下面的例子中说明.

**例 18.3　走廊序列.**

一个摄像机装在一个移动的车上以获得这个图像序列. 该车沿地板运动并向左转. 在这个序列中向前平移会使结构恢复变困难,因为对三角测量来说基线太小. 在这种情形中,利用序列中所有帧的好处是显著的. 图 18.3 显示了恢复的结构.

**例 18.4　"Wilshire"序列.**

这是直升机拍摄的洛杉矶 Wilshire 大道. 此时重构的困难在于场景中的重复结构——许

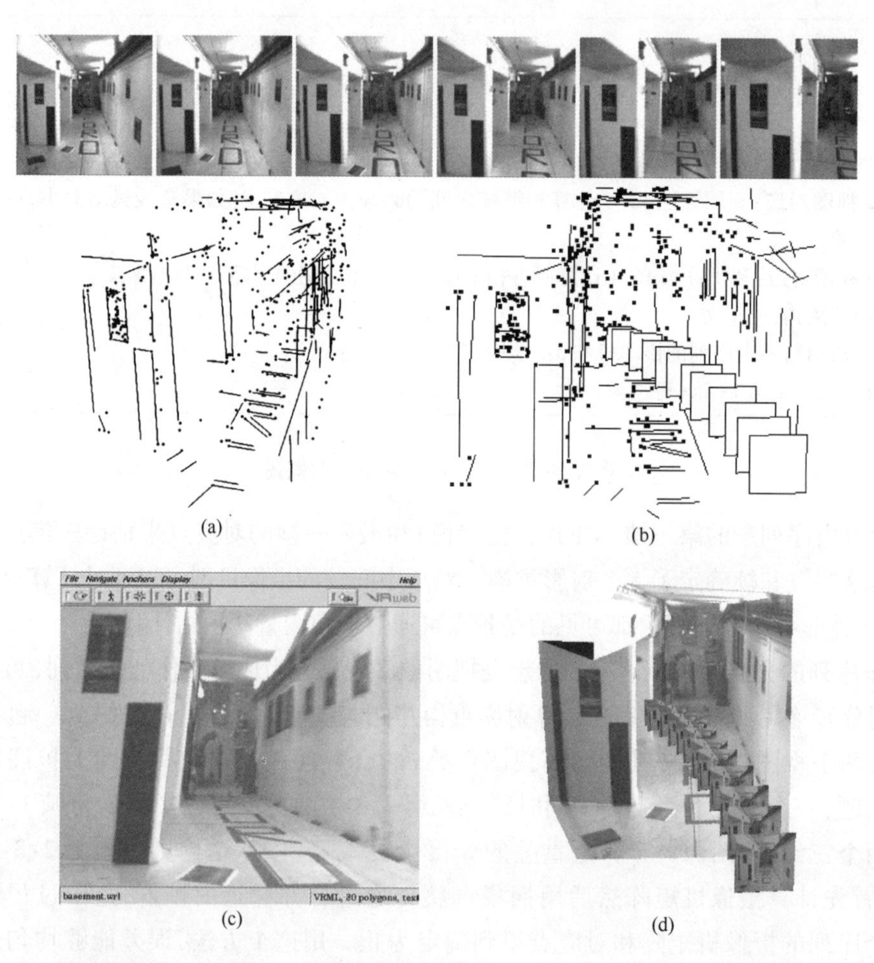


**图 18.3　走廊序列**.(a)场景中点和直线的 3 维重构.(b)由图像自动计算得到的摄像机(由它们的图像平面表示).然后用[Baillard-99]中介绍的方法自动构造映射到三角化图模型的纹理.(c)由一个新视点绘制的场景,与序列中的任何一幅都不同.(d)该场景的 VRML 模型,其中摄像机由它们的图像平面表示(纹理由序列中的原始图像映射得到).

多特征点(例如摩天大楼窗户上的那些特征点)有非常相似的灰度邻域,因此基于相关的追踪产生许多假的候选点.然而,鲁棒的几何引导的匹配成功地排除了不正确的对应.图 18.4 显示了该结构.

**图 18.4　Wilshire 大道**.直升机拍摄的 350 帧图像的 3D 点和摄像机.为清晰起见,只显示了起始和结束帧的摄像机,并把摄像机的路线画在其中.

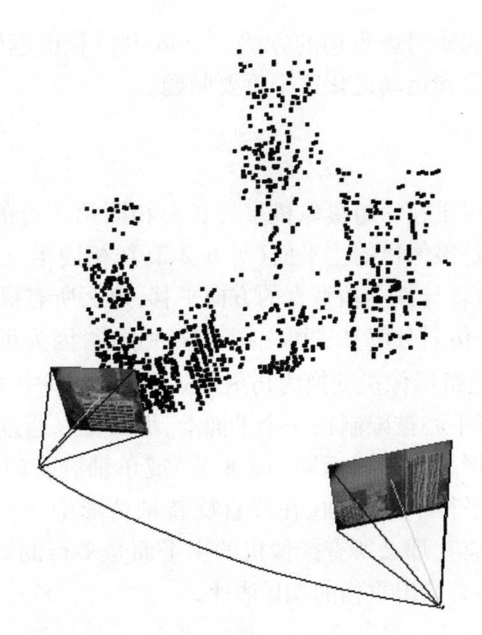

**图 18.4　Wilshire 大道**. 直升机拍摄的 350 帧图像的 3D 点和摄像机. 为清晰起见,只显示了起始和结束帧的摄像机,并把摄像机的路线画在其中.(续)

## 18.7　结束语

可以坦诚地说,还没有一个完全满意的技术可用于由射影图像序列重构,而许多特设的技术被运用并取得一定的成功. 4 幅视图是基于多视图张量的闭形式解的上限. 对于更大的视图数,该问题还没有一个这么巧妙的数学公式. 它的一个例外是基于对偶(见第 20 章)的 $m$ 视图技术,但是这个技术只限于 6 到 8 个点,并取决于采用哪种对偶张量(基本矩阵、三焦点张量或四焦点张量). 大多数图像序列包含比它多得多的匹配点.

### 18.7.1　文献

Tomasi-Kanade 算法先是针对正交投影提出的[Tomasi-92],但后来被推广到平行透视[Poelman-94]. 它现已被推广到直线和二次曲线,例如[Kahl-98a],但是 MLE 的性质不再适用,并且仍不清楚在仿射重构中什么被最小化. 其他人则研究了平面情形[Irani-99]及多目标独立移动情形[Boult-91,Gear-98]下多幅仿射视图的子空间方法. 非刚性分解是由[Brand-01,Torresani-01]建立的,尽管其思想基础在[Bascle-98]中提出. Irani 和 Anandan[Irani-00,Anandan-02]讨论了含不确定性(协方差加权数据)的仿射重构. [Huynh-03]中提到了利用交替三角测量和摄像机估计进行仿射重构的方法,并称之为"幂分解".

分解法推广到射影摄像机归功于 Sturm 和 Triggs[Sturm-96]. 利用分解的迭代方法由[Hegden-97b,Triggs-96]提出.

[Cross-99]中使用了基于平面单应来计算多摄像机的方法,并用平面自标定初始化 $\mathbf{t}^i$ 向量.

[Avidan-98,Beardsley-94,Besrdsley-96,Fitzgibbon-98a,Laveau-96a,Nister-00,Sturm-97b]

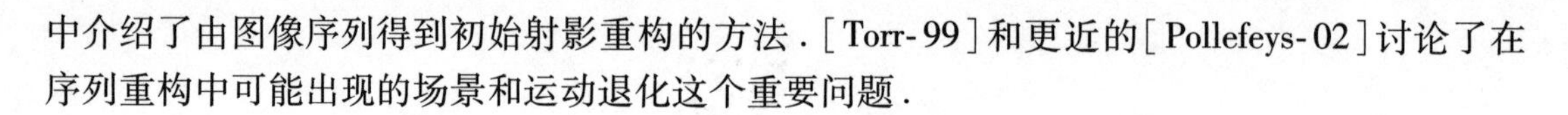


中介绍了由图像序列得到初始射影重构的方法. [Torr-99]和更近的[Pollefeys-02]讨论了在序列重构中可能出现的场景和运动退化这个重要问题.

### 18.7.2 注释和练习

仿射分解算法可以被用于在一组摄像机$\{P^i\}$具有相同第三行的情形下获得重构,即使摄像机不是仿射的. 第三行是摄像机的主平面(见6.2节),相同第三行的条件等价于共面的主平面. 例如,如果摄像机沿着与其主轴垂直的方向平移,那么所有摄像机中心将位于一个平面上,并且主平面是共面的. 仿射分解算法可以用于这种情形,因为可以利用满足$P^3H_{4\times4}=(0,0,0,1)$的$4\times4$单应H将这组摄像机变换为仿射形式$P^iH_{4\times4}$,其中$P^3$是$P^i$的最后一行.

更一般地,如果摄像机中心被限制在一个平面上,那么可以通过合成旋转图像使得摄像机真正具有共面的主平面. 例如在平面运动(19.8节)或单轴旋转(19.9节)的情形中,如果所有图像都旋转到使得主轴平行于旋转轴(在竖直旋转轴情形中,通过对每幅图像应用一个将水平线映射到无穷远的单应),那么所有摄像机的主平面是平行的. 然而,如果摄像机不是真实的仿射,那么该算法将不会给出重构的ML估计.

# 第 19 章 自 标 定

自标定是指直接由多幅未标定图像来确定摄像机内参数的过程．自标定一旦完成，就有可能由这些图像来计算度量重构．自标定避免了用特殊的标定物来标定摄像机的繁重任务．这提供了极大的灵活性，例如摄像机可以直接由图像序列标定，尽管运动和某些内参数的变化未知．

这种方法的根源在于摄像机做刚性运动，从而绝对二次曲线在此运动下保持不变．反过来，如果能用某种方式由图像确定 3 维空间中的一条唯一不动的二次曲线，则它就是 $\Omega_\infty$．如前面几章所介绍：一旦 $\Omega_\infty$ 被辨认，度量几何便能计算．目前已有一批自标定方法可用于确定 $\Omega_\infty$．

本章分四个主要部分．首先给出自标定问题的代数结构，并且指出如何由关于内参数或外参数的约束产生自标定方程．第二，介绍自标定的一些**直接**方法，它们涉及计算绝对二次曲线或其图像．这些方法包括估计跨多幅视图的绝对对偶二次曲面，或由视图对估计 Kruppa 方程．第三是一些**分层**自标定方法，它们包括两步：先求解无穷远平面，再利用它求解绝对二次曲线．第四是考虑一些特殊配置，包括：绕其中心旋转的摄像机、做平面运动的摄像机，以及双眼装置的运动．

## 19.1 引言

自标定是指由一组未标定图像计算摄像机和/或场景的度量性质．它不同于传统的标定，那里的摄像机标定矩阵 K 由已知标定的栅格图像（第 7 章）或者场景的性质（例如正交方向的消影点（第 8 章））来确定．而自标定中的度量性质是直接根据内和/或外参数的约束来确定的.

例如，假设我们用内参数固定的摄像机获取了一组图像，并由跨这组图像的点对应来计算射影重构．该重构计算每幅视图的射影摄像机矩阵 $P^i$．我们的约束是对于每幅视图真实摄像机的内参数矩阵 K 都是相同的（但未知）．现在，射影重构的每个摄像机 $P^i$ 可以分解为 $P^i = K^i[R^i \mid \mathbf{t}^i]$，但一般每幅视图的标定矩阵 $K^i$ 将不相同．因此，该射影重构将不满足上述约束．

然而，我们可以用一个单应 H 变换摄像机矩阵来随意地改变射影重构．因为真实摄像机具有固定的内参数，所以存在一个单应（或一族单应）使得变换后的摄像机 $P^iH$ 一定可以分解为 $P^iH = KR^i[I \mid \mathbf{t}^i]$，使每个摄像机的标定矩阵相同，因而使重构与上面的约束相一致．如果有足够多的视图且视图之间是一般运动（见后面），则可用上面的一致性对 H 进行约束，使得被 H 变换后的重构与真实摄像机和场景至多相差一个相似变换，即得到了一个度量重构．

虽然用于获得度量重构的具体约束可能不同,但这个例子仍然说明了一般过程:

(1)获得一个射影重构$\{P^i, \mathbf{X}_j\}$.

(2)由自标定约束确定一个矫正单应H,并由此变换到一个度量重构$\{P^iH, H^{-1}\mathbf{X}_j\}$.

下面几节中将包括各具特色的自标定方法．它们的差别在于所用的约束以及确定单应H的方法．这些方法可以分成两类:直接确定H和分层方法,后者首先确定H的射影成分然后再确定仿射成分．后一种方法的好处是一旦得到仿射重构,即已知$\boldsymbol{\pi}_\infty$,度量重构的解便是线性的．

如果我们的目标是摄像机标定而不是场景度量重构,则不一定总要计算一个显式的射影重构,有时摄像机标定可以更直接地计算而不用经过一个矫正变换．例如摄像机绕其中心旋转而没有平移时就属于这种情形,这将在19.6节中讨论．

## 19.2 代数框架和问题陈述

假设我们得到了一个射影重构$\{P^i, \mathbf{X}_j\}$;那么基于摄像机内参数或运动的约束,我们希望确定一个矫正单应H使得$\{P^iH, H^{-1}\mathbf{X}_j\}$是一个度量重构．

我们从具有标定的摄像机和欧氏坐标系下表示的结构这一真实度量情形出发．因此实际有$m$个摄像机$P^i_M$,它们把3D点$\mathbf{X}_M$投影到每幅视图中的图像点$\mathbf{x}^i = P^i_M \mathbf{X}_M$,其中下标M表示摄像机是标定的并且世界坐标系是欧氏的．这些摄像机可以写为$P^i_M = K^i[R^i \mid \mathbf{t}^i]$,其中$i = 1, \cdots, m$.

在一个射影重构中,我们得到摄像机$P^i$,它与$P^i_M$的关系是

$$P^i_M = P^i H, i = 1, \cdots, m \tag{19.1}$$

式中,H是3维空间的一个未知的4×4单应．我们的目标是确定H.

准确地说,我们不关心重构中的绝对旋转、平移和缩放,并且现在就来除去这个相似成分．我们取世界坐标系与第一个摄像机重合,使得$R^1 = I$和$\mathbf{t}^1 = \mathbf{0}$. 那么$R^i$和$\mathbf{t}^i$指定第$i$个摄像机和第一个摄像机之间的欧氏变换,且$P^1_M = K^1[I \mid \mathbf{0}]$. 类似地,在该射影重构中,我们选取第一幅视图为通常的规范摄像机,使得$P^1 = [I \mid \mathbf{0}]$. 令H为

$$H = \begin{bmatrix} A & \mathbf{t} \\ \mathbf{v}^\mathsf{T} & k \end{bmatrix}$$

则由式(19.1)推出的条件$P^1_M = P^1 H$变成$[K^1 \mid \mathbf{0}] = [I \mid \mathbf{0}]H$,这意味着$A = K^1$且$\mathbf{t} = \mathbf{0}$. 另外,由于H是非奇异的,$k$必须不是零,因此我们可以假设$k = 1$(这固定了重构的尺度). 这表明H具有如下形式:

$$H = \begin{bmatrix} K^1 & \mathbf{0} \\ \mathbf{v}^\mathsf{T} & 1 \end{bmatrix}$$

这就除去了相似成分．

向量$\mathbf{v}$和$K^1$共同确定了该射影重构的无穷远平面,因为$\boldsymbol{\pi}_\infty$的坐标是

$$\boldsymbol{\pi}_\infty = H^{-\mathsf{T}} \begin{pmatrix} 0 \\ 0 \\ 0 \\ 1 \end{pmatrix} = \begin{bmatrix} (K^1)^{-\mathsf{T}} & -(K^1)^{-\mathsf{T}}\mathbf{v} \\ \mathbf{0} & 1 \end{bmatrix} \begin{pmatrix} 0 \\ 0 \\ 0 \\ 1 \end{pmatrix} = \begin{pmatrix} -(K^1)^{-\mathsf{T}}\mathbf{v} \\ 1 \end{pmatrix}$$

记$\boldsymbol{\pi}_\infty=(\mathbf{p}^\mathsf{T},1)^\mathsf{T}$，其中$\mathbf{p}=-(\mathrm{K}^1)^{-\mathsf{T}}\mathbf{v}$. 把迄今我们已经证明的总结为

**结论 19.1　用如下形式的矩阵 H 可以将一个 $\mathrm{P}^1=[\mathrm{I}\mid\mathbf{0}]$ 的射影重构$\{\mathrm{P}^i,\mathbf{X}_j\}$变换到度量重构$\{\mathrm{P}^i\mathrm{H},\mathrm{H}^{-1}\mathbf{X}_j\}$**

$$\mathrm{H}=\begin{bmatrix}\mathrm{K} & \mathbf{0}\\ -\mathbf{p}^\mathsf{T}\mathrm{K} & 1\end{bmatrix}\tag{19.2}$$

**式中，K 是一个上三角矩阵．并且有**

**(1) $\mathrm{K}=\mathrm{K}^1$是第一个摄像机的标定矩阵．**

**(2) 该射影重构中无穷远平面的坐标由$\boldsymbol{\pi}_\infty=(\mathbf{p}^\mathsf{T},1)^\mathsf{T}$给出．**

**反过来，如果射影坐标系中的无穷远平面和第一个摄像机的标定矩阵已知，那么把射影重构变换到度量重构的变换 H 由式(19.2)给出．**

由这个结论可知，为了把一个射影重构变换到度量重构，只要指定 8 个参数——$\mathbf{p}$ 的 3 个元素和$\mathrm{K}^1$的 5 个元素就足够了．这与几何的计数推导一致．寻找度量重构等价于指定无穷远平面和绝对二次曲线(分别是 3 个和 5 个自由度)．在一个度量重构中，每个摄像机的标定$\mathrm{K}^i$，和它相对于第一个摄像机的旋转$\mathrm{R}^i$，以及在相差一个共同尺度的意义下相对于第一个摄像机的平移$\mathbf{t}^i$，即$\mathbf{t}^i\mapsto s\mathbf{t}^i$，全部被确定．

我们现在来推导基本的自标定方程．我们把射影重构的摄像机记为$\mathrm{P}^i=[\mathrm{A}^i\mid\mathbf{a}^i]$．利用式(19.2)代入式(19.1)给出

$$\mathrm{K}^i\mathrm{R}^i=(\mathrm{A}^i-\mathbf{a}^i\mathbf{p}^\mathsf{T})\mathrm{K}^1,\ i=2,\cdots,m\tag{19.3}$$

由此又推出$\mathrm{R}^i=(\mathrm{K}^i)^{-1}(\mathrm{A}^i-\mathbf{a}^i\mathbf{p}^\mathsf{T})\mathrm{K}^1,\ i=2,\cdots,m$. 最后，可以用$\mathrm{R}\mathrm{R}^\mathsf{T}=\mathrm{I}$消去旋转$\mathrm{R}^i$得

$$\mathrm{K}^i\mathrm{K}^{i\mathsf{T}}=(\mathrm{A}^i-\mathbf{a}^i\mathbf{p}^\mathsf{T})\mathrm{K}^1\mathrm{K}^{1\mathsf{T}}(\mathrm{A}^i-\mathbf{a}^i\mathbf{p}^\mathsf{T})^\mathsf{T}$$

注意现在$\mathrm{K}^i\mathrm{K}^{i\mathsf{T}}=\omega^*$是绝对二次曲线的对偶图像(或记为 DIAC)，见式(8.11)．进行这种替换给出自标定的基本方程

$$\begin{cases}\omega^{*i}=(\mathrm{A}^i-\mathbf{a}^i\mathbf{p}^\mathsf{T})\omega^{*1}(\mathrm{A}^i-\mathbf{a}^i\mathbf{p}^\mathsf{T})^\mathsf{T}\\ \omega^i=(\mathrm{A}^i-\mathbf{a}^i\mathbf{p}^\mathsf{T})^{-\mathsf{T}}\omega^1(\mathrm{A}^i-\mathbf{a}^i\mathbf{p}^\mathsf{T})^{-1}\end{cases}\tag{19.4}$$

第二个方程就是第一个的逆，其中 ω 是绝对二次曲线的像(或记为 IAC)．这些方程把$\omega^{*i}$或$\omega^i,\ i=1,\cdots,m$ 的未知元素以及未知参数 $\mathbf{p}$ 与射影摄像机的**已知**参数$\mathrm{A}^i,\mathbf{a}^i$联系在一起．

自标定的艺术在于利用关于$\mathrm{K}^i$的约束，例如$\mathrm{K}^i$的某个元素是零，由式(19.4)产生关于 $\mathbf{p}$ 和$\mathrm{K}^1$的八个参数的方程组．**所有的**自标定方法都是在求解这些方程上变换花样，在下面的几节中将介绍其中的几种方法．其过程一般是先计算$\omega^i$或$\omega^{*i}$并从中抽取标定矩阵$\mathrm{K}^i$的值——虽然迭代方法(例如捆集调整)可以直接由$\mathrm{K}^i$参数化．方程式(19.4)可在几何上解释为关于绝对二次曲线的映射，将在 19.3 节和 19.5.2 节回头来讨论它．

我们从一个简单的例子开始，解释如何由式(19.4)产生关于上面提到的 8 个参数的方程.

**例 19.2　有相同$\mathrm{K}^i$的自标定方程**

假设所有摄像机具有相同的内参数，即$\mathrm{K}^i=\mathrm{K}$，则式(19.4)变成

$$\mathrm{K}\mathrm{K}^\mathsf{T}=(\mathrm{A}^i-\mathbf{a}^i\mathbf{p}^\mathsf{T})\mathrm{K}\mathrm{K}^\mathsf{T}(\mathrm{A}^i-\mathbf{a}^i\mathbf{p}^\mathsf{T})^\mathsf{T},\ i=2,\cdots,m\tag{19.5}$$

每幅视图 $i=2,\cdots,m$ 提供一个方程，我们可计算为能确定 8 个未知参数(原则上)所需的视图数．除了第一幅视图外，每幅视图给出 5 个约束，因为方程的每边是一个 $3\times3$ 的对称矩阵(即

6 个独立元素),并且方程是齐次的. 假设每幅视图给出的约束是独立的,则只要 $5(m-1)\geqslant 8$ 便可以确定一个解. 因此,只要 $m\geqslant 3$,就能得到一个解,至少原则上是如此. 显然,如果 $m$ 远大于 3,则未知的 K 和 $\mathbf{p}$ 是非常超定的.

大家可能会想到利用式(19.5)作为直接估计矫正变换 H 的一个基础. 这可以建模为一个参数最小化问题,允许式(19.2)中的 8 个参数变化以达到最小化一个代价函数的目标,这个代价函数刻划式(19.4)被满足的程度或测量与度量结构接近的程度. 当然,还需要一种获得初始解的方法. 初始解和迭代最小化这两步是下面几节的主要研究内容——虽然它们所受约束比相同内参数的情形少.

## 19.3 利用绝对对偶二次曲面标定

绝对对偶二次曲面 $Q_\infty^*$ 是一个退化的对偶(即平面)二次曲面,并由一个秩为 3 的 $4\times 4$ 齐次矩阵表示. $Q_\infty^*$ 的重要性在于以非常简明的方式同时包含了 $\boldsymbol{\pi}_\infty$ 和 $\Omega_\infty$,例如 $\boldsymbol{\pi}_\infty$ 是 $Q_\infty^*$ 的零向量,并且它有一个代数上简单的图像投影:

$$\omega^* = PQ_\infty^* P^\mathsf{T} \tag{19.6}$$

它就是一个(对偶)二次曲面的投影(式(8.5)). 用文字表达就是 $Q_\infty^*$ 投影为绝对二次曲线的对偶图像 $\omega^* = KK^\mathsf{T}$.

基于 $Q_\infty^*$ 的自标定思想是利用式(19.6)并借助(已知的)摄像机矩阵 $P^i$ 把关于 $\omega^*$ 的约束转化为关于 $Q_\infty^*$ 的约束. 下文将说明这个方法在射影重构中可以由关于 $K^i$ 的约束来确定表示 $Q_\infty^*$ 的矩阵. 其实在[Triggs-97]中引入 $Q_\infty^*$ 就是为了方便自标定的表示.

下文将证明一旦 $Q_\infty^*$ 被确定,我们寻求的矫正单应 H(式(19.2))也就被确定了. 因此我们得到自标定的一般框架:由关于 $K^i$ 的特定约束来确定 $Q_\infty^*$,再由 $Q_\infty^*$ 确定 H. 这种一般的方法总结在算法 19.1 中. 在 19.3.1 节中,将集中介绍这个算法的第二步:$Q_\infty^*$ 的估计. 我们首先补充一些细节.

<u>目标</u>

给定跨多幅视图的一组匹配点和关于标定矩阵 $K^i$ 的约束,计算点和摄像机的度量重构.

<u>算法</u>

(1)由一组视图计算射影重构,得到摄像机矩阵 $P^i$ 和点 $\mathbf{X}_j$.

(2)利用式(19.6)和由 $K^i$ 产生的关于 $\omega^{*i}$ 的约束来估计 $Q_\infty^*$.

(3)把 $Q_\infty^*$ 分解为 $H\tilde{I}H^\mathsf{T}$,其中 $\tilde{I}$ 是矩阵 diag(1,1,1,0).

(4)把 $H^{-1}$ 作用于点并把 H 作用于摄像机以得到度量重构.

(5)用迭代最小二乘最小化来改善解(见 19.3.3 节).

或者,每个摄像机的标定矩阵可以直接计算如下:

(1)利用式(19.6)对所有 $i$ 计算 $\omega^{*i}$.

(2)用 Cholesky 分解由方程 $\omega^* = KK^\mathsf{T}$ 计算标定矩阵 $K^i$.

算法 19.1 基于 $Q_\infty^*$ 的自标定.

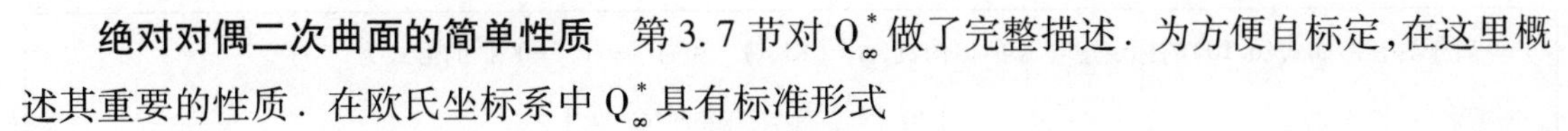

**绝对对偶二次曲面的简单性质** 第3.7节对$Q_\infty^*$做了完整描述．为方便自标定，在这里概述其重要的性质．在欧氏坐标系中$Q_\infty^*$具有标准形式

$$\tilde{I} = \begin{bmatrix} I_{3\times 3} & \mathbf{0} \\ \mathbf{0}^{\mathsf{T}} & 0 \end{bmatrix} \tag{19.7}$$

在射影坐标系中$Q_\infty^*$的形式是$Q_\infty^* = H\tilde{I}H^{\mathsf{T}}$，其中$\tilde{I}$是式(19.7)中的矩阵．这是根据对偶二次曲面的射影变换规则$Q_\infty^* \mapsto HQ_\infty^* H^{\mathsf{T}}$(式(3.17))得到的．因此有

**结论19.3 在任意射影坐标系中，对偶绝对二次曲面由一个4×4对称矩阵表示，并具有下列性质：**

**(1)它是一个秩为3的奇异矩阵，因为$Q_\infty^*$是一个退化锥面．**

**(2)它的零空间是表示无穷远平面的向量，因为$Q_\infty^* \boldsymbol{\pi}_\infty = \mathbf{0}$.**

**(3)它是半正定的(或半负定的，取决于齐次比例因子)．**

在欧氏坐标系中，这些性质可以从$Q_\infty^*$的标准形式直接得到，并且很容易推广到任意坐标系.

**由$Q_\infty^*$提取矫正单应** 给定在射影坐标系中估计的$Q_\infty^*$，我们希望确定单应H. 而求H就是简单地按如下方法对表达式进行分解．

**结论19.4 如果$Q_\infty^*$被分解为$Q_\infty^* = H\tilde{I}H^{\mathsf{T}}$(见上文的记号)，那么$H^{-1}$就是把射影坐标系变成欧氏坐标系的一个3D(点)单应．**

注意作用于摄像机的变换是作用于点的变换的逆，从而H是作用于摄像机并使得$P_M = PH$的矫正矩阵．因此H是作用于摄像机的矫正变换．可以容易地由$Q_\infty^*$的特征值分解把其形如$H\tilde{I}H^{\mathsf{T}}$的分解式计算出来(见A4.2节中关于它的Jacobi算法)．

**自标定方程的等价方程** 描述$Q_\infty^*$的图像投影的方程式(19.6)就是自标定方程式(19.4)的一种几何表示，现在来说明这一点．

我们已知道在射影坐标系中$Q_\infty^*$具有形式$H\tilde{I}H^{\mathsf{T}}$. 射影重构是通过式(19.2)与度量重构相关联的，因此详细写出来就是

$$Q_\infty^* = H\tilde{I}H^{\mathsf{T}} = \begin{bmatrix} K^1 K^{1\mathsf{T}} & -K^1 K^{1\mathsf{T}}\mathbf{p} \\ -\mathbf{p}^{\mathsf{T}} K^1 K^{1\mathsf{T}} & \mathbf{p}^{\mathsf{T}} K^1 K^{1\mathsf{T}}\mathbf{p} \end{bmatrix} = \begin{bmatrix} \omega^{*1} & -\omega^{*1}\mathbf{p} \\ -\mathbf{p}^{\mathsf{T}}\omega^{*1} & \mathbf{p}^{\mathsf{T}}\omega^{*1}\mathbf{p} \end{bmatrix} \tag{19.8}$$

应用式(19.6)和$P^i = [A^i \mid \mathbf{a}^i]$，我们再一次得到自标定方程式(19.4)

$$\omega^{*i} = P^i Q_\infty^* P^{i\mathsf{T}} = (A^i - \mathbf{a}^i\mathbf{p}^{\mathsf{T}})\omega^{*1}(A^i - \mathbf{a}^i\mathbf{p}^{\mathsf{T}})^{\mathsf{T}}$$

这是式(19.4)的几何解释——$Q_\infty^*$是在摄像机的欧氏运动下的不动二次曲面，而DIAC $\omega^{*i}$是$Q_\infty^*$在每幅视图中的影像．

### 19.3.1 由一组图像线性求解$Q_\infty^*$

这里的目标是在射影坐标系中直接由关于内参数的约束来估计$Q_\infty^*$．我们首先介绍可以获得线性解的三种情形．这里适当地总结DIAC和IAC的形式．请参考表19.1.

**指定关于$Q_\infty^*$的线性约束** 如果主点已知，则可以得到关于$Q_\infty^*$的线性约束．假设这点是已知的，则可以改变图像坐标系，使其原点与主点相重合．从而$x_0 = 0$，$y_0 = 0$，并且由表19.1可知DIAC变成

对于具有形如式(6.10)的标定矩阵 K 的摄像机,$\omega=(KK^{\mathsf{T}})^{-1}$和 $\omega^*=\omega^{-1}=KK^{\mathsf{T}}$的形式为

$$\omega^*=\begin{bmatrix} a_x^2+s^2+x_0^2 & sa_y+x_0y_0 & x_0 \\ sa_y+x_0y_0 & a_y^2+y_0^2 & y_0 \\ x_0 & y_0 & 1 \end{bmatrix} \tag{19.9}$$

和

$$\omega=\frac{1}{a_x^2a_y^2}\begin{bmatrix} a_y^2 & -sa_y & -x_0a_y^2+y_0sa_y \\ -sa_y & a_x^2+s^2 & a_ysx_0-a_x^2y_0-s^2y_0 \\ -x_0a_y^2+y_0sa_y & a_ysx_0-a_x^2y_0-s^2y_0 & a_x^2a_y^2+a_x^2y_0^2+(a_yx_0-sy_0)^2 \end{bmatrix} \tag{19.10}$$

如果扭曲参数为零,即 $s=0$,那么表达式简化成

$$\omega^*=\begin{bmatrix} a_x^2+x_0^2 & x_0y_0 & x_0 \\ x_0y_0 & a_y^2+y_0^2 & y_0 \\ x_0 & y_0 & 1 \end{bmatrix} \tag{19.11}$$

和

$$\omega=\frac{1}{a_x^2a_y^2}\begin{bmatrix} a_y^2 & 0 & -a_y^2x_0 \\ 0 & a_x^2 & -a_x^2y_0 \\ -a_y^2x_0 & -a_x^2y_0 & a_x^2a_y^2+a_y^2x_0^2+a_x^2y_0^2 \end{bmatrix} \tag{19.12}$$

**表 19.1** 用摄像机内参数表示的绝对二次曲线的图像 ω 和绝对二次曲线的对偶图像 $\omega^*$.

$$\omega^*=\begin{bmatrix} a_x^2+s^2 & sa_y & 0 \\ sa_y & a_y^2 & 0 \\ 0 & 0 & 1 \end{bmatrix} \tag{19.13}$$

对每幅视图 $i$ 运用射影方程式(19.6)$\omega^*=PQ_\infty^*P^{\mathsf{T}}$,可由式(19.13)中的零元素产生关于 $Q_\infty^*$ 的线性方程. 例如两个方程

$$(P^iQ_\infty^*P^{i\mathsf{T}})_{13}=0 \text{ 和 } (P^iQ_\infty^*P^{i\mathsf{T}})_{23}=0 \tag{19.14}$$

直接由 $\omega_{13}^{*i}=\omega_{23}^{*i}=0$ 得到.

如果还有关于 $K^i$ 的导致 $\omega^*$ 元素之间进一步关系的约束,那么可以提供附加的线性方程. 例如,零扭曲假设意味着式(19.13)中(1,2)元素为零,这提供了关于 $Q_\infty^*$ 元素的类似于式(19.14)的另一个线性方程. 已知宽高比也可提供进一步的约束. 表 19.2 总结了可能用得上的一些约束.

**线性解** 因为 $Q_\infty^*$ 是对称的,它可以由 10 个齐次参数(即位于对角线及以上的 10 个元素)线性地参数化. 这 10 个元素可以用一个 10 维向量 **x** 表示. 按常用方式,关于 $Q_\infty^*$ 的线性方程可以组合成一个形如 $A\mathbf{x}=\mathbf{0}$ 的矩阵方程,并且可通过 SVD 得到 **x** 的最小二乘解. 例如,由每幅视图得到的两个方程式(19.14)为这个矩阵提供两行. 由五幅图像总共得到 10 个方程(仅假设主点是已知的),并且可能存在一个线性解. 由四幅图像可产生 8 个方程. 如由 7 个点计算基本矩阵的方法一样,存在含 2 个参数的解族. 条件 $\det Q_\infty^*=0$ 可给出一个四次方程,从而关于 $Q_\infty^*$ 至多有四个解.

| 条 件 | 约 束 | 类 型 | 约束数 |
|---|---|---|---|
| 零扭曲 | $\omega_{12}^{*}\omega_{33}^{*}=\omega_{13}^{*}\omega_{23}^{*}$ | 二次 | $m$ |
| 主点(p. p. )在原点 | $\omega_{13}^{*}=\omega_{23}^{*}=0$ | 线性 | $2m$ |
| 零扭曲(p. p. 在原点) | $\omega_{12}^{*}=0$ | 线性 | $m$ |
| 固定(未知)宽高比<br>(零扭曲和 p. p. 在原点) | $\dfrac{\omega_{11}^{*i}}{\omega_{22}^{*i}}=\dfrac{\omega_{11}^{*j}}{\omega_{22}^{*j}}$ | 二次 | $m-1$ |
| 已知宽高比 $r=a_y/a_x$<br>(零扭曲和 p. p. 在原点) | $r^2\omega_{11}^{*}=\omega_{22}^{*}$ | 线性 | $m$ |

**表 19.2 由 DIAC 导出的自标定约束**."约束数"列中给出跨 $m$ 幅视图的总约束数,假设每幅视图的约束都是真正有效的. 每个附加信息项产生附加方程. 例如,如果主点已知并且扭曲参数为零,那么每幅视图有 3 个约束.

**例 19.5 可变焦距的线性解.**

假设除了焦距外摄像机是标定的——主点已知、宽高比是 1(如果不是,则可变换方程使得它从已知值变成 1),且扭曲参数为零——焦距是未知的并可在视图之间变化. 从表 19.2 可知此时由每幅视图产生 4 个关于 $Q_\infty^*$ 的线性约束. 两幅视图时有 8 个线性约束且利用条件 $\det Q_\infty^*=0$ 最多可以得到 4 个解. 如果 $m\geqslant 3$,则存在唯一的线性解.

例 19.8 将对这种最小配置情形中焦距的确定进行更深入的讨论.

### 19.3.2 $Q_\infty^*$ 的非线性解

我们现在来介绍可由式(19.6)得到的各种非线性方程. 我们已经知道 $\omega^{*i}=P^iQ_\infty^*P^{i\mathsf{T}}$ 的每一个元素可以用 $Q_\infty^*$ 的参数表示为一个线性表达式. 因此各 $\omega^{*i}$ 的元素之间的任何关系变成关于 $Q_\infty^*$ 的元素的方程. 具体地说,$\omega^{*i}$ 元素间的线性或二次关系分别产生 $Q_\infty^*$ 元素间的线性或二次关系. 给定足够多这样的方程,我们就可以求解 $Q_\infty^*$.

**恒常内参数** 如果所有摄像机的内参数是相同的,则对于所有的 $i$ 和 $j$,$\omega^{*i}=\omega^{*j}$,它展开为 $P^iQ_\infty^*P^{i\mathsf{T}}=P^jQ_\infty^*P^{j\mathsf{T}}$. 然而,由于这些都是齐次量,这些等式只是在相差一个未知尺度因子下成立. 它们产生含五个方程的方程组:

$$\omega_{11}^{*i}/\omega_{11}^{*j}=\omega_{12}^{*i}/\omega_{12}^{*j}=\omega_{13}^{*i}/\omega_{13}^{*j}=\omega_{22}^{*i}/\omega_{22}^{*j}=\omega_{23}^{*i}/\omega_{23}^{*j}=\omega_{33}^{*i}/\omega_{33}^{*j}$$

这给出关于 $Q_\infty^*$ 元素的一组二次方程. 给定三幅视图,总共产生可以用来求 $Q_\infty^*$ 的 10 个方程.

**扭曲参数为零时的标定** 在每个摄像机都为零扭曲的假设下,DIAC 简化为式(19.11)那样的形式. 具体地说,对于零扭曲情形,我们得到 $\omega^*$ 元素之间的如下约束

$$\omega_{12}^{*}\omega_{33}^{*}=\omega_{13}^{*}\omega_{23}^{*} \tag{19.15}$$

上式给出了关于 $Q_\infty^*$ 元素的一个二次方程. 由 $m$ 幅视图,我们得到 $m$ 个二次方程. 然而由绝对对偶二次曲面是退化的这一事实还可推导出另一个方程 $\det Q_\infty^*=0$. 由于 $Q_\infty^*$ 有 10 个齐次线性参数,它可以由 8 幅视图(至少原则上)计算出来.

这些不同的标定约束也总结在表 19.2 中.

### 19.3.3 迭代方法

正如我们在本书中许多场合所看到的，存在着最小化代数或几何误差的选择问题．对于当前情形，一个合适的代数误差由式(19.4)提供．在以前的一些情形中，例如式(4.1)，未知的尺度因子通过叉乘来消去．而这里的尺度因子可以用矩阵范数来消去．代价函数是

$$\sum_i \| \mathrm{K}^i\mathrm{K}^{i\mathsf{T}} - \mathrm{P}^i\mathrm{Q}_\infty^*\mathrm{P}^{i\mathsf{T}} \|_\mathrm{F}^2 \tag{19.16}$$

式中，$\|\mathrm{M}\|_\mathrm{F}$是 M 的 Frobenius 范数，且 $\mathrm{K}^i\mathrm{K}^{i\mathsf{T}}$ 和 $\mathrm{P}^i\mathrm{Q}_\infty^*\mathrm{P}^{i\mathsf{T}}$ 都被归一化成具有单位 Frobenius 范数．代价函数由 $\mathrm{Q}_\infty^*$ 的(至多 8 个)未知元素和每个 $\omega^{*i}=\mathrm{K}^i\mathrm{K}^{i\mathsf{T}}$ 的未知元素参数化．可以利用展开式(19.8)来参数化绝对对偶二次曲面．例如，在例 19.5 中，焦距是每幅视图的唯一未知量，式(19.16)将在 $m+3$ 个参数上最小化．这些参数包括每幅视图的焦距 $f^i$ 和 $\mathbf{p}$ 的三个分量．注意这种参数化保证在整个最小化过程中 $\mathrm{Q}_\infty^*$ 的秩为 3.

因为上面的代价函数没有特别的几何意义，建议在它之后进行一个完整的捆集调整．事实上，给定一个好的初始线性估计，可以直接进行捆集调整．正如 18.1 节所介绍的，将关于标定参数的假设合并到完整的捆集调整中并不困难．

**例 19.6　一般运动的度量重构**

图 19.1a ~ c 给出了由手持摄像机拍摄的印度古建筑的视图．如 18.6 节所介绍，由图像点对应计算一个射影重构，并在恒定摄像机参数和已知主点的约束下利用算法 19.1 得到度量重构．图 19.1d 和 e 中显示了所求的摄像机和 3D 点云．

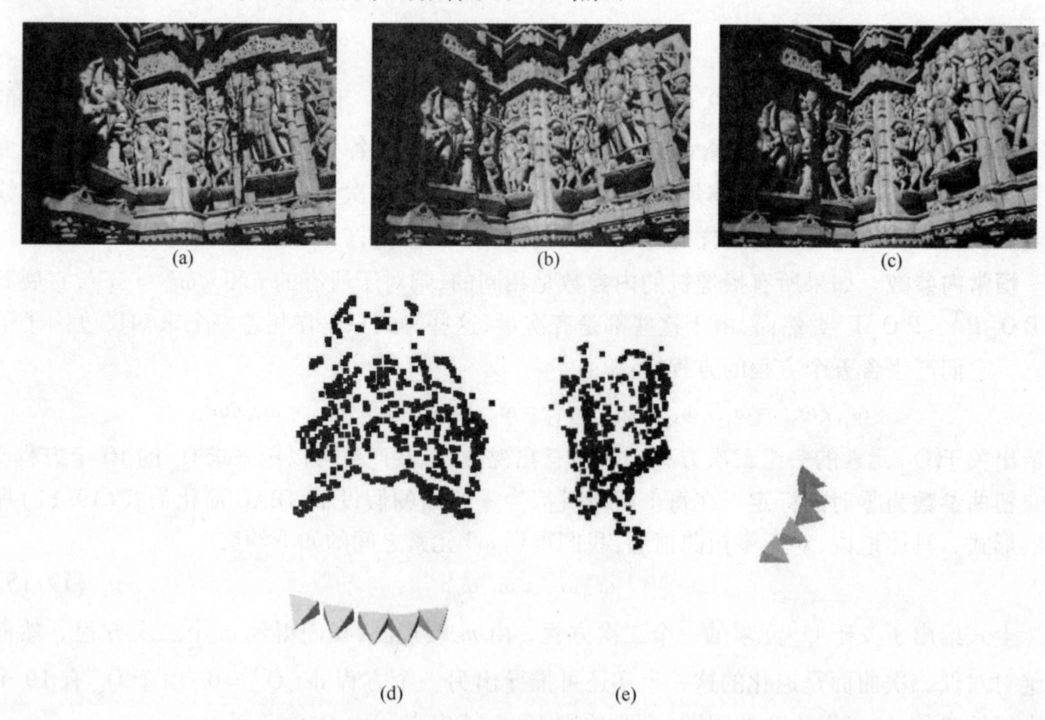


**图 19.1　一般运动的度量重构**．(a) ~ (c)由手持摄像机获得的(5 幅中的)3 幅视图．(d)和(e)由跨五幅视图的兴趣点匹配求得的度量重构的两幅视图．摄像机用顶点为所求摄像机中心的角锥表示．承蒙 Marc Pollefeys, Reinhard Koch 和 Luc Van Gool 提供图．

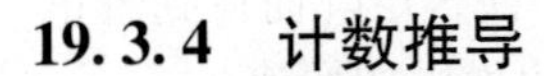

### 19.3.4 计数推导

我们已见到的约束有两种类型：参数为已知值；参数在视图序列中固定但其值未知．实际使用的约束依赖于从摄像机获取、数字化和剪裁、到最终图像的整个成像过程的物理环境．例如，对于镜头变焦的图像序列来说，扭曲参数和宽高比可能是固定的（但未知），但是焦距和主点在整个序列中是变化的．常见的情形是像素为正方形的或者具有已知的宽高比，从而扭曲参数（它是零）和宽高比是已知的．

现在考虑完全确定一个度量重构所需的约束数．

为完成标定所必须计算的参数数是8．它等于绝对对偶二次曲面的基本参数数，包括尺度多义性和秩3约束．考虑 $m$ 幅视图并假设有 $k$ 个内参数在所有视图中已知，而 $f$ 个内参数在视图序列中是固定但未知的（其中 $k+f\leqslant 5$）．一个固定并已知的标定参数通过条件 $\omega^{*i}=\mathrm{P}^i\mathrm{Q}_\infty^*\mathrm{P}^{i\mathsf{T}}$ 为每幅视图提供一个约束，总共有 $mk$ 个约束．一个固定但未知的标定参数提供的约束要少一个，因为只是未知参数的值不知道．因此 $f$ 个固定参数共提供 $f(m-1)$ 个约束．从而完成标定的要求是

$$mk+(m-1)f\geqslant 8$$

表19.3给出几种约束组合时 $m$ 的值．重要的是记住有可能出现退化配置，其中有些约束是相关的．这将会增加所需的视图数．

| 条　件 | 固定 $f$ | 已知 $k$ | 视图数 $m$ |
|---|---|---|---|
| 恒常内参数 | 5 | 0 | 3 |
| 宽高比和扭曲参数已知，焦距和主点变化 | 0 | 2 | 4* |
| 宽高比和扭曲参数恒定，焦距和主点变化 | 2 | 0 | 5* |
| 扭曲参数为零，所有其他参数变化 | 0 | 1 | 8* |
| 主点已知，所有其他参数变化 | 0 | 2 | 4*，5（线性） |
| 主点已知，扭曲参数为零 | 0 | 3 | 3（线性） |
| 主点、扭曲参数和宽高比已知 | 0 | 4 | 2，3（线性） |

**表19.3**　为了得到足以进行自标定的约束，在不同条件下所需的视图数 $m$．加星号表示可能有多个解，即使视图之间做一般运动时也如此．

### 19.3.5 绝对二次曲面方法标定的局限性

下面的考虑适用于采用这种方法的标定．

**最小二乘代数解的局限性**　由于（例如，线性求解 $\omega^*$ 中的 $\mathbf{Ax}=\mathbf{0}$ 的）最小二乘解达到了最小化但不强制约束，因此所得到的解不能准确地满足所要求的条件．这种现象在超约束情形中也会出现．如例19.5估计焦距的情形中，元素 $\omega_{11}^{*i}$ 和 $\omega_{22}^{*i}$ 将不是所需要的比率，并且对角线以外的元素也不准确地为零．这意味着 $\mathrm{K}^i$ 不能准确地表达所希望的形式．用线性方法求得的绝对对偶二次曲面的秩一般不是3，因为线性方程不强制这样的约束．$\mathrm{Q}_\infty^*$ 的秩3矩阵可以通过在其特征值分解中将最小特征值设置为零（类似于11.1.1节的8点算法中利用SVD获

得 F 的秩 2 矩阵的方式)而得到．然后可以利用结论 19.4 直接分解这个秩 3 矩阵而得到矫正单应式(19.2)．另外,如 19.3.3 节所介绍,这个秩 3 矩阵可为迭代最小化提供初始值．

**正定条件** 这个方法最棘手的麻烦是强制 $Q_\infty^*$ 是半正定的(或者是半负定的,若符号相反的话)．这与条件 $\omega^* = P Q_\infty^* P^T$ 必须正定有关．如果 $\omega^*$ 不是正定的,则不能用它的 Cholesky 分解来计算标定矩阵．这是基于估计 IAC 或 DIAC 的自标定方法中一个反复出现的问题．如果数据有噪声,则这个问题可能发生并表现为数据与度量重构不一致．如果出现这种情形,则寻找最接近的半正定解是不恰当的,因为这通常是导致错误标定的分界线．

## 19.4 Kruppa 方程

另一种自标定方法涉及运用 Kruppa 方程,它由 Faugeras,Luong 和 Maybank[Faugeras-92a]首先引入到计算机视觉中,并且历史上被看作是第一个自标定方法．它们是两视图约束且只要求 F 已知,这些约束由关于 $\omega^*$ 元素的两个独立的二次方程组成．

Kruppa 方程是描述二次曲线的对极切线的对应的代数表示．这种对应的几何在图 19.2 中说明．假设二次曲线 C 和 C′是世界平面上的一条二次曲线 $C_W$ 分别在第一幅和第二幅视图中的影像,而 $C^*$ 和 $C^{*\prime}$ 是它们的对偶．在第一幅视图中,两条对极切线 $\mathbf{l}_1$ 和 $\mathbf{l}_2$ 可以组成一条退化的点二次曲线(见例 2.8):$C_t = [\mathbf{e}]_\times C^* [\mathbf{e}]_\times$．(可以验证直线 $\mathbf{l}_1$ 和 $\mathbf{l}_2$ 上的任何点 $\mathbf{x}$ 都满足 $\mathbf{x}^T C_t \mathbf{x} = 0$)．类似地,在第二幅视图中对应的对极线 $\mathbf{l}_1'$ 和 $\mathbf{l}_2'$ 可以被写成 $C_t' = [\mathbf{e}']_\times C^{*\prime} [\mathbf{e}']_\times$．这些对极切线在由任意世界平面 $\boldsymbol{\pi}$ 诱导的单应 H 下互相对应．因为 $C_t$ 是点二次曲线,根据结论 2.13,它的变换是 $C_t' = H^{-T} C_t H^{-1}$,而这些直线的对应要求

$$[\mathbf{e}']_\times C^{*\prime} [\mathbf{e}']_\times = H^{-T} [\mathbf{e}]_\times C^* [\mathbf{e}]_\times H^{-1} = F C^* F^T \tag{19.17}$$

最后一个等式来自 $F = H^{-T}[\mathbf{e}]_\times$．注意,这个方程没有强制对极切线各自映射到它们对应直线的条件,只是要求它们的对称积映射到对应的对称积．

目前为止的推导适用于任何二次曲线．然而,这里感兴趣的是世界二次曲线为无穷远平面上的绝对二次曲线的情形,从而 $C^* = \omega^*$,$C^{*\prime} = \omega^{*\prime}$(以及 $H = H_\infty$),且式(19.17)具体化为

$$[\mathbf{e}']_\times \omega^{*\prime} [\mathbf{e}']_\times = F \omega^* F^T \tag{19.18}$$

如果内参数跨视图时总保持恒定,那么 $\omega^{*\prime} = \omega^*$,从而 $[\mathbf{e}']_\times \omega^* [\mathbf{e}']_\times = F\omega^* F^T$,这就是最初由 Viévill[Viévill-95]给出的 Kruppa 方程的形式．消去齐次尺度因子,可以得到关于 $\omega^*$ 元素的二次方程．

虽然式(19.18)简洁地表示了 Kruppa 方程,但它不是一种易于使用的形式．现在给出 Kruppa 方程的一种简单而易用的形式．证明 $[\mathbf{e}']_\times$ 的零空间(它是式(19.18)两边共有的)能被消去并留下一个由两个 3 维向量组成的方程．

**结论 19.7** **Kruppa 方程式(19.18)等价于**

$$\begin{pmatrix} \mathbf{u}_2^T \omega^{*\prime} \mathbf{u}_2 \\ -\mathbf{u}_1^T \omega^{*\prime} \mathbf{u}_2 \\ \mathbf{u}_1^T \omega^{*\prime} \mathbf{u}_1 \end{pmatrix} \times \begin{pmatrix} \sigma_1^2 \mathbf{v}_1^T \omega^* \mathbf{v}_1 \\ \sigma_1 \sigma_2 \mathbf{v}_1^T \omega^* \mathbf{v}_1 \\ \sigma_2^2 \mathbf{v}_2^T \omega^* \mathbf{v}_2 \end{pmatrix} = 0 \tag{19.19}$$

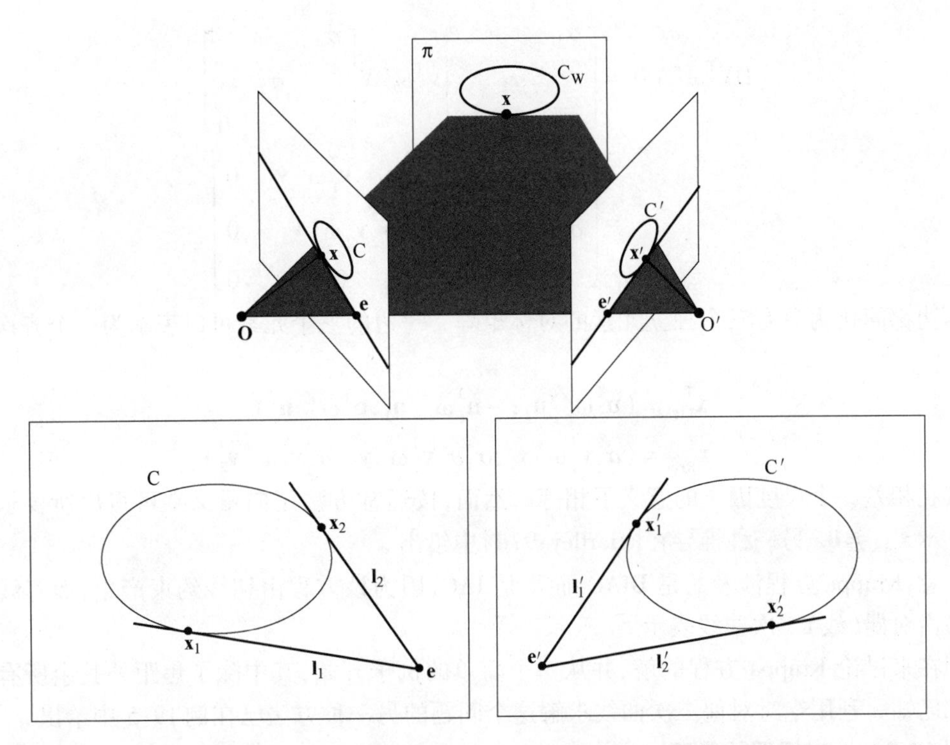


**图19.2** **二次曲线的对极切线**. 世界平面$\boldsymbol{\pi}$上的一条二次曲线$C_W$影像到两幅视图中对应的二次曲线$C \leftrightarrow C'$. 像二次曲线与视图对的对极几何相一致. 上图:世界平面二次曲线$C_W$的切平面定义了对应的对极线,它们与像二次曲线相切. 下图:第一幅视图中与像二次曲线相切的对极线$\mathbf{l}_1$,$\mathbf{l}_2$分别对应于第二幅视图中与像二次曲线相切的对极线$\mathbf{l}'_1$,$\mathbf{l}'_2$.

**式中,$\mathbf{u}_i$,$\mathbf{v}_i$和$\sigma_i$分别是F的SVD的列向量和奇异值. 它提供了三个关于$\omega^*$的元素$\omega^*_{ij}$的二次方程,其中两个是独立的.**

**证明** 基本矩阵F的秩为2,因此其SVD展开为

$$\mathrm{F} = \mathrm{UDV}^{\mathsf{T}} = \mathrm{U}\begin{bmatrix} \sigma_1 & & \\ & \sigma_2 & \\ & & 0 \end{bmatrix}\mathrm{V}^{\mathsf{T}}$$

式中,零向量是$\mathrm{F}^{\mathsf{T}}\mathbf{u}_3 = \mathbf{0}$和$\mathrm{F}\mathbf{v}_3 = \mathbf{0}$. 这意味着对极点是$\mathbf{e} = \mathbf{v}_3$和$\mathbf{e}' = \mathbf{u}_3$. 把上述表达式代入式(19.18)得到

$$[\mathbf{u}_3]_\times \omega^{*\prime} [\mathbf{u}_3]_\times = \mathrm{UDV}^{\mathsf{T}} \omega^* \mathrm{VDU}^{\mathsf{T}} \tag{19.20}$$

我们现在利用U是正交矩阵的性质. 对式(19.20)左乘$\mathrm{U}^{\mathsf{T}}$并右乘U,则其左边变成

$$\begin{aligned}\mathrm{U}^{\mathsf{T}}[\mathbf{u}_3]_\times \omega^{*\prime}[\mathbf{u}_3]_\times \mathrm{U} &= [\mathbf{u}_2 \quad -\mathbf{u}_1 \quad \mathbf{0}]^{\mathsf{T}} \omega^{*\prime} [\mathbf{u}_2 \quad -\mathbf{u}_1 \quad \mathbf{0}] \\ &= \begin{bmatrix} \mathbf{u}_2^{\mathsf{T}}\omega^{*\prime}\mathbf{u}_2 & -\mathbf{u}_2^{\mathsf{T}}\omega^{*\prime}\mathbf{u}_1 & 0 \\ -\mathbf{u}_1^{\mathsf{T}}\omega^{*\prime}\mathbf{u}_2 & \mathbf{u}_1^{\mathsf{T}}\omega^{*\prime}\mathbf{u}_1 & 0 \\ 0 & 0 & 0 \end{bmatrix}\end{aligned}$$

而式(19.20)的右边变成

$$\mathrm{DV}^{\mathsf{T}}\omega^{*}\mathrm{VD}=\begin{bmatrix}\sigma_1 & & \\ & \sigma_2 & \\ & & 0\end{bmatrix}\mathrm{V}^{\mathsf{T}}\omega^{*}\mathrm{V}\begin{bmatrix}\sigma_1 & & \\ & \sigma_2 & \\ & & 0\end{bmatrix}$$

$$=\begin{bmatrix}\sigma_1^2\mathbf{v}_1^{\mathsf{T}}\omega^{*}\mathbf{v}_1 & \sigma_1\sigma_2\mathbf{v}_1^{\mathsf{T}}\omega^{*}\mathbf{v}_2 & 0\\ \sigma_1\sigma_2\mathbf{v}_1^{\mathsf{T}}\omega^{*}\mathbf{v}_2 & \sigma_2^2\mathbf{v}_2^{\mathsf{T}}\omega^{*}\mathbf{v}_2 & 0\\ 0 & 0 & 0\end{bmatrix}$$

显然两边都简化为只有三个独立元素的对称矩阵．每边的三个元素可以表示为一个齐次 3 维向量：

$$\mathbf{x}_{\mathrm{LHS}}^{\mathsf{T}}=(\mathbf{u}_2^{\mathsf{T}}\omega^{*\prime}\mathbf{u}_2,\ -\mathbf{u}_1^{\mathsf{T}}\omega^{*\prime}\mathbf{u}_2,\mathbf{u}_1^{\mathsf{T}}\omega^{*\prime}\mathbf{u}_1)$$
$$\mathbf{x}_{\mathrm{RHS}}^{\mathsf{T}}=(\sigma_1^2\mathbf{v}_1^{\mathsf{T}}\omega^{*}\mathbf{v}_1,\sigma_1\sigma_2\mathbf{v}_1^{\mathsf{T}}\omega^{*}\mathbf{v}_2,\sigma_2^2\mathbf{v}_2^{\mathsf{T}}\omega^{*}\mathbf{v}_2)$$

两边仅在相差一个尺度因子的意义下相等．然而，按通常方法用向量叉乘可得出所要求的等式：$\mathbf{x}_{\mathrm{LHS}}\times\mathbf{x}_{\mathrm{RHS}}=\mathbf{0}$. 另一种推导在[Hartley-97d]中给出．

注意，Kruppa 方程涉及的是 DIAC，而不是 IAC，因为该方程由切线约束产生，而直线约束更容易由对偶(线)二次曲线表示．

现在来讨论 Kruppa 方程的解，并从一个简单的例子开始，其中除了焦距外其余所有的内参数都已知．利用绝对对偶二次曲线求解这个问题的另一种方法已在例 19.5 中给出．

**例 19.8　一对视图的焦距**

假设两个摄像机是零扭曲的并且主点和宽高比已知，但是焦距未知且不同(如例 19.5)．则由式(19.11)通过适当的坐标变换，它们的 DIAC 可以记为

$$\omega^{*}=\operatorname{diag}(\alpha^2,\alpha^2,1),\omega^{*\prime}=\operatorname{diag}(\alpha'^2,\alpha'^2,1)$$

式中，$\alpha,\alpha'$分别是第一幅和第二幅视图的未知焦距．记 Kruppa 方程式(19.19)为

$$\frac{\mathbf{u}_2^{\mathsf{T}}\omega^{*\prime}\mathbf{u}_2}{\sigma_1^2\mathbf{v}_1^{\mathsf{T}}\omega^{*}\mathbf{v}_1}=-\frac{\mathbf{u}_1^{\mathsf{T}}\omega^{*\prime}\mathbf{u}_2}{\sigma_1\sigma_2\mathbf{v}_1^{\mathsf{T}}\omega^{*}\mathbf{v}_2}=\frac{\mathbf{u}_1^{\mathsf{T}}\omega^{*\prime}\mathbf{u}_1}{\sigma_2^2\mathbf{v}_2^{\mathsf{T}}\omega^{*}\mathbf{v}_2}$$

显然每个分子关于 $\alpha'^2$ 是线性的，而每个分母关于 $\alpha^2$ 是线性的，交叉相乘提供了关于 $\alpha^2$ 和 $\alpha'^2$ 的两个简单的二次方程，它们是容易求解的．$\alpha$ 和 $\alpha'$ 的值由开平方得到．注意，如果两幅视图的内参数相同(即 $\alpha=\alpha'$)，那么结论 19.7 的每个方程提供关于单个未知量 $\alpha^2$ 的一个二次方程．

**推广 Kruppa 方程到多视图**　当除了内参数跨视图恒定外，没有关于摄像机内参数的其他信息时，Kruppa 方程提供关于 5 个未知参数的两个独立约束．因此给定三幅视图并已知每对视图之间的 F 时，一般有 6 个二次约束，它足以确定 $\omega^{*}$．利用其中的任何 5 个方程产生关于 5 个未知量的五个二次式，总共有 $2^5$ 种可能的解．解这组方程不是特别有希望的方法，虽然利用同伦连续[Luong-92]和最小化序列图像中每对视图的代数残差[Zeller-96]等方法已得到过解．

**多义性**　如果视图之间没有旋转，则 Kruppa 方程不对 $\omega^{*}$ 产生约束．这一点可以从式(19.18)看出：在纯平移情形中，该式简化成 $[\mathbf{e}']_\times\omega^{*}[\mathbf{e}']_\times=[\mathbf{e}']_\times\omega^{*}[\mathbf{e}']_\times$，因为 $\mathrm{F}=[\mathbf{e}']_\times$．

Kruppa 方程与在无穷单应下由 IAC 转移所提供的标定约束紧密相关，这方面的内容将在

后面的19.5.2节中讨论．由后面的讨论可知：对于一对视图，由Kruppa方程加在$\omega^*$上的约束弱于由无穷单应所加的约束（式（19.25））．因此，由Kruppa方程引进的$\omega^*$的多义性是由式（19.25）引进的多义性的超集．

把Kruppa方程用于三幅或更多幅视图时，所提供的约束较之诸如模约束（19.5.1节）或绝对对偶二次曲线（19.3.1节）等其他方法提供的更弱．这是因为Kruppa约束是关于由3D（对偶）**二次曲面**投影得到的**二次曲线**的视图对约束．它们不强制该（对偶）二次曲面是退化的，或者等价地不强制$\Omega_\infty$跨多视图有公共的支撑平面．从而，如[Sturm-97b]所介绍的会产生额外的多义性解．

虽然Kruppa方程应用于自标定是文献记录上的第一例，但是由于它们在求解方面的困难和多义性问题，在面对诸如对偶二次曲面公式等更易处理的方法时，它们已失去了吸引力．然而，如果仅给定两幅视图，那么Kruppa方程是关于$\omega^*$的**仅有的**有效约束．

## 19.5 分层解法

确定一个度量重构涉及同时获得摄像机标定K和无穷远平面$\boldsymbol{\pi}_\infty$．另一种途径是先用某些方法求得$\boldsymbol{\pi}_\infty$，或等价地求得一个仿射重构．接下来K的确定则相对比较简单，因为存在一个线性解．我们现在就来介绍这种途径，从确定$\boldsymbol{\pi}_\infty$的方法开始，然后求得$H_\infty$，接着是由已知$H_\infty$计算K的方法．

### 19.5.1 仿射重构——确定$\boldsymbol{\pi}_\infty$

对于一般运动和恒常内参数的情形，可以通过重排式（19.3）来提供仅关于$\boldsymbol{\pi}_\infty$的一个约束，并称为**模约束**．它允许直接求解$\boldsymbol{\pi}_\infty$的坐标$\mathbf{p}$，具体介绍如下．

**模约束** 模约束是关于$\boldsymbol{\pi}_\infty$坐标的一个多项式方程．假设内参数恒定，则由式（19.3）和$K^i=K$得

$$A-\mathbf{a}\mathbf{p}^{\mathsf{T}}=\mu KRK^{-1} \tag{19.21}$$

式中，尺度因子$\mu$被显式地给出，并且为了简洁省略了上标．由于$KRK^{-1}$共轭于一个旋转，它的特征值为$\{1,e^{i\theta},e^{-i\theta}\}$．因此$(A-\mathbf{a}\mathbf{p}^{\mathsf{T}})$的特征值是$\{\mu,\mu e^{i\theta},\mu e^{-i\theta}\}$，从而有相同的模，这就是关于无穷远平面的坐标$\mathbf{p}$的模约束．

为进一步推导这个约束，考虑$A-\mathbf{a}\mathbf{p}^{\mathsf{T}}$的特征多项式：

$$\begin{aligned}\det(\lambda I-A+\mathbf{a}\mathbf{p}^{\mathsf{T}})&=(\lambda-\lambda_1)(\lambda-\lambda_2)(\lambda-\lambda_3)\\&=\lambda^3-f_1\lambda^2+f_2\lambda-f_3\end{aligned}$$

式中，$\lambda_i$是三个特征值，且

$$f_1=\lambda_1+\lambda_2+\lambda_3=\mu(1+2\cos\theta)$$

$$f_2=\lambda_1\lambda_2+\lambda_1\lambda_3+\lambda_2\lambda_3=\mu^2(1+2\cos\theta)$$

$$f_3=\lambda_1\lambda_2\lambda_3=\mu^3$$

消去尺度$\mu$和角度$\theta$得到

$$f_3f_1^3=f_2^3$$

更仔细地观察这个特征多项式，我们发现$\mathbf{p}$只是秩为1的项$\mathbf{a}\mathbf{p}^{\mathsf{T}}$的一部分．这意味着$\mathbf{p}$

的元素仅线性地出现在行列式 $\det(\lambda I - A + \mathbf{a}\mathbf{p}^{\mathsf{T}})$ 中,从而在$f_1,f_2,f_3$中都是线性的. 因此模约束可以写为关于 $\mathbf{p}$ 的三个元素 $p_i$的一个四次多项式. 这个多项式方程只是特征值模相等的必要条件,而不是充分条件.

每对视图产生关于$\boldsymbol{\pi}_\infty$坐标的一个四次方程. 因此,原则上,三幅视图可确定$\boldsymbol{\pi}_\infty$,但仅是作为关于3个变量的三个四次多项式的交点——可能有$4^3$个可能的解. 然而,对于三幅视图,可由模约束得到一个额外的三次方程,并且这个方程可用来消除许多假的解. 这个三次方程是由[schaffalitzky-00a]推导的. 模约束还可以与场景信息结合起来. 例如,如果在两幅视图中有一组对应的消影线,那么$\boldsymbol{\pi}_\infty$被确定到相差一个单参数多义性. 运用模约束解这个多义性,得到一个单变量的四次方程.

模约束可以看作是 Kruppa 方程的堂兄弟:Kruppa 方程是关于 $\omega^*$ 的方程但不涉及$\boldsymbol{\pi}_\infty$;反过来,模约束是关于$\boldsymbol{\pi}_\infty$的方程但不涉及 $\omega^*$. 一旦 $\omega^*$ 或$\boldsymbol{\pi}_\infty$中的一个已知,则另外一个跟着就能被确定.

**求$\boldsymbol{\pi}_\infty$的其他方法** 因为求解联立四次方程组的问题,模约束不是求无穷远平面的一种很满意的实际方法. 事实上,求无穷远平面是自标定中最困难的部分,并且是人们最可能陷入困境的地方.

无穷远平面可以由各种其他方法来辨认. 其中的几种方法在第10章中介绍过. 一种直接的方法(它超出纯自标定的范围)是利用场景几何的性质. 例如,两幅视图之间的一组消影点对应确定$\boldsymbol{\pi}_\infty$上的一个点,在射影重构中三组这样的对应确定$\boldsymbol{\pi}_\infty$. 事实上,$\boldsymbol{\pi}_\infty$的一个合理近似可以由远景中的三个点的对应来得到. 第二种方法是运用两幅视图之间的纯平移运动,即让摄像机平移但不旋转也不改变内参数;通过这样的运动能唯一确定$\boldsymbol{\pi}_\infty$.

如结论19.3所示,无穷远平面也可以由绝对对偶二次曲面计算得到,并且如果主点已知,则这个方法是非常吸引人的. 利用正负性不等式来界定$\boldsymbol{\pi}_\infty$位置的方法将在第21章介绍. 它们利用有关点在摄像机前面的信息来得到接近于仿射重构的**准仿射**重构. 由这个初始准仿射重构出发,通过迭代搜索寻找无穷远平面的一种方法在[Hartley-94b]中介绍. 更近的[Hantley-99]用正负性来界定3D参数空间的一个矩形区域,而无穷远平面向量 $\mathbf{p}$ 必然在这个矩形区域中. 然后在这个区域内,采用一种穷尽搜索以寻找难以捕获的无穷远平面.

### 19.5.2 仿射到度量的转换——给定$\boldsymbol{\pi}_\infty$确定K

一旦无穷远平面被确定,一个仿射重构实际就已知了. 剩下的步骤是把仿射重构变换成度量重构. 事实证明这比从射影到仿射要简单得多. 事实上,已有基于IAC或其对偶的变换的线性算法.

**无穷单应** 无穷单应 $H_\infty$是由无穷远平面$\boldsymbol{\pi}_\infty$诱导的两幅图像之间的平面射影变换(见第13章). 如果在任意射影坐标系下无穷远平面$\boldsymbol{\pi}_\infty=(\mathbf{p}^{\mathsf{T}},1)^{\mathsf{T}}$和摄像机矩阵$[A^i \mid \mathbf{a}^i]$已知,那么可以由结论13.1推导出无穷单应的显式公式

$$H_\infty^i = A^i - \mathbf{a}^i\mathbf{p}^{\mathsf{T}} \tag{19.22}$$

式中,$H_\infty^i$表示从摄像机$[I \mid \mathbf{0}]$到摄像机$[A^i \mid \mathbf{a}^i]$的单应. 因此一旦无穷远平面已知,$H_\infty^i$可以由射影重构计算出来.

如果第一个摄像机不是规范形式$[I \mid \mathbf{0}]$,则仍然能用下式计算第一幅图像到第 $i$ 幅的单

应 $H_\infty^i$

$$H_\infty^i = (A^i - \mathbf{a}^i\mathbf{p}^\top)(A^1 - \mathbf{a}^1\mathbf{p}^\top)^{-1} \tag{19.23}$$

然而这不是绝对必要的，因为可以**创造**一幅新视图使其摄像机矩阵取规范形式$[\mathrm{I}\,|\,\mathbf{0}]$，并相对于这幅视图表示各个无穷单应．在下面的讨论中，我们用 K 和 ω（没有上标）表示取规范形式的参考视图或第一幅视图．

绝对二次曲线位于$\boldsymbol{\pi}_\infty$上，因此在视图之间它的像由 $H_\infty$ 映射．在点变换 $\mathbf{x}^i = H_\infty^i \mathbf{x}$ 下（其中 $H_\infty^i$ 是参考视图与视图 $i$ 之间的无穷单应），由对偶二次曲线（结论 2.14）和点二次曲线（结论 2.13）的变换规则导出关系式：

$$\omega^{*i} = H_\infty^i \omega^* H_\infty^{i\top} \text{和 } \omega^i = (H_\infty^i)^{-\top}\omega(H_\infty^i)^{-1} \tag{19.24}$$

式中，$\omega^i$是第 $i$ 幅视图中的 IAC. 可以验证这些方程恰好是自标定方程式（19.4），并且是那些方程的的另一种几何解释．

上述关系属于自标定中最重要的关系．它们是由仿射重构获得度量重构的基础，也是标定非平移摄像机的基础，这些将在后面的 19.6 节看到．这个关系对自标定的重要性在于：如果 $H_\infty^i$ 已知，则它们表示 $\omega^i$和 ω 之间的**线性**关系（并且对 $\omega^*$ 也类似）．这意味着 $\omega^i$在一幅视图中的约束能容易地转移到另一幅视图，因而用这种方式可以组合充分多的约束足以用线性方法确定 ω. 一旦 ω 被确定，就可由 Cholerky 分解得到 K. 我们将以固定内参数为例来说明这个方法．

**内参数恒定时的解** 如果 $m$ 幅视图的内参数是恒定的，那么对任意 $i=1,\cdots,m$，$K^i = K$ 且 $\omega^{*i} = \omega^*$，从而方程式（19.24）变为

$$\omega^* = H_\infty^i \omega^* H_\infty^{i\top} \tag{19.25}$$

这里方程式（19.25）的尺度因子非常关键．

- **尽管式（19.25）是齐次量之间的关系，但是如果归一化 $H_\infty^i$ 使得 $\det H_\infty^i = 1$，则齐次方程中的尺度因子可以选为 1.**

因此可以得到关于对称矩阵 $\omega^*$ 的独立元素的 6 个方程．然后式（19.25）可以写成齐次**线性**形式

$$\mathrm{A}\mathbf{c} = \mathbf{0} \tag{19.26}$$

式中，A 是由 $H_\infty^i$ 的元素组成的 6×6 矩阵，而 $\mathbf{c}$ 是写成 6 维向量的二次曲线 $\omega^*$．如下面所讨论的，$\mathbf{c}$ 不能由一个这样的方程唯一确定，因为 A 的秩最多为 4. 然而，如果把 $m \geqslant 2$ 对视图的线性方程式（19.26）组合起来，使 A 成为一个 $6m \times 6$ 的矩阵，并且如果视图之间的旋转是绕不同轴的，那么 $\mathbf{c}$ 一般可以被唯一地确定．

与唯一性问题相联系的是数值稳定性问题．在单个运动下，由 $H_\infty$ 线性地计算 K 对 $H_\infty$ 的准确性极其敏感．如果 $H_\infty$ 不准确则可能得不到正定矩阵 ω（或者 $\omega^*$），从而无法利用 Cholerky 分解获得 K. 如果有更多的运动，并且 ω 是由多个 $H_\infty$ 的组合约束得到，那么这种敏感性会减小．

**利用 IAC 的优势** 类似于线性求解 $\omega^*$ 的方法，由式（19.24）出发也可以得到 ω 的线性解．事实上采用涉及 IAC 的方程是有吸引力的，其理由如下．对于零扭曲的情形，关于 IAC 的公式（19.12）要比关于 DIAC 的相应公式（19.11）更简单，且更清楚地反映了每个标定参数的作用．为了利用 DIAC 方程式（19.11）得到线性方程，必须假设主点已知．而这对于由 IAC 推

导的方程不是必须的．零扭曲假设是非常自然的并且对大多数成像条件而言也是一个安全的假设．然而，主点已知的假设就很站不住脚．正是由于这一点，自标定中通常优先采用式(19.24)的IAC约束而不是DIAC约束．

**其他的标定约束** 刚才介绍的算法针对内参数恒定但任意的．如果对K知道得更多，例如知道宽高比的值或零扭曲，相应的约束就可直接加入到关于ω(或$\omega^*$)的方程组中，并强制为软约束．表19.2给出关于DIAC的可能约束(19.3节中用同样的约束计算$Q_\infty^*$)，而关于IAC的约束在表19.4中．

| 条　件 | 约　束 | 类　型 | 约束数 |
|---|---|---|---|
| 零扭曲 | $\omega_{12}=0$ | 线性 | $m$ |
| 主点在原点 | $\omega_{13}=\omega_{23}=0$ | 线性 | $2m$ |
| 已知宽高比$r=\alpha_y/\alpha_x$(假定零扭曲) | $\omega_{11}=r^2\omega_{22}$ | 线性 | $m$ |
| 固定(未知)宽高比(假定零扭曲) | $\omega_{11}^i/\omega_{22}^i=\omega_{11}^j/\omega_{22}^j$ | 二次 | $m-1$ |

**表19.4　由IAC导出的自标定约束．**这些约束直接由式(19.10)和式(19.12)的形式推导出来．"约束数"列给出跨$m$幅视图的约束总数(假设每幅视图的约束都真实有效)．

如上文所提到的，由IAC导出的约束一般是线性的，而由DIAC导出的约束只有在主点是已知(并位于原点)的假设下才是线性的．

与绝对对偶二次曲面的方法一样，可以允许摄像机内参数变化，只要有足够多的约束．摄像机恒常内参数约束为$m$幅视图的标定参数共提供$5(m-1)$个约束．如果让某些参数变化，用更少的约束就可以处理．这种具有变化内参数的标定方法非常类似于在绝对对偶二次曲面中所采用的方法．根据式(19.24)，$\omega^i$的每个元素可以表示为关于ω元素的线性表达式．因此关于$\omega^i$某些元素的线性约束可反向映射到关于ω元素的线性约束．

**注意：**为了避免对第一幅图像做不同的处理，任何加在第一个摄像机的约束，例如$\omega_{12}^1=0$(摄像机1有零扭曲)，都应该被合并到整个方程组来处理，而不是减少用来描述$\omega^1$的参数数．后一种方法会导致零扭曲约束仅准确加在第一幅图像上(一个硬约束)，但将会成为其他图像中的软约束．

算法19.2概括了参数恒定和变化时的分层算法．可以想象将这个算法直接用于装在机器人上的摄像机：摄像机先做一个纯平移运动以确定$\boldsymbol{\pi}_\infty$；而在随后的运动中，摄像机可以既平移又旋转，直到累积充分多的旋转以便能唯一确定K.

**利用硬约束** 算法19.2归结为求解形如$\mathrm{A}\mathbf{c}=\mathbf{0}$的齐次方程组，其中$\mathbf{c}$表示排成6维向量的ω. 一般关于K的信息(如扭曲为零)不能恰好满足．如8.8节中讨论的，每幅视图中已知信息可通过参数化$\omega^i$作为硬约束加进去．例如，如果已知摄像机具有正方形像素，那么每幅视图的IAC的余下参数可以由一个齐次4维向量表示．可以再次由式(19.24)获得每幅视图中关于未知参数的线性方程．然后可以组合成形如$\mathrm{A}\mathbf{c}=\mathbf{0}$的齐次方程组，其中$\mathbf{c}$表示所有视图中$\omega^i$的未知参数，并且可以利用常用的SVD获得最小化$\|\mathrm{A}\mathbf{c}\|$的解．另一种方法是包括每幅视图中的所有参数，并利用算法A5.5在准确满足约束$\mathrm{A}\mathbf{c}=\mathbf{0}$下最小化$\|\mathrm{A}\mathbf{c}\|$.

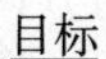

目标

给定一个射影重构$\{P^i, \mathbf{X}_j\}$,其中$P^i=[A^i \mid \mathbf{a}^i]$,通过一个中间的仿射重构确定度量重构.

算法

(1)**仿射矫正**:用19.5.1节中介绍的某种方法确定定义$\boldsymbol{\pi}_\infty$的向量$\mathbf{p}$. 此时可以得到一个仿射重构$\{P^iH_p, H_p^{-1}\mathbf{X}_j\}$,其中

$$H_p=\begin{bmatrix} I & \mathbf{0} \\ -\mathbf{p}^\top & 1 \end{bmatrix}$$

(2)**无穷单应**:按下式计算参考视图和其他视图之间的无穷单应

$$H_\infty^i=(A^i-\mathbf{a}^i\mathbf{p}^\top)$$

归一化该矩阵使得$\det H_\infty^i=1$.

(3)**计算**$\omega$:

- 对于恒常标定的情形:把方程$\omega=(H_\infty^i)^{-\top}\omega(H_\infty^i)^{-1}, i=1,\cdots,m$改写为$A\mathbf{c}=\mathbf{0}$,其中A是一个$6m\times6$矩阵,而$\mathbf{c}$是二次曲线$\omega$的元素排列成的一个6维向量,或
- 对于可变标定参数:利用方程$\omega^i=(H_\infty^i)^{-\top}\omega(H_\infty^i)^{-1}$把关于$\omega^i$元素的线性约束(例如零扭曲)表示成关于$\omega$元素的线性方程.

(4)通过SVD得到$A\mathbf{c}=\mathbf{0}$的一个最小二乘解.

(5)**度量矫正**:由Cholesky分解$\omega=(KK^\top)^{-1}$确定摄像机内参数矩阵K. 从而得到一个度量重构:$\{P^iH_pH_A, (H_pH_A)^{-1}\mathbf{X}_j\}$,其中

$$H_A=\begin{bmatrix} K & \mathbf{0} \\ \mathbf{0}^\top & 1 \end{bmatrix}$$

(6)用迭代最小二乘最小化方法来改善所求的解(见19.3.3节).

算法19.2 利用IAC约束的分层自标定算法.

## 19.5.3 使用无穷单应关系的多义性

本节介绍如果只有一个旋转轴时,由式(19.25)确定内参数的多义性. 我们假设内参数未知但恒定.

旋转矩阵R有一个对应于特征值1的特征向量$\mathbf{d}_r$, $R\mathbf{d}_r=1\mathbf{d}_r$,其中$\mathbf{d}_r$是该旋转轴的方向. 因此,矩阵$H_\infty^i=KR^iK^{-1}$也有一个对应于特征值1的特征向量(假定$H_\infty^i$已归一化使得$\det H_\infty^i=1$). 这个特征向量是$\mathbf{v}_r=K\mathbf{d}_r$,并且图像点$\mathbf{v}_r$对应于旋转轴方向的消影点. 假设$\omega_{\text{true}}^*$是真正的$\omega^*$,则可以验证:如果$\omega_{\text{true}}^*$满足式(19.25)且$H_\infty^i=KR^iK^{-1}$,那么下面的单参数族(对偶)二次曲线也满足

$$\omega^*(\mu)=\omega_{\text{true}}^*+\mu\mathbf{v}_r\mathbf{v}_r^\top \tag{19.27}$$

式中,$\mu$是这个族的参数. 同样,式(19.24)的IAC方程也存在着一个单参族(束)解. 这个论证表明尽管,无穷单应约束好象为$\omega^*$的5个自由度提供了6个约束,但其中只有4个是线性独立的.

**消除多义性** 单参数的多义性可以通过多种方式解决．首先,如果有围绕与 $\mathbf{d}_r$不同方向的轴旋转的另一幅视图,那么这两组约束的组合将不存在这种多义性．用式(19.26)的方法很容易得到一个线性解．因此至少有3幅视图(即多于一个旋转)时一般可以得到唯一解．解决这个多义性的第二种方法是对摄像机的内参数给予假设:例如零扭曲的假设(见表19.4)．强制零扭曲的方程可以作为硬约束加到要求解的方程组中．

另一种不同(但等价的)方法是按下述方式加入一个**后验**约束．求解 $\mathbf{c}$ 的多义性来自于线性方程组 $\mathrm{A}\mathbf{c}=\mathbf{0}$,并出现在 A 有一个2维(或更大)的右零空间时．对于这种情形,在求解 $\omega$ 时将有下面形式的一族解

$$\omega(\alpha)=\omega_1+\alpha\omega_2$$

这里 $\omega_1$和 $\omega_2$由零空间的生成元得到,而 $\alpha$ 则必须要确定．剩下的任务只是寻找 $\alpha$ 的值,以获得满足表19.4中所选约束条件的解．这是线性求解．可以用同样方式解 DIAC,但约束条件将是三次的(见表19.2),且其中有一个解是假的．

在某些情形中,这些附加的约束不能解决多义性问题．例如,如果旋转是绕图像的 $x$ 或 $y$ 轴的,那么零扭曲不能解决它的多义性问题．这样的一些例外在[Zisserman-98]中有更详细的介绍,我们现在给出几个经常发生的例子．

**典型多义性** 式(19.27)中给出的关于 $\omega^*(\mu)$ 的单参数族解对应于由 $\omega^*(\mu)$ 产生的单参数族标定矩阵,因为 $\omega^*(\mu)=\mathrm{K}(\mu)\mathrm{K}(\mu)^{\mathsf{T}}$．为简单起见,我们假设真正的摄像机内参数矩阵 K(它是该族中的元素)具有零扭曲,因此 K 有4个未知参数．

如果旋转轴平行于摄像机的 X 轴,则 $\mathbf{d}_r=(1,0,0)^{\mathsf{T}}$且 $\mathbf{v}_r=\mathrm{K}\mathbf{d}_r=\alpha_x(1,0,0)^{\mathsf{T}}$．根据零扭曲下 $\omega^*$ 的形式(式(19.11)),该族(式(19.27))是

$$\omega^*(\mu)=\omega^*_{\text{true}}+\mu\mathbf{v}_r\mathbf{v}_r^{\mathsf{T}}=\begin{bmatrix}\alpha_x^2(1+\mu)+x_0^2 & x_0y_0 & x_0\\ x_0y_0 & \alpha_y^2+y_0^2 & y_0\\ x_0 & y_0 & 1\end{bmatrix}\qquad(19.28)$$

注意到整个族具有零扭曲,此时只有元素 $\omega^*_{11}$会变化．这意味着主点和 $\alpha_y$的确定无多义性——因为它们可以从不受多义性影响的元素中读出．然而,$\alpha_x$显然不能被确定,因为它仅出现在变化的元素 $\omega^*_{11}(\mu)$中．把它和另两种典型情形总结起来得:

- **在摄像机是零扭曲的假设下,如果 K 由无穷单应关系式(19.25)计算得到,则对某些运动,只剩下一个不确定的标定参数,对于绕不同轴的旋转,多义性如下:**
  (1)X **轴:**$\alpha_x$**不确定;**
  (2)Y **轴:**$\alpha_y$**不确定;**
  (3)Z **轴(主轴):**$\alpha_x$**和** $\alpha_y$**都不确定,但它们的比率** $\alpha_y/\alpha_x$**是确定的**．

**几何注释** 这些多义性不局限于由一对视图标定的情形,而是适用于整个图像序列．例如,如果一个摄像机总是绕其 X 轴旋转,则将存在重构多义性,同样的结论对于仅绕 Y 轴的旋转也成立．我们可以从几何角度给予如下解释．考虑由仅绕 Y 轴旋转的摄像机拍摄的序列图像获得的场景度量重构．我们可以定义一个坐标系使世界坐标系的 Y 轴与摄像机的 Y 轴方向一致．现在来“挤压”整个重构(点和摄像机的位置)使得它们的 $y$ 坐标都乘以某个因子 $k$. 根据成像几何不难看出,它的效果是把所有图像点的 $y$ 坐标都乘以相同因子

$k$,但是不影响 $x$ 坐标. 然而,这种影响可以通过用逆因子 $k^{-1}$乘以图像坐标的尺度因子 $\alpha_y$ 而消除,从而保持图像坐标不变. 这表明 $\alpha_y$ 并没有被明确确定,事实上,它是无约束的. 总结起来,在度量重构中有一个平行于旋转轴的单参数多义性,而在内参数中有相应的单参数多义性. 这个论证表明,多义性问题是运动本身决定的,而与任何具体的自标定算法无关.

**与 Kruppa 方程的关系** 记两幅视图的式(19.24)为 $\omega^{*\prime} = \mathrm{H}_\infty \omega^* \mathrm{H}_\infty^\mathsf{T}$,并用矩阵$[\mathbf{e}']_\times$左乘和右乘得到

$$[\mathbf{e}']_\times \omega^{*\prime} [\mathbf{e}']_\times = [\mathbf{e}']_\times \mathrm{H}_\infty \omega^* \mathrm{H}_\infty^\mathsf{T} [\mathbf{e}']_\times = \mathrm{F}\omega^* \mathrm{F}^\mathsf{T}$$

因为 $\mathrm{F} = [\mathbf{e}']_\times \mathrm{H}_\infty$. 这就是 Kruppa 方程式(19.18),表明它们可由无穷单应约束直接推出. 因为$[\mathbf{e}']_\times$不可逆,所以不能反过来由 Kruppa 方程推导出无穷单应约束. 因此 Kruppa 方程是一个更弱的约束.

然而,它们的差别是在应用式(19.24)时需要知道无穷远平面(从而仿射结构),因为它仅对无穷单应而不是对任何 H 成立. 但另一方面,Kruppa 方程不涉及场景仿射结构的任何知识. 不过,这个关系表明,对于序列图像,无穷单应关系下的任何标定多义性也是 Kruppa 方程的多义性.

## 19.6 由旋转摄像机标定

本节中我们开始考虑特殊成像条件下的标定. 这里所考虑的情形是摄像机绕着它的中心旋转但不做平移. 我们将考虑两种情形:内参数固定、某些参数已知且固定,而其余的未知且变化.

上述情形经常发生. 相关例子包括:云台和变焦监视摄像机;用来报道体育事件的摄像机,它的位置几乎不变但可自由地旋转和变焦;手持摄像机,它常常在单个视点上水平转动. 即使旋转不是准确地围绕着中心,但在实践中,相对于场景点的距离,平移一般可忽略,并且固定中心是一个极佳的逼近.

如 19.5.2 节中所给出的,旋转摄像机的标定问题在数学上等同于分层重构中从仿射到度量的标定步骤. 仅仅由一个非平移的摄像机不可能得到一个仿射(或任何)重构,因为无法求解深度. 然而,我们可以计算图像之间的无穷单应,它可以完全满足摄像机标定的要求.

如前面(8.4 节)所证明的,具有相同中心的两个摄像机的图像由一个平面射影变换相联系. 事实上,如果 $\mathbf{x}^i$ 和 $\mathbf{x}$ 是对应图像点,那么它们由 $\mathbf{x}^i = \mathrm{H}^i\mathbf{x}$ 相联系,其中 $\mathrm{H}^i = \mathrm{K}^i\mathrm{R}^i(\mathrm{K})^{-1}$,而 $\mathrm{R}^i$ 是视图 $i$ 与参考视图之间的旋转. 进一步,因为这个映射与成像于 $\mathbf{x}$ 的点的深度无关,它也适用于无穷远点,因此,如 13.4 节所证明,

$$\mathrm{H}^i = \mathrm{H}_\infty^i = \mathrm{K}^i\mathrm{R}^i(\mathrm{K})^{-1}$$

从而得到了直接由图像来测量 $\mathrm{H}_\infty$ 的一种简便方法.

给定 $\mathrm{H}_\infty$,可以根据 19.5.2 节介绍的方法得到由旋转摄像机获取的所有图像的标定矩阵 $\mathrm{K}^i$ 的解. 这种方法可以应用于固定的或者可变内参数的情形,并且总结在算法 19.3 中. 我们将通过几个例子来说明它.

目标

给定由绕其中心旋转的摄像机(内参数固定或变化)拍摄的 $m\geqslant 2$ 幅视图,计算每个摄像机的参数.假定旋转并不都绕着同一轴.

算法

(1)**图像之间的单应**:利用诸如算法 4.6 计算每一视图 $i$ 与参考视图之间的单应 $\mathrm{H}^i$ 使得 $\mathbf{x}^i=\mathrm{H}^i\mathbf{x}$. 归一化这些矩阵使得 $\det\mathrm{H}^i=1$.

(2)**计算** $\omega$:

- 对于恒常标定的情形:把方程 $\omega=(\mathrm{H}^i)^{-\mathsf{T}}\omega(\mathrm{H}^i)^{-1}, i=1,\cdots,m$ 改写为 $\mathrm{A}\mathbf{c}=\mathbf{0}$,其中 A 是一个 $6m\times 6$ 矩阵,而 $\mathbf{c}$ 是二次曲线 $\omega$ 的元素排列成的一个 6 维向量,**或**
- 对于可变标定参数:利用方程 $\omega^i=(\mathrm{H}^i)^{-\mathsf{T}}\omega(\mathrm{H}^i)^{-1}$ 把表 19.4 中的关于 $\omega^i$ 的元素的线性约束(例如宽高比为 1)表示成关于 $\omega$ 元素的线性方程.

(3)**计算** K:确定 $\omega$ 的 Cholesky 分解 $\omega=\mathrm{UU}^{\mathsf{T}}$,从而得到 $\mathrm{K}=\mathrm{U}^{-\mathsf{T}}$.

(4)**迭代改进**:(可选)利用最小化关于 K 和 $\mathrm{R}^i$ 的函数

$$\sum_{i=2,\mathrm{K},m;j=1,\mathrm{K},n} d(\mathbf{x}_j^i,\mathrm{KR}^i\mathrm{K}^{-1}\mathbf{x}_j)^2$$

来改进 K 的线性估计,其中 $\mathbf{x}_j,\mathbf{x}_j^i$ 分别是在第一幅和第 $i$ 幅图像中测量得到的第 $j$ 个点的位置. 该最小化的初始估计由 K 和 $\mathrm{R}^i=\mathrm{K}^{-1}\mathrm{H}^i\mathrm{K}$ 得到.

算法 19.3　绕其中心旋转的摄像机的标定.

**例 19.9　固定内参数的绕中心旋转.**

图 19.3 中的图像是由 35mm 摄像机在普通黑白胶卷上产生的底片得到的. 摄像机是手持的,并且没有特别小心地保持摄像机中心不动.

用平板扫描仪把这些底片的放大照片数字化. 如果底片和相纸不准确地平行,放大过程会导致一个非零的 $s$ 值和不相等的 $\alpha_x$ 与 $\alpha_y$. 获得的图像尺寸是 $776\times 536$ 像素.

这里所用的约束是内参数恒定. 由算法 19.3 介绍的方法计算得到的摄像机矩阵是

$$\mathrm{K}_{\text{linear}}=\begin{bmatrix}964.4 & -4.9 & 392.8\\ & 966.4 & 282.0\\ & & 1\end{bmatrix}\qquad \mathrm{K}_{\text{iterative}}=\begin{bmatrix}956.8 & -6.4 & 392.0\\ & 959.3 & 281.4\\ & & 1\end{bmatrix}$$

**图 19.3　标定绕其中心旋转的摄像机**.(上图)用近似绕其中心旋转的摄像机拍摄的 5 幅美国国会大厦的图像.

**图 19.3　标定绕其中心旋转的摄像机**.(下图)由这 5 幅图像构成的拼接图像(见例 8.14). 拼接图像非常清楚地显示了图像之间无穷单应的失真效果. 这种失真分析为自标定算法提供了基础. 标定按算法 19.3 计算.(续)

线性和迭代估计之间几乎没多大差别,并且求得的宽高比(事实上为 1)和主点是非常合理的.

**例 19.10　变内参数的绕中心旋转.**

图 8.9 中的图像由近似绕其中心水平旋转的摄像机拍摄. 摄像机没有变焦,但是由于自动对焦,焦距和主点也许稍微有变化.

该例中所用的约束是像素是正方形的:即扭曲为零并且宽高比为 1;但是焦距和主点是未

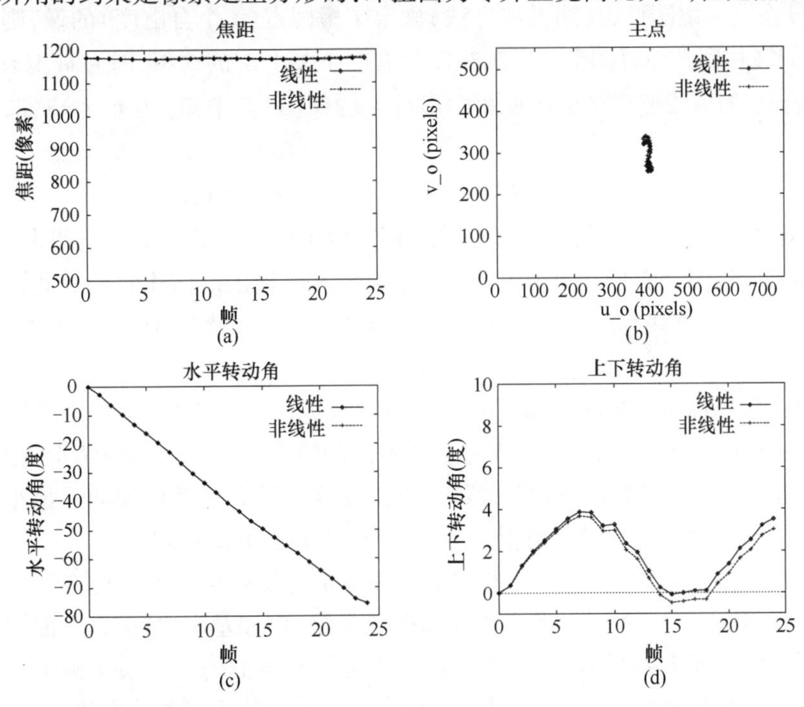


**图 19.4　变化内参数的旋转(假定正方形像素)**. 这些是图 8.9 水平旋转序列的结果.(a)焦距.(b)主点.(c)水平转动角.(d)上下转动角. 承蒙 Lourds de Agapito Vicente 提供图.

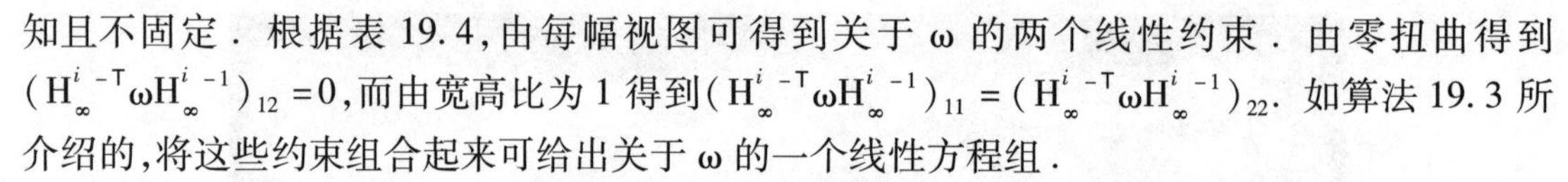

知且不固定．根据表 19.4，由每幅视图可得到关于 $\omega$ 的两个线性约束．由零扭曲得到 $(\mathrm{H}_{\infty}^{i\,-\mathsf{T}}\omega\mathrm{H}_{\infty}^{i\,-1})_{12}=0$，而由宽高比为 1 得到 $(\mathrm{H}_{\infty}^{i\,-\mathsf{T}}\omega\mathrm{H}_{\infty}^{i\,-1})_{11}=(\mathrm{H}_{\infty}^{i\,-\mathsf{T}}\omega\mathrm{H}_{\infty}^{i\,-1})_{22}$．如算法 19.3 所介绍的，将这些约束组合起来可给出关于 $\omega$ 的一个线性方程组．

求得的每幅视图的摄像机矩阵的内参数显示在图 19.4 中．显然，恢复的焦距和主点是相当稳定的（即使不被约束强制），并且对手持序列而言，水平和上下旋转的角度也是很合理的．

## 19.7 由平面自标定

对于平面场景的一组图像，先估计一个射影重构，再计算使它变换到度量重构的矫正变换的这种两步算法不再有效．这是因为没有深度起伏就不可能确定摄像机．如 17.5.2 节中所示，至少需要不在这个平面上的两个点．然而，由场景平面来进行自标定是可能的．这一点由[Triggs-98]所证明，该文对恒定内参数的情形给出了一个解．从潜在应用的角度来看，这个方法是非常有吸引力的．在人造环境（例如地平面）中包含平面的场景是非常普遍的．进一步地，在由高空飞行器或卫星拍摄的航拍图像中，与图像的广度相比，场景的深度起伏很小，场景可以准确地近似为一个平面并且该自标定方法是适用的．

该算法的出发点是由世界平面诱导的一组图像到图像的单应．这些都可以关联回第一幅图像并提供一组单应 $\mathrm{H}^i$．从几何上看，由平面自标定是两种思想的结合．第一，平面上的虚圆点（它是绝对二次曲线与该平面的交点）通过单应由图像映射到图像．第二，如我们在例 8.18 中所见，标定矩阵 K 可以由平面的虚圆点的影像确定（每幅图像提供两个约束）．

因此假设在第一幅图像中（用某些方法）确定了虚圆点（4 个自由度）的像，则可以利用已知的 $\mathrm{H}^i$ 将它们转移到其他视图上．每幅视图中有两个关于 $\omega$ 的约束，因为 $\omega$ 上有两个虚圆点的像．详细地说，如果我们记第一幅视图中虚圆点的像（目前未知）为 $\mathbf{c}_j, j=1,2$，则自标定方程是

$$(\mathrm{H}^i\mathbf{c}_j)^{\mathsf{T}}\omega^i(\mathrm{H}^i\mathbf{c}_j)=0, i=1,\cdots,m, j=1,2 \tag{19.29}$$

其中 $\mathrm{H}^1=\mathrm{I}$．在求解这些方程时，未知量是第一幅图像中虚圆点的坐标和某些未知标定参数．虽然虚圆点是复点，但是它们相互复共轭，因此 4 个参数就足以描述它们．此外如果所有 $m$ 幅视图的内参数 $\mathrm{K}^i$ 中总共有 $v$ 个未知量，那么只要 $2m\geqslant v+4$，就是可解的，因为每幅视图提供两个方程．

根据表 19.4，加在摄像机内参数上的限制会导致进一步的代数约束，而且这些可用来补充由式(19.29)所产生的约束．表 19.5 考虑了不同的情形．对于大多数情形，由平面标定是一个非线性问题，并且关于如何找到解的计算方法在这里没有更多可说的．最小化某个代价函数的迭代方法是必要的．关于最小化方法的更多细节见[Triggs-98]．

**实现** 在实现上，这个方法的一个相当大的优点是它仅需要平面之间的单应，而不是由 3 维空间点产生的点对应，后者一般需要估计多视图张量（例如基本矩阵）．平面间的匹配变换的计算要简单、稳定和准确得多，它由点到点的图像间变换的约束本质所确定．可以用算法 4.6 的方法来估计两幅图像间的这个变换．另外，也可采用基于相关的方法，根据图像灰度直接估计参数化的单应．

| 条 件 | 自由度($v$) | 视 图 数 |
|---|---|---|
| 未知但恒常内参数 | 5 | 5 |
| 已知恒常扭曲和宽高比,未知但恒常主点和焦距 | 3 | 4 |
| 除变焦外,所有的内参数已知 | $m$ | 4 |
| 焦距变化,其他内参数固定但未知 | $m+4$ | 8 |

**表 19.5 不同条件下由平面标定所需的视图数.** 如果 $2m \geqslant v+4$,标定(原则上)是可能的.

## 19.8 平面运动

一种具有实际意义的情形是摄像机在一张平面上运动并且绕垂直于该平面的轴线旋转.例如在地平面上移动并带有固定摄像机的漫游车.此时,摄像机必然在与(水平)地面平行的平面上移动,并且当车转动时,摄像机将绕一个垂直轴旋转.这里**没有**假设摄像机的指向是水平的,或是相对于车的任何其他特殊的方向.然而,我们假设摄像机具有恒常内参数.这种运动的约束性质使标定任务大大简化.

将证明给定平面运动序列的3幅或更多幅图像,可以计算一个仿射重构.为此,我们需要确定无穷远平面.这可通过辨认无穷远平面上的三个点(从而定义平面)来实现.这些点就是图像序列中的不动点.

**平面运动下的不动像点** 根据3.4.1节,任何刚性运动(例如摄像机运动)可以解释成绕螺旋轴的一个旋转加上沿轴方向的一个平移.对于平面运动,旋转轴垂直于运动平面,并且螺旋运动的平移分量为零.考虑绕螺旋轴水平转动的车辆.螺旋轴的位置相对于摄像机保持不变,因此它将构成由图像中不动点组成的一条直线.如果第二个运动绕不同轴旋转,则第二根轴的像在第二对图像中是不动的.这两个轴的像一般不同,但交于两个螺旋轴的交点的像.由于这两个轴是竖直的,它们必然平行,从而在无穷远平面上交于它们的共同方向.该方向在图像中的投影为螺旋轴的像的交点,它是螺旋轴方向的消影点.这个像点被称为顶点.我们现在得到一个跨视图的不动点,并将用它确定射影重构中无穷远平面上的一个点.

如我们已经看到的,螺旋轴的图像是图像对中不动点组成的一条直线.另外还存在一条不动直线,并可以按如下方式由一对图像确定.因为摄像机运动的平面(它将被称为地平面)是固定的,该平面中的这组点被映射到所有图像中的同一条直线.这条直线被称为地平线并且是地平面的消影线.由于每个摄像机都在地平面上,它们的对极点必然都在地平线上.与螺旋轴的图像不同,地平线是一条不动直线,但不是一条由不动点组成的直线.

虽然地平线不是点点不动的,但是它包含图像对中的两个不动点,即地平面上两个虚圆点的像.这些虚圆点是绝对二次曲线和地平面的交点.由于在刚性运动下绝对二次曲线的像是不动的,且地平面的像是不动的,两个虚圆点的像必然不动.事实上,它们在平面运动序列的所有图像中保持不变.这在图19.5中说明.

至此,我们已介绍了这种运动序列的不动点.计算这些不动点等价于仿射重构,因为我们可以由这些不动像点的反向投影来找到无穷远平面上的对应3D点.虽然顶点可以由2幅视图计算得到,但是需要3幅图像来计算虚圆点的影像.

**计算不动点** 映射到两幅图像中同样像点的空间点集被称为视野单像区.一般视野单像

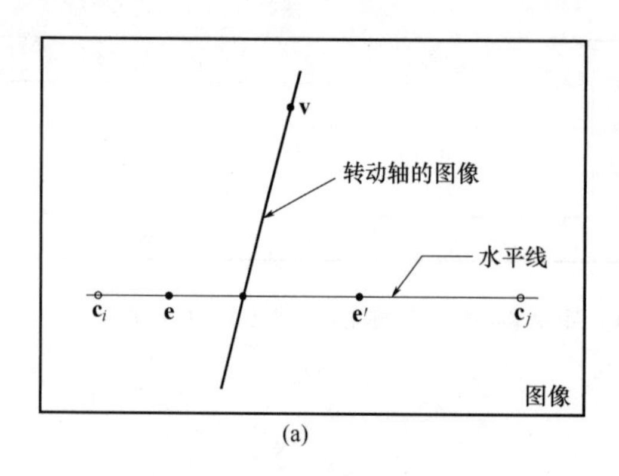

(a)

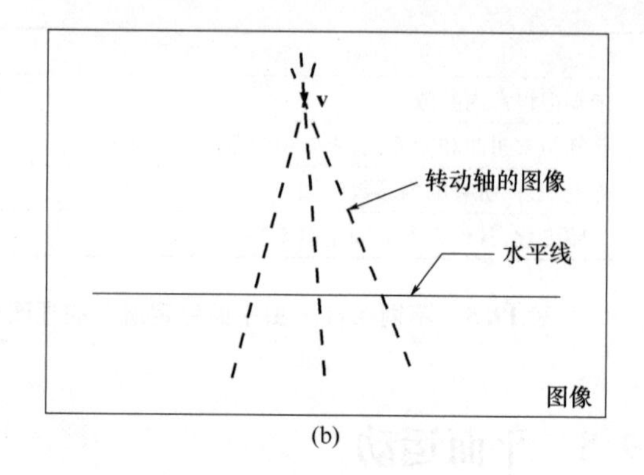

(b)

**图 19.5　平面运动的不动图像实体**．(a)对两幅视图，螺旋轴的图像是运动下图像中不动点组成的直线．地平线是运动下的一条不动直线．对极点 $\mathbf{e}$，$\mathbf{e}'$ 和地平面的虚圆点的影像 $\mathbf{c}_i$，$\mathbf{c}_j$ 都在地平线上．(b)由平面运动下的 3 幅图像中的两两图像得到的不动直线之间的关系．每对中地平线的像重合，而每对中螺旋轴的像交于顶点 $\mathbf{v}$．所有对极点位于地平线上．

区是一条三次绕线，但对于平面运动的情形，它退化成一条直线（螺旋轴）和地平面上的一条二次曲线．视野单像区的像是由 $\mathrm{F}+\mathrm{F}^{\mathrm{T}}$ 所定义的二次曲线，其中 F 是基本矩阵（见 9.4 节）．对于平面运动的情形，它是由两条直线（螺旋轴和地平线的像）组成的退化二次曲线（见图 9.11）．通过分解该二次曲线可以确定这两条直线．由 3 幅图像，我们可以计算三对视图中的任一对的视野单像区的像，并因此得到 3 组地平线和旋转轴的像．地平线是这些集合的公共成分，而其他成分（螺旋轴的像）在图像中相交于顶点．

现在我们回到计算虚圆点．理解对应于两对图像的一对视野单像区的几何是有用的．令 $\mathrm{C}^{12}$ 为描述图像 1 和 2 位于地平面上的视野单像区的一条二次曲线．这条二次曲线通过两个虚圆点、两个摄像机的中心和螺旋轴与地平面的交点．由于该二次曲线包含虚圆点，它是一个圆．令 $\mathrm{C}^{23}$ 为由图像 2 和 3 定义的对应的圆．这两个虚圆点和第二个摄像机中心将同时在这两个圆上．由于两条二次曲线一般相交于四个点，必然还有另外一个（实）交点．然而，它可以被舍去，因为感兴趣的是两个复交点，即在地平面上的虚圆点．

在实现时，作者们采用了不同的方法来寻找这两个虚圆点．[Armstrong-96]的方法是利用三焦点张量寻找三幅视图中通过顶点的不动直线．[Faugeras-98，Sturm-97b]的方法涉及计算将 2D 地平面映射到 1D 图像的 1D 摄像机的三焦点张量．在上述两种情形中，地平线上虚圆点的位置都由解一个关于单变量的三次方程得到．

这个仿射标定方法的主要步骤总结在算法 19.4 中．

目标

给定由具有恒常内参数的摄像机在平面运动下获取的 3(或更多)幅图像，计算一个仿射重构．

算法

(1) **计算一个射影重构**．由 3 幅视图的三焦点张量 $\mathcal{T}$ 算得．三焦点张量可以用诸如算法 16.4 来计算.

(2) **由 $\mathcal{T}$ 计算每对图像的基本矩阵**．见算法 15.1. 把每个基本矩阵的对称部分分解成两条直线：地平线和螺旋轴的图像．见 9.4.1 节．

(3) **计算顶点**. 由螺旋轴的三幅影像确定顶点 $\mathbf{v}$.

(4) **计算三元组的地平线**. 由三个基本矩阵得到 6 个对极点,通过正交回归拟合这些对极点来确定地平线.

(5) **计算虚圆点的影像**. 计算虚圆点在地平线上的位置 $\mathbf{c}_i, \mathbf{c}_j$(见正文).

(6) **计算无穷远平面**. 由对应图像点 $\mathbf{x} \leftrightarrow \mathbf{x}'$ 对无穷远平面上的点做三角测量,这里对每个 $\mathbf{v}, \mathbf{c}_i, \mathbf{c}_j$ 有 $\mathbf{x} = \mathbf{x}'$. 它确定了 $\boldsymbol{\pi}_\infty$ 上的三个点,因而确定了该平面.

(7) **计算仿射重构**. 按算法 19.2 利用求得的 $\boldsymbol{\pi}_\infty$ 矫正射影重构.

算法 19.4 平面运动的仿射标定.

**度量重构** 一旦找到顶点和两个虚圆点,就可以算出无穷远平面和图像间的无穷单应. 标定和度量重构现在就可以按常规方式进行. 然而必须注意:运动的约束本质意味着存在关于标定的一个单参数解族,因为所有的摄像机绕同一轴旋转. 我们已在 19.5.3 节把标定的多义性进行了分类. 为了获得唯一解,有必要给内参数标定一个假设. 但是我们已经知道在零扭曲的约束下,如果摄像机的 $y$ 轴平行于旋转轴(这在实际情形中可能是真的),那么我们已经看到零扭曲约束是不充分的. 最好的方案是强制零扭曲和已知的宽高比约束(例如,如果像素是正方形的).

**例 19.11 平面运动的度量重构.**

图 19.6a 显示了一个平面运动序列的 7 幅图像中的 4 幅. 拍摄这个序列时摄像机的仰角

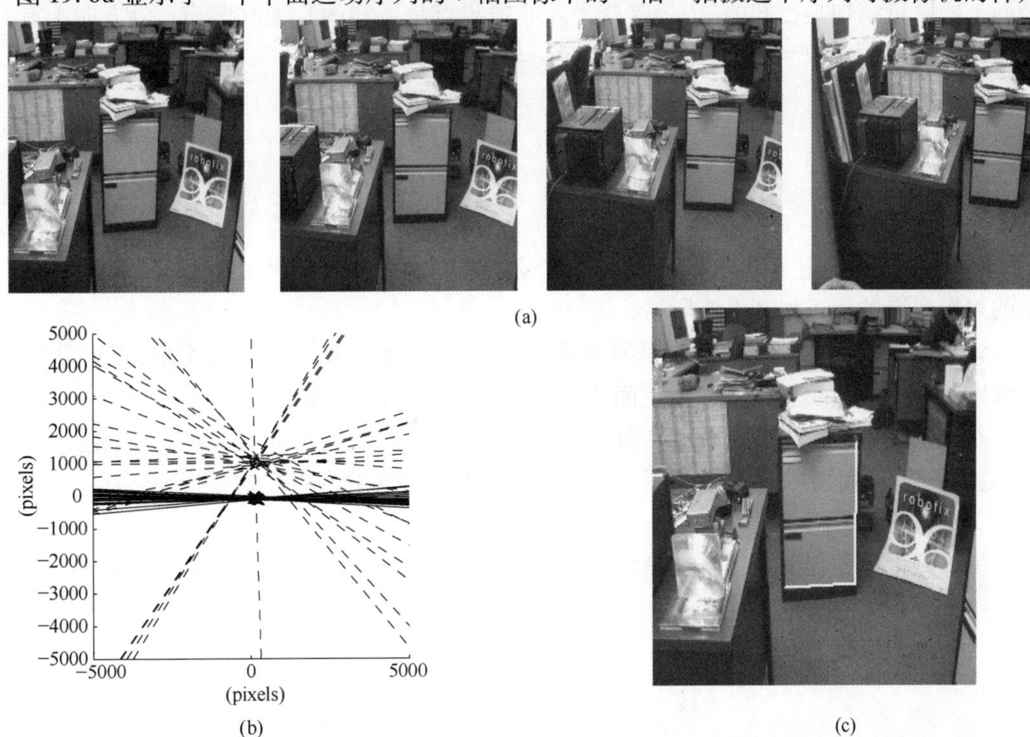


**图 19.6 平面运动序列**. (a)由安置在做平面运动的车上的摄像机拍摄的(所用 7 幅中的)4 幅图像. (b)求得的对极点(×)、地平线(灰实线),及所有图像对的螺旋轴的影像(灰虚线). (c)度量重构中测量的欧氏不变量:直角的测量值为 89°,非平行长度之比的测量值为 0.61(真实值大约为 0.65).

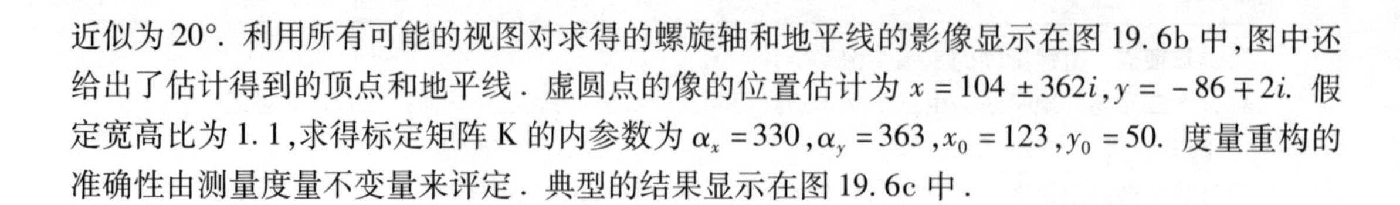

近似为 20°. 利用所有可能的视图对求得的螺旋轴和地平线的影像显示在图 19.6b 中,图中还给出了估计得到的顶点和地平线. 虚圆点的像的位置估计为 $x = 104 \pm 362i, y = -86 \mp 2i$. 假定宽高比为 1.1,求得标定矩阵 K 的内参数为 $\alpha_x = 330, \alpha_y = 363, x_0 = 123, y_0 = 50$. 度量重构的准确性由测量度量不变量来评定. 典型的结果显示在图 19.6c 中.

## 19.9 单轴旋转——转台运动

本节中我们讨论单轴运动的自动标定,其中场景和摄像机之间的相对运动等价于围绕单个固定轴的旋转. 这是 19.8 节的平面运动的一种特殊情形,这里每个运动的螺旋轴是重合的. 例如,静态摄像机观察在转台上旋转的物体时会出现这种情形. 第二个例子是摄像机围绕一个固定轴(偏离其中心)旋转. 第三个例子是摄像机观察一个旋转镜.

这里我们将考虑转台运动. 为便于讨论,假设转轴是竖直的,从而运动在一个水平面上. 再次不假设摄像机的指向是水平的,或者是相对于转轴的任何其他特定方向. 假设摄像机的内标定是恒定的.

单轴旋转序列下的不动像点是 19.8 节中介绍的平面运动的不动点,如图 19.5a 所示,同时螺旋轴的像是不动点组成的直线. 图 19.5b 的约束在这里不可用,因为螺旋轴的所有像是重合的. 这导致不可能直接确定顶点 $\mathbf{v}$,而只有 $\boldsymbol{\pi}_\infty$ 上的两个虚圆点可以由不动像点来恢复. 这意味着当没有关于内参数的约束时,重构不是仿射的,而是一个特定参数化的射影重构. 水平面上的度量结构是已知的(因为这些平面的虚圆点是已知的),但在竖直($Z$)方向上有一个 1D 射影变换. 由此产生的多义性是变换 $\mathbf{X}_\mathrm{P} = \mathrm{H}\mathbf{X}_\mathrm{E}$,其中

$$\mathrm{H} = \begin{bmatrix} 1 & 0 & 0 & 0 \\ 0 & 1 & 0 & 0 \\ 0 & 0 & \gamma & 0 \\ 0 & 0 & \delta & 1 \end{bmatrix} \tag{19.30}$$

$\gamma$ 和 $\delta$ 是标量,并确定了 $Z$ 轴与 $\boldsymbol{\pi}_\infty$ 的交点以及水平和竖直方向的相对比例. 一个由映射族表示的射影变换的例子如图 1.4 所示.

**计算不动点** 一种处理方法是直接确定虚圆点的像. 如图 19.7b 所示,点的轨迹是一个椭圆,它们是圆的像. 在 3 维空间中,这些圆位于平行的水平面上,并交于 $\boldsymbol{\pi}_\infty$ 上的虚圆点. 在图像中,这些轨迹可拟合成椭圆,并且这些像二次曲线的公共交点是虚圆点的(复共轭)像. 可以利用两幅或多幅视图的三角测量来确定 3D 虚圆点. 这是[Jiang-02]所采用的方法.

另一种更代数化的处理方法是将摄像机矩阵建模为 $\mathrm{P}^i = \mathrm{H}_{3\times3}[\mathrm{R}_Z(\theta^i) \mid \mathbf{t}]$,其中

$$\mathrm{P}^i = \begin{bmatrix} \\ \mathbf{h}_1 & \mathbf{h}_2 & \mathbf{h}_3 \\ \\ \end{bmatrix} \begin{bmatrix} \cos\theta^i & -\sin\theta^i & 0 & t \\ \sin\theta^i & \cos\theta^i & 0 & 0 \\ 0 & 0 & 1 & 0 \end{bmatrix} \tag{19.31}$$

$\mathbf{h}_k$ 是 $\mathrm{H}_{3\times3}$ 的列. 内参数和外参数的这种划分意味着 $\mathrm{H}_{3\times3}$ 和 $\mathbf{t}$ 在整个序列中是固定的,而只有关于 $Z$ 轴的旋转角度 $\theta^i$ 对每个摄像机 $\mathrm{P}^i$ 不同.

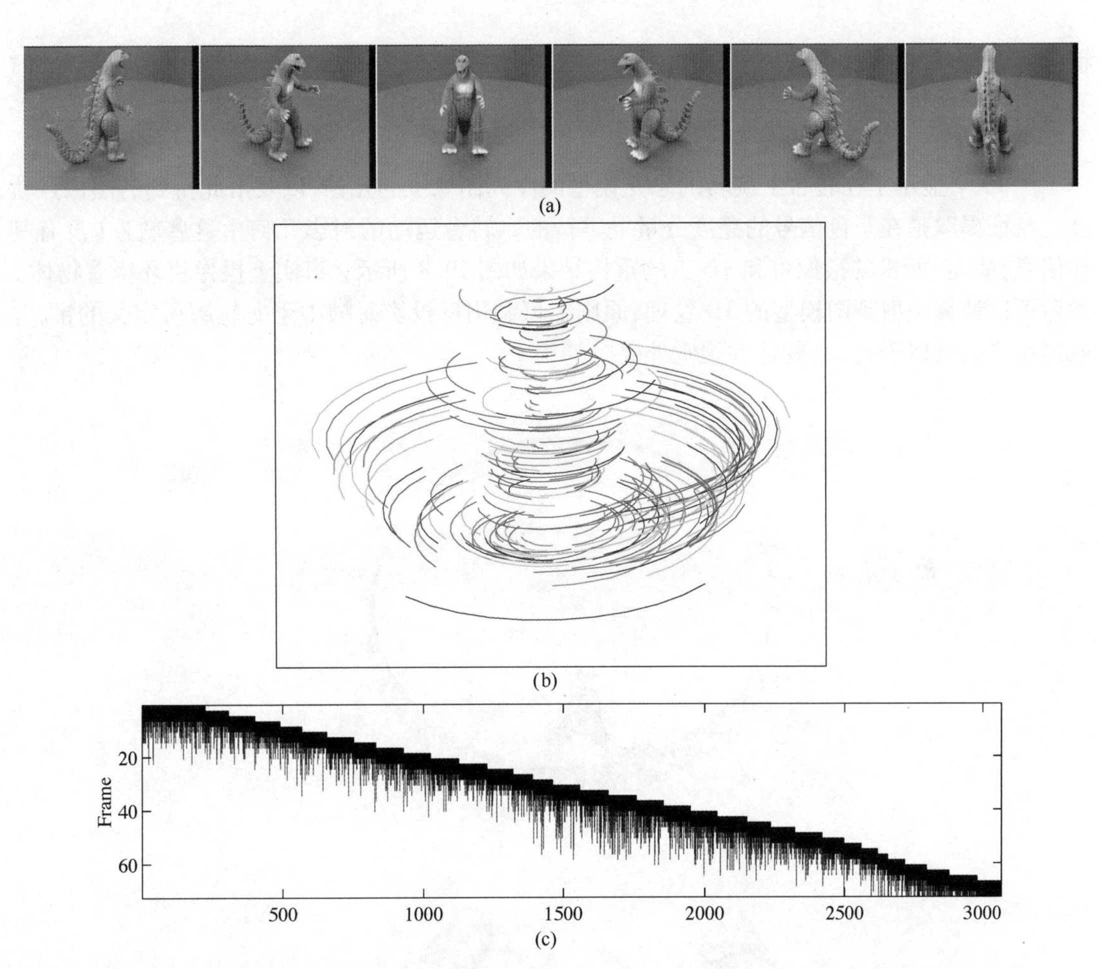


**图19.7 恐龙序列和轨迹**.(a)转台上旋转的恐龙的36幅图像所组成的序列中的6帧(承蒙汉诺威大学提供图[Niem-94]).(b)点轨迹的一个子集,仅显示了200条轨迹(间隔超过7幅视图显示一幅).(c)轨迹寿命:每个竖直杆对应于一条单点轨迹,从能看到该点的第一帧延伸到最后一帧.水平排序是根据点首次出现在序列中的位置.测量矩阵相对稀疏,很少点能在超过15帧中出现.

鉴于这种参数化,估计问题就可以准确地描述为确定共同的矩阵 $H_{3\times3}$ 和角度 $\theta^i$,以估计序列的摄像机矩阵 $P^i$.因此,对 $m$ 幅视图,共有 $8+m$ 个参数必须要估计,其中8是单应矩阵 $H_{3\times3}$ 的自由度数.与一般运动序列的射影重构需要 $11m$ 个参数相比,这是相当大的节省.

对于单轴运动,基本矩阵具有9.4.1节介绍的特殊形式,并利用摄像机矩阵式(19.31)写成

$$F=\alpha[\mathbf{h}_2]_\times+\beta((\mathbf{h}_1\times\mathbf{h}_3)(\mathbf{h}_1\times\mathbf{h}_2)^\mathsf{T}+(\mathbf{h}_1\times\mathbf{h}_2)(\mathbf{h}_1\times\mathbf{h}_3)^\mathsf{T})$$

这意味着一旦求出基本矩阵,就部分确定了 $H_{3\times3}$ 的列.这是[Fitzgibbon-98b]采用的方法,其中利用一种特殊形式的基本矩阵拟合点对应(见11.7.2节).可以证明由3幅或更多幅视图,矩阵 $H_{3\times3}$ 的前两列 $\mathbf{h}_1$,$\mathbf{h}_2$ 和角度 $\theta^i$ 可以被完全确定,但 $\mathbf{h}_3$ 仅确定到相差对应于式(19.30)的多义性的两参数族.

**度量重构** 通过提供关于内参数的额外信息(例如像素是正方形的),可以解决由式(19.30)给出的重构中的两参数多义性.然而,如果摄像机是水平的,且图像 $y$ 轴平行于旋转

轴,那么正方形像素仅提供一个额外约束(由宽高比提供,因为零扭曲不提供额外约束).此时需要关于摄像机的进一步信息(例如主点的 $y$ 坐标),或者可以利用场景的宽高比.

**例 19.12　由转台序列重构**

图 19.7 显示了在转台上旋转的恐龙模型的序列图像中的几帧,以及由此得到的图像点轨迹.特征提取是在彩色信号的亮度分量上进行的.转台运动的射影几何由这些轨迹(没有其他信息)确定,所得的摄像机和 3D 点的重构结果如图 19.8 所示.事实上摄像机环绕着物体.然后可以计算映射到图模型的 3D 纹理,原则上可利用反投影每帧中恐龙轮廓所定义的锥,并取这组锥的交以确定 3D 物体的视觉外壳.

(a)

(b)

**图 19.8　恐龙**.(a)恐龙序列的 3D 点(大约 5000 个)和摄像机位置.(b)该序列的 3D 图形模型的自动计算在[Fitzgibbon-98b]中介绍.

## 19.10　双眼装置的自标定

本节介绍一种用于标定"固定的"两摄像机立体装置(双眼装置)的分层方法.这里"固定的"是指装置中摄像机的相对方位在运动过程中保持不变,并且每个摄像机的内参数也不变.我们将证明由这个装置的单个运动就能唯一地确定无穷远平面.

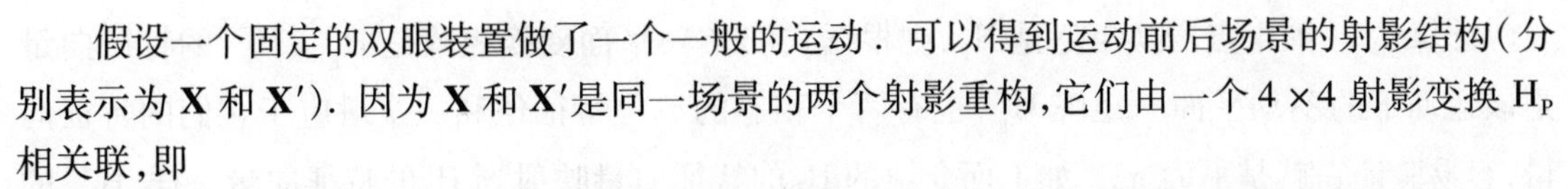

假设一个固定的双眼装置做了一个一般的运动．可以得到运动前后场景的射影结构(分别表示为 $\mathbf{X}$ 和 $\mathbf{X}'$)．因为 $\mathbf{X}$ 和 $\mathbf{X}'$是同一场景的两个射影重构,它们由一个 4×4 射影变换 $\mathrm{H_P}$ 相关联,即

$$\mathbf{X}' = \mathrm{H_P}\mathbf{X}$$

然而,该装置的实际运动是欧氏的,因此单应 $\mathrm{H_P}$共轭于表示该运动的欧氏变换．共轭性是关键结论,因为在共轭关系下不动元素映射到不动元素．因此,欧氏运动的不动元素(特别是无穷远平面)可通过由 $\mathrm{H_P}$ 表示的射影运动的不动元素**得到**．

**共轭关系**　假设 $\mathbf{X}_\mathrm{E}$ 表示该装置上欧氏坐标系表示的 3 维空间中的一点,而 $\mathbf{X}'_\mathrm{E}$表示装置运动后的同一点．那么这些点的关系为

$$\mathbf{X}'_\mathrm{E} = \mathrm{H_E}\mathbf{X}_\mathrm{E} \tag{19.32}$$

式中,$\mathrm{H_E}$是一个表示该装置的旋转和平移的非奇异 4×4 欧氏变换矩阵．假设点也用该装置的射影坐标系表示(它由射影重构得到),那么

$$\mathbf{X}_\mathrm{E} = \mathrm{H_{EP}}\mathbf{X} \qquad \mathbf{X}'_\mathrm{E} = \mathrm{H_{EP}}\mathbf{X}' \tag{19.33}$$

式中,$\mathrm{H_{EP}}$是一个把射影与度量结构联系起来的非奇异 4×4 矩阵．这里要注意的基本要点是摄像机运动前后的两个射影重构必须在同一个射影坐标系中,也就是说,运动前后必须使用同一对摄像机矩阵．

由式(19.32)和式(19.33)得出

$$\mathrm{H_P} = \mathrm{H_{EP}^{-1}}\mathrm{H_E}\mathrm{H_{EP}} \tag{19.34}$$

使得 $\mathrm{H_P}$共轭于一个欧氏变换．这种共轭关系有两个重要的性质:

(1)$\mathrm{H_P}$和 $\mathrm{H_E}$具有相同的特征值．

(2)如果 $\mathbf{E}$ 是 $\mathrm{H_E}$的一个特征向量,则 $\mathrm{H_P}$对应于同一特征值的特征向量是($\mathrm{H_{EP}^{-1}}\mathbf{E}$);即 $\mathrm{H_E}$ 的特征向量由点变换式(19.33)映射到 $\mathrm{H_P}$的特征向量．这由式(19.34)得到,因为如果 $\mathrm{H_E}\mathbf{E} = \lambda\mathbf{E}$,则 $\mathrm{H_{EP}}\mathrm{H_P}\mathrm{H_{EP}^{-1}}\mathbf{E} = \lambda\mathbf{E}$,左乘 $\mathrm{H_{EP}^{-1}}$ 给出所需结果．

**欧氏变换的不动点**　考虑由矩阵

$$\mathrm{H_E} = \begin{bmatrix} \mathrm{R} & \mathbf{t} \\ \mathbf{0}^\mathsf{T} & 1 \end{bmatrix} = \begin{bmatrix} \cos\theta & -\sin\theta & 0 & 0 \\ \sin\theta & \cos\theta & 0 & 0 \\ 0 & 0 & 1 & 1 \\ 0 & 0 & 0 & 1 \end{bmatrix}$$

表示的欧氏变换．它表示绕 $Z$ 轴旋转 $\theta$ 并沿着 $Z$ 轴平移一个单位(这是一般的螺旋运动)．在此变换下,$\mathrm{H_E}$的特征向量是不动点(参考 2.9 节)．此时特征值是$\{\mathrm{e}^{i\theta}, \mathrm{e}^{-i\theta}, 1, 1\}$,而 $\mathrm{H_E}$对应的特征向量是

$$\mathbf{E}_1 = \begin{pmatrix} 1 \\ i \\ 0 \\ 0 \end{pmatrix} \qquad \mathbf{E}_2 = \begin{pmatrix} 1 \\ -i \\ 0 \\ 0 \end{pmatrix} \qquad \mathbf{E}_3 = \begin{pmatrix} 0 \\ 0 \\ 1 \\ 0 \end{pmatrix} \qquad \mathbf{E}_4 = \begin{pmatrix} 0 \\ 0 \\ 1 \\ 0 \end{pmatrix}$$

所有特征向量都在 $\boldsymbol{\pi}_\infty$ 上．这意味着 $\boldsymbol{\pi}_\infty$ 作为一个集合是不动的,但**不是**不动点组成的平面．特征向量 $\mathbf{E}_1$和 $\mathbf{E}_2$是垂直于 $Z$(旋转)轴的平面的虚圆点．另外两个(相同的)特征向量 $\mathbf{E}_3$和 $\mathbf{E}_4$是旋转轴的方向．

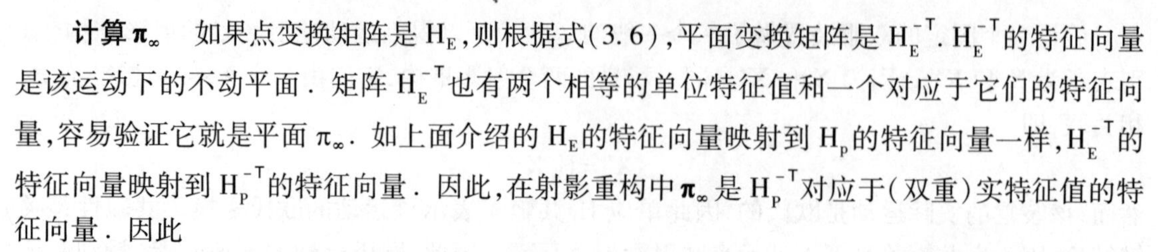

**计算 $\boldsymbol{\pi}_\infty$** 如果点变换矩阵是 $H_E$，则根据式(3.6)，平面变换矩阵是 $H_E^{-T}$. $H_E^{-T}$的特征向量是该运动下的不动平面. 矩阵 $H_E^{-T}$也有两个相等的单位特征值和一个对应于它们的特征向量，容易验证它就是平面 $\pi_\infty$. 如上面介绍的 $H_E$的特征向量映射到 $H_p$的特征向量一样，$H_E^{-T}$的特征向量映射到 $H_P^{-T}$的特征向量. 因此，在射影重构中 $\boldsymbol{\pi}_\infty$ 是 $H_P^{-T}$对应于(双重)实特征值的特征向量. 因此

- **$\boldsymbol{\pi}_\infty$ 可以作为 $H_P^{-T}$的实特征向量，或等价地且更简单地作为 $H_P^T$的实特征向量唯一地计算出来.**

这里我们观察到虽然实特征值的代数重数为 2，它的几何重数(非平面运动情形)是 1. 这是我们能找到无穷远平面的原因.

关于仿射标定的过程总结在算法 19.5 中.

> 目标
>
> 给定由一个固定的双眼装置在一般运动(即 R 和 $\mathbf{t}$ 都非零，并且 $\mathbf{t}$ 不垂直于 R 的轴)下获取的两(或多)对双眼图像，计算一个仿射变换.
>
> 算法
>
> (1) **计算一个初始射影重构 X**：按第 10 章的介绍，用第一对双眼计算一个射影重构($P^L$, $P^R$, $\{\mathbf{X}_j\}$). 这涉及计算基本矩阵以及第一对图像之间的点对应 $x_j^L \leftrightarrow x_j^R$，可以用诸如算法 11.4 来实现.
>
> (2) **计算运动后的射影重构 X′**：计算第二对双眼图像之间的对应 $x_j'^L \leftrightarrow x_j'^R$. 由于摄像机的内参数和相对外参数是固定的，第二对双眼具有与第一对相同的基本矩阵 F. 利用相同的摄像机矩阵 $P^L$, $P^R$，由第二对双眼中求得的对应 $x_j'^L \leftrightarrow x_j'^R$ 来对 3 维空间中的点 $\mathbf{X}_j'$进行三角测量.
>
> (3) **计算将 X 关联到 X′的 4×4 矩阵 $H_P$**：计算两个双眼对中左边图像之间的对应 $x_j^L \leftrightarrow x_j'^L$(例如再用算法 11.4). 这建立了空间点之间的对应 $\mathbf{X}_j \leftrightarrow \mathbf{X}_j'$. 可以由 5 组或更多组这样的 3 维空间点对应线性地估计单应 $H_P$，然后利用最小化一个关于 $H_P$的适当的代价函数来改进该估计. 例如，最小化 $\sum_j (d(x_j^L, P^L H \mathbf{X}_j')^2 + d(x_j^R, P^R H \mathbf{X}_j')^2)$ 使得测量的与重投影的图像点之间的距离最小化.
>
> (4) **仿射重构**：由 $H_P^T$的实特征向量计算 $\boldsymbol{\pi}_\infty$，并由此得到一个仿射重构.

算法 19.5 一个固定双眼装置的仿射标定.

**度量标定和多义性** 一旦 $\boldsymbol{\pi}_\infty$ 被辨认，就可以按分层算法 19.2 进行度量重构. 由于该装置是固定的，左边摄像机的参数在运动过程中保持不变(右边摄像机也一样). 由单个运动，每个摄像机的内参数被确定到相差一个由单个旋转导致的单参数族，如 19.5.3 节所介绍.

通常，单个运动所产生的多义性可由另外的运动或通过提供附加约束(例如像素是正方形)来消除. 如果有另外的运动，则还可以用来改善对 $\boldsymbol{\pi}_\infty$ 的估计. 度量标定的结果给出该装置的完全标定(即摄像机之间的相对方位以及它们的内参数).

**平面运动** 对于平移与旋转轴方向正交这样一种特殊的正交(平面)运动的情形，对应于重(实)特征值的特征向量空间是 2 维的. 从而 $\boldsymbol{\pi}_\infty$ 被确定到相差一个单参数族. 因此我们不能找到唯一的无穷远平面(这在例 3.8 中详细地研究过). 这种多义性可以通过绕与第一个方向不同的轴的第二个正交运动来解决.

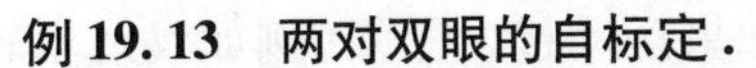

**例 19.13 两对双眼的自标定.**

图 19.9a 和 b 显示了用于双眼装置的仿射标定的两对双眼图像,其具体过程按算法 19.5 进行. 标定的准确性通过计算右边图像中的消影点来进行评价,这有两种方式:第一种是作为平行直线影像的交点;第二种是通过确定左边图像中对应的消影点(由相同平行线的图像),并利用由 $H_p^T$ 的特征向量算出的无穷单应将这个消影点映射到右边图像. 把消影点之间的差异作为所求 $H_\infty$ 的准确性的一种测量. 度量标定用了零扭曲约束来解决单参数的多义性. 所得度量重构的角度的精度在 1°以内.

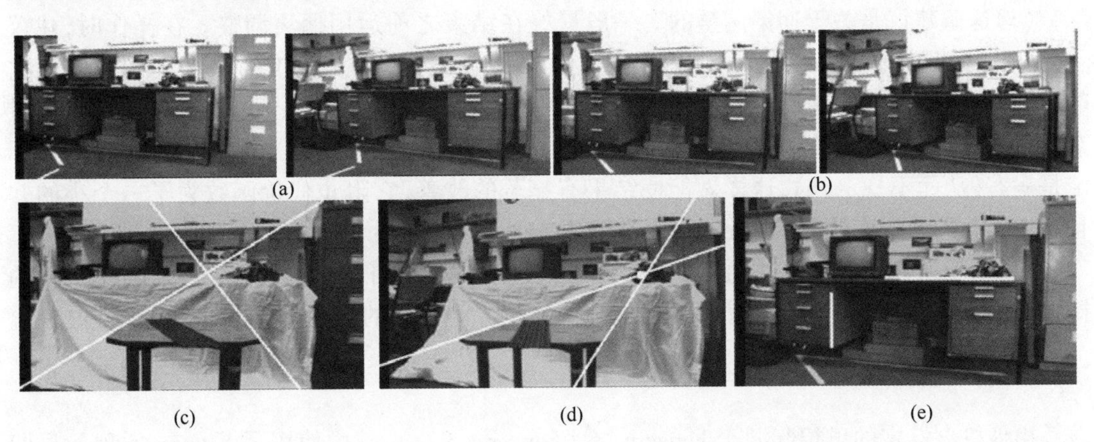


**图 19.9 双眼装置的自标定**. 装置运动之前(a)和之后(b)的输入双眼对. 双眼装置向左移动约 20cm,水平旋转约 10°,而仰角变化约 10°. 求得的 $H_\infty$ 的准确性根据由同样装置获取的另一对双眼按如下方式进行评价:在(c),即(双眼的)左图中,利用桌边(它们在场景中平行)的图像交点计算一个消影点. 在(d),即(双眼的)右图中计算对应的消影点. 白方块(直线交点附近)是利用求得的 $H_\infty$ 由左图映射到右图的消影点. 在没有误差时这两点应该相同. (e)按照度量标定,由 3D 重构得到的书桌边(用白色显示)之间的角度是 90.7°,与垂直值非常一致.

## 19.11 结束语

自标定领域的研究仍然非常活跃,而且比本章中所介绍的更好方法也可能仍在开发. 目前仍然缺乏由基于多视图张量的闭形式解,和自动检测临界运动序列(见下面)的算法.

**临界运动序列** 本章中已经看到对于某些类型的运动不可能完全地确定矫正单应 H. 所产生的重构处于度量和射影之间的某个层次上. 例如,对于平面运动下的恒常内参数情形,存在一个平行于旋转轴的单参数尺度多义性;而对于恒常内参数下的纯平移情形,重构是仿射的. 出现这种多义性的摄像机运动序列被称为"临界运动序列",并且由 Strum[Strum-97a, Strum-97b]对恒常内参数情形进行了系统的分类. 这种分类已经推广到更一般的标定约束,例如变焦距[Pollefeys-99b, Sturm-99b]. 关于最近的工作见[Kahl-99, Kahl-01b, Ma-99, Sturm-01].

**建议** 看上去自标定似乎为度量重构提供了一个完整的解答. 标定的摄像机不是必要的,我们可用诸如摄像机零扭曲这样的弱约束来实现. 不幸的是对这种完全信赖于自标定的做法还必须谨慎. 自标定在正确的环境下能正常工作,但如果轻率使用的话就会失败. 下面给出几条具体的建议.

(1)小心地避免多义性运动序列．我们已经了解到如果运动过度受限(例如仅绕单轴旋转),将发生标定退化．运动不应该太小,或者覆盖太小的视场．自标定常常意味着估计无穷单应,对于小视场其效果不明显．

(2)尽可能多地利用所掌握的信息．虽然依据最少的信息(例如零扭曲)可以标定,但如果有其他信息可利用时,应该避免这样做．例如,如果宽高比约束是已知且有效的,那么就应该采用,关于主点的信息也一样．即使已知这些值不太准确,也可以用一个方程将这些信息合并到线性自标定方法中,但给予它低的权重．

(3)这条建议是关于捆集调整的．一般最好在结束之前运用捆集调整．在操作时,建议不要让摄像机的内参数在无界区域内浮动．例如,即使不知道主点的准确位置,通常也知道它的合理范围(例如它不靠近无穷远)．类似地,宽高比一般在0.5~3之间．这些知识应该通过对代价函数增加进一步约束而纳入到捆集调整中,必要时可给予小的权重(标准差)．当自标定是病态(从而不稳定)时,这样做能使结果有显著的改善,它阻止代价函数为了一个小的并且不太显著的改善而使解游离到一个远离参数空间内区域．

(4)采用限制运动的方法通常比允许一般运动的方法更可靠．例如涉及仅旋转不平移的摄像机的方法通常比一般运动方法更加可靠．根据一个平移的仿射重构也是如此．

### 19.11.1 文献

摄像机自标定的思想起源于 Fangerus 等[Fangeras-92a],其中使用了 Kruppa 方程．早期的论文考虑了恒常内参数的情形．[Hartley-94b]和 Mohr 等[Mohr-93]针对多于2幅视图的情形研究了类似捆集调整的方法．

纯平移的仿射重构解法由 Moons 等给出[Moons-94],并由 Armstrong 等[Armstrong-94]扩展到纯平移紧跟着旋转的组合并用于完全的度量重构．绕中心旋转的摄像机的自标定由[Hartley-94a]给出．模约束首先由 Pollefeys 等发表[Pollefeys-96]．

最早的双眼装置的自标定方法由 Zisserman 等给出[Zisserman-95b],采用其他参数化的方法由 Devernay 和 Faugeras[Devernay-96],以及 Horaud 和 Csurka[Horaud-98]给出．双眼装置做平面运动的特殊情形包括在[Beardsley-95b, Csurka-98]中．单个摄像机平面运动的方法最早由 Armstrong 等[Armstrong-96b]发表,而另一种数值解法由 Faugeras 等[Faugeras-98]给出．

更近的论文中研究了比恒常内参数更少的约束限制．许多“存在性证明”已经给出:Heyden 和 Åström[Heyden-97b]证明了在仅知道扭曲和宽高比时度量重构是可能的,而[Pollefeys-98, Heyden-98]证明了单个零扭曲条件是充分的．

Triggs[Triggs-97]引入了绝对(对偶)二次曲面作为数值工具使自标定问题公式化,并且用线性方法和序列二次规划求解 $Q_\infty^*$. Pollefeys 等[Pollefeys-98]证明了基于 $Q_\infty^*$ 的计算可以用于一般运动下计算变焦距的真实图像序列的度量重构．

对于旋转摄像机的情形,De Agadito 等[DeAgadito-98]对变内参数情形给出了基于 DIAC 的非线性求解方法．[DeAgapito-99]中又将该方法修改为基于 IAC 的线性方法．

### 19.11.2 注释和练习

(1)[Hartley-92a]首次给出了由基本矩阵求焦距的一种解法,但所给算法不便于使用．[Bougnoux-98]中给出一个简单漂亮的公式:

$$\alpha^2 = -\frac{\mathbf{p}'^{\mathsf{T}}[\mathbf{e}']_\times \tilde{\mathrm{I}}\mathrm{F}\mathbf{p}\mathbf{p}^{\mathsf{T}}\mathrm{F}^{\mathsf{T}}\mathbf{p}'}{\mathbf{p}'^{\mathsf{T}}[\mathbf{e}']_\times \tilde{\mathrm{I}}\mathrm{F}\tilde{\mathrm{I}}\mathrm{F}^{\mathsf{T}}\mathbf{p}'} \tag{19.35}$$

式中,$\tilde{\mathrm{I}}$ 是矩阵 diag(1,1,0),而 $\mathbf{p}$ 和 $\mathbf{p}'$ 是这两幅图像中的主点．假设宽高比为1且扭曲为零．$\alpha'^2$ 的公式可通过对换这两幅图像的角色(和转置 F)给出．

注意这个算法的最后一步是取平方根．**在给定可靠的数据和主点的合理猜想下**,应该保证由式(19.35)计算的 $\alpha^2$ 和 $\alpha'^2$ 是正的．然而实际中并不是总成立,而是可能产生负值．这与前面19.3.5节中提到的问题一样．此外,如[Newsan-96]中所提示,当两个摄像机的主射线在空间中相交时,这个方法本质上是退化的,此时不可能独立地计算焦距．这种情形在两个摄像机瞄准同一点时会发生,因而很常见．

当由基线和一个摄像机的主轴定义的平面垂直于由基线和另一个摄像机的主轴定义的平面时,将出现进一步的退化．总而言之,我们认为用这种方法计算的焦距值是有疑问的．

(2)证明如果内参数恒定,那么由两幅视图得到的关于 $Q_\infty^*$ 的约束(式(19.6))等价于 Kruppa 方程(式(19.18))．提示,根据式(9.10),摄像机可以选择为 $\mathrm{P}^1 = [\mathrm{I} \mid \mathbf{0}]$, $\mathrm{P}^2 = [[\mathbf{e}']_\times \mathrm{F} \mid \mathbf{e}']$.

(3)由式(19.21)证明一个具有恒常内参数的摄像机做平移而不旋转的运动时,无穷远平面可以直接由射影重构计算．

(4)由13.4节中定义的 $\mathrm{H}_\infty^{ij} = \mathrm{K}^i\mathrm{R}^{ij}(\mathrm{K}^j)^{-1}$ 出发,只用两行就可简单地推导出无穷单应关系式(19.24)．该式可以重排成 $\mathrm{H}_\infty^{ij}\mathrm{K}^j = \mathrm{K}^i\mathrm{R}^{ij}$,利用正交性 $\mathrm{R}^{ij}\mathrm{R}^{ij\mathsf{T}} = \mathrm{I}$ 消去旋转给出 $\mathrm{H}_\infty^{ij}(\mathrm{K}^j\mathrm{K}^{j\mathsf{T}})\mathrm{H}_\infty^{ij\mathsf{T}} = (\mathrm{K}^j\mathrm{K}^{j\mathsf{T}})$.

(5)在 $\mathrm{H}_\mathrm{E}$ 下,$\boldsymbol{\pi}_\infty$ 上的点(即 $X_4 = 0$)由一个 3×3 单应映射到 $\boldsymbol{\pi}_\infty$ 上的点 $\mathbf{x}_\infty \mapsto \mathrm{R}\mathbf{x}_\infty$．根据结论2.13,在这个点变换下,$\boldsymbol{\pi}_\infty$ 上的二次曲线映射为 $\mathrm{C} \mapsto \mathrm{R}^{-\mathsf{T}}\mathrm{C}\mathrm{R}^{-1} = \mathrm{R}\mathrm{C}\mathrm{R}^{\mathsf{T}}$. 由于 $\mathrm{R}\mathrm{I}\mathrm{R}^{\mathsf{T}} = \mathrm{I}$,绝对二次曲线 $\Omega_\infty$ 是不动的．现在,用 $\mathbf{a}$ 记旋转轴的方向,则 $\mathrm{R}\mathbf{a} = 1\mathbf{a}$. 这条(退化的)点二次曲线 $\mathbf{a}\mathbf{a}^{\mathsf{T}}$ 也是不动的．由此推出在这个映射下有一个不动的二次曲线束 $\mathrm{C}_\infty(\mu) = \mathrm{I} + \mu\mathbf{a}\mathbf{a}^{\mathsf{T}}$,因为

$$\begin{aligned}\mathrm{R}(\Omega_\infty + \mu\mathbf{a}\mathbf{a}^{\mathsf{T}})\mathrm{R}^{\mathsf{T}} &= \mathrm{R}\mathrm{I}\mathrm{R}^{\mathsf{T}} + \mu\mathrm{R}\mathbf{a}\mathbf{a}^{\mathsf{T}}\mathrm{R}^{\mathsf{T}} \\ &= \Omega_\infty + \mu\mathbf{a}\mathbf{a}^{\mathsf{T}}\end{aligned}$$

标量 $\mu$ 是该束的参数．这表明在一个特定的相似变换下 $\boldsymbol{\pi}_\infty$ 上有一个单参数族不动二次曲线．然而,只有 $\Omega_\infty$ 是唯一的在任何相似变换下都不动的二次曲线．

(6)标定多义性还存在于一种常见类型的机器人头部,即水平旋转(或上下转动)的头部．[DeAgapito-98]中证明了因为摄像机可以绕它的 X 轴或 Y 轴旋转,其方向集合只形成一个2参数族,而不是一般旋转的3参数族．这种限制导致了摄像机的宽高比 $\alpha_x$ 的多义性,从而也导致 $x_0$ 的多义性．

(7)由平面自标定的方法一般是非线性的．然而,对于特殊运动也可得到关于 $\omega$ 的线性约束．假设我们有一个诱导视图之间的平面单应 H 的平面的两幅图像,并想象摄像机相对于该平面的运动是一般的螺旋运动,其螺旋轴平行于平面法向．

考虑这个螺旋运动在平面上的行为．由于这个行为(关于平面法线的旋转和平移)不会改变平面的方向,它与无穷远平面的交线是不变的(作为一个集合)．绝对二次曲线在欧氏运动下是不动的(作为一个集合)．因此,平面与绝对二次曲线的交(它定义了该平面的虚圆点)

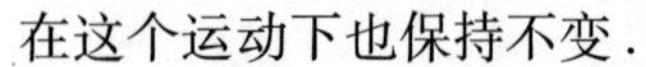


在这个运动下也保持不变.

现在考虑将这个行为作用于注视平面的摄像机. 由于两个虚圆点是不动的(作为 3 维空间点),它们在运动前后有相同的图像. 由于单应 H 映射图像间位于平面上的点,虚圆点的像必须对应两个不动点(见 2.9 节),并可以由单应直接确定. 每个虚圆点给出一个关于 $\omega$ 的线性约束. 关于该方法的进一步细节在[knight-03]给出.

# 第 20 章 对偶

由于 Carlsson[Carlsson-95]和 Weinshall 等[Weinshall-95]的工作,我们知道存在一个对偶原理:允许把被若干摄像机所拍摄的点与摄像机的中心做角色交换. 原则上这意味着对偶化射影重构算法以获得新算法的可能性. 本章将展开这个主题以勾画对偶化任意射影重构算法的一种显式方法. 然而,在实际实现的层次上仍存在着需要克服的困难,才能使这种对偶方法产生可执行的算法.

## 20.1 Carlsson-Weinshall 对偶

令 $\mathbf{E}_1=(1,0,0,0)^\top$, $\mathbf{E}_2=(0,1,0,0)^\top$, $\mathbf{E}_3=(0,0,1,0)^\top$ 和 $\mathbf{E}_4=(0,0,0,1)^\top$ 为 $\mathbb{P}^3$ 的一个射影基. 类似地,令 $\mathbf{e}_1=(1,0,0)^\top$, $\mathbf{e}_2=(0,1,0)^\top$, $\mathbf{e}_3=(0,0,1)^\top$ 和 $\mathbf{e}_4=(1,1,1)^\top$ 是射影图像平面 $\mathbb{P}^2$ 的一个射影基.

现在考虑一个矩阵为 P 的摄像机. 我们假定摄像机中心 **C** 不在任何轴平面上,即 **C** 的四个坐标没有一个是零. 对于这种情形,图像上的四个点 $\mathrm{P}\mathbf{E}_i$ $(i=1,\cdots,4)$ 中没有三个是共线的. 因此可以对该图像施加射影变换 H 使得 $\mathbf{e}_i=\mathrm{HP}\mathbf{E}_i$. 我们假设 H 已经施加过,并把 HP 简单记为 P. 因为 $\mathrm{P}\mathbf{E}_i=\mathbf{e}_i$,矩阵 P 的形式是

$$\mathrm{P}=\begin{bmatrix} a & & & d \\ & b & & d \\ & & c & d \end{bmatrix}$$

**定义 20.1** 摄像机矩阵 P 称为简化摄像机矩阵,如果对每个 $i=1,\cdots,4$,它将 $\mathbf{E}_i$ 映射到 $\mathbf{e}_i$,也就是说,$\mathbf{e}_i=\mathrm{P}\mathbf{E}_i$.

现在,对任何点 $\mathbf{X}=(\mathrm{X},\mathrm{Y},\mathrm{Z},\mathrm{T})^\top$ 可以验证

$$\mathrm{P}=\begin{bmatrix} a & & & d \\ & b & & d \\ & & c & d \end{bmatrix}\begin{pmatrix} \mathrm{X} \\ \mathrm{Y} \\ \mathrm{Z} \\ \mathrm{T} \end{pmatrix}=\begin{pmatrix} a\mathrm{X}+d\mathrm{T} \\ b\mathrm{Y}+d\mathrm{T} \\ c\mathrm{Z}+d\mathrm{T} \end{pmatrix} \tag{20.1}$$

注意在这个方程中摄像机矩阵的元素和点的坐标之间的对称性. 它们可以进行如下交换

$$\begin{bmatrix} a & & & d \\ & b & & d \\ & & c & d \end{bmatrix}\begin{pmatrix} \mathrm{X} \\ \mathrm{Y} \\ \mathrm{Z} \\ \mathrm{T} \end{pmatrix}=\begin{bmatrix} \mathrm{X} & & & \mathrm{T} \\ & \mathrm{Y} & & \mathrm{T} \\ & & \mathrm{Z} & \mathrm{T} \end{bmatrix}\begin{pmatrix} a \\ b \\ c \\ d \end{pmatrix} \tag{20.2}$$

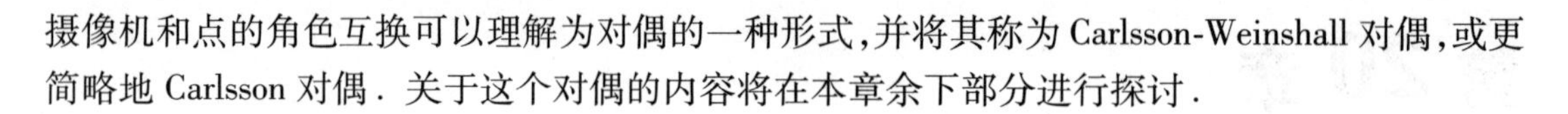


摄像机和点的角色互换可以理解为对偶的一种形式,并将其称为 Carlsson-Weinshall 对偶,或更简略地 Carlsson 对偶．关于这个对偶的内容将在本章余下部分进行探讨．

### 20.1.1 对偶算法

首先,我们将用 Carlsson 对偶从一个给定的射影重构算法推导出一个对偶算法．具体地说,如果有一个由 $m+4$ 个点的 $n$ 幅视图进行射影重构的算法,那么可以证明存在一个由 $n+4$ 个点的 $m$ 幅视图进行射影重构的算法．这个由 Carlsson [Carlsson-95] 观察到的结论,将通过描述对偶算法步骤而具体化．

我们考虑一个射影重构问题,并将它记为$\mathcal{P}(m,n)$．它是由 $n$ 个点的 $m$ 幅视图进行射影重构的问题．定义图像点为 $\mathbf{x}_j^i$,它表示第 $j$ 个物体空间点在第 $i$ 幅视图上的像．即上标表示视图的编号,下标表示点的编号．如果存在一组摄像机矩阵 $\mathrm{P}^i$ 和一组 3D 点 $\mathbf{X}_j$ 使得 $\mathbf{x}_j^i=\mathrm{P}^i\mathbf{X}_j$,则这样的点集 $\{\mathbf{x}_j^i\}$ 便称为**可实现**的．射影重构问题$\mathcal{P}(m,n)$就是对给定的 $n$ 个点和 $m$ 幅视图的可实现集合 $\{\mathbf{x}_j^i\}$ 求这样的摄像机矩阵 $\mathrm{P}^i$ 和点 $\mathbf{X}_j$. 这组摄像机和 3D 点一起称为该点对应集合的一个**实现**(或**射影实现**)．

令$\mathcal{A}(n,m+4)$表示求解射影重构问题$\mathcal{P}(n,m+4)$的一个算法,现在将介绍一个求解射影重构问题$\mathcal{P}(m,n+4)$的算法．这个算法将被记为$\mathcal{A}^*(m,n+4)$,意味着算法$\mathcal{A}(n,m+4)$的对偶．

作为起步,我们将不加证明地给出算法的步骤．另外,难点将掩饰过去以便阐述总的思想而不至于陷入细节中．在描述这个算法时,重要的是跟踪指标的范围和弄清楚它们是指摄像机还是点．因此,下面的说明可能有助于保持跟踪．

- 上标表示视图的编号．
- 下标表示点的编号．
- $i$ 从 1 到 $m$.
- $j$ 从 1 到 $n$.
- $k$ 从 1 到 4.

**对偶算法**　给定一个算法$\mathcal{A}(n,m+4)$,目标是给出一个对偶算法$\mathcal{A}^*(m,n+4)$.

**输入**　算法$\mathcal{A}^*(m,n+4)$的输入是在 $m$ 幅视图中可见的 $n+4$ 个点组成的可实现集合．这个点集如图 20.1(左)那样排在一个表中．

在这个表中,点 $\mathbf{x}_{n+k}^i$ 同其他点 $\mathbf{x}_j^i$ 分开,因为将对它们做特别处理．

**步骤 1:变换**

第一步是对每一个 $i$,计算一个将第 $i$ 幅视图中的点 $\mathbf{x}_{n+k}^i, k=1,\cdots,4$ 映射到 2 维射影空间 $\mathbb{P}^2$ 标准基的点 $\mathbf{e}_k$ 的变换 $\mathrm{T}^i$. 变换 $\mathrm{T}^i$ 同时也施加于每一个点 $\mathbf{x}_j^i$ 以产生变换后的点 $\mathbf{x}'^i_j=\mathrm{T}^i\mathbf{x}_j^i$. 所得结果是如图 20.1(右)所示的变换点的阵列．如图所示,不同的变换 $\mathrm{T}^i$ 被算出并施加于该阵列的每一列．

**步骤 2:转置**

去掉该阵列的最后四行,并把该阵列剩下的块转置．定义 $\hat{\mathbf{x}}_i^j=\mathbf{x}'^i_j$. 与此同时,把点和视图在心中做一个交换．因此点 $\hat{\mathbf{x}}_i^j$ 现在被看作是第 $i$ 个点在第 $j$ 幅视图中的像,而点 $\mathbf{x}'^i_j$ 是第 $j$ 个点在第 $i$ 幅视图中的像．这里实质上发生了点和摄像机角色的互换,这正是式(20.2)表示的 Carlsson 对偶的基本概念．这样得到的转置阵列如图 20.2(左)所示．

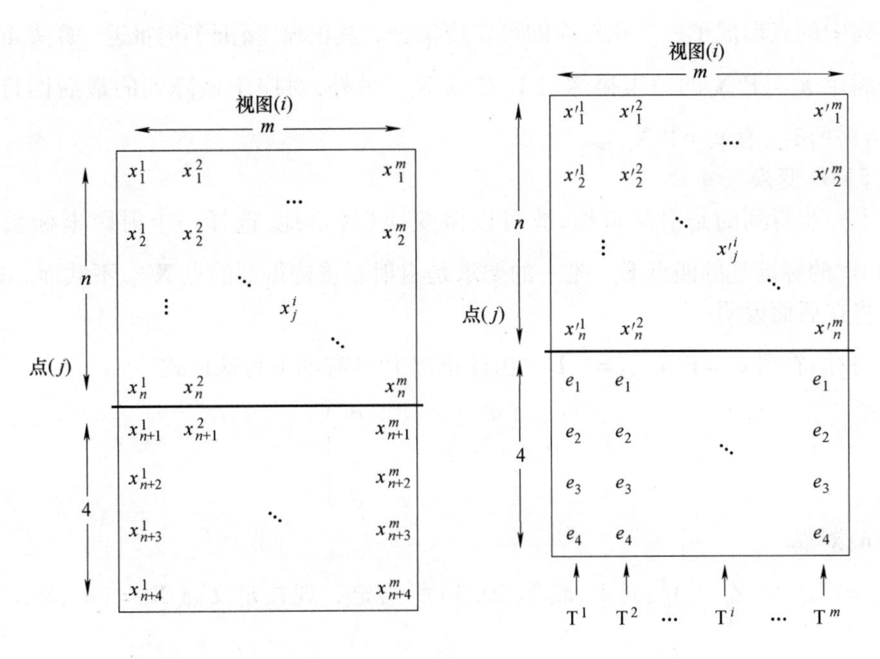


**图 20.1** 左:算法$\mathcal{A}^*(m,n+4)$的输入. 右:变换后的输入数据.

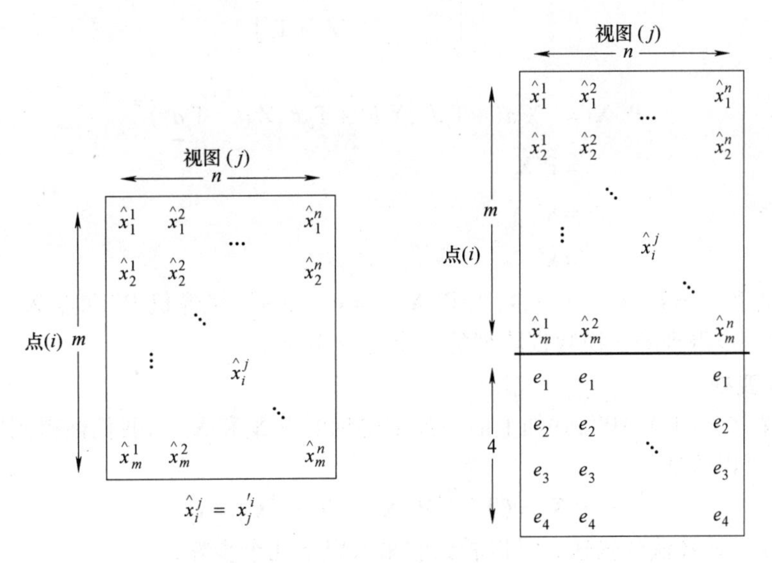


**图 20.2** 左:转置的数据. 右:由附加额外点扩展的转置数据.

**步骤 3:扩展**

现在把上面所得阵列扩展 4 行:点 $\mathbf{e}_k$ 出现在该阵列中的第$(m+k)$行的所有位置上,如图 20.2(右)所示. 扩展的目的将在 20.1.2 节中解释.

**步骤 4:求解**

上一步得到的点阵有 $m+4$ 行和 $n$ 列,且可以看作是在 $n$ 幅视图中可见的 $m+4$ 个点的位置. 它正是算法$\mathcal{A}(n,m+4)$(我们假设该算法已经给出)求得的一个候选解. 这里的本质是在这个阵列中的点形成了一个点对应的可实现集合．其正确性论证暂时推迟．算法$\mathcal{A}(n,m+4)$的结果是满足$\hat{\mathbf{x}}_i^j=\hat{\mathrm{P}}^j\hat{\mathbf{X}}_i$的一组摄像机$\hat{\mathrm{P}}^j$和点$\hat{\mathbf{X}}_i$．另外，对应于该阵列的最后四行，存在点$\hat{\mathbf{X}}_{m+k}$，使得对所有$j$有$\mathbf{e}_k=\hat{\mathrm{P}}^j\hat{\mathbf{X}}_{m+k}$.

**步骤5:3D 变换**

由于上一步得到的是射影重构，故可以做变换（等价地，选择一个射影坐标系）使得点$\hat{\mathbf{X}}_{m+k}$成为$\mathbb{P}^3$的标准基的四点$\mathbf{E}_k$．唯一的要求是由射影重构得到的点$\hat{\mathbf{X}}_{m+k}$不共面．这个假设的有效性将在后面说明．

至此，我们看到$\mathbf{e}_k=\hat{\mathrm{P}}^j\hat{\mathbf{X}}_{m+k}=\hat{\mathrm{P}}^j\mathbf{E}_k$．由此推出$\hat{\mathrm{P}}^j$具有如下特殊形式

$$\hat{\mathrm{P}}=\begin{bmatrix}a^j & & & d^j\\ & b^j & & d^j\\ & & c^j & d^j\end{bmatrix}\tag{20.3}$$

**步骤6:对偶**

令$\hat{\mathbf{X}}_i=(\mathrm{X}_i,\mathrm{Y}_i,\mathrm{Z}_i,\mathrm{T}_i)^{\mathsf{T}}$，且$\hat{\mathrm{P}}^j$如式(20.3)所给定．现在定义点$\mathbf{X}_j=(a^j,b^j,c^j,d^j)^{\mathsf{T}}$和摄像机

$$\mathrm{P}'^i=\begin{bmatrix}\mathrm{X}_i & & & \mathrm{T}_i\\ & \mathrm{Y}_i & & \mathrm{T}_i\\ & & \mathrm{Z}_i & \mathrm{T}_i\end{bmatrix}$$

则可以验证

$$\begin{aligned}\mathrm{P}'^i\mathbf{X}_j&=(\mathrm{X}_ia^j+\mathrm{T}_id^j,\mathrm{Y}_ib^j+\mathrm{T}_id^j,\mathrm{Z}_ic^j+\mathrm{T}_id^j)^{\mathsf{T}}\\&=\hat{\mathrm{P}}^j\hat{\mathbf{X}}_i\\&=\hat{\mathbf{x}}_i^j\\&=\hat{\mathbf{x}}'^i_j\end{aligned}$$

另外，如果定义$\mathbf{X}_{n+k}=\mathbf{E}_k,k=1,\cdots,4$，则$\mathrm{P}'^i\mathbf{X}_{n+k}=\mathbf{e}_k$．于是，摄像机$\mathrm{P}'^i$和点$\mathbf{X}_j$与$\mathbf{X}_{n+k}$显然形成由该算法第一步得到的变换数据阵列的一个射影实现．

**步骤7:反变换**

最后，定义$\mathrm{P}^i=(\mathrm{T}^i)^{-1}\mathrm{P}'^i$，并加上前一步中得到的点$\mathbf{X}_j$和$\mathbf{X}_{n+k}$，我们便得到原始数据的一个射影实现．可以验证

$$\mathrm{P}^i\mathbf{X}_j=(\mathrm{T}^i)^{-1}\mathrm{P}'^i\mathbf{X}_j=(\mathrm{T}^i)^{-1}\mathbf{x}'^i_j=\mathbf{x}_j^i$$

至此，完成了该算法的描述．可以看到它采取以下几个步骤．

(1)在第1步中，通过选择四个特殊点，将数据变换到标准的图像参考坐标系中．

(2)在第2和3步中，将问题映射到对偶域，产生一个对偶问题$\mathcal{P}(n,m+4)$.

(3)在第4和5步中，求解对偶问题．

(4)第6步把所得解映射回原始定义域．

(5)第7步撤消初始变换的效应．

### 20.1.2 算法合理性的证明

为了证明算法的合理性，我们必须确认在第4步中变换后的问题确实存在一个解．在考

虑这一点之前，有必要先解释第3步以及第5步的目的，前者通过增加图像点 $\mathbf{e}_k$ 的行扩展了数据；后者把任意的射影解变换到其中四个点等于3D基点 $\mathbf{E}_k$ 的一个解．

这两步的目的是确保得到对偶重构问题的一个解，其中的 $\hat{\mathrm{P}}^j$ 具有式(20.3)给出的特殊形式，即摄像机矩阵只用4个值来参数化．这样描述对偶算法是为了使它对无论什么算法 $\mathcal{A}(n,m+4)$ 都有效．然而，如果已知的算法 $\mathcal{A}(n,m+4)$ 具有直接对摄像机施加这个约束的能力，则第3和5两步都可以省去．正如即将见到的，基于基本矩阵、三焦点或四焦点张量的算法都可以容易地按这种方式修改．

同时，由于具有式(20.3)形式的 $\hat{\mathrm{P}}^j$ 称为**简化的摄像机矩阵**，我们称一组图像对应的任何重构为**简化重构**，只要它的每个摄像机矩阵具有这种形式．但是，并非所有可实现的点对应的集合允许一个简化实现，下面的结论刻画了具有这种性质的点对应集合．

**结论 20.2　一个图像点的集合 $\{\mathbf{x}_j^i : i,\cdots,m; j=1,\cdots,n\}$ 有一个简化实现的充要条件是它可以通过增加补充对应 $\mathbf{x}_{n+k}^i=\mathbf{e}_k, k=1,\cdots,4$ 使得**

**(1) 图像对应的整个集合是可实现的，并且**

**(2) 对应于补充图像对应的重构的点 $\mathbf{X}_{n+k}$ 不共面．**

**证明**　证明是很直接的．假设这个对应集合允许一个简化实现，并令 $\mathrm{P}^i$ 是简化摄像机矩阵集合，令点 $\mathbf{X}_{n+k}=\mathbf{E}_k, k=1,\cdots,4$，被投影到 $m$ 幅图像上．对所有的 $i$，这些投影是 $\mathbf{x}_{n+k}^i = \mathrm{P}^i\mathbf{X}_{n+k} = \mathrm{P}^i\mathbf{E}_k = \mathbf{e}_k$.

反过来，假设增加的点集是可实现的，并且点 $\mathbf{X}_{n+k}$ 不共面．此时，可以选择一个射影基使得 $\mathbf{X}_{n+k}=\mathbf{E}_k$. 于是对每一幅视图及所有 $k$ 有 $\mathbf{e}_k=\mathrm{P}^i\mathbf{E}_k$. 由此得出：每一个 $\mathrm{P}^i$ 有所希望的形式(式(20.3))．

在证明这个算法正确之前，必须再做一个注释．

**结论 20.3　如果一个图像点集 $\{\mathbf{x}_j^i : i=1,\cdots,m; j=1,\cdots,n\}$ 允许一个简化实现，那么转置集合 $\{\hat{\mathbf{x}}_i^j : i=1,\cdots,n; j=1,\cdots,m\}$ 也如此，这里对所有 $i$ 和 $j$，有 $\hat{\mathbf{x}}_i^j=\mathbf{x}_j^i$.**

这是基本的对偶性质，上面算法的第6步给出了有效的构造性证明．现在可以证明算法的正确性了．

**结论 20.4　若 $\mathbf{x}_j^i$ 和 $\mathbf{x}_{n+k}$（如图20.1(左)所示）是一组可实现的图像点对应，并且假设**

**(1) 对每个 $i$，4个点 $\mathbf{x}_{n+k}^i(k=1,\cdots,4)$ 不包括三个共线点．**

**(2) 在一个射影重构中，四个点 $\mathbf{X}_{n+k}$ 不共面．**

**那么，20.1.1节中的算法将会成功．**

**证明**　由于第一个条件，对每一个 $i$，存在变换 $\mathrm{T}^i$ 将输入数据变换到图20.1(右)所示的形式．变换后的数据也是可实现的，因为变换后的数据与原始数据仅相差一个图像射影变换．

现在，把结论20.2应用于图20.1(右)时，对应的 $\mathbf{x}'^i_j$ 允许一个简化实现．根据结论20.3，转置的数据(图20.2(左))也允许一个简化实现．再用一次结果20.2证明扩展的数据(图20.2(右))是可实现的．而且，点 $\hat{\mathbf{X}}_{m+k}$ 不共面，因此第5步有效．接下来进行第6和7步就没有问题了．

第一个条件可以从图像对应 $\mathbf{x}'^i_j$ 来验证．也许有人认为验证第二个条件需要实现重构．然而，无须进行重构就可以验证重构的点是否共面．这作为一个习题留给读者．

## 20.2 简化重构

在本节中,我们主要考虑并重新评价上节介绍的算法中的第 3 ~ 5 步. 扼要地说,这些步骤的目的是为了从一组图像对应得到一个简化的重构. 因此,输入的是允许简化实现的一组图像对应 $\hat{\mathbf{x}}_i^j$(见图 20.2(左)). 而输出的则是一组使得对所有 $i,j$ 满足 $\hat{\mathrm{P}}^j\hat{\mathbf{X}}_i=\hat{\mathbf{x}}_i^j$的简化的摄像机矩阵 $\hat{\mathrm{P}}^j$和点 $\hat{\mathbf{X}}_i$.

如我们所知道的,完成给定算法中的这些(步骤 3 ~ 5)的一种方法是把另外 4 个合成点对应 $\hat{\mathbf{x}}_{m+k}^j$加入该点集,进行射影重构,然后应用 3D 单应使得 3D 点 $\hat{\mathbf{X}}_{m+k}^j$映射到 $\mathbb{P}^3$ 的一个射影基 $\mathbf{E}_k$. 它的问题在于有噪声存在时,射影重构是不准确的. 因此,用这个方法得到的摄像机矩阵将把点 $\mathbf{E}_k$映到接近但不等于 $\mathbf{e}_k$的点. 这意味着摄像机矩阵不是准确的简化形式. 因此,我们现在要考虑计算点对应的实现的方法,使其摄像机就是简化的.

### 20.2.1 简化的基本矩阵

这些对偶方法最明显的应用是对偶化涉及基本矩阵和三焦点张量的重构算法. 它将引出(分别)对跨 $N$ 幅视图的 6 点或 7 点的重构算法. 本节考虑由 6 点的重构. 重构问题$\mathcal{P}(N,6)$的对偶是问题$\mathcal{P}(2,N+4)$,即在两幅视图中由 $N+4$ 点的重构. 第 10 章中有关基本矩阵的方法是解决这个问题的标准方法.

为此,我们定义简化基本矩阵.

**定义 20.5** 基本矩阵$\hat{\mathrm{F}}$称为**简化**基本矩阵,如果它满足条件 $\mathbf{e}_i^\top\hat{\mathrm{F}}\mathbf{e}_i=0, i=1,\cdots,4$.

由于简化基本矩阵已经满足从四组点对应推导的约束,它显然可以从少量的附加点计算出来. 事实上,线性计算需四个点,而非线性计算需三个点.

### 20.2.2 简化基本矩阵的计算

对一个简化基本矩阵,条件 $\mathbf{e}_i^\top\hat{\mathrm{F}}\mathbf{e}_i=0(i=1,\cdots,3)$意味着$\hat{\mathrm{F}}$的对角元素是零. 要求$(1,1,1)\hat{\mathrm{F}}(1,1,1)^\top=0$ 又给出另外一个条件:$\hat{\mathrm{F}}$的元素和为零. 因此可以把$\hat{\mathrm{F}}$写为

$$\hat{\mathrm{F}}=\begin{bmatrix}0 & p & q\\ r & 0 & s\\ t & -(p+q+r+s+t) & 0\end{bmatrix} \tag{20.4}$$

从而,使这个基本矩阵参数化并满足所有线性约束(但不是条件 $\det\hat{\mathrm{F}}=0$). 现在,不难看出满足 $\mathbf{x}'^\top\hat{\mathrm{F}}\mathbf{x}=0$ 的另外一组点对应 $\mathbf{x}\leftrightarrow\mathbf{x}'$将提供关于$\hat{\mathrm{F}}$的参数 $p,\cdots,t$ 的一个线性方程. 给定最少四组这样的对应,可以在相差一个不重要的比例因子下解出这些参数. 只给定三个这样的对应,则额外约束 $\det\hat{\mathrm{F}}=0$ 可以用来提供确定$\hat{\mathrm{F}}$所必要的额外约束. 可能存在一个或三个解. 这个计算类似于 11.1.2 节从七组点对应计算基本矩阵所采用的方法. 在给定四组或更多对应 $\mathbf{x}\leftrightarrow\mathbf{x}'$时,可以求最小二乘解.

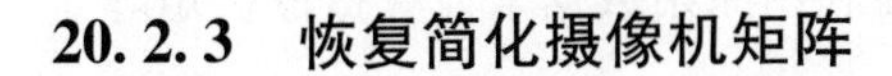

### 20.2.3 恢复简化摄像机矩阵

计算与简化基本矩阵对应的一对简化摄像机矩阵却惊人地棘手．我们不可以按通常的射影摄像机的情形假设第一个摄像机是$[\mathrm{I}\mid\mathbf{0}]$，因为它是非一般的，其摄像机的中心对应于基点$\mathbf{E}_4=(0,0,0,1)^{\mathsf{T}}$．然而，我们可以假设这一对摄像机有如下形式

$$\mathrm{P}=\begin{bmatrix}1 & & & 1\\ & 1 & & 1\\ & & 1 & 1\end{bmatrix}\quad 和\quad \mathrm{P}'=\begin{bmatrix}a & & & d\\ & b & & d\\ & & c & d\end{bmatrix}\tag{20.5}$$

因为第一个摄像机的中心是$(1,1,1,1)^{\mathsf{T}}$，它相对于基点$\mathbf{E}_1,\cdots,\mathbf{E}_4$是一个一般点．进一步，如果$d\neq 0$，则我们可以假设$d=1$，但是我们不主张这样做．

对应于这对摄像机的简化基本矩阵是

$$\hat{\mathrm{F}}=\begin{bmatrix}0 & b(d-c) & -c(d-b)\\ -a(d-c) & 0 & c(d-a)\\ a(d-b) & -b(d-a) & 0\end{bmatrix}\tag{20.6}$$

读者可以验证它满足四个线性约束以及零行列式的条件．目前的任务是在给定基本矩阵条件下恢复$(a,b,c,d)$的值．它看上去好像是要联立求解二次方程组，但是存在如下的线性求解方法．

(1)通过解齐次线性方程组：

$$\begin{bmatrix}f_{12} & f_{21} & 0\\ f_{13} & 0 & f_{31}\\ 0 & f_{23} & f_{32}\end{bmatrix}\begin{pmatrix}a\\ b\\ c\end{pmatrix}=\mathbf{0}\tag{20.7}$$

可以求得比率$a:b:c$，其中$f_{ij}$是$\hat{\mathrm{F}}$的第$ij$元素．这里出现的矩阵显然与$\hat{\mathrm{F}}$有相同的秩（即2），因此这个方程组存在唯一解（相差尺度因子）．解$a:b:c=A:B:C$提供了关于$a,b$和$c$的一组齐次方程，即$Ba=Ab$，$Ca=Ac$和$Cb=Bc$，其中的两个是线性独立的．

(2)类似地，通过解方程组$(d-a,d-b,b-c)\hat{\mathrm{F}}=0$可以求出比率$d-a:d-b:d-c$．这个解也是唯一的．这又提供了关于$a,b,c,d$的另外两个线性方程．

(3)由该方程组可以在相差一个尺度因子的意义下解$(a,b,c,d)$，并可以根据式(20.5)重构第二个摄像机矩阵．

### 20.2.4 由三视图中的六点求解

简化基本矩阵计算的最小配置是三个点，此时可能存在三个解．根据对偶化规则，它可转化为用跨三视图中的六个点来解的一个重构问题．它在利用三焦点张量作野值检测中的应用已在算法16.4中介绍．出于对最小配置解本身的兴趣，并由于它的实际应用，这里把它作为算法20.1显式地给出．这个算法基本上是把前面介绍的内容放在一起，然而还是有若干小的改动．

在算法20.1中，摄像机矩阵的最终估计在原先点测量的定义域中进行．另一种做法是如20.1.1节中的基本算法那样在对偶的定义域中运用DLT算法．然而，现在的方法似乎更简单．其优点是不需要应用逆变换 T,T′,T″. 更主要的是最后利用原始数据来计算摄像机矩阵．这是重要的,因为变换可能严重扭曲数据的噪声特征．

这个算法和下节介绍的 $n$ 视图情形的基础是对偶基本矩阵$\hat{\mathrm{F}}$. 注意对偶基本矩阵如何表示同一图像中点之间的关系．事实上,用来解$\hat{\mathrm{F}}$的方程是由同一图像中的点构造的．它与标准的基本矩阵不同,后者所编码的关系是不同图像中看到的点之间的关系．

目标

给定跨 3 视图的 6 组点对应 $\mathbf{x}_j \leftrightarrow \mathbf{x}'_j \leftrightarrow \mathbf{x}''_j$,由这些点计算一个重构,它包括 3 个摄像机矩阵 P,P′和 P″以及 6 个 3D 点 $\mathbf{X}_1,\cdots,\mathbf{X}_6$.

算法

(1)选择 4 个点,其中没有 3 个点在 3 幅视图的任一幅中共线．令它们是对应 $\mathbf{x}_{2+k} \leftrightarrow \mathbf{x}'_{2+k} \leftrightarrow \mathbf{x}''_{2+k}, k=1,\cdots,4$.

(2)对第一幅视图求一个将每个 $\mathbf{x}_{2+k}$映射到 $\mathbf{e}_k$的射影变换 T. 把 T 作用于另外两点 $\mathbf{x}_1$ 和 $\mathbf{x}_2$,产生点 $\hat{\mathbf{x}}_1 = \mathrm{T}\mathbf{x}_1$ 和 $\hat{\mathbf{x}}_2 = \mathrm{T}\mathbf{x}_2$.

(3)如式(20.4)中一样,由**对偶对应** $\hat{\mathbf{x}}_1 \leftrightarrow \hat{\mathbf{x}}_2$推导一个关于简化基本矩阵$\hat{\mathrm{F}}$的元素 $p,q,r,s,t$ 的方程．该方程由关系 $\hat{\mathbf{x}}_2^{\mathsf{T}}\hat{\mathrm{F}}\hat{\mathbf{x}}_1 = 0$ 导出．

(4)用上面两步一样的方法,由另外两幅视图的点形成另外两个方程．这将产生关于 5 个未知量的 3 个齐次方程．因而存在简化基本矩阵的 2 参数解族,它由两个独立的解$\hat{\mathrm{F}}_1$和$\hat{\mathrm{F}}_2$生成．

(5)一般解是$\hat{\mathrm{F}} = \lambda\hat{\mathrm{F}}_1 + \mu\hat{\mathrm{F}}_2$. 根据要求:$\det\hat{\mathrm{F}} = 0$,可以导出关于$(\lambda,\mu)$的一个齐次三次方程,由它可解出$(\lambda,\mu)$并因此得到$\hat{\mathrm{F}}$. 将有 1 个或 3 个实解．下面将对每个解轮流应用以下步骤．

(6)用节 20.2.3 的方法求在式(20.5)中定义的第二个简化摄像机矩阵 $\hat{\mathrm{P}}'$的参数$(a,b,c,d)^{\mathsf{T}}$.

(7)我们在原始测量域中完成重构．由$(a,b,c,d)^{\mathsf{T}}$定义的摄像机 $\hat{\mathrm{P}}'$的对偶是点 $\mathbf{X}_2 = (a,b,c,d)^{\mathsf{T}}$. 因此 6 个 3D 点是 $\mathbf{X}_1 = (1,1,1,1)^{\mathsf{T}}, \mathbf{X}_2 = (a,b,c,d)^{\mathsf{T}}$和 $\mathbf{X}_{2+k} = \mathbf{E}_k, k=1,\cdots,4$. 这就给出重构场景的结构．然后可以利用 7.1 节介绍的摄像机标定的 DLT 算法来计算 3 个摄像机矩阵．由于这里需要相对于原摄像机坐标定义的摄像机矩阵,我们使用原始坐标求解 P,P′和 P″,使得 $\mathrm{P}\mathbf{X}_j = \mathbf{x}_j$ 等．因为是准确解,DLT 解将是充分的．

算法 20.1　由三视图中的六点计算一个射影重构的算法．

## 20.2.5　*n* 视图中的六点

对用于三视图六点的方法做很少修改就能应用于多视图六个点的情形,主要的差别是简化的基本矩阵$\hat{\mathrm{F}}$将由数据唯一地确定．具体地说,在 20.2.4 节算法的第 4 步,每幅视图贡献一个方程,对于四幅或更多的视图,将足够确定$\hat{\mathrm{F}}$.

对这种数据冗余的情形,必须当心噪声的影响．由于此原因,看起来应该用原始的未变换的点进行该算法的最后一步．这能减轻采用变换的点而可能造成的噪声畸变的效应．

### 20.2.6　$n$ 视图中的七点

$n$ 视图中的七点问题与三视图的 $n+4$ 点的情形相对偶，并且用由 $n$ 组点对应来计算简化三焦点张量的方法求解.

**定义 20.6**　三焦点张量 $\mathcal{T}$ 被称为**简化三焦点张量**，如果它满足由合成点对应 $\mathbf{e}_k \leftrightarrow \mathbf{e}'_k \leftrightarrow \mathbf{e}''_k$，$k=1,\cdots,4$ 所产生的线性约束.

由 7 点重构的一般方法类似于在 $n$ 视图中的六点方法，除了用简化的三焦点张量代替简化基本矩阵之外，然而仍存在着一些小的差别.

在计算简化三焦点张量时，对应于合成的对应 $\mathbf{e}_j \leftrightarrow \mathbf{e}_j \leftrightarrow \mathbf{e}_j$ 的约束应该完全准确地满足，而用来计算张量的其他对应是有噪声的，故仅仅是近似地满足. 若不然，则计算的张量将没有准确的简化形式. 对于简化的基本矩阵的情形，通过简化基本矩阵的一种特殊的参数化来处理，也就是说，利用参数化使得由合成对应产生的约束自动地满足（见式(20.4)）. 对于三焦点张量情形，这样一种便利的参数化的可能性不明显. 该合成约束的形式是

$$e^i e^p e^q \varepsilon_{jpr} \varepsilon_{kqs} \mathcal{T}_i^{jk} = 0_{rs}$$

它比简化基本矩阵的线性约束要复杂得多. 可以按下面给出的另一方法进行.

在通常计算三焦点张量的线性方法中，必须求解形如 $\mathrm{A}\mathbf{t}=\mathbf{0}$ 的一个线性方程组，或者更准确地说，寻求满足 $\|\mathbf{t}\|=1$ 并使 $\|\mathrm{A}\mathbf{t}\|$ 最小的向量 $\mathbf{t}$. 在求解简化三焦点张量时，矩阵 A 可以分成两个部分，一部分对应于应该准确地满足由合成对应产生的约束，另一部分对应于由实际对应产生的约束，它必须在最小二乘意义下满足. 第一组约束形如 $\mathrm{C}\mathbf{t}=\mathbf{0}$，而第二组可以记为 $\hat{\mathrm{A}}\mathbf{t}=\mathbf{0}$. 问题变成：求在约束 $\|\mathbf{t}\|=1$ 和 $\mathrm{C}\mathbf{t}=\mathbf{0}$ 下最小化 $\|\hat{\mathrm{A}}\mathbf{t}\|$ 的 $\mathbf{t}$. 求解这个问题的一个算法由算法 A5.5 给出.

对于从简化张量求三个摄像机矩阵的问题，好像还不存在一种类似于 20.2.3 节对基本矩阵所描述的那样简单方法. 可以用在一般对偶算法第 5 和 6 步中所介绍的方法来代替.

这种类型的最小配置是两视图的 7 点，此时，最好直接用 11.1.2 节的方法求解，而不是采用六视图 3 点的对偶化方法.

### 20.2.7　性能问题

基于简化基本矩阵和三焦点张量的对偶重构方法已被实现和测试. 这些测试的结果在一个学生的报告中，由 Gilles Debunne 于 1996 年 8 月提供. 由于这个报告实际上已经不复存在，我们把该结果总结在这里.

最严重的困难是由于对图像进行了射影变换 $\mathrm{T}^i$ 而使噪声分布的失真. 对图像数据进行射影变换会使任何加在数据上的噪声分布失真. 这个问题与在任何图像上必须选择四个非共线点有关. 如果在任一图像上这些点接近共线，那么用于图像的射影变换（在该算法的第 1 步中）可以使该图像产生极大的失真. 这种失真可以严重降低算法的性能.

如果不对噪声失真给予特别关注，则算法的性能一般是不令人满意的，尽管在算法的4～6 步极小心地最小化由于噪声产生的误差，当第 7 步用了逆射影变换后，平均误差变得非常大. 虽然某些点保持非常小的误差，而在那些失真非常大的图像中却产生相当大的误差.

用 4.4.4 节意义上的归一化也是一个问题. 业已证明对数据进行归一化对于线性重构算

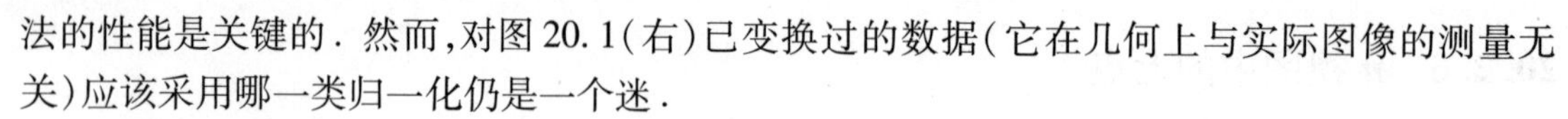


法的性能是关键的．然而，对图 20.1(右)已变换过的数据(它在几何上与实际图像的测量无关)应该采用哪一类归一化仍是一个迷．

为得到好的结果，似乎有必要把算法第 1 步假定的误差分布传递下去以得到图 20.1(右)所示的变换过的数据的假定误差分布，然后在重构过程中最小化与这个传递误差分布有关的残差．或者说，在重构过程中要最小化的代价函数必须回过来与原始图像点的测量误差相联系．[Hartley-00a, Schaffalitzky-00c]中报告的最近研究工作证明它的确使结果显著提高．

## 20.3 结束语

### 20.3.1 文献

Carsson-Weinshall 对偶的基本思想首先同时出现在[Carlsson-95]和 Weinshall[Weinshall-95]的两篇论文中，接着在一篇合著的论文[Carlsson-98]中被介绍．这里关于对偶化一个算法的一般方法的处理是由[Hartley-98b]给出的，它由这些早期论文推导得来．处理噪声传播的方法细节在[Hartley-00a]中给出，它建立在 Gillles Debunne(1996 年 8 月)的一篇现已不存在的报告的基础上．

由三视图六点的重构问题也许首先在一个技术报告[Hartley-92b]中处理(后来发表为[Hartley-94c])，其中证明了最多存在八个解．[Quan-94]给出了这个问题的一个完整的解答，其中证明了只有三个可能的解，这一点也在[Ponce-94]中指出．论文[Carlsson-95] 指出这个问题是两视图七点问题的对偶并且它的解是已知的．这使本章给出的方法得以系统地表述．[Torr-97]用最小的六点配置来对三焦点张量进行鲁棒性估计．由 $n \geqslant 3$ 视图六点重构计算的另一种方法在[Schaffalitzky-00c]中给出．该方法不需要图像先被投影变换到一个标准基．

### 20.3.2 注释和练习

(1)20.1.1 节的对偶算法中曾提到这个方法只有在定义图像变换的 4 个点不共面时才有效．不过请注意，在这种情形下，18.5.2 节的算法将线性地计算出一个射影重构．

(2)如果所选择的 4 点是共面的，则单应 $\mathrm{T}^i$ 将把这个平面映射到一个公共坐标系．从而变换过的点 $\mathbf{x}'^i_j$ 将满足 17.5.2 节的条件，即连结任何一对点 $\mathbf{x}'^i_j$ 和 $\mathbf{x}'^i_k$($j$ 和 $k$ 是固定的，而每一个 $i$ 对应不同的直线)的直线将相交于同一点．这种情形的对偶在[Criminisi-98, Irani-98]中介绍．

(3)仍然是所选择 4 点为共面的情形：在施加 $\mathrm{T}^i$ 之后，这 4 点所在平面的任何点将映射到所有图像中的同一点．因此，与这组点对应相一致的基本矩阵将是反对称的．

# 第21章 正 负 性

当用一组点对应来进行场景的射影重构时,通常非常重要的一条信息被忽略了——如果点在图像上可见,那么它们必然在摄像机的前面．一般,射影重构的场景与欧氏坐标系解释的实际场景不能保证非常相似．场景常常在无穷远平面处被切开,图21.1用2维的情形给予说明．把这个简单的约束考虑进来后,就可能使重构至少非常接近于场景的仿射重构．这样产生的重构称为“准仿射”,它介于射影重构和仿射重构之间．场景对象在无穷远平面上不再被切开,虽然它们也许仍然存在严重的射影失真．

如果我们不介意摄像机而仅要求场景具有正确的准仿射形式,那么把射影重构转变到准仿射是非常简单的——事实上它能在大约两行编程中完成(见推论21.9)．如果还要求处理摄像机则需要解一个线性规划问题．

## 21.1 准仿射变换

设 $B$ 为 $\mathbb{R}^n$ 的子集,如果连接 $B$ 中任何两点的线段完全在 $B$ 内,则称 $B$ 为凸集．包含 $B$ 的最小凸集称为 $B$ 的凸包,记为 $\overline{B}$. 我们将主要关心3D点集,因此 $n=3$. 我们把 $\mathbb{R}^3$ 看成是 $\mathbb{P}^3$ 的一个子集,它由所有非无穷远点组成．无穷远点构成无穷远平面,记为 $\boldsymbol{\pi}_\infty$．这样一来,$\mathbb{P}^3 = \mathbb{R}^3 \cup \boldsymbol{\pi}_\infty$. $\mathbb{P}^3$ 的子集是凸集的充要条件是它包含在 $\mathbb{R}^3$ 中而且是 $\mathbb{R}^3$ 中的凸集．因此,根据这个定义,一个凸集不包含任何无穷远点．

**定义21.1** 考虑一点集 $\{\mathbf{X}_i\} \subset \mathbb{R}^3 \subset \mathbb{P}^3$. 一个射影映射 $h: \mathbb{P}^3 \rightarrow \mathbb{P}^3$ 被称为保持点 $\{\mathbf{X}_i\}$ 的凸包,如果

(1)对所有 $i$, $h(\mathbf{X}_i)$ 是一个有限点,且

(2) $h$ 把点 $\{\mathbf{X}_i\}$ 的凸包双射到点 $\{h(\mathbf{X}_i)\}$ 的凸包．

图21.1所示的例子可以帮助理解这个定义．这个例子是关于2D点集的,但原理是一样的．图中显示了一把梳子的图像以及根据一个射影映射重取样的图像．然而,该射影映射**不**保持梳子的凸包．大部分人会认同这个重取样的图像与摄像机或人类的眼睛所见到的一把梳子的任何视图不一样．

如下面即将给出的定理所示,保持点集的凸包性质可以用各种不同的方式来表征．为了叙述这个定理,我们引入一个新的记号．

**记号** 符号 $\hat{\mathbf{X}}$ 记点 $\mathbf{X}$ 的齐次表示,其最后一个坐标等于1.

本章中我们感兴趣的是齐次量表示的向量(例如3D中的点)之间的准确等式(不是相差

一个常数的等式). 这样一来,例如,如果 H 是一个射影变换,那么可以用 $\mathrm{H}\hat{\mathbf{X}}=\mathrm{T}'\hat{\mathbf{X}}'$来表示把点 $\hat{\mathbf{X}}$ 映射到点 $\hat{\mathbf{X}}'$的变换,常数因子 T′要求能使这个等式准确地成立.

现在来叙述该定理.

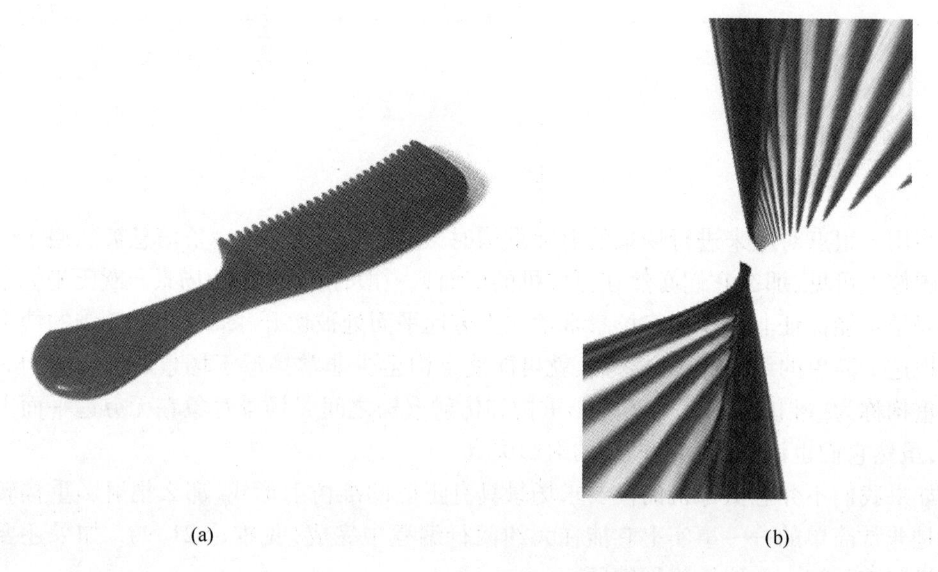

图 21.1 (a)一把梳子的图像.(b)对该图像施加一个射影变换的结果. 这个射影变换不保持由梳子的点组成的凸包. 在原始图像中,梳子的凸包是包含在可视图像范围内的有限集合. 但是,此凸包的某些点被该变换映射到无穷远.

**定理 21.2 考虑一个射影变换 $h:\mathrm{IP}^3\to\mathrm{IP}^3$ 和一个点集 $\{\mathbf{X}_i\}$. 设 $\boldsymbol{\pi}_\infty$ 是由 $h$ 映射到无穷远的平面. 下面的陈述是等价的.**

**(1) $h$ 保持点集 $\{\mathbf{X}_i\}$ 的凸包.**

**(2) 对点集 $\{\mathbf{X}_i\}$ 的凸包中的任何点 $\tilde{\mathbf{X}}$ 有 $\tilde{\mathbf{X}}\cap\boldsymbol{\pi}_\infty=\varnothing$.**

**(3) 令 H 是表示变换 $h$ 的一个矩阵,并假设 $\mathrm{H}\hat{\mathbf{X}}_i=\mathrm{T}_i'\hat{\mathbf{X}}_i'$,则所有的常数 $\mathrm{T}_i'$都有相同的符号.**

**证明** 我们将按(1)⇒(2)⇒(3)⇒(1)来证明.

(1)⇒(2) 如果 $h$ 保持点的凸包,那么对于 $\mathbf{X}_i$凸包中的任何点 $\tilde{\mathbf{X}}$ ,$h(\tilde{\mathbf{X}})$都是有限点. 因此 $\tilde{\mathbf{X}}\cap\boldsymbol{\pi}_\infty=\varnothing$.

(2)⇒(3) 考虑连接两点 $\mathbf{X}_i$和 $\mathbf{X}_j$的弦,并假设 $\mathrm{T}_i'$和 $\mathrm{T}_j'$(如定理的(3)中定义)有相反的符号. 因为 $\mathrm{T}_i'$是 $\mathbf{X}_i$坐标的连续函数,故从 $\mathbf{X}_i$到 $\mathbf{X}_j$的弦上一定存在一个点 $\tilde{\mathbf{X}}$ 使得 T′等于零. 这意味着 $\mathrm{H}\tilde{\mathbf{X}}=(\tilde{\mathrm{X}}',\tilde{\mathrm{Y}}',\tilde{\mathrm{Z}}',0)^{\mathsf{T}}$. 由于 $\tilde{\mathbf{X}}$ 在点$\{\mathbf{X}_i\}$的凸包中,这与(2)相悖.

(3)⇒(1) 我们假设存在符号都相同的常数 $\mathrm{T}_i'$,使 $\mathrm{H}\hat{\mathbf{X}}=\mathrm{T}_i'\hat{\mathbf{X}}_i'$. 令 $S$ 是 $\mathrm{IR}^n$的一个子集,它包含所有满足条件$\mathrm{H}\hat{\mathbf{X}}=\mathrm{T}'\hat{\mathbf{X}}'$的点 $\mathbf{X}$,其中 T′与 $\mathrm{T}_i'$有相同符号. 集合 $S$ 包含$\{\mathbf{X}_i\}$. 我们将证明 $S$ 是凸集. 如果 $\mathbf{X}_i$和 $\mathbf{X}_j$是 $S$ 的两点,其对应常数是 $\mathrm{T}_i'$和 $\mathrm{T}_j'$,则任何介于 $\mathbf{X}_i$和 $\mathbf{X}_j$之间的点 $\mathbf{X}$

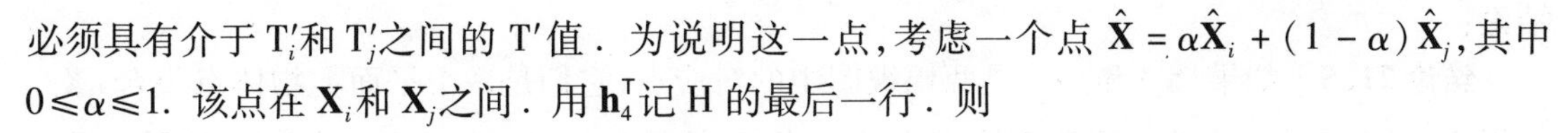

必须具有介于$T'_i$和$T'_j$之间的$T'$值．为说明这一点，考虑一个点$\hat{\mathbf{X}}=\alpha\hat{\mathbf{X}}_i+(1-\alpha)\hat{\mathbf{X}}_j$，其中$0\leqslant\alpha\leqslant1$．该点在$\mathbf{X}_i$和$\mathbf{X}_j$之间．用$\mathbf{h}_4^{\mathsf{T}}$记H的最后一行．则

$$
\begin{aligned}
T' &= \mathbf{h}_4^{\mathsf{T}}\hat{\mathbf{X}} \\
&= \mathbf{h}_4^{\mathsf{T}}(\alpha\hat{\mathbf{X}}_i+(1-\alpha)\hat{\mathbf{X}}_j) \\
&= \alpha\mathbf{h}_4^{\mathsf{T}}\hat{\mathbf{X}}_i+(1-\alpha)\mathbf{h}_4^{\mathsf{T}}\hat{\mathbf{X}}_j \\
&= \alpha T'_i+(1-\alpha)T'_j
\end{aligned}
$$

如断言的那样，此值在$T'_i$和$T'_j$之间．因此，$T'$值的符号必定与$T'_i$和$T'_j$一样，从而$\mathbf{X}$也在$S$中．这证明$S$是凸集．

现在，令$\widetilde{S}$是$S$的一个凸子集．我们将证明$h(\widetilde{S})$也是凸集．可以容易地看到它是成立的，因为$h$把$\widetilde{S}$中的线段映射为一条不会穿过无穷远平面的线段．因此，$h$把任何满足$S\supset\widetilde{S}\supset\{\mathbf{X}_i\}$的凸集$\widetilde{S}$映射到满足$S'\supset\widetilde{S}'\supset\{\mathbf{X}'_i\}$的凸集$\widetilde{S}'$．而且，如果H满足条件(3)，则显然$H^{-1}$也满足．由此推出凸集$\widetilde{S}$和$\widetilde{S}'$之间的上述对应是双射．因为$\{\mathbf{X}_i\}$(或$\{\mathbf{X}'_i\}$)的凸包是所有这样的凸集的交，这就证明了$h$保持这些点的凸包．

保持给定点集的凸包的射影变换组成一个非常重要的类，并被称为**准仿射**变换．

**定义21.3** 令$B$为$\mathrm{IR}^n$的子集而$h$为$\mathrm{IP}^n$的一个射影变换．如果$h$保持集合$B$的凸包，则称射影变换$h$是关于集合$B$的"准仿射"．

可以验证如果$h$是关于$B$的准仿射，那么$h^{-1}$是关于$h(B)$的准仿射．而且，如果$h$关于$B$是准仿射而$g$关于$h(B)$是准仿射，则$g\circ h$关于$B$是准仿射．因此，准仿射射影变换可以按这个方式复合．然而，严格地说，关于给定的固定点集合的准仿射射影变换不构成一个群．

我们将考虑通过一个射影变换相互对应的点集$\{\mathbf{x}_i\}$和$\{\mathbf{x}'_i\}$．当我们提到这个射影变换是**准仿射**的，总表示与集合$\{\mathbf{X}_i\}$有关．

**2维准仿射映射** 2维准仿射映射是3D空间中平面点集与它们在射影摄像机映射下的图像之间的变换，正式地陈述如下．

**定理21.4 如果$B$是$\mathrm{IR}^3$中一个平面("物平面")上的点集，并且$B$完全位于一个射影摄像机的前面，那么由该摄像机定义的从物平面到像平面的映射是关于$B$的准仿射．**

**证明** 存在把物平面映射到像平面的一个射影变换$h$是众所周知的．这里需要证明的是这个射影是关于$B$的准仿射．令$\boldsymbol{L}$是摄像机主平面与物平面的交线．因为$B$完全在摄像机的前面，所以$\boldsymbol{L}$与$B$的凸包不相交．然而，根据主平面的定义，$h(\boldsymbol{L})=\boldsymbol{L}_\infty$，其中$\boldsymbol{L}_\infty$是该像平面上的无穷远直线．从而，可以推出$(h(\overline{B})\cap\boldsymbol{L}_\infty=\varnothing$，进而根据定理21.2可知这个变换是关于$B$的准仿射．

注意：如果点$\mathbf{x}_i$在一幅图像中可见，则对应的物点必须在摄像机的前面，把定理21.4应用于一系列的成像操作(例如，一幅图像的图像的图像等)，其结果是这个序列中最先和最后的图像由一个平面射影变换相关联，该变换是关于最后一幅图像上可见的物平面上的任意点集的准仿射．

类似地，如果两幅图像取自一个平面上的点集$\{\mathbf{X}_i\}$、$\{\mathbf{x}_i\}$和$\{\mathbf{x}'_i\}$是两幅图像中的对应点，那么存在一个准仿射映射(关于$\mathbf{x}_i$)把每个$\mathbf{x}_i$映射到$\mathbf{x}'_i$，因此定理21.2适用，可得下面的

结论:

**结论 21.5** 如果$\{\mathbf{x}_i\}$和$\{\mathbf{x}'_i\}$是两幅视图中的对应点,它们是一个平面上物体点集合$\{\mathbf{X}_i\}$的影像,那么存在一个表示平面射影变换的矩阵 H,使得 $\mathrm{H}\hat{\mathbf{x}}_i = w_i\hat{\mathbf{x}}'_i$,并且所有 $w_i$有相同符号.

## 21.2 摄像机的前面和后面

一个点 $\mathbf{X} = (\mathrm{X},\mathrm{Y},\mathrm{Z},\mathrm{T})^{\mathrm{T}}$相对摄像机的深度在式(6.15)中被证明是

$$\mathrm{depth}(\mathbf{X};\mathrm{P}) = \frac{\mathrm{sign}(\det \mathrm{M})w}{\mathrm{T}\|\mathbf{m}^3\|} \tag{21.1}$$

式中,M 是 P 的左边 3×3 子矩阵,$\mathbf{m}^3$是 M 的第三行,并且 $\mathrm{P}\mathbf{X} = w\hat{\mathbf{x}}$. 这个表示式与 $\mathbf{X}$ 或 M 的具体的齐次表示无关,即乘以一个非零的尺度因子它不会改变. 这个深度的定义被用来确定一个点在摄像机的前面与否.

**结论 21.6** 点 $\mathbf{X}$ 在摄像机 P 前面的充分必要条件是 $\mathrm{depth}(\mathbf{X};\mathrm{P}) > 0$.

事实上,对摄像机前面的点深度为正,摄像机后面的点为负,对无穷远平面上的点为无穷大,而摄像机主平面上的点为零. 如果摄像机中心或点 $\mathbf{X}$ 在无穷远,则深度没有定义.

本节只关心深度的符号而不是它的大小,于是可以写为

$$\mathrm{depth}(\mathbf{X};\mathrm{P}) \doteq w\mathrm{T}\det\mathrm{M} \tag{21.2}$$

式中,记号≐表示符号相等. 量 $\mathrm{sign}(\mathrm{depth}(\mathbf{X};\mathrm{P}))$称为点 $\mathbf{X}$ 相对于摄像机 P 的**正负性**. 一个点如果其正负性从 1 变为 -1,或者从 -1 变为 1,则称正负性被一个变换反置.

## 21.3 3 维点集合

本节将解释点的正负性与摄像机和点集凸包之间的联系. 现在来陈述主要结论.

**定理 21.7 令 $\mathrm{P}^{\mathrm{E}}$和 $\mathrm{P}'^{\mathrm{E}}$为两个摄像机. $\mathbf{X}_i^{\mathrm{E}}$为位于两个摄像机前面的点集合. 而 $\mathbf{x}_i$和 $\mathbf{x}'_i$为对应的图像点.(上标 E 表示欧氏)**

**(1)令$(\mathrm{P},\mathrm{P}',\{\mathbf{X}_i\})$是从图像对应 $\hat{\mathbf{x}}_i \leftrightarrow \hat{\mathbf{x}}'_i$得到的任意射影重构,并且 $\mathrm{P}\mathbf{X}_i = w_i\hat{\mathbf{x}}_i$和 $\mathrm{P}'\mathbf{X}_i = w'_i\hat{\mathbf{x}}'_i$,则对于所有 $i$,$w_iw'_i$的符号相同.**

**(2)如果每个 $\mathbf{X}_i$都为有限点,且 $\mathrm{P}\mathbf{X}_i = w_i\hat{\mathbf{x}}_i$对所有 $i$,$w_i$有相同符号,则存在一个准仿射变换 H 把每个 $\mathbf{X}_i$变到 $\mathbf{X}_i^{\mathrm{E}}$.**

根据定理 10.1,一定存在把每个 $\mathbf{X}_i$映到 $\mathbf{X}_i^{\mathrm{E}}$的射影变换. 当前的定理给出了额外的信息,即该变换是准仿射,从而存在一个准仿射重构.

注意每个 $w_iw'_i$的符号相同的条件不受将 P,P′或任何点 $\mathbf{X}_i$乘以一个常数因子的影响,从而不因这些量的齐次表示的选择而改变. 具体地说,如果 P 乘了一个负常数,那么对所有的 $i$,$w_i$也乘了一个负常数. 因此对每个 $i$,$w_iw'_i$的符号反置了,但是它们仍保持相同的符号. 类似地,如果一个点 $\mathbf{X}_i$乘了一个负常数,那么 $w_i$和 $w'_i$两者都改变了符号,因而 $w_iw'_i$的符号没有改变. 同样,对所有 $i$,每个 $w_i$(在定理的第(2)部分)符号相同的条件也不受摄像机矩阵乘以一个负(或者正)常数的影响.

**证明** 点 $\mathbf{X}_i^{\mathrm{E}}$在摄像机 $\mathrm{P}^{\mathrm{E}}$和 $\mathrm{P}'^{\mathrm{E}}$的前面,从而相对于这些摄像机有正的深度. 根据式

(21.2)得到

$$\text{depth}(\mathbf{X}_i^E;P^E) \doteq \det(M^E)w_iT_i^E$$

因此,对所有 $i$,$\det(M^E)w_iT_i^E>0$. 类似地,对于第二个摄像机有 $\det(M'^E)w_i'T_i^E>0$. 把这些表达式乘在一起,并把 $T_i^E$ 消去(因为它出现两次),得到 $w_iw_i'\det M^E\det M'^E>0$. 由于 $\det M^E\det M'^E$ 是常数,这证明了 $w_iw_i'$ 符号不变.

以上是根据真实配置来证明的. 然而,注意对任何 H,有 $w_i\hat{\mathbf{x}}_i=P^E\mathbf{X}_i^E=(P^EH^{-1})(H\mathbf{X}_i^E)$,因而 $w_iw_i'$ 对于射影重构 $(P^EH^{-1},P'^EH^{-1},\{H\mathbf{X}_i^E\})$ 也具有相同的符号. 因为任何射影重构都是这种形式(除齐次常数因子外),而且 $w_iw_i'$ 符号相同的条件与 $\mathbf{X}_i^E$,$P^E$,$P'^E$ 的齐次表示的选择无关,由此推出在任何射影重构中,对所有的 $i$,$w_iw_i'$ 符号相同. 这证明了此定理的第一部分.

为证明第二部分,假设在射影重构 $w_i\hat{\mathbf{x}}_i=P\hat{\mathbf{X}}_i$ 中的所有 $w_i$ 符号相同. 由于这是一个射影重构,存在一个由 H 表示的变换,使得对某些常数 $\eta_i$ 和 $\varepsilon$ 成立 $H\hat{\mathbf{X}}_i=\eta_i\hat{\mathbf{X}}_i^E$ 和 $PH^{-1}=\varepsilon P^E$. 从而

$$w_i\hat{\mathbf{x}}_i=P\hat{\mathbf{X}}_i=(PH^{-1})(H\hat{\mathbf{X}}_i)=(\varepsilon P^E)(\eta_i\hat{\mathbf{X}}_i^E)$$

因此对所有 $i$ 有

$$P^E\hat{\mathbf{X}}_i^E=(w_i/\varepsilon\eta_i)\hat{\mathbf{x}}_i$$

然而,由于 $\text{depth}(\mathbf{X}_i^E,P^E)>0$,我们得到对所有 $i$ 有 $\det(M^E)w_i/\varepsilon\eta_i>0$. 又由于 $\det(M^E)/\varepsilon$ 是常数,并且根据假设,对所有 $i$,$w_i$ 符号相同,所以对所有 $i$,$\eta_i$ 符号相同,因此根据定理 21.2,满足 $H\hat{\mathbf{X}}_i=\eta_i\hat{\mathbf{X}}_i^E$ 的映射 H 是关于点 $\hat{\mathbf{X}}_i$ 的一个准仿射.

注意:对所有 $i$,$w_i$ 符号相同的条件只要对其中的一个摄像机验证即可. 然而,根据定理第(1)部分的定义 $P'\hat{\mathbf{X}}_i=w_i'\hat{\mathbf{x}}_i'$,对所有 $i$,$w_iw_i'$ 符号相同. 因此,如果所有的 $w_i$ 符号相同,则 $w_i'$ 也如此.

## 21.4 获得一个准仿射重构

根据定理 21.7,任何使得 $P\hat{\mathbf{X}}_i=w_i\hat{\mathbf{x}}_i$ 且对所有 $i$,$w_i$ 符号相同的射影重构是一个准仿射重构. 与任意的射影变换相比,准仿射重构的优势在于它给出物体真实形状的一个更接近的近似. 正如[Hartley-94b]中所说的,它可以用作场景度量重构过程中的一个垫脚石. 另外用它可以恢复物体的凸包或者确定诸如两点是否在一个平面的同一边等问题.

结果表明,在已知一个射影重构条件下,准仿射重构是非常简单的,正如下面的定理所示.

**定理 21.8 其中一个摄像机是仿射摄像机的任何射影重构是一个准仿射重构.**

**证明** 一个仿射摄像机是最后一行形如(0,0,0,1)的摄像机. 对于这种情形,记 $w_i\hat{\mathbf{x}}_i=P\hat{\mathbf{X}}_i$,可以立即验证对所有 $i$,都有 $w_i=1$,因而它们都有相同的符号. 根据定理 21.2,这意味着这个重构与真实的场景相差一个准仿射变换.

由它立即得出下面的结论:

**推论 21.9** 若$(P,P',\{\mathbf{X}_i\})$是一个场景的射影重构,其中 $P=[I\mid\mathbf{0}]$. 则通过交换 P 和 P′ 的最后两列,以及每个 $\mathbf{X}_i$ 的最后两个坐标会得到此场景的一个准仿射重构.

这类似于结论 10.4,在那里证明了如果已知摄像机 P 实际上是仿射摄像机,则上面的步骤提供了一个仿射重构.

## 21.5 变换正负性的效果

现在,我们来推导与式(21.2)中定义的深度公式稍微不同的一种形式.令 P 是一个摄像机矩阵.P 的中心是使 $\mathrm{PC}=\mathbf{0}$ 的唯一的点 $\mathbf{C}$. 则可写出 $\mathbf{C}$ 的显式公式如下.

**定义 21.10** 给定一个摄像机矩阵 P,我们定义 $\mathbf{C}_{\mathrm{p}}^{\mathsf{T}}$ 为向量$(c_1,c_2,c_3,c_4)$,其中

$$c_i=(-1)^i\det\hat{\mathrm{P}}^{(i)}$$

式中,$\hat{\mathrm{P}}^{(i)}$ 是 P 去掉第 $i$ 列后所得到的矩阵.

我们用$[\mathrm{P}/\mathbf{V}^{\mathsf{T}}]$记由一个 $3\times4$ 的摄像机矩阵 P 增加最后一行 $\mathbf{V}^{\mathsf{T}}$而组成的 $4\times4$ 矩阵.由定义 21.10 导出 $\det[\mathrm{P}/\mathbf{V}^{\mathsf{T}}]$的一个简单公式.按最后一行的余子式展开这个行列式给出,对任何行向量 $\mathbf{V}^{\mathsf{T}}$有 $\det[\mathrm{P}/\mathbf{V}^{\mathsf{T}}]=\mathbf{V}^{\mathsf{T}}\mathbf{C}_{\mathrm{p}}$成立.作为它的一个特例,如果 $\mathbf{p}_i^{\mathsf{T}}$是 P 的第 $i$ 行,则

$$\mathbf{p}_i^{\mathsf{T}}\mathbf{C}_{\mathrm{p}}=\det[\mathrm{P}/\mathbf{p}_i^{\mathsf{T}}]=0$$

上面的等式成立是因为这个矩阵有重复的行.由于该式对所有 $i$ 都成立,从而推出 $\mathrm{P}\mathbf{C}_{\mathrm{p}}=0$,因此 $\mathbf{C}_{\mathrm{p}}$是摄像机的中心,正是上面所断言的.

注意子矩阵 $\hat{\mathrm{P}}^{(4)}$ 与分解式 $\mathrm{P}=[\mathrm{M}\mid\mathbf{v}]$中的矩阵 M 一样,因此有 $\det\mathrm{M}=c_4$,这允许我们重新公式化式(21.2)如下:

$$\mathrm{depth}(\mathbf{X};\mathrm{P})\doteq w(\mathbf{E}_4^{\mathsf{T}}\mathbf{X})(\mathbf{E}_4^{\mathsf{T}}\mathbf{C}_{\mathrm{p}})\tag{21.3}$$

式中,$\mathbf{E}_4^{\mathsf{T}}$是向量$(0,0,0,1)$.这里值得注意的是 $\mathbf{E}_4$为表示无穷远平面的向量——点 $\mathbf{X}$ 在无穷远平面上的充分必要条件是 $\mathbf{E}_4^{\mathsf{T}}\mathbf{X}=0$.

我们现在考虑由矩阵 H 表示的一个射影变换.如果 $\mathrm{P}'=\mathrm{PH}^{-1}$和 $\mathbf{X}'=\mathrm{H}\mathbf{X}$,则这个变换保持图像对应.当说到一个射影变换被应用到一个点集和摄像机时,其含意是点 $\mathbf{X}$ 被变换到 $\mathrm{H}\mathbf{X}$ 且摄像机矩阵被变换到 $\mathrm{PH}^{-1}$.

本节我们将考虑这样的射影变换及其对点关于摄像机的正负性的影响.首先,我们希望确定当 P 被变换到 $\mathrm{PH}^{-1}$时,$\mathbf{C}_{\mathrm{P}}$会发生什么变化.为回答这个问题,考虑任意 4 维向量 $\mathbf{V}$. 有

$$\mathbf{V}^{\mathsf{T}}H^{-1}\mathbf{C}_{\mathrm{PH}^{-1}}=\det(\mathrm{PH}^{-1}/\mathbf{V}^{\mathsf{T}}H^{-1})=\det(P/\mathbf{V}^{\mathsf{T}})\det H^{-1}=\mathbf{V}^{\mathsf{T}}\mathbf{C}_{\mathrm{P}}\det\mathrm{H}^{-1}$$

因为上式对所有向量 $\mathbf{V}$ 成立,故由它推出 $\mathrm{H}^{-1}\mathbf{C}_{\mathrm{PH}^{-1}}=\mathbf{C}_{\mathrm{P}}\det\mathrm{H}^{-1}$,或者

$$\mathbf{C}_{\mathrm{PH}^{-1}}=\mathrm{H}\mathbf{C}_{\mathrm{P}}\det\mathrm{H}^{-1}\tag{21.4}$$

从某种层面来看,这个公式表明变换 H 把摄像机中心 $\mathbf{C}=\mathbf{C}_{\mathrm{p}}$变到新位置 $\mathbf{C}_{\mathrm{PH}^{-1}}\approx\mathrm{H}\mathbf{C}$ 上.然而,对 $\mathbf{C}_{\mathrm{PH}^{-1}}$的准确坐标,特别是出现在式(21.3)中最后一个坐标 $c_4$的符号感兴趣,这样一来,因子 $\det\mathrm{H}^{-1}$是主要的.

现在,把式(21.4)应用于式(21.3)给出

$$\begin{aligned}\mathrm{depth}(\mathrm{H}\mathbf{X};\mathrm{PH}^{-1})&\doteq w(\mathbf{E}_4^{\mathsf{T}}\mathrm{H}\mathbf{X})(\mathbf{E}_4^{\mathsf{T}}\mathbf{C}_{\mathrm{PH}^{-1}})\\&\doteq w(\mathbf{E}_4^{\mathsf{T}}\mathrm{H}\mathbf{X})(\mathbf{E}_4^{\mathsf{T}}\mathrm{H}\mathbf{C}_{\mathrm{p}})\det\mathrm{H}^{-1}\end{aligned}$$

可以把表达式 $\mathbf{E}_4^{\mathsf{T}}\mathrm{H}$ 解释为被 H 映射到无穷远的平面 $\boldsymbol{\pi}_\infty$.这是因为点 $\mathbf{X}$ 在 $\boldsymbol{\pi}_\infty$上的充分必要条件是 $\mathrm{H}\mathbf{X}$ 的最后一个坐标是零,即 $\mathbf{E}_4\mathrm{H}\mathbf{X}=0$. 另一方面,$\mathbf{X}$ 在 $\boldsymbol{\pi}_\infty$上的充分必要条件是

$\boldsymbol{\pi}_\infty^\mathsf{T}\mathbf{X}=0$. 最后,把变换矩阵 H 的第 4 行记为 $\mathbf{h}_4^\mathsf{T}$,并把 sign(det H)记为 $\delta$,得到

**结论 21.11 如果 $\boldsymbol{\pi}_\infty$ 是被射影变换 H 映射到无穷远的平面,并且 $\delta=\text{sign}(\det \mathrm{H})$,则**

$$\text{depth}(\mathrm{H}\mathbf{X};\mathrm{PH}^{-1})\doteq w(\boldsymbol{\pi}_\infty^\mathsf{T}\mathbf{X})(\boldsymbol{\pi}_\infty^\mathsf{T}\mathbf{C}_\mathrm{p})\delta$$

这个方程将被广泛地应用,它可被视为式(21.3)的一种推广. 在下一节将看到 $\delta=\text{sign}(\det \mathrm{H})$是判断 H 是反向或者保向变换的一个指标. 这样一来,变换 H 对正负性的影响仅由被映射到无穷远平面 $\boldsymbol{\pi}_\infty$ 的位置以及 H 是保向或反向来确定.

我们现在考虑不同的变换对点关于摄像机的正负性的影响. 首先考虑的是仿射变换的影响.

**结论 21.12 具有正行列式的仿射变换保持任何点相对一个摄像机的正负性. 具有负行列式的仿射变换则使正负性反向.**

**证明** 仿射变换保持无穷远平面不变,因此 $\boldsymbol{\pi}_\infty=\mathbf{E}_4$. 然后比较式(21.3)和结论 21.11 即得出此结果.

我们现在来确定一个任意的射影变换如何影响正负性.

**结论 21.13 令 H 表示一个具有正行列式的射影变换,并且 $\boldsymbol{\pi}_\infty$ 是被 H 映射到无穷远的空间平面. 点 X 的正负性被 H 保持的充分必要条件是 X 与摄像机中心在平面 $\boldsymbol{\pi}_\infty$ 的同一边.**

**证明** 由于 $\det\mathrm{H}>0$,从式(21.3)和结论 21.11 得出 $\text{depth}(\mathbf{X};\mathrm{P})\doteq\text{depth}(\mathrm{H}\mathbf{X};\mathrm{PH}^{-1})$ 的充要条件是$(\boldsymbol{\pi}_\infty^\mathsf{T}\mathbf{X})(\boldsymbol{\pi}_\infty^\mathsf{T}\mathbf{C})\doteq(\mathbf{E}_4^\mathsf{T}\mathbf{X})(\mathbf{E}_4^\mathsf{T}\mathbf{C})$. 假设点 $\mathbf{X}$ 和摄像机 P 位于有限点,使得其正负性是适定的,并且通过变尺度使得 $\mathbf{X}$ 和 $\mathbf{C}$ 的最后坐标都等于1. 在这种情形下,$(\mathbf{E}_4^\mathsf{T}\mathbf{X})(\mathbf{E}_4^\mathsf{T}\mathbf{C})=1$,并可见保持正负性的充要条件是$(\boldsymbol{\pi}_\infty^\mathsf{T}\mathbf{X})(\boldsymbol{\pi}_\infty^\mathsf{T}\mathbf{C})\doteq1$,或改写为 $\boldsymbol{\pi}_\infty^\mathsf{T}\mathbf{X}\doteq\boldsymbol{\pi}_\infty^\mathsf{T}\mathbf{C}$. 这个条件可以解释为点 $\mathbf{C}$ 和 $\mathbf{X}$ 都位于平面 $\boldsymbol{\pi}_\infty$ 的同一边. 因此,点 $\mathbf{X}$ 的正负性被变换 H 保持的充要条件是它与摄像机中心在平面 $\boldsymbol{\pi}_\infty$ 的同一边.

## 21.6 定向

现在考虑图像定向问题. 如果一个 $\mathrm{IR}^n$ 到它自身的映射 $h$ 的 Jacobian(偏导数矩阵的行列式)在点 $\mathbf{X}$ 是正的,则称 $h$ 在点 $\mathbf{X}$ 处是保向的;如果该 Jacobian 值是负的,则称 $h$ 在这些点上是反向的. $\mathrm{IR}^n$ 中的点相对于一个超平面的反射(镜面影像)是反向映射的一个例子. 从 $\mathrm{P}^n$ 到自身的一个射影变换 $h$ 限制为 $\mathrm{IR}^n-\boldsymbol{\pi}_\infty$ 到 $\mathrm{IR}^n$ 的一个映射,其中 $\boldsymbol{\pi}_\infty$ 是由 H 映射到无穷远的超平面(直线、平面). 考虑 $n=3$ 的情形,并且令 H 是表示射影变换 $h$ 的一个 $4\times4$ 矩阵. 我们希望确定在 $\mathrm{IR}^n-\boldsymbol{\pi}_\infty$ 中,映射 $h$ 在哪些点 $\mathbf{X}$ 上是保向的. 可以验证(利用 Mathematica[Mathematica-92]非常容易):如果 $\mathrm{H}\hat{\mathbf{X}}=w\hat{\mathbf{X}}'$ 而 J 是 $h$ 的 Jacobian 矩阵在 $\mathbf{X}$ 处的值,则 $\det(\mathrm{J})=\det(\mathrm{H})/w^4$. 由此推出下面的结论.

**结论 21.14 由一个矩阵 H 表示的 $\mathrm{IP}^3$ 中的射影变换 $h$ 在 $\mathrm{IR}^n-\boldsymbol{\pi}_\infty$ 中的任何点是保向的充要条件是** $\det(\mathrm{H})>0$.

当然,可定向的概念可以扩展到整个 $\mathrm{IP}^3$ 上,并且可以证明 $h$ 在整个 $\mathrm{IP}^3$ 上是保向的充要条件是 $\det(\mathrm{H})>0$. 这里最基本的特征是作为一个拓扑流形,$\mathrm{IP}^3$ 是可定向的.

通过准仿射变换对应的两个点集$\{\mathbf{X}_i\}$和$\{\overline{\mathbf{X}}_i\}$称为**反向**,如果该变换是反向的. 作为一个例子,考虑由对角矩阵 $\mathrm{H}=\text{diag}(1,1,-1,1)$ 给出的变换. 该变换的行列式为负,因而是反向

的．另一方面，它是仿射的，因此是准仿射的．所以总是能够构造场景的一个反向的准仿射重构．因此看上去好像场景的方向不能从一对图像来确定．虽然有时这是对的，但有时也可能排除场景的一个反向的准仿射重构，从而确定场景真正的定向．

这里，常识提供一些线索．具体地说，一个双眼立体图像对可以看作给一个眼睛提供一幅图像而给另一个眼睛提供另一幅图像．如果送得正确，则大脑感知场景的一个3D重构．然而如果把这两幅图像交换并提供给相反的眼睛．则透视将被反过来——山峰变成山谷，反之亦然．实际上，大脑是能够计算图像对的两个相反定向的重构．因此，似乎在某种环境下一个图像对的两种相反定向的实现是存在的．这在图21.2中说明．

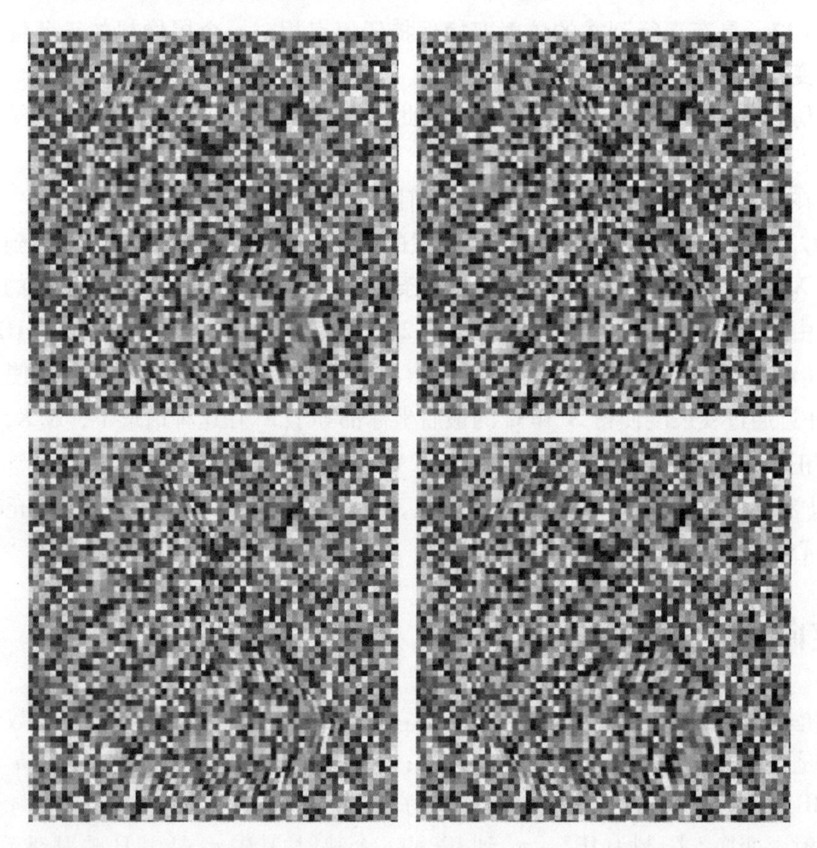

**图21.2** 用交叉融合观察的双眼立体图像对（双眼交叉让左眼看右图而右眼看左图）．底部的两幅图像与上部的一对图像是一样的，只是它们的位置被交换．在上部的图像对中，我们看到一个$L$型的区域浮在平面背景上．在下部图像对中，$L$型区域看上去是一个凹痕．两个“重构”的区别是对背景平面做了反射．它表明同样一对图像可以给出两种不同定向的射影重构．

但是，令人惊讶地发现这种情况不总是存在，如下面定理所证明的．如果重构的3D点$\mathbf{X}_i$在所有摄像机的前面，那么该点对应集合的射影实现被称为**强实现**，这个定义将在下面的定理和本章其他地方用到．

**定理21.15** 令$(\mathrm{P},\mathrm{P}',\{\mathbf{X}_i\})$**是唯一可实现的点对应集合的一个强实现．存在另一个反向的强实现**$(\overline{\mathrm{P}},\overline{\mathrm{P}}',\{\overline{\mathbf{X}}_i\})$**的充要条件是在**$\mathbb{R}^3$**中存在一个平面使得两个摄像机P和P′的透视中心在这个平面的一边，而点**$\mathbf{X}_i$**在另一边．**

**证明** 考虑该结构配置的一个强实现．根据定义，所有的点都在两个摄像机的前面．假设存在一个平面把两摄像机中心和这些点分开．令 G 是把给定平面映射到无穷远的一个射影变换，而 A 是一个仿射变换．进一步假设 $\det \mathrm{G}>0$ 和 $\det \mathrm{A}<0$. 令 H 是复合变换 $\mathrm{H}=\mathrm{AG}$. 根据结论 21.13，变换 G 对这些点来说是反置正负性的，因为这些点和两摄像机中心各在这个平面的一边．根据结论 21.12，A 也是反置正负性的，因为 $\det\mathrm{A}<0$. 因此复合变换 H 一定是保持正负性的，并且把一个强结构变换到另一个强结构．然而因为 H 的行列式为负，它是反向的，因此这两个强实现有相反的定向．

反之，假设存在两个反向的强实现，并且令 H 是把一个映射到另一个的变换．因为 H 是反向的，故 $\det \mathrm{A}<0$. 由定义，相对于两个摄像机，映射 H 在所有点上是保持正负性的．如果 $\boldsymbol{\pi}_{\infty}$ 是被 H 映射到无穷远的平面，则根据结论 21.13，点 $\mathbf{X}$ 必须在平面 $\boldsymbol{\pi}_{\infty}$ 的不同于两个摄像机中心的另一边．

## 21.7 正负性不等式

第 21.4 节中给出了一种可以直接从射影重构得到场景准仿射重构的非常简单的方法．然而，在那里得到的重构没有注意点必须在所有摄像机前面的条件．事实上，在这个构造中第一个摄像机是一个仿射摄像机，对它来说，前面和后面不是适定的．充分利用可见点必须在摄像机前面这个事实的好处，可更严格地约束这个重构以导致更加逼近场景的一个真正的仿射重构．

我们将给出由多幅图像推导重构的方法．给定一组图像点 $\{\mathbf{x}_i^j\}$，其中 $\mathbf{x}_i^j$ 是第 $i$ 个点在第 $j$ 幅图像上的投影．不是所有的点在每一幅图像上都可见，因此对某些 $(i,j)$，点 $\mathbf{x}_i^j$ 没有给定，此时，不知道第 $i$ 个点是否在第 $j$ 个摄像机前面．另一方面，一个像点 $\mathbf{x}_i^j$ 的存在表示这点是在摄像机的前面．

开始时，我们假设已知场景的一个射影重构，它包含一组 3D 点 $\mathbf{X}_i$ 和摄像机 $\mathrm{P}^j$ 使得 $\mathbf{x}_i^j \approx \mathrm{P}^j\mathbf{X}_i$. 在这个方程中把隐含的常数因子显式地给出得到 $w_i^j\hat{\mathbf{x}}_i^j=\mathrm{P}^j\mathbf{X}_i$. 该方程中的 $\mathrm{P}^j$ 和 $\mathbf{X}_i$ 分别是矩阵或向量的任意齐次表示．结合定理 21.7，对多视图可以陈述如下：

**结论 21.16** **考虑一组点 $\mathbf{X}_i^{\mathrm{E}}$ 和摄像机 $\mathrm{P}^{j\mathrm{E}}$，并对一些指标 $(i,j)$ 定义 $\mathbf{x}_i^j=\mathrm{P}^{j\mathrm{E}}\mathbf{X}_i^{\mathrm{E}}$ 使点 $\mathbf{X}_i^{\mathrm{E}}$ 在摄像机 $\mathrm{P}^{j\mathrm{E}}$ 前面．令 $(\mathrm{P}^j;\mathbf{X}_i)$ 是由 $\mathbf{x}_i^j$ 得到的射影重构．则存在摄像机矩阵 $\widetilde{\mathrm{P}}^j=\pm\mathrm{P}^j$ 和 $\widetilde{\mathbf{X}}^i=\pm\mathbf{X}_i$ 使得对 $\mathbf{x}_i^j$ 有定义的每个 $(i,j)$ 有**

$$\widetilde{\mathrm{P}}^j\widetilde{\mathbf{X}}_i=w_i^j\hat{\mathbf{x}}_i^j \quad \text{并且} \quad w_i^j>0$$

简要地说，我们总可以在必要时用 $-1$ 乘以摄像机矩阵和点来调整射影重构，使得只要图像点 $\mathbf{x}_i^j$ 存在，$w_i^j$ 就是正的．该证明因简单而略去．为寻求矩阵 $\widetilde{\mathrm{P}}^j$ 和点 $\widetilde{\mathbf{X}}_i$，可以假设其中一个摄像机是 $\widetilde{\mathrm{P}}_1=\mathrm{P}_1$，另外所有的点和摄像机可以乘以 $-1$. 对所有的 $i$，$\mathrm{P}_1\widetilde{\mathbf{X}}_i=w_i^1\hat{\mathbf{x}}_i^1$ 且 $w_i^1>0$ 的条件决定选择 $\widetilde{\mathbf{X}}_i=\mathbf{X}_i$ 或 $-\mathbf{X}_i$，使得 $\mathbf{x}_i^1$ 有定义．对所有的 $j$，由每个已知 $\widetilde{\mathbf{X}}_i$ 确定 $\widetilde{\mathrm{P}}^j$，使得 $\mathbf{x}_i^j$ 有定义．以此类推，我们可以容易地找到应用于 $\mathrm{P}^j$ 和 $\mathbf{X}_i$ 的因子 $\pm1$，以便得到 $\widetilde{\mathrm{P}}^j$ 和 $\widetilde{\mathbf{X}}_i$. 假设这个过程已完成，并分别用 $\widetilde{\mathrm{P}}^j$ 和 $\widetilde{\mathbf{X}}_i$ 代替每个 $\mathrm{P}^j$ 和 $\mathbf{X}_i$. 下面，我们将省去波浪号并且对修正过的 $\mathrm{P}^j$ 和 $\mathbf{X}_i$ 继续进行运算．目前我们知道只要图像点 $\mathbf{x}_i^j$ 给定便有 $w_i^j>0$.

现在,我们来求变换 H,它把射影重构变换到准仿射重构并且按要求使所有的点在摄像机的前面. 用4维向量 $\mathbf{v}$ 表示被 H 映射到无穷远的平面 $\boldsymbol{\pi}_\infty$,这个条件可以写为(见结论21.11):

$$\text{depth}(\mathbf{X}_i;\mathrm{P}^j) \doteq (\mathbf{v}^\mathsf{T}\mathbf{X}_i)(\mathbf{v}^\mathsf{T}\mathbf{C})\delta > 0$$

式中,$\delta = \text{sign}(\det \mathrm{H})$. 这个条件对于 $\mathbf{x}_i^j$ 给定的所有 $(i,j)$ 成立.

因为如果必要,我们可以自由地用 $-1$ 乘以向量 $\mathbf{v}$,故可以假设摄像机 $\mathrm{P}^1$ 的中心满足 $(\mathbf{v}^\mathsf{T}\mathbf{C}^1)\delta > 0$. 容易推出下面的不等式

$$\mathbf{X}_i^\mathsf{T}\mathbf{v} > 0, \quad \text{对所有 } i \text{ 成立}$$

$$\delta\mathbf{C}^{j\mathsf{T}}\mathbf{v} > 0, \quad \text{对所有 } j \text{ 成立} \tag{21.5}$$

方程式(21.5)可以称为**正负性不等式**. 由于每一个 $\mathbf{X}_i$,$\mathbf{C}$ 和 $\mathbf{C}'$ 的值都是已知的,它们组成了关于 $\mathbf{v}$ 的元素的不等式组. $\delta$ 的值**预先**不知道,因此有必要对 $\delta = 1$ 和 $\delta = -1$ 两种情形求解.

为求所需要的变换 H,我们首先对 $\delta = 1$ 或 $\delta = -1$ 解正负性不等式来求 $\mathbf{v}$ 的值. 所求的矩阵 H 是最后一行为 $\mathbf{v}^\mathsf{T}$ 并满足条件 $\det \mathrm{H} \doteq \delta$ 的任意矩阵. 如果 $\mathbf{v}$ 的最后一个元素非零,则 H 能选择简单的形式,即其前3行的形式是 $\pm[\mathrm{I} \mid \mathbf{0}]$.

如果一个欧氏重构(或更具体地说,一个准仿射重构)是可能的,则必然对 $\delta = 1$ 或者 $\delta = -1$ 存在一个解. 在某些情形中,对 $\delta = 1$ 和 $\delta = -1$,该正负性不等式都存在解. 这意味着存在两个反向的强实现. 可能发生这种情形的条件在21.6节中讨论过.

**解正负性不等式** 当然,正负性不等式可以用线性规划技术来求解. 然而如它们所表示的,如果 $\mathbf{v}$ 是一个解,则对任何正因子 $\alpha$,$\alpha\mathbf{v}$ 也是解. 为了限制在有界解的范围内,可以加进另外的不等式. 例如,如果 $\mathbf{v} = (v_1, v_2, v_3, v_4)^\mathsf{T}$,则不等式 $-1 < v_i < 1$ 可以用来把解的范围限制在有界的多面体内.

为得到唯一解,我们需要指定一个线性化的目标函数. 一个合适的策略是寻求最大化每个不等式所满足的范围. 为做到这一点,我们引入另一个变量 $d$. 式(21.5)中每个不等式 $\mathbf{a}^\mathsf{T}\mathbf{v} > \mathbf{0}$(对适当的 $\mathbf{a}$)都用不等式 $\mathbf{a}^\mathsf{T}\mathbf{v} > d$ 代替. 我们求满足所有这些不等式的最大化的 $d$. 这是一个标准的线性规划问题,并存在许多求解方法,比如单纯形法([Press-88])[⊖]. 如果找到一个解 $d > 0$,那么它是一个所希望的解.

**算法总结** 现在,我们给出采用正负性不等式计算场景的准仿射重构的完整算法. 这个算法在上面概述时是对两视图情形做了讨论. 现在将给出任意视图数的算法. 对多视图的推广是直接的.

**界定无穷远平面** 当然准仿射重构不是唯一的,它被确定到相差一个关于点和摄像机中心的准仿射变换. 然而,一旦求得了一个,便可以界定无穷远平面的坐标范围. 因此,令 $\mathrm{P}^j$ 和 $\mathbf{X}_i$ 组成场景的一个准仿射重构. 可以通过选择 $\mathrm{P}^j$ 和 $\mathbf{X}_i$ 的符号使得 $\mathbf{X}_i$ 的最后一个坐标和每个 $\mathrm{M}^j$ 的行列式为正. 可以对点和摄像机进行平移使得坐标原点在这些点和摄像机中心的凸包中. 为简单起见,可将这些点的形心放置在原点.

---

⊖ [Press-88]中给出的单纯形算法不适合作为标准使用,因为它做了所有变量为非负的不必要的假定. 用于此问题时它需要做修正.

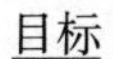

目标

给定一组3D点$\mathbf{X}_i$和摄像机矩阵$\mathrm{P}^j$,组成由图像点集得到的一个射影重构,计算一个把该射影重构变换到准仿射重构的射影变换H.

算法

(1)对每一对使点$\mathbf{x}_i^j$给定的$(i,j)$,令$\mathrm{P}^j\mathbf{X}_i = w_i^j\hat{\mathbf{x}}_i^j$.

(2)用$-\mathrm{P}^j$代替某些摄像机$\mathrm{P}^j$,并用$-\mathbf{X}_i$代替某些点$\mathbf{X}_i$,以便能按要求保证每个$w_i^j > 0$.

(3)形成正负性不等式(21.5),其中$\mathbf{C}^j = \mathbf{C}_{\mathrm{P}^j}$由定义21.10确定.

(4)对$\delta = \pm 1$的每个值,为这组正负性不等式选择一个解(如果存在).令该解为$\mathbf{v}_\delta$.至少对于$\delta$的一个值,解必然存在,有时对$\delta$的两个值解都存在.

(5)定义一个矩阵$\mathrm{H}_\delta$,其最后一行等于$\mathbf{v}_\delta$并满足$\det(\mathrm{H}) \doteq \delta$.矩阵$\mathrm{H}_\delta$就是所要求的变换.如果$\mathrm{H}_+$和$\mathrm{H}_-$都存在,那么它们导出两个反向的准仿射重构.

算法21.1 计算一个准仿射重构.

可以施加另一个准仿射变换H得到另一个重构.令$\boldsymbol{\pi}_\infty$是被H映到无穷远的平面.我们只限于关注保向的变换,且希望寻找关于$\boldsymbol{\pi}_\infty$坐标的约束,以使得H是准仿射.平面$\boldsymbol{\pi}_\infty$有这种性质的充要条件是它完全位于点和摄像机中心的凸包之外.由于这个平面$\boldsymbol{\pi}_\infty$不穿过凸包,它不可能通过原点.用向量$\mathbf{v}$表示$\boldsymbol{\pi}_\infty$,那么$\mathbf{v}$的最后一个坐标非零.因此可写$\mathbf{v} = (v_1, v_2, v_3, 1)^\mathsf{T}$.因为原点与所有的点在这个平面的同一边,正负性不等式变成

$$\mathbf{X}_i^\mathsf{T}\mathbf{v} > 0, \quad \text{对所有}\ i\ \text{成立}$$
$$\mathbf{C}^{j\mathsf{T}}\mathbf{v} > 0, \quad \text{对所有}\ j\ \text{成立} \tag{21.6}$$

式中,$\mathbf{v} = (v_1, v_2, v_3, 1)^\mathsf{T}$.通过求解在这些约束下最大化$v_i$或$-v_i$的线性规划问题,可以找到每一个$v_i$的上界和下界.没有一个$v_i$可以是无界的,因为否则的话,由向量$\mathbf{v}$表示的平面$\boldsymbol{\pi}_\infty$,可以任意地接近原点.

在求解该系统之前,良好的习惯做法是用一个仿射变换去归一化这组点和摄像机中心,使得它们的形心位于原点并且它们的主矩都等于1.

完整的计算无穷远平面位置的界在算法21.2中给出.

目标

给定场景的准仿射重构,确立无穷远平面坐标的界限.

算法

(1)归一化点$\mathbf{X}_i = (\mathrm{X}_i, \mathrm{Y}_i, \mathrm{Z}_i, \mathrm{T}_i)^\mathsf{T}$使得$\mathrm{T}_i = 1$,并归一化摄像机$\mathrm{P}^j = [\mathrm{M}^j \mid \mathbf{t}^j]$使得$\det \mathrm{M}^j = 1$.

(2)进一步做如下归一化:用$\mathrm{H}^{-1}\mathbf{X}_i$替代$\mathbf{X}_i$,并用$\mathrm{P}^j\mathrm{H}$替代$\mathrm{P}^j$,其中H是一个仿射变换,它把形心移动到原点并在主轴方向上进行缩放使得主轴相等.

(3)令$\mathbf{v} = (v_1, v_2, v_3, 1)^\mathsf{T}$,形成正负性不等式(21.6).任何保向并把该重构映射到图像的一个仿射重构的变换H必然具有形式

$$H = \begin{bmatrix} & I & & \mathbf{0} \\ v_1 & v_2 & v_3 & 1 \end{bmatrix}$$

其中向量 $\mathbf{v}$ 满足这些正负性不等式.

(4) 每个 $v_i$ 的上下界可以通过运行 6 次线性规划问题而求到. 所希望的变换 H 的坐标必然在这些界所定义的长方体内.

算法 21.2　确立无穷远平面的界

## 21.8　哪些点在第三幅视图中可见

考虑由两视图得到的一个场景重构. 现在来考虑哪些点在第三幅视图中可见的问题. 这样的问题发生在给定两幅未标定的场景视图并要求合成第三幅视图的时候. 它可由前两幅视图进行场景的射影重构而后投影到第三幅视图来完成. 此时,非常重要的事是要确定一个点是否在第三个摄像机的前面,即确定它可见或不可见.

如果只给出了第三幅视图相对于某给定重构的参考坐标系下的摄像机矩阵,则不可能确定这些点在真实场景中是在第三个摄像机的前面还是后面. 其基本的多义性在图 21.3 中说明. 然而,如下面的结论所指出的,已知一个点在第三幅视图中可见的信息可以用来消除这个多义性. 把定理 21.7 应用于第一和第三幅视图时得到下面的准则.

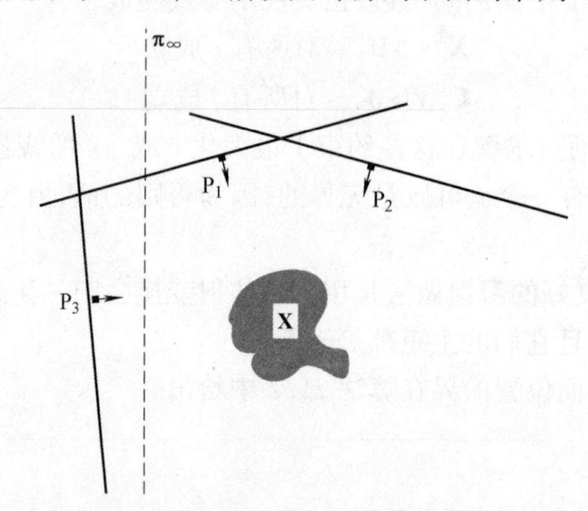


**图 21.3**　点集 **X** 在所有 **3** 个摄像机的前面. 但是若用一个保向的射影变换 H 把 $\boldsymbol{\pi}_\infty$ 映射到无穷远,那么点集将在摄像机 $P^1$ 和 $P^2$ 的前面而在摄像机 $P^3$ 的后面. 因此假设点集 **X** 是由摄像机 $P^1$ 和 $P^2$ 所获取的图象重构而得,并且令 $P^3$ 为任意其他摄像机矩阵. 如果存在一个平面把摄像机 $P^3$ 的中心与其他摄像机中心分开且不与点集 **X** 的凸包相交,则不能确定点是否在 $P^3$ 的前面.

**结论 21.17**　**令点**$(P^1, P^2, \{\mathbf{X}_i\})$**是一组对应** $\mathbf{x}_i^1 \leftrightarrow \mathbf{x}_i^2$ **的一个实现. 令** $P^3$ **是第三幅视图的摄像机矩阵且假设** $w_j^i \hat{\mathbf{x}}_i = P^i \mathbf{X}_j, i = 1, \cdots, 3$**,则** $w_j^1 w_j^3$ **对所有在第三幅视图中可见的点** $\mathbf{X}_j$ **都有相同的符号.**

在实际中,常常是至少知道一个点 $\mathbf{X}_0$ 在第三幅视图中可见. 用它来定义 $w_0^1 w_0^3$ 的符号后,

任何其他点 $\mathbf{X}_j$ 在摄像机 $P^3$ 的前面的充要条件是 $w_j^1 w_j^3 = w_0^1 w_0^3$.

举个例子,一旦利用两幅视图得到一个射影重构,第三个摄像机的摄像机矩阵可以由已知在它前面的六个或更多点的图像确定下来,方法是由给定的对应 $\mathbf{x}_i^3 = P^3\mathbf{X}_i$(其中点 $\mathbf{X}_i$ 是重构的点)直接求解摄像机矩阵 $P^3$. 然后可以明确地确定其余的点哪些在 $P^3$ 的前面.

## 21.9 哪些点在前面

当我们试图对已经由两幅或更多幅未标定视图重构的场景来人工合成一幅新视图时,有时需要考虑点被其他点遮挡的可能性. 它导致这样的问题:给定投射到新视图中同一点的两个点,哪个点更靠近摄像机并遮挡了另一点? 在可能出现反定向的准仿射重构时,可能再次出现无法确定一对点中的哪一点更靠近新的摄像机. 这在图 21.4 中说明. 如果存在一张平面将点集与摄像机中心分开,则存在两个相反定向的重构,从而不能确定谁在谁前面. 如图 21.4 所示的这种多义性仅发生于如下情形:有一张平面 $\boldsymbol{\pi}_\infty$ 把所有可见点集合与摄像机中心分开. 如果不是这种情形,则可计算一个准仿射重构而轻易解决这个问题. 然而,为了避免计算准仿射重构的开销,我们倾向于只利用场景的射影重构来解这个问题. 下文将解释如何来做这件事.

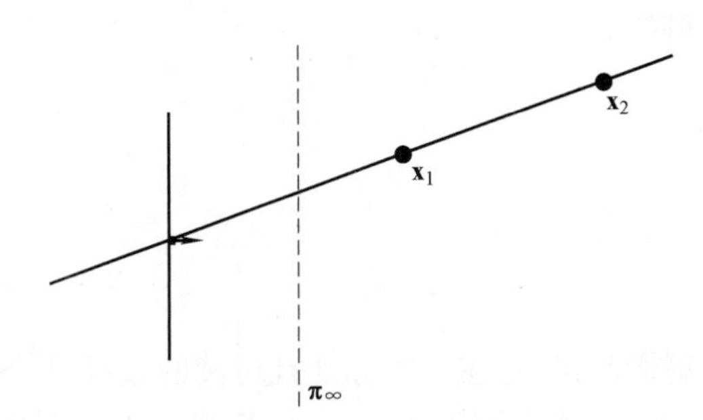


**图 21.4** 点 $\mathbf{x}_1$ 比 $\mathbf{x}_2$ 更靠近摄像机. 但是如果用了一个反向的射影变换,把 $\boldsymbol{\pi}_\infty$ 映射到无穷远,那么 $\mathbf{x}_1$ 和 $\mathbf{x}_2$ 仍然在摄像机前面,但是 $\mathbf{x}_2$ 比 $\mathbf{x}_1$ 更靠近摄像机.

我们可以求式(21.1)的逆,得到 $\text{depth}^{-1}(\mathbf{X};P) = 1/\text{depth}(\mathbf{X};P)$ 的一个表达式. 这个逆深度函数在摄像机主平面上是无穷大,在无穷远平面上是零,在摄像机前面的点为正而在摄像机后面的点为负. 为了记号简单起见,我们用 $\chi(\mathbf{X};P)$ 代替 $\text{depth}^{-1}(\mathbf{X};P)$.

对位于过摄像机中心的射线上的点 $\mathbf{X}$, $\chi(\mathbf{X};P)$ 的值沿着这条射线单调减小,由摄像机中心处的正无穷大,经过正值减小到无穷远平面上的零,然后再经过负值继续减小到位于摄像机中心的 $-\infty$. 点 $\mathbf{X}_1$ 比 $\mathbf{X}_2$ 更靠近摄像机前面的充分必要条件是 $\chi(\mathbf{X}_1) > \chi(\mathbf{X}_2)$. 这在图 21.5 中说明.

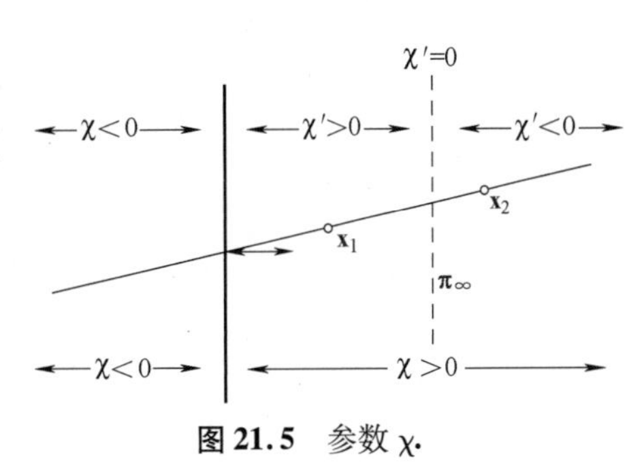


**图 21.5** 参数 $\chi$.

现在,如果该配置经历一个将平面 $\boldsymbol{\pi}_\infty$ 变换到无穷远的保向变换 H,则参数 $\chi$ 将被一个新的参数 $\chi'$ 代替,定义为 $\chi'(\mathbf{X}) = \chi(H\mathbf{X};PH^{-1})$. $\chi'$ 的值也必然沿着

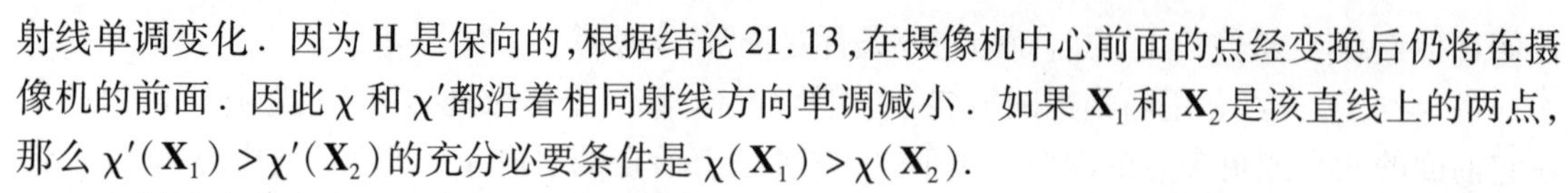


射线单调变化．因为 H 是保向的，根据结论 21.13，在摄像机中心前面的点经变换后仍将在摄像机的前面．因此 $\chi$ 和 $\chi'$ 都沿着相同射线方向单调减小．如果 $\mathbf{X}_1$ 和 $\mathbf{X}_2$ 是该直线上的两点，那么 $\chi'(\mathbf{X}_1) > \chi'(\mathbf{X}_2)$ 的充分必要条件是 $\chi(\mathbf{X}_1) > \chi(\mathbf{X}_2)$.

当射影变换的行列式为负时，摄像机的前面和后面将局部地反置．在这种情形中，参数 $\chi'$ 增加的方向也将被反置．因此，$\chi'(\mathbf{X}_1) > \chi'(\mathbf{X}_2)$ 的充分必要条件是 $\chi(\mathbf{X}_1) < \chi(\mathbf{X}_2)$.

当射影变换把场景变换到"真实"场景时，如果有两点被投影到图像中同一点，则有较大 $\chi'$ 值的点更靠近摄像机．这导致下面能让我们由任意射影重构确定摄像机前面的两个点中谁更靠近摄像机的结论．

**结论 21.18 假设两点 $\mathbf{X}_1$ 和 $\mathbf{X}_2$ 映射到一幅图像中的同一点．考虑这个场景的一个射影重构，并且令参数 $\chi$ 在该射影重构的坐标系中(由式(21.3))定义．如果这个射影重构与真实的场景有相同定向，则在真实场景中离摄像机前面较近的点有比较大的 $\chi$ 值．另一方面，如果射影变换有相反定向，则 $\chi$ 值比较小的点在真实场景中离摄像机的前面较近．**

如前面已经提到的，除非存在一个平面将点集与用来重构的摄像机分开，否则场景的定向是唯一确定的，并且我们能确定结论 21.18 的射影变换的行列式是正的还是负的．然而，它可能需要用 21.7 节介绍的线性规划方法来计算该配置的一个强实现．如果不同定向的强实现存在，则如图 21.4 所说明的，存在一个本质的多义性．然而，这个多义性可以由一个点对与摄像机的相对距离的知识来解决．

## 21.10 结束语

### 21.10.1 文献

本章的议题涉及**有向射影几何**，它在一本标准且可读的教科书[Stolfi-91]中讨论．Laveau 和 Faugeras 在[Laveau-96b]中应用了有向射影几何的思想．[Robert-93]也用摄像机的前面和后面的概念来计算射影重构中的凸包．本章引自论文[Hartley-98a]，它也讨论了诸如准仿射映射不变量和允许任意对应有准仿射重构的条件等议题．

[Hartley-94b, Hartley-99]指出正负性，特别是正负性不等式在确定准仿射重构(它是过度到仿射和度量重构的中间步骤)中很有用．最近，Werner 和 Pajdla 在[Werner-01]中使用定向射影几何消除伪直线对应，并在两视图中限制五点的对应[Werner-03].

# 第 22 章
# 退化配置

在前面各章中,我们给出了与多幅图像相关的各种量——射影矩阵、基本矩阵和三焦点张量的估计算法. 但在给出它们的线性和迭代算法时几乎没有考虑这些算法会失败的可能性. 我们现在就来考虑这种可能性在什么条件下会发生.

通常,如果给定足够多的对应点并在某种类型的"一般位置"上,估计中所求的量将被唯一确定,同时我们给出的算法也将是成功的. 但是,如果给出的对应点太少或所有的点在某些临界配置上,那么唯一解将不存在. 有时会是有限数目的不同解,而有时会是一个完整的解族.

本章将聚焦在本书中我们所碰到的三个主要估计问题:计算摄像机射影矩阵、由两视图重构和由三视图重构. 这里给出的某些结果是经典的,特别是计算摄像机矩阵和两视图临界曲面问题. 其他的则是相当近期的结果. 我们将依次考虑不同的估计问题.

## 22.1 计算摄像机投影矩阵

我们先考虑给定空间中的一组点及其在图像中的对应点集来计算摄像机投影矩阵的问题. 因此给定一组空间点 $\mathbf{X}_i$ 和它们被射影矩阵为 P 的摄像机映射到图像中的点 $\mathbf{x}_i$. 这些空间和图像点的坐标已知,要求计算矩阵 P. 这个问题已在第 7 章中考虑过. 在考虑这个问题的临界配置之前,我们先离题来研究一下摄像机射影的抽象概念.

**摄像机被看作点** 假定存在一组对应点 $\mathbf{X}_i \leftrightarrow \mathbf{x}_i$. 让我们假定存在唯一的摄像机矩阵 P 使得 $\mathbf{x}_i = \mathrm{P}\mathbf{X}_i$. 现在令 H 为该图像的一个射影变换矩阵,并令 $\mathbf{x}_i' = \mathrm{H}\mathbf{x}_i$ 为变换后的图像坐标. 那么显然存在唯一的摄像机矩阵 P′使 $\mathbf{x}_i' = \mathrm{P}'\mathbf{X}_i$,即摄像机矩阵 $\mathrm{P}' = \mathrm{HP}$. 反过来,如果把 $\mathbf{X}_i$ 映射到 $\mathbf{x}_i$ 的摄像机矩阵 P 不止一个,那么把 $\mathbf{X}_i$ 映射到 $\mathbf{x}_i'$ 的摄像机矩阵 P′也不止一个. 因此,投影矩阵 P 是否存在唯一解的问题**在相差一个射影变换** H 的意义下由图像点 $\mathbf{x}_i$ 确定.

其次,注意对摄像机矩阵 P 进行射影变换 H 不会改变摄像机中心. 具体地说,点 $\mathbf{C}$ 是摄像机中心的充要条件是 $\mathrm{P}\mathbf{C} = \mathbf{0}$. 但 $\mathrm{P}\mathbf{C} = \mathbf{0}$ 的充要条件是 $\mathrm{HP}\mathbf{C} = \mathbf{0}$. 因此,图像的射影变换保持摄像机中心不变. 下一步,将证明这基本上是仅被保留的摄像机性质.

**结论 22.1 令两个摄像机矩阵** P **和** P′**有同一中心. 那么存在由一个非奇异矩阵** H **表示的图像射影变换使得** $\mathrm{P}' = \mathrm{HP}$ **成立.**

**证明** 如果中心 $\mathbf{C}$ 不在无穷远,那么摄像机矩阵的形式为 $\mathrm{P} = [\mathrm{M} \mid -\mathrm{M}\mathbf{c}]$ 和 $\mathrm{P}' = [\mathrm{M}' \mid -\mathrm{M}'\mathbf{c}]$,其中 $\mathbf{c}$ 是表示摄像机中心的一个非齐次 3 维向量. 于是显然有 $\mathrm{P}' = \mathrm{M}'\mathrm{M}^{-1}\mathrm{P}$. 如果 $\mathbf{C}$ 是一个无穷远点,那么选择一个 3D 射影变换 G 使得 $\mathrm{G}\mathbf{C} = \hat{\mathbf{C}}$ 为有限点. 此时,两个摄像机矩阵 $\mathrm{PG}^{-1}$

和 $P'G^{-1}$有同样的中心，即 $\hat{\mathbf{C}}$，由此推出对某个 H 有 $P'G = HPG$. 消去 G 即得 $P' = HP$.

该结论可以解释成在相差一个射影变换的意义下图像仅由摄像机中心确定．由此看出在考虑摄像机矩阵的唯一性问题时，可以忽略除摄像机中心以外的其他所有参数，因为它独自确定图像的射影变换类型，从而确定解是否唯一．

**图像被看作射线的等价类**　为了深入了解计算摄像机射影矩阵的临界配置，我们首先来考虑把 $\mathbb{P}^2$映射到 $\mathbb{P}^1$的 2 维摄像机．考虑一个摄像机中心 $\mathbf{c}$ 和空间中的一组点 $\mathbf{x}_i$．射线 $\overline{\mathbf{cx}_i}$与一条线阵图像 $\mathbf{l}$ 交于一组点 $\bar{\mathbf{x}}_i$，因此点 $\bar{\mathbf{x}}_i$是点 $\mathbf{x}_i$的图像．在 1D 图像中，点 $\mathbf{x}_i$到点 $\bar{\mathbf{x}}_i$的射影可以用 6.4.2 节中所介绍的 $2\times3$ 的射影矩阵来描述．

如第 2 章所证明的，射线集 $\overline{\mathbf{cx}_i}$的射影等价类与图像点 $\bar{\mathbf{x}}_i$的相同．图 22.1 对此给予了说明．因此，除了可以把图像看成是线阵图像上的点集外，还可把图像看成由摄像机中心出发过每个图像点所组成的射线集合的射影等价类．在正好有 4 个图像点时，点 $\bar{\mathbf{x}}_i$（或等价的、射线）的交比是该射影等价类的表征．我们记 $<\mathbf{c};\mathbf{x}_1,\cdots,\mathbf{x}_n>$ 为射线集合 $\overline{\mathbf{cx}_i}$的射影等价类．

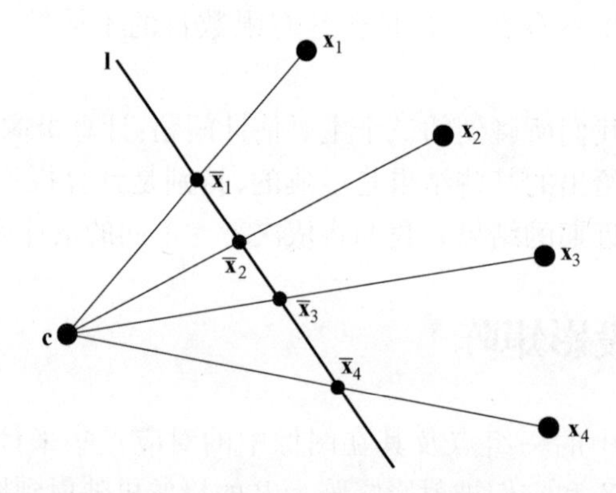


**图 22.1**　用一个 2D 摄像机产生的平面上点的投影．1D 图像由射线 $\mathbf{l}_i = \overline{\mathbf{cx}_i}$与线阵图像 $\mathbf{l}$ 的交点形成．图像点集合 $\{\bar{\mathbf{x}}_i\}$射影等价于射线集合 $\{\mathbf{l}_i\}$．图像的射影等价类由 4 点的交比确定．

这些说明对 3D 点到 2 维图像的射影同样有效．我们也可以扩展上面的标记，用 $<\mathbf{C},\mathbf{X}_1,\cdots,\mathbf{X}_n>$ 来表示所有射线 $\overline{\mathbf{CX}_i}$的等价类．正如 2 维的情形一样，它是点 $\mathbf{X}_i$相对于中心为 $\mathbf{C}$ 的摄像机的投影的一个抽象．

我们将考虑摄像机中心和 3D 点的配置，并采用 $\{\mathbf{C}_1,\cdots,\mathbf{C}_m;\mathbf{X}_1,\cdots,\mathbf{X}_n\}$ 或其变化形式来标记．在分号之前的符号表示摄像机中心，而分号之后的表示 3D 点．为了使推导出的结论叙述简洁，我们定义**图像等价**的概念．

**定义 22.2**　两个配置

$$\{\mathbf{C}_1,\cdots,\mathbf{C}_m;\mathbf{X}_1,\cdots,\mathbf{X}_n\} \quad \text{和} \quad \{\mathbf{C}'_1,\cdots,\mathbf{C}'_m;\mathbf{X}'_1,\cdots,\mathbf{X}'_n\}$$

称为**图像等价**，如果对所有 $i=1,\cdots,m$，都有 $\langle\mathbf{C}_i;\mathbf{X}_1,\cdots,\mathbf{X}_n\rangle = \langle\mathbf{C}'_i;\mathbf{X}'_1,\cdots,\mathbf{X}'_n\rangle$.

图像等价的概念不同于点集和摄像机中心的射影等价．实际上它与重构多义性的关系是：如果配置 $\{\mathbf{C}_1,\cdots,\mathbf{C}_m;\mathbf{X}_1,\cdots,\mathbf{X}_n\}$ 有一个不是射影等价的图像等价集，那么这就是射影重构问题的多义性，因为点和摄像机的射影结构不能由图像集合唯一确定．在这种情形，我们说配置$\{\mathbf{C}_1,\cdots,\mathbf{C}_m;\mathbf{X}_1,\cdots,\mathbf{X}_n\}$允许另一种重构.

### 22.1.1 2D 中的多义性——Chasles 定理

在考虑常用的3D摄像机之前,我们讨论较简单的2D摄像机.2D摄像机射影的唯一性分析涉及平面二次曲线.由一组已知点$\mathbf{x}_i$的投影确定摄像机中心的多义性意味着由两个不同的中心$\mathbf{c},\mathbf{c}'$所产生的投影点相同.问题是在对于什么样的点配置这种情形会发生.这个问题的答案由Chasles定理给出.

**定理22.3 Chasles定理**.令$\mathbf{x}_i$为$n$个点的集合,而$\mathbf{c}$和$\mathbf{c}'$为两个摄像机中心,它们都在同一平面上.那么

$$<\mathbf{c};\mathbf{x}_1,\cdots,\mathbf{x}_n> = <\mathbf{c}';\mathbf{x}_1,\cdots,\mathbf{x}_n>$$

**的充要条件是**

**(1)点$\mathbf{c},\mathbf{c}'$和所有$\mathbf{x}_i$都在一条非退化的二次曲线上,或**

**(2)所有点在两条直线(一种退化的二次曲线)的并集上,而且两个摄像机中心同在其中一条直线上.**

这两种配置如图22.2所示.

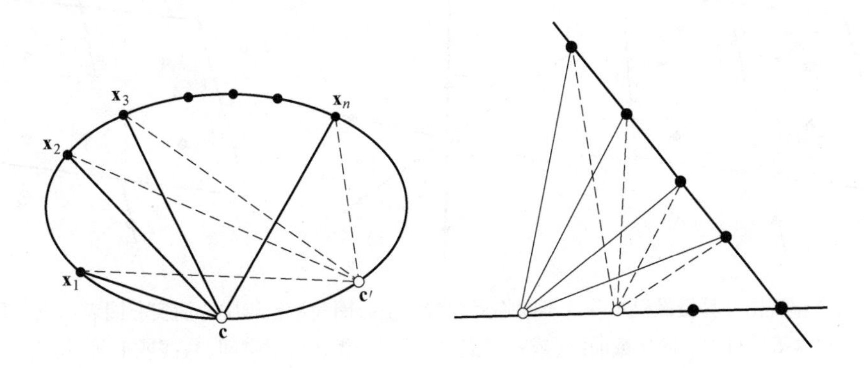


图22.2 点$\mathbf{x}_1,\cdots,\mathbf{x}_n$以等价方式投影到摄像机中心$\mathbf{c}$和$\mathbf{c}'$.

注意该定理的一个简单推论为:如果$\mathbf{c}''$为另一个摄像机中心并与$\mathbf{c},\mathbf{c}'$和$\mathbf{x}_i$在同一条二次曲线(退化或不退化的)上,那么点到$\mathbf{c}''$的投影等价于它们到原来中心的投影.而且,对于增加任意数目的额外点$\mathbf{x}_j$,只要它们仍在同一条二次曲线上就不会摆脱多义性.

### 22.1.2 3D 摄像机的多义性

现在我们来讨论在计算3D摄像机矩阵的多义性问题.三次绕线(3.3节中介绍过)在3D情形的多义性中所扮演的角色类似于二次曲线在2D摄像机中的角色.三次绕线的退化形式由一条二次曲线加上与其相交的一条直线组成,并且由三条直线组成的退化三次曲线也如此.如2D情形一样,由位于退化三次曲线上的点产生多义性时,摄像机中心必然都在同一分支上.

图22.3以及下面的定义给出导致摄像机矩阵计算多义性的点和摄像机配置的完整分类.我们现在介绍其几何配置.与摄像机配置多义性确切相关的问题将在后面给出.

**定义22.4** 计算摄像机矩阵的**临界集**由两部分组成:

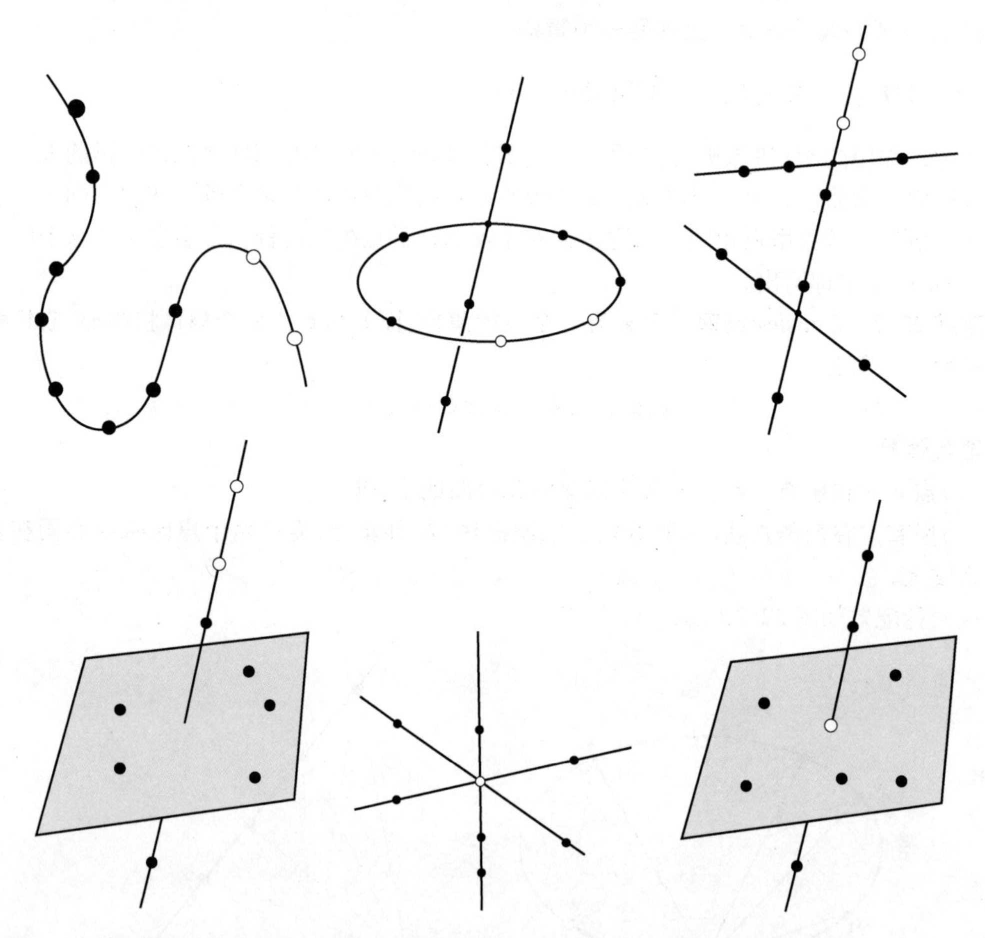

**图 22.3** 由单幅视图计算摄像机矩阵的不同临界配置．空心圈表示投影中心而实心圈表示点．每一种情形都由一条包含摄像机中心的代数曲线（或一个点）$\mathcal{C}$，外加一组线性子空间（直线或平面）构成．

（1）包含摄像机中心以及任意数目的 3D 点的一条代数曲线$\mathcal{C}$. 这条曲线可以是

（a）一条非退化的三次绕线（自由度 3）

（b）一条平面二次曲线（自由度 2）

（c）一条直线（自由度 1）

（d）一个点（自由度 0）

（2）包含任意数目的 3D 点的线性子空间 $L$（直线或平面）的并集．

曲线$\mathcal{C}$和线性子空间满足三个条件：

（1）每一个线性子空间必须与曲线$\mathcal{C}$相交．

（2）曲线$\mathcal{C}$的自由度与线性子空间的维数之和最多为 3.

（3）除$\mathcal{C}$是单点的情形外，摄像机都不在$\mathcal{C}$和线性子空间的交点上．

各种可能性如图 22.3 所示，根据定义 22.4，很容易验证它们完全枚举了所有配置．

**结论 22.5　计算摄像机矩阵时可能出现的各种临界集是**

**（1）一条非退化的三次绕线$\mathcal{C}$（自由度 3）．**

**（2）一条平面二次曲线$\mathcal{C}$（自由度 2）加上与之相交的一条直线（维数 1）．**

(3)一条直线$\mathcal{C}$(自由度1)加上最多两条与第一条直线相交的其他直线(总维数2).

(4)一条直线$\mathcal{C}$(自由度1)加上一张平面(维数2).

(5)一个点$\mathcal{C}$(自由度0)加上最多三条过该点的直线(总维数3).

(6)一个点$\mathcal{C}$(自由度0)和都过该点的一条直线和一张平面.

这些临界集合与计算摄像机矩阵的多义性的确切关系由下面的结论给出.

**结论22.6** **令P和P′是中心为$\mathbf{C}_0$和$\mathbf{C}_1$的两个不同的摄像机矩阵. 那么满足$\mathrm{P}\mathbf{X}_i=\mathrm{P}'\mathbf{X}_i$的两个摄像机中心和点$\mathbf{X}_i$都在22.4定义的临界集上.**

**此外,如果$\mathrm{P}_\theta=\mathrm{P}+\theta\mathrm{P}'$的秩为3[⊖],那么由$\mathrm{P}_\theta$定义的摄像机的中心在包含两个原摄像机中心$\mathbf{C}_0$和$\mathbf{C}_1$的临界集的分支$\mathcal{C}$上,并且对临界集中的任何点X都有$\mathrm{P}_\theta\mathbf{X}=\mathrm{P}\mathbf{X}=\mathrm{P}'\mathbf{X}$.**

**反之,令P是中心为$\mathbf{C}_0$的摄像机矩阵. 令$\mathbf{C}_0$与3D点集$\mathbf{X}_i$在计算摄像机矩阵的一个临界集上. 令$\mathbf{C}_1$为临界集的分支$\mathcal{C}$上的任何其他的点,并且$\mathbf{C}_1\neq\mathbf{C}_0$,除非$\mathcal{C}$由单个点组成. 那么存在一个中心是$\mathbf{C}_1$的摄像机矩阵P′(与P不同),使得对所有的点$\mathbf{X}_i$有$\mathrm{P}\mathbf{X}_i=\mathrm{P}'\mathbf{X}_i$.**

**证明** 我们只给出证明的要点,细节留给读者去补全. 我们暂时需要区别在相差一个比例因子下的齐次量的相等(将被标记为≈)和绝对相等(将被标记为=). 假定X在P和P′映射下形成同一图像点. 可以写成$\mathrm{P}\mathbf{X}\approx\mathrm{P}'\mathbf{X}$. 考虑比例因子后可以写成$\mathrm{P}\mathbf{X}=-\theta\mathrm{P}'\mathbf{X}$,其中$\theta$为某个常数. 由此得到$(\mathrm{P}\mathbf{X}+\theta\mathrm{P}')\mathbf{X}=\mathbf{0}$. 反之,假定对某个常数$\theta$有$(\mathrm{P}\mathbf{X}+\theta\mathrm{P}')\mathbf{X}=\mathbf{0}$,则$\mathrm{P}\mathbf{X}=-\theta\mathrm{P}'\mathbf{X}$,因而有$\mathrm{P}\mathbf{X}\approx\mathrm{P}'\mathbf{X}$. 因此,临界集是$\mathrm{P}+\theta\mathrm{P}'$(其中$\theta$为某常数)的右零空间中的点X的集合.

定义$\mathrm{P}_\theta=\mathrm{P}+\theta\mathrm{P}'$. 余下的证明涉及当$\theta$遍历所有值时,求满足$\mathrm{P}_\theta\mathbf{X}=0$的所有点X的集合. 如果$\mathrm{P}_\theta$是摄像机矩阵(秩为3),那么这样的X是摄像机$\mathrm{P}_\theta$的中心. 但是如果$\mathrm{P}_\theta$对某个$\theta_i$是降秩的,那么满足$\mathrm{P}_{\theta_i}\mathbf{X}=\mathbf{0}$的点X的集合是一个线性空间. 因此临界集由两部分组成:

(1)$\theta$遍历所有使$\mathrm{P}_\theta$为满秩(即秩为3)时的摄像机中心的轨迹. 它是包含两个摄像机中心$\mathbf{C}_0$与$\mathbf{C}_1$的一条曲线$\mathcal{C}$.

(2)对应于使$\mathrm{P}_\theta$的秩为2或更少的每一$\theta$值的一个线性空间(直线或平面). 如果$\mathrm{P}_\theta$的秩为2,使$\mathrm{P}_\theta\mathbf{X}=\mathbf{0}$的点组成一条直线,而如果它的秩为1,则组成一个平面.

令4维向量$\mathbf{C}_\theta$定义为$\mathbf{C}_\theta=(c_1,c_2,c_2,c_3)^\mathsf{T}$,其中$c_i=(-1)^i\det\mathrm{P}_\theta^{(i)}$,而$\mathrm{P}_\theta^{(i)}$是$\mathrm{P}_\theta$删去了第$i$列后的矩阵. 因为每个$\mathrm{P}_\theta^{(i)}$是一个$3\times3$的矩阵并且$\mathrm{P}_\theta$的元素是$\theta$的线性函数,所以每一个$c_i=(-1)^i\det\mathrm{P}_\theta^{(i)}$是$\theta$的三次多项式. 根据定义21.10之后的那一段讨论,$\mathrm{P}_\theta\mathbf{C}_\theta=\mathbf{0}$,从而如果$\mathbf{C}_\theta\neq\mathbf{0}$,那么它是$\mathrm{P}_\theta$的摄像机中心,并且当$\theta$变化时点$\mathbf{C}_\theta$的轨迹就是曲线$\mathcal{C}$. 因为$\mathbf{C}_\theta$的坐标是三次多项式,所以它一般是一条三次绕线. 但是如果$\mathbf{C}_\theta$的四个元素有重根$\theta_i$,那么曲线$\mathbf{C}_\theta$的自由度将减少. 在这种情形下,$\mathrm{P}_{\theta_i}$不是满秩的,并且存在使$\mathrm{P}_{\theta_i}\mathbf{X}=\mathbf{0}$的点X的线性空间. 这样一来,临界集的线性子空间的元素对应于使$\mathbf{C}_\theta$为零的$\theta$值. 显然最多有三个这样的值. 进一步的细节留给读者去补全.

定理的最后部分有一个反命题——如果点和一个摄像机中心在同一个临界配置上,那么存在另一个摄像机射影矩阵解,其所对应的摄像机在$\mathcal{C}$的任何位置上. 如上文所看到的:这里摄像机矩阵P的确切形式并不重要,唯一重要的是摄像机的中心. 对图22.3中的大多数配置

⊖ 包括$\mathrm{P}_\infty=\mathrm{P}'$的情况.

而言,从几何上就足以清楚地看到当摄像机沿轨迹$\mathcal{C}$移动时,临界集的图像不变(相差一个射影变换的意义下). 当$\mathcal{C}$是平面二次曲线时,可以轻易地从1D摄像机的情形(定理22.3)类推得到这些结论. 例外的是三次绕线的情形. 图22.4用图示的方法对此做了说明. 我们现在不做证明,而在以后的内容中(结论22.25)再回过来讨论这个问题.

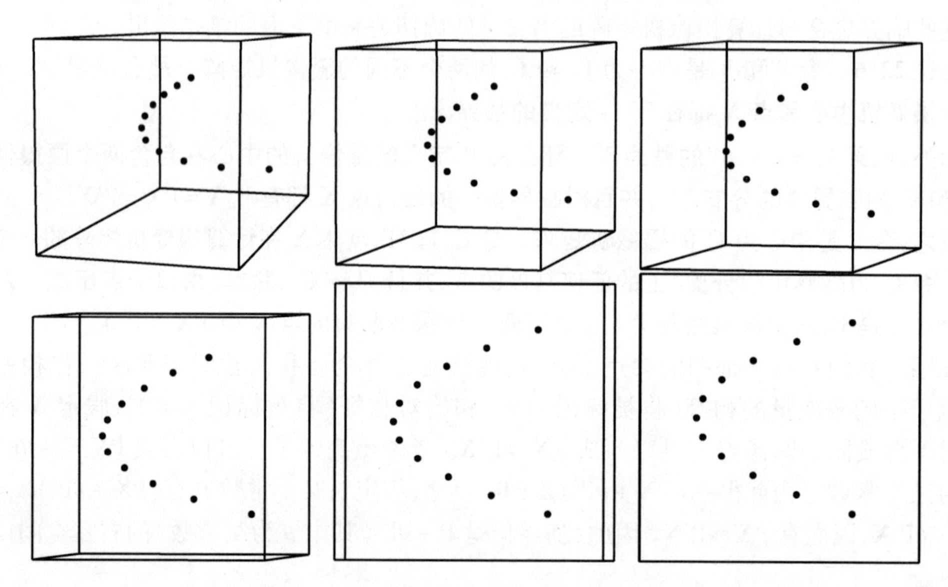

**图22.4** 由一个射影中心观看三次绕线$(t^3,t^2,t,1)^\top$上点集的不同视图. 看到的点是当$t=3,4,5,10,50,1000$时所观察到的图像,并且对图像做了适当的放大以防止点集变得太小. 正如从图像大致可以看到的,这些点集相差一个射影变换. 从三次绕线的视点来看,三次绕线看上去像一条二次曲线,对于这里的特殊情形,它是一条抛物线.

## 22.2 两视图中的退化特性

**记号** 本章的余下部分中,用P和Q表示摄像机矩阵,用$\mathbf{P}$和$\mathbf{Q}$表示3D点. 因此摄像机和3D点仅根据它们的字体来区分. 这样做也许显得有点混淆,但采用下标或加撇等其他方法被证明更容易混淆. 在由图像坐标重构的多义性讨论中,我们用P和$\mathbf{P}$表示一个重构,而Q和$\mathbf{Q}$表示另一个重构.

现在转向一个物体的两幅视图的情形. 给定足够多的处于"一般位置"的点,我们可以确定两个摄像机的位置并在相差一个射影变换的意义下使该点集得到重构. 这可以用第10章中介绍的某个射影重构算法来完成. 我们现在希望确定在什么条件下该技术会失败.

因此,我们来考虑一组图像对应$\mathbf{x}_i \leftrightarrow \mathbf{x}'_i$. 这组对应的实现包括一对摄像机矩阵P和P′以及一组3D点$\mathbf{P}_i$,对所有$i$满足$\mathbf{x}_i = \mathrm{P}\mathbf{P}_i$和$\mathbf{x}'_i = \mathrm{P}'\mathbf{P}_i$. 如果存在一个用矩阵H表示的3D射影变换使得对所有$i$都有$\mathrm{Q}=\mathrm{P}\mathrm{H}^{-1}$,$\mathrm{Q}'=\mathrm{P}'\mathrm{H}^{-1}$和$\mathbf{Q}_i=\mathrm{H}\mathbf{P}_i$,则称两个实现$\{\mathrm{P},\mathrm{P}',\mathbf{P}_i\}$和$\{\mathrm{Q},\mathrm{Q}',\mathbf{Q}_i\}$射影等价.

由于问题的特殊性,这种等价的定义不完全适用当前的讨论. 回忆一下,由射影重构定理10.1可知,我们不能确定位于两摄像机中心连线上的点的位置. 因此,如果某些点在摄像机中心的连线上,那么非射影等价的重构总是存在,两个重构的差别仅是点$\mathbf{P}_i$和$\mathbf{Q}_i$在这条直线上的位置．这种类型的重构多义性没有多大意义，因此我们将修改等价性的概念：两个重构等价的条件是存在一个 H 使$Q = PH^{-1}$及$Q' = P'H^{-1}$．如同证明射影重构定理一样，这样的 H 也把 $\mathbf{Q}_i$映射到 $\mathbf{P}_i$，可能的例外是重构点 $\mathbf{Q}_i$在摄像机中心的连线上．根据定理 9.10，该条件也等价于条件 $F_{P'P} = F_{Q'Q}$，其中 $F_{P'P}$和 $F_{Q'Q}$分别是对应于摄像机对(P，P′)和(Q，Q′)的基本矩阵．据此，我们给出如下定义．

**定义 22.7** 摄像机和点的两个配置$\{P, P', \mathbf{P}_i\}$和$\{Q, Q', \mathbf{Q}_i\}$称为**共轭配置**，如果

(1)对所有 $i$ 有$P\mathbf{P}_i = Q\mathbf{Q}_i$和$P'\mathbf{P}_i = Q'\mathbf{Q}_i$.

(2)对应两个摄像机矩阵对(P，P′)和(Q，Q′)的基本矩阵 $F_{P'P}$和 $F_{Q'Q}$不同．

拥有一个共轭配置的配置$\{P, P', \mathbf{P}_i\}$被称为是**临界**的．

一个重要的备注是一个临界配置仅依赖于摄像机的中心和点，而与具体的摄像机无关．

**结论 22.8 如果$\{P, P', \mathbf{P}_i\}$是一种临界配置，而$\hat{P}, \hat{P}'$是分别与$P, P'$同中心的两个摄像机，那么$\{\hat{P}, \hat{P}', \mathbf{P}_i\}$也是一种临界配置．**

**证明** 不难证明如下：因为$\{P, P', \mathbf{P}_i\}$是临界配置，从而存在另一个配置$\{Q, Q', \mathbf{Q}_i\}$使得对所有 $i$ 有$P\mathbf{P}_i = Q\mathbf{Q}_i$和$P'\mathbf{P}_i = Q'\mathbf{Q}_i$. 但是因为$P, \hat{P}$有同样的摄像机中心，根据结论 22.1 有$\hat{P} = HP$，类似有$\hat{P}' = H'P'$. 因此

$$\hat{P}\mathbf{P}_i = HP\mathbf{P}_i = HQ\mathbf{Q}_i \quad 且 \quad \hat{P}'\mathbf{P}_i = H'P'\mathbf{P}_i = H'Q'\mathbf{Q}_i.$$

因此，$\{HQ, H'Q', \mathbf{Q}_i\}$是$\{\hat{P}, \hat{P}', \mathbf{P}_i\}$的一种替代配置，因而$\{\hat{P}, \hat{P}', \mathbf{P}_i\}$是临界的．

本节目的是确定在什么条件下会出现点对应集的非等价实现，这个问题可以由下面的定理得到完全的解决，该定理将逐步地给予证明．

**定理 22.9**

**(1)摄像机和点的共轭配置是三元组．因此一种临界配置$\{P, P', \mathbf{P}_i\}$有两个共轭配置$\{Q, Q', \mathbf{Q}_i\}$和$\{R', R', \mathbf{R}_i\}$.**

**(2)如果$\{P, P', \mathbf{P}_i\}$是一种临界配置，那么所有的点 $\mathbf{P}_i$和两摄像机中心 $\mathbf{C}_P$和 $\mathbf{C}_{P'}$在一个直纹二次曲面 $S_P$上．**

**(3)反过来，假定摄像机光心$P, P'$和 3D 点集 $\mathbf{P}_i$在一个直纹二次曲面上(不包括结论 22.11 中的二次曲面(5)和(8))；那么$\{P, P', \mathbf{P}_i\}$是一种临界配置．**

上文中的“直纹二次曲面”表示包含直线的任意二次曲面．我们将会看到它包含各种退化的二次曲面．二次曲面的一般讨论和分类在 3.2.4 节中给出．一个**二次曲面**通常定义为满足 $\mathbf{X}^{\mathsf{T}}S\mathbf{X} = 0$ 的点集 $\mathbf{X}$，其中 S 是一个 4×4 的对称矩阵．但是，如果 S 是任意的一个 4×4 矩阵，即不一定是对称的，那么可以看到对任何点 $\mathbf{X}$，有 $\mathbf{X}^{\mathsf{T}}S\mathbf{X} = (\mathbf{X}^{\mathsf{T}}S_{sym}\mathbf{X})$，其中 $S_{sym} = (S + S^{\mathsf{T}})/2$ 是 S 的对称部分．这样一来，$\mathbf{X}^{\mathsf{T}}S\mathbf{X} = 0$ 的充要条件是$(\mathbf{X}^{\mathsf{T}}S_{sym}\mathbf{X}) = 0$，因而 S 与 $S_{sym}$定义同样的二次曲面．在研究重构多义性时，通常用非对称的矩阵 S 表示二次曲面比较方便．

**证明** 我们先证明定理的第一部分．令 F 和 F′为两个不同的基本矩阵，对所有对应 $\mathbf{x}_i \leftrightarrow \mathbf{x}'_i$满足关系 $\mathbf{x}'^{\mathsf{T}}_i F\mathbf{x}_i = \mathbf{x}'^{\mathsf{T}}_i F'\mathbf{x}_i = 0$. 定义 $F_\theta = (1-\theta)F + \theta F'$. 容易验证 $\mathbf{x}'^{\mathsf{T}}_i F_\theta \mathbf{x}_i = 0$. 但仅当 $\det F_\theta = 0$ 时 $F_\theta$为基本矩阵．现在，$\det F(\theta)$一般是 $\theta$ 的 3 次多项式．该多项式有根 $\theta = 0$ 和 $\theta = 1$ 分别对应于 F 和 F′. 第三个根对应于第三个基本矩阵，因而有第三个非等价重构．在特殊情况中，$\det F(\theta)$关于 $\theta$ 是 2 次的，因此仅存在两个共轭配置．

定理的第二部分由证明下面的引理得到.

**引理 22.10　考虑对应不同基本矩阵 $F_{P'P}$ 和 $F_{Q'Q}$ 的两对摄像机 $(P,P')$ 和 $(Q,Q')$. 定义二次曲面 $S_P = P'^{\mathsf{T}}F_{Q'Q}P$ 和 $S_Q = Q'^{\mathsf{T}}F_{P'P}Q$.**

**(1) 二次曲面 $S_P$ 包含P和P′的摄像机中心. 同样, $S_Q$ 包含Q和Q′的摄像机中心.**

**(2) $S_P$ 是直纹二次曲面.**

**(3) 如果 $\mathbf{P}$ 和 $\mathbf{Q}$ 是满足 $P\mathbf{P} = Q\mathbf{Q}$ 和 $P'\mathbf{P} = Q'\mathbf{Q}$ 的 3D 点, 那么 $\mathbf{P}$ 在二次曲面 $S_P$ 上, 而 $\mathbf{Q}$ 在 $S_Q$ 上.**

**(4) 反之, 如果 $\mathbf{P}$ 是二次曲面 $S_P$ 上的一个点, 那么存在一个 $S_Q$ 上的点 $\mathbf{Q}$ 满足 $P\mathbf{P} = Q\mathbf{Q}$ 和 $P'\mathbf{P} = Q'\mathbf{Q}$.**

**证明**　根据结论 9.12, 矩阵 F 是对应一对摄像机 $(P,P')$ 的基本矩阵的充要条件是 $P'^{\mathsf{T}}FP$ 为反对称矩阵. 但是, 由于 $F_{P'P} \neq F_{Q'Q}$, 这里定义的矩阵 $S_P$ 和 $S_Q$ 不是反对称的, 从而表示非平凡二次曲面.

我们约定矩阵P或P′所表示的摄像机的中心用 $\mathbf{C}_P$ 或 $\mathbf{C}_{P'}$ 表示.

(1) P的摄像机中心满足 $P\mathbf{C}_P = \mathbf{0}$. 那么因为 $P\mathbf{C}_P = \mathbf{0}$, 有

$$\mathbf{C}_P^{\mathsf{T}}S_P\mathbf{C}_P = \mathbf{C}_P^{\mathsf{T}}(P'^{\mathsf{T}}F_{Q'Q}P)\mathbf{C}_P = \mathbf{C}_P^{\mathsf{T}}(P'^{\mathsf{T}}F_{Q'Q})P\mathbf{C}_P = 0$$

因此 $\mathbf{C}_P$ 在二次曲面 $S_P$ 上. 同样, $\mathbf{C}_{P'}$ 在 $S_P$ 上.

(2) 令 $\mathbf{e}_Q$ 为由 $F_{Q'Q}\mathbf{e}_Q = \mathbf{0}$ 定义的对极点, 并考虑过 $\mathbf{C}_P$ 的射线, 它包含所有使 $\mathbf{e}_Q = P\mathbf{X}$ 的点. 因此, 对任何这样的点, 可以验证 $S_P\mathbf{X} = P'^{\mathsf{T}}F_{Q'Q}P\mathbf{X} = P'^{\mathsf{T}}F_{Q'Q}\mathbf{e}_Q = 0$. 这样一来, 该射线在 $S_P$ 上, 从而 $S_P$ 是直纹二次曲面.

(3) 在给定条件下, 可以看到

$$\mathbf{P}^{\mathsf{T}}S_P\mathbf{P} = \mathbf{P}^{\mathsf{T}}P'^{\mathsf{T}}F_{Q'Q}P\mathbf{P} = \mathbf{Q}^{\mathsf{T}}(Q'^{\mathsf{T}}F_{Q'Q}Q)\mathbf{Q} = 0$$

因为 $Q'^{\mathsf{T}}F_{Q'Q}Q$ 是反对称的. 因此 $\mathbf{P}$ 在二次曲面 $S_P$ 上. 同理可证 $\mathbf{Q}$ 在 $S_Q$ 上.

(4) 令 $\mathbf{P}$ 在二次曲面 $S_P$ 上, 并定义 $\mathbf{x} = P\mathbf{P}$ 和 $\mathbf{x}' = P'\mathbf{P}$. 那么从 $\mathbf{P}^{\mathsf{T}}S_P\mathbf{P} = 0$ 推得 $0 = \mathbf{P}^{\mathsf{T}}P'^{\mathsf{T}}F_{Q'Q}P\mathbf{P} = \mathbf{x}'^{\mathsf{T}}F_{Q'Q}\mathbf{x}$, 因而 $\mathbf{x} \leftrightarrow \mathbf{x}'$ 是相对 $F_{Q'Q}$ 的对应点对. 因此存在点 $\mathbf{Q}$ 使得 $Q\mathbf{Q} = \mathbf{x} = P\mathbf{P}$ 和 $Q'\mathbf{Q} = \mathbf{x}' = P'\mathbf{P}$. 由该引理(3)可知 $\mathbf{Q}$ 必然在 $S_Q$ 上.

这个引理全面描述了产生图像对应多义性的 3D 点集. 注意只要世界点在给定的二次曲面上, 两个任意选择的摄像机对都会给出多义性的图像对应.

### 22.2.1　多义性的例子

至此, 定理 22.9 的逆仍有待证明. 这需要考虑所有类型的直纹二次曲面以及两个摄像机中心在二次曲面的任意放置. 直纹二次曲面的不同类型(包括退化情形)是(见 3.2.4 节): 单叶双曲面、锥面、两个(相交)平面、单个平面、单条直线. 完全地枚举两个摄像机中心在一个直纹二次曲面的放置的类型在下列结论中给出.

**结论 22.11　两个不同点(特别是摄像机中心)在一个直纹二次曲面上的可能配置枚举如下:**

**(1) 单叶双曲面, 两点不在同一条母线上**

**(2) 单叶双曲面, 两点在同一条母线上**

**(3) 锥面, 一点在顶点而另一点不在**

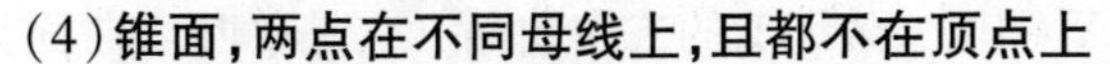

(4)锥面,两点在不同母线上,且都不在顶点上

(5)锥面,两点在同一条母线上,但都不在顶点上

(6)一对平面,两点在两平面的交线上

(7)一对平面,一点在交线上而另一点不在

(8)一对平面,两点都不在交线上,但在不同的平面上

(9)一对平面,两点都不在交线上,但在同一平面上

(10)单个平面和两个点

(11)单条直线和两个点

**在同一类中的任何两个二次曲面/点对是射影等价的.**

显然,上文中列举的情形是完全的. 在同一类型中的任何两个配置射影等价也是显而易见的,唯一的例外是单叶双曲面的非退化情形. 这个事实的证明将留作本章末尾的练习(1).

现在来考虑一种临界配置$\{P,P',\mathbf{P}_i\}$的例子,其中所有$\mathbf{P}_i$在一个同时包含两个摄像机中心的二次曲面$S_P$上. 该二次曲面和两个摄像机中心属于结论22.11中的一种类型.

令两个新摄像机$(\hat{P},\hat{P}')$的中心以及一组点$\hat{\mathbf{P}}_i$在一个二次曲面$\hat{S}_P$上. 假定$\hat{S}_P$和两个摄像机中心与给定的例子在同一类型中. 因为在同一类型中的两个配置是射影等价的,我们可以假定$\hat{S}_P=S_P$且$P$和$\hat{P}$的中心一样,同时$P'$和$\hat{P}'$的中心也一样. 因为点$\hat{\mathbf{P}}_i$在$S_P$上,因而$\{P,P',\mathbf{P}_i\}$是临界配置,因此,根据结论22.8,$\{\hat{P},\hat{P}',\mathbf{P}_i\}$也是.

这表明为了证明定理22.9的逆命题,只要对属于结论22.11的每一类(除了情形(5)和(8))给出一个临界配置的例子就足够了. 下面将给出若干类型的例子但不是全部. 因为情形(5)和(8)不是临界的,不在这里给出. 剩下的情形留给感兴趣的读者.

**临界配置的例子** 考虑$P=Q=[I\mid\mathbf{0}]$和$P'=[I\mid\mathbf{t}_0]$的情形. 对此情形,我们看到

$$S_P=\begin{bmatrix}I\\ \mathbf{t}_0^{\mathsf{T}}\end{bmatrix}F_{Q'Q}[I\mid\mathbf{0}]=\begin{bmatrix}I\\ \mathbf{t}_0^{\mathsf{T}}\end{bmatrix}[F_{Q'Q}\mid\mathbf{0}]$$

因此

$$S_{P\mathrm{sym}}=\frac{1}{2}\begin{bmatrix}F_{Q'Q}+F_{Q'Q}^{\mathsf{T}} & F_{Q'Q}^{\mathsf{T}}\mathbf{t}_0\\ \mathbf{t}_0^{\mathsf{T}}F_{Q'Q} & 0\end{bmatrix}$$

给定秩为2的基本矩阵$F_{Q'Q}$和摄像机矩阵$Q=[I\mid\mathbf{0}]$,可以轻易地求出另一个摄像机矩阵$Q'$. 这可以由结论9.13的公式得到. 我们现在来考虑属于结论22.11中不同类型的临界配置的几个例子.

**例22.12** 单叶双曲面——两中心不在同一条母线上. 我们选择$F_{Q'Q}=\begin{bmatrix}1&0&1\\0&1&0\\-1&0&-1\end{bmatrix}$和$\mathbf{t}_0=(0,2,0)^{\mathsf{T}}$,那么$\mathbf{t}_0^{\mathsf{T}}F_{Q'Q}=(0,2,0)$,并且求得

$$S_{\mathrm{sym}}=\begin{bmatrix}1&&&\\&1&&1\\&&-1&\\&1&&0\end{bmatrix}$$

这是方程为 $X^2+Y^2+2Y-Z^2=0$ 或 $X^2+(Y+1)^2-Z^2=1$ 的二次曲面．它是单叶双曲面．注意此时，摄像机中心为 $\mathbf{C}_p=\mathbf{C}_Q=(0,0,0)^{\mathsf T}$（在非齐次坐标下）．摄像机中心 $\mathbf{C}_{p'}=(0,2,0)^{\mathsf T}$．我们注意到由 $\mathbf{C}_p$ 到 $\mathbf{C}_{p'}$ 的直线不在此二次曲面上．摄像机中心 $\mathbf{C}_{Q'}$ 并不是由已给定的信息唯一确定，因为基本矩阵不唯一确定这两个摄像机．但是，满足 $F_{Q'Q}\mathbf{e}=\mathbf{0}$ 的对极点 $\mathbf{e}$ 是 $\mathbf{e}=(1,0,-1)^{\mathsf T}$．由于 $\mathbf{e}=Q\mathbf{C}_{Q'}$，我们得到 $\mathbf{C}_{Q'}=(1,0,-1,k^{-1})^{\mathsf T}$．在非齐次坐标下，对任何 $k$ 有 $\mathbf{C}_{Q'}=k(1,0,-1)^{\mathsf T}$．我们证明了由 $\mathbf{C}_p$ 到 $\mathbf{C}_{Q'}$ 的直线完全在该二次曲面上，但 $\mathbf{C}_{Q'}$ 可能在这条直线的任何地方．

**例 22.13** 单叶双曲面，两中心在同一条母线上．$F_{Q'Q}$ 的选择和上例一样而 $\mathbf{t}_0=(3,4,5)^{\mathsf T}$，那么 $\mathbf{t}_0^{\mathsf T}F_{Q'Q}=(-2,4,-2)$ 并且求得

$$S_{sym}=\begin{bmatrix}1 & & & -1\\ & 1 & & 2\\ & & -1 & -1\\ -1 & 2 & -1 & 0\end{bmatrix}$$

这是方程为 $(X-1)^2+(Y+2)^2-(Z+1)^2=4$ 的二次曲面．它也是单叶双曲面．可以验证直线 $(X,Y,Z)=(3t,4t,5t)$ 完全在二次曲面上并且包含两个摄像机中心 $(0,0,0)^{\mathsf T}$ 和 $(3,4,5)^{\mathsf T}$．

**例 22.14** 锥面——两个中心在该锥面的顶点上．$F_{Q'Q}$ 的选择和上例一样而 $\mathbf{t}_0=(1,0,1)^{\mathsf T}$．对此情形我们看到 $\mathbf{t}_0^{\mathsf T}F_{Q'Q}=\mathbf{0}^{\mathsf T}$ 并且求得 $S_{sym}=\mathrm{diag}(1,1,-1,0)$．这是一个锥面的例子．P 和 Q 的摄像机中心都在该锥面的顶点，即点 $\mathbf{C}_p=(0,0,0,1)^{\mathsf T}$ 上．

**例 22.15** 锥面——两个中心都不在锥的顶点上．选择 $F_{Q'Q}=\mathrm{diag}(1,1,0)$ 和 $\mathbf{t}_0=(0,2,0)^{\mathsf T}$．对此情形求得

$$S_{sym}=\begin{bmatrix}1 & & & \\ & 1 & & 1\\ & & 0 & \\ & 1 & & 0\end{bmatrix}$$

这是方程为 $x^2+y^2+2y=0$ 或 $x^2+(y+1)^2=1$ 的二次曲面．它是一个平行于 z 轴的圆柱面，从而射影等价于顶点在无穷远点 $(0,0,1,0)^{\mathsf T}$ 的锥面．没有一个摄像机中心在该锥的顶点上．

**例 22.16** 两张平面．我们选择 $F_{Q'Q}=\mathrm{diag}(1,-1,0)$，$\mathbf{t}_0=(0,0,1)^{\mathsf T}$，使得 $\mathbf{t}_0^{\mathsf T}F_{Q'Q}=\mathbf{0}^{\mathsf T}$．对于这种情形，我们看到 $S_P=S_{sym}=\mathrm{diag}(1,-1,0,0)$，它表示一对平面．此时摄像机中心在两平面的交线上．

**例 22.17** 单张平面．我们选择 $F_{Q'Q}=\begin{bmatrix}1 & 1 & 0\\ -1 & 0 & 0\\ 0 & 0 & 0\end{bmatrix}$ 和 $\mathbf{t}_0=(0,0,1)^{\mathsf T}$．那么 $S_{sym}=\mathrm{diag}(1,0,0,0)$，它表示单张平面 $x=0$．

**例 22.18** 单条直线．我们选择 $F_{Q'Q}=\mathrm{diag}(1,1,0)$ 和 $\mathbf{t}_0=(0,0,1)^{\mathsf T}$．对于这种情形，我们看到 $S_{sym}=\mathrm{diag}(1,1,0,0)$，它表示单条直线（z 轴）．所有点和两个摄像机中心都在这条直线上．

排除不可能的情形（5）和（8），我们已经给出了结论 22.11 中除情形（7）和（9）外的所有可能的退化配置的例子．其余情形留给读者．

**最小配置——七点** 如在 11.1.2 节中所看到的，由一般位置的点进行射影重构的最少点

数是七．该方法归结为解一个三次方程，它有一个或者有三个实解．从临界曲面的观点来看，在一个配置中的七点和两个摄像机中心必须在一个二次曲面上（因而 9 点在一个二次曲面上）．如果该二次曲面是直纹的，那么将会有三个共轭解．另一方面，如果它不是直纹曲面（例如一个椭球面），那么将仅有一个解．这表示三次方程有一个和三个解的差别产生于点和摄像机中心所在二次曲面是直纹或非直纹的差别——代数和几何之间一种令人满意的关系．

## 22.3 Carlsson-Weinshall 对偶

第 20 章研究的摄像机和点之间的对偶性可以用来对偶化退化情形的结论，这将在本节做解释．这里我们将对 Carlsson-Weinshall 对偶做一个更正式的处理．

Carlsson-Weinshall 对偶的基础是方程

$$\begin{bmatrix} a & & & -d \\ & b & & -d \\ & & c & -d \end{bmatrix}\begin{pmatrix} \mathrm{X} \\ \mathrm{Y} \\ \mathrm{Z} \\ \mathrm{T} \end{pmatrix}=\begin{bmatrix} \mathrm{X} & & & -\mathrm{T} \\ & \mathrm{Y} & & -\mathrm{T} \\ & & \mathrm{Z} & -\mathrm{T} \end{bmatrix}\begin{pmatrix} a \\ b \\ c \\ d \end{pmatrix}$$

左边的摄像机矩阵对应于中心为 $(a^{-1}, b^{-1}, c^{-1}, d^{-1})^{\mathsf{T}}$ 的摄像机．我们感兴趣的是用摄像机的中心来描述摄像机．这里表明如把摄像机中心与 3D 点对调，必须使摄像机和点的坐标互为倒数．例如，点 $(\mathrm{X}, \mathrm{Y}, \mathrm{Z}, \mathrm{T})^{\mathsf{T}}$ 与中心为 $(\mathrm{X}^{-1}, \mathrm{Y}^{-1}, \mathrm{Z}^{-1}, \mathrm{T}^{-1})^{\mathsf{T}}$ 的摄像机对偶．

我们把中心为 $\mathbf{C}=(a, b, c, d)^{\mathsf{T}}$ 的简化摄像机矩阵

$$\mathrm{P}=\begin{bmatrix} a^{-1} & & & -d^{-1} \\ & b^{-1} & & -d^{-1} \\ & & c^{-1} & -d^{-1} \end{bmatrix} \tag{22.1}$$

记为$\mathrm{P}_{\mathbf{C}}$．现在，定义 $\overline{\mathbf{X}}=(\mathrm{X}^{-1}, \mathrm{Y}^{-1}, \mathrm{Z}^{-1}, \mathrm{T}^{-1})^{\mathsf{T}}$ 和 $\overline{\mathbf{C}}=(a^{-1}, b^{-1}, c^{-1}, d^{-1})^{\mathsf{T}}$，立刻可以验证下式成立

$$\mathrm{P}_{\mathbf{C}}\mathbf{X}=\mathrm{P}_{\overline{\mathbf{X}}}\overline{\mathbf{C}} \tag{22.2}$$

这样一来，这个变换交换了 3D 点和摄像机中心的结果．因此，中心为 $\mathbf{C}$ 的摄像机作用于 $\mathbf{X}$ 与中心为 $\overline{\mathbf{X}}$ 作用于 $\overline{\mathbf{C}}$ 给出一样的结果．

这个观察导致下面的定义．

**定义 22.19** 由

$$(\mathrm{X}, \mathrm{Y}, \mathrm{Z}, \mathrm{T})^{\mathsf{T}} \rightarrow (YZT, ZTX, TXY, XYZ)^{\mathsf{T}}$$

给出的 $\mathbb{P}^3$ 到自身的映射称为 Carlsson-Weinshall 映射，并用 $\Gamma$ 表示．在 $\Gamma$ 作用下点 $\mathbf{X}$ 的像记为 $\overline{\mathbf{X}}$．在 $\Gamma$ 作用下的物体的像有时称为**对偶物体**．

Carlsson-Weinshall 映射是 **Cremona** 变换的一个例子．关于 Cremona 变换更详细的信息，读者可以参考 Semple 和 Kneebone（[Semple-79]）．

**注意：**如果 $\mathbf{X}$ 的坐标中没有一个为零，那么我们可以用 XYZT 除以 $\overline{\mathbf{X}}$．从而 $\Gamma$ 等价于 $(\mathrm{X}, \mathrm{Y}, \mathrm{Z}, \mathrm{T})^{\mathsf{T}} \mapsto (X^{-1}, Y^{-1}, Z^{-1}, T^{-1})^{\mathsf{T}}$．这是我们对该映射将常采用的形式．当 $\mathbf{X}$ 中有一个坐标为零时，这个映射将按定义解释．注意任意点 $(0, \mathrm{Y}, \mathrm{Z}, \mathrm{T})^{\mathsf{T}}$（假定没有其他坐标为零）被 $\Gamma$ 映射到点 $(1,0,0,0)^{\mathsf{T}}$．因此，这个映射不是一一对应的．

如果 $\mathbf{X}$ 中有两个坐标为零，那么 $\overline{\mathbf{X}}=(0,0,0,0)^{\mathsf{T}}$，这是一个没有定义的点．因此，$\Gamma$ 不是

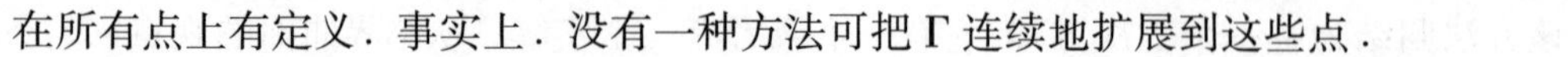

在所有点上有定义．事实上．没有一种方法可把 Γ 连续地扩展到这些点．

定义一个**参考四面体**为顶点是 $\mathbf{E}_1=(1,0,0,0)^{\top}$，$\mathbf{E}_2=(0,1,0,0)^{\top}$，$\mathbf{E}_3=(0,0,1,0)^{\top}$，$\mathbf{E}_4=(0,0,0,1)^{\top}$的四面体．如我们刚才看到的那样，除非在参考四面体的面上，Γ 是一一对应的．Γ 把参考四面体的一个面映射到它对面的顶点，而且在参考四面体的边缘上无定义．下面我们研究 Γ 作用于其他几何物体的方式．

**定理 22.20** Carlsson-Weinshall 映射 Γ 以下列方式作用：

**(1) 它把过一般位置上的两点 $\mathbf{X}_0$ 和 $\mathbf{X}_1$ 的一条直线映射为过 $\overline{\mathbf{X}}_0$，$\overline{\mathbf{X}}_1$ 和四个参考顶点 $\mathbf{E}_1,\cdots,\mathbf{E}_4$ 的三次绕线．**

**(2) 它把过任意点 $\mathbf{E}_i$ 的一条直线映射为过同一点 $\mathbf{E}_i$ 的直线．但不包括在参考四面体的面上的直线，因为这样的直线将被映射到一个点．**

**(3) 它把过四个点 $\mathbf{E}_i$，$i=1,\cdots,4$ 的二次曲面 S 映射到过同样四个点的二次曲面（表示成 $\overline{\mathrm{S}}$）．如果 S 是直纹二次曲面，那么 $\overline{\mathrm{S}}$ 也是．如果 S 是退化的，那么 $\overline{\mathrm{S}}$ 也是．**

**证明**

(1) 一条直线的参数方程是 $(\mathrm{X}_0+a\theta,\mathrm{Y}_0+b\theta,Z_0+c\theta,\mathrm{T}_0+d\theta)^{\top}$，而在这条直线上的点由 Carlsson-Weinshall 映射到点

$$((\mathrm{Y}_0+b\theta)(Z_0+c\theta)(\mathrm{T}_0+d\theta),\cdots,(\mathrm{X}_0+a\theta)(\mathrm{Y}_0+b\theta)(Z_0+c\theta))^{\top}$$

因此，该向量的元素是 $\theta$ 的三次函数，从而该曲线是一条三次绕线．现在，令 $\theta=-\mathrm{X}_0/a$，使项 $\mathrm{X}_0+a\theta$ 变为 0，而对应的对偶点是 $((\mathrm{Y}_0+b\theta)(Z_0+c\theta)(\mathrm{T}_0+d\theta),0,0,0)^{\top}\approx(1,0,0,0)^{\top}$．第一项是唯一不含 $(\mathrm{X}_0+a\theta)$ 的项，因此是唯一没有消去的项．这表示参考顶点 $\mathbf{E}_1=(1,0,0,0)^{\top}$ 在三次绕线上．类似的推理可证明其他的点 $\mathbf{E}_2,\cdots,\mathbf{E}_4$ 也在三次绕线上．注意一条三次绕线由六个点确定，而这条三次绕线由在它上面的已知六点：$\mathbf{E}_i$，$\overline{\mathbf{X}}_0$，$\overline{\mathbf{X}}_1$ 确定，其中 $\mathbf{X}_0$ 和 $\mathbf{X}_1$ 是定义该直线的任何两点．

(2) 我们仅对过点 $\mathbf{E}_1=(1,0,0,0)^{\top}$ 的直线证明．而对其他的点 $\mathbf{E}_i$，类似的证明也成立．选择该直线上的另一点 $\mathbf{X}=(\mathrm{X},\mathrm{Y},\mathrm{Z},\mathrm{T})^{\top}$，并使 $\mathbf{X}$ 不在参考四面体的任何面上．则 $\mathbf{X}$ 没有零坐标．在过 $(1,0,0,0)^{\top}$ 和 $\mathbf{X}=(\mathrm{X},\mathrm{Y},\mathrm{Z},\mathrm{T})^{\top}$ 的直线上的所有点的形式为 $(\alpha,\mathrm{Y},\mathrm{Z},\mathrm{T})^{\top}$，其中 $\alpha$ 的值可变．这些点由变换 Γ 映射到 $(\alpha^{-1},\mathrm{Y}^{-1},\mathrm{Z}^{-1},\mathrm{T}^{-1})^{\top}$．它表示过两点 $(1,0,0,0)^{\top}$ 和 $\overline{\mathbf{X}}=(\mathrm{X}^{-1},\mathrm{Y}^{-1},\mathrm{Z}^{-1},\mathrm{T}^{-1})^{\top}$ 的一条直线．

(3) 由于二次曲面 S 过所有点 $\mathbf{E}_i$，S 的所有对角元素必然都是零．这表明该二次曲面的方程中没有坐标的平方项（例如 $\mathrm{X}^2$）．因此该二次曲面的方程仅包含混合项（例如 XY，YZ 或 XT）．因此二次曲面 S 可以由方程 $a\mathrm{XY}+b\mathrm{XZ}+c\mathrm{XT}+d\mathrm{YZ}+e\mathrm{YT}+f\mathrm{ZT}=0$ 来定义．用 XYZT 除以该方程，得到 $a\mathrm{Z}^{-1}\mathrm{T}^{-1}+b\mathrm{Y}^{-1}\mathrm{T}^{-1}+c\mathrm{Y}^{-1}\mathrm{Z}^{-1}+d\mathrm{X}^{-1}\mathrm{T}^{-1}+e\mathrm{X}^{-1}\mathrm{Z}^{-1}+f\mathrm{X}^{-1}\mathrm{Y}^{-1}=0$. 由于 $\overline{\mathbf{X}}=(\mathrm{X}^{-1},\mathrm{Y}^{-1},\mathrm{Z}^{-1},\mathrm{T}^{-1})^{\top}$，这是 $\overline{\mathbf{X}}$ 的元素的一个二次方程．这样一来，Γ 把二次曲面映射到二次曲面．具体地说，设 S 用矩阵形式表示为

$$\mathrm{S}=\begin{bmatrix}0 & a & b & c\\ a & 0 & d & e\\ b & d & 0 & f\\ c & c & f & 0\end{bmatrix},\text{那么 }\overline{\mathrm{S}}=\begin{bmatrix}0 & f & e & d\\ f & 0 & c & b\\ e & c & 0 & a\\ d & b & a & 0\end{bmatrix}$$

并且 $\mathbf{X}^{\top}\mathrm{S}\mathbf{X}=0$ 蕴含了 $\overline{\mathbf{X}}^{\top}\overline{\mathrm{S}}\overline{\mathbf{X}}=0$. 如果 S 是直纹的，那么它包含过任一点（特别是过每一个 $\mathbf{E}_i$）

的两条母线．根据定理的第(2)部分，它们被映射到必然位于 $\overline{S}$ 上的直线．因此 $\overline{S}$ 是直纹的．我们可以进一步证明 $\det S = \det \overline{S}$，并由此推出：若 S 是非退化的二次曲面($\det S \neq 0$)，则 $\overline{S}$ 也是如此．对这种非退化情形，如果 S 是单叶双曲面，那么 $\det S > 0$，由此推出 $\det \overline{S} > 0$. 因此 $\overline{S}$ 也是单叶双曲面．

$\Gamma$ 关于其他几何实体的作用在练习中探讨．

我们希望用与坐标无关的方式解释对偶方程式(22.2)．根据定义，矩阵 $P_C$ 的形式在式(22.1)给出，并把 $\mathbf{E}_i$ 映射到 $\mathbf{e}_i(i=1,\cdots,4)$．从而图像 $P_C\mathbf{X}$ 可以看成是 $\mathbf{X}$ 相对于图像中射影基 $\mathbf{e}_i$ 的投影表示．或者，$P_C\mathbf{X}$ 表示五条射线 $\overline{\mathbf{CE}_1},\cdots,\overline{\mathbf{CE}_4},\overline{\mathbf{CX}}$ 集合的射影等价类．因此，$P_C\mathbf{X}$ $P_{C'}\mathbf{X}'$ 的充要条件是由 $\mathbf{C}$ 到 $\mathbf{X}$ 和参考四面体的四个顶点的射线集合与由 $\mathbf{C}'$ 到 $\mathbf{X}'$ 和四个顶点的射线集合射影等价．用先前引入的标记，可以用不同的形式把式(22.2)记为

$$\langle \mathbf{C};\mathbf{E}_1,\cdots,\mathbf{E}_4,\mathbf{X}\rangle = \langle \overline{\mathbf{X}};\mathbf{E}_1,\cdots,\mathbf{E}_4,\overline{\mathbf{C}}\rangle \tag{22.3}$$

**对偶原理**　对偶的基础是式(22.2)：$P_C\mathbf{X} = P_{\overline{X}}\overline{\mathbf{C}}$，其中所用的标记与式(22.2)一样．

记号 $P_C\mathbf{X}$ 表示点 $\mathbf{X}$ 在规范图像坐标系下的射影坐标，该坐标系由参考四面体的顶点的投影定义．等价地，$P_C$ 可以看成表示五个被投影点 $P_C\mathbf{E}_i$ 和 $P_C\mathbf{X}_i$ 的射影等价类．用本章的记号就是 $\langle \mathbf{C};\mathbf{E}_1,\cdots,\mathbf{E}_4,\mathbf{X}\rangle$．因此，对偶关系可以写为

$$\langle \mathbf{C};\mathbf{E}_1,\cdots,\mathbf{E}_4,\mathbf{X}\rangle = \langle \overline{\mathbf{X}};\mathbf{E}_1,\cdots,\mathbf{E}_4,\overline{\mathbf{C}}\rangle \tag{22.4}$$

其中横杠表示 Carlsson-Weinshall 映射．

虽然 $P_C$ 由规范的射影基定义，但是用 $\mathbf{E}_1,\cdots,\mathbf{E}_4$ 作为参考四面体的顶点没有什么特别之处，它们只是不共面而已．给定任何不共面的四个点，我们可以定义一个射影坐标系，其中这四个点就是形成射影坐标基一部分的 $\mathbf{E}_i$．然后，Carlsson-Weinshall 映射可以在这个坐标系下定义．所产生的映射称为 Carlsson-Weinshall 相对于给定参考四面体的映射．

为表述得更准确一点，应该看到在 $\mathbb{P}^3$ 中五个点(而不是四个)定义一个射影坐标系．事实上，使四个非共面点的坐标为 $\mathbf{E}_i$ 的射影坐标系不止一个(实际上是一个三参数族)．因此，Carlsson-Weinshall 映射相对于给定参考四面体的映射不是唯一的．但是，相对于任何这样的坐标系，由定义 22.19 给出的映射都可以使用．

给定关于点集相对于一个或更多个射影中心的射影的命题或定理，我们可以引出一个对偶命题．要求在被投影的四个点中，有可以形成一个参考四面体的四个非共面的点．在关于这个参考四面体的一般对偶映射下

(1)点(不属于参考四面体)被映射到投影中心．

(2)投影中心被映射到点．

(3)直线被映射到三次绕线．

(4)包含参考四面体的直纹二次曲面被映射到包含参考四面体的直纹二次曲面．如果原始二次曲面是非退化的，它在对偶映射下的像也是如此．

应该避免使用参考四面体边界上的点，因为 Carlsson-Weinshall 映射对这些点没有定义．把它当作一种转移表，我们可以把已经存在的关于点投影的定理对偶化，给出不需要再进行证明的新定理．

**注意：**仅仅那些不属于参考四面体的点可以通过对偶映射到摄像机中心，这一点是重要的．参考四面体的顶点仍然属于点集．在实际应用对偶原理时，我们可以选择任何四点形成一个参考四面体，只要这四点不共面．在下一节介绍的定理中一般将假定(不总是明显地表述)：

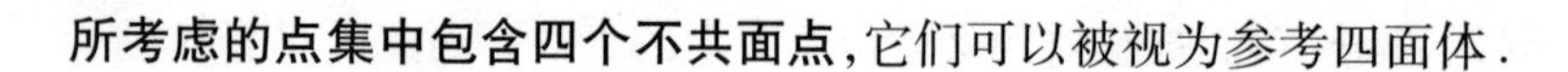

所考虑的点集中包含四个不共面点，它们可以被视为参考四面体.

### 22.3.1 单视图的多义性

本节将说明如何应用对偶性由已知或明显的几何命题直接推导各种多义性重构的结论.

**由五点计算摄像机投影矩阵** 对射影摄像机来说，用五组 3D-2D 的点对应来计算它的投影矩阵是不充分的. 但是有趣的问题是：由五组点对应能确定什么？

作为说明由 Carlsson 对偶能推导出什么简单例子，考虑下面一个简单问题：什么时候两个点投影到图像中的同一点？显然，答案是当两个点都在过摄像机中心的一条射线(直线)上时. 对偶化这个简单的现象，图 22.5 表明：被这 5 组 3D-2D 点对应所约束的摄像机的中心必然在过这 5 个 3D 点的一条三次绕线上.

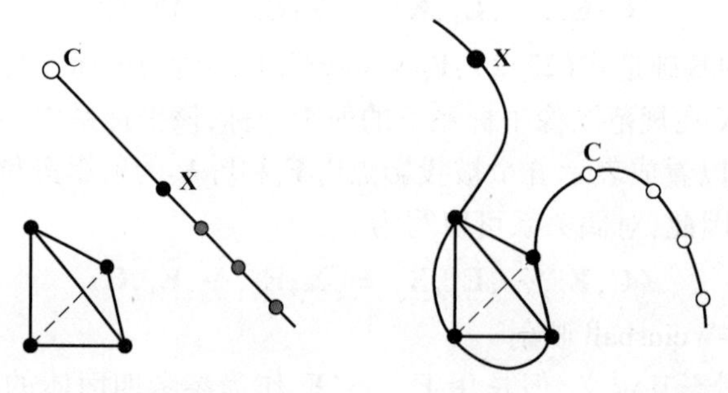


图 22.5 左：过 $\mathbf{C}$ 和 $\mathbf{X}$ 的直线上的任何点被射影中心 $\mathbf{C}$ 投影到同一点. 右：对偶命题——如果投影中心 $\mathbf{C}$ 在过 $\mathbf{X}$ 和参考四面体的顶点的三次绕线的任何位置上，那么这 5 点以同样的方式被投影(在射影等价的意义下). 因此摄像机被 5 个已知点的图像约束在一条三次绕线上.

**视野单像区** 用类似的方式，我们可以计算由两个摄像机确定的视野单像区的形式. 视野单像区是指映射到两幅图像中的点是同一点的空间点集. 论据在图 22.6 中给出，并从关于直线的一个简单观察开始.

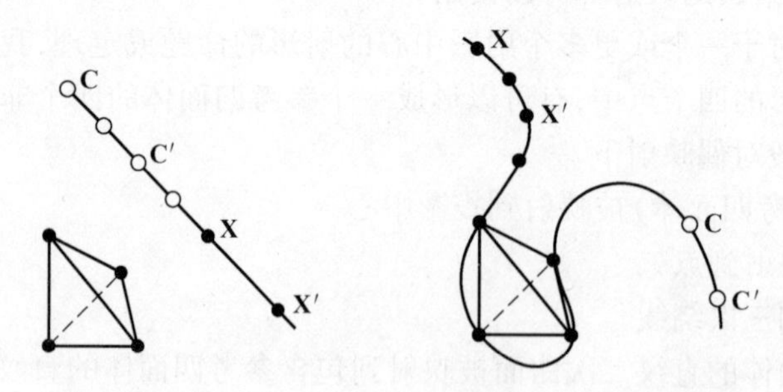


图 22.6 左：在过 $\mathbf{X}$ 和 $\mathbf{X}'$ 的直线上的任何射影中心 $\mathbf{C},\mathbf{C}'$，将点 $\mathbf{X}$ 和 $\mathbf{X}'$ 投影到同一射线上. 也就是说，对直线上的所有 $\mathbf{C}$ 都有 $\langle \mathbf{C};\mathbf{E}_i,\mathbf{X}\rangle=\langle \mathbf{C};\mathbf{E}_i,\mathbf{X}'\rangle$. 右：对偶陈述——位于过 $\mathbf{C}$ 和 $\mathbf{C}'$ 以及参考四面体顶点的三次绕线上的所有点，相对于这两个射影中心以相同的方式投影. 也就是说，对三次绕线上的所有 $\mathbf{X}$ 有 $\langle \mathbf{C};\mathbf{E}_i,\mathbf{X}\rangle=\langle \mathbf{C}';\mathbf{E}_i,\mathbf{X}\rangle$. 这条曲线称为两个投影中心的视野单像区.

**结论 22.21** 给定点 $\mathbf{X}$ 和 $\mathbf{X}'$，满足

$$\langle \mathbf{C};\mathbf{E}_1,\cdots,\mathbf{E}_4,\mathbf{X}\rangle=\langle \mathbf{C};\mathbf{E}_1,\cdots,\mathbf{E}_4,\mathbf{X}'\rangle$$

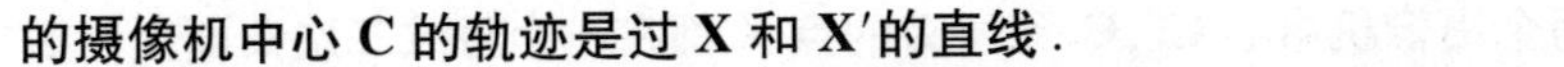

**的摄像机中心 C 的轨迹是过 X 和 X′的直线.**

这在图22.6(左)中说明. 该陈述的对偶确定一对摄像机的视野单像区(见图22.6(右)).

**结论 22.22** **给定投影中心 C 和 C′,它们与一个参考四面体的四个点 $\mathbf{E}_i$ 都不共线,则满足 $\langle \mathbf{C};\mathbf{E}_1,\cdots,\mathbf{E}_4,\mathbf{X}\rangle=\langle \mathbf{C}';\mathbf{E}_1,\cdots,\mathbf{E}_4,\mathbf{X}\rangle$ 的点集 X 是过 $\mathbf{E}_1,\cdots,\mathbf{E}_4$ 和两个射影中心 C 和 C′的一条三次绕线.**

**计算摄像机投影矩阵中的多义性** 最后,我们来考虑计算摄像机投影矩阵中的多义性. 它与视野单像区有密切联系. 为了使它可视化,读者可以再一次参考图22.6,虽然它不完全贴近现在的情况.

**结论 22.23** **设一组摄像机中心 $\mathbf{C}_1,\cdots,\mathbf{C}_m$ 和一个点 $\mathbf{X}_0$ 都在一条直线上,并且令 $\mathbf{E}_i\ (i=1,\cdots,4)$ 为一个参考四面体的顶点. 令 X 为另一个点. 那么配置**

$$\{\mathbf{C}_1,\cdots,\mathbf{C}_m;\mathbf{E}_1,\cdots,\mathbf{E}_4,\mathbf{X}\} \quad \text{和} \quad \{\mathbf{C}_1,\cdots,\mathbf{C}_m;\mathbf{E}_1,\cdots,\mathbf{E}_4,\mathbf{X}_0\}$$

**是图像等价配置的充要条件是 X 与 $\mathbf{X}_0$ 和摄像机在同一条直线上.**

根据定理22.20,过渡到对偶命题时,直线变成过参考四面体四个顶点的一条三次绕线. 这样一来,结论22.23的对偶命题是

**结论 22.24** **设点集 $\mathbf{X}_i$ 和一个摄像机中心 $\mathbf{C}_0$ 都在一条三次绕线上,同时这条绕线也过参考四面体的四个顶点 $\mathbf{E}_i$. 令 C 为任何其他的摄像机中心. 那么配置**

$$\{\mathbf{C};\mathbf{E}_1,\cdots,\mathbf{E}_4,\mathbf{X}_1,\cdots,\mathbf{X}_m\} \quad \text{和} \quad \{\mathbf{C}_0;\mathbf{E}_1,\cdots,\mathbf{E}_4,\mathbf{X}_1,\cdots,\mathbf{X}_m\}$$

**是图像等价的充要条件是 C 在同一条三次绕线上.**

因为 $\mathbf{E}_i$ 可以是任何不共面的四个点,而一条三次绕线不可能包含4个共面的点,我们可以将上一个结论用下列形式叙述为

**结论 22.25** **令 $\mathbf{X}_1,\cdots,\mathbf{X}_m$ 为一组点而 $\mathbf{C}_0$ 为摄像机中心,它们都在一条三次绕线上. 那么对任何其他的摄像机中心 C,配置**

$$\{\mathbf{C};\mathbf{X}_1,\cdots,\mathbf{X}_m\} \quad \text{和} \quad \{\mathbf{C}_0;\mathbf{X}_1,\cdots,\mathbf{X}_m\}$$

**是图像等价的充要条件是 C 在同一条三次绕线上.**

这在图22.6(右)中说明. 它表明只要所有的点和一个摄像机中心在一条三次绕线上,摄像机的姿态就不能唯一确定. 这给出了结论22.6的一个独立的证明,也解决了以前尚未完成证明的情形.

用类似的方法,我们可以证明它是仅有的两种可能的多义性情形中的一种. 多义性发生的另一种情形是所有的点和两个摄像机中心都在一张平面和一条直线的并集上. 这种情形的对偶发生在当这条直线过摄像机中心并与参考四面体的一个顶点相交时. 对此情形,这条直线的对偶也是过同一参考顶点的一条直线(见定理22.20),并且所有的点必须在这条直线或它所对的参考四面体的面上.

注意:在这两个例子中,对偶性如何利用共线点投影这种直觉上显而易见的陈述推导出点在三次绕线上这样一个并不明显的结论.

### 22.3.2 两视图中的多义性

关于两视图中临界曲面的基本结论(定理22.9)可以叙述如下.

**定理 22.26** **由两个摄像机中心和 $n$ 个点构成的一个配置 $\{\mathbf{C}_1,\mathbf{C}_2;\mathbf{X}_1,\cdots,\mathbf{X}_n\}$ 允许另一**

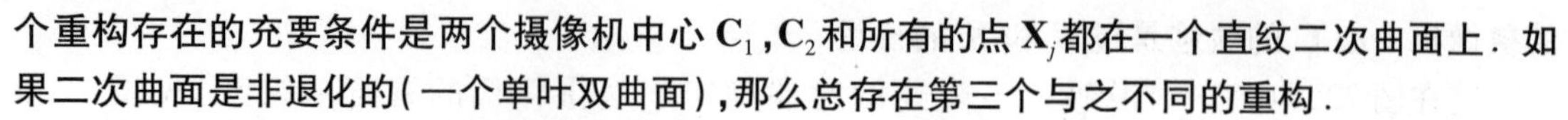


**个重构存在的充要条件是两个摄像机中心 $\mathbf{C}_1$, $\mathbf{C}_2$ 和所有的点 $\mathbf{X}_j$ 都在一个直纹二次曲面上．如果二次曲面是非退化的(一个单叶双曲面)，那么总存在第三个与之不同的重构．**

可以直接写出如下的对偶陈述．

**定理 22.27　由任意数目的摄像机和六点组成的配置 $\{\mathbf{C}_1, \cdots, \mathbf{C}_n; \mathbf{X}_1, \cdots, \mathbf{X}_6\}$ 允许另一种重构存在的充要条件是所有摄像机中心 $\mathbf{C}_1, \cdots, \mathbf{C}_n$ 和所有的点 $\mathbf{X}_1, \cdots, \mathbf{X}_6$ 都在一个直纹二次曲面上⊖．如果二次曲面是非退化的(一个单叶双曲面)，那么总存在第三个与之不同的重构．**

这个定理最初在[Maybank-98]中证明．这里将给出定理 22.27 的一种证明，仅为了强调怎样进行对偶性证明．

**证明**　考虑配置 $\{\mathbf{C}_1, \cdots, \mathbf{C}_n; \mathbf{X}_1, \cdots, \mathbf{X}_6\}$．我们把点重新编号使得配置被记为 $\{\mathbf{C}_1, \cdots, \mathbf{C}_n; \mathbf{E}_1, \cdots, \mathbf{E}_4, \mathbf{X}_1, \mathbf{X}_2\}$，其中 $\mathbf{E}_1, \cdots, \mathbf{E}_4$ 是四个非共线点，并组成一个参考四面体的顶点．如果这个配置还有另一个重构，那么存在另一个配置 $\{\mathbf{C}'_1, \cdots, \mathbf{C}'_n; \mathbf{E}_1, \cdots, \mathbf{E}_4, \mathbf{X}'_1, \mathbf{X}'_2\}$ 使得对所有 $i=1, \cdots, n$ 和 $j=1,2$，有 $\langle \mathbf{C}_i; \mathbf{E}_1, \cdots, \mathbf{E}_4, \mathbf{X}_j \rangle = \langle \mathbf{C}'_i; \mathbf{E}_1, \cdots, \mathbf{E}_4, \mathbf{X}'_j \rangle$．利用式(22.3)将它对偶化得到：对所有 $i=1, \cdots, n$ 和 $j=1,2$ 有

$$\langle \overline{\mathbf{X}}_j; \mathbf{E}_1, \cdots, \mathbf{E}_4, \overline{\mathbf{C}}_i \rangle = \langle \overline{\mathbf{X}}'_j; \mathbf{E}_1, \cdots, \mathbf{E}_4, \overline{\mathbf{C}}'_i \rangle$$

现在应用定理 22.26 推导出两个摄像机中心 $\overline{\mathbf{X}}_j$，参考顶点 $\mathbf{E}_1, \cdots, \mathbf{E}_4$ 和点 $\overline{\mathbf{C}}_i$ 都在一个直纹二次曲面 $\overline{\mathrm{S}}$ 上．利用定理 22.20(3)，应用逆对偶，我们可以看到点 $\mathbf{X}_1$, $\mathbf{X}_2$ 和摄像机中心 $\mathbf{C}_i$ 都在一个直纹二次曲面 S 上．这就证明了本定理的必要性．以类似的方式可证其充分性．第三个不同解的存在性可根据非退化的二次曲面的对偶是非退化的得到．

如 20.2.4 节中的研究，定理 22.27 中令我们感兴趣的最小情形是 $n=3$．对于这种情形总共有九个点(三个摄像机和六个点)．过这九个点，可以构造一个二次曲面(一个二次曲面由九个点确定)．如果该二次曲面是直纹二次曲面(非退化情形时为单叶双曲面)，那么可能存在三种不同的重构．否则，重构是唯一的．与两视图中由七点重构类似，三视图中六点算法 20.1 需要解一个三次方程．与七个点时一样，三次方程有一个实解还是三个实解可以由二次曲面是否为直纹来区别．

## 22.4　三视图临界配置

我们现在转向考虑三视图中可能产生的多义性配置．

本节中用上标代替撇号来区别三个摄像机．令 $\mathrm{P}^0$, $\mathrm{P}^1$, $\mathrm{P}^2$ 为三个摄像机而 $\{\mathbf{P}_i\}$ 为一个点集．我们问在什么条件下存在另一个配置，它包含另外三个摄像机矩阵 $\mathrm{Q}^0$, $\mathrm{Q}^1$, $\mathrm{Q}^2$ 和点 $\{\mathbf{Q}_i\}$，使得对所有的 $i, j$ 有 $\mathrm{P}^j\mathbf{P}_i = \mathrm{Q}^j\mathbf{Q}_i$．我们要求这两个配置是射影不等价的．

存在多种特殊的多义性配置．

**点在一个平面上**　如果所有点都在一个平面上，并且对所有 $i$ 有 $\mathbf{P}_i = \mathbf{Q}_i$，那么其中任何摄像机都可在不改变投影点的射影等价类条件下移动．可以选择中心在任意两个预先指定位置的 $\mathrm{P}^j$ 和 $\mathrm{Q}^j$ 使得 $\mathrm{P}^j\mathbf{P}_i = \mathrm{Q}^j\mathbf{Q}_i$．

---

⊖ 在这个陈述中假定 $\mathbf{X}_1, \cdots, \mathbf{X}_6$ 包括形成一个参考四面体的四个非共面的点，并且其他两个点 $\mathbf{X}_j$ 和摄像机中心 $\mathbf{C}_i$ 都不在这个四面体上．这个条件是否是本质的还没有解决．

**点在一条三次绕线上**　当所有的点以及其中一个摄像机(例如$P^2$)在一条三次绕线上时，会产生类似的多义性．对这种情形，我们可以选取$Q^0=P^0$，$Q^1=P^1$和对所有的$i$，$\mathbf{Q}_i=\mathbf{P}_i$．那么根据点在一条三次绕线时计算摄像机投影矩阵的多义性(22.1.2 节)，对于三次绕线上的任何点$\mathbf{C}_Q^2$，可以选取中心在$\mathbf{C}_Q^2$的摄像机矩阵$Q^2$，使得对所有的$i$有$P^2\mathbf{P}_i=Q^2\mathbf{Q}_i$．

这些多义性的例子并不很有趣，因为它们不过是单视图中计算摄像机投影矩阵多义性的扩展．在以上例子中，点$\mathbf{Q}_i$和$\mathbf{P}_i$在每种情形下都相同，多义性仅由摄像机相对于点的位置而定．更有趣的多义性也会发生，如我们下面所要考虑的．

**一般的三视图多义性**　假定摄像机矩阵$(P^0,P^1,P^2)$和$(Q^0,Q^1,Q^2)$是固定的，我们希望寻找对于$i=0,1,2$，$P^i\mathbf{P}=Q^i\mathbf{Q}$成立的所有点集．注意，这里我们试图复制两视图的情形，其中两组摄像机矩阵都事先选定．以后，我们将转向约束更少的情形，即仅有一组摄像机被事先选定的情形．

一个简单的观察是三视图的临界配置也是其中每对视图的临界集．因此人们自然地会想到临界配置$\{P^0,P^1,P^2,\mathbf{P}_i\}$的点集就是每一个临界配置$\{P^0,P^1,\mathbf{P}_i\}$，$\{P^1,P^2,\mathbf{P}_i\}$和$\{P^0,P^2,\mathbf{P}_i\}$的交集．因为根据引理 22.10，每一个这样的点集是一个直纹二次曲面，人们可能会由此推断三视图情形中的临界点集就是这三个二次曲面的交．虽然它离事实不太远，但是这样推理有点混乱．这个推理遗漏的关键点是三对摄像机中的每一对摄像机的对应共轭点也许不一样．

更精确地说，对应于临界配置$\{P^0,P^1,\mathbf{P}_i\}$，存在一个共轭配置$\{Q^0,Q^1,\mathbf{Q}_i^{01}\}$使得对$j=0,1$有$P^j\mathbf{P}_iQ^j\mathbf{Q}_i^{01}$．类似地，对应于临界配置$\{P^0,P^2,\mathbf{P}_i\}$，存在一个共轭配置$\{Q^0,Q^2,\mathbf{Q}_i^{02}\}$使得对$j=0,2$有$P^j\mathbf{P}_i=Q^j\mathbf{Q}_i^{02}$．但是，点$\mathbf{Q}_i^{02}$未必与$\mathbf{Q}_i^{01}$一样．因此不能认定存在点$\mathbf{Q}_i$使得对所有的$i$和$j=0,1,2$有$P^j\mathbf{P}_i=Q^j\mathbf{Q}_i$——至少不能直接认定．

现在，我们来更贴近地考虑这个问题．先考虑头一对摄像机$(P^0,P^1)$和$(Q^0,Q^1)$，引理 22.10告诉我们：若$\mathbf{P}$，$\mathbf{Q}$是使$P^j\mathbf{P}=Q^j\mathbf{Q}$成立的点，则$\mathbf{P}$一定在由这些摄像机矩阵确定的一个二次曲面$S_P^{01}$上．类似地点$\mathbf{Q}$在$S_Q^{01}$上．依此类推，考虑摄像机对$(P^0,P^2)$和$(Q^0,Q^2)$，我们发现点$\mathbf{P}$一定在由这两个摄像机对确定的第二个二次曲面$S_P^{02}$上．类似地，存在由摄像机对$(P^1,P^2)$和$(Q^1,Q^2)$定义的另一个二次曲面并且点$\mathbf{P}$必定在这个二次曲面上．这样一来，对$j=0,1,2$满足$P^j\mathbf{P}=Q^j\mathbf{Q}$的点$\mathbf{P}$和$\mathbf{Q}$存在的必要条件是$\mathbf{P}$必须在三个二次曲面的交上：$\mathbf{P}\in S_P^{01}\cap S_P^{02}\cap S_P^{12}$．我们就会看到这几乎是一个充分必要条件．

**结论 22.28**　**令$(P^0,P^1,P^2)$和$(Q^0,Q^1,Q^2)$是摄像机矩阵的两个三元组并假定$P^0=Q^0$．对每一对$(i,j)=(0,1)$，$(0,2)$和$(1,2)$，如引理 22.10 中一样，令$S_P^{ij}$和$S_Q^{ij}$为由摄像机矩阵对$(P^i,P^j)$和$(Q^i,Q^j)$定义的直纹二次临界曲面．**

**(1) 摄像机$P^0$的中心在$S_P^{01}\cap S_P^{02}$上，$P^1$在$S_P^{01}\cap S_P^{12}$上，而$P^2$在$S_P^{12}\cap S_P^{02}$上．**

**(2) 如果对所有$i=0,1,2$存在使$P^i\mathbf{P}=Q^i\mathbf{Q}$的点$\mathbf{P}$和$\mathbf{Q}$，那么$\mathbf{P}$必须在交集$S_P^{01}\cap S_P^{02}\cap S_P^{12}$上，而$\mathbf{Q}$必须在$S_Q^{01}\cap S_Q^{02}\cap S_Q^{12}$上．**

**(3) 反之，如果$\mathbf{P}$是二次曲面的交$S_P^{01}\cap S_P^{02}\cap S_P^{12}$上的点，但不在包含三个摄像机中心$\mathbf{C}_Q^0$，$\mathbf{C}_Q^1$和$\mathbf{C}_Q^2$的平面上，那么存在一个位于$S_Q^{01}\cap S_Q^{02}\cap S_Q^{12}$上的点$\mathbf{Q}$，使得对$i=0,1,2$有$P^i\mathbf{P}=Q^i\mathbf{Q}$.**

注意：条件$P^0=Q^0$不对一般性产生任何限制，因为两个配置的射影坐标系$(P^0,P^1,P^2)$和$(Q^0,Q^1,Q^2)$是独立的．我们可以容易地为第二个配置选择一个射影坐标系使这个条件成立．做这个假设也仅仅是为了使我们可以在第二组摄像机的射影坐标系下考虑点$\mathbf{P}$.

点 $\mathbf{P}$ 不在摄像机中心 $\mathbf{C}_Q^i$ 所在平面上这一附加条件是必要的，读者可参考[Hartley-00b]来了解该断言的理由．但是，注意这种情形通常并不发生，因为三个二次曲面与三焦点平面的交将是空集，或在特殊情形为有限个点．它真发生的可能性是三个摄像机中心 $\mathbf{C}_Q^0$，$\mathbf{C}_Q^1$ 和 $\mathbf{C}_Q^2$ 共线，在此情形中，任何其他点与这三个摄像机中心共面．

**证明**　对第一部分，直接由引理 22.10 得到．对第二部分，将引理 22.10 依次应用于每一对摄像机可得到，点 $\mathbf{P}$ 和 $\mathbf{Q}$ 在三个二次曲面的交上(如定理陈述之前所指出的那样)．

为证明最后的论断，假定 $\mathbf{P}$ 在三个二次曲面的交上．那么将引理 22.10 应用于三个二次曲面 $\mathrm{S}_{\mathrm{P}}^{ij}$ 的每一个，推出存在点 $\mathbf{Q}^{ij}$ 使下列条件成立：

$$\mathrm{P}^0\mathbf{P} = \mathrm{Q}^0\mathbf{Q}^{01}, \quad \mathrm{P}^1\mathbf{P} = \mathrm{Q}^1\mathbf{Q}^{01}$$
$$\mathrm{P}^0\mathbf{P} = \mathrm{Q}^0\mathbf{Q}^{02}, \quad \mathrm{P}^2\mathbf{P} = \mathrm{Q}^2\mathbf{Q}^{02}$$
$$\mathrm{P}^1\mathbf{P} = \mathrm{Q}^1\mathbf{Q}^{12}, \quad \mathrm{P}^2\mathbf{P} = \mathrm{Q}^2\mathbf{Q}^{12}$$

这里容易被上标弄糊涂，但要点是每一行就是将引理 22.10 应用于三对摄像机矩阵中的一对所得的结论．这些方程可以重新安排成

$$\mathrm{P}^0\mathbf{P} = \mathrm{Q}^0\mathbf{Q}^{01} = \mathrm{Q}^0\mathbf{Q}^{02}$$
$$\mathrm{P}^1\mathbf{P} = \mathrm{Q}^1\mathbf{Q}^{01} = \mathrm{Q}^1\mathbf{Q}^{12}$$
$$\mathrm{P}^2\mathbf{P} = \mathrm{Q}^2\mathbf{Q}^{02} = \mathrm{Q}^2\mathbf{Q}^{12}$$

现在，条件 $\mathrm{Q}^1\mathbf{Q}^{01} = \mathrm{Q}^1\mathbf{Q}^{12}$ 意味着点 $\mathbf{Q}^{01}$ 和 $\mathbf{Q}^{12}$ 与 $\mathrm{Q}^1$ 的摄像机中心 $\mathbf{C}_Q^1$ 共线．这样一来，假定 $\mathbf{Q}^{ij}$ 两两不同，则它们必然在如图 22.7 所示的一种配置上．从图中可以看到，如果其中有两点相同，那么第三个点与其他两个点相同．如果三个点不同，那么三个点 $\mathbf{Q}^{ij}$ 和三个摄像机中心 $\mathbf{C}_Q^i$ 共面，因为它们都在由 $\mathbf{Q}^{01}$ 与连接 $\mathbf{Q}^{02}$ 和 $\mathbf{Q}^{12}$ 的直线所确定的平面上．因此三个点都在摄像机中心 $\mathbf{C}_Q^i$ 所属的平面上．然而，由 $\mathrm{P}^0\mathbf{P} = \mathrm{Q}^0\mathbf{Q}^{01} = \mathrm{Q}^0\mathbf{Q}^{02}$ 推出 $\mathbf{P}$ 必然与 $\mathbf{Q}^{01}$ 和 $\mathbf{Q}^{02}$ 在同一直线上，因而必然与摄像机中心 $\mathbf{C}_Q^i$ 在同一平面上．

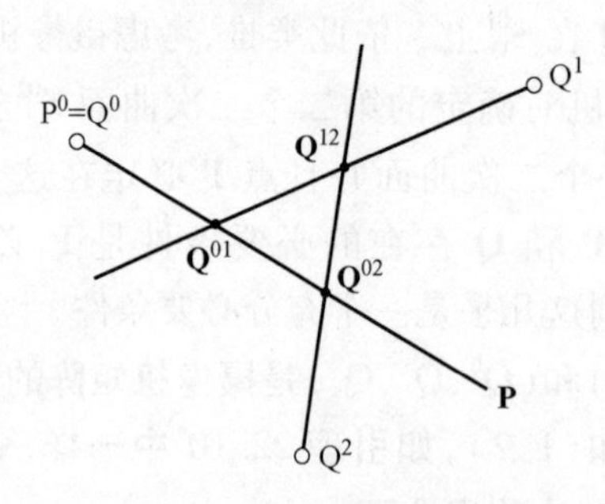


**图 22.7**　由三个摄像机中心和三个多义性点组成的配置．如果 $\mathbf{Q}^{ij}$ 是不同的三个点，那么它们都在由摄像机中心 $\mathbf{C}_Q^i$ 组成的平面上．

因此，这个结果表明，3 视图临界配置中的点位于三个二次曲面的交集上，而摄像机中心位于这些二次曲面对的交集上．一般，三个二次曲面的交集由八点组成．在此情形中，对应于两个三元组的摄像机矩阵的临界集合由这八点组成，小于在三个摄像机 $\mathrm{Q}^i$ 平面上的这种点．事实上，已经证明(在[Maybank-98]的一个更长的未发表版本中)在三个二次曲面的八个交点中，只有七个点是关键的，因为第八点在三个摄像机的平面上．

然而，在某些情形中，可以通过选择摄像机矩阵使三个二次曲面相交于一条曲线．如果这

三个二次曲面 $S_p^{ij}$ 线性相关,那么这种情形将发生. 例如如果 $S_p^{12}=\alpha S_p^{01}+\beta S_p^{02}$,那么任何满足 $\mathbf{P}^{\top}S_p^{01}\mathbf{P}=0$ 和 $\mathbf{P}^{\top}S_p^{02}\mathbf{P}=0$ 的 $\mathbf{P}$ 也将满足 $\mathbf{P}^{\top}S_p^{12}\mathbf{P}=0$. 因此,这三个二次曲面的交集与它们中两个二次曲面的交集一样. 在这种情况下,三个摄像机必须也在同一条相交曲线上. 我们定义一个非退化**椭圆四次曲线**为两个非退化的直纹线二次曲面的交线,由单条曲线组成. 这是一条四次空间曲线. 二次曲面相交的其他方式可以包括一条三次绕线加一条直线,或两条二次曲线. 椭圆四次曲线的实例如图 22.8 所示.

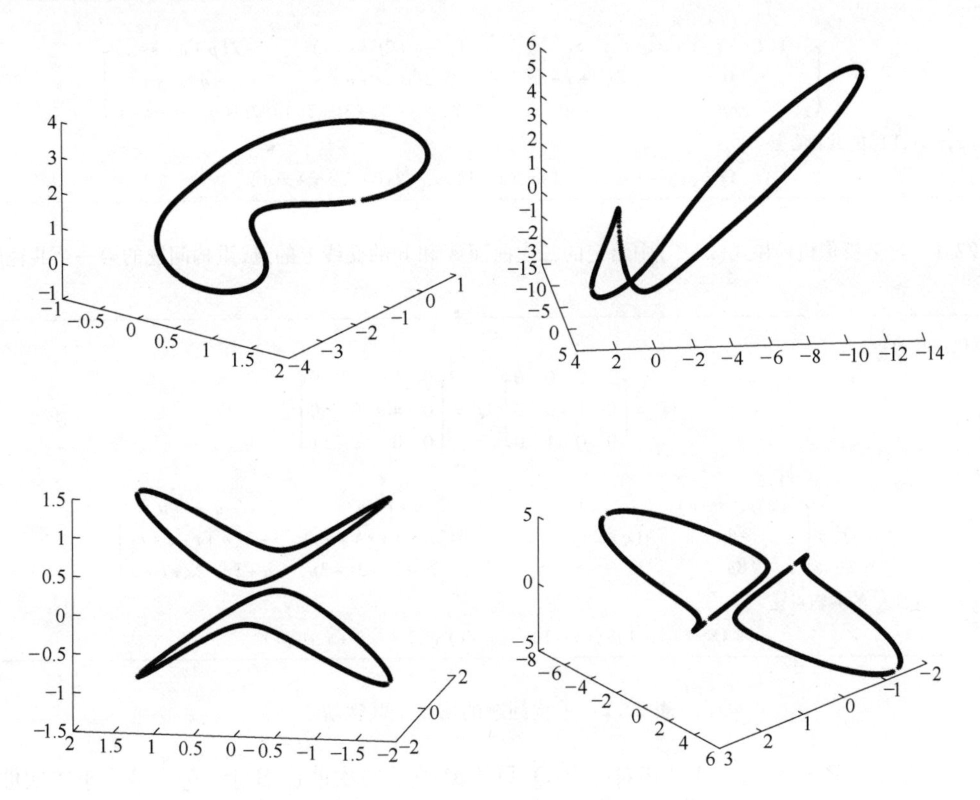

**图 22.8** 两个直纹二次曲面的交生成的椭圆四次曲线的例子.

**例 22.29** 三视图临界配置——椭圆四次曲线.

考虑由矩阵 A 和 $B=\widetilde{B}+\widetilde{B}^{\top}$ 表示的二次曲面,其中

$$A=\begin{bmatrix}0&1&0&0\\1&0&0&0\\0&0&0&-1\\0&0&-1&0\end{bmatrix},\ \widetilde{B}^{\top}=\begin{bmatrix}p&q&s-t&-s-u\\0&r&s+t&-s+u\\0&0&-p-q-r&0\\0&0&0&0\end{bmatrix}\tag{22.5}$$

因此,B 是由 $\{p,q,r,s,t,u\}$ 产生的二次曲面的 5 参数族中的一员(回忆尺度因子是不重要的),摄像机矩阵

$$P^0=[I\mid\mathbf{0}],P^1=[I\mid(-1,-1,-1)^{\top}],P^2=[I\mid(1,-1,1)^{\top}]$$

的中心位于这三个二次曲面的交上.

我们发现,由这三个摄像机,以及在这两个二次曲面交线上的任意数量的点组成的配置是临界的. 这可通过显式地展示包含三个摄像机 $Q^i$ 的两个不同配置来证明,对位于这两个二次

曲面交线上的每个点 $\mathbf{P}$，有一个共轭点 $\mathbf{Q}$ 使得$\mathrm{P}^i\mathbf{P}=\mathrm{Q}^i\mathbf{Q}$. 实际上，这两个不同的共轭配置在表 22.1 和表 22.2 中给出.

摄像机矩阵为

$$\mathrm{Q}^0=\begin{bmatrix}1&0&0&0\\0&1&0&0\\0&0&1&0\end{bmatrix},\quad \mathrm{Q}^1=\begin{bmatrix}-4&0&0&0\\0&0&2&1\\0&0&-2&1\end{bmatrix}$$

并且

$$\mathrm{Q}^2=\begin{bmatrix}-4(2p+q-t+u)&8r&4(p+q+2r+s+t)&-2(p+q-s-t)\\0&8(r+s-u)&-2(q-t+u)&-q+t-u\\8p&-8r&-2(2p+q-2s+3t+3u)&2p+q-2s-t-u\end{bmatrix}$$

$\mathbf{P}=(x,y,xy,1)^{\mathsf{T}}$的共轭点是

$$\mathbf{Q}=((x-1)x,(x-1)y,(x-1)xy,-2x(-2+y+xy))^{\mathsf{T}}$$

**表 22.1** 对于摄像机$\mathrm{P}^i$和式(22.5)中给定的二次曲面 A 和 B 的交线上的点，重构问题的第一个共轭解.

摄像机矩阵为

$$\mathrm{Q}^0=\begin{bmatrix}1&0&0&0\\0&1&0&0\\0&0&1&0\end{bmatrix},\mathrm{Q}^1=\begin{bmatrix}0&0&-2&0\\0&4&0&0\\0&0&2&1\end{bmatrix}$$

并且

$$\mathrm{Q}^2=\begin{bmatrix}-8(p+s+u)&0&2(q+t-u)&-q-t+u\\-8p&4(q+2r+t-u)&-4(2p+q+r+s-t)&-2(q+r-s+t)\\8p&-8r&2(q+2r-2s-3t-3u)&q+2r-2s+t+u\end{bmatrix}$$

$\mathbf{P}=(x,y,xy,1)^{\mathsf{T}}$的共轭点是

$$\mathbf{Q}=((y-1)x,(y-1)y,(y-1)xy,2y(-2+x+xy))^{\mathsf{T}}$$

**表 22.2** 重构问题的第二个共轭解.

对于所有点 $\mathbf{P}=(x,y,xy,1)^{\mathsf{T}}$和对应点 $\mathbf{Q}$，只要 $\mathbf{P}$ 位于二次曲面 B 上(它总是位于二次曲面 A 上)，可以直接验证$\mathrm{P}^i\mathbf{P}=\mathrm{Q}^i\mathbf{Q}$. 理解它的最简单方法是验证对所有这些点有$(\mathrm{P}^i\mathbf{P})\times(\mathrm{Q}^i\mathbf{Q})=\mathbf{0}$. 事实上，对于 $i=0,1$，叉积总是为零，而对于 $i=2$，可以通过直接计算证明对第一个解

$$(\mathrm{P}^2\mathbf{P})\times(\mathrm{Q}^2\mathbf{Q})=(\mathbf{P}^{\mathsf{T}}\mathrm{B}\mathbf{P})(4,-4x,4)^{\mathsf{T}}$$

而对第二个解

$$(\mathrm{P}^2\mathbf{P})\times(\mathrm{Q}^2\mathbf{Q})=(\mathbf{P}^{\mathsf{T}}\mathrm{B}\mathbf{P})(-4y,4,4)^{\mathsf{T}}$$

因此，$\mathrm{P}^2\mathbf{P}=\mathrm{Q}^2\mathbf{Q}$ 的充要条件是 P 位于 B 上.

注意在这个例子中，A 是表示二次曲面 $\mathrm{S}_{\mathrm{P}}^{01}$ 的矩阵.

这个例子具有相当的一般性，因为如果 A′和 B′是包含三个摄像机中心的两个非退化直纹二次曲面，那么通过一个射影变换，可以映射 A′到 A，并映射三个摄像机中心到给定的摄像机中心$\mathrm{P}^i$，只要没有两个摄像机中心位于 A′的同一母线上. 另外，对于某 $\lambda$，B′将映射到 $\mathrm{A}+\lambda\mathrm{B}$. 因此，由 A′和 B′产生的线束，进而它们的交线，也与由 A 和 B 所产生的是射影等价的.

其中的两个摄像机中心位于 A′的同一母线的可能性并不是一个费力的事，因为如果摄像机中心的连线位于线束形式的所有二次曲面上，那么二次曲面的交不能是非退化的椭圆四次曲线. 否则，我们可以选择 A′为不包含两个摄像机中心线的那个二次曲面. 这表明

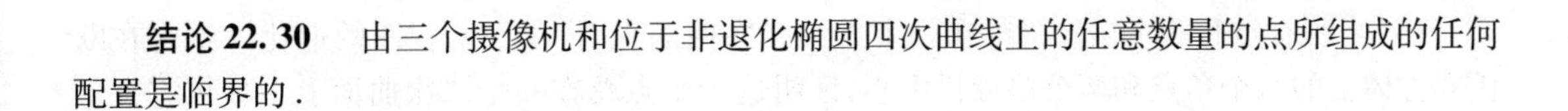

**结论 22.30** 由三个摄像机和位于非退化椭圆四次曲线上的任意数量的点所组成的任何配置是临界的.

## 22.5 结束语

### 22.5.1 文献

[Buchanan-88]使计算机视觉界注意到三次绕线是摄像机投影矩阵的临界曲线. 读者可以参考[Maybank-90]和书[Maybank-93]得到更多的关于两视图的临界集合的信息. 在这两个文献中,临界点集被发现的时间还要早. 事实上,[Buchanan-88]提示读者参考德文摄影测量术的文献[Krames-42,Rinner-72]. 对于两视图,定理22.9 中的(5)和(8)不是临界配置的结论归功于 Fredrik Kahl(未发表).

本章针对三视图临界配置的讨论仅是有关该主题已知内容的一部分. 更多的介绍可在[Hartley-00b,Hartley-02a,kahl-01a]中找到. 特别是,[Kahl-01a]中把椭圆四次曲线配置扩展到任意数目的摄像机. 在[Hartley-03]中,考虑了任意数量摄像机的临界配置,包括三次绕线上的点和直线上的摄像机. 关于该领域的更早工作包括针对六点集的临界摄像机位置的探讨由[Maybank-90]给出,而未发表的报告[Shashua-96]研究了三视图中的临界配置.

这里没有提到在三幅或更多幅视图中有关直线的临界配置问题,但这个论题已在[Buchanan-92]中做过研究. 另外,由直线得到的线性重构的临界配置(线性直线丛)已由[Stein-99]指出.

### 22.5.2 注释和练习

(1)填充下面的证明梗概的细节,要证明的是:由一个单叶双曲面和在该双曲面上的两个点组成的任何两个配置是射影等价的(通过 $\mathbb{P}^3$ 的射影变换),只要这两对点同时都在或同时都不在同一条母线上.

由于任何单叶双曲面都与 $X^2+Y^2-Z^2=1$ 射影等价,任何两个单叶双曲面都相互射影等价,也与 $Z=XY$ 给定的双曲面射影等价. 定义一个 1D 射影变换 $h_x(X)=X'=(aX+b)/(cX+d)$,可算得

$$\begin{bmatrix} a & & & b \\ & d & c & \\ & b & a & \\ c & & & d \end{bmatrix}\begin{pmatrix} X \\ Y \\ XY \\ 1 \end{pmatrix}=\begin{pmatrix} X' \\ Y \\ X'Y \\ 1 \end{pmatrix}$$

这是一个把曲面 $Z=XY$ 变为自己的 3D 射影变换. 把它与 Y 的一个相似变换合成,可以找到把 $(X,Y,XY,1)^{\top}$ 变成 $(X',Y',X'Y',1)^{\top}$,同时使二次曲面 $Z=XY$ 保持不变的一个射影变换. 由于 $h_X$ 和 $h_Y$ 是任意的 1D 射影变换,这给出了足够的自由度把任何两点映射到其他两点.

(2)证明 $\Gamma$ 把与参考四面体的一条边相交的一条直线映射成一条二次曲线.

(3)证明 $\Gamma$ 把与参考四面体两条对边相交的一条直线映射成与同样两条边相交的一条直线.

(4)这些配置如何与计算摄像机射影矩阵的退化配置相关联,如图 22.3 所示.

(5)当所有点和两个摄像机都在一个直纹二次曲面上时,出现两视图的退化. 给定在欧氏立方体上的八个角点和两个摄像机中心,证明这十个点总在一个二次曲面上. 如果它是一个直纹二次曲面,那么该配置是退化的,因而不可能由 8 点得到重构. 研究在什么条件下二次曲面是直纹的. **提示**:过立方体的顶点存在一个两参数的二次曲面族. 这个两参数族看上去像什么?

(6)通过证明在非退化椭圆四次曲线上任意数量的摄像机和点的配置是临界的,来扩展结论 22.30. 这不需要复杂的计算. 如果被难住了,请参考[Kahl-01a].

# 第5篇

# 附 录

Jean-Auguste-Dominique Ingres（1780—1867）
于1845年创作的布面油画《豪森宫女伯爵肖像》
The Frick Collection, New York

# 附录 1
# 张 量 记 号

在计算机视觉中,张量记号不常使用,所以简要地介绍一下它的应用似乎是适当的. 读者若查阅[Triggs-95]可得到更多的细节. 为简单起见,这里这些概念将在低维射影空间(而不在它们的最一般形式)的范围内加以解释. 但是,这些概念适用于任意维向量空间.

考虑 2 维射影空间 $\mathbb{P}^2$ 的一组基向量 $\mathbf{e}_i, i=1,\cdots,3$. 我们将把指标写成下标,其理由在下文中将会自明. 在这组基下,$\mathbb{P}^2$ 中的点可以用一组坐标 $x^i$ 表示为 $\sum_{i=1}^3 x^i\mathbf{e}_i$ 集合. 我们用上标来表示该坐标. 令 $\mathbf{x}$ 表示该坐标的三元组,$\mathbf{x}=(x^1,x^2,x^3)^{\mathsf{T}}$.

现在,考虑坐标轴的变化,即由新的基向量 $\hat{\mathbf{e}}_j$ 代替基向量 $\mathbf{e}_i$,其中 $\hat{\mathbf{e}}_j=\sum_i H_j^i\mathbf{e}_i$,而 H 元素为 $H_j^i$ 的基变换矩阵. 如果 $\hat{\mathbf{x}}=(\hat{x}^1,\hat{x}^2,\hat{x}^3)^{\mathsf{T}}$ 是该向量在新基下的坐标,那么,我们可以验证 $\hat{\mathbf{x}}=\mathrm{H}^{-1}\mathbf{x}$. 因此,如果基向量按 H 变换,那么点的坐标按其逆变换 $\mathrm{H}^{-1}$ 变换.

下一步,考虑 $\mathbb{P}^2$ 的一条直线,它在原基下的坐标用 $\mathbf{l}$ 表示. 可以验证,在新基下坐标为 $\hat{\mathbf{l}}=\mathrm{H}^{\mathsf{T}}\mathbf{l}$. 因此,直线的坐标按 $\mathrm{H}^{\mathsf{T}}$ 变换.

再举一个例子,令 P 是表示射影(或向量)空间之间的映射的一个矩阵. 如果 G 和 H 分别表示定义域和值域空间的基变换. 那么,在新基下,映射由一个新的矩阵 $\hat{\mathrm{P}}=\mathrm{H}^{-1}\mathrm{PG}$ 表示. 注意在这些例子中变换有时用 H 或 $\mathrm{H}^{\mathsf{T}}$ 表示,而有时用 $\mathrm{H}^{-1}$ 表示.

上述三个坐标变换的例子可以显式地表示如下:

$$\hat{x}^i=(H^{-1})^i_j x^j \qquad \hat{l}_i=H^j_i l_j \qquad \hat{P}^i_j=(H^{-1})^i_k G^l_j P^k_l$$

其中我们采用了张量求和约定,即在一个乘积中,当上标和下标重复出现时,表示对该指标在整个范围内求和. 注意那些写成上标的指标按 $\mathrm{H}^{-1}$ 变换,而那些写成下标的指标按 H(或 G)变换. 并且在张量记号中,按 H 变换的指标和按 $\mathrm{H}^{\mathsf{T}}$ 变换的指标之间没有区别. 一般,张量的指标或按 H 或者按 $\mathrm{H}^{-1}$ 来变换——事实上,这是张量的特征. 按 H 变换的指标称为**协变**指标并写成下标;按 $\mathrm{H}^{-1}$ 变换的指标则称为**逆变**指标并写成上标. 指标的数目称为该张量的**价**. 在指标上进行累加,例如 $H^j_i l_j$,称为**缩并**,在此例中称张量 $H^j_i$ 按直线 $l_j$ 缩并.

## A1.1 张量 $\boldsymbol{\varepsilon}_{rst}$

对 $r,s,t=1,\cdots,3$,张量 $\varepsilon_{rst}$ 定义如下:

$$\varepsilon_{rst}=\begin{cases}0, & \text{除非 } r,s,t \text{ 两两不同}\\ +1, & \text{如果 } rst \text{ 是 123 的偶置换}\\ -1, & \text{如果 } rst \text{ 是 123 的奇置换}\end{cases}$$

张量$\varepsilon_{ijk}$(或与它对应的逆变张量$\varepsilon^{ijk}$)与两个向量的叉乘有关. 如果$\mathbf{a}$和$\mathbf{b}$是两个向量,而$\mathbf{c}=\mathbf{a}\times\mathbf{b}$是它们的叉乘,那么下面的公式可以轻易地得到验证.

$$c_i=(\mathbf{a}\times\mathbf{b})_i=\varepsilon_{ijk}a^jb^k.$$

与此相关的用于表示反对称矩阵$[\mathbf{a}]_\times$的表达式(A4.5). 用张量的记号可以将它记为

$$([\mathbf{a}_\times])_{ik}=\varepsilon_{ijk}a^j$$

因此,我们看到,如果$\mathbf{a}$是一个逆变向量,那么$[\mathbf{a}]_\times$是一个具有两个协变指标的矩阵. 对$[\mathbf{v}]_\times$也有类似的公式成立,其中$\mathbf{v}$是协变量,即$([\mathbf{v}]_\times)^{ik}=\varepsilon^{ijk}v_j$.

最后,张量$\varepsilon_{ijk}$与行列式有关:对三个逆变张量$a^i$,$b^j$和$c^k$来说,我们可以验证$a^ib^jc^k\varepsilon_{ijk}$是以$a^i$,$b^j$和$c^k$为行向量的一个$3\times3$矩阵的行列式.

## A1.2 三焦点张量

三焦点张量$\mathcal{T}_i^{jk}$有一个协变和两个逆变指标. 对于向量及矩阵,例如$x^j$,$l_i$和$P_j^i$,可以用标准的线性代数记号来书写变换规则,例如$\mathbf{X}'=\mathrm{H}\mathbf{x}$. 但是,对有三个或更多指标的张量而言,这样做就不方便了. 在处理三焦点张量时,除采用张量记号外实在没有其他的选择.

**变换规则** 关于三焦点张量的指标安排蕴含下列变换规则:

$$\hat{\mathcal{T}}_i^{jk}=F_i^r(G^{-1})_s^j(H^{-1})_t^k\mathcal{T}_r^{st} \tag{A1.1}$$

它对应于三幅图像中基的变化. 值得指出的是这里可能产生一个混淆. 变换规则(A1.1)表明当三幅图像中的基发生变换时张量如何变换. 通常我们关心的是点坐标的变换. 因此,如果F′,G′和H′表示图像中的坐标变换,即$\hat{x}^j=F'^j_ix^i$,并且G′和H′在其他图像上也类似定义,那么变换规则可以写成

$$\hat{\mathcal{T}}_i^{jk}=(F'^{-1})_i^rG'^j_sH'^k_t\mathcal{T}_r^{st}$$

**张量图** 一个向量$\mathbf{x}$可以视为排列成一列或一行的一组数,而一个矩阵H可以视为数的2维阵列. 类似地,有三个指标的张量可以视为数的3维阵列. 特别地,三焦点张量可视为一个$3\times3\times3$单元立方体,如图A1.1所示.

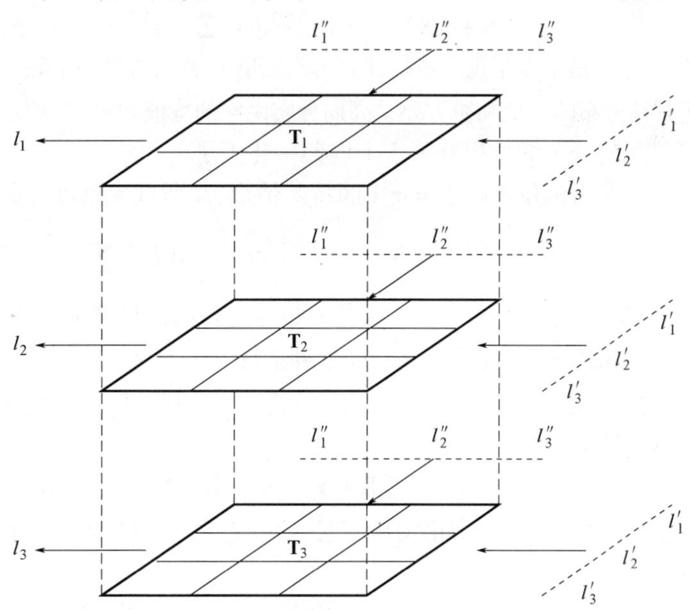


**图A1.1 三焦点张量的3维表示**. 图取自Faugeras和Papadopoulo[Faugeras-97]. 图中给出$l_i=l_jl''_k\mathcal{T}_i^{jk}$,它是该张量对$\mathbf{l}'$和$\mathbf{l}''$的缩并并产生一条直线$\mathbf{l}$. 在伪矩阵记号中它可以写为$l_i=\mathbf{l}'^{\mathsf{T}}\mathrm{T}_i\mathbf{l}''^{\mathsf{T}}$,其中,$(\mathrm{T}_i)_{jk}=\mathcal{T}_i^{jk}$.

# 附录 2
# 高斯(正态)分布与卡方分布

## A2.1 高斯概率分布

给定随机变量 $x_i, i=1,\cdots,N$ 的向量 **X**,它的均值为 $\overline{\mathbf{X}}=E[\mathbf{X}]$,其中 $E[\cdot]$ 表示期望值,而 $\Delta\mathbf{X}=\mathbf{X}-\overline{\mathbf{X}}$,其协方差矩阵 $\Sigma$ 为一个 $N\times N$ 的矩阵:

$$\Sigma=E[\Delta\mathbf{X}\Delta\mathbf{X}^{\mathsf{T}}]$$

式中,$\Sigma_{ij}=E[\Delta x_i\Delta x_j]$. 矩阵 $\Sigma$ 的对角元是单个变量 $x_i$ 的方差,而非对角元是交叉协方差的值.

如果 **X** 的概率分布密度形如

$$\mathrm{P}(\overline{\mathbf{X}}+\Delta\mathbf{X})=(2\pi)^{-N/2}\det(\Sigma^{-1})^{1/2}\exp(-(\Delta\mathbf{X})^{\mathsf{T}}\Sigma^{-1}(\Delta\mathbf{X})/2) \tag{A2.1}$$

式中,$\Sigma^{-1}$ 是某个半正定矩阵,那么,该变量 $x_i$ 称为遵循一个联合高斯(Gauss)分布. 可以验证 $\overline{\mathbf{X}}$ 和 $\Sigma$ 是该分布的均值和协方差. 高斯分布由它的均值和协方差唯一确定. 因子 $(2\pi)^{-N/2}\det(\Sigma^{-1})^{1/2}$ 仅仅是使分布的总积分等于 1 的归一化因子.

在 $\Sigma$ 为标量矩阵 $\Sigma=\sigma^2\mathrm{I}$ 的特殊情形,高斯概率密度函数(PDF)取下面的简单形式

$$\mathrm{P}(\mathbf{X})=(\sqrt{2\pi}\sigma)^{-N}\exp\left(-\sum_{i=1}^{N}(x_i-\bar{x}_i)^2/2\sigma^2\right)$$

式中,$\mathbf{X}=(x_1,x_2,\cdots,x_N)^{\mathsf{T}}$. 这种分布称为**各向同性高斯分布**.

**Mahalanobis 距离** 注意在这种情形点 **X** 处的 PDF 值就是点 **X** 到均值 $\overline{\mathbf{X}}=(\bar{x}_1,\bar{x}_2,\cdots,\bar{x}_N)^{\mathsf{T}}$ 的欧氏距离 $(\sum_{i=1}^{N}(x_i-\bar{x}_i)^2)^{1/2}$ 的函数. 与此相类似可以定义两个向量 **X** 和 **Y** 之间的 **Mahalanobis** 距离为

$$\|\mathbf{X}-\mathbf{Y}\|_{\Sigma}=((\mathbf{X}-\mathbf{Y})^{\mathsf{T}}\Sigma^{-1}(\mathbf{X}-\mathbf{Y}))^{1/2}$$

我们可以验证,对一个正定矩阵 $\Sigma$,上式定义了 $\mathrm{IR}^N$ 上的一个度量. 用这个记号,高斯 PDF 的一般形式可以写为

$$\mathrm{P}(\mathbf{X})\approx\exp(-\|\mathbf{X}-\overline{\mathbf{X}}\|_{\Sigma}^2/2)$$

其中归一化因子已被省略. 因此,高斯 PDF 的值是点 **X** 到均值 $\overline{\mathbf{X}}$ 的 Mahalanobis 距离的一个函数.

**坐标变化** 因为 $\Sigma$ 是对称和正定的,它可以写为 $\Sigma=\mathrm{U}^{\mathsf{T}}\mathrm{DU}$,其中 U 是一个正交矩阵,$\mathrm{D}=(\sigma_1^2,\sigma_2^2,\cdots,\sigma_N^2)$ 是对角矩阵. 记 $\mathbf{X}'=\mathrm{U}\mathbf{X}$ 和 $\overline{\mathbf{X}}'=\mathrm{U}\overline{\mathbf{X}}$,并代入式(A2.1)得到

$$\begin{aligned}\exp(-(\mathbf{X}-\overline{\mathbf{X}})^{\mathsf{T}}\Sigma^{-1}(\mathbf{X}-\overline{\mathbf{X}})/2)&=\exp(-(\mathbf{X}'-\overline{\mathbf{X}}')^{\mathsf{T}}\mathrm{U}\Sigma^{-1}\mathrm{U}^{\mathsf{T}}(\mathbf{X}'-\overline{\mathbf{X}}')/2)\\&=\exp(-(\mathbf{X}'-\overline{\mathbf{X}}')^{\mathsf{T}}\mathrm{D}^{-1}(\mathbf{X}'-\overline{\mathbf{X}}')/2)\end{aligned}$$

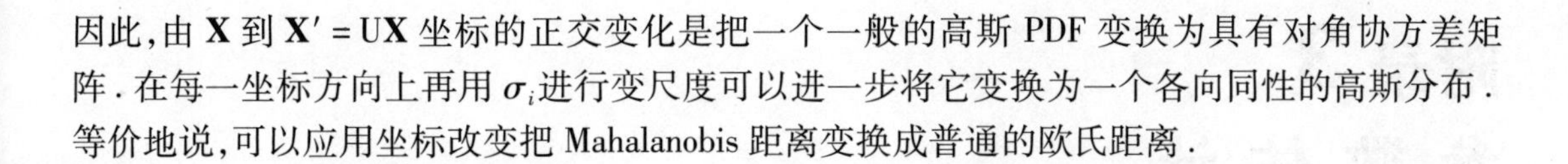



因此,由 $\mathbf{X}$ 到 $\mathbf{X}'=\mathrm{U}\mathbf{X}$ 坐标的正交变化是把一个一般的高斯 PDF 变换为具有对角协方差矩阵.在每一坐标方向上再用 $\sigma_i$ 进行变尺度可以进一步将它变换为一个各向同性的高斯分布.等价地说,可以应用坐标改变把 Mahalanobis 距离变换成普通的欧氏距离.

## A2.2 卡方分布

$\chi_n^2$(卡方)分布是 $n$ 个独立高斯随机变量的平方和的分布.当应用于具有非奇异协方差矩阵 $\Sigma$ 的高斯随机向量 $\mathbf{v}$ 时,$(\mathbf{v}-\overline{\mathbf{v}})^{\mathsf{T}}\Sigma^{-1}(\mathbf{v}-\overline{\mathbf{v}})$ 的值满足 $\chi_n^2$ 分布,其中 $n$ 是 $\mathbf{v}$ 的维数.如果该协方差矩阵 $\Sigma$ 是奇异的,那么必须用伪逆 $\Sigma^{+}$ 替代 $\Sigma^{-1}$.此时

- **如果 $\mathbf{v}$ 是均值为 $\overline{\mathbf{v}}$ 并且协方差矩阵为 $\Sigma$ 的高斯随机向量,那么值 $(\mathbf{v}-\overline{\mathbf{v}})^{\mathsf{T}}\Sigma^{+}(\mathbf{v}-\overline{\mathbf{v}})$ 满足 $\chi_r^2$ 分布,其中 $r=\operatorname{rank}\Sigma$.**

累积 $\chi^2$ 分布定义为 $F_n(k^2)=\int_0^{k^2}\chi_n^2(\xi)\,d\xi$.它表示随机变量 $\chi_n^2$ 的值小于 $k^2$ 的概率.当 $n=1,\cdots,4$ 时,$\chi_n^2$ 分布和累积 $\chi_n^2$ 逆分布的图在图 A2.1 中给出.计算累积 $\chi_n^2$ 分布 $F_n(k^2)$ 的程序在[Press-88]中给出.因为它是单调增函数,我们可以借助任何简单技术(例如细分)来计算逆函数,它们的值在表 A2.1 中列出(与图 A2.1 相比较).

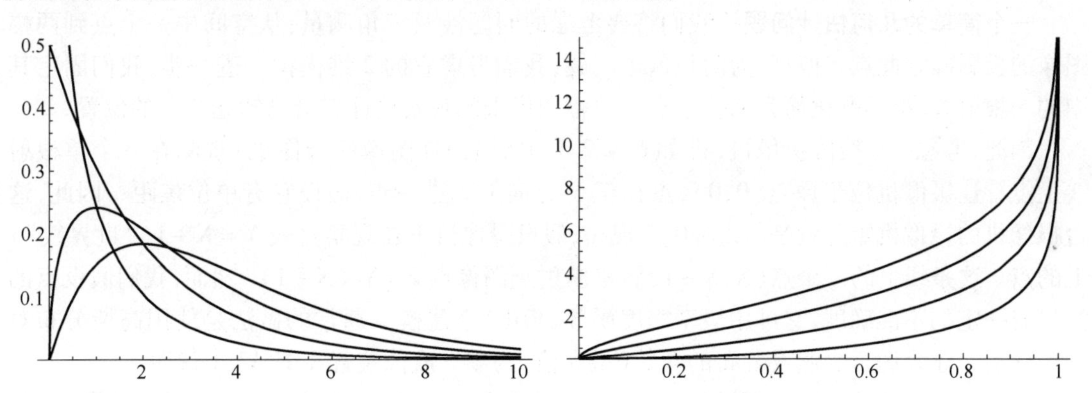

**图 A2.1** $n=1,\cdots,4$ 时的 $\chi_n^2$ 分布(左)和累积 $\chi_n^2$ 逆分布 $F_n^{-1}$(右).两种情形图针对 $n=1,\cdots,4$ 给出,由下至上(在水平轴的中点).

| $n$ | $\alpha=0.95$ | $\alpha=0.99$ |
|---|---|---|
| 1 | 3.84 | 6.63 |
| 2 | 5.99 | 9.21 |
| 3 | 7.81 | 11.34 |
| 4 | 9.49 | 13.28 |

**表 A2.1** 自由度为 $n$ 的累积 $\chi^2$ 分布 $F_n(k^2)$,$k^2$ 等于 $\alpha$,即 $k^2=F_n^{-1}(\alpha)$,其中 $\alpha$ 是概率.

# 附录 3
# 参 数 估 计

目前关于参数估计有很好的理论,处理诸如估计的偏差和方差属性. 此理论基于测量和参数空间的概率密度函数的分析. 在本附录中,我们讨论的主题包括估计算法的偏差、方差、方差的 Cramér-Rao 下界和后验分布. 这里的处理将在很大程度上是非正式的,以实例为基础,在重构的背景中利用这些概念.

从这个讨论中学习到的总的教训是,许多概念强烈地依赖于模型特定的参数化. 在 3D 射影重建等问题中,不存在优选的参数化,这些概念不被适定,或非常强烈地依赖于假设的噪声模型.

**一个简单的几何估计问题** 我们将要考虑的问题涉及三角测量:从空间中一个点到两幅图像的投影确定此点. 但是,为简化这个问题,我们考虑它的 2 维模拟. 进一步,我们固定其中的一根射线,把问题化简为从一个点在单幅图像中的观察估计它沿已知光线上的位置.

因此,考虑一个线阵摄像机(即如 6.4.2 节中形成 1D 图像的摄像机)观测在一个单根射线上点. 让摄像机位于原点(0,0),点在正 Y 方向上. 进一步,假设它有单位焦距. 因此,这台摄像机的摄像机矩阵就是$[\mathrm{I}_{2\times2} \mid 0]$. 现在,假设摄像机正在观察直线 Y = X + 1(“世界线”)上的点. 这条线上的一个点(X,X + 1)将被映射到图像点 $x = \mathrm{X}/(\mathrm{X}+1)$. 然而,我们假设点的测量有一定的不准确度,它可用概率密度函数(PDF)来建模. 通常的做法是使用高斯分布对噪声建模. 让我们至少假设分布的众数(最大值)为零. 成像装置在图 A3.1 说明.

我们考虑的估计问题以下:给定一个点的图像坐标,估计在直线 $y = x + 1$ 上“世界点”的位置. 考虑特定的场景,可认为该线为 γ 射线流中的闪烁体. 一个摄像机是用来测量每一个

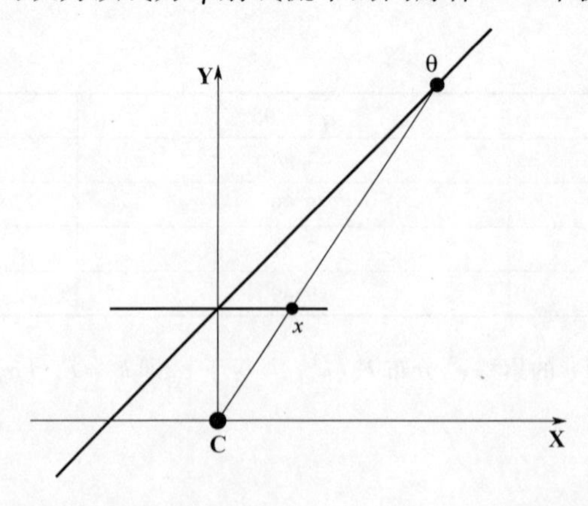


**图 A3.1** 一个简单估计问题的成像装置. 直线 Y = X + 1 的一个点通过线阵摄像机成像. 投影映射由 $f:\theta \mapsto x = \theta/(1+\theta)$ 给出,其中 $\theta$ 参数化在射线 Y = X + 1 上的点. 测量受零众数分布噪声的干扰.

闪烁的位置,并确定其沿线位置．这个问题看上去简单得可笑,但最终的结果是其中有一些意外发现．

**概率密度函数** 我们首先借助参数 $\theta$ 来参数化世界线 $Y = X + 1$,其中最方便的是参数化 $\theta = x$ 使得由 $\theta$ 参数化的2D点是$(\theta, \theta+1)$．这点投影到 $\theta/(\theta+1)$．我们表示此从世界线到图像线的投影函数为$f$,得到$f(\theta) = \theta/(1+\theta)$．这一点的测量被噪声损坏,导致在一个随机变量 $x$ 的概率分布用 $p(x \mid \theta) = g(x - f(\theta))$ 给出．例如,如果 $g$ 是一个零均值、方差 $\sigma^2$ 的高斯分布,那么

$$p(x \mid \theta) = (2\pi\sigma^2)^{-1/2}\exp(-(x - f(\theta))^2/2\sigma^2)$$

**最大似然估计** 给定的测量值 $x$,参数向量 $\theta$ 的估计是一个函数,用 $\hat{\theta}(x)$ 表示,它把参数向量 $\theta$ 赋给测量 $x$. 最大似然(ML)估计为

$$\hat{\theta}_{ML} = \arg\max_{\theta} p(x \mid \theta)$$

在目前的估计问题中,它很容易看出,ML估计通过反投影被测点 $x$ 并选择其与世界线的交点而直接得到,遵循公式

$$\hat{\theta}(x) = f^{-1}(x) = x/(1-x)$$

这是ML估计,由于得到的具有参数 $\hat{\theta}(x)$ 的点前投影到 $x$,因此 $p(x \mid \hat{\theta}) = g(x - x) = g(0)$,根据假设,它给出了概率密度函数 $g$ 的最大(众数)．参数 $\theta$ 任何其他的选择会给出一个较小的 $p(x \mid \theta)$ 值．

## A3.1 偏差

一个估计算法的一个理想的属性是,希望它可以在平均意义上给出正确的答案．给定一个参数 $\theta$,或等价地,在世界直线上的一点,我们考虑所有可能的测量 $x$ 并由它们重新估计参数 $\theta$,即 $\hat{\theta}(x)$．如果在平均意义上获得的原始参数 $\theta$(真值),此估计算法被称为**无偏的**．在形成此平均时,根据测量 $x$ 的概率对它们进行加权．此估计算法的偏差更形式化地定义为

$$E_{\theta}[\hat{\theta}(x)] - \theta = \int_x p(x \mid \theta)\hat{\theta}(x)\,dx - \theta$$

如果对所有 $\theta$ 都有 $E_{\theta}[\hat{\theta}(x)] = \theta$,此估计算法是无偏的．这里 $E_{\theta}$代表给定 $\theta$ 的期望值,如上所定义．

考虑偏差的另一种方式是用相同的模型参数重复一个实验多次,并且在每个试验中用噪声的不同实例．偏差是估计参数的平均值与真实参数值之间的差值．值得注意的是,对于被定义的偏差,没有必要在它上定义参数空间的一个先验分布,甚至它不必是测量空间．但是,它有一定的仿射结构是必要的,以便可以形成平均(或积分).

现在,我们确定在$f(\theta) = \theta/(1+\theta)$的情况下 $\theta$ 的ML估计是否是无偏的．积分为

$$\int_x p(x \mid \theta)\hat{\theta}(x)\,dx = \int_x \frac{1}{\sqrt{2\pi}\sigma}\exp\left(\frac{(x-\theta)/(\theta+1)^2}{2\sigma^2}\right)\frac{x}{1-x}dx$$

结果是这个积分发散,因此此偏差未定义．困难出在采用高斯分布的噪声假设,对任何值 $\theta$, $x > 1$时总有一个有限的(尽管可能很小)的概率 $p(x \mid \theta)$. $x > 1$ 值时,相应的射线不与世界线在

前面摄像机相交(因为射线平行于在 $x=1$ 的世界线). 估计$\hat{\theta}(x)$作为 $x$ 的函数在图 A3.2 中给出,说明它如何产生摄像机背后的估计世界点. 即使忽略摄像机背后的$\hat{\theta}(x)$,ML 估计具有无穷的偏差,如图 A3.3 所解释.

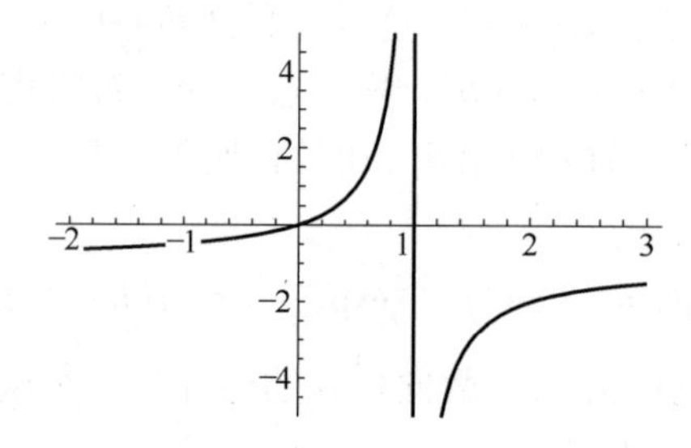


**图 A3.2** 针对图像点 $x$ 的不同测量,世界点位置的 ML 估计 $\hat{\theta}(x)=f^{-1}(x)=x/(1-x)$. 请注意,$x$ 值大于 1 时,ML 估计切换到摄像机"后面".

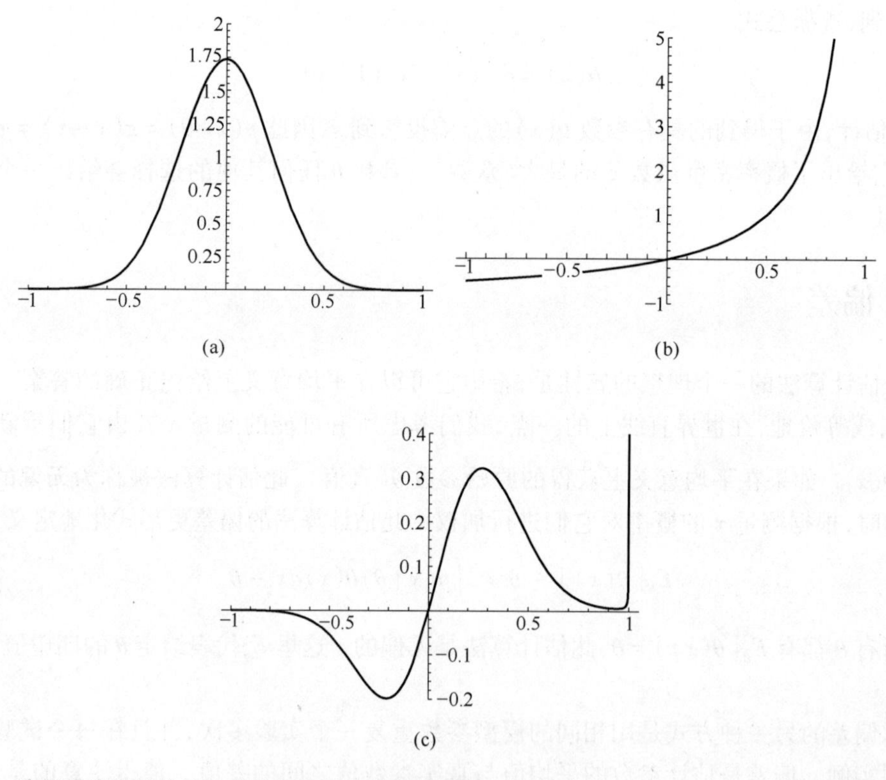


**图 A3.3** 高斯噪声模型的 ML 估计有无穷大偏差的原因. (a)给定在 $x=0,y=1$ 上的一个世界点图像测量的可能值的分布,假设的 $\sigma=0.4$ 高斯噪声分布在符号 $p(x \mid \theta=0)$ 中. (b)对图像的点不同值的世界点的 ML 估计,$\hat{\theta}(x)=x/(1-x)$. 注意,当图像点接近 1 时,世界线上估计点趋向至无穷远. (c)$\hat{\theta}(x)p(x \mid \theta=0)$的积. 这函数从 $x=-\infty$ 到 $x=1$ 的积分,给出 ML 估计算法的偏差. 请注意,当 $x$ 接近 1,图突然增加到无穷大. 积分是无界的,这意味着估计算法有无穷偏差.

**限制参数范围** 由于参数 $\theta$ 范围从 $-1$ 到$\infty$,限制其范围是合理的. 事实上,我们可以有世界线上所有的"事件"在一个更受限制的范围内的知识．作为一个例子，假定我们假设 $\theta$ 在 $-1\leqslant\theta\leqslant1$ 范围中，因此无噪声的投影点在范围 $-\infty<x<1/2$ 中．在这种情况下，对任何图像点 $x>1/2$ 的 ML 估计将会得到 $\hat{\theta}(x)=1$. 即便对参数 $\theta$ 有了这个限制，ML 估计仍然是有偏的，如图 A3.4 所示．

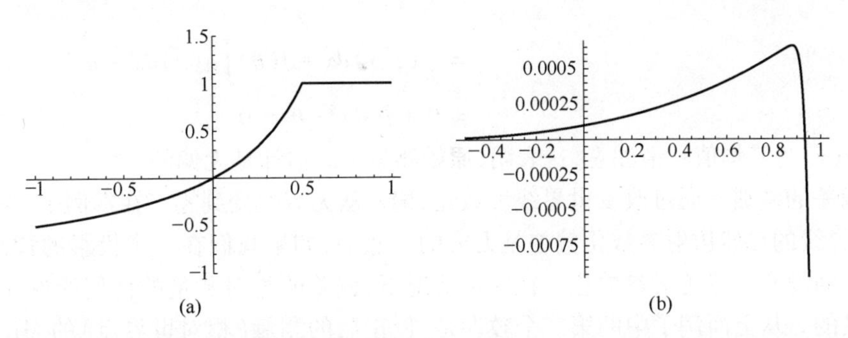

**图 A3.4** (a)如果世界点参数 $\theta$ 值的可能范围限制到 $\theta\leqslant1$，那么 $x>1/2$ 任何点的 ML 估计将是 $\theta=1$. 这将防止估计中无穷偏差，但仍然会有偏差．(b)偏差 $E_\theta[\hat{\theta}(x)]-\theta=\int_x p(x\mid\theta)\hat{\theta}(x)dx-\theta$ 作为 $\theta$ 的函数．测量噪声是 $\sigma=0.01$ 的高斯分布．

如果噪声分布具有有限的支撑，那么对大多数 $\theta$ 值而言偏差也将是有限的，即使参数 $\theta$ 范围不受限制．这在图 A3.5 中显示．从其中学到的教训是估计算法的偏差可以非常依赖于噪声模型——一个通常不在我们掌控范围内的因素．

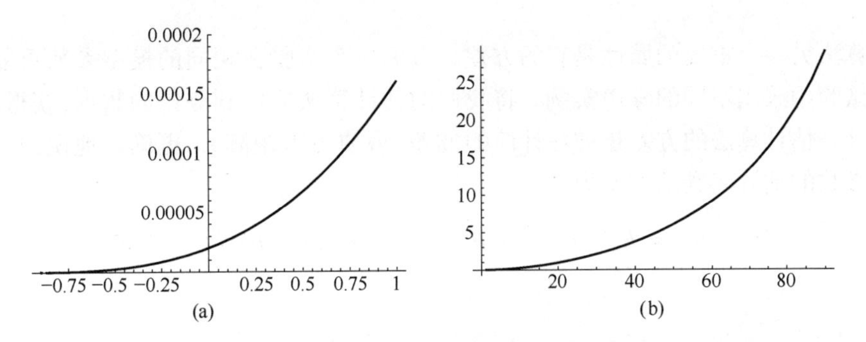

**图 A3.5 如果噪声模型具有有限的支撑，那么偏差将是有限的．** 在这个例子中，噪声模型是当 $-\sigma\leqslant x\leqslant\sigma$，$3(1-(x/\sigma)^2)/4\sigma^2$，其中 $\sigma=0.01$. (a)当 $\theta$ 小时，偏差为 $\theta$ 的一个函数．(b)偏差百分比 $(E_\theta[\hat{\theta}(x)]-\theta)/\theta$. 当 $\theta$ 值小时，偏差相对比较小，但大值时变大(达到 20%)．沿世界线的点的位置总是被高估．

**偏差对参数化的依赖** 在这个例子中，高斯噪声模型的 ML 估计算法具有无穷大偏差的原因是世界线和图像线之间的射影映射．以一种不同的方式参数化世界线有可能会改变此偏差．

让用参数 $\theta$ 参数化世界线 $Y=X+1$，使得线上的点 $(\theta/(1-\theta),1/(1-\theta))$. 在摄像机前面的线的部分(具有正的 $y$ 坐标)由在范围 $-\infty<\theta<1$ 的 $\theta$ 参数化．在投影 $(X,Y)\mapsto X/Y$ 下，投影映射 $f$ 为 $f(\theta)=X/Y=\theta$，因此，具有参数 $\theta$ 的点映射到 $\theta$. 换言之，世界线上的点由摄像机映射下它们投影点的坐标参数化．

现在,在这种情况下,ML 估计是由 $\hat{\theta}(x)=f^{-1}(x)=x$ 给定,偏差是

$$\begin{aligned}\int_x \hat{\theta}(x)p(x\mid\theta)dx-\theta &= \int_x xg(x-f(\theta))dx-\theta\\ &= \int_x (x+f(\theta))g(x)dx-\theta\\ &= \int_x xg(x)dx+f(\theta)\int_x g(x)dx-\theta\\ &= 0+f(\theta)-\theta=0\end{aligned}$$

假设分布 $g(x)$ 为零均值．请注意,这表明,**原始**测量 $x$ 的估计是无偏的．

**关于偏差的教训** 通过改变世界线参数化,偏差从无穷改变到零．在本例中,我们已经看到,一个世界线的自然仿射参数化偏差是无穷的．然而,如果我们在一个投影的背景下运算,那么参数空间没有自然仿射参数化．在这种情况下,偏差的绝对测量的任何谈论在某种程度上是无意义的．从上面例子中的第二个教训是,校正后的测量(相对世界点)的 ML 估计是无偏的．

还可以看到,偏置值强烈地依赖于噪声分布．即使是尾巴非常小的高斯分布对计算的偏差有非常大的影响．当然,高斯分布的噪声只是图像测量误差建模的一个方便模型．图像测量噪声的精确分布一般是未知的,不可避免的结论是,一个人不能在理论上计算一个给定的估计算法的偏差的一个确切的值,除了针对已知噪声模型的合成数据．

## A3.2 估计算法的方差

估计算法另一个重要的属性是它的方差．考虑一个实验在相同的模型参数重复多次,但在每一个试验中采用不同的噪声实例．将我们的估计算法应用到测得的数据,获得每个试验的一个估计．估计算法的方差是被估计值的方差(或协方差矩阵)．更确切地说,我们可以定义涉及单参数的估计问题的方差为

$$\mathrm{Var}_\theta(\hat{\theta}) = E_\theta[(\hat{\theta}(x)-\bar{\theta})^2] = \int_x (\hat{\theta}(x)-\bar{\theta})^2 p(x\mid\theta)\mathrm{d}x$$

其中

$$\bar{\theta} = E_\theta[\hat{\theta}(x)] = \int_x \hat{\theta}(x)p(x\mid\theta)\mathrm{d}x = \theta+\mathrm{bias}(\hat{\theta})$$

在参数 $\theta$ 形成一个向量的情况中,$\mathrm{Var}_\theta(\hat{\theta})$ 是协方差矩阵

$$\mathrm{Var}_\theta(\hat{\theta}) = E_\theta[(\hat{\theta}(x)-\bar{\theta})(\hat{\theta}(x)-\bar{\theta})^\mathsf{T}] \tag{A3.1}$$

在许多情况下,我们可能会更感兴趣估计相对原始参数 $\theta$ 变化性,它是估计算法的均方误差．

可从下式容易地计算得到

$$E_\theta[(\hat{\theta}(x)-\bar{\theta})(\hat{\theta}(x)-\bar{\theta})^\mathsf{T}] = Var_\theta(\hat{\theta})+bias(\hat{\theta})bias(\hat{\theta})^\mathsf{T}$$

应当指出的是,与偏差一样,估计的方差只有当在参数集上有一个自然的仿射结构,至少在局部上是有合理的意义．

如果没有噪声,大多数估计算法都会给出正确的答案．如果一个算法添加噪声后性能很差,这意味着该算法的偏差或方差高．比如 DLT 算法 4.1 或在 11.1 节讨论的非标准化的 8 点

算法是这种情况．增加噪声后该算法的方差快速增长．

**Cramér-Rao 下界**　显而易见，添加噪声到一组测量后信息丢失．因此，不期望的任何估计算法在测量上噪声存在时可以有零偏差和方差．对于无偏估计算法，这个概念在 Cramér-Rao 下界中形式化，是一个无偏估计算法方差的界．为解释 Cramér-Rao 限，我们需要一些定义．给定一个概率分布 $p(x \mid \theta)$，Fisher 得分定义为 $V_\theta(x) = \partial_\theta \log p(x \mid \theta)$. Fisher 信息矩阵被定义为

$$F(\theta) = E_\theta[V_\theta(x)V_\theta(x)^\top] = \int_x \mathrm{V}_\theta(x)\mathrm{V}_\theta(x)^\top \mathrm{p}(x \mid \theta)\,\mathrm{dx}$$

Fisher 信息矩阵相关内容在以下结论中表示．

**结论 A3.1　Cramér-Rao 下界**．对一个无偏估计 $\hat{\theta}(x)$，有

$$\det(E[(\hat{\theta}-\bar{\theta})(\hat{\theta}-\bar{\theta})^\top]) \geqslant 1/\det\mathrm{F}(\theta)$$

Cramér-Rao 下界也可以在一个有偏估计算法中给出．

## A3.3　后验分布

ML 估计的一种替代是给定测量结果，考虑参数的概率分布，即 $p(\theta \mid x)$. 这被称为后分布，即测量**后**的参数分布．为了计算它，需要一个**先验**分布 $p(\theta)$，针对任何测量进行**之前**的参数．然后，后验分布可以遵循贝叶斯法计算

$$p(\theta \mid x) = \frac{p(x \mid \theta)p(\theta)}{p(x)}$$

由于测量 $x$ 是固定的，所以它的概率 $p(x)$ 也是固定的，所以我们可以忽略它，得到 $p(\theta \mid x) \approx p(x \mid \theta)p(\theta)$. 此后验分布的最大值被称为最大后验（MAP）估计．

**注意：**虽然 MAP 估计似乎是一个好主意，重要的是要认识到它取决于参数空间的参数化．后验概率分布正比于 $p(x \mid \theta)p(\theta)$. 然而，$p(\theta)$ 依赖于 $\theta$ 的参数化．例如，如果 $p(\theta)$ 一个参数化中是一个均匀分布的，它在一个不同的参数化中将不是均匀分布，参数化的区别由非仿射变换产生．另一方面，$p(x \mid \theta)$ 不依赖于 $\theta$ 的参数化．因此，一个变化的参数化的结果是改变后验分布的一种方式是其最大值会发生变化．如果参数空间没有一个自然的仿射坐标系（例如，如果参数空间是投影的），那么 MAP 估计实际上并没有很多意义．

基于后验分布的其他估计也有可能．给定测量 $x$ 和后验分布 $p(x \mid \theta)$，我们不妨做参数 $\theta$ 的一个不同的估计．一个明智的选择是最少化估计的期望平方误差，即

$$\hat{\theta}(x) = \operatorname{argmin}_Y E[\|Y-\theta\|^2] = \operatorname{argmin}_Y \int \|Y-\theta\|^2 p(\theta \mid x)\,d\theta$$

这是后验分布的平均数．

进一步可供选择的是最小化期望绝对误差

$$\hat{\theta}(x) = \operatorname{argmin}_Y E[\|Y-\theta\|] = \operatorname{argmin}_Y \int \|Y-\theta\|\, p(\theta \mid x)\,d\theta$$

这是后验分布的中值．这些估计的例子在图 A3.6 和图 A3.7 中给出．

这些估计的更多属性在本附录末的注释中列出．

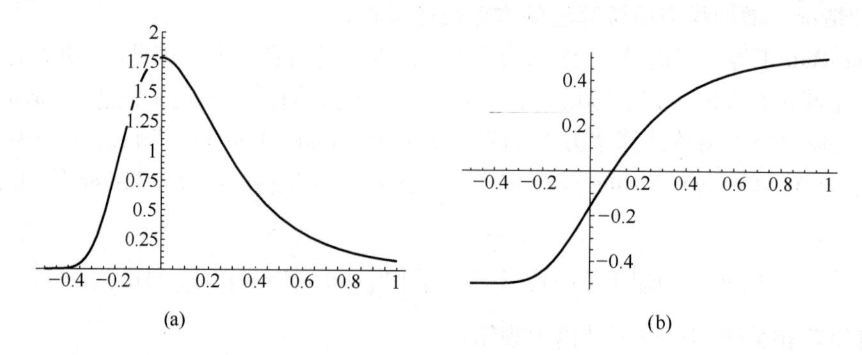


**图 A3.6** 针对 $\theta$ 的不同估计算法.(a)针对图 A3.1 成像设置的后验分布 $p(\theta \mid x=0)$,假设高斯噪声分布其方差为 $\sigma=0.2$ 和 $\theta$ 的先验分布在区间[ -1/2,1]是均匀分布. 这种分布的众数(最大值)是 $\theta$ 的最大后验(MAP)估计,与 ML 估计相同,因为假定 $\theta$ 是均匀分布. 该分布的均值($\theta=0.1386$)是相对于实际测量值 $\bar{\theta}$ 最小化期望平方误差 $E[(\hat{\theta}(x)-\bar{\theta})^2]$ 的估计.(b)累积后验分布( -0.5 偏移). 此图的零点是分布的中值,即最小化 $E[\,|\hat{\theta}(x)-\bar{\theta}|\,]$ 的估计. 中值在 $\theta=0.09137$ 处.

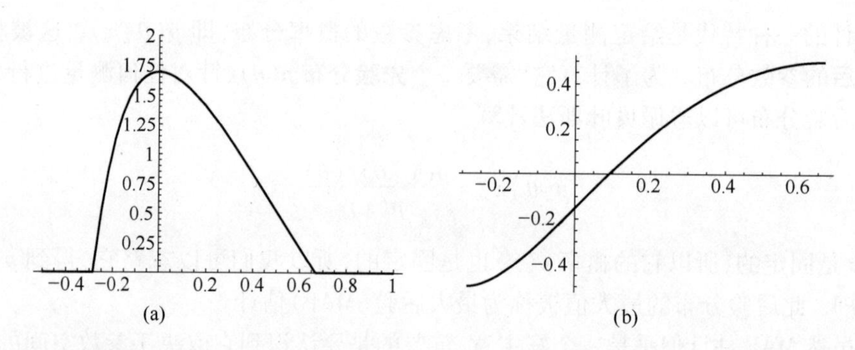


**图 A3.7** 具有抛物噪声模型的不同估计算法. 这两个图显示 $\theta$ 的后验分布及其累积分布. 在这个例子中,噪声模型是当 $-\sigma \leqslant x \leqslant \sigma, 3(1-(x/\sigma)^2)/4\sigma^2$,其中 $\sigma=0.4$. 分布的众数($\theta=0$)是 MAP 估计,与 ML 估计相同,均值($\theta=0.1109$)最小化在 $\theta$ 中的期望平方误差,中值($\theta=0.0911$)最小化期望绝对误差.

## A3.4 校正测量的估计

在几何估计问题,特别是在那些涉及投影模型的问题中,我们已经看到,诸如估计算法的偏差和方差等中的概念依赖模型的特定参数,例如被选择的特定射影坐标系. 即使在模型的一个自然的仿射参数化存在的情况下,有可能很难找到一个无偏估计算法. 例如,ML 估计算法针对诸如三角测量的问题是有偏的.

然而,在 A3.1 节讨论 1D 反投影的例子中,我们看到如果不是试图计算模型(即反投影点),而是估计校正的测量,那么 ML 估计是无偏的. 我们将在本节进一步探讨这个概念,并显示在一般设置中,当噪声模型为高斯,校正后的测量的 ML 估计不仅是无偏的而且达到 Cramér-Rao 的下界.

考虑一个估计问题涉及拟合参数化模型到一组图像测量. 如在 5.1.3 节所看到的,这个问题可被视为高维欧氏空间$\mathbb{IR}^N$中的一个估计问题，此空间是由所有图像测量组成的空间．这在图5.2说明．估计问题是，给定一个测量向量$\mathbf{X}$，找到表示所有允许精确测量的集合的一个表面上的最接近点．向量$\hat{\mathbf{X}}$表示符合给定模型的"校正"图像测量集合．模型本身可能取决于参数$\theta$的一个集合，如基本矩阵，假设3D点或其他参数对问题是合适的．

参数$\theta$的估计同样受偏差影响，其方式与在A3.1节讨论的简单问题一样，并且偏差的确切程度依赖于具体的参数化．一般来说(比如在投影重构问题中)，模型参数没有自然仿射坐标系，虽然图像平面有一个自然的仿射坐标系．

如果我们以不同的方式思考此问题，把问题当作直接求校正测量向量$\hat{\mathbf{X}}$，那么我们找到了一个更有利的局面．测量在图像中进行，其中有一个自然的仿射坐标系，所以估计校正后的测量偏差的问题更具有意义．我们将证明，如果测量表面由它的切平面适定近似，校正后的测量向量的ML估计是无偏的，假定其中的噪声是零均值的．此外，如果噪声是高斯和各向同性的，那么ML估计满足Cramér-Rao下界．

几何情况如下．一个点$\overline{\mathbf{X}}$位于测量表面上，如图5.2所示．噪声被添加到这一点，获得一个测点$\mathbf{X}$．实际点$\overline{\mathbf{X}}$的估计$\hat{\mathbf{X}}$通过选择在表面测量上离测量点最接近的点而得到．我们假设，测量表面在$\mathbf{X}$附近可以认为是平面．

我们可以选择一个坐标系统，在该系统中，接近$\overline{\mathbf{X}}$测量表面由头$d$个坐标生成．我们可以写$\overline{\mathbf{X}}=(\overline{\mathbf{X}}_1^{\mathsf{T}},\mathbf{0}_{N-d}^{\mathsf{T}})^{\mathsf{T}}$，其中$\overline{\mathbf{X}}_1$是一个$d$维向量．测量点同样可以写为$\mathbf{X}=(\mathbf{X}_1^{\mathsf{T}},\mathbf{X}_2^{\mathsf{T}})^{\mathsf{T}}$，以及它到切平面上的投影是$\hat{\mathbf{X}}=(\mathbf{X}_1^{\mathsf{T}},\mathbf{0}^{\mathsf{T}})^{\mathsf{T}}=(\hat{\mathbf{X}}_1^{\mathsf{T}},\mathbf{0}^{\mathsf{T}})^{\mathsf{T}}$．我们假定噪声分布由$p(\mathbf{X}\mid\overline{\mathbf{X}})=g(\mathbf{X}-\overline{\mathbf{X}})$．现在估计$\hat{\mathbf{X}}$的偏差是

$$
\begin{aligned}
E[(\hat{\mathbf{X}}-\overline{\mathbf{X}})] &= \int_{\mathbf{X}}(\hat{\mathbf{X}}-\overline{\mathbf{X}})p(\mathbf{X}\mid\overline{\mathbf{X}})d\mathbf{X} = \int_{\mathbf{X}}(\hat{\mathbf{X}}-\overline{\mathbf{X}})g(\mathbf{X}-\overline{\mathbf{X}})d\mathbf{X} \\
&= \int_{\mathbf{X}}\mathrm{J}\,(\mathbf{X}-\overline{\mathbf{X}})g(\mathrm{X}-\overline{\mathbf{X}})d\mathbf{X} \\
&= \mathrm{J}\int_{\mathbf{X}}(\mathbf{X}-\overline{\mathbf{X}})g(\mathbf{X}-\overline{\mathbf{X}})d\mathbf{X} \\
&= 0
\end{aligned}
$$

式中，J是矩阵$[\mathrm{I}_{d\times d}\mid 0_{d\times(N-d)}]$．这表示只要$g$具有零均值，$\mathbf{X}$的估计是无偏的．估计的方差等于

$$
\begin{aligned}
E[(\hat{\mathbf{X}}-\overline{\mathbf{X}})(\hat{\mathbf{X}}-\overline{\mathbf{X}})^{\mathsf{T}}] &= \int_{\mathbf{X}}(\hat{\mathbf{X}}-\overline{\mathbf{X}})(\hat{\mathbf{X}}-\overline{\mathbf{X}})^{\mathsf{T}}p(\mathbf{X}\mid\overline{\mathbf{X}})d\mathbf{X} = \int_{\mathbf{X}}(\hat{\mathbf{X}}-\overline{\mathbf{X}})(\hat{\mathbf{X}}-\overline{\mathbf{X}})^{\mathsf{T}}g(\mathbf{X}-\overline{\mathbf{X}})d\mathbf{X} \\
&= \int_{\mathbf{X}}\mathrm{J}(\mathbf{X}-\overline{\mathbf{X}})(\mathbf{X}-\overline{\mathbf{X}})^{\mathsf{T}}\mathrm{J}^{\mathsf{T}}g(\mathbf{X}-\overline{\mathbf{X}})d\mathbf{X} \\
&= \mathrm{J}\int_{\mathbf{X}}(\mathbf{X}-\overline{\mathbf{X}})(\mathbf{X}-\overline{\mathbf{X}})^{\mathsf{T}}g(\mathbf{X}-\overline{\mathbf{X}})d\mathbf{X}\,\mathrm{J}^{\mathsf{T}} \\
&= \mathrm{J}\Sigma_g\mathrm{J}^{\mathsf{T}}
\end{aligned}
$$

式中，$\Sigma_g$是$g$的协方差矩阵

我们现在计算此估计的Cramér-Rao下界，假设$g(\mathrm{X})$的分布是高斯，定义为$g(\mathbf{X})=k\exp(-\|\mathbf{X}\|^2/2\sigma^2)$，在这种情况下，估计的方差就是$\sigma^2\mathrm{I}_{d\times d}$.

我们下一步计算Fisher信息矩阵．概率分布是

$$p(\mathbf{X}\mid\overline{\mathbf{X}})=g(\mathbf{X}-\overline{\mathbf{X}})=k\exp(-\|\mathbf{X}-\overline{\mathbf{X}}\|^2/2\sigma^2)$$
$$=k\exp(-\|\mathbf{X}_1-\overline{\mathbf{X}}_1\|^2/2\sigma^2)\exp(-\|\mathbf{X}_2\|^2/2\sigma^2)$$

取对数并相对 $\overline{\mathbf{X}}_1$ 求导得到

$$\partial_{\overline{\mathbf{X}}_1}\log p(\mathbf{X}\mid\overline{\mathbf{X}})=-(\mathbf{X}_1-\overline{\mathbf{X}}_1)/\sigma^2$$

那么,Fisher 信息矩阵是

$$1/\sigma^2\int(\mathbf{X}_1-\overline{\mathbf{X}}_1)(\mathbf{X}_1-\overline{\mathbf{X}}_1)^{\mathsf{T}}g(\mathbf{X}_1-\overline{\mathbf{X}}_1)g(\mathbf{X}_2)d\mathbf{X}_1d\mathbf{X}_2=\mathrm{I}_{d\times d}/\sigma^2$$

因此,Fisher 信息矩阵是估计算法的协方差矩阵的逆. 因此,对于噪声分布是高斯的情况,当测量表面是平的时,ML 估计满足 Cramér-Rao 下界.

应该注意的是,Fisher 信息矩阵不依赖于特定的测量表面的形状,而仅依赖其一阶近似即切平面. 然而,估计的属性取决于测量表面的形状,无论是它的偏差还是方差. 它也可证明如果 Cramér-Rao 界被满足,那么噪声分布必须是高斯. 换句话说,如果噪声分布不是高斯,那么我们就不能满足下界.

## A3.5 注释和练习

(1)给出一个特定的例子,证明它后验分布由参数空间中坐标的变化而改变. 也证明分布的均值可能会由这样的坐标变化而改变. 因此众数(MAP 估计)和后验分布的均值取决于参数空间的坐标的选择.

(2)证明定义在$\mathbb{R}^n$上的任何 PDF $p(\theta)$, $\mathrm{argmin}_Y\int\|Y-\theta\|^2p(\theta)\mathrm{d}\theta$ 是此分布的均值.

(3)证明定义在$\mathbb{R}$上的任何 PDF $p(\theta)$, $\mathrm{argmin}_Y\int|Y-\theta|p(\theta)\mathrm{d}\theta$ 是此分布的中值. 在更高维上,证明 $\mathrm{argmin}_Y\int|Y-\theta|p(\theta)\mathrm{d}\theta$ 是 $Y$ 的凸函数,因此有单个极小值. 最小化它的 $Y$ 值是 1D 分布的中值的更高维的广义化.

(4)证明定义在$\mathbb{R}$上的任何 PDF 的中值对$\mathbb{R}$的重参数化是不变的. 但是给出一个例子来证明此在更高维中不成立.

# 附录 4
# 矩阵性质和分解

在本附录中，我们讨论具有特定的形式矩阵，它们在全书中不断地出现，并且还讨论各种矩阵分解.

## A4.1　正交矩阵

方阵 U 称为**正交**的，如果它的转置矩阵等于它的逆矩阵——用符号表示即为 $\mathrm{U}^{\mathsf{T}}\mathrm{U}=\mathrm{I}$，其中 I 是恒等矩阵. 它意味着 U 的列向量都有单位范数并且是正交的. 它也可以记为 $\mathbf{u}_i^{\mathsf{T}}\mathbf{u}_j=\delta_{ij}$. 由条件 $\mathrm{U}^{\mathsf{T}}\mathrm{U}=\mathrm{I}$，不难推出 $\mathrm{U}\mathrm{U}^{\mathsf{T}}=\mathrm{I}$. 所以 U 的行向量也都有单位范数并且是正交的. 我们再仔细考虑方程 $\mathrm{U}^{\mathsf{T}}\mathrm{U}=\mathrm{I}$. 取行列式得到方程 $(\det\mathrm{U})^2=1$，因为 $\det\mathrm{U}=\det\mathrm{U}^{\mathsf{T}}$. 因此，如果 U 是正交的，那么 $\det\mathrm{U}=\pm1$.

不难验证一个给定的固定维数的正交矩阵形成一个群，记为 $O_n$，其原因是如果 U 和 V 是正交的，那么 $(\mathrm{UV})^{\mathsf{T}}\mathrm{UV}=\mathrm{V}^{\mathsf{T}}\mathrm{U}^{\mathsf{T}}\mathrm{UV}=\mathrm{I}$. 此外，行列式为正的 $n$ 维正交矩阵也形成一个群，记为 $SO_n$. $SO_n$ 的元素称为 $n$ 维旋转.

**正交矩阵的保范性质**　对给定的向量 $\mathbf{x}$，记号 $\|\mathbf{x}\|$ 表示它的欧氏长度. 并可写为 $\|\mathbf{x}\|=(\mathbf{x}^{\mathsf{T}}\mathbf{x})^{1/2}$. 正交矩阵的一个重要性质是一个向量乘以一个正交矩阵其范数不变. 通过计算不难看出这一点：

$$(\mathrm{U}\mathbf{x})^{\mathsf{T}}(\mathrm{U}\mathbf{x})=\mathbf{x}^{\mathsf{T}}\mathrm{U}^{\mathsf{T}}\mathrm{U}\mathbf{x}=\mathbf{x}^{\mathsf{T}}\mathbf{x}$$

一个矩阵的 QR 分解通常指将一个矩阵 A 分解为乘积 $\mathrm{A}=\mathrm{QR}$，其中 Q 是正交矩阵，R 是上三角矩阵. 字母 R 表示**右**，指上三角矩阵. 与 QR 分解类似的有 QL、LQ、RQ 分解，其中 L 表示**左**或下三角矩阵. 这里只讨论矩阵的 RQ 分解，因本书实际上最常用到它. 最重要的情形是3×3矩阵的分解，将在下节中集中讨论它.

### A4.1.1　Givens 旋转和 RQ 分解

一个 3 维 Givens 旋转是绕三个坐标轴中的一个轴所进行的旋转. 这三个 Givens 旋转是

$$\mathrm{Q}_x=\begin{bmatrix}1 & & \\ & c & -s \\ & s & c\end{bmatrix}\quad \mathrm{Q}_y=\begin{bmatrix}c & & s \\ & 1 & \\ -s & & c\end{bmatrix}\quad \mathrm{Q}_z=\begin{bmatrix}c & -s & \\ s & c & \\ & & 1\end{bmatrix}\qquad (\text{A4.1})$$

式中，$c=\cos\theta$ 而 $s=\sin\theta$，$\theta$ 为某角度，而空白表示零元素.

在一个 3×3 矩阵 A 右边乘以 $\mathrm{Q}_z$ 的效果是保持 A 的最后一列不变，而其前两列用原来的两列的线性组合代替. 通过角度 $\theta$ 的选择可使前两列中的任何一个指定元素变为零.

例如,为了使元素 $A_{21}$ 为零,我们需要解方程 $ca_{21}+sa_{22}=0$. 此方程的解是 $c=-a_{22}/(a_{22}^2+a_{21}^2)^{1/2}$ 和 $s=a_{21}/(a_{22}^2+a_{21}^2)^{1/2}$. 因为 $c=\cos\theta, s=\sin\theta$,故要求 $c^2+s^2=1$,而上面给出的 $c$ 和 $s$ 的值满足这个要求.

RQ 算法的策略是通过乘 Givens 旋转每次使矩阵的下半部分的一个元素变为 0. 考虑把 3×3矩阵 A 分解成 A = RQ,其中 R 是上三角阵而 Q 是一个旋转阵. 这可以分三步进行. 每一步包括右乘以一个 Givens 旋转使矩阵 A 的一个选定的元素变为零. 乘法次序的选择必须使已经变为零的元素不受干扰. RQ 分解的一种实现在算法 A4.1 中给出.

目标

用 Givens 旋转将一个 3×3 矩阵 A 进行 RQ 分解.

算法

(1)乘 $Q_x$ 使 $A_{32}$ 为零.

(2)乘 $Q_y$ 使 $A_{31}$ 为零. 这一乘法不改变 A 的第二列,因此 $A_{32}$ 保持为零.

(3)乘 $Q_z$ 使 $A_{21}$ 为零. 这一乘法使 A 的前两列由它们的线性组合替代. 因此 $A_{31}$ 和 $A_{32}$ 保持为零.

**算法 A4.1 3×3 矩阵的 RQ 分解.**

可以选择其他的 Givens 旋转序列并给出同样的结果. 作为运算的结果我们发现 $AQ_xQ_yQ_z=R$,其中 R 是上三角矩阵. 因此,$A=RQ_z^{\mathsf{T}}Q_y^{\mathsf{T}}Q_x^{\mathsf{T}}$,进而有 A = RQ,其中 $Q=Q_z^{\mathsf{T}}Q_y^{\mathsf{T}}Q_x^{\mathsf{T}}$ 是一个旋转矩阵. 另外,与三个 Givens 旋转相关联的角度 $\theta_x$、$\theta_y$ 和 $\theta_z$ 提供一种由三个欧拉角描述的旋转参数化,它们也被称为滚动角、仰俯角和偏转角.

由此分解算法的描述,我们应该清楚 QR、QL 和 LQ 矩阵分解是如何相似以及应该如何进行. 不仅如此,这个算法也能轻易地推广到更高的维数.

## A4.1.2 Householder 矩阵和 QR 分解

对于更大维数的矩阵来说,用 Householder 矩阵进行 QR 分解较为有效. 对称矩阵

$$\mathrm{H}_{\mathbf{v}}=\mathrm{I}-2\mathbf{v}\mathbf{v}^{\mathsf{T}}/\mathbf{v}^{\mathsf{T}}\mathbf{v} \tag{A4.2}$$

满足 $\mathrm{H}_{\mathbf{v}}^{\mathsf{T}}\mathrm{H}_{\mathbf{v}}=\mathrm{I}$,所以 $\mathrm{H}_{\mathbf{v}}$ 是正交阵.

令 $\mathbf{e}_1$ 为向量 $(1,0,\cdots,0)^{\mathsf{T}}$,$\mathbf{x}$ 为任何向量. 令 $\mathbf{v}=\mathbf{x}\pm\|\mathbf{x}\|\mathbf{e}_1$. 不难验证 $\mathrm{H}_{\mathbf{v}}\mathbf{x}=\mp\|\mathbf{x}\|\mathbf{e}_1$;因此 $\mathrm{H}_{\mathbf{v}}$ 是一个正交阵,把向量 $\mathbf{x}$ 变换成 $\mathbf{e}_1$ 的一个倍数. 几何上说,$\mathrm{H}_{\mathbf{v}}$ 是在垂直 $\mathbf{v}$ 的平面中的一个反射,并且 $\mathbf{v}=\mathbf{x}\pm\|\mathbf{x}\|\mathbf{e}_1$ 是向量 $\mathbf{x}$ 和 $\pm\|\mathbf{x}\|\mathbf{e}_1$ 角平分向量. 因此,在 $\mathbf{v}$ 方向中的反射把 $\mathbf{x}$ 变换到 $\mp\|\mathbf{x}\|\mathbf{e}_1$,为稳定起见,$\mathbf{v}$ 中定义的符号多义性应该通过令

$$\mathbf{v}=\mathbf{x}+\operatorname{sign}(x_1)\|\mathbf{x}\|\mathbf{e}_1 \tag{A4.3}$$

给予解决.

如果 A 是一个矩阵,$\mathbf{x}$ 是 A 的第一列,而 $\mathbf{v}$ 由式(A4.3)定义,那么做乘积 $\mathrm{H}_{\mathbf{v}}\mathrm{A}$ 将使矩阵 A 的第一列对角元以下的元素变为 0,并代之以 $(\|\mathbf{x}\|,0,0,\cdots,0)^{\mathsf{T}}$. 我们继续用 Householder 矩阵左乘使 A 的对角以下的部分变为 0. 按此方法进行,最终得到 QA = R. 其中 Q 是正交矩阵的积,而 R 是一个上三角矩阵. 因此,我们有 $\mathrm{A}=\mathrm{Q}^{\mathsf{T}}\mathrm{R}$. 这正是矩阵 A 的 QR 分解.

采用 Householder 矩阵做乘法时，显式地形成 Householder 矩阵效率不高．乘一个向量 $\mathbf{a}$ 用下面的方式进行会更有效

$$\mathrm{H}_{\mathbf{v}}\mathbf{a}=(\mathrm{I}-2\mathbf{v}\mathbf{v}^{\mathsf{T}}/\mathbf{v}^{\mathsf{T}}\mathbf{v})\mathbf{a}=\mathbf{a}-2\mathbf{v}(\mathbf{v}^{\mathsf{T}}\mathbf{a})/\mathbf{v}\mathbf{v}^{\mathsf{T}} \tag{A4.4}$$

并且乘一个矩阵 A 同样成立．关于 Householder 矩阵和 QR 分解更多知识，请读者参考 [Golub-89].

**注意：**在 QR 和 RQ 分解中，R 是指上三角矩阵而 Q 是指正交矩阵．在本书的其他地方所用的记号中，R 通常是指旋转（因而正交）矩阵．

## A4.2　对称和反对称矩阵

对称和反对称矩阵在本书中扮演重要角色．如果 $\mathrm{A}^{\mathsf{T}}=\mathrm{A}$，则称矩阵 A 为**对称**的；如果 $\mathrm{A}^{\mathsf{T}}=-\mathrm{A}$，则称矩阵 A 为**反对称**的．这些类矩阵的特征值分解概括于下面的结论中．

**结论 A4.1　特征值分解**

**(1) 如果 A 是一个实对称矩阵，那么 A 可以分解为 $\mathrm{A}=\mathrm{UDU}^{\mathsf{T}}$，其中 U 是正交矩阵，D 是实对角矩阵，因此一个实对称矩阵有实特征值，其特征向量两两正交．**

**(2) 如果 S 是实的反对称矩阵，那么 $\mathrm{S}=\mathrm{UBU}^{\mathsf{T}}$，其中 B 为分块对角矩阵，形如 $\mathrm{diag}(a_1 Z, a_2 Z, \cdots, a_m Z, 0, \cdots, 0)^{\mathsf{T}}$ 的，$\mathrm{Z}=\begin{bmatrix}0 & 1\\ -1 & 0\end{bmatrix}$. S 的特征向量都是纯虚数并且奇数阶的反对称矩阵必是奇异的．**

该结论的一种证明在[Golub-89]中给出．

**Jacobi 方法**　一般来说，求任意矩阵的特征值是一个困难的数值问题．但对于实对称矩阵，存在一个非常稳定的方法：Jacobi 方法．这个方法的实现在[Press-88]中给出．

**叉乘**　我们对 3×3 的反对称矩阵有特殊的兴趣．对于 3 维向量 $\mathbf{a}=(a_1,a_2,a_3)^{\mathsf{T}}$，我们定义一个对应的反对称矩阵如下：

$$[\mathbf{a}]_{\times}=\begin{bmatrix}0 & -a_3 & a_2\\ a_3 & 0 & -a_1\\ -a_2 & a_1 & 0\end{bmatrix} \tag{A4.5}$$

注意任何 3×3 的反对称矩阵都可以用一个适当的向量 $\mathbf{a}$ 写为 $[\mathbf{a}]_{\times}$ 的形式．矩阵 $[\mathbf{a}]_{\times}$ 是奇异的，并以 $\mathbf{a}$ 为其零向量（右或左）．因此一个 3×3 的反对称矩阵由它的零向量确定到只相差标量因子的程度．

两个 3 维向量的叉乘（或向量积）$\mathbf{a}\times\mathbf{b}$（有时记为 $\mathbf{a}\wedge\mathbf{b}$）是向量 $(a_2b_3-a_3b_2, a_3b_1-a_1b_3, a_1b_2-a_2b_1)^{\mathsf{T}}$. 叉乘与反对称矩阵的关系是

$$\mathbf{a}\times\mathbf{b}=[\mathbf{a}]_{\times}\mathbf{b}=(\mathbf{a}^{\mathsf{T}}[\mathbf{b}]_{\times})^{\mathsf{T}} \tag{A4.6}$$

**余因子和伴随矩阵**　令 M 是一个方阵．用 $\mathrm{M}^*$ 表示 M 的余因子矩阵．即矩阵 $\mathrm{M}^*$ 的 $(ij)$ 元素等于 $(-1)^{ij}\det\hat{\mathrm{M}}_{ij}$，其中 $\hat{\mathrm{M}}_{ij}$ 是把 M 划去第 $i$ 行和第 $j$ 列后所得到的矩阵．余因子矩阵 $\mathrm{M}^*$ 的转置矩阵称为 M 的**伴随矩阵**，记为 $\mathrm{adj}(\mathrm{M})$.

如所周知，若 M 可逆，则

$$\mathrm{M}^*=\det(\mathrm{M})\mathrm{M}^{-\mathsf{T}} \tag{A4.7}$$

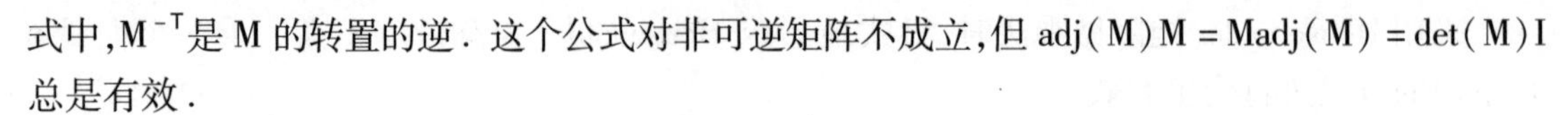


式中,$M^{-T}$是 M 的转置的逆. 这个公式对非可逆矩阵不成立,但 $\text{adj}(M)M = M\text{adj}(M) = \det(M)I$ 总是有效.

余因子矩阵与矩阵相对于叉乘的分布有关.

**引理 A4.2　如果 M 是任意 3×3 矩阵(可逆或不可逆),而 x 和 y 是任意列向量,那么**

$$(M\mathbf{x}) \times (M\mathbf{y}) = M^{*}(\mathbf{x} \times \mathbf{y}) \tag{A4.8}$$

删去非本质的向量 $\mathbf{y}$,这个方程可以写为$[M\mathbf{x}]_{\times} M = M^{*}[\mathbf{x}]_{\times}$. 现在,令 $\mathbf{t} = M\mathbf{x}$ 并假定 M 可逆,我们得到计算反对称矩阵$[\mathbf{t}]_{\times}$与任何非奇异矩阵 M 乘积的公式. 我们可以将式(A4.8)写成

**结论 A4.3　对任何向量 t 和非奇异矩阵 M,有**

$$[\mathbf{t}]_{\times} M = M^{*}[M^{-1}\mathbf{t}]_{\times} = M^{-T}[M^{-1}\mathbf{t}]_{\times} \text{(相差一个尺度因子)}$$

注意:(见结论 9.9)$[\mathbf{t}]_{\times}M$是两个摄像机矩阵 $P = [I \mid 0]$和$P' = [M \mid \mathbf{t}]$的基本矩阵. 结论 A4.3 的公式被用来推导基本矩阵的另一种形式(式(9.2)).

3×3 的反对称矩阵的一个奇妙的性质是在相差一个尺度因子的情况下有$[\mathbf{a}]_{\times} = [\mathbf{a}]_{\times}[\mathbf{a}]_{\times}[\mathbf{a}]_{\times}$(包含尺度则$[\mathbf{a}]_{\times}^{3} = -\|\mathbf{a}\|^{2}[\mathbf{a}]_{\times}$),这是容易验证的,因为右边的矩阵显然是反对称的以及它的零空间生成元是 $\mathbf{a}$. 由此可直接得到下面的结论:

**结论 A4.4　如果$F = [\mathbf{e}']_{\times}M$是一个基本矩阵(3×3 奇异矩阵),那么$[\mathbf{e}']_{\times}[\mathbf{e}']_{\times}F = F$(相差一个尺度因子). 因此,F 可分解为$F = [\mathbf{e}']_{\times}M$,其中$M = [\mathbf{e}']_{\times}F$.**

### A4.2.1　正定对称矩阵

具有正的实特征值的实对称矩阵的特殊类称为**正定**对称矩阵. 我们列出实正定对称矩阵的一些重要性质如下.

**结论 A4.5　正定实对称矩阵**

**(1)一个对称矩阵 A 是正定的充要条件是对任何非零向量 x 有 $\mathbf{x}^{T}A\mathbf{x} > 0$.**

**(2)一个正定对称矩阵 A 可以唯一地分解为 $A = KK^{T}$,其中 K 是对角元素全为正的上三角实矩阵.**

**证明**　本结论的第一部分几乎直接由分解式 $A = UDU^{T}$ 推出. 对第二部分而言,因为 A 是对称和正定的,它可以写成 $A = UDU^{T}$,其中 D 是正的实对角阵而 U 是正交阵. 我们可以取 D 的平方根,并记为 $D = EE^{T}$,其中 E 是对角矩阵. 于是 $A = VV^{T}$,其中 $V = UE$. 矩阵 V 不是上三角阵. 但可应用 RQ 分解(A4.1.1 节)将它写为 $V = KQ$,其中 K 是上三角阵而 Q 是正交阵. 则$A = VV^{T} = KQQ^{T}K^{T} = KK^{T}$. 这是 A 的 Cholesky 分解. 用对角元素为 ±1 的一个对角阵右乘 K,我们可以保证 K 对角元素都是正的. 这个做法不会改变 $KK^{T}$的积.

现在来证明分解的唯一性. 具体地说,如果 $K_1$和 $K_2$是两个满足 $K_1K_1^{T} = K_2K_2^{T}$的上三角矩阵,那么 $K_2^{-1}K_1 = K_2^{T}K_1^{-T}$. 因为该方程的左边是上三角矩阵而右边是下三角矩阵,所以它们必须同时是对角阵. 因此 $D = K_2^{-1}K_1 = K_2^{T}K_1^{-T}$. 但是 $K_2^{-1}K_1$是 $K_2^{T}K_1^{-T}$转置的逆,所以 D 等于它本身转置的逆,从而是有对角元素为 ±1 的一个对角阵. 如果 $K_1$和 $K_2$都具有正的对角元素,那么$D = I$和 $K_1 = K_2$.

以上证明给出了计算 Cholesky 分解一种构造性的方法. 但是,还有更简单和更有效的直接计算的方法,参看[Press-88].

# A4.3 旋转矩阵的表示法

## A4.3.1 *n* 维中的旋转

给定矩阵 T,我们定义 $e^{\mathrm{T}}$ 为序列的累加

$$e^{\mathrm{T}}=I+T+T^{2}/2!+\cdots+T^{k}/k!+\cdots$$

对 T 的所有值,此序列绝对收敛. 现在我们考虑一个反对称矩阵的指数. 根据结论 4.1,一个反对称矩阵可以写成 $\mathrm{S}=\mathrm{UBU}^{\mathrm{T}}$,其中 B 为形如 $\mathrm{B}=\mathrm{diag}(a_1Z,a_2Z,\cdots,a_mZ,0,\cdots,0)^{\mathrm{T}}$ 的分块对角矩阵,矩阵 U 是正交的,$\mathrm{Z}^2=-\mathrm{I}_{2\times2}$. 我们可看到 Z 的指数是

$$\mathrm{Z}^2=-\mathrm{I};\mathrm{Z}^3=-\mathrm{Z};\mathrm{Z}^4=\mathrm{I}$$

并依此类推. 因此

$$e^{\mathrm{Z}}=\mathrm{I}+\mathrm{Z}-\mathrm{I}/2!-\mathrm{Z}/3!+\cdots=\cos(1)\mathrm{I}+\sin(1)\mathrm{Z}=\mathrm{R}_{2\times2}(1)$$

这里 $\mathrm{R}_{2\times2}(1)$ 表示 1 弧度旋转的 2×2 矩阵. 更一般地,

$$e^{a\mathrm{Z}}=\cos(a)\mathrm{I}+\sin(a)\mathrm{Z}=\mathrm{R}_{2\times2}(a)$$

用上面的 $\mathrm{S}=\mathrm{UBU}^{\mathrm{T}}$,得到

$$e^{\mathrm{S}}=\mathrm{U}e^{\mathrm{B}}\mathrm{U}^{\mathrm{T}}=\mathrm{U}diag(\mathrm{R}(\mathrm{a}_1),\mathrm{R}(\mathrm{a}_2),\cdots,\mathrm{R}(\mathrm{a}_m),1,\cdots1)\mathrm{U}^{\mathrm{T}}$$

因此,$e^{\mathrm{S}}$ 是旋转矩阵. 另一方面,任何旋转矩阵都可以写成块对角形式 $\mathrm{Udiag}(\mathrm{R}(a_1),\mathrm{R}(a_2),\cdots,\mathrm{R}(a_m),1,\cdots1)\mathrm{U}^{\mathrm{T}}$,那么可以得到矩阵 $e^{\mathrm{S}}$ 就是 $n$ 维旋转矩阵的集合,其中 S 是 $n\times n$ 反对称矩阵.

## A4.3.2 3 维中的旋转

如果 **t** 是一个 3 维向量,那么 $[\mathbf{t}]_\times$ 是反对称矩阵,任何 3×3 反对称矩阵具有这样的形式. 因此任何 3 维旋转可以写成 $e^{[\mathbf{t}]_\times}$,我们寻找旋转 $e^{[\mathbf{t}]_\times}$ 的描述.

设 $[\mathbf{t}]_\times=\mathrm{Udiag}(a\mathrm{Z},0)\mathrm{U}^{\mathrm{T}}$. 然后通过在矩阵两边匹配 Frobenius 范数,得到 $a=\|\mathbf{t}\|$. 因此

$$e^{[\mathbf{t}]_\times}=\mathrm{Udiag}(\mathrm{R}\|\mathbf{t}\|,1)\mathrm{U}^{\mathrm{T}}$$

$e^{[\mathbf{t}]_\times}$ 表示一个角度 $\|\mathbf{t}\|$ 的一个旋转. 不难验证 U 的第三列 $\mathbf{u}_3$ 是 $\mathrm{Udiag}(\mathrm{R},1)\mathrm{U}^{\mathrm{T}}$ 的单位特征向量,因此是旋转轴. 但是,$[\mathbf{t}]_\times\mathbf{u}_3=\mathrm{Udiag}(a\mathrm{Z},0)\mathrm{U}^{\mathrm{T}}\mathbf{u}_3=\mathrm{Udiag}(a\mathrm{Z},0)(0,0,1)^{\mathrm{T}}=0$. 因为 $\mathbf{u}_3$ 是零空间的 $[\mathbf{t}]_\times$ 生成向量,$\mathbf{u}_3$ 必然是在 **t** 方向的单位向量. 我们可以证明

**结论 A4.6 矩阵 $e^{[\mathbf{t}]_\times}$ 是表示围绕由向量 t 表示的轴旋转一个角度为 $\|\mathbf{t}\|$ 的旋转矩阵.**

旋转的这种表示法被称为**角-轴**表示法.

可以写出对应 $e^{[\mathbf{t}]_\times}$ 的旋转矩阵的具体公式. 我们看到

$[\mathbf{t}]_\times^3=-\|\mathbf{t}\|^2[\mathbf{t}]_\times=-\|\mathbf{t}\|^3[\hat{\mathbf{t}}]_\times$,其中 $\hat{\mathbf{t}}$ 表示在 **t** 方向的单位向量. 那么,用 $\mathrm{sinc}(\theta)$ 表示 $\sin(\theta)/\theta$,我们有

$$\begin{aligned}e^{[\mathbf{t}]_\times}&=\mathrm{I}+[\mathbf{t}]_\times+[\mathbf{t}]_\times^2/2!+[\mathbf{t}]_\times^3/3!+[\mathbf{t}]_\times^4/4!+\cdots\\&=\mathrm{I}+\|\mathbf{t}\|[\hat{\mathbf{t}}]_\times+\|\mathbf{t}\|^2[\hat{\mathbf{t}}]_\times^2/2!-\|\mathbf{t}\|^3[\hat{\mathbf{t}}]_\times^3/3!-\|\mathbf{t}\|^4[\hat{\mathbf{t}}]_\times^2/4!+\cdots\\&=\mathrm{I}+\sin\|\mathbf{t}\|[\hat{\mathbf{t}}]_\times+(1-\cos\|\mathbf{t}\|)[\hat{\mathbf{t}}]_\times^2\end{aligned}$$

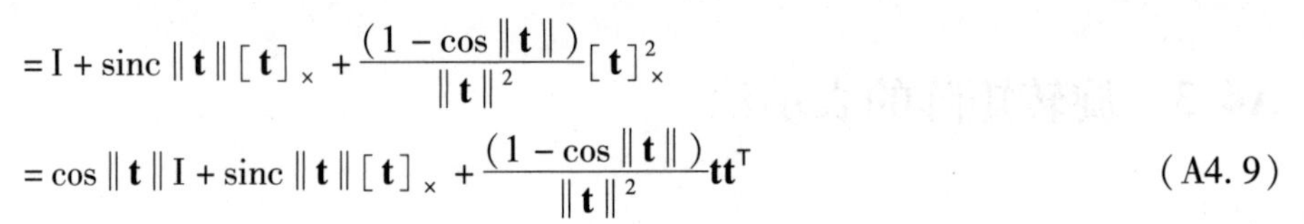

$$=\mathrm{I}+\operatorname{sinc}\|\mathbf{t}\|[\mathbf{t}]_{\times}+\frac{(1-\cos\|\mathbf{t}\|)}{\|\mathbf{t}\|^{2}}[\mathbf{t}]_{\times}^{2}$$

$$=\cos\|\mathbf{t}\|\mathrm{I}+\operatorname{sinc}\|\mathbf{t}\|[\mathbf{t}]_{\times}+\frac{(1-\cos\|\mathbf{t}\|)}{\|\mathbf{t}\|^{2}}\mathbf{t}\mathbf{t}^{\top} \tag{A4.9}$$

其中最后一行根据等式$[\mathbf{t}]_{\times}^{2}=\mathbf{t}\mathbf{t}^{\top}-\|\mathbf{t}\|^{2}\mathrm{I}$.

这些表示法的若干性质如下：

(1)从旋转矩阵 R 的轴和旋转角的提取只是一个小技巧．单位旋转轴 $\mathbf{v}$ 可以通过求相应单位特征值的特征向量,即通过求解$(\mathrm{R}-\mathrm{I})\mathbf{v}=\mathbf{0}$得到．下一步,从式(A4.9)很容易看到旋转角度 $\phi$ 满足

$$\begin{aligned}2\cos(\phi)&=(\operatorname{trace}(\mathrm{R})-1)\\ 2\sin(\phi)\mathbf{v}&=(\mathrm{R}_{32}-\mathrm{R}_{23},\mathrm{R}_{13}-\mathrm{R}_{31},\mathrm{R}_{21}-\mathrm{R}_{12})^{\top}\end{aligned} \tag{A4.10}$$

把第二个方程写成$2\sin(\phi)\mathbf{v}=\hat{\mathbf{v}}$,那么我们可以计算$2\sin(\phi)=\mathbf{v}^{\top}\hat{\mathbf{v}}$. 现在角 $\phi$ 可以从 $\sin(\phi)$ 和 $\cos(\phi)$ 中计算,使用 2 参数的反正切函数(例如 C 语言函数 atan2(y,x)).

经常有人从式(A4.10)用反余弦或反正弦来计算 $\phi$. 但是此方法在数值上不是精确的,并在 $\phi=\pi$ 时求不到轴．

(2)为把一个旋转 $\mathrm{R}(\mathbf{t})$ 应用到某向量 $\mathbf{x}$,没有必要构建 $\mathbf{t}$ 的矩阵表示．事实上

$$\begin{aligned}\mathrm{R}(\mathbf{t})\mathbf{x}&=\left(\mathrm{I}+\operatorname{sinc}\|\mathbf{t}\|[\mathbf{t}]_{\times}+\frac{1-\cos\|\mathbf{t}\|}{\|\mathbf{t}\|^{2}}[\mathbf{t}]_{\times}^{2}\right)\mathbf{x}\\ &=\mathbf{x}+\operatorname{sinc}\|\mathbf{t}\|\mathbf{t}\times\mathrm{x}+\frac{1-\cos\|\mathbf{t}\|}{\|\mathbf{t}\|^{2}}\mathbf{t}\times(\mathbf{t}\times\mathbf{x})\end{aligned} \tag{A4.11}$$

(3)如果 $\mathbf{t}$ 被写成 $\mathbf{t}=\theta\hat{\mathbf{t}}$,其中 $\hat{\mathbf{t}}$ 为轴向的单位向量,而 $\theta=\|\mathbf{t}\|$ 是旋转角,那么式(A4.9)等价于一个旋转矩阵的 Rodrigues 公式

$$\mathrm{R}(\theta,\hat{\mathbf{t}})=\mathrm{I}+\sin\theta[\hat{\mathbf{t}}]_{\times}+(1-\cos\theta)[\hat{\mathbf{t}}]_{\times}^{2} \tag{A4.12}$$

### A4.3.3　四元数

3 维旋转也可以由单位四元数表示．一个单位四元数是一个 4 维向量,可以写成 $\mathbf{q}=(\mathbf{v}\sin(\theta/2),\cos(\theta/2))^{\top}$形式,作为任何单位 4 维向量．这样的四元数表示围绕向量 $\mathbf{v}$ 旋转角度 $\theta$ 角．这是一个 2 到 1 的表示,其中 $\mathbf{q}$ 和 $-\mathbf{q}$ 代表相同的旋转．为了检验这一点,注意 $-\mathbf{q}=(\mathbf{v}\sin(\theta/2+\pi),cos(\theta/2+\pi))^{\top}$,这是一个 $\theta+2\pi=\theta$ 的旋转．

旋转角-轴表示与四元数表示之间的关系很容易确定．给出了一个向量 $\mathbf{t}$,一个旋转的角-轴表示相应的四元数很容易被看作是

$$\mathbf{t}\leftrightarrow\mathbf{q}=(\operatorname{sinc}(\|\mathbf{t}\|/2)\mathbf{t},\cos(\|\mathbf{t}\|/2))^{\top}$$

## A4.4　奇异值分解

奇异值分解(SVD)是最有用的矩阵分解方法中的一种,特别是对数值计算而言．它最经常的应用是解超定方程组．

给定一个方阵 A,SVD 把 A 分解为 $\mathrm{A}=\mathrm{UDV}^{\top}$,其中 U 和 V 是正交矩阵,而 D 是元素为非

负的一个对角矩阵．注意在此分解中习惯用 $V^{T}$ 代替 V．该分解可以使 D 的对角元素以降序排列并且我们假定总是这样做的．因此，诸如“V 的对应于最小特征值的列”这样的绕口的话就代之以“V 的最后一列”．

非方阵 A 的 SVD 也存在．最有趣的情形是 A 的行多于列．具体说，令 A 是 $m\times n$ 矩阵且 $m\geqslant n$．在这种情形，A 可以分解为 $A=UDV^{T}$，其中 U 是具有正交列的 $m\times n$ 矩阵，D 是 $n\times n$ 对角矩阵，而 V 是一个 $n\times n$ 正交矩阵．U 具有正交列意味着 $U^{T}U=I_{n\times n}$．不仅如此，U 还具有保范性质，即可实际验证，对任何向量 $\mathbf{x}$ 都有 $\|U\mathbf{x}\|=\|\mathbf{x}\|$．另一方面，$UU^{T}$ 一般不是单位矩阵，除非 $m=n$．

我们同样可以定义列多于行的矩阵的奇异值分解，但一般我们对它不感兴趣．在本书，我们偶而也要求 $m<n$ 的矩阵 A 的奇异值分解，在实际做法上先用全是零元素的行来把 A 扩展成方阵，再求所得矩阵的 SVD．通常我们都将这样做并且不做特别说明．

通常 SVD 的实现，如[Press-88]中的那样，都假定 $m\geqslant n$．因为在这种情形，矩阵 U 具有与输入矩阵 A 一样的维数 $m\times n$，矩阵 A 可以被输出矩阵 U 覆盖．

**SVD 的实现**　本书不给出奇异值分解算法的介绍或它的存在性证明．关于算法如何运行的介绍，读者可以参考[Golub-89]．SVD 的一个具体实现在[Press-88]中给出．但是在“Numerical Recipes in C”第一版给出的 SVD 实现的算法有时给出不正确的结果．“Numerical Recipes in C”第二版[Press-88]给出的算法纠正了先前版本的错误．

**奇异值和特征值**　在 SVD 中的矩阵 D 的对角元素是非负的．这些元素称为矩阵 A 的奇异值．它们与特征值不是同一件事情．为了解 A 的奇异值与特征值的联系，我们由 $AUDV^{T}$ 得到 $A^{T}A=VDU^{T}UDV^{T}=VD^{2}V^{T}$．因为 V 是正交的，$V^{T}=V^{-1}$，因而 $A^{T}A=VD^{2}V^{-1}$．这是特征值的定义方程，它指出的 $D^{2}$ 元素是 $A^{T}A$ 的特征值而 V 的列是 $A^{T}A$ 的特征向量．简单地说，A 的奇异值是 $A^{T}A$ 的特征值的平方根．

**注意：**$A^{T}A$ 是对称和半正定的(见上面的 A4.2.1 节)，所以它的特征值是实和非负的．因此，奇异值是实和非负的．

**SVD 的计算复杂度**　SVD 的计算复杂度取决于需要返回信息的多少．例如在后面要考虑的算法 A5.4 中，问题要求的解是 SVD 中矩阵 V 的最后一列．矩阵 U 没有用到，因而不需要计算 U．另一方面，A5.1 节 的算法 A5.1 需要计算整个 SVD．对于行数远多于列数的方程组，计算矩阵 U 所需的额外努力是不可小视的．

对计算一个 $m\times n$ 矩阵的 SVD 大约所需的浮点运算(flops)数在[Golub—89]中给出．计算矩阵 U、V 和 D 总共需要 $4m^{2}n+8mn^{2}+9n^{3}$flops．但是，如果只计算矩阵 V 和 D，那么仅需要 $4mn^{2}+8n^{3}$flops．这是一个重要的区别，因为后一个表达式不包含 $m^{2}$的项．具体地说，计算 U 所需的运算数随行数 $m$ 的平方而变化．但计算 V 和 D 的复杂度都是 $m$ 的线性函数．因此，对于行数远多于列数的情形，(如果计算时间是关注的问题)除非有必要，否则应避免计算矩阵 U．为了说明这一点，我们来考虑第 7 章描述的计算摄像机投影矩阵的 DLT 算法．在此算法中由 $n$ 个3D到 2D 的点匹配来计算一个 $3\times 4$ 的摄像机矩阵．该算法涉及用算法 A5.4 求解方程组$A\mathbf{p}=\mathbf{0}$，其中 A 是 $2n\times 12$ 的矩阵．解向量$\mathbf{p}$是 A 的 SVD 分解$A=UDV^{T}$中的矩阵V的最后一列．因而可不需要矩阵U．表 A4.1 给出对 6(最小配置数)、100、1000 组点对应进行 SVD 所需的 flops 总数．

| 点数 | 每点方程数 | 方程数($m$) | 未知数($n$) | 运算数(不计算U) | 运算数(计算U) |
|---|---|---|---|---|---|
| 6 | 2 | 12 | 12 | 20,736 | 36,288 |
| 100 | 2 | 200 | 12 | 129,024 | 2,165,952 |
| 1000 | 2 | 2000 | 12 | 1,165,824 | 194,319,552 |

**表 A4.1** 计算 SVD 所需的 flops 数的比较,矩阵的大小是 $m \times n$,其中 $m$ 取不同值而 $n = 12$. 注意当不计算U时,计算复杂度与方程数成次线性增加. 另一方面,计算U的额外计算负担非常大,尤其对方程数目大的情形.

**进一步的阅读** 这方面有两本宝贵的教科书是[Golub-89]和[Lutkepohl-96].

# 附录 5 最小二乘最小化

在本附录中,我们讨论在各种约束条件下求解线性方程组的数值算法. 正如将看到这样的问题很方便地采用 SVD 来解.

## A5.1 线性方程组的解

考虑形如A$\mathbf{x}=\mathbf{b}$的方程组. 令A为 $m\times n$ 矩阵. 这里有三种可能性:

(1)如果 $m<n$,那么未知数大于方程数. 在这种情形,没有唯一解,而是解的一个向量空间.

(2)如果 $m=n$,那么只要A可逆便有唯一解.

(3)如果 $m>n$,那么方程数大于未知数. 方程组一般没有解,除非$\mathbf{b}$在由A的列所生成的子空间中.

**最小二乘解:满秩情形** 我们现在考虑 $m\geqslant n$ 并且A的秩为 $n$ 的情形. 如果解不存在,那么对许多情形,找一个最接近于提供方程组A$\mathbf{x}=\mathbf{b}$一个解的向量$\mathbf{x}$仍然是有意义的. 换句话说,我们寻求一个向量$\mathbf{x}$使$\|A\mathbf{x}-\mathbf{b}\|$最小,其中 P · P 表示向量范数. 这样的$\mathbf{x}$称为该超定方程组的一个**最小二乘解**. 用 SVD 能方便地求最小二乘解,其方法如下所述.

我们寻求使$\|A\mathbf{x}-\mathbf{b}\|=\|UDV^{\mathsf{T}}\mathbf{x}-\mathbf{b}\|$的最小值的向量$\mathbf{x}$. 由于正交变换的保范性质,我们要最小化的量是$\|UDV^{\mathsf{T}}\mathbf{x}-\mathbf{b}\|=\|DV^{\mathsf{T}}\mathbf{x}-U^{\mathsf{T}}\mathbf{b}\|$. 记$\mathbf{y}=V^{\mathsf{T}}\mathbf{x}$和$\mathbf{b}'=U^{\mathsf{T}}\mathbf{b}$,问题变成最小化$\|D\mathbf{y}-\mathbf{b}'\|$,其中 D 为 $m\times n$ 矩阵并且对角线以外的元素为零. 这个方程组的形式是

$$
\begin{bmatrix} d_1 & & & \\ & d_2 & & \\ & & \ddots & \\ & & & d_n \\ \hline & & 0 & \end{bmatrix}
\begin{pmatrix} y_1 \\ y_2 \\ \vdots \\ y_n \end{pmatrix}
=
\begin{pmatrix} b'_1 \\ b'_2 \\ \vdots \\ b'_n \\ \hline b'_{n+1} \\ \vdots \\ b'_m \end{pmatrix}
$$

显然,离 $\mathbf{b}'$最近的 D$\mathbf{y}$ 是向量$(b'_1,b'_2,\cdots,b'_n,0,\cdots,0)^{\mathsf{T}}$并通过令 $y_i=b'_i/d_i\,(i=1,\cdots,n)$而得到. 注意假定A的秩为 $n$ 保证了 $d_i\neq 0$. 最后由 $\mathbf{x}=V\mathbf{y}$ 求出 $\mathbf{x}$. 整个算法是

目标

求 $m\times n$ 方程组 $A\mathbf{x}=\mathbf{b}$ 的最小二乘解，其中 $m>n$，并且 $\text{rank}A=n$.

算法

(1)求 SVD：$A=UDV^{\mathsf{T}}$.

(2)令 $\mathbf{b}'=U^{\mathsf{T}}\mathbf{b}$.

(3)求由 $y_i=b_i'/d_i$ 定义的 $\mathbf{y}$，其中 $d_i$ 是 D 的第 $i$ 个对角元素.

(4)所求解为 $\mathbf{x}=V\mathbf{y}$.

**算法 A5.1　满秩的超定线性方程组的线性最小二乘解.**

**降秩方程组**　有时需要求解其矩阵不是列满秩的方程组. 令 $r=\text{rank}A<n$，其中 $n$ 是A的列数. 由于噪声的影响，矩阵A的秩可能实际上大于 $r$，但是，出自被考虑的特定问题理论分析的要求，我们希望强制执行秩为 $r$ 的约束. 在这种情形，该方程组的解将是 $(n-r)$ 个参数的族，其中 $r=\text{rank}A<n$. 适宜用 SVD 来求这一族解，具体如下：

目标

求方程组 $A\mathbf{x}=\mathbf{b}$ 的通解，其中A是 $m\times n$ 矩阵并且A的秩 $r<n$.

算法

(1)求 SVD：$A=UDV^{\mathsf{T}}$，其中 D 的对角元素 $d_i$ 按递降顺序排列.

(2)令 $\mathbf{b}'=U^{\mathsf{T}}\mathbf{b}$.

(3)求 $\mathbf{y}$，其定义是：当 $i=1,\cdots,r$ 时，$y_i=b_i'/d_i$，否则 $y_i=0$.

(4)有最小范数 $\|\mathbf{x}\|$ 的解 $\mathbf{x}$ 是 $V\mathbf{y}$.

(5)通解是 $\mathbf{x}=V\mathbf{y}+\lambda_{r+1}\mathbf{v}_{r+1}+\cdots+\lambda_n\mathbf{v}_n$，其中 $v_{r+1}\cdots,v_n$ 是V的最后 $n-r$ 列.

**算法 A5.2　降秩方程组的通解.**

这个算法给出降秩方程组的最小二乘解的 $(n-r)$ 参数族(由不定值 $\lambda_i$ 参数化). 该算法的正确性的证明类似于满秩方程组最小二乘解的算法 A5.1.

**秩未知的方程组**　在本书中遇到的大多数线性方程组在求解之前从理论上已经知道其矩阵的秩. 如果不知道方程组的秩，那么必须猜它的秩. 在这种情形下，适宜的做法是把比最大的奇异值相对很小的奇异值设为零. 因此如果 $d_i/d_0<\delta$(其中 $\delta$ 是相当于机器精度㊀数量级的一个小常数)，那么设 $y_i=0$. 如前，最小二乘解由 $\mathbf{x}=V\mathbf{y}$ 给出.

## A5.2　伪逆

给定对角方阵 D，我们定义它的**伪逆** $D^+$ 是对角矩阵满足

㊀ 机器精度是 $1.0+\varepsilon=1.0$ 的最大的浮点数值 $\varepsilon$.

$$D_{ii}^{+}=\begin{cases}0, & \text{如果 } D_{ii}=0\\ D_{ii}^{-1}, & \text{其他}\end{cases}$$

现在考虑 $m\times n$ 矩阵 A,其中 $m\geqslant n$. 令 A 的 SVD 为 $\mathrm{A}=\mathrm{UDV}^{\mathsf{T}}$. 我们定义 A 的**伪逆**为矩阵

$$\mathrm{A}^{+}=\mathrm{VD}^{+}\mathrm{U}^{\mathsf{T}} \tag{A5.1}$$

通过简单的验证可知在算法 A5.1 或 A5.2 中的向量 $\mathbf{y}$ 不过就是 $\mathrm{D}^{+}\mathbf{b}'$,其中 $\mathbf{b}'=\mathrm{U}^{\mathsf{T}}\mathbf{b}$. 因此

**结论 A5.1 秩为 $n$ 的 $m\times n$ 方程组 $\mathrm{A}\mathbf{x}=\mathbf{b}$ 的最小二乘解由 $\mathbf{x}=\mathrm{A}^{+}\mathbf{b}$ 给出. 在降秩方程组情形, $\mathbf{x}=\mathrm{A}^{+}\mathbf{b}$ 是使 $\|\mathbf{x}\|$ 最小化的解.**

如在讨论 SVD 时所提到的:如果 A 的行比列少,那么通过添加元素全为零的行扩充 A 为方阵之后就可以采用此结论.

**对称矩阵** 可以用如下方法推广对称矩阵的伪逆. 这种推广已在第 5 章 5.2.3 节讨论奇异协方差矩阵被用过. 如果 A 是非可逆对称矩阵而 $\mathrm{X}^{\mathsf{T}}\mathrm{AX}$ 是可逆的,那么记 $\mathrm{A}^{+\mathrm{X}}\underline{\underline{\mathrm{def}}}\,\mathrm{X}(\mathrm{X}^{\mathsf{T}}\mathrm{AX})^{-1}\mathrm{X}^{\mathsf{T}}$. 我们可以看到它仅依赖于由 X 的列所生成的子空间. 换句话说,如果 X 由 XB 代替(其中 B 为任何可逆矩阵),那么 $\mathrm{A}^{+\mathrm{X}}=\mathrm{A}^{+\mathrm{XB}}$. 也就是说, $\mathrm{A}^{+\mathrm{X}}$ 仅依赖于 X(左)零空间,即垂直于 X 列的向量的空间. 定义零空间 $N_L\mathrm{X}=\{\mathbf{x}^{\mathsf{T}}\mid\mathbf{x}^{\mathsf{T}}\mathrm{X}=0\}$. 我们发现在一个简单的条件下, $\mathrm{A}^{+\mathrm{X}}$ 是 A 的伪逆.

**结论 A5.2 令 A 为对称矩阵,那么 $\mathrm{A}^{+\mathrm{X}}\underline{\underline{\mathrm{def}}}\,\mathrm{X}(\mathrm{X}^{\mathsf{T}}\mathrm{AX})^{-1}\mathrm{X}^{\mathsf{T}}=\mathrm{A}^{+}$ 的充要条件是 $N_L(\mathrm{X})=N_L(\mathrm{A})$.**

我们仅给出证明的大意. 必要性是明显的,因为 $N_L(\mathrm{X})$ 和 $N_L(\mathrm{A})$ 是方程的左边和右边的零空间. 为证明充分性,可以假定 X 的列是正交的,因为上面已经证明,仅有 X 的零空间是重要的. 于是,X 可以通过增加列 X′扩充为正交矩阵 $\mathrm{U}=[\mathrm{X}\mid\mathrm{X}']$. 由此可见, $\mathrm{X}'^{\mathsf{T}}$ 的行向量生成 X 的零空间,并且根据假设也是 A 的零空间. 现在,通过比较定义 $\mathrm{A}^{+\mathrm{X}}\underline{\underline{\mathrm{def}}}\,\mathrm{X}(\mathrm{X}^{\mathsf{T}}\mathrm{AX})^{-1}\mathrm{X}^{\mathsf{T}}$ 和伪逆的定义式(A5.1)可以在几行内完成所需的证明.

## A5.2.1 用正规方程解线性最小二乘问题

线性最小二乘问题也可以用一个涉及**正规方程**的方法来解. 我们再来考虑线性方程组 $\mathrm{A}\mathbf{x}=\mathbf{b}$,其中 A 为 $m\times n$ 矩阵并且 $m>n$. 这个方程组一般不存在解 $\mathbf{x}$. 因此,我们的任务是求最小化范数 $\|\mathrm{A}\mathbf{x}-\mathbf{b}\|$ 的向量 $\mathbf{x}$. 当 $\mathbf{x}$ 取遍所有的值时,积 $\mathrm{A}\mathbf{x}$ 将遍历A的整个列空间,即由 A 的列生成一个 $\mathrm{IR}^m$ 的子空间. 因此我们的任务是在 A 的列空间中寻求最接近 $\mathbf{b}$ 的那个向量,接近程度由向量的范数定义. 令 $\mathbf{x}$ 是这个问题的解,因此 $\mathrm{A}\mathbf{x}$ 是最接近 $\mathbf{b}$ 的点. 在这种情形,差 $\mathrm{A}\mathbf{x}-\mathbf{b}$ 必然是与 A 的列空间垂直的向量. 更明确地说, $\mathrm{A}\mathbf{x}-\mathbf{b}$ 垂直于 A 的每一列,因此 $\mathrm{A}^{\mathsf{T}}(\mathrm{A}\mathbf{x}-\mathbf{b})=\mathbf{0}$. 把它乘出来并分项得到方程

$$(\mathrm{A}^{\mathsf{T}}\mathrm{A})\mathbf{x}=\mathrm{A}^{\mathsf{T}}\mathbf{b} \tag{A5.2}$$

这是一个 $n\times n$ 的线性方程组,称为**正规方程**. 这个方程组是有解的并可用来求问题 $\mathrm{A}\mathbf{x}=\mathbf{b}$ 的最小二乘解. 即使 A 不满秩(秩为$n$),这方程组应该有一个解,因为 $\mathrm{A}^{\mathsf{T}}\mathbf{b}$ 在 $\mathrm{A}^{\mathsf{T}}\mathrm{A}$ 的列空间中. 当 A 的秩为$n$时,矩阵 $\mathrm{A}^{\mathsf{T}}\mathrm{A}$ 可逆,从而 $\mathbf{x}$ 可以通过 $\mathbf{x}=(\mathrm{A}^{\mathsf{T}}\mathrm{A})^{-1}\mathrm{A}^{\mathsf{T}}\mathbf{b}$ 求得. 因为 $\mathbf{x}=\mathrm{A}^{+}\mathbf{b}$,故由上式不难得到下面的结论,而且它也是容易直接验证的.

**结论 A5.3 如果 $m\times n$ 矩阵 A 的秩为 $n$,那么 $\mathbf{A}^{+}=(\mathbf{A}^{\mathsf{T}}\mathbf{A})^{-1}\mathbf{A}^{\mathsf{T}}$**

这个结论不仅在理论分析上有用,而且当$n$相对于$m$很小时,在计算上,也给出比用 SVD 计算伪逆方法更为简单的方法(因此计算($\mathrm{A}^{\mathsf{T}}\mathrm{A}$)的逆比计算 A 的 SVD 要节省).

目标

求使 $\|\mathrm{A}\mathbf{x}-\mathbf{b}\|$ 最小化的 $\mathbf{x}$.

算法

(1)解正规方程 $\mathrm{A}^{\mathrm{T}}\mathrm{A}\mathbf{x}=\mathrm{A}^{\mathrm{T}}\mathbf{b}$.

(2)如果 $\mathrm{A}^{\mathrm{T}}\mathrm{A}$ 可逆,那么解是 $\mathbf{x}=(\mathrm{A}^{\mathrm{T}}\mathrm{A})^{-1}\mathrm{A}^{\mathrm{T}}\mathbf{b}$.

算法 A5.3　利用正规方程的线性最小二乘算法.

**向量空间的范数**　有时我们希望相对于向量空间 $\mathrm{IR}^n$ 的不同的范数来最小化 $\mathrm{A}\mathbf{x}-\mathbf{b}$. 在向量空间 $\mathrm{IR}^n$ 中常用范数由常用内积给出. 对 $\mathrm{IR}^n$ 中的两个向量 $\mathbf{a}$ 和 $\mathbf{b}$,我们可以定义常用内积为 $\mathbf{a}\cdot\mathbf{b}=\mathbf{a}^{\mathrm{T}}\mathbf{b}$. 于是向量 $\mathbf{a}$ 的常用范数定义为 $\|\mathbf{a}\|=(\mathbf{a}\cdot\mathbf{a})^{1/2}=(\mathbf{a}^{\mathrm{T}}\mathbf{a})^{1/2}$. 注意下列性质:

(1)内积是 $\mathrm{IR}^n$ 上的一个对称双线性形式.

(2)对所有的非零向量 $\mathbf{a}\in\mathrm{IR}^n$ 有 $\|\mathbf{a}\|>0$.

我们说内积是正定对称双线性形式. 可以在向量空间 $\mathrm{IR}^n$ 上定义其他的内积. 令 C 是一个实对称正定矩阵,并定义一个新的内积为 $\mathrm{C}(\mathbf{a},\mathbf{b})=\mathbf{a}^{\mathrm{T}}\mathrm{C}\mathbf{b}$. 内积的对称性由 C 的对称性推出. 用 $\|\mathrm{a}\|_{\mathrm{C}}=(\mathbf{a}^{\mathrm{T}}\mathrm{C}\,\mathbf{a})^{1/2}$ 可以定义一个范数. 它是有定义的并且是正定的,因为 C 被假定是正定矩阵.

**加权线性最小二乘问题**　有时我们希望解形如 $\mathrm{A}\mathbf{x}-\mathbf{b}=\mathbf{0}$ 的加权线性最小二乘问题,即最小化误差的 C——范数 $\|\mathrm{A}\mathbf{x}-\mathbf{b}\|_{\mathrm{C}}$. 这里 C 是在 $\mathrm{IR}^n$ 上用以定义内积和范数 $\|\cdot\|_{\mathrm{C}}$ 的一个对称正定矩阵. 如前,我们可以说最小化误差向量 $\mathrm{A}\mathbf{x}-\mathbf{b}$ 必须(在 C 定义的内积意义下)垂直于 A 的列空间. 由此推出 $\mathrm{A}^{\mathrm{T}}\mathrm{C}(\mathrm{A}\mathbf{x}-\mathbf{b})=\mathbf{0}$. 将它重新排列便得到加权正规方程

$$(\mathrm{A}^{\mathrm{T}}\mathrm{C}\mathrm{A})\mathbf{x}=\mathrm{A}^{\mathrm{T}}\mathrm{C}\,\mathbf{b} \tag{A5.3}$$

最常用的加权是其中的 C 为对角矩阵,对应于 $\mathrm{IR}^n$ 的每一坐标轴方向独立加权. 但是也可以采用一般的加权矩阵 C.

## A5.3　齐次方程组的最小二乘解

与前一问题类似的问题是求形如 $\mathrm{A}\mathbf{x}=\mathbf{0}$ 的方程组的解. 这个问题常出自于一些重构问题. 我们考虑方程数多于未知元素的情形——超定方程组. 因平凡解 $\mathbf{x}=\mathbf{0}$ 是我们不感兴趣的,故寻求该方程组的非零解. 注意如果 $\mathbf{x}$ 是这方程组的一个解,那么对任何标量 $k$, $k\mathbf{x}$ 也是解. 一个合理的约束是只求 $\|\mathbf{x}\|=1$ 的解.

这样的方程组一般不存在确解. 假定 A 的维数是 $m\times n$,那么存在确解的充要条件是 $\mathrm{rank}(\mathrm{A})<n$——矩阵 A 不具有满列秩. 当没有精确解时,我们通常将求它的一个最小二乘解. 问题可以叙述为

- **求使 $\|\mathrm{A}\mathbf{x}\|$ 最小化并满足 $\|\mathbf{x}\|=1$ 的 $\mathbf{x}$.**

这个问题可按如下方法来解. 令 $\mathrm{A}=\mathrm{UDV}^{\mathrm{T}}$. 那么问题变成最小化 $\|\mathrm{UDV}^{\mathrm{T}}\mathbf{x}\|$. 但是 $\|\mathrm{UDV}^{\mathrm{T}}\mathbf{x}\|=\|\mathrm{DV}^{\mathrm{T}}\mathbf{x}\|$ 和 $\|\mathbf{x}\|=\|\mathrm{V}^{\mathrm{T}}\mathbf{x}\|$. 因此,我们需要在条件 $\|\mathrm{V}^{\mathrm{T}}\mathbf{x}\|=1$ 下最小化 $\|\mathrm{DV}^{\mathrm{T}}\mathbf{x}\|$. 令 $\mathbf{y}=\mathrm{V}^{\mathrm{T}}\mathbf{x}$,则问题变为在条件 $\|\mathbf{y}\|=1$ 下最小化 $\|\mathrm{D}\,\mathbf{y}\|$. 现在,D 是对角元素按降序排列的一个对角矩阵. 由此推出该问题的解是 $\mathbf{y}=(0,0,\cdots,0,1)^{\mathrm{T}}$,它具有一个非零元素 1 并在最后的位置上. 最后注意 $\mathbf{x}=\mathrm{V}\mathbf{y}$ 就是 V 的最后一列. 该方法概括在算法 A5.4 中.

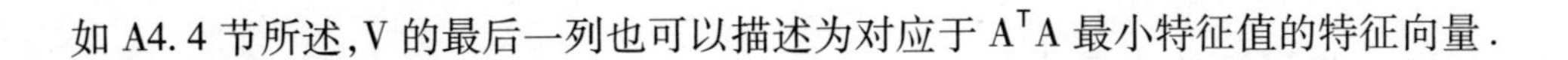
如 A4.4 节所述，V 的最后一列也可以描述为对应于 $A^{\mathrm{T}}A$ 最小特征值的特征向量．

<u>目标</u>

给定行数不少于列数的一个矩阵 A，求最小化 $\|A\mathbf{x}\|$ 满足 $\|\mathbf{x}\|=1$ 的 $\mathbf{x}$.

<u>解</u>

$\mathbf{x}$ 是 $\mathbf{V}$ 的最后一行，其中 $A=UDV^{\mathrm{T}}$ 是 A 的 SVD.

算法 A5.4　齐次线性方程组的最小二乘解．

## A5.4　带约束方程组的最小二乘解

在前一节中，我们考虑了形如 $A\mathbf{x}=\mathbf{0}$ 的方程组的最小二乘解的方法．这样的问题可能出自对图像特征集合进行测量的情形．对准确的测量和准确的影像模型，该数学模型预告了该方程组的一个准确的解．在非准确的图像测量或有噪声存在时，精确解将不存在．此时，求最小二乘解是有意义的．

但是在其他一些场合，某些由矩阵 A 的行表示的方程是由数学约束精确地导出的，而且要求精确地满足．这样的一组约束可以用矩阵方程 $C\mathbf{x}=\mathbf{0}$ 来描述，并要求它应精确地满足．其他的方程产生于图像测量并且受到噪声的干扰．这导致下列的问题

- **求 $\mathbf{x}$，它最小化 $\|A\mathbf{x}\|$ 并满足 $\|\mathbf{x}\|=1$ 和 $C\mathbf{x}=\mathbf{0}$.**

这个问题可按如下方式来解．要求 $\mathbf{x}$ 满足条件 $C\mathbf{x}=\mathbf{0}$ 意味着 $\mathbf{x}$ 垂直于 C 的每一行．所有这种 $\mathbf{x}$ 的集合是一个向量空间，称为 C 的行空间的正交补．我们希望求这个正交补．

首先，如果 C 的行数少于列数，那么加若干零行将它扩展成方阵．这样做不对约束集合 $C\mathbf{x}=\mathbf{0}$ 产生影响．现在，做 C 的奇异值分解：$C=UDV^{\mathrm{T}}$，其中 D 是有 $r$ 个非零对角元素的对角矩阵．在此情形 C 的秩为 $r$ 并且 C 的行空间由 $V^{\mathrm{T}}$ 的前 $r$ 行生成．C 的行空间的正交补由 $V^{\mathrm{T}}$ 余下的行生成．以 $C^{\perp}$ 记矩阵 V 消去前 $r$ 列得到的矩阵，则 $CC^{\perp}=\mathbf{0}$，因此，满足 $C\mathbf{x}=\mathbf{0}$ 的向量 $\mathbf{x}$ 的集合由 $C^{\perp}$ 的列生成，从而可以把任何这样的 $\mathbf{x}$ 记为 $\mathbf{x}=C^{\perp}\mathbf{x}'$，其中 $\mathbf{x}'$ 为适当的向量．因为 $C^{\perp}$ 具有正交列，故有 $\|\mathbf{x}\|=\|C^{\perp}\mathbf{x}'\|=\|\mathbf{x}'\|$．这样一来，上述最小化问题化为

- **求 $\mathbf{x}'$，它最小化 $\|AC^{\perp}\mathbf{x}'\|$ 并满足 $\|\mathbf{x}'\|=1$.**

这正是 A5.3 节讨论过可用算法 A5.4 求解问题的一个例子．求解约束最小化问题的完整算法在算法 A5.5 中给出．

<u>目标</u>

给定一个 $m\times n$ 矩阵 A，$m\geqslant n$，求向量 $\mathbf{x}$，它最小化 $\|A\mathbf{x}\|$ 并且满足 $\|\mathbf{x}\|=1$ 和 $C\mathbf{x}=\mathbf{0}$.

<u>算法</u>

(1) 如果 C 的行数少于列数，那么加若干零行将 C 扩展成方阵．计算 C 的 SVD：$C=UDV^{\mathrm{T}}$，其中 D 对角元的非零元排在零元前面．令 $C^{\perp}$ 是矩阵 $\mathbf{V}$ 消去前 $r$ 列所得到的矩阵，其中 $r$ 是 D 中非零元素的数目（C 的秩）.

(2) 用算法 A5.4 求最小化问题 $AC^{\perp}\mathbf{x}'=\mathbf{0}$ 的解．此解由 $\mathbf{x}=C^{\perp}\mathbf{x}'$ 给出．

算法 A5.5　约束最小化算法．

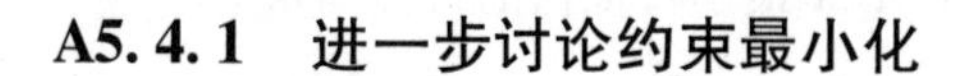


### A5.4.1 进一步讨论约束最小化

约束最小化的进一步问题产生于本书中经常用到的代数估计方法——例如，计算基本矩阵(11.3 节)或三焦点张量(16.3 节).

这个问题是

- **在条件 $\|\mathbf{x}\|=1$ 和 $\mathbf{x}=\mathrm{G}\hat{\mathbf{x}}$ 下最小化 $\|\mathrm{A}\mathbf{x}\|$，其中 G 是一个给定的矩阵而 $\hat{\mathbf{x}}$ 是某个未知的向量.**

注意:这个最小化问题与 A5.4 节的非常类似，当 G 矩阵有正交列时，它就简化现在的问题中的形式. 对某个 $\hat{\mathbf{x}}$ 有 $\mathbf{x}=\mathrm{G}\hat{\mathbf{x}}$ 成立的条件不过是要求 $\mathbf{x}$ 属于 G 的列所生成的空间. 因此为了利用算法 A5.5 来解现在的问题，我们仅需要用与 G 具有同样列空间(即由这些列生成的空间)但其列两两正交的矩阵替代 G. 如果 $\mathrm{G}=\mathrm{UDV}^{\mathsf{T}}$，其中 D 有 $r$ 个非零元素(即 G 的秩为 $r$)，那么令 $\mathrm{U}'$ 为 U 前 $r$ 列组成的矩阵，则 G 和 $\mathrm{U}'$ 有同样的列空间. 按 A5.4 节方法求使 $\|\mathrm{AU}'\mathbf{x}'\|$ 最小化的单位向量 $\mathbf{x}'$，然后令 $\mathbf{x}=\mathrm{U}'\mathbf{x}'$，即可求解 $\mathbf{x}$.

如果还需要求 $\hat{\mathbf{x}}$，那么它可以通过解 $\mathrm{G}\hat{\mathbf{x}}=\mathbf{x}=\mathrm{U}'\mathbf{x}'$ 得到. 所需要的解用伪逆表示(A5.2 节)为 $\hat{\mathbf{x}}=\mathrm{G}^{+}\mathbf{x}=\mathrm{G}^{+}\mathrm{U}'\mathbf{x}'$；如果 G 不是列满秩，则解可能不是唯一的. 因为 $\mathrm{G}^{+}=\mathrm{VD}^{+}\mathrm{U}^{\mathsf{T}}$，我们有 $\hat{\mathbf{x}}=\mathrm{VD}^{+}\mathrm{U}^{\mathsf{T}}\mathrm{U}'\mathbf{x}'$，它可简化为 $\hat{\mathbf{x}}=\mathrm{V}'\mathrm{D}'^{-1}\mathbf{x}'$，其中 $\mathrm{V}'$ 由 V 的前 $r$ 列组成，而 $\mathrm{D}'$ 是 D 左上部的 $r\times r$ 子矩阵.

整个方法概括在算法 A5.6 中.

<u>目标</u>

求向量 $\mathbf{x}$，它最小化 $\|\mathrm{A}\mathbf{x}\|$ 并满足 $\|\mathbf{x}\|=1$ 和 $\mathbf{x}=\mathrm{G}\hat{\mathbf{x}}$，其中 G 的秩为 $r$.

<u>算法</u>

(1)计算 G 的 SVD：$\mathrm{G}=\mathrm{UDV}^{\mathsf{T}}$，其中 D 的对角线的非零值出现在零值前面.

(2)令 $\mathrm{U}'$ 是由 U 前 $r$ 列组成的矩阵.

(3)用算法 A5.4 求使 $\|\mathrm{AU}'\mathbf{x}'\|$ 最小化的单位向量 $\mathbf{x}'$.

(4)所要求的解是 $\mathbf{x}=\mathrm{U}'\mathbf{x}'$.

(5)如果要求，我们可以用 $\mathrm{V}'\mathrm{D}'^{-1}\mathbf{x}'$ 计算 $\hat{\mathbf{x}}$，其中 $\mathrm{V}'$ 由 V 的前 $r$ 列组成，而 $\mathrm{D}'$ 是 D 左上部的 $r\times r$ 子矩阵.

算法 A5.6 受一个生成空间约束的最小化算法.

### A5.4.2 另一个最小化问题

一个非常类似的问题是

- **在条件 $\|\mathrm{C}\mathbf{x}\|=1$ 下最小化 $\|\mathrm{A}\mathbf{x}\|$.**

这个问题来自诸如解 DLT 摄像机标定问题(7.3 节). 一般情况下 $\mathrm{rank}\mathrm{C}<n$，其中 $n$ 是向量 $\mathbf{x}$ 的维数. 这个问题的几何解释是求(由 $\mathbf{x}^{\mathsf{T}}\mathrm{A}^{\mathsf{T}}\mathrm{A}\mathbf{x}$ 确定)二次曲面上的"最低"点，该点必须满足在(非齐次)"二次曲线" $\mathbf{x}^{\mathsf{T}}\mathrm{C}^{\mathsf{T}}\mathrm{C}\mathbf{x}=1$ 上的约束.

我们首先取矩阵 C 的 SVD，得到 $\mathrm{C}=\mathrm{UDV}^{\mathsf{T}}$. 因条件 $\|\mathrm{UDV}^{\mathsf{T}}\mathbf{x}\|=1$ 等于 $\|\mathrm{DV}^{\mathsf{T}}\mathbf{x}\|=1$，故不需要显式地计算 U. 记 $\mathbf{x}'=\mathrm{V}^{\mathsf{T}}\mathbf{x}$，则问题变成：在条件 $\|\mathrm{D}\mathbf{x}'\|=1$ 下最小化 $\|\mathrm{AV}\mathbf{x}'\|$. 记 $\mathrm{A}'=$

AV，问题变成：最小化$\|A'\mathbf{x}'\|$并满足条件$\|D\mathbf{x}'\|=1$. 因此我们已经减化到约束矩阵是对角矩阵 D 的情形．

假定 D 的对角元素有$r$个为非零和$s$个为零$(r+s=n)$，并且非零元素排在零元素之前．那么$\mathbf{x}'$的元素$x_i'$在$i>r$时不影响$\|D\mathbf{x}'\|$的值，因为 D 对应的对角元素是零．因此，对于$x_i'(i=1,\cdots,r)$的一个具体取值，应选取其他的$x_i'(i=r+1,\cdots,n)$使$\|A'\mathbf{x}'\|$值最小．我们记$A'=[A_1'\mid A_2']$，其中$A_1'$由$A'$的前$r$列组成而$A_2'$由余下的$s$列组成．类似地，令$\mathbf{x}_1'$为由$\mathbf{x}'$的前$r$个元素组成的$r$维向量，而$\mathbf{x}_2'$由$\mathbf{x}'$余下的$s$个元素组成．此外，令$D_1$为由 D 的前$r$个对角元素组成的$r\times r$对角矩阵．于是，$A'\mathbf{x}'=A_1'\mathbf{x}_1'+A_2'\mathbf{x}_2'$，并且所考虑的最小化问题就是在条件$\|D_1\mathbf{x}_1'\|=1$下最小化

$$\|A_1'\mathbf{x}_1'+A_2'\mathbf{x}_2'\| \tag{A5.4}$$

现在，暂时固定$\mathbf{x}_1'$，则式(A5.4)取在 A5.1 节讨论过的那种最小二乘最小化的类型的形式．根据结论 A5.1，最小化式(A5.4)的值$\mathbf{x}'_2$是$\mathbf{x}'_2=-A_2'^{+}A'_1\mathbf{x}'_1$. 把它代入式(A5.4)得到$\|(A_2'A_2'^{+}-I)A_1'\mathbf{x}_1'\|$，它是我们要在条件$\|D_1\mathbf{x}_1'\|=1$下最小化的方程．最后记$\mathbf{x}''=D_1\mathbf{x}_1'$，本问题最终化为我们所熟悉的算法 A5.4 的最小化问题的形式：

- **在条件$\|\mathbf{x}''\|=1$下最小化$\|(A_2'A_2'^{+}-I)A_1'D_1^{-1}\mathbf{x}_1''\|$.**

我们现在将算法概括如下：

<u>目标</u>

在$\|C\mathbf{x}\|=1$下最小化$\|A\mathbf{x}\|$.

<u>算法</u>

(1)计算 C 的 SVD：$C=UDV^{\mathsf T}$，并记$A'=AV$.

(2)假定 $\operatorname{rank}D=r$并令$A'=[A_1'\mid A_2']$，其中$A_1'$由$A'$的前$r$列组成而$A_2'$由余下的$s$列组成．

(3)令$D_1$为 D 左上部的$r\times r$子阵．

(4)计算$A''=(A_2'A_2'^{+}-I)A_1'D_1^{-1}$. 这是一个$n\times r$的矩阵．

(5)用算法 A5.4 求$\mathbf{x}''$最小化$\|A''\mathbf{x}'\|$并满足条件$\|\mathbf{x}''\|=1$.

(6)计算$\mathbf{x}_1'=D_1^{-1}\mathbf{x}''$和$\mathbf{x}_2'=-A_2'^{+}A_1'\mathbf{x}_1'$. 令$\mathbf{x}'=\begin{pmatrix}\mathbf{x}_1'\\ \mathbf{x}_2'\end{pmatrix}$.

(7)解由$\mathbf{x}=V\mathbf{x}'$给出．

算法 A5.7　在约束$\|C\mathbf{x}\|=1$下求齐次线性方程组的最小二乘解．

# 附录 6
# 迭代估计方法

本附录将描述在构建一个高效和鲁棒迭代估计算法中的各个组成部分.

我们从两种最常用的参数最小化迭代方法开始,它们是 Newton 迭代(与 Gauss Newton 法密切相关)和 Levenberg-Marquart 迭代. Newton 迭代为求单变量函数零点方法,它的一般概念为数值方法的大多数学生所熟悉. 它可以相当直接地推广到多变量情形并可用于求方程组的最小二乘解(不是精确解). Levenberg-Marquart 方法是 Newton 迭代的一种简单的改型,旨在为超参数化问题的情形提供更快的收敛性和正则化. 该方法也可理解为 Newton 迭代和梯度下降法的混合.

就本书所考虑的问题类型而言,计算的复杂度的实质性减少是通过把参数集合分成两部分而得到的. 一般,这两部分由表示摄像机矩阵或单应的参数集以及表示点的参数集组成. 这会导致一种稀疏结构,下面将在 A6.3 节进行介绍.

我们讨论两个进一步的实施问题——代价函数的选择,涉及它们对野值的鲁棒性和凸性(A6.8 节);以及旋转参数化以及齐次和约束向量(A6.9 节). 最后,建议那些想了解更多关于迭代技术和捆绑调整的读者参考[Triggs-00a]以得到更多的细节.

## A6.1 Newton 迭代

给定一种假设性的泛函关系 $\mathbf{X}=\mathrm{f}(\mathbf{P})$,其中 $\mathbf{X}$ 是**测量向量**,$\mathbf{P}$ 是**参数向量**,分别属于空间 $\mathrm{IR}^N$ 和 $\mathrm{IR}^M$. 假定已知逼近于真值 $\overline{\mathbf{X}}$ 的测量值 $\mathbf{X}$,希望求出向量 $\hat{\mathbf{P}}$ 能最近似地满足这个泛函关系. 更准确地说,我们要求满足 $\mathbf{X}=\mathrm{f}(\hat{\mathbf{P}})+\varepsilon$ 的向量 $\hat{\mathbf{P}}$ 并使 $\|\varepsilon\|$ 最小化. 注意: A5.1 节中所考虑的线性最小二乘问题正好属于这种类型,所定义的函数 f 是一个线性函数 $\mathrm{f}(\mathbf{P})=\mathrm{A}\mathbf{P}$.

为了求 f 不是一个线性函数时的解,我们可以从一个初始估计值 $\mathbf{P}_0$ 开始,并在函数 f 是局部线性的假设下逐次对这个估计进行改进. 令 $\varepsilon_0$ 由 $\varepsilon_0=\mathrm{f}(\mathbf{P}_0)-\mathbf{X}$ 定义. 假定函数 f 在点 $\mathbf{P}_0$ 的由 $\mathrm{f}(\mathbf{P}_0+\Delta)=\mathrm{f}(\mathbf{P}_0)+\mathrm{J}\Delta$ 逼近,其中J是由 Jacobian 矩阵$\mathrm{J}=\partial\mathbf{X}/\partial\mathbf{P}$ 表示的线性映射. 我们寻找一个点 $\mathrm{f}(\mathbf{P}_1)$(其中 $\mathbf{P}_1=\mathbf{P}_0+\Delta$),最小化 $\mathrm{f}(\mathbf{P}_1)-\mathbf{X}=\mathrm{f}(\mathbf{P}_0)+\mathrm{J}\Delta-\mathbf{X}=\varepsilon_0+\mathrm{J}\Delta$. 因此,它要求在 $\Delta$ 上的最小化 $\|\varepsilon_0+\mathrm{J}\Delta\|$,这是一个线性最小化问题. 向量 $\Delta$ 由解正规方程组得到(见式(A5.2))

$$\mathrm{J}^{\mathrm{T}}\mathrm{J}\Delta=-\mathrm{J}^{\mathrm{T}}\varepsilon_0 \tag{A6.1}$$

或用伪逆 $\Delta=-\mathrm{J}^{+}\varepsilon_0$ 而求得. 因此,解向量 $\hat{\mathbf{P}}$ 由一个估计 $\mathbf{P}_0$ 开始并按下面的公式计算其逐次逼近

$$\mathbf{P}_{i+1} = \mathbf{P}_i + \Delta_i$$

式中，$\Delta_i$ 是线性最小二乘问题的解

$$\mathrm{J}\Delta_i = -\varepsilon_i$$

矩阵J是取值在 $\mathbf{P}_i$ 的 Jacobian 矩阵 $\partial\mathbf{X}/\partial\mathbf{P}$，而 $\varepsilon_i = \mathrm{f}(\mathbf{P}_i) - \mathbf{X}$. 我们希望这个算法能收敛于所要求的最小二乘解 $\hat{\mathbf{P}}$. 不幸的是这个迭代过程有可能只收敛到一个局部最小或根本不收敛．迭代算法的行为很强烈地依赖于初始估计 $\mathbf{P}_0$.

**加权迭代**　除所有因变量都等量加权之外，也可以提供一个加权的矩阵规定因变量 $\mathbf{X}$ 的加权值．更具体地说，我们可以假定测量向量 $\mathbf{X}$ 满足一个协方差矩阵为 $\Sigma_{\mathrm{X}}$ 的高斯分布，并希望最小化 Mahaalanobis 距离 $\| \mathrm{f}(\hat{\mathbf{P}}) - \mathbf{X} \|_{\Sigma}$. 这协方差矩阵可以是对角的，说明 $\mathbf{X}$ 的每个坐标是独立的，或可以是更一般的任意正定对称矩阵．在这种情形，正规方程组变为 $\mathrm{J}^{\mathrm{T}}\Sigma^{-1}\mathrm{J}\,\Delta_i = -\mathrm{J}^{\mathrm{T}}\Sigma^{-1}\varepsilon_i$. 算法的其余部分保持不变．

**Newton 方法和 Hessian**　我们现在过渡到考虑寻找多变量函数最小值．暂时，考虑一个任意的标量值函数 $g(\mathbf{P})$，其中 $\mathbf{P}$ 是一个向量．优化问题就是在所有 $\mathbf{P}$ 值上最小化 $g(\mathbf{P})$. 我们做两个假设：$g(\mathbf{P})$ 有一个适定的最小值，并且我们知道一个点 $\mathbf{P}_0$ 相当接近此最小值．

我们可以在 $\mathbf{P}_0$ 周围把 $g(\mathbf{P})$ 用泰勒系列展开，得到

$$g(\mathbf{P}_0 + \mathbf{\Delta}) = g + g_{\mathbf{P}}\mathbf{\Delta} + \mathbf{\Delta}^{\mathrm{T}} g_{\mathbf{PP}}\mathbf{\Delta}/2 + \cdots$$

式中，下标 $\mathbf{P}$ 表示微分，而右手边是在 $\mathbf{P}_0$ 上估值．我们希望相对 $\mathbf{\Delta}$ 最小化此量．其结果，相对 $\mathbf{\Delta}$ 微分并设置导数为零，得到方程 $g_{\mathbf{P}} + g_{\mathbf{PP}}\mathbf{\Delta} = 0$ 或

$$g_{\mathbf{PP}}\mathbf{\Delta} = -g_{\mathbf{P}} \tag{A6.2}$$

在这个方程式中，$g_{\mathbf{PP}}$ 是二阶导数矩阵，$g$ 的 Hessian 矩阵，它的第 $(i,j)$ 元是 $\partial^2 g/\partial p_i \partial p_j$ 和 $p_i$ 与 $p_j$ 是第 $i$ 和第 $j$ 参数．向量 $g_{\mathbf{P}}$ 是 $g$ 的梯度．Newton **迭代**方法包括在该参数值的一个初始值 $\mathbf{P}_0$ 开始，使用式(A6.2)迭代地计算参数增量 $\mathbf{\Delta}$ 直到收敛．

现在，我们转向上面考虑的出现在最小平方最小化问题中的代价函数的分类．具体而言，$g(\mathbf{P})$ 是一个误差函数的平方模

$$g(\mathbf{P}) = \frac{1}{2}\|\varepsilon(\mathbf{P})\|^2 = \varepsilon(\mathbf{P})^{\mathrm{T}}\varepsilon(\mathbf{P})/2$$

式中，$\varepsilon(\mathbf{P})$ 是参数向量 $\mathbf{P}$ 的一个向量值函数，具体地，$\varepsilon(\mathbf{P}) = \mathrm{f}(\mathbf{P}) - \mathbf{X}$. 因子 1/2 用于简化后续计算．

梯度向量 $g(\mathbf{P})$ 很容易计算为 $\varepsilon_{\mathbf{P}}^{\mathrm{T}}\varepsilon$. 然而，我们可以使用前面介绍的符号写 $\varepsilon(\mathbf{P}) = \mathrm{f}_{\mathbf{P}} = \mathrm{J}$. 总之，$g_{\mathbf{P}} = \mathrm{J}^{\mathrm{T}}\varepsilon$. 再一次微分 $g_{\mathbf{P}} = \varepsilon_{\mathbf{P}}^{\mathrm{T}}\varepsilon$，计算下列公式的 Hessian. [⊖]

$$g_{\mathbf{PP}} = \varepsilon_{\mathbf{P}}^{\mathrm{T}}\varepsilon_{\mathbf{P}} + \varepsilon_{\mathbf{PP}}^{\mathrm{T}}\varepsilon \tag{A6.3}$$

现在，假设 $\mathrm{f}(\mathbf{P})$ 是线性的，在右边的第二个项就消失了，剩下 $g_{\mathbf{PP}} = \varepsilon_{\mathbf{P}}^{\mathrm{T}}\varepsilon_{\mathbf{P}} = \mathrm{J}^{\mathrm{T}}J$. 替换式(A6.2)中的梯度和 Hessian 得到 $\mathrm{J}^{\mathrm{T}}J\mathbf{\Delta} = -\mathrm{J}^{\mathrm{T}}\varepsilon$，它就是正规方程组(A6.1)．因此，假设 $\mathrm{J}^{\mathrm{T}}J = \varepsilon_{\mathbf{P}}^{\mathrm{T}}\varepsilon_{\mathbf{P}}$ 是函数 $g(\mathbf{P})$ Hessian 的一个合理的近似，我们就到达了先前解参数估计问题相同的迭代

---

⊖　此干涉的最后一项需要做一些说明．因为 $\varepsilon$ 是一个向量，$\varepsilon_{\mathbf{PP}}$ 是一个 3 维阵列（一个张量），积 $\varepsilon_{\mathbf{PP}}^{\mathrm{T}}\varepsilon$ 中的求和是关于 $\varepsilon$ 的元素的．它可以更精确地表示为 $\sum_i(\varepsilon_i)_{\mathbf{PP}}\varepsilon_i$，其中 $\varepsilon_i$ 是向量 $\varepsilon$ 的第 $i$ 元，而 $(\varepsilon_i)_{\mathbf{PP}}$ 是它的 Hessian.

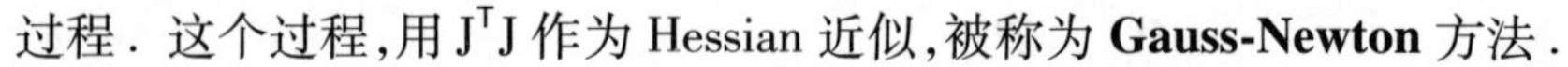

过程．这个过程，用 $J^TJ$ 作为 Hessian 近似，被称为 **Gauss-Newton** 方法．

**梯度下降**　负(或下山)梯度向量 $-g_{\mathbf{P}}=-\varepsilon_{\mathbf{P}}^{\mathsf{T}}\varepsilon$ 定义为代价函数的最速下降的方向．最小化 $g$ 的一种策略是在此梯度方向上迭代．这就是**梯度下降**．步长的计算可以通过执行一个在负梯度方向中函数最小化的线搜索．在这种情况下，参数增量 $\boldsymbol{\Delta}$ 从方程 $\lambda\boldsymbol{\Delta}=-g_{\mathbf{P}}$ 计算，其中 $\lambda$ 控制步长．

我们可以认为当它用更新方程式(A6.2)表示时，它与 Newton 迭代相关，其中 Hessian 由标量矩阵 $\lambda I$(有点随意)近似．梯度下降本身并不是一个很好的优化策略，由于锯齿现状发生通常表现为收敛速度慢(更仔细分析见[press-88])．但是，在下一节中将看到，它与 Gauss-Newton 迭代法相结合可以是摆脱困境的一种有用的方式．下节的 Levenberg-Marquardt 方法本质上是一种 Gauss-Newton 方法，它在 Gauss-Newton 更新失败时平滑过渡到梯度下降．

概括起来，我们已经考虑了一个代价函数 $g(\mathbf{P})=\|\varepsilon(\mathbf{P})\|^2/2$ 的三种最小化方法：

(1) **Newton**. 更新方程：

$$g_{\mathbf{PP}}\boldsymbol{\Delta}=-g_{\mathbf{P}}$$

式中，$g_{\mathbf{PP}}=\varepsilon_{\mathbf{P}}^{\mathsf{T}}\varepsilon_{\mathbf{P}}+\varepsilon_{\mathbf{PP}}^{\mathsf{T}}\varepsilon$ 而 $g_{\mathbf{P}}=\varepsilon_{\mathbf{P}}^{\mathsf{T}}\varepsilon$. Newton 迭代是基于二次代价函数在最小值附近的近似假设，并且如果满足这种条件，将表现快速收敛．这种方法缺点是 Hessian 矩阵的计算可能困难．此外，远离最小值，二次行为的假设可能无效，因此，大量的额外工作很少有好处．

(2) **Gauss-Newton**. 更新方程：

$$\varepsilon_{\mathbf{P}}^{\mathsf{T}}\varepsilon_{\mathbf{P}}\boldsymbol{\Delta}=-\varepsilon_{\mathbf{P}}^{\mathsf{T}}\varepsilon$$

这相当于 Newton 迭代，其中 Hessian 由 $\varepsilon_{\mathbf{P}}^{\mathsf{T}}\varepsilon_{\mathbf{P}}$ 近似．一般来说这是一个很好的近似，特别是接近最小值，或当 $\varepsilon$ 在 $\mathbf{P}$ 中几乎是线性的．

(3) **梯度下降**．更新方程：

$$\lambda\boldsymbol{\Delta}=-\varepsilon_{\mathbf{P}}^{\mathsf{T}}\varepsilon=-g_{\mathbf{P}}$$

在 Newton 迭代中的 Hessian 由单位矩阵的倍数取代．每次更新是在函数值最快速局部减少的方向．值 $\lambda$ 可自适应选择，或通过在向下梯度方向线搜索来选择．一般情况下，单独的梯度下降方法是不建议的，但与 Gauss Newton 结合，它产生常采用的 Levenberg-Marquardt 法．

## A6.2　Levenberg-Marquart 迭代

Levenberg-Marquart(简称 LM)迭代方法是 Gauss-Newton 迭代方法略做了一点改变．正规方程组 $J^TJ\Delta=-J^T\boldsymbol{\varepsilon}$ 被**增量正规方程**$(J^TJ+\lambda I)\Delta=-J^T\boldsymbol{\varepsilon}$ 替代，$\lambda$ 为某个值，它在迭代中变化．这里 $I$ 是单位阵．$\lambda$ 的典型初始值是 $10^{-3}$ 乘 $N=J^TJ$ 对角元的平均值．

如果通过解增大正规方程组得到的 $\boldsymbol{\Delta}$ 值导致误差减少，此增量被接受，那么在下一个迭代前 $\lambda$ 除一个因子(通常 10)．另一方面，如果 $\boldsymbol{\Delta}$ 值导致误差增大，那么 $\lambda$ 乘相同的因子并再解增大正规方程组，继续这一过程直到求出一个使误差下降的 $\boldsymbol{\Delta}$ 为止．对不同的 $\lambda$ 重复的解增大正规方程组直到求出一个可接受的 $\boldsymbol{\Delta}$，整个过程组成 LM 算法的一次迭代．LM 算法的实现在[Press-88]中给出．

**LM 的合理性**　为了理解该方法的合理性，考虑对于不同值的 $\lambda$ 会产生什么现象．当 $\lambda$ 非常小时，该方法与 Gauss-Newton 迭代本质上没有不同．如果误差函数 $\|\varepsilon\|^2=\|f(\mathbf{P})-\mathbf{X}\|^2$ 接近于 $\mathbf{P}$ 的二次函数，那么此方法将很快地收敛到最小值．另一方面，当 $\lambda$ 为一个大的值时

正规方程矩阵由 $\lambda\mathrm{I}$ 逼近，正规方程成为 $\lambda\mathbf{\Delta}=-\mathrm{J}^{\mathsf{T}}\varepsilon$. 回忆 $\mathrm{J}^{\mathsf{T}}\varepsilon$就是的$\|\varepsilon\|^2$的梯度向量，我们看到参数增量$\mathbf{\Delta}$趋向由梯度下降给出的值．因此 LM 算法在 Gauss-Newton 迭代和一个梯度下降方法之间无缝移动，Gauss-Newton 迭代将在解的邻域中迅速收敛；梯度下降方法在运行困难时保证代价函数下降．的确，当 $\lambda$ 变得越来越大，增量步长$\mathbf{\Delta}$下降，最终它将导致代价函数$\|\varepsilon\|^2$的下降．

为证明由解扩大正规方程组得到的参数增量$\mathbf{\Delta}$对的所有值都在代价函数下降的方向，我们将证明$\mathbf{\Delta}$和函数 $g(\mathbf{P})=\|\varepsilon(\mathbf{P})\|^2$的负梯度方向的内积是正的．此由下面的计算得到

$$-g_{\mathbf{P}}\cdot\mathbf{\Delta}=-g_{\mathbf{P}}^{\mathsf{T}}\mathbf{\Delta}=(\mathrm{J}^{\mathsf{T}}\varepsilon)^{\mathsf{T}}(\mathrm{J}^{\mathsf{T}}\mathrm{J}+\lambda\mathrm{I})^{-1}\mathrm{J}^{\mathsf{T}}\varepsilon$$

然而，对 $\lambda$ 的任何值 $\mathrm{J}^{\mathsf{T}}\mathrm{J}+\lambda\mathrm{I}$ 是正定的，因此它的逆也是正定的．根据定义，这意味着$(\mathrm{J}^{\mathsf{T}}\varepsilon)^{\mathsf{T}}(\mathrm{J}^{\mathsf{T}}\mathrm{J}+\lambda\mathrm{I})^{-1}\mathrm{J}^{\mathsf{T}}\varepsilon$是正的，除非 $\mathrm{J}^{\mathsf{T}}\varepsilon$为零．因此增量$\mathbf{\Delta}$是在局部代价下降的一个方向中，当然除非梯度 $\mathrm{J}^{\mathsf{T}}\varepsilon$ 是零．

**一种不同的扩大** 在 Levenberg Marquardt 的一些实现中，尤其是在[press-88]所给出的，使用一种扩大的正规方程的不同方法．扩大正规方程矩阵 $\mathrm{N}'$用矩阵 $\mathrm{N}=\mathrm{J}^{\mathsf{T}}\mathrm{J}$ 定义，其中 $\mathrm{N}'_{ii}=(1+\lambda)\mathrm{N}_{ii}$而当 $i\neq j$ 时 $\mathrm{N}'_{ij}=\mathrm{N}_{ij}$. 因此 N 的对角由相乘因子$(1+\lambda)$扩大而不是一个相加因子．如上文，当 $\lambda$ 非常小时，得到本质上 Gauss-Newton 的更新．对大的 $\lambda$，正规方程矩阵的非对角元素相对于对角元素而言变得不重要．

$\mathrm{N}'$第 $i$ 个对角元素就是$(1+\lambda)\mathbf{J}_i^{\mathsf{T}}\mathbf{J}_i$，其中 $\mathbf{J}_i=\partial \mathrm{f}/\partial p_i$而 $p_i$是第 $i$ 个参数．那么更新方程为$(1+\lambda)\mathbf{J}_i^{\mathsf{T}}\mathbf{J}_i\delta_i=\mathbf{J}_i^{\mathsf{T}}\varepsilon$，其中 $\delta_i$是在第 $i$ 个参数中的增量．除因子$(1+\lambda)$，是正规方程通过仅变化第 $i$ 个参数 $\delta_i$来产生最小化代价．因此当 $\lambda$ 变大的极限中，参数增量的方向将由分别最小化每个参数得到．

采用这种类型的扩大，对大 $\lambda$ 时，与梯度下降不一样．但是，根据上文的同样的分析，对任何 $\lambda$ 值，产生的增量仍然在下坡方向．

一个小问题也许会出现：如果某参数 $p_i$不影响函数f的值，那么 $\mathbf{J}_i=\partial \mathrm{f}/\partial p_i$是零，进而 N 的第 $i$ 个对角元也是零，因此 $\mathrm{N}'$是零．那么扩大正规方程矩阵 $\mathrm{N}'$是奇异的，它会造成麻烦．在实际中，它很少发生，但它会发生．

**LM 的实现** 在执行 Levenberg-Marquart 最小化的最简单形式时，仅需要提供一个例行程序来计算被最小化的函数、被观察的目标向量 $\hat{\mathbf{X}}$ 或该函数所要求的值以及一个初始估计$\mathbf{P}_0$. Jacobi 矩阵 J 的计算可以用数值方法或提供一个专用程序来实现．

数值微分可以按如下方法实现．每个独立变量 $x_i$依次增加为 $x_i+\delta$，用计算 $f$ 的程序计算函数值并用比率计算微分．通过设 $\delta$ 为 $|10^{-4}\times x_i|$ 和 $10^{-6}$的最大值已经能找到了好的结果．

这种选择似乎能给出微分的一种好的逼近．在实际中，我们发现用数值微分几乎没有什么缺点．但是对简单的函数 $f$，我们倾向于提供一种计算 J 的程序，其原因部分为了完美，部分为了有可能略微加快收敛以及部分为了速度．

## A6.3 稀疏 Levenberg-Marquart 算法

A6.2 节中介绍的 LM 算法对参数数目少的最小化问题是相当适宜的．因此，在 2D 单应估计（见第 4 章）的简单的代价函数式(4.6)和式(4.7)（它们仅相对单应矩阵H的元素最小

化)等情形,LM 算法行之有效. 但是当要最小化的代价函数包含很大数目的参数时,单用 LM 算法就不很合适. 这是因为 LM 的核心步骤(解正规方程组(A5.2))的复杂度是 $N^3$,$N$ 为参数数目,并且这一步要重复许多次. 然而,在本书所考虑的估计问题的类型中,正规方程组具有某种稀疏分块结构,我们可以利用它来节约大量计算时间.

应用这种方法的一个例子是通过最小化代价函数式(4.8)来估计两视图之间的 2D 单应并假定误差在两幅图像中都存在. 这个问题的参数化可以用刻划 2D 单应的参数集合(可能是单应矩阵的 9 个元素),加上第一幅视图的 $n$ 个点的参数,总共有 $2n+9$ 个参数来表示.

应用这种方法的另一个例子是图像的对应涉及两个或更多(例如 $m$)视图并且要求估计所有摄像机的参数以及所有点的 3D 位置的重构问题. 我们可以假定摄像机是任意的射影摄像机或者是完全或部分标定的摄像机. 进一步,为了去掉一些非主要的自由度,我们可以固定一个摄像机. 例如在射影重构问题中,可以用所有摄像机矩阵的元素(总共 $12m$ 或 $11m$ 个参数,这取决于摄像机如何参数化)加上 3D 点的坐标的 $3n$ 个参数.

稀疏 LM 算法的实现通常被认为是复杂和困难的. 为了有助于克服它,采用菜单方式给出这些算法. 如果有一个适当的矩阵运算标准程序库,实现该算法应该不困难.

- **记号:如果 $\mathbf{a}_1,\mathbf{a}_2,\cdots,\mathbf{a}_n$ 是向量,那么将它们一个接着一个地排成一个列向量,所得到的向量用 $(\mathbf{a}_1^\top,\mathbf{a}_2^\top,\cdots,\mathbf{a}_n^\top)^\top$ 表示. 关于矩阵也有类似的记号.**

### A6.3.1 在 LM 方法中划分参数

我们将主要结合重构问题对稀疏 LM 方法进行介绍,因为重构问题是与这种方法相关的典型问题. 首先我们将用一般术语来处理估计问题,因为它可以说明一般过程且不涉及更多细节. 在此抽象的层次上,这种方法的好处并不明显,但在 A6.3.3 节将会变得更加清楚. 通过简单的观察,我们首先将问题的参数分成两个集合:一个是描述摄像机的参数集,另一个是描述点的参数集. 更正规地说,"参数向量" $\mathbf{P}\in\mathrm{IR}^M$ 可以划分成参数向量 $\mathbf{a}$ 和 $\mathbf{b}$,使得 $\mathbf{P}=(\mathbf{a}^\top,\mathbf{b}^\top)^\top$. 我们已知的是用空间 $\mathrm{IR}^N$ 的 $\mathbf{X}$ 表示的一个"测量向量". 在重构问题中,它是所有图像点的坐标所组成的向量. 另外令 $\Sigma_{\mathbf{X}}$ 为测量向量的协方差矩阵[⊖]. 我们考虑把参数向量 $\mathbf{P}$ 映射到测量向量的估计 $\hat{\mathbf{X}}=f(\mathbf{P})$ 的一般函数 $f:\mathrm{IR}^M\rightarrow\mathrm{IR}^N$. 记 $\boldsymbol{\varepsilon}$ 为测量和估计的量之间的差 $\mathbf{X}-\hat{\mathbf{X}}$,我们要求使 Mahaalanobis 距离的平方 $\|\boldsymbol{\varepsilon}\|^2_{\Sigma_{\mathbf{X}}}=\boldsymbol{\varepsilon}^\top\Sigma_{\mathbf{X}}^{-1}\boldsymbol{\varepsilon}$ 最小化的一组参数.

对应于参数 $\mathbf{P}=(\mathbf{a}^\top,\mathbf{b}^\top)^\top$ 的划分,Jacobi 矩阵 $\mathtt{J}=[\partial\hat{\mathbf{X}}/\partial\mathbf{P}]$ 具有形如 $\mathtt{J}=[\mathtt{A}\,|\,\mathtt{B}]$ 的分块结构,其中的 Jacobi 子矩阵定义为

$$\mathtt{A}=[\partial\hat{\mathbf{X}}/\partial\mathbf{a}]$$

和

$$\mathtt{B}=[\partial\hat{\mathbf{X}}/\partial\mathbf{b}]$$

解方程组 $\mathtt{J}\boldsymbol{\delta}=\boldsymbol{\varepsilon}$ 作为 LM 算法的中心步骤(见 A6.2 节)现在具有形式

$$\mathtt{J}\boldsymbol{\delta}=[\mathtt{A}\,|\,\mathtt{B}]\begin{pmatrix}\boldsymbol{\delta}_{\mathbf{a}}\\ \boldsymbol{\delta}_{\mathbf{b}}\end{pmatrix}=\boldsymbol{\varepsilon} \tag{A6.4}$$

---

⊖ 在没有其他先验的情况下,通常假设 $\Sigma_{\mathbf{X}}$ 是单位矩阵.

于是,在 LM 算法每一步要解的正规方程组 $\mathrm{J}^{\mathsf{T}}\Sigma_{\mathbf{X}}^{-1}\mathrm{J}\boldsymbol{\delta}=\mathrm{J}^{\mathsf{T}}\Sigma_{\mathbf{X}}^{-1}\boldsymbol{\varepsilon}$ 具有形式

$$\left[\begin{array}{c|c}\mathrm{A}^{\mathsf{T}}\Sigma_{\mathbf{x}}^{-1}\mathrm{A} & \mathrm{A}^{\mathsf{T}}\Sigma_{\mathbf{x}}^{-1}\mathrm{B}\\ \hline \mathrm{B}^{\mathsf{T}}\Sigma_{\mathbf{x}}^{-1}\mathrm{A} & \mathrm{B}^{\mathsf{T}}\Sigma_{\mathbf{x}}^{-1}\mathrm{B}\end{array}\right]\left(\frac{\boldsymbol{\delta}_{\mathrm{a}}}{\boldsymbol{\delta}_{\mathbf{b}}}\right)=\left(\frac{\mathrm{A}^{\mathsf{T}}\Sigma_{\mathbf{x}}^{-1}\boldsymbol{\varepsilon}}{\mathrm{B}^{\mathsf{T}}\Sigma_{\mathbf{x}}^{-1}\boldsymbol{\varepsilon}}\right) \tag{A6.5}$$

在 LM 算法的这一点上,这个矩阵的对角块通过用一个因子 $1+\lambda$ 乘它们的对角元素而作了扩大,其中 $\lambda$ 是变化的参数. 这个增量改变了矩阵 $\mathrm{A}^{\mathsf{T}}\Sigma_{\mathbf{x}}^{-1}\mathrm{A}$ 和 $\mathrm{B}^{\mathsf{T}}\Sigma_{\mathbf{x}}^{-1}\mathrm{B}$. 所得矩阵记为$(\mathrm{A}^{\mathsf{T}}\Sigma_{\mathbf{x}}^{-1}\mathrm{A})^{*}$和$(\mathrm{B}^{\mathsf{T}}\Sigma_{\mathbf{x}}^{-1}\mathrm{B})^{*}$. 读者不妨先看一下图 A6.1 和图 A6.2,它们用图形方式给出估计问题中涉及若干摄像机和点的雅可比矩阵形式和正规方程.

方程组(A6.5)现在可以写成分块形式

$$\begin{bmatrix}\mathrm{U}^{*} & \mathrm{W}\\ \mathrm{W}^{\mathsf{T}} & \mathrm{V}^{*}\end{bmatrix}\begin{bmatrix}\boldsymbol{\delta}_{\mathbf{a}}\\ \boldsymbol{\delta}_{\mathbf{b}}\end{bmatrix}=\begin{bmatrix}\boldsymbol{\varepsilon}_{\mathrm{A}}\\ \boldsymbol{\varepsilon}_{\mathrm{B}}\end{bmatrix} \tag{A6.6}$$

作为解此方程组的第一步,将两边左乘$\begin{bmatrix}\mathrm{I} & -\mathrm{W}\mathrm{V}^{*-1}\\ 0 & \mathrm{I}\end{bmatrix}$得到

$$\begin{bmatrix}\mathrm{U}^{*}-\mathrm{W}\mathrm{V}^{*-1}\mathrm{W}^{\mathsf{T}} & 0\\ \mathrm{W}^{\mathsf{T}} & \mathrm{V}^{*}\end{bmatrix}\begin{bmatrix}\boldsymbol{\delta}_{\mathbf{a}}\\ \boldsymbol{\delta}_{\mathbf{b}}\end{bmatrix}=\begin{bmatrix}\boldsymbol{\varepsilon}_{\mathrm{A}}-\mathrm{W}\mathrm{V}^{*-1}\boldsymbol{\varepsilon}_{\mathrm{B}}\\ \boldsymbol{\varepsilon}_{\mathrm{B}}\end{bmatrix} \tag{A6.7}$$

这样做的结果使右上角的子块变为 0. 从而该方程组的上半部分成为

$$(\mathrm{U}^{*}-\mathrm{W}\mathrm{V}^{*-1}\mathrm{W}^{\mathsf{T}})\boldsymbol{\delta}_{\mathbf{a}}=\boldsymbol{\varepsilon}_{\mathrm{A}}-\mathrm{W}\mathrm{V}^{*-1}\boldsymbol{\varepsilon}_{\mathrm{B}} \tag{A6.8}$$

解这些方程求得 $\boldsymbol{\delta}_{\mathbf{a}}$. 然后,$\boldsymbol{\delta}_{\mathbf{b}}$的值可以通过回代求得,即

$$\mathrm{V}^{*}\boldsymbol{\delta}_{\mathbf{b}}=\boldsymbol{\varepsilon}_{\mathrm{B}}-\mathrm{W}^{\mathsf{T}}\boldsymbol{\delta}_{\mathbf{a}} \tag{A6.9}$$

如 A6.2 节所述,如果参数向量 $\mathbf{P}=((\mathbf{a}+\boldsymbol{\delta}_{\mathbf{a}})^{\mathsf{T}},(\mathbf{b}+\boldsymbol{\delta}_{\mathbf{b}})^{\mathsf{T}})^{\mathsf{T}}$的新计算值使误差函数的值减少,那么便接受该新参数向量 $\mathbf{P}$,并把 $\lambda$ 值减少十分之一后再进行下一次迭代. 另一方面,若误差的值增加,则拒绝新的 $\mathbf{P}$ 并用一个增加为十倍的新 $\lambda$ 再做试探.

一个完整的 Levenberg-Marquart 划分参数算法在算法 A6.1 中给出.

虽然在此方法中,我们先求解 $\boldsymbol{\delta}_{\mathbf{a}}$,然后基于新的 $\mathbf{a}$ 值求解 $\boldsymbol{\delta}_{\mathbf{b}}$,但千万别认为这方法不过就是关于 $\mathbf{a}$ 和 $\mathbf{b}$ 进行独立的迭代. 如果要求保持 $\mathbf{b}$ 为常数条件下求解 $\mathbf{a}$,那么用来解 $\boldsymbol{\delta}_{\mathbf{a}}$的正规方程组将具有比 A6.8 更简单的形式:$\mathrm{U}\boldsymbol{\delta}_{\mathbf{a}}=\boldsymbol{\varepsilon}_{\mathrm{A}}$. 但是我们不推荐交替解 $\boldsymbol{\delta}_{\mathbf{a}}$和 $\boldsymbol{\delta}_{\mathbf{b}}$的方法,因为潜伏着收敛慢的问题.

### A6.3.2 协方差

在结论 5.12 中,我们看到估计参数的协方差矩阵为

$$\Sigma_{\mathbf{P}}=(\mathrm{J}^{\mathsf{T}}\Sigma_{\mathbf{X}}^{-1}\mathrm{J})^{+} \tag{A6.10}$$

在超参数化的情形,由式(A6.10)给出的协方差矩阵 $\Sigma_{\mathbf{P}}$是奇异的,特别是在垂直于约束曲面的方向上不允许参数有变化——在这些方向上方差为零.

在参数集合被划分成 $\mathbf{P}=(\mathbf{a}^{\mathsf{T}},\mathbf{b}^{\mathsf{T}})^{\mathsf{T}}$的情形,矩阵$(\mathrm{J}^{\mathsf{T}}\Sigma_{\mathbf{X}}^{-1}\mathrm{J})$具有由式(A6.5)和式(A6.6)给出的分块形式(但不是带星的增量形式). 我们有

$$\mathrm{J}^{\mathsf{T}}\Sigma_{\mathbf{X}}^{-1}\mathrm{J}=\begin{bmatrix}\mathrm{A}^{\mathsf{T}}\Sigma_{\mathbf{x}}^{-1}\mathrm{A} & \mathrm{A}^{\mathsf{T}}\Sigma_{\mathbf{x}}^{-1}\mathrm{B}\\ \mathrm{B}^{\mathsf{T}}\Sigma_{\mathbf{x}}^{-1}\mathrm{A} & \mathrm{B}^{\mathsf{T}}\Sigma_{\mathbf{x}}^{-1}\mathrm{B}\end{bmatrix}=\begin{bmatrix}\mathrm{U} & \mathrm{W}\\ \mathrm{W}^{\mathsf{T}} & \mathrm{V}\end{bmatrix} \tag{A6.11}$$

协方差矩阵$\Sigma_P$是这个矩阵的伪逆．在 V 是可逆的假定下，重定义$Y = WV^{-1}$．那么矩阵可以按下式对角化

$$J^T \Sigma_X^{-1} J = \begin{bmatrix} U & W \\ W^T & V \end{bmatrix} = \begin{bmatrix} I & Y \\ 0 & I \end{bmatrix} \begin{bmatrix} U - WV^{-1}W^T & 0 \\ 0 & V \end{bmatrix} \begin{bmatrix} I & 0 \\ Y^T & I \end{bmatrix} \tag{A6.12}$$

对于可逆矩阵 G 和矩阵 H，我们假定一个恒等式

$$(GHG^T)^+ = G^{-T}H^+G^{-1}$$

在本附录末的练习中提出的条件下该恒等式成立．把它用于式(A6.12)并乘开来即得到该伪逆的公式

$$\Sigma_P = (J^T \Sigma_X^{-1} J)^+ = \begin{bmatrix} X & -XY \\ -Y^TX & Y^TXY + V^{-1} \end{bmatrix} \tag{A6.13}$$

其中$X = (U - WV^{-1}W^T)^+$.

使此式成立的条件是 $\text{Span}(A) \cap \text{Span}(B) = \varnothing$，其中 $\text{Span}(\cdot)$表示该矩阵列的生成空间．这里 A 和 B 与式(A6.11)中的一样．这一事实的证明以及 $\text{Span}(A) \cap \text{Span}(B) = \varnothing$的条件的解释在 A6.10 节的练习(1)中有扼要说明．

按式(A6.11)把矩阵$J^T \Sigma_X^{-1} J$划分为块与式(A6.5)中将 **P** 划分为 **a** 和 **b** 相对应．对参数向量 **P** 的协方差矩阵的截取分别得到参数 **a** 和 **b** 的协方差矩阵．结论概括在算法 A6.2 中．

<u>已知</u>　测量向量 **X** 以及它的协方差矩阵$\Sigma_X$，参数集合$\mathbf{P} = (\mathbf{a}^T, \mathbf{b}^T)^T$的一个初始估计和将参数向量映射到测量向量估计的函数$f: \mathbf{P} \mapsto \hat{\mathbf{X}}$.

<u>目标</u>　求最小化$\boldsymbol{\varepsilon}^T \Sigma_X^{-1} \boldsymbol{\varepsilon}$的参数集合 **P**，其中$\boldsymbol{\varepsilon} = \mathbf{X} - \hat{\mathbf{X}}$.

<u>算法</u>

(1)初始化一个常数$\lambda = 0.001$(典型值).

(2)计算微分矩阵$A = [\partial\hat{\mathbf{X}}/\partial\mathbf{a}]$和$B = [\partial\hat{\mathbf{X}}/\partial\mathbf{b}]$以及误差向量$\boldsymbol{\varepsilon}$.

(3)计算中间表达式

$$U = A^T \Sigma_X^{-1} A \quad V = B^T \Sigma_X^{-1} B \quad W = A^T \Sigma_X^{-1} B$$

$$\boldsymbol{\varepsilon}_A = A^T \Sigma_X^{-1} \boldsymbol{\varepsilon} \quad \boldsymbol{\varepsilon}_B = B^T \Sigma_X^{-1} \boldsymbol{\varepsilon}$$

(4)用$1 + \lambda$乘 U 和 V 的对角元素，对它们进行扩大．

(5)计算的逆矩阵$V^{*-1}$并定义$Y = WV^{*-1}$．此逆矩阵可以覆盖$V^*$的值，因后者已不再需要了．

(6)通过解$(U^* - YW^T)\boldsymbol{\delta}_a = \boldsymbol{\varepsilon}_A - Y\boldsymbol{\varepsilon}_B$求$\boldsymbol{\delta}_a$.

(7)通过回代求得$\boldsymbol{\delta}_b = V^{*-1}(\boldsymbol{\varepsilon}_B - W^T\boldsymbol{\delta}_a)$.

(8)通过增加增量向量$(\boldsymbol{\delta}_a^T, \boldsymbol{\delta}_b^T)^T$更新参数向量并计算新的误差向量．

(9)如果新的误差向量小于原先的误差，则接受这个新的参数值，把$\lambda$减少至十分之一并且返回步骤(2)重新开始，否则终止运行．

(10)如果新的误差向量大于原先的误差，则回到原先参数值$\lambda$并将其增加十倍再返回步骤(4)继续进行．

算法 A6.1　划分参数的 Levenberg-Marquardt 算法．

目标

用算法 A6.1 计算估计的参数 **a** 和 **b** 的协方差.

算法

(1)与算法 A6.1 一样地计算 U,V 和 W,并令 $Y = WV^{-1}$.

(2) $\Sigma_{\mathbf{a}} = (U - WV^{-1}W^{\mathsf{T}})^{+}$.

(3) $\Sigma_{\mathbf{b}} = Y^{\mathsf{T}}\Sigma_{\mathbf{a}}Y + V^{-1}$.

(4)交叉协方差 $\Sigma_{\mathbf{ab}} = -\Sigma_{\mathbf{a}}Y$.

算法 A6.2　计算 LM 参数的协方差矩阵.

### A6.3.3　稀疏 LM 的一般方法

在前几页中,我们描述了在参数向量可以划分为两个子向量 **a** 和 **b** 的条件下实现 LM 迭代并计算解的协方差的一种方法. 由前面的讨论还不清楚所介绍的方法在一般情形是否真有任何计算上的优越性. 但是正如下面所述,这种方法在 Jacobi 矩阵满足一定的稀疏条件时会变得很重要.

我们假定"测量向量" $\mathbf{X} \in \mathrm{IR}^N$ 可以划分成若干段: $\mathbf{X} = (\mathbf{X}_1^{\mathsf{T}}, \mathbf{X}_2^{\mathsf{T}}, \cdots, \mathbf{X}_n^{\mathsf{T}})^{\mathsf{T}}$. 类似地,假定"参数向量" $\mathbf{P} \in \mathrm{IR}^N$ 也可相应地划分成 $\mathbf{P} = (\mathbf{a}^{\mathsf{T}}, \mathbf{b}_1^{\mathsf{T}}, \mathbf{b}_2^{\mathsf{T}}, \cdots, \mathbf{b}_n^{\mathsf{T}})^{\mathsf{T}}$. 对应于参数的一个给定的指派, $\mathbf{X}_i$ 的估计值将由 $\hat{\mathbf{X}}_i$ 表示. 我们做下列**稀疏假定**:每个 $\hat{\mathbf{X}}_i$ 仅由 **a** 和 $\mathbf{b}_i$ 决定,而与其他的参数 $\mathbf{b}_j$ 无关. 在此假设下,当 $i \neq j$ 时 $\partial\hat{\mathbf{X}}_i/\partial\mathbf{b}_j = 0$. 而对 $\partial\hat{\mathbf{X}}_i/\partial\mathbf{a}$ 没有做假设. 这种情形出现在本讨论开始所描述的重构问题中,其中 $\mathbf{b}_i$ 是第 $i$ 点的参数向量而 $\hat{\mathbf{X}}_i$ 是这个点在所有视图的图像中的测量向量. 对于这种问题,因为一个点的图像不依赖于任何其他的点,所以正如我们所希望的有 $\partial\hat{\mathbf{X}}_i/\partial\mathbf{b}_j = 0$,除非 $i = j$.

对应于这样的划分,Jacobi 矩阵 $J = [\partial\hat{\mathbf{X}}/\partial\mathbf{P}]$ 有一个稀疏分块结构. 我们定义 Jacobi 矩阵

$$A_i = [\partial\hat{\mathbf{X}}_i/\partial\mathbf{a}] \qquad B_i = [\partial\hat{\mathbf{X}}_i/\partial\mathbf{b}_i]$$

对给定形如 $\boldsymbol{\varepsilon} = (\boldsymbol{\varepsilon}_1^{\mathsf{T}}, \cdots, \boldsymbol{\varepsilon}_n^{\mathsf{T}})^{\mathsf{T}} = \mathbf{X} - \hat{\mathbf{X}}$ 的误差向量,方程组 $J\boldsymbol{\delta} = \boldsymbol{\varepsilon}$ 现在有形式

$$J\boldsymbol{\delta} = \left[\begin{array}{c|cccc} A_1 & B_1 & & & \\ A_2 & & B_2 & & \\ \vdots & & & \ddots & \\ A_n & & & & B_n \end{array}\right]\begin{bmatrix} \boldsymbol{\delta}_{\mathbf{a}} \\ \hline \boldsymbol{\delta}_{\mathbf{b}_1} \\ \vdots \\ \boldsymbol{\delta}_{\mathbf{b}_n} \end{bmatrix} = \begin{bmatrix} \boldsymbol{\varepsilon}_1 \\ \vdots \\ \boldsymbol{\varepsilon}_n \end{bmatrix} \tag{A6.14}$$

我们进一步假定所有测量 $\mathbf{X}_i$ 的协方程矩阵 $\Sigma_{\mathbf{X}_i}$ 相互独立. 因此整个测量向量的协方差矩阵 $\Sigma_{\mathbf{X}}$ 具有对角形式 $\Sigma_{\mathbf{X}} = \mathrm{diag}(\Sigma_{\mathbf{X}_i}, \cdots, \Sigma_{\mathbf{X}_n})$.

根据算法 A6.1 的记号,我们得到

$$A = [A_1^{\mathsf{T}}, A_2^{\mathsf{T}}, \cdots, A_n^{\mathsf{T}}]^{\mathsf{T}}$$
$$B = \mathrm{diag}(B_1, B_2, \cdots, B_n)$$
$$\Sigma_{\mathbf{X}} = \mathrm{diag}(\Sigma_{\mathbf{X}_1}, \cdots, \Sigma_{\mathbf{X}_n})$$

$$\boldsymbol{\delta}_{\mathbf{b}} = (\boldsymbol{\delta}_{\mathbf{b}_1}^{\mathsf{T}}, \boldsymbol{\delta}_{\mathbf{b}_2}^{\mathsf{T}}, \cdots, \boldsymbol{\delta}_{\mathbf{b}_n}^{\mathsf{T}})^{\mathsf{T}}$$

$$\boldsymbol{\varepsilon} = (\boldsymbol{\varepsilon}_1^{\mathsf{T}}, \boldsymbol{\varepsilon}_2^{\mathsf{T}}, \cdots, \boldsymbol{\varepsilon}_n^{\mathsf{T}})^{\mathsf{T}}$$

现在,将这些公式直接代入算法 A6.1. 代入后的结果在算法 A6.3 中给出,它表示 LM 算法其中一步的计算方法. 重要的事情是在此形式中,算法的每一步所需的计算时间为 $n$ 的线性函数. 如果不利用稀疏结构的结论(例如盲目地使用算法 A6.1),计算复杂度会是 $n^3$.

## A6.4 稀疏 LM 算法应用于 2D 单应估计

给定两幅图像中的对应图像点集 $\mathbf{x}_i \leftrightarrow \mathbf{x}'_i$,我们应用前面的讨论来估计 2D 单应 H. 每幅图像中的点都受到噪声的影响,并且目标是最小化代价函数式(4.8). 我们定义一个测量向量 $\mathbf{X}_i = (\mathbf{x}_i^{\mathsf{T}}, \mathbf{x}'^{\mathsf{T}}_i)^{\mathsf{T}}$. 在当前情形下,参数向量 $\mathbf{P}$ 可以划分成 $\mathbf{P} = (\mathbf{h}^{\mathsf{T}}, \hat{\mathbf{x}}_1^{\mathsf{T}}, \hat{\mathbf{x}}_2^{\mathsf{T}}, \cdots, \hat{\mathbf{x}}_n^{\mathsf{T}})^{\mathsf{T}}$,其中值 $\hat{\mathbf{x}}_i$ 是第一幅图像中图像点的估计值,而 $\mathbf{h}$ 是单应 H 的元素组成的向量. 因此,我们必须同时估计单应 H 和第一幅图像的每个点的参数. 函数 $f$ 映射 $\mathbf{P}$ 到 $(\hat{\mathbf{X}}_1^{\mathsf{T}}, \hat{\mathbf{X}}_2^{\mathsf{T}}, \cdots, \hat{\mathbf{X}}_n^{\mathsf{T}})^{\mathsf{T}}$,其中每一个 $\hat{\mathbf{X}}_i = (\hat{\mathbf{x}}_i^{\mathsf{T}}, H\hat{\mathbf{x}}_i^{\mathsf{T}})^{\mathsf{T}} = (\hat{\mathbf{x}}_i^{\mathsf{T}}, \hat{\mathbf{x}}'^{\mathsf{T}}_i)^{\mathsf{T}}$. 然后直接应用算法 A6.3.

此时,Jacobi 矩阵有其特殊形式,首先因为 $\hat{\mathbf{x}}_i$ 与 $\mathbf{h}$ 无关,故有

$$\mathrm{A}_i = \partial\hat{\mathbf{X}}_i / \partial\mathbf{h} = \begin{bmatrix} 0 \\ \partial\hat{\mathbf{x}}'_i / \partial\mathbf{h} \end{bmatrix}$$

其次因为 $\hat{\mathbf{X}}_i = (\hat{\mathbf{x}}_i^{\mathsf{T}}, \hat{\mathbf{x}}'^{\mathsf{T}}_i)^{\mathsf{T}}$,又有

$$\mathrm{B}_i = \partial\hat{\mathbf{X}}_i / \partial\hat{\mathbf{x}}_i = \begin{bmatrix} \mathrm{I} \\ \partial\hat{\mathbf{x}}'_i / \partial\hat{\mathbf{x}}_i \end{bmatrix}$$

### A6.4.1 协方差的计算

作为协方差计算的一个例子,我们来考虑和 5.2.4 节一样的问题,其中单应由点对应来估计. 同样,我们仅考虑被估计的单应实际上是恒等映射 H = I. 就这个例子的目的而言,点的数目和它们的分布是不重要的. 但仍假定所有点测量的误差是独立的. 回忆误差仅出现在第二幅图像的情形,由公式(5.12)给出 $\Sigma_{\mathbf{h}} = (\sum_i \mathrm{J}_i^{\mathsf{T}} \Sigma_i^{-1} J_i)^{+}$,其中 $\mathrm{J}_i = [\partial\hat{\mathbf{x}}'_i / \partial\mathbf{h}]$.

我们现在来计算摄像机参数向量 $\mathbf{h}$ 在第一幅图像的点也有噪声时的协方差. 进一步假设 $\Sigma_{\mathbf{x}_i}^{-1} = \Sigma_{\mathbf{x}'_i}^{-1}$,并用 $S_i$ 表示. 在这种情形下,协方差的逆矩阵 $\Sigma_{\mathbf{X}}^{-1}$ 是分块对角阵,$\Sigma_{\mathbf{X}}^{-1} = \mathrm{diag}(\Sigma_{\mathbf{x}_i}^{-1}, \Sigma_{\mathbf{x}'_i}^{-1})$. 那么,用 A6.3 算法的步骤来计算 $\mathbf{h}$ 的协方差矩阵如下:

$$\mathrm{A}_i = [0^{\mathsf{T}}, \mathrm{J}_i^{\mathsf{T}}]^{\mathsf{T}}$$

$$\mathrm{B}_i = [\mathrm{I}^{\mathsf{T}}, \mathrm{I}^{\mathsf{T}}]^{\mathsf{T}} \qquad (\because \mathrm{H} = \mathrm{I})$$

$$\mathrm{U} = \sum_i \mathrm{A}_i^{\mathsf{T}} \mathrm{diag}(\mathrm{S}_i, \mathrm{S}_i) A_i = \sum_i \mathrm{J}_i^{\mathsf{T}} \mathrm{S}_i \mathrm{J}_i$$

$$\mathrm{V}_i = \mathrm{B}_i^{\mathsf{T}} \mathrm{diag}(\mathrm{S}_i, \mathrm{S}_i) \mathrm{B}_i = 2\mathrm{S}_i$$

$$\mathrm{W}_i = \mathrm{A}_i^{\mathsf{T}} \mathrm{diag}(\mathrm{S}_i, \mathrm{S}_i) \mathrm{B}_i = \mathrm{J}_i^{\mathsf{T}} \mathrm{S}_i$$

$$\mathrm{U} - \sum_i \mathrm{W}_i \mathrm{V}_i^{-1} \mathrm{W}_i^{\mathsf{T}} = \sum_i \mathrm{J}_i^{\mathsf{T}} (\mathrm{S}_i - \mathrm{S}_i/2) \mathrm{J}_i = \sum_i \mathrm{J}_i^{\mathsf{T}} \mathrm{S}_i \mathrm{J}_i / 2$$

$$\Sigma_{\mathbf{h}} = 2(\sum_i \mathrm{J}_i^{\mathsf{T}} S_i J_i)^{+}$$

因此 $\mathbf{h}$ 的协方差矩阵是误差在一幅图像中出现时的协方差矩阵的两倍值．这是由于 H 是恒等映射的结果，但一般它不成立．作为练习，可以验证如下结论：

- **如果 H 表示具有因子** $s$ **的缩放** $\mathrm{H}=s\mathrm{I}$**，那么** $\Sigma_{\mathbf{h}}=(s^2+1)(\sum_i \mathrm{J}_i^{\mathsf{T}} S_i \mathrm{J}_i)^{+}$.
- **如果 H 是一个仿射变换，而 D 是 H 左上部的** $2\times 2$ **部分（非平移部分），并且如果对所有** $i$ **有** $\mathrm{S}_i=\mathrm{I}$**（各向同性和独立噪声），那么** $\Sigma_{\mathbf{h}}=(\sum_i \mathrm{J}_i^{\mathsf{T}}(\mathrm{I}-\mathrm{D}(\mathrm{I}+\mathrm{D}^{\mathsf{T}}\mathrm{D})^{-1}\mathrm{D}^{\mathsf{T}})\mathrm{J}_i)^{+}$.

<u>目标</u>　参数向量分块成 $\mathbf{P}=(\mathbf{a}^{\mathsf{T}},\mathbf{b}_1^{\mathsf{T}},\mathbf{b}_2^{\mathsf{T}},\cdots,\mathbf{b}_n^{\mathsf{T}})^{\mathsf{T}}$，测量向量分块成 $\mathbf{X}=(\mathbf{X}_1^{\mathsf{T}},\cdots,\mathbf{X}_n^{\mathsf{T}})^{\mathsf{T}}$ 并使得对 $\forall i\neq j, \partial\hat{\mathbf{X}}/\partial\mathbf{b}_j=0$ 时的 LM 算法形式化．

<u>算法</u>　算法 A6.1 中的第(2)到第(7)步变成：

(1)计算微分矩阵 $\mathrm{A}_i=[\partial\hat{\mathbf{X}}_i/\partial\mathbf{a}]$，$\mathrm{B}_i=[\partial\hat{\mathbf{X}}_i/\partial\mathbf{b}_i]$ 和误差向量 $\boldsymbol{\varepsilon}_i=\mathbf{X}_i-\hat{\mathbf{X}}_i$

(2)计算中间值

$$\mathrm{U}=\sum_i \mathrm{A}_i^{\mathsf{T}}\Sigma_{\mathbf{x}_i}^{-1}\mathrm{A}_i$$

$$\mathrm{V}=\mathrm{diag}(\mathrm{V}_1,\cdots,\mathrm{V}_n)\text{，其中 }\mathrm{V}_i=\mathrm{B}_i^{\mathsf{T}}\Sigma_{\mathbf{x}_i}^{-1}\mathrm{B}_i$$

$$\mathrm{W}=[\mathrm{W}_1,\mathrm{W}_2,\cdots,\mathrm{W}_n]\text{，其中 }\mathrm{W}_i=\mathrm{A}_i^{\mathsf{T}}\Sigma_{\mathbf{x}_i}^{-1}\mathrm{B}_i$$

$$\boldsymbol{\varepsilon}_{\mathrm{A}}=\sum_i \mathrm{A}_i^{\mathsf{T}}\Sigma_{\mathbf{x}_i}^{-1}\boldsymbol{\varepsilon}_i$$

$$\boldsymbol{\varepsilon}_{\mathrm{B}}=(\boldsymbol{\varepsilon}_{B_1}^{\mathsf{T}},\boldsymbol{\varepsilon}_{B_2}^{\mathsf{T}},\cdots\boldsymbol{\varepsilon}_{B_n}^{\mathsf{T}})^{\mathsf{T}}\text{，其中 }\boldsymbol{\varepsilon}_{\mathrm{B}_i}=\mathrm{B}_i^{\mathsf{T}}\Sigma_{\mathbf{x}_i}^{-1}\boldsymbol{\varepsilon}_i$$

$$\mathrm{Y}_i=\mathrm{W}_i\mathrm{V}_i^{*-1}$$

(3)由方程

$$(\mathrm{U}^{*}-\sum_i \mathrm{Y}_i\mathrm{W}_i^{\mathsf{T}})\boldsymbol{\delta}_{\mathbf{a}}=\boldsymbol{\varepsilon}_{\mathrm{A}}-\sum_i \mathrm{Y}_i\boldsymbol{\varepsilon}_{\mathrm{B}_i}$$

计算 $\boldsymbol{\delta}_{\mathbf{a}}$.

(4)依次由方程 $\boldsymbol{\delta}_{\mathbf{b}_i}=\mathrm{V}_i^{*-1}(\boldsymbol{\varepsilon}_{\mathrm{B}_i}-\mathrm{W}_i^{\mathsf{T}}\boldsymbol{\delta}_{\mathbf{a}})$ 计算每个 $\boldsymbol{\delta}_{\mathbf{b}_i}$.

<u>协方差</u>

(1)重新定义 $\mathrm{Y}_i=\mathrm{W}_i\mathrm{V}_i^{-1}$

(2) $\Sigma_{\mathbf{a}}=(\mathrm{U}-\sum_i \mathrm{Y}_i\mathrm{W}_i^{\mathsf{T}})^{+}$

(3) $\Sigma_{\mathbf{b}_i\mathbf{b}_j}=\mathrm{Y}_i^{\mathsf{T}}\Sigma_{\mathbf{a}}\mathrm{Y}_j+\delta_{ij}\mathrm{V}_i^{-1}$

(4) $\Sigma_{\mathbf{ab}_i}=-\Sigma_{\mathbf{a}}\mathrm{Y}_i$

算法 A6.3　稀疏 Levenberg-Marquardt 算法.

## A6.5　用稀疏 LM 算法估计基本矩阵

在估计基本矩阵和 3D 点集时，A6.3.3 节所描述的算法是有效的，只要把估计 2D 单应的稀疏 LM 算法稍做修改就能适用于现在的目的．这个与 2D 单应估计问题类似的方法是：在 2D 单应估计中，我们有一个映射 H 把点 $\mathbf{x}_i$ 对应于点 $\mathbf{x}_i'$；对于当前的问题，映射要由一对摄像机矩阵 P 和 P′表示，它们将一个 3D 点映射到一对对应点$(\mathbf{x}_i,\mathbf{x}_i')$.

为方便起见，这里仍使用 A6.3.3 节的记号．具体地说，在 A6.3.3 节和这里 $\mathbf{X}$ 都表示总的测量向量(当前情形为$(\mathbf{x}_1, \mathbf{x}'_1, \cdots, \mathbf{x}_n, \mathbf{x}'_n)$)而不是单个的3D点. 同样,要仔细区别参数向量 $\mathbf{P}$ 和摄像机矩阵 P.

将参数向量 $\mathbf{P}$ 划分为 $\mathbf{P}=(\mathbf{a}^{\mathsf{T}}, \mathbf{b}_1^{\mathsf{T}}, \cdots, \mathbf{b}_n^{\mathsf{T}})^{\mathsf{T}}$,其中

(1) $\mathbf{a}=\mathbf{p}'$由摄像机矩阵 P′的元素组成,而

(2) $\mathbf{b}_i=(X_i, Y_i, T_i)^{\mathsf{T}}$是 3 维向量,是第 $i$ 个 3D 点$(X_i, Y_i, 1, T_i)^{\mathsf{T}}$的参数化.

这样一来,总共有 $3n+12$ 个参数,其中 $n$ 是点的数目. 参数向量 $\mathbf{a}$ 提供摄像机 P′的一个参数化,而另一个摄像机 P 取为$[\mathrm{I} \mid \mathbf{0}]$. 注意这里把 3D 点的第三个坐标取为 1 是方便的,而且这样做也是允许的. 因为点$(\mathbf{X}_i, Y_i, 0, T_i)^{\mathsf{T}}$将映射到无穷远点$(\mathbf{X}_i, Y_i, 0)^{\mathsf{T}}$,它不会是被测量点$(x_i, y_i, 1)^{\mathsf{T}}$的邻近点.

测量向量 $\mathbf{X}$ 被划分为 $\mathbf{X}=(\mathbf{X}_1^{\mathsf{T}}, \mathbf{X}_2^{\mathsf{T}}, \cdots, \mathbf{X}_n^{\mathsf{T}})^{\mathsf{T}}$,其中 $\mathbf{X}_i=(\mathbf{x}_i^{\mathsf{T}}, \mathbf{x}'^{\mathsf{T}}_i)^{\mathsf{T}}$是第 $i$ 点的图像测量.

现在,可以算出 Jacobi 矩阵 $A_i=\partial\hat{\mathbf{X}}_i/\partial\mathbf{a}$ 和 $B_i=\partial\hat{\mathbf{X}}_i/\partial\mathbf{b}_i$并用算法 A6.3 估计参数,从而求出 P′并由它可以算出 F.

**偏导数矩阵** 因为 $\hat{\mathbf{X}}_i=(\hat{\mathbf{x}}_i^{\mathsf{T}}, \hat{\mathbf{x}}'^{\mathsf{T}}_i)^{\mathsf{T}}$,那么 $A_i$和 $B_i$具有与 A6.4 节中的 Jacobi 矩阵的类似形式:

$$A_i=\begin{bmatrix} 0 \\ \partial\hat{\mathbf{x}}'_i/\partial\mathbf{a} \end{bmatrix} \qquad B_i=\begin{bmatrix} \mathrm{I}_{2\times 2} \mid \mathbf{0} \\ \partial\hat{\mathbf{x}}'_i/\partial\mathbf{b}_i \end{bmatrix}$$

协方差矩阵$\Sigma_{\mathbf{X}_i}$被划分为对角分块矩阵 $\mathrm{diag}(S_i, S'_i)$,其中 $S_i=\Sigma_{\mathbf{x}_i}^{-1}$和 $S'_i=\Sigma_{\mathbf{x}'_i}^{-1}$. 现在,计算在算法 A6.3 第二步的中间表达式得到

$$V_i=B_i^{\mathsf{T}}\mathrm{diag}(S_i, S'_i)B_i=[\mathrm{I}_{2\times 2} \mid \mathbf{0}]^{\mathsf{T}}S_i[\mathrm{I}_{2\times 2} \mid \mathbf{0}]+(\partial\hat{\mathbf{x}}'_i/\partial\mathbf{b})^{\mathsf{T}}S'_i(\partial\hat{\mathbf{x}}'_i/\partial\mathbf{b}) \tag{A6.15}$$

$A_i^{\mathsf{T}}\Sigma_{\mathbf{X}_i}^{-1}A_i$的抽象形式与 2D 单应的情形一样,而其他的表达式 $W_i=A_i^{\mathsf{T}}\Sigma_{\mathbf{X}_i}^{-1}B_i$, $\boldsymbol{\varepsilon}_{B_i}=B_i^{\mathsf{T}}\Sigma_{\mathbf{X}_i}^{-1}\boldsymbol{\varepsilon}_i$, $\boldsymbol{\varepsilon}_{A_i}=A_i^{\mathsf{T}}\Sigma_{\mathbf{X}_i}^{-1}\boldsymbol{\varepsilon}_i$可以容易地加以计算. 除此之外,其他估计过程完全与算法 A6.3 相同.

**F的协方差** 根据 A6.3.3 节的讨论,特别是根据算法 A6.3,摄像机参数(即 P′的元素)的协方差矩阵由

$$\Sigma_{P'}=(U-\sum_i W_iV_i^{-1}W_i^{\mathsf{T}})^{+} \tag{A6.16}$$

给出,其中的记号和算法 A6.3 中的相同.

在计算此伪逆时,知道$\Sigma_{P'}$的秩的期望是有益的. 此时它的秩是 7,因为涉及两个摄像机和 $n$ 个点匹配解的总自由度是 $3n+7$. 用另一种途径来看,P′不是唯一确定的,因为如果 $P'=[M \mid \mathbf{m}]$,那么任何其他的矩阵$[M+\mathbf{t}\mathbf{m}^{\mathsf{T}} \mid \alpha\mathbf{m}]$也确定同样的基本矩阵. 因此,在计算式(A6.16)右手边的伪逆时,我们应该令 5 个奇异值为零.

前面的讨论给出如何计算 P′的元素的协方差矩阵. 我们希望计算 F 的元素的协方差. 我们知道,存在一个用 $P'=[M \mid \mathbf{m}]$的元素来表示的 F 元素的简单公式 $F=[\mathbf{m}]_{\times}M$. 如果希望计算归一化的 F(即$\|F\|=1$)的协方差矩阵,那么令 $F=[\mathbf{m}]_{\times}M/(\|[\mathbf{m}]_{\times}M\|)$. 因此,可以将 F 的元素表示成 P′的元素的简单函数. 令 J 为这个函数的 Jacobi 矩阵. 那么 F 的协方差可以利用结论 5.6 由传播 P′的协方差来计算,即

$$\Sigma_F=J\Sigma_{P'}J^{\mathsf{T}}=J(U-\sum_i W_iV_i^{-1}W_i^{\mathsf{T}})^{+}J^{\mathsf{T}} \tag{A6.17}$$

式中,$\Sigma_{P'}$由式(A6.16)给出. 这就是由给定点对应**根据 ML 算法估计得到**的基本矩阵的协方差.

## A6.6　稀疏 LM 算法应用到多幅图像的捆集调整

前一节考虑了用稀疏 Levenberg-Marquardt 算法计算基本矩阵，本质上就是由两幅视图进行重构的问题．它如何可以容易地推广到计算三焦点张量和四焦点张量应该是清楚的．更一般地，我们可以用它来同时估计多个摄像机和对应点集，以便计算射影结构，或在给定的适当约束下计算仿射或度量结构．这个技术称**捆集调整**．

对于多个摄像机的情形，我们可以利用不同的摄像机的参数之间没有交互作用的优越性，这正是现在要给出的．在下面的讨论中，为了标记上的方便，我们将假定每一点在所有视图中可视．这个假定并不是必要的，因为测量点一般可以在所用的视图的某一个子集中可视．

我们使用与 A6.3.3 节一样的记号．测量数据可以表示为一个向量 $\mathbf{X}$，它又划分成表示某个 3D 点在所有视图中测量得到的图像坐标的分段 $\mathbf{X}_i$．我们可以进一步划分 $\mathbf{X}_i$ 为 $\mathbf{X}_i=(\mathbf{x}_{i1}^{\mathsf{T}},\mathbf{x}_{i2}^{\mathsf{T}},\cdots,\mathbf{x}_{in}^{\mathsf{T}})^{\mathsf{T}}$，其中 $\mathbf{x}_{ij}$是第 $i$ 点在第 $j$ 图像中的图像．参数向量 $\mathbf{a}$(摄像机参数)可以对应地划分成 $\mathbf{a}=(\mathbf{a}_1^{\mathsf{T}},\mathbf{a}_2^{\mathsf{T}},\cdots,\mathbf{a}_m^{\mathsf{T}})^{\mathsf{T}}$，其中 $\mathbf{a}_j$是第 $j$ 个摄像机的参数．因为图像点 $\mathbf{x}_{ij}$仅与第 $j$ 个摄像机的参数有关，而与任何其他的摄像机无关，故除非 $j=k$，否则$\partial\hat{\mathbf{x}}_{ij}/\partial\mathbf{a}_k=0$. 类似地，除非 $i=k$，否则参数 $\mathbf{b}_k$对第 $k$ 个 3D 点的导数为$\partial\hat{\mathbf{x}}_{ij}/\partial\mathbf{b}_k=0$.

此问题的雅可比矩阵 J 的形式和得到的正规方程 $\mathrm{J}^{\mathsf{T}}\mathrm{J}\delta=\mathrm{J}^{\mathsf{T}}\varepsilon$ 在图 A6.1 和图 A6.2 示意性地给出．参考算法 A6.3 中 Jacobi 矩阵的定义，我们看到 $\mathrm{A}_i=[\partial\hat{\mathbf{X}}_i/\partial\mathbf{a}]$是一个对角分块矩阵：$\mathrm{A}_i=\mathrm{diag}(\mathrm{A}_{i1},\cdots,\mathrm{A}_{im})$，其中 $\mathrm{A}_{ij}=\partial\hat{\mathbf{X}}_{ij}/\partial\mathbf{a}_j$. 类似地，矩阵 $\mathrm{B}_i=[\partial\hat{\mathbf{X}}_i/\partial\mathbf{b}_i]$分解为 $\mathrm{B}_i=[\mathrm{B}_{i1}^{\mathsf{T}},\cdots,\mathrm{B}_{im}^{\mathsf{T}}]^{\mathsf{T}}$，其中 $\mathrm{B}_{ij}=\partial\hat{\mathbf{X}}_{ij}/\partial\mathbf{b}_i$. 在标准情况下也可以假定$\Sigma_{\mathbf{X}_i}$有对角结构 $\Sigma_{\mathbf{X}_i}=\mathrm{diag}(\Sigma_{\mathbf{X}_{i1}},\cdots,\Sigma_{\mathbf{X}_{im}})$，其含义是被投影的点在各个图像中的测量是独立的(或更准确地说是不相关的). 有了这些假设，我们可以容易地利用算法 A6.3，正如算法 A6.4 所叙述的那样(留给读者去证明).

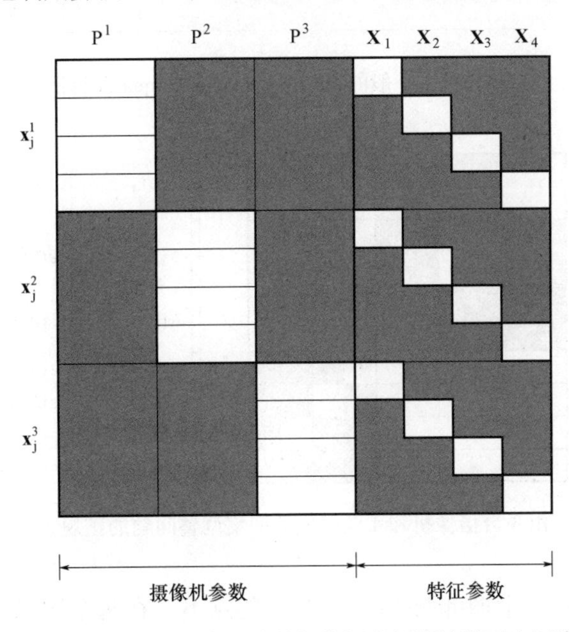


**图 A6.1**　由 3 台摄像机和 4 点组成的捆集调整问题的雅可比矩阵的形式．

(1)计算导数矩阵 $A_{ij}=[\partial\hat{\mathbf{X}}_{ij}/\partial\mathbf{a}_j]$ 和 $B_{ij}=[\partial\hat{\mathbf{X}}_{ij}/\partial\mathbf{b}_i]$ 以及误差向量 $\boldsymbol{\varepsilon}_{ij}=\mathbf{x}_{ij}-\hat{\mathbf{x}}_{ij}$.

(2)计算中间值

$$U_j=\sum_i A_{ij}^{\top}\Sigma_{\mathbf{x}_{ij}}^{-1}A_{ij}\quad V_i=\sum_j B_{ij}^{\top}\Sigma_{\mathbf{x}_{ij}}^{-1}B_{ij}\quad W_{ij}=A_{ij}^{\top}\Sigma_{\mathbf{x}_{ij}}^{-1}B_{ij}$$

$$\boldsymbol{\varepsilon}_{\mathbf{a}_j}=\sum_i A_{ij}^{\top}\Sigma_{\mathbf{x}_{ij}}^{-1}\boldsymbol{\varepsilon}_{ij}\quad \boldsymbol{\varepsilon}_{\mathbf{b}_j}=\sum_j B_{ij}^{\top}\Sigma_{\mathbf{x}_{ij}}^{-1}\boldsymbol{\varepsilon}_{ij}\quad Y_{ij}=W_{ij}V_i^{*-1}$$

其中 $i=1,\cdots,n$ 和 $j=1,\cdots,m$.

(3)由下列方程计算 $\boldsymbol{\delta}_{\mathbf{a}}=(\boldsymbol{\delta}_{\mathbf{a}_1}^{\top},\cdots,\boldsymbol{\delta}_{\mathbf{a}_m}^{\top})^{\top}$:

$$S\boldsymbol{\delta}_{\mathbf{a}}=(\mathbf{e}_1^{\top},\cdots,\mathbf{e}_m^{\top})^{\top}$$

其中 S 是 $m\times m$ 分块矩阵,它的块 $S_{jk}$ 定义为

$$S_{jj}=-\sum_i Y_{ij}W_{ik}^{\top}+U_j^{*}$$

$$S_{jk}=-\sum_i Y_{ij}W_{ik}^{\top}\quad \text{如果 } j\neq k$$

和

$$\mathbf{e}_j=\boldsymbol{\varepsilon}_{\mathbf{a}_j}-\sum_i Y_{ij}\boldsymbol{\varepsilon}_{\mathbf{b}_i}$$

(4)依次由方程

$$\boldsymbol{\delta}_{\mathbf{b}_i}=V_i^{*-1}(\boldsymbol{\varepsilon}_{\mathbf{b}_i}-\sum_i W_{ij}^{\top}\boldsymbol{\delta}_{\mathbf{a}_j})$$

计算每个 $\boldsymbol{\delta}_{\mathbf{b}_i}$.

协方差

(1)重新定义 $Y_{ij}=W_{ij}V_i^{-1}$

(2)$\Sigma_{\mathbf{a}}=S^{+}$,其中 S 的定义如上,没有用 * 表示的扩大

(3)$\Sigma_{\mathbf{b}_i\mathbf{b}_j}=Y_i^{\top}\Sigma_{\mathbf{a}}Y_j+\delta_{ij}V_i^{-1}$

(4)$\Sigma_{\mathbf{ab}_i}=-\Sigma_{\mathbf{a}}Y_i$

算法 A6.4 一般的稀疏 Levenberg-Marquardt 算法.

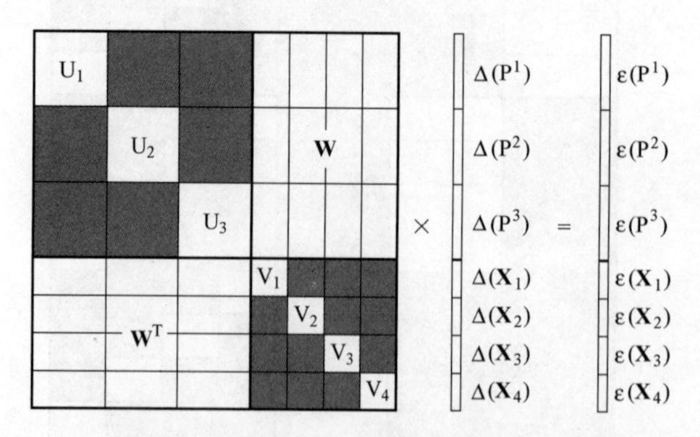


**图 A6.2** 由 3 台摄像机和 4 点组成的捆集调整问题的正规方程的形式.

**缺失数据** 通常,在一个捆绑调整问题中,有些点不是在每个图像可见的. 因此,一些测

量 $\mathbf{x}_{ij}$ 可能不存在,这意味着第 $i$ 点在第 $j$ 幅图像中不可见. 算法 A6.4 很容易适应这种情况,通过忽略测量 $\mathbf{x}_{ij}$ 不存在的由 $ij$ 下标所描述的项. 这样缺失的项在相关的累加中直接省略. 这包括所有的 $A_{ij}$, $B_{ij}$, $\Sigma_{\mathbf{x}_{ij}}^{-1}$, $W_{ij}$ 和 $Y_{ij}$. 可以看出,这相当于将 $A_{ij}$ 和 $B_{ij}$ 设置为零,从而有效地给缺失的测量零权重.

在编程此算法时这是方便的,由于由上述 $ij$ 下标量可只与在共同数据结构中存在的测量相关联.

## A6.7　方程解的稀疏方法

在一个很长的序列图像中,一个点轨迹在整个序列中都被跟踪到是罕见的,通常点轨道消失而新的轨迹开始,造成点的轨迹有一个带状结构,如图 19.7c 所看到的. 点轨迹集合的这种带状结构导致了一个带状结构的方程组,它被用来计算结构和运动,我们在这里指在算法 6.4 中的矩阵 S. 因此,具有带状轨迹结构的捆集调整问题,稀疏性可以出现在两个层次上,首先在单点的测量的独立性层次上,如算法 A6.4 中所利用的,其次来自带状轨迹结构,本节将对它做出解释.

另一个类似的情况下,这将发生在 18.5.1 节结构和运动的解或如 18.5.2 节中的直接运动. 在这两种方法中,大稀疏的方程组可能会出现. 为了使这种类型的大问题易于处理,有必要利用这个稀疏的结构以便尽量减少其中的存储和计算量. 在这一节中,我们将考虑在这种情况下是可用的稀疏矩阵技术.

### A6.7.1　捆集调整中的带状结构

如在算法 A6.4 中所给出的,在捆集调整迭代步骤中求参数增量耗时的步骤是此算法步骤(3)中求方程组 $S\boldsymbol{\delta}_{\mathbf{a}} = \mathbf{e}$ 的解. 如在那里给出的,矩阵 S 是一个对称矩阵,具有形式为 $S_{jk} = -\sum_i W_{ij} V_i^{*-1} W_{ik}^{\mathsf{T}}$ 非对角线块. 我们看到块 $S_{jk}$ 仅当对某 $i$ 的 $W_{ij}$ 和 $W_{ik}$ 都非零时是非零的. 因为 $W_{ij} = [\partial\hat{\mathbf{x}}_{ij}/\partial\mathbf{a}_j]^{\mathsf{T}} \Sigma_{\mathbf{x}_{ij}}^{-1} [\partial\hat{\mathbf{x}}_{ij}/\partial\mathbf{b}_i]$,因此仅当对应的 $\hat{\mathbf{x}}_{ij}$ 取决于参数 $\mathbf{a}_j$ 和 $\mathbf{b}_i$ 时 $W_{ij}$ 才是非零的. 更具体地说,如果 $\mathbf{a}_j$ 表示第 $j$ 个摄像机的参数,而 $\mathbf{b}_i$ 表示第 $i$ 点的参数,那么仅当第 $i$ 点在第 $j$ 幅图像中是可视的并且 $\mathbf{x}_{ij}$ 是它被测量到的图像位置时 $W_{ij}$ 是非零的.

对某 $i$, $W_{ij}$ 和 $W_{ik}$ 都非零意味着存在指标为 $i$ 的某点在第 $j$ 和 $k$ 幅图像中都可见. 概括起来说,

- **仅当在 $j$ 和 $k$ 幅图像中都可见的一个点存在时,块 $S_{jk}$ 是非零的.**

因此,如果点轨迹只在连贯视图上延伸,那么矩阵 S 将是带状. 特别是,如果没有一点的轨迹延续超过 $B$ 幅视图($B$ 表示带宽),那么块 $S_{jk}$ 是零的,除非 $|j-k| < B$.

考虑一个长序列上跟踪点,例如沿着一条回旋和自交叉路径. 在这种情况下,可能是识别到之前在序列中看过的点,并再次拾取其轨迹. 在这样的一个 3D 点被看到的视图集将不是一个连贯的视图集. 这将破坏矩阵 S 的带状性质,由于引入可能远离中心带的非零块. 然而,如果没有太多非对角线块的填充,稀疏解技术仍然可被利用,如我们将要看到的.

### A6.7.2 对称线性方程组的解

求解一线性方程组 $A\mathbf{x}=\mathbf{b}$,其中矩阵 A 是对称的,最好不使用通用方程求解器,如高斯消元法,而是利用矩阵 A 的对称性,这样做的一种方法是使用矩阵 A 的 $LDL^T$分解. 此是建立在下面的观测:

**结论 A6.1 任何正定对称矩阵 A 可以分解为 $A=LDL^T$,其中 L 是一个具有单位对角元的下三角矩阵,D 是对角阵.**

建议读者参考[Golub-89]中的实际实施细节和 $LDL^T$分解的数值属性. 由结构和运动的问题导出的正规方程至少总是半正定和稳定的,并且推荐用对称分解方法来解决.

给定 $LDL^T$的因式分解法,线性方程组 $A\mathbf{x}=LDL^T\mathbf{x}=\mathbf{b}$ 针对 $\mathbf{x}$ 的解可以用下面 3 步进行:①$L\mathbf{x}'=\mathbf{b}$;②$\mathbf{x}''=D^{-1}\mathbf{x}'$;③$L^T\mathbf{x}=\mathbf{x}''$.

方程 $L\mathbf{x}'=\mathbf{b}$ 的解借助"前向替换"过程实现. 具体地(记住 L 具有单位对角元),$\mathbf{x}$ 分量的计算按下面的次序计算

$$\text{前向替换}:\mathbf{x}'_i=\mathbf{b}_i-\sum_{j=1}^{i-1}L_{ij}\mathbf{x}'_j$$

因为 $L^T$上三角阵,第二方程组的求解以类似的方式,不过值 $\mathbf{x}_i$ 以逆顺序计算,此过程被称为"反向替换".

$$\text{反向替换}:\mathbf{x}_i=\mathbf{x}''_i-\sum_{j=i+1}^{n}L_{ji}\mathbf{x}_j$$

在此计算中包含的操作数在[Golub-89]中给出,等于 $n^3/3$,这里 $n$ 是矩阵的维数.

### A6.7.3 稀疏对称线性方程组的解

我们考虑对称矩阵的一个特殊类型的稀疏结构,被称为"天际线"格式. 它在图 A6.3 说

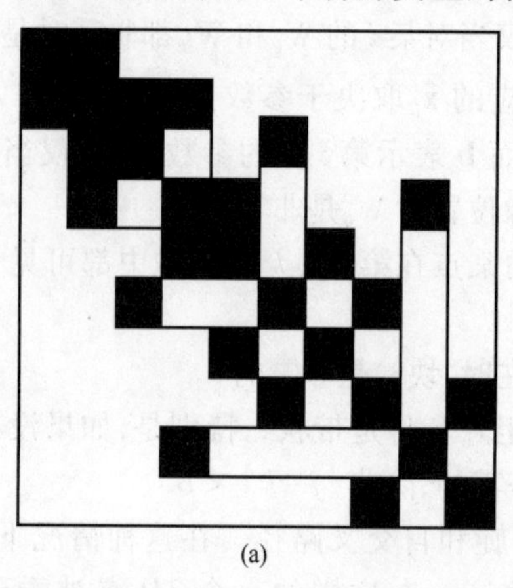

(a)

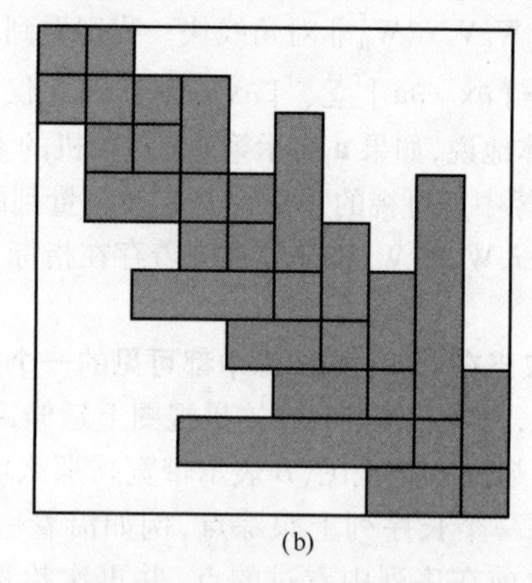

(b)

图 A6.3 (a)一个稀疏矩阵及(b)其对应的"天际线"结构. 原始矩阵中的非零元显示为黑色. 在天际线格式中,所有非零元都位于阴影区域中. 对于每一行 $i$,有一个整数 $m_i$,代表该行的第一个非零元. 值得注意的是,非零、非对角线元导致该行(或对称的对角线上方的列)的天际线格式的"填充". 如果这样的元相对稀少,天际线格式将保持稀疏,针对天际线矩阵技术可以有效地应用. 在天际线格式中的一个矩阵的 $LDL^T$分解有相同的天际线结构. 因此,在(a)中给出的原有稀疏矩阵的 $LDL^T$分解将只有在(b)的阴影区域内有非零元.

明．天际线格式中一个 $n \times n$ 对称矩阵 A 格式的特点是存在一个整数 $m_i$ 数组,其中 $i=1,\cdots,n$,使得当 $j<m_i$ 时 $A_{ij}=0$. 对角带状矩阵是一个具有天际线结构矩阵的一种特殊情况．

尽管对角带状或天际线矩阵可能是稀疏的,但其逆却不是,实际上会被完全非零元填满．因此,借助计算 A 的逆来求方程组 $\mathbf{X}=A^{-1}\mathbf{b}$ 的解集合是非常糟糕的想法．然而,天际线(或带状)形式中矩阵的重要性在于矩阵的天际线结构由分解 $LDL^T$ **保留**,如在下面的结论中所表达的．

**结论 A6.2　令 A 是对称矩阵并且当 $j<m_i$ 时 $A_{ij}=0$. 令 $A=LDL^T$,那么当 $j<m_i$ 时 $L_{ij}=0$.** 换句话说,L 的天际线结构与 A 的天际线结构一样．

**证明**　假设 $j$ 是使 $L_{ij}=0$ 的最小指标．那么把 $A=LDL^T$ 乘开,可以验证仅有一个乘积对 $A_{ij}$ 的第$(i,j)$元有贡献．具体说,$A_{ij}=L_{ij}D_{jj}L_{jj}\neq 0$.

因此,在计算具有天际线结构稀疏 A 的 $LDL^T$ 分解中,我们事先知道,L 的许多元将是零．计算这样一个矩阵的 $LDL^T$ 分解的算法与针对一个完全对称矩阵非常相似,只是我们不需要考虑零元．

具有天际线结构的矩阵 L 的前向和后向替换容易利用稀疏结构．事实上,前向替换公式成为

$$\mathbf{x}_i' = \mathbf{b}_i - \sum_{j=m_i}^{i-1} L_{ij}\mathbf{x}_j'$$

反向替换留给读者推导．实现的更多细节在[Bathe-76]给出．

## A6.8　鲁棒代价函数

在 Newton 或 Levenberg- Marquardt 型的估计问题中,要做的一个重要决定是代价函数的精确形式．正如我们所看到的,一个无野值的高斯噪声的假设意味着最大似然估计是由一个最小二乘代价函数给出,涉及噪声被引入测量中的预测错误．

针对测量的其他假设概率模型也可以进行相同的分析．因此,如果所有的测量被假定为独立的,并且 $f(\delta)$ 是测量中误差 $\delta$ 的概率分布,那么具有误差 $\delta_i$ 的一组测量的概率由 $p(\delta_1,\cdots,\delta_n)=\Pi_{i=1}^{n} f(\delta_i)$ 给出．取负对数得到 $-\log(p(\delta_1,\cdots,\delta_n)) = -\sum_{i=1}^{n}\log(\delta_i)$,而此表达式的右边为一组测量的合适的代价函数．通常适当的做法是设置一个精确的测量的代价为零,通过减去 $\log(f(0))$,虽然这不是严格必要的,如果我们的目的是代价最小化．下面讨论的各种具体的代价函数的图在图 A6.4 中给出．

**基于统计的代价函数**　一个合适的代价函数的确定可以通过估计或猜测所涉及的特定测量过程中误差的分布来着手,如在图像中点的提取．在下面的枚举中,为了简单起见,我们忽略了高斯分布的归一化常数 $(2\pi\sigma^2)^{-1/2}$,并假定 $2\sigma^2=1$.

(1)**平方误差**．假设数据是高斯分布的,概率分布函数(PDF)是 $p(\delta)=\exp(-\delta^2)$,得到的代价函数是

$$C(\delta)=\delta^2$$

(2)**Blake Zisserman**. 数据被假定内点有一个高斯分布而离群点是均匀分布．PDF 被采取的形式是 $p(\delta)=\exp(-\delta^2)+\varepsilon$. 这实际上不是一个 PDF,因为它积分到无穷．然而,它得到的代价函数的形式是

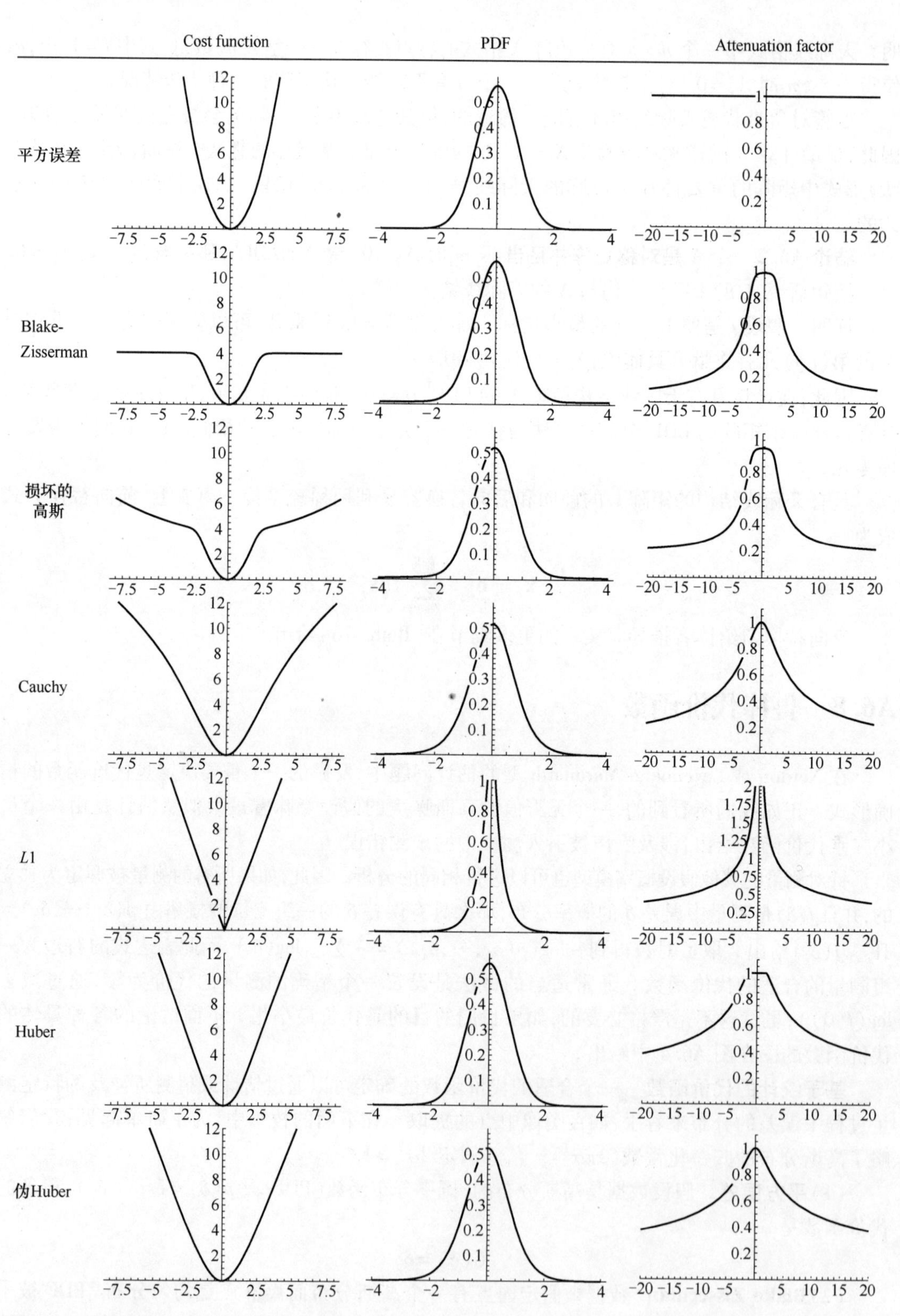


**图 A6.4** 比较鲁棒估计的不同代价函数 $C(\delta)$. 它们相应的 PDF, $\exp(-C(\delta))$ 和衰减因子($w=C(\delta)^{1/2}/\delta$ 见正文)也同时给出.

$$C(\delta) = -\log(\exp(-\delta^2) + \varepsilon)$$

对内点(小 $\delta$),它逼近 $\delta^2$,而对野值(大 $\delta$),渐近代价是 $-\log\varepsilon$. 因此,从内点到离群点的交叉点近似地由 $\delta^2 = -\log\varepsilon$ 给定．Blake 和 Zisserman 在[Blake-87]使用的实际代价函数是 $\min(\delta^2, \alpha^2)$ 和 $\varepsilon = \exp(-\alpha^2)$.

(3)**被损坏的高斯**．前面的例子有理论上的缺点,它实际上不是一个 PDF. 另一种方法是用具有较大标准偏差的高斯对野值建模,得到混合模型的概率分布形式:$p(\delta) = \alpha\exp(-\delta^2) + (1-\alpha)\exp(-\delta^2/w^2)/w$,其中 $w$ 是对野值对内点的标准偏差率,而 $\alpha$ 是内点的预期分数．那么

$$C(\delta) = -\log(\alpha\exp(-\delta^2) + (1-\alpha)\exp(-\delta^2/w^2)/w)$$

**启发式代价函数**　下一步,我们考虑更多由启发式判断的代价函数,比遵循一个特定的噪声分布模型需更多的噪声免疫性能．由于这个原因,它们将直接作为一个代价函数引入,而不是一个 PDF.

(1)**Cauchy 代价函数**．代价函数由下式给出

$$C(\delta) = b^2\log(1 + \delta^2/b^2)$$

式中,$b$ 为某常数．对 $\delta$ 的小值,这曲线逼近 $\delta^2$,$b$ 值确定这种逼近在 $\delta$ 的什么范围是接近的．代价函数是从 Cauchy 分布 $p(\delta) = 1/(\pi(1+\delta^2))$ 推导,是一个类似高斯的钟形曲线,但有较重的尾巴．

(2)**$L1$ 代价函数**．我们不使用平方和而是使用绝对误差的和．因此,

$$C(\delta) = 2b|\delta|$$

式中,$2b$ 为某正常数(通常可以就是 1). 这个代价函数被称为**总变分**.

(3)**Huber 代价函数**．这个代价函数是 $L1$ 和最小二乘代价函数之间的混合．因此,定义

$$C(\delta) = \begin{cases} \delta^2 & ,当 |\delta| < b \\ 2b|\delta| - b^2 & ,其他 \end{cases}$$

此代价函数是连续的,具有连续的一阶导数．阈值 $b$ 的值选择约等于离群阈值．

(4)**伪 Huber 代价函数**．代价函数

$$C(\delta) = 2b^2(\sqrt{1 + (\delta/b)^2} - 1)$$

非常类似于 Huber 的代价函数,但有所有阶的连续导数．请注意,对小 $\delta$ 它接近 $\delta^2$,对大 $\delta$ 是线性的,具有斜率为 $2b$.

### A6.8.1　不同代价函数的性质

**平方误差**　最基本的代价函数是平方误差 $C(\delta) = \delta^2$. 它的主要的缺点是对测量中的野值不鲁棒,正如我们将要看到的．由于二次曲线的快速增长,远距离的野值产生过度的影响,并且可以把代价最小值拉离所期望的值．

**非凸代价函数**　Blake-Zisserman、损坏的高斯和 Cauchy 代价函数寻求减轻野值的有害影响,给它们减小的权重．如在它们前两个图中所看到的,一旦误差超过一个一定的阈值,它被归类为一个野值,代价保持基本上是恒定的．Cauchy 的代价函数也试图淡化野值点的代价,但这是做得更渐变．这三个代价函数是非凸的,我们将会看到它有重要的影响．

**渐近线性代价函数**　$L1$ 代价函数测量误差的绝对值．它的主要作用是相比平方误差给野值较低的权重．理解这个代价函数的性能的关键是观察它的行为是找一组数据的中值．考

虑一组实数数据$\{a_i\}$和代价函数定义为$C(x)=\sum_i|x-a_i|$. 此函数的最小值是在此集合$\{a_i\}$的中值. 为领会此,注意$|x-a_i|$ 相对于$x$导数当$x>a_i$是$+1$而当$x<a_i$是$-1$. 因此,导数在小于$x$与大于$x$的$a_i$值一样多时为零,因此,代价在$a_i$的中值时被最小化. 请注意,中值对在远离中值的数据$a_i$的值的变化免疫, 代价函数的值变化,但不改变它的最小值的位置.

对于更高维数据$\mathbf{a}_i\in\mathrm{IR}^n$,代价函数$C(\mathbf{x})=\sum_i\|\mathbf{x}-\mathbf{a}_i\|$的最小函数具有类似的稳定性性质. 注意$\|\mathbf{x}-\mathbf{a}_i\|$是$x$的一个**凸**函数,因此,这些项的一个累加$\sum_i\|\mathbf{x}-\mathbf{a}_i\|$也是一个凸函数. 结果,代价函数有单一的最小化(所有凸函数都如此).

Huber 代价函数对小误差值$\delta$取二次型的形式,而当$\delta$值超过一个给定阈值时成线性. 因此,它保留了$L1$代价函数的野值的稳定性,同时它对内点反映了平方误差代价函数,给出最大似然估计的性质.

伪 Huber 代价函数对小$\delta$也接近二次而对大$\delta$时是线性的. 因此,它可以被用来作为 Huber 代价函数的一种光滑逼近并给出类似的结果. 重要的是要注意,这三种代价函数中的每一种都具有凸这样非常理想的性质.

### A6.8.2 不同代价函数的性能

为了说明不同的代价函数的属性,我们将针对 2 组合成样本数据$\{a_i\}$评估代价$\sum_i C(x-a_i)$. 在渐近式线性代价函数群中,将仅给出 Huber 代价函数,因为其他 2 种($L1$ 和伪 Huber)给出非常类似的结果.

数据$\{a_i\}$可以被认为是重复测量某量的一个实验的结果. 测量受随机高斯噪声影响,并伴随野值. 估计过程的目的是通过最小化代价函数估计此量的值. 两组数据的实验和结果在图 A6.5 与图 A6.6 的文字说明中描述.

**研究结果总结** 平方误差代价函数一般对野值很敏感,只要野值出现可将其视为无用. 如果野值已经彻底根除,例如使用 RANSAC 算法,则它可以被使用.

非凸代价函数,虽然一般有一个稳定的最小值,受野值的影响不那么大,但是有局部极小的显著缺点,它造成收敛到全局最小的风险. 此估计不被其紧邻的地区以外的最小值的强烈吸引. 因此,除非(或直到)估计接近最终正确的值,它们是没有用的.

Huber 代价函数具有受欢迎的凸性质,它能更可靠收敛到全局最小值. 最小值对野值的有害影响有相当免疫力,因为它代表内点的最大似然估计和野值的中值之间一个折中. 伪 Huber 代价函数是 Huber 的一个很好的替代,但使用$L1$过程应小心,因为它在原点有不可微的性质.

这些研究结果采用一维数据说明,但它们也在更高维数据上推广.

**参数最小化** 我们已经看到,Huber 和相关的代价函数是凸的,因此有单一的最小值. 我们这里指的是代价$C(\delta)$为误差$\delta$的一个函数. 一般在诸如由运动求结构的问题中,误差$\delta$本身是参数(如摄像机和点位置)的一个非线性函数. 因此,总代价表示为运动和结构参数一个函数不能期望是凸的,局部极小是不可避免的. 然而,一个重要原则是

- **选择一种参数化方法,其中误差尽可能地接近参数的一个线性函数,至少在局部上.**

观察这一原则将导致更简单的代价表面并具有较少的局部极小,一般获得更快的收敛.

Blake Zisserman 代价函数,是基于最接近数据的分布,有很明确最小化. 然而,仔细的检查(放大的图)显示了一个不希望的特征,每一个野值的附近存在局部极小值. 求代价最小值的迭代方法如果它开始时是在此最小值周围狭窄吸引域外,那么迭代就会失败.

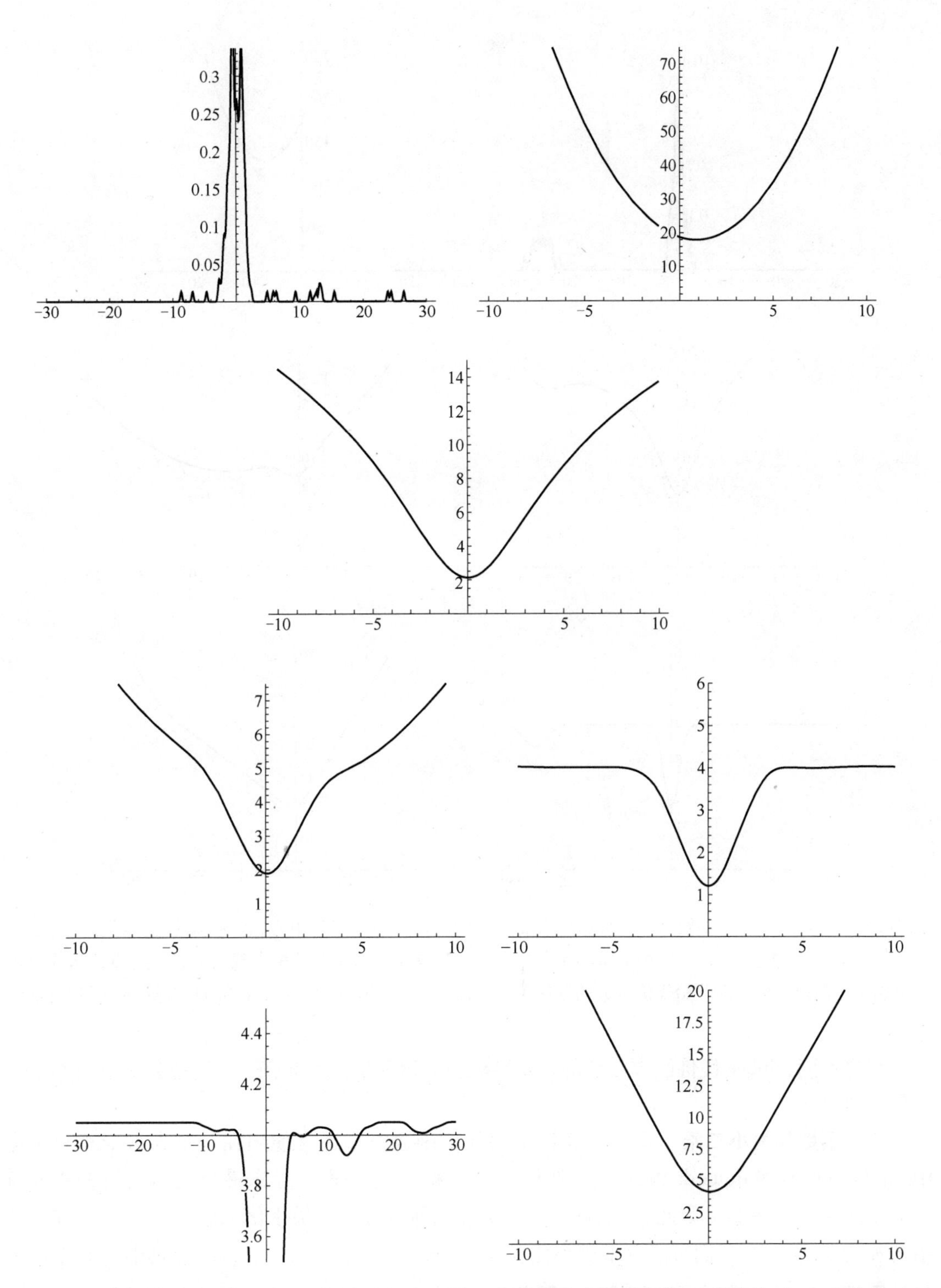


**图 A6.5**　数据$\{a_i\}$(示于图的左上角)由中心在 0 附近、具有单位高斯噪声的一组测量组成,加上偏向于真值右边 10% 的野值. $\sum_i C(|x-a_i|)$图(从左到右,自上而下)对应代价函数:平方误差、Cauchy、损坏的高斯、Blake Zisserman、一个放大的 Blake Zisserman 和 Huber 的代价函数. 请注意,最小的平方误差代价函数被野值显著地拉右,而其他的代价函数相对野值独立.

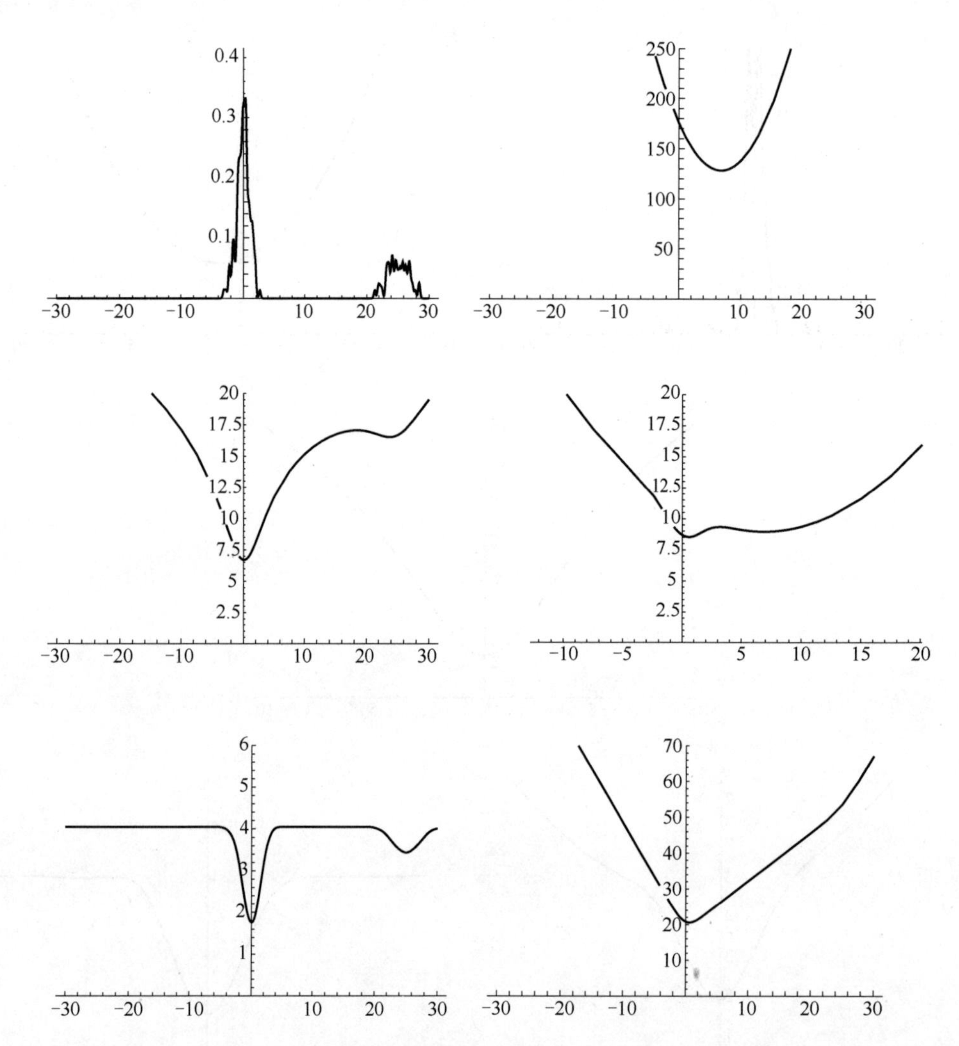


**图 A6.6** 在这个实验中，如图 A6.5，数据的主要部分(70%)是以原点为中心，有 30% 的“野值”集中在远离原点一个块中(见左上角图). 这种类型的测量分布在许多成像的情况下是相当现实的，例如，点或边缘测量被鬼影边缘混淆. 从上面开始代价函数的顺序是：平方误差、Cauchy、损坏的高斯、Blake Zisserman 和 Huber.

与之不同，Huber 代价函数是凸的，这意味着从任何初始点开始的估计将会被吸引到单一的最小值.

**代价函数和最小二乘** 我们已经讨论的代价函数类型通常使用在一个参数最小化程序中，如 Levenberg Marquardt 和 Newton 迭代. 一般来说，这些程序寻求最小化与一组参数 $\mathbf{p}$ 有关的某向量 $\boldsymbol{\Delta}$ 的范数. 因此，它们在参数向量 $\mathbf{p}$ 的所有选择上最小化 $\|\boldsymbol{\Delta}(\mathbf{p})\|^2$. 例如在一个结构和运动问题中，我们可能寻求最小化 $\sum_i\|\mathbf{x}_i-\hat{\mathbf{x}}_i\|^2=\sum_i\|\delta_i\|^2=\|\boldsymbol{\Delta}\|^2$，其中值 $\mathbf{x}_i$ 是已测量的图像坐标，$\hat{\mathbf{x}}_i$ 从当前参数值推导的预测值，$\boldsymbol{\Delta}$ 是由单个误差向量 $\boldsymbol{\delta}_i$ 串接形成的向量.

平方误差代价函数发现测量分布的平均值，它显著地被野值的块拉到右边. 野值块对非凸代价函数的影响也清楚地在这里显示. 由于非凸性，总的代价函数没有单一的最小值，而是围绕测量分离块的两个最小值. 因为 Huber 代价函数的凸性，它有单一的最小值，它位于接近数据的中值,并且几乎没有受 30% 的野值存在的影响.

因为平方向量范数的最小化 $\|\boldsymbol{\Delta}\|^2$ 被构建到大多数 Levenberg Marquardt 的实现中,我们需要了解在这种情况下如何运用鲁棒代价函数. 答案是通过加权向量 $\boldsymbol{\delta}'_i = w_i\boldsymbol{\delta}_i$ 更换每个向量 $\boldsymbol{\delta}_i$,使得

$$\|\boldsymbol{\delta}'_i\|^2 = w_i^2\|\boldsymbol{\delta}_i\|^2 = C(\|\boldsymbol{\delta}_i\|)$$

那么得到所希望的 $\sum_i C(\|\boldsymbol{\delta}_i\|) = \sum_i \|\boldsymbol{\delta}_i\|^2$. 从此等式,我们得到

$$w_i = C(\|\boldsymbol{\delta}_i\|)^{1/2} / \|\boldsymbol{\delta}_i\| \tag{A6.18}$$

因此,最小化问题是最小化 $\|\boldsymbol{\Delta}'\|^2$,其中 $\boldsymbol{\Delta}'$ 是由串接向量 $\boldsymbol{\delta}'_i = w_i\boldsymbol{\delta}_i$ 得到的向量,每个 $w_i$ 由式(A6.18)计算得到. 注意 $w_i$ 是 $\|\boldsymbol{\delta}_i\|$ 的一个函数,它通常试图削弱野值的代价. 不同代价函数的这种衰减函数在图 6.4 最后列给出. 对于平方误差代价函数,衰减因子为 1,意味着无衰减发生. 对于其他的代价函数,在内点区域有一个小的衰减,而在此区域外的点在程度不同上被衰减.

## A6.9　参数化法

我们在这里考虑迭代估计问题,一个重要的考虑是解空间如何被参数化. 我们考虑的大部分的几何实体没有一个简单的欧氏参数化方法. 例如,在解一个几何优化问题,我们常常希望遍历以旋转表示所有摄像机取向. 针对计算的目的,旋转最方便表示为旋转矩阵,但这是一个主要的过度参数化. 3D 旋转的集合自然是 3D 的(事实上,它形成一个 3 维的李群,$SO(3)$),而我们也许希望只用 3 个参数来参数化.

齐次向量或矩阵是另一种常见的表示形式. 它企图使用一个齐次 $n$ 向量的一种参数化法,就使用向量本身的分量. 然而,在一个齐次 $n$ 向量中实际只有 $n-1$ 个自由度,有时用 $n-1$ 参数对它参数化是有利的.

**度规自由**　在最近发表的论文(例如[Mclauchlan-00])对**度规自由**和**度规独立性**有很多的关注. 在这种情况下,度规这个词意味着一个参数集的坐标系统,而度规自由本质上是指参数集表示中的一个变化,但它其中的几何结构本质上不变化,因此对代价函数没有影响. 经常遇到的最重要的度规自由是投影或其他多义性,如那些在重构问题中出现的. 然而,齐次向量的尺度多义性也可以算作度规自由. 一个优化问题的参数化法中的度规自由导致正规方程奇异,因此允许有多个解. 这个问题在 Levenberg Marquardt 中可以借助正则化(或增强)步来避免,但有证据表明,过分的度规自由,造成参数化法中的晃动,导致收敛速度更慢. 此外,当度规的自由出现在被估计参数的协方差矩阵中会引起麻烦,其中在无约束参数方向上将会有无穷大方差. 例如,谈论一个被估计的齐次向量函数的协方差矩阵是没有意义的,除非向量的尺度被限制. 因此,在下文中,我们将提供一些方法以获得某些常见的几何参数集的最小的参数化.

**如何产生一个好的参数化?**　一个好的参数化法的首要要求是非奇异性的,至少在迭代优化过程中被访问的区域是如此. 这意味着参数化法应局部连续,可微和一对一的——总之是微分同胚的. 用一个简单例子来说明此含义:给定一个球的经纬度参数化法,即球-极坐标. 在极点处有一个奇点,其中从经纬度坐标到极点附近的映射不是一对一的. 困难出自坐标点(纬度 =89°,经度 =0°)是非常接近的点(纬度 =89°,经度 =90°)——它们都是非常接近极点

的点．然而，它们在参数空间相距一个很长的距离．为理解这一点的影响，假设一个优化正在球上进行，轨迹下降到代价函数的一个最小值，它在点(89°,90°)上存在．如果当前估计是在这个最小的一般方向上进行的，上升到零经度线，当它靠近极点时会发现，虽然接近最小值，如果它不在经纬度参数空间走一个长绕道，就不能到达最小值．麻烦出自球体上任意接近的点，在奇异性(极点)邻域，在参数值中可以有很大的差异．同样的事情发生在采用欧拉角的旋转表示法中．

现在，我们继续，来考虑一些具体的参数化法．

### A6.9.1　3D 旋转的参数化法

利用式(A4.9)的角度-轴公式，可以用 3 维向量 $\mathbf{t}$ 参数化一个 $3\times3$ 旋转．这表示一个围绕向量 $\mathbf{t}$ 的一个角度 $\|\mathbf{t}\|$ 的旋转．我们用 $\mathrm{R}(\mathbf{t})$ 表示相应的旋转矩阵．

关于这种表示法，我们可以做一些简单的观察：

(1) 恒等映射(无旋转)由零向量 $\mathbf{t}=0$ 表示．

(2) 如果某旋转 R 由一个向量 $\mathbf{t}$ 表示，那么逆旋转由 $-\mathbf{t}$ 表示．用符号表示为 $\mathrm{R}(\mathbf{t})^{-1}=\mathrm{R}(-\mathbf{t})$

(3) 如果是小 $\mathbf{t}$，那么旋转矩阵由 $\mathrm{I}+[\mathbf{t}]_\times$ 逼近．

(4) 对由 $\mathbf{t}_1$ 和 $\mathbf{t}_2$ 表示的小旋转，组合旋转在一阶精度上用 $\mathbf{t}_1+\mathbf{t}_2$ 表示．换句话说 $\mathrm{R}(\mathbf{t}_1)\mathrm{R}(\mathbf{t}_2)\approx\mathrm{R}(\mathbf{t}_1+\mathbf{t}_2)$．因此，对一个小 $\mathbf{t}$，$\mathbf{t}\mapsto\mathrm{R}(\mathbf{t})$ 在一阶精度上是一个群同构．事实上，对小 $\mathbf{t}$，此映射是一个等距变换(保距映射)，两个旋转 $\mathrm{R}_1$ 和 $\mathrm{R}_2$ 之间的**距离**定义为旋转 $\mathrm{R}_1\mathrm{R}_2^{-1}$ 的角．

(5) 某 $\mathbf{t}$ 的任何旋转可以表示为 $\mathrm{R}(\mathbf{t})$，其中 $\|\mathbf{t}\|\leqslant\pi$．也就是说，任何旋转是围绕某轴最多旋转 $\pi$ 弧度角的一个旋转．当 $\|\mathbf{t}\|<\pi$，映射 $\mathbf{t}\mapsto\mathrm{R}(\mathbf{t})$ 是一对一的，而当 $\|\mathbf{t}\|<2\pi$ 则是二对一的．如果 $\|\mathbf{t}\|=2\pi$，那么 $\mathrm{R}(\mathbf{t})$ 是恒定映射，与 $\mathbf{t}$ 无关．因此，此参数化法在 $\|\mathbf{t}\|=2\pi$ 具有一个奇点．

(6) **归一化**：在用向量 $\mathbf{t}$ 参数化一个旋转中，最好是保持 $\|\mathbf{t}\|\leqslant\pi$ 的条件，以便避开当 $\|\mathbf{t}\|=2\pi$ 时的奇点．如果 $\|\mathbf{t}\|>\pi$，可以用向量 $(\|\mathbf{t}\|-2\pi)\mathbf{t}/\|\mathbf{t}\|=\mathbf{t}(1-2\pi/\|\mathbf{t}\|)$ 替代，它表示同样的旋转．

### A6.9.2　齐次向量的参数化法

一个旋转的四元数表示(A4.3.3 节)是一个冗余表示，它包含 4 个参数而 3 个就足够了．另一方面角-轴表示是一个最小的参数化法．投影几何中的许多对象都用齐次数量表示，无论是向量或矩阵，例如举几个例子：射影空间中的点或基本矩阵等．为计算的目的，有可能把这些数量表示为具有最小参数数的向量，其方式类似于角-轴表示给出一个旋转的四元数替代表示的方法．

令 $\mathbf{v}$ 是一个任意维的向量，由 $\bar{\mathbf{v}}$ 表示单位向量 $(\mathrm{sinc}(\|\mathbf{v}\|/2)\mathbf{v}^{\mathsf{T}},\cos(\|\mathbf{v}\|/2))^{\mathsf{T}}$．此映射 $\mathbf{v}\mapsto\bar{\mathbf{v}}$ 把弧度 $\pi$ 的盘(即尺度最大是 $\pi$ 的向量集合)光滑和一对一地映射到非负最终坐标的单位向量 $\bar{\mathbf{v}}$．因此它提供到齐次向量集合上的一个映射．此映射的唯一麻烦点是它把长度 $2\pi$ 的任何向量映射到同一向量 $(0,1)^{\mathsf{T}}$．但是这个奇异点可通过归一化任何长度 $\|\mathbf{v}\|>\pi$ 的向量 $\mathbf{v}$ 来避免，把它用 $(\|\mathbf{v}\|-2\pi)\mathbf{v}/\|\mathbf{v}\|$ 替代，表示同一个齐次向量 $\bar{\mathbf{v}}$．

### A6.9.3　$n$ 维球面的参数化法

通常在几何优化问题中，参数的某向量被要求在一个单位球上．作为一个例子，考虑两视

图的一个完整的欧氏捆集调整. 这两个摄像机可能取成 $\mathrm{P}=[\mathrm{I}\mid\mathbf{0}]$ 和 $\mathrm{P}'=[\mathrm{R}\mid\mathbf{t}]$,其中 R 是一个旋转,$\mathbf{t}$ 是一个位移. 此外,3D 点 $\mathbf{X}_i$ 被定义,它们通过两个摄像机矩阵映射到图像点. 这定义了一个优化问题,其中参数 R、$\mathbf{t}$ 和点 $\mathbf{X}_i$,要被最小化的代价是相对图像测量的投影的一个几何残差问题. 在这个问题中,有一个全局尺度多义性,它可通过要求 $\|\mathbf{t}\|=1$ 而方便地得以解决.

对旋转矩阵 R 的最小参数化法是由 A6.9.1 节的旋转参数化法给出的. 同样,点 $\mathbf{X}_i$ 也很方便地参数化为齐次 4 维向量,利用 A6.9.2 节参数化法. 我们在这节中考虑如何参数化单位向量 $\mathbf{t}$. 注意,可以不是简单地参数化 $\mathbf{t}$ 为齐次向量,因为改变 $\mathbf{t}$ 的符号会改变投影 $\mathrm{P}'\mathrm{X}=[\mathrm{R}\mid\mathbf{t}]\mathbf{X}$.

同样的问题有可能在多视图欧氏捆集调整中出现. 在此情况中,我们有许多摄像机矩阵 $\mathrm{P}^i=[\mathrm{R}^i\mid\mathbf{t}^i]$,可以固定 $\mathrm{P}^0=[\mathrm{I}\mid\mathbf{0}]$. 对所有 $i>0$,位移 $\mathbf{t}^i$ 的集合具有尺度多义性. 我们可以通过要求 $\|\mathbf{T}\|=1$ 来最小参数化位移,其中 $\mathbf{T}$ 由 $i>0$ 的所有 $\mathbf{t}^i$ 串接形成的向量.

参数化的单位向量有几种方法. 这里我们考虑一个特定的参数化法,它建立在单位球切平面的一种局部参数化法. 考虑一个 $n$ 维球,它由一组 $(n+1)$ 单位长度向量组成. 令 $\mathbf{x}$ 是一个这样的向量. 令 $\mathrm{H}_{\mathbf{v}(\mathbf{x})}$ 为一个 Householder 矩阵(见 A4.1.2 节)使得 $\mathrm{H}_{\mathbf{v}(\mathbf{x})}\mathbf{x}=(0,\cdots,0,1)^{\mathsf{T}}$. 因此,我们已经把向量 $\mathbf{x}$ 变换到坐标轴上. 现在,考虑在 $(0,\cdots,0,1)^{\mathsf{T}}$ 邻域中单位球的参数化法. 这样的一个参数化法是一个 $\mathrm{IR}^n\to S^n$ 的映射,在原点邻域的行为是适定的. 存在许多选择,其中的两种可能是

(1) $f(\mathbf{y})=\hat{\mathbf{y}}/\|\hat{\mathbf{y}}\|$,其中 $\hat{\mathbf{y}}=(\mathbf{y}^{\mathsf{T}},1)^{\mathsf{T}}$.

(2) $f(\mathbf{y})=(\mathrm{sinc}(\|\mathbf{y}\|/2)\mathbf{y}^{\mathsf{T}},\cos(\|\mathbf{y}\|/2))^{\mathsf{T}}$.

这两个函数都把原点 $(0,\cdots,0,0)^{\mathsf{T}}$ 映射到 $(0,\cdots,0,1)^{\mathsf{T}}$,并且它们的 Jacobian 是 $\partial f/\partial\mathbf{y}=[\mathrm{I}\mid\mathbf{0}]^{\mathsf{T}}$. 请注意,虽然我们仅关注这些函数作为局部参数化法,第一个函数为半球提供了一种参数化,而对 $\|\mathbf{y}\|\leqslant\pi$,第二个函数参数化了整个球,并且除了 $\|\mathbf{y}\|=2\pi$ 外没有奇点.

组合映射 $\mathbf{y}\mapsto\mathrm{H}_{\mathbf{v}(\mathbf{x})}f(\mathbf{y})$ 提供在球上点 $\mathbf{x}$ 的邻域的一个局部参数化法(注意在这里应该写成 $\mathrm{H}_{\mathbf{v}(\mathbf{x})}^{-1}$,但是 $\mathrm{H}_{\mathbf{v}(\mathbf{x})}=\mathrm{H}_{\mathbf{v}(\mathbf{x})}^{-1}$). 此映射的 Jacobian 就是 $\mathrm{H}_{\mathbf{v}(\mathbf{x})}[\mathrm{I}\mid\mathbf{0}]^{\mathsf{T}}$,它由 Householder 矩阵前 $n$ 列组成,因此容易计算.

在最小化问题中,我们通常需要计算一个向量的 Jacobian 矩阵 $\partial C/\partial y$,计算代价函数 $C$ 相对一组参数 $\mathbf{y}$ 的值. 在此情况中,虽然参数被约束在 $\mathrm{IR}^{n+1}$ 中的球 $S^n$ 上,但是代价函数通常针对在 $\mathrm{IR}^{n+1}$ 中参数 $\mathbf{x}$ 的所有值定义. 作为一个例子,在本节开始考虑的欧氏捆集调整问题中,代价函数(例如残差重投影误差)可针对 $\mathrm{P}=[\mathrm{I}\mid\mathbf{0}]$ 和 $\mathrm{P}'=[\mathrm{R}\mid\mathbf{t}]$ 所有摄像机对定义,其中 $\mathbf{t}$ 取任意值. 但是,我们当然希望最小化的代价函数约束 $\mathbf{t}$ 在一个球上.

因此,考虑这样的情况:代价函数 $C(\mathbf{x})$ 针对 $\mathbf{x}\in\mathrm{IR}^{n+1}$ 定义,但我们通过设 $\mathbf{x}=\mathrm{H}_{\mathbf{v}(\mathbf{x})}f(\mathbf{y})$ 参数化 $\mathbf{x}$ 在一个球上,其中 $\mathbf{y}\in\mathrm{IR}^n$. 在此情况中,我们看到

$$J=\frac{\partial C}{\partial y}=\frac{\partial C}{\partial\mathbf{x}}\frac{\partial\mathbf{x}}{\partial\mathbf{y}}=\frac{\partial C}{\partial\mathbf{x}}\mathrm{H}_{\mathbf{v}(\mathbf{x})}[\mathrm{I}\mid\mathbf{0}]^{\mathsf{T}}$$

综上所述,采用局部参数化法,参数向量可以约束在一个 $n$ 维球上,相比允许向量在整个 $\mathrm{IR}^{n+1}$ 变化的过参数法有适度增加的计算代价. 此方法有如下关键点.

(1) 存储参数向量 $\mathbf{x}\in\mathrm{IR}^{n+1}$,满足 $\|\mathbf{x}\|=1$.

(2) 在形成线性更新方程时,计算 Jacobian 矩阵 $\partial C/\partial\mathbf{x}$,乘以 $\mathrm{H}_{\mathbf{v}(\mathbf{x})}[\mathrm{I}\mid\mathbf{0}]^{\mathsf{T}}$ 得到相对一个最小参数集合 $\mathbf{y}$ 的 Jacobian. $\partial C/\partial\mathbf{x}$ 乘以 $\mathrm{H}_{\mathbf{v}(\mathbf{x})}[\mathrm{I}\mid\mathbf{0}]^{\mathsf{T}}$ 可以用式(A4.4)的方法进行.

(3)迭代步骤提供了一个增量参数向量$\boldsymbol{\delta}_{\mathbf{y}}$. 计算$\mathbf{x}=\mathrm{H}_{\mathbf{v}(\mathbf{x})}f(\boldsymbol{\delta}_{\mathbf{y}})$的新值.

本质上相同的利用局部参数化方法可更普遍地用于其他需要最小化的参数化法的情况. 例如,在11.4.2节中,我们看到的基本矩阵可以用最小数量的参数局部参数化,但没有最小化的参数化方法可以覆盖基本矩阵的整个集合.

## A6.10 注释和练习

(1)我们以下列各步来证明在式(A6.13)中给出的分块矩阵的伪逆的形式.

(a)回顾$\mathrm{H}^{+}=\mathrm{G}(\mathrm{G}^{\mathsf{T}}\mathrm{H}\mathrm{G})^{-1}\mathrm{G}^{\mathsf{T}}$的充要条件是$N_L(\mathrm{G})=N_L(\mathrm{H})$(见A5.2节).

(b)令G可逆. 那么$(\mathrm{G}\mathrm{H}\mathrm{G}^{\mathsf{T}})^{+}=\mathrm{G}^{-\mathsf{T}}\mathrm{H}^{+}\mathrm{G}^{-1}$的充要条件$N_L(\mathrm{H})\mathrm{G}^{\mathsf{T}}=N_L(\mathrm{H})\mathrm{G}^{-1}$.

(c)把此条件应用于式(A6.12)使式(A6.13)成立的充要条件是

$$N_L(\mathrm{U}-\mathrm{W}\mathrm{V}^{-1}\mathrm{W}^{\mathsf{T}})\subseteq N_L(\mathrm{Y})=N_L(\mathrm{W})$$

(d)与式(A6.11)一样地,用A和B来定义U、V和W,则等价于条件:$\mathrm{Span}(\mathrm{A})\cap\mathrm{Span}(\mathrm{B})=\varnothing$.

(2)研究在什么条件下,条件$\mathrm{Span}(\mathrm{A})\cap\mathrm{Span}(\mathrm{B})=\varnothing$成立. 它可以解释成变化参数$\mathbf{a}$(例如摄像机参数)的效应和变化$\mathbf{b}$(点参数)的效应不能是互补的. 显然(例如)非约束射影重构就不属于这种情况,其中摄像机和点都可以变化而不影响测量. 在这种情形下,参数$\mathbf{a}$和$\mathbf{b}$在方向$\boldsymbol{\delta}_{\mathbf{a}}$和$\boldsymbol{\delta}_{\mathbf{b}}$上的方差是无穷的,使得$\mathrm{A}\boldsymbol{\delta}_{\mathbf{a}}=\mathrm{B}\boldsymbol{\delta}_{\mathbf{b}}$.

# 附录 7 某些特殊的平面射影变换

射影变换(单应变换)可以根据它们的特征值的代数重数和几何重数进行分类．一个特征值的代数重数是指它作为特征方程根的重复次数．几何重数可以由矩阵$(\mathrm{H}-\lambda\mathrm{I})$的秩来确定,其中 H 是单应变换而 $\lambda$ 是特征值．一种完全的分类在射影几何的教科书中给出,例如[Springer-64]．这里我们仅提到在实用中重要且在本书中多处出现的若干特殊情况．这里将对平面进行变换(H 是 $3\times3$ 矩阵),但可直接向 3 维空间变换推广．

这些特殊形式之所以重要是由于 H 还满足若干关系(回忆一般射影变换的唯一约束是满秩)．因 H 满足一些约束故它有较少的自由度,从而它可以用比一般的射影变换少的对应来计算．同时这种特殊变换比一般的变换有更丰富的几何性质和不变量．

注意:与第 2 章中讨论的、构成子群的那些特殊形式(如仿射)不一样,下面介绍的特殊射影变换一般不构成群,因为它们在乘法下一般不是闭的．只有当其中所有的元素均有重合的不动点和不动线时(即它们仅是特征值不同时),它们才构成一个子群．

## A7.1 共轭旋转

一个旋转矩阵 R 有特征值$\{1,e^{i\theta},e^{-i\theta}\}$,分别对应于特征向量$\{\mathbf{a},\mathbf{I},\mathbf{J}\}$,其中 $\mathbf{a}$ 是旋转轴,即 $\mathrm{R}\mathbf{a}=\mathbf{a}$,$\theta$ 是绕此轴的旋转角,而 $\mathbf{I}$ 和 $\mathbf{J}$(它们互为复共轭)是与 $\mathbf{a}$ 正交的平面上的虚圆点．假定两平面之间的一个射影变换的形式是

$$\mathrm{H}=\mathrm{TRT}^{-1}$$

式中,T 是一般射影变换;那么 H 是一个**共轭旋转**．特征值在共轭关系㊀下被保持,因此射影变换 H 的特征值在相差一个公共因子的意义下也是$\{1,e^{i\theta},e^{-i\theta}\}$.

考虑由一个摄像机饶它的中心旋转得到的两幅图像(如图 2.5b);那么如 8.4.2 节所证明了的,这两幅图像由一个共轭旋转相关联．在此情形,其复特征值确定摄像机旋转的角度 $\theta$,而对应于实特征值的特征向量是旋转轴的消影点．注意 $\theta$(度量不变量)可以直接由射影变换测量到．

## A7.2 平面透射

一个平面射影变换 H 称为平面透射,如果它有一条由不动点组成的直线(称为**轴**)和不在

㊀ 共轭性也被称为“相似性变换”．这个“相似性”的含义与在本书中使用的无关联,为等距加缩放变换．

该直线上的一个不动点(称为**顶点**),参见图 A7.1. 从代数上说,该矩阵有两个相等和另一个不同的特征值并且对应于相等特征值的特征空间是 2 维的. 其轴是过生成此特征空间的两个特征向量(即两点)的直线. 顶点对应于另一个特征向量. 不相同的特征值与重复特征值的比率是透射的特征不变量 $\mu$(即不计比例因子的差别,其特征值是 $\{\mu,1,1\}$).

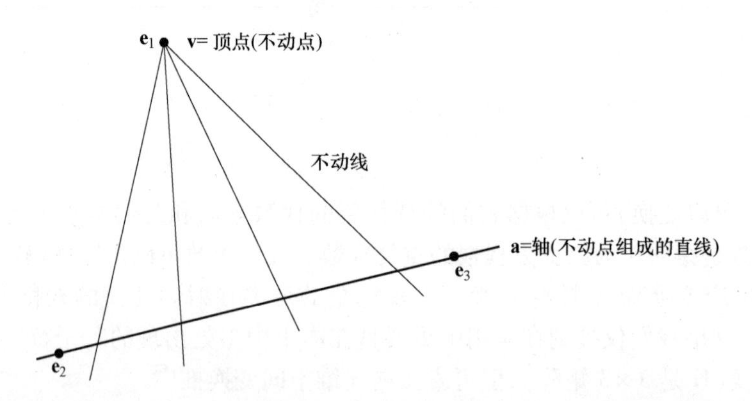


**图 A7.1 平面透射**. 平面透射是这样一种平面射影变换:它有一条由不动点组成的直线(称为轴)**a** 和不在该直线上的一个不动点 **v**(称为透射的中心或顶点). 存在过顶点的一束不动线. 从代数上说,变换矩阵的两个特征值相等(图中重复特征值是 $\lambda_2$ 和 $\lambda_3$),而不动直线与矩阵的 2D 不变空间对应.

平面透射的性质包括:

- 连接对应点的直线相交于此顶点,对应直线(即过通过对应点的两点对的直线)相交于轴. 这是 Desargues 定理的一个例子,见图 A7.2a.
- 由顶点、一组对应点和连接这些点的直线与不动点的直线的交点所定义的交比对所有与该透射相关的点都是一样的,见图 A7.2b.
- 对于由一个平面透射关联的曲线,对应的切线(定义对应线的邻点的极限)相交于轴.
- 顶点(2dof)、轴(2dof)和不变量交比(1dof)足以完全定义透射. 因此平面透射有 5 个自由度.
- 3 组匹配点足以计算一个平面透射. 这些点匹配的 6 个自由度过约束了 5 个自由度的透射.

平面透射自然发生于用 3 维空间透视变换相关联的两个平面的图像中(即连接两个平面的对应点的直线交于一点). 这种变换的例子是一个平面物体的图像和它在一个平面上的阴影的图像之间的变换. 在此情形,轴是两平面交线的图像,而顶点是光源的图像,见图 2.5c.

**参数化法** 表示透射的射影变换可以直接用表示轴 **a** 和顶点 **v** 的 3 维向量以及特征比率 $\mu$ 来参数化,即

$$\mathrm{H} = \mathrm{I} + (\mu - 1)\frac{\mathbf{v}\mathbf{a}^{\top}}{\mathbf{v}^{\top}\mathbf{a}}$$

式中,I 是单位矩阵. 可以验证它的逆变换由下式给出

$$\mathrm{H}^{-1} = \mathrm{I} + \left(\frac{1}{\mu} - 1\right)\frac{\mathbf{v}\mathbf{a}^{\top}}{\mathbf{v}^{\top}\mathbf{a}}$$

其特征向量是

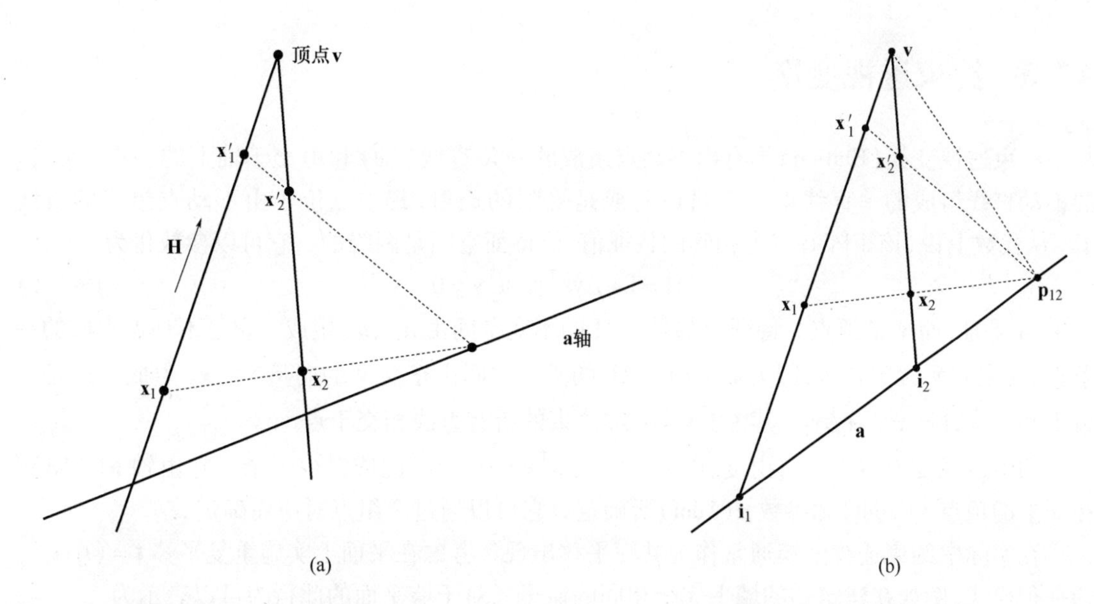


**图 A7.2　透射变换**.(a)在此变换下,轴上的点被映射为自身;不在轴上的每个点都位于过 $\mathbf{v}$ 并 $\mathbf{a}$ 与相交的一条不动直线上且被映射为此直线上的另一个点. 因此,对应点对 $\mathbf{x} \leftrightarrow \mathbf{x}'$ 和透射的顶点共线. 对应线(即过对应点对的直线)相交于轴上:例如直线 $<\mathbf{x}_1, \mathbf{x}_2>$ 和 $<\mathbf{x}_1', \mathbf{x}_2'>$.(b)由顶点 $\mathbf{v}$、对应点 $\mathbf{x}$、$\mathbf{x}'$ 和它们与轴的交点 $\mathbf{i}$ 定义的交比是透射的特征不变量,并且所有对应点取值相同. 例如,四点 $\{\mathbf{v}, \mathbf{x}_1', \mathbf{x}_1, \mathbf{i}_1\}$ 和四点 $\{\mathbf{v}, \mathbf{x}_2', \mathbf{x}_2, \mathbf{i}_2\}$ 的交比相等,因为它们通过共点于 $\mathbf{p}_{12}$ 的直线透视相关. 由此推出与透射相关的所有点的交比都相同.

$$\{\mathbf{e}_1 = \mathbf{v}, \mathbf{e}_2 = \mathbf{a}_1^{\perp}, \mathbf{e}_3 = \mathbf{a}_2^{\perp}\}$$

对应的特征值为

$$\{\lambda_1 = \mu, \lambda_2 = 1, \lambda_3 = 1\}$$

式中,$\mathbf{a}_i^{\perp}$ 是生成与 3 维向量 $\mathbf{a}$ 正交的空间的两个向量,即 $\mathbf{a}^{\mathsf{T}}\mathbf{a}_i^{\perp} = 0$ 和 $\mathbf{a} = \mathbf{a}_1^{\perp} \times \mathbf{a}_2^{\perp}$.

如果轴或顶点在无穷远,那么透射是一个仿射变换. 从代数上说,如果 $\mathbf{a} = (0,0,1)^{\mathsf{T}}$,那么轴在无穷远;或如果 $\mathbf{v} = (v_1, v_2, 0)^{\mathsf{T}}$,那么顶点在无穷远;并且在这两种情形下变换矩阵 H 的最后一行都是(0,0,1).

**平面调和透射**　平面透射的一种特殊情形是交比是调和的($\mu = -1$). 这样的平面透射称为平面调和透射,并因交比不变量已知,故其自由度为 4. 变换矩阵 H 满足 $\mathrm{H}^2 = \mathrm{I}$,即变换是恒等矩阵的平方根,它称为对合(也称周期为 2 的直射变换). 在相差一个公共尺度因子的情况下,其特征值是$\{-1,1,1\}$. 两组点对应决定 H.

在具有双侧对称的一个平面物体的透视图像中,图像中的对应点依照一个平面调和透射相关联. 该透射的轴是对称轴的图像. 从代数上说,H 是一个共轭反射,其中共轭元素是一个平面射影变换. 在仿射图像中(由仿射摄像机产生),所产生的变换是一个**反对称**,而且共轭元素是一个平面仿射变换. 反对称的顶点为无穷远点,连接对应点的直线互相平行.

调和透射可以参数化为

$$\mathrm{H} = \mathrm{H}^{-1} = \mathrm{I} - 2\frac{\mathbf{v}\mathbf{a}^{\mathsf{T}}}{\mathbf{v}^{\mathsf{T}}\mathbf{a}}$$

同样,如果轴或顶点为无穷远点,那么该变换是仿射的.

## A7.3 约束透视变换

约束透视变换(Elation)具有由不动点组成的一条直线(轴)和由交于轴上的一点(顶点)的不动直线组成的一直线束．它可以看成是受限的透射,其顶点位于由不动点组成的直线上．从代数上说,该矩阵有三个相等的特征值,但特征空间是两维的．它可以参数化为

$$\mathrm{H} = \mathrm{I} + \mu \mathbf{v}\mathbf{a}^{\mathsf{T}} \text{而 } \mathbf{a}^{\mathsf{T}}\mathbf{v} = 0 \quad (\text{A7.1})$$

式中,$\mathbf{a}$ 是轴,而 $\mathbf{v}$ 是顶点．特征值都是 1. H 的不变空间由 $\mathbf{a}_1^{\perp}, \mathbf{a}_2^{\perp}$ 生成．它是不动点组成的一条直线(束)($\mathbf{v}$ 含于其中,因为 $\mathbf{a}^{\mathsf{T}}\mathbf{v}=0$). $\mathrm{H}^{\mathsf{T}}$的不变空间由正交 $\mathbf{v}$ 的向量 $\mathbf{v}_1^{\perp}, \mathbf{v}_2^{\perp}$ 生成．这是一束不动直线,$\mathbf{I} = \alpha \mathbf{v}_1^{\perp} + \beta \mathbf{v}_2^{\perp}$,其中 $\mathbf{l}^{\mathsf{T}}\mathbf{v}=0$,即该束的所有直线相交于点 $\mathbf{v}$.

约束透视变换有 4 个自由度:因为有约束 $\mathbf{a}^{\mathsf{T}}\mathbf{v}=0$,所以比透射少一个．它由轴 $\mathbf{a}$(2dof),在 $\mathbf{a}$ 上的顶点 $\mathbf{v}$(1dof)和参数 $\mu$(1dof)所确定．它可以通过 2 组点对应而确定．

在实际中约束透视变换通常作为共轭平移出现．考虑在平面上实施重复平移 $\mathbf{t} = (t_x, t_y)^{\mathsf{T}}$ 的一种模式,例如在建筑物的墙上完全相同的窗子．对于墙平面的此行为可以表示为

$$\mathrm{H}_{\mathrm{E}} = \begin{bmatrix} \mathrm{I} & \mathbf{t} \\ \mathbf{0}^{\mathsf{T}} & 1 \end{bmatrix}$$

它是一个约束透视变换,其中 $\mathbf{v} = (t_x, t_y, 0)^{\mathsf{T}}$是重复窗的平移方向,而 $\mathbf{a} = (0,0,1)^{\mathsf{T}}$是无穷远直线．图像中的窗由共轭位移 $\mathrm{H} = \mathrm{T}\mathrm{H}_{\mathrm{E}}\mathrm{T}^{-1}$ 相互关联,其中 T 是把墙平面映射到该图像的射影变换．图像变换 H 也是一个约束透视变换．此约束透视变换的顶点是位移方向的消影点,而轴是墙平面的消影线．

## A7.4 透视变换

射影变换的另一个特殊情形是**透视变换**,图 A7.3 给出平面上的一个 1D 射影变换．透视变换的最重要的一个性质是连接对应点的直线共点．透视变换和射影变换之间的区别可以通过考虑两个透视变换的合成来弄清楚．如图 A7.4 所示,两个透视变换的复合一般**不是**透视变换．但是,该复合变换是射影变换,因为透视变换是射影变换且射影变换构成群(封闭)．所以两个射影变换的复合是射影变换．概括起来:

- **两(或更多)个透视变换的合成是射影变换,但一般不是透视变换．**

一个世界平面的中心投影图像(见图 2.3)是不同平面之间的 2D 透视变换的一个例子．注意辨认一个射影变换是一个透视变换需要将有关平面嵌入 3 维空间．

最后,试想像图 2.3 的平面和摄像机中心都被(另一个透视变换)映射到二平面之一．那么这被影像的透视变换现在是在同一平面上的点之间的一个映射,并被看作是一个平面透射(A7.2 节).

**进一步的阅读参考** [Springer-64]对射影变换进行了分类并讨论了一些特殊情况,例如平面透射,平面透射以许多不同面貌出现于文献中:在[VanGool-98]中是阴影图像关系的建模;在[Zisserman-95b]中是挤压曲面的图像的建模;在[Basri-99]中是平面姿态恢复的关系的建模．平面透射的参数化在 Viéville 和 Lingrand[Viéville-95]中给出．约束透视变换出现在平

面上重复模式的图像分组中[Schaffalitzky-99, Schaffalitzky-00b],而在 3 维空间中它们出现在广义的浅浮雕的多义性中[Kriegman-98].

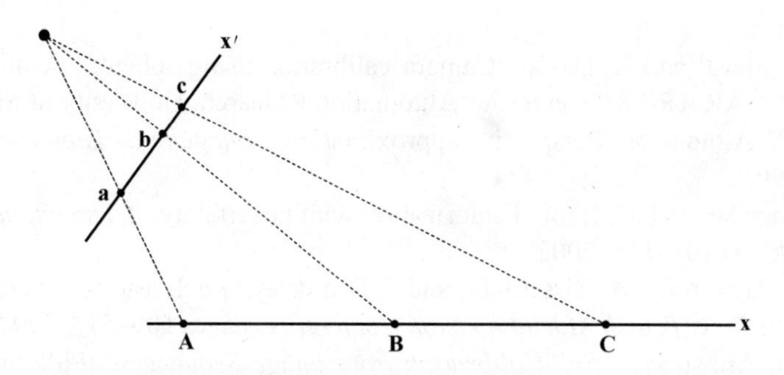


**图 A7.3　直线的透视变换.** 连接对应点(**a**,**A** 等)的直线共点. 请与图 A7.4 比较.

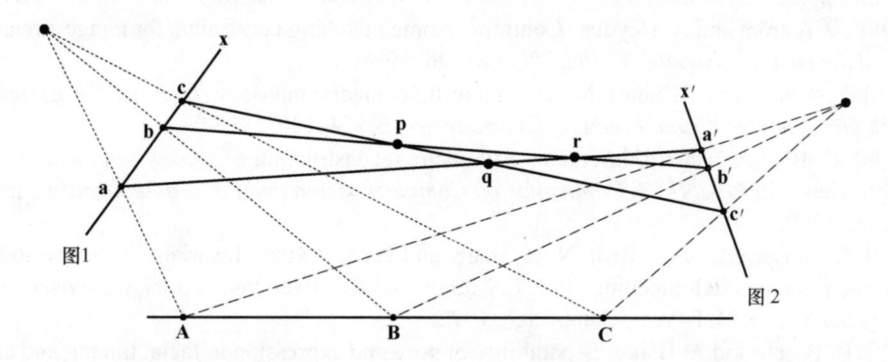


**图 A7.4　直线的射影变换.** 点{**a**,**b**,**c**}与点{**A**,**B**,**C**}通过直线到直线的透视变换相关联. 点{**a′**,**b′**,**c′**}与点{**A**,**B**,**C**}也通过一个透视变换相关联. 但是,点{**a**,**b**,**c**}与点{**a′**,**b′**,**c′**}仅通过一个射影变换相关联;它们不是由一个透视变换相关联,因为连接对应点的直线不再共点. 事实上,每两对直线之间的交点产生三个不同的点{**p**,**q**,**r**}.

# 参考文献

[Agrawal-03] M. Agrawal and L. Davis. Camera calibration using spheres: A dual-space approach. Research Report CAR-TR-984, Center for Automation Research, University of Maryland, 2003.

[Aloimonos-90] J. Y. Aloimonos. Perspective approximations. *Image and Vision Computing*, 8(3):177–192, August 1990.

[Anandan-02] P. Anandan and M. Irani. Factorization with uncertainty. *International Journal of Computer Vision*, 49(2/3):101–116, 2002.

[Armstrong-94] M. Armstrong, A. Zisserman, and P. Beardsley. Euclidean reconstruction from uncalibrated images. In *Proc. British Machine Vision Conference*, pages 509–518, 1994.

[Armstrong-96a] M. Armstrong. *Self-Calibration from Image Sequences*. PhD thesis, University of Oxford, England, 1996.

[Armstrong-96b] M. Armstrong, A. Zisserman, and R. Hartley. Self-calibration from image triplets. In *Proc. European Conference on Computer Vision*, LNCS 1064/5, pages 3–16. Springer-Verlag, 1996.

[Astrom-98] K. Åström and A. Heyden. Continuous time matching constraints for image streams. *International Journal of Computer Vision*, 28(1):85–96, 1998.

[Avidan-98] S. Avidan and A. Shashua. Threading fundamental matrices. In *Proc. 5th European Conference on Computer Vision, Freiburg, Germany*, pages 124–140, 1998.

[Baillard-99] C. Baillard and A. Zisserman. Automatic reconstruction of piecewise planar models from multiple views. In *Proc. IEEE Conference on Computer Vision and Pattern Recognition*, pages 559–565, June 1999.

[Barrett-92] E. B. Barrett, M. H. Brill, N. N. Haag, and P. M. Payton. Invariant linear methods in photogrammetry and model-matching. In J. L. Mundy and A. Zisserman, editors, *Geometric invariance in computer vision*. MIT Press, Cambridge, 1992.

[Bascle-98] B. Bascle and A. Blake. Separability of pose and expression in facial tracing and animation. In *Proc. International Conference on Computer Vision*, pages 323–328, 1998.

[Basri-99] R. Basri and D. Jacobs. Projective alignment with regions. In *Proc. 7th International Conference on Computer Vision, Kerkyra, Greece*, pages 1158–1164, 1999.

[Bathe-76] K-J. Bathe and E. Wilson. *Numerical methods in finite element analysis*. Prentice Hall, 1976.

[Beardsley-92] P. A. Beardsley, D. Sinclair, and A. Zisserman. Ego-motion from six points. Insight meeting, Catholic University Leuven, February 1992.

[Beardsley-94] P. A. Beardsley, A. Zisserman, and D. W. Murray. Navigation using affine structure and motion. In *Proc. European Conference on Computer Vision*, LNCS 800/801, pages 85–96. Springer-Verlag, 1994.

[Beardsley-95a] P. A. Beardsley and A. Zisserman. Affine calibration of mobile vehicles. In *Europe–China workshop on Geometrical Modelling and Invariants for Computer Vision*, pages 214–221. Xidan University Press, Xi'an, China, 1995.

[Beardsley-95b] P. A. Beardsley, I. D. Reid, A. Zisserman, and D. W. Murray. Active visual navigation using non-metric structure. In *Proc. International Conference on Computer Vision*, pages 58–64, 1995.

[Beardsley-96] P. A. Beardsley, P. H. S. Torr, and A. Zisserman. 3D model aquisition from extended image sequences. In *Proc. 4th European Conference on Computer Vision, LNCS 1065, Cambridge*, pages 683–695, 1996.

[Blake-87] A. Blake and A. Zisserman. *Visual Reconstruction*. MIT Press, Cambridge, USA, August 1987.

[Boehm-94] W. Boehm and H. Prautzsch. *Geometric Concepts for Geometric Design*. A. K. Peters, 1994.

[Bookstein-79] F. Bookstein. Fitting conic sections to scattered data. *Computer Graphics and Image Processing*, 9:56–71, 1979.

[Bougnoux-98] S. Bougnoux. From Projective to Euclidean space under any practical situation, a criticism of self-calibration. In *Proc. 6th International Conference on Computer Vision, Bombay, India*, pages 790–796, January 1998.

[Boult-91] I. E. Boult and L. Gottesfeld Brown. Factorisation-based segmentation of motions. In *Proc. IEEE Workshop on Visual Motion*, 1991.

[Brand-01] M. Brand. Morphable 3d models from video. In *Proc. IEEE Conference on Computer Vision and Pattern Recognition*, pages II: 456–463, 2001.

[Brown-71] D. C. Brown. Close-range camera calibration. *Photogrammetric Engineering*, 37(8):855–866, 1971.

[Buchanan-88] T. Buchanan. The twisted cubic and camera calibration. *Computer Vision, Graphics and Image Processing*, 42:130–132, 1988.

[Buchanan-92] T. Buchanan. Critical sets for 3D reconstruction using lines. In *Proc. European Conference on Computer Vision*, LNCS 588, pages 730–738. Springer-Verlag, 1992.

[Canny-86] J. F. Canny. A computational approach to edge detection. *IEEE Transactions on Pattern Analysis and Machine Intelligence*, 8(6):679–698, 1986.

[Capel-98] D. Capel and A. Zisserman. Automated mosaicing with super-resolution zoom. In *Proc. IEEE Conference on Computer Vision and Pattern Recognition, Santa Barbara*, pages 885–891, June 1998.

[Caprile-90] B. Caprile and V. Torre. Using vanishing points for camera calibration. *International Journal of Computer Vision*, 4:127–140, 1990.

[Carlsson-93] S. Carlsson. Multiple image invariance using the double algebra. In *Applications of Invariance in Computer Vision*, volume SLN Comp. Science vol 825, pages 335–350, 1993.

[Carlsson-94] S. Carlsson. Multiple image invariance using the double algebra. In J. Mundy, A. Zisserman, and D. Forsyth, editors, *Applications of Invariance in Computer Vision LNCS 825*. Springer-Verlag, 1994.

[Carlsson-95] S. Carlsson. Duality of reconstruction and positioning from projective views. In *IEEE Workshop on Representation of Visual Scenes, Boston*, 1995.

[Carlsson-98] S. Carlsson and D. Weinshall. Dual computation of projective shape and camera positions from multiple images. *International Journal of Computer Vision*, 27(3):227–241, 1998.

[Christy-96] S. Christy and R. Horaud. Euclidean shape and motion from multiple perspective views by affine iteration. *IEEE Transactions on Pattern Analysis and Machine Intelligence*, 18(11):1098–1104, November 1996.

[Chum-03] O. Chum, T. Werner, and T. Pajdla. On joint orientation of epipoles. Research Report CTU–CMP–2003–10, Center for Machine Perception, K333 FEE Czech Technical University, Prague, Czech Republic, April 2003.

[Cipolla-99] R. Cipolla, T. Drummond, and D. Robertson. Camera calibration from vanishing points in images of architectural scenes. In *Proc. British Machine Vision Conference*, September 1999.

[Collins-93] R. T. Collins and J. R. Beveridge. Matching perspective views of coplanar structures using projective unwarping and similarity matching. In *Proc. IEEE Conference on Computer Vision and Pattern Recognition*, 1993.

[Costeira-98] J.P. Costeira and T. Kanade. A multibody factorization method for independently moving objects. *International Journal of Computer Vision*, 29(3):159–179, 1998.

[Criminisi-98] A. Criminisi, I. Reid, and A. Zisserman. Duality, rigidity and planar parallax. In *Proc. European Conference on Computer Vision*, pages 846–861. Springer-Verlag, June 1998.

[Criminisi-99a] A. Criminisi, I. Reid, and A. Zisserman. Single view metrology. In *Proc. 7th International Conference on Computer Vision, Kerkyra, Greece*, pages 434–442, September 1999.

[Criminisi-99b] A. Criminisi, I. Reid, and A. Zisserman. A plane measuring device. *Image and Vision*

*Computing*, 17(8):625–634, 1999.

[Criminisi-00] A. Criminisi, I. Reid, and A. Zisserman. Single view metrology. *International Journal of Computer Vision*, 40(2):123–148, November 2000.

[Criminisi-01] A. Criminisi. *Accurate Visual Metrology from Single and Multiple Uncalibrated Images*. Distinguished Dissertation Series. Springer-Verlag London Ltd., July 2001. ISBN: 1852334681.

[Cross-98] G. Cross and A. Zisserman. Quadric surface reconstruction from dual-space geometry. In *Proc. 6th International Conference on Computer Vision, Bombay, India*, pages 25–31, January 1998.

[Cross-99] G. Cross, A. W. Fitzgibbon, and A. Zisserman. Parallax geometry of smooth surfaces in multiple views. In *Proc. 7th International Conference on Computer Vision, Kerkyra, Greece*, pages 323–329, September 1999.

[Csurka-97] G. Csurka, C. Zeller, Z. Zhang, and O. D. Faugeras. Characterizing the uncertainty of the fundamental matrix. *Computer Vision and Image Understanding*, 68(1):18–36, October 1997.

[Csurka-98] G. Csurka, D. Demirdjian, A. Ruf, and R. Horaud. Closed-form solutions for the euclidean calibration of a stereo rig. In *Proc. 5th European Conference on Computer Vision, Freiburg, Germany*, pages 426–442, June 1998.

[DeAgapito-98] L. de Agapito, E. Hayman, and I. Reid. Self-calibration of a rotating camera with varying intrinsic parameters. In *Proc. 9th British Machine Vision Conference, Southampton*, 1998.

[DeAgapito-99] L. de Agapito, R. I. Hartley, and E. Hayman. Linear self-calibration of a rotating and zooming camera. In *Proc. IEEE Conference on Computer Vision and Pattern Recognition*, pages 15–21, 1999.

[Dementhon-95] D. Dementhon and L. Davis. Model based pose in 25 lines of code. *International Journal of Computer Vision*, 15(1/2):123–141, 1995.

[Devernay-95] F. Devernay and O. D. Faugeras. Automatic calibration and removal of distortion from scenes of structured environments. In *SPIE*, volume 2567, San Diego, CA, July 1995.

[Devernay-96] F. Devernay and O. D. Faugeras. From projective to euclidean reconstruction. In *Proc. IEEE Conference on Computer Vision and Pattern Recognition*, pages 264–269, 1996.

[Faugeras-90] O. D. Faugeras and S. J. Maybank. Motion from point matches: Multiplicity of solutions. *International Journal of Computer Vision*, 4:225–246, 1990.

[Faugeras-92a] O. D. Faugeras, Q. Luong, and S. Maybank. Camera self-calibration: Theory and experiments. In *Proc. European Conference on Computer Vision*, LNCS 588, pages 321–334. Springer-Verlag, 1992.

[Faugeras-92b] O. D. Faugeras. What can be seen in three dimensions with an uncalibrated stereo rig? In *Proc. European Conference on Computer Vision*, LNCS 588, pages 563–578. Springer-Verlag, 1992.

[Faugeras-93] O. D. Faugeras. *Three-Dimensional Computer Vision: a Geometric Viewpoint*. MIT Press, 1993.

[Faugeras-94] O. D. Faugeras and L. Robert. What can two images tell us about a third one. In J. O. Eckland, editor, *Proc. 3rd European Conference on Computer Vision, Stockholm*, pages 485–492. Springer-Verlag, 1994.

[Faugeras-95a] O. D. Faugeras and B. Mourrain. On the geometry and algebra of point and line correspondences between N images. In *Proc. International Conference on Computer Vision*, pages 951–962, 1995.

[Faugeras-95b] O. D. Faugeras. Stratification of three-dimensional vision: projective, affine, and metric representation. *Journal of the Optical Society of America*, A12:465–484, 1995.

[Faugeras-95c] O. D. Faugeras, S. Laveau, L. Robert, G. Csurka, and C. Zeller. 3-D reconstruction of urban scenes from sequences of images. Technical report, INRIA, 1995.

[Faugeras-97] O. D. Faugeras and T. Papadopoulo. Grassmann-Cayley algebra for modeling systems of cameras and the algebraic equations of the manifold of trifocal tensors. Technical Report 3225, INRIA, Sophia-Antipolis, France, 1997.

[Faugeras-98] O. D. Faugeras, L. Quan, and P. Sturm. Self-calibration of a 1D projective camera and its application to the self-calibration of a 2D projective camera. In *Proc. European Conference on Computer Vision*, pages 36–52, 1998.

[Fischler-81] M. A. Fischler and R. C. Bolles. Random sample consensus: A paradigm for model fitting with applications to image analysis and automated cartography. *Comm. Assoc. Comp. Mach.*, 24(6):381–395, 1981.

[Fitzgibbon-98a] A. W. Fitzgibbon and A. Zisserman. Automatic camera recovery for closed or open image sequences. In *Proc. European Conference on Computer Vision*, pages 311–326. Springer-Verlag, June 1998.

[Fitzgibbon-98b] A. W. Fitzgibbon, G. Cross, and A. Zisserman. Automatic 3D model construction for turn-table sequences. In R. Koch and L. Van Gool, editors, *3D Structure from Multiple Images of Large-Scale Environments, LNCS 1506*, pages 155–170. Springer-Verlag, June 1998.

[Fitzgibbon-99] A. W. Fitzgibbon, M. Pilu, and R. B. Fisher. Direct least-squares fitting of ellipses. *IEEE Transactions on Pattern Analysis and Machine Intelligence*, 21(5):476–480, May 1999.

[Gear-98] C. W. Gear. Multibody grouping from motion images. *International Journal of Computer Vision*, 29(2):133–150, 1998.

[Giblin-87] P. Giblin and R. Weiss. Reconstruction of surfaces from profiles. In *Proc. 1st International Conference on Computer Vision, London*, pages 136–144, London, 1987.

[Gill-78] P. E. Gill and W. Murray. Algorithms for the solution of the nonlinear least-squares problem. *SIAM J Num Anal*, 15(5):977–992, 1978.

[Golub-89] G. H. Golub and C. F. Van Loan. *Matrix Computations*. The Johns Hopkins University Press, Baltimore, MD, second edition, 1989.

[Gracie-68] G. Gracie. Analytical photogrammetry applied to single terrestrial photograph mensuration. In *XIth International Conference of Photogrammetry, Lausanne, Switzerland*, July 1968.

[Gupta-97] R. Gupta and R. I. Hartley. Linear pushbroom cameras. *IEEE Transactions on Pattern Analysis and Machine Intelligence*, September 1997.

[Haralick-91] R. M. Haralick, C. Lee, K. Ottenberg, and M. Nölle. Analysis and solutions of the three point perspective pose estimation problem. In *Proc. IEEE Conference on Computer Vision and Pattern Recognition*, pages 592–598, 1991.

[Harris-88] C. J. Harris and M. Stephens. A combined corner and edge detector. In *Proc. 4th Alvey Vision Conference, Manchester*, pages 147–151, 1988.

[Hartley-92a] R. I. Hartley. Estimation of relative camera positions for uncalibrated cameras. In *Proc. European Conference on Computer Vision*, LNCS 588, pages 579–587. Springer-Verlag, 1992.

[Hartley-92b] R. I. Hartley. Invariants of points seen in multiple images. GE internal report, GE CRD, Schenectady, NY 12301, USA, May 1992.

[Hartley-92c] R. I. Hartley, R. Gupta, and T. Chang. Stereo from uncalibrated cameras. In *Proc. IEEE Conference on Computer Vision and Pattern Recognition*, 1992.

[Hartley-94a] R. I. Hartley. Self-calibration from multiple views with a rotating camera. In *Proc. European Conference on Computer Vision*, LNCS 800/801, pages 471–478. Springer-Verlag, 1994.

[Hartley-94b] R. I. Hartley. Euclidean reconstruction from uncalibrated views. In J. Mundy, A. Zisserman, and D. Forsyth, editors, *Applications of Invariance in Computer Vision*, LNCS 825, pages 237–256. Springer-Verlag, 1994.

[Hartley-94c] R. I. Hartley. Projective reconstruction and invariants from multiple images. *IEEE Transactions on Pattern Analysis and Machine Intelligence*, 16:1036–1041, October 1994.

[Hartley-94d] R. I. Hartley. Projective reconstruction from line correspondence. In *Proc. IEEE Conference on Computer Vision and Pattern Recognition*, 1994.

[Hartley-95a] R. I. Hartley. Multilinear relationships between coordinates of corresponding image points and lines. In *Proceedings of the Sophus Lie Symposium, Nordfjordeid, Norway (*not published yet*)*, 1995.

[Hartley-95b] R. I. Hartley. A linear method for reconstruction from lines and points. In *Proc. International Conference on Computer Vision*, pages 882–887, 1995.

[Hartley-97a] R. I. Hartley. Lines and points in three views and the trifocal tensor. *International Journal of Computer Vision*, 22(2):125–140, 1997.

[Hartley-97b] R. I. Hartley and P. Sturm. Triangulation. *Computer Vision and Image Understanding*, 68(2):146–157, November 1997.

[Hartley-97c] R. I. Hartley. In defense of the eight-point algorithm. *IEEE Transactions on Pattern Analysis and Machine Intelligence*, 19(6):580 – 593, October 1997.

[Hartley-97d] R. I. Hartley. Kruppa's equations derived from the fundamental matrix. *IEEE Transactions on Pattern Analysis and Machine Intelligence*, 19(2):133–135, 1997.

[Hartley-97e] R. I. Hartley and T. Saxena. The cubic rational polynomial camera model. In *Proc. DARPA Image Understanding Workshop*, pages 649 – 653, 1997.

[Hartley-98a] R. I. Hartley. Chirality. *International Journal of Computer Vision*, 26(1):41–61, 1998.

[Hartley-98b] R. I. Hartley. Dualizing scene reconstruction algorithms. In R. Koch and L. Van Gool, editors, *3D Structure from Multiple Images of Large-Scale Environments, LNCS 1506*, pages 14–31. Springer-Verlag, June 1998.

[Hartley-98c] R. I. Hartley. Computation of the quadrifocal tensor. In *Proc. European Conference on Computer Vision*, LNCS 1406, pages 20–35. Springer-Verlag, 1998.

[Hartley-98d] R. I. Hartley. Minimizing algebraic error in geometric estimation problems. In *Proc. International Conference on Computer Vision*, pages 469–476, 1998.

[Hartley-99] R. Hartley, L. de Agapito, E. Hayman, and I. Reid. Camera calibration and the search for infinity. In *Proc. 7th International Conference on Computer Vision, Kerkyra, Greece*, pages 510–517, September 1999.

[Hartley-00a] R. I. Hartley and N. Y. Dano. Reconstruction from six-point sequences. In *Proc. IEEE Conference on Computer Vision and Pattern Recognition*, pages II–480 – II–486, 2000.

[Hartley-00b] R. I. Hartley. Ambiguous configurations for 3-view projective reconstruction. In *Proc. 6th European Conference on Computer Vision, Part I, LNCS 1842, Dublin, Ireland*, pages 922–935, 2000.

[Hartley-02a] R. Hartley and F. Kahl. Critical curves and surfaces for euclidean reconstruction. In *Proc. 7th European Conference on Computer Vision, Part II, LNCS 2351, Copenhagen, Denmark*, pages 447–462, 2002.

[Hartley-02b] R. Hartley and R. Kaucic. Sensitivity of calibration to principal point position. In *Proc. 7th European Conference on Computer Vision, Copenhagen, Denmark*, volume 2, pages 433–446. Springer-Verlag, 2002.

[Hartley-03] R. Hartley and F. Kahl. A critical configuration for reconstruction from rectilinear motion. In *Proc. IEEE Conference on Computer Vision and Pattern Recognition*, 2003.

[Hayman-03] E. Hayman, T. Thórhallsson, and D.W. Murray. Tracking while zooming using affine transfer and multifocal tensors. *International Journal of Computer Vision*, 51(1):37–62, January 2003.

[Heyden-95a] A. Heyden. Reconstruction from image sequences by means of relative depths. In E. Grimson, editor, *Proc. 5th International Conference on Computer Vision, Boston*, Cambridge, MA, June 1995.

[Heyden-95b] A. Heyden. *Geometry and Algebra of Multiple Projective Transformations*. PhD thesis, Department of Mathematics, Lund University, Sweden, December 1995.

[Heyden-97a] A. Heyden. Projective structure and motion from image sequences using subspace methods. In *Scandinavian Conference on Image Analysis, Lappenraanta*, pages 963–968, 1997.

[Heyden-97b] A. Heyden and K. Åström. Euclidean reconstruction from image sequences with varying and unknown focal length and principal point. In *Proc. IEEE Conference on Computer Vision and Pattern Recognition*, 1997.

[Heyden-97c] A. Heyden. Reconstruction from multiple images by means of using relative depths. *International Journal of Computer Vision*, 24(2):155–161, 1997.

[Heyden-98] A. Heyden. Algebraic varieties in multiple view geometry. In *Proc. 5th European Conference on Computer Vision, Freiburg, Germany*, pages 3–19, 1998.

[Hilbert-56] D. Hilbert and S. Cohn-Vossen. *Geometry and the Imagination.* Chelsea, NY, 1956.

[Horaud-98] R. Horaud and G. Csurka. Self-calibration and Euclidean reconstruction using motions of a stereo rig. In *Proc. 6th International Conference on Computer Vision, Bombay, India*, pages 96–103, January 1998.

[Horn-90] B. K. P. Horn. Relative orientation. *International Journal of Computer Vision*, 4:59–78, 1990.

[Horn-91] B. K. P. Horn. Relative orientation revisited. *Journal of the Optical Society of America*, 8(10):1630–1638, 1991.

[Horry-97] Y. Horry, K. Anjyo, and K. Arai. Tour into the picture: Using a spidery mesh interface to make animation from a single image. In *Proceedings of the ACM SIGGRAPH Conference on Computer Graphics*, pages 225–232, 1997.

[Huang-89] T. S. Huang and O. D. Faugeras. Some properties of the E-matrix in two-view motion estimation. *IEEE Transactions on Pattern Analysis and Machine Intelligence*, 11:1310 – 1312, 1989.

[Huber-81] P. J. Huber. *Robust Statistics*. John Wiley and Sons, 1981.

[Huynh-03] D.Q. Huynh, R. Hartley, and A Heyden. Outlier correction of image sequences for the affine camera. In *Proc. 9th International Conference on Computer Vision, Vancouver, France*, 2003.

[Irani-98] M. Irani, P. Anandan, and D. Weinshall. From reference frames to reference planes: Multi-view parallax geometry and applications. In *Proc. European Conference on Computer Vision*, 1998.

[Irani-99] M. Irani. Multi-frame optical flow estimation using subspace contraints. In *Proc. International Conference on Computer Vision*, 1999.

[Irani-00] Michal Irani and P. Anandan. Factorization with uncertainty. In *Proc. 6th European Conference on Computer Vision, Part I, LNCS 1842, Dublin, Ireland*, pages 539 – 553, 2000.

[Jiang-02] G. Jiang, H. Tsui, L. Quan, and A. Zisserman. Single axis geometry by fitting conics. In *Proc. 7th European Conference on Computer Vision, Copenhagen, Denmark*, volume 1, pages 537–550. Springer-Verlag, 2002.

[Kahl-98a] F. Kahl and A. Heyden. Structure and motion from points, lines and conics with affine cameras. In *Proc. 5th European Conference on Computer Vision, Freiburg, Germany*, pages 327–341, 1998.

[Kahl-98b] F. Kahl and A. Heyden. Using conic correspondences in two images to estimate epipolar geometry. In *Proc. 6th International Conference on Computer Vision, Bombay, India*, pages 761–766, 1998.

[Kahl-99] F. Kahl. Critical motions and ambiguous euclidean reconstructions in auto-calibration. In *Proc. 7th International Conference on Computer Vision, Kerkyra, Greece*, pages 469–475, 1999.

[Kahl-01a] F. Kahl, R. Hartley, and K. Åström. Critical configurations for n-view projective reconstruction. In *Proc. IEEE Conference on Computer Vision and Pattern Recognition*, pages II–158 – II–163, 2001.

[Kahl-01b] F. Kahl. *Geometry and Critical Configurations of Multiple Views*. PhD thesis, Lund Institute of Technology, 2001.

[Kanatani-92] K. Kanatani. *Geometric computation for machine vision.* Oxford University Press, Oxford, 1992.

[Kanatani-94] K. Kanatani. Statistical bias of conic fitting and renormalization. *IEEE Transactions on Pattern Analysis and Machine Intelligence*, 16(3):320–326, 1994.

[Kanatani-96] K. Kanatani. *Statistical Optimization for Geometric Computation: Theory and Practice.* Elsevier Science, Amsterdam, 1996.

[Kaucic-01] R. Kaucic, R. I. Hartley, and N. Y. Dano. Plane-based projective reconstruction. In *Proc. 8th International Conference on Computer Vision, Vancouver, Canada*, pages I–420–427, 2001.

[Klein-39] F. Klein. *Elementary Mathematics from an Advanced Standpoint*. Macmillan, New York, 1939.

[Knight-03] J. Knight, A. Zisserman, and I. Reid. Linear auto-calibration for ground plane motion. In *Proc. IEEE Conference on Computer Vision and Pattern Recognition*, June 2003.

[Koenderink-84] J. J. Koenderink. What does the occluding contour tell us about solid shape? *Perception*, 13:321–330, 1984.

[Koenderink-90] J. Koenderink. *Solid Shape*. MIT Press, 1990.

[Koenderink-91] J. J. Koenderink and A. J. van Doorn. Affine structure from motion. *Journal of the Optical Society of America*, 8(2):377–385, 1991.

[Krames-42] J. Krames. Über die bei der Hauptaufgabe der Luftphotogrammetrie auftretenden "gefährlichen" Flächen. *Bildmessung und Luftbildwesen (Beilage zur Allg. Vermessungs-Nachr.)*, 17, Heft 1/2:1–18, 1942.

[Kriegman-98] D. J. Kriegman and P. Belhumeur. What shadows reveal about object structure. In *Proc. European Conference on Computer Vision*, pages 399–414, 1998.

[Laveau-96a] S. Laveau. *Géométrie d'un système de N caméras. Théorie, estimation et applications*. PhD thesis, INRIA, 1996.

[Laveau-96b] S. Laveau and O. D. Faugeras. Oriented projective geometry in computer vision. In *Proc. 4th European Conference on Computer Vision, LNCS 1065, Cambridge*, pages 147–156, Springer–Verlag, 1996. Buxton B. and Cipolla R.

[Liebowitz-98] D. Liebowitz and A. Zisserman. Metric rectification for perspective images of planes. In *Proc. IEEE Conference on Computer Vision and Pattern Recognition*, pages 482–488, June 1998.

[Liebowitz-99a] D. Liebowitz, A. Criminisi, and A. Zisserman. Creating architectural models from images. In *Proc. EuroGraphics*, volume 18, pages 39–50, September 1999.

[Liebowitz-99b] D. Liebowitz and A. Zisserman. Combining scene and auto-calibration constraints. In *Proc. 7th International Conference on Computer Vision, Kerkyra, Greece*, September 1999.

[Liebowitz-01] D. Liebowitz. *Camera Calibration and Reconstruction of Geometry from Images*. PhD thesis, University of Oxford, Dept. Engineering Science, June 2001. D.Phil. thesis.

[LonguetHiggins-81] H. C. Longuet-Higgins. A computer algorithm for reconstructing a scene from two projections. *Nature*, 293:133–135, September 1981.

[Luong-92] Q. Luong. *Matrice Fondamentale et Autocalibration en Vision par Ordinateur*. PhD thesis, Université de Paris-Sud, France, 1992.

[Luong-94] Q. T. Luong and T. Viéville. Canonic representations for the geometries of multiple projective views. In *Proc. 3rd European Conference on Computer Vision, Stockholm*, pages 589–599, May 1994.

[Luong-96] Q. T. Luong and T. Viéville. Canonical representations for the geometries of multiple projective views. *Computer Vision and Image Understanding*, 64(2):193–229, September 1996.

[Lutkepohl-96] H. Lutkepohl. *Handbook of Matrices*. Wiley, ISBN 0471970158, 1996.

[Ma-99] Y. Ma, S. Soatto, J. Kosecka, and S. Sastry. Euclidean reconstruction and reprojection up to subgroups. In *Proc. 7th International Conference on Computer Vision, Kerkyra, Greece*, pages 773–780, 1999.

[Mathematica-92] S. Wolfram. *Mathematica A System for Doing Mathematics by Computer second edition*. Addison-Wesley, 1992.

[Maybank-90] S. J. Maybank. The projective geometry of ambiguous surfaces. *Philosophical Transactions of the Royal Society of London, SERIES A*, A 332:1–47, 1990.

[Maybank-93] S. J. Maybank. *Theory of reconstruction from image motion*. Springer-Verlag, Berlin, 1993.

[Maybank-98] S. J. Maybank and A. Shashua. Ambiguity in reconstruction from images of six points. In *Proc. 6th International Conference on Computer Vision, Bombay, India*, pages 703–708, 1998.

[McLauchlan-00] P. F. McLauchlan. Gauge independence in optimization algorithms for 3D vision. In W. Triggs, A. Zisserman, and R. Szeliski, editors, *Vision Algorithms: Theory and Practice*, volume 1883 of *LNCS*, pages 183–199. Springer, 2000.

[Mohr-92] R. Mohr. Projective geometry and computer vision. In C. H. Chen, L. F. Pau, and P. S. P. Wang, editors, *Handbook of Pattern Recognition and Computer Vision*. World Scientific, 1992.

[Mohr-93] R. Mohr, F. Veillon, and L. Quan. Relative 3D reconstruction using multiple uncalibrated images. In *Proc. IEEE Conference on Computer Vision and Pattern Recognition*, pages 543–548, 1993.

[Moons-94] T. Moons, L. Van Gool, M. Van Diest, and E. Pauwels. Affine reconstruction from perspective image pairs. In J. Mundy, A. Zisserman, and D. Forsyth, editors, *Applications of Invariance in Computer Vision*, LNCS 825. Springer-Verlag, 1994.

[Muehlich-98] M. Mühlich and R. Mester. The role of total least squares in motion analysis. In *Proc. 5th European Conference on Computer Vision, Freiburg, Germany*, pages 305–321. Springer-Verlag, 1998.

[Mundy-92] J. Mundy and A. Zisserman. *Geometric Invariance in Computer Vision*. MIT Press, 1992.

[Newsam-96] G. Newsam, D. Q. Huynh, M. Brooks, and H. P. Pan. Recovering unknown focal lengths in self-calibration: An essentially linear algorithm and degenerate configurations. In *Int. Arch. Photogrammetry & Remote Sensing*, volume XXXI-B3, pages 575–80, Vienna, 1996.

[Niem-94] W. Niem and R. Buschmann. Automatic modelling of 3D natural objects from multiple views. In *European Workshop on Combined Real and Synthetic Image Processing for Broadcast and Video Production, Hamburg, Germany*, 1994.

[Nister-00] D. Nister. Reconstruction from uncalibrated sequences with a hierarchy of trifocal tensors. In *Proc. European Conference on Computer Vision*, 2000.

[Oskarsson-02] M. Oskarsson, A. Zisserman, and K. Åström. Minimal projective reconstruction for combinations of points and lines in three views. In *Proc. British Machine Vision Conference*, pages 62–72, 2002.

[Poelman-94] C. Poelman and T. Kanade. A paraperspective factorization method for shape and motion recovery. In *Proc. 3rd European Conference on Computer Vision, Stockholm*, volume 2, pages 97–108, 1994.

[Pollefeys-96] M. Pollefeys, L. Van Gool, and A. Oosterlinck. The modulus constraint: a new constraint for self-calibration. In *Proc. International Conference on Pattern Recognition*, pages 31–42, 1996.

[Pollefeys-98] M. Pollefeys, R. Koch, and L. Van Gool. Self calibration and metric reconstruction in spite of varying and unknown internal camera parameters. In *Proc. 6th International Conference on Computer Vision, Bombay, India*, pages 90–96, 1998.

[Pollefeys-99a] M. Pollefeys, R. Koch, and L. Van Gool. A simple and efficient rectification method for general motion. In *Proc. International Conference on Computer Vision*, pages 496–501, 1999.

[Pollefeys-99b] M. Pollefeys. *Self-calibration and metric 3D reconstruction from uncalibrated image sequences*. PhD thesis, ESAT-PSI, K.U.Leuven, 1999.

[Pollefeys-02] M. Pollefeys, F. Verbiest, and L. J. Van Gool. Surviving dominant planes in uncalibrated structure and motion recovery. In *ECCV (2)*, pages 837–851, 2002.

[Ponce-94] J. Ponce, D. H. Marimont, and T. A. Cass. Analytical methods for uncalibrated stereo and motion measurement. In *Proc. 3rd European Conference on Computer Vision, Stockholm*, volume 1, pages 463–470, 1994.

[Porrill-91] J. Porrill and S. B. Pollard. Curve matching and stereo calibration. *Image and Vision Computing*, 9(1):45–50, 1991.

[Pratt-87] V. Pratt. Direct least-squares fitting of algebraic surfaces. *Computer Graphics*, 21(4):145–151, 1987.

[Press-88] W. Press, B. Flannery, S. Teukolsky, and W. Vetterling. *Numerical Recipes in C*. Cambridge University Press, 1988.

[Pritchett-98] P. Pritchett and A. Zisserman. Wide baseline stereo matching. In *Proc. 6th International Conference on Computer Vision, Bombay, India*, pages 754–760, January 1998.

[Proesmans-98] M. Proesmans, T. Tuytelaars, and L. J. Van Gool. Monocular image measurements.

Technical Report Improofs-M12T21/1/P, K.U.Leuven, 1998.

[Quan-94] L. Quan. Invariants of 6 points from 3 uncalibrated images. In J. O. Eckland, editor, *Proc. 3rd European Conference on Computer Vision, Stockholm*, pages 459–469. Springer-Verlag, 1994.

[Quan-97a] L. Quan and T. Kanade. Affine structure from line correspondences with uncalibrated affine cameras. *IEEE Transactions on Pattern Analysis and Machine Intelligence*, 19(8):834–845, August 1997.

[Quan-97b] L. Quan. Uncalibrated 1D projective camera and 3D affine reconstruction of lines. In *Proc. IEEE Conference on Computer Vision and Pattern Recognition*, pages 60–65, 1997.

[Quan-98] L. Quan and Z. Lan. Linear $n \geqslant 4$-point pose determination. In *Proc. 6th International Conference on Computer Vision, Bombay, India*, pages 778–783, 1998.

[Reid-96] I. D. Reid and D. W. Murray. Active tracking of foveated feature clusters using affine structure. *International Journal of Computer Vision*, 18(1):41–60, 1996.

[Rinner-72] K. Rinner and R. Burkhardt. Photogrammetrie. In *Handbuch der Vermessungskunde*, volume Band III a/3. Jordan, Eggert, Kneissel, Stuttgart: J.B. Metzlersche Verlagsbuchhandlung, 1972.

[Robert-93] L. Robert and O. D. Faugeras. Relative 3D positioning and 3D convex hull computation from a weakly calibrated stereo pair. In *Proc. 4th International Conference on Computer Vision, Berlin*, pages 540–544, 1993.

[Rother-01] C. Rother and S. Carlsson. Linear multi view reconstruction and camera recovery. In *Proc. 8th International Conference on Computer Vision, Vancouver, Canada*, pages I–42–49, 2001.

[Rother-03] C. Rother. *Multi-View Reconstruction and Camera Recovery using a Real or Virtual Reference Plane*. PhD thesis, Computational Vision and Active Perception Laboratory, Kungl Tekniska Högskolan, 2003.

[Rousseeuw-87] P. J. Rousseeuw. *Robust Regression and Outlier Detection*. Wiley, New York, 1987.

[Sampson-82] P. D. Sampson. Fitting conic sections to 'very scattered' data: An iterative refinement of the Bookstein algorithm. *Computer Vision, Graphics, and Image Processing*, 18:97–108, 1982.

[Sawhney-98] H. S. Sawhney, S. Hsu, and R. Kumar. Robust video mosaicing through topology inference and local to global alignment. In *Proc. European Conference on Computer Vision*, pages 103–119. Springer-Verlag, 1998.

[Schaffalitzky-99] F. Schaffalitzky and A. Zisserman. Geometric grouping of repeated elements within images. In D.A. Forsyth, J.L. Mundy, V. Di Gesu, and R. Cipolla, editors, *Shape, Contour and Grouping in Computer Vision*, LNCS 1681, pages 165–181. Springer-Verlag, 1999.

[Schaffalitzky-00a] F. Schaffalitzky. Direct solution of modulus constraints. In *Proceedings of the Indian Conference on Computer Vision, Graphics and Image Processing, Bangalore*, pages 314–321, 2000.

[Schaffalitzky-00b] F. Schaffalitzky and A. Zisserman. Planar grouping for automatic detection of vanishing lines and points. *Image and Vision Computing*, 18:647–658, 2000.

[Schaffalitzky-00c] F. Schaffalitzky, A. Zisserman, R. I. Hartley, and P. H. S. Torr. A six point solution for structure and motion. In *Proc. European Conference on Computer Vision*, pages 632–648. Springer-Verlag, June 2000.

[Schmid-97] C. Schmid and A. Zisserman. Automatic line matching across views. In *Proc. IEEE Conference on Computer Vision and Pattern Recognition*, pages 666–671, 1997.

[Schmid-98] C. Schmid and A. Zisserman. The geometry and matching of curves in multiple views. In *Proc. European Conference on Computer Vision*, pages 394–409. Springer-Verlag, June 1998.

[Se-00] S. Se. Zebra-crossing detection for the partially sighted. In *Proc. IEEE Conference on Computer Vision and Pattern Recognition*, pages 211–217, 2000.

[Semple-79] J. G. Semple and G. T. Kneebone. *Algebraic Projective Geometry*. Oxford University Press, 1979.

[Shapiro-95] L. S. Shapiro, A. Zisserman, and M. Brady. 3D motion recovery via affine epipolar geometry. *International Journal of Computer Vision*, 16(2):147–182, 1995.

[Shashua-94] A. Shashua. Trilinearity in visual recognition by alignment. In *Proc. 3rd European Con-*

*ference on Computer Vision, Stockholm*, volume 1, pages 479–484, May 1994.

[Shashua-95a] A. Shashua. Algebraic functions for recognition. *IEEE Transactions on Pattern Analysis and Machine Intelligence*, 17(8):779–789, August 1995.

[Shashua-95b] A. Shashua and M. Werman. On the trilinear tensor of three perspective views and its underlying geometry. In *Proc. 5th International Conference on Computer Vision, Boston*, 1995.

[Shashua-96] A. Shashua and S. J. Maybank. Degenerate N-point configurations of three views: Do critical surfaces exist? Technical Report TR 96-19, Hebrew University, Computer Science, November 1996.

[Shashua-97] A. Shashua and S. Toelg. The quadric reference surface: Theory and applications. *International Journal of Computer Vision*, 23(2):185–198, 1997.

[Shimshoni-99] I. Shimshoni, R. Basri, and E. Rivlin. A geometric interpretation of weak-perspective motion. Technical report, Technion, 1999.

[Sinclair-92] D. A. Sinclair. *Experiments in Motion and Correspondence*. PhD thesis, University of Oxford, 1992.

[Slama-80] C. Slama. *Manual of Photogrammetry*. American Society of Photogrammetry, Falls Church, VA, USA, 4th edition, 1980.

[Spetsakis-91] M. E. Spetsakis and J. Aloimonos. A multi-frame approach to visual motion perception. *International Journal of Computer Vision*, 16(3):245–255, 1991.

[Springer-64] C. E. Springer. *Geometry and Analysis of Projective Spaces*. Freeman, 1964.

[Stein-99] G. Stein and A. Shashua. On degeneracy of linear reconstruction from three views: Linear line complex and applications. *IEEE Transactions on Pattern Analysis and Machine Intelligence*, 21(3):244–251, 1999.

[Stolfi-91] J. Stolfi. *Oriented Projective Geometry*. Academic Press, 1991.

[Strecha-02] C.Strecha and L. Van Gool. PDE-based multi-view depth estimation. *1st Int. Symp. of 3D Data Processing Visualization and Transmission*, pages 416–425, 2002.

[Sturm-96] P. Sturm and W. Triggs. A factorization based algorithm for multi-image projective structure and motion. In *Proc. 4th European Conference on Computer Vision, Cambridge*, pages 709–720, 1996.

[Sturm-97a] P. Sturm. Critical motion sequences for monocular self-calibration and uncalibrated Euclidean reconstruction. In *Proc. IEEE Conference on Computer Vision and Pattern Recognition, Puerto Rico*, pages 1100–1105, June 1997.

[Sturm-97b] P. Sturm. *Vision 3D non calibrée: Contributions à la reconstruction projective et étude des mouvements critiques pour l'auto calibrage*. PhD thesis, INRIA Rhône-Alpes, 1997.

[Sturm-99a] P. Sturm and S. J. Maybank. A method for interactive 3D reconstruction of piecewise planar objects from single images. In *Proc. 10th British Machine Vision Conference, Nottingham*, 1999.

[Sturm-99b] P. Sturm. Critical motion sequences for the self-calibration of cameras and stereo systems with variable focal length. In *Proc. 10th British Machine Vision Conference, Nottingham*, pages 63–72, 1999.

[Sturm-99c] P. Sturm and S. Maybank. On plane based camera calibration: A general algorithm, singularities, applications. In *Proc. IEEE Conference on Computer Vision and Pattern Recognition*, pages 432–437, June 1999.

[Sturm-01] P. Sturm. On focal length calibration from two views. In *Proc. IEEE Conference on Computer Vision and Pattern Recognition*, pages 145–150, 2001.

[Sutherland-63] I. E. Sutherland. Sketchpad: A man-machine graphical communications system. Technical Report 296, MIT Lincoln Laboratories, 1963. Also published by Garland Publishing, New York, 1980.

[Szeliski-96] R. Szeliski and S. B. Kang. Shape ambiguities in structure from motion. In B. Buxton and Cipolla R., editors, *Proc. 4th European Conference on Computer Vision, LNCS 1064, Cambridge*, pages 709–721. Springer–Verlag, 1996.

[Szeliski-97] R. Szeliski and S. Heung-Yeung. Creating full view panoramic image mosaics and environment maps. In *Proceedings of the ACM SIGGRAPH Conference on Computer Graphics*, 1997.

[Taubin-91] G. Taubin. Estimation of planar curves, surfaces, and nonplanar space curves defined by implicit equations with applications to edge and range image segmentation. *PAMI*, 13(11):1115–1138, 1991.

[Thorhallsson-99] T. Thorhallsson and D.W. Murray. The tensors of three affine views. In *Proc. IEEE Conference on Computer Vision and Pattern Recognition*, 1999.

[Tomasi-92] C. Tomasi and T. Kanade. Shape and motion from image streams under orthography: A factorization approach. *International Journal of Computer Vision*, 9(2):137–154, November 1992.

[Tordoff-01] B. Tordoff and D.W. Murray. Reactive zoom control while tracking using an affine camera. In *Proc. British Machine Vision Conference*, volume 1, pages 53–62, 2001.

[Torr-93] P. H. S. Torr and D. W. Murray. Outlier detection and motion segmentation. In *Proc SPIE Sensor Fusion VI*, pages 432–443, Boston, September 1993.

[Torr-95a] P. H. S. Torr, A. Zisserman, and D. W. Murray. Motion clustering using the trilinear constraint over three views. In R. Mohr and C. Wu, editors, *Europe–China Workshop on Geometrical Modelling and Invariants for Computer Vision*, pages 118–125. Xidan University Press, 1995.

[Torr-95b] P. H. S. Torr. *Motion segmentation and outlier detection*. PhD thesis, Dept. of Engineering Science, University of Oxford, 1995.

[Torr-97] P. H. S. Torr and A. Zisserman. Robust parameterization and computation of the trifocal tensor. *Image and Vision Computing*, 15:591–605, 1997.

[Torr-98] P. H. S. Torr and A. Zisserman. Robust computation and parameterization of multiple view relations. In *Proc. 6th International Conference on Computer Vision, Bombay, India*, pages 727–732, January 1998.

[Torr-99] P. H. S. Torr, A. W. Fitzgibbon, and A. Zisserman. The problem of degeneracy in structure and motion recovery from uncalibrated image sequences. *International Journal of Computer Vision*, 32(1):27–44, August 1999.

[Torresani-01] L. Torresani, D. Yang, G. Alexander, and C. Bregler. Tracking and modelling non-rigid objects with rank constraints. In *Proc. IEEE Conference on Computer Vision and Pattern Recognition*, pages I: 493–500, 2001.

[Triggs-95] W. Triggs. The geometry of projective reconstruction i: Matching constraints and the joint image. In *Proc. International Conference on Computer Vision*, pages 338–343, 1995.

[Triggs-96] W. Triggs. Factorization methods for projective structure and motion. In *Proc. IEEE Conference on Computer Vision and Pattern Recognition*, pages 845–851, 1996.

[Triggs-97] W. Triggs. Auto-calibration and the absolute quadric. In *Proc. IEEE Conference on Computer Vision and Pattern Recognition*, pages 609–614, 1997.

[Triggs-98] W. Triggs. Autocalibration from planar scenes. In *Proc. 5th European Conference on Computer Vision, Freiburg, Germany*, 1998.

[Triggs-99a] W. Triggs. Camera pose and calibration from 4 or 5 known 3D points. In *Proc. International Conference on Computer Vision*, pages 278–284, 1999.

[Triggs-99b] W. Triggs. Differential matching constraints. In *Proc. International Conference on Computer Vision*, pages 370–376, 1999.

[Triggs-00a] W. Triggs, P. F. McLauchlan, R. I. Hartley, and A. Fitzgibbon. Bundle adjustment for structure from motion. In *Vision Algorithms: Theory and Practice*. Springer-Verlag, 2000.

[Triggs-00b] W Triggs. Plane + parallax, tensors and factorization. In *Proc. European Conference on Computer Vision*, pages 522–538, 2000.

[Tsai-84] R. Y. Tsai and T. S. Huang. The perspective view of three points. *IEEE Transactions on Pattern Analysis and Machine Intelligence*, 6:13–27, 1984.

[VanGool-98] L. Van Gool, M. Proesmans, and A. Zisserman. Planar homologies as a basis for grouping and recognition. *Image and Vision Computing*, 16:21–26, January 1998.

[Vieville-93] T. Viéville and Q. Luong. Motion of points and lines in the uncalibrated case. Technical Report 2054, I.N.R.I.A., 1993.

[Vieville-95] T. Viéville and D. Lingrand. Using singular displacements for uncalibrated monocular vision systems. Technical Report 2678, I.N.R.I.A., 1995.

[VonSanden-08] H. von Sanden. *Die Bestimmung der Kernpunkte in der Photogrammetrie.* PhD thesis, Univ. Göttingen, December 1908.

[Weinshall-95] D. Weinshall, M. Werman, and A. Shashua. Shape descriptors: Bilinear, trilinear and quadrilinear relations for multi-point geometry and linear projective reconstruction algorithms. In *IEEE Workshop on Representation of Visual Scenes, Boston*, pages 58–65, 1995.

[Weng-88] J. Weng, N. Ahuja, and T. S. Huang. Closed-form solution and maximum likelihood : A robust approach to motion and structure estimation. In *Proc. IEEE Conference on Computer Vision and Pattern Recognition*, 1988.

[Weng-89] J. Weng, T. S. Huang, and N. Ahuja. Motion and structure from two perspective views: algorithms, error analysis and error estimation. *IEEE Transactions on Pattern Analysis and Machine Intelligence*, 11(5):451–476, 1989.

[Werner-01] T. Werner and T. Pajdla. Oriented matching constraints. In T Cootes and C Taylor, editors, *Proc. British Machine Vision Conference*, pages 441–450, London, UK, September 2001. British Machine Vision Association.

[Werner-03] T. Werner. A constraint on five points in two images. In *Proc. IEEE Conference on Computer Vision and Pattern Recognition*, June 2003.

[Wolfe-91] W. J. Wolfe, D. Mathis, C. Weber Sklair, and M. Magee. The perspective view of three points. *IEEE Transactions on Pattern Analysis and Machine Intelligence*, 13(1):66–73, January 1991.

[Xu-96] G. Xu and Z. Zhang. *Epipolar Geometry in Stereo, Motion and Object Recognition.* Kluwer Academic Publishers, 1996.

[Zeller-96] C. Zeller. *Projective, Affine and Euclidean Calibration in Computer Vision and the Application of Three Dimensional Perception.* PhD thesis, RobotVis Group, INRIA Sophia-Antipolis, 1996.

[Zhang-95] Z. Zhang, R. Deriche, O. D. Faugeras, and Q. Luong. A robust technique for matching two uncalibrated images through the recovery of the unknown epipolar geometry. *Artificial Intelligence*, 78:87–119, 1995.

[Zhang-98] Z. Zhang. Determining the epipolar geometry and its uncertainty – a review. *International Journal of Computer Vision*, 27(2):161–195, March 1998.

[Zhang-00] Z. Zhang. A flexible new technique for camera calibration. *IEEE Transactions on Pattern Analysis and Machine Intelligence*, 22(11):1330–1334, November 2000.

[Zisserman-92] A. Zisserman. Notes on geometric invariance in vision. Tutorial, British Machine Vision Conference, 1992.

[Zisserman-94] A. Zisserman and S. Maybank. A case against epipolar geometry. In J. Mundy, A. Zisserman, and D. Forsyth, editors, *Applications of Invariance in Computer Vision LNCS 825*. Springer-Verlag, 1994.

[Zisserman-95a] A. Zisserman, J. Mundy, D. Forsyth, J. Liu, N. Pillow, C. Rothwell, and S. Utcke. Class-based grouping in perspective images. In *Proc. International Conference on Computer Vision*, 1995.

[Zisserman-95b] A. Zisserman, P. Beardsley, and I. Reid. Metric calibration of a stereo rig. In *IEEE Workshop on Representation of Visual Scenes, Boston*, pages 93–100, 1995.

[Zisserman-96] A. Zisserman. A users guide to the trifocal tensor. Dept. of Engineering Science, University of Oxford, 1996.

[Zisserman-98] A. Zisserman, D. Liebowitz, and M. Armstrong. Resolving ambiguities in auto-calibration. *Philosophical Transactions of the Royal Society of London, SERIES A*, 356(1740):1193–1211, 1998.

# 后　　记

由剑桥大学出版社 2000 年出版的 Richard Hartley 和 Andrew Zisserman 的专著《计算机视觉中的多视图几何(*Multiple View Geometry in Computer Vision*)》是一本很不错的书．该书全面深入地总结了之前十多年计算机视觉的重要研究成果,对有关的概念、结果及其意义和应用都做了严谨而系统的论述．尤其难能可贵的是从数学和计算数学方面做了详细而严格的分析与论证,使具有一定数学基础的读者不需阅读参考书就能基本明了．

2002 年我们把原书第 1 版译成中文。原著作者 Richard Hartley 教授就译文中的许多细节与我们进行了切磋,马颂德教授在百忙中为原书第 1 版中译本写了序言．该译著受到广泛欢迎,被用作研究生教材和供从事计算机视觉的科研人员参考．

本书是原书第 2 版,与原书第 1 版相比,增加了第 1 章:概论——多视图几何之旅．这章是本书所涵盖的最主要思想的一个概述．它给出这些主题的一种非形式化但又明确的定义．同时,本书还包括了自 2000 年 7 月原书第 1 版出版以来的一些进展．例如,涵盖了当场景中有一张平面可见时射影情形下的闭形式分解方法,及仿射分解到非刚性场景的扩展;增加了关于单视图几何(第 8 章)和三视图几何(第 15 章)的讨论;此外还添加了一节关于参数估计的附录．

应机械工业出版社的邀请,我们在参照前译的基础上将原书第 2 版重新译出,献给广大同行．翻译中的错误和不当之处,恳请读者指正．

我们感谢机械工业出版社的支持,也要感谢安徽大学电子信息工程学院研究生陈娅萍、胡飞航、胡山峰、吕倩倩、汪香香、汪烨、汪志发、王林杰、袁雨凡、张凯、张明华、朱文亮等同学为本书的初稿录入做了大量的工作．

译　者<br>**2018 年 3 月**